Protel 99 SE 电路设计

（第 4 版）

张义和　编著

北京航空航天大学出版社

内容简介

本书内容包括电子电路绘图、工业配线绘图、电路图零件设计、电子电路仿真等；PCB部分包括电路板设计、电路板零件设计、电路板信号分析、CAM管理器、特殊工具、各式电路软件接口等。

本书实例新颖，内容翔实，实用性强，本书可作为高校电子技术EDA方面的教材，也可作为初学者和进行电路原理图与电路板设计的工作人员的参考书。

图书在版编目（ＣＩＰ）数据

Protel 99 SE电路设计 / 张义和编著. -- 4版. --
北京 : 北京航空航天大学出版社, 2014.4
ISBN 978-7-5124-1272-9

Ⅰ. ①P… Ⅱ. ①张… Ⅲ. ①印刷电路－计算机辅助
设计－应用软件 Ⅳ. ①TN410.2

中国版本图书馆CIP数据核字(2013)第236449号

Protel 99 SE电路设计(第4版)
张义和　编著
责任编辑　刘　晨　刘朝霞
*
北京航空航天大学出版社出版发行
北京市海淀区学院路37号(邮编100191)　http://www.buaapress.com.cn
发行部电话：(010)82317024　传真：(010)82328026
读者信箱：emsbook@gmail.com　邮购电话：（010）82316524
北京时代华都印刷有限公司印装　各地书店经销
*
开本：787×1 092　1/16　印张：40.25　字数：783千字
2014年4月第1版　2014年4月第1次印刷　印数：4 000册
ISBN　978-7-5124-1272-9　定价：89.00元（含光盘1张）

自序

张义和

笔者所带领的电路设计工作团队与 Protel 公司长期合作，积极开发与推广计算机辅助电路设计，并将 Protel 软件导入学校，让学校教学与产业界接轨。经过十多年的努力，深获各方肯定，现在我们还负责 Protel 系列软件的中文图书与教材的开发、授权签发及管理工作。

Protel 99 SE 是目前笔者所接触过众多电路设计软件中最好用的一款软件，相信这也是所有电路设计软件中最好的一款。该软件在市场中的占有率也在节节攀升！

如何让大家快速熟悉这套软件，一直是我们最关注的事情！在众多有关 Protel 99 SE 的图书之中，以“主流计算机辅助电路设计”系列图书最有深度，其中的 Schematic 分册包括电子电路绘图、工业配线绘图、电路图零件设计、电子电路仿真等；PCB 分册包括电路板设计、电路板零件设计、电路板信号分析、CAM 管理器、特殊工具、各式电路软件接口等。在经济不景气的年代里，本工作团队再次集中全力，将这两本书合并，重新改编，推出“拼经济版”的“主流计算机辅助电路设计”！

本工作团队还提供完整的咨询服务，除了书中的疑难问题外，对于用户在电路设计与电路板制作上所遇到的困扰，都可通过 E-mail 与我们联系，我们的 E-mail 是 yiher.chang@msa.hinet.net，欢迎指教，谢谢！

本书特色

- □ 介绍 Protel 99 SE 程序、补丁及中文环境的安装技巧，还有如何在 Protel 99 SE 环境下，安全操控而不受死机威胁的保命要诀。
- □ 实例演练 Protel 99 SE 的电路绘图技巧，包括单张式电路图与阶层式电路图。
- □ 实例演练 Protel 99 SE 的电路图零件设计技巧。
- □ 实例演练 Protel 99 SE 的电路图仿真技巧。
- □ 实例演练 Protel 99 SE 的电路板设计技巧。
- □ 实例演练 Protel 99 SE 的电路板零件设计技巧。
- □ 实例说明板框与板框设计技巧。
- □ 实例说明元件布置工具的操作技巧。
- □ 实例说明元件与元件设计技巧。
- □ 详细介绍 CAM 管理器与打印技巧。
- □ 详细介绍 Protel 99 SE 的特殊工具，如电路板仿真、电路板实体展示等。
- □ 详细介绍设计规则与设计规则检查。
- □ 提供工业配线零件库，使 Protel 99 SE 成为全方位的设计工具。
- □ 随书附赠原厂 30 天全功能试用版程序光盘、3rd Party 开发的 Protel 应用程序及全书范例。

本书引用注册商标声明

- Protel、Advanced Schematic、Advanced PCB、PCAD 为 Altium 公司的注册商标
- OrCAD、OrCAD/SDT、OrCAD Capture、OrCAD Layout、PSPICE 为 OrCAD Systems 公司的注册商标
- Tango、Tango-PCAD 为 Accel Technologies 公司的注册商标
- PADS、PADS 2000、Power PCB 为 CAD Software 公司的注册商标

除上述的注册商标外，其他凡本书提及的产品或名称，均为所属公司的注册商标。

目 录

第1篇 基础篇

第1章 Protel 99 SE 的安装与中文环境

第2章 窗口操控与文件操作

第 2 篇 电路绘图篇

第 3 章 零件操作

第 4 章 连接线路

第 5 章 网络名称与电源符号

第 9 章 层次式原理图

第 10 章 电路检查与产生各式报表

第 3 篇 电路图元件设计篇

第 11 章 元件库管理与元件编辑

第 4 篇 电路仿真篇

第 12 章 电路设计与电路仿真

第 5 篇 电路板设计篇

第 13 章 PCB 设计基本操作技巧

第 14 章 基本走线实例

第 15 章 元件布置与 PCB 设计

第 16 章 操作环境

第 17 章 多层板设计

第 6 篇　电路板元件设计篇

第 18 章　元件设计

第 19 章　各项管理工具

第 20 章　CAM 数据大总管

第 21 章 好用工具一箩筐

第 22 章 设计规则简介

第 1 篇 基础篇

- ▶ 第一章　Protel 99 SE 的安装与中文环境
- ▶ 第二章　窗口操控与文件操作

▶第 1 章

Protel 99 SE 的安装与中文环境

▶困难度指数：☺☺☺☺😐😐

▶学习条件：　基本窗口操作

▶学习时间：　45 分钟

本章纲要

1.快速安装

2.安装补丁

3.安装中文环境及系统数据备份

4.打开 Protel 99 SE

俗语说“工欲善其事，必先利其器”，想要做好电路设计，就要有套像样的软件才行！本书所要介绍的电路设计软件，不只是像样的软件，还是一套当红的主流电路设计软件，是的，它的名字正是 Protel for Windows。闲话少说，先把它安装妥当吧！

1-1 快速安装

在此将以完整的 Protel 99 SE 为例，逐步说明其安装步骤：

▶ 1 将正版的 Protel 99 SE 系统光盘置入光驱，即可自动执行其安装程序，出现图 1.1 所示的对话框。

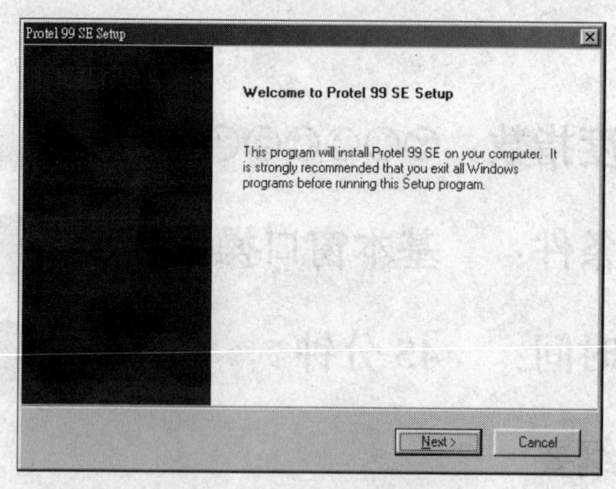

图1.1 安装对话框之一

▶ 2 此对话框是 Protel 的欢迎词，单击 Next > 按钮，出现另一个对话框，如图 1.2 所示。

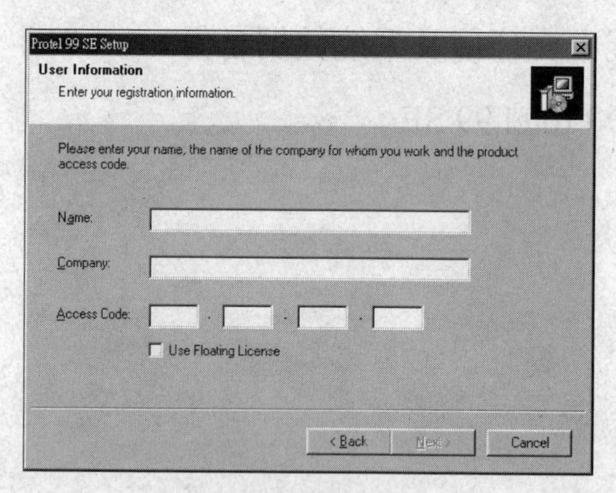

图1.2 安装对话框之二

▶ 3 在对话框中的 Name 文本框中，输入用户名称；Company 文本框中输入用户公司名称；在 Access Code 文本框中，输入该套装软件的密码，而密码在该套装软件所附的密码表中(或盒子上)。当密码输入完成后，单击 Next > 按钮，出现另一个对话框，如图 1.3 所示。

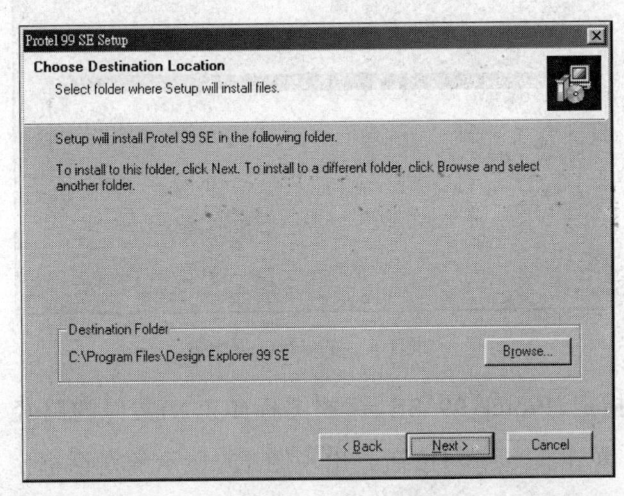

图1.3 安装对话框之三

▶ 4 在此可指定所要安装的路径，不过笔者建议不必自行指定程序安装的位置，直接采用程序默认的 C:\Program Files\Design Explorer 99 SE 即可。单击 Next > 按钮，出现另一个对话框，如图 1.4 所示。

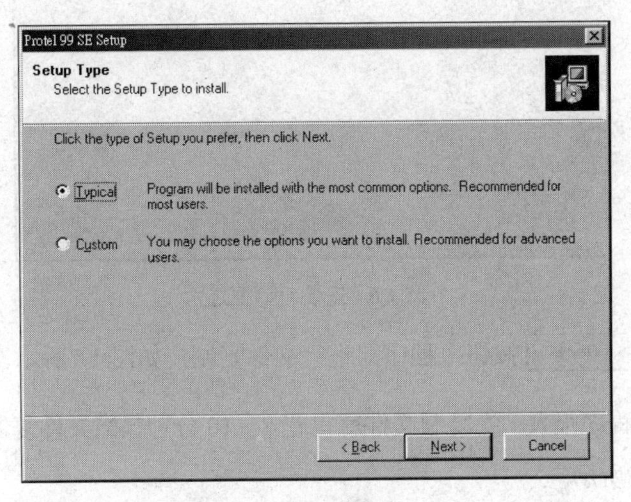

图1.4 安装对话框之四

▶ 5 在此对话框中，可以选择安装的方式，其中包括 Typical 及 Custom 选项，依笔者的经验，除非是硬盘空间不太够，最好是选择 Typical 选项(使该项左边的圆圈为◉)，单击 Next > 按钮，出现另一个对话框，如图 1.5 所示。

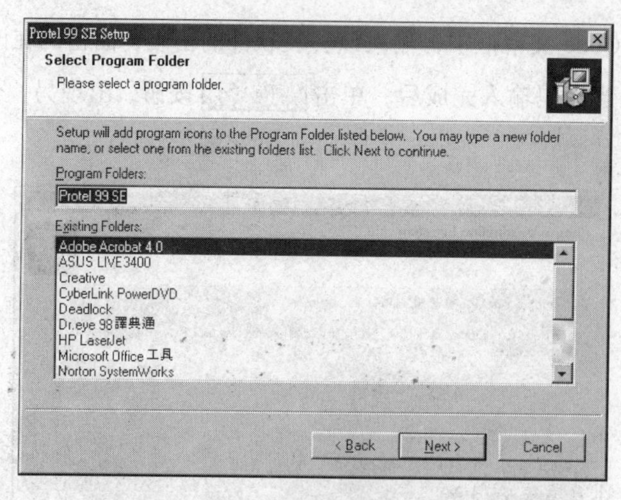

图1.5　安装对话框之五

▶ 6　在此指定 Protel 99 SE 存放图标(ICON)文件的路径，采用程序默认的 Protel 99 SE 即可。单击 Next > 按钮，出现图 1.6 所示的对话框。

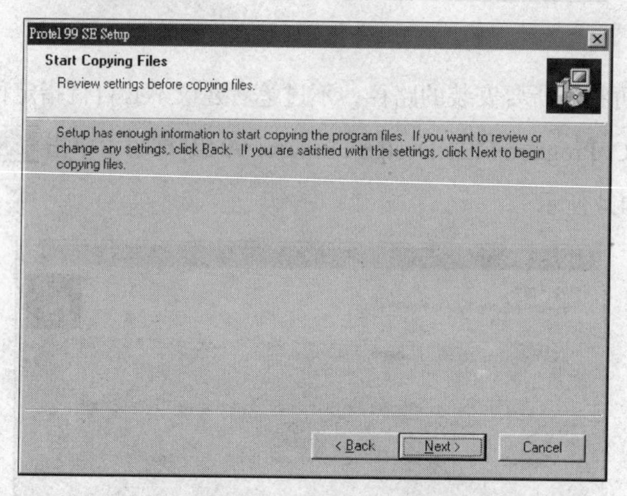

图1.6　安装对话框之六

▶ 7　单击 Next > 按钮，程序即进行文件复制，如图 1.7所示。

▶ 8　由于程序很大，光复制文件就得花 8～10 分钟！当文件复制完成后，出现另一个对话框，如图 1.8所示。

▶ 9　最后，单击 Finish 按钮，关闭对话框，即可完成安装。

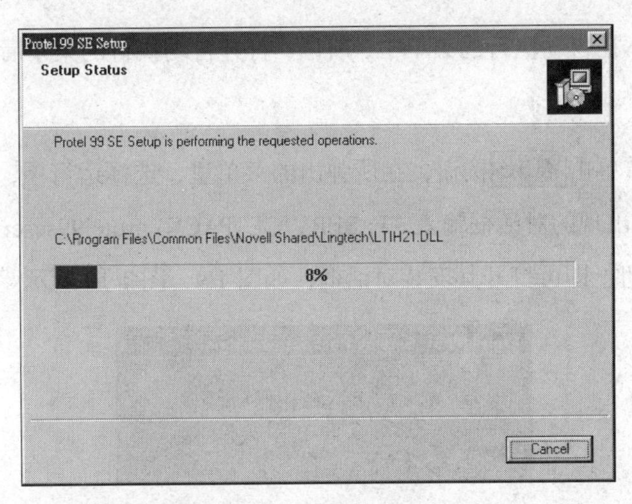

图1.7　安装对话框之七

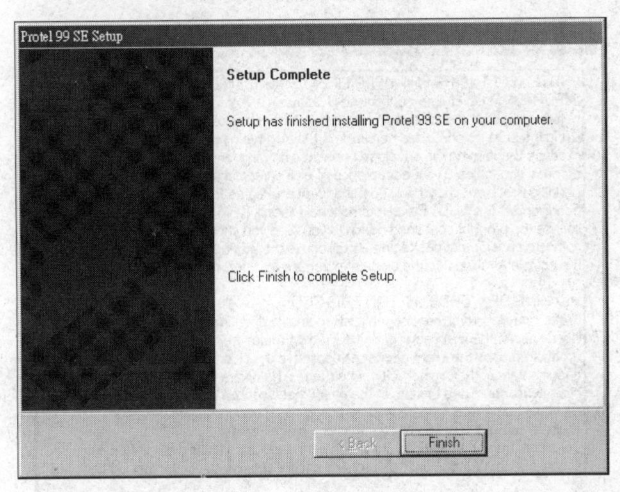

图1.8　安装对话框之八

1-2　安装补丁

“吃烧饼哪有不掉芝麻的”，在 Windows 环境下，从 Windows 系统到 Office 系列应用软件，总是“掉了不少芝麻”！于是“Service Pack”两三天就出现一个，美其名为“补丁”程序，说穿了不过是“补破网”的程序罢了！Service Pack 出得越频繁，表示该程序越多 bug，但也代表该公司越负责！自从 Protel 99 SE 出现以来，密集地推出 Service Pack，至今已发行至 Service Pack 6，这也是最后一个版本。在本书光盘里已放置 Service Pack 6，欢迎大家使用。打补丁的步骤如下：

▶ 1　当要安装 Protel 99 SE 的补丁程序时，请先确定已关闭所有 Protel 99 SE 程序，然后将随书光盘置入光驱，在该光盘中有自动执行程序，可以自动执行其安装程序。不过，补丁的安装程序并不在自动执行的菜单中，所以，打开自动执行的菜单后，请按 ESC 键关闭该菜单。

▶ 2　紧接着单击 开始 按钮，在所弹出的菜单里，选择运行项，如果用户的光盘机代号是 F，则在随即出现的对话框输入“F:\SERVICE_PACK\ protel99seservice pack6.exe”，最后单击 确定 按钮，即可打开其安装对话框，如图 1.9、图 1.10 所示。

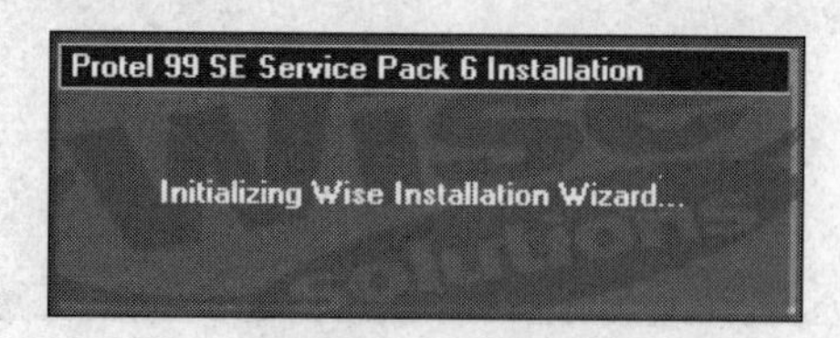

图1.9　准备安装

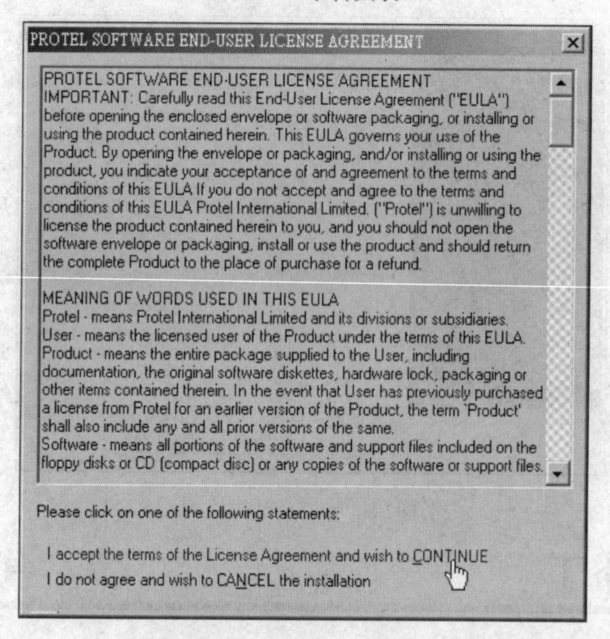

图1.10　补丁安装对话框之一

▶ 3　在此对话框里，指向 I accept the terms of the License Agreement and wish to CONTINUE 选项，单击此选项，即可进入下一个阶段，如图 1.11所示。

▶ 4　在此显示所要安装的位置，程序会自动找出原本 Protel 99 SE 所放置的位置，只要单击 Next> 按钮即可进入下一个阶段，如图 1.12所示。

▶ 5　补丁比较小，一下子就可复制完成，然后出现图 1.13所示的对话框。

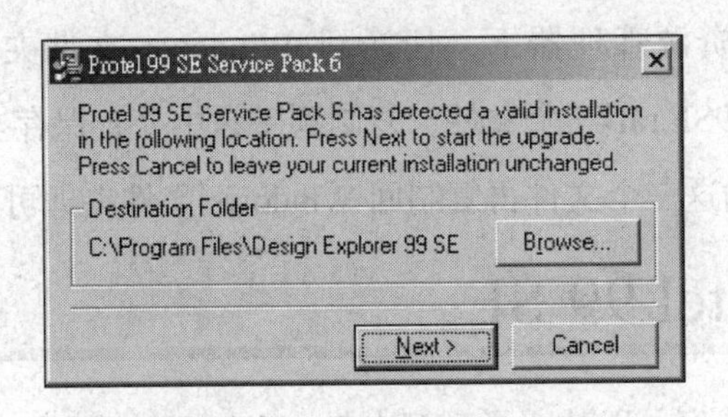

图1.11　补丁安装对话框之二

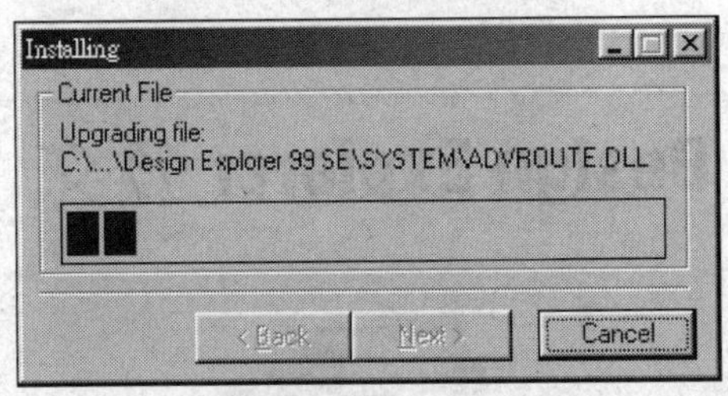

图1.12　补丁安装对话框之三

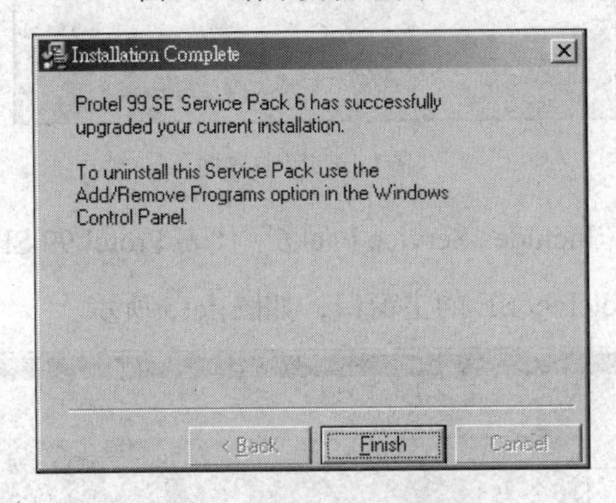

图1.13　补丁安装对话框之四

▶ 6　当出现图 1.13 的对话框时，那就表示安装成功，单击 Finish 按钮即可安心使用 Protel 99 SE 了！

1-3　安装中文环境及系统数据备份

软件本土化的潮流早已使 Windows 有了中文界面，但在电路设计的软件中，仍在使用英文版。当然，在没有较统一的中文术语情况下，刻意地翻译专有名词不见得是件好事。Protel 的出现营造出恰当的中文环境，代理商主动投入大量人力，提供了较合适的中文界面，只要简单地操作，即可切换成中文操作环境。在随书光盘中含有中文环境文件，只要将光盘里 C_Menu 文件夹的 Client99SE.raf 及 Client99SE.rcs 文件复制到 Windows 子目录即可。

在安装完成后，为了能长久、安全使用，最好不要马上使用 Protel 99 SE，而应进行几项备份的工作。首先在资源管理器下，切换到 Windows 文件夹，选择 Client99SE.ini、Client99SE.rcs 及 Client99SE.raf 三个文件，复制到磁盘中妥善保存。以后如出现故障或环境不理想时，则将磁盘中的这三个文件再复制回 Windows 文件夹即可改善。

1-4　打开 Protel 99 SE

完成以上操作后，我们可以放心了！双击 Protel 99 SE 快捷方式，将出现图 1.14 所示的界面。

图1.14　启动界面

在这个启动界面中，“Includes Service Pack6”代表 Protel 99 SE 已安装 Service Pack 6。很快地，程序即可进入 Protel 99 SE 的主窗口，如图 1.15 所示。

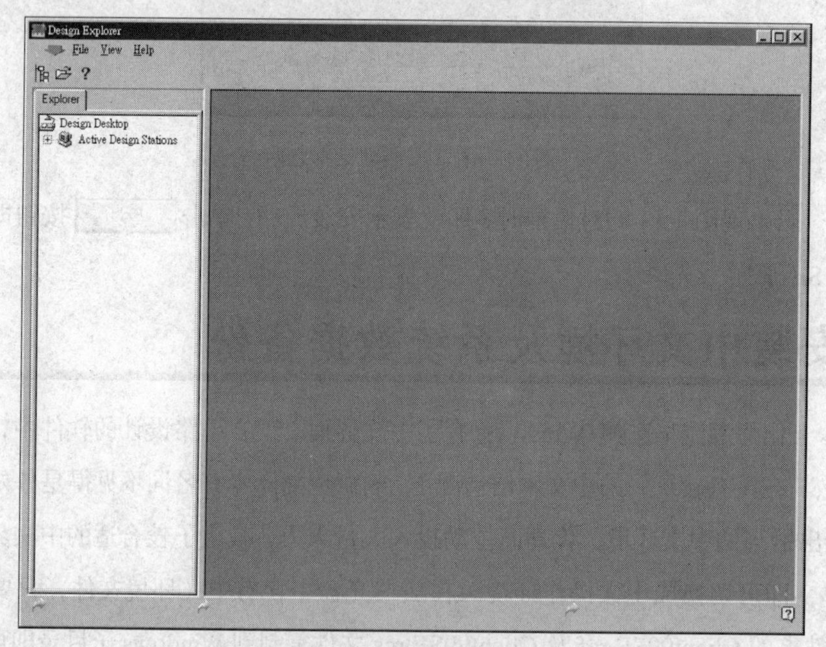

图1.15　主窗口 Protel 99 SE

不要惊讶，这个灰色平台还是没打开文件的 Protel 99SE！现在就来打开一个现成的范例

——4 Port Serial Interface.ddb，这个文件在 C:\Program Files\Design Exporer 99 SE\Examples 文件夹中，执行 File 菜单的 Open…命令，出现图 1.16 所示的对话框。

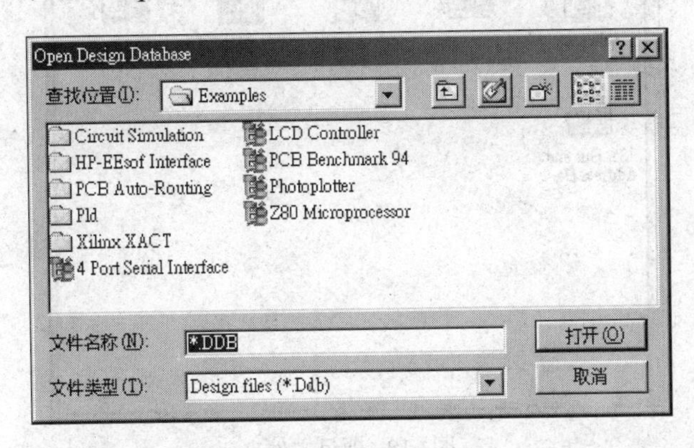

图1.16　打开文件

在“查找位置”文本框中，指定读取文件的位置为 C:\Program Files\Design Exporer 99 SE\Examples 文件夹，然后选择 4 Port Serial Interface 文件，单击 打开(O) 按钮，即可打开该文件，如图 1.17 所示。

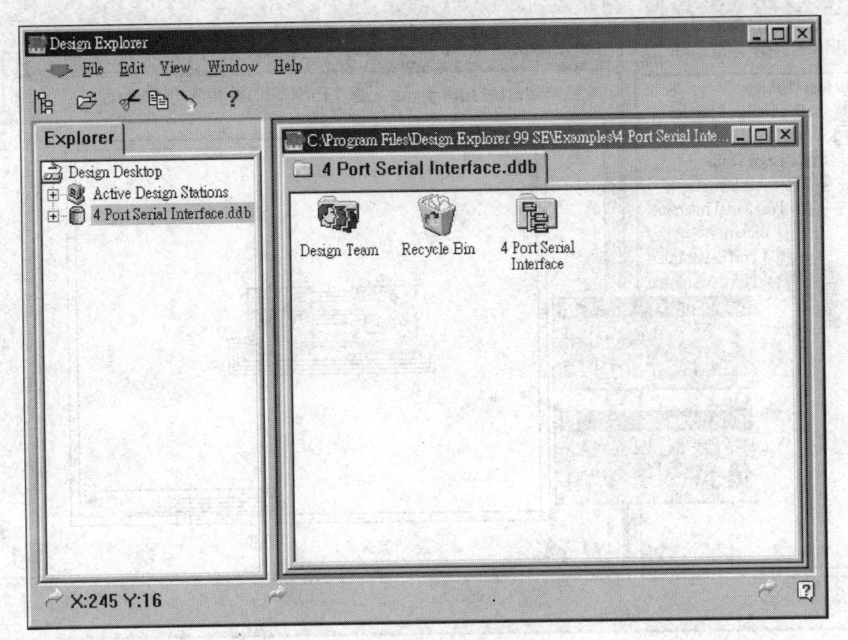

图1.17　打开数据库文件

双击 4 Port Serial Interface 图标，打开此文件夹，如图 1.18 所示。

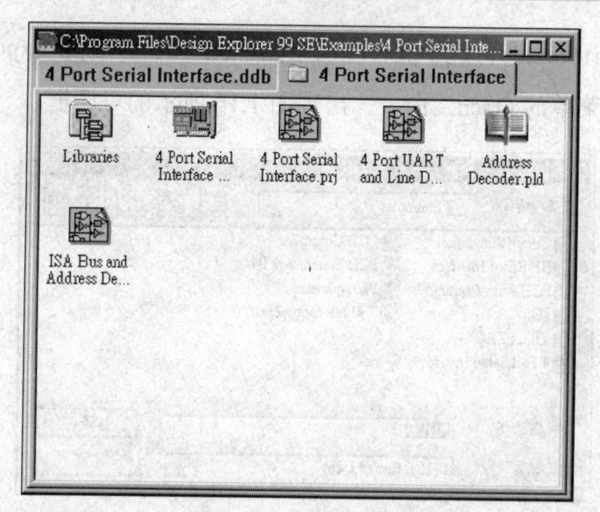

图1.18 项目文件夹

双击 4 Port Serial Interface.prj 图标，打开此原理图，如图 1.19 所示。

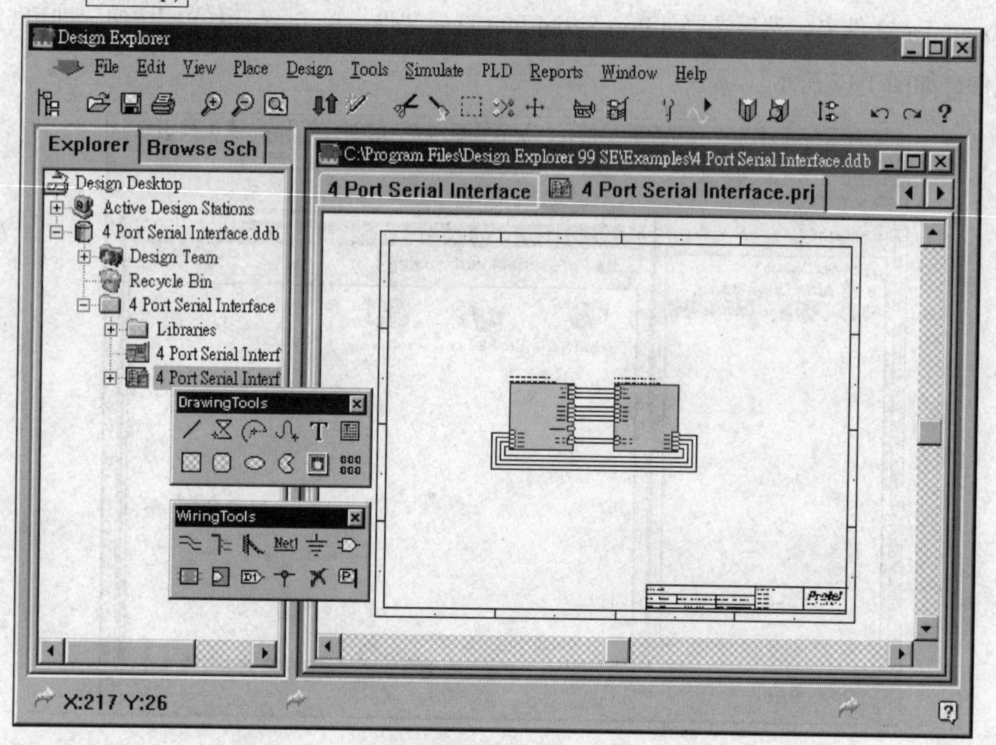

图1.19 原理图编辑环境

终于看到原理图编辑环境的真面貌了！而其中的内容将在下一章中介绍。

如果要关闭 Protel，则单击窗口右上角的 按钮即可。

第 2 章

窗口操控与文件操作

困难度指数：☺☺☺☺😐😐

学习条件：　基本窗口操作

学习时间：　60 分钟

本章纲要

1.窗口操控

2.鼠标操控

3.窗口组件切换

4.文件操作

5.工作窗口的切换

6.辅助说明

在第 1 章中，我们已准备好稳定的 Protel 99 SE 环境。紧接着，我们将初次体验 Protel 99 SE 原理图编辑环境的操作，特别是一些基本动作，从打开文件到关闭程序，所有常用的操作都将在本章中说明，细细体验其中的技巧，即可将 Protel Schematic 99 SE 熟练掌握。

2-1 打开文件

进入 Protel 99 SE 主窗口后，所面对的是一个未知的环境，如图 2.1 所示，打开文件，才正式进入该文件的编辑器。而 Protel 99 SE 有其全新文件的项目结构观念，所有工作文件均架构在项目数据库文件.DDB 中。换言之，Protel 99 SE 所有类型的工作文件都要通过项目数据库文件.DDB 才能够完成；Protel 99 SE 的.DDB 项目数据库文件基本上分为 MSAccess Database 与 Windows File System 两类，说明如下。

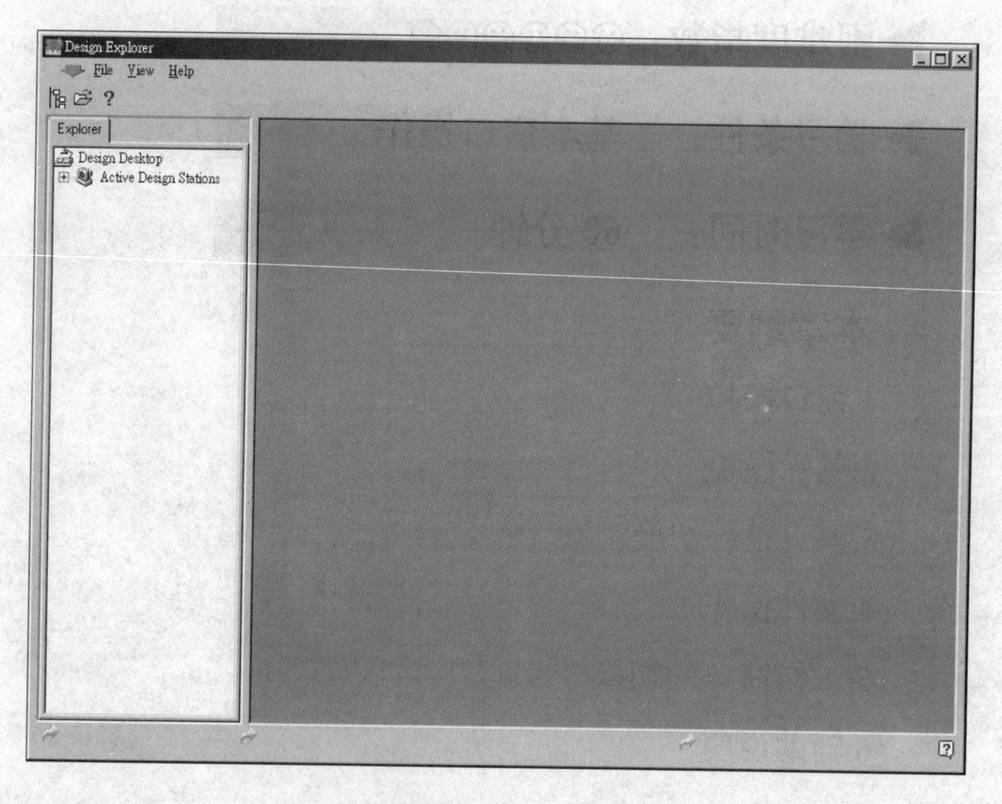

图2.1 启动 Protel 99 SE

MSAccess Database 此类文件是将所有工作文件均压缩在 DDB 项目数据库文件内，如图 2.2 所示。

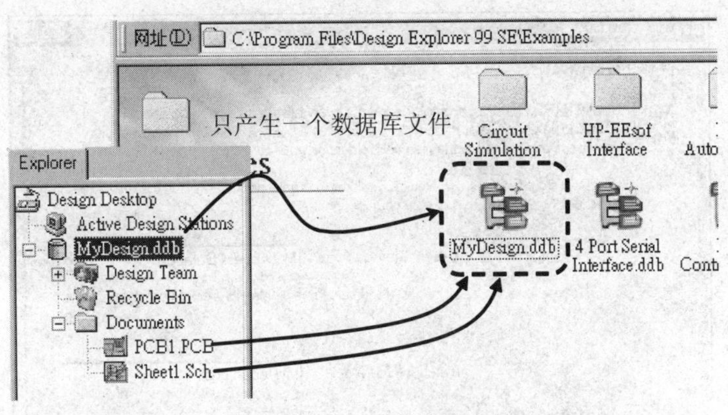

图2.2　Access 数据库文件

Windows File System　此类文件为一般 Windows 格式文件，不过，程序将产生一个以 DDB 项目数据库文件文件名的文件夹，而所有工作文件都放置在此文件夹内，其结构与路径如图 2.3 所示。

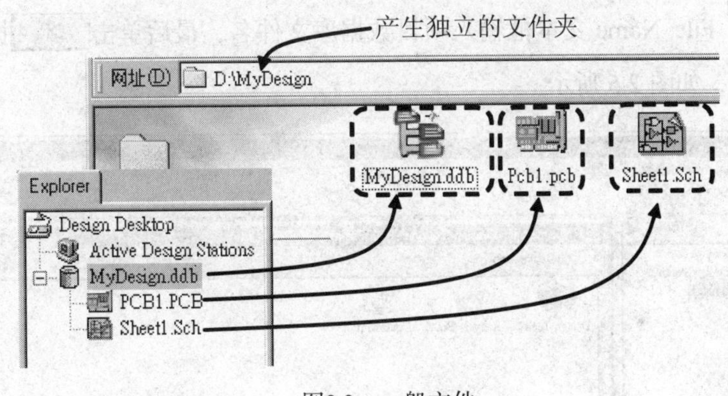

图2.3　一般文件

打开文件的方式有打开新文件及读取旧文件两类，说明如下。

2-1-1　打开新文件

当要打开新文件时，可分为两种情况：第一种情况是虽然是在 Protel 环境，但所要使用的编辑器都还没打开；另一种情况是已经在编辑器中了，突然想再编辑一个新的图；无论是哪一种情况，都必须先创建一个项目数据库文件(＊.ddb)，接着来说明创建项目数据库文件的操作步骤：

▶ 1　当我们要打开一个新的项目数据库文件时，则启动 File 菜单下的 New 命令，即可开始创建 DDB 项目数据库文件，程序出现图 2.4 所示的对话框。

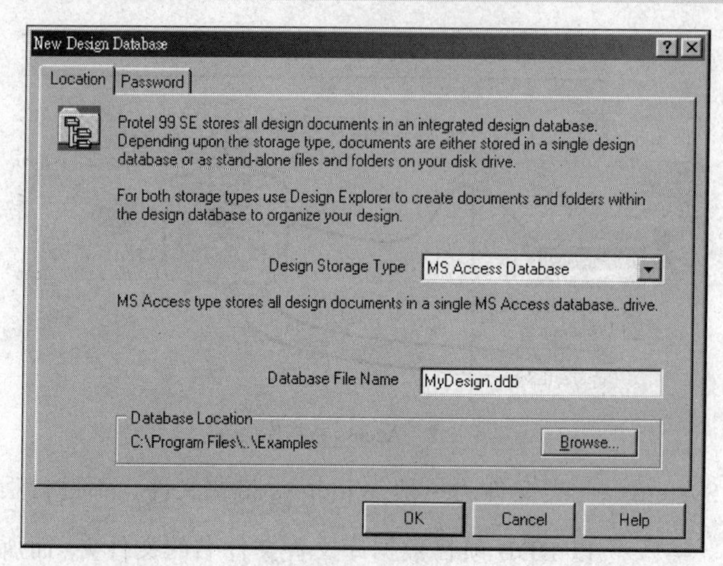

图2.4　创建项目数据库文件

▶ 2　在 Design Storage Type 文本框选择项目结构的类型(在此以 MS Access Database 为例)，Database File Name 文本框输入项目数据库文件名，最后单击 OK 按钮即可打开该项目数据库文件，如图 2.5 所示。

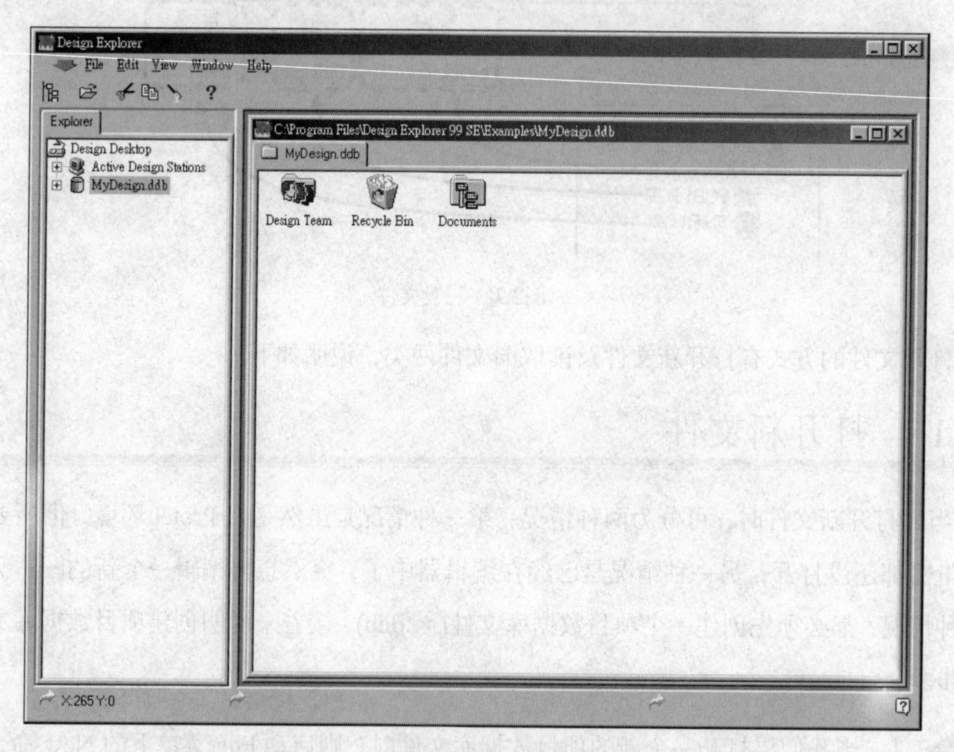

图2.5　完成创建项目数据库文件

▶ 3　窗口右边的 Documents 文件夹 Documents ，是放置工作文件的地方，双击打开

Documents 文件夹。

下面分别说明上述这两种状况。

未打开编辑器时

如果还没有打开所要使用的编辑器，在 Documents 文件夹空白处右击，弹出右键菜单，如图 2.6 所示。

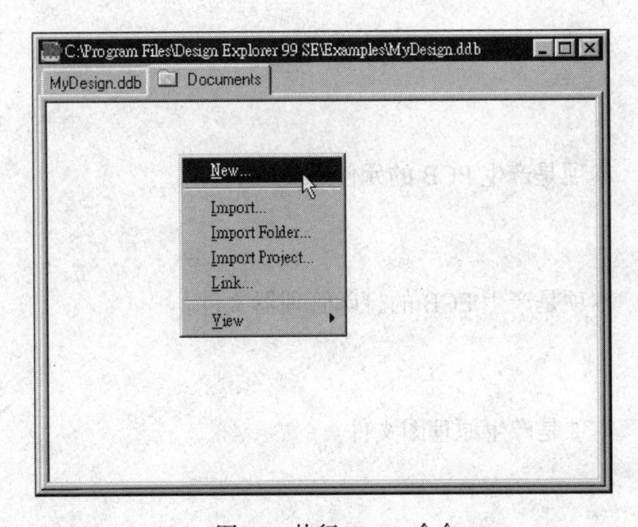

图2.6　执行 New…命令

选择 New…命令，弹出图 2.7 所示的对话框。

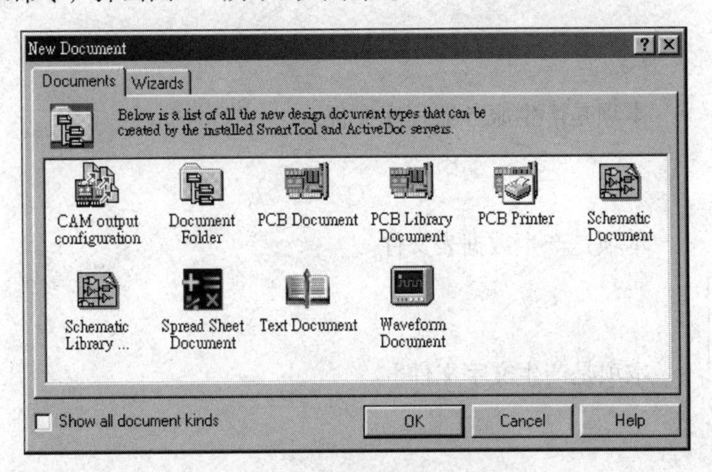

图2.7　选择要打开的编辑器

要打开该编辑器只要以鼠标指针指向窗口内的编辑器图标，双击即可打开该编辑器，并加载一个全新的文件。

其中包含 10 种不同的文件格式，说明如下：

本项是产生 PCB 输出数据的相关设置文件。

本项是产生新的文件夹。

本项是产生 PCB 文件。

本项是产生 PCB 的元件库文件。

本项是产生 PCB 的打印管理器文件。

本项是产生原理图文件。

本项是产生原理图的元件库文件。

本项是产生服务器程序文件。

本项是产生数据表文件。

本项是产生文字文件。

本项是产生波形文件。

或许读者会觉得奇怪！怎样这么多种文件？其中的 PCB 文件、PCB 的元件库文件属于 PCB 编辑器(PCB)的文件，原理图文件、原理图的元件库文件属于原理图编辑器(Sch)的文件，服务器程序文件属于服务器编辑器(Client)的文件，数据表文件属于试算表编辑器(Spread)的文件，文字文件属于文字编辑器(Text)的文件，波形文件属于波形编辑器(Wave)的文件(供给 PLD、Sim 使用)。Protel 99SE 除了提供原理图编辑器、PCB 编辑器外，它还提供了电路仿真(Sim)、可编程逻辑元件设计(PLD)、文字编辑器、试算表编辑器等程序，这些程序各有其用途，在此不一一详细说明。而 Protel 99 SE 是一种主从式(Client/Sever)架构的程序，所有程序都得靠服务器程序编辑器将它结合在一起，所以就出现如此多种的文件。不过，千万不要被这些文件给迷惑了，只要记住原理图文件即可。以原理图编辑器为例，双击原理图文件的图标，即可加载一个新的原理图文件，如图 2.8 所示。

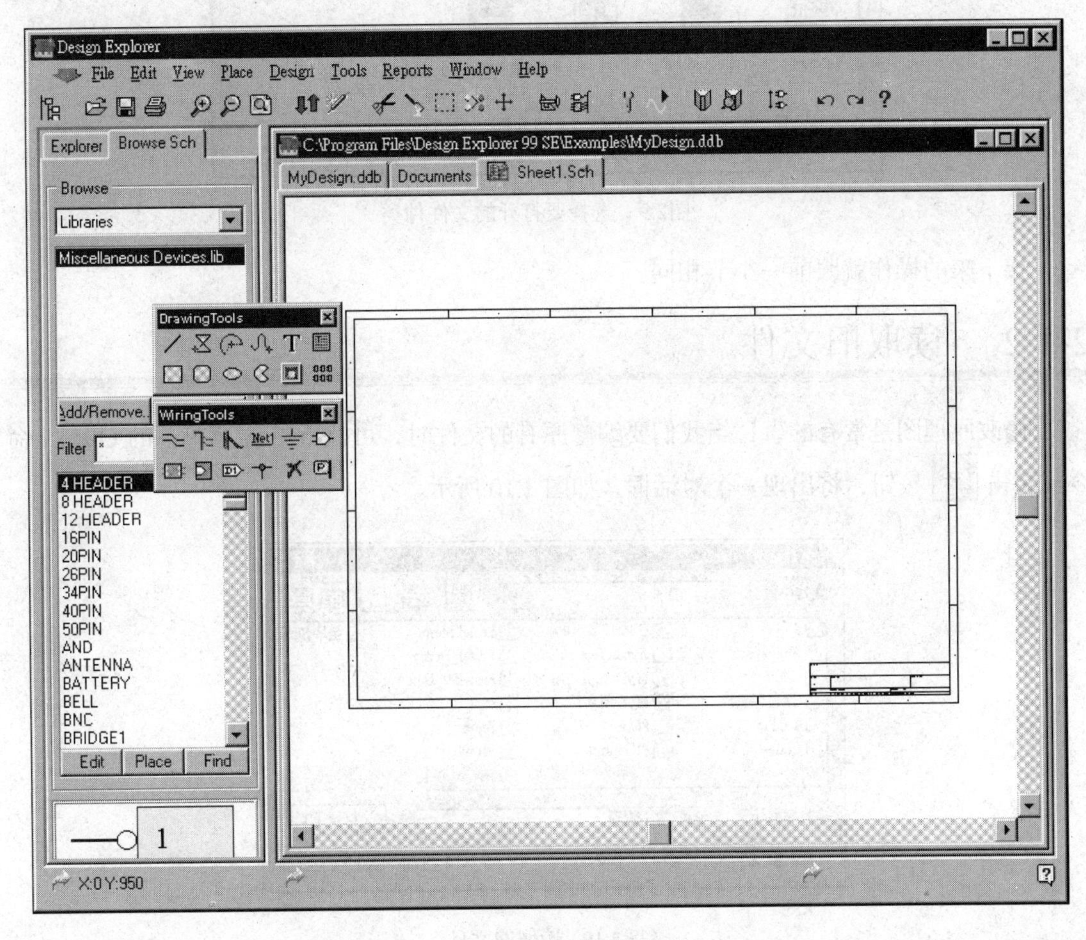

图2.8　新的原理图文件

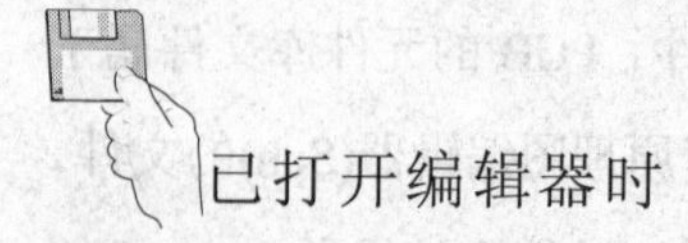

如果已打开所要使用的编辑器了，可以执行 File 菜单下的 New...命令，同样地，弹出图 2.9 所示的对话框。

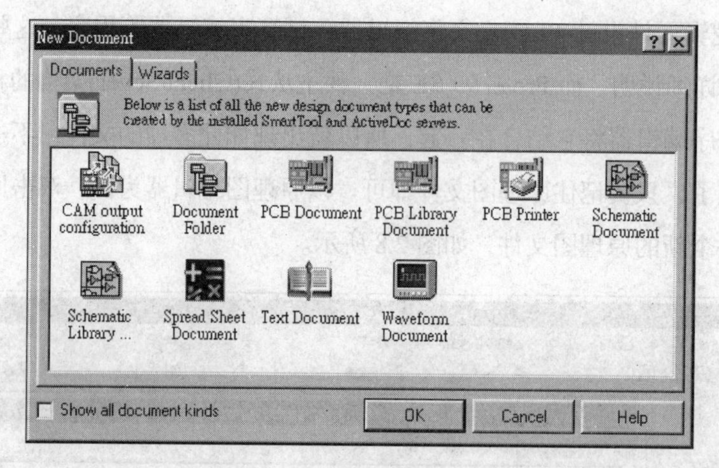

图2.9　选择要打开的文件种类

接下来的操作就跟前一小节相同。

2-1-2　读取旧文件

修改原理图是常有的事！当我们要编修原有的文件时，可执行 File 菜单下的 Open...命令或单击 按钮，将出现一个对话框，如图 2.10 所示。

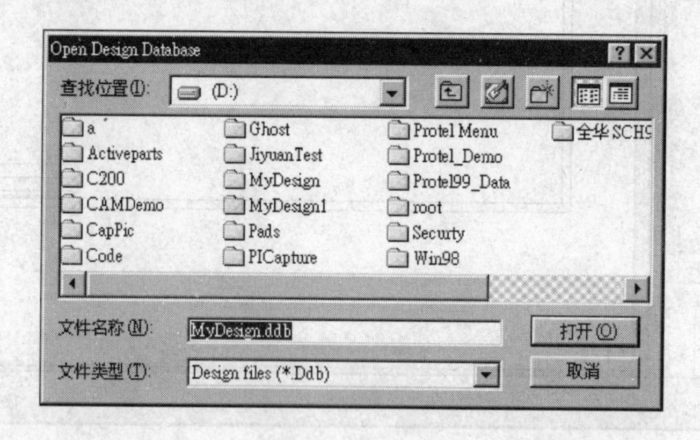

图2.10　读取旧文件

这时候请按下列步骤操作：

▶ 1　单击文件类型右边的 ▼ 按钮，弹出下拉菜单，如图2.11所示。

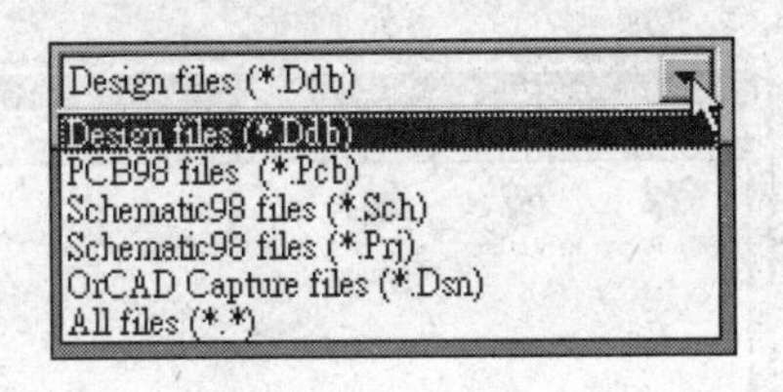

图2.11　文件类型菜单

其中包括下列5种文件类型：

□　Design files(＊.Ddb)：Protel的项目数据库文件，也就是我们所要使用的文件类型。

□　PCB98(＊.Pcb)：Protel 98版的PCB文件。

□　Schemaic98(＊.Sch)：Protel 98版的原理图文件。

□　OrCAD Capture files(＊.Sch)：OrCAD公司的Capture原理图文件(适用7.x ~ 9.x版)。

在此选择Design files(＊.Ddb)选项。

▶ 2　单击查找位置字段右边的 ▼ 按钮，弹出下拉菜单，然后选择所要打开图文件的磁盘路径，则该磁盘路径下所有Protel 99 SE项目数据库文件将出现在对话框中。

▶ 3　双击对话框中所要打开的文件名称，即可关闭该对话框，并打开该文件。

▶ 4　最后双击放置工作文件的文件夹中，所要打开的原理图文件名称，打开该原理图文件。

大家一起来……

请按下列的操作，打开C:\Program Files\Design Explorer 99 SE\Examples路径下的LCD Controller.Ddb\LCD Controller.prj文件：

▶ 1　鼠标指针指向左上方的 按钮，单击鼠标左键。

▶ 2　在随即出现的对话框中，查找位置设为C:\Program Files\Design Explorer 99 SE\Examples。

▶ 3　鼠标指针指向对话框中间区块里的LCD Controller.Ddb，双击即可关闭该对话框，并打开该项目数据库文件，如图2.12所示。

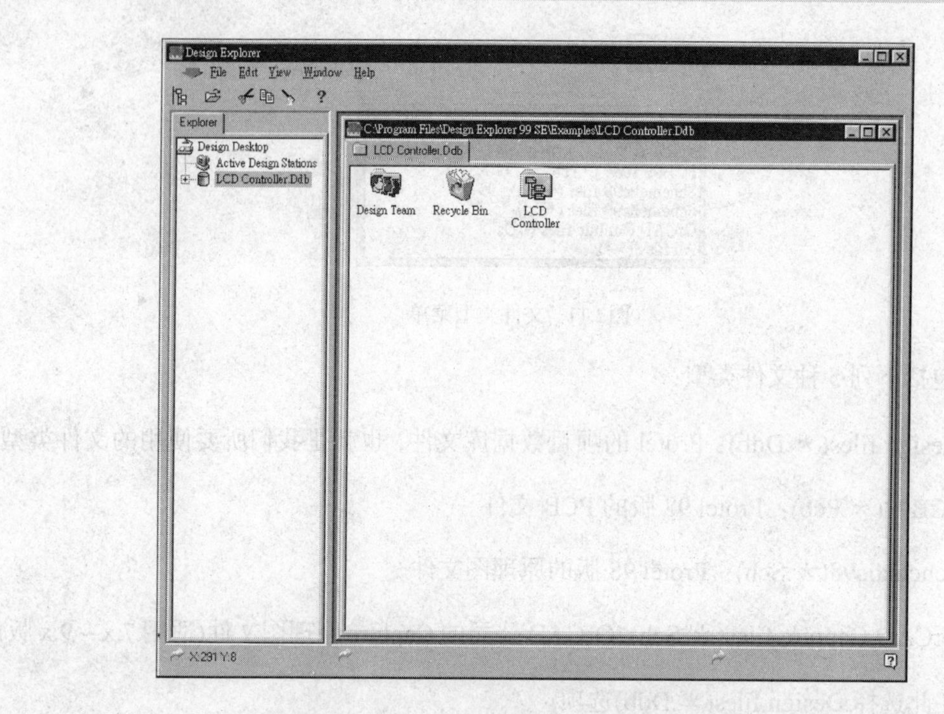

图2.12　打开 LCD Controller.Ddb 项目数据库文件

▶ 4　鼠标指针指向右边窗口里的 LCD Controller 文件夹，双击打开该文件夹，如图 2.13 所示。

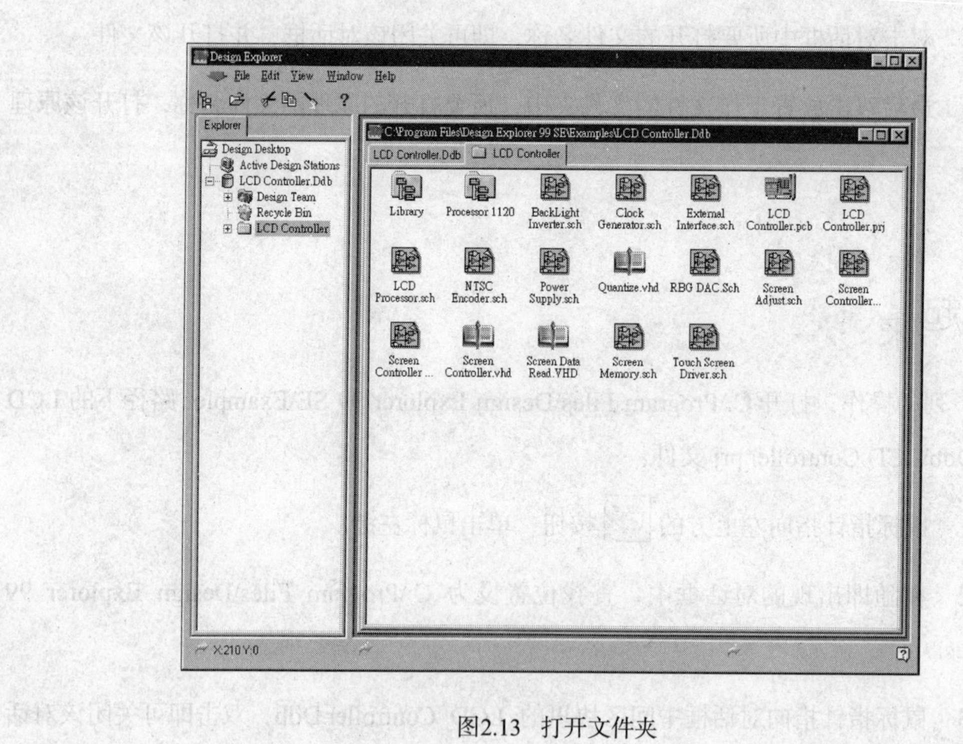

图2.13　打开文件夹

▶ 5　鼠标指针指向右边窗口里的 LCD Controller.prj 文件，双击打开该文件，如图 2.14 所示。

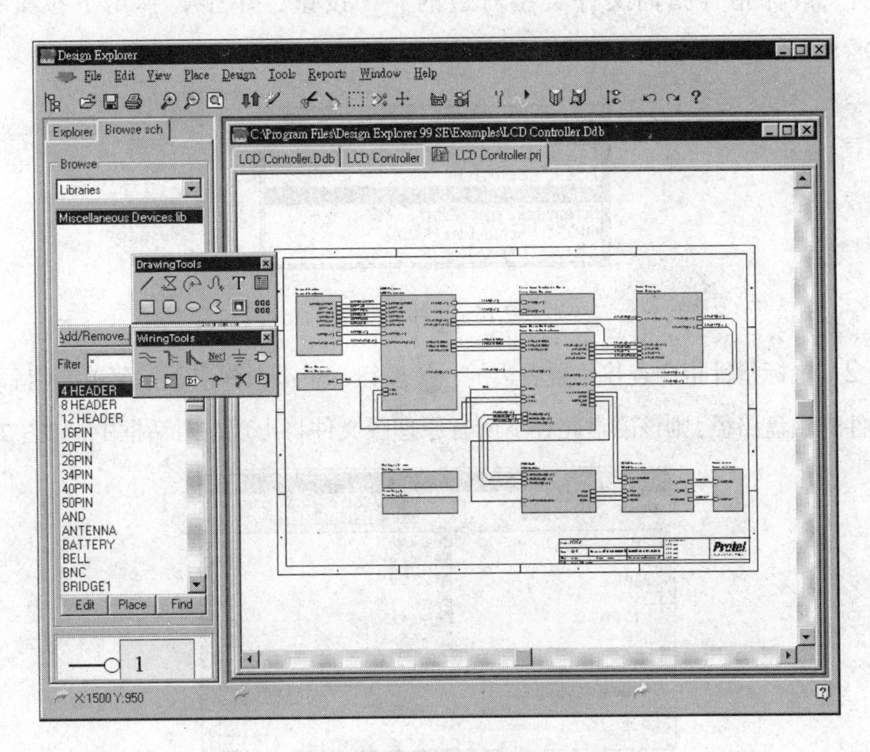

图2.14　打开原理图文件

2-1-3　读取 Protel Schematic 98 旧文件

换了新版本一下子不知所措，该如何打开我们以前辛辛苦苦编辑的原理图文件呢？这是用户在使用过程中会遇到的共同问题吧！当我们要编辑 Schematic 98 版原有的文件时，可执行 File 菜单下的 Open...命令，或单击左上方的 [图标] 按钮，将出现一个对话框，如图 2.15 所示。

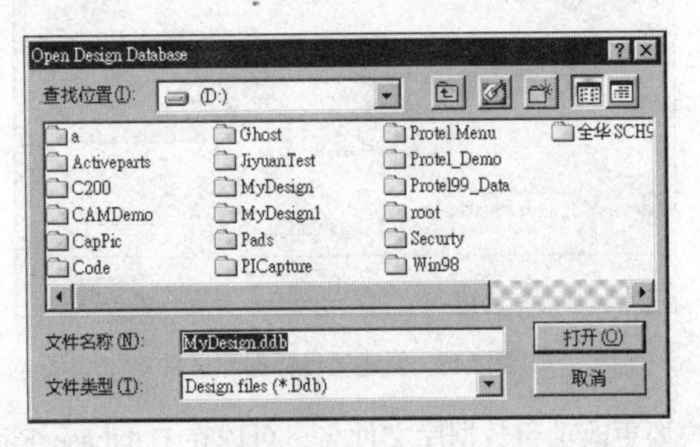

图2.15　读取旧文件

这时候请按下列步骤操作：

▶ 1 鼠标指针指向文件类型右边的 ▼ 按钮，单击，弹出下拉菜单，选择 Schemaic98(＊.Sch)选项，如图 2.16 所示。

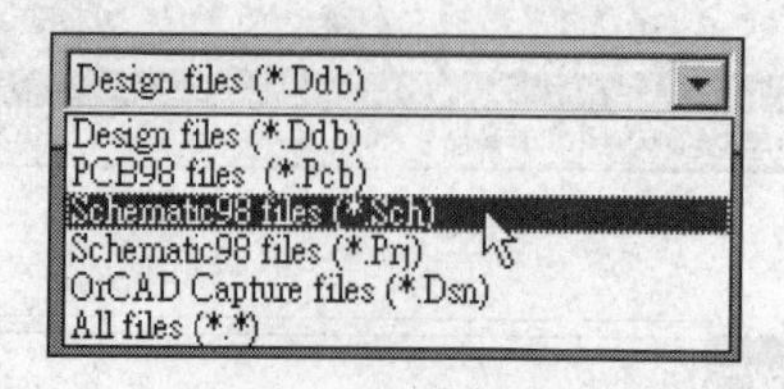

图2.16 文件类型菜单

▶ 2 鼠标指针指向查找位置右边的 ▼ 按钮，单击，弹出下拉菜单，然后选择所要打开图文件的磁盘路径，则该磁盘路径下所有原理图文件将出现在对话框中，如图 2.17 所示。

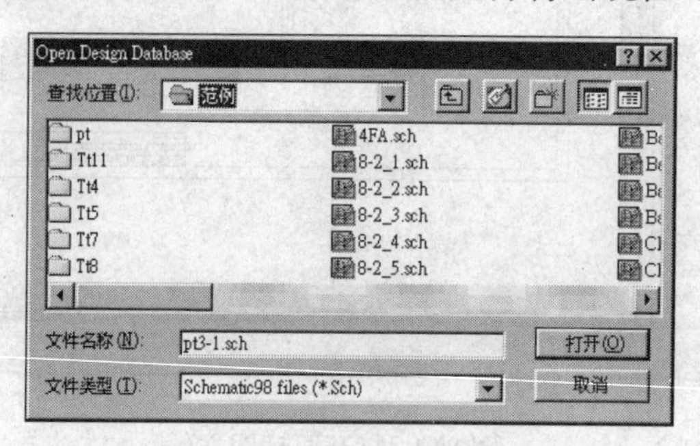

图2.17 列出.Sch 的文件

▶ 3 鼠标指针指向文件 TT4-1.sch，双击，程序立即要求创建项目数据库文件，如图 2.18 所示的项目数据库文件创建对话框。

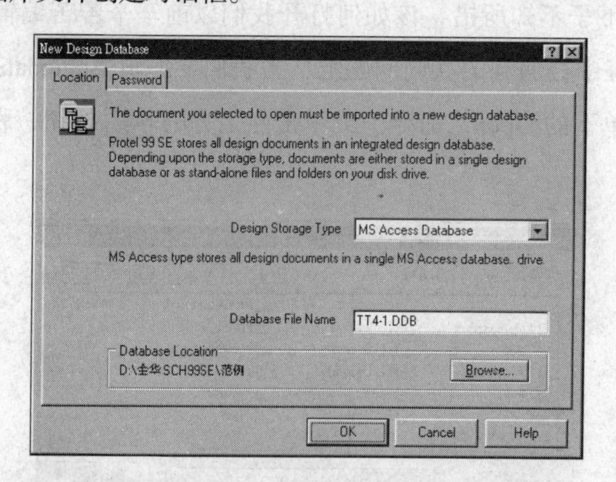

图2.18 创建项目数据库文件

▶ 4 如果用户要更改项目数据库文件名，可以在 Database File Name 文本框内直接输入新的文件名，最后单击 OK 按钮打开文件，如图 2.19 所示。

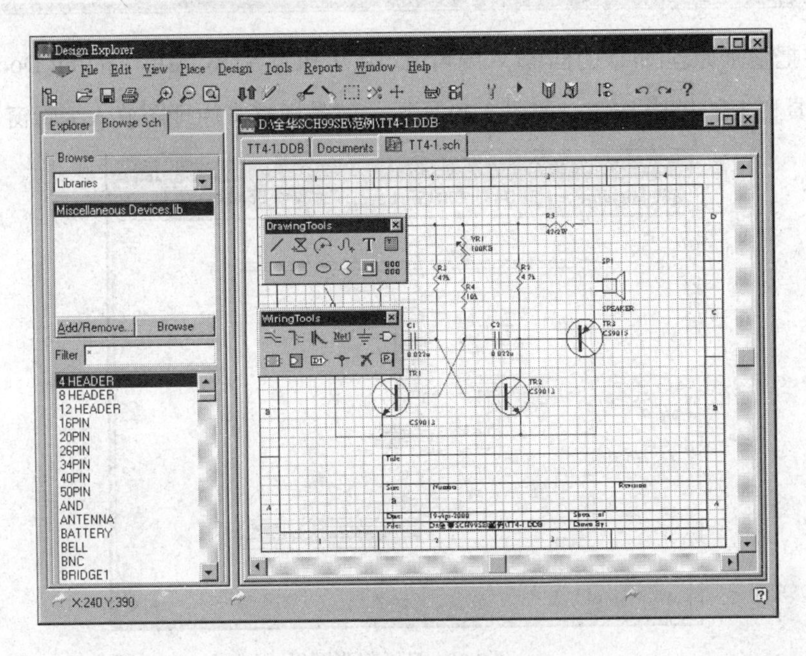

图2.19　打开旧的电路文件

2-2　窗口操作

看得清楚才好操作！在编辑的过程中，难免时而放大、时而缩小，而 Schematic 99 SE 所提供的窗口缩放功能较多。尽管如此，我们只要熟记常用的操作，其他的就不必管它了！

2-2-1　窗口缩放

窗口缩放包括把编辑区放大显示比例，让每个图件更大、更清楚；还有把编辑区缩小显示比例，让整个窗口包含更多图件、更完整。而窗口缩放的操作，可选择下列 3 种方法之一即可：

▶ 1　执行 View 菜单下的 Zoom In 命令，即可放大窗口；而启动 View 菜单下的 Zoom Out 命令，即可缩小窗口。

▶ 2　鼠标指针指向主工具栏上的按钮，单击，即可放大窗口；鼠标指针指向主工具栏上的按钮，单击，即可缩小窗口。

▶ 3　按 PgUp 键，即可放大窗口；按 PgDn 键，即可缩小窗口。

依笔者的经验，直接按 PgUp、PgDn 键来缩放窗口显示比例，比较简单。

2-2-2　整张显示与全图件显示

如果要把整张原理图(含图框)放入编辑窗口，可执行 View 菜单下的 Fit Document 命令，或单击主工具栏上的 按钮，如图 2.20 所示，就是把整张原理图放入编辑窗口。

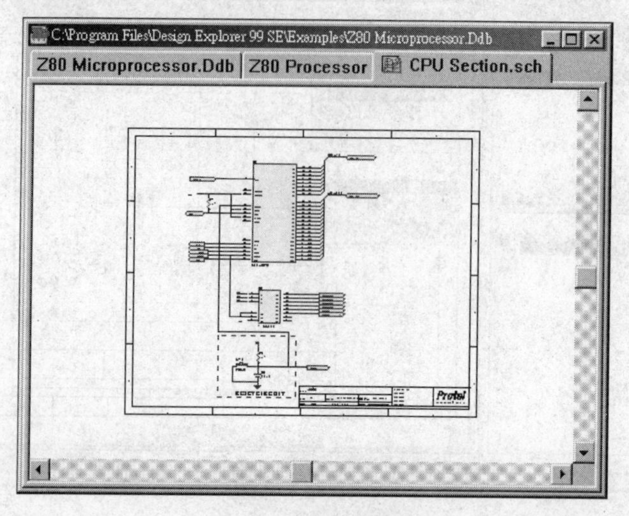

图2.20　显示整张图纸

通常图框与原理图中的图件都会有一点距离，而为了让图件大一点，又可显示所有图件(不含图框)，可执行 View 菜单下的 Fit All Objects 命令，即可显示所有图件，如图 2.21 所示。

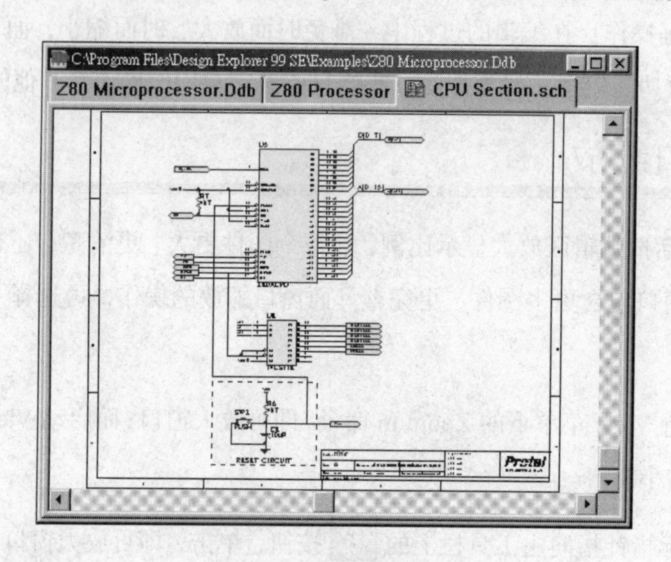

图2.21　显示所有图件

图 2-21 似乎比较大，而又能完整地表现出整个原理图。

2-2-3　局部放大

如果只要观赏原理图的某一部分时，可以单独放大那一部分，而最直接的方法，就是“局部放大”，操作如下：

▶ 1　执行 View 菜单下的 Area 命令，鼠标指针上出现一个大十字线。

▶ 2　鼠标指针指向所要放大部分的一个角落，单击，如图 2.22 所示。

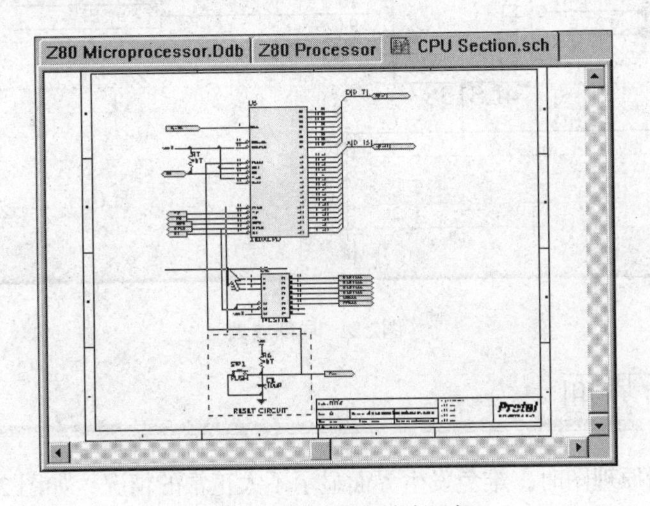

图2.22　开始指定放大局部

▶ 3　移动鼠标指针即可拉出一个区块，如图 2.23 所示。

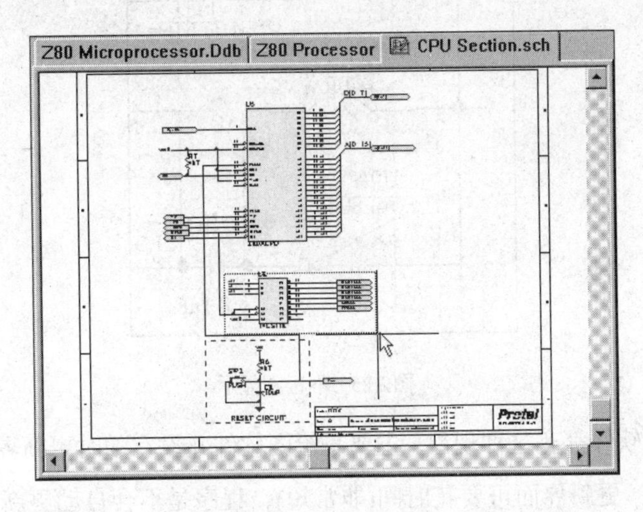

图2.23　展开局部

▶ 4　鼠标指针移至另一个角落，再单击，则该局部将被放大，以覆盖整个窗口，如图 2.24 所示。

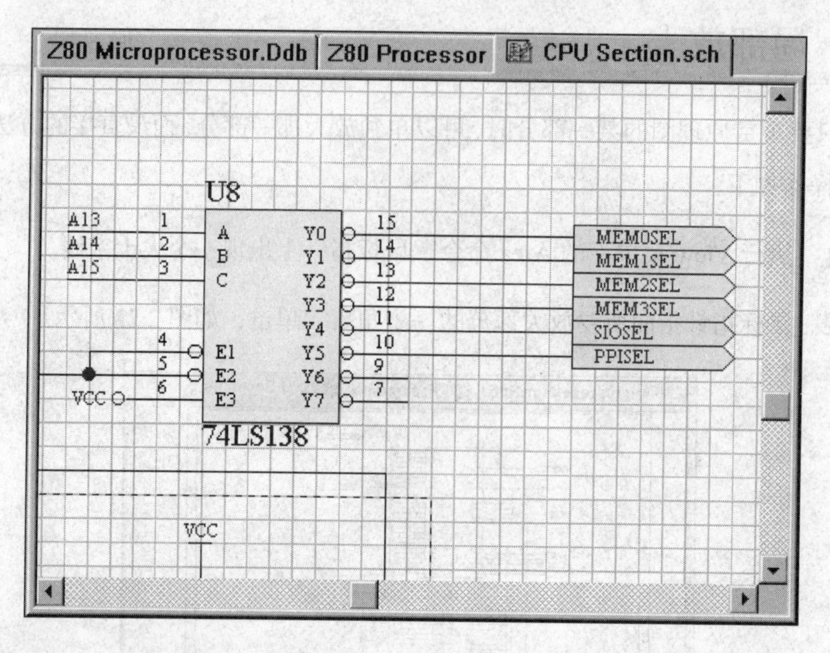

图2.24　局部放大

2-2-4　刷新界面

当我们在编辑原理图时，难免发生界面显示不太正常的情况，如图 2.25 所示。

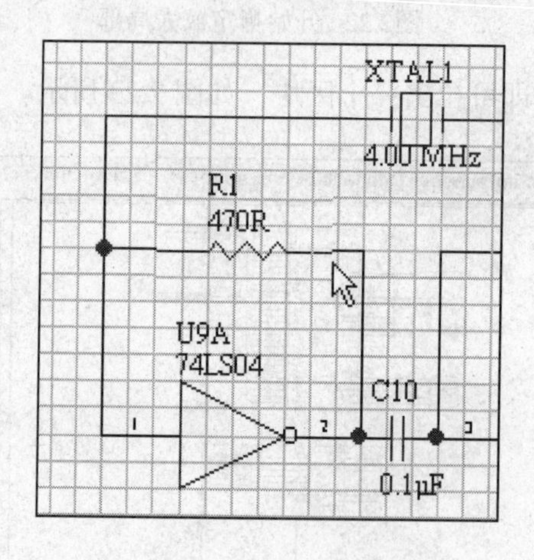

图2.25　不正常显示

几乎所有绘图软件都有这种现象，主要是绘图软件并没有随时更新界面所导致，为什么不随时更新界面呢？更新界面可要花时间(非常短)，程序是不会自动更新界面的，如果我们要更新界面的话，只要按 End 键即可刷新界面，以图 2.25 为例，按 End 键后，更新界面如图 2.26 所示。

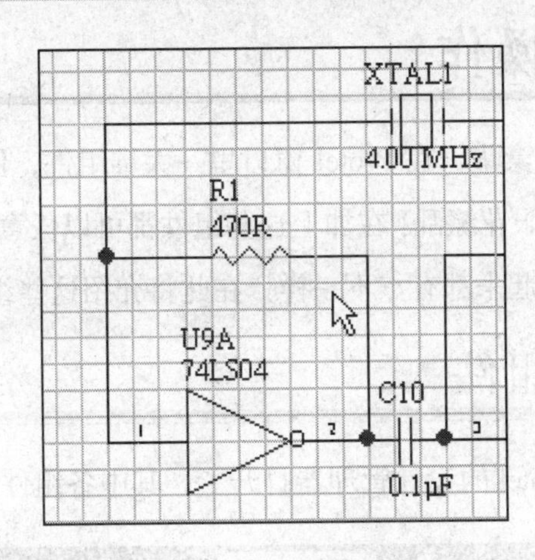

图2.26　更新界面

2-3　鼠标操作

从本书开始到现在，我们对于鼠标的操作，不但以文字叙述，还附上图示。在此将鼠标的操作整理说明如下：

单击：　将鼠标指针指向所要操作的图件、命令或按钮，再单击以选取该图件、启动该命令或按下该按钮，在此将以图标表示。

右击：　将鼠标指针指向所要操作的图件或位置，再右击，弹出其右键菜单，在此将以图标表示。

双击：　将鼠标指针指向所要操作的图件，双击，即可打开该图件的属性对话框，在此将以图标表示。

拖曳：　将鼠标指针指向所要操作的图件或位置，按住鼠标左键，移动鼠标，即可将该图件移动，或展开一个局部(局部内的图件将被选择)，在此将以图标表示。

其实，单击鼠标左键与按键盘上的 Enter 键一样，具有选择、选取或启动的功能；而右击与按键盘上的 ESC 键类似，具有放弃、取消的功能。鼠标所操作的光标，就像是我们双手的延伸，深入编辑区操作 Protel 99 SE。尽管如此，笔者还是建议，要善于利用键盘，记住一些功能键，会减少许多动作，增加操作的效率。

2-4 窗口组件操作

Protel 给人的感觉就是豪华，在 Protel 窗口里一大堆组件，例如占大面积的管理器、数量庞大的工具栏群等，让人眼花缭乱！在加上这些组件都可以任意关闭/打开，以及随处移动，所以每个人的 Protel 环境看起来都有点不一样！在此将介绍这些组件的操作。

2-4-1 认识窗口组件

如图 2.27 所示，将 Protel 的设计管理器打开了，其中各组件说明如下：

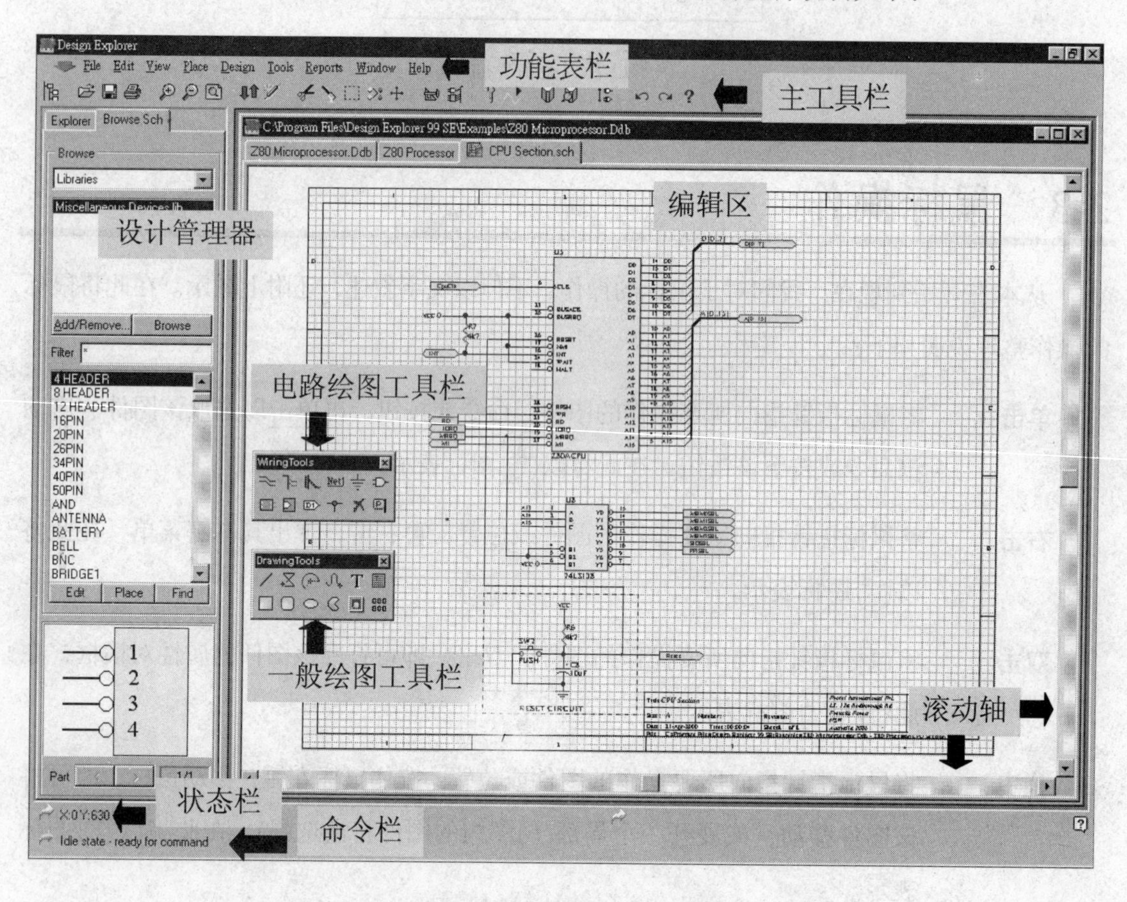

图2.27 Protel Schematic 99 SE 编辑窗口

编辑区　Protel 对于编辑区的管理是采用文件窗口的模式，一个文件(不管是原理图、PCB、网络表或数据表)就是一个窗口，依笔者的习惯，将会以鼠标指针指向该窗口右上角的 ▣ 按钮，单击鼠标左键，使编辑区最大化。

设计管理器　设计管理器的功能是管理打开的所有文件，我们可以看出各文件之间的关系，并可快速、正确地切换到所要编辑的文件。不过，除非是编辑复杂的层次式原理图，否则最好不要打开设计管理器，以免空占界面大片的位置。

菜单栏　　菜单列包括 Schematic 所有的菜单，如果在安装 Protel 99 SE 时，又安装 Sim 99 SE 的话，在此将多出一个 Simulate 菜单。

工具栏　　Schematic 提供的工具栏很多，但不太可能将所有工具栏都放在窗口中，以免占据太多空间。主工具栏是最常用的，通常是放置在菜单列下方，而一般绘图工具栏与电路绘图工具栏也常被打开。

滚动轴　　在窗口环境下，可能因为所编辑的文件(原理图)太大而无法完全展示于编辑窗口之中，我们就可以利用滚动轴来卷动文件(原理图)。通常滚动轴有负责上下卷动的垂直滚动轴及负责左右卷动的水平滚动轴。

状态栏　　Schematic 的状态栏有三个字段，通常是在窗口下方，状态栏最左边为显示光标坐标的坐标栏，中间字段显示当时可用的功能键，而右边字段依序切换显示常用的功能键。

命令行　　Schematic 的命令行通常也是在窗口下方，显示当时的命令状态，如果没有执行任意命令，也就是待命状态，此字段显示 Idle State – Ready for command。

2-4-2　切换窗口组件

如图 2.28 所示，在 Protel 窗口中，大部分的窗口组件都可以由用户打开或关闭，而切换窗口组件的开关全在 View 菜单中，其中与切换窗口组件有关的命令说明如下：

▶ 1　Design Manager：本命令的功能是设计管理器的开关，如果目前窗口中没有打开设计管理器的话，则执行本命令即可打开；同样地，如果目前窗口中已打开设计管理器，而再执行本命令，即可关闭。与单击主工具栏最左边的 按钮相同，不过，可能是程序的小缺陷吧，一般打开管理器时，其左边应该会出现 ✔，而关闭时，✔ 将消失，但本命令却没有这项功能！

▶ 2　Status Bar：本命令的功能是状态栏(显示坐标那一列)的开关，通常状态栏在窗口下方，如果目前窗口里没有打开状态栏的话，则执行本命令即可打开；同样地，如果目前窗口里已打开状态栏(本命令左边出现 ✔)，而再执行本命令，即可关闭。

▶ 3　Command Status：本命令的功能是命令行的开关，通常命令行在窗口下方，如果目前窗口里没有打开命令行的话，则执行本命令即可打开；同样地，如果目前窗口里已打开命令行(本命令左边出现✔)，而再执行本命令，即可关闭。

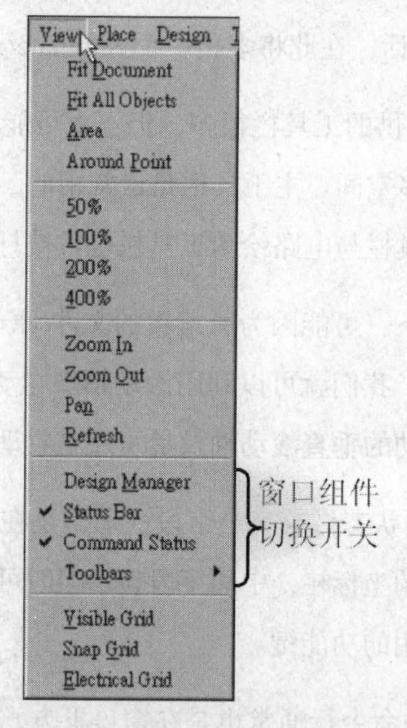

图2.28 View 菜单

▶ 4 ToolBars：本命令的功能是工具栏的开关，而 Schematic 99 SE 所提供的工具栏太多，所以还得利用一个子菜单来管理，执行本命令后，还会出现图 2.29 所示的子菜单。

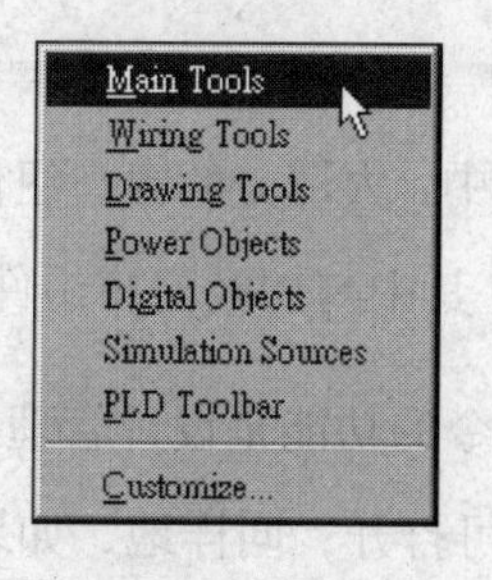

图2.29 工具栏开关

其中各项所开关的工具栏如下：

- □ Main Tools：主工具栏的开关。
- □ Wiring Tools：电路绘图工具栏的开关。
- □ Drawing Tools：一般绘图工具栏的开关。
- □ Power Objects：电源符号工具栏的开关。

- Digital Objects：数字图件工具栏的开关。
- Simulation Sources：仿真信号工具栏的开关。
- PLD Tools：数字仿真信号工具栏的开关。
- Customize…：用户自建工具栏的开关，如果没有创建工具栏，本开关就没有作用。

2-4-3　移动窗口组件

东西太多也是麻烦！是的，Schematic 99 SE 的组件的确多了一点，不过，大部分的组件都是灵活的，我们可以直接拖曳将它们移动到其他位置。设计管理器可放在窗口的左边或右边，状态栏、命令行则可拖曳到窗口的上方或下方，而最具灵活性的，莫过于工具栏了，不管是哪个工具栏，不但可以拖曳到窗口的上、下、左、右 4 个边上，还可以拖曳到编辑区里，成为一个小窗口形式的工具盘！

2-5　保存与打印

原理图编辑完成后，紧接着就是保存和打印，最后就可以关闭文件、结束程序。

2-5-1　存储图文件

保存是电路设计的基本动作，经常保存文件，以免停电、死机等非预期状态发生。而在 Schematic 99 SE 中，可以执行 File 菜单下的 Save 命令，或单击按钮即可保存。如果是第一次保存，或不喜欢原来的文件名称，可执行 File 菜单下的 Save As…或 Save Copy As…命令另存一个新的 Sch 文件，将出现图 2.30 所示的对话框。

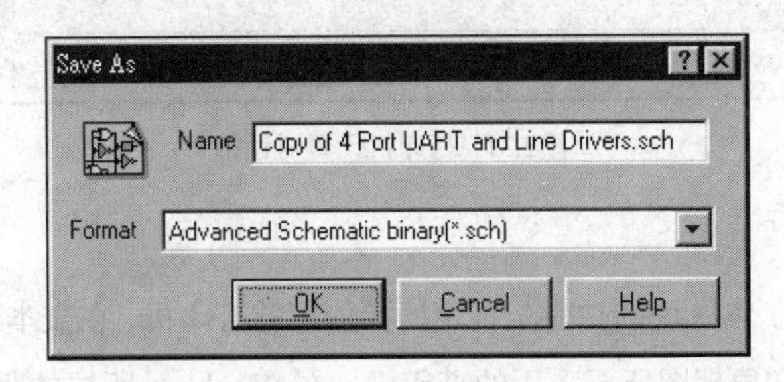

图2.30　另存为对话框

这时候可在 Name 文本框中，选择所要存储的文件名称，然后在 Format 文本框中指定所要保存的类型；最后单击 OK 按钮，即可完成存储。

如果用户刚刚选用的是 Save As…命令，则原来所编辑的文件将会被存储后关闭，而打开刚刚所设置的文件；如果选用 Save Copy As…命令，则将会另外产生一个新文件，而不改变目前所编辑的文件。

用户也可以一次把所打开的文件全都存储起来，请执行 File 菜单下的 Save All 命令，即可将它们一一保存。

2-5-2　打印原理图

当我们要打印原理图时，可执行 File 菜单下的 Setup Printer…命令，或单击 按钮，出现图 2.31 所示对话框。

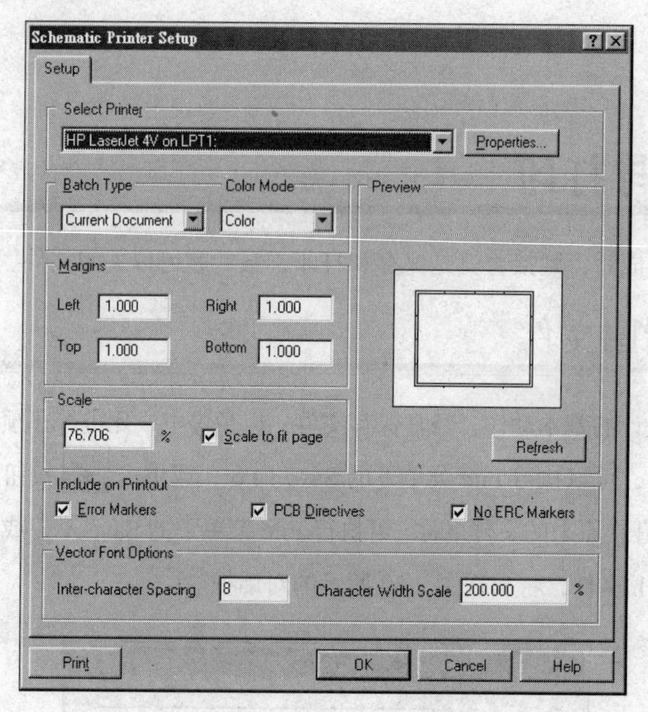

图2.31　打印机设置对话框

其中各项说明如下：

- Select Printer：本区块的功能是指定所要使用的打印机，在文本框中默认所显示的打印机正是打印原理图所要采用的打印机，在 Windows 所挂的驱动程序(含绘图机)，都会出现在此文本框中，我们可以单击文本框右边按钮，弹出下拉菜单，然后指定所要采用的打印机。另外， Properties... 按钮的功能是设置打印机的属性，如图 2.32

所示，在其预览区中可以发现，此原理图为横向原理图，而打印方向也为横式打印，是我们默认值就是横式打印吗？那可不，在这个版本的 Protel 聪明多了，它会根据原理图的方向自动调整列表机的打印方向，不错吧！如果您还是要设置打印方向，只要单击 Properties... 按钮，即可打开打印机的属性对话框，而不同的打印机驱动程序，其属性对话框就不太一样，但设置项目是差不多的，以 HP LaserJet 4V 为例，如图 2.32 所示。

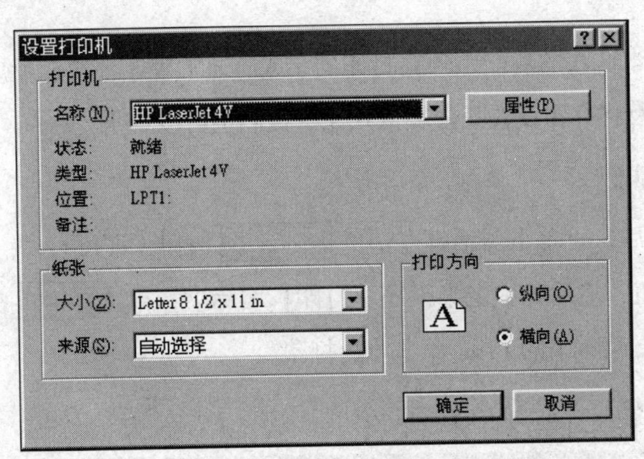

图2.32　打印机属性对话框

在纸张区块中，我们可以设置纸张大小及纸张来源，而在打印方向区块中，可以选择采用纵向或横向，最后单击 确定 按钮关闭对话框，所设置的结果也将反应到前一个对话框的预览区块中。

- □ Batch Mode：本区块的功能是设置只打印目前活动窗口内的原理图，还是打印所有打开的文件(对于打印整个层次式原理图特别方便)，其中两个选项分别是 Current Document(只打印活动窗口内的原理图)及 All Documents(打印所有打开的文件)。
- □ Color Mode：本局部的功能是打印的颜色，其中包括 Color 及 Monochrome 两个选项，Color 选项是以彩色模式打印，如果打印机是单色的，则会以灰阶色打印；Monochrome 选项是以单色模式打印。
- □ Margins：本区块的功能是设置原理图的纸边留白，其中包括 Left(左边留白)、Right(右边留白)、Top(上面留白)、Bottom(下面留白)。
- □ Scale：本区块的功能是设置打印比例，我们可以在文本框中指定所要打印的比例，如果指定的比例过大，导致无法在一张图纸中打印完成，则打印机将分页打印。如果没有把握的话，可选择 Scale to fit page 选项，让程序自动计算比例，以最大的比例将原理图放入一张图纸之中。

- Include on Printout：本区块的功能是设置原理图中的 Error Markers、PCB Directives、No ERC Markers 是否打印。
- Vector Font Options：本区块的功能是设置原理图中所采用矢量字体的选项，其中的 Inter-character Spacing 文本框是设置字间距，而 Character Width Scale 文本框是设置字宽比例。
- Preview：本区块的功能是预览打印的结果，通常程序会快速反应我们的设置，如果程序来不及将打印设置反应在区块中，我们也可以单击 Refresh 按钮，要求程序更新预览打印。

一切设置完成后，可单击对话框左边的 Print 按钮，即可打印。常有人会单击对话框右边的 OK 按钮，然后等了老半天还不打印！实际上，单击 OK 按钮只是完成设置而已，还得再执行 File 菜单下的 Print 命令才会打印。

2-5-3 关闭窗口与结束程序

当我们要关闭编辑中的原理图时，可执行 File 菜单下的 Close 命令，或单击所编辑窗口右上方的 ☒ 按钮即可关闭。如果要结束 Protel 99 SE 程序，可执行 File 菜单下的 Exit 命令，或单击 Protel 99 SE 窗口右上方的 ☒ 按钮即可关闭。

2-6 切换工作窗口

在 Protel 99 SE 环境中，我们可以同时打开多个项目数据库文件，也可以打开项目数据库文件内的所有工作文件、同时编辑多个文件。而尽管同时打开多个文件，任何时间只有一个文件处于工作状态，那个文件所在的编辑窗口，称为活动窗口。我们可以在 Window 菜单中选择活动窗口，如图 2.33所示。

由 Window 菜单可得知，目前打开了两个项目数据库文件，而动作窗口为勾选的那一项(C:\Program Files\Design Explorer 99 SE\Examples\4 Port Serial Interface.ddb-4 Port Serial Interface\ISA Bus and Address Decoding.sch)，如果要切换到哪一个窗口时，就直接在此菜单中指定即可。

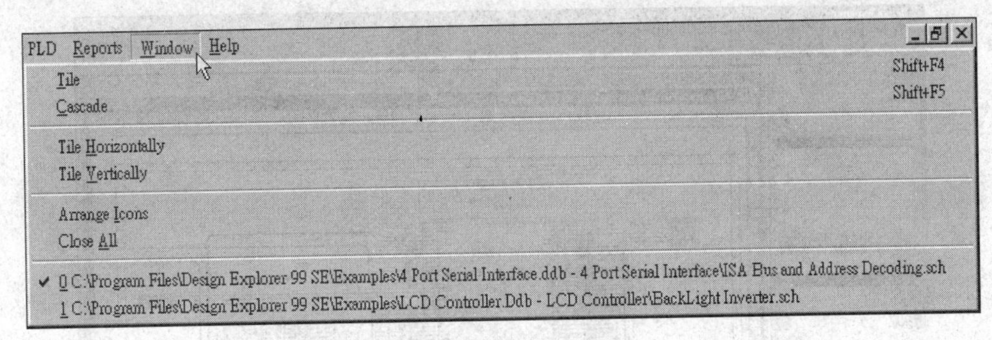

图2.33　Window 菜单

另外，对于同时打开多个窗口时，我们还可以让这些窗口整齐地排列于界面上，只要执行 Window 菜单下的 Tile 命令即可，如图 2.34 所示。当然，对于这种非重叠显示的方式，只能看个外表而已，很难进行编辑！我们可改以重叠显示的方式，只要执行 Window 菜单下的 Cascade 命令即可，如图 2.35 所示。

对于打开多个文件及其间的切换，通常一个文件被打开后，就不能再被重复打开，可是，如果从软盘打开文件就不见得了！由于笔者要求把文件存在自己的软盘中，所以读取文件时也是从软盘读取，所以经常有学生不知道如何切换到已打开的窗口，而直接再打开该文件，导致同一个文件被打开了好多次！这种情况将导致许多不可预期的错误，可千万不要这样做！

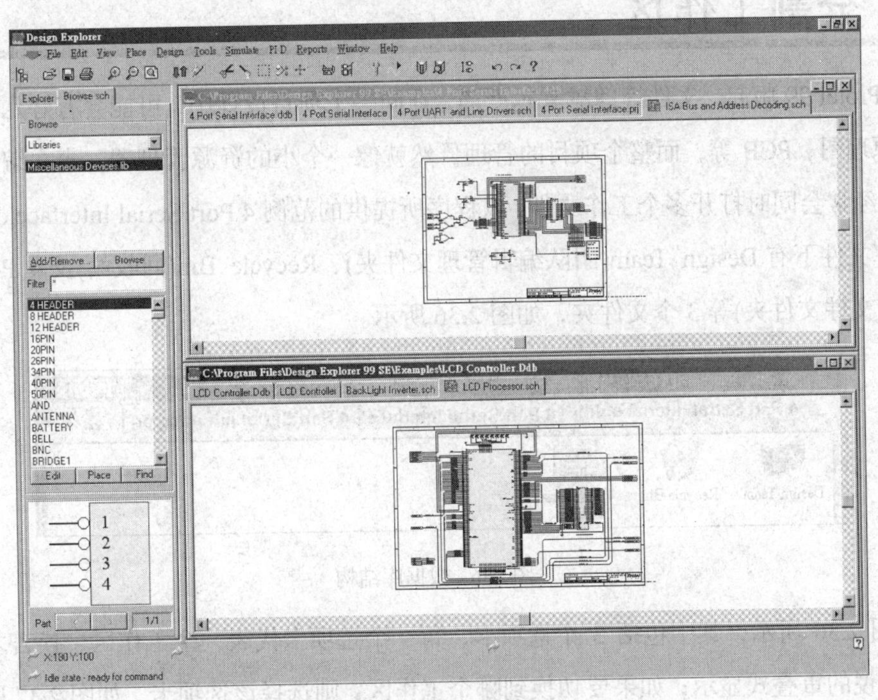

图2.34　非重叠显示

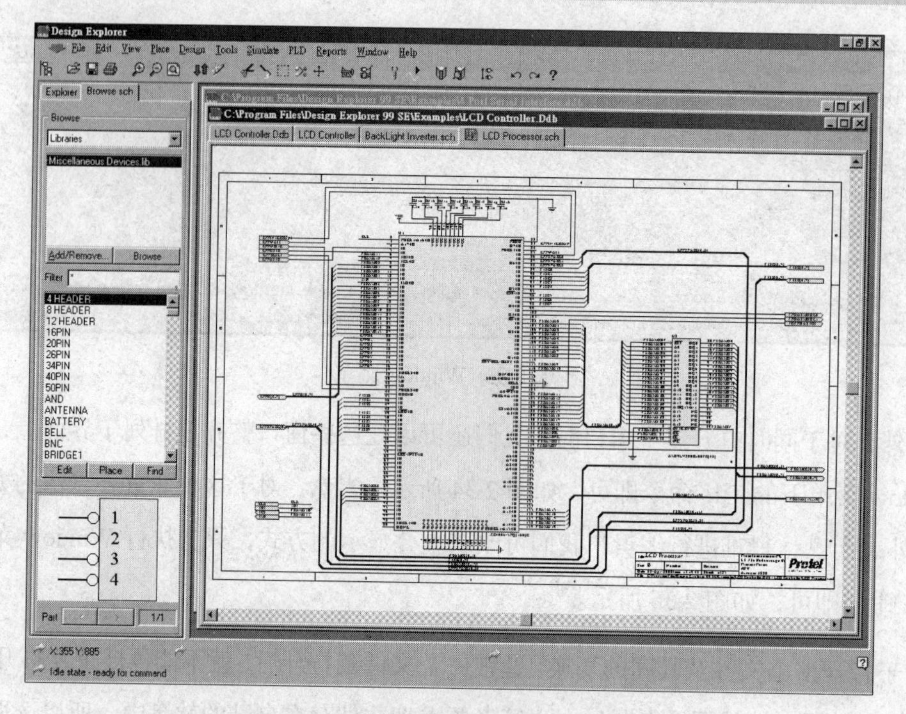

图2.35　重叠显示

2-7　分割工作区

从 Protel 99 版起，文件管理越来越严谨，在同一个项目设计中，可能会有好几个工作文件，如原理图、PCB 等，而整个项目的管理俨然就像一个小的资源管理器。当在编辑同一个项目时，经常会同时打开多个工作文件，以程序所提供的范例 4 Port Serial Interface.ddb 而言，在数据库文件下有 Design Team(团队编辑管理文件夹)、Recycle Bin(回收站)及 4 Port Serial Interface(文件文件夹)等 3 个文件夹，如图 2.36 所示。

图2.36　数据库结构

如图 2.36 所示，其中包括 3 个选项卡，每一个选项卡代表一个工作区，换言之，有点像前面所说的重叠式显示；如果要切换到哪个工作区，则选择该选项卡，如图 2.37 所示，切换到 4 Port Serial Interface 工作区。

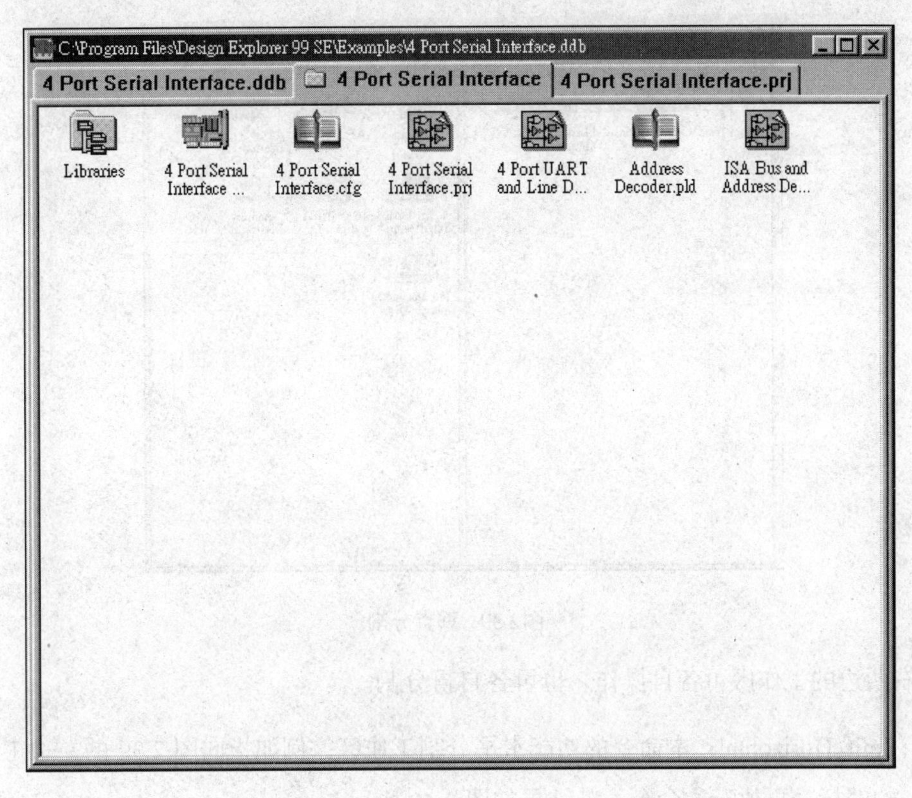

图2.37　4 Port Serial Interface 工作区

在这个项目里，有原理图、PCB、PLD、元件库等，光是原理图就有好几个。当然，我们可以同时打开多个原理图的工作区，而同时打开的工作区，也可以采用类似非重叠的显示方式，将它们同时放在窗口中，这种类似非重叠的显示方式就是利用工作区分割的方式。当我们要分割工作区时，则鼠标指针指向标签，右击鼠标，即可弹出右键菜单，如图 2.38 所示。

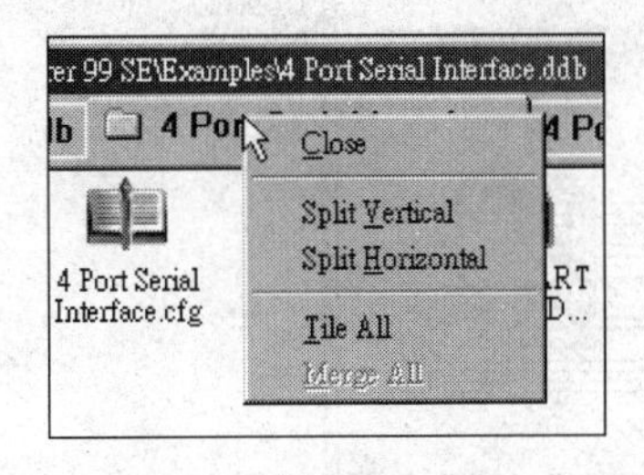

图2.38　工作区操作快捷菜单

其中的命令说明如下：

- Close：本命令的功能是关闭所指标签页的工作区。
- Split Vertical：本命令的功能垂直分割工作区，其结果如图 2.39 所示。

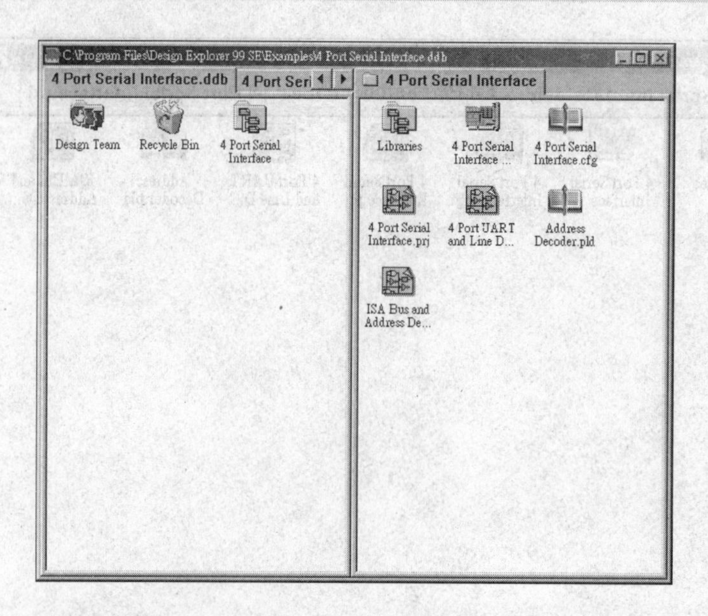

图2.39　垂直分割

左右两边的工作区可各自操作，也可各自再分割。

- Split Horizontal：本命令的功能水平分割工作区，例如指向图 2.39 的左边工作区上的图标，再执行本命令，其结果如图 2.40 所示。

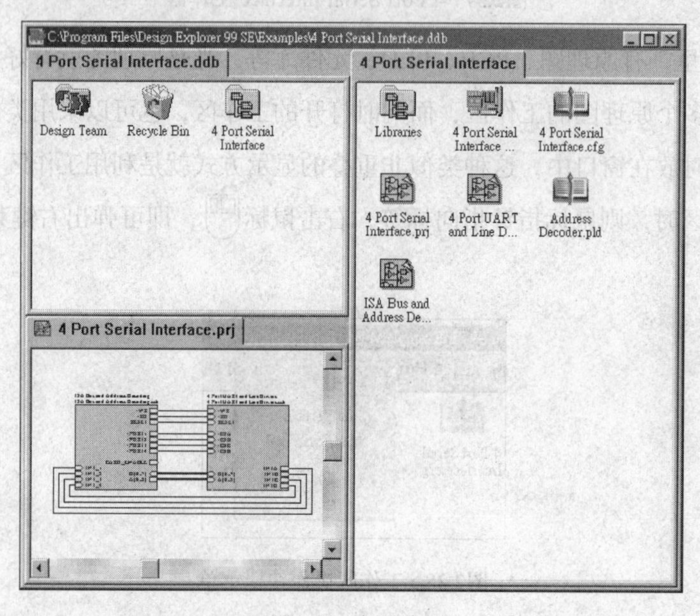

图2.40　水平分割

- Tile All：本命令的功能是将所有已打开的工作区，全部放置于各分割区中，如图 2.41 所示。

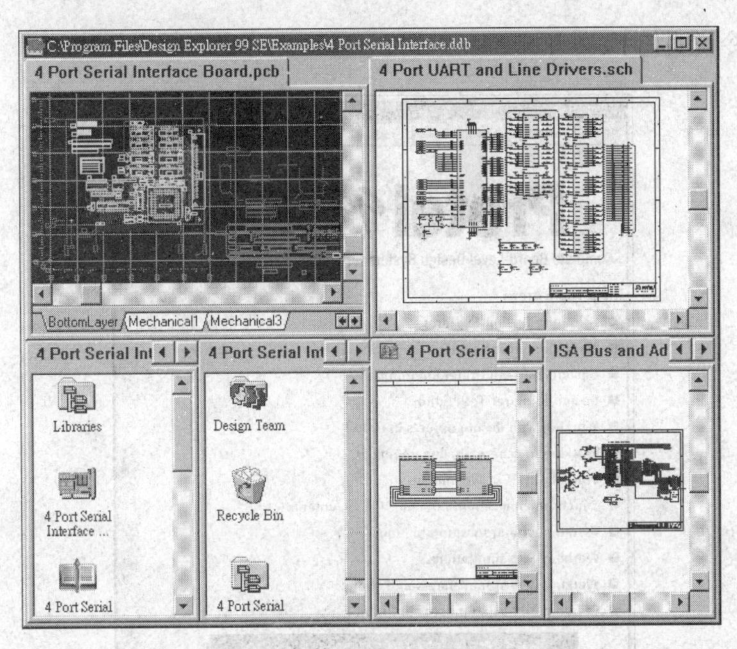

图2.41　全部展现

□　Merge All：本命令的功能是关闭所有分割区，而变成类似重叠显示的方式。

2-8　辅助说明

面对这庞大的软件，常会让人不知所措！当然，有老师在旁边的话，直接问老师就好了！手边有参考书籍的话，翻阅书籍也是一种方法。不过，老师或书籍都不太可能“随身携带”，所以必须找出自行解决问题的办法！Protel 99 SE 所提供的在线辅助说明，就是一项不错的解决办法！Protel 99 SE 所提供的在线辅助说明还算完整，当我们要执行在线辅助说明时，可执行 Help 菜单，如图 2.42 所示。

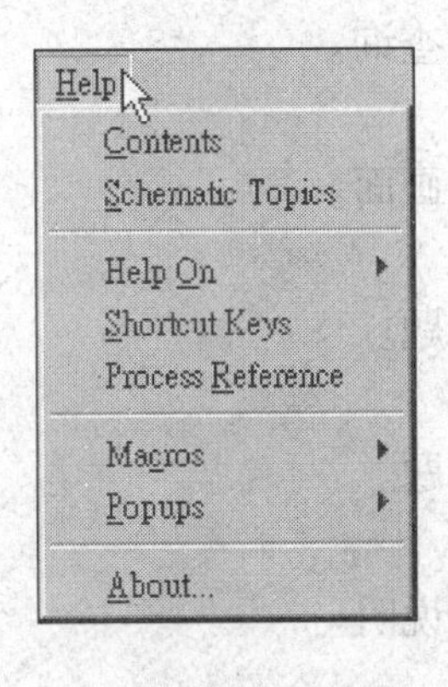

图2.42　Help 菜单

其中各命令说明如下：

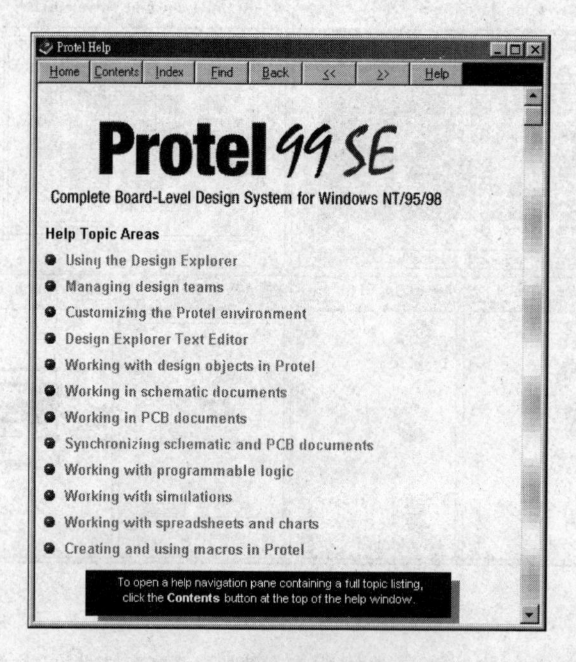

图2.43 辅助说明窗口主界面

□ Contents：本命令的功能是进入在线辅助说明的主界面，屏幕出现图 2.43 所示的辅助说明窗口，我们也可以按 F1 键或 ? 按钮打开这个窗口。在辅助说明窗口上方有 8 个按钮，说明如下：

Home：回辅助说明的主画面。

Contents：按各项说明主题的目录，逐层查询。

Index：按索引查询。

Find：按指定的字符串查询。

Back：回到上一个说明画面。

<<：到上一个说明标题。

>>：到下一个说明标题。

Help：辅助说明的使用说明。

不论单击 Contents 按钮或 Index 按钮，在辅助说明的主界面左边均会出现 Protel Help Contents 的窗口，如图 2.44 所示；而左下方的 Find 与 Index 标签，都跟上述按钮的结果相同。

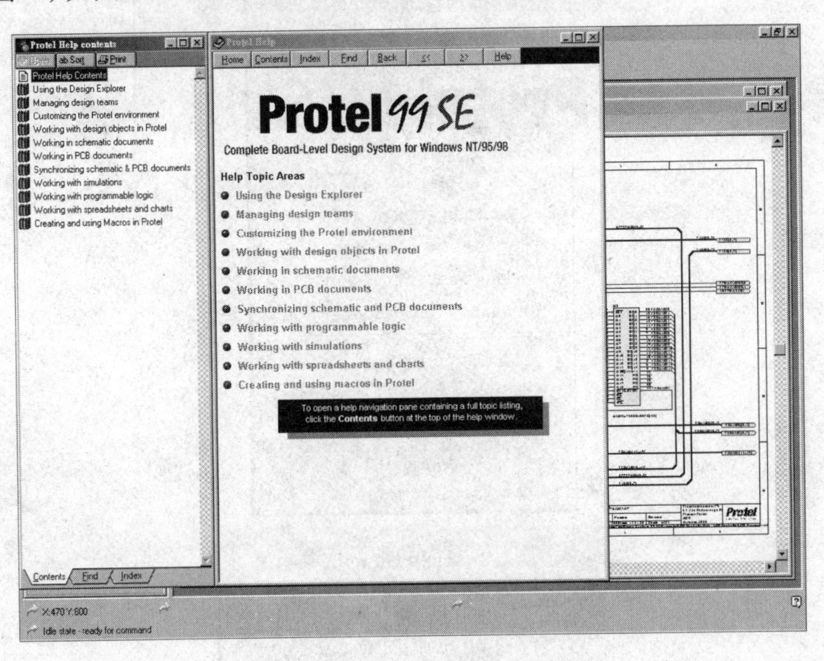

图2.44　辅助说明的全貌

在右边窗口里，显示所查询主题下的各项说明次主题(绿色字)或其说明，我们可指向所要查询的次主题上，鼠标指针将变成手状，单击鼠标左键即可进入该次主题。依此类推，一层层地进入查询。如果要结束查询，只要单击辅助说明窗口右上角的 ☒ 按钮即可。

- □ Schematic Topics…：本命令的功能是直接打开 Schematic 的辅助说明主题。
- □ Help On：本命令的功能是列出几个常会用到的说明主题，执行本命令后立即拉出所属的二级菜单，如图 2.45 所示。
- □ Shortcut Keys：本命令的功能是显示关于快捷键的说明主题。
- □ Process Reference：本命令的功能是查询 Protel 99 SE 各程序模块的功能及用法，执行本命令后，出现图 2.46 所示的窗口，在此窗口中，程序模块单击名称字母顺序排列，我们可指向所要查询的名称上，鼠标指针将变成手状，单击鼠标左键即可显示该程序模块的说明。如果要结束查询，只要单击辅助说明窗口右上角的 ☒ 按钮即可。

Document Options
Schematic Design Objects
Schematic Components
Schematic Libraries
Wiring up a Schematic
Design Verification
Preparing for PCB Layout
PCB Syncronization

Simulation Topics
Preparing the Schematic
Setting up for Simulation
Running a Simulation

PLD Design Topics
Schematic-based PLD Design
Configuring the Compiler
PLD Design Tutorial
PLD Reference

图2.45　Help On 的次菜单

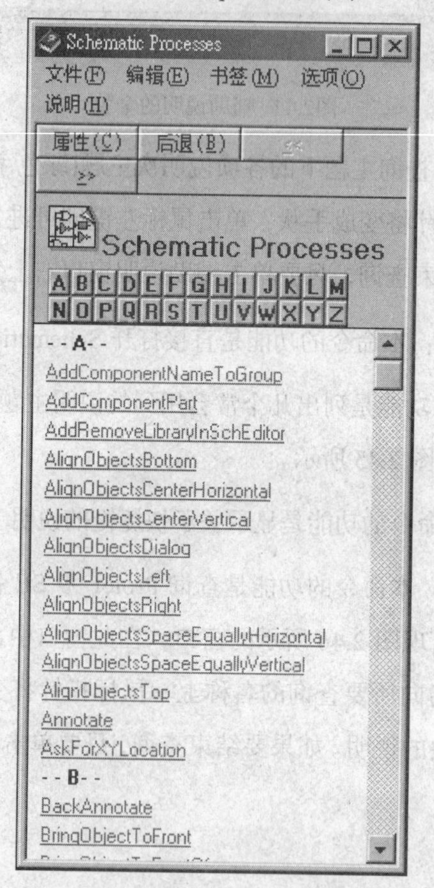

图2.46　查询程序模块的功能及用法

□　Macros：本命令的功能是展示程序所提供的宏指令，程序收集 5 个宏指令，如图 2.47 所示。

图2.47　宏指令

其中的 Circuit Wizard 项是执行自动绘制一个 RC 积分电路；Circuit Wizard 项是执行自动绘制一个 RC 积分电路；Quick Copy 项是执行快速元件复制(蛮不错的)；Clear Inside 项是执行局部删除(不会确认直接删除)；Ask Clear Inside 项是执行局部删除(确认后删除)；Reference 项是打开宏指令的辅助说明窗口。选择其中一个宏指令，即可直接执行之。

□　Popups：本命令的功能是展示所有程序提供的快捷菜单，如图 2.48 所示。

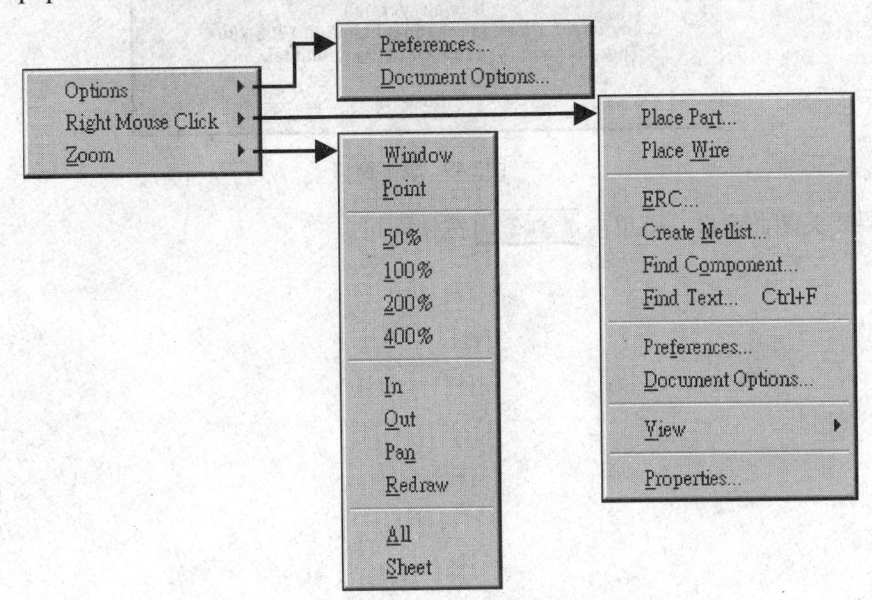

图2.48　Schematic 的三个快捷菜单

按 O 键弹出 Options 快捷菜单：其中的 Preferences 选项是执行系统设置命令；Document Options...选项是工作底图的规格及相关信息设置。

右击，弹出 Right Mouse Click 快捷菜单：其中的 Place Part...是执行放置元件命令；Place Wire 是执行连接导线命令；ERC...是执行电路检查命令；Create Netlist...是执行创建网络表命令；Find Component...是执行查找元件命令；Find Text...是执行查找文字命令；Preferences...

是执行系统设置命令；Document Options…是执行环境设置命令；View 是执行窗口缩放命令；Properties…是打开属性对话框。选择其中一个命令，即可直接执行该命令。

按 Z 键弹出 Zoom 快捷菜单：可选用屏幕的视图命令。

□ About…：本命令的功能是展示 Protel 99 SE 的版本窗口，如图 2.49 所示。

图2.49 版本窗口

如果要关闭此窗口，则单击 Close 按钮即可。

第 2 篇　电路绘图篇

▶ 第 3 章

零件操作

▶困难度指数：☺☺☺☺😐😐

▶学习条件：　基本窗口操作

▶学习时间：　75 分钟

本章纲要

1.加载/卸载零件库

2.查找零件

3.取用零件

4.零件操作

5.零件属性编辑

6.点取与选取

7.自动编号

在原理图中有两大主角，就是元件和导线。当然，先有元件才能连接导线，所以画原理图的第一步就是放置元件。在 Schematic 99 SE 中，元件的操作可是多彩多姿，而程序所提供的元件又多如牛毛，一时之间，还真不知从哪里下手！本单元就是要来介绍如何玩转元件！

3-1　加载/卸载元件库

元件在哪里？元件在元件库里！如要调用元件，必须先将该元件库加载到程序里。当要加载元件库或卸载元件库时，最直接的方式是从设计管理器上方的 Library 区域着手，其中的字段正显示目前所加载的元件库。当安装 Protel 99 SE 程序及 SP6 补丁时，程序默认加载 Miscellaneous Devices.ddb\Miscellaneous Devices.lib 元件库。而不管是要加载元件库或卸载元件库，都可在设计管理器的 Browse Sch 选项卡中，选择 Libraries 选项，再单击 dd/Remove 按钮；嫌麻烦或没有打开设计管理器的用户，也可单击主工具栏里的 按钮，即可打开图 3.1 所示的对话框。

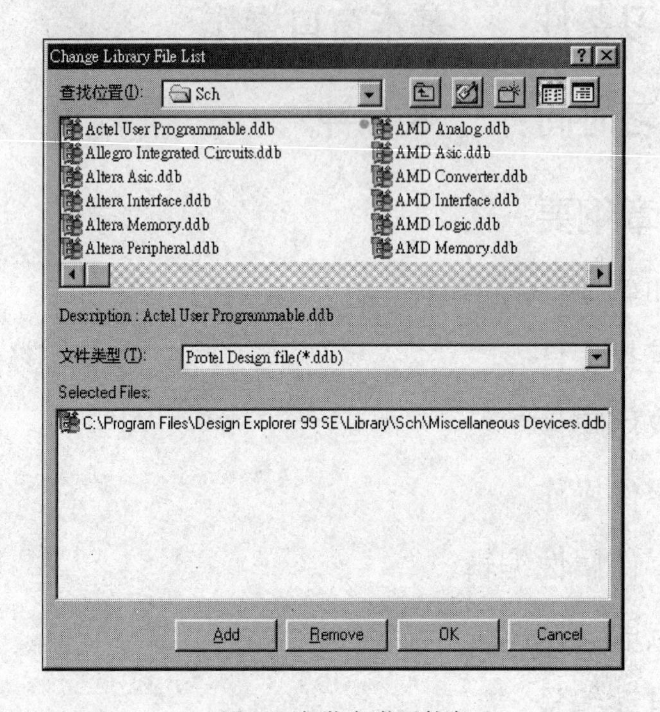

图3.1　加载/卸载元件库

程序所提供的原理图元件库在 C:\Program Files\Design Explorer 99 SE\Library\Sch 路径里，按半导体厂商及功能特性来分类，有些厂商只提供一个元件库，有些厂商则提供多个元件库，像 CPU 大厂 Intel 公司就有好几个元件库文件。此外，有个比较特殊的元件库文件 Protel DOS Schematic Libraries.ddb，其中所包含的元件库为 Protel Schematic DOS 版的元件库，以方便 DOS 版的用户。

如图 3.2 所示，如果我们要加载 C:\Program Files\Design Explorer 99 SE\Library\Sch 路径里的元件库 Intel Databooks.ddb，则只要在对话框上方的区域中，找到该元件库，以鼠标指针指向该元件库，双击，即可将该元件库复制到对话框下方的 Selected Files 区域。

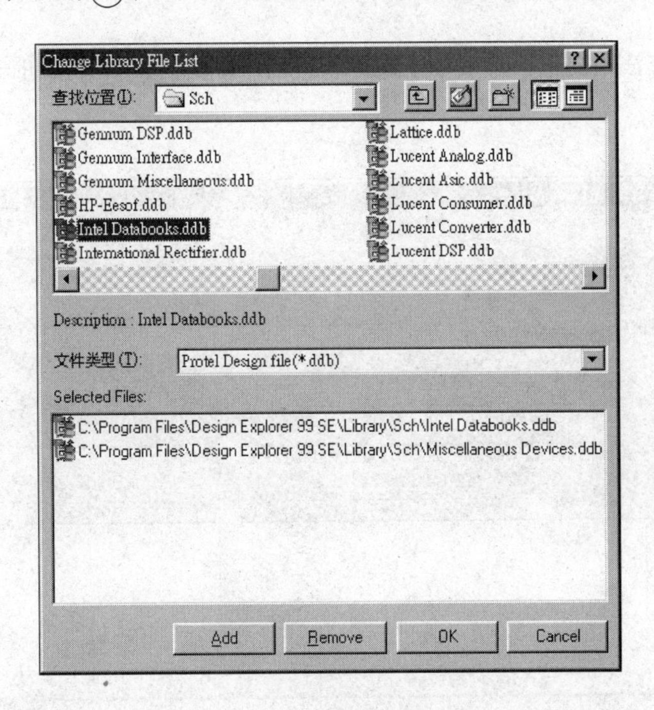

图3.2　加载元件库

如果要一次加载多个元件库，例如要把 AMD Analog.ddb 及 Motorola Databooks.ddb 也一并加载上，可指向 AMD Analog.ddb，单击，使之成为蓝底白字；然后按住 Ctrl 键，再指向 Motorola Databooks.ddb，单击，则这两个元件库都成为蓝底白字；以同样的方法，要选多个元件库，就选多少个元件库，最后单击 Add 按钮即可将所指定的元件库，全部复制到 Selected Files 区域。

如果要将已加载的元件库卸载，则可在 Selected Files 区域指定所要卸载的元件库，然后单击 Remove 按钮，则该元件库将从 Selected Files 区域消失。而所有加载/卸载元件库的动作完成后，单击 OK 按钮即可关闭对话框。所加载上的元件库将反应在设计管理器上方的 Library 区域中。

3-2　查找元件

虽然 3-1 节介绍了如何加载/卸载元件库，可是哪个元件库才是我们所要使用的元件库呢？我们所要调用的元件到底在哪里呢？不知道的话，可以利用程序所提供的查找元件功能，看看元件在哪里！

查找元件的方法很简单，只要单击设计管理器中间的 Find 按钮，将出现图 3.3 所示对话框。

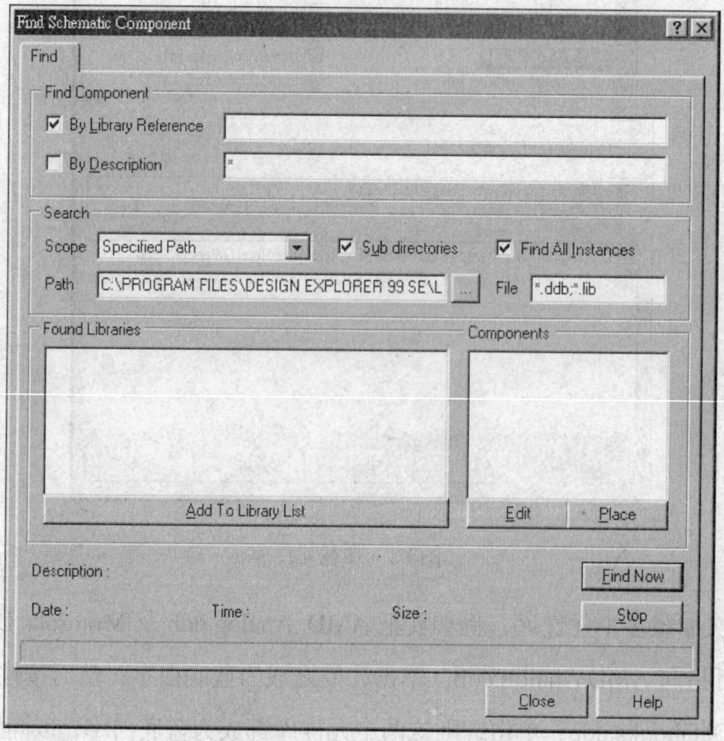

图3.3　查找元件对话框

紧接着在 Find Component 区域里指定所要查找的元件，而指定的方式有两种，第一种是按元件名称查找，另一种是从元件描述字段(Description)里的数据查找。

如果要按元件名称查找，则先选择 By Library Reference 选项，使其左边出现勾选，然后在其右边的文本框中指定所要查找元件的名称，而元件名称的指定并不一定要很明确，我们可利用万用字符(?、*)，代替不确定的字符，例如要查找一个 8255，我们就可以输入*8255*，程序就会帮我们找出元件名称里有 8255 的元件。

如果要从元件描述中的数据查找元件，则先选择 By Description 选项，使其左边出现勾，然后在其右边的文本框中指定所要查找元件描述文字，而文字的大小不同，且可利用万用字符(?、*)，例如要查找一个与非门(NAND)，我们就可以输入*nand*，程序就会帮我们找出与非门的元件。

指定所要查找的元件名称或文字后，在 Search 区域中指定查找的范围，其中包括下列选项：

- □ Scope：本文本框中选项的功能是设置查找路径，其中包括三个选项，Specified Path 选项是按 Path 文本框所指定的路径查找，如果 Path 字段没有指定任何路径的话，程序将由目前操作元件库的路径中查找，Listed Libraries 选项是从加载上去的元件库中查找，All Drivers 选项是查找所有磁盘。为了节省查找的时间，通常我们是指定 Specified Path 选项。
- □ Sub Directories：本选项的功能是设置连同指定路径下的子目录也一并查找。
- □ Find All Instances：本选项的功能是设置找出所有符合查找条件的元件。如果不指定本选项，则程序在找到第一个符合查找条件的元件后，即停止查找。
- □ Path：本字段的功能是设置查找的路径。如果本字段没有指定任何路径的话，程序将由目前操作元件库的路径中查找。
- □ File：本字段的功能是设置查找的文件种类，Schematic 98 的元件库延伸文件名为.lib，所以在此指定*.lib。

一切指定完成后，单击 Find Now 按钮程序即开始查找，并把符合条件的元件列在 Components 区域，而其所属元件库列于 Found Libraries 区域，以刚才所要查找的*8255*为例，其结果如图 3.4 所示。

其中有三个元件库中，含有符合条件的元件，在 IntelDatabooks.ddb\IntelPeripheral.lib 元件库中，有 8255A、8255A-5 两个元件符合条件；我们可以在 Found Libraries 区域里，选择 Protel DOS Schematic Intel.LIB，则 Components 区域中，立即显示在该元件库里符合条件的元件(8255)。

如果要把其中一个元件库加载上，则在 Found Libraries 区域选择那个元件库，再单击 Add To Library List 按钮，即可加载该元件库。如果要调用其中的元件，则在 Components 区域中选择该元件，再单击 Place 按钮，即可关闭该对话框，并取出该元件，该元件将呈现浮动状态，随着鼠标指针移动，单击鼠标左键，即可将它固定。

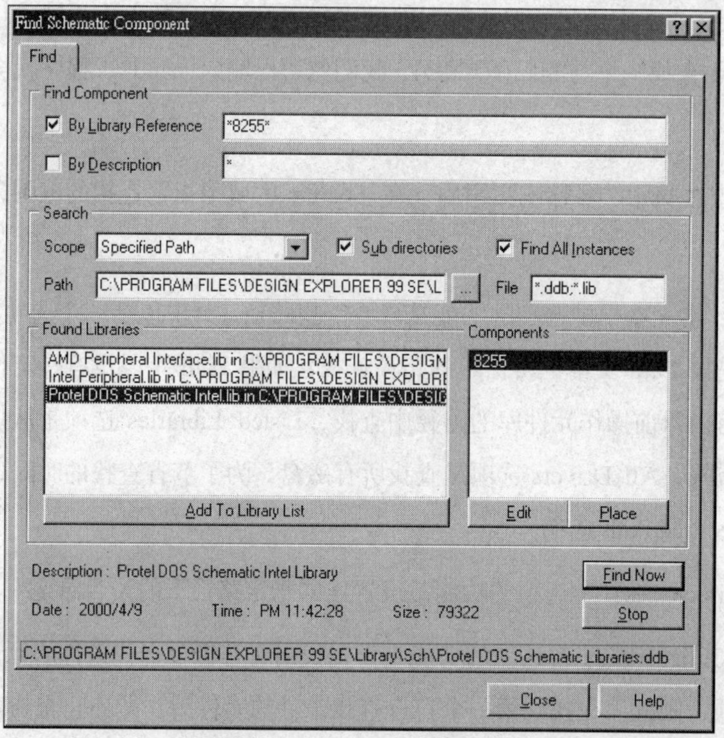

图3.4　完成查找

如果要关闭查找元件对话框，只要单击 Close 按钮即可。

尽管 Schematic 99 SE 提供相当不错的元件查找功能，但大家还是会问，究竟这个元件库里包含哪些元件？是什么样的？我们不可能将所有元件图列出(程序提供了上万个元件)，下面仅介绍部分元件。

3-3　调用元件

刚才在介绍如何查找元件时，也附带地说明如何调用查找到的元件；但千万不要以为每次调用元件时都得先查找元件！在 Schematic 99 SE 中，调用元件的方法很多，在此将介绍几种常用的方法。

3-3-1　由管理器调用

设计管理器不但可以浏览、调用元件，还可以进入编辑元件，不过还是以调用元件较为常用！当我们要从设计管理器调用元件时，首先在 Library 区域中指定所要调用元件所属的元件库，则该元件库中的元件名称将在 Components In Library 区域中列出。如果这个元件库里的元件很多，我们可以在 Filter 文本框中，指定显示的条件，例如只要显示 R 开头的元件，则在 Filter 字段里输入 r*即可。在 Components In Library 区域中，指定所要调用元件的元件名称，再单击 Place 按钮，即可调出该元件，该元件将呈现浮动状态，随鼠标指针而动，如图 3.5 所示。

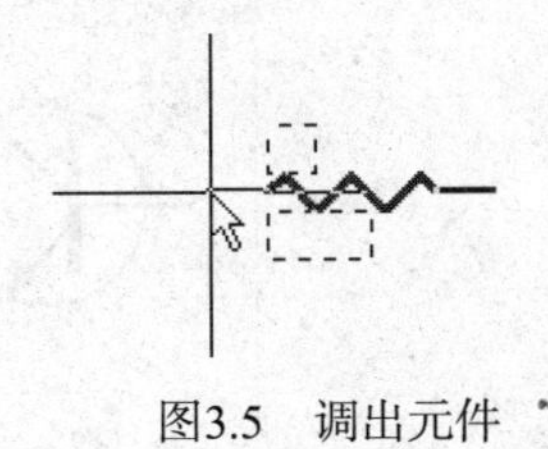

图3.5　调出元件

将该元件移至目的地后，单击鼠标左键，即可将它固定在该处，如图 3.6 所示。

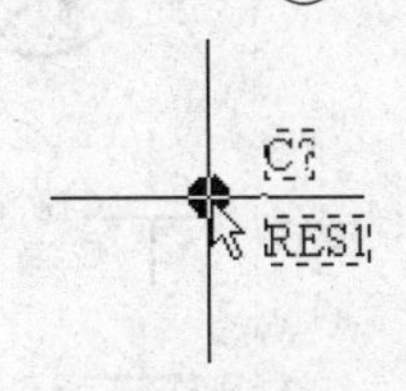

图3.6　放置一个元件

同时，又浮现一个完全一样的元件，随鼠标指针而动，我们可以连续放置下一个相同的元件。如果不想继续放置该元件，则按 ESC 键结束放置元件状态。

很明显，利用这种方式可以连续调用相同的元件，不过必须打开设计管理器，才能使用这种方式；另外，我们也得知道所要调用的元件究竟属于哪个元件库，才能精确地调用该元件。

在 Miscellaneous Devices.ddb 中有几个常用的元件，其元件名称说明如下：

元件	元件名称	元件图
电阻	RES1	R? RES1
电阻	RES2	R? RES2
半固定电阻	RES3	R? RES3
半固定电阻	RES4	R? RES4

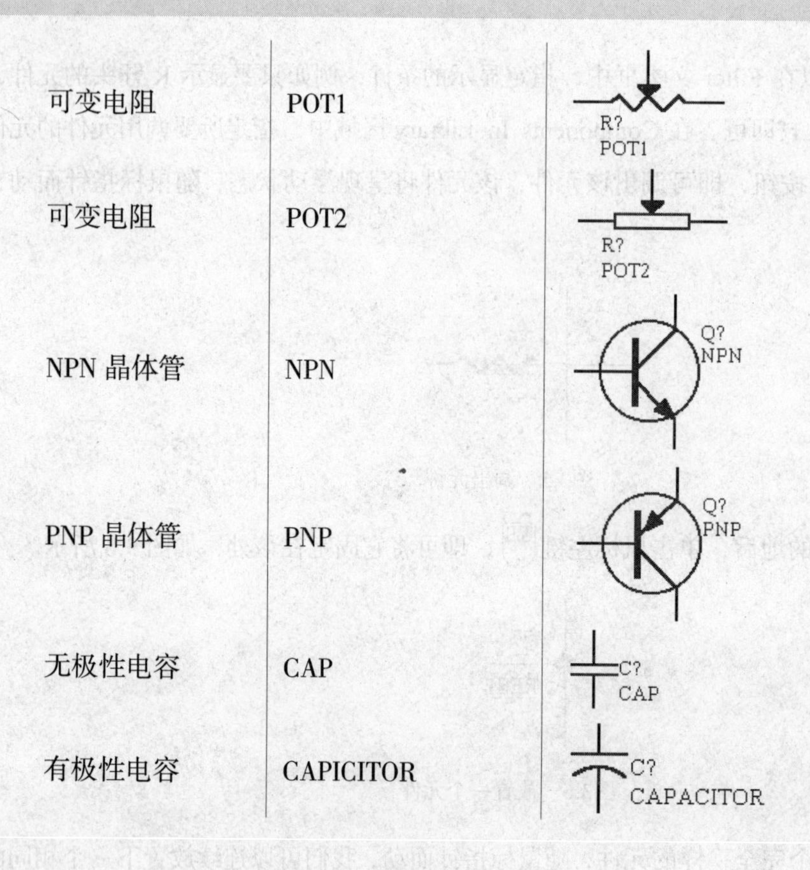

可变电阻	POT1	R? POT1
可变电阻	POT2	R? POT2
NPN 晶体管	NPN	Q? NPN
PNP 晶体管	PNP	Q? PNP
无极性电容	CAP	C? CAP
有极性电容	CAPICITOR	C? CAPACITOR

3-3-2　由工具栏调用

当我们把想用的元件库加载好后，为了增加编辑区的面积，通常会把设计管理器关闭！关闭设计管理器后，调用元件还是很容易，在电路绘图工具栏里，按钮就是用来调用元件的！当我们要调用元件时，首先单击按钮，弹出图 3.7 所示的对话框。

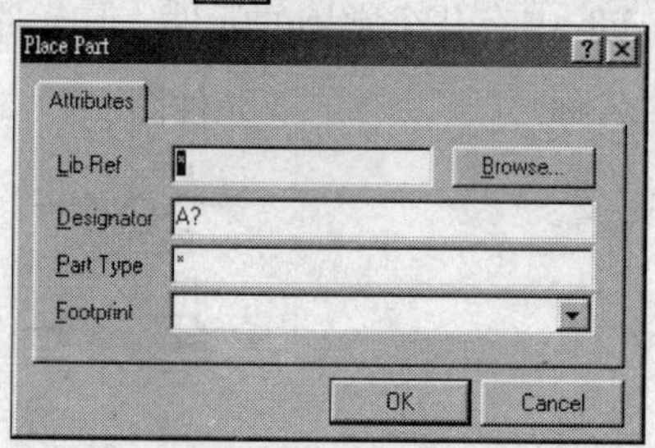

图3.7　调用元件对话框

这个对话框和先前版本不一样，功能增加很多！请在文本框中输入所要调用元件的名称，例如要调用一个电阻，则在 Lib Ref 文本框中输入“RES1”(大小写不拘)，然后在 Designator 文本框中指定元件序号，例如第一个电阻就给 R1、第二个电阻就给 R2……如果不知道第几个电阻，就指定为 R？即可，此外可以在 Part Type 及 Footprint 文本框分别输入电阻值及 PCB 的元件封装；最后再单击 OK 按钮，即可取出该电阻，而该电阻将呈现浮动状态，随鼠标指针而动，将它移至目的地后，单击鼠标左键，即可将它固定。同时，屏幕又恢复类似图 3.7 所示的对话框，我们可以再调用电阻，或重新指定元件名称，依前述步骤，继续调用元件。如果不想再调用元件，可单击 Cancel 按钮或按 ESC 键，即可脱离调用元件状态。

如果不知道要调用元件的名称，可以在如图 3.7 所示调用元件对话框中单击 Browse... 按钮，即可浏览元件的外观，如图 3.8 所示。

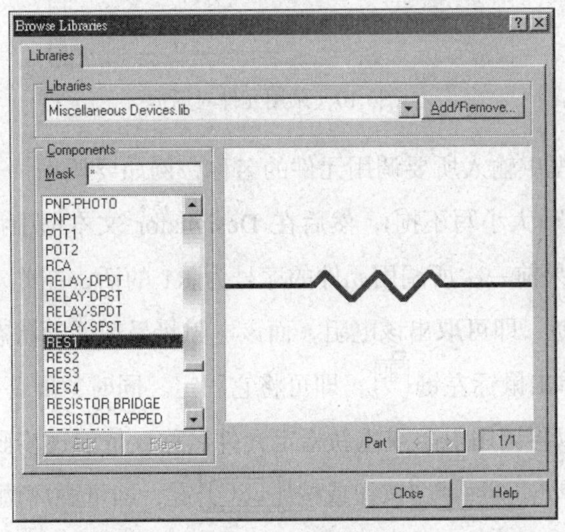

图3.8　浏览元件外观

我们可在 Libraries 区域中，指定所要浏览的元件库，也可单击 Add/Remove... 按钮进入加载/卸载元件库(详见 3-1 节)。接着在 Components 区域中指定元件名称指定元件之后，单击 Close 按钮，元件数据即返回前一个对话框，如图 3.9 所示。

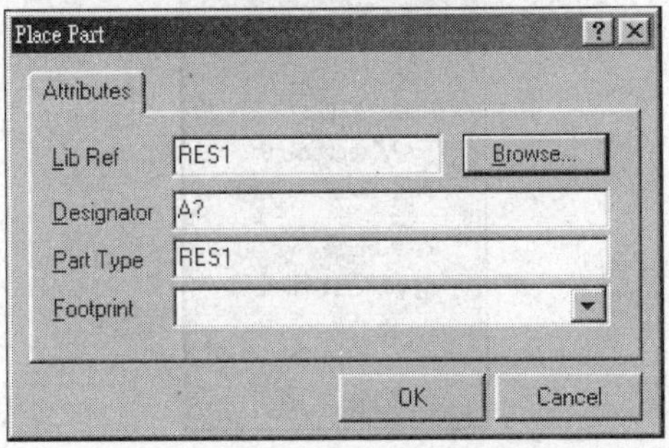

图3.9　调用元件

再输入其他相关数据，最后同样地再单击 OK 按钮，即可调出该电阻。

3-3-3　由菜单调用

Schematic 99 SE 的所有功能都可以从菜单启动，调用元件也是如此！当我们要调用元件时，则执行 Place 菜单下的 Part...命令，出现图 3.10 所示的对话框。

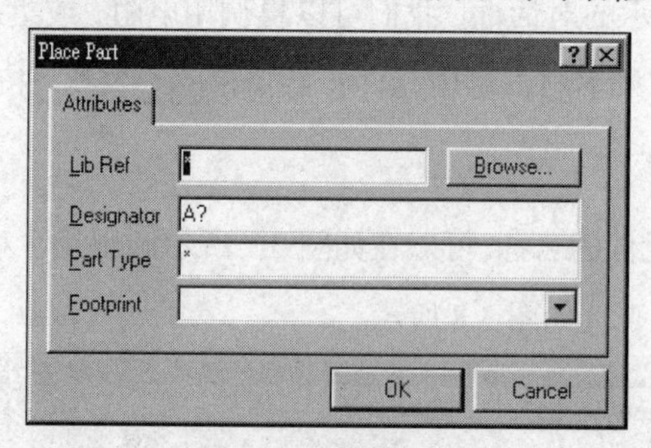

图3.10　调用元件对话框

同样地，在文本框中输入所要调用元件的名称，例如要调用一个电阻，则在 Lib Ref 文本框中输入“RES1”(大小写不拘)，然后在 Designator 文本框中指定元件序号，例如第一个电阻就给 R1，如果前一次所调用元件的序号为 R1 的话，在此对话框中程序将自动变成 R2。单击 OK 按钮，即可取出该电阻，而该电阻将呈现浮动状态，随鼠标指针而动，将它移至目的地后，单击鼠标左键，即可将它固定。同时，屏幕又恢复类似图 3.10 所示的对话框，我们可以再调用电阻或重新指定元件名称，依前述步骤继续调用元件。如果不想再调用元件，可单击 Cancel 按钮或按 ESC 键，即可脱离调用元件状态。

当然，要把每个菜单下的命令都背下来几乎是不可能的！所以程序收集最常用的命令放置在高速缓存菜单中，我们只要在待命状态下(命令行显示 Idle state-ready for command)，鼠标指针指向编辑区，右击，即可弹出快捷菜单，如图 3.11 所示。

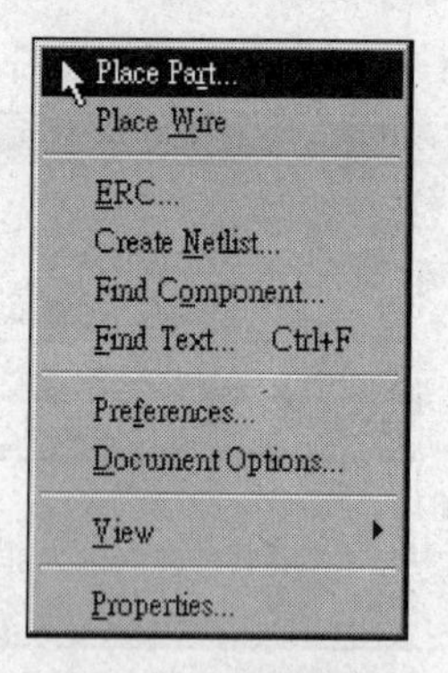

图3.11　快捷菜单

其中第一个命令 Place Part...，就是调用元件的命令，与 Place 菜单下的 Part...命令完全一样！

3-3-4　按快捷键调用

其实真正的高手是不用设计管理器和工具栏，也不必使用右键菜单的！虽然刚才所介绍的快捷菜单是一个不错的 Idea，而直接按功能键更是漂亮！

笔者一直主张双手并用，右手抓鼠标、左手敲键盘，也就是把一些常用的功能键交给左手负责，不但可以减少右手的负担，还可大大提升工作效率，这才像是高手嘛！

当我们要调用元件时，最快的方法莫过于按 P 、 P 键(即 Place/Part)，立即出现图 3.10 所示的对话框，此后的操作与前几种调用元件的方法一样，在此不赘述。

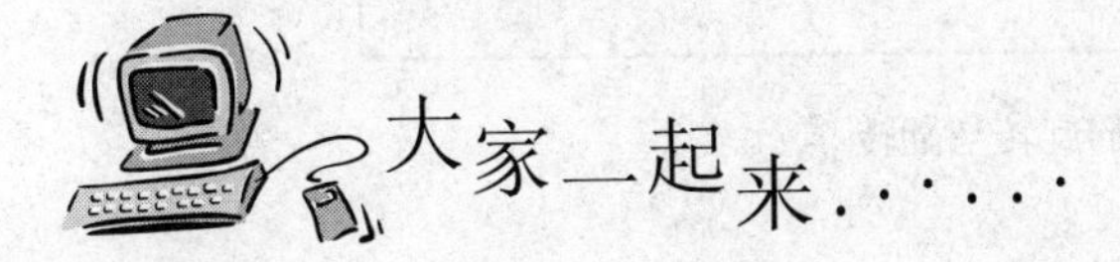

请按图 3.12 练习元件的调用，并存成 Chapter3.Ddb\PT3-1.sch 文件。

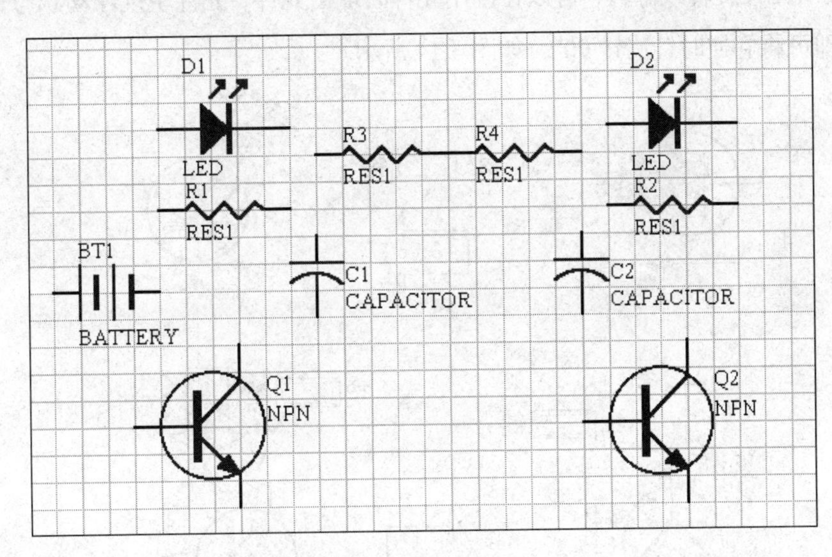

图3.12　调用元件练习

3-4　元件的旋转与翻转

在 Schematic 99 SE 中，元件不但可以旋转还可以翻转，以晶体管为例，如图 3.13 所示。

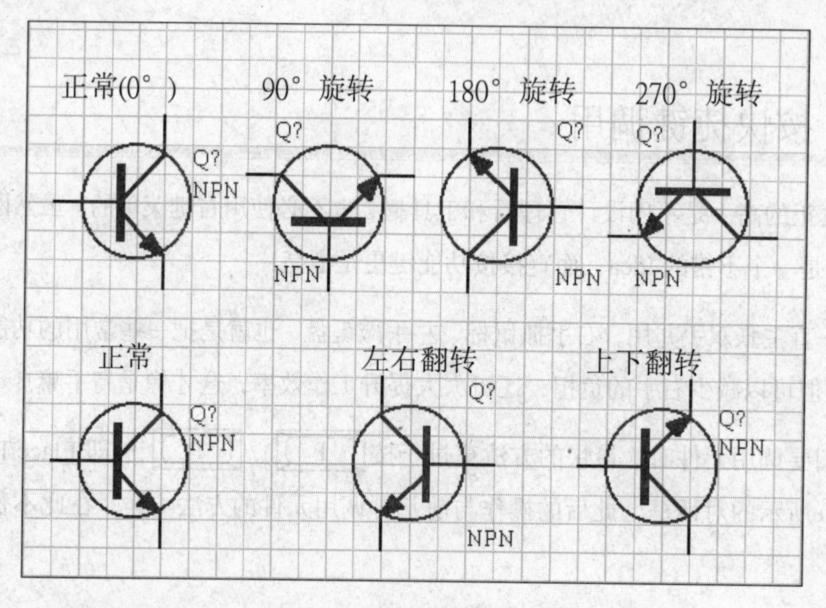

图3.13　元件的旋转与翻转

当然，元件可以同时翻转又旋转！

如果要对元件旋转或翻转，可以在调用元件时取出元件，元件呈现浮动状态，每按一次［　］键即可将它逆时针旋转 90°，如图 3.14 所示。

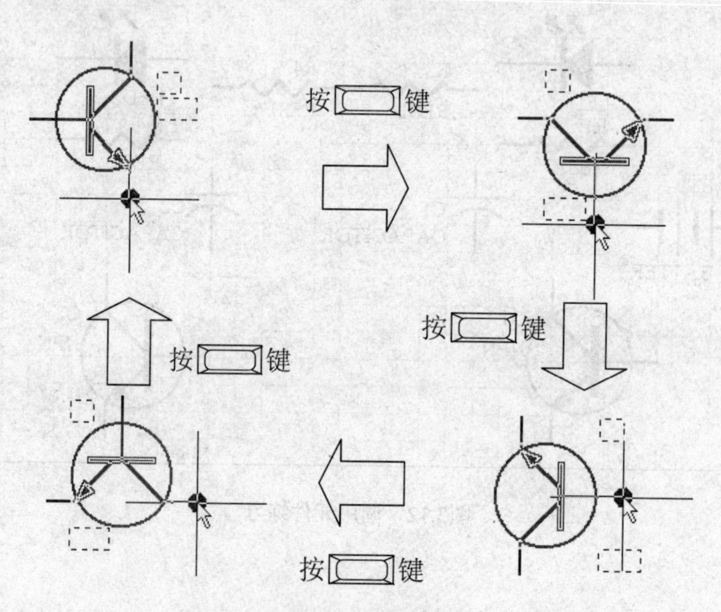

图3.14　元件旋转

按［X］键即可将该元件左右翻转，如图 3.15 所示。

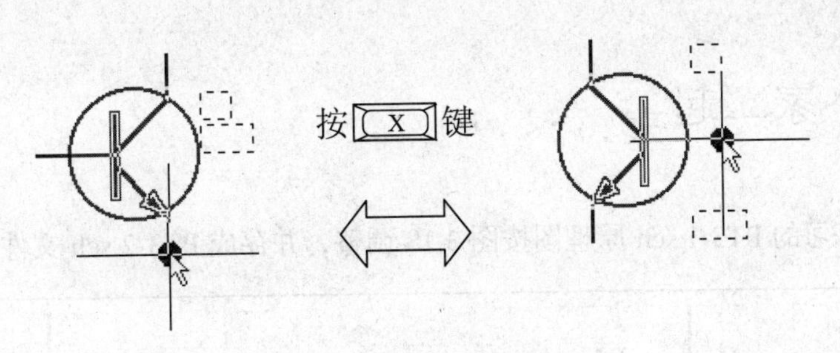

图3.15　左右翻转

按 Y 键即可将该元件上下翻转，如图 3.16 所示。

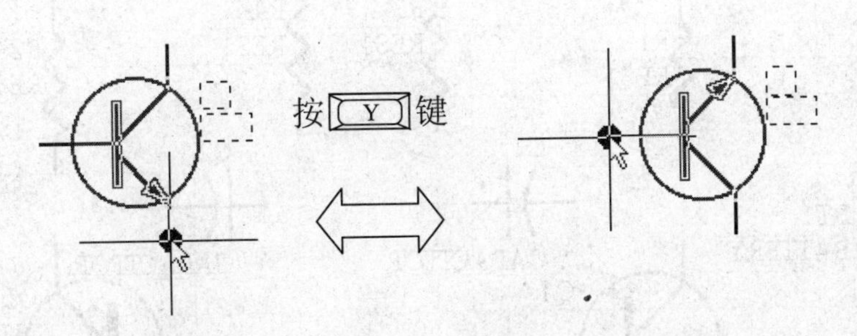

图3.16　下上翻转

对于已固定的元件，则先指向它，轻轻单击鼠标左键，使之出现虚框(即选中状态)，再轻轻单击一下鼠标左键，则该元件将呈现浮动状态，如图 3.17 所示。

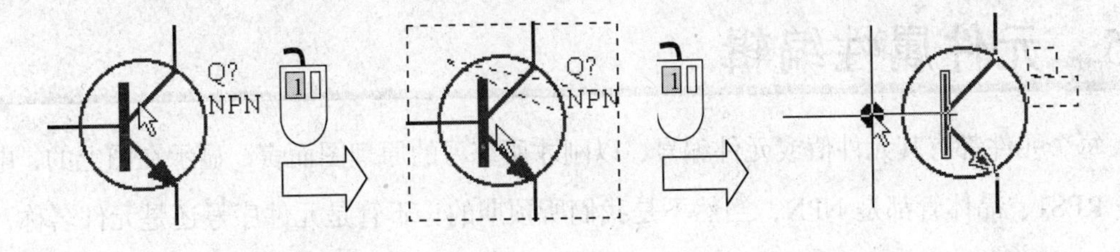

图3.17　进入浮动状态

▶▶▷ 注意

嘿嘿！轻轻单击一下鼠标左键，再轻轻单击一下鼠标左键，要一步一步来，可不是双击左键哦！

进入浮动状态后，该元件将随鼠标指针而动，按 键即可将它逆时针旋转 90°，按 X 键即可将该元件左右翻转，按 Y 键即可将该元件上下翻转，而单击鼠标左键即可将它固定。

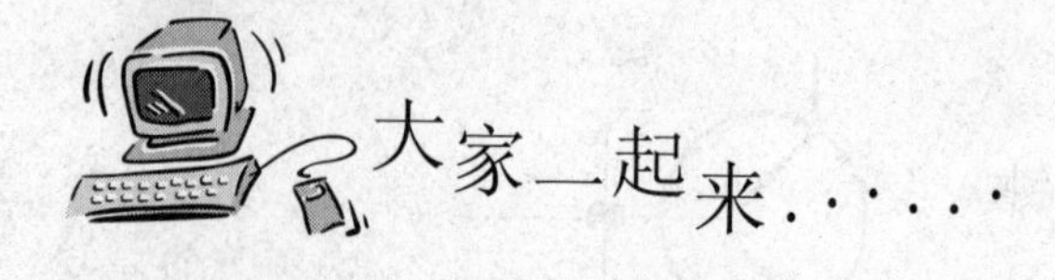

请将刚才练习的 PT3-1.sch 原理图按图 3.18 调整，并存成 PT3-2.sch 文件。

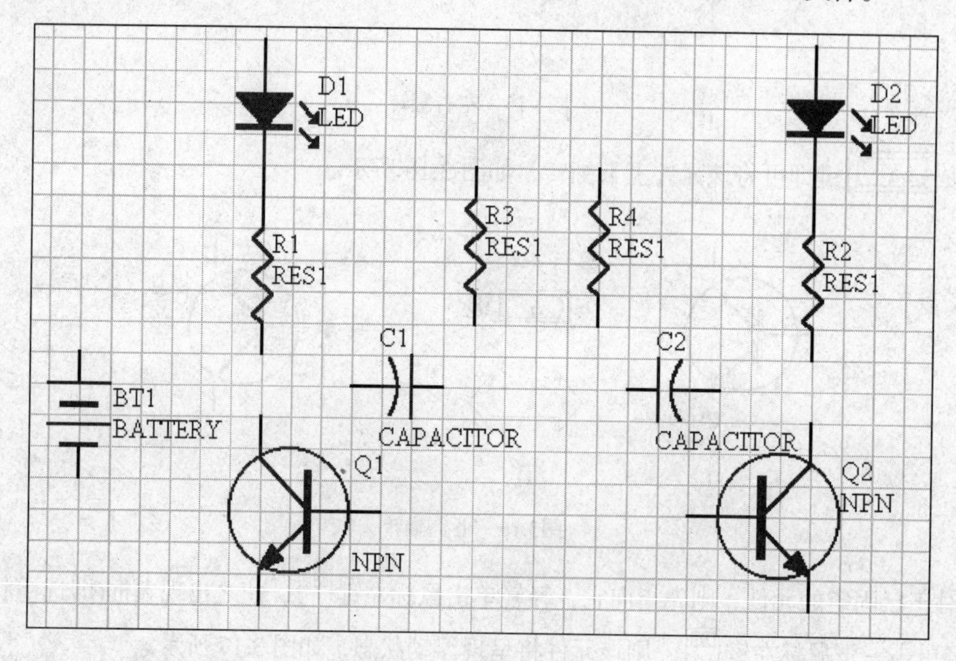

图3.18　调整元件练习

3-5　元件属性编辑

每个元件都有其元件值或元件编号，以刚才所练习的原理图而言，显示在图上的，电阻都是 RES1、晶体管都是 NPN，当然不是我们所预期的！不管是元件序号还是元件名称，都是该元件的元件属性，换而言之，我们只要进入编辑元件的属性，即可改变这些元件值或元件编号。在调用元件时，元件尚未固定(浮动状态)，只要按 TAB 键即可打开其属性对话框，进入编辑其属性，图 3.19 所示为晶体管的属性对话框。

在 Attributes 选项卡，包括下列项目：

- Lib Ref：本文本框中的内容为该元件在元件库里的名称，不必更改它，改变名称就抓不到原本所指定的元件。
- Footprint：本文本框中的内容为该元件的元件外形名称，是在编辑 PCB 时不可或缺的项目。

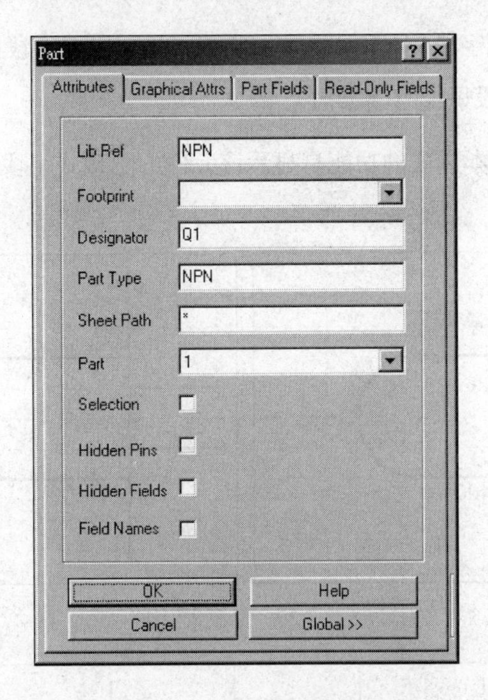

图3.19　晶体管的属性对话框

- Designator：本文本框中的内容为该元件的元件序号。
- Part Type：本文本框中的内容为该元件的元件名称(元件值或元件编号)。
- Sheet Path：本文本框是针对含有内部原理图的元件，而文本框的文件名称就是该元件的内部原理图。
- Part：本文本框是针对复合封装的元件而设的，字段所指的数字就是该元件图属于该元件封装中的第几个元件。以 7400 为例，其中包含 4 个与非门，我们就可在此文本框中指定采用其中的哪一个门。
- Selection：本文本框的功能是设置该元件为被选择状态，元件外边将出现一个黄框，至于被选择状态是具有什么特性稍后再说明。
- Hidden Pins：本选项的功能是显示该元件的隐藏式引脚，而隐藏式引脚通常是在数字 IC 才有。以 7400 为例，其电源与接地引脚就是隐藏式引脚，如图 3.20 所示。
- Hidden Fields：本选项的功能是显示该元件的隐藏式字段，每个元件都有 16 个字段及 8 个只读字段，在元件属性对话框中，其中的 Part Fields 1-8、Part Fields 9-16 及 Read Only Fields 选项卡就是这些字段的数据，而在其中的 Part Fields 1-8、Part Fields 9-16 可以输入或修改文本框的内容。通常这些字段的内容是不显示在图上的(太占地方了)，属于隐藏字段，如果设置本选项将可显示隐藏字段的内容，如图 3.21 所示(其中的*代表该字段里没有数据)。

- □ Hidden Names：本选项的功能是显示该元件的隐藏式字段的字段名称，如图 3.21(b)所示。

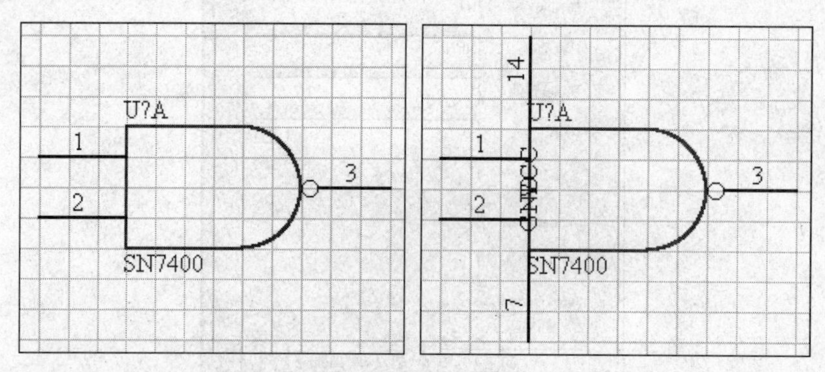

图3.20 隐藏式引脚

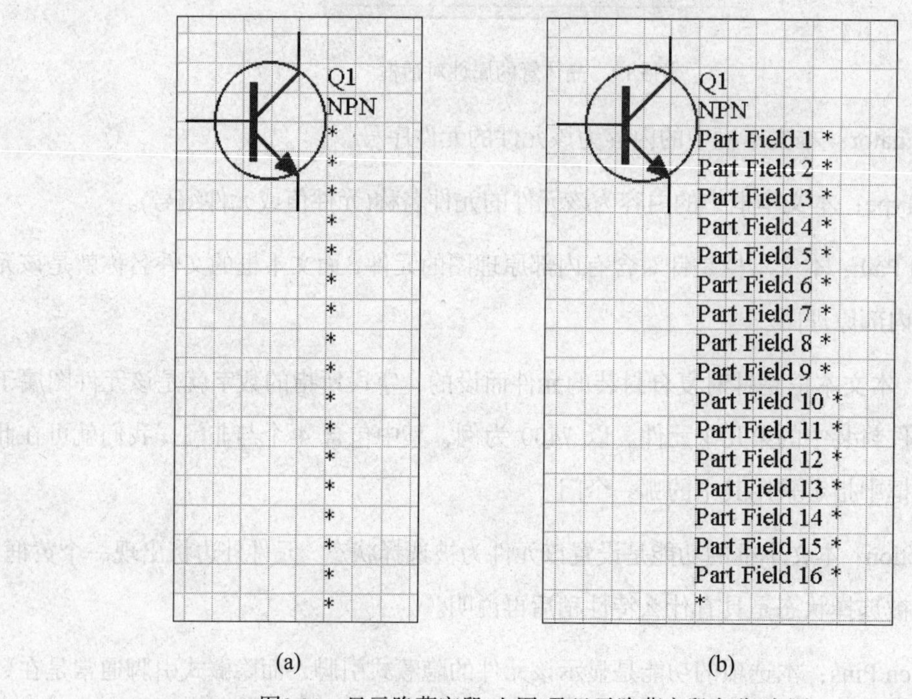

图3.21 显示隐藏字段(左图)及显示隐藏字段名称(右图)

- □ Global >>：本按钮的功能是进行整体编辑，所谓整体编辑就是将原理图中，凡符合修改条件的元件全部修改。单击本按钮后，对话框改变如图 3.22 所示。

图3.22　整体编辑

其中多出了 Attributes To Match By、Copy Attributes 及 Change Scope 区域，Attributes To Match By 及 Copy Attributes 区域中的每一个字段都是横向对应于其左边的区域。Attributes To Match By 区域的功能是设置整体编辑的条件，例如我们希望把原理图中所有 NPN 晶体管一起改变，由于 NPN 晶体管的原始名称(也就是在元件库里的名称)为 NPN，所以在 Attributes To Match By 区域里的 Lib Ref 文本框中指定为 NPN 即可。如果指定*，表示不管原始名称为何都符合修改的条件。如果要改变所有 NPN 晶体管及 NPN 达灵顿晶体管(元件名称为 NPN DAR)，则在此字段输入 NPN*即可。从 Lib Ref 字段到 Sheet Path 字段的设法都一样的，而从 Part 字段开始都有三个选项，如果要该项目完全一样才符合修改条件的话则选择 Same 选项；如果要该项目完全不一样才符合修改条件的话，则选择 Different 选项；如果不管该项目为合都符合修改条件的话，则选择 Any 选项。

Copy Attributes 区域的功能是设置要进行哪些修改，从 Lib Ref 文本框到 Sheet Path 文本框，我们可以指定如何替换符合条件的元件，例如我们希望把符合条件的元件，将原本 Part Type 文本框为 NPN 的元件改为 CS9013，则在 Copy Attributes 区域的 Part Type 文本框中输入{NPN=CS9013}，则在符合条件的元件之中，其 Part Type 文本框如有 NPN 字符串，该字符串将变成 CS9013；如果是要强制在 Part Type 文本框输入 CS9013 的话，则直接在 Copy Attributes 区域的 Part Type 文本框中输入 CS9013，则在符合条件的元件之中，不管原本其 Part

Type 文本框内容为何，一律改为 CS9013。从 Part 文本框到 Field Names 文本框的用法比较简单，如果选择其中的选项，则只要符合修改条件的元件，将从本对话框中，将最左边区域中复制该字段的属性。例如在此设置 Selection 文本框，而最左边区域的 Selection 文本框也被设置，则符合修改条件的元件，也将变成选择状态。

Change Scope 区域的功能是设置整体编辑的适用范围，其中包括 3 个选项，Change This Item In Only 选项的功能是设置只编辑目前所编辑的这个元件而已；Change Match Items In Current Document 选项的功能是设置整体编辑的范围为目前所编辑的这张原理图(动作窗口内的原理图)；Change Match Items In all Documents 选项的功能是设置整体编辑的范围为所有打开的原理图文件。

此外，在元件属性对话框中，还有一选项卡与元件图有关的设置，就是 Graphic Attributes 选项卡，如图 3.23 所示。

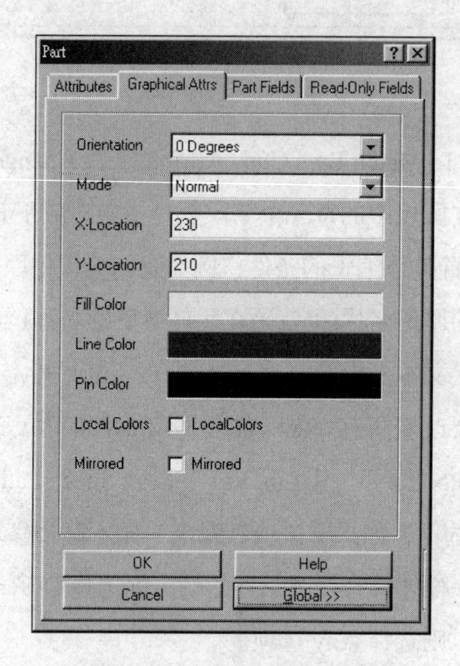

图3.23　元件图属性对话框

其中各项说明如下：

- □ Orientation：本文本框的功能是设置元件的方向，包括 0 Degrees、90 Degrees、180 Degrees 和 270 Degrees 等 4 个选项，与浮动状态下的元件，按 键的效果一样。
- □ Mode：本文本框的功能是设置元件的模式，包括 Normal、DeMorgan 和 IEEE 等三个选项，通常是针对逻辑门而设，并不是每种元件都有这三种模式，如图 3.24 所示。

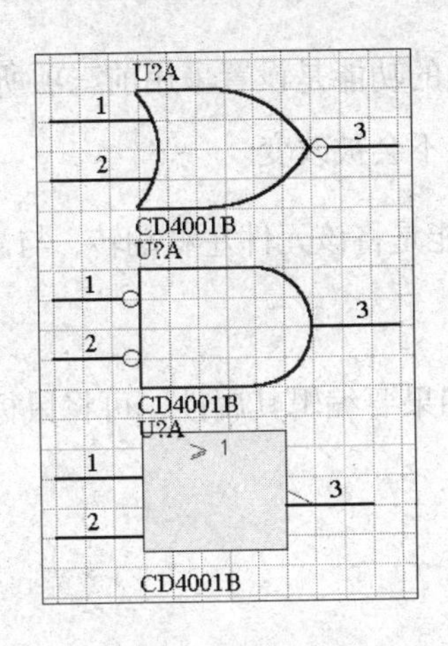

图3.24　元件模式

- □ X-Location：本文本框的功能是该元件位置的 *X* 轴坐标。
- □ Y-Location：本文本框的功能是该元件位置的 *Y* 轴坐标。
- □ Fill Color：本文本框的功能是设置元件输入的颜色，只要指向颜色字段，单击鼠标左键，即可打开其颜色设置对话框，如图 3.25 所示。这时候，就可以直接选择所要采用的颜色，再单击 OK 按钮即可将它返回前一个对话框。

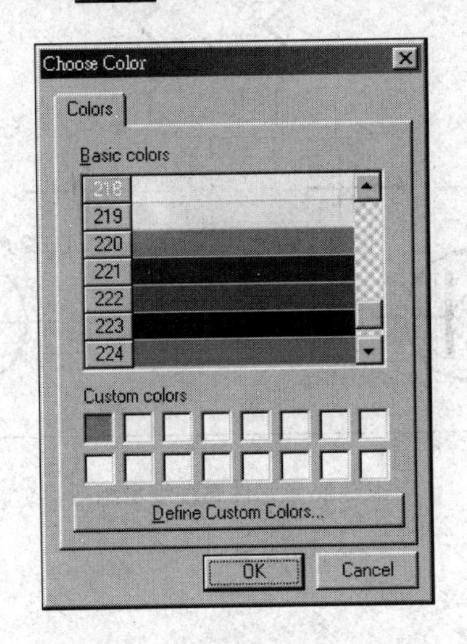

图3.25　颜色设置对话框

- □ Line Color：本文本框的功能是设置元件外框的颜色，只要指向颜色，单击鼠标左键，即可打开其颜色设置对话框，如图 3.25 所示。
- □ Pin Color：本文本框的功能是设置元件引脚的颜色，与前面两项的颜色设置一样，不过，最好不要改变引脚的颜色(原本是黑色)，以免造成日后改图或阅图的困扰。

- Location Color：本选项的功能是设置采用前三项所设置的颜色，如果不指定本选项的话，则元件的颜色将不会被改变。
- Mirrored：本选项的功能是将该元件左右翻转，与浮动状态下的元件，按 X 键的效果一样。

对于已固定的元件而言，如果要编辑其属性，可将鼠标指针指向该元件，双击，即可打开其属性对话框。

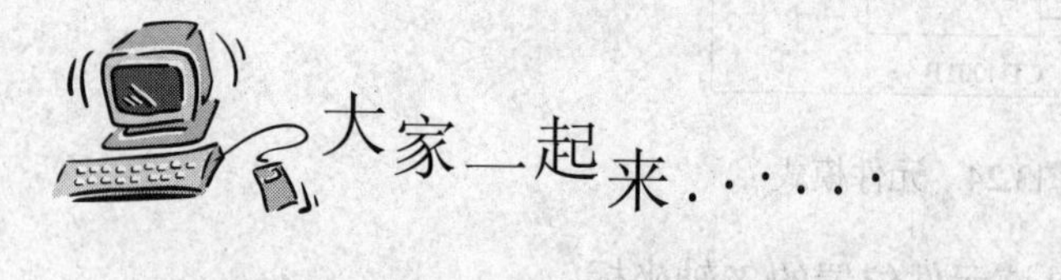

请将刚才练习的 PT3-2.sch 原理图按图 3.26 调整，并保存成 PT3-3.sch 文件。

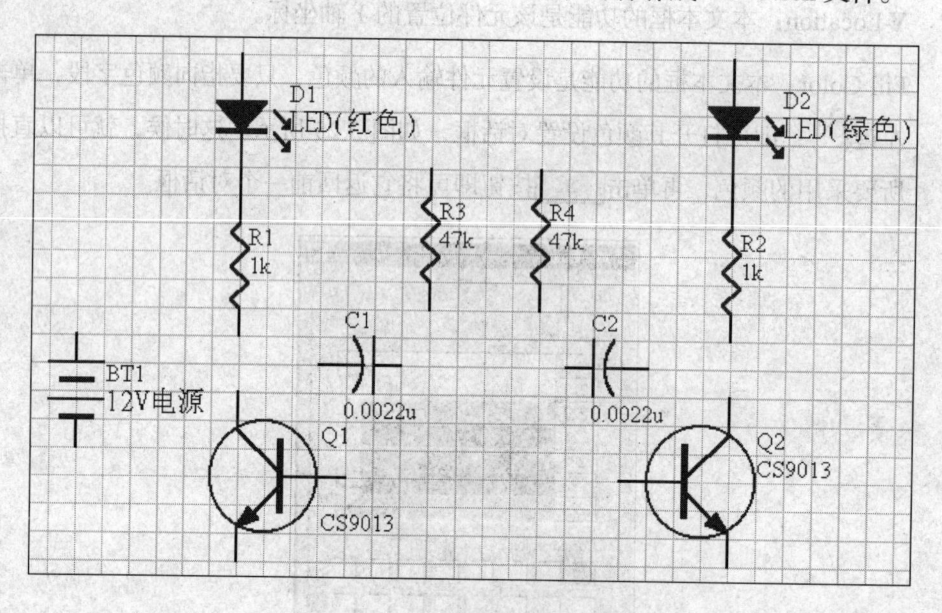

图3.26　元件属性编辑练习

3-6　点取与选择

在 Protel 99 SE 中，对于图件的处理与其他 Windows 下的软件不太一样！除了与一般其他 Windows 下软件一样的点取外，还有奇特的选择，这两种的操作不同，作用也不一样！以下就来探讨这两项操作。

3-6-1 点取与其应用

在 Schematic 99 SE 中，不管对哪种图件都可以进行点取的动作。什么是点取呢？简单地讲，就是指向所要点取的图件，单击鼠标左键即可。以元件为例，鼠标指针指向元件的主体，轻轻单击鼠标左键，则该元件将出现一个虚框，如图 3.27 所示。

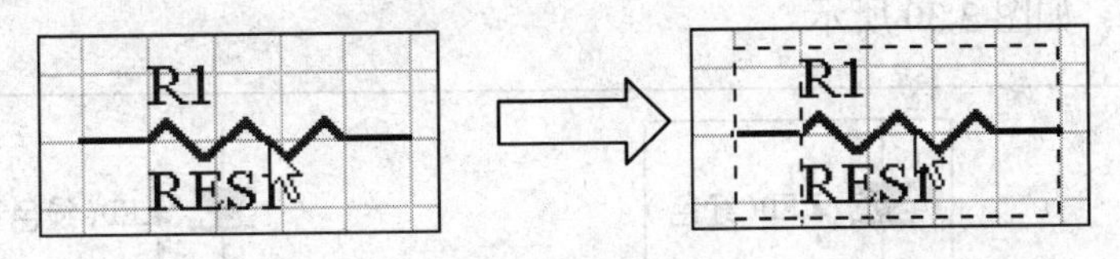

图3.27 点取元件

单击的时候千万不要太激动、太用力！而鼠标指针也要指准一点，如果指向元件引脚是无法点取的！如果指向文字(元件序号或元件名称)，则不能点取该元件，而变成只点取该文字，如图 3.28 所示。

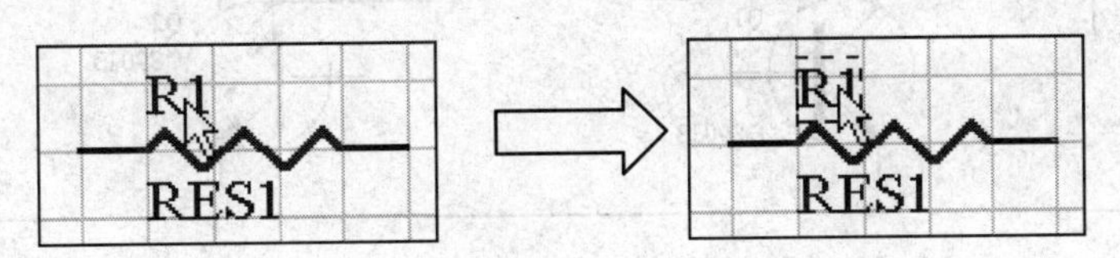

图3.28 点取文字

在选中状态下的元件有何作用？对于点取的元件而言，我们只要按 Del 键即可删除。另外，再指向选中状态下的元件，单击鼠标左键，即可使该元件进入浮动状态。对于其他图件而言，在选中状态下可以编辑其外形、位置等，在以后的章节中再行说明。

任何时间里，只能有一个图件是在选中状态，当点取其他图件时，则原先被点取的图件将自动解除选中状态。如果想要解除任何图件的选中状态，则只要指向编辑区空白处单击鼠标左键即可。

3-6-2 选择与其应用

选择是 Protel 99 SE 特有的操作，当我们要选择图件时，可执行 Edit 菜单下 Select 命令，即可弹出子菜单，如图 3.29 所示。

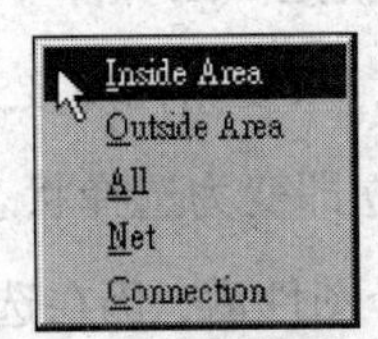

图3.29 选择子菜单

其中各命令说明如下：

- □ Inside Area：本命令的功能是选择指定区域内的图件，执行本命令后，指向所要选择区域的一角，单击一下鼠标左键，再移动鼠标，即可展开区域，当区域大小合适后，再单击一下鼠标左键，则区域内的图件将变成选择状态，各图件将出现黄框，如图 3.30 所示。

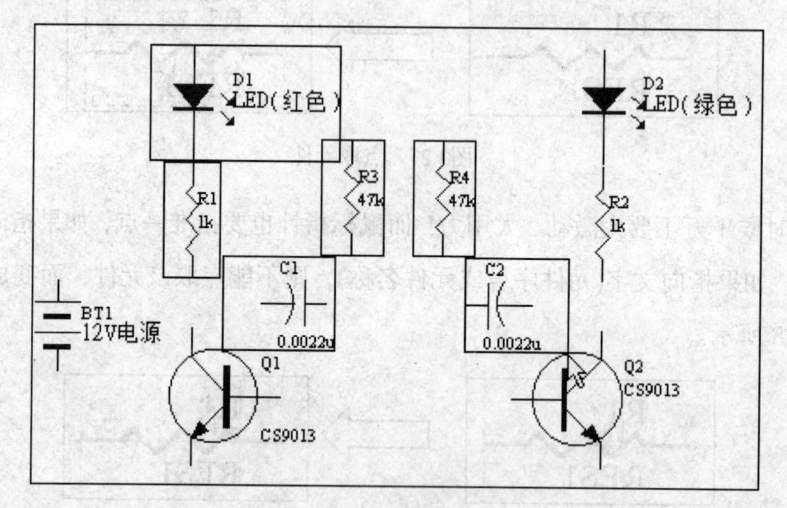

图3.30　选择图件

- □ Outside Area：本命令的功能是选择指定区域以外的图件，执行本命令后，指向所要选择区域的一角，单击一下鼠标左键，再移动鼠标，即可展开区域，当区域大小合适后，再单击一下鼠标左键，则区域之外的图件将都变成选择状态，各图件将出现黄框。
- □ All：本命令的功能是选择动作窗口内的所有图件。
- □ Net：本命令的功能是选择指定的网络，执行本命令后，指向所要选择网络的导在线，单击一下鼠标左键，则整条网络将都变成黄色(被选择状态)。
- □ Connection：本命令的功能是选择指定的连接线，执行本命令后，指向所要选择连接在线，单击一下鼠标左键，则整条线将都变成黄色(被选择状态)。

另外，还有一个很好用的命令，就是 Edit 菜单下 Toggle Selection 命令，执行这个命令后，鼠标指针上多出一个大的十字线，只要指向所要选择的图件，再单击鼠标左键，如果原先那个图件不是在选择状态，则立即变为选择状态；如果所指的图件本来就是选择状态了，则立即取消其选择状态。选择一个图件后，仍在选择状态，我们可以继续选择其他图件。如果不想再选择图件，可单击鼠标左键或按 ESC 键。

其实，选择图件最简单的方法是拖曳选择，当我们要选择某区域内的所有图件时，只要指向区域的一角，按住鼠标左键，移动鼠标以展开一个区域，放开鼠标左键后，则区域内的图件将进入被选择状态。

为什么要选择图件呢？因为图件被选择之后就暂时结合成一体，我们可以对所有被选择的图件操作，例如我们可以拖曳其中任何一个被选择图件，即可将所有图件一起搬动；如果指向其中任何一个被选择图件，按住鼠标左键不放，再按键，即可将它们整个旋转，如图 3.31 所示。

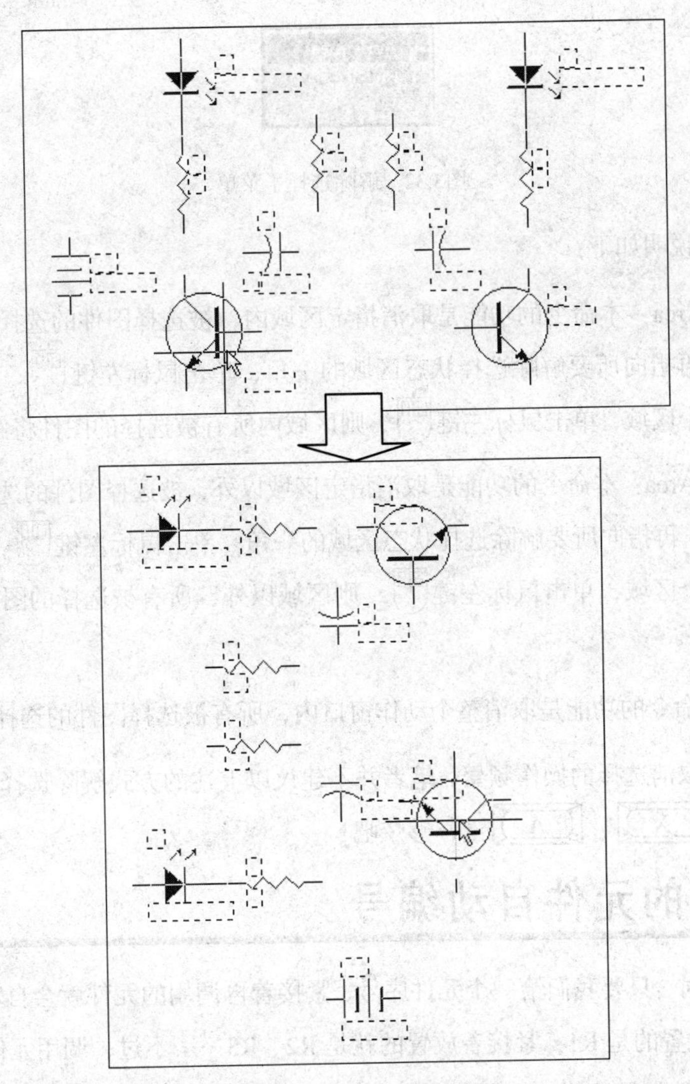

图3.31　整体旋转

对于图的调整与布图而言，借选择的操作的确可达事半功倍的效果！不过，选择的主要目的应该是为了剪贴，剪贴是 Windows 环境下特有的功能，但对于 Protel 99 SE 而言，剪贴只能对于已选择的图件进行，在 6-1 节中，再行介绍剪贴的操作。

另外，如果要删除被选择的图件，可按 Ctrl + Del 键，真是漂亮！

3-6-3 取消选择

如何取消选择一直是初学者的一大困扰！当我们要取消选择时，可执行 Edit 菜单下的 DeSelect 命令，出现图 3.32 所示的子菜单。

图3.32 解除选择子菜单

其中各命令说明如下：

- Inside Area：本命令的功能是取消指定区域内，被选择图件的选择状态。执行本命令后，再指向所要解除选择状态区域的一角，单击鼠标左键，再移至另一角，展开一个区域，单击鼠标左键，则区域内所有被选择的图件将解除其选择状态。
- Outside Area：本命令的功能是取消指定区域以外，被选择图件的选择状态。执行本命令后，再指向所要解除选择状态区域的一角，单击鼠标左键，再移至另一角，展开一个区域，单击鼠标左键，则区域以外，所有被选择的图件将解除其选择状态。
- All：本命令的功能是取消整个动作窗口内，所有被选择图件的选择状态。

由于选择、取消选择的操作频繁，笔者并不建议以上述的方式解除选择，真正快速地解除选择是直接按 X 、 A 键，够炫吧！

3-7 简单的元件自动编号

在调用元件时，只要我们给一个元件序号，紧接着再调用的元件就会自动增加其元件序号，例如现在所放置的是 R1，紧接着放置的就是 R2、R3……不过，调用元件时，Schematic 99 SE 所提供的元件编号功能并不是最好的！相对于其他大部分的电路软件，说它“挺烂的”一点也不为过！所幸，Schematic 99 SE 提供了事后编号功能，勉强能弥补其处理元件序号的不足。

当在原理图编辑完成后(至少也得把所有元件都放置妥当)，只要执行 Tools 菜单下的 Annotate…命令，则出现图 3.33 所示的对话框。

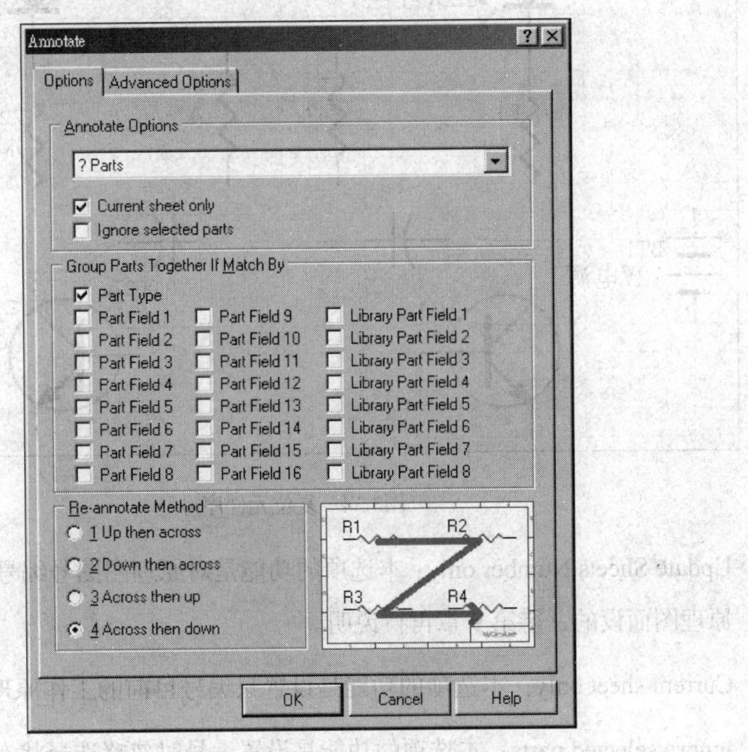

图3.33　自动编号对话框

在 Options 选项卡中包括三个区域，可以利用下面的 Group Parts Together If Match By 区域来进行元件序号分类，其中包括 Part Type 及 24 个元件标注选项，分别代表元件的 Part Type 及其他 24 个字段，通常我们是选择 Part Type 选项，也就是以元件名称来分类，例如所有电阻(其 Part Type 字段都为 RES1)将按 R1、R2……依序编号，所有晶体管将按 Q1、Q2……依序编号。

在对话框中的 Annotate Options 区域为编号方式的设置，其中包括三个选项，说明如下：

- All Parts：本选项的功能是不管原先元件上是否有编号，一律重新编号。
- ? Parts：本选项的功能是只对尚未编号的元件进行编号，也就是元件序号为 R?、Q?、U?等以?为结尾的元件编号。
- Reset Designators：本选项的功能是将所有元件序号恢复为未编号状态，也就是 R?、Q?、U?等。以图 3.26 为例，选择本选项后再单击 OK 按钮，则可复位序号，如图 3.34 所示。

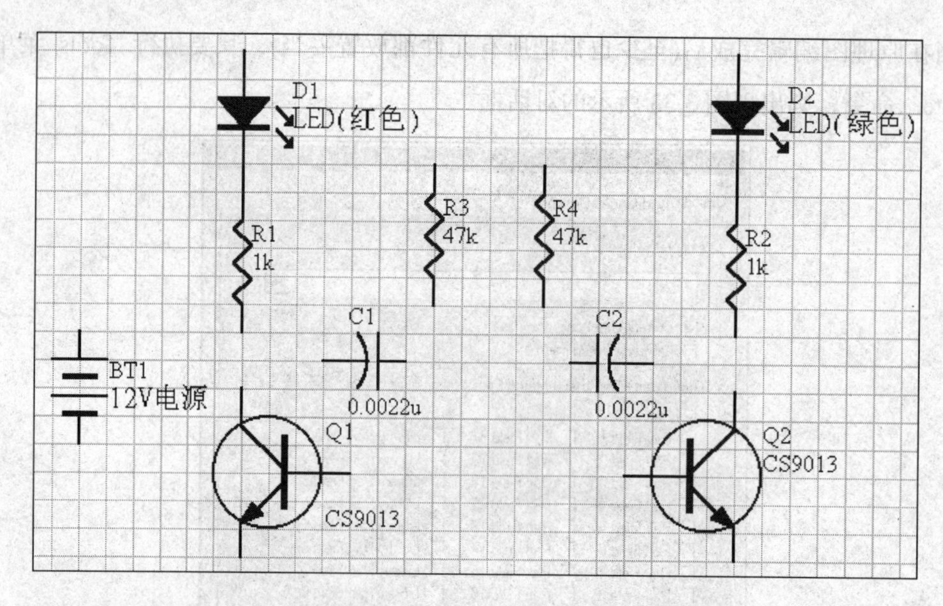

图3.34　复位元件序号

- □ Update Sheets Number only：本选项的功能是对原理图图号编号，主要是针对多张式原理图而设的，待第 9 章再行说明。
- □ Current sheet only：本选项的功能是设置只编号目前的工作原理图。
- □ Ignore selected parts：本选项的功能是设置编号时忽略选择状态的元件。

另外，Re-annotate Method 区域为设置编号时的方向性，如图 3.35 所示。

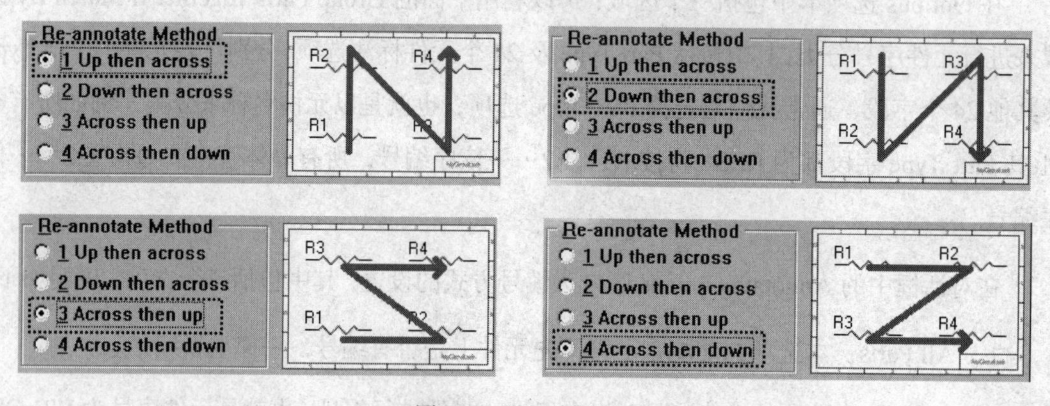

图3.35　设置编号顺序

3-8　高级的元件自动编号

如图 3.36 所示，在 Annotate 对话框中的另一个标签 Advanced Options 为元件编号的高级运用。其中的 Sheets in Project 字段可以设置目前要做元件编号的原理图，而 From 与 To

字段是设置所选择的原理图元件序号从多少开始到多少为止，如图 3.36 所示，1000～1999 即是 R1000～R1999、C1000～C1999……Suffix 字段，我们可以设置在编号过程中每个元件序号后面所接的字符或字符串，如 R1000a、R1000abc 等。

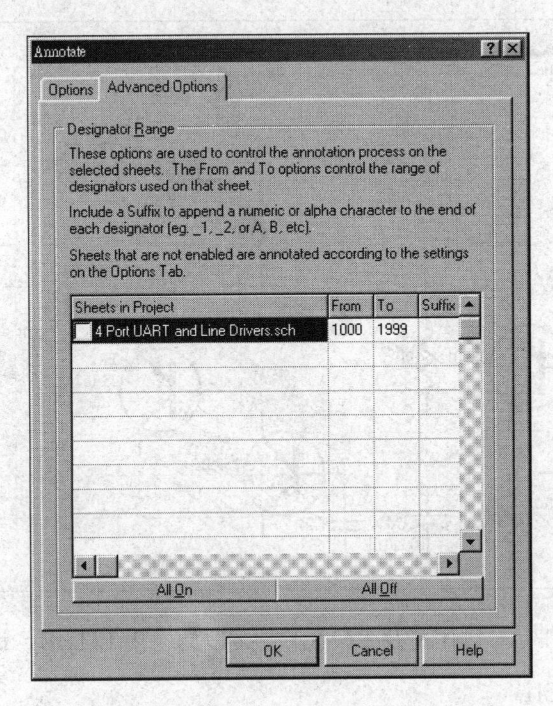

图3.36　高级编号

3-9　练功房

在这里我们准备了几张图，只要耐心按图绘制，必能成功完成！

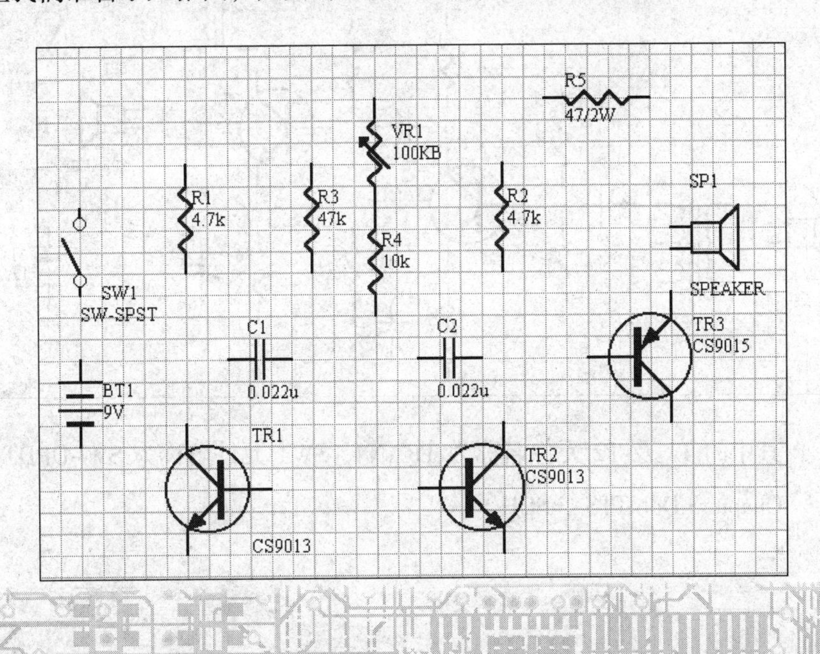

□ 其中的 SW1 元件名称为 SW-SPST、C1 及 C2 元件名称为 CAP、VR1 元件名称为 RES3、TR3 元件名称为 PNP、SP1 元件名称为 SEAKER，请保存为 Chapter3.Ddb\TT3-1.SCH。

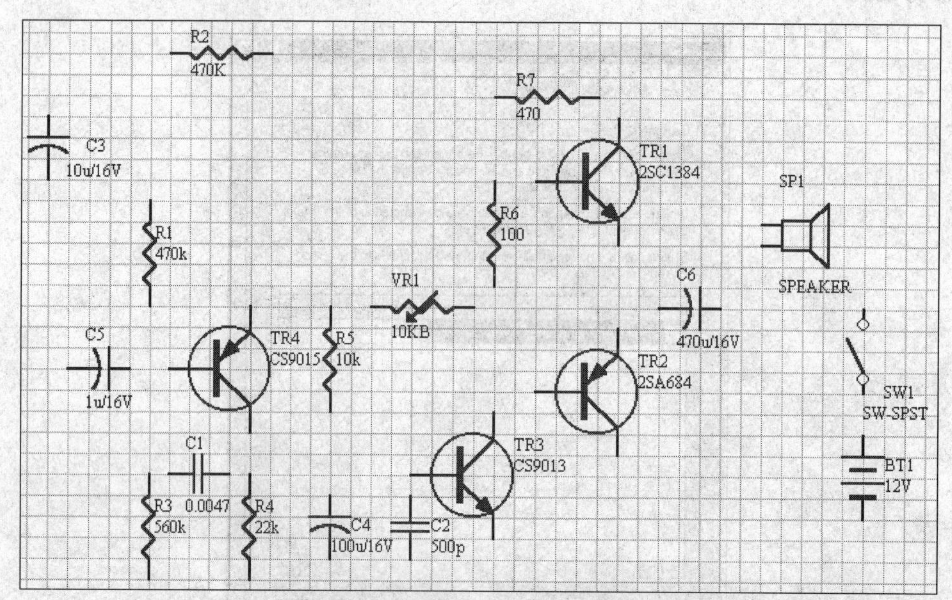

□ 其中的 C3、C4、C5 及 C6 元件名称为 CAPACITOR，请保存为 Chapter3.Ddb\TT3-2.SCH。

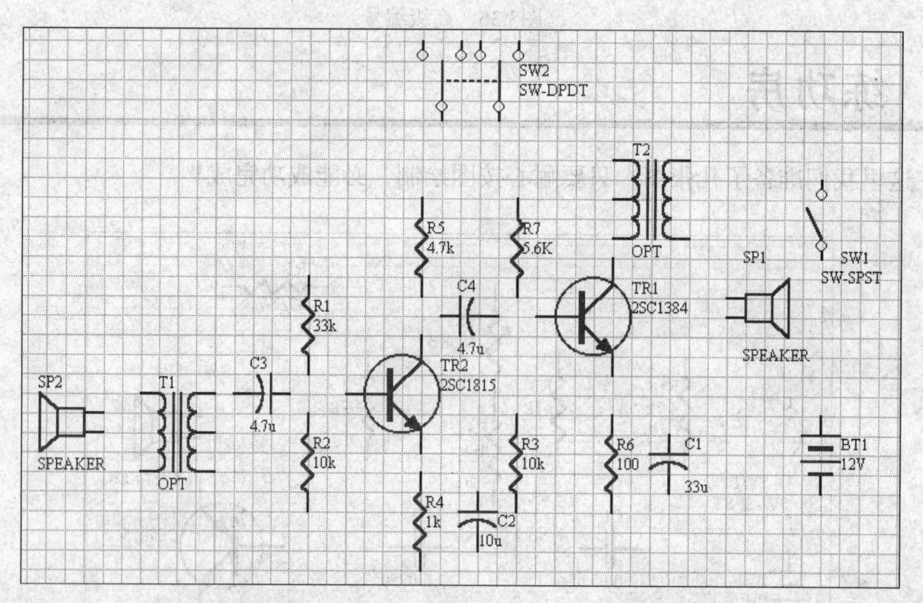

□ 其中的 T1 及 T2 元件名称为 TRAN4、SW1 元件名称为 SW-DPDT，请保存为 Chapter3.Ddb\TT3-3.SCH。

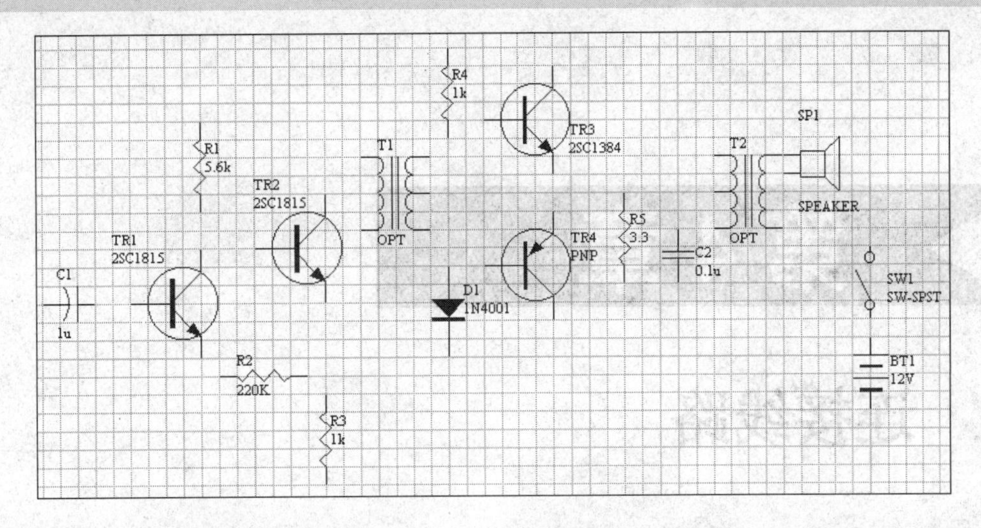

□　其中的 D1 元件名称为 DIODE、C2 元件名称为 CAP，请保存为 Chapter3.Ddb\TT3-4.SCH。

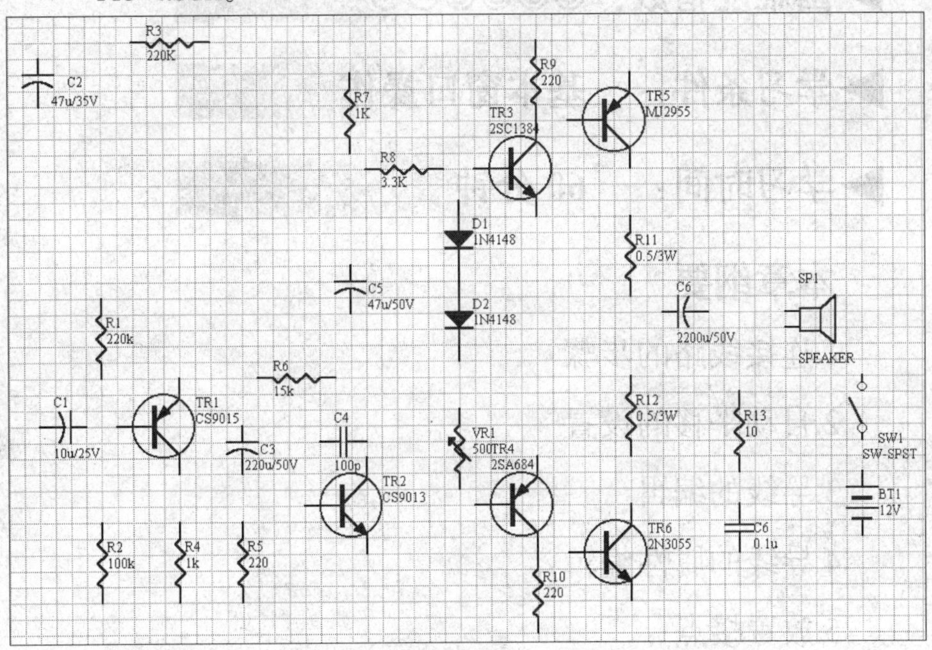

□　请保存为 Chapter3.Ddb\TT3-5.SCH。

▶ 第 4 章

连接线路

▶困难度指数：☺☺☺☺😐😐

▶学习条件：　基本窗口操作

▶学习时间：　60 分钟

本章纲要

1.连接线路的步骤

2.自动平移的设置

3.导线的编辑

4.导线的属性编辑

5.放置接点

6.放置总线与总线入口

在第 3 章中，大家玩元件玩得很开心，紧接着我们就来介绍电路绘图的第二步，也就是连接线路。

4-1 连接线路的步骤

从 99 SE 版起，Schematic 所提供的连接线路功能新增了自动走线的服务，而原本的手工走线仍保有原来得实用性；实际上，原理图的绘图利用自动走线并不是很理想！在开始介绍 Schematic 99 SE 的连接线路之前必须先说明，在 Schematic 99 SE 中连接线一定要遵守“头对头”的准则，也就是从元件引脚的端点开始连接到达另一个元件引脚的端点结束，这两只引脚才算连接，过与不及都不算完美的连接；对于导线与导线的连接也如此，一条导线的起点或终点一定要在另一条导线上，这两条导线才算相连接，如果交叉穿越另一条导线，只能算跨过而不相连接，除非是在其交叉点上放置节点才算连接。以下为连接线路的步骤：

▶ 1 执行 Place 菜单下的 Wire 命令，或单击按钮，即可进入连接线路状态，命令行上显示“Current Command – Place Wire”，而鼠标指针上也多出一个十字线。鼠标指针靠近所要连接线路的起点，即可被该点吸附而出现一个圆点，如图 4.1 所示。

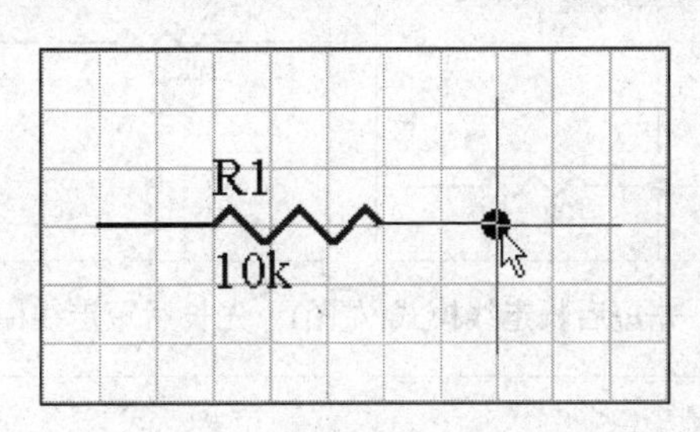

图4.1 吸附节点

▶ 2 单击鼠标左键，设置起点，然后移动鼠标，即可拉出深蓝色线条，如图 4.2 所示。

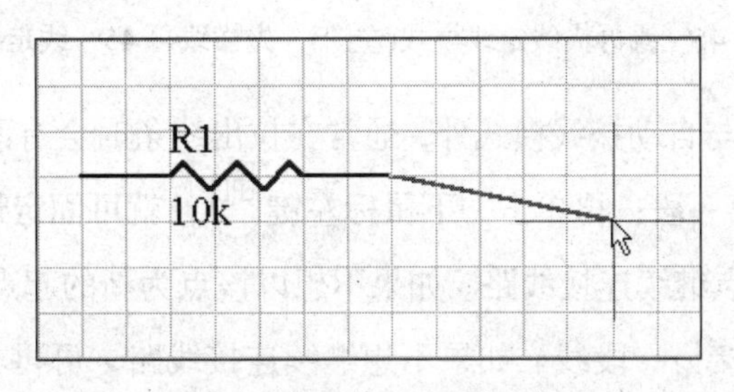

图4.2 拉出线条

▶ 3 除了斜线外，每次最多只能转一个弯，在此将鼠标指针接近移至另一个端点，还是一样会被吸附过去而出现圆点，如图 4.3 所示。

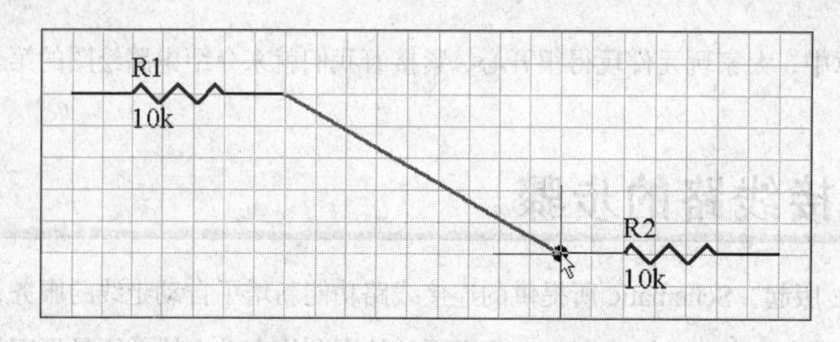

图4.3　指向终点~走线模式的斜线

▶ 4　Schematic 99 SE 所提供的走线模式有 6 种，我们可以按 键切换走线模式，如图 4.4、图 4.5 及图 4.6 所示。

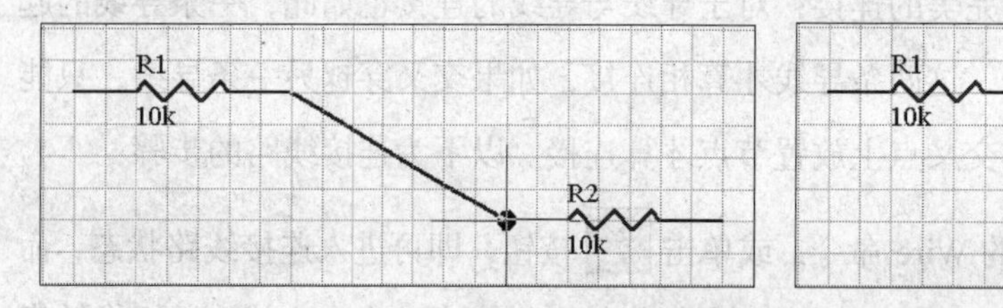

图4.4　斜线走线模式(左图)，自动走线模式(右图)

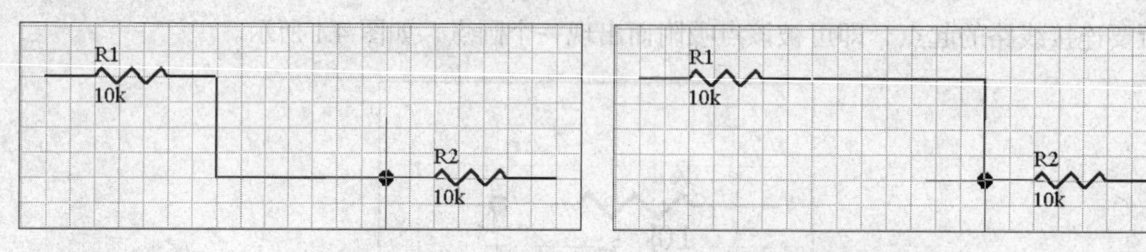

图4.5　先短后长走线模式(左图)，先长后短走线模式(右图)

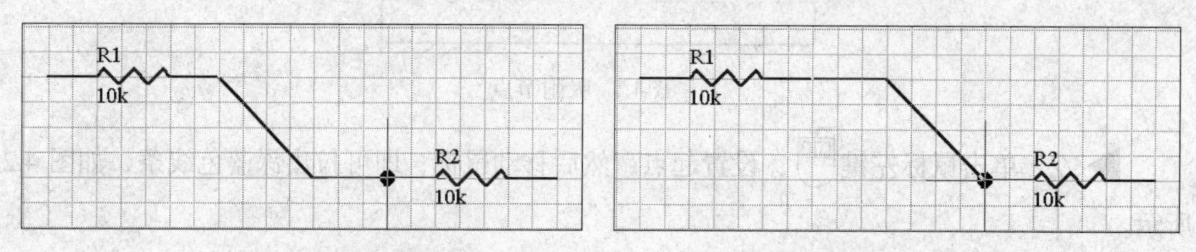

图4.6　先 45° 线再横线走线模式(左图)，先横线再 45° 线走线模式(右图)

▶ 5　除了斜线与自动接线模式外，通常在拉出线条时会有两段是活的，单击一下鼠标左键，即可固定第一段；再单击一下鼠标左键，就可固定最接近光标的那一段线。我们可以该点为新的起点继续连接线路。如果不想以该点为新的起点，可单击鼠标右键，重新指定新的起点，连接另一段线。如果不想继续连接线路，可再右击，结束连接线路状态。

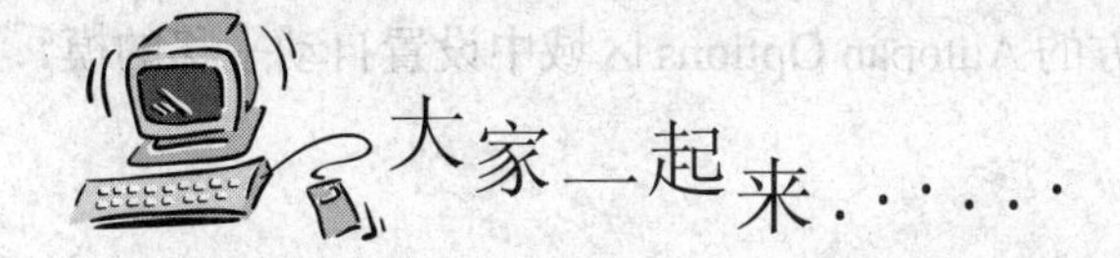

请将第 3 章所练习的 Chapter3.ddb\PT3-3.sch 原理图按图 4.7 连接其线路，并存成 Chapter4.ddb\PT4-1.sch 文件。

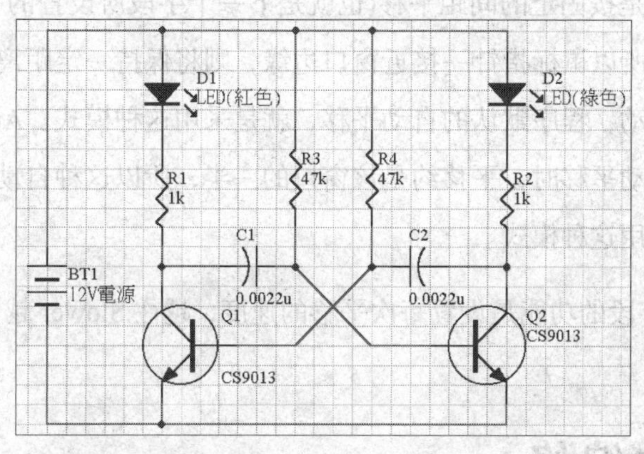

图4.7　连接线路练习

4-2　自动平移的设置

当我们在连接线路时，如果走线鼠标指针移至窗口边缘，程序自动将图纸往看不见的部分卷动，这种功能就称为自动平移。自动平移是绘图程序不可或缺的功能，而 Schematic 99 SE 的自动平移与先前版本不太一样，它提供的自动平移功能变单纯了，但其默认的自动平移模式也比较适合了！如果您还是想要调整设置模式，则执行 Tools 菜单下的 Preferences…命令，将出现图 4.8 所示的对话框。

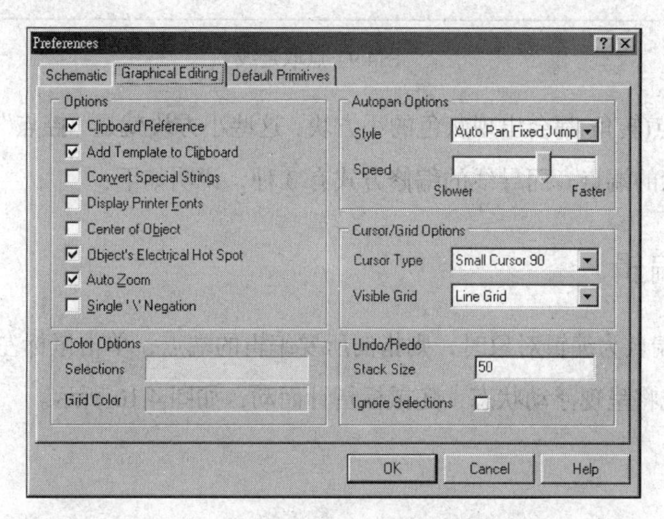

图4.8　设置自动平移

我们可以在 Graphical Editing 选项卡右上方的 Autopan Options 区域中设置自动平移的模式，其中包括下列项目：

- Style：本字段的功能是设置自动平移模式，其中包括三个选项，Auto Pan Off 选项的功能是关闭自动平移功能，让窗口锁定在图纸的某一部分；Auto Pan Fixed Jump 选项的功能是按固定的间距平移(也就是下一个字段所设置的平移量)，偏偏这个偏移量很小，所以鼠标指针一接近窗口边缘，则将保持一定距离的移动，看起来就像是不断的卷动，程序默认的自动平移，就是采用这种模式。Auto Pan ReCenter 选项的功能是自动平移时，平移约是该窗口的一半，所以这种自动平移最稳定，笔者强烈建议要改用这种模式。
- Speed：本字段的功能是设置每次平移的速度，越往 Slower 越慢，越往 Faster 越快。

4-3　导线的编修

线路连接完成后还是可以修改的，如要修改某一条走线，则先点取该走线，如图 4.9 所示。

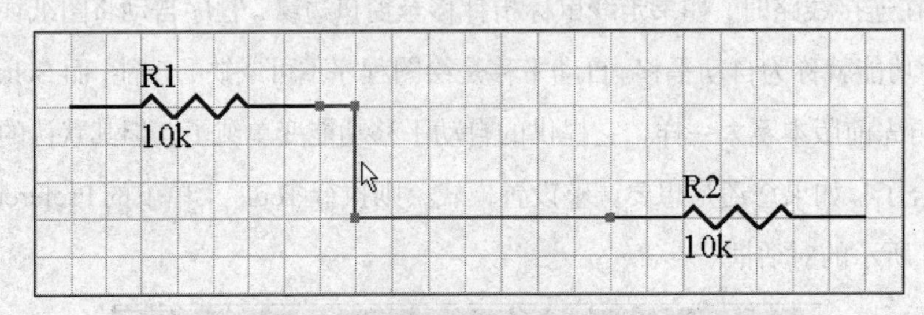

图4.9　点取走线

整条线的端点(转角)都会出现灰色的小方块，这些小方块就是“控点”，是让我们编辑这段线的长度、形状的端点。而导线的编修方式有 3 种，说明如下：

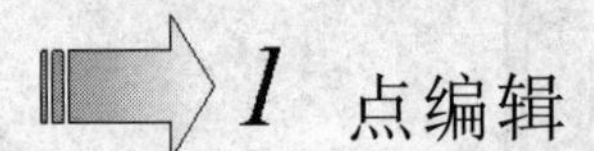

1 点编辑

当我们要以端点为编辑对象时，则指向所要编辑的端点，单击鼠标左键，即可抓住该端点，该端点也将呈现浮动状态，随鼠标指针而动，如图 4.10 所示。

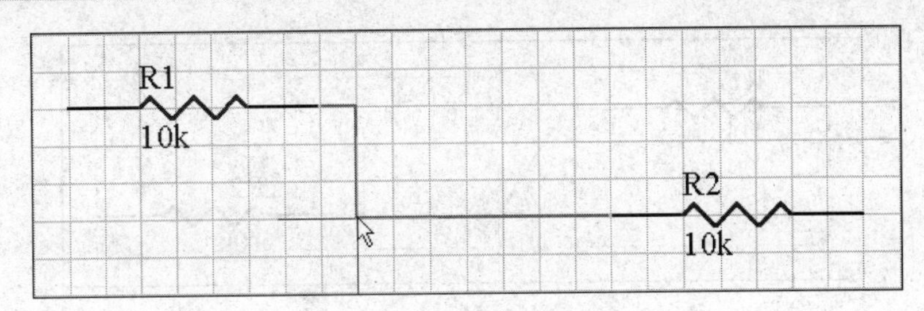

图4.10　抓起端点

移动鼠标以改变走线的方式，如图 4.11 所示。

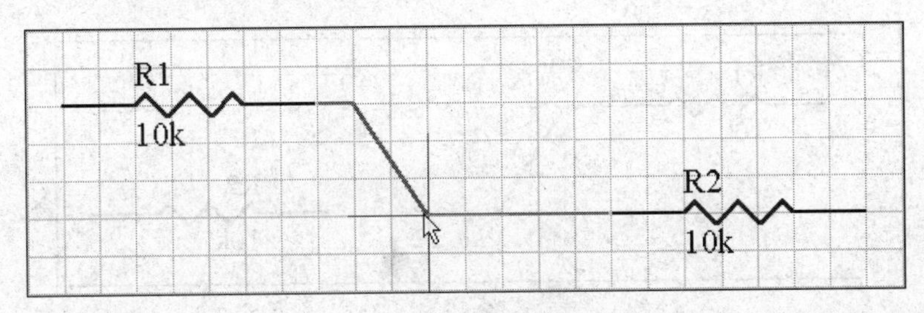

图4.11　移动端点

当走线方式符合自己的喜好与需求后，单击鼠标左键，即可将它固定，如图 4.12 所示。

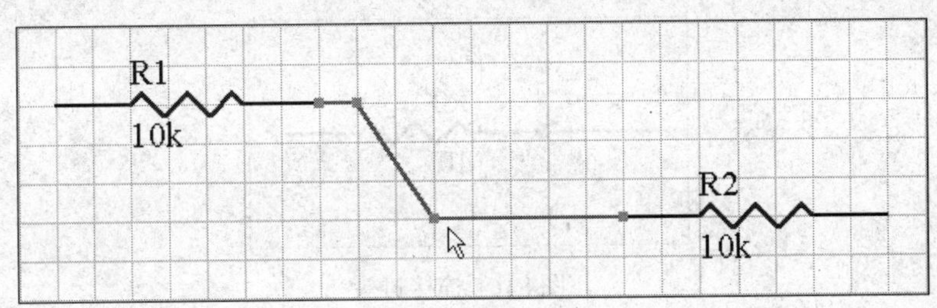

图4.12　完成编辑

如果要改变线条的长度，甚至拿掉一段时(只能是在线条的起点或终点)，则鼠标指针指向所要编辑的起点或终点，单击鼠标左键，如图 4.13 所示。

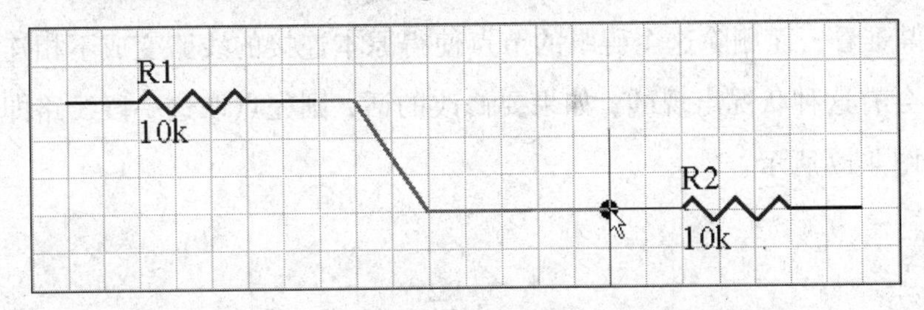

图4.13　抓起起点

移动鼠标到另一个端点，如图 4.14 所示。

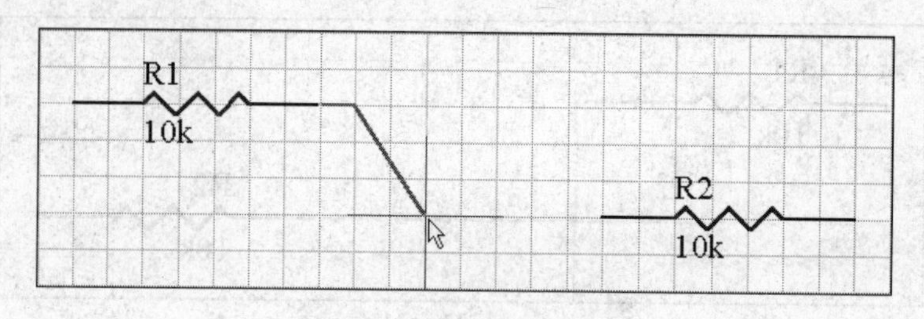

图4.14　移至另一个端点

单击鼠标左键，即可放下该点，而整个线条也少了一段，如图 4.15 所示。

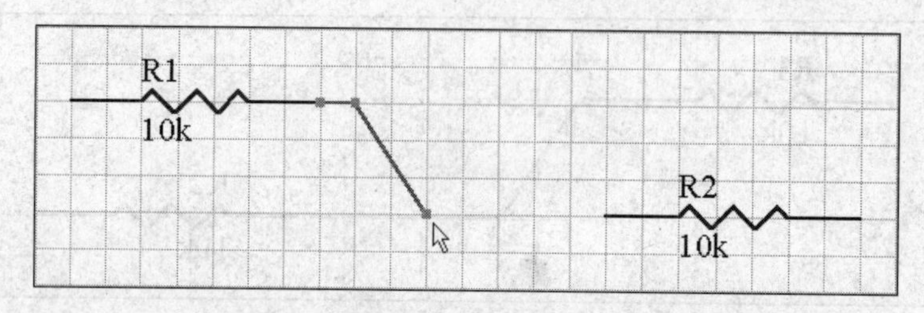

图4.15　完成编辑

对于上述的编辑方式常被应用在连接过头的状况，如图 4.16 所示。

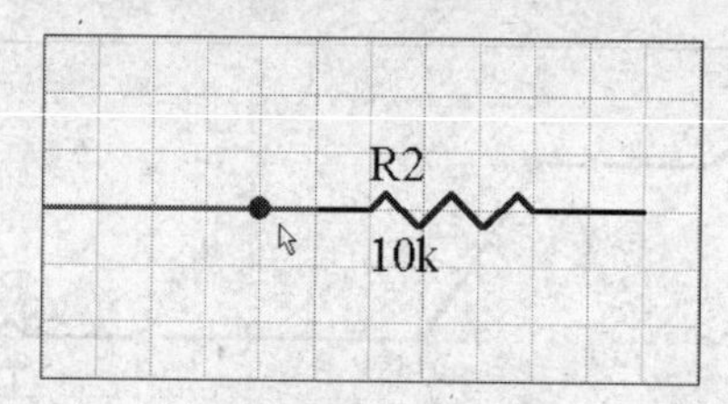

图4.16　连接过头

如图 4.16 所示，如果在彩色屏幕上就稍微可以看出，导线压在引脚上(深蓝色的)，在元件引脚处多了一个节点，而真正的导线端点是在其右边一格的位置上。实际上是连接线路时，导线走过头了，程序马上帮我们在元件引脚处放置一个节点，以保持该导线与元件引脚连接。有些人会觉得难看，而删除这个碍眼的节点使得原本连接的线路变成不相连。真正好的原理图是不会有这种状况出现的，如果要修改的话，则先点取这一段线路即可显示该线过头了，如图 4.17 所示。

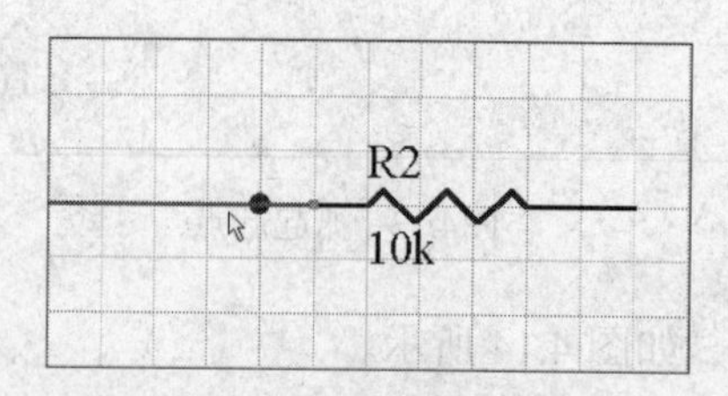

图4.17　点取线路

再指向过头的端点，单击鼠标左键，抓起该点，再左移一格，单击鼠标左键，即可修改完成，节点也自动消失，如图 4.18 所示。

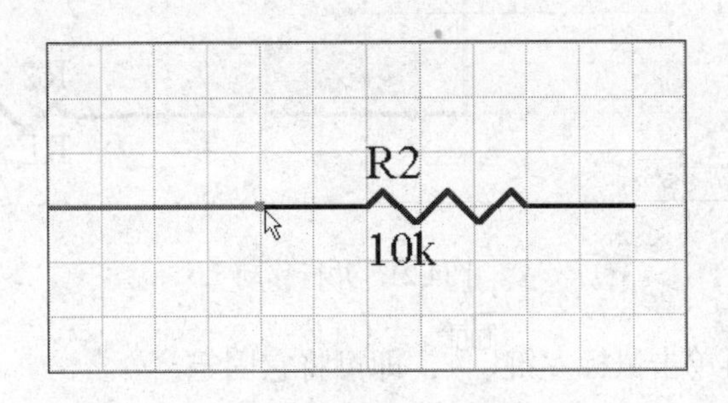

图4.18　完成编修

2 线段平移

刚才的点编辑的灵活性很大，可以进行任何角度的走线。不过，如果要平移线段的话，就显得不是很有效率！当我们要平移线段的话，还是得先点取该导线，然后鼠标指针指向所要平移的线段中间(千万不要指向端点)，单击鼠标左键，抓起该线段，如图 4.19 所示。

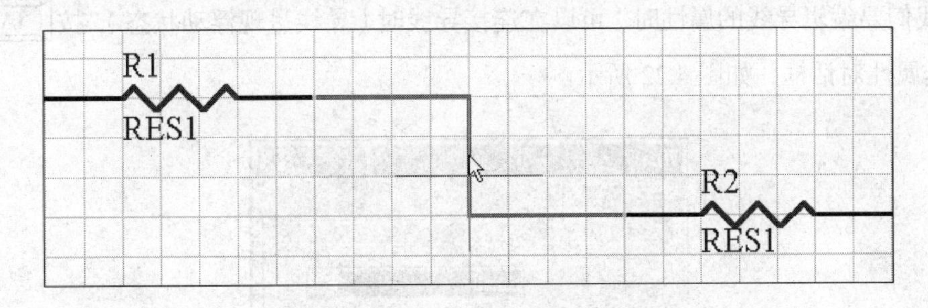

图4.19　抓起线段

移动鼠标即可平移线段或梯形移动，如图 4.20、图 4.21 所示。

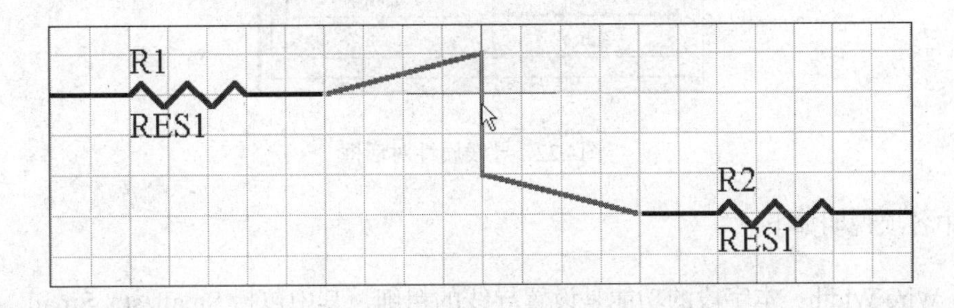

图4.20　梯形移动

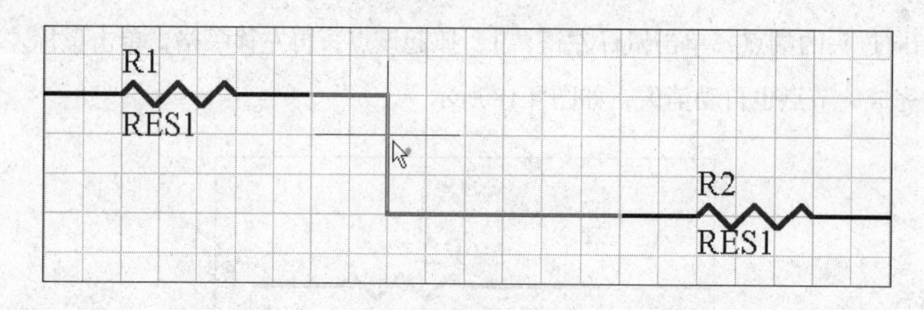

图4.21　并行移动

移至目的地后，再单击鼠标左键，即可将它固定。

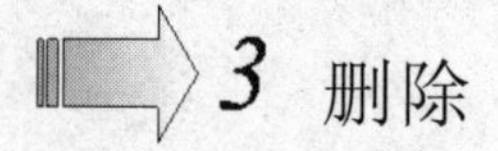

3 删除

如果要删除整条导线，则在选中状态下，按 Del 键即可。

4-4　导线的属性编辑

当我们要编辑导线的属性时，可以在连接导线时（导线呈现浮动状态），按 TAB 键即可打开其属性对话框，如图 4.22 所示。

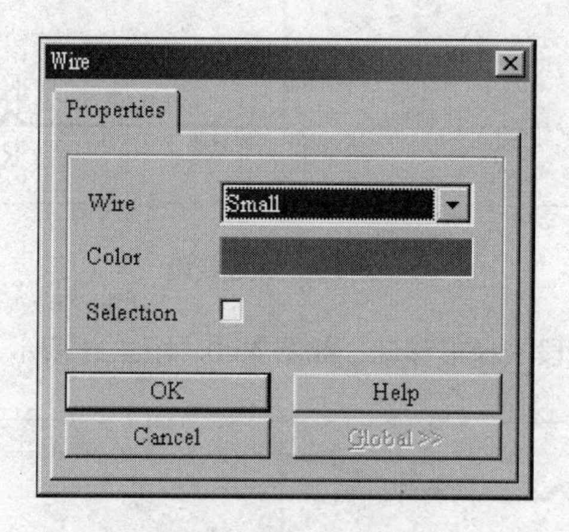

图4.22　导线属性对话框

其中各项说明如下：

- Wire Width：本字段的功能是设置导线的粗细，其中包括 Smallest、Small、Medium 及 Large 四个选项，如图 4.23 所示。

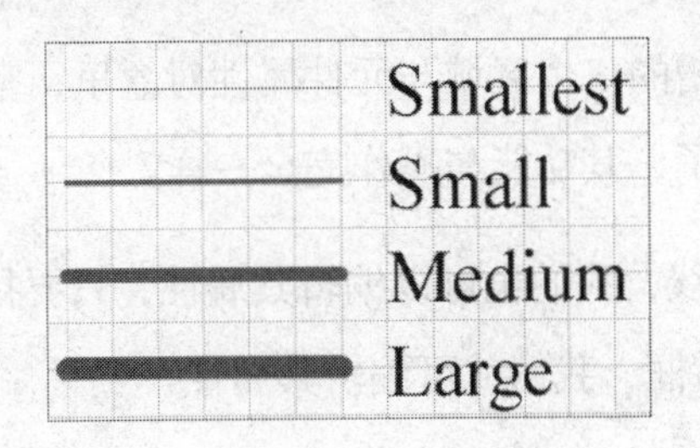

图4.23　导线粗细

- Color：本字段的功能是设置导线的颜色，选中本字段后，即可打开其颜色属性对话框，如图 4.24 所示。这时候，可在字段中指定所要使用的颜色，再单击 OK 按钮即可将所设置的颜色带回前一个对话框。不过，笔者强烈建议不要随便更改导线的颜色。

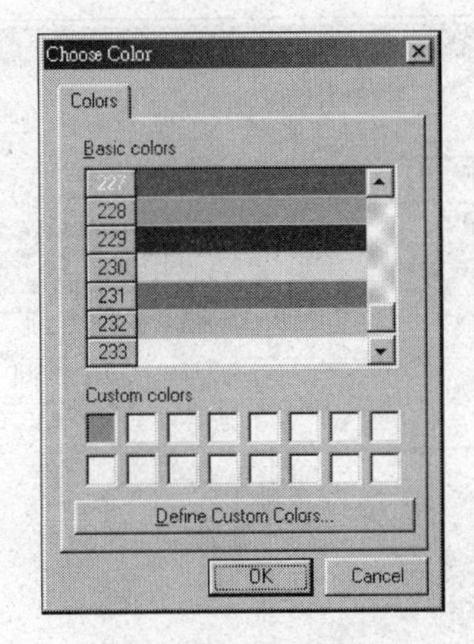

图4.24　颜色属性对话框

- Selection：本选项的功能是设置该导线为被选择状态。
- Global >> ：本按钮的功能是设置导线的整体编辑，单击本按钮后，对话框改变如图 4.25 所示。

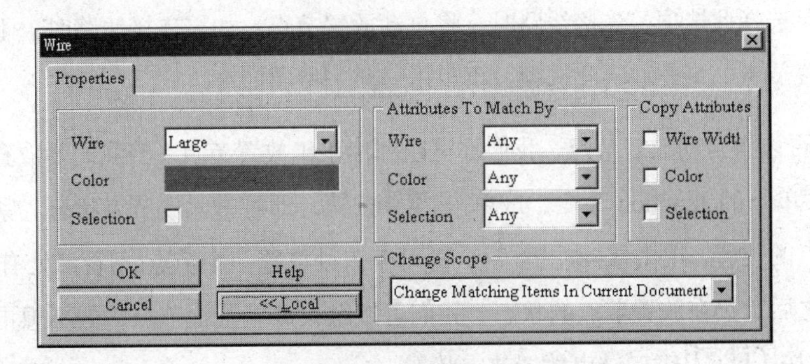

图4.25　导线整体编辑

在这个对话框中，所新增的三个区域与元件属性对盒里，整体编辑所新增的区域类似，只是其中的字段与选项减少了，其功能与操作完全一样。

另外，对于已固定的导线，我们也可以编辑其属性，只要指向所要编辑属性的导线，双击，即可打开其属性对话框，我们就可编辑其属性。

4-5　放置节点

当我们在连接线路时，程序将自动为我们放置节点，而这种自动放置节点的功能也可以不用，如果我们不想让程序自动放置节点的话，可启动 Tools 菜单下的 Preferences...命令，出现图 4.26 所示的对话框。

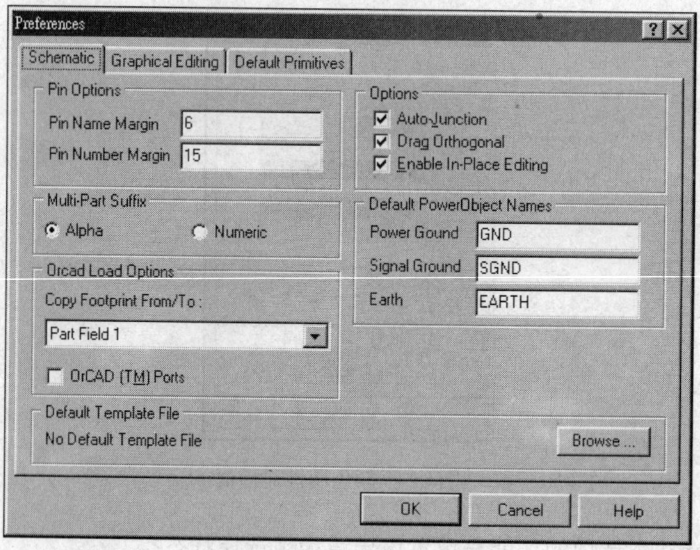

图4.26　设置自动放置节点

在 Schematic 选项卡中的 Options 区域，其中 Auto-Junction 选项的功能就是设置自动放置节点，如果选择此选项，连接线路时，将自动放置节点；如果连接线路时，不想让程序为我们自动放置节点，只要取消此选项，再单击 OK 按钮即可。

不管是否设置自动放置节点，我们都可以利用手工放置节点。当我们要放置节点时，则执行 Place 菜单下的 Junction 命令，或单击按钮，即可进入放节点状态。紧接着，指向所要放置节点的位置，单击鼠标左键，即可于该处放置一个节点(不管该处有无导线)；放置一个节点之后，仍在放置节点的状态，我们可以继续放置其他节点，如不想再放置节点，可右击或按 ESC 键，结束放置节点状态。

导线有粗细，节点也有大小，如果要编辑节点的属性，可在放置节点状态下，按[TAB]键即可打开其属性对话框，如图 4.27 所示。

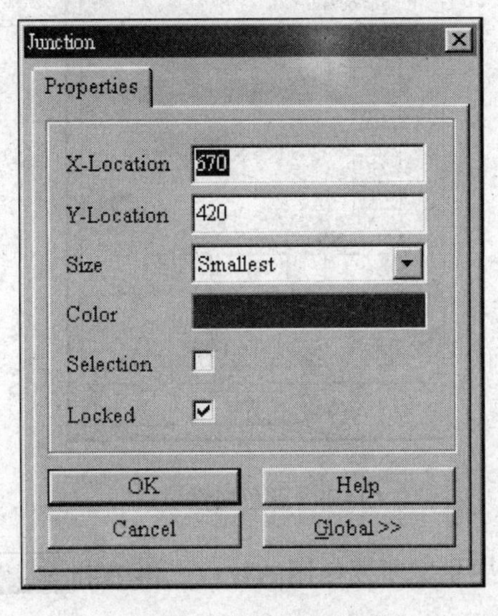

图4.27　节点属性对话框

其中各项说明如下：

- X-Location：本字段为该节点所在位置的 X 轴坐标。
- Y-Location：本字段为该节点所在位置的 Y 轴坐标。
- Size：本字段的功能是设置节点的粗细，其中包括 Smallest、Small、Medium 及 Large 四个选项，如图 4.28 所示。

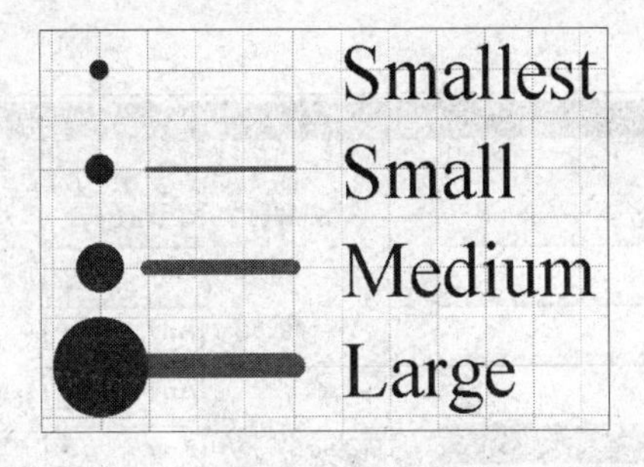

图4.28　节点粗细

节点大小的选用，完全对应于导线的粗细，不可乱配！

- Color：本字段的功能是设置节点的颜色，点取本字段后，即可打开其颜色属性对话框，如图 4.29 所示。

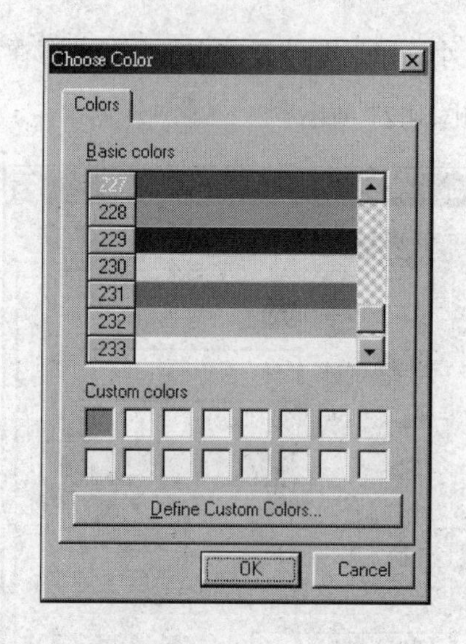

图4.29　颜色属性对话框

这时候，可在字段中指定所要使用的颜色，再单击 OK 按钮即可将所设置的颜色带回前一个对话框。

- Selection：本选项的功能是设置该节点为被选择状态。
- Locked：本选项的功能是设置该节点为锁定状态，所谓锁定状态是指该节点不会因为上面的导线被移走而消失，如果不指定本选项，则在该节点上面的导线被移走时，该节点会自动消失。
- Global >>：本按钮的功能是设置节点的整体编辑，单击本按钮后，对话框改变如图 4.30 所示。

Junction
Properties
X-Location 640
Y-Location 410
Size Small
Color
Selection
Locked
Attributes To Match By
X-Location Any
Y-Location Any
Size Any
Color Any
Selection Any
Locked Any
Copy Attributes
X-Location
Y-Location
Size
Color
Selection
Locked
OK
Help
Cancel
<< Local
Change Scope
Change Matching Items In Current Document

图4.30　节点整体编辑

在这个对话框中，所新增的三个区域与元件属性对盒里，整体编辑所新增的区域类似，只是其中的字段与选项减少了，其功能与操作完全一样。

另外，对于已固定的节点我们也可以编辑其属性，只要指向所要编辑属性的节点上，双击，即可打开其属性对话框，我们就可编辑其属性。如果要删除节点，则先点取该节点(节点四周出现虚框)，再按 Del 键即可删除。

4-6　连接总线

什么是“总线”？简单地讲，就是一堆相同属性的导线聚集在一起。总线与导线同属具有电气属性的图件，但其连接的特性又没有导线那么强烈、那么严格。图 4.31 所示为整个总线系统，其中包括较粗的总线、总线网络名称、总线入口、单线(即导线)和单线网络名称。总线与总线的连接靠总线网络名称，单线与总线的连接端为总线入口，而其信号连接则靠总线网络名称与单线网络名称。没有放置网络名称的总线是没有意义的！

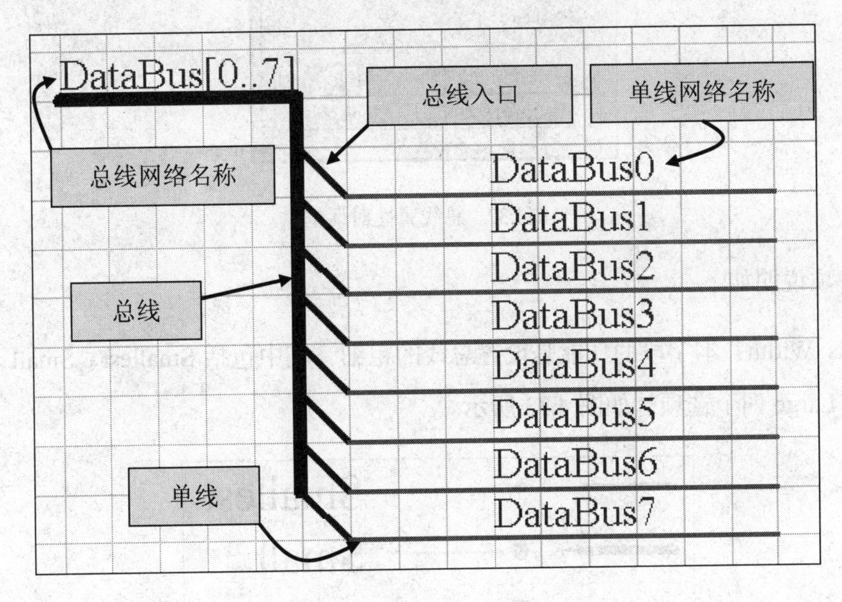

图4.31　总线系统

总线网络名称与单线网络名称的标示有一定的规则，例如总线网络名称为 DataBus[0..7]，其中 DataBus 为网络名称、[0..7]为其范围，代表有八条单线与其连接，分别为 DataBus0 到 DataBus7。

基本上，总线也是一种线，连接总线与连接导线的操作差不多，而总线的起点或终点不是元件引脚。当我们要连接总线时，执行 Place 菜单下的 Bus 命令或单击按钮，即可进入连接总线状态，命令行上显示“Current Command – Place Bus”，而鼠标指针上也多出一个十字线。指向所要绘制总线的起点，单击鼠标左键，移动鼠标即拉出总线；当然，总线的走线模式也有 5 种(与导线一样)，我们可以按[ ]键切换走线模式。当我们要固定前一段总线时，则再单击鼠标左键；如不想再以该点为起点画总线时，可右击或按ESC键，然后另寻新的总线起点。如果不想再画总线，则再右击或按ESC键，即可结束连接总线状态。

如果要编辑总线的属性，可在连接总线状态下，按TAB键即可打开其属性对话框，如图 4.32 所示。

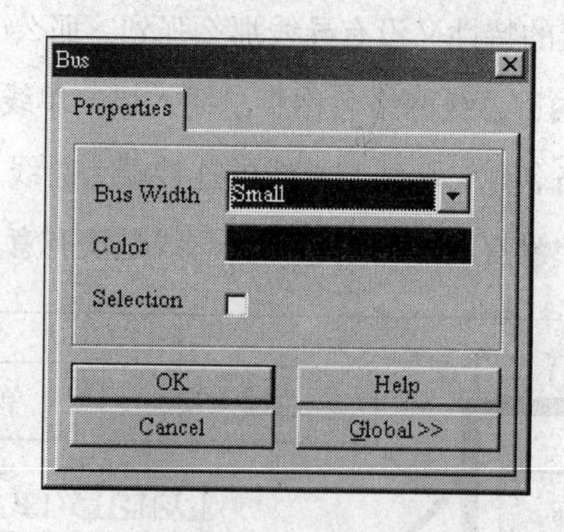

图4.32　总线属性对话框

其中各项说明如下：

- Bus Width：本字段的功能是设置总线的粗细，其中包括 Smallest、Small、Medium 及 Large 四个选项，如图 4.33 所示。

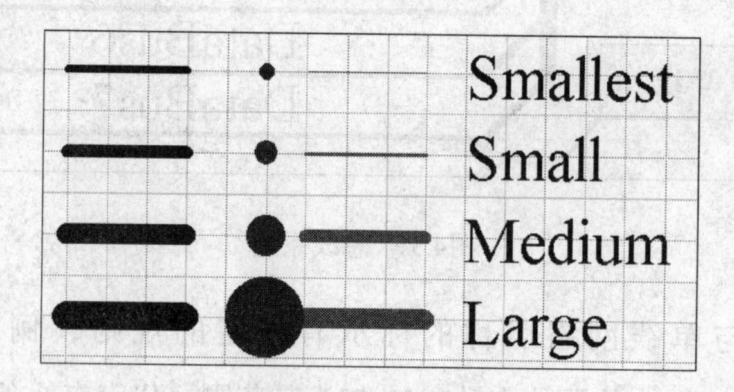

图4.33　总线粗细

如图 4.33 所示，总线的粗细完全对应于导线的粗细，不可乱配！

- Color：本字段的功能是设置总线的颜色，点取本字段后即可打开其颜色属性对话框，

如图 4.34 所示。

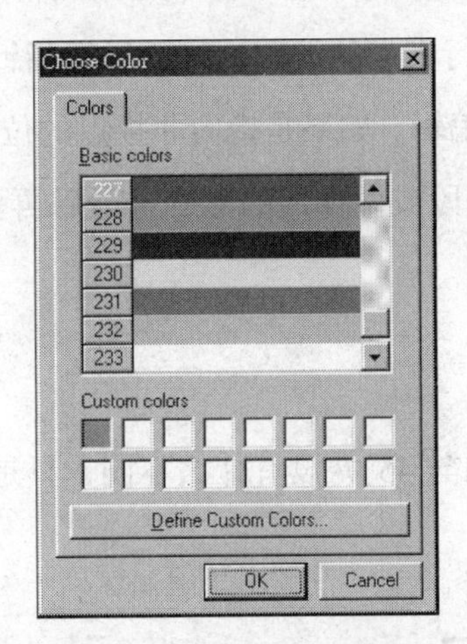

图4.34　颜色属性对话框

这时，可在字段中指定所要使用的颜色再单击 OK 按钮即可将所设置的颜色带回前一个对话框。

- Selection：本选项的功能是设置该总线为被选择状态。
- Global >>：本按钮的功能是设置总线的整体编辑，单击本按钮后，弹出的对话框如图 4.35 所示。

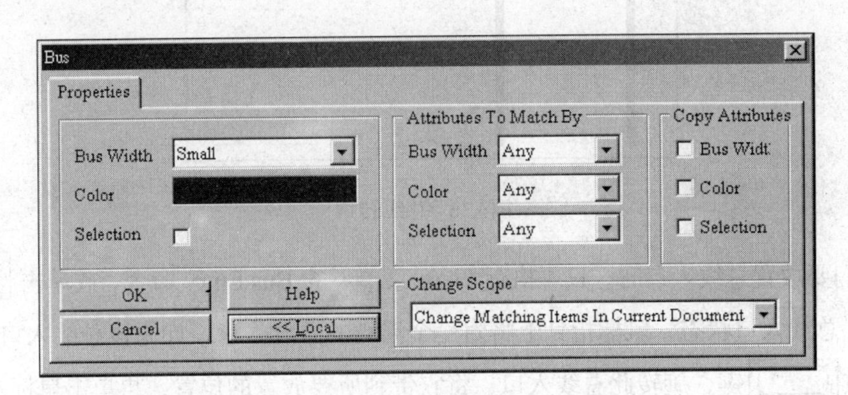

图4.35　总线整体编辑

在这个对话框中，所新增的 3 个区域与元件属性对盒里，整体编辑所新增的区域类似，只是其中的字段与选项减少了，其功能与操作完全一样。

对于已固定的总线，我们也可以编辑其属性，只要指向所要编辑属性的总在线，双击，即可打开其属性对话框，我们就可编辑其属性。如果要删除总线，则先点取该总线，再按 Del 键即可删除。

至于总线走线的编辑与导线的编修类似，点取所要编辑的总线后，指向所要编辑的控点上，单击鼠标左键，即可进行其点的编辑，移动鼠标指针将该控点移至新的位置，再单击鼠标左键，即可完成点的编辑。如果是指向非控点的位置，单击鼠标左键，即可进行其平移，移动光标将可平移该段或做梯形的形变，最后再单击鼠标左键，即可完成平移的编辑。

对于总线的转角而言，直角与 45°并没有什么不同，只是 45°比较漂亮，但比较占地方。

4-7 放置总线入口

如图 4.36 所示，总线转角或总线与总线连接的 45°转角，是在绘制总线的时候直接画的 45°总线；不过，单线进入总线的 45°转角可不是直接画的 45°导线！这个 45°的小斜线称为总线入口(bus entry)，是单线与总线连接的管道。

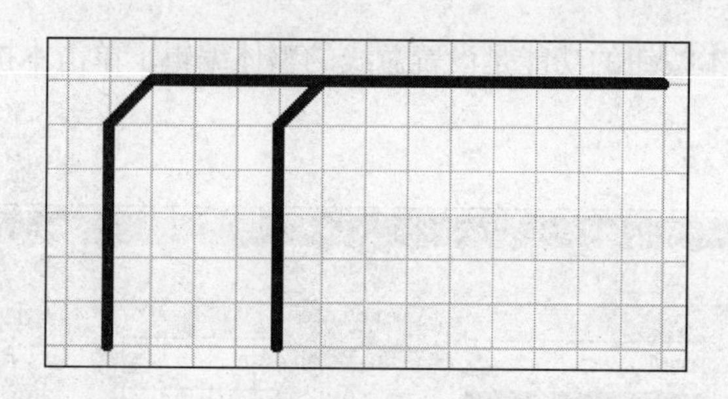

图4.36 总线转角

当我们要放置总线入口时，只要执行 Place 菜单下的 Bus Entry 命令，或单击按钮，即进入放置总线入口状态，鼠标指针上将附一个浮动的总线入口，如果该总线入口的方向不合适，可按键，旋转此总线入口，将它带到所要放置的位置，再单击鼠标左键，即可于该处放置一个总线入口。放置一个总线入口后，仍在放置总线入口状态，我们可以继续放置下一个总线入口。如果不想再放置总线入口的话，可右击或 ESC 键，结束放置总线入口状态。

当我们要编辑总线入口的属性时，可于放置总线入口状态下，按 TAB 键打开其属性对话框，如图 4.37 所示。

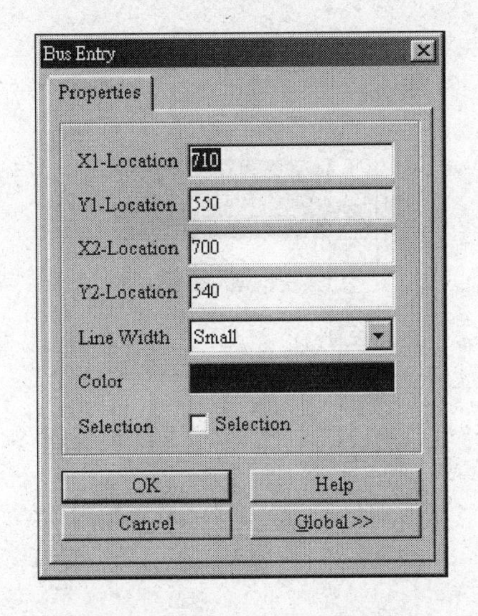

图4.37　总线入口属性对话框

其中各项说明如下：

- X1-Location：本字段为该总线入口第一点位置的 *X* 轴坐标。
- Y1-Location：本字段为该总线入口第一点位置的 *Y* 轴坐标。
- X2-Location：本字段为该总线入口第二点位置的 *X* 轴坐标。
- Y2-Location：本字段为该总线入口第二点位置的 *Y* 轴坐标。
- Line Width：本字段的功能是设置总线入口的粗细，其中包括 Smallest、Small、Medium 及 Large 四个选项，如图 4.38 所示。

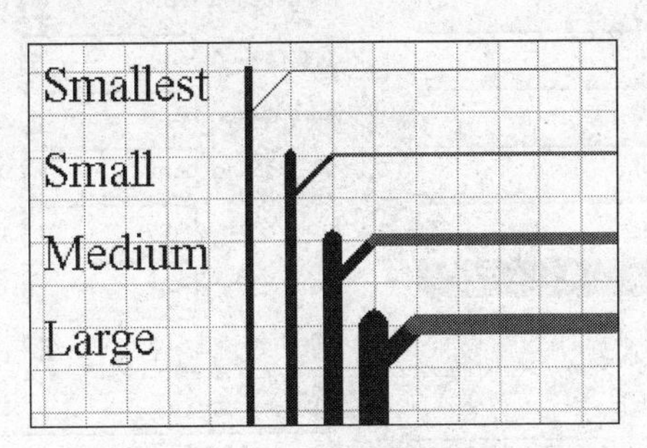

图4.38　总线入口粗细

如图 4.38 所示，总线入口的粗细完全对应于单线及总线的粗细，不可乱配！

- Color：本字段的功能是设置总线入口的颜色，点取本字段后，即可打开其颜色属性对话框，如图 4.39 所示。

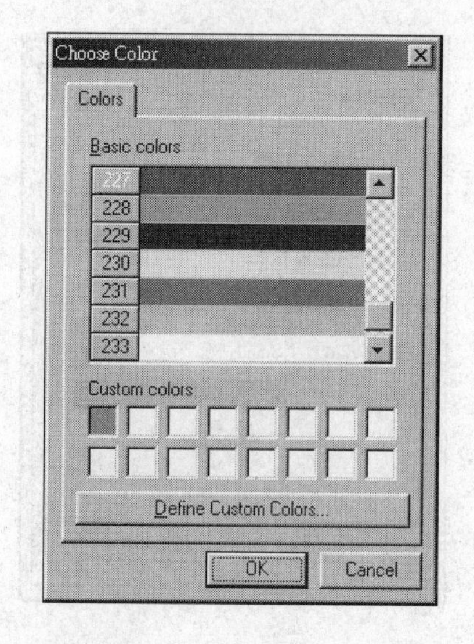

图4.39　颜色属性对话框

这时候，可在字段中指定所要使用的颜色，再单击 OK 按钮即可将所设置的颜色带回前一个对话框。

- Selection：本选项的功能是设置该总线为被选择状态。
- Global >>：本按钮的功能是设置总线的整体编辑，单击本按钮后，对话框改变如图 4.40 所示。

Bus Entry
Properties
X1-Location 740
Y1-Location 520
X2-Location 730
Y2-Location 510
Line Width Large
Color
Selection Selection
Attributes To Match By
X1-Location Any
Y1-Location Any
X2-Location Any
Y2-Location Any
Line Width Any
Color Any
Selection Any
Copy Attributes
X1-Locatior
Y1-Locatior
X2-Locatior
Y2-Locatior
Line Width
Color
Selection
OK
Help
Cancel
<< Local
Change Scope
Change Matching Items In Current Document

图4.40　总线入口整体编辑

在这个对话框中，所新增的三个区域与元件属性对盒里，整体编辑所新增的区域类似，只是其中的字段与选项减少了，其功能与操作完全一样。

对于已固定的总线入口，我们也可以编辑其属性，只要指向所要编辑属性的总线入口上，双击，即可打开其属性对话框，我们就可编辑其属性。如果要删除总线入口，则先点取该总线入口，再按 Del 键即可删除。

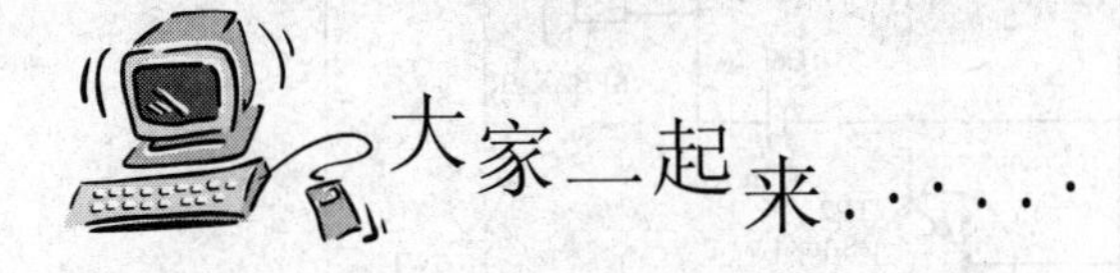

请按图 4.41 练习总线的连接，并保存成 Chapter4\PT4-2.sch 文件。

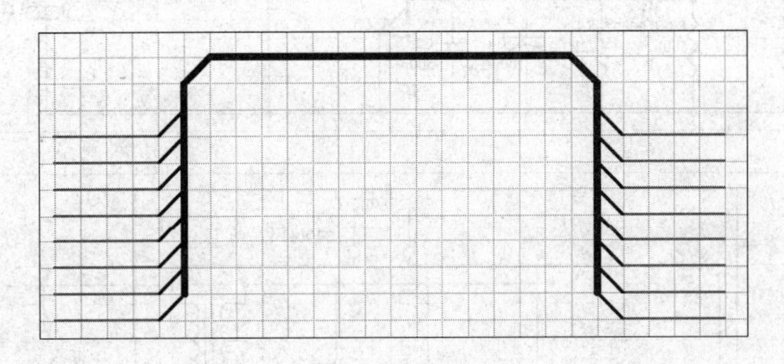

图4.41　连接总线练习

4-8　练功房

在这里，我们准备了几张图，只要耐心按图绘制必能功力大增！首先请将第 3 章所完成的 Chapter3.ddb\TT3-1.SCH ~ Chapter3.ddb\TT3-5.SCH，按下列原理图连接，并保存为 Chapter4.ddb\TT4-1.SCH ~ Chapter4.ddb\TT4-5.SCH。

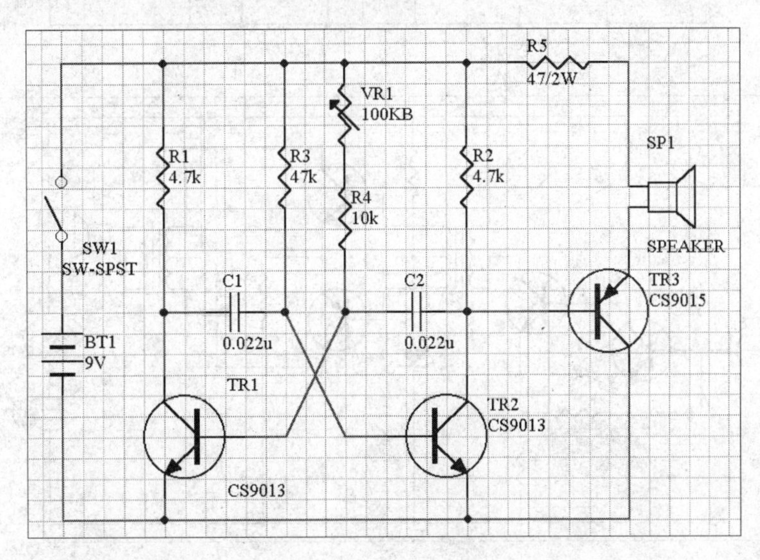

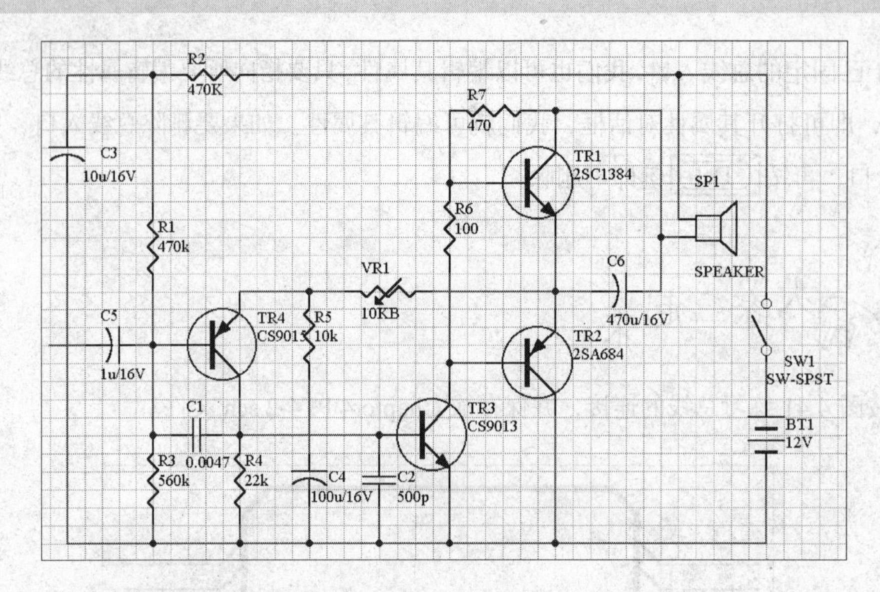
R2
470K
R7
470
C3
10u/16V
TR1
2SC1384
SP1
R6
100
R1
470k
SPEAKER
VR1
C6
10KB
470u/16V
C5
TR4
CS9015
R5
10k
TR2
2SA684
1u/16V
SW1
SW-SPST
C1
TR3
CS9013
BT1
12V
R3
0.0047
R4
C4
C2
560k
22k
100u/16V
500p

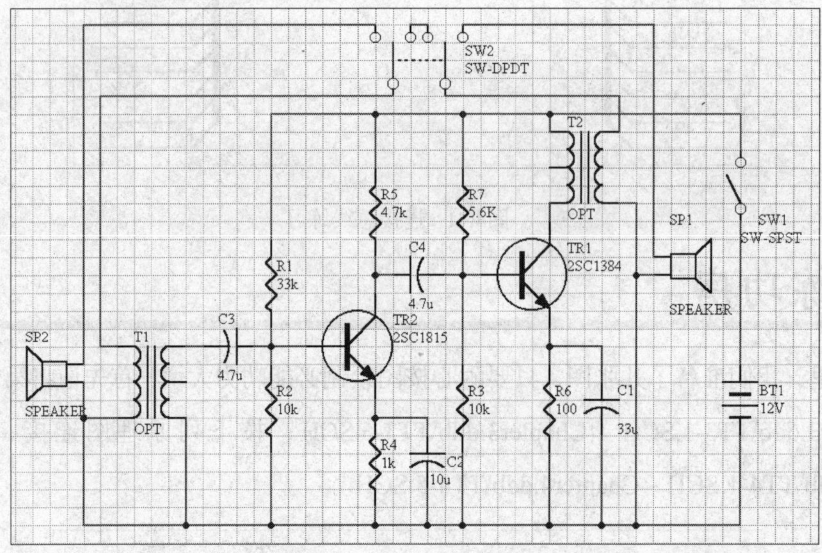
SW2
SW-DPDT
T2
OPT
R5
4.7k
R7
5.6K
SP1
SW1
SW-SPST
C4
TR1
2SC1384
R1
33k
4.7u
SPEAKER
SP2
T1
C3
TR2
2SC1815
4.7u
R2
10k
R3
10k
R6
100
C1
BT1
12V
SPEAKER
OPT
33u
R4
1k
C2
10u

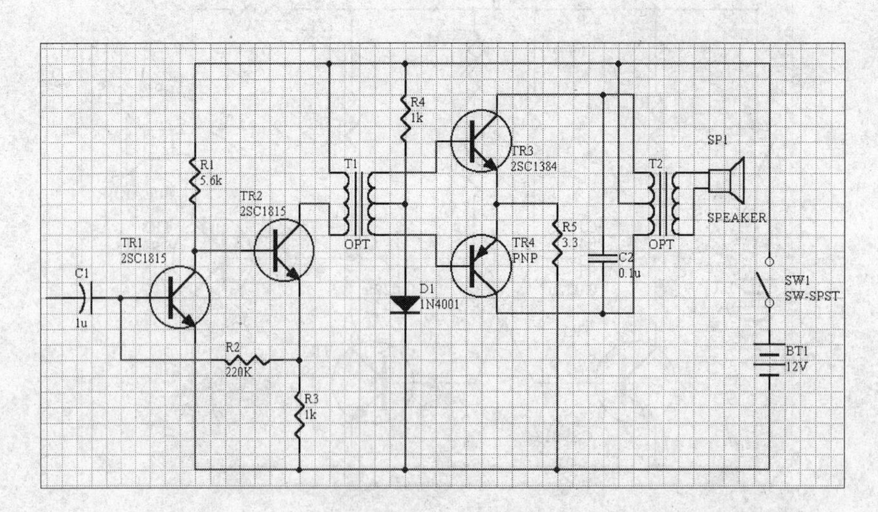
R4
1k
SP1
R1
5.6k
T1
TR3
2SC1384
T2
TR2
2SC1815
SPEAKER
OPT
R5
3.3
OPT
TR1
2SC1815
TR4
PNP
C2
0.1u
SW1
SW-SPST
C1
1u
D1
1N4001
R2
220K
BT1
12V
R3
1k

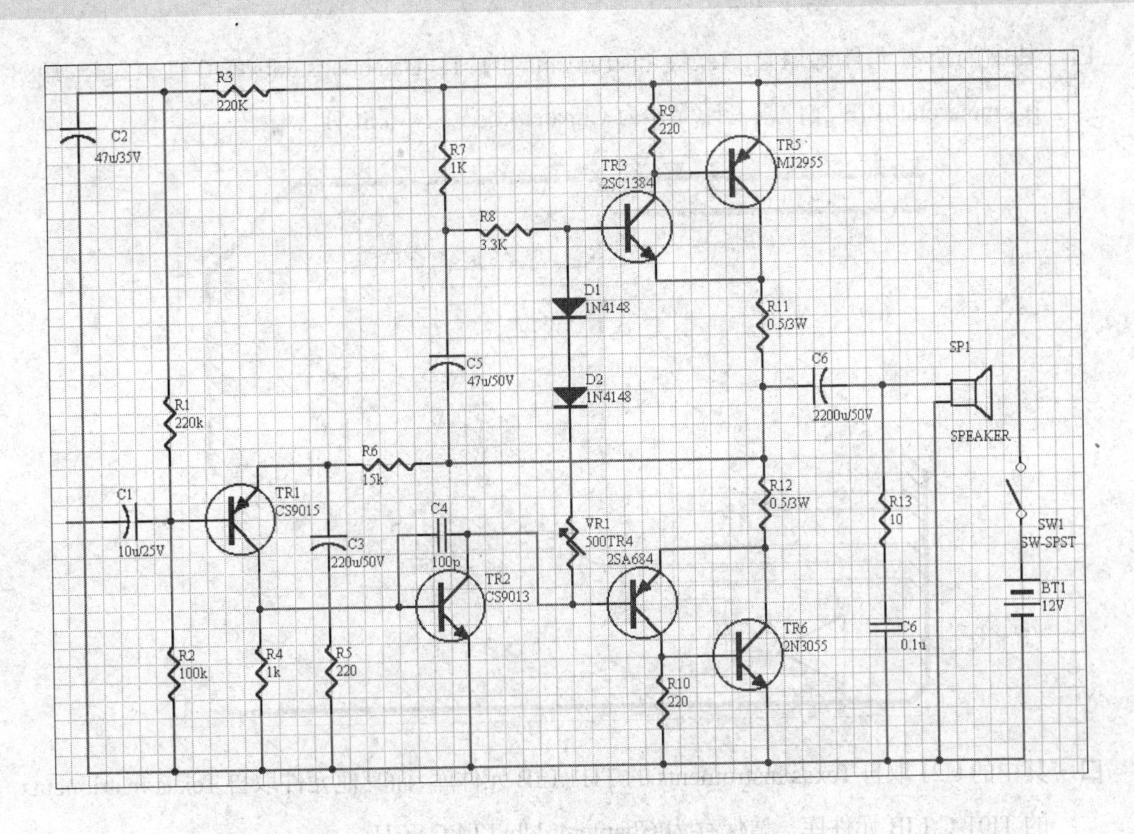

请继续绘制下列原理图，并保存为 Chapter4\TT4-6.SCH ~ Chapter4\TT4-10.SCH。

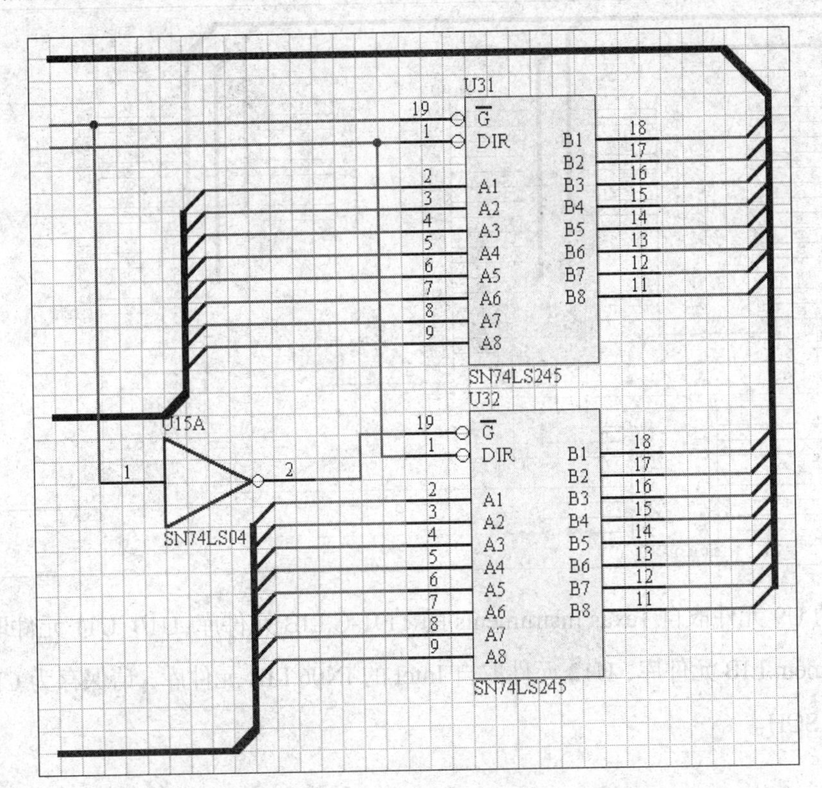

- 其中的所有元件都取自 Texas Instruments 的 TI Databooks.ddb\TI TTL Logic 1988 [Commercial].LIB 元件库，请保存为 Chpater4.ddb\TT4-6.SCH。

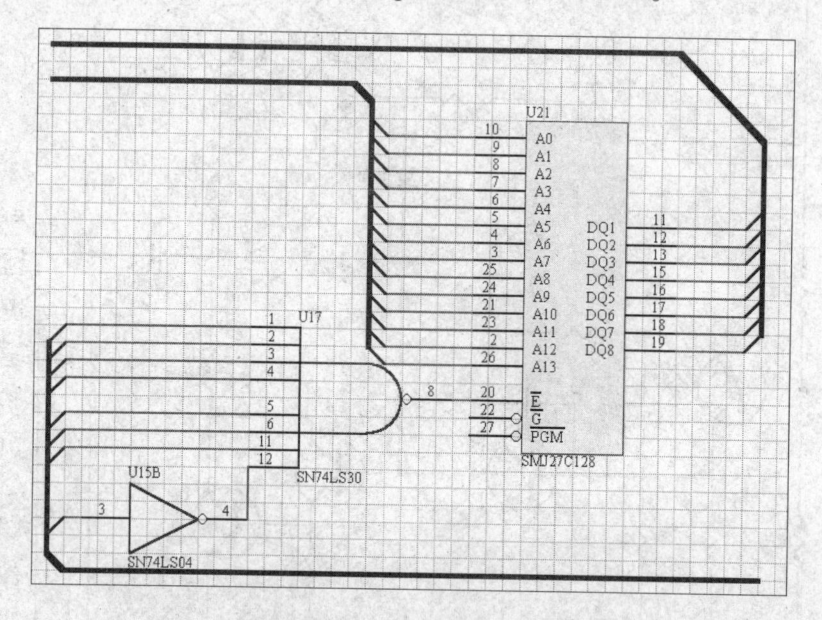

- 其中的 U21 取自 Texas Instruments 的 TI11.LIB 元件库，而其他元件取自 Texas Instruments 的 TI01-C.LIB 元件库，请保存为 Chapter4.ddb\TT4-7.SCH。

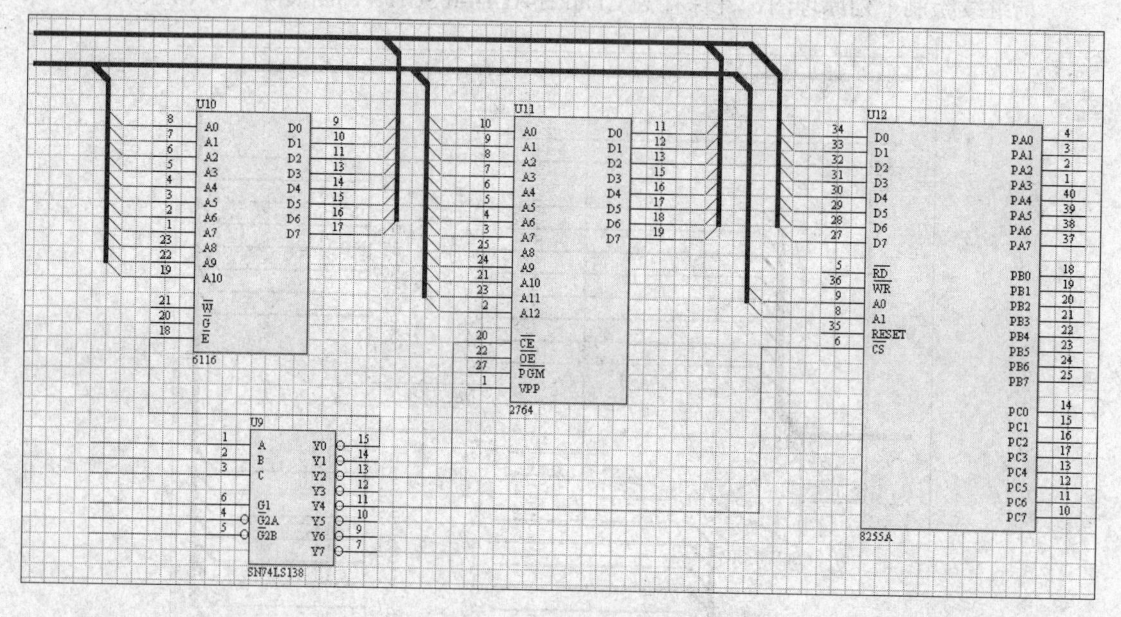

- 其中的 U9 元件取自 Texas Instruments 的 TI01-C.LIB 元件库，U10、U11 元件取自 DosOld 的 D_mem.LIB 元件库，U12 元件取自 Intel 的 IN06.LIB 元件库，请保存为 Chapter4.ddb\TT4-8.SCH。

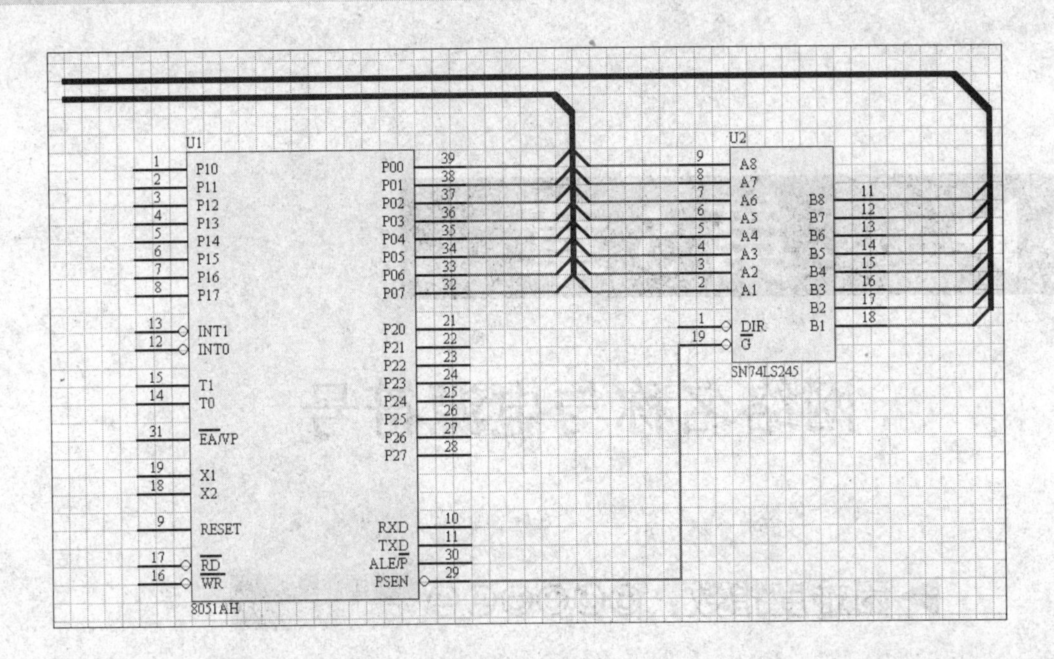

□　其中的 U1 元件都取自 Intel 的 IN04.LIB 元件库，U2 元件都取自 Texas Instruments 的 TI01-C.LIB 元件库，请保存为 Chapter4.ddb\TT4-9.SCH。

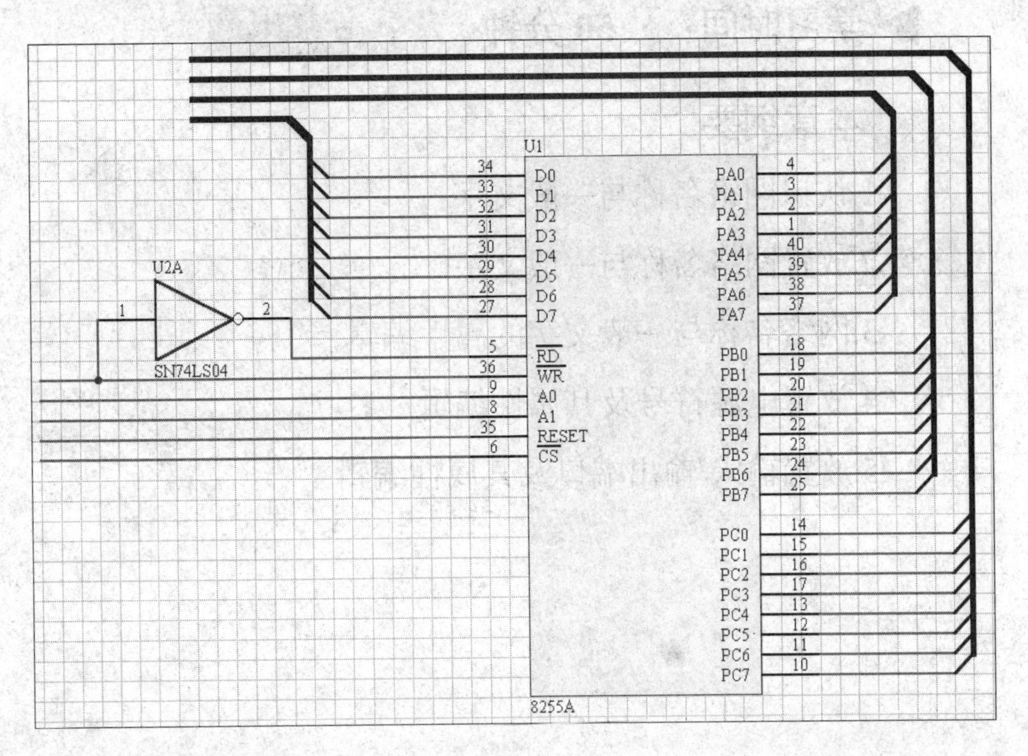

□　其中的 U1 元件取自 Intel 的 IN06.LIB 元件库，U2A 元件取自 Texas Instruments 的 TI01-C.LIB 元件库，请保存为 Chapter4.ddb\TT4-10.SCH。

第5章

网络名称与电源符号

困难度指数：☺☺☺☺😐😐

学习条件：　学过第4章

学习时间：　50分钟

本章纲要

1.认识网络名称与一般文字

2.放置网络名称与一般文字

3.网络名称与一般文字的属性编辑

4.放置电源符号及其属性编辑

5.放置输入/输出端口及其属性编辑

前两章已介绍原理图中的两大主角——元件和线路，下面说明原理图里的文字。到底还是有图有字的原理图比较有说服力！

5-1　放置网络名称与其属性编辑

在第 4 章的末尾介绍了总线系统，其中除了总线网络名称、单线网络名称外，其他组件已说明清楚。不管是总线网络名称、单线网络名称都是网络名称，而网络名称是信号连接的依据，我们可以用有形的导线连接与传递信号，还可以用无形的网络名称来连接与传递信号。利用网络名称来连接与传递信号，不但可使线路简化、读图容易，还可减少不必要的错误，图 5.1、图 5.2 所示为同一个电路，分别以导线连接和利用网络名称连接。

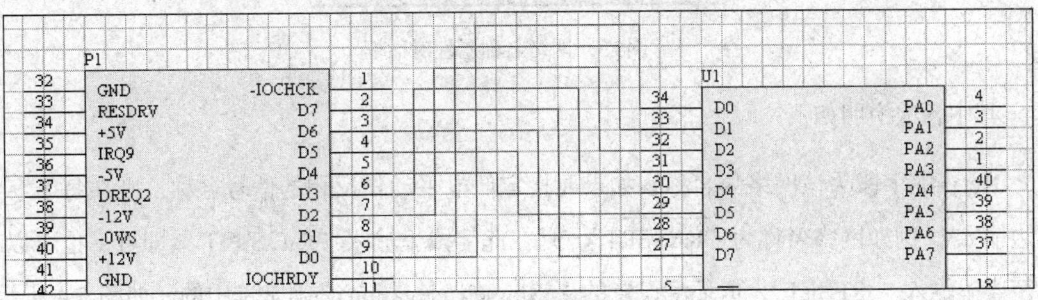

图5.1　以导线连接

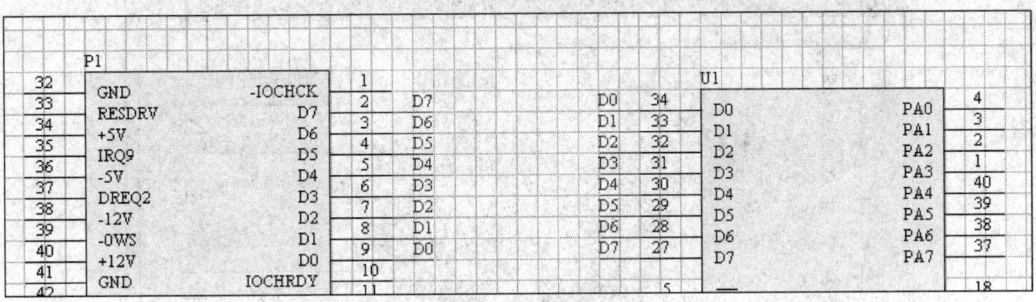

图5.2　以网络名称连接

通常网络名称放置在横向导线的上方，或直向导线的左方。当我们要放置网络名称时，只要执行 Place 菜单下的 Net Label 命令或单击 Net1 按钮，即进入放置网络名称状态，鼠标指针上将出现一个虚框。这时请按 TAB 键打开该网络名称的属性对话框，如图 5.3 所示。

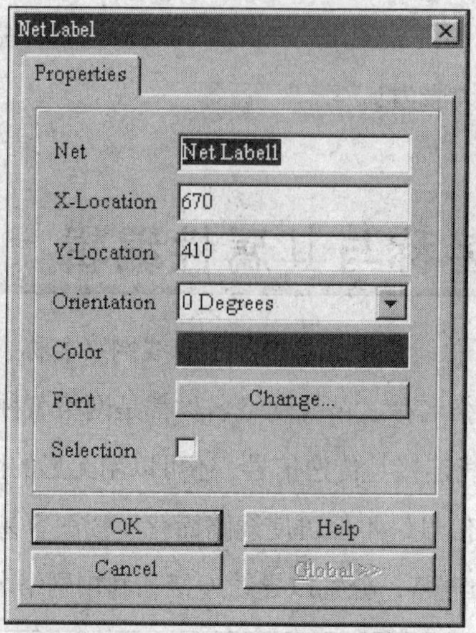

图5.3 网络名称属性对话框

其中各项说明如下：

Net：本字段为该网络的名称，如果要指定低电平动作反相的信号名称，则在每个字母右边输入\，例如网络名称为“$\overline{\text{RESERT}}$”，则在此字段里输入“R\E\S\E\T\”即可；也可以在此字段里输入“\RESET”，但环境设置的 Single'\ 'Negation 必须是选中的，如图 5.4 所示。

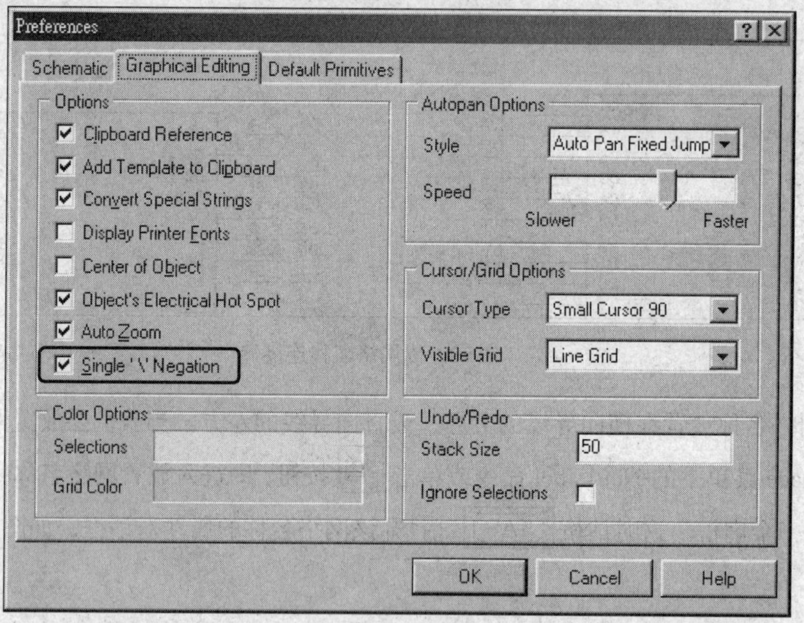

图5.4 设置 Single '\' Negation

□　X-Location：本字段为该网络名称所在位置的 *X* 轴坐标。

□　Y-Location：本字段为该网络名称所在位置的 *Y* 轴坐标。

□　Orientation：本字段的功能是设置该网络名称的方向，其中包括 0 Degrees、90 Degrees、180 Degrees 及 270 Degrees 这 4 个选项，如图 5.5 所示。

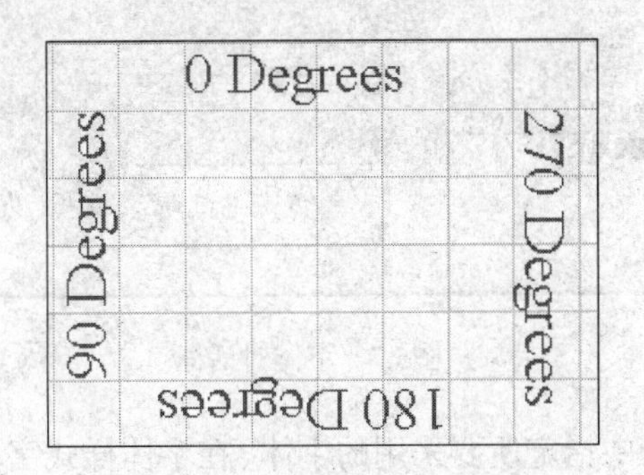

图5.5　网络名称的方向

□　Color：本字段的功能是设置网络名称的颜色，点取本字段后，即可打开其颜色属性对话框，如图 5.6 所示。

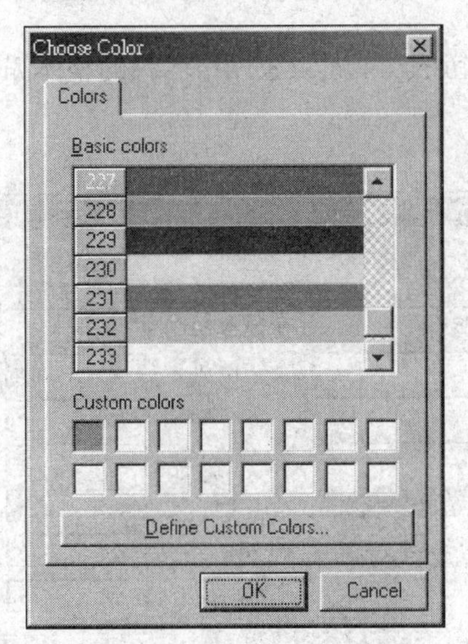

图5.6　颜色属性对话框

这时可在字段中指定所要使用的颜色，再单击 OK 按钮即可将所设置的颜色带回前一个对话框。

□　Change... ：本选项的功能是设置该网络名称的字体，单击本按钮后，出现图 5.7 所示的对话框。

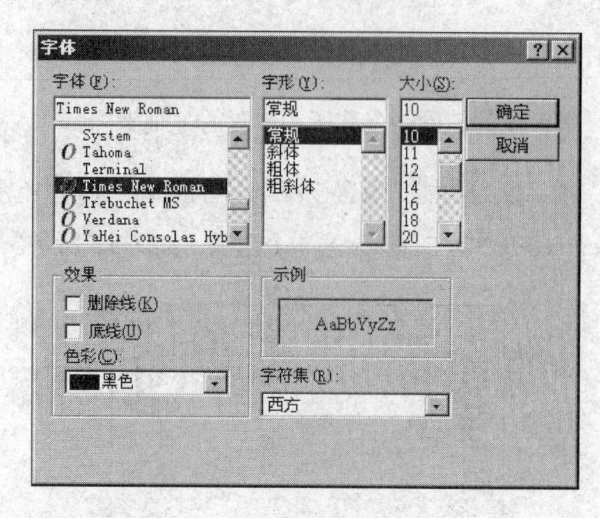

图5.7　字体对话框

这时候，可在字体字段中指定所要采用的字体、在字体样式字段中指定所要采用的样式、在大小字段中指定该网络名称的大小，网络名称可以使用中文，但笔者并不建议使用中文。最后单击 确定 按钮即可将所设置的字体带回前一个对话框。

- □ Selection：本选项的功能是设置该网络名称为被选择状态。
- □ Global >> ：本按钮的功能是设置网络名称的整体编辑，单击本按钮后，对话框变成如图 5.8 所示。

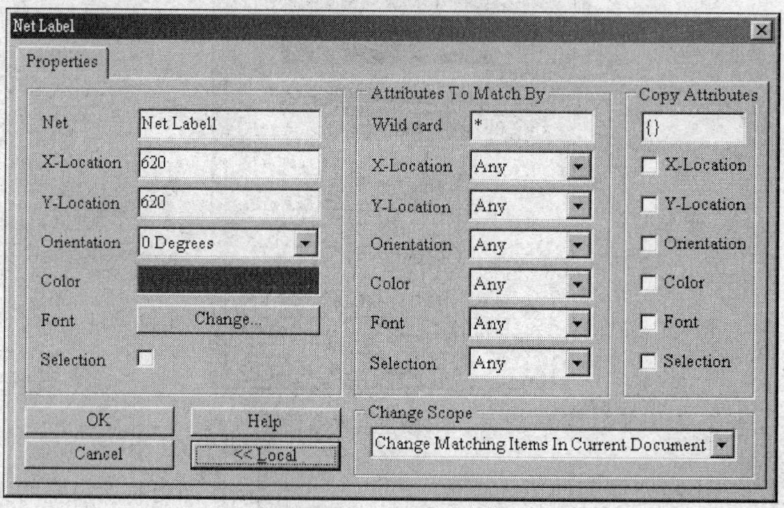

图5.8　网络名称整体编辑

在这个对话框中，所新增的 3 个区域与元件属性对盒里，整体编辑所新增的区域类似，只是其中的字段与选项减少了，其功能与操作完全一样。

当我们输入网络名称后，单击 OK 按钮关闭对话框，则该网络名称将浮现在鼠标指针之上，指向所要放置的导线(或总线)，将出现代表连接的圆点(如果没有出现圆点，则是不相连接)；这时候，还是可以按　键改变该网络名称的方向，而单击鼠标左键，即可于该处放置一个网络名称。放置一个网络名称后，仍在放置网络名称状态，我们可以继续放置网络名称，如不想再放置时，可右击或按 ESC 键，结束放置网络名称状态。

另外，如果网络名称上有数字的话，当我们连续放置网络名称时，其中的数字将自动增量，例如现在放置 D0，下一个网络名称将自动变为 D1、D2…以此类推。

对于已固定的网络名称，我们也可以编辑其属性，只要指向所要编辑属性的网络名称上，双击，即可打开其属性对话框，我们就可编辑其属性。如果要删除网络名称，则先点取该网络名称，再按 Del 键即可删除。

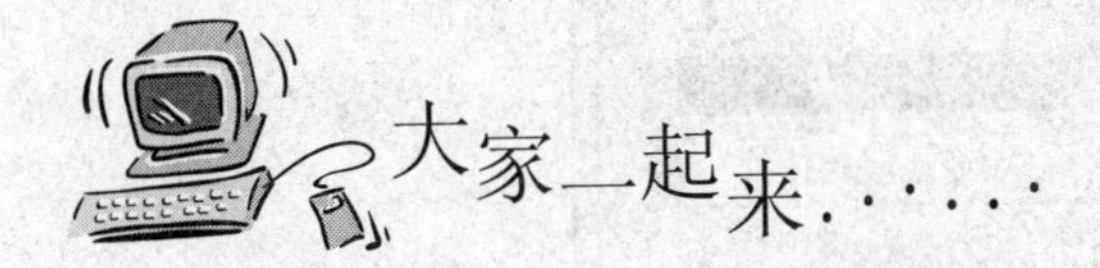

请将第 4 章的 PT4-2.sch 按图 5.9 练习网络名称标示，并保存成 PT5-1.sch 文件。➤➤➤再次提醒，没有放置网络名称的总线是没有意义的！

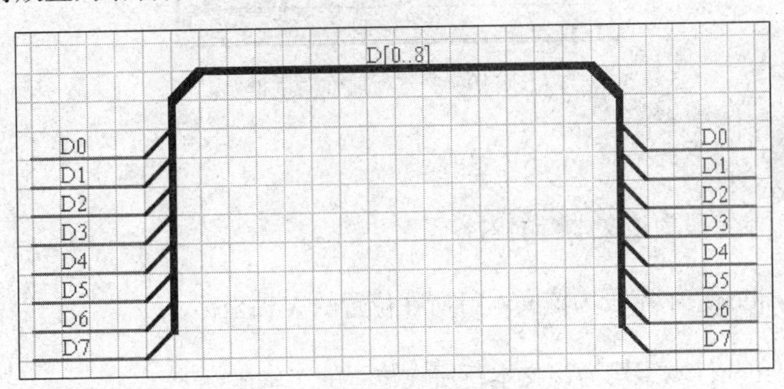

图5.9　标示网络名称

5-2　放置文字与其属性编辑

在原理图上，除了代表电气特性的网络名称外，还有一般说明属性的文字。对于一般文字的服务，程序提供了两种不同的模式，一种是文本行，另一种是文本框，以下将分别探讨这两种模式的操作与特性。

5-2-1　放置文本行

通常在原理图里放置一些文字来说明电路的状态，在 Schematic 99 SE 中，我们不但可以放置说明文字，还可以放置中文字！当我们要放置说明文字时，只要执行 Place 菜单下的 Annotation...命令，或单击 T 按钮，即进入放置文本行状态，鼠标指针上将出现一个虚框。这时候，请按 TAB 键打开该文本行的属性对话框，如图 5.10 所示。

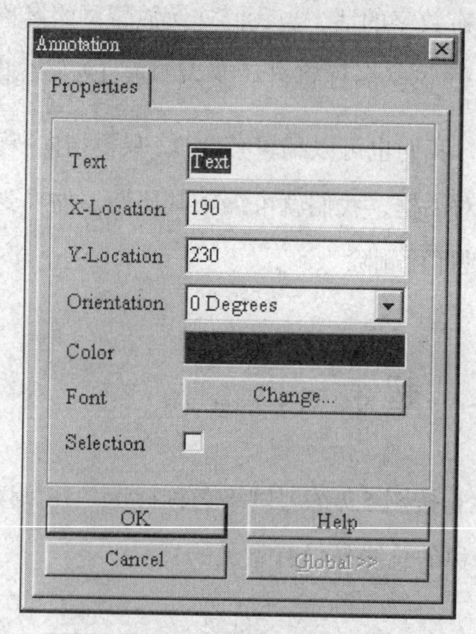

图5.10　文本行属性对话框

其中各项说明如下：

□　Text：本字段为该文本行的内容。

□　X-Location：本字段为该文本行所在位置的 *X* 轴坐标。

□　Y-Location：本字段为该文本行所在位置的 *Y* 轴坐标。

□　Orientation：本字段的功能是设置该文本行的方向，其中包括 0 Degrees、90 Degrees、180 Degrees 及 270 Degrees 这 4 个方向选项。

□　Color：本字段的功能是设置文本行的颜色，点取本字段后，即可打开其颜色属性对话框，如图 5.11 所示。

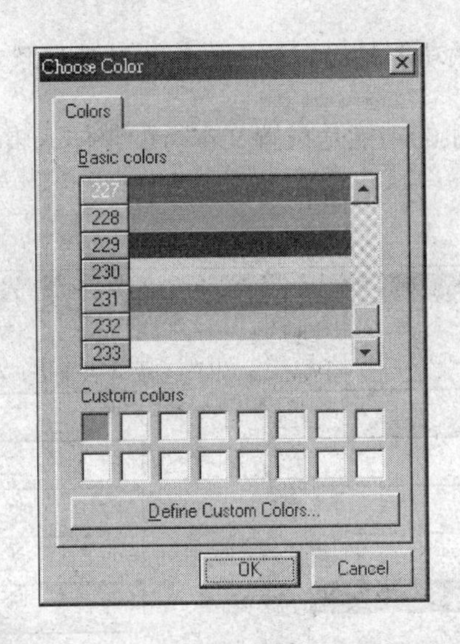

图5.11　颜色属性对话框

这时候，可在字段中指定所要使用的颜色，再单击 OK 按钮即可将所设置的颜色带回前一个对话框。

□ Change... ：本选项的功能是设置该文本行的字体，单击本按钮后，出现图 5.12 所示的对话框。

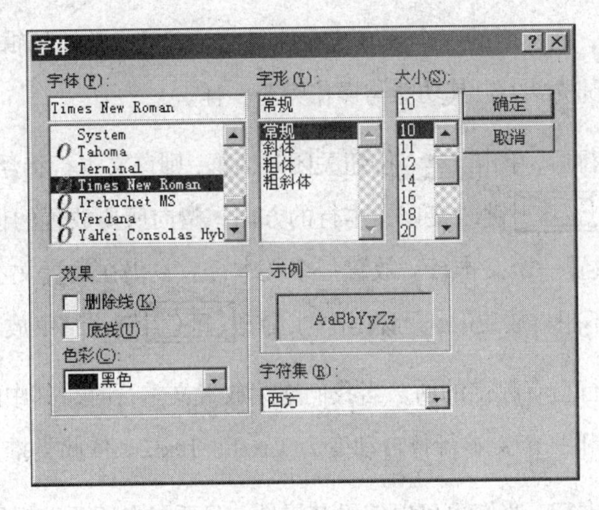

图5.12　字体对话框

这时可在字体字段中指定所要采用的字体、在字体样式字段中指定所要采用的样式、在大小字段中指定该文本行的大小，在此要特别注意，如果我们所放置的文本行含有中文字，则一定要在此指定采用中文字体，否则尽管屏幕上显示的是正常的中文字，但打印出来的结果将是乱码！最后单击 确定 按钮即可将所设置的字体带回前一个对话框。

- Selection：本选项的功能是设置该文本行为被选择状态。
- Global >> ：本按钮的功能是设置文本行的整体编辑，单击本按钮后，对话框改变如图 5.13 所示。

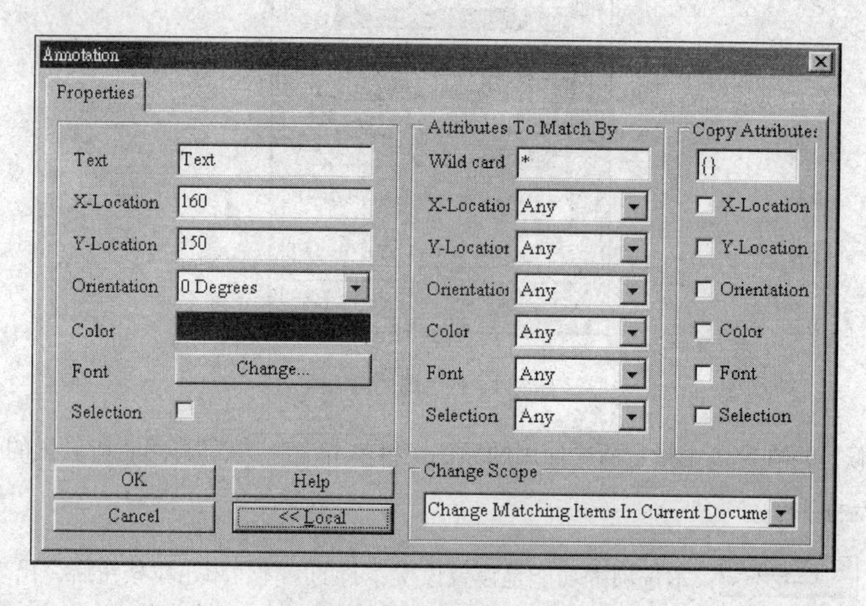

图5.13　文本行整体编辑

在这个对话框中，所新增的三个区域与元件属性对盒里，整体编辑所新增的区域类似，只是其中的字段与选项减少了，其功能与操作完全一样。

当我们输入文本行后，单击 OK 按钮关闭对话框，则该文本行将浮现在鼠标指针之上，这时候，还是可以按空格键改变该文本行的方向，指向所要放置的位置，再单击鼠标左键，即可于该处放置一个文本行。放置一个文本行后，仍在放置文本行状态，我们可以继续放置文本行，如不想再放置时，可右击或按 ESC 键，结束放置文本行状态。

另外，如果文本行上有数字的话，当我们连续放置文本行时，其中的数字将自动增量，例如现在放置 Text0，下一个文本行将自动变为 Text1、Text2…依此类推。

对于已固定的文本行，我们也可以编辑其属性，只要指向所要编辑属性的文本行上，双击，即可打开其属性对话框，我们就可编辑其属性。如果要删除文本行，则先点取该文本行，再按 Del 键即可删除。

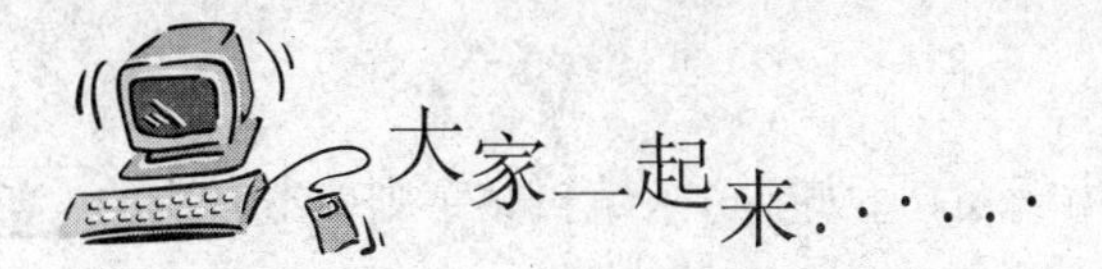

请在 PT5-1.sch 加入一些说明文字，如图 5.14 所示，并存成 PT5-2.sch 文件(其中“往内部电路”及“往内部电路”为@细明体)。

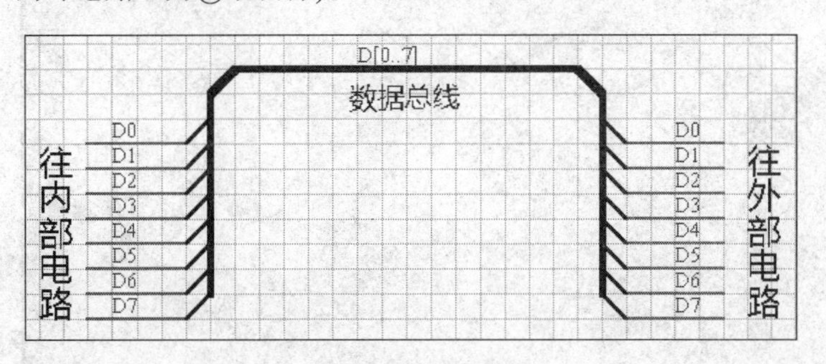

图5.14　放置文本行练习

5-2-2　放置文本框

Schematic 99 SE 提供另外一种文字，可以把整篇文章都放入原理图之中！当我们要放置文本框时，则执行 Place 菜单下的 Text Frame 命令，或单击 按钮，紧接着按 TAB 键，打开其属性对话框，如图 5.15 所示。

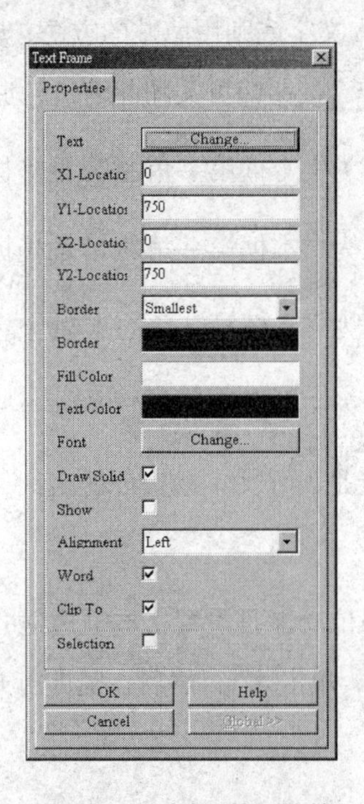

图5.15　文本框属性对话框

其中各项说明如下：

□ Text：本项的功能是打开文字编辑窗口，如要进入编辑文字则单击右边的 Change... 按钮，出现图 5.16 所示的文字编辑窗口。

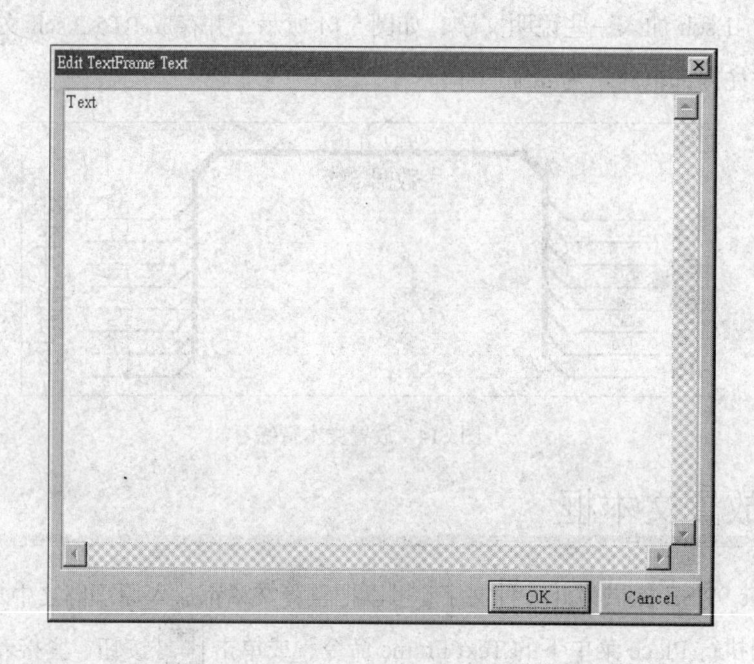

图5.16 文字编辑窗口

我们可以在此窗口中，输入文字或利用剪贴的方法，从别的文字编辑器(如 Word)，将整段的文字贴进来，最后单击 OK 按钮即可关闭此窗口，退回前一个对话框。

□ X1-Location：本字段为文本框第一角的 X 轴坐标。

□ Y1-Location：本字段为文本框第一角的 Y 轴坐标。

□ X2-Location：本字段为文本框第二角的 X 轴坐标。

□ Y2-Location：本字段为文本框第二角的 Y 轴坐标。

□ Border：本字段的功能是设置文本框边框的粗细，其中包括 Smallest、Small、Medium 及 Large 这 4 个选项。

□ Border Color：本字段的功能是设置文本框边框的颜色，当我们要设置边框的颜色时，则指向右边颜色字段，单击；然后在随即打开的颜色设置对话框中，指定所要采用的颜色了。

□　Fill Color：本字段的功能是设置文本框所要输入的颜色，当我们要设置时，则指向右边颜色字段，单击鼠标左键；然后在随即打开的颜色设置对话框中，指定所要采用的颜色了。

□　Text Color：本字段的功能是设置文本框的文字颜色，当我们要设置时，则指向右边颜色字段，单击鼠标左键；然后在随即打开的颜色设置对话框中，指定所要采用的颜色了。

□　Font：本项的功能是设置文本框所采用的字体，当我们要设置时，则单击右边的 Change... 按钮，出现图 5.17 所示的对话框。

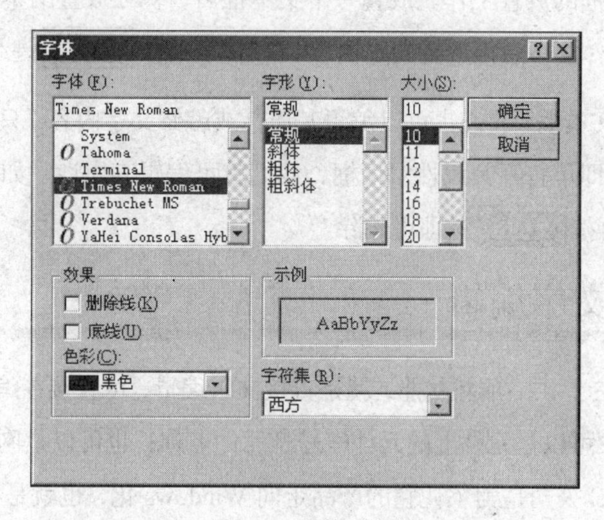

图5.17　字体对话框

这时候，可在字体字段中指定所要采用的字体、在字体样式字段中指定所要采用的样式、在大小字段中指定该文本的大小，在此要特别注意，如果我们所放置的文本含有中文，则一定要在此指定采用中文字体，否则尽管屏幕上显示的是正常的中文，但打印出来的结果将是乱码！最后单击 确定 按钮即可将所设置的字体带回前一个对话框。

□　Draw Solid：本字段的功能是要求程序单击 Fill Color 字段所指定的颜色，输入文本框。

□　Show Border：本选项的功能是要求程序将文本框边框采用 Border Color 字段所指定的颜色。

□　Alignment：本字段的功能是设置文本框的文字对齐方式，包括 Center(靠中间对齐)、Left(靠左边对齐)及 Right(靠右边对齐)这 3 个选项。

□　Word Wrap：本选项的功能是设置当文本框内文本长度超过该文字框宽度时，是否换行？如果设置本选项时，将可自动换行。

□　Clip To Area：本选项的功能是设置当文本框内文本长度超过该文本框宽度时，是否截去超出部分？如果设置本选项时，将会截去超出部分的文字。

□　Selection：本字段的功能是设置该文本框为被选择状态。

设置完成后，单击 OK 按钮关闭对话框，而鼠标指针上将出现一个十字线，指向所要放置文本框的一角，单击鼠标左键；移动鼠标拉出区域，当大小合适后再单击鼠标左键，即可完成文本框的放置工作。放置一个文本框后，仍在放置文本框状态，我们可以继续放置下一个文本框；如不想再放置文本框，可右击或按 ESC 键结束放置文本框状态。

对于已固定的文本框，我们也可以编辑其属性或编修文字内容，只要指向所要编辑的文本框上，双击，即可打开其属性对话框，我们就可编辑其属性。如果要删除文本框，则先点取该文本框，再按 Del 键即可删除。

5-2-3　直接文字编辑

Schematic 99 SE 提供一项新功能，就是直接文字编辑，可直接在编辑区中，修改指定的文字；而编辑的对象可以是元件上的元件序号、元件名称；也可以是网络名称，或一般的文本行。很明显，Protel 公司是为了让它的产品走向 Windows 化，也就是与在 Windows 下的操作一样！

如图 5.18 所示，我们要将 R12 的电阻值改为 100 kΩ，则先点取该电阻值。

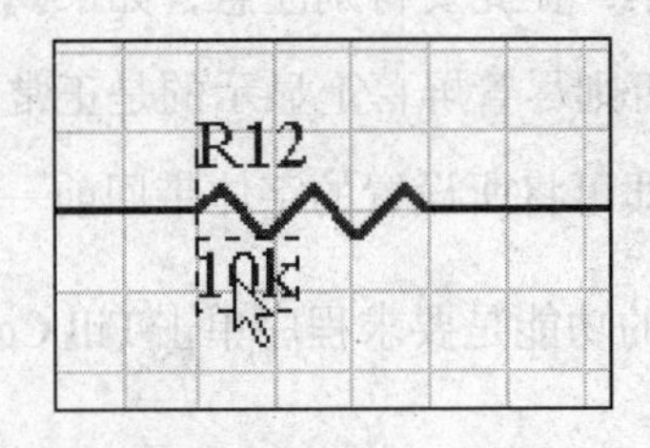

图5.18　选中元件名称

再单击鼠标左键，即可进入文字编辑模式，如图 5.19 所示。

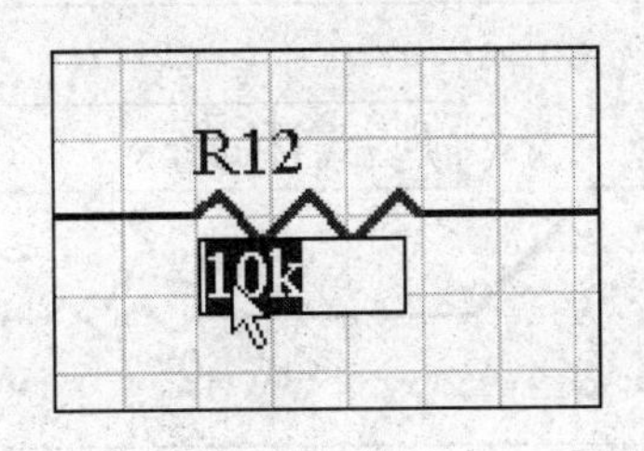

图5.19　进入文字编辑模式

直接将它改为 100 kΩ，再单击鼠标左键即可，如图 5.20 所示。

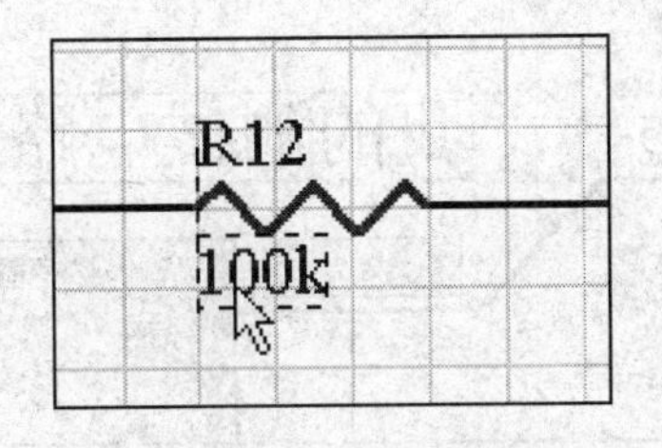

图5.20　完成文字编辑

同样地，对于中文字也可以直接编辑，例如我们要将“测试电路”文本行改为“我的测试电路”，还是先选中该文本行，如图 5.21 所示。

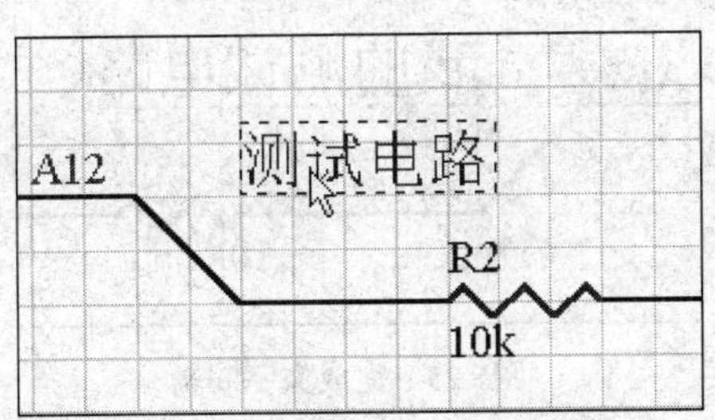

图5.21　点取文本行

再单击鼠标左键，即可进入文字编辑模式，如图 5.22 所示。

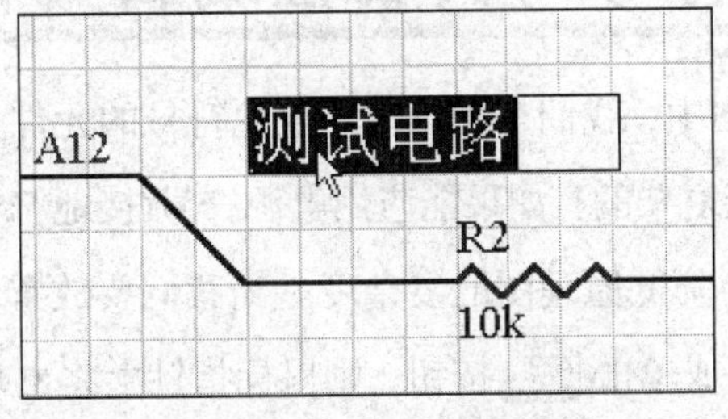

图5.22　进入文字编辑模式

按 Home 键将鼠标指针移至最前面，如图 5.23 所示。

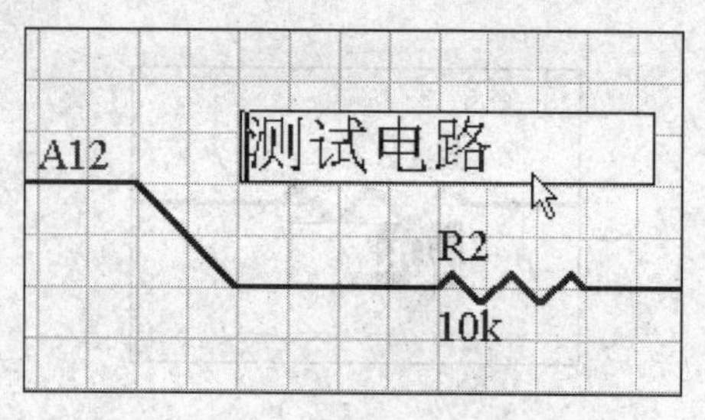

图5.23　完成文字编辑

输入“我的”，如图 5.24 所示。

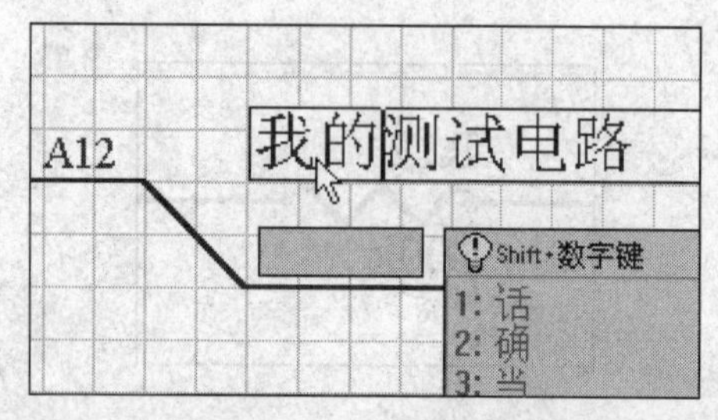

图5.24　输入文字

再单击鼠标左键即可，如图 5.25 所示。

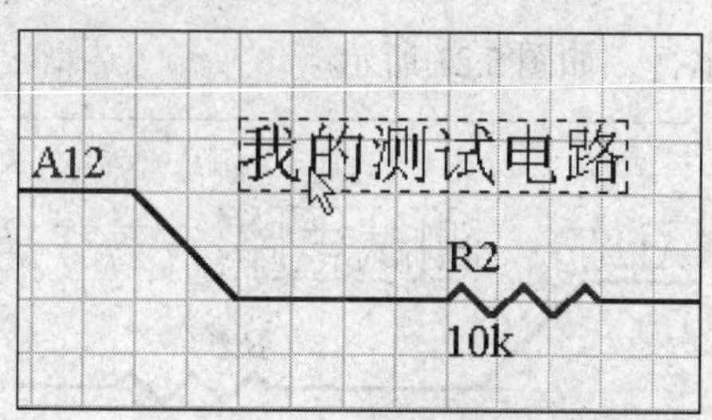

图5.25　完成文字编辑

5-3　放置电源符号与其属性编辑

在第 4 章练习的原理图中，我们都利用一个电池符号的元件为电源的供给，使得每个电路都四四方方的，看起来蛮复杂的！如果能应用电源符号(接地符号也属于电源符号的一种)，将可增加原理图的可读性，降低原理图的复杂度。当我们要放置电源符号时，则执行 Place 菜单下的 Power Port 命令，或单击按钮，则鼠标指针上将出现一个浮动的电源符号；这时候，可按键逆时针旋转该电源符号，如果要编辑该电源符号的属性时，可按TAB键，打开其属性对话框，如图 5.26 所示。

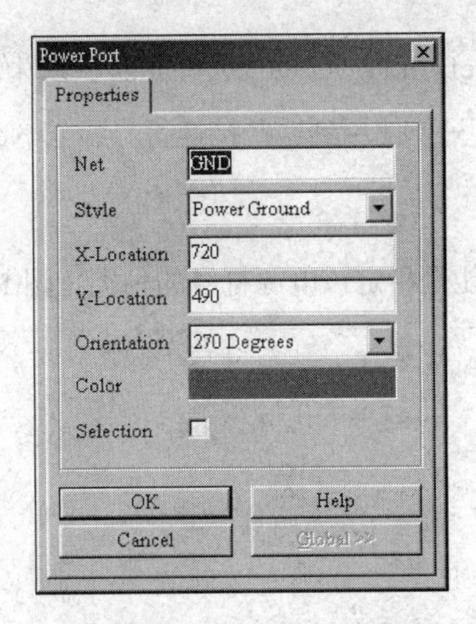

图5.26　电源符号属性对话框

其中各项说明如下：

□　Net：本字段的功能是指定该电源符号所连接的网络名称。在 Schematic 99SE 之前的版本，由于在接地符号上并不会显示其网络名称，所以很多初学者在放置 VCC 符号后，再放置 GND 接地符号时在本字段里，仍保持网络名称为 VCC，变成“披着羊皮的狼”，当此符号与其他该接地的线路连接时，实际上是接到 VCC 上，便造成了严重的错误；很庆幸的，Schematic 99 SE 已经不会有这种情形发生了，请执行 Tools 菜单下的 Preferences…命令，打开 Preferences 环境设置对话框，如图 5.27 所示。

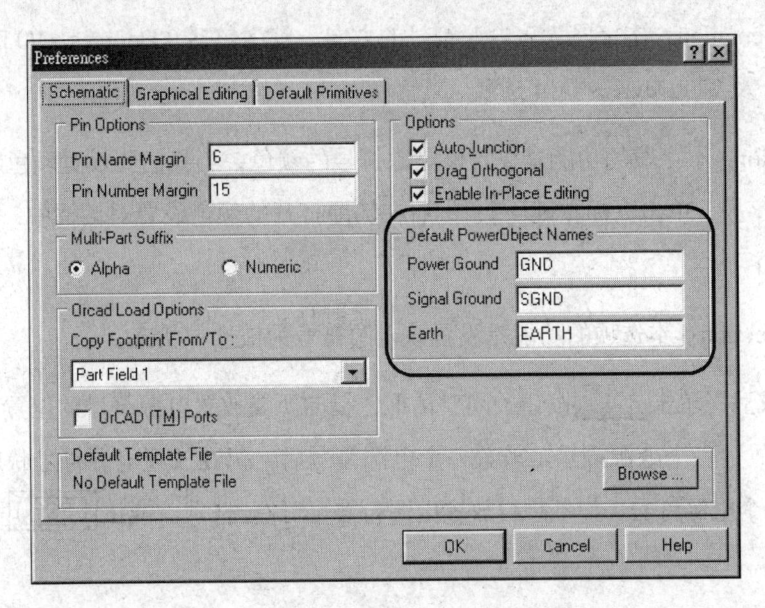

图5.27　环境设置对话框

在 Schematic 选项卡的 Default Power Object Names 区域中，我们可以预先设置 3 种接地符号所对应的网络名称，以后只要使用到这些接地符号，其 Net 将会根据我们所设置的名称自动赋予。

□ Style：本字段的功能是指定该电源符号的种类（图 5.28），包括下列选项：

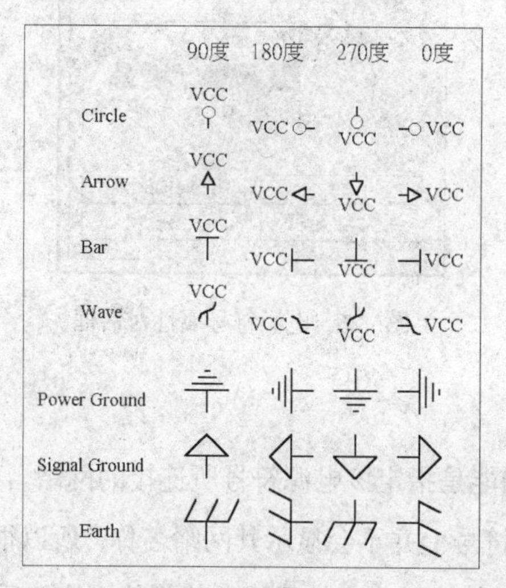

图5.28 电源符号种类

□ X-Location：本字段为该电源符号所在位置的 X 轴坐标。

□ Y-Location：本字段为该电源符号所在位置的 Y 轴坐标。

□ Orientation：本字段为该电源符号的方向，其中包括 0 Degrees、90 Degrees、180 Degrees 及 270 Degrees 这 4 选项。

□ Color：本字段的功能是设置该电源符号的颜色，当我们要设置颜色时，则指向右边颜色字段，单击鼠标左键；然后在随即打开的颜色设置对话框中，指定所要采用的颜色了。

□ Selection：本选项的功能是设置该电源符号为被选中状态。

设置完成后，单击 OK 按钮关闭对话框，指向所要放置电源符号的位置，单击鼠标左键，即可放置一个电源符号。放置一个电源符号后，仍在放置电源符号状态，我们可以继续放置下一个电源符号；如不想再放置电源符号，可右击，或按 ESC 键结束放置电源符号状态。

对于已固定的电源符号，我们也可以编辑其属性，只要指向所要编辑的电源符号上双击，即可打开其属性对话框，我们就可编辑其属性。如果要删除电源符号，则先点取该电源符号，再按 Del 键即可删除。

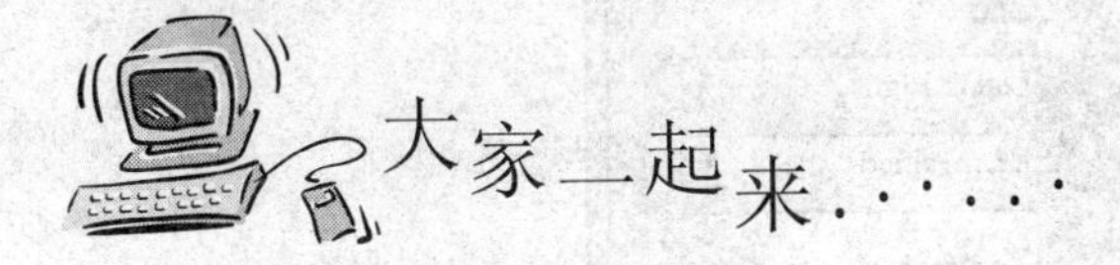

请将第 4 章所练习的 PT4-1.sch 原理图，按图 5.29 修改，并保存在 PT5-3.sch 文件中。

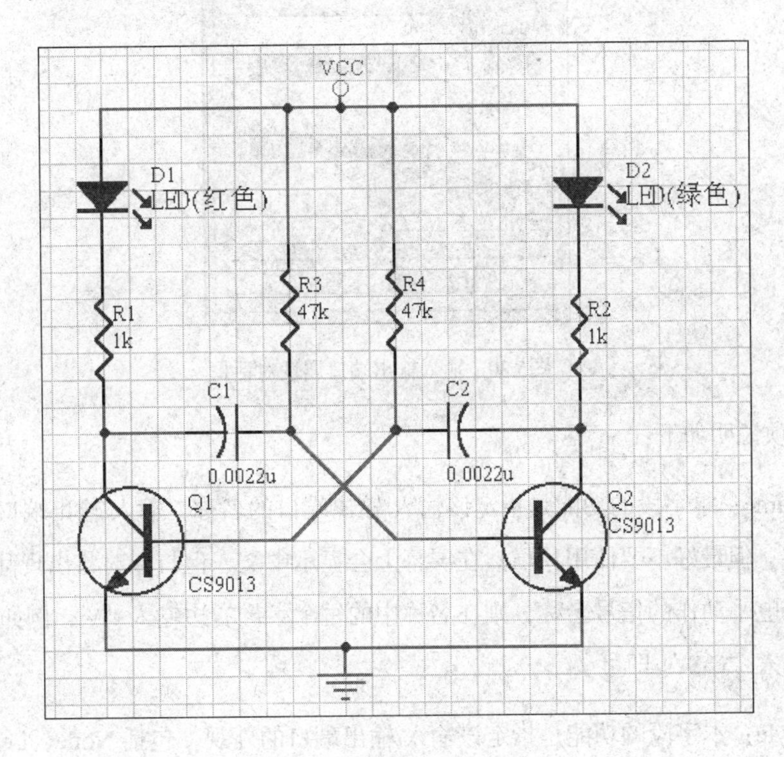

图5.29　电源符号应用练习

5-4　放置输入/输出端口与其属性编辑

在原理图中，我们可以应用网络名称来定义导线的连接特性及其信号连接；而没有指定网络名称的导线，程序将自动予以编制网络编号(相当于网络名称)。此外，对于信号或线路的定义，比较明显且直接的方式是利用输入/输出端口。当我们要放置输入/输出端口时，只要执行 Place 菜单下的 Port 命令，或单击 D1 按钮，即可进入放置输入/输出端口状态，鼠标指针上将出现一个浮动的输入输出端口。这时候，可按 TAB 键打开其属性对话框，如图 5.30 所示。

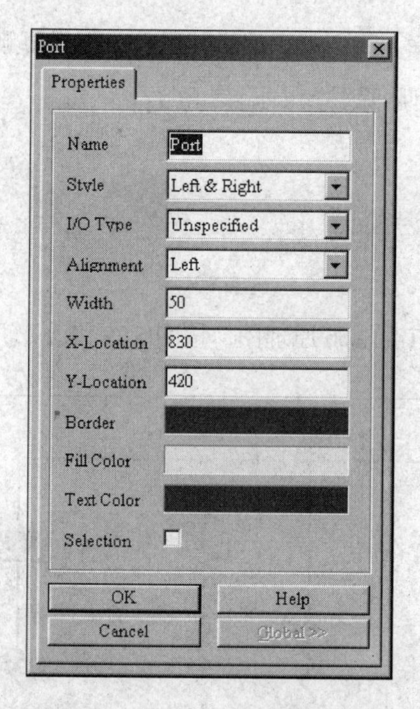

图5.30　输入输出端口属性对话框

其中各项说明如下：

□　Name：本字段的功能是指定该输入/输出端口的名称，输入/输出端口名称可以使用中文，但最好不要使用！虽然在屏幕上会显示中文，但打印时将出现乱码。如果要指定低电平动作的信号名称，则在名称中的每个字母右边输入“\”，例如“$\overline{CS}$”，则在此输入“C\S\”即可。

□　Style：本字段的功能是指定该输入/输出端口的外观，包括 None、Left、Right 及 Left & Right 这 4 个选项，如图 5.31 所示。

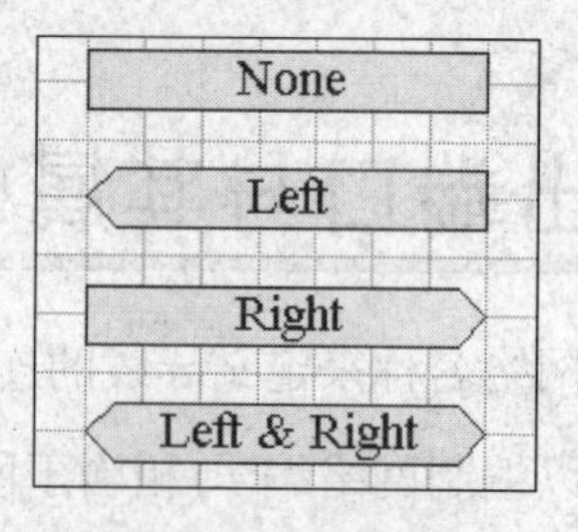

图5.31　输入/输出端口外观

输入/输出端口的外观(箭头方向)与其信号流向无关！

□　I/O Type：本字段的功能是指定该输入/输出端口的信号流向，包括 Unspecified(无方向性输入/输出端口)、Output(输出端口)、Input(输入端口)及 Bidirectional(输入/输出双向端口)等四个选项。

□　Alignment：本字段设置该输入/输出端口里的文字对齐方式，包括 Center、Left 及 Right 这 3 个选项，如图 5.32 所示。

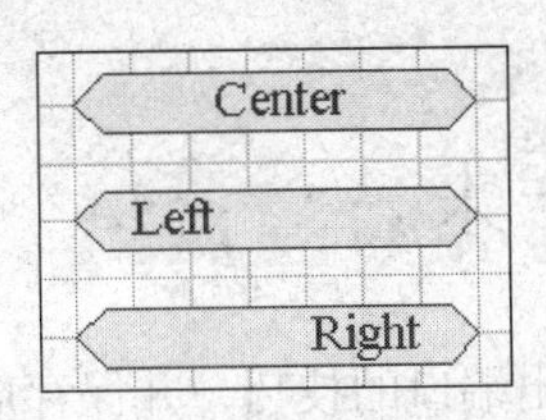

图5.32　输入/输出端口的文字对齐方式

□　X-Location：本字段为该输入/输出端口所在位置的 X 轴坐标。

□　Y-Location：本字段为该输入/输出端口所在位置的 Y 轴坐标。

□　Orientation：本字段为该输入/输出端口的方向，其中包括 0 Degrees、90 Degrees、180 Degrees 及 270 Degrees 这 4 个选项。

□　Border Color：本字段的功能是设置该输入/输出端口的外框颜色，当我们要设置颜色时，则指向右边颜色字段，单击鼠标左键；然后在随即打开的颜色设置对话框中指定所要采用的颜色了。

□　Fill Color：本字段的功能是设置该输入/输出端口输入的颜色，当我们要设置颜色时，则指向右边颜色字段，单击鼠标左键；然后在随即打开的颜色设置对话框中指定所要采用的颜色了。

□　Text Color：本字段的功能是设置该输入/输出端口的文字颜色，当我们要设置颜色时，则指向右边颜色字段，单击鼠标左键；然后在随即打开的颜色设置对话框中指定所要采用的颜色了。

□　Selection：本选项的功能是设置该输入/输出端口为被选择状态。

□　设置完成后，单击 OK 按钮关闭对话框，指向所要放置输入/输出端口的位置，单击鼠标左键，固定一边；移动鼠标即可拉开一个输入/输出端口，当大小合适后，再单击鼠标左键，即可完成该输入/输出端口的放置工作。放置一个输入/输出端口后，仍在放置输入/输出端口状态，我们可以继续放置下一个输入/输出端口；如不想再放置输入/输出端口，可右击或按 ESC 键结束放置输入/输出端口状态。

输入/输出端口的左右两边都可与导线相连接。而对于已固定的输入/输出端口，我们也可以编辑其属性，只要指向所要编辑的输入/输出端口上，双击，即可打开其属性对话框，我们就可编辑其属性。如果要删除输入/输出端口，则先点取该输入/输出端口，再按 Del 键即可删除。

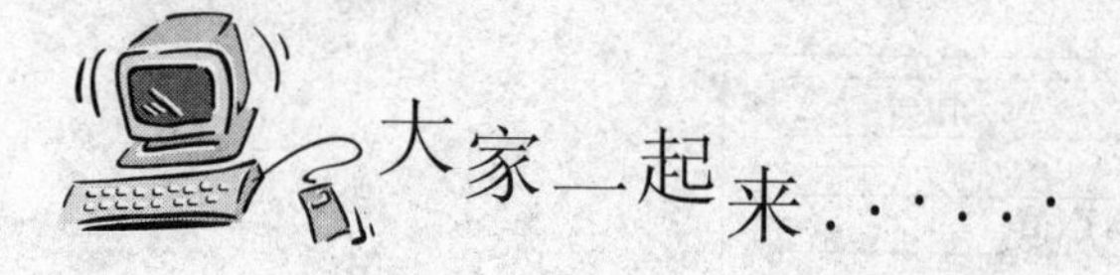

请按图 5.33 练习放置输入/输出端口的技巧，并保存成 Chapt5.Ddb\PT5-4.sch 文件。

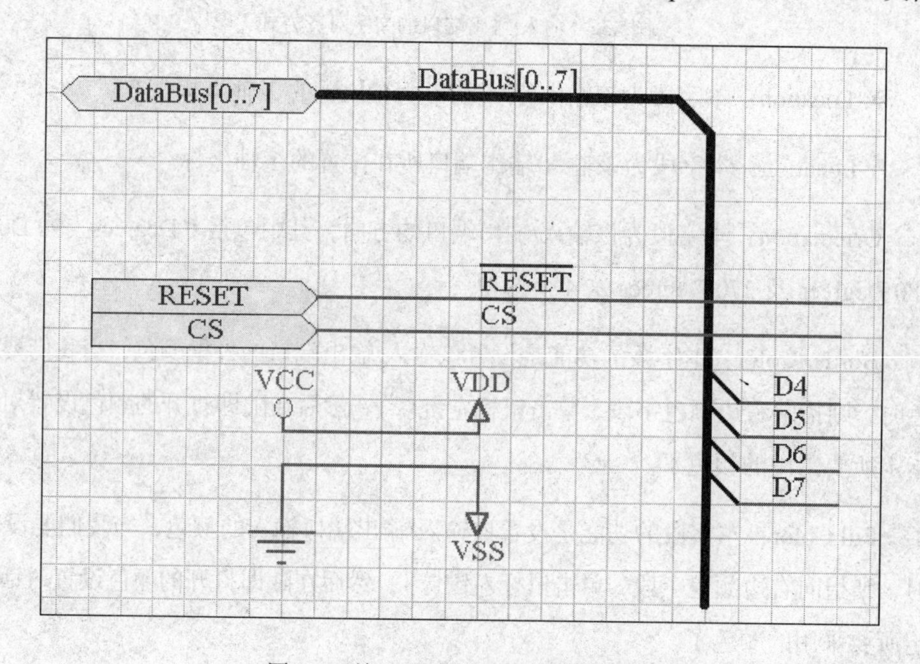

图5.33　输入/输出端口及电源符号练习

5-5　练功房

在这里，我们准备了几张图，只要耐心按图绘制必能功力大增！首先请将第 4 章所完成的 Chapter4-1.SCH～Chapter4-10.SCH，按下列原理图修改及加注文字等，并保存为 Chapter5-1.SCH～Chapter5-10.SCH。

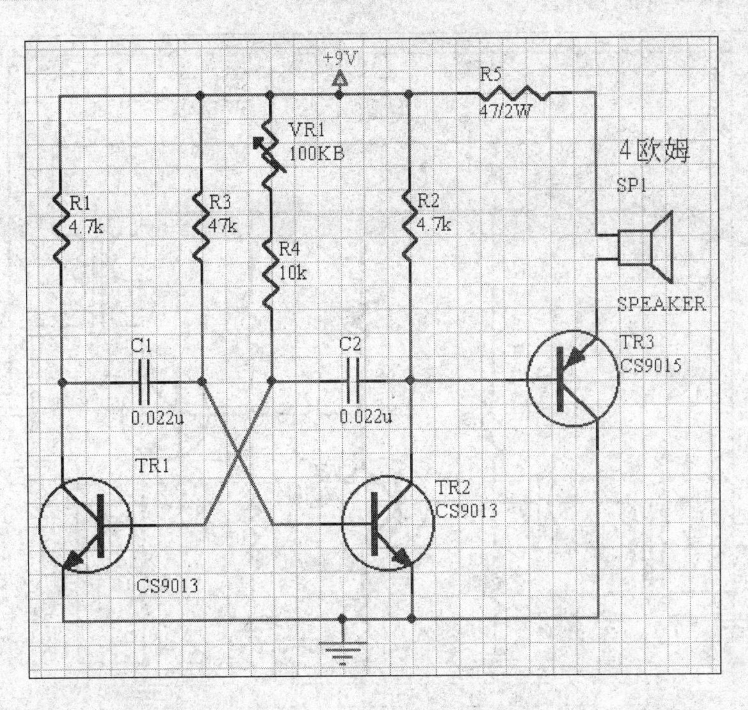
+9V
R5
47/2W
VR1
100KB
4欧姆
SP1
R1
4.7k
R3
47k
R2
4.7k
R4
10k
SPEAKER
C1
C2
TR3
CS9015
0.022u
0.022u
TR1
TR2
CS9013
CS9013

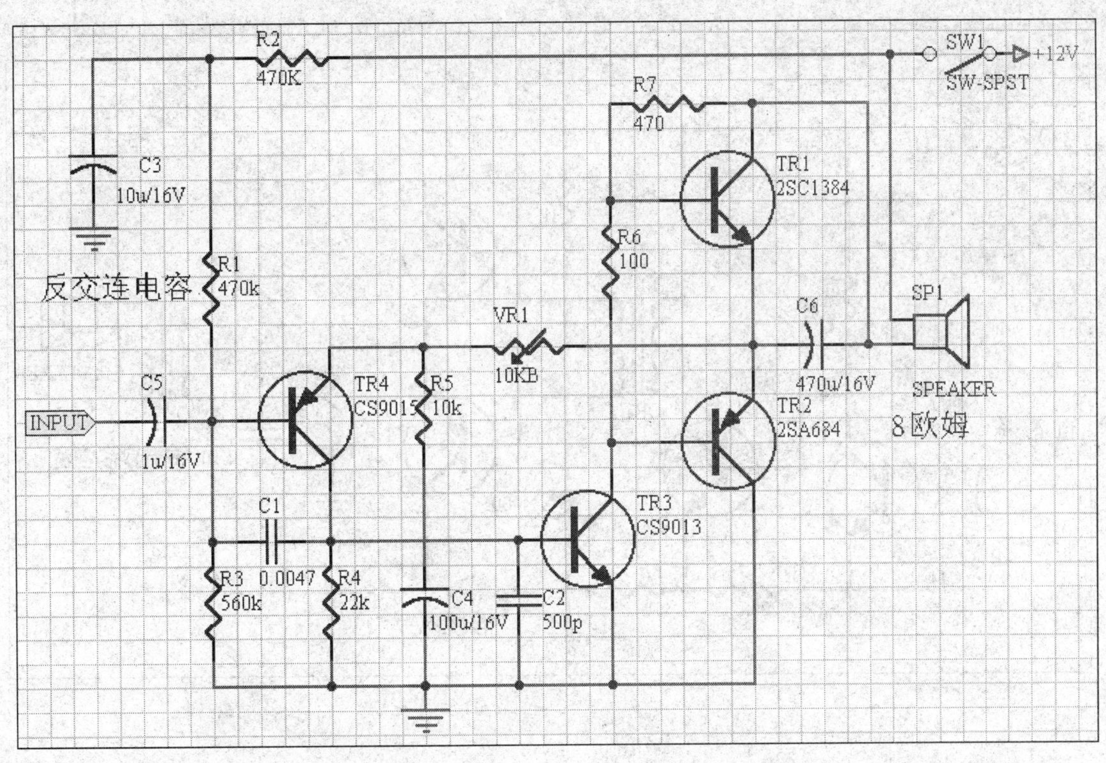
R2
470K
SW1
+12V
SW-SPST
R7
470
C3
10u/16V
TR1
2SC1384
R6
100
反交连电容
R1
470k
SP1
VR1
C6
10KB
470u/16V
C5
TR4
CS9015
R5
10k
SPEAKER
INPUT
TR2
2SA684
8欧姆
1u/16V
C1
TR3
CS9013
R3
560k
0.0047
R4
22k
C4
100u/16V
C2
500p

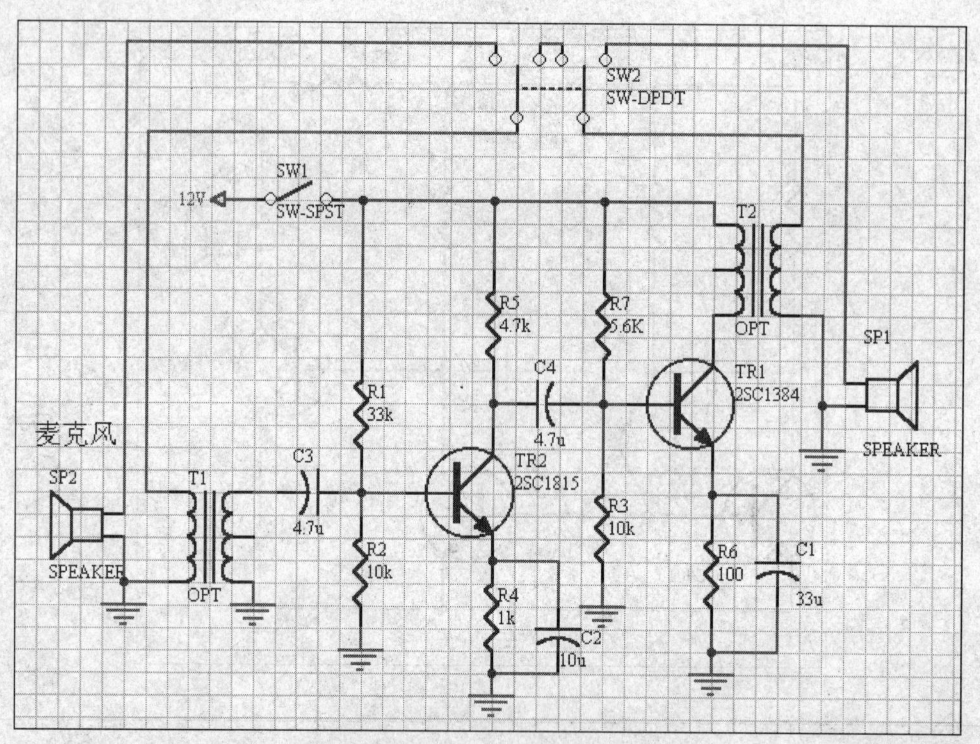

SW2
SW-DPDT
SW1
12V
SW-SPST
T2
R5
4.7k
R7
5.6K
OPT
SP1
C4
TR1
2SC1384
R1
33k
4.7u
SPEAKER
麦克风
C3
TR2
2SC1815
SP2
T1
4.7u
R3
10k
R2
10k
R6
100
C1
SPEAKER
OPT
R4
1k
33u
C2
10u

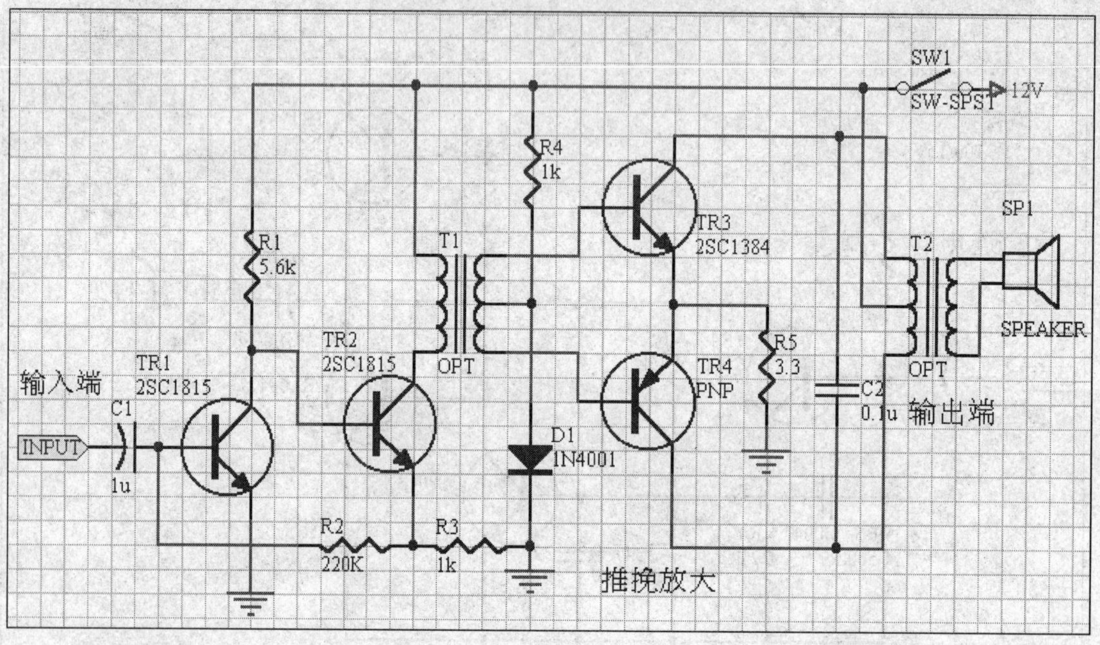

SW1
SW-SPST
12V
R4
1k
TR3
2SC1384
SP1
R1
5.6k
T1
T2
TR2
2SC1815
OPT
R5
3.3
SPEAKER
输入端
TR1
2SC1815
TR4
PNP
OPT
C1
C2
0.1u
输出端
INPUT
D1
1N4001
1u
R2
R3
220K
1k
推挽放大

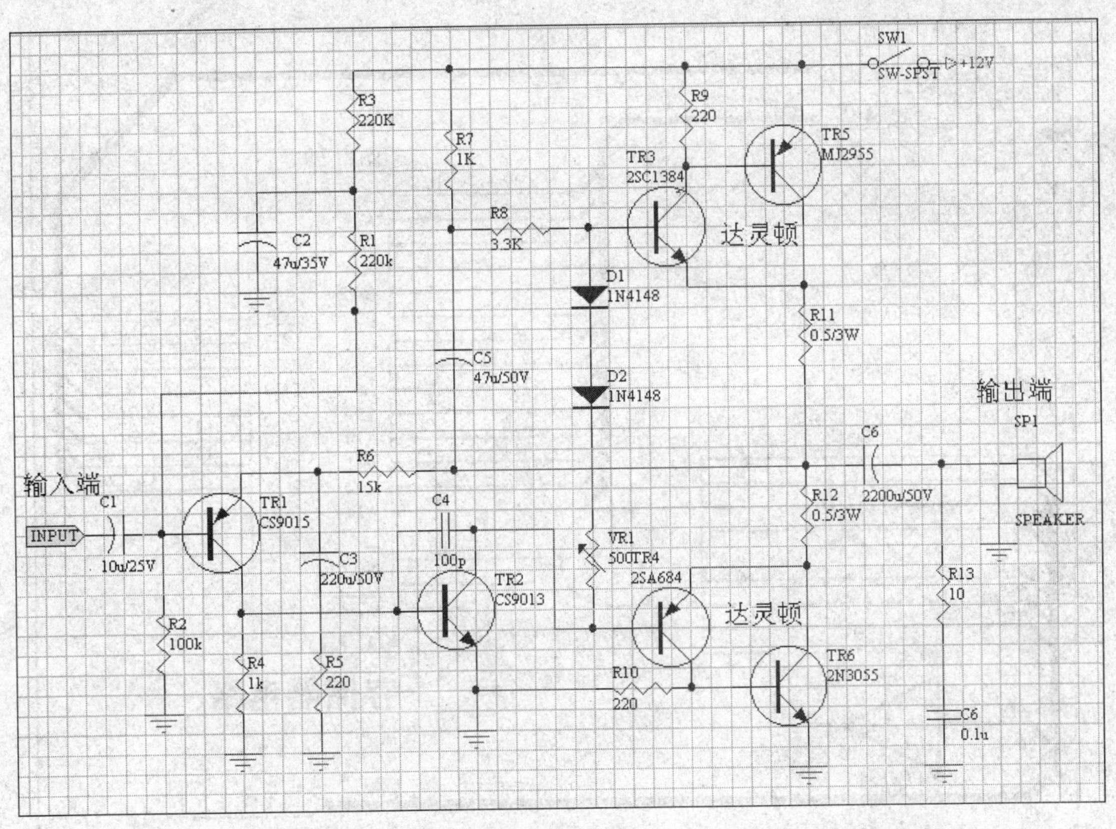

输入端
INPUT
C1
10u/25V
TR1
CS9015
R2
100k
R4
1k
R5
220
C3
220u/50V
R6
15k
C4
100p
TR2
CS9013
R3
220K
C2
47u/35V
R1
220k
R7
1K
C5
47u/50V
R8
3.3K
D1
1N4148
D2
1N4148
VR1
500
TR3
2SC1384
R9
220
TR5
MJ2955
达灵顿
SW1
SW-SPST
+12V
R11
0.5/3W
R12
0.5/3W
C6
2200u/50V
输出端
SP1
SPEAKER
TR4
2SA684
R10
220
TR6
2N3055
R13
10
C6
0.1u

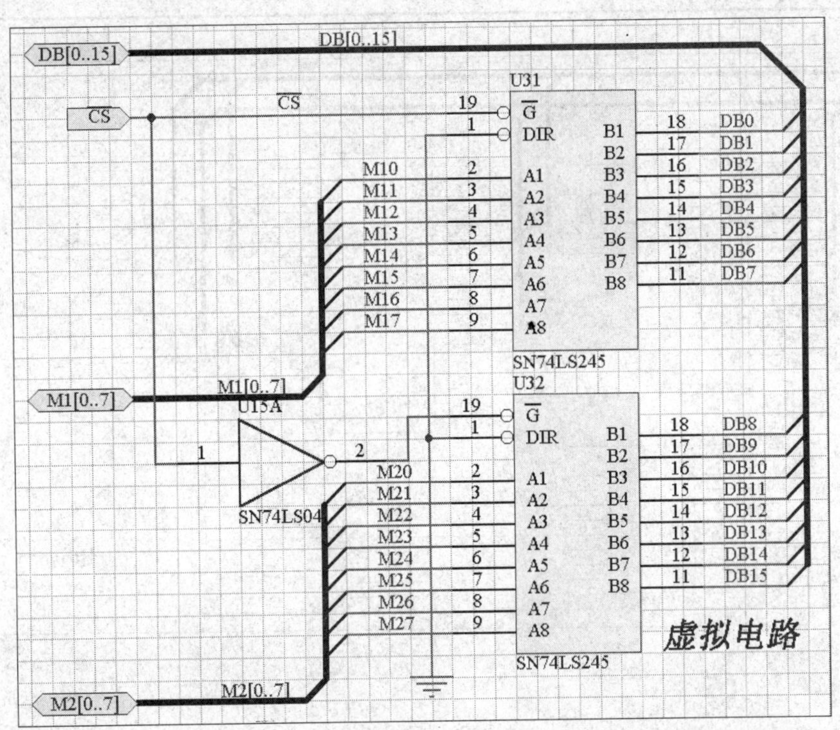

DB[0..15]
CS
M1[0..7]
M2[0..7]
U31
U32
U15A
SN74LS04
SN74LS245
G
DIR
A1
A2
A3
A4
A5
A6
A7
A8
B1
B2
B3
B4
B5
B6
B7
B8
M10
M11
M12
M13
M14
M15
M16
M17
M20
M21
M22
M23
M24
M25
M26
M27
DB0
DB1
DB2
DB3
DB4
DB5
DB6
DB7
DB8
DB9
DB10
DB11
DB12
DB13
DB14
DB15
虚拟电路

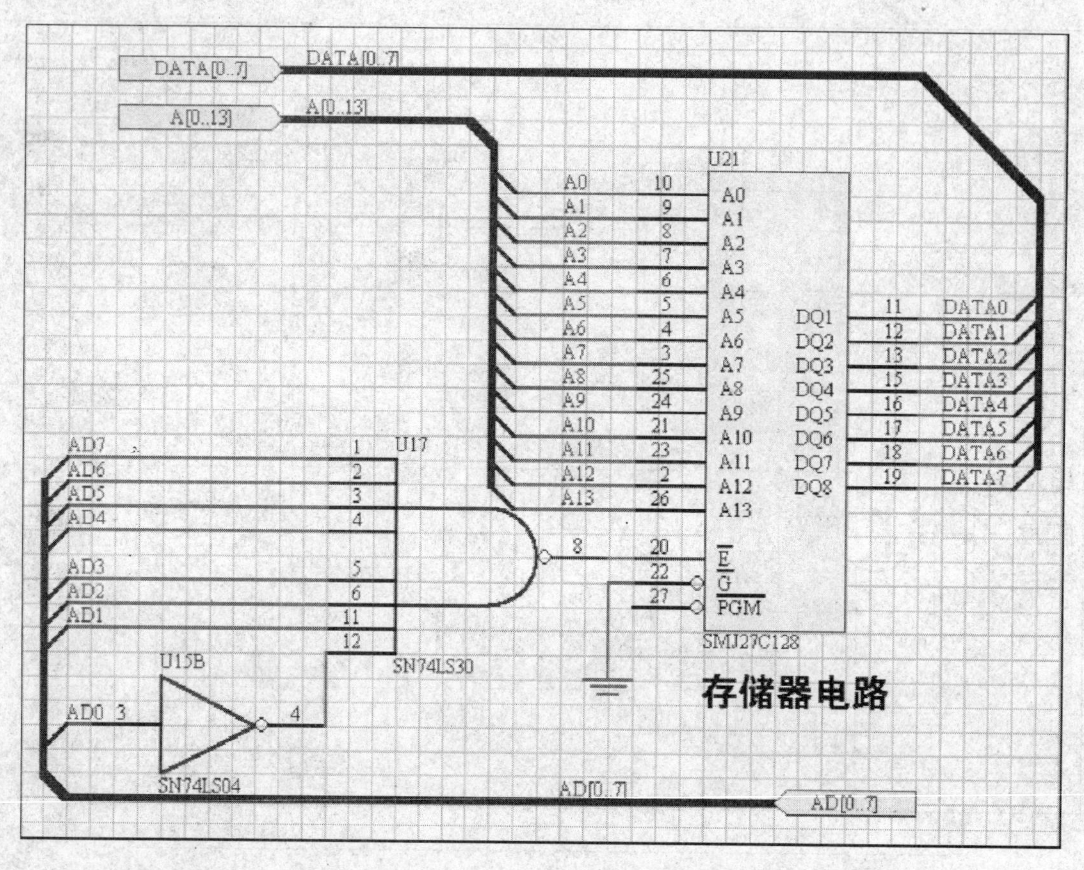
DATA[0..7]
DATA[0..7]
A[0..13]
A[0..13]
U21
A0
A1
A2
A3
A4
A5
A6
A7
A8
A9
A10
A11
A12
A13
DQ1
DQ2
DQ3
DQ4
DQ5
DQ6
DQ7
DQ8
DATA0
DATA1
DATA2
DATA3
DATA4
DATA5
DATA6
DATA7
E
G
PGM
SMJ27C128
AD7
AD6
AD5
AD4
AD3
AD2
AD1
AD0
U17
SN74LS30
U15B
SN74LS04
存储器电路
AD[0..7]
AD[0..7]

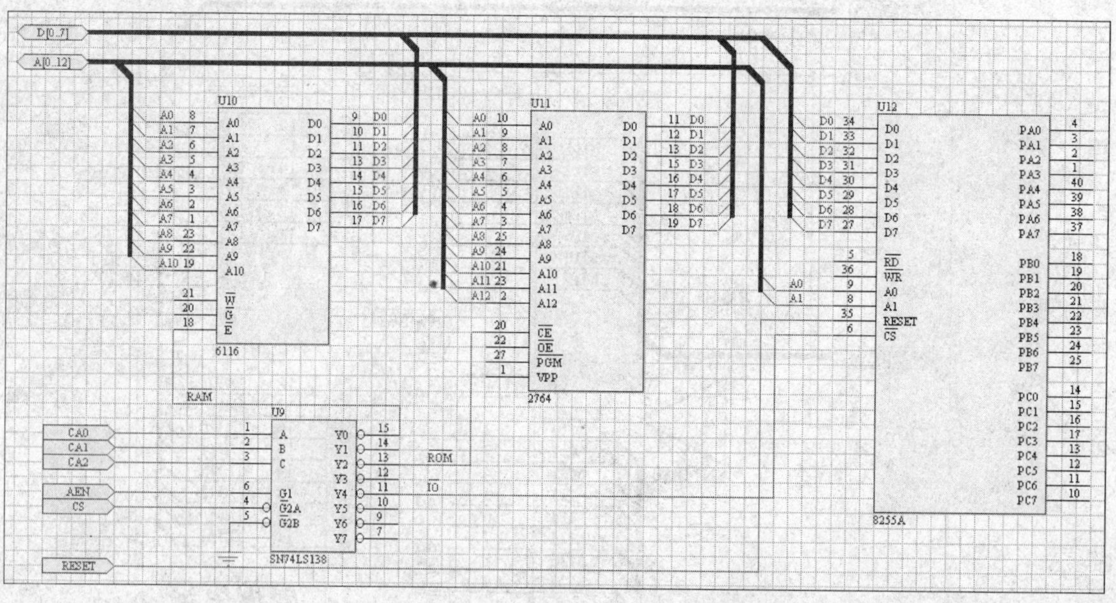
D[0..7]
A[0..12]
U10
6116
W
G
E
U11
2764
CE
OE
PGM
VPP
U12
8255A
RD
WR
RESET
CS
PA0
PA1
PA2
PA3
PA4
PA5
PA6
PA7
PB0
PB1
PB2
PB3
PB4
PB5
PB6
PB7
PC0
PC1
PC2
PC3
PC4
PC5
PC6
PC7
RAM
ROM
IO
U9
SN74LS138
CA0
CA1
CA2
AEN
CS
RESET
G1
G2A
G2B
Y0
Y1
Y2
Y3
Y4
Y5
Y6
Y7

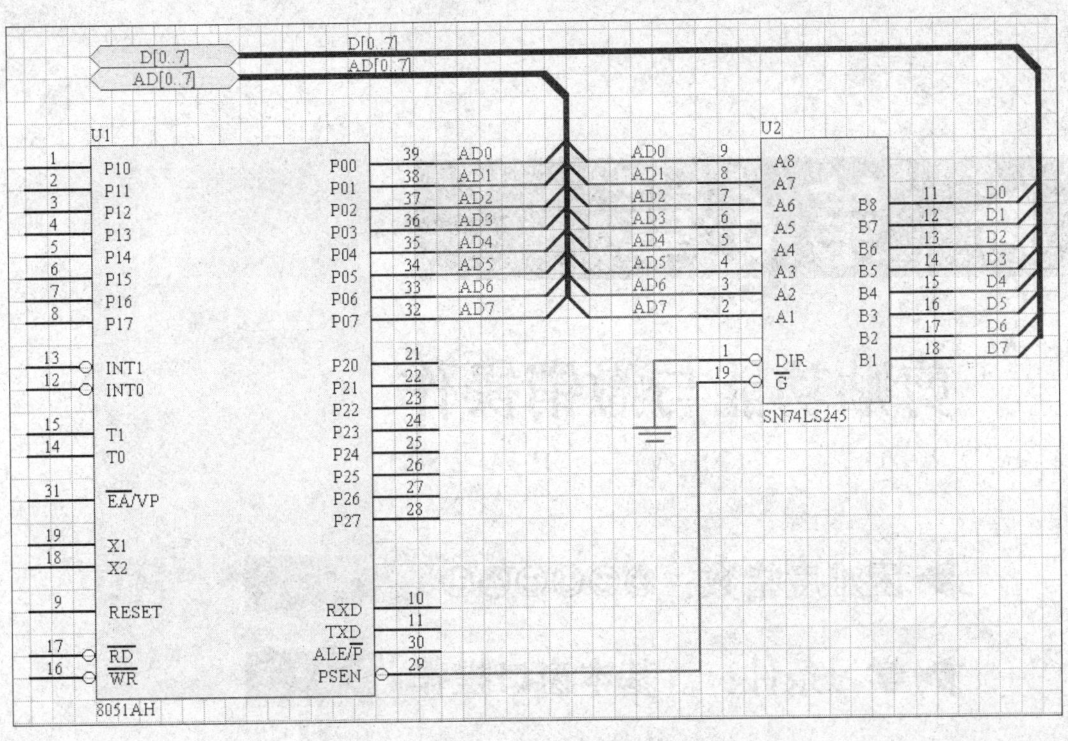

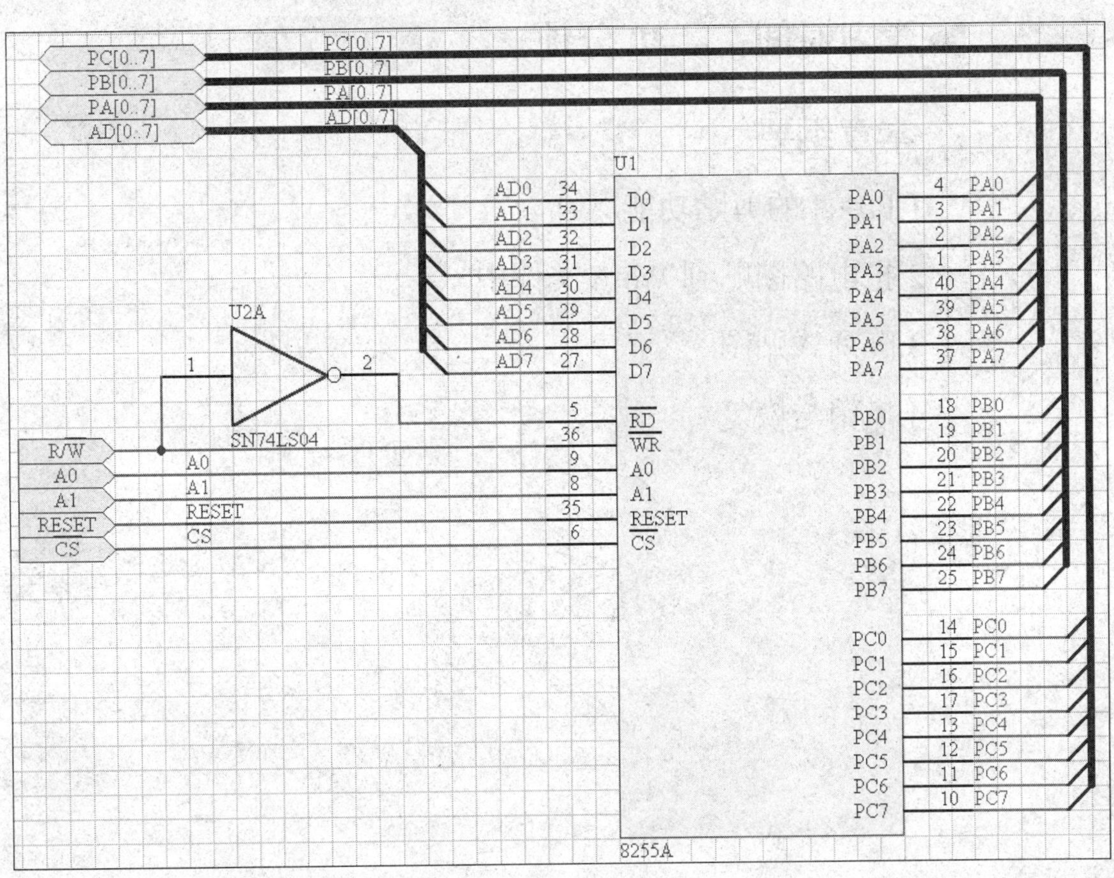

第 6 章

剪贴功能与撤销操作

- 困难度指数：☺☺☺☺😐😐
- 学习条件：　基本窗口操作
- 学习时间：　40 分钟

本章纲要

1.Protel 的剪贴功能

2.把电路图贴到 Word 文件中

3.阵列式贴图

4.撤销与恢复

Windows 提供很多不错的服务，其中的剪贴功能最为贴心！基本上，Protel 的剪贴功能与 Windows 的剪贴功能是类似的，只是在 Protel 中，剪贴功能的操作有点小差异，造成用户的困扰，在此我们将详细地介绍这项功能，以及 Protel 所提供的撤销(Undo)、恢复(Redo)，它提供了无限深度的 Undo/Redo 能力，在电路设计软件中，可说是绝无仅有的！

6-1　Protel 的剪贴功能

所谓“剪贴功能”就是通过 Windows 所提供的剪贴板(一个存储空间)，进行数据(图件)的移动与复制，其中包括三种操作：剪切(Cut)、复制(Copy)及粘贴(Paste)，如图 6.1 所示。

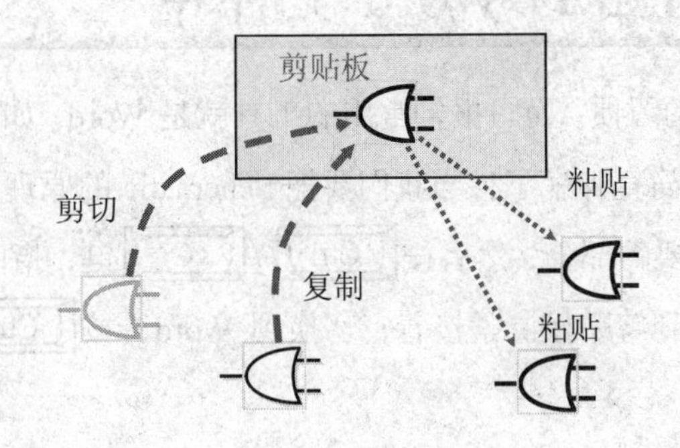

图6.1　剪贴功能示意图

剪切与复制都是把数据或图件丢到剪贴板，其差异是进行剪切的操作时，原来的数据或图件将消失；而进行复制时，原来的数据或图件并不受影响。至于粘贴的操作，只是将剪贴板里的数据或图件复制一份，放到编辑区中。

在 Schematic 99 SE 中，当我们要进行剪切或复制时，首先要选择所要剪切或复制的图件，然后执行 Edit 菜单下的 Cut 或 Copy 命令(如果要剪切的话，也可以单击 按钮)，然后指向该图件的某个位置(此点将为操作的参考点，非常重要)上，单击鼠标左键 ，即可将该图件剪切或复制(如果是剪切，该图件将消失)。

▶▶▷ 注意

剪切或复制的操作里，最容易被忽略的是启动命令后，还得指向图件单击鼠标左键 ，以设置参考点。而有些鼠标的灵敏度很高，导致在执行命令或单击 按钮时，同时把命令位置或按钮位置设为参考点！造成事后的粘贴动作，抓取该图件的位置遥远，有点奇怪！所以，笔者比较喜欢以功能键执行剪切或复制，然后再指定参考点，如此将比较准确！剪切的功能键是 Ctrl + X 键，而复制的功能键是 Ctrl + V 键，请善加利用。

完成剪切或复制的操作后，剪贴板里将存在该图件，接下来就可以进行粘贴的动作，而且是可以重复粘贴。只要没有再进行其他的剪切或复制，都可以继续粘贴刚才剪切或复制的图件，可说是高效率的操作。

当我们要进行粘贴的动作时，则执行 Edit 菜单下的 Paste 命令，或单击按钮，鼠标指针上将附剪贴板里的图件，这时候，我们可以按 键旋转该图件，或按 X 键将它左右翻转、按 Y 键将它上下翻转，最后移至合适位置，单击鼠标左键，即可将它贴于该处，而粘贴去的图件也将呈现被选择状态。

6-2　把原理图贴到 Word 文件中

每个人都有写报告的习惯，而写报告常用的工具就是 Word。如果能把 Schematic 的原理图贴到 Word 文件上，那简直帅呆了！当我们要把 Schematic 的原理图贴到 Word 文件，首先在 Schematic 中，选择所要的部分，然后按 Ctrl + C 键，指向所选择的部分，单击鼠标左键，先将它复制到剪贴板。紧接着，切换到 Word，按 Ctrl + V 键即可将原理图贴到 Word 文件上。

虽然剪贴的动作是这么简单，不过，由于 Schematic 默认的剪贴方式是将原理图的图框一起剪贴过去，所以很多用户都弄得满头雾水。例如现在只选择一小部分，复制过去后，却占了很大的地方，如图 6.2 所示。

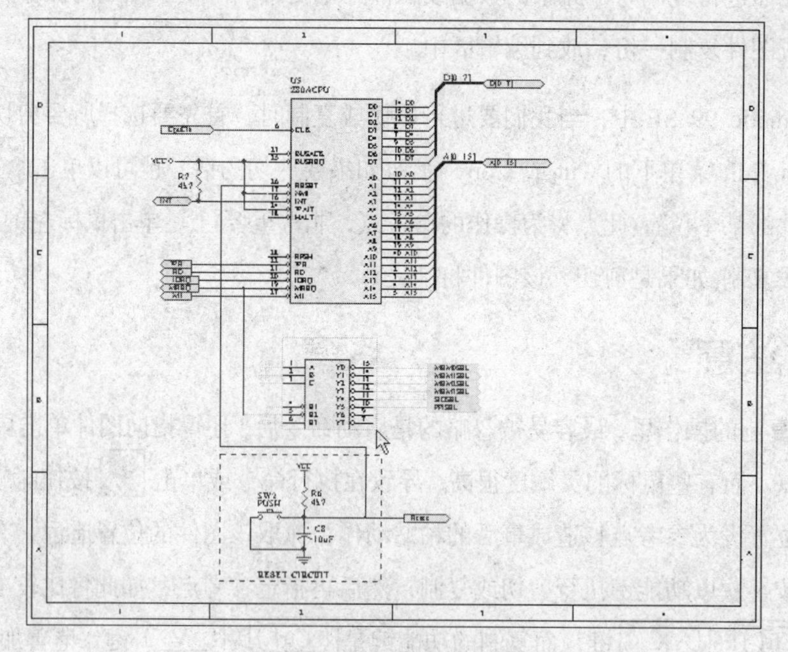

图6.2　选择部分原理图

贴到 Word 文件后，如图 6.3 所示。

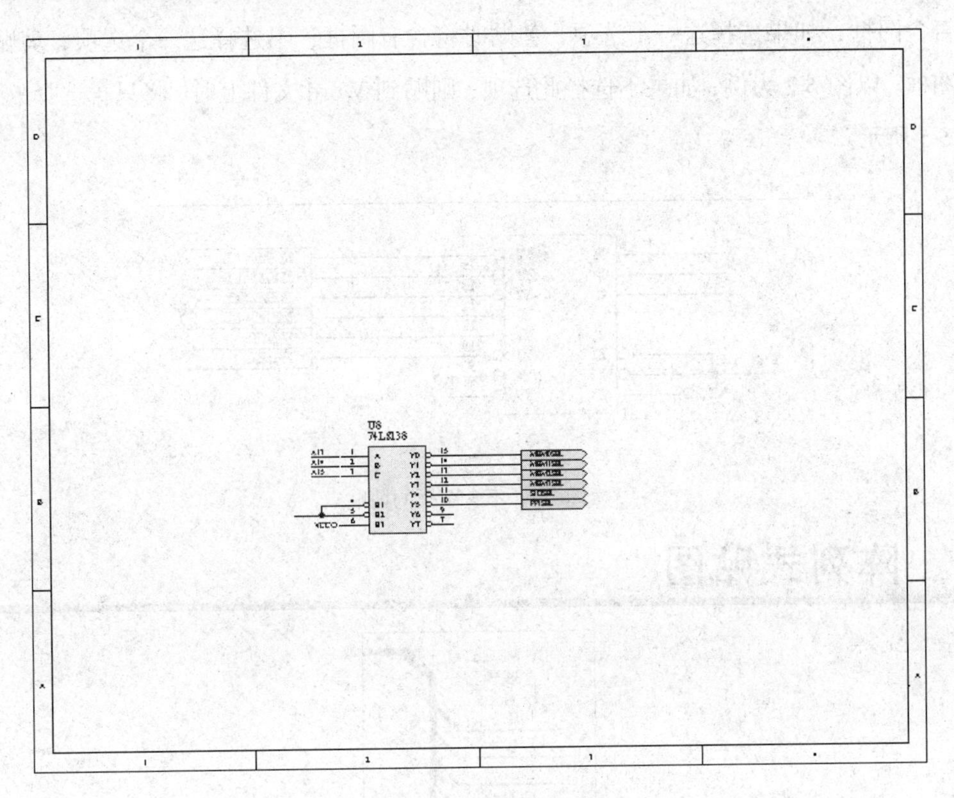

图6.3　含图框的剪贴

其实在 Schematic 中,我们可以设置剪贴是否含图框,只要执行 Tools 菜单下的 Preferences…命令，出现图 6.4 所示的对话框。

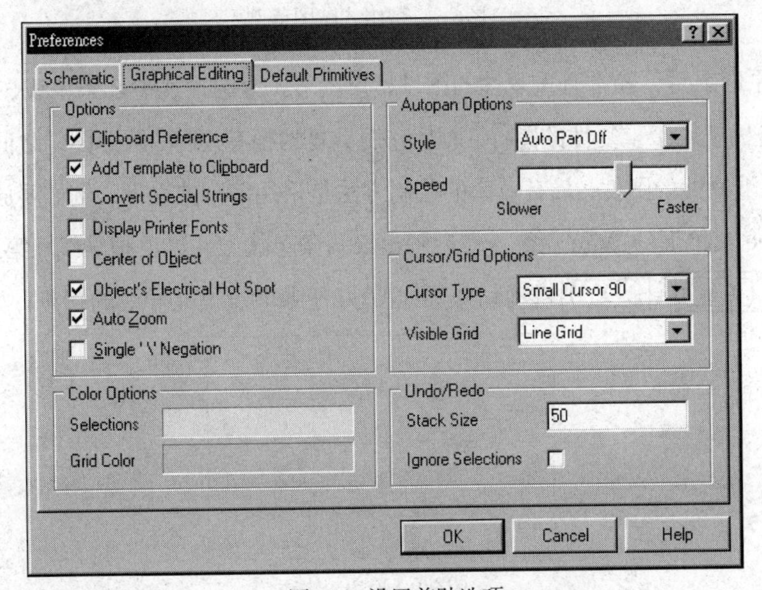

图6.4　设置剪贴选项

在 Graphical Editing 选项卡中的 Add Template to Clipboard 选项，其功能就是设置剪贴时是否含图框，如果选择这一个选项，剪贴时将含有图框；不选择这一个选项，剪贴时将不含图框。以图 6.2 为例，如果不选择此选项，则贴到 Word 文件上时，将只含选择的部分，如图 6.5 所示。

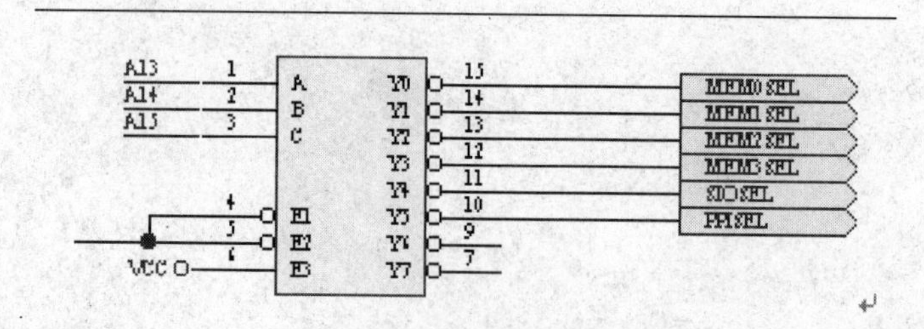

图6.5　不含图框的剪贴

6-3　阵列式贴图

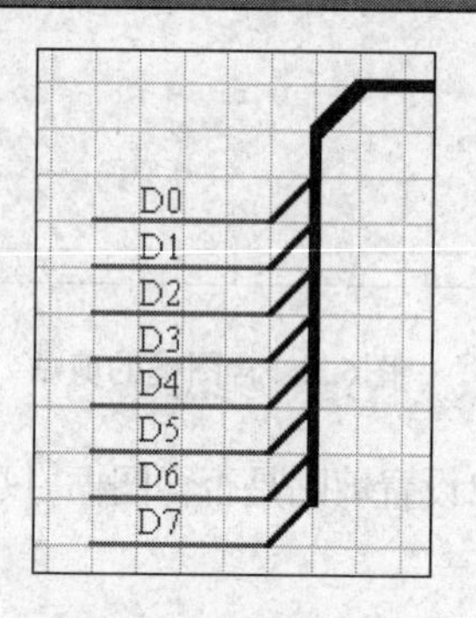

图6.6　数组式贴图范例

在绘制原理图时，经常有重复性的图件，以图 6.6 为例，其中 8 条单线、8 个总线入口及 8 个网络名称就属于重复性的图件，而且它们重复的很有规律，两个图件之间相差 10 个单位。对于这种重复性的图件，最有效率的绘制方法是采用阵列式贴图，例如要放置八条单线，首先执行 Place 菜单下的 Wire 命令，然后画出第一条单线，并结束画导线。第二步是选择该导线，然后按 Ctrl + X 键剪切该导线(最好把参考点设在导线的端点)，如图 6.7 所示。

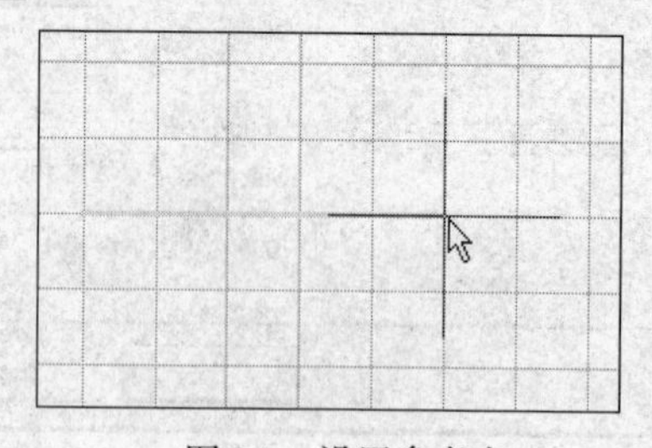

图6.7　设置参考点

紧接着执行 Edit 菜单下的 Paste Array…命令，或单击按钮，出现图 6.8 所示的对话框。

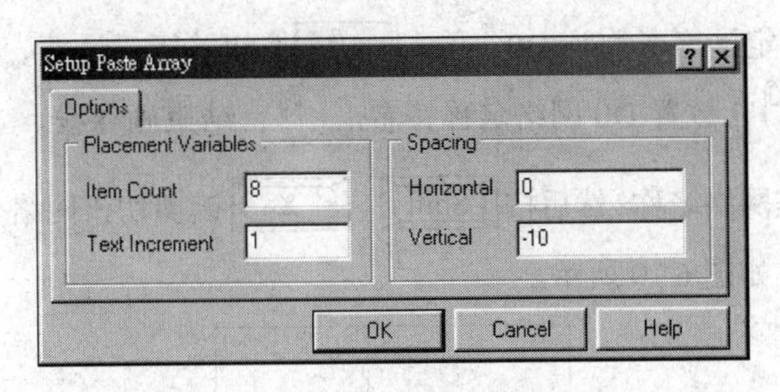

图6.8　阵列式贴图设置

其中各项说明如下：

- Item Count：本字段设置所要贴放图件的数量。
- Text Increment：本字段设置如果所要贴放的图件中有数字的话，每个图件之间的数字增量。
- Horizontal：本字段设置所要贴放图件的水平间距，如果所指定的间距是正的，则是由指定的点开始往右，依序贴放。如果所指定的间距是负的，则是由指定的点开始往左，依序贴放。
- Vertical：本字段设置所要贴放图件的垂直间距，如果所指定的间距是正的，则是由指定的点开始往上，依序贴放。如果所指定的间距是负的，则是由指定的点开始往下，依序贴放。

例如要往下贴放 8 条线，其距离为 10，则在 Item Count 字段里指定 8，在 Horizontal 字段里指定 0，在 Vertical 字段里指定-10，单击 OK 按钮关闭对话框，然后指向所要放置第一条单线的位置，单击鼠标左键，即可粘贴 8 条单线，如图 6.9 所示。

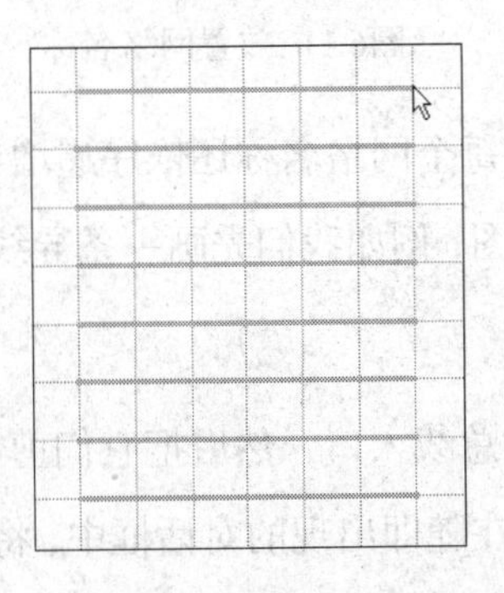

图6.9　粘贴 8 条单线

不赖吧！所粘贴的图件都是被选择状态，按 X + A 键取消选择。让我们再来瞧瞧网络名称的阵列式贴图，首先执行 Place 菜单下的 Net Label 命令，按 TAB 键打开其属性对话框，再指定网络名称为 D0，单击 OK 按钮关闭对话框。指向第一条单线的上方，单击鼠标左键，放置 D0 网络名称；右击，结束画导线。

第二步是选择该网络名称，然后按 Shift + X 键剪切该网络名称(最好把参考点设在网络名称的端点)，如图 6.10 所示。

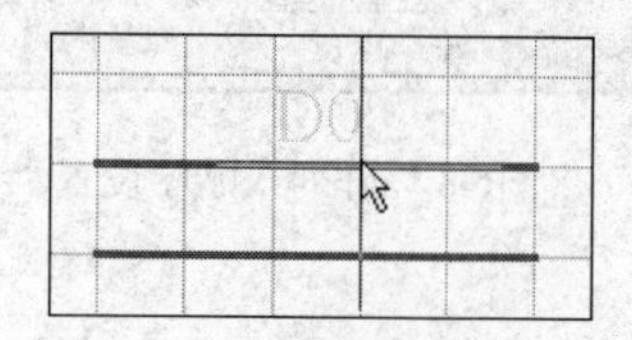

图6.10 设置参考点

紧接着执行 Edit 菜单下的 Paste Array…命令，或单击按钮。在随即出现的对话框里，将 Item Count 字段里指定为 8、Text Increment 字段里指定为 1、Horizontal 字段里指定 0，Vertical 字段里指定为-10，单击 OK 按钮关闭对话框，然后指向所要放置第一条网络名的位置，单击鼠标左键，即可粘贴 8 条单线，如图 6.11 所示。

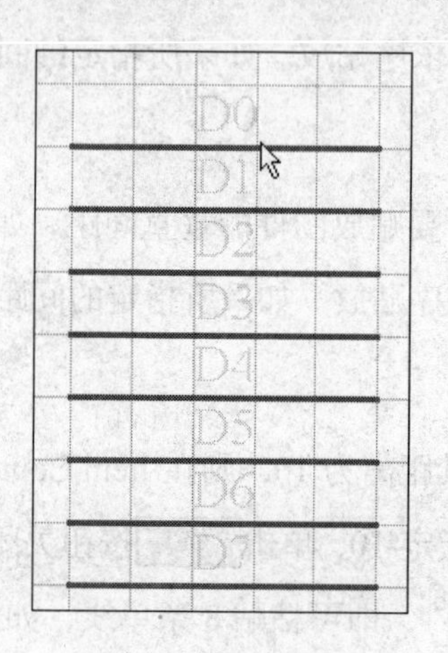

图6.11 放置网络名称

不但放置了 8 个网络名称，每个网络名称还依序递增！如果把数个图件集合起来，一次就可以进行多个图件的阵列式贴图，例如我们先画一条导线、一个网络名称及一个总线入口，如图 6.12 所示。

选择这条单线、网络名称及总线入口，然后把它们剪切，然后执行 Edit 菜单下的 Paste Array…命令，或单击按钮。在随即出现的对话框中，将 Item Count 字段里指定为 8、Text Increment 字段里指定为 1、Horizontal 字段里指定 10(由左而右)，Vertical 字段里指定为 0，单击 OK 按钮关闭对话框，指向所要放置组图件的位置，单击鼠标左键，即可粘贴 8 组图件，再按 X + A 键取消选择，如图 6.13 所示。

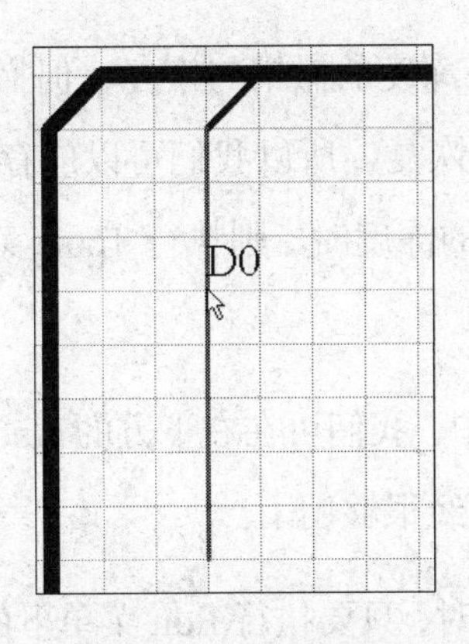

图6.12　准备单套图件

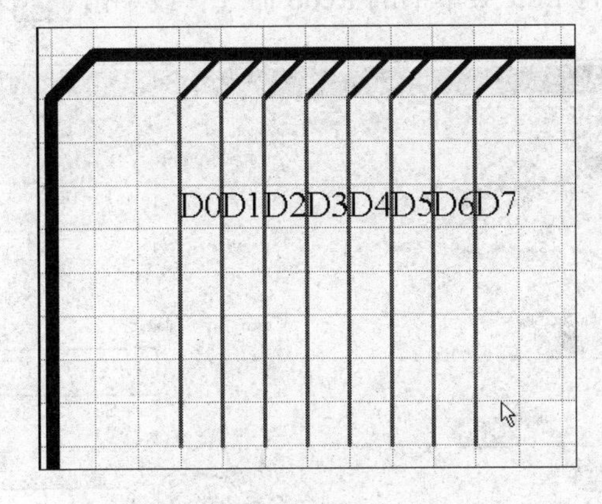

图6.13　完成阵列式贴图

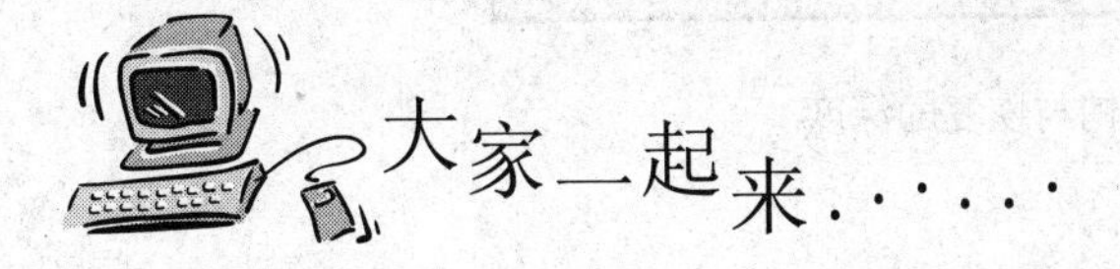

请以阵列式贴图的技巧，重新练习绘制 PT5-1.sch 文件，看看节省了多少时间？

6-4　撤销与恢复

画原理图难免出错，而出错可以撤销，也就是取消前一次的操作。在 Windows 下，撤销(Undo)与恢复(Redo)好像是很平常的事，不过，在电路设计软件里可不一定，有些电路设计软件根本不提供这项功能，而大部分电路设计软件只提供一次的撤销功能，至于恢复就免谈了！

虽然 Schematic 提供了无限深度的撤销与恢复，但撤销与恢复需要存储器的支持，况且没什么必要无限深度的撤销与恢复。所以我们可以应存储器的多少，设置撤销与恢复的深度，当我们要设置撤销与恢复的深度时，则执行 Tools 菜单下的 Preferences…命令，屏幕出现图 6.14 所示的对话框。

在 Graphical Editing 选项卡中，我们可在右下方的 Undo Stack 字段指定撤销与恢复的深度，程序默认的 50 次，实际上已经很够用了！

当我们要撤销前一次的操作时，只要执行 Edit 菜单下的 Undo 命令，或单击 按钮即可；而要恢复的话，则执行 Edit 菜单下的 Redo 命令，或单击 按钮即可。

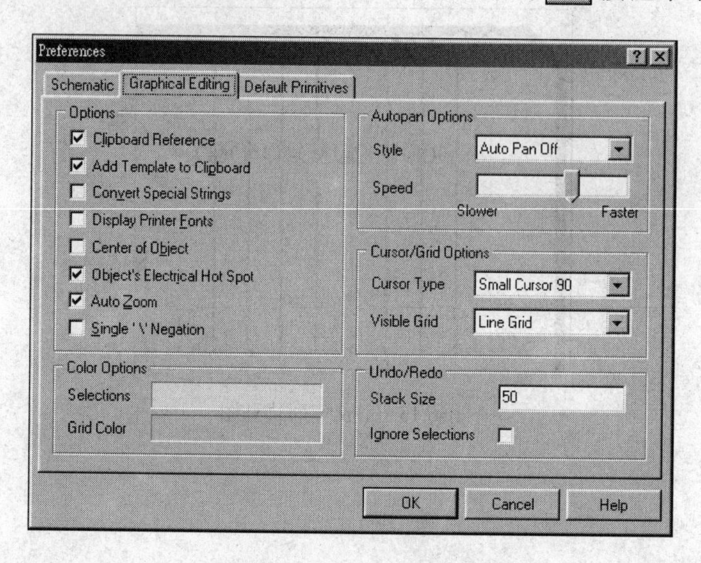

图6.14 设置撤销与恢复的深度

6-5 练功房

请利用剪贴的方式，重新绘制第 5 章的 Chapter5-6.Sch～Chapter5-10.sch。

▶ 第 7 章

非电气图件

▶困难度指数：☺☺☺☺😐😐

▶学习条件：　基本窗口操作

▶学习时间：　100 分钟

本章纲要

1.画线与弧线

2.画曲线

3.画多边形

4.画矩形与圆角矩形

5.画圆与椭圆

6.画圆饼图

7.放置图片

8.图件的排列

9.指示性图件的操作

基本上，Schematic 属于电子电路的设计软件，使用这套软件所绘制的原理图，可进一步进行电路仿真及 PCB 设计等。而除了画原理图以外，还可以绘制一般图件以作为原理图的说明或装饰。当然，如果想要利用 Schematic 来设计电工的配线图或管路图等，并无不可，只是事倍功半，且所绘制的配线图或管路图等只是装饰品而已，不能进行电路仿真及 PCB 设计等，早已失去这套软件的主要目的。好吧，在此我们就来介绍 Schematic 对于非电气图件所提供的服务，让我们所绘制的原理图更花俏。

7-1 画线

Schematic 提供了画一般线的功能，这种线与以前所介绍的导线，看似相同，但本质上却完全不同，一般线条不具有电气属性，更没有连接导线时的吸附功能。尽管如此，画一般线与连接线路的方法非常类似，当我们要画一般线条时，请按下列步骤操作：

▶ 1 执行 Place 菜单下的 Drawing Tools 命令，然后在所弹出的子菜单里选择 Line 命令或单击 按钮，即可进入画线状态，命令行上显示“urrent Command – Place Line”，而鼠标指针上也多出一个十字线。

▶ 2 单击鼠标左键，设置起点，然后移动鼠标，即可拉出蓝色线条(记得吗？导线是深蓝色)。

▶ 3 和导线一样，画一般线时，除了斜线外，每次最多只能转一个弯；而一般线的走线模式也有 5 种，我们可以按 键切换走线模式。

▶ 4 除了斜线外，通常在拉出线条时，会有两段是活的，单击鼠标左键，即可固定第一段；再单击鼠标左键，就可固定最接近鼠标指针的那一段线。我们可以该点为新的起点，继续画线。如果不想以该点为新的起点，可右击，重新指定新的起点，连接另一段线。如果不想继续画线，可再右击，结束画线状态。

线画好了之后，还是可以修改的，如要修改某一条线，则先点取该线，如图 7.1 所示。

整条线的端点(转角)都会出现灰色的小方块，这些小方块就是“控点”，是让我们编辑这段线的长度、形状的端点。而线条的编修方式有 3 种，说明如下：

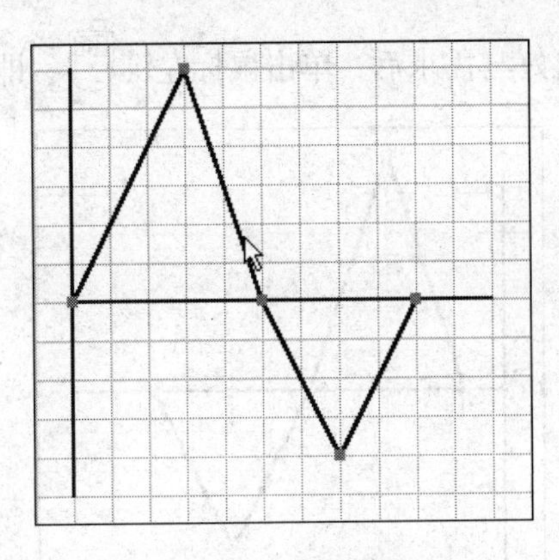

图7.1　点取线条

1 点编辑

当我们要以端点为编辑对象时，则指向所要编辑的端点，单击鼠标左键，即可抓住该端点，该端点也将呈现浮动状态，随鼠标指针而动，如图 7.2 所示。

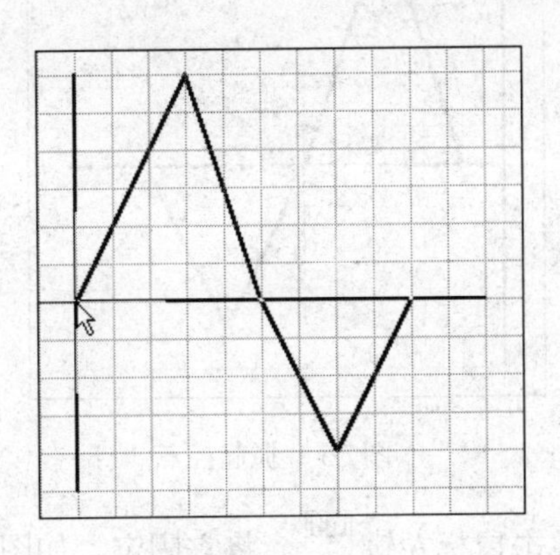

图7.2　抓起端点

移动鼠标以改变走线的方式，如图 7.3 所示。

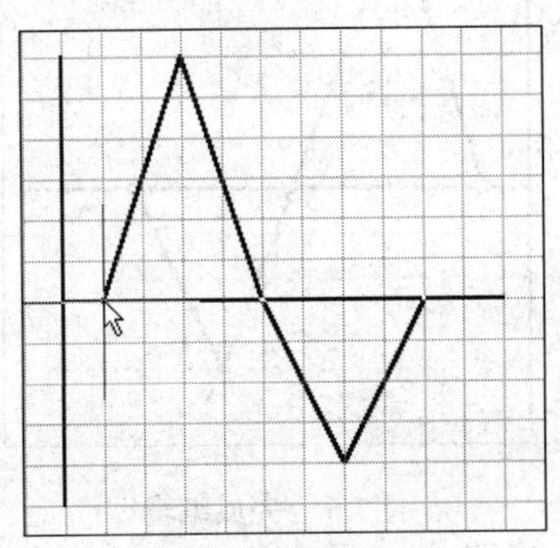

图7.3　移动端点

当走线方式符合自己的喜好与需求后，单击鼠标左键，即可将它固定，如图 7.4 所示。

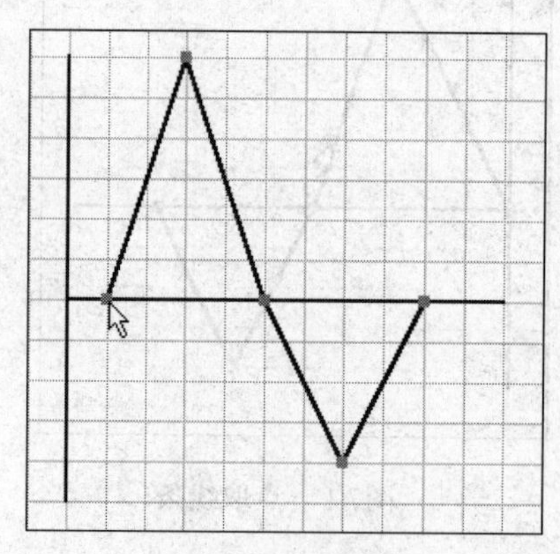

图7.4　完成编辑

如果要减少一个控点，则指向该控点，单击鼠标左键，如图 7.5 所示。

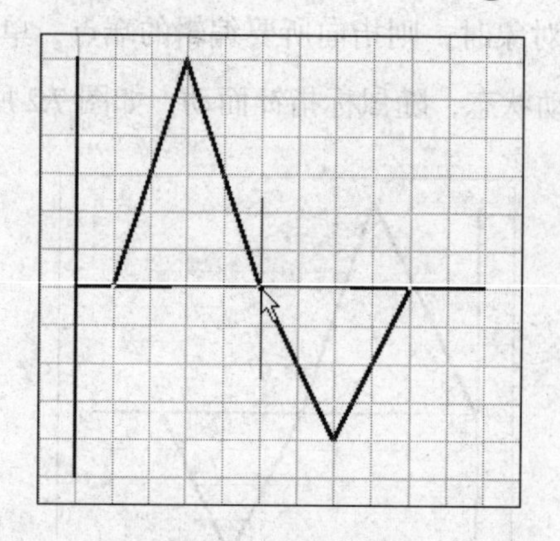

图7.5　抓起控点

再移至临近的控点上，单击鼠标左键，将它固定，如图 7.6 所示。

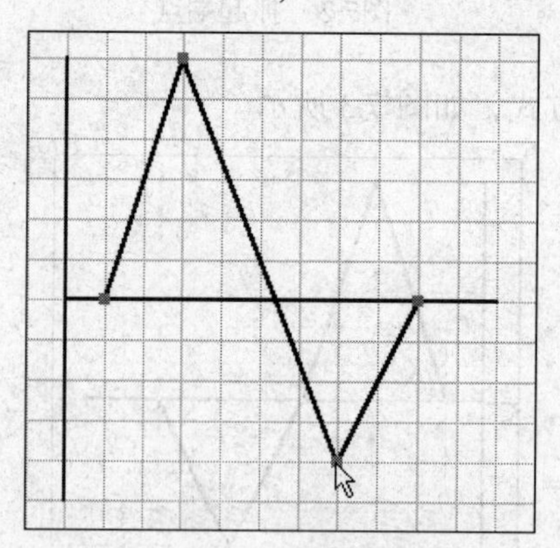

图7.6　完成编辑

2 线段平移

刚才的点编辑的灵活性很大，可以进行任何角度的走线。不过，如果要平移线段的话，就显得不是很有效率！当我们要平移线段的话还是得先点取该线条，然后指向所要平移的线段中间(千万不要指向端点)，单击鼠标左键，抓起该线段，如图 7.7 所示。

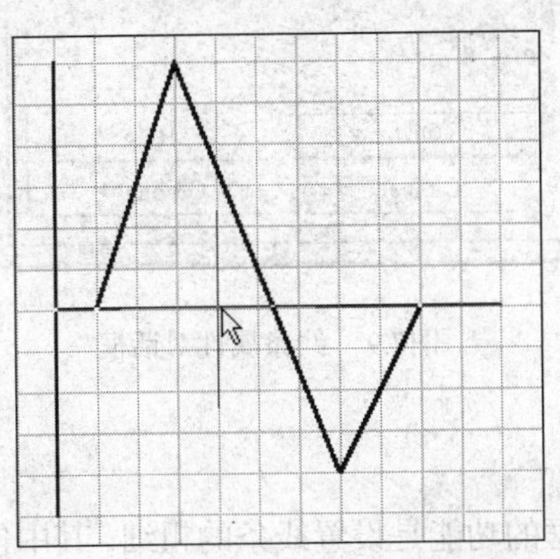

图7.7　抓起线段

移动鼠标即可平移线段或梯形移动，如图 7.8 所示。

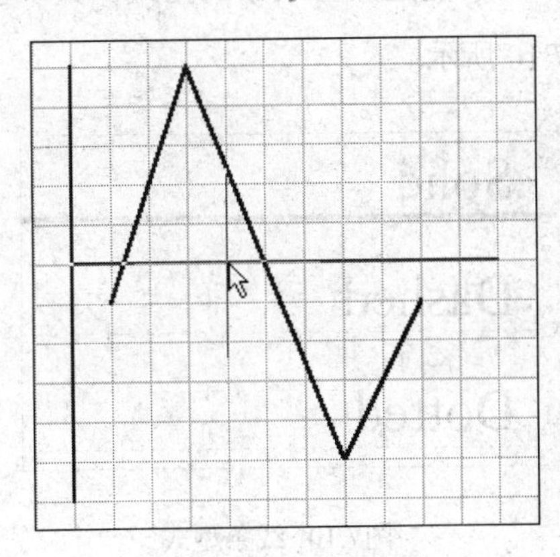

图7.8　并行移动

移至目的地后，再单击鼠标左键，即可将它固定。

3 删除

如果要删除整条线，则在点取状态下，按 Del 键即可。

当我们要编辑线条的属性时，可以在画线状态下，线条呈现浮动状态，按 TAB 键即可打开其属性对话框，如图 7.9 所示。

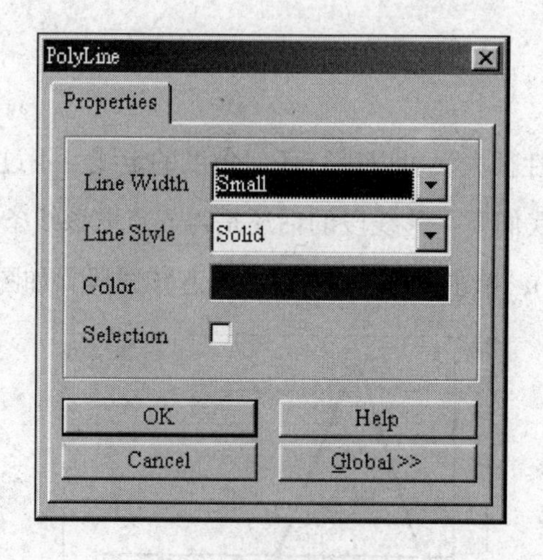

图7.9　线条属性对话框

其中各项说明如下：

- Line Width：本文本框的功能是设置线条的粗细，其中包括 Smallest、Small、Medium 及 Large 这 4 个选项，与导线一样。
- Line Style：本文本框的功能是设置线条的型式，其中包括 Solid、Dashed 及 Dotted 这 4 个选项，如图 7.10 所示。

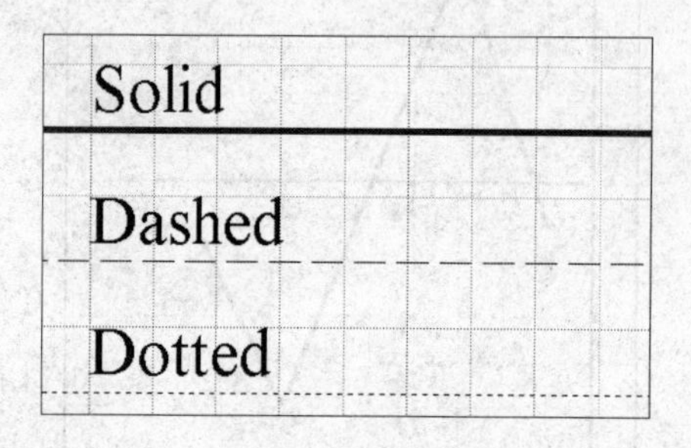

图7.10　线条型式

- Color：本文本框的功能是设置线条的颜色，只要点取本文本框后，即可打开其颜色属性对话框，进入设置其颜色。
- Selection：本选项的功能是设置该线条为被选择状态。
- Global >>：本按钮的功能是设置线条的整体编辑，单击本按钮后，对话框改变如图 7.11 所示。

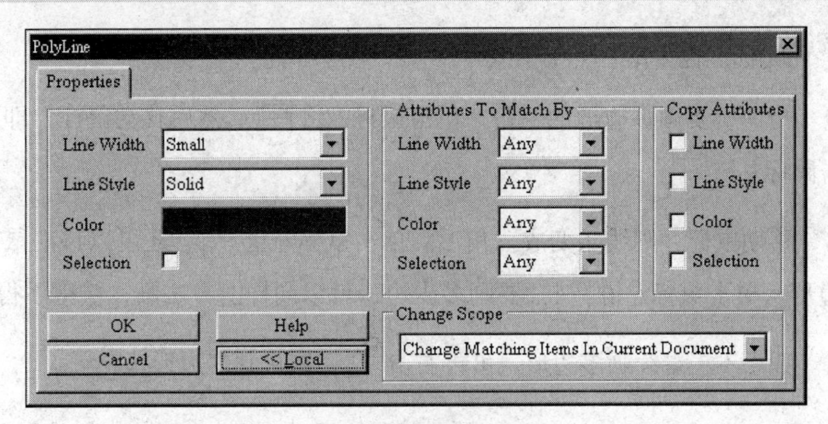

图7.11　线条整体编辑

在这个对话框中，所新增的三个区域与元件属性对话框中，整体编辑所新增的区域类似，只是其中的文本框与选项减少了，其功能与操作完全一样。

另外，对于已固定的线条，我们也可以编辑其属性，只要指向所要编辑属性的线条上，双击鼠标左键，即可打开其属性对话框，我们就可编辑其属性。

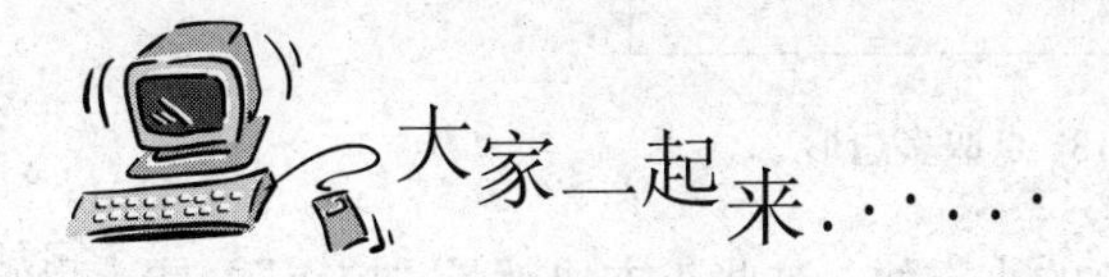

请按图 7.12 练习画线，并保存在 PT7-1.sch 文件中。

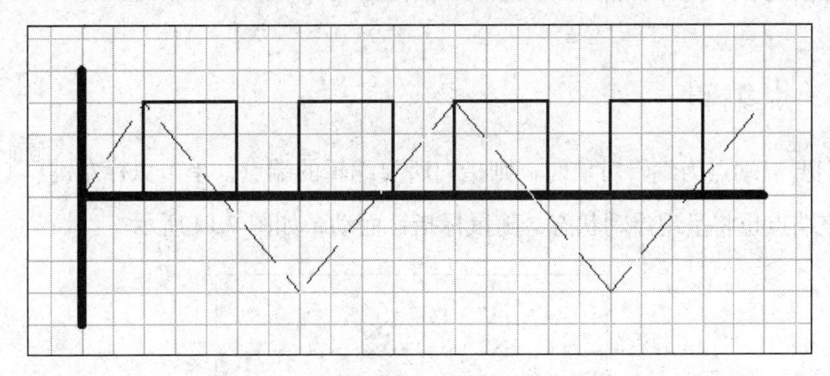

图7.12　画线练习

7-2　画多边形

Schematic 提供了快速画多边形的功能，当我们要画多边形时，请按下列步骤操作：

▶ 1　执行 Place 菜单下的 Drawing Tools 命令，然后在所弹出的子菜单里选择 Polygons 命令，或单击 按钮，即可进入画多边形状态，命令行上显示“Current Command – Place

Polygons”，而光标上也多出一个十字线。

▶ 2　指向所要画多边形的一角，单击鼠标左键，然后移动鼠标，即可拉出一条线，再单击鼠标左键。

▶ 3　移动鼠标，则线条变成三角形，单击鼠标左键，还可以移动鼠标，使三角形变成四边形，单击鼠标左键...要画多少边，就以同样的方法画，快得不得了！

▶ 4　如果不想继续画多边形，可再右击，结束画多边形状态。

多边形画好了之后还是可以修改的，只要点取该多边形，如图 7.13 所示。

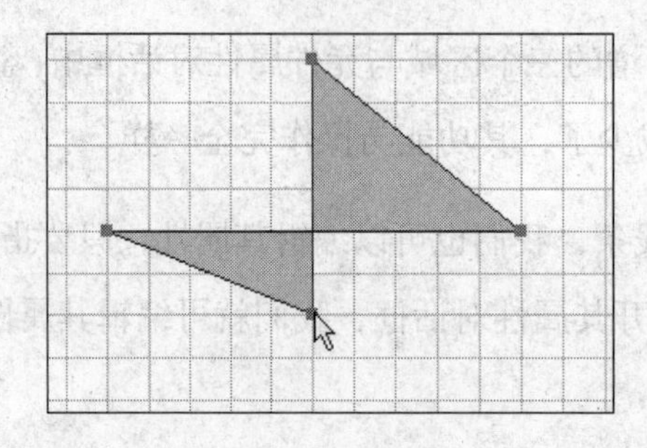

图7.13　点取多边形

整个多边形的端点(转角)都会出现灰色的小方块，这些小方块就是“控点”，是让我们编辑这段线的长度、形状的端点。而多边形的编修方式有三种，说明如下：

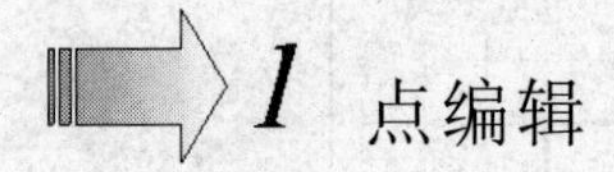

1　点编辑

当我们要以端点为编辑对象时，则指向所要编辑的端点，单击鼠标左键，即可抓住该端点，该端点也将呈现浮动状态，随鼠标指针而动，如图 7.14 所示。

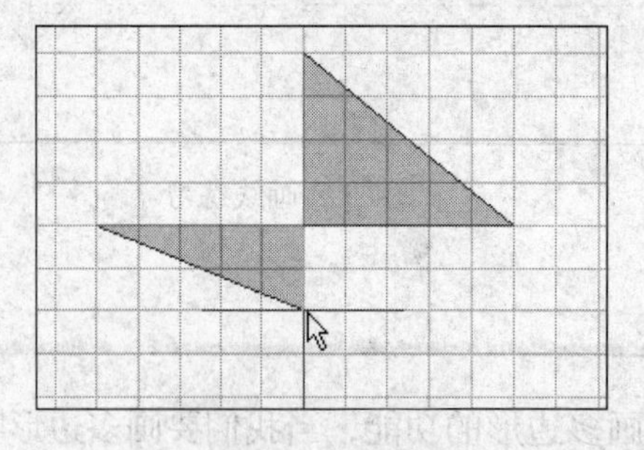

图7.14　抓起端点

移动鼠标以改变其形状，如图 7.15 所示。

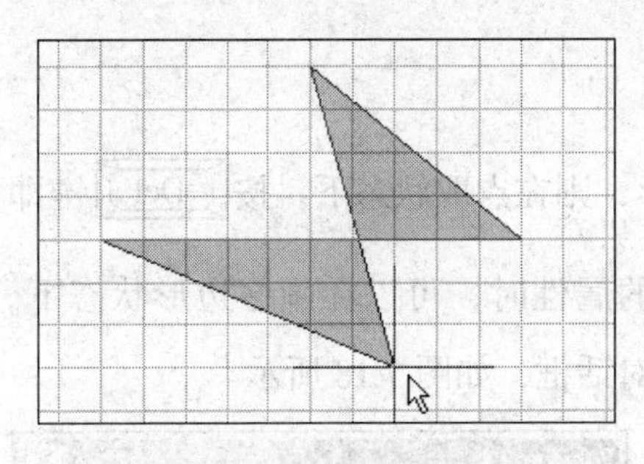

图7.15　移动端点

当走线方式符合自己的喜好与需求后，单击鼠标左键，即可将它固定。

2 边的平移

刚才的点编辑的灵活性很大，可以进行任何角度的走线。不过，如果要平行移边的话，就显得不是很有效率！当我们要平行移边的话，还是得先点取该多边形，然后指向所要平移的边中间(千万不要指向端点)，单击鼠标左键，抓起该边，如图 7.16 所示。

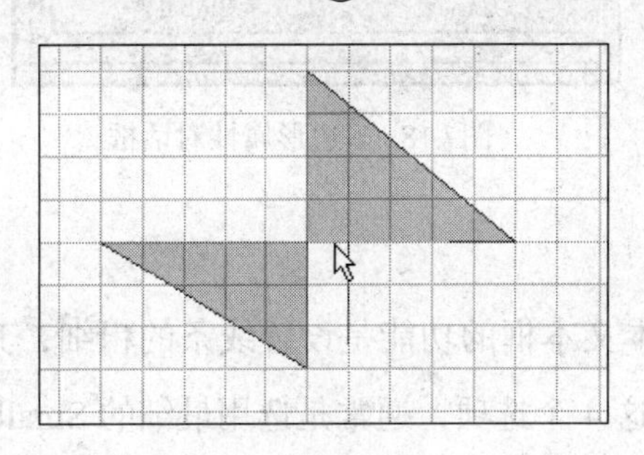

图7.16　抓起边

移动鼠标即可平移边或梯形移动，如图 7.17 所示。

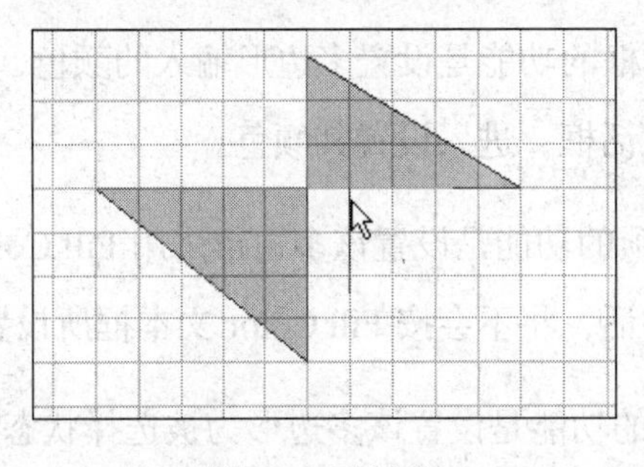

图7.17　平行移动

移至目的地后，再单击鼠标左键，即可将它固定。

3 删除

如果要删除整个多边形，则在点取状态下，按 Del 键即可。

当我们要编辑多边形的属性时，可以在画多边形状态下，多边形呈现浮动状态，按 TAB 键即可打开其属性对话框，如图 7.18 所示。

图7.18　多边形属性对话框

其中各项说明如下：

- Boarder Width：本文本框的功能是设置线条的粗细，其中包括 Smallest、Small、Medium 及 Large 这 4 个选项，通常是选用最细的 Smallest 选项。
- Boarder Color：本文本框的功能是设置多边形边线的颜色，只要点取本文本框后，即可打开其颜色属性对话框，进入设置其颜色。
- Fill Color：本文本框的功能是设置多边形输入的颜色，只要点取本文本框后，即可打开其颜色属性对话框，进入设置其颜色。
- Draw Solid：本选项的功能是设置该多边形采用 Fill Color 文本框所设置的颜色。如果不指定本选项的话，将不会按 Fill Color 文本框所设置的颜色输入多边形内。
- Selection：本选项的功能是设置该多边形为被选择状态。
- Global >>：本按钮的功能是设置多边形的整体编辑，单击本按钮后，对话框改变如图 7.19 所示。

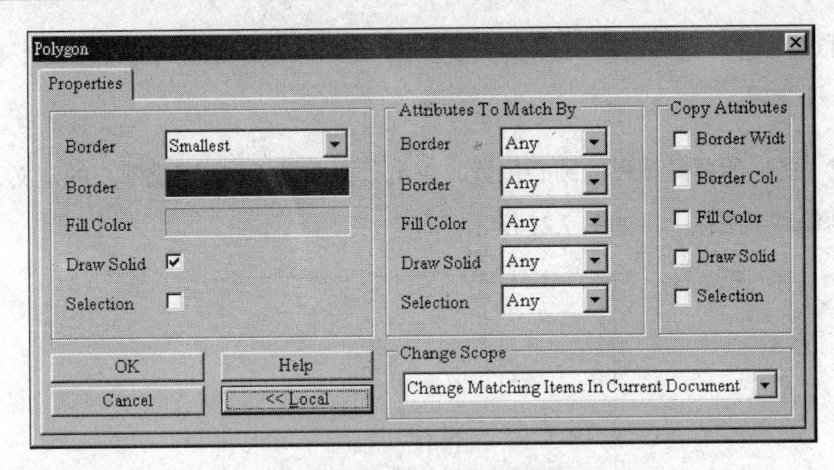

图7.19　多边形整体编辑

在这个对话框所新增的三个区域与元件属性对话框里，整体编辑所新增的区域类似，只是其中的文本框与选项减少了，其功能与操作完全一样。

另外，对于已固定的多边形也可以编辑其属性，只要指向所要编辑属性的多边形上，双击，即可打开其属性对话框，我们就可编辑其属性。

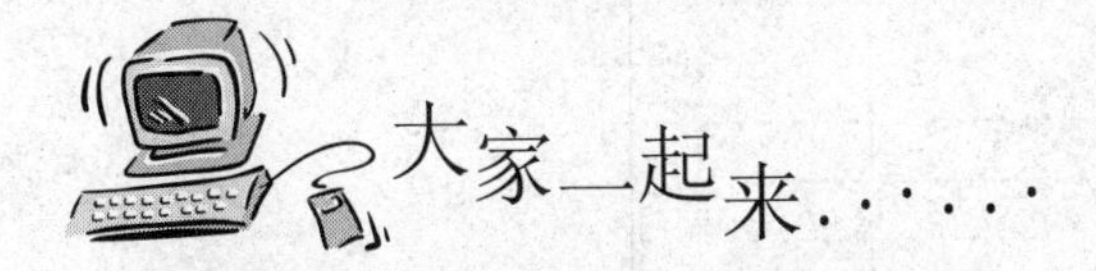

请按图 7.20 练习画多边形，并保存在 PT7-2.sch 文件中。

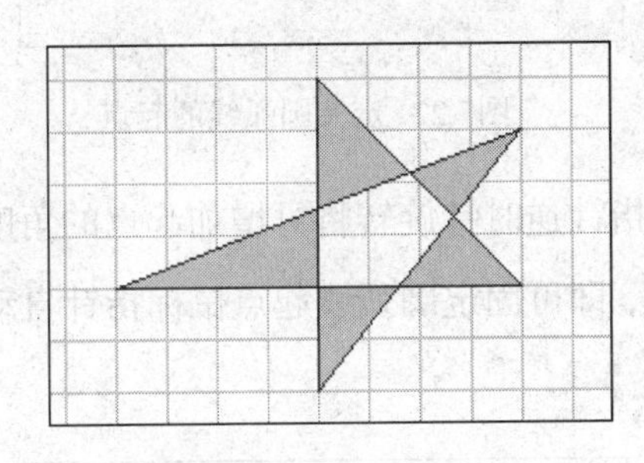

图7.20　画多边形练习

7-3　画弧线

Schematic 提供了快速画弧线的功能，而弧线有两种，即圆弧线(Arcs)与椭圆弧线(Elliptical Arcs)，当我们要画圆弧线时，请按下列步骤操作：

▶ 1　执行 Place 菜单下的 Drawing Tools 命令，然后在所弹出的子菜单里选择 Arcs

命令，即可进入画圆弧线状态，命令行上显示“Current Command – Place Arcs”，而鼠标指针上也多出一个字线。

▶ 2　指向所要画圆弧的圆心位置，单击鼠标左键，完成圆心的定义，同时，鼠标指针自动偏移至圆弧上，如图 7.21 所示。

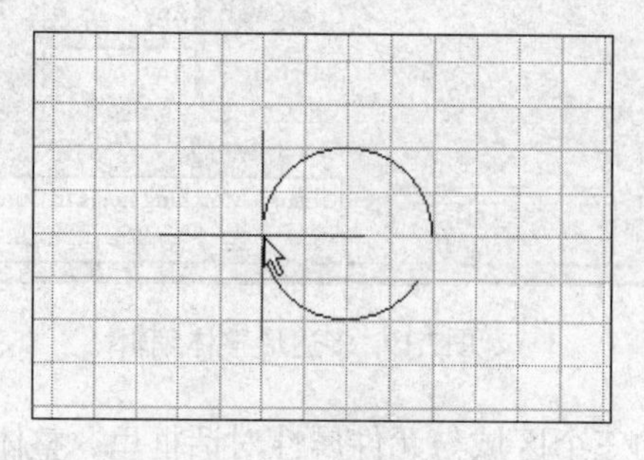

图7.21　完成定义圆心

▶ 3　然后移动鼠标，即可展开该圆弧的半径，而半径大小合适后，再单击鼠标左键，完成半径的定义，同时，鼠标指针自动跑到圆弧的开始点，如图 7.22 所示。

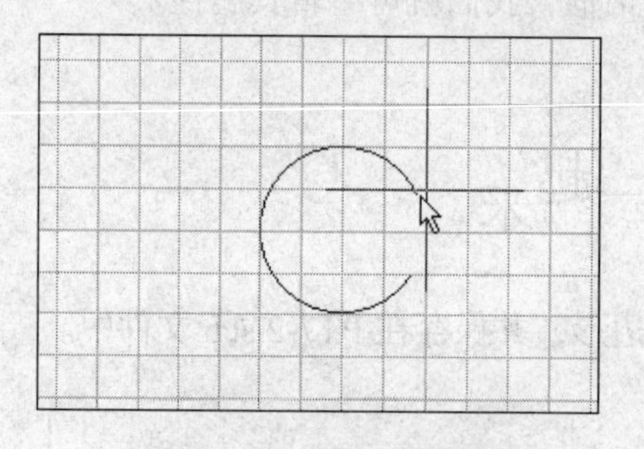

图7.22　定义圆弧线的起点

▶ 4　这时候，鼠标指针逆时针旋转将可增加起点的角度，而顺时针旋转将可减少起点的角度，单击鼠标左键，即可固定圆弧线起点鼠标指针自动跑到圆弧线终点，如图 7.23 所示。

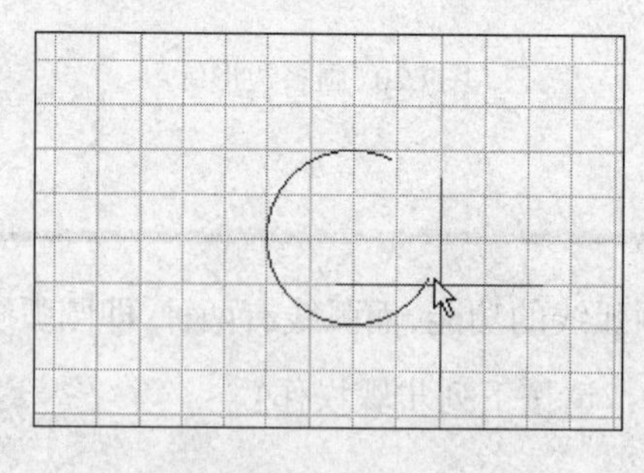

图7.23　完成定义起点

▶ 5　我们可以同样的方法定义终点，而终点定义完成后，该圆弧线也完成了，如图 7.24 所示。

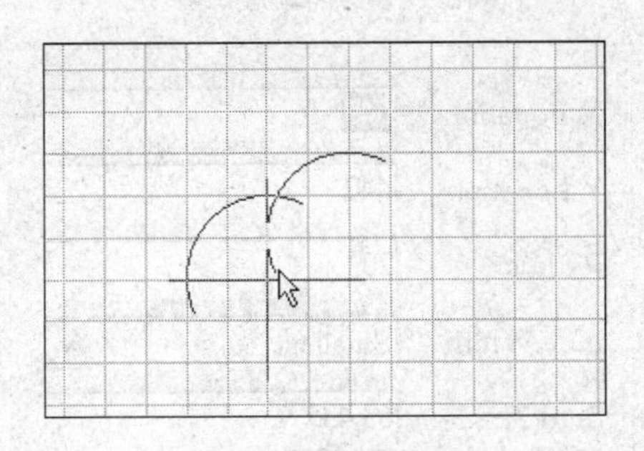

图7.24　完成圆弧线

▶ 6　这时候仍在画圆弧线的状态，鼠标指针上带一个浮动的圆弧线，我们可以继续画圆弧线，如果不想继续画圆弧线，可再右击，结束画圆弧线状态。

圆弧线画好了之后，还是可以修改的，如要修改某一条圆弧线，则先点取该圆弧线，如图 7.25 所示。

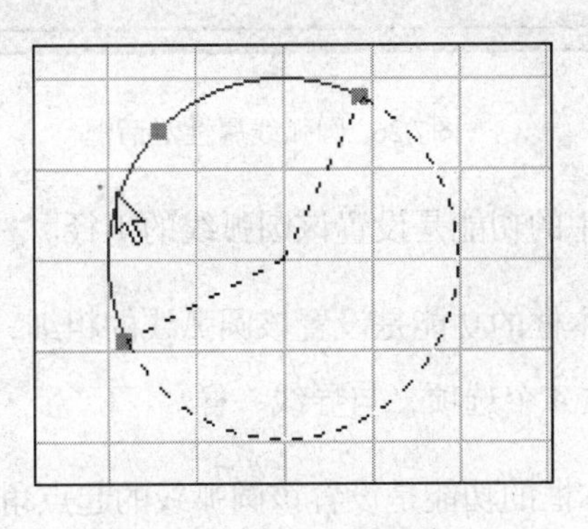

图7.25　点取圆弧线

圆弧线出现 3 个控点及虚线，我们可以拖曳圆弧线两端的控点，以调整该圆弧线的起点或终点，而拖曳中间控点，将可改变该圆弧线的半径。如果要删除整条圆弧线，则在点取状态下，按 Del 键即可。

当我们要编辑圆弧线的属性时，可以在画圆弧线状态下，圆弧线呈现浮动状态，按 TAB 键即可打开其属性对话框，如图 7.26 所示。

其中各项说明如下：

□　X-Location：本文本框中为该圆弧线圆心的 *X* 轴坐标。

□　Y-Location：本文本框中为该圆弧线圆心的 *Y* 轴坐标。

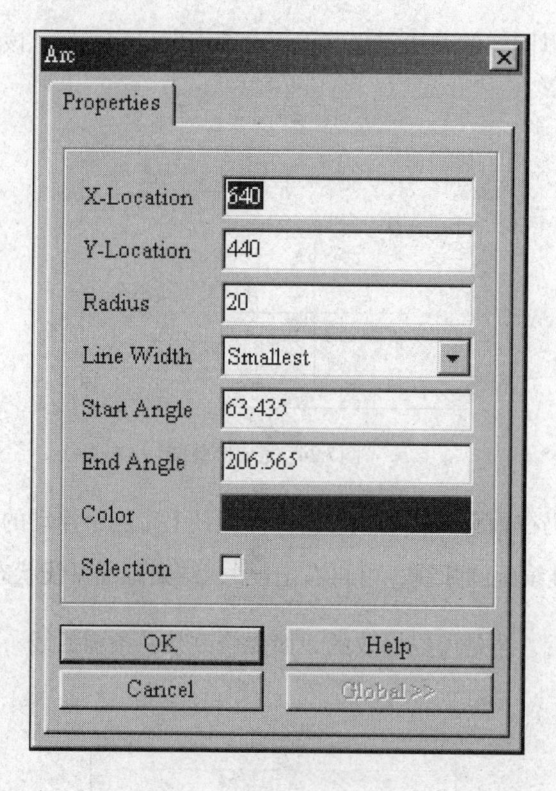

图7.26 圆弧线属性对话框

- Radius：本文本框中的功能是设置该圆弧线的半径。
- Line Width：本文本框的功能是设置该圆弧线的粗细，其中包括 Smallest、Small、Medium 及 Large 这 4 个选项，与导线一样。
- Start Angle：本文本框的功能是设置该圆弧线的起点角度。
- End Angle：本文本框的功能是设置该圆弧线的终点角度。
- Color：本文本框的功能是设置该圆弧线的颜色，只要点取本文本框后，即可打开其颜色属性对话框，进入设置其颜色。
- Selection：本选项的功能是设置该圆弧线为被选择状态。
- Global >>：本按钮的功能是设置圆弧线的整体编辑，单击本按钮后，对话框改变如图 7.27 所示。

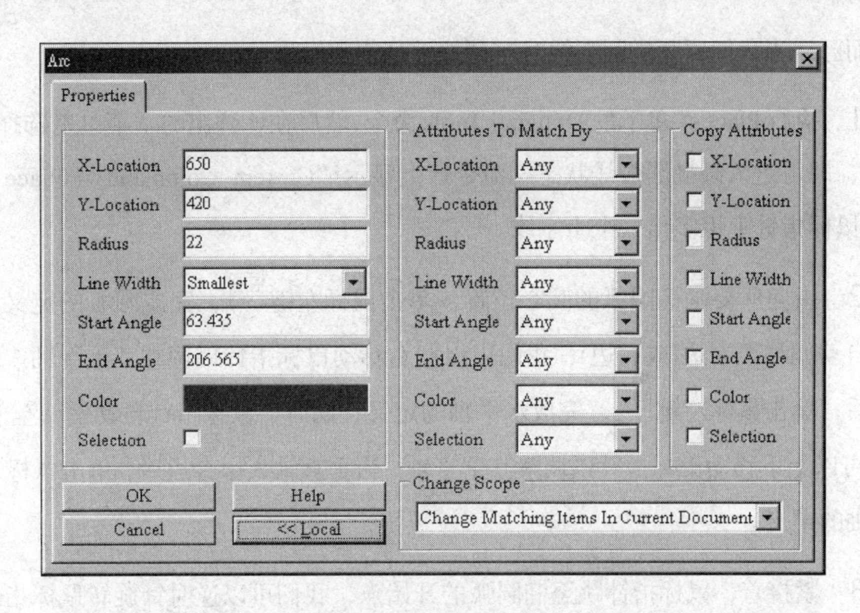

图7.27　圆弧线整体编辑

在这个对话框所新增的 3 个区域与元件属性对话框中，整体编辑所新增的区域类似，只是其中的文本框与选项减少了，其功能与操作完全一样。

另外，对于已固定的圆弧线也可以编辑其属性，只要指向所要编辑属性的圆弧在线，双击，即可打开其属性对话框，我们就可编辑其属性。

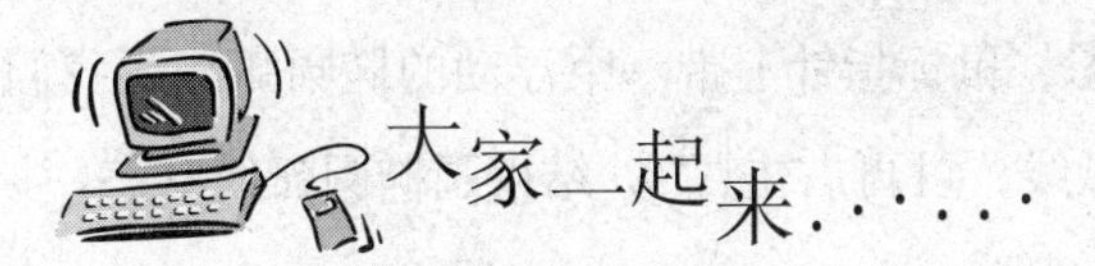

请按图 7.28 练习画圆弧线，并保存在 PT7-3.sch 文件中。

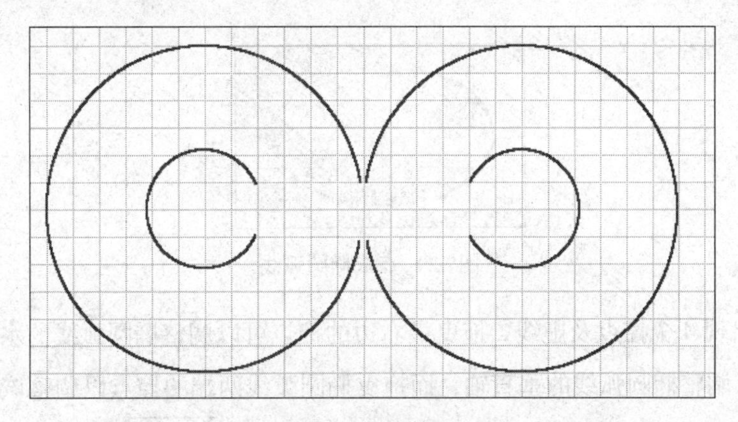

图7.28　画圆弧线练习

椭圆弧线与圆弧线的不同是椭圆弧线的垂直轴与水平轴，可以各自调整，而圆弧线只能调整半径而已。当我们要画椭圆弧线时，请按下列步骤操作：

▶ 1　执行 Place 菜单下的 Drawing Tools 命令，然后在所弹出的子菜单里选择 Elliptical Arcs 命令，即可进入画椭圆弧线状态，命令行上显示“Current Command – Place Elliptical Arcs”，而鼠标指针上也多出一个十字线。

▶ 2　指向所要画椭圆弧的圆心位置，单击鼠标左键，完成圆心的定义。同时，鼠标指针自动偏移至左边(或右边)，我们可以左右移动鼠标指针以调整其水平轴。当水平轴大小合适后，单击鼠标左键，完成水平轴的定义；同时，鼠标指针自动偏移至上边(或下边)，我们可以上下移动鼠标指针以调整其垂直轴。当垂直轴大小合适后，单击鼠标左键，完成垂直轴的定义。

▶ 3　紧接着，鼠标指针跳至椭圆弧的开始点，我们可以逆时针旋转鼠标指针，将可增加起点的角度或顺时针旋转鼠标指针以减少起点的角度当起点角度合适后单击鼠标左键，即可固定椭圆弧线起点，鼠标指针自动跑到椭圆弧线终点；

▶ 4　这时候，鼠标指针逆时针旋转将可增加起点的角度，而顺时针旋转将可减少起点的角度，单击鼠标左键，即可固定椭圆弧线起点，鼠标指针自动跑到椭圆弧线终点，我们可以同样的方法定义终点，而终点定义完成后该椭圆弧线也完成了。

▶ 5　这时候仍在画椭圆弧线的状态，鼠标指针上带一个浮动的椭圆弧线，我们可以继续画椭圆弧线，如果不想继续画椭圆弧线，可再右击，结束画椭圆弧线状态。

椭圆弧线画好了之后还是可以修改的，如要修改某一条椭圆弧线，则先点取该椭圆弧线，如图 7.29 所示。

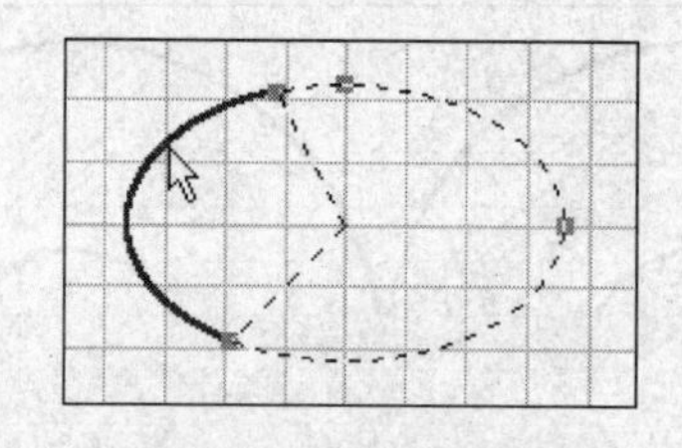

图7.29　点取椭圆弧线

椭圆弧线出现 4 个控点及虚线，拖曳最右边的控点可以调整椭圆弧线的水平轴、拖曳最上面的控点可以调整椭圆弧线的垂直轴，而拖曳椭圆弧线两端的控点以调整该椭圆弧线的起点或终点。如果要删除整条椭圆弧线，则在点取状态下，按 Del 键即可。

当我们要编辑椭圆弧线的属性时，可以在画椭圆弧线状态下，椭圆弧线呈现浮动状态，按 TAB 键即可打开其属性对话框，如图 7.30 所示。

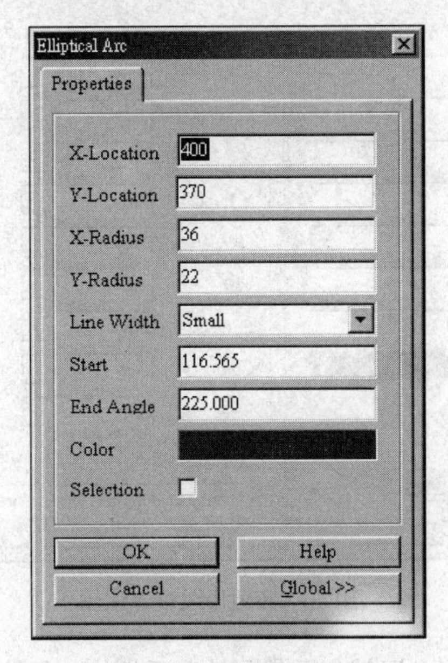

图7.30　椭圆弧线属性对话框

其中各项说明如下：

- X-Location：本文本框为该椭圆弧线圆心的 *X* 轴坐标。
- Y-Location：本文本框为该椭圆弧线圆心的 *Y* 轴坐标。
- X-Radius：本文本框的功能是设置该椭圆弧线的水平轴。
- Y-Radius：本文本框的功能是设置该椭圆弧线的垂直轴。
- Line Width：本文本框的功能是设置该椭圆弧线的粗细，其中包括 Smallest、Small、Medium 及 Large 这 4 个选项，与导线一样。
- Start Angle：本文本框的功能是设置该椭圆弧线的起点角度。
- End Angle：本文本框的功能是设置该椭圆弧线的终点角度。
- Color：本文本框的功能是设置该椭圆弧线的颜色，只要点取本文本框后，即可打开其颜色属性对话框，进入设置其颜色。
- Selection：本选项的功能是设置该椭圆弧线为被选择状态。
- Global >>：本按钮的功能是设置椭圆弧线的整体编辑，单击本按钮后，对话框改变如图 7.31 所示。

Elliptical Arc

Properties

X-Location 400
Y-Location 370
X-Radius 36
Y-Radius 22
Line Width Small
Start 116.565
End Angle 225.000
Color
Selection

Attributes To Match By
X-Location Any
Y-Location Any
X-Radius Any
Y-Radius Any
Line Width Any
Start Any
End Angle Any
Color Any
Selection Any

Copy Attributes
X-Locatior
Y-Locatior
X-Radius
Y-Radius
Line Widtł
Start Angl
End Angle
Color
Selection

OK
Help
Cancel
<< Local

Change Scope
Change Matching Items In Current Document

图7.31　椭圆弧线整体编辑

在这个对话框所新增的三个区域与元件属性对话框中，整体编辑所新增的区域类似，只是其中的文本框与选项减少了，其功能与操作完全一样。

另外，对于已固定的椭圆弧线也可以编辑其属性，只要指向所要编辑属性的椭圆弧在线，双击，即可打开其属性对话框，我们就可编辑其属性。

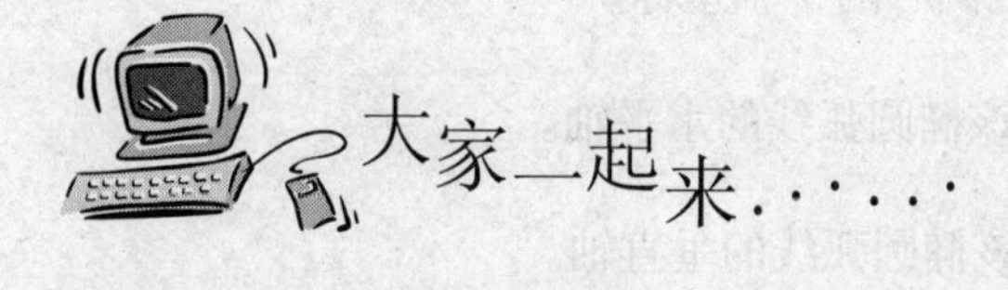

请按图 7.32 练习画椭圆弧线，并保存在 PT7-4.sch 文件中。

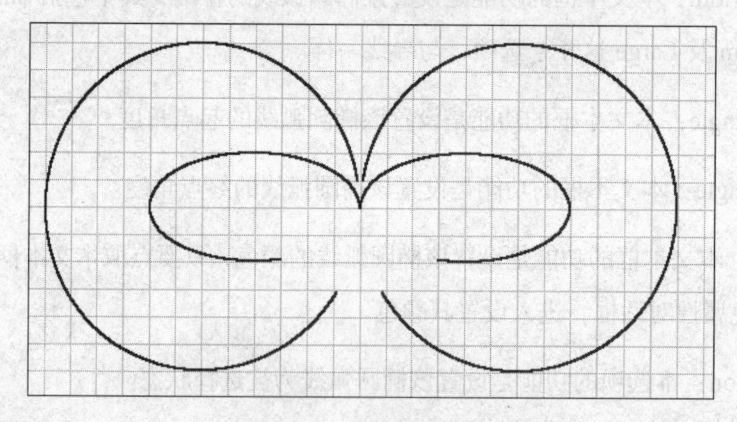

图7.32　画椭圆弧线练习

7-4　画曲线

在原理图中，向量式的曲线非常好用，例如要标示波形等，能让原理图更具可读性。Schematic 所提供的画曲线的功能正属于向量式的曲线，不会有锯齿状。当我们要画曲线时，请按下列步骤操作：

▶ 1　执行 Place 菜单下的 Drawing Tools 命令，然后在所弹出的子菜单里选择 Beziers 命令，或单击按钮，即可进入画线状态，命令行上显示"Current Command – Place Beziers"，而鼠标指针上也多出一个十字线。

▶ 2　指向所要画曲线的起点，单击鼠标左键设置起点，再移至第二点单击鼠标左键，则两点之间将会出现一条虚线，如图 7.33 所示。

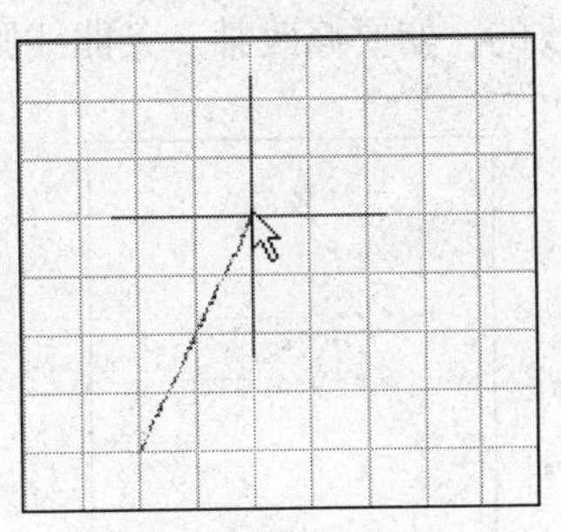

图7.33　定义第二点

▶ 3　移至第三点位置单击鼠标左键，则从第一点到第三点之间将会出现一条曲线，如图 7.34 所示。

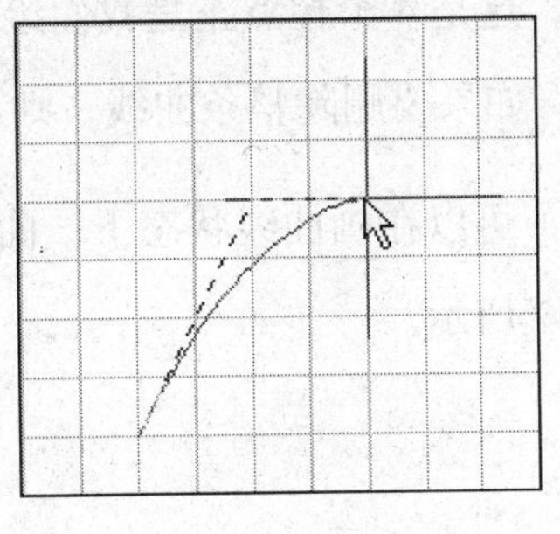

图7.34　定义第三点

▶ 4　再移至第四点位置(曲线将随之而变)，单击鼠标左键，即可完成此曲线，如图 7.35 所示。

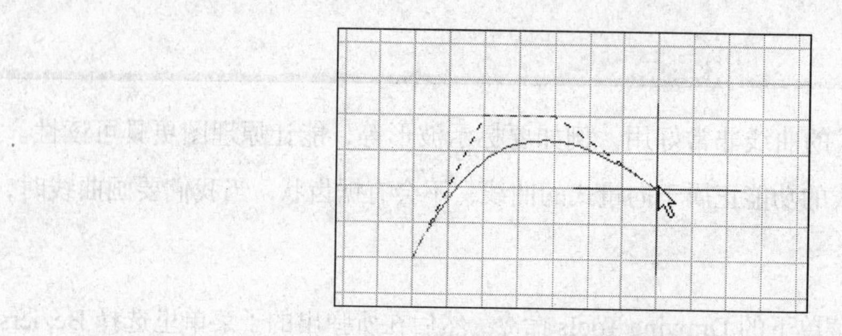

图7.35　完成曲线

▶ 5　完成第一段曲线后仍在画曲线状态，我们可以刚才的第四点为新曲线的第一点，继续以同样的方法画曲线。如果不想以该点为新曲线的第一点，可先点右击，在另寻新的起点从头开始绘制曲线。如不想再画曲线，则再右击，结束画曲线状态。

线曲线好了之后还是可以修改的，如要修改某一条曲线则先点取该曲线，如图 7.36 所示。

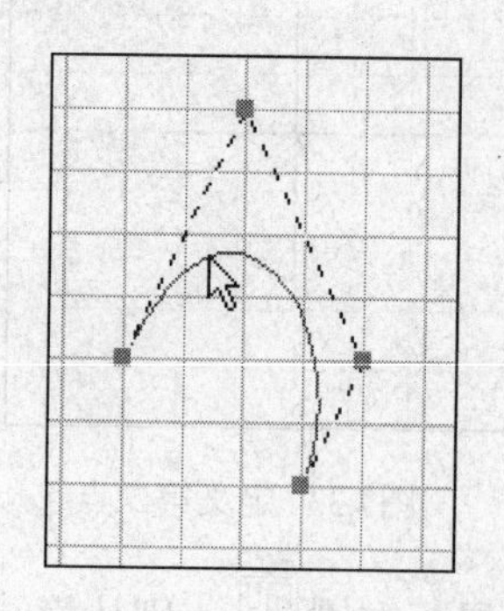

图7.36　点取曲线

整条曲线中将出现 4 个控点，这是 4 个控点正是我们绘制曲线时所定义的四点。我们只要拖曳控点即可改变曲线的形状。如果要删除整条曲线，则在点取状态下按 Del 键即可。

当我们要编辑曲线的属性时，可以在画曲线状态下，曲线呈现浮动状态，按 TAB 键即可打开其属性对话框，如图 7.37 所示。

其中各项说明如下：

- Curve：本文本框的功能是设置曲线的粗细，其中包括 Smallest、Small、Medium 及 Large 这 4 个选项，与导线一样。
- Color：本文本框的功能是设置曲线的颜色，只要点取本文本框后即可打开其颜色属性对话框，进入设置其颜色。

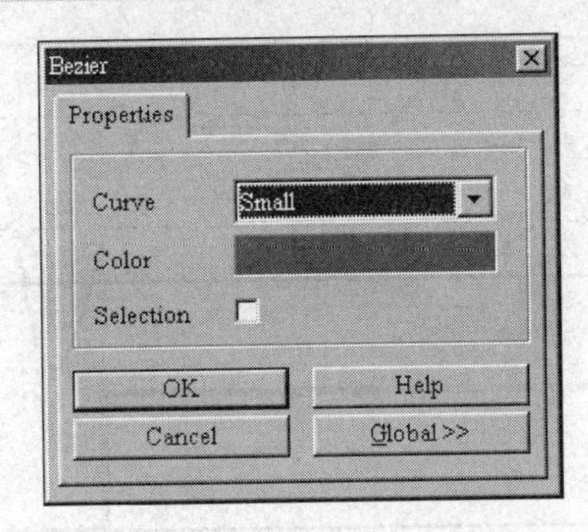

图7.37　曲线属性对话框

- □ Selection：本选项的功能是设置该曲线为被选择状态。
- □ Global >> ：本按钮的功能是设置曲线的整体编辑，单击本按钮后，对话框改变如图 7.38 所示。

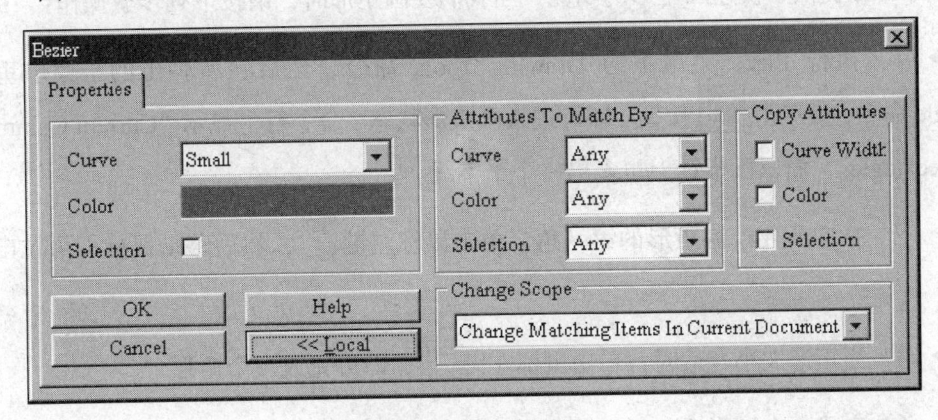

图7.38　曲线整体编辑

在这个对话框所新增的三个区域与元件属性对话框中，整体编辑所新增的区域类似，只是其中的文本框与选项减少了，其功能与操作完全一样。

另外，对于已固定的曲线也可以编辑其属性，只要指向所要编辑属性的曲在线，双击，即可打开其属性对话框，我们就可编辑其属性。

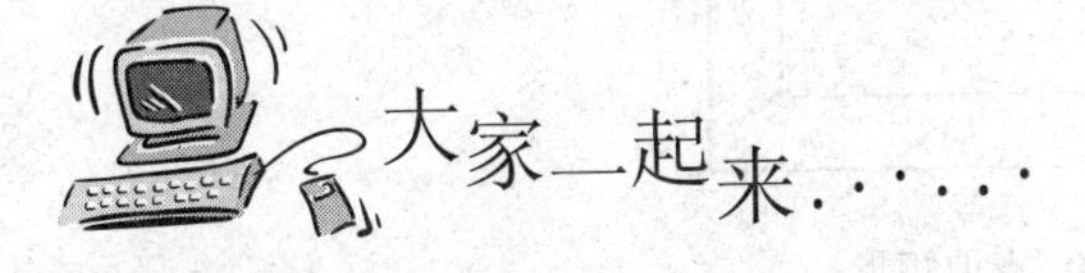

请按图 7.39 练习画曲线，并保存在 PT7-5.sch 文件中。

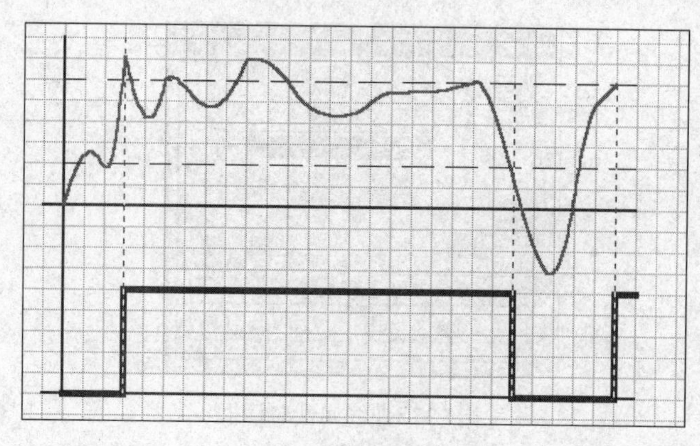

图7.39 画曲线练习

7-5 画矩形

Schematic 提供了快速画矩形的功能，当我们要画矩形时，请按下列步骤操作：

▶ 1 执行 Place 菜单下的 Drawing Tools 命令，然后在所弹出的子菜单里选择 Rectangle 命令，或单击按钮，即可进入画矩形状态，命令行上显示“Current Command – Place Rectangle”，而鼠标指针上也多出一个十字线。

▶ 2 指向所要绘制矩形的第一角，单击鼠标左键，然后移动鼠标即可拉出一个矩形。

▶ 3 当矩形大小合适时，单击鼠标左键，即可完成一个矩形。

▶ 4 完成一个矩形后，仍在画矩形的状态，鼠标指针上将附带一个浮动的矩形，我们可以继续以同样方法绘制下一个矩形，或右击，结束画矩形状态。

矩形画好了之后还是可以修改的，如要修改某一矩形则先点取该矩形，如图 7.40 所示。

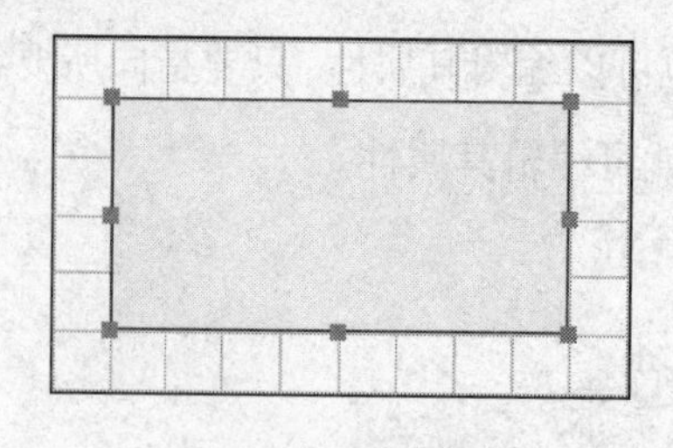

图7.40 点取矩形

整个矩形的端点(转角)及边线中间都会出现控点，拖曳上、下的中间控点，可以改变此矩形的高度；拖曳左、右的中间控点，可以改变此矩形的宽度；拖曳 4 个角的控点，可以同时改变此矩形的高度及宽度。如果要删除整个矩形，则在点取状态下，按 Del 键即可。

当我们要编辑矩形的属性时，可以在画矩形状态下，矩形呈现浮动状态，按 TAB 键即可打开其属性对话框，如图 7.41 所示。

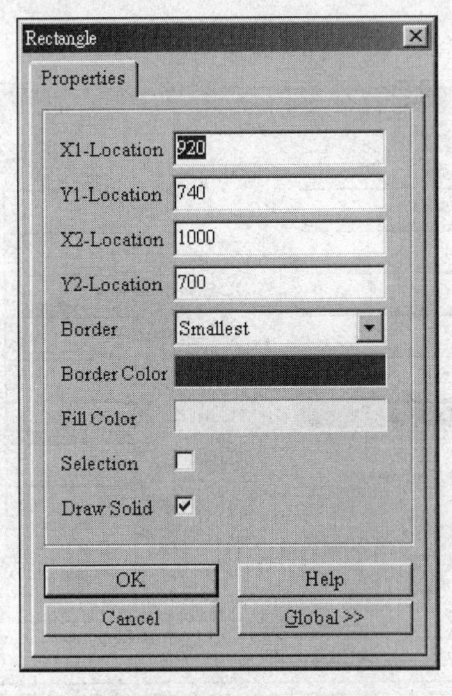

图7.41　矩形属性对话框

其中各项说明如下：

- X1-Location：本文本框为该矩形第一角的 *X* 轴坐标。
- Y1-Location：本文本框为该矩形第一角的 *Y* 轴坐标。
- X2-Location：本文本框为该矩形第二角的 *X* 轴坐标。
- Y2-Location：本文本框为该矩形第二角的 *Y* 轴坐标。
- Border Width：本文本框的功能是设置矩形边框的粗细，其中包括 Smallest、Small、Medium 及 Large 这 4 个选项，与导线一样。
- Border Color：本文本框的功能是设置矩形边框的颜色，只要点取本文本框后即可打开其颜色属性对话框，进入设置其颜色。
- Fill Color：本文本框的功能是设置矩形输入的颜色，只要点取本文本框后即可打开其颜色属性对话框，进入设置其颜色。

- □ Selection：本选项的功能是设置该矩形为被选择状态。
- □ Draw Solid：本选项的功能是设置该矩形输入 Fill Color 文本框所指定的颜色。
- □ Global >>：本按钮的功能是设置矩形的整体编辑，单击本按钮后，对话框改变如图 7.42 所示。

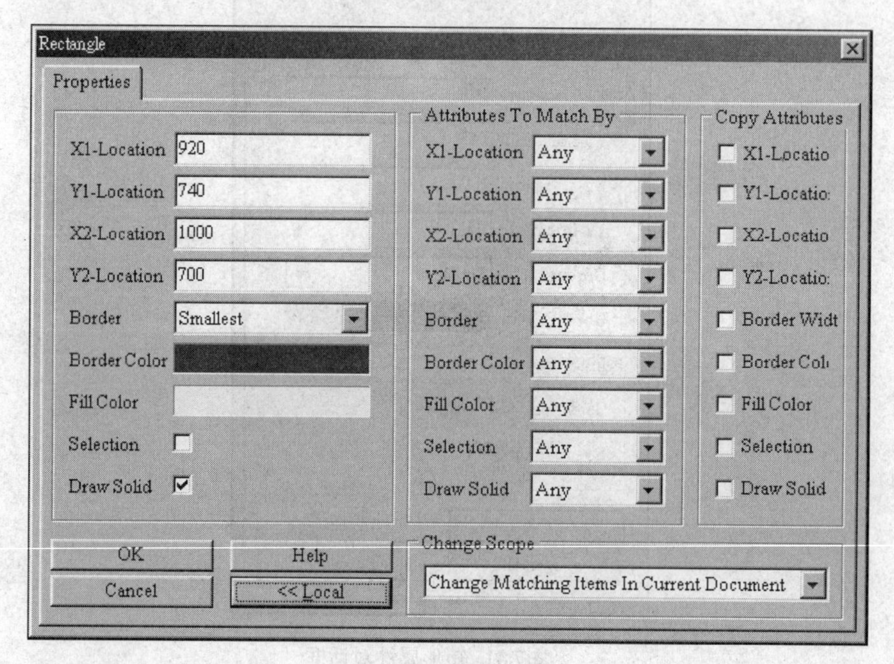

图7.42 矩形整体编辑

在这个对话框所新增的三个区域与元件属性对话框中，整体编辑所新增的区域类似，只是其中的文本框与选项减少了，其功能与操作完全一样。

另外，对于已固定的矩形也可以编辑其属性，只要指向所要编辑属性的矩形上，双击，即可打开其属性对话框，我们就可编辑其属性。

7-6 画圆角矩形

Schematic 提供了快速画圆角矩形的功能，当我们要画圆角矩形时，请按下列步骤操作：

▶ 1 执行 Place 菜单下的 Drawing Tools 命令，然后在所弹出的子菜单里选择 Round Rectangle 命令，或单击按钮，即可进入画圆角矩形状态，命令行上显示“Current Command – Place Round Rectangle”，而光标上也多出一个十字线。

▶ 2 指向所要绘制圆角矩形的第一角，单击鼠标左键，然后移动鼠标，即可拉出一个圆角矩形。

▶ 3　当圆角矩形大小合适时，单击鼠标左键，即可完成一个圆角矩形。

▶ 4　完成一个圆角矩形后，仍在画圆角矩形的状态，鼠标指针上将附带一个浮动的圆角矩形，我们可以继续以同样方法绘制下一个圆角矩形，或右击，结束画圆角矩形状态。

圆角矩形画好了之后还是可以修改的，如要修改某一圆角矩形，则先点取该圆角矩形，如图 7.43 所示。

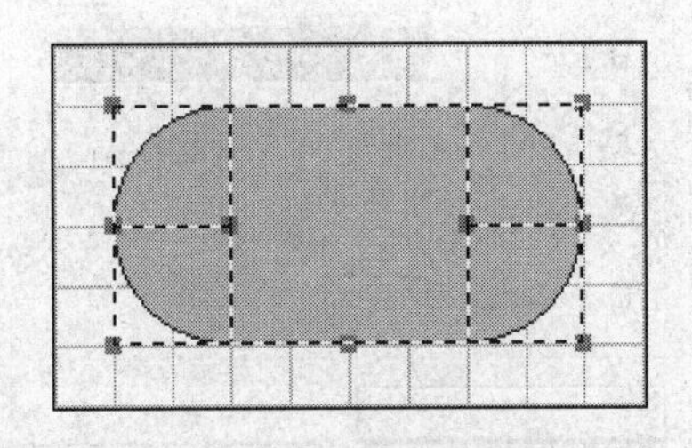

图7.43　点取圆角矩形

整个圆角矩形的每个转角圆心、角落及边线中间都会出现控点，拖曳上、下的中间控点可以改变此圆角矩形的高度；拖曳左、右的中间控点可以改变此圆角矩形的宽度；拖曳四个角落的控点可以同时改变此圆角矩形的高度及宽度；而拖曳四个转角圆心的控点可以同时改变此圆角的水平轴或垂直轴的长度。如果要删除整个圆角矩形，则在点取状态下按 Del 键即可。

当我们要编辑圆角矩形的属性时，可以在画圆角矩形状态下，圆角矩形呈现浮动状态，按 TAB 键即可打开其属性对话框，如图 7.44 所示。

其中各项说明如下：

- X1-Location：本文本框中为该圆角矩形第一角的 *X* 轴坐标。
- Y1-Location：本文本框中为该圆角矩形第一角的 *Y* 轴坐标。
- X2-Location：本文本框中为该圆角矩形第二角的 *X* 轴坐标。
- Y2-Location：本文本框中为该圆角矩形第二角的 *Y* 轴坐标。
- X-Redius：本文本框中为该圆角矩形转角的水平轴。
- Y-Redius：本文本框中为该圆角矩形转角的垂直轴。

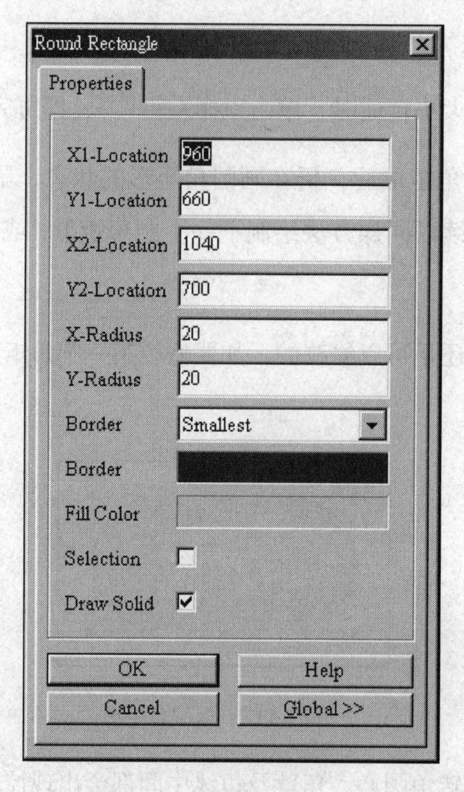

图7.44 圆角矩形属性对话框

- □ Border Width：本文本框中的功能是设置圆角矩形边框的粗细，其中包括 Smallest、Small、Medium 及 Large 这 4 个选项，与导线一样。
- □ Border Color：本文本框中的功能是设置圆角矩形边框的颜色，只要点取本文本框后，即可打开其颜色属性对话框，进入设置其颜色。
- □ Fill Color：本文本框中的功能是设置圆角矩形输入的颜色，只要点取本文本框后，即可打开其颜色属性对话框，进入设置其颜色。
- □ Selection：本选项的功能是设置该圆角矩形为被选择状态。
- □ Draw Solid：本选项的功能是设置该圆角矩形输入 Fill Color 文本框所指定的颜色。
- □ Global >>：本按钮的功能是设置圆角矩形的整体编辑，单击本按钮后，对话框改变如图 7.45 所示。

在这个对话框所新增的三个区域与元件属性对话框中，整体编辑所新增的区域类似，只是其中的文本框与选项减少了，其功能与操作完全一样。

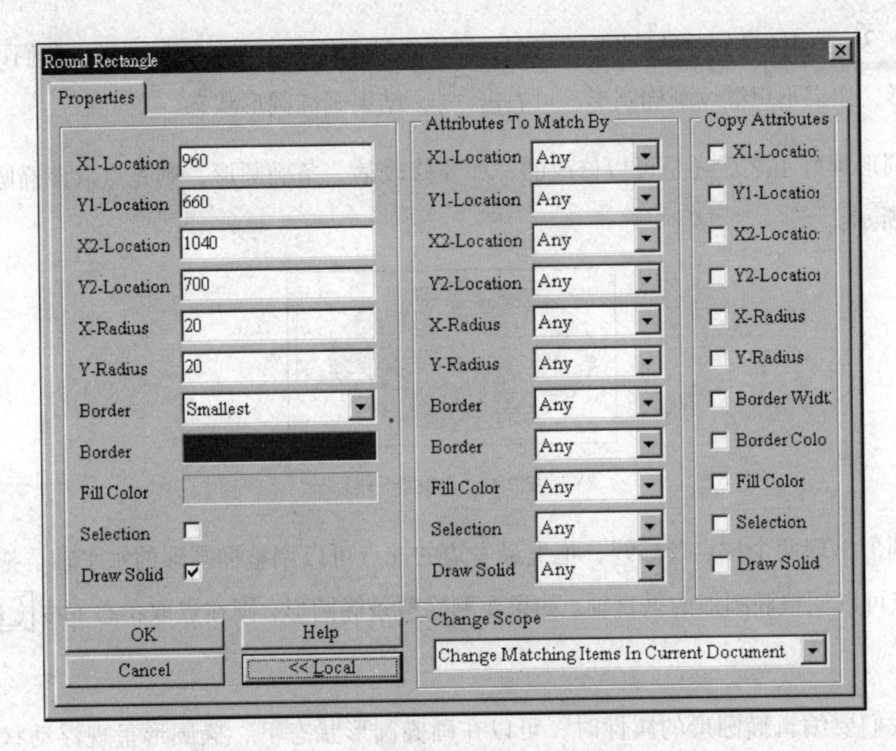

图7.45　圆角矩形整体编辑

另外，对于已固定的圆角矩形我们也可以编辑其属性，只要指向所要编辑属性的圆角矩形上，双击，即可打开其属性对话框，我们就可编辑其属性。

7-7　画圆与椭圆

Schematic 提供了快速画圆或椭圆的功能，实际上，圆形只是椭圆形的一种，如果椭圆形的水平轴与垂直轴相等的话，那这个椭圆形就是一个圆形。当我们要画圆或椭圆时，请按下列步骤操作：

▶ 1　执行 Place 菜单下的 Drawing Tools 命令，然后在所弹出的子菜单里选择 Ellipsis 命令，即可进入画椭圆形状态，命令行上显示"Current Command – Place Ellipsis"，而鼠标指针上也多出一个十字线。

▶ 2　指向所要画椭圆形的圆心位置，单击鼠标左键，完成圆心的定义，同时，鼠标指针自动偏移至左边(或右边)，我们可以左右移动鼠标指针以调整其水平轴。当水平轴大小合适后，单击鼠标左键，完成水平轴的定义；同时，鼠标指针自动偏移至上边(或下边)，我们可以上下移动鼠标指针，以调整其垂直轴。当垂直轴大小合适后单击鼠标左键，完成垂直轴的定义，该椭圆形也完成了。

▶ 3　这时候仍在画椭圆形的状态，鼠标指针上带一个浮动的椭圆形，我们可以继续画椭圆形，如果不想继续画椭圆形，可右击，结束画椭圆形状态。

椭圆形画好了之后还是可以修改的，如要修改某一条椭圆形，则先点取该椭圆形，如图 7.46 所示。

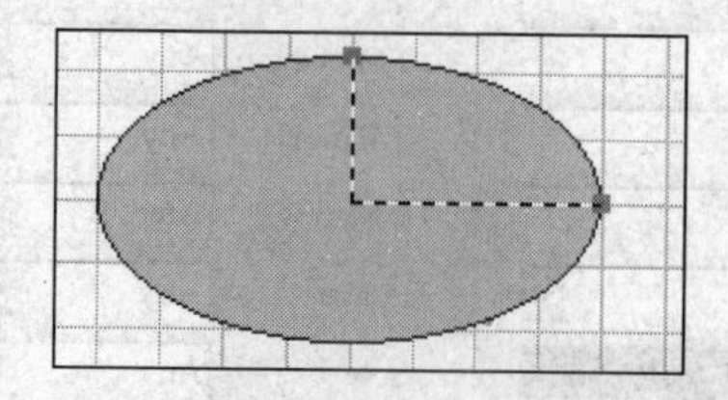

图7.46　点取椭圆形

椭圆形出现两个控点及虚线，拖曳最右边的控点可以调整椭圆形的水平轴、拖曳最上面的控点可以调整椭圆形的垂直轴。如果要删除整条椭圆形，则在点取状态下按 Del 键即可。

当我们要编辑椭圆形的属性时，可以在画椭圆形状态下，椭圆形呈现浮动状态，按 TAB 键即可打开其属性对话框，如图 7.47 所示。

Ellipse
Properties
X-Location 1020
Y-Location 680
X-Radius 50
Y-Radius 30
Border Smallest
Border Color
Fill Color
Draw Solid
Selection
OK　Help
Cancel　Global >>

图7.47　椭圆形属性对话框

其中各项说明如下：

□　X-Location：本文本框中为该椭圆形圆心的 *X* 轴坐标。

- Y-Location：本文本框中为该椭圆形圆心的 Y 轴坐标。
- X-Radius：本文本框中的功能是设置该椭圆形的水平轴。
- Y-Radius：本文本框中的功能是设置该椭圆形的垂直轴。
- Line Width：本文本框中的功能是设置该椭圆形的粗细，其中包括 Smallest、Small、Medium 及 Large 这 4 个选项，与导线一样。
- Border Color：本文本框中的功能是设置该椭圆形边框的颜色，只要点取本文本框后，即可打开其颜色属性对话框，进入设置其颜色。
- Fill Color：本文本框中的功能是设置该椭圆形的输入颜色，只要点取本文本框后，即可打开其颜色属性对话框，进入设置其颜色。
- Draw Solid：本选项的功能是设置该椭圆形输入 Fill Color 文本框所指定的颜色。
- Selection：本选项的功能是设置该椭圆形为被选择状态。
- Global >>：本按钮的功能是设置椭圆形的整体编辑，单击本按钮后，对话框改变如图 7.48 所示。

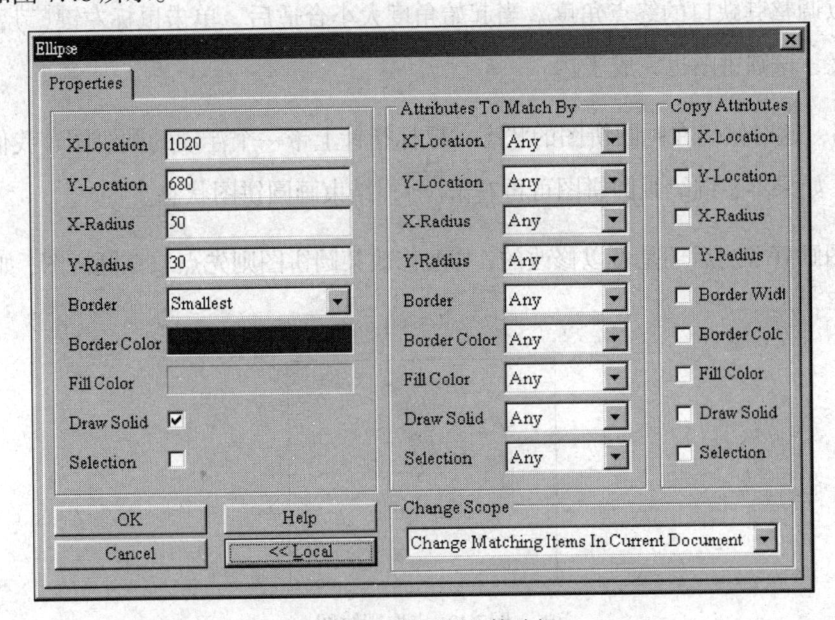

图7.48　椭圆形整体编辑

在这个对话框所新增的 3 个区域与元件属性对话框中，整体编辑所新增的区域类似，只是其中的文本框与选项减少了，其功能与操作完全一样。

另外，对于已固定的椭圆形也可以编辑其属性，只要指向所要编辑属性的椭圆形上，双击，即可打开其属性对话框，我们就可编辑其属性。

7-8 画圆饼图

圆饼图是一种很奇怪的图案，当我们要画圆饼图时，请按下列步骤操作：

▶ 1 执行Place菜单下的Drawing Tools命令，然后在所弹出的子菜单里选择Pie Chart命令，或单击按钮，即可进入画圆饼图状态，命令行上显示“Current Command – Place Pie Chart”，而光标上也多出一个十字线。

▶ 2 指向所要画圆饼图的圆心位置，单击鼠标左键，完成圆心的定义。同时，鼠标指针自动偏移至左边(或右边)，我们可以左右移动鼠标指针以调整其半径。当半径大小合适后，单击鼠标左键，完成半径的定义；同时，鼠标指针自动偏移至此圆饼图的上边缺口，我们可以移动鼠标指针以调整其缺口的起始角度。当起始角度大小合适后，单击鼠标左键，完成起始角度的定义；鼠标指针自动偏移至此圆饼图的下边缺口，我们可以移动鼠标指针以调整其缺口的终点角度。当起始角度大小合适后，单击鼠标左键，完成终点角度的定义，该圆饼图也完成了。

▶ 3 这时候仍在画圆饼图的状态，鼠标指针上带一个浮动的圆饼图，我们可以继续画圆饼图，如果不想继续画圆饼图可再右击，结束画圆饼图状态。

圆饼图画好了之后还是可以修改的，如要修改某圆饼图则先点取该圆饼图，如图 7.49 所示。

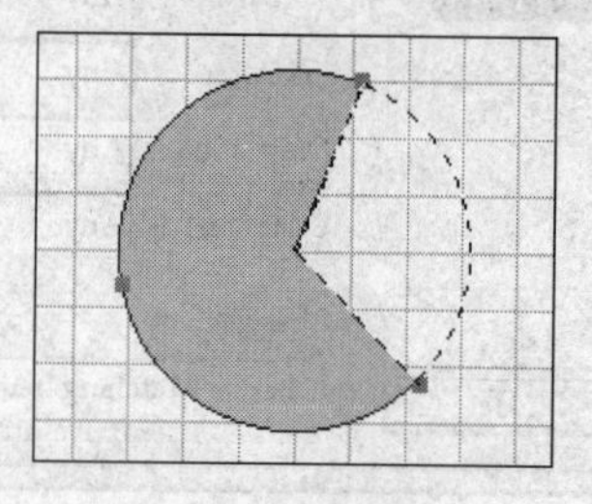

图7.49 点取圆饼图

圆饼图的开口端及中间都会出现控点，拖曳两开口端的控点可以调整开口的角度，而拖曳中间的控点可以调整此圆饼图的半径。如果要删除圆饼图，则在点取状态下，按键即可。

当我们要编辑圆饼图的属性时，可以在画圆饼图状态下，圆饼图呈现浮动状态，按 TAB 键即可打开其属性对话框，如图 7.50 所示。

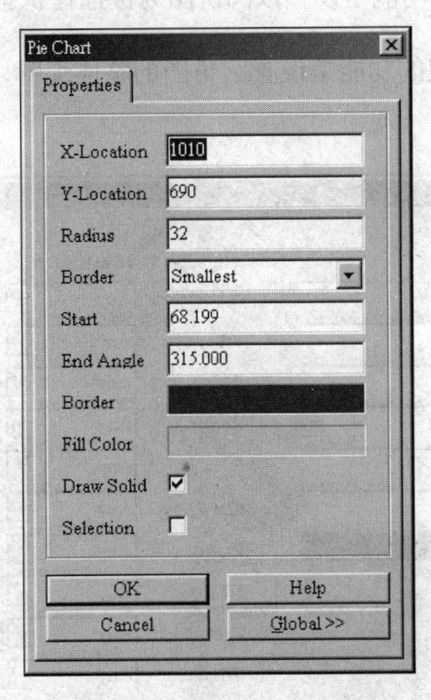

图7.50　圆饼图属性对话框

其中各项说明如下：

- X-Location：本文本框中为该圆饼图圆心的 *X* 轴坐标。
- Y-Location：本文本框中为该圆饼图圆心的 Y 轴坐标。
- Radius：本文本框中的功能是设置该圆饼图的半径。
- Line Width：本文本框中的功能是设置该圆饼图的粗细，其中包括 Smallest、Small、Medium 及 Large 这 4 个选项，与导线一样。
- Border Color：本文本框中的功能是设置该圆饼图边框的颜色，只要点取本文本框后即可打开其颜色属性对话框，进入设置其颜色。
- Start Angle：本文本框中的功能是设置该圆饼图开口的起始角度。
- End Angle：本文本框中的功能是设置该圆饼图开口的终点角度。
- Fill Color：本文本框中的功能是设置该圆饼图的输入颜色，只要点取本文本框后即可打开其颜色属性对话框，进入设置其颜色。

- Draw Solid：本选项的功能是设置该圆饼图输入 Fill Color 文本框所指定的颜色。
- Selection：本选项的功能是设置该圆饼图为被选择状态。
- Global >>：本按钮的功能是设置圆饼图的整体编辑，单击本按钮后，对话框改变如图 7.51 所示。

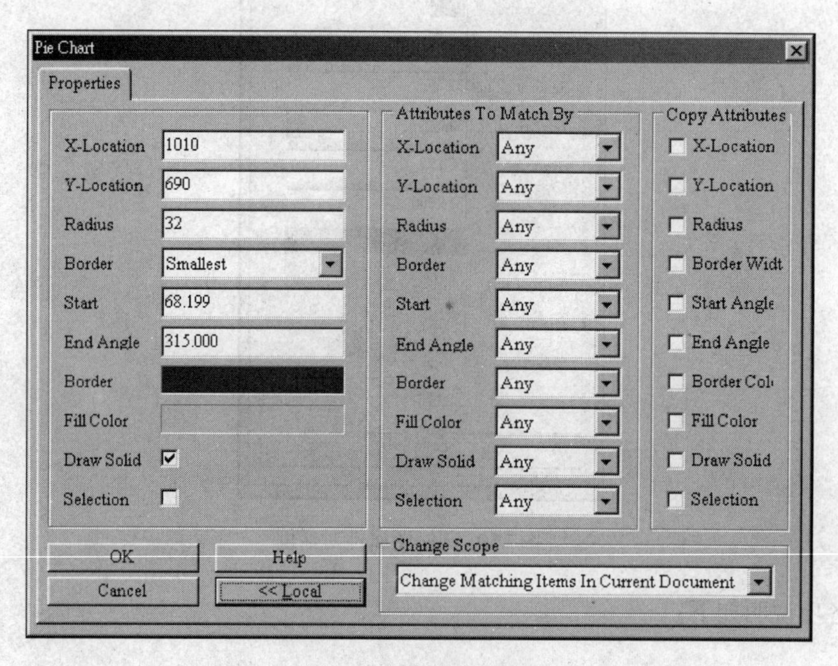

图7.51 圆饼图整体编辑

在这个对话框所新增的 3 个区域与元件属性对话框中，整体编辑所新增的区域类似，只是其中的文本框与选项减少了，其功能与操作完全一样。

另外，对于已固定的圆饼图，我们也可以编辑其属性，只要指向所要编辑属性的圆饼图上，双击，即可打开其属性对话框，我们就可编辑其属性。

7-9 放置图片

在原理图里放置图片，Schematic 做到了！当我们要放置原理图时，请按下列步骤操作：

▶ 1 执行 Place 菜单下的 Drawing Tools 命令，然后在所弹出的子菜单里选择 Graphic 命令或单击按钮，即可进入放置图片状态，命令行上显示“Current Command – Place Graphic”，出现图 7.52 所示的对话框。

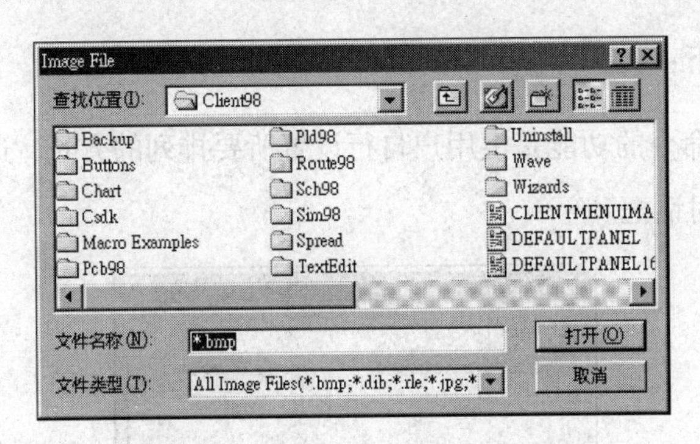

图7.52　指定所要放置的原理图文件

▶ 2　Schematic 所能接受的图文件包括最流行的 bmp 文件、jpg 文件等。在文件名称文本框中，指定所要放置的文件后，单击 打开(O) 按钮关闭对话框，然后移动鼠标，指向所要放置图片的位置，单击鼠标左键；再移动鼠标，展开一个区域，当区域大小合适后，单击鼠标左键，即可将该图片贴放于该处。

▶ 3　放置一个图片后，仍在放置图片状态，又出现图 7.52 所示的对话框，我们可以同样的方法继续放置图片，如果不想再放置图片，可单击 取消 按钮关闭对话框，并结束放置图片状态。

7-10 图件的排列

图件多了就麻烦！尤其是本章所介绍的图件，这些不具有电气属性的图件，它们之间不但可以排列开来，还可以叠在一起，简直是千变万化！难怪有人把 Schematic 拿来画管路图、室内配线图、工业配线图等，而忽略了其主要的功能，也就是电子电路设计，这有点像拿法拉利跑车来当垃圾车用，不知道是他们不懂，还是他们太厉害了！言归正传，Schematic 除提供便利的画图功能外，其排列与对齐的服务也挺周到的！当我们要排列图件(包括电气图件与非电气图件)时，首先选择所要排列的图件，然后执行 Edit 菜单下的 Align...命令，弹出子菜单如图 7.53 所示。

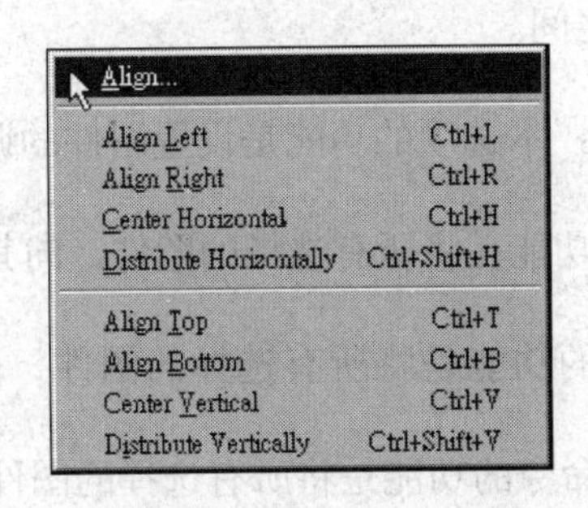

图7.53　排列与对齐菜单

其中各项说明如下：

□ Align…：本命令的功能是由用户自行设置所要排列的方式，选择本命令后，出现图 7.54 所示的对话框。

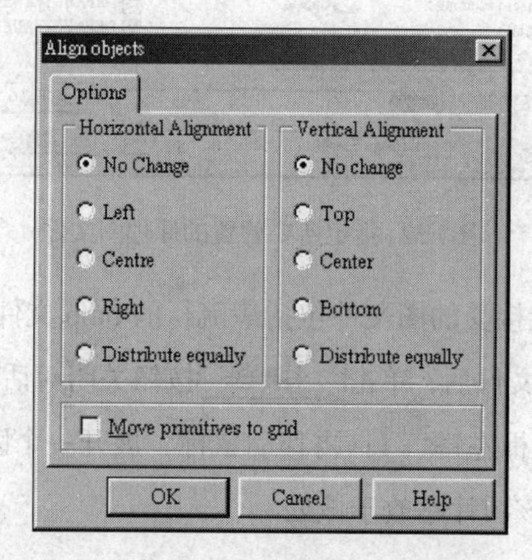

图7.54 排列对话框

其中各选项说明如下：

- Horizontal Alignment：本区域包括 5 个选项，No change 选项设置在水平方向不做调整、Left 选项设置将所有选择的图件向其中最左边的图件靠齐、Center 选项设置将所有选择的图件向最左边与最右边图件间的中心线靠齐、Right 选项设置将所有选择的图件向最右边的图件靠齐；Distibute equally 选项设置将所有选择的图件，平均间距排列于最左边及最右边的图件之间。
- Vertical Alignment：本区域内包括 5 个选项：No change 选项设置在垂直方向不做调整、Top 选项设置将所有选择的图件向最上面图件靠齐、Center 选项设置将所有选择的图件向最上面与最下面图件间的中心线靠齐；Bottom 选项设置将所有选择的图件向最下面图件靠齐；Distribute equally 选项设置将所有选择的图件平均间距排列于最上面及最下面的图件之间。
- Move primitives to grid：本选项的功能是设置图件的调整都要在网格上进行。

□ Align Left：本命令的功能是将所有选择的图件，向其中最左边的图件靠齐。

□ Align Right：本命令的功能是将所有选择的图件，向其中最右边的图件靠齐。

□ Center Horizontal：本命令的功能是将所有选择的图件，向最左边与最右边图件间的中心线靠齐。

- □ Distribute Horizontal：本命令的功能是将所有选择的图件，平均间距排列于最左边及最右边的图件之间。
- □ Align Top：本命令的功能是将所有选择的图件向最上面图件靠齐。
- □ Align Bottom：本命令的功能是将所有选择的图件向最下面图件靠齐。
- □ Center Vertical：本命令的功能是将所有选择的图件向最上面与最下面图件间的中心线靠齐。
- □ Distribute Vertical：本命令的功能是将所有选择的图件平均间距排列于最上面及最下面的图件之间。

除了平面上的位置调整外，还可以做垂直(上下叠)的位置调整，如图 7.55 所示，图片压在圆形图案上。

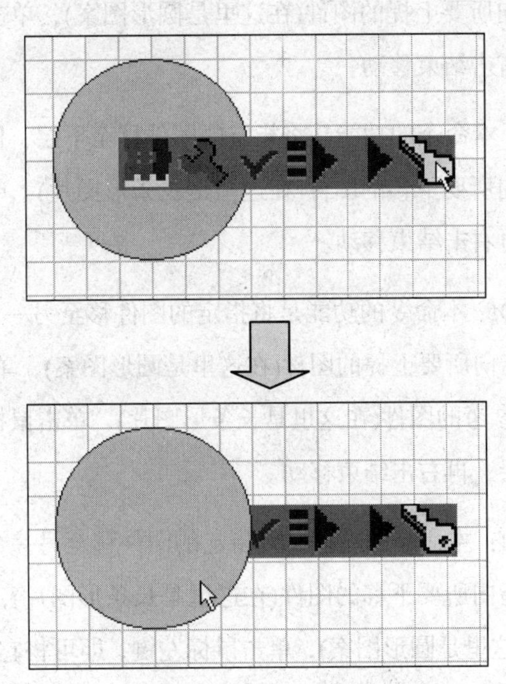

图7.55　调整位置范例

如果要将圆形图案往上提，则执行 Edit 菜单下的 Move 命令，弹出子菜单，如图 7.56 所示。

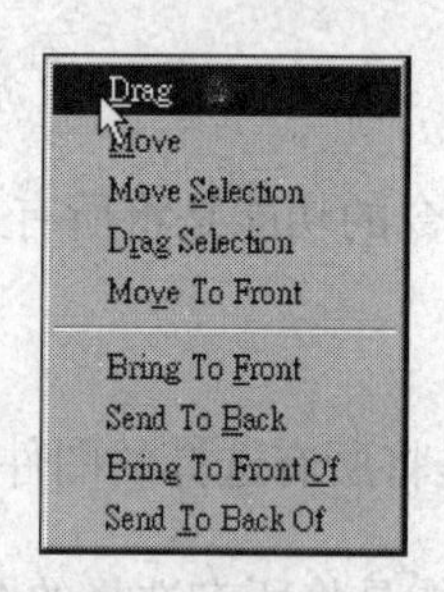

图7.56 移动子菜单

其中有 5 个命令可以帮我们达到这个效果，说明如下：

- Move To Front：本命令的功能是将指定的图件移至上层，同时也可以做水平的移动，选择本命令后，再指向所要上提的图件(在这里是圆形图案)，单击鼠标左键，即可将它拉到最上层，再右击结束移动。
- Bring To Front：本命令的功能是将指定的图件移至上层，但不会水平移动。选择本命令后，再指向所要上提的图件(在这里是圆形图案)，单击鼠标左键，即可将它拉到最上层，再右击结束移动。
- Send To Back：本命令的功能是将指定的图件移至下层，但不会水平移动。选择本命令后，再指向所要下移的图件(在这里是长条形图片)，单击鼠标左键，即可将它拉到最下层，再右击结束移动。
- Bring To Front Of：本命令的功能是将指定的图件移至另一个指定图件的上层。选择本命令后，再指向所要上提的图件(在这里是圆形图案)，单击鼠标左键(该图件暂时消失)；再指向参考的图件(在这里是长条形图片)，单击鼠标左键，即可将它拉到长条形图片的上层，再右击结束移动。
- Send To Back Of：本命令的功能是将指定的图件移至另一个指定图件的下层。选择本命令后，再指向所要下移的图件(在这里是长条形图片)，单击鼠标左键；再指向参考的图件(在这里是圆形图案)，单击鼠标左键，即可将它拉到长条形图片的上层，再右击结束移动。

7-11 指示性图件

除了具电气属性的图件与不具电气属性的图件外，Schematic 还提供指示性的图件，这种指示性的图件具有导引电路软件工作的能力，例如可以指示 Schematic 进行电路检查时不

必检查该引脚；也有指示 PCB 程序进行 PCB 布线时，那一条网络采用多宽的线径？保持多少安全间距等。在本章里，将探讨这些指示性图件。

7-11-1　放置测试点

当我们在做电路实验时，常会使用示波器、三用电表之类的仪器，以测量电路中的信号，而这个夹测试棒的测量端点就是测试点(Probe)。同样地，如果进行电路仿真也是要指定测试点，而每个测试点都有其名称才能在屏幕上显示其信号波形；所以指定测试点是电路仿真前很基本的动作。不过，如果使用 Protel SIM 99 都是以网络名称代替测试点。当我们要在原理图中放置测试点时，则执行 Place 菜单下的 Directives 命令，再指定 Probe 项或单击按钮，即进入放置测试点状态，鼠标指针上出现一个测试点，如图 7.57 所示。

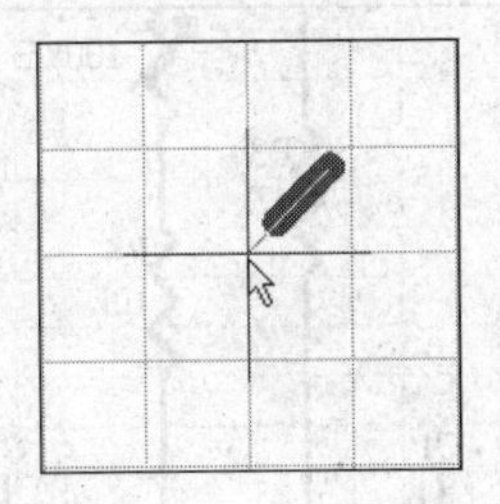

图7.57　放置测试点状态

这时候，请按 TAB 键打开其属性对话框，如图 7.58 所示。

Probe

Properties

Name

X-Location 130

Y-Location 240

Color

Selection

OK　Help

Cancel　Global >>

图7.58　测试点属性对话框

其中各项说明如下：

□　Name：本文本框的功能是指定该测试点的名称，是必要指定的文本框。虽然这个名称将会出现在电路仿真的画面中，但比较讨厌的是在原理图中，并不会出现此文本框所设置的名称。

- X-Location：本文本框为该测试点所在位置的 *X* 轴坐标。
- Y-Location：本文本框为该测试点所在位置的 *Y* 轴坐标。
- Color：本文本框的功能是设置该测试点的颜色。
- Selection：本文本框的功能是设置该测试点为被选择状态。

单击 OK 按钮关闭对话框，然后指向所要放置测试点的线路上(具吸附功能，会出现圆点)，单击鼠标左键，即可放置一个测试点，如图 7.59 所示。

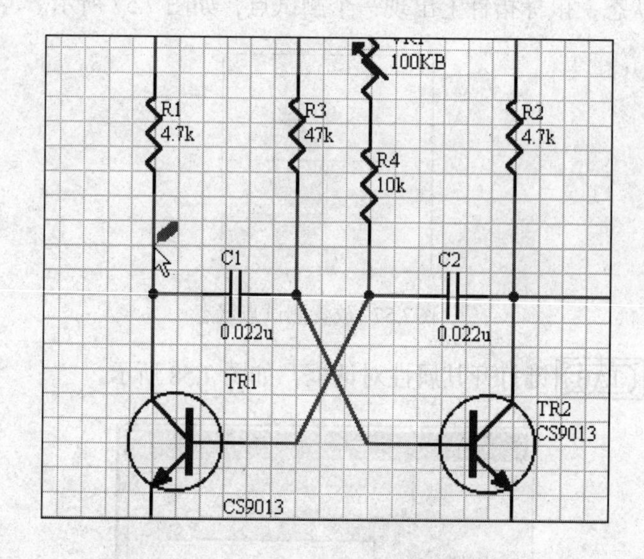

图7.59 放置测试点

这时候仍在放置测试点状态，我们可以同样的方法继续放置测试点，如不想继续放置测试点的话，可右击或按 ESC 键结束放置测试点状态。

7-11-2 放置激励信号

当我们在做数字电路实验时，常会使用信号产生器、电源等信号源，以激发电路的反应，而这个信号源统称为激励信号(Stimulus)。同样地，如果进行电路仿真时也是要指定激励信号，才能在屏幕上显示其信号波形与电路的反应。当我们要在原理图中放置激励信号时，则执行 Place 菜单下的 Directives 命令，再指定 Stimulus 项或单击 按钮，即进入放置激励信号状态，鼠标指针上出现一个激励信号，如图 7.60 所示。

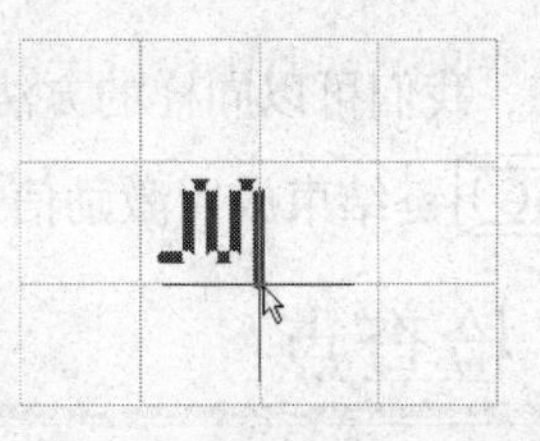

图7.60　放置激励信号状态

这时候，请按 TAB 键打开其属性对话框，如图 7.61 所示。

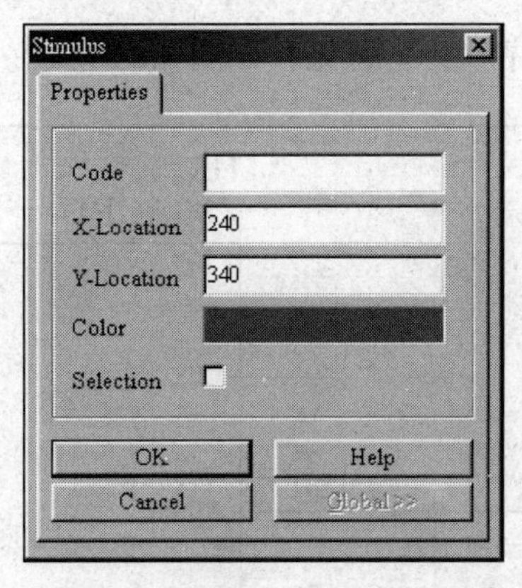

图7.61　激励信号属性对话框

其中各项说明如下：

- Code：本文本框的功能是指定该激励信号的编码。
- X-Location：本文本框为该激励信号所在位置的 *X* 轴坐标。
- Y-Location：本文本框为该激励信号所在位置的 *Y* 轴坐标。
- Color：本文本框的功能是设置该激励信号的颜色。
- Selection：本文本框的功能是设置该激励信号为被选择状态。

单击 OK 按钮关闭对话框，然后指向所要放置激励信号的线路上(具吸附功能，会出现圆点)，单击鼠标左键，即可放置一个激励信号，如图 7.62 所示。

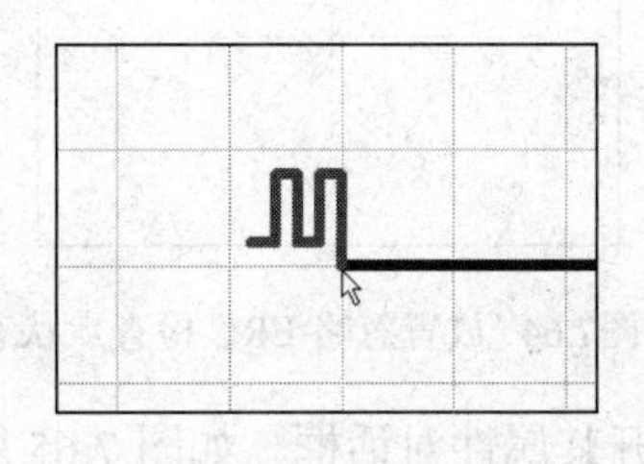

图7.62　放置激励信号

这时候仍在放置激励信号状态，我们可以同样的方法继续放置激励信号，如不想继续放置激励信号的话，可右击或按 ESC 键结束放置激励信号状态。

7-11-3　放置忽略 ERC 检查点

对于电路设计而言，除了要遵守信号流程的规定外，程序要会要求输入型的引脚，不可以没有连接任何信号或线路！不过，有很多情况是设计者故意不接的或该部分不使用，而在这个情况下进行电路检查，程序就会有意见，如图 7.63 所示。

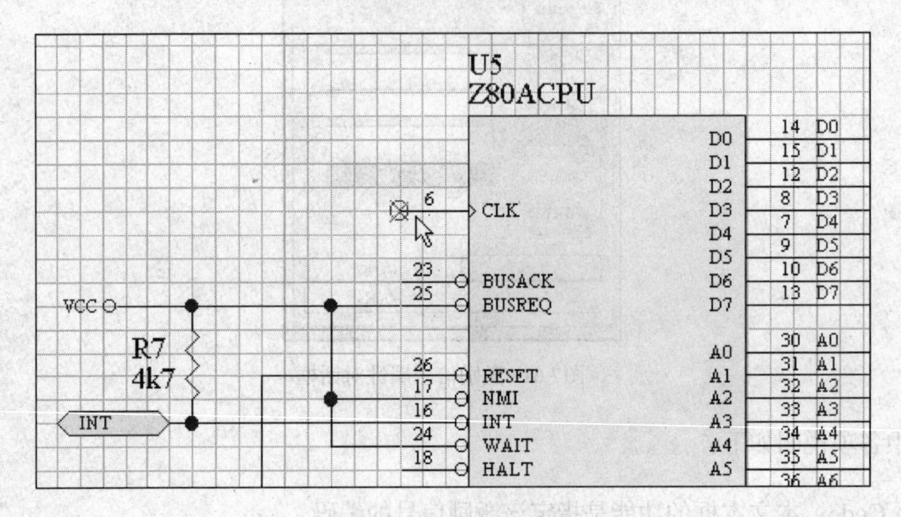

图7.63　输入型引脚空接

程序将在没有连接的输入型引脚上放置一个 ⊗ 记号为了避免麻烦，我们可以在电路检查之前，在没有连接的输入型引脚上放置一个不必检查的特权记号，也就是忽略 ERC 检查点。当我们要在原理图中放置测试点时，则执行 Place 菜单下的 Directives 命令，再指定 No ERC 项或单击 按钮，即进入放置忽略 ERC 检查点状态，鼠标指针上出现一个忽略 ERC 检查点，如图 7.64 所示。

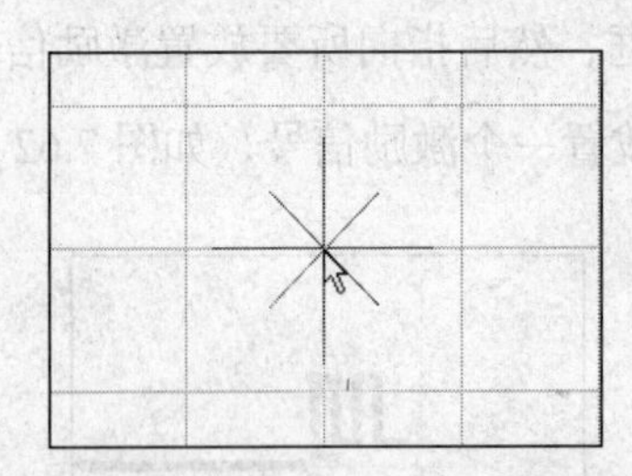

图7.64　放置忽略 ERC 检查点状态

这时候，请按 TAB 键打开其属性对话框，如图 7.65 所示。

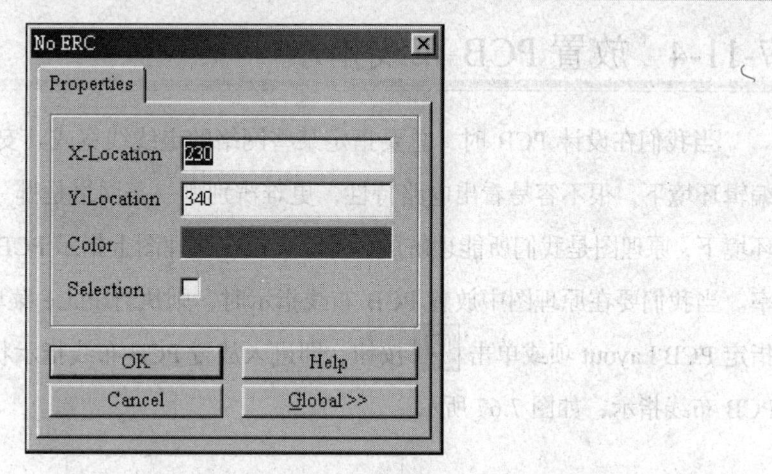

图7.65　忽略 ERC 检查点属性对话框

其中各项说明如下：

- □ X-Location：本文本框中为该忽略 ERC 检查点所在位置的 *X* 轴坐标。
- □ Y-Location：本文本框中为该忽略 ERC 检查点所在位置的 *Y* 轴坐标。
- □ Color：本文本框中的功能是设置该忽略 ERC 检查点的颜色。
- □ Selection：本文本框中的功能是设置该忽略 ERC 检查点为被选择状态。

单击 OK 按钮关闭对话框，然后指向所要放置忽略 ERC 检查点的线路上(具吸附功能，会出现圆点)，单击鼠标左键，即可放置一个忽略 ERC 检查点，如图 7.66 所示。

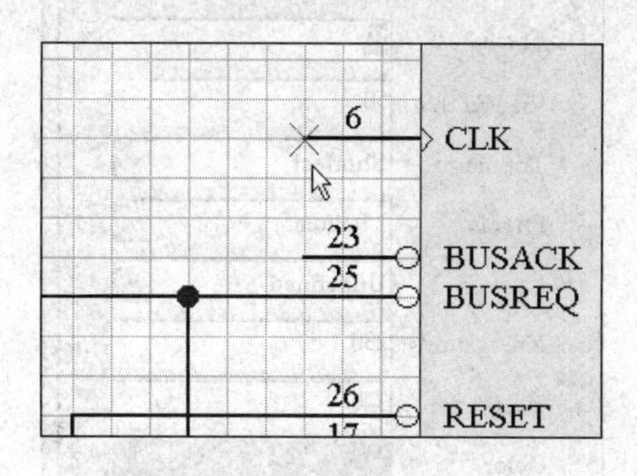

图7.66　放置忽略 ERC 检查点

这时候仍在放置忽略 ERC 检查点状态，我们可以同样的方法继续放置忽略 ERC 检查点，如不想继续放置忽略ERC检查点的话，可右击或按 ESC 键结束放置忽略ERC检查点状态。

7-11-4　放置 PCB 布线指示

当我们在设计 PCB 时，总要指定某些网络的走线线宽或其安全间距等。不过，在 PCB 编辑环境下，很不容易看出电路特性，更难辨别哪一条网络是哪一条网络！而在原理图编辑环境下，原理图是我们所能理解的，所以直接在原理图上指示 PCB 布线的相关参数比较具效率。当我们要在原理图中放置 PCB 布线指示时，则执行 Place 菜单下的 Directives 命令，再指定 PCB Layout 项或单击 按钮，即进入放置 PCB 布线指示状态，鼠标指针上出现一个 PCB 布线指示，如图 7.67 所示。

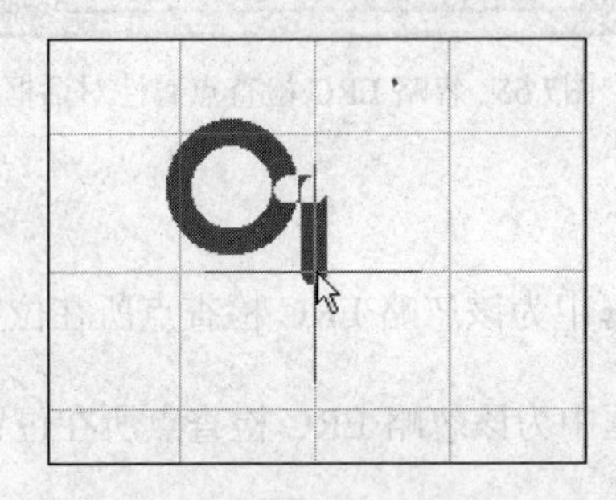

图7.67　放置 PCB 布线指示状态

这时候，请按 TAB 键打开其属性对话框，如图 7.68 所示。

PCB Layout

Properties

Track	10
Via Width	50
Topology	Shortest
Priority	Medium
Layer	Undefined
X-Location	230
Y-Location	340
Color	
Selection	☐

OK　Help　Cancel　Global >>

图7.68　PCB 布线指示属性对话框

其中各项说明如下：

- Track：本文本框的功能是指定该网络的走线宽度，其单位为 mil。
- Via Width：本文本框的功能是指定该网络上的过孔(Via)宽度，其单位为 mil。
- Topology：本文本框的功能是指定该网络的走线方式。
- Priorty：本文本框的功能是指定该网络的走线优先次序。
- Layer：本文本框的功能是指定该网络的走线板层。
- X-Location：本文本框为该 PCB 布线指示所在位置的 *X* 轴坐标。
- Y-Location：本文本框为该 PCB 布线指示所在位置的 *Y* 轴坐标。
- Color：本文本框的功能是设置该 PCB 布线指示的颜色。
- Selection：本文本框的功能是设置该 PCB 布线指示为被选择状态。

单击 OK 按钮关闭对话框，然后指向所要放置 PCB 布线指示的线路上(具吸附功能，会出现圆点)，单击鼠标左键，即可放置一个 PCB 布线指示，如图 7.69 所示。

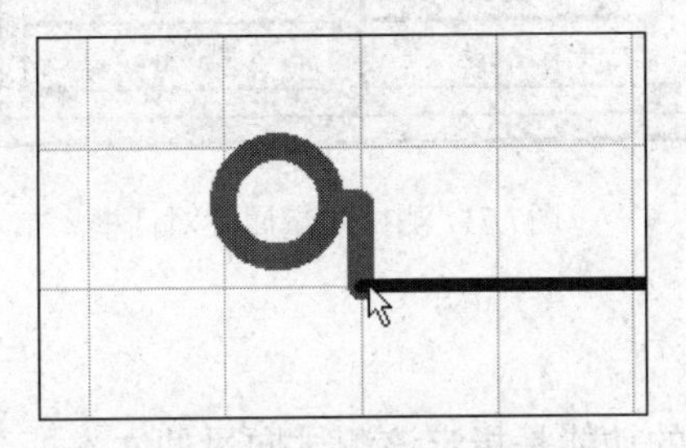

图7.69　放置 PCB 布线指示

这时候仍在放置 PCB 布线指示状态，我们可以同样的方法，继续放置 PCB 布线指示，如不想继续放置 PCB 布线指示的话，可右击或按 ESC 键结束放置 PCB 布线指示状态。

7-11-5　放置测试向量

当我们在做数字电路仿真时，可指定所要输入的信号，这个信号就是测试向量(Test Vector Index)。当我们要在原理图中放置测试向量时，则执行 Place 菜单下的 Directives 命令，再指定 Test Vector Index 项，即进入放置测试向量状态，鼠标指针上出现一个测试向量，如图 7.70 所示。

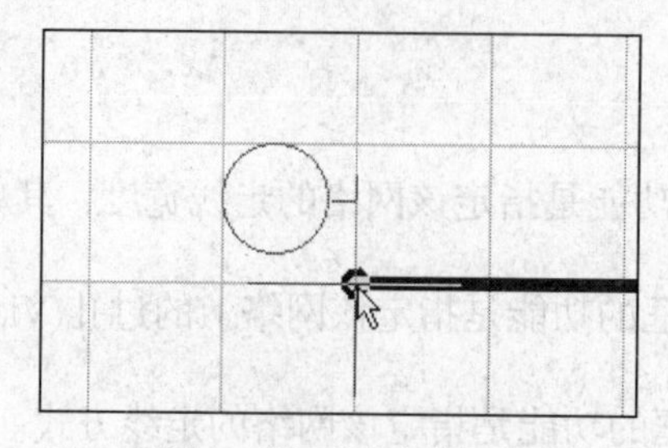

图7.70 放置测试向量状态

这时候，请按 TAB 键打开其属性对话框，如图 7.71 所示。

Test Vector Index
Properties
Column
X-Location 220
Y-Location 340
Color
Selection
OK
Help
Cancel
Global >>

图7.71 测试向量属性对话框

其中各项说明如下：

- Column：本文本框的功能是指定该测试向量的文本框名称。
- X-Location：本文本框为该测试向量所在位置的 *X* 轴坐标。
- Y-Location：本文本框为该测试向量所在位置的 *Y* 轴坐标。
- Color：本文本框的功能是设置该测试向量的颜色。
- Selection：本文本框的功能是设置该测试向量为被选择状态。

单击 OK 按钮关闭对话框，然后指向所要放置测试向量的线路上(具吸附功能，会出现圆点)，单击鼠标左键，即可放置一个测试向量，如图 7.72 所示。

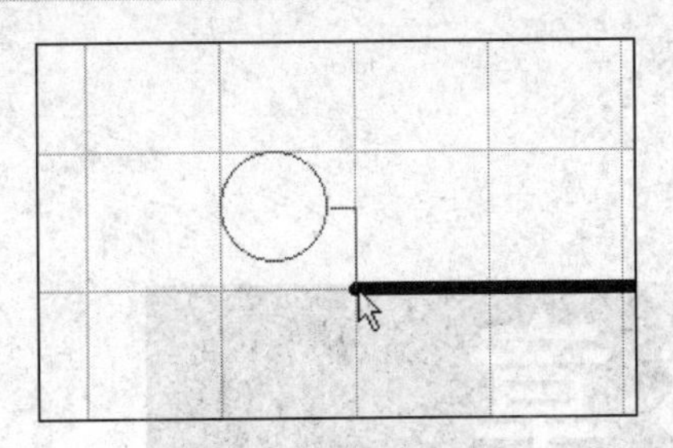

图7.72　放置测试向量

这时候仍在放置测试向量状态，我们可以同样的方法继续放置测试向量，如不想继续放置测试点的话，可右击或按 ESC 键结束放置测试向量状态。

7-12　练功房

请按下图练习设计公司的标题。

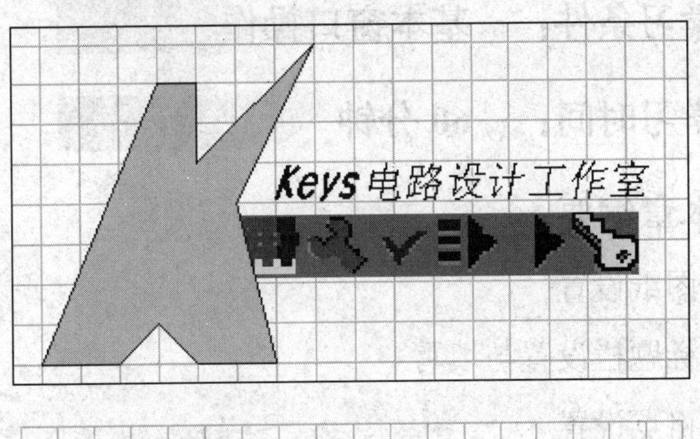

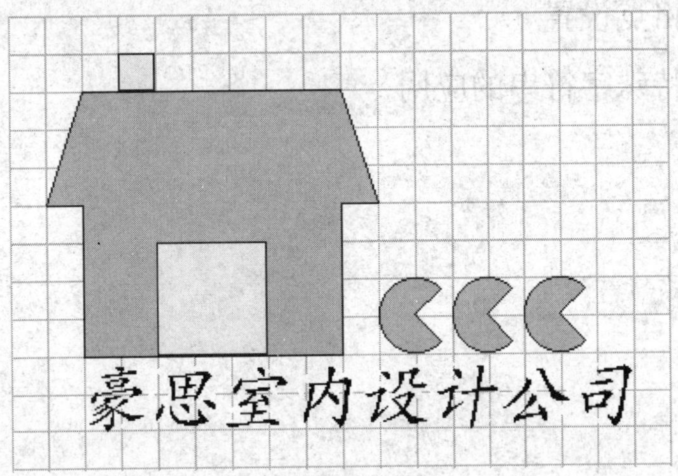

▶ 第 8 章

图纸与标题栏

▶困难度指数：☺☺☺☺😐😐

▶学习条件：　基本窗口操作

▶学习时间：　60 分钟

本章纲要

1.图纸设置

2.标题栏设置与填写

3.格点设置

4.特殊字符串的应用

截至目前为止，我们所介绍的原理图始终没有露出其完整的面貌！仅以区域的方式出现在书本里，而没有把原理图的框架与标题栏等相关图件表现出来，现在我们就来探讨这些与图纸有关的图件与设置。

8-1　图纸的设置

Schematic 提供多种图纸，包括 ISO、ANSI 标准的图纸规格，如 A0、A1…A4、A、B、C、D、E 等，此外，我们也可自定义规格以符合自己的需求。当我们要设置图纸时，只要执行 Design 菜单下的 Options...命令，出现图 8.1 所示的对话框。

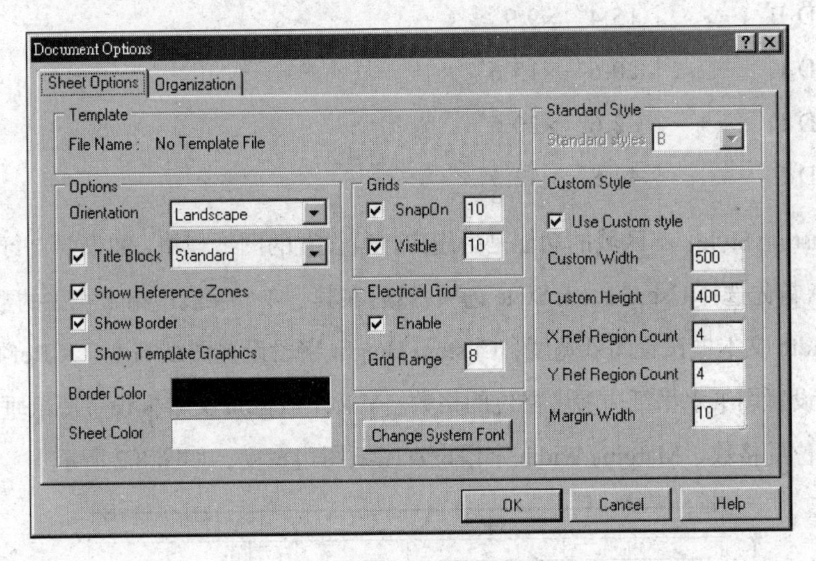

图8.1　图纸设置

其中各项说明如下：

□　Template：本区域内指示目前所采用的图纸文件。

□　Standard Style：本区域的功能是选用标准的图纸，在文本框中有下列选项：

图纸	尺寸
A4	11.5″ ×7.6″
A3	15.5″ ×11.1″
A2	22.3″ ×15.7″
A1	31.5″ ×22.3″
A0	44.6″ ×31.5″
A	9.5″ ×7.5″

B	15″ ×9.5″
C	20″ ×15″
D	32″ ×20″
E	42″ ×32″
LETTER	11″ ×8.5″
LEGAL	14″ ×8.5″
TABLOID	17″ ×11″
ORCAD A	9.9″ ×7.9″
ORCAD B	15.4″ ×9.9″
ORCAD C	20.6″ ×15.6″
ORCAD D	32.6″ ×20.6″
ORCAD E	42.8″ ×32.3″

- □ Custom Style：本区域的功能是由用户自行设置的图纸规格。如果要自行定义图纸的话，首先选择 Use Custom Style 选项，然后在其下 4 个字段中指定相关的数据，Custom Width 文本框设置图纸宽度、Custom Height 字段设置图纸高度、X Ref Region 文本框设置图纸水平纸边参考格位的格数、Y Ref Region 文本框设置图纸垂直纸边参考格位的格数、Margins Width 字段设置图纸图边宽度，如图 8.2 所示。

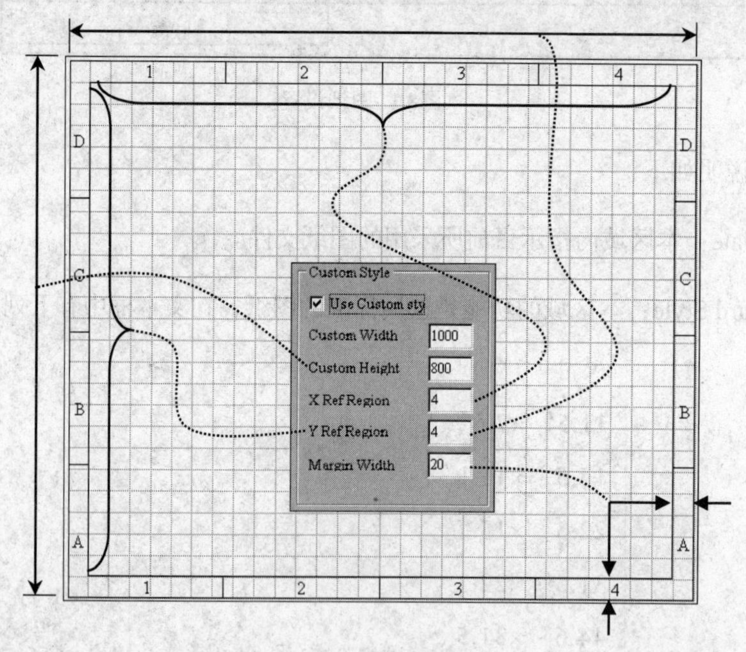

图8.2 图纸示意图

□　Options：本区域的功能是设置图纸的相关设置，其中包括下列项目：

- Orientation：本文本框设置图纸放置方向，Landscape 选项为横摆，Portrait 选项为直摆。
- Title Block：本文本框设置图纸的标题栏，如果不想采用程序提供的标题栏可取消本项右边选项。如果要采用程序提供的标题栏则选择本项右边选项，然后在字段里指定所要采用的标题栏选项，其中包括下列两种（图 8.3、图 8.4）。

Title			
Size B	Number		Revision
Date:	18-Apr-2000	Sheet　of	
File:	D:\全华SCH99SE\范例\Chapter8.ddb	Drawn By:	

图8.3　STANDARD 标题栏

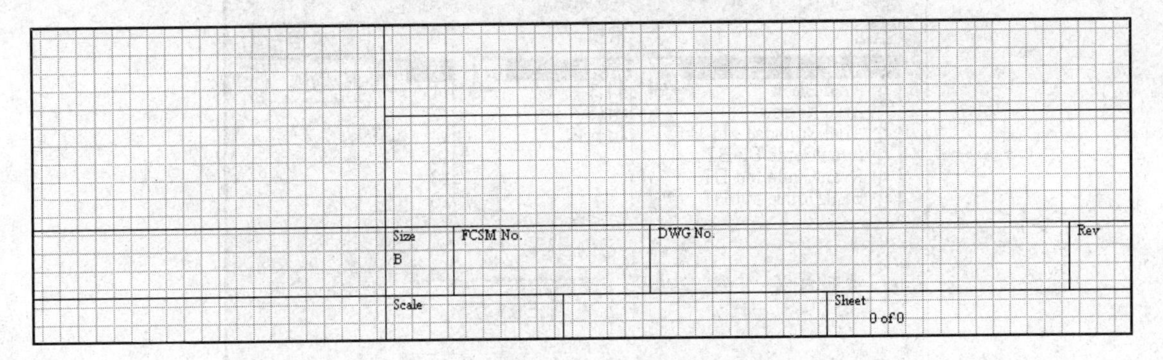

图8.4　ANSI 标题栏

- Show Reference Zone：本选项的功能是设置是否显示图边参考格位。
- Show Border：本选项的功能是设置是否显示框架。
- Show Template Graphic：本选项的功能是设置是否显示图纸模板里的图片，如果图纸模板里有图片，本选项才有作用。
- Border Color：本文本框的功能是设置框架的颜色。
- Sheet Color：本文本框的功能是设置图纸的底色，当我们使用彩色打印机以彩色模式打印时，底色也会被印出(非常耗墨水)。

□　Grids：本区域的功能是设置网格，其中的 Snap On Grid 项目可设置隐藏的网格，也就是原理图的分辨率(稍后再介绍)，而本项目左边的选项决定是否要采用本项右边字段所设置的网格间距，而本项右边字段的功能就是设置隐藏网格的间距，程序默认的隐藏网格间距为 10 。Visible Grid 项目是设置可见网格，如果取消本项目左边的选项，图纸上将不会出现网格，而本项右边字段的功能就是设置可见网格的间距，程序默认的可见网格间距为 10；不管有没有显示网格，打印时都不会印出网格。

- Electrical Grids：本区域的功能是设置电气网格，所谓电气网格就是当我们在连接线路时的吸附功能。其中的 Enable 选项就是设置是否启用电气网格；而电气网格的间距可在 Grid Range 字段中指定。

- Change System Font：本按钮的功能是设置标准标题栏内所采用的字体，单击本按钮后，出现图 8.5 所示的对话框。

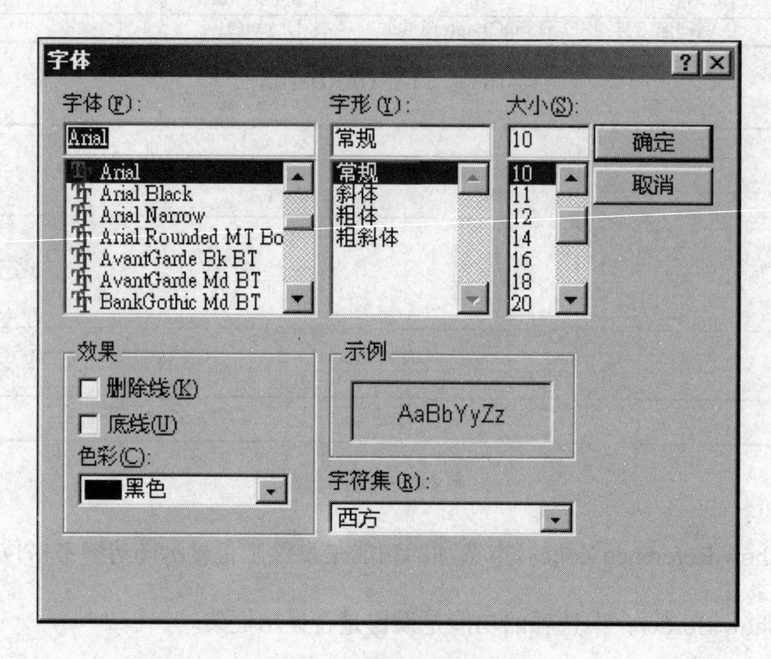

图8.5　标题栏字体对话框

这时候就可以指定所要采用的字体、样式及大小了。

基本上，Schematic 的原理图属于向量式原理图，所以缩放打印不会有锯齿状的问题(在书本里的原理图属于屏幕取向的点阵图，当然会有锯齿状)，而程序提供了打印时自动缩放比例，以适合于打印机的尺寸，所以在绘制原理图时，所使用的图纸大小，并没有被重视。

8-2　标题栏的填写

由于标题栏里的资料属于一般的文本栏，当我们要填写标题栏的资料时可利用放置文本栏的方式来填写，至于如何放置文本栏早在第 5 章就介绍过了。现在我们就以实例说明标题栏的填写，填写范例如图 8.6 所示。

Title	超级接收发射电路		
Size B	Number 梦幻字第1001号		Revision A
Date:	18-Apr-2000	Sheet　of	
File:	D:\全华SCH99SE\范例\Chapter8.ddb	Drawn By:	梦幻电路设计群

图8.6　标题栏填写范例

其中各字段说明如下：

- Title：本文本框为原理图图名，在本范例中，我们将放置的文字为“超级接收发射电路”，其字体为标楷体、大小为 24 点。
- Size：本文本框为图纸尺寸，而这个字段的内容是由程序自动根据我们所采用的图纸而显示。
- Number：本文本框为原理图的文件编号，在本范例里，我们将放置的文字为“梦幻字第 1001 号”，其字体为细明体、大小为 14 点。
- Revision：本文本框为原理图的版本，在本范例里，我们将放置的文字为“A”，其字体为细明体、大小为 18 点。
- Date：本文本框为打印原理图时的日期，而这个字段的内容是由程序自动根据系统的日期而显示。
- Sheet：本文本框为原理图的图号，对于层次式原理图而言，本字段非常重要，不可不填，也不可填写相同的号码。在本范例里，我们将放置的文字为“1”，其字体为细明体、大小为 10 点。
- Of：本文本框为原理图的总数，在本范例里，我们将放置的文字为“2”，其字体为细明体、大小为 10 点；“Sheet 1 Of 2”的意思是这套原理图总共有 2 张，而本图为第一张。

- File：本文本框为该原理图的文件名称，而这个字段的内容是由程序自动根据该文件而显示。
- Drawn By：本文本框为原理图的设计者或公司，在本范例里，我们将放置的文字为“梦幻电路设计群”，其字体为细明体、大小为 10 点、斜体。

首先单击 T 按钮，进入放置文字列状态，再按 TAB 键打开其属性对话框，如图 8.7 所示。

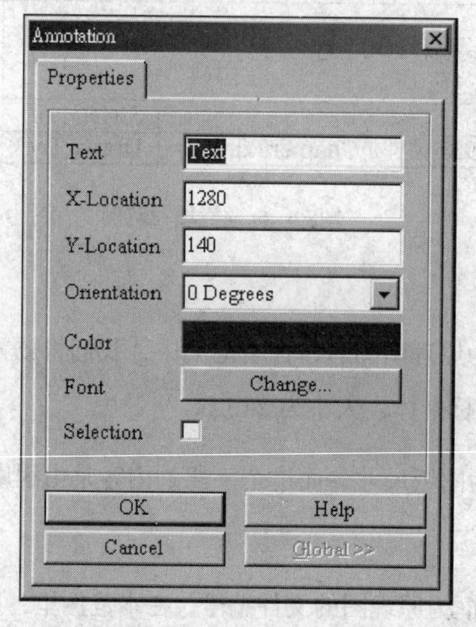

图8.7 文字列属性对话框

在 Text 文本框里输入“超级接收发射电路”，然后单击 Change... 按钮打开字体对话框，将在字体字段指定为“标楷体”、字体模式字段指定为“标准”、大小字段指定为“24”，再单击 确定 按钮关闭对话框，回到前一个对话框，再单击 OK 按钮关闭该对话框，而鼠标指针上的虚框变大，指向 Title 字段，点击左键即可完成 Title 字段的资料输入，如图 8.8 所示。

Title		
Size	Number	Revision
B		
Date:	18-Apr-2000	Sheet of
File:	D:\全华SCH99SE\范例\Chapter8.ddb	Drawn By:

图8.8 输入 Title

填好 Title 字段后，仍在放置文字列状态，我们可以相同的方法，填写其他字段。

▶▶▷ 注意

输入标题栏时，如果无法对准字段时，可改变原理图的网格间距，也就是减少 Snap On **Grid** 栏里的数值(详见 186 页)。

8-3　网格与鼠标指针种类的设置

Schematic 所提供数种网格及动作鼠标指针，当我们要改用其他形式的网格或动作鼠标指针时，则执行 Tools 菜单下的 Preferences…命令，出现图 8.9 所示的对话框。

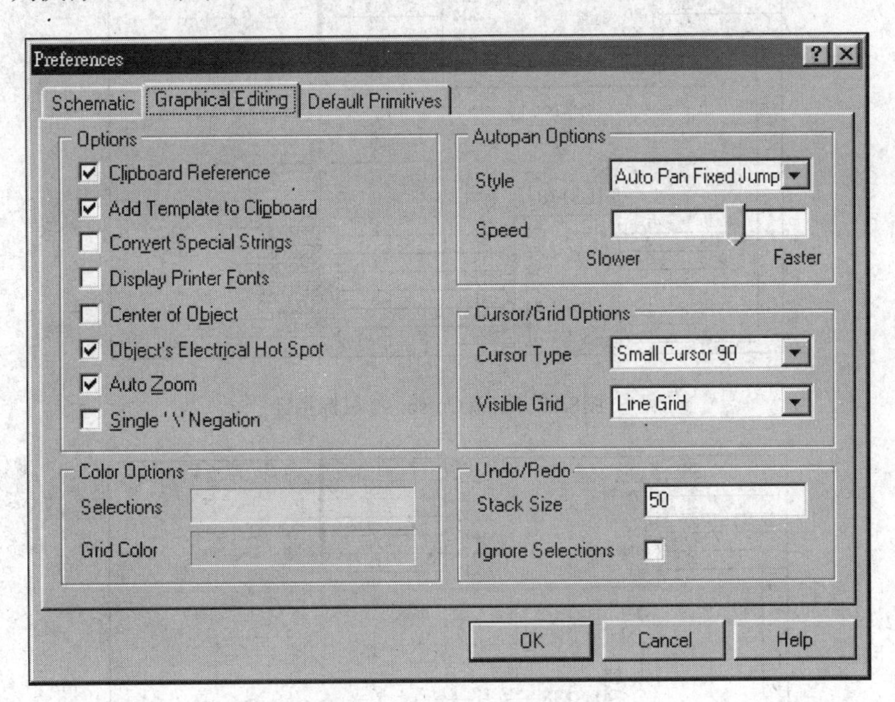

图8.9　设置鼠标指针与网格

在 Graphical Editing 选项卡中，Cursor/Grid Options 区域的功能就是设置动作鼠标指针与网格的形式，说明如下：

- Cursor：本文本框的功能是设置活动鼠标指针的形式，其中包括 Large Cursor 90、Small Cursor 90 及 Small Cursor 45 这 3 种，如图 8.10、图 8.11、图 8.12 所示。

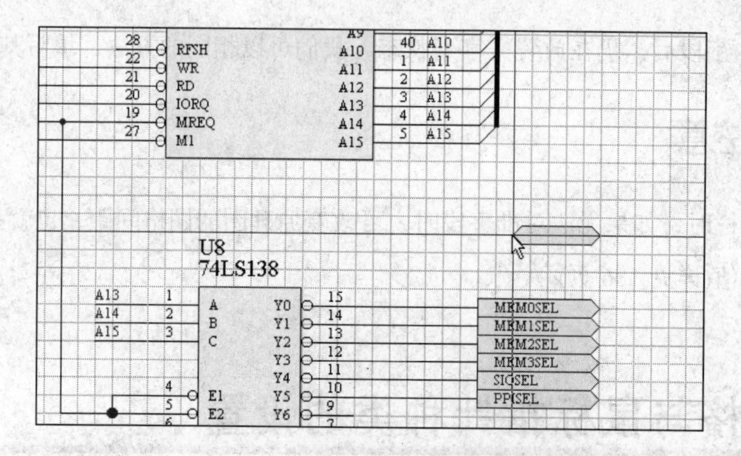

图8.10 Large Cursor 90 鼠标指针

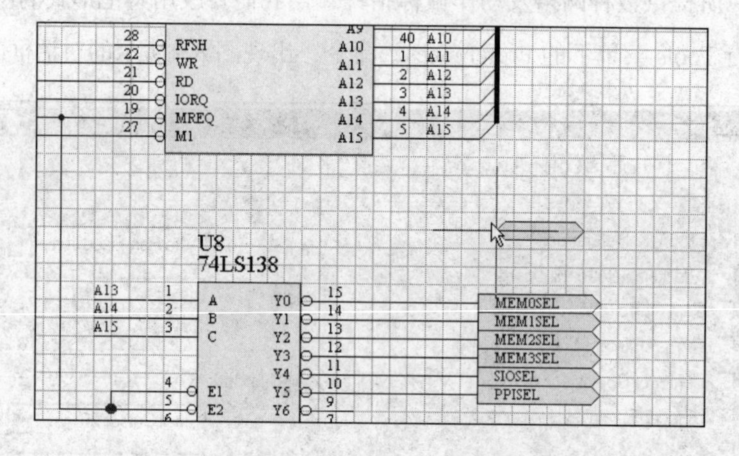

图8.11 Small Cursor 90 鼠标指针

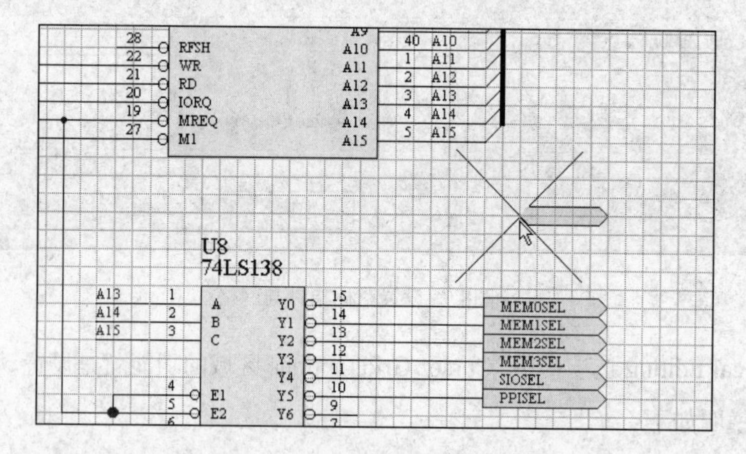

图8.12 Small Cursor 45 鼠标指针

- Visible Grid：本文本框的功能是设置鼠标指针的形式，其中包括 Dot Grid 及 Line Grid 这 3 种，如图 8.13、图 8.14 所示。

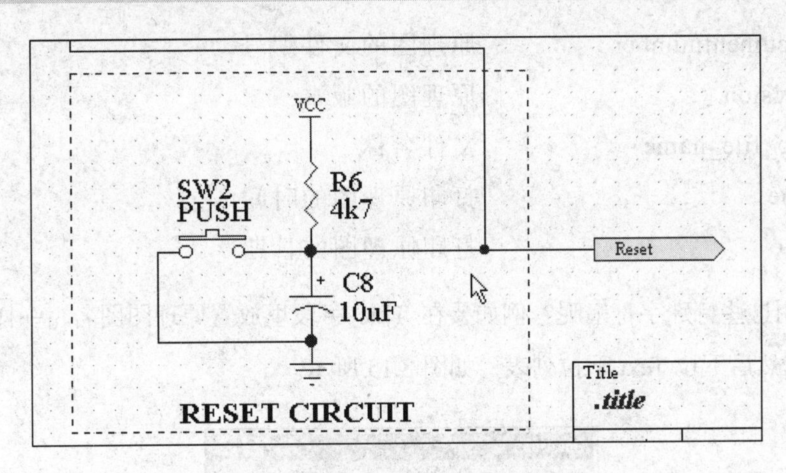

图8.13　Dot Grid 网格

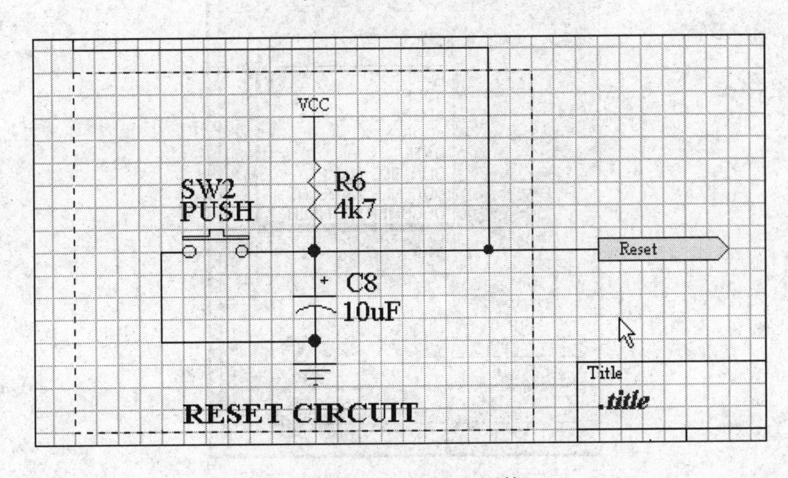

图8.14　Line Grid 网格

8-4　特殊字符串的应用

在 Schematic 提供所谓的特殊字符串，可以在标题栏或原理图里显示所需的数据。将所有特殊字符串收集整理说明如下：

.organization	绘图者或公司
.address1	地址第一行
.address2	地址第二行
.address3	地址第三行
.address4	地址第四行
.sheetnumber	原理图的图号
.sheettotal	原理图的图总数
.title	原理图的图名

.documentnumber	原理图的文件编号
.revision	原理图的版本
.doc_file_name	文件名称
.time	打印原理图的时间
.date	打印原理图的日期

如何应用这些特殊字符串呢？例如要在 Title 字段里放置原理图图名，一样是以放置文字列的方法，然后下拉 Text 下拉列表，如图 8.15 所示。

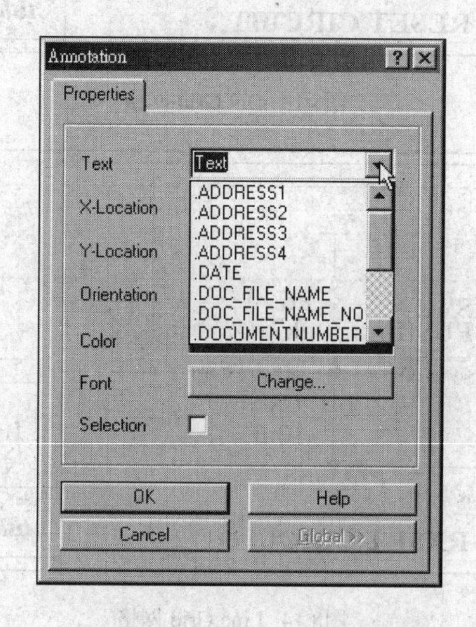

图8.15　选择特殊字符串

选择“.TITLE”放置在 Title 文本框中，而所采用的字体、模式与大小等都直接指定的(在此指定为标楷体、标准、24 点)，如图 8.16 所示。

Title .TITLE		
Size B	Number	Revision
Date:	18-Apr-2000	Sheet of
File:	D:\全华SCH99SE\范例\Chapter8.ddb	Drawn By:

图8.16　放置特殊字符串

在图上一样是显示“.TITLE”，紧接着执行 Design 菜单下的 Options...命令，选择 Organization 选项卡，如图 8.17 所示。

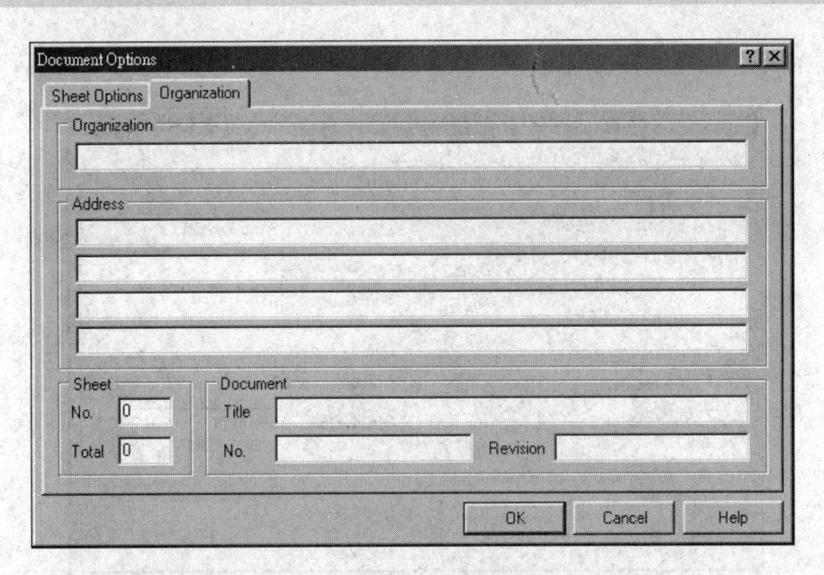

图8.17　原理图数据

其中各文本框说明如下：

- Organization：本文本框的功能是放置绘图者或公司名称，而这些数据将替代图上的.organization 特殊字符串。
- Address：本文本框的功能是放置绘图者或公司的地址，一共有 4 个字段，而这些数据将分别替代图上的.address1、.address2、.address3 及.address4 等特殊字符串。
- No.：本文本框的功能是放置原理图的图号，而这些数据将替代图上的.sheetnumber 特殊字符串。
- Total：本文本框的功能是放置原理图的图总数，而这些数据将替代图上的.sheettotal 特殊字符串。
- Title：本文本框的功能是放置原理图的图名，而这些数据将替代图上的.title 特殊字符串。
- No.：本文本框的功能是放置原理图的文件编号，而这些数据将替代图上的.documentnumber 特殊字符串。
- Revision：本文本框的功能是放置原理图的版本，而这些数据将替代图上的.revision 特殊字符串。

例如在 Title 文本框中输入“钞票识别电路”，单击 OK 按钮后，再来看看刚才的.TITLE 特殊字符串是否显示“钞票识别电路”。如果还是显示.TITLE 的话，请执行 Tools 菜单下的

Preferences…命令，如图 8.18 所示。

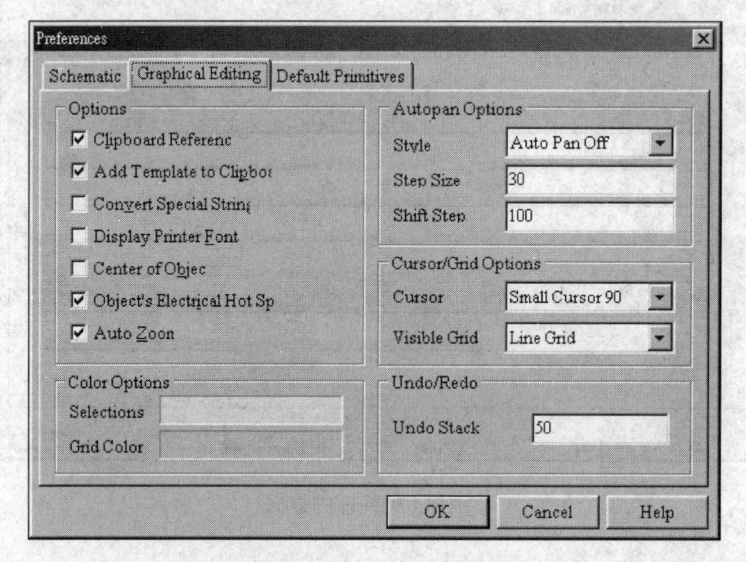

图8.18　指定显示特殊字符串所代表的文字

在 Graphic Editing 选项卡中，指定 Convert Special String 选项，单击 OK 按钮后，再来看看刚才的.title 特殊字符串，如图 8.19 所示。

Title 钞票识别电路			
Size B	Number		Revision
Date:	18-Apr-2000	Sheet of	
File:	D:\全华SCH99SE\范例\Chapter8.ddb	Drawn By:	

图8.19　显示特殊字符串所代表的文字

8-5　图纸模板的应用

对于用纸量比较大的公司行号或学校，也可以自己设计图纸格式，包括标题栏，然后存储为专用的模板文件。当我们要设计一个专用的模板文件时，则先打开一个全新的原理图，再设置图纸大小、标题栏等，图 8.20 所示为一 650×550，垂直、水平各 5 个图边参考格位，格位宽度为 10 mil，并取消程序默认的标题栏。设置完成后，以画线的方式画出其下方的标题栏，然后填入文字及图片。

最后执行 File 菜单下的 Save As…命令，出现图 8.21 所示的对话框。

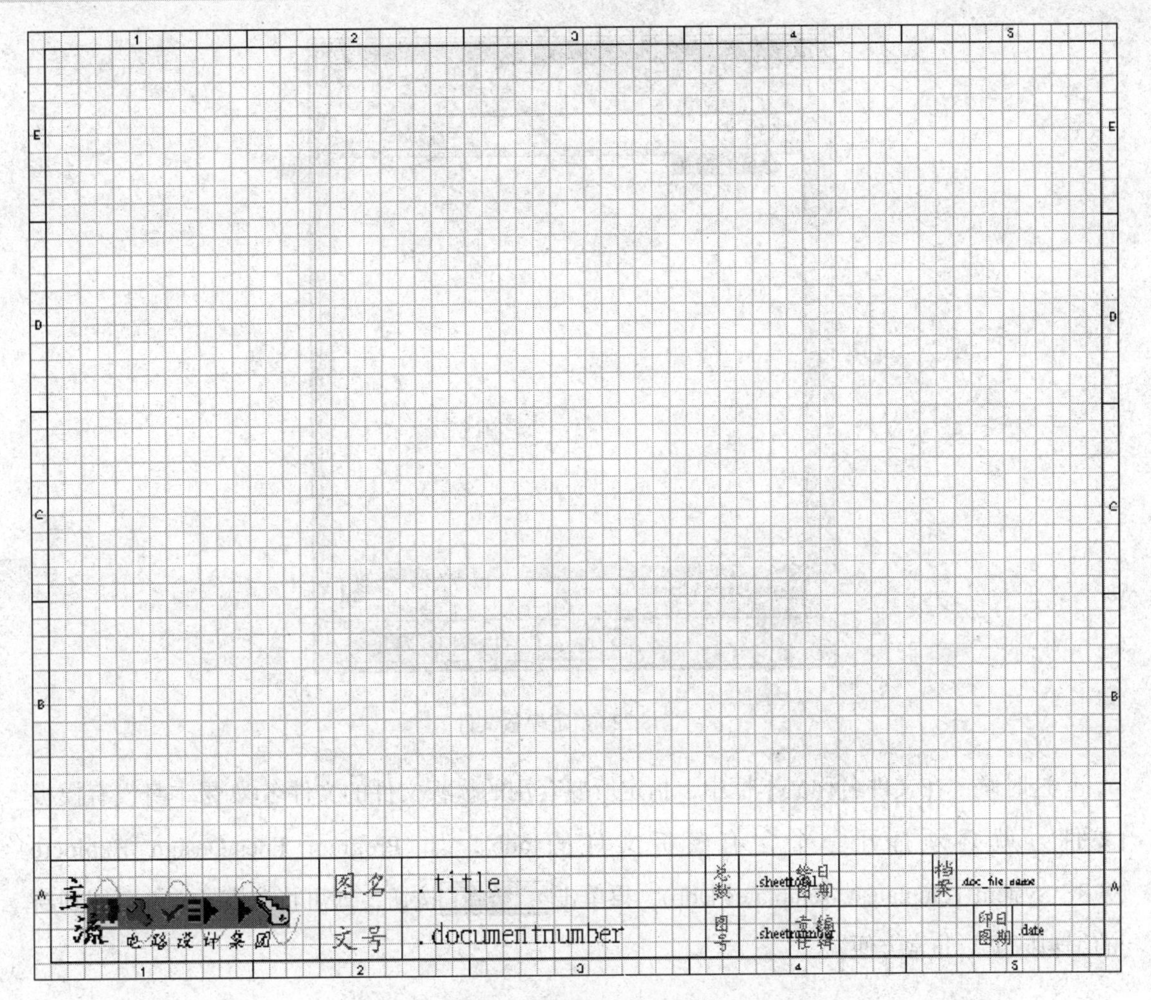

图8.20　设置图纸及标题栏

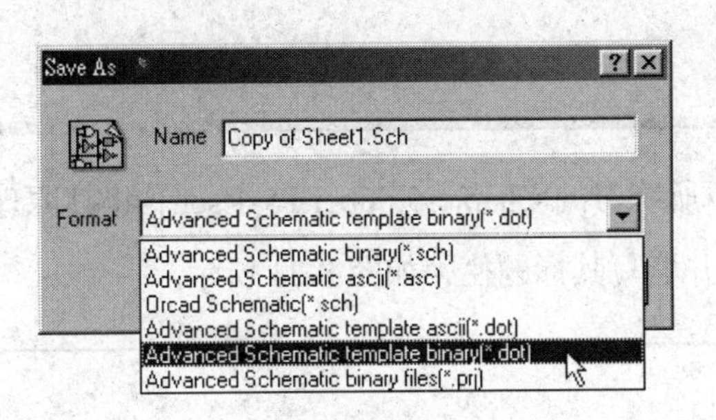

图8.21　另存为

在保存类型字段里，指定为 Advanced Schematic template binary(*.dot)，然后在文件名称字段里指定文件名(pt8-1)，单击 保存 按钮即可产生一个模板文件。

模板文件如何使用？当我们打开一个新文件后，可执行 Design 菜单下的 Template 命令，再指定子菜单内的 Set Template　File Name…命令，出现图 8.22 所示的对话框。

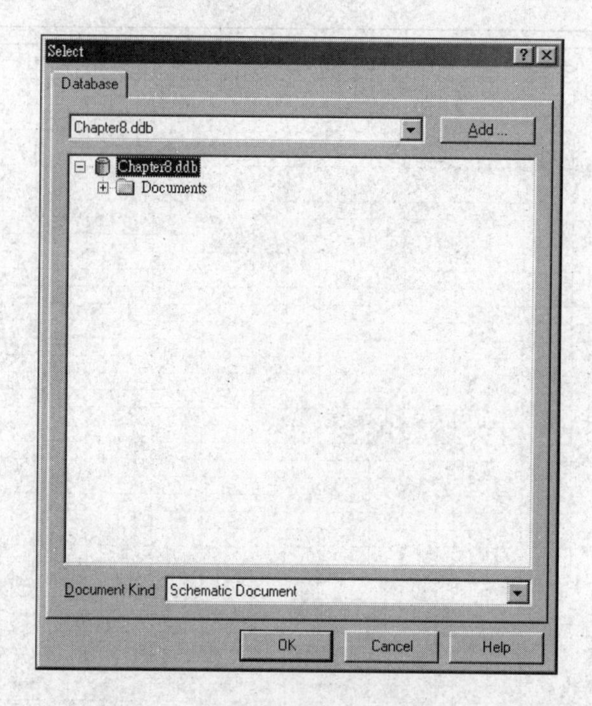

图8.22 指定模板文件

这时候，在文件名称文本框中，指定所要套用的模板文件的文件名(如果本身没有模板文件，就必须打开一个含有模板文件的.ddb，如 Program Files\Design Exploere 99SE\System\Templates\ Templates.Ddb)，再单击 打开(O) 按钮，即可将该模板文件套用到新的编辑区里，非常方便。

8-6 练功房

▶ 1 请将第 5 章所练习的 Chapter5.ddb\TT5-1.sch，将其原理图纸大小改为 500×400，而其图边宽度改为 10，并填写其标题栏，如图 8.23 所示。

Title 蜂鸣器			
Size B	Number 全字第701号		Revision C
Date:	18-Apr-2000	Sheet 1of 1	
File:	D:\全华SCH99SE\范例\Chapter8.ddb	Drawn By: Phoenyx	

图8.23 Chapter8.ddb\TT8-1.sch 的标题栏

▶ 2　请将第 5 章所练习的 Chapter5.ddb\TT5-2.sch，将其原理图纸大小改为 500×450，而其图边宽度改为 10，并填写其标题栏，如图 8.24 所示。

Title 放大器			
Size B	Number 全字第702号		Revision A
Date:	18-Apr-2000	Sheet 1of 1	
File:	D:\全华SCH99SE\范例\Chapter8.ddb	Drawn By: Phoenyx	

图8.24　Chapter8.ddb\TT8-2.sch 的标题栏

▶ 3　请将第 5 章所练习的 Chapter5.ddb\TT5-3.sch，将其原理图纸大小改为 500×450，而其图边宽度改为 10，并填写其标题栏，如图 8.25 所示。

Title 对讲机			
Size B	Number 全字第703号		Revision A
Date:	18-Apr-2000	Sheet 1of 1	
File:	D:\全华SCH99SE\范例\Chapter8.ddb	Drawn By: Phoenyx	

图8.25　Chapter8.ddb\TT8-3.sch 的标题栏

▶ 4　请将第 5 章所练习的 Chapter5.ddb\TT5-4.sch，将其原理图纸大小改为 500×400，而其图边宽度改为 10，并填写其标题栏，如图 8.26 所示。

Title 放大器			
Size B	Number 全字第704号		Revision A
Date:	18-Apr-2000	Sheet 1of 1	
File:	D:\全华SCH99SE\范例\Chapter8.ddb	Drawn By: Phoenyx	

图8.26　Chapter8.ddb\TT8-4.sch 的标题栏

▶ 5　请将第 5 章所练习的 Chapter5.ddb\TT5-5.sch，将其原理图纸大小改为 600×500，而其图边宽度改为 10，并填写其标题栏，如图 8.27 所示。

Title 放大器			
Size B	Number 全字第705号		Revision A
Date:	18-Apr-2000	Sheet 1of 1	
File:	D:\全华SCH99SE\范例\Chapter8.ddb	Drawn By: Phoenyx	

图8.27 Chapter8.ddb\TT8-5.sch 的标题栏

▶ 6 请将第 5 章所练习的 Chapter5.ddb\TT5-6.sch，将其原理图纸大小改为 500×450，而其图边宽度改为 10，并填写其标题栏，如图 8.28 所示。

Title 虚拟电路			
Size B	Number 全字第706号		Revision A
Date:	18-Apr-2000	Sheet 1of 1	
File:	D:\全华SCH99SE\范例\Chapter8.ddb	Drawn By: Phoenyx	

图8.28 Chapter8.ddb\TT8-6.sch 的标题栏

▶ 7 请将第 5 章所练习的 Chapter5.ddb\TT5-7.sch，将其原理图纸大小改为 550×450，而其图边宽度改为 10，并填写其标题栏，如图 8.29 所示。

Title 存储器电路			
Size B	Number 全字第707号		Revision A
Date:	18-Apr-2000	Sheet 1of 1	
File:	D:\全华SCH99SE\范例\Chapter8.ddb	Drawn By: Phoenyx	

图8.29 Chapter8.ddb\TT8-7.sch 的标题栏

▶ 8 请将第 5 章所练习的 Chapter5.ddb\TT5-8.sch，将其原理图纸大小改为 800×550，而其图边宽度改为 10，并填写其标题栏，如图 8.30 所示。

Title	8255电路		
Size B	Number　全字第708号	Revision	A
Date:	18-Apr-2000	Sheet　1of	1
File:	D:\全华SCH99SE\范例\Chapter8.ddb	Drawn By:	Phoenyx

图8.30　Chapter8.ddb\TT8-8.sch 的标题栏

▶ 9　请将第 5 章所练习的 Chapter5.ddb\TT5-9.sch，将其原理图纸大小改为 550×420，而其图边宽度改为 10，并填写其标题栏，如图 8.31 所示。

Title	8051电路		
Size B	Number　全字第709号	Revision	A
Date:	18-Apr-2000	Sheet　1of	1
File:	D:\全华SCH99SE\范例\Chapter8.ddb	Drawn By:	Phoenyx

图8.31　Chapter8.ddb\TT8-9.sch 的标题栏

▶ 10　请将第 5 章所练习的 Chapter5.ddb\TT5-10.sch，将其原理图纸大小改为 580×480，而其图边宽度改为 10，并填写其标题栏，如图 8.32 所示。

Title	8255电路		
Size B	Number　全字第7010号	Revision	A
Date:	18-Apr-2000	Sheet　1of	1
File:	D:\全华SCH99SE\范例\Chapter8.ddb	Drawn By:	Phoenyx

图8.32　Chapter8.ddb\TT8-10.sch 的标题栏

▶ 第 9 章

层次式原理图

▶困难度指数：☺☺☺☺😐😐

▶学习条件： 基本电路绘图

▶学习时间： 120 分钟

本章纲要

1.层次式原理图的概念

2.层次式原理图的组件

3.各种层次式原理图方法

4.重复层次式原理图

5.图档管理

原理图的主要目的就是要传达电路的理念与信号的流程。对于简单的电路而言，我们很容易把它放在一张原理图里，如果电路复杂时一张原理图就未必能够交待清楚。这种情况，我们可以结合多张原理图完成整个电路的架构，本章就以层次式电路结构为主体，以探讨 Schematic 处理多张式原理图的方法。

9-1　层次式原理图的概念

还记得以前的电视机原理图吗？一大张对开的原理图展开后，覆盖了整个桌面，要找出其中一部分，那就像是走迷宫一样，非得费上九牛二虎之力不可！以“层次式”管理的多张式原理图是一种较具效率的管理办法，基本上，这种方法是将原理图分门别类，而以“框图”的方式表达某一特定功能的电路，例如一个微处理系统，它是由中央处理单元、存储器电路、输入/输出电路及电源电路所构成，说起来简单，但把这些电路组合起来看起来就很复杂！如图 9.1 所示，如果从根层(最上层)原理图开始看，就只有几个框图而已，我们只看到各框图之间的信号连接关系；如果想知道中央处理单元是什么样，就看看那个框图跑马上可看到其内部较详细的电路，如 CPU、时钟脉冲、译码电路等，清清楚楚的！

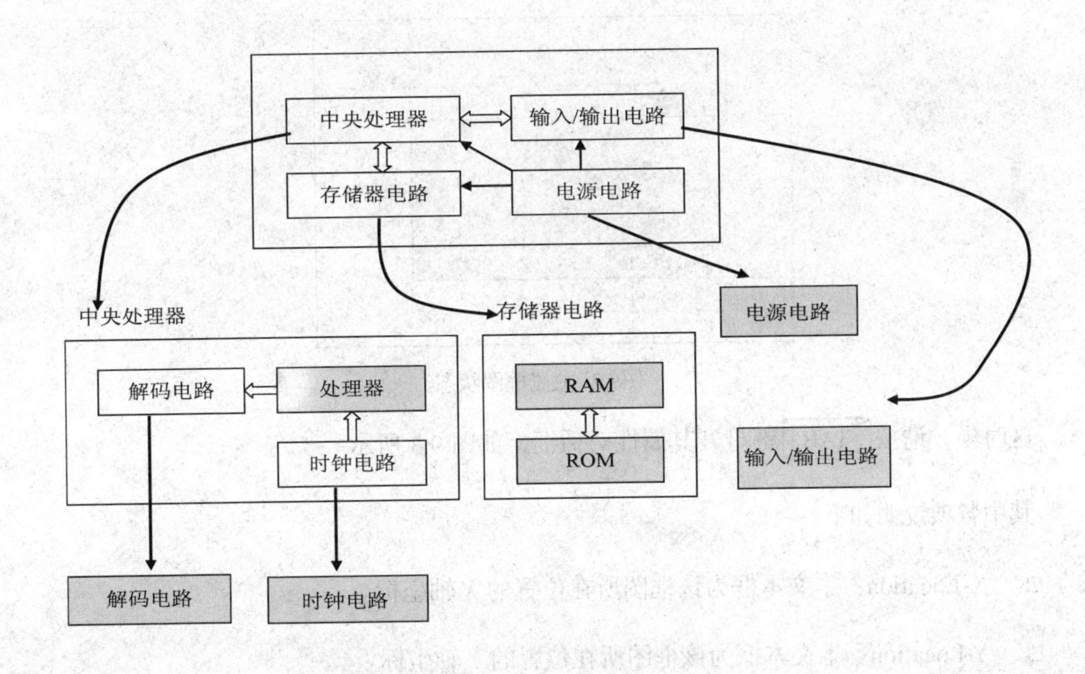

图9.1　层次式原理图架构

就像是一本书有章有节有段落一样，越往下走细节越清楚、越往上走结构越清楚！这种原理图不但绘图方便，读图也容易，化繁为简，可说是解决复杂原理图的不二法门。阶层式电路图架构如图 9.1 所示。

9-2 层次式原理图的组件

在 Protel 的层次式原理图里，除了一般单张式原理图的图件外，比较特别的图件是框图(Sheet Symbol)、框图入口(Sheet Entry)及输入/输出端口(Port)，其中的输入/输出端口又常被用在一般单张式原理图里。

9-2-1 框图

框图就是一张原理图的缩影，其主要功能为建构原理图间的关系，以及其间信号的连接。所以每个框图都代表一个原理图文件，进入该框图相当于打开其所代表的原理图文件，而层次式原理图建构完成后，我们只看到图式的框图，根本不必去记它的文件名是什么！

当我们要放置一个框图时，则执行 Place 菜单下的 Sheet Symbol 命令，或单击按钮，即进入放置框图状态，鼠标指针上出现一个浮动的框图，如图 9.2 所示。

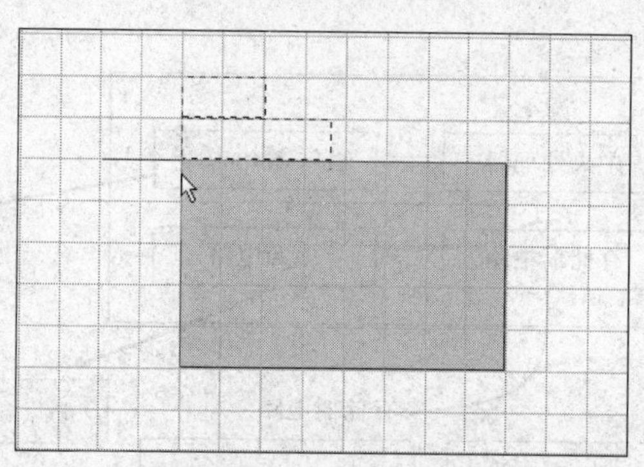

图9.2 放置框图状态

这时候，请按 TAB 键打开其属性对话框，如图 9.3 所示。

其中各项说明如下：

- X-Location：本文本框为该框图所在位置的 *X* 轴坐标。
- Y-Location：本文本框为该框图所在位置的 *Y* 轴坐标。
- X-Size：本文本框为该框图的宽度。

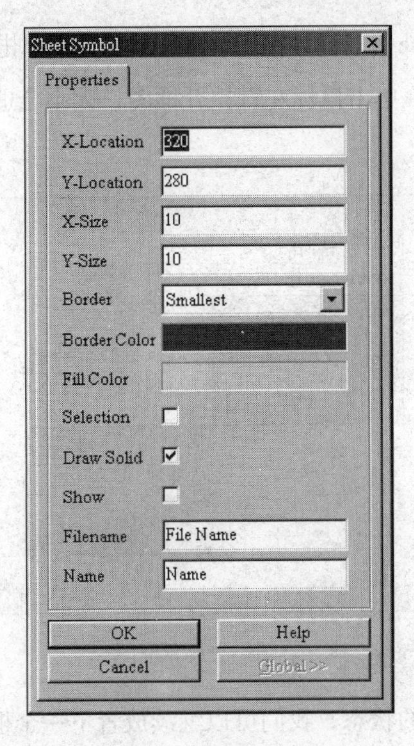

图9.3　框图属性对话框

- Y-Size：本文本框为该框图的高度。
- Border Width：本文本框的功能是设置该框图边线的宽度，包括 Smallest、Small、Medium 及 Large 选项，与导线一样。
- Border Color：本文本框的功能是设置该框图边线的颜色。
- Fill Color：本文本框的功能是设置该框图输入的颜色。
- Selection：本文本框的功能是设置该框图为被选择状态。
- Draw Solid：本文本框的功能是设置该框图，输入 Fill Color 字段所指定的颜色。
- Show Hidden：本文本框设置是否显示该框图的隐藏数据。
- Selection：本文本框的功能是设置该框图为被选择状态。
- Filename：本文本框的功能是设置该框图所代表(连接)的文件名称。
- Name：本文本框的功能是设置该框图的名称。

例如要创建一个“电源电路”的框图(连接的文件名为 Power.sch)，则在 Filename 字段里输入“电源电路”、在 Name 字段里输入“Power.sch”，再单击 OK 按钮关闭对话框，然后指向所要放置框图的一角，单击鼠标左键拉开框图，大小合适时，单击鼠标左键，即可完成一个电路框，如图 9.4 所示。

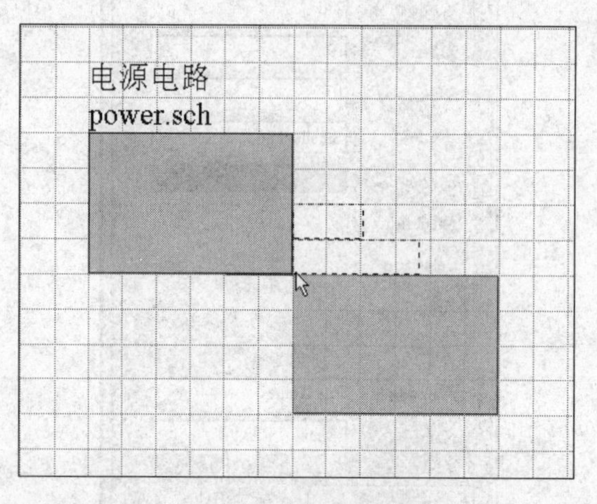

图9.4 放置框图

这时候，仍在放置框图的状态，我们可以继续放置下一个框图。如不想继续放置框图，则右击即可。

9-2-2 框图入口

先有框图，才有框图入口，每个框图入口都代表一个与其内层电路的信号连接。如果说框图就比如一个元件，而框图入口就是它的引脚，如图 9.5 所示。

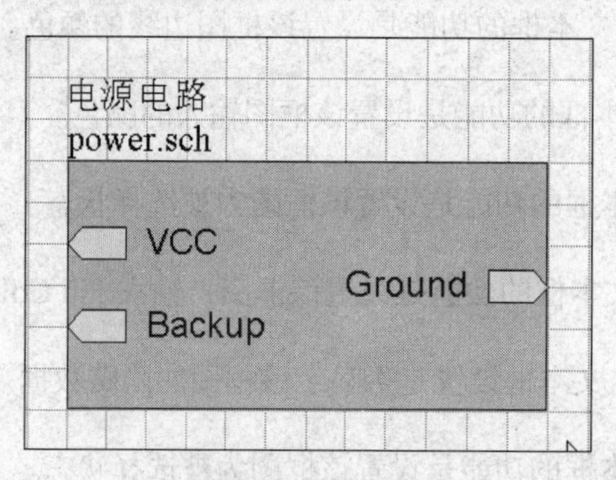

图9.5 框图与框图入口

其中的 VCC、Backup 及 Ground 就是框图入口。当我们要放置框图入口时，则执行 Place 菜单下的 Add Sheet Entry 命令或单击 按钮，即进入放置框图入口状态。指向所要放置框图入口的框图上，单击鼠标左键，则鼠标指针上将出现一个浮动的框图入口，再按 TAB 键即可打开其属性对话框，如图 9.6 所示。

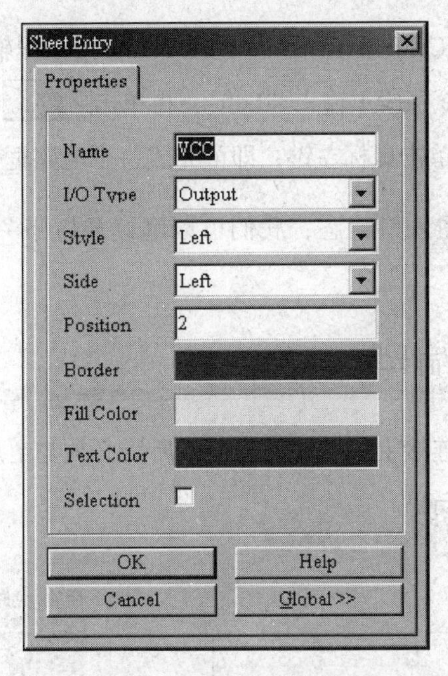

图9.6　框图入口属性对话框

其中各项说明如下：

- Name：本文本框的功能是设置该框图入口的名称。
- I/O Type：本文本框的功能是设置该框图入口的信号方向，其中包括 Unspecified(无方向性的)、Output(输出型)、Input(输入型)、Bidirectional(输入/输出双向型)。
- Side：本文本框的功能是设置该框图入口放置在哪一边，其中包括 Left(左边)、Right(右边)、Top(上面) 、Bottom(下面)。
- Style：本文本框的功能是设置该框图入口的型式，其中包括 None(无箭头)、Left(左箭头)、Right(右箭头)、Left & Right(双箭头)，不过，箭头方向并不影响真正的信号流向。
- Position：本文本框的功能是设置该框图入口所在的位置，由上而下，每 10 为一格。
- Border Color：本文本框的功能是设置框图入口边线颜色。
- Fill Color：本文本框的功能是设置该框图入口填入的颜色。
- Text Color：本文本框的功能是设置该框图入口文字的颜色。
- Selection：本选项的功能是设置该框图入口为被选择状态。

例如要创建一个名为 VCC 的框图入口，则在 Name 字段里输入“VCC”、在 I/O Type 字段里输入“Output”、在 Style 字段里输入“Left”，再单击 OK 按钮关闭对话框，然后指向所要放置框图入口的位置，单击鼠标左键，即可完成一个电路框。

这时候，仍在放置框图入口状态，我们可以继续放置下一个框图入口。如不想继续放置框图入口，则右击即可。

9-2-3　输入/输出端口

输入/输出端口(Port)是连接上层电路的管道，所以必须与上层电路中，框图的进出入点相对应，如图 9.7、图 9.8 所示。

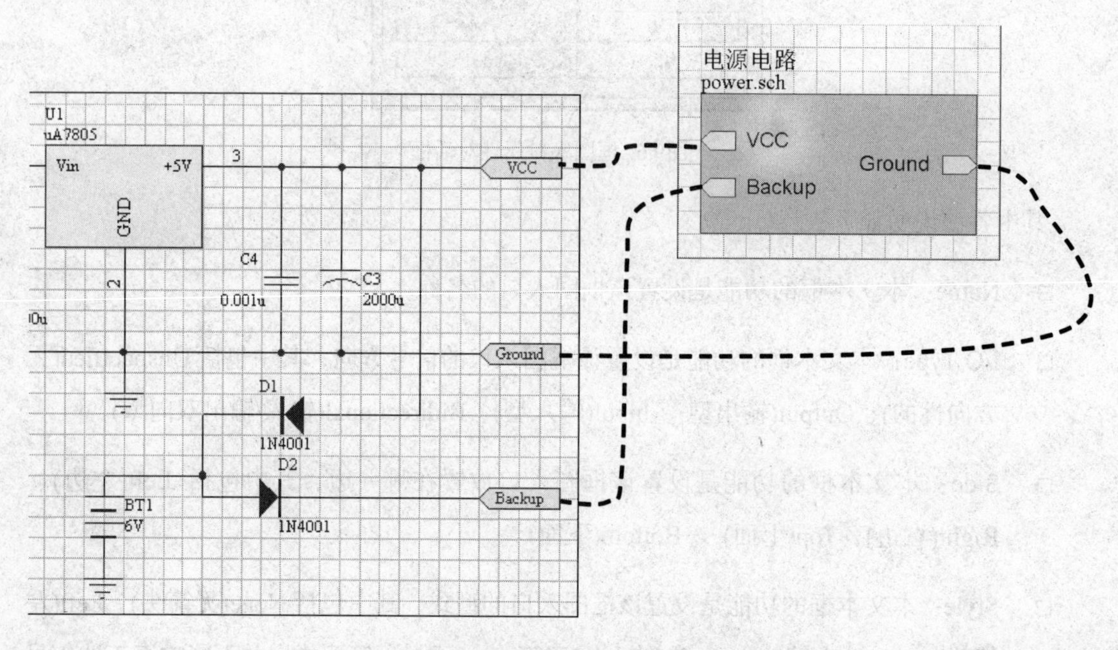

图9.7　输入/输出端口与框图入口

当我们要放置输入/输出端口时，则执行 Place 菜单下的 Port 命令或单击 按钮，即进入放置输入/输出端口状态，鼠标指针上将出现一个浮动的输入/输出端口，再按 TAB 键即可打开其属性对话框，如图 9.7 所示。其中各项已于第 5 章中介绍过了，详见 5-4 节。我们只要在 Name 字段指定其名称、Style 文本框中指定其箭头方向、I/O Type 字段里指定其信号方向，再单击 OK 按钮关闭对话框，然后指向所要放置输入/输出端口的位置，单击鼠标左键，左右移动鼠标，拉出此输入/输出端口，再单击鼠标左键，即可完成一个输入/输出端口。这时候，仍在放置框图的状态，我们可以继续放置下一个输入/输出端口。如不想继续放置输入/输出端口，则右击即可。

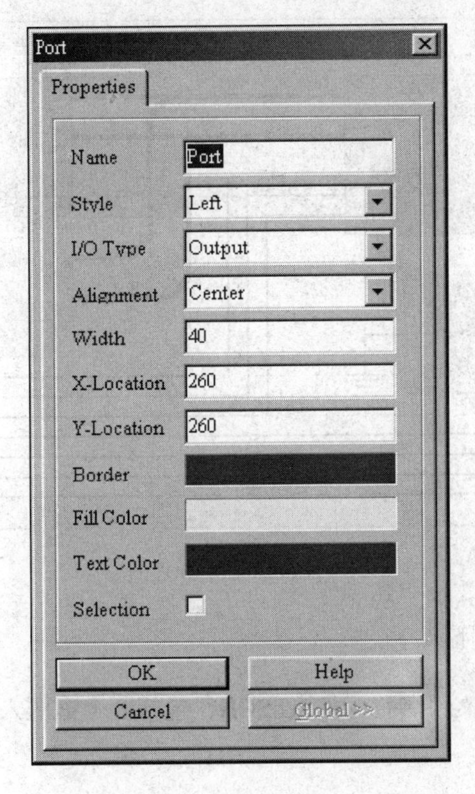

图9.8　输入/输出端口属性对话框

9-3　由上而下层次式原理图设计

设计层次式原理图的方法与画一般单张式原理图，并没有什么多大的差异，只要处理好信号的关系就好了！我们可以把它当成好多张单张式原理图，一张张地绘制，不过，如果是这样的话，比较容易造成信号流程的错误，而且比较费力。程序提供两种绘制层次式原理图的服务，第一种是由上而下的绘制，第二种是由下而上的绘制。所谓由上而下的绘制，就是由根层原理图开始绘制，然后逐次往内层发展，程序提供由框图产生内层原理图(输入/输出端口)的服务；而由下而上的绘制就是由内层原理图开始绘制，然后逐次往上层发展，程序提供由内层原理图产生框图(框图入口)的服务。本节将探讨由上而下的绘制法。

首先绘制根层原理图，包括根层上的所有框图与其连接关系，如图 9.9 所示。

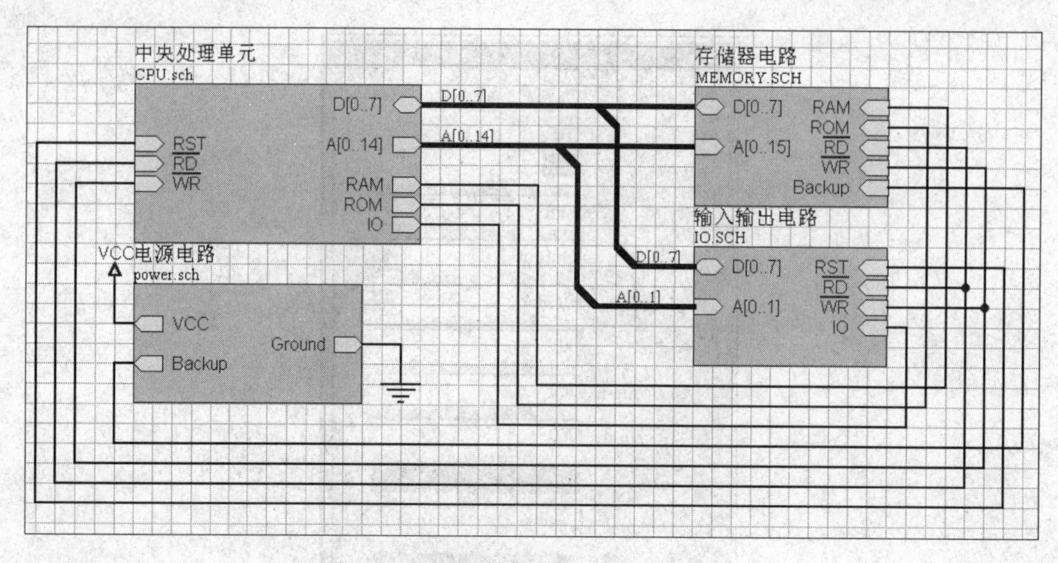

图9.9 根层原理图

其中各框图的数据如下：

- 中央处理单元：文件名称为 CPU.SCH，包括 8 个框图入口，其中各框图入口说明如下：
  - D[0..7]：I/O Type 为 Bidirectional、Style 为 Left & Right。
  - A[0..14]：I/O Type 为 Output、Style 为 Right。
  - RAM：I/O Type 为 Output、Style 为 Right。
  - ROM：I/O Type 为 Output、Style 为 Right。
  - IO：I/O Type 为 Output、Style 为 Right。
  - RST：I/O Type 为 Output、Style 为 Right。
  - R\D\：I/O Type 为 Output、Style 为 Right。
  - W\R\：I/O Type 为 Output、Style 为 Right。
- 存储器电路：文件名称为 MEMORY.SCH，包括 7 个框图入口，其中各框图入口说明如下：
  - D[0..7]：I/O Type 为 Bidirectional、Style 为 Left & Right。
  - A[0..14]：I/O Type 为 Input、Style 为 Right。

- RAM：I/O Type 为 Input、Style 为 Left。
- ROM：I/O Type 为 Input、Style 为 Left。
- R\D\：I/O Type 为 Input、Style 为 Left。
- W\R\：I/O Type 为 Input、Style 为 Left。
- BACKUP：I/O Type 为 Input、Style 为 Left。

□ 输入/输出电路：文件名称为 IO.SCH，包括 6 个框图入口，其中各框图入口说明如下：

- D[0..7]：I/O Type 为 Bidirectional、Style 为 Left & Right。
- A[0..1]：I/O Type 为 Input、Style 为 Right。
- RST：I/O Type 为 Input、Style 为 Left。
- R\D\：I/O Type 为 Input、Style 为 Left。
- W\R\：I/O Type 为 Input、Style 为 Left。
- IO：I/O Type 为 Bidirectional、Style 为 Left & Right。

□ 电源电路：文件名称为 POWER.SCH，包括 3 个框图入口，其中各框图入口说明如下：

- VCC：I/O Type 为 Output、Style 为 Left。
- GROUND：I/O Type 为 Output、Style 为 Left。
- BACKUP：I/O Type 为 Output、Style 为 Left。

当然，经过前几个单元的介绍与练习，相信大家已能轻易地绘制根层原理图，在此不说明。画好根层原理图后，执行 Design 菜单下的 Create Sheet From Symbol 命令，再指向“中央处理单元”框图，单击鼠标左键，出现图 9.10 所示的对话框。

程序要求我们指定在所产生的原理图里，输入/输出端口的信号方向与相对应的框图入口，其信号方向是否要相反。如果要让输入/输出端口的信号方向与框图入口的信号方向一致，则单击 No 按钮，例如输入/输出端口的信号方向为输入型的输入/输出端口，将产生一个相同名称的输入型输入/输出端口；如果要让输入/输出端口的信号方向与框图入口的信号方向相反，则单击 Yes 按钮，例如输入/输出端口的信号方向为输入型的输入/输出端口，将产生一个相同名称的输出型输入/输出端口；而相对于输出型的入口，将产生一个相同名称的输入型输入/输出端口。在此单击 No 按钮，程序将产生一个 CPU.SCH 原理图，而其左下方也产生相对应的输入/输出端口(请注意，其箭头方向与信号方向无关)，如图 9.11 所示。

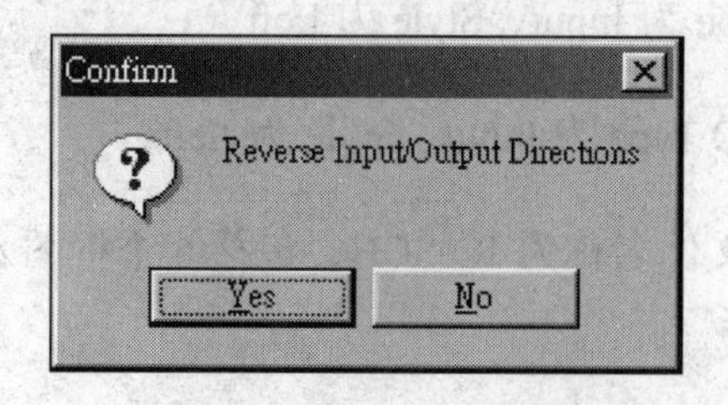

图9.10 询问信号方向

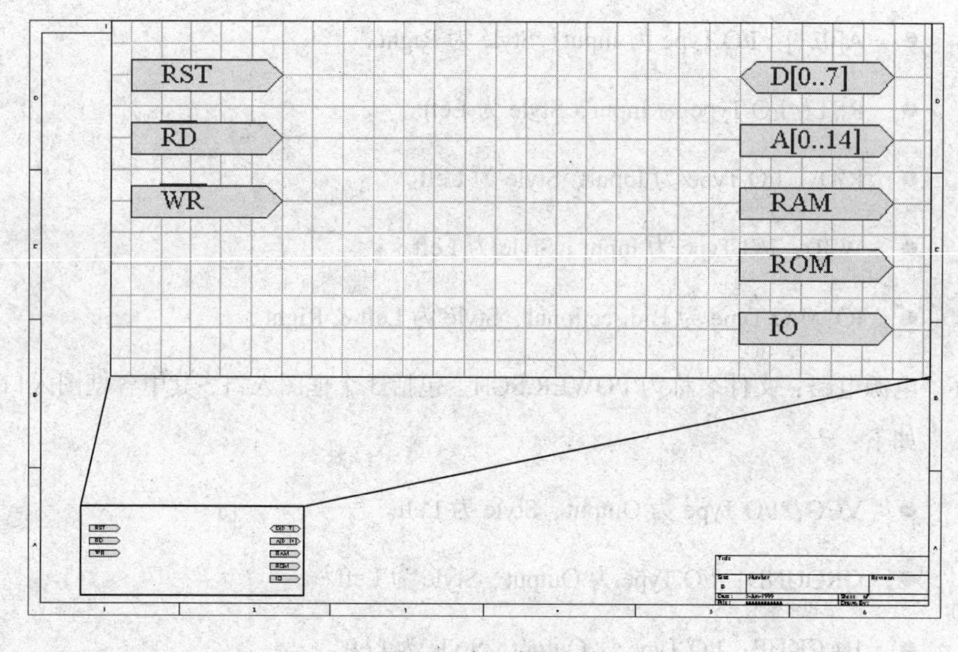

图9.11 产生内层电路

同样地，在这个新产生的原理图里我们可以继续绘制其中的详细电路，至于所产生的输入/输出端口，则可任意移动、改变箭头方向，然后与电路连接，如图 9.12 所示。

同样地，在 CPU.SCH 电路里又有译码框图、时钟框图，我们可再由这两个框图，往下发展其内层原理图。其译码框图、时钟框图的数据如下：

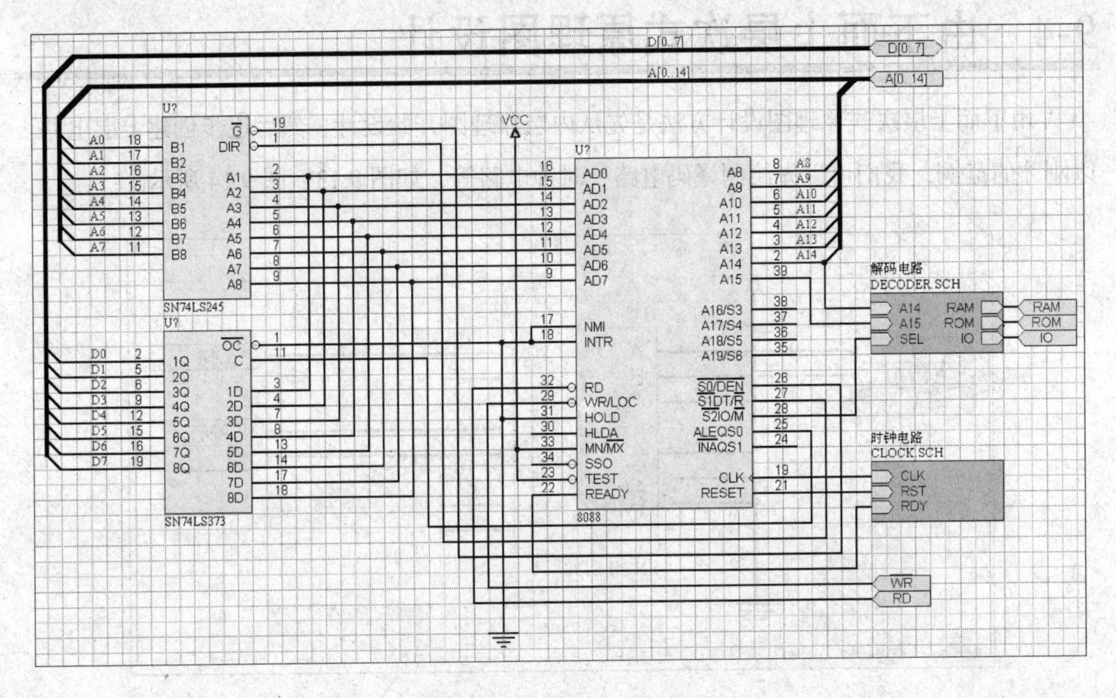

图9.12　完成 CPU.SCH 电路

□　译码电路：文件名称为 DECODER.SCH，包括 6 个框图入口，其中各框图入口说明如下：

- A14：I/O Type 为 Input、Style 为 Right。
- A15：I/O Type 为 Input、Style 为 Right。
- SEL：I/O Type 为 Input、Style 为 Left。
- RAM：I/O Type 为 Output、Style 为 Left。
- ROM：I/O Type 为 Output、Style 为 Left。
- IO：I/O Type 为 Output、Style 为 Left。

□　时钟电路：文件名称为 CLOCK.SCH，包括 3 个框图入口，其中各框图入口说明如下：

- CLK：I/O Type 为 Output、Style 为 Right。
- RST：I/O Type 为 Output、Style 为 Right。
- RDY：I/O Type 为 Output、Style 为 Right。

9-4 由下而上层次式原理图设计

由下而上层次式原理图设计方法是先从内层原理图开始设计，然后逐步创建上层电路。以刚才的范例，我们可以先绘制译码电路、时钟电路等，如图 9.13、图 9.14 所示。

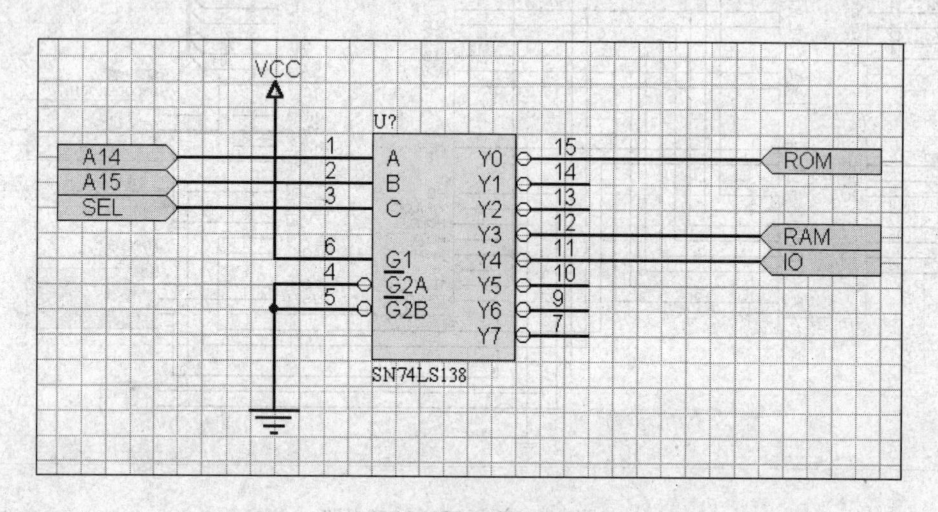

图9.13 译码电路

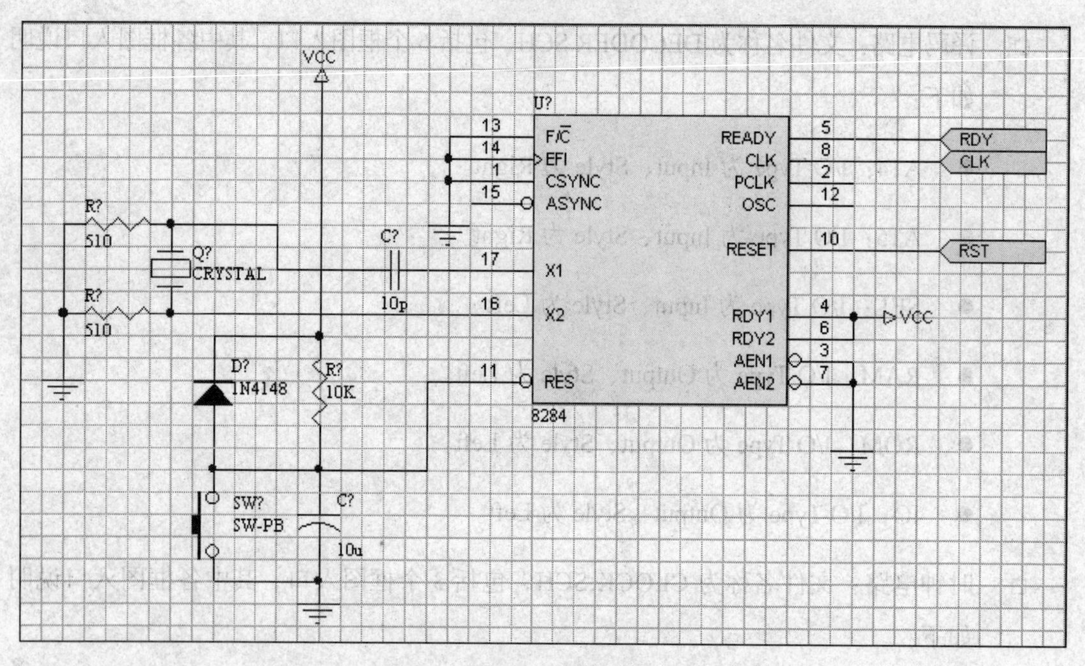

图9.14 时钟电路

画好原理图后，再打开一个新原理图文件，然后在新原理图文件窗口里，执行 Tools 菜单下的 Create Symbol From Sheet 命令，出现图 9.15 所示的对话框。

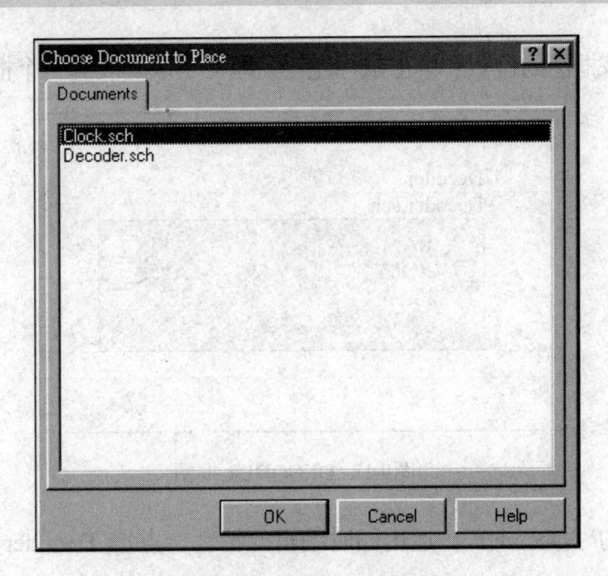

图9.15　选择加入的原理图

如果要产生一个译码器框图，则选择其中的 Decoder.SCH，单击 OK 按钮后，出现图 9.16 所示的对话框。

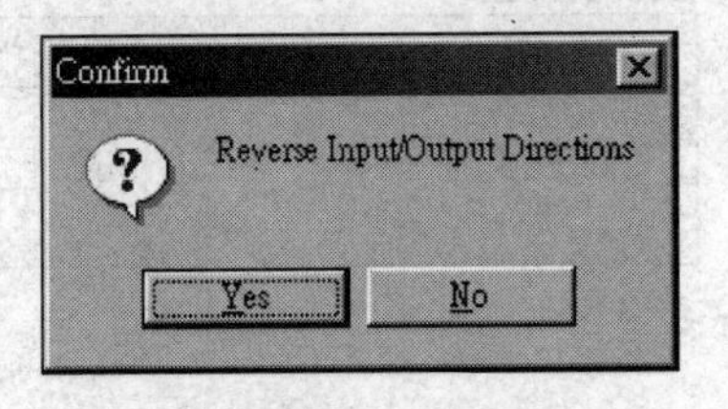

图9.16　询问信号方向

程序要求我们指定在所产生的原理图里，输入/输出端口的信号方向与相对应的框图入口，其信号方向是否要相反。在此单击 No 按钮，程序将产生一个“CLOCK”原理图，而其左下方也产生相对应的输入/输出端口(请注意，其箭头方向与信号方向无关)，如图 9.17 所示。

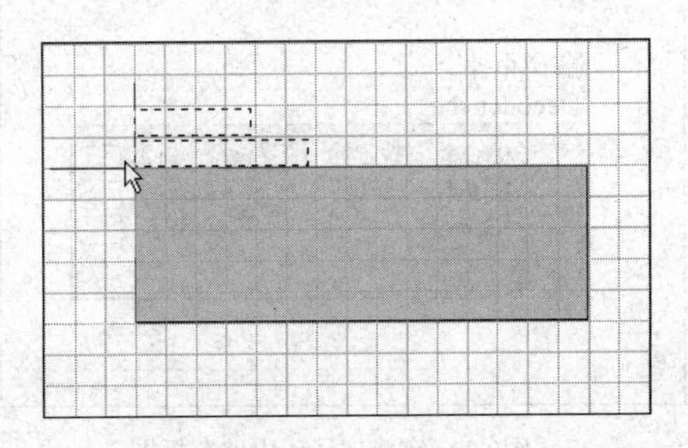

图9.17　产生框图

移至所要放置该框图的位置，单击鼠标左键，即可于该处放置一个框图，如图 9.18 所示。

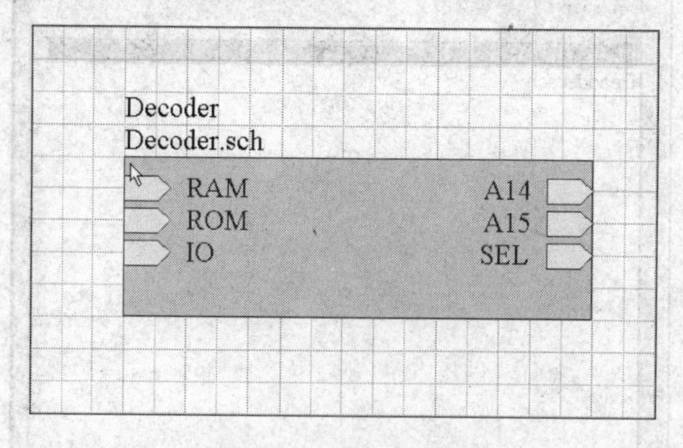

图9.18 DECODER 框图

指向框图上方的“Decoder”，运用即时编辑的特性，点选 Decoder，再单击鼠标左键一下，直接更改数据，如图 9.19 所示。

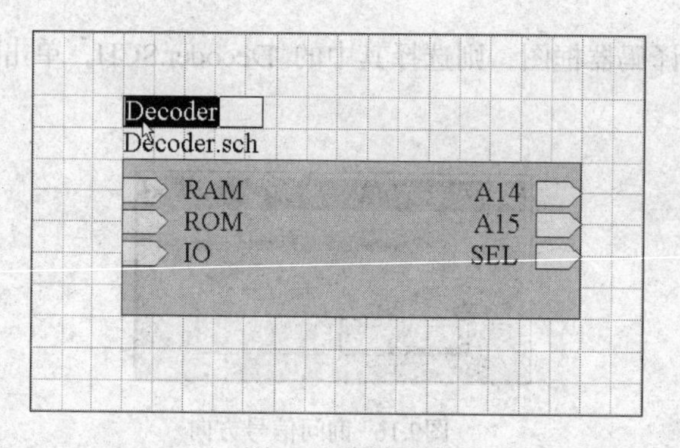

图9.19 直接更改

将 Decoder 改为“译码电路”；另外，由于使用中文，所以还是要进入属性表，单击 Change... 按钮进入设置其字体，将它设置为细明体，然后单击 确定 按钮退回属性对话框，再单击 OK 按钮关闭对话框，如图 9.20 所示。

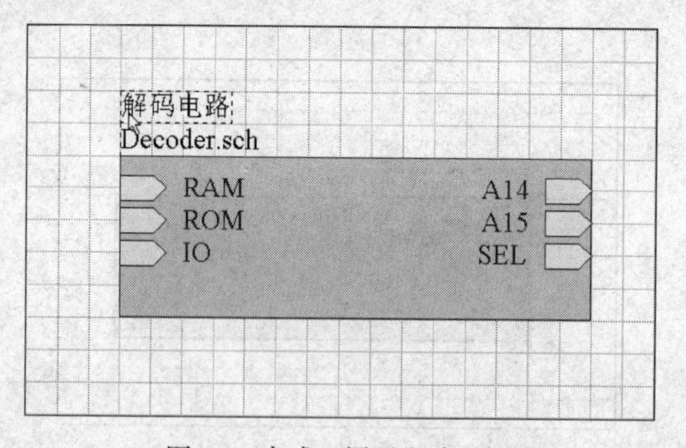

图9.20 完成“译码电路”框图

再以同样的步骤产生“时钟电路”框图。紧接着，放置其他元件、连接线路，然后执行

File 菜单下的 Save As…命令，将这个文件存为 CPU.SCH。如此就建构了“中央处理单元”电路与其下层电路。同样的方法绘制“存储器电路”“输入/输出电路”及“电源电路”，即可创建根层原理图。

9-5　设计管理器与进出层次式原理图

当我们在处理层次式原理图时，总觉得好像无法完全掌控似的！这时候，可单击按钮启动设计管理器，并切换到 Explorer 选项卡，如图 9.21 所示。

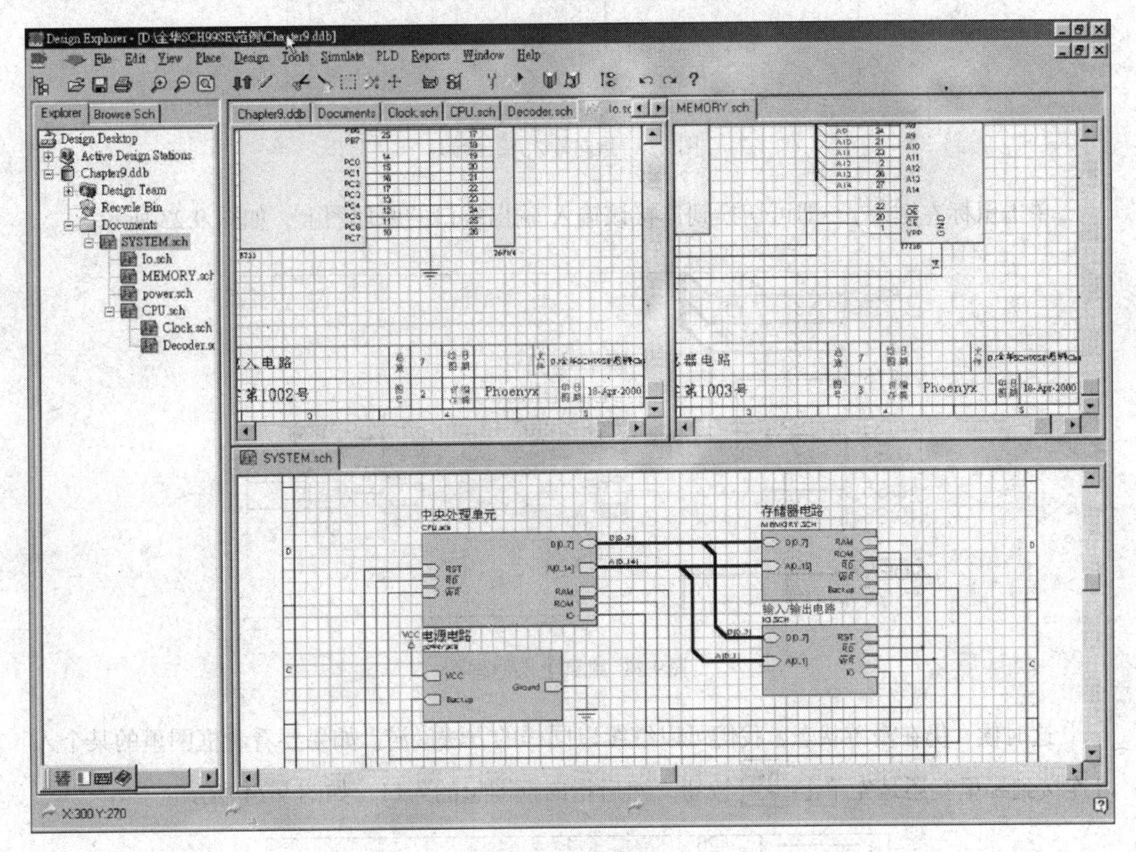

图9.21　专题管理

窗口左边出现一个设计管理器专题选项卡，其中列出了整个层次式原理图的架构。当然，这么占地方的专题管理器绝对不是只用来看的，我们可以指向所要编辑的原理图名，单击鼠标左键，则该原理图窗口即变成动作窗口，翻到编辑区的最上方。

实际上，Schematic 所提供的层次式原理图的服务，还不仅如此，我们可以信号跟踪的方式来切换原理图。例如在“译码电路”里，我们想要知道其中的 SEL 输入/输出端口连接到哪里的话，则先单击按钮，然后指向 SEL 输入/输出端口，如图 9.22 所示。

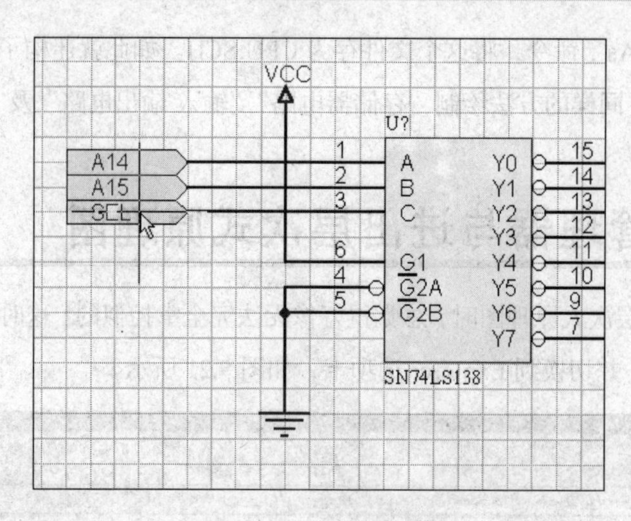

图9.22 指向输入/输出端口

单击鼠标左键，即可切换到连接该输入/输出端口的原理图上，如图 9.23 所示。

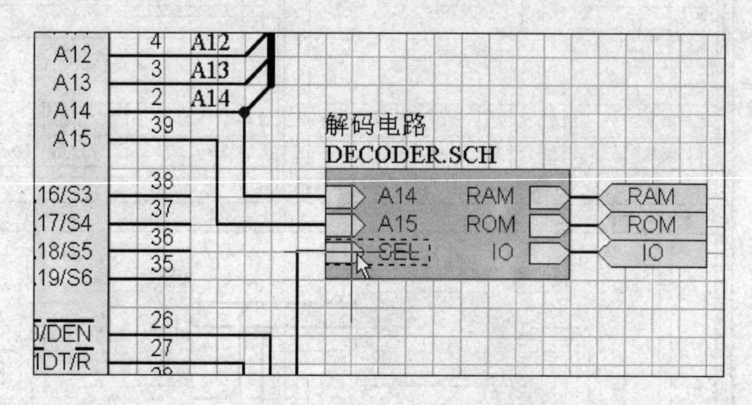

图9.23 跳到上层原理图

这时候，仍在漫游状态，我们可以继续以同样的方法漫游。如果要看看框图里的某个入口连接到哪里？还是先单击按钮，然后指向框图里的入口，如图 9.24 所示。

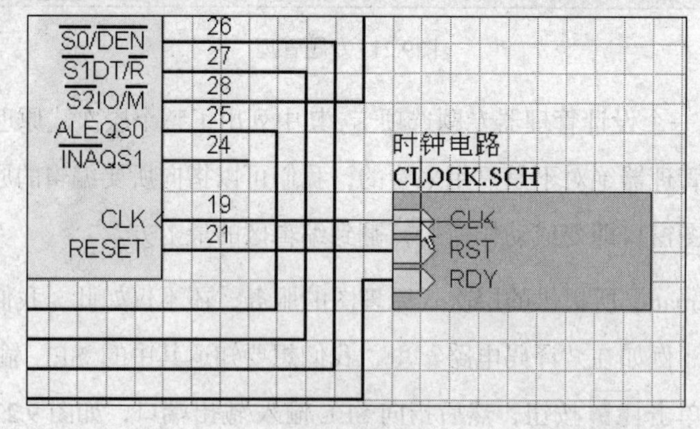

图9.24 指向入口

单击鼠标左键，即可切换到连接该输入/输出端口的原理图上，如图 9.25 所示。

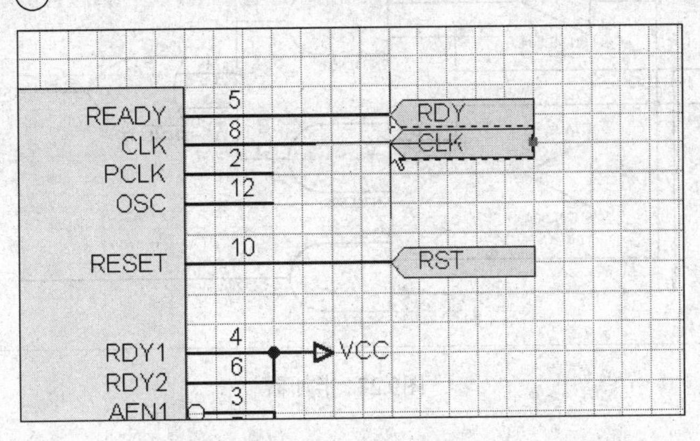

图9.25　进入内层电路

9-6　重复层次式原理图

同样是层次式原理图，有一种特别省力的方式，就是“重复层次式原理图”。在绘制这种原理图时，我们只要绘制其中某几张，程序将自动视为整个原理图已完成；而且，程序还可帮我们把画好的重复层次式原理图，转换成一般层次式原理图，既省时又省力！

不过，并不是每种电路都可以重复层次式原理图的方法来设计，必须要“重复性”高的原理图，才能够以这种省力方式来设计。最具代表性的重复层次式原理图，非四位加法器莫属！OrCAD 就是以四位加法器为重复层次式原理图的范例，而在 Protel 里，更是非四位加法器不可！在此，我们以此电路为例，以介绍重复层次式原理图的设计，图 9.26 所示为四位加法器的电路结构。

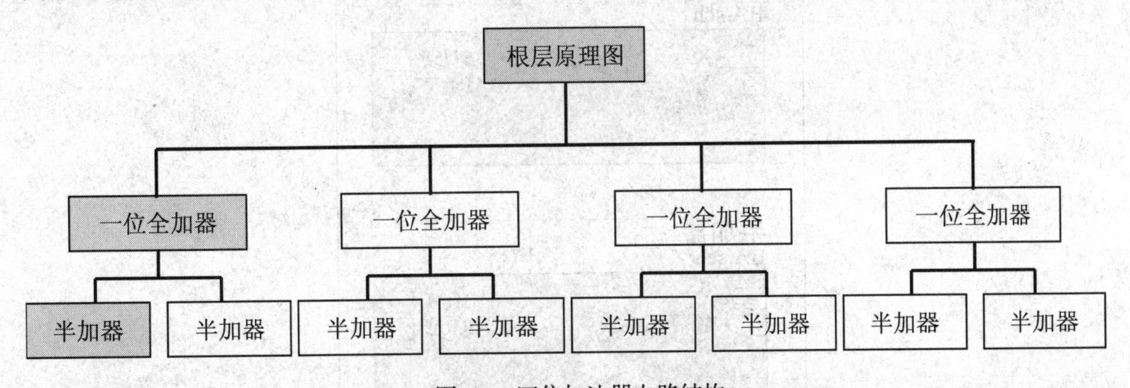

图9.26　四位加法器电路结构

虽然有 11 张原理图，但我们只要绘制其中有网底的三张原理图即可。首先我们在 Chapter9.Ddb 绘制一张半加器(HA.SCH)，如图 9.27 所示。

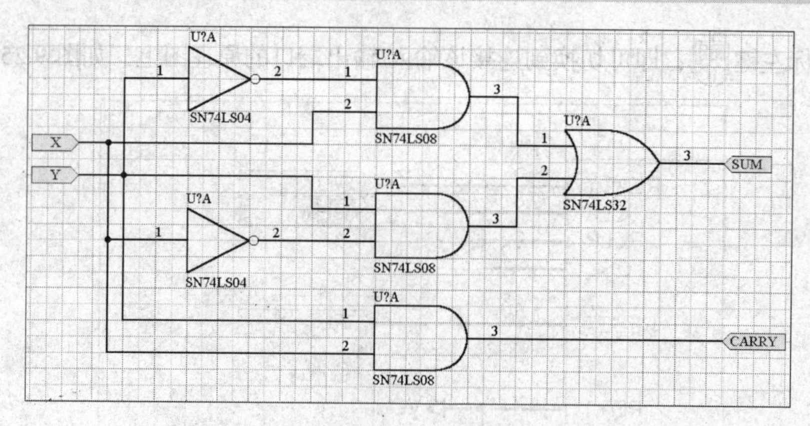

图9.27 半加器

再利用 9-4 节所介绍的由下而上的方法，在一张空白图纸里产生一个“半加器”框图，如图 9.28 所示。

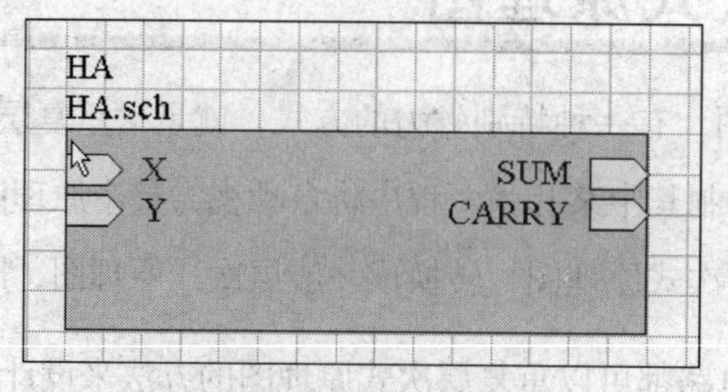

图9.28 产生框图

将此框图的名称改中文的“半加器”，然后以剪贴的方式，自我复制两个“半加器”框图，如图 9.29 所示。

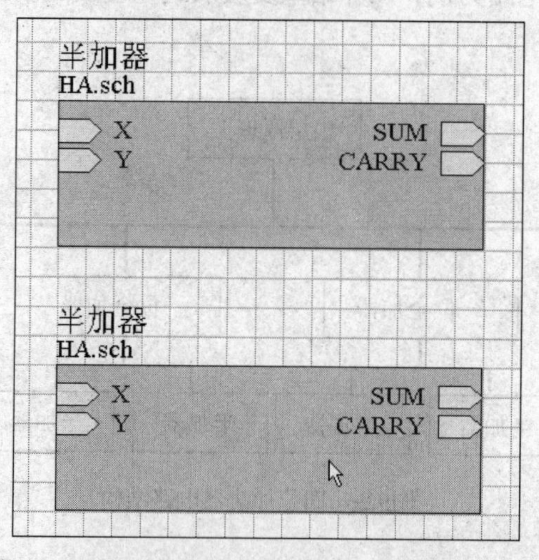

图9.29 完成两个半加器框图

紧接着，放置其他元件，并连接线路，如图 9.30 所示。

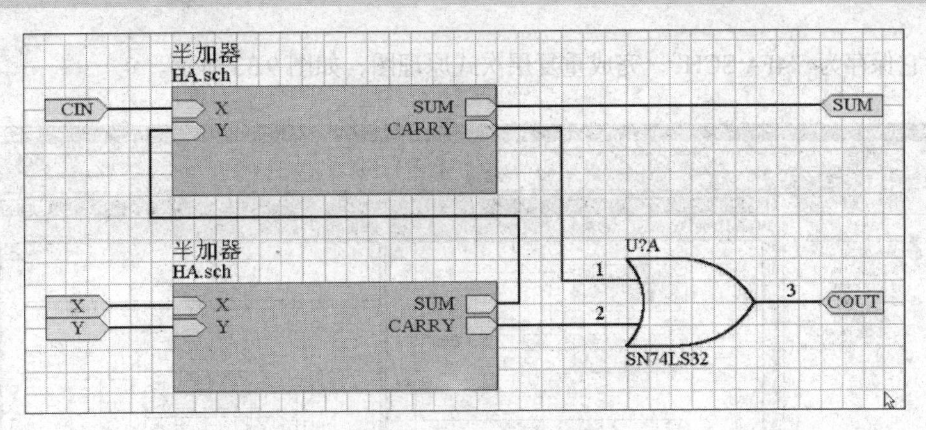

图9.30　完成一位全加器

将这个文件存为“FA.SCH”。再打开一张空白的图纸，并以同样的方法，根据 FA.SCH 产生一个“全加器”框图，如图 9.31 所示。

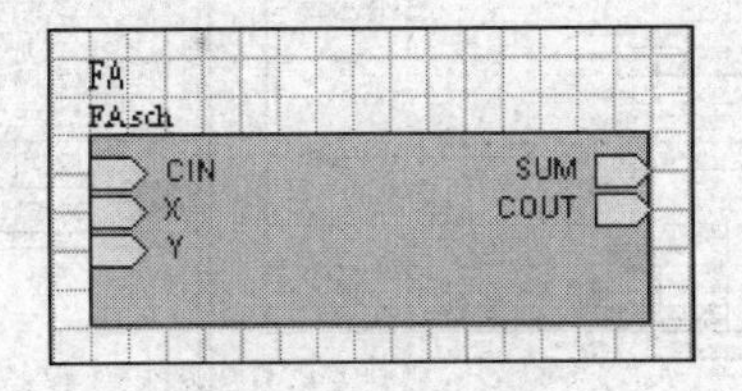

图9.31　全加器框图

将此框图的名称改中文的“全加器”，然后以剪贴的方式，自我复制 4 个“全加器”框图，再连接线路，如图 9.32 所示。

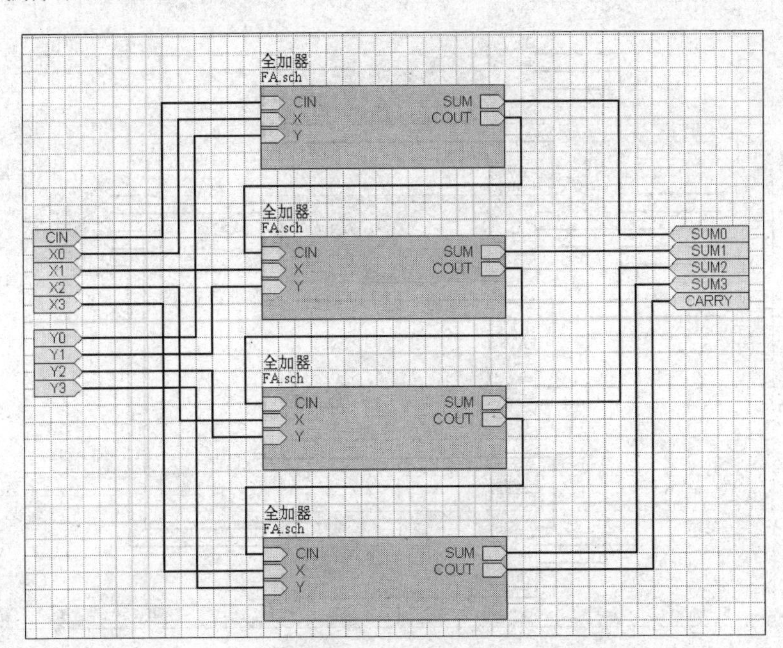

图9.32　完成根层原理图

将它保存为“4FA.SCH”，完成重复层次式原理图，如图 9.33 所示。

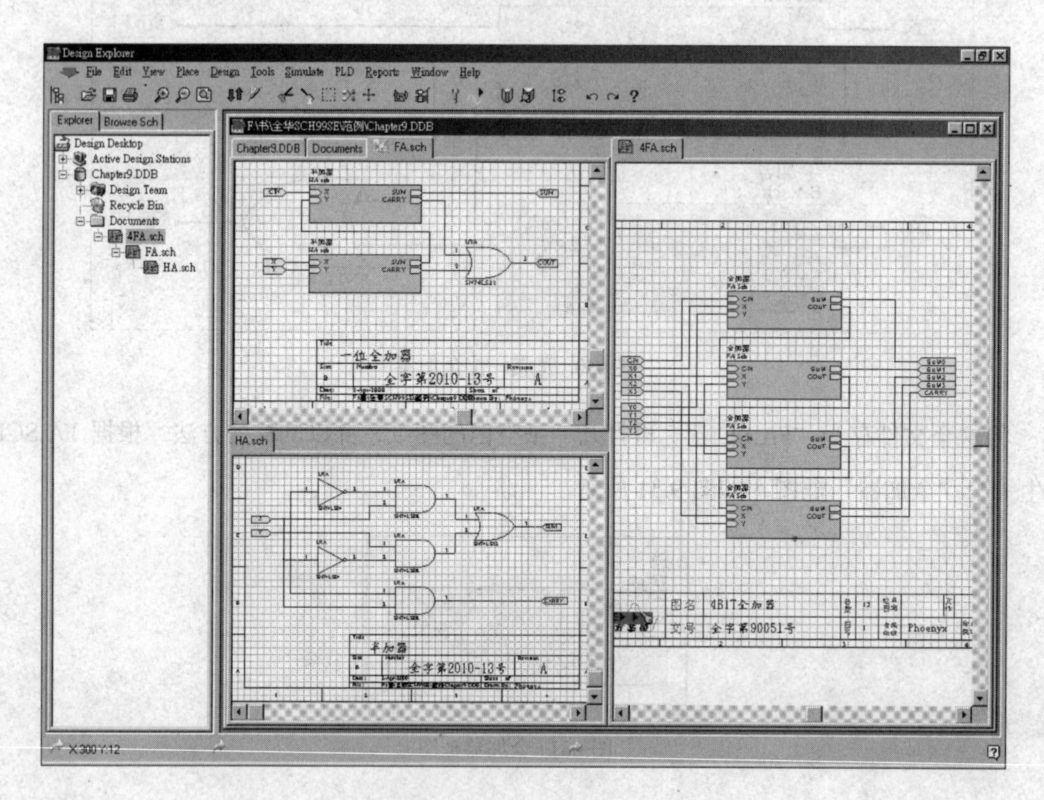

图9.33　完成重复层次式原理图

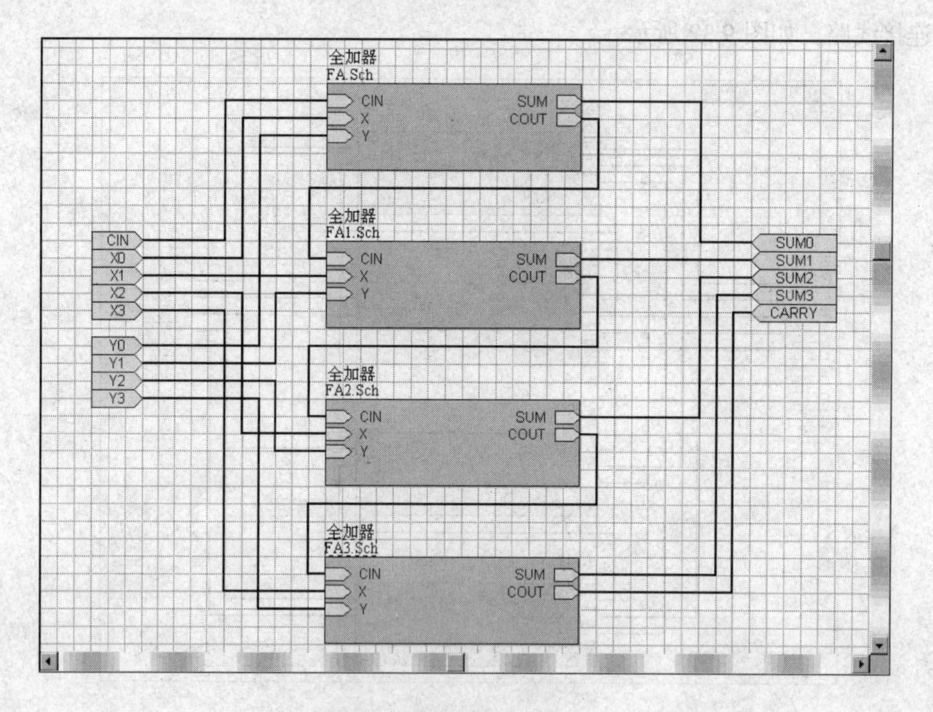

图9.34　更改后的 4FA.Sch

在设计管理器里，我们将发现，虽然有 11 个原理图，但其中只有刚才所绘制的三张外，像这种重复层次式原理图属于逻辑式的电路架构，可以进行电路仿真，而不能拿来做 PCB！如果要做 PCB 的话，必须要是实例的电路架构(真的要有 13 张原理图)。想要产生 13 张实例原理图，可不事件简单的工作(起码不像 Protel 98 那么简单)。

首先要将 4FA.Sch 内 4 个区域分别更名成不同的文件名(FA.SCH、FA1.SCH、FA2.SCH、FA3.SCH，如图 9.34 所示。

然后在 Documents 文件夹复制 FA.Sch 的快捷方式，操作如图 9.35 所示。

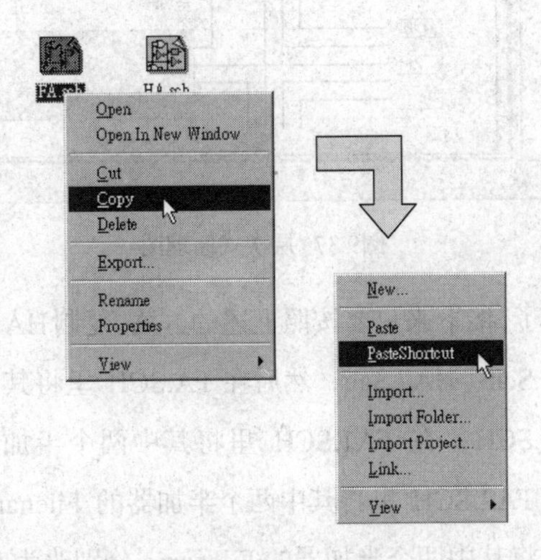

图9.35　粘贴快捷方式

分别更名为 FA1.Sch、FA2.Sch 及 FA3.Sch，如图 9.36 所示。

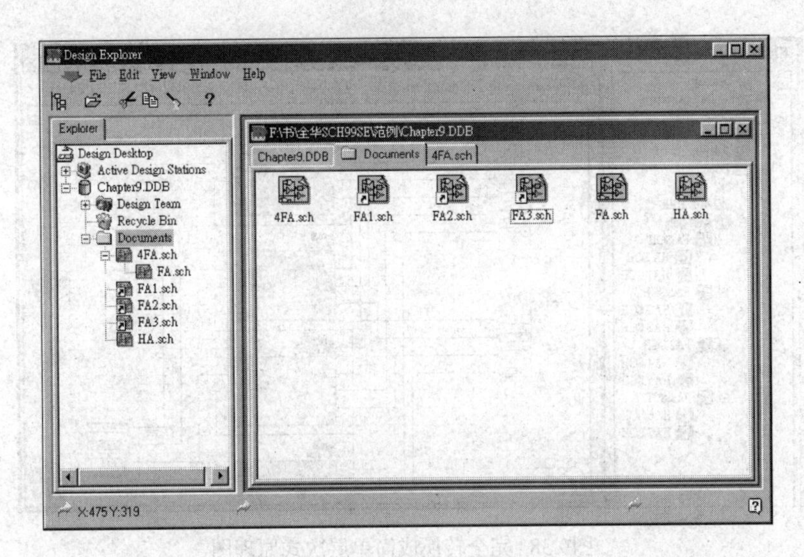

图9.36　更改后的快捷方式

最后执行 Tools 菜单下的 Complex To Simple 命令，程序即自动产生简单层次式原理图，还真复杂！如图 9.37 所示。

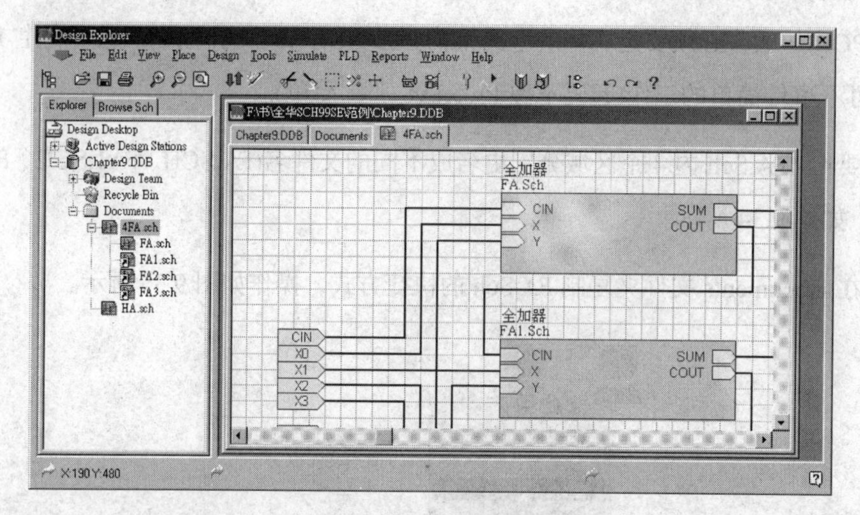

图9.37　层次式原理图

当然不是这样就完成了，接下来只要按照上述的方法，复制 HA1.Sch、HA2.Sch、HA3.Sch、HA4.Sch、HA5.Sch、HA6.Sch、HA7.Sch，然后在 FA.SCH 里将其中两个半加器的 Filename 分别改为 HA.SCH、HA1.SCH；在 FA1.SCH 里将其中两个半加器的 Filename 分别改为 HA2.SCH、HA3.SCH；在 FA2.SCH 里将其中两个半加器的 Filename 分别改为 HA4.SCH、HA5.SCH；在 FA3.SCH 里将其中两个半加器的 Filename 分别改为 HA6.SCH、HA7.SCH。最后执行 Tools 菜单下的 Complex To Simple 命令，程序即重新产生简单层次式原理图，如图 9.38 所示。

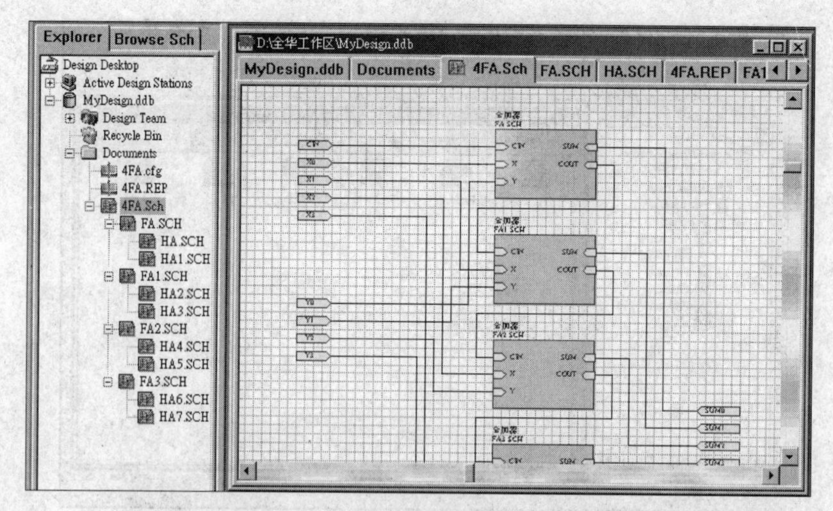

图9.38　完全转换成简单层次式原理图

产生了一堆新文件，且打开每个文件的编辑窗口。不管是简单层次式原理图，还是重复层次式原理图，笔者强烈建议，在放置元件时，其元件序号都保持为未定状态，如 U?、R?、C?等，等完成整个层次式原理图后，再执行 Tools 菜单下的 Annotate...命令，出现如图 9.39 所示的对话框。

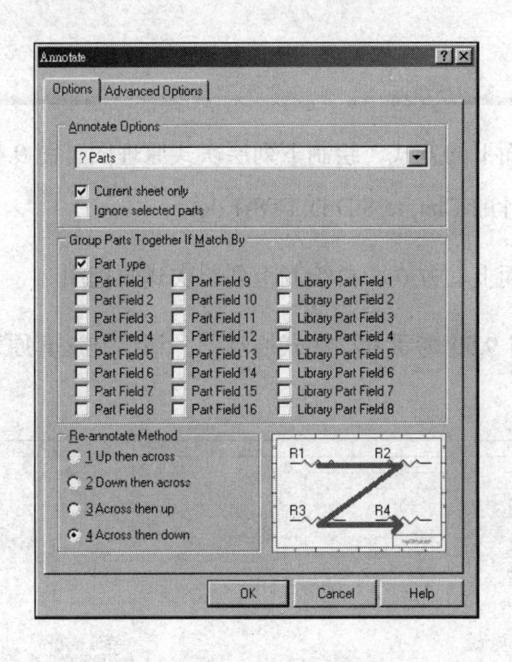

图9.39　自动编号对话框

在 Annotate Options 区域中，选择?Parts 选项及取消勾选 Current Sheet only 选项，单击 OK 按钮后程序即进行自动编号，并提出编号的报表，如图 9.40 所示。

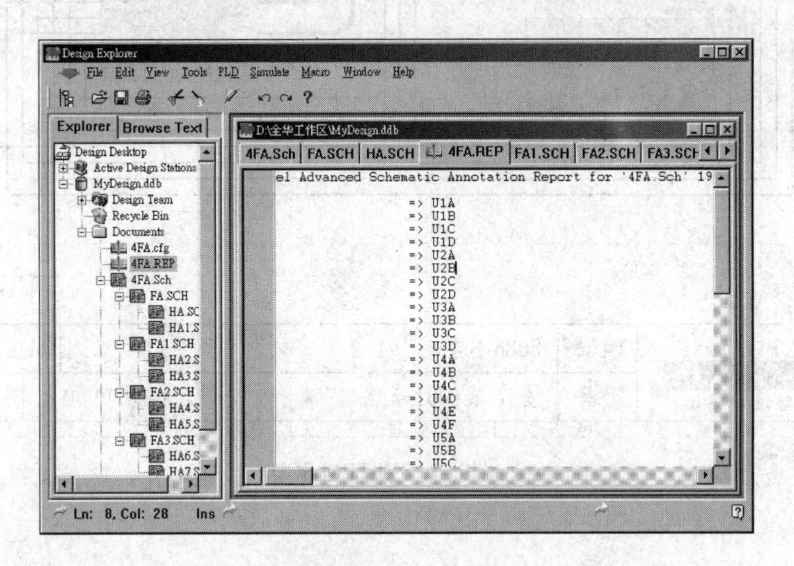

图9.40　自动编号报表

紧接着，切回 4FA.SCH，再执行一次 Tools 菜单下的 Annotate…命令，然后在随即出现的对话框中选择 Annotate Options 区域中的 Update Sheets Number Only 选项，单击 OK 按钮后程序即为每一张原理图编号。

9-7　练功房

▶ 1　请以由上而下的方式，绘制下列层次式原理图（图 9.41~图 9.47），其中的图纸模板是采用第 8 章所设计的 Chapter8.Ddb\TT8-1.dot。

▶ 2　请以由下而上的方式，再绘制上列层次式原理图。

▶ 3　图 9.48~图 9.50 为重复层次式原理图，请绘制这套原理图，然后将它们转换成简单层次式原理图。

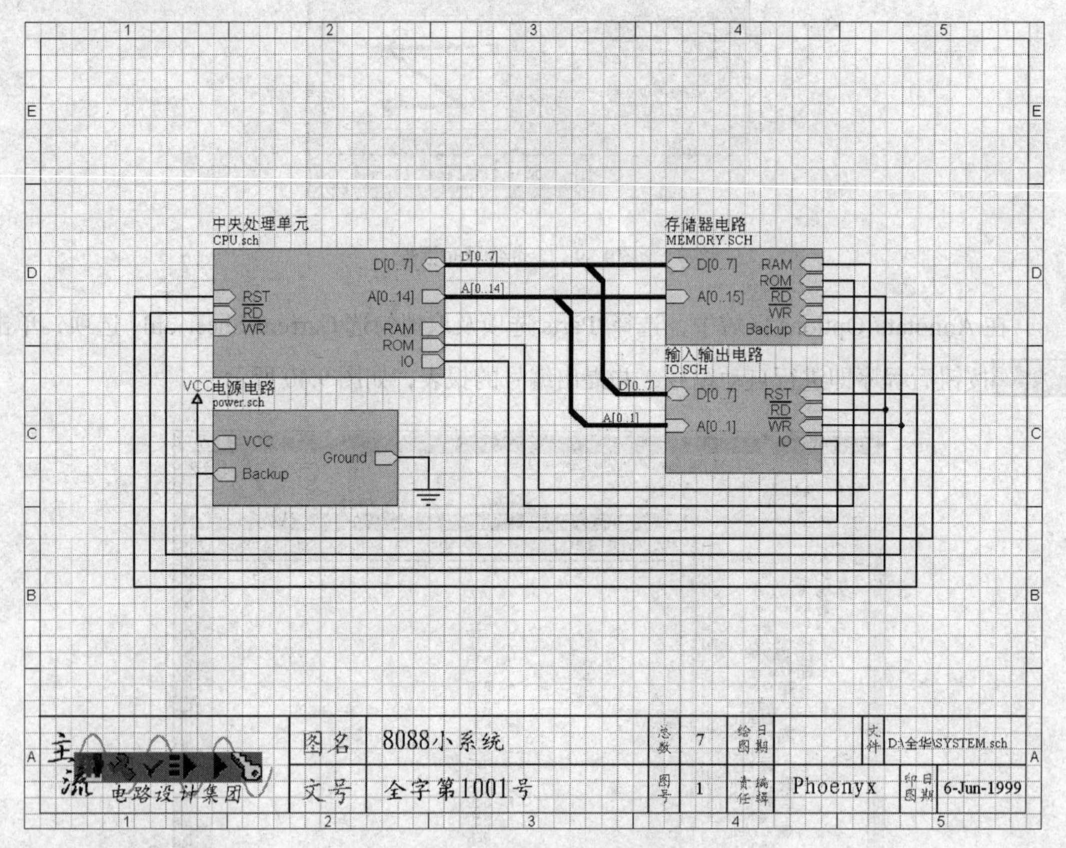

图9.41　SYSTEM.SCH

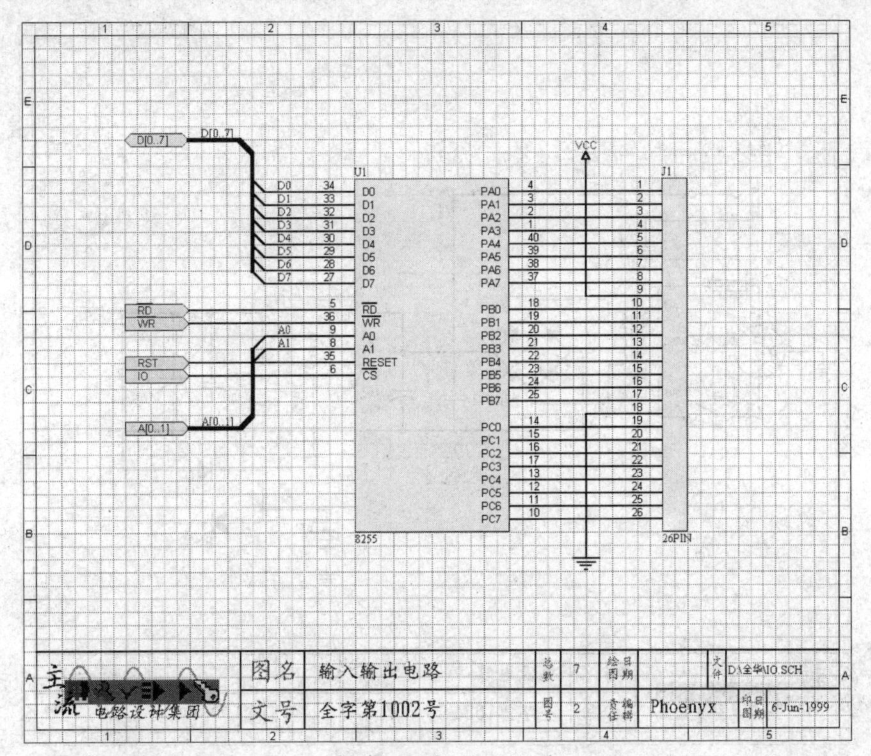

图9.42　IO.SCH

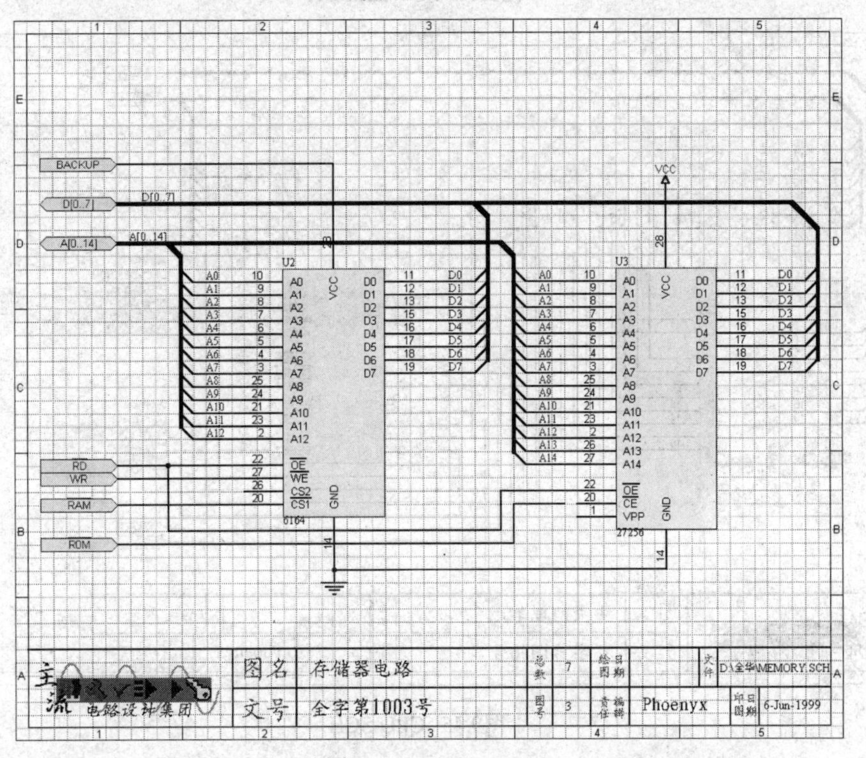

图9.43　MEMORY.SCH

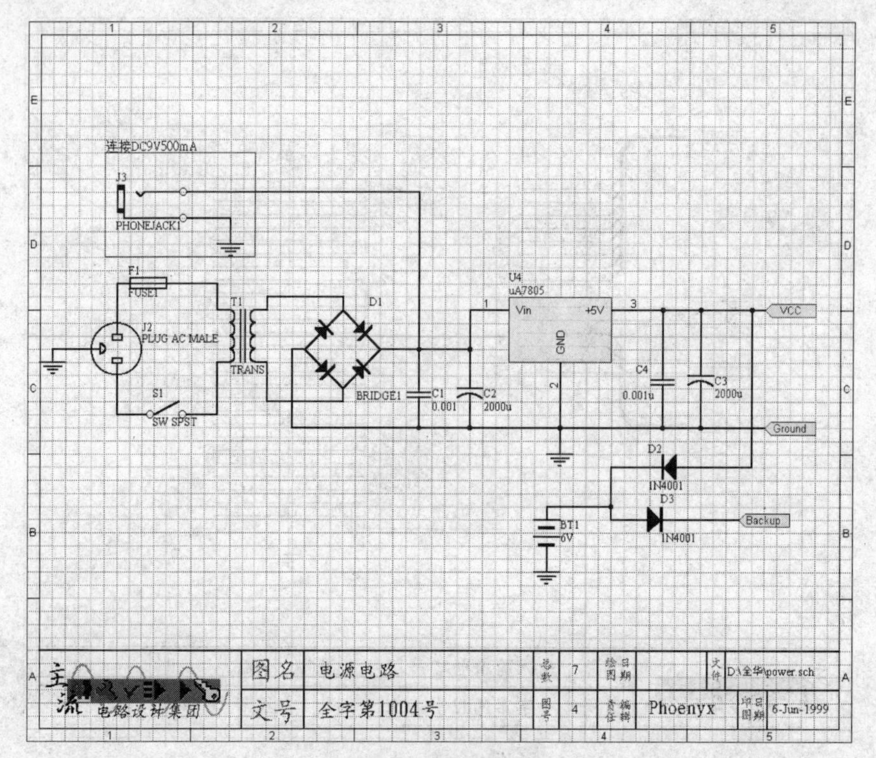

图9.44 POWER.SCH

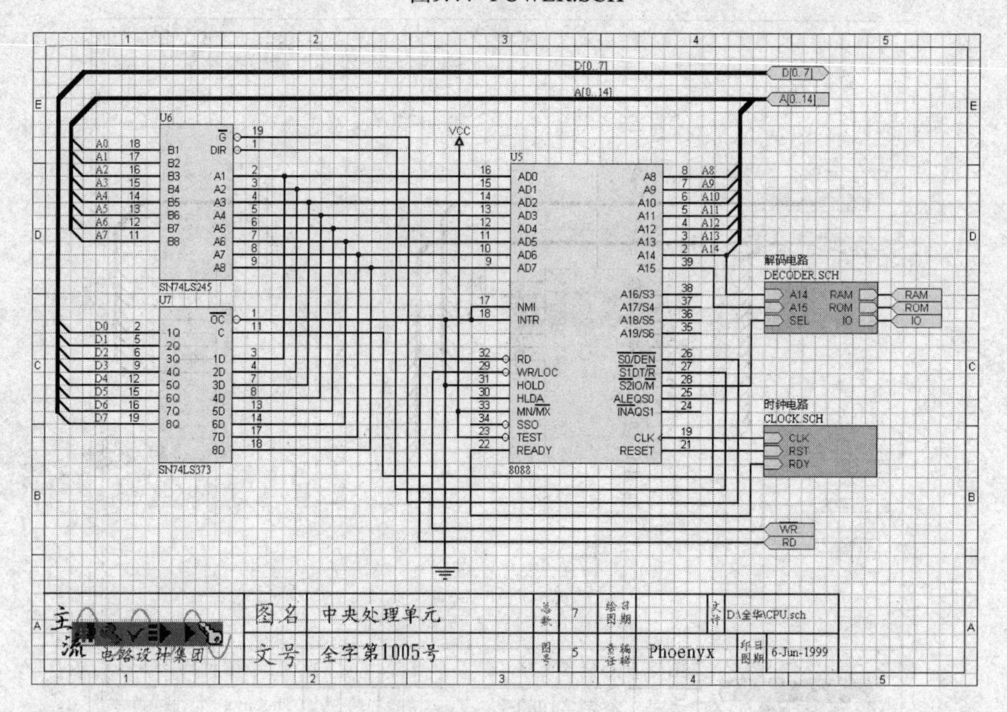

图9.45 CPU.SCH

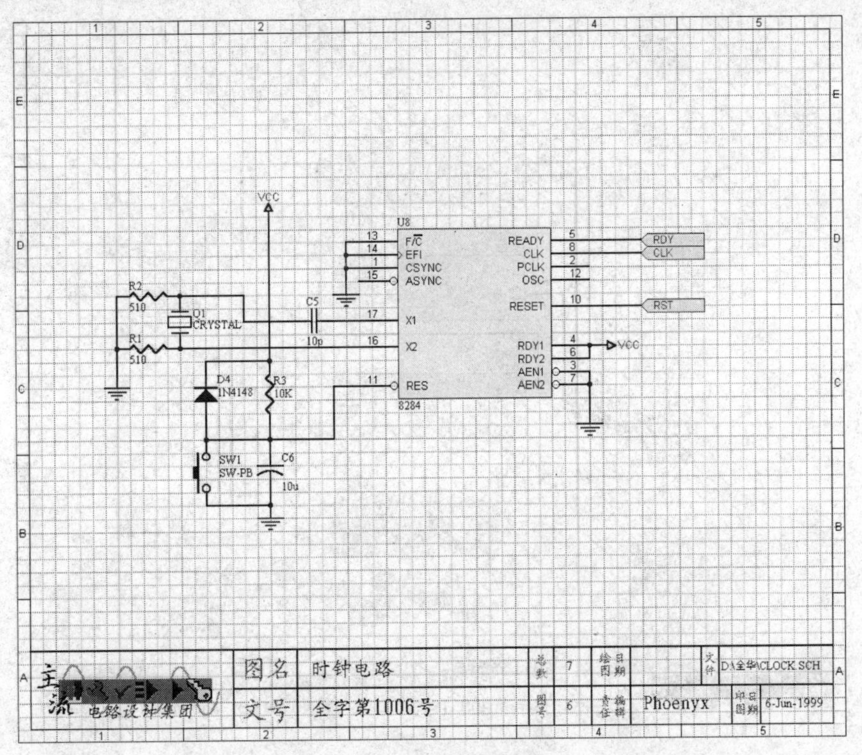

图9.46 CLOCK.SCH

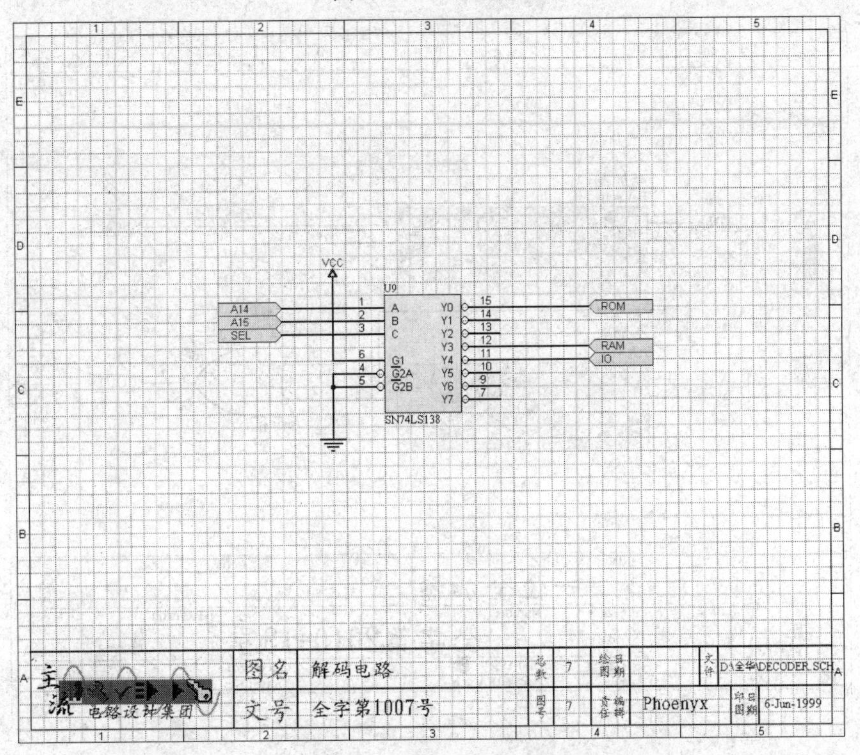

图9.47 DECODER.SCH

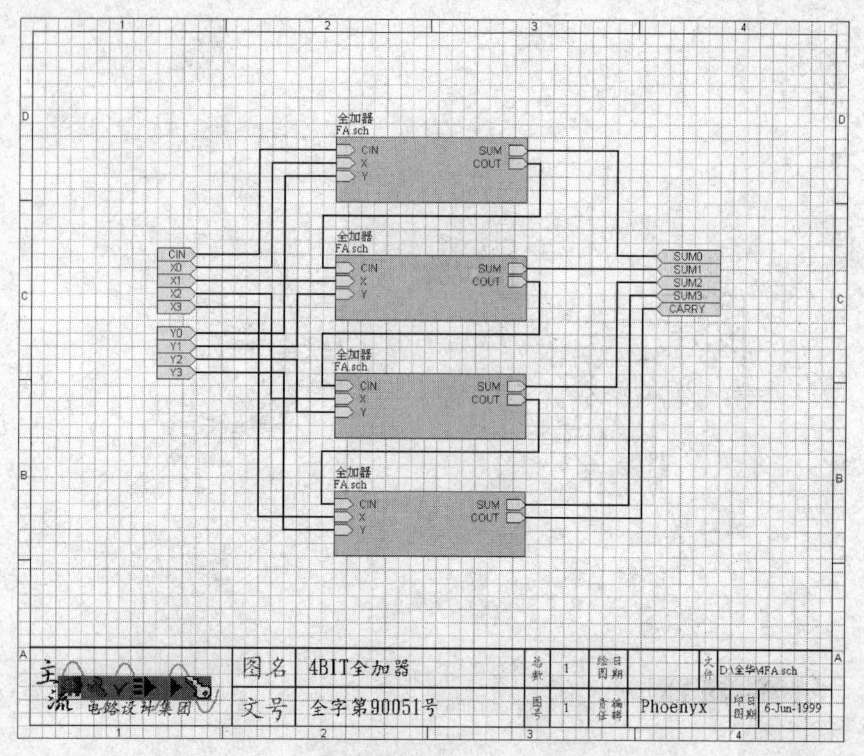

图9.48　4FA.SCH

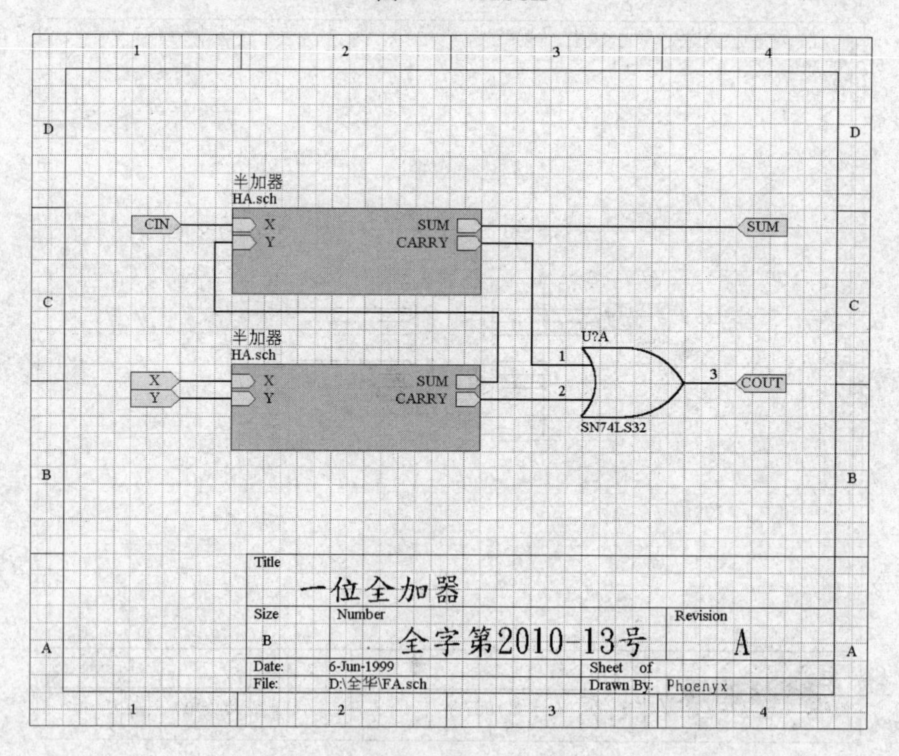

图9.49　FA.SCH

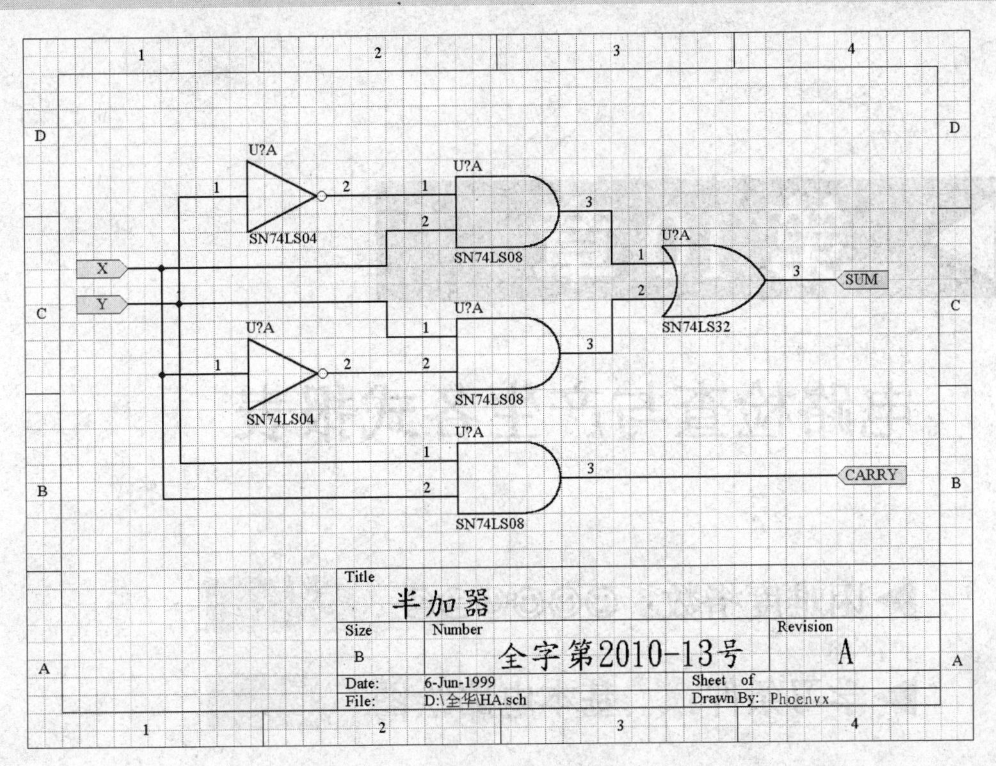

1
2
3
4
D
C
B
A
U?A
SN74LS04
SN74LS08
SN74LS32
X
Y
SUM
CARRY
Title
半加器
Size
B
Number
全字第2010-13号
Revision
A
Date:
6-Jun-1999
Sheet of
File:
D:\全华\HA.sch
Drawn By:
Phoenyx

图9.50　HA.SCH

第 10 章

电路检查与产生各式报表

- 困难度指数：☺☺☺☺😐😐
- 学习条件：　基本电路绘图
- 学习时间：　120 分钟

本章纲要

1.电路检查

2.产生网络表

3.产生元件表

4.产生网络比较表

5.产生层次表

6.产生交叉探测表

电路绘图的技巧，在于不断的练习才能达到熟能生巧的境界。不过，在追求流畅与速度之外还得注意其正确性与后续的应用。在此介绍在画好原理图后所要进行的检查与产生各式报表。

10-1 电路检查

如果我们希望能够进一步应用原理图，以进行电路仿真或 PCB 制作的话，则必须确保该原理图是正确的，最基本的，就是信号流程的正确性。当然，类似信号流程之类的，不可能以肉眼看得出来！在这方面，大部分电路软件都提供了不错的电路检查(ERC)工具，Schematic 也不例外。当我们要进行电路检查时，则执行 Tools 菜单下的 ERC…命令，出现图 10.1 所示的对话框。

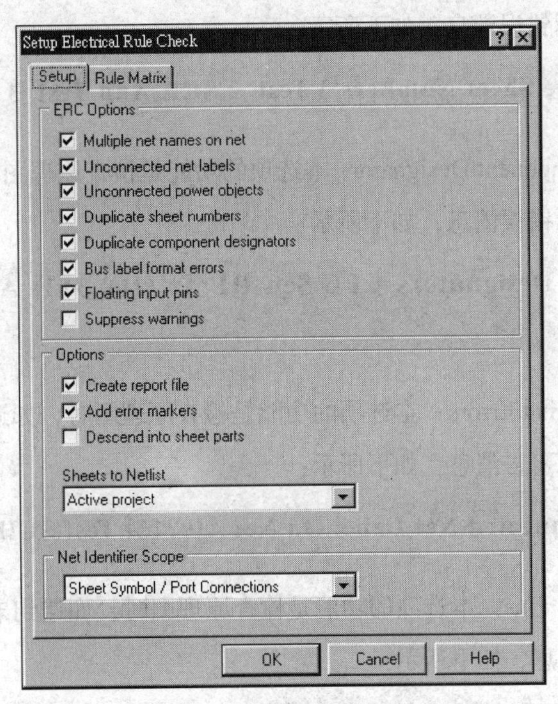

图 10.1　电路检查对话框

其中各项说明如下：

- Multiple Net Names On Net：本选项的功能是检查原理图时，如遇到在同一条网络上放置两个以上不同的网络名称，即出示错误消息，如下所示：

#1 Error　Multiple Net Identifiers : CPU.Sch A0 At (320,330) And CPU.Sch A1 At (160,220)

- Unconnected Net Labels：本选项的功能是检查原理图时，如遇到未连接的网络名称，即出示警告消息，如下所示：

#1 Warning Unconnected Net Label On Net A1

Test.Sch A1

- □ Unconnected Power Objects：本选项的功能是检查原理图时，如遇没有连接到线路上的电源符号(包括电源与接地)，即出示错误消息，如下所示：

#2 Warning Unconnected Power Object On Net GND

Test.Sch GND

- □ Duplicate Sheet Numbers：本选项的功能是检查原理图时，如遇到原理图编号重复编制的，即出示错误消息，如下所示：

#1 Error Duplicate Sheet Numbers 3 Test_2.SCH And Test_3.SCH

- □ Duplicate Component Designator：本选项的功能是检查原理图时，如遇到相同的元件序号，即出示错误消息，如下所示：

#1 Error Duplicate Designators CPU.Sch R1 At (160,313) And CPU.Sch R1 At (290,353)

- □ Bus Label Format Errors：本选项的功能是检查原理图时，如遇到总线网络名称格式错误，即出示警告消息，如下所示：

#1 Warning Unconnected Net Label On Net A[0?15] Test.SCH A[0?15]

- □ Floating Input Pins：本选项的功能是检查原理图时，如遇到未连接的输入型引脚，即出示警告消息，如下所示：

#1 Warning Unconnected Input Pin On Net N00021 Test.SCH(U9-12 @300,400)

#3 Error Floating Input Pins On Net N00021 Pin Test.SCH(U9-12 @300,400)

在 Schematic 里，对于输入型(Input)引脚特别严格，一定要连接到其他线路不可！如果是无可避免的输入型空脚，则需放置一个忽略 ERC 符号(待 12.3 节再介绍)以避免错误的产生。

- □ Suppress Warnings：本选项的功能是检查原理图时，如遇到违反电路规则，但属警告属性的情形，将不记录在报告文件中。

- Create Report File：本选项的功能是检查原理图后将检查结果保存(*.ERC)。
- Add Error Markers：本选项的功能是检查原理图后，在违反电路规则之处放置⊗错误记号。
- Descend Into Sheet Parts：本选项的功能是检查原理图时，连同其内层电路一并检查。
- Sheets to Netlist：本区域的功能是设置检查的范围，其中包括三个选项，Active Project，整个项目文件；Active Sheet，目前工作区的原理图；Active Sheet plus sub sheet，目前工作区的原理图及以下的原理图。
- Net Identifier Scope：本区域的功能是设置网络名称的适用范围(多张式原理图)，其中包括三个选项，Net Labels and Ports Global 选项的功能是将相同的网络名称及输入/输出端口名称，都视为连接。Only Ports Global 选项的功能是只有输入/输出端口名称相同者，才视为连接。Sheet Symbol/Port Connections 选项的功能是将相同的框图入口与其内层的输入/输出端口，视为连接。

如图 10.2 所示，在 Rule Matrix 选项卡中可以自行定义连接的规则，其中各项说明如下：

- Legend：本区域的功能是为数组里的图例，其中 No Report 绿色代表正常的连接，程序不出示任何消息；Error 红色代表不正常的连接，程序将出示错误消息；Warning 黄色代表有问题的连接，程序将出示警告消息。
- 阵列：本阵列的功能是让用户自行定义检查规则，其中垂直轴与水平轴的各项说明如下：

Input Pin	输入型引脚
IO Pin	双向型引脚
Output Pin	输出型引脚
Open Colector Pin	集电极开路输出型引脚
Passive Pin	被动元件引脚
HiZ Pin	三态式高阻抗引脚
Open Emitter Pin	开射极输出型引脚
Power Pin	电源引脚
Input Port	输入型输入/输出端口
Output Port	输出型输入/输出端口
Bidirectional Port	双向型输入/输出端口

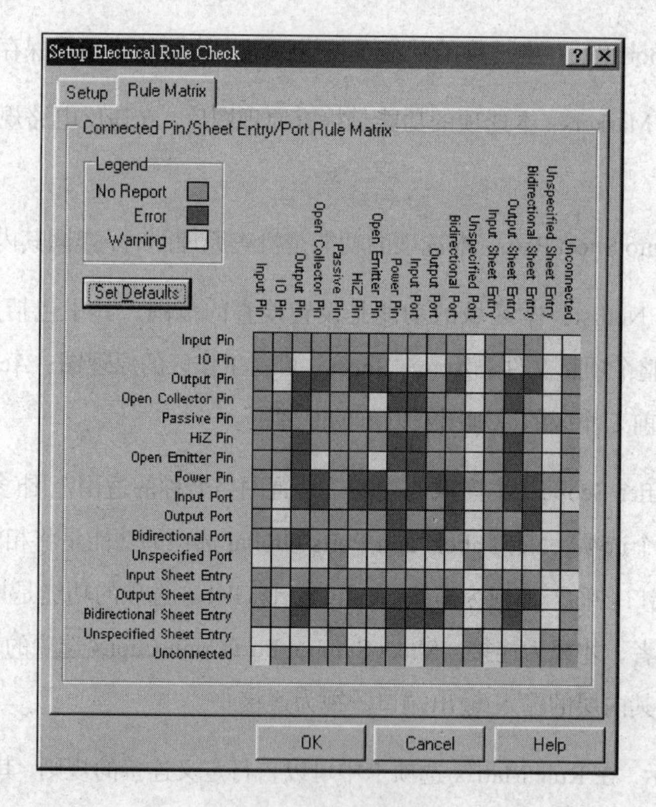

图10.2　连接规则

Unspecified Port	无方向型输入/输出端口
Input Sheet Entry	输入型框图入口
Output Sheet Entry	输出型框图入口
Bidirectional Sheet Entry	双向型框图入口
Unspecified Sheet Entry	无方向型框图入口
Unconected	没有连接

水平轴项目与垂直轴项目相连接时，程序将按其交叉框的颜色来进行处理。如果要改变设置，只要指向所要改变的框，单击鼠标左键，即可切换颜色，切换顺序为：绿⇨黄⇨红。

□　Set Defaults：本按钮的功能是将数组的设置，恢复为程序默认状态。

设置完成后，只要单击 OK 按钮，程序即进行 ERC 检查，并产生报告文件，出现报告窗口。

10-2 产生网络表

如果说网络表是电路设计的灵魂，一点也不为过！通常电路软件之间接口，就是靠其所约定的网络表格式来传达消息。例如想在完成原理图后，进行电路仿真或设计 PCB，则需先从原理图产生电路仿真软件或设计 PCB 软件所能接受的网络表格式，即可通过该网络表文件，将原理图的元件、网络与参数传入电路仿真软件或设计 PCB 软件，才能进行电路仿真或设计 PCB。

当我们要产生网络表时，首先要确定所有元件已编号，而且通过电路检查，然后执行 Design 菜单下的 Create Netlist...命令，出现图 10.3 所示的对话框。

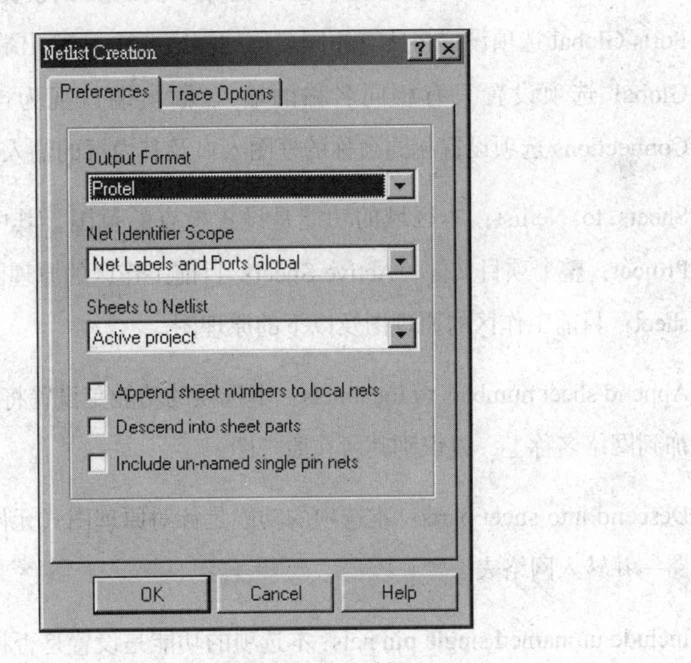

图10.3　产生网络表对话框

其中各项说明如下：

□ Output Format：本文本框的功能是指定所要产生网络表的格式，其中包括下列网络表格式选项：

Protel
Protel2
Protel[Hierarchical]
EEsof[Libra]
EEsof[Touchstone]
Edif 2.0
Edit 2.0[Hierarchical]
Algorex
Intergraph
Mentor Board Station V6
Multi Wire
OrCad/PCB II
OrCad/PLD
PADS ASCII
PCAD
PCADnlt

AppliconBRAVO
AppliconLEAP
Cadnetix
Calay
Case
CBDS
ComputerVision
EE Designer
FutureNet
Star Semiconductor
HiLo
RacalRedac
Scicard
SPICE
SPICE[Hierarchical]
SMASH
Tango
Telesis
Vectron
WireList
Xilinx XNF 5.0
VHDL

对于 Protel PCB 而言，只要采用程序默认的 Protel 格式即可。

- □ Net Identifier Scope：本文本框是针对多张式原理图的设置，其中的 Net Labels and Ports Global 选项设置将所有相同名称的网络或输入/输出端口，视同连接；Only Ports Global 选项设置只有相同名称的输入/输出端口视为连接；Sheet Symbol/Port Connections 选项设置相同名称的框图入口及其内层的输入/输出端口，视为连接。
- □ Sheets to Netlist：本区域的功能是设置检查的范围，其中包括三个选项，Active Project：整个项目文件；Active Sheet：目前工作区的原理图；Active Sheet plus sub sheet：目前工作区的原理图及以下的原理图。
- □ Append sheet numbers to local nets：本选项的功能是设置将原理图图号(Sheet No.)，加到网络名称上，以识别其所在原理图。
- □ Descend into sheet parts：本选项的功能是针对原理图式元件，是否要连同其内部电路一并转入网络表。
- □ Include un-named single pin nets：本选项的功能是设置是否将没有信号名称的引脚转入网络表。

另外一选项卡是有关跟踪信号的设置，如图 10.4 所示。

其中各项说明如下：

- □ Enable Trace：本选项的功能是设置产生跟踪文件(*.TNG)。
- □ Netlist before any resolving：本选项的功能是设置在进行分析之前即产生网络表。
- □ Netlist after resolving sheets：本选项的功能是设置在解析内层原理图的网络后，再产生网络表。

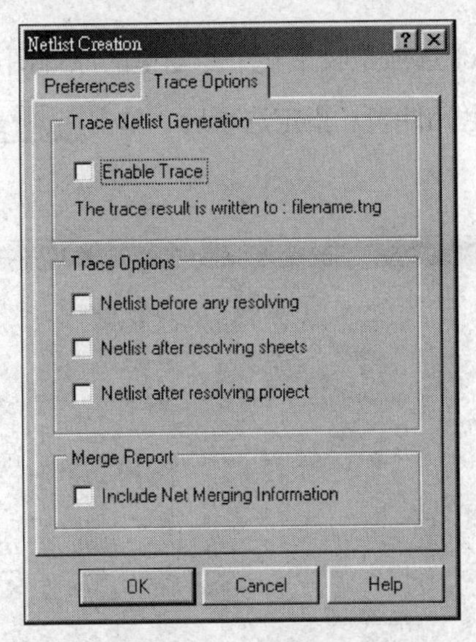

图10.4　跟踪信号

- □ Netlist after resolving project：本选项的功能是设置在解析整个专题原理图后，才产生网络表。
- □ Include Net Merging Information：本选项的功能是设置所产生的网络表将包括所有网络数据。

完成设置后，单击 OK 按钮，程序即产生网络表，并出现报告窗口。

10-3 产生元件表

原理图中使用了哪些元件？元件表可以给我们标准答案。当我们要产生元件表时，则执行 Reports 菜单下的 Bill of Material 命令，即可启动元件向导，如图 10.5 所示。

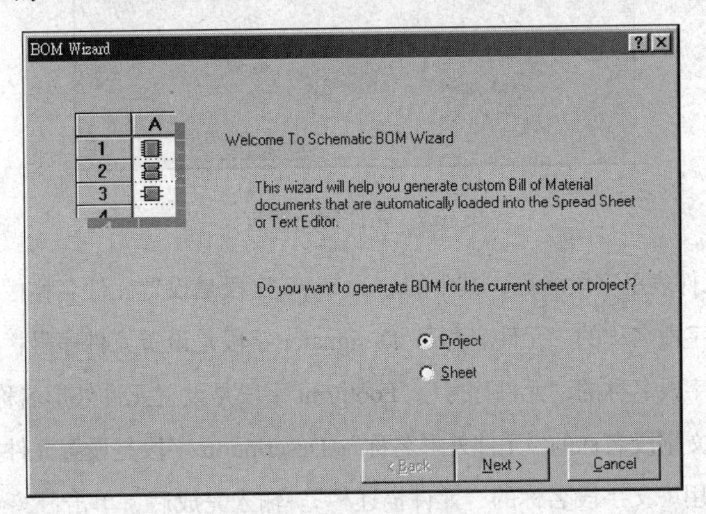

图10.5　元件向导窗口一

其中有两个选项，Project 选项是收集整个专题里的原理图产生元件表；Sheet 选项是只针对动作窗口内的原理图产生元件表。指定选项后，单击 Next > 按钮，元件向导改变如图 10.6 所示。

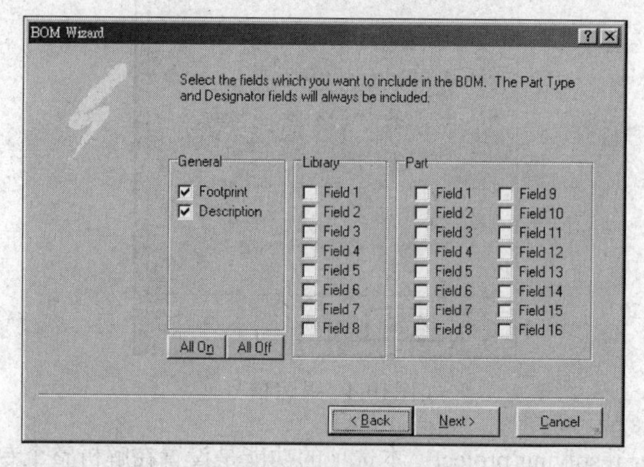

图10.6　元件向导窗口二

我们可以指定元件表中所要列出的数据，通常在此只选择 Footprint(元件外形名称)及 Description(元件描述字段)，指定选项后，单击 Next > 按钮，元件向导改变图 10.7 所示。

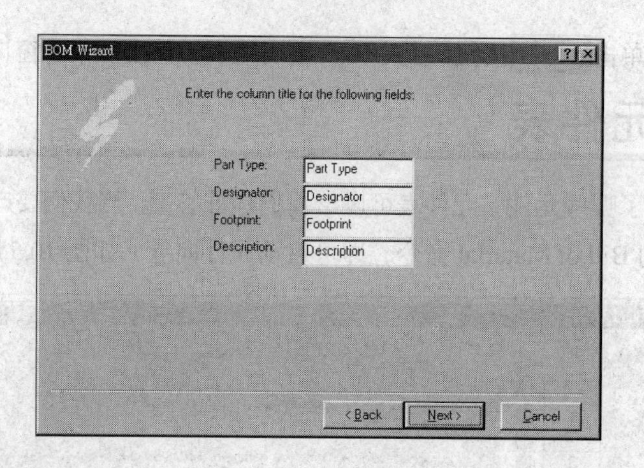

图10.7　元件向导窗口三

在此指定元件表里字段名称，其中的 Part Type 字段是设置元件名称栏的字段名称，可以直接使用中文字段名称的“元件名称”；Designator 字段是设置元件序号栏的字段名称，可以直接使用中文字段名称的“元件序号”；Footprint 字段是设置元件外形名称栏的字段名称，可以直接使用中文字段名称的“元件外形名称”；Description 字段是设置元件描述栏的字段名称，可以直接使用中文字段名称的“元件描述栏”。输入完成后，单击 Next > 按钮，元件向导改变如图 10.8 所示。

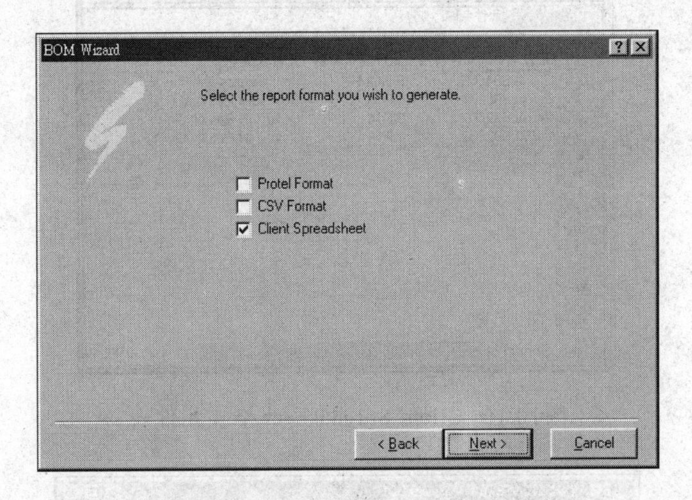

图10.8　元件向导窗口四

- 在此设置元件表的格式，其中包括三个选项，Protel Format 选项为 Protel 格式，为一般文字文件，产生元件表后，将直接启动 Protel 的文字编辑器，并加载该元件表。CVS Format 选项是以逗点分隔字段的格式，类似试算表文件，可以用 Excel 编辑。Client Spreadsheet 选项为 Protel 格式的试算表文件，产生元件表后，将直接启动 Protel 的试算表编辑器，并加载该元件表。指定选项后，单击 Next > 按钮，元件向导改变如图 10.9 所示。

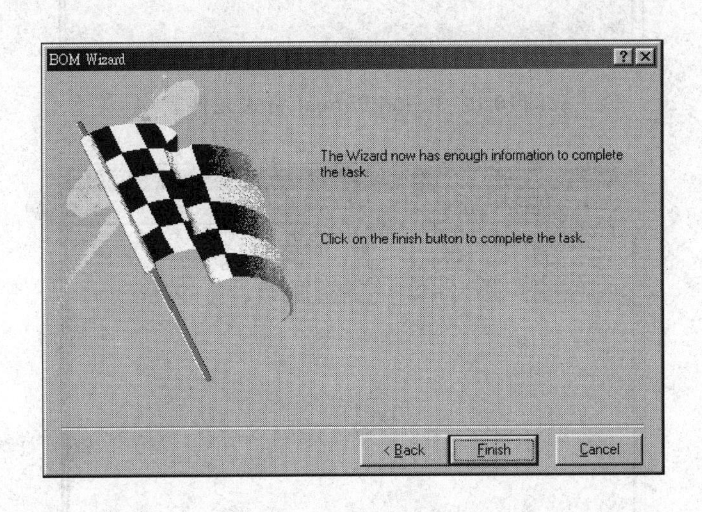

图10.9　元件向导窗口五

单击 Finish 按钮后即可产生元件表。图 10.10~图 10.12 所示为 3 种不同格式的元件表。

	A	B	C	D
1	元件名称	元件序号	元件封装名称	元件描述栏
2	SN74LS04	U3	SOIC14	Hex Inverters
3	SN74LS08	U4	DIP14	Quad 2-IN Pos And G
4	SN74LS32	U1	DIP14	Quad 2-IN Pos Or G
5	SN74LS32	U2	DIP14	Quad 2-IN Pos Or G

图10.10 Client Spreadsheet 格式元件表

```
Bill of Material for 4FA.Bom

Used 元件名称          元件序号      元件封装名称   元件描述栏
==== ================ ========== ============ =============
1    SN74LS04         U3         SOIC14       Hex Inverters
1    SN74LS08         U4         DIP14        Quad 2-IN Pos
2    SN74LS32         U1 U2      DIP14        Quad 2-IN Pos
```

图10.11 Protel Format 格式元件表

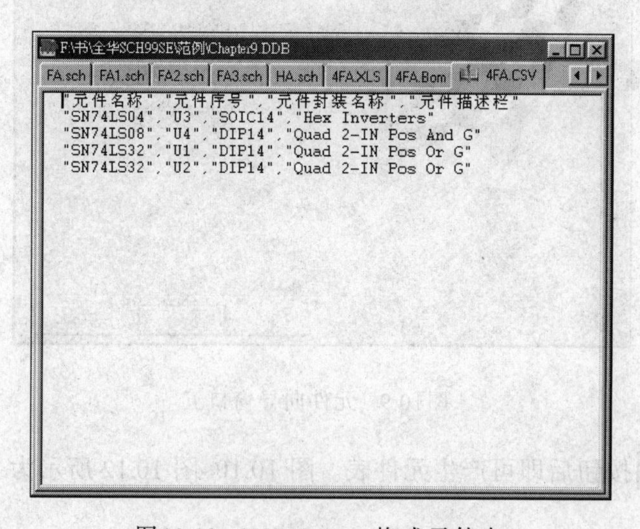

```
"元件名称","元件序号","元件封装名称","元件描述栏"
"SN74LS04","U3","SOIC14","Hex Inverters"
"SN74LS08","U4","DIP14","Quad 2-IN Pos And G"
"SN74LS32","U1","DIP14","Quad 2-IN Pos Or G"
"SN74LS32","U2","DIP14","Quad 2-IN Pos Or G"
```

图10.12 CVS Format 格式元件表

10-4 产生网络比较表

在 Schematic 中，我们可以比较两个网络表的异同并做出报表。当我们要比较两个网络表时，则执行 Reports 菜单下的 Netlist Compare…命令，出现图 10.13 所示的对话框。

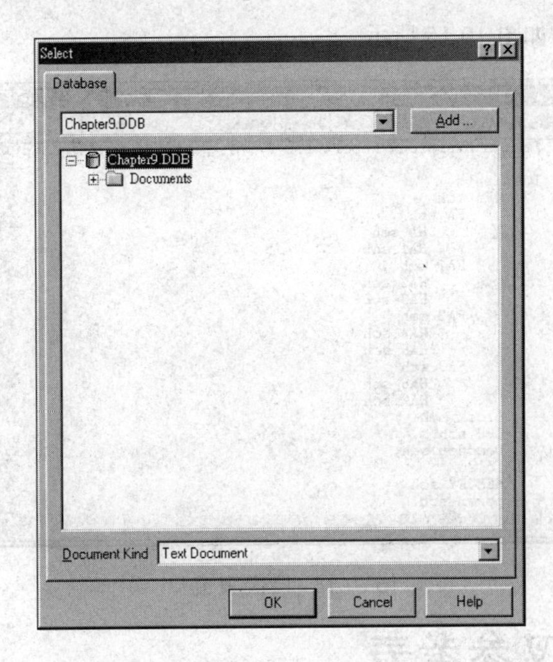

图10.13　指定第一个网络表文件

在文件名称字段中指定所要比较的第一个网络表文件，单击 打开(O) 按钮，程序又出现类似的对话框，同样地，在文件名称字段中指定所要比较的第二个网络表文件，单击 打开(O) 按钮，程序即进行比较，然后出示报表窗口，如图 10.14 所示。

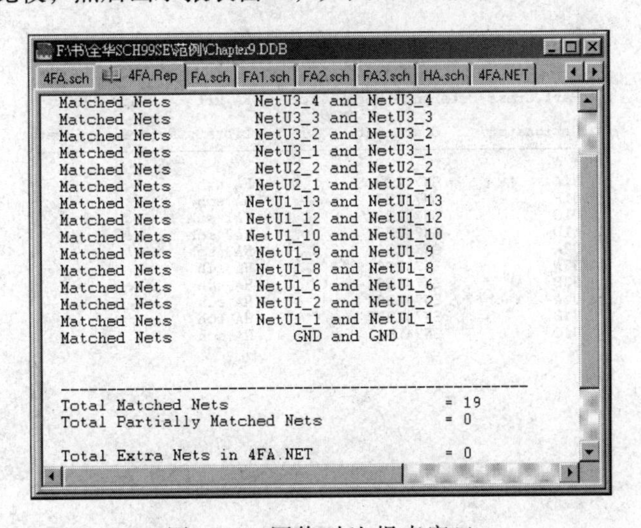

图10.14　网络对比报表窗口

10-5 产生层次表

对于层次式的原理图而言，我们可通过专题管理器得知其层次关系。不过，我们也可以将产生其层次表。当我们要产生层次表时，则执行 Reports 菜单下的 Design Hierarchy...命令，立即弹出层次表窗口，如图 10.15 所示。

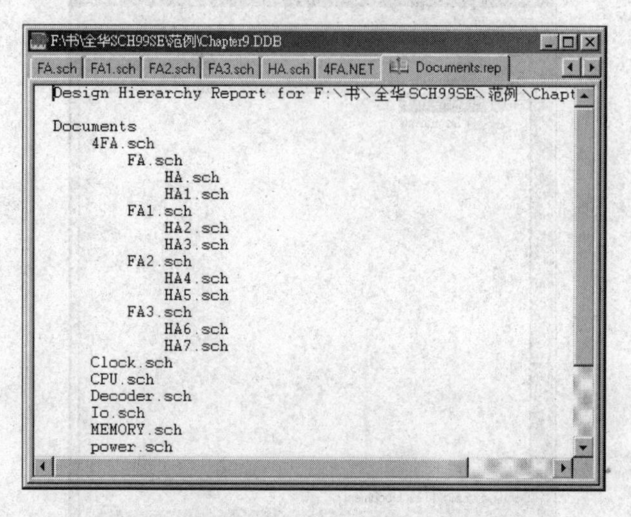

F:\书\全华SCH99SE\范例\Chapter9.DDB

FA.sch | FA1.sch | FA2.sch | FA3.sch | HA.sch | 4FA.NET | Documents.rep

```
Design Hierarchy Report for F:\书\全华SCH99SE\范例\Chapt

Documents
    4FA.sch
        FA.sch
            HA.sch
            HA1.sch
        FA1.sch
            HA2.sch
            HA3.sch
        FA2.sch
            HA4.sch
            HA5.sch
        FA3.sch
            HA6.sch
            HA7.sch
    Clock.sch
    CPU.sch
    Decoder.sch
    Io.sch
    MEMORY.sch
    power.sch
```

图10.15　层次表窗口

10-6 产生交叉参考表

交叉参考表是将原理图中列出每一元件，包括该元件的元件序号、元件名称及该元件在哪一张原理图，对于层次式原理图特别好用！当我们要产生交叉参考表时，则执行 Reports 菜单下的 Cross Reference 命令，立即弹出层次表窗口，如图 10.16 所示。

F:\书\全华SCH99SE\范例\Chapter9.DDB

Documents | 4FA.sch | FA.sch | FA1.sch | FA2.sch | FA3.sch | HA.sch | 4FA.xrf

```
Part Cross Reference Report For : 4FA.xrf      2-Apr-2000

Designator      Component          Library Reference Sheet
----------------------------------------------------------

U1A             SN74LS32             FA.sch
U1B             SN74LS32             HA.sch
U1C             SN74LS32             FA1.sch
U1D             SN74LS32             FA2.sch
U2A             SN74LS32             FA3.sch
U3A             SN74LS04             HA.sch
U3B             SN74LS04             HA.sch
U4A             SN74LS08             HA.sch
U4B             SN74LS08             HA.sch
U4C             SN74LS08             HA.sch
```

图10.16　交叉探测表窗口

10-7　练功房

1. 请对第 8 章所绘制的原理图(Chapter8-1.SCH ~ Chapter8-10.SCH)进行电路检查，如有错误，请修改。

2. 请对第 9 章所绘制的层次式原理图进行电路检查，如有错误，请修改。

3. 请制作第 8 章所绘制原理图的网络表、网络比较表、元件表及交叉参考表。

4. 请制作第 9 章所绘制原理图的网络表、网络比较表、元件表、层次表及交叉参考表。

第 3 篇 电路图元件设计篇

▶ 第 11 章

元件库管理与元件编辑

▶困难度指数：☺☺☺☺😑😑

▶学习条件：　基本电路绘图

▶学习时间：　75 分钟

本章纲要

1.认识管理器

2.认识元件编辑器

3.分立式元件编辑

4.复合封装元件编辑

5.元件检查与元件报表

6.制作专属元件库

7.电工图的元件库

虽然 Schematic 99 SE 提供了难以数计的元件，但是再多的元件也不够用，就举一个最常用的元件——七段显示器，Schematic 99 SE 就没有提供。

11-1 认识设计管理器

Schematic 99 SE 提供一个很占地方的设计管理器(Penal)，如图 11.1(b)所示。设计管理器包含两个功能，由图 11.1(b)可得知，通过 Browse 区域上方字段我们可以选择 Libraries 元件管理器(图 11.1.(b))或 Primitives 图件管理器。

首先我们看一下图件管理器，其功能是浏览编辑区里的图件。如果用户的屏幕分辨率达到 1024×768 以上，且采用 Windows 默认的 Small Font。在上方的字段中选择 Primitives 选项，即可切换为图件管理器，如图 11.1 所示。

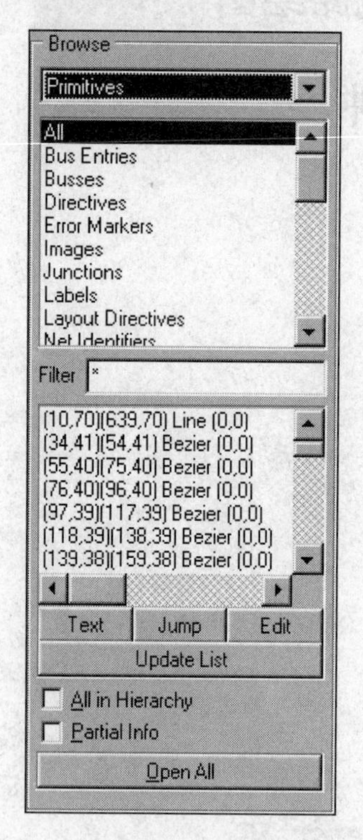

(a)

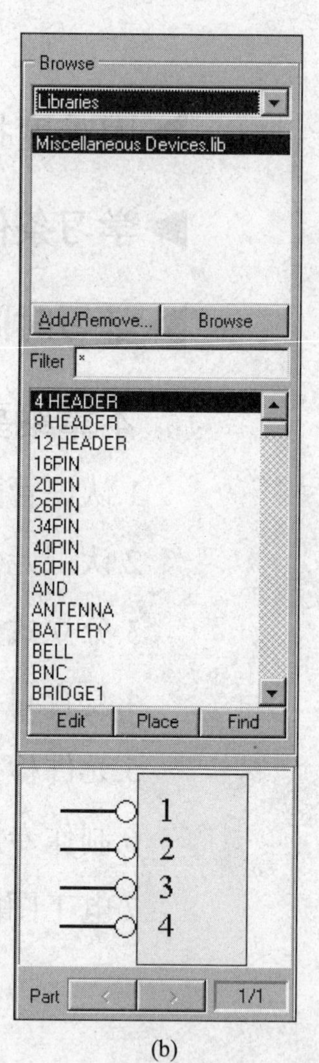

(b)

图11.1 设计管理器

在管理器选择字段下面的区域中，可以指定要在区域里显示哪类图件，其中包括下列选项：

All	显示所有图件数据
Bus Entries	只显示总线入口数据
Buses	只显示总线数据
Directives	只显示指示图件数据
Error Makers	只显示错误标示数据
Images	只显示图片数据
Junctions	只显示节点数据
Labels	只显示标示文字数据
Layout Directives	只显示 PCB 布线指示数据
Net Identifiers	只显示网络识别数据
Net Labels	只显示网络名称数据
Part Fields	只显示元件标注栏数据
Part Types	只显示元件名称数据
Parts	只显示元件序号数据
Pins & Parts	只显示元件序号及引脚数据
Pins	只显示引脚数据
Hierarchical Nets	只显示层次式网络数据
Ports	只显示输入/输出端口数据
Power Objects	只显示电源或接地符号数据
Sheet Entries	只显示框图入口数据
Sheet Parts	只显示元件图数据
Sheet Symbols	只显示框图数据
Sheet Sym Files	只显示框图文件数据
Sim. Directives	只显示电路仿真指示图件数据
Sim. Probes	只显示电路仿真测试点数据
Sim. Vectors	只显示电路仿真测试向量数据
Sim. Stimulus	只显示电路仿真激励信号数据
Suppress ERC	只显示忽略 ERC 指示数据
Text Frames	只显示文本框数据
Wires	只显示导线数据

紧接着是 Filter 字段，这个字段的功能是协助我们筛选所要浏览的数据，通常是输入*，代表在数据显示区域里显示所有图件数据；如果要查找某类的图件数据的话，可在此字段里指定筛选的条件，只让符合条件的图件显示出来。

最下面有 4 个按钮，说明如下：

□ Text：本按钮的功能是编辑在数据显示区域中所指定的图件数据(蓝底白字)。单击本按钮后，将出现该字符串的编辑对话框，且编辑区内立即移至该图件，如图 11.2 所示。

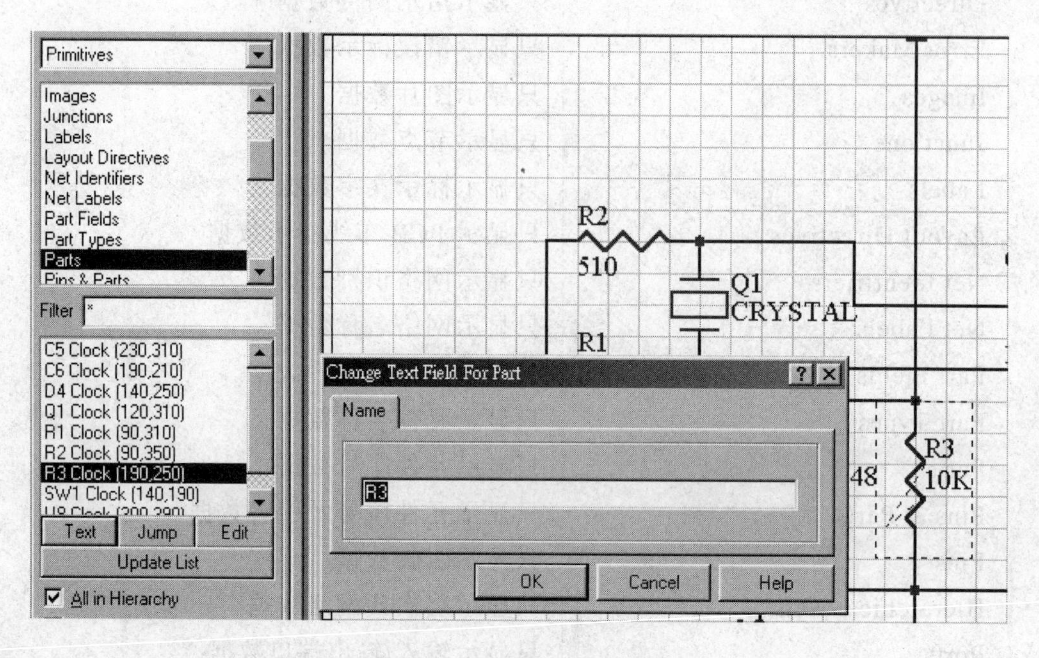

图11.2　编辑图件的文字数据

我们可以在这个对话框中修改这个元件序号，再单击 OK 按钮即可关闭对话框，且将新的元件序号同时输入数据字段及编辑区。

□ Jump：本按钮的功能是跳转到数据显示区域中，所指定的图件上(不管该图件是不是在动作窗中)。

□ Edit：本按钮的功能是编辑数据显示区域中所指定图件。在数据显示区域中指定所要编辑的图件，再单击本按钮，屏幕将出现其属性对话框，我们就可进行其属性编辑了。

□ Update list：本按钮的功能是更新数据字段中的数据。

接下来是 All in Hierarchy 选项，其功能是设置该区域所操作的，包括整个专题，也就是在该专题中所有原理图的图件都将显示在其中间区域中。

数据显示区域下方的 Partial Information 选项，其功能是设置在区域里只显示部分的数据，如图 11.3 所示。

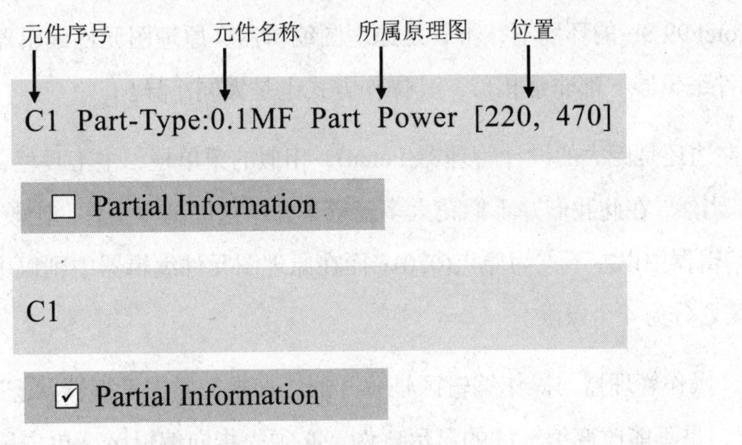

图11.3　数据显示方式

11-2 认识元件编辑器

想要打开元件编辑器，要先打开或创建一个专题数据库文件.Ddb；先创建 Chapter ，专题数据库文件，然后在 Documents 文件夹接着右击，执行快捷菜单的 New 命令，选择 Schematic Library Document 创建元件库 Schlib1.Lib，并随即将之改名为 PT11-1.lib 然后打开，即可打开 Schematic 的元件编辑器，如图 11.4 所示。

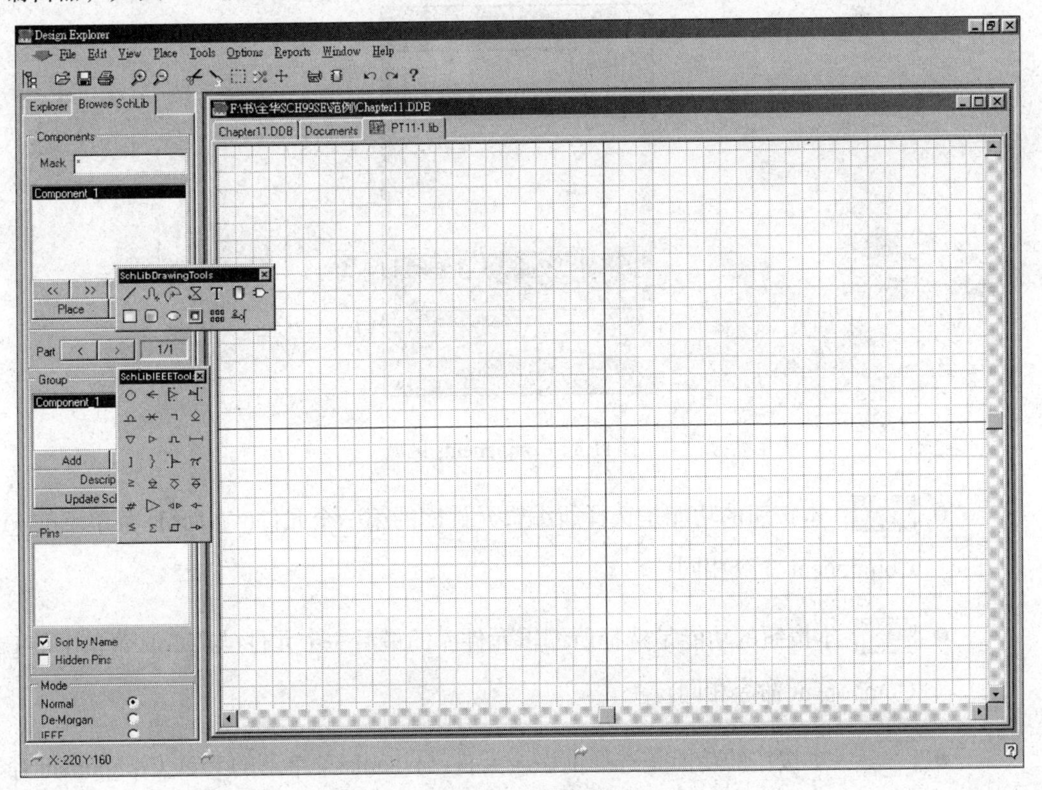

图11.4　元件编辑器

在 Protel 99 SE 的环境下，不管是原理图编辑器、原理图元件编辑器、PCB 编辑器，还是 PCB 元件编辑器，都非常相似，其操作方式也是大同小异！

窗口左边还是庞大的设计管理器(Penal)，相似的菜单栏、主工具栏，还有两个浮动的工具栏窗口，当然，在此我们并不愿花太多篇幅来介绍这些基本组件。比较不一样的是编辑区，在原理图编辑器中以左下方为原点(0, 0)；而在原理图元件编辑器中则以中央为原点(0, 0)，将整个编辑区划分为 4 个象限。

另外，操作管理器与操作编辑区是分开的，如果在操作管理器状态下，按 PgUp 键或 PgDn 键，是不能改变编辑区的显示比例。必须先指向编辑区，单击鼠标左键，切换到操作编辑区，才可以改变编辑区的显示比例。这是一般初学者常发生的困扰。

在左边的管理器中，大概可以分为 4 个区域，说明如下：

- Components：如图 11.5 所示，本区域的功能是选择所要操作的元件。同样地，如果我们所编辑的元件库里元件数量庞大的话，可通过 Mask 字段来筛选所要操作的元件。此外，下方也有 6 个辅助选择元件的按钮，说明如下：

图11.5　Components 区域

- <<：本按钮的功能是选择所编辑元件库的第一个元件(与 Tools 菜单下的 First Component 命令相同)。
- >>：本按钮的功能是选择所编辑元件库的最后一个元件(与 Tools 菜单下的 Last Component 命令相同)。
- <：本按钮的功能是选择前一个元件(与 Tools 菜单下的 Prev Component 命令相同)。

- >：本按钮的功能是选择下一个元件(与 Tools 菜单下的 Next Component 命令相同)。
- Place：本按钮的功能是将所选择的元件，放置到原理图。与原理图编辑器里的取用元件按钮(Place)一样。
- Find：本按钮的功能是查找元件，与原理图编辑器里的查找元件按钮(Find)一样。

在此区域下方有两个按钮，其功能是操作复合封装元件里的单元元件(Part)，什么是复合封装元件呢？就是把几个单元元件塞入一颗 IC 里，最具代表性的是逻辑门，例如 7400 就是把 4 个完全一样的 NAND 门封装在一起，其中每个 NAND 门就是一个单元元件。此外，有些线性 IC 也是复合封装元件，如 uA747 等。

- <：本按钮的功能是选择前一个单元元件(Part)。
- >：本按钮的功能是选择下一个单元元件(Part)。

□ Group：如图 11.6 所示，本区域的功能是操作群组元件，什么是群组元件？简单地讲，就是共用元件图的元件，而各有各的元件名称，例如 Device.lib 元件库里的 12 HEADER 与 HEADER 12 都是 12 Pins 的接头，它们就共用相同的元件图，如此将可省时、省空间！在此区域下方有 4 个按钮，说明如下：

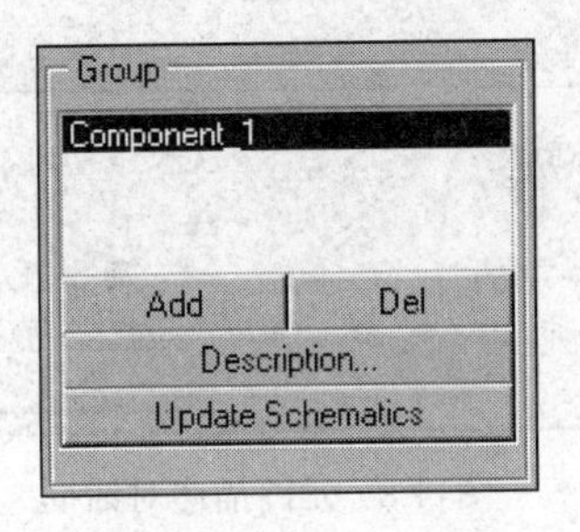

图11.6　Group 区域

- Add：本按钮的功能是新增集合元件，也就是不必再定义元件图、元件引脚，直接产生另一个新元件；反过来说，就是为这个元件图、元件引脚指定新的元件名称。单击此按钮后，出现图 11.7 所示的对话框。

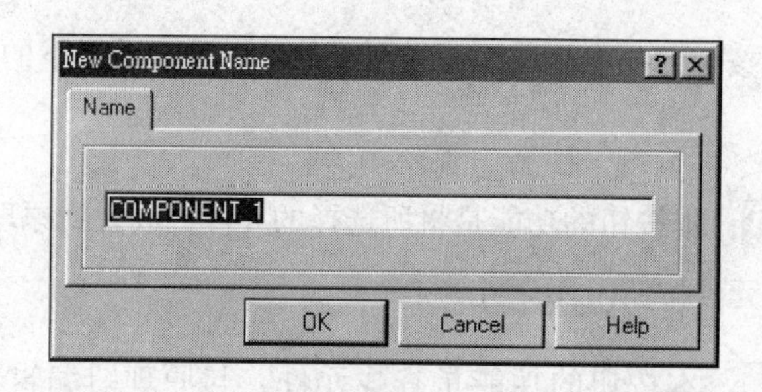

图11.7　指定新元件名称

紧接着输入新的元件名称，再单击 OK 按钮关闭对话框，则所输入的元件名称将出现在区域中。

- Del ：本按钮的功能是删除区域中，所选择的元件名称，则无法再以该元件名称取用该元件了。
- Description... ：本按钮的功能是打开该元件描述对话框，单击此按钮后，出现图 11.8 所示的对话框。

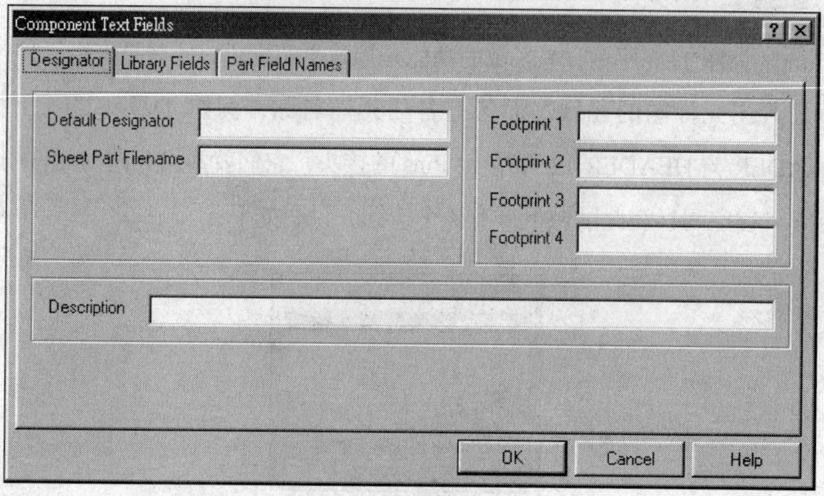

图11.8　元件描述对话框

在 Designator 选项卡中，我们可以在 Default Designator 字段里指定该元件默认的元件序号字头，例如在此字段里输入 X?，则取用该元件时，其元件序号就是 X?。Sheet Part Filename 字段是针对原理图式的元件，只要在此字段里指定原理图文件，则在原理图编辑器里，单击按钮，再点取本元件，即可打开此原理图。Description 字段为元件描述字段，我们可以在此字段输入一些关于这个元件的说明或相关数据。在右边有 4 个 FootPrint 1～ FootPrint 4 字段，我们可以输入该元件的元件外形，以供 PCB 设计使用。

另外有 Library Fields 及 Part Field Names 选项卡，分别是定义该元件的 8 个只读字段(Library Fields 选项卡)的数据及 16 个一般字段(Part Field Names 选项卡)的字段名称。

- Update Schematics：本按钮的功能是将此元件库所编辑的结果，反应到原理图中。

□ Pins：如图 11.9 所示，显示所编辑元件中的引脚。其中有两个选项，其功能说明如下：

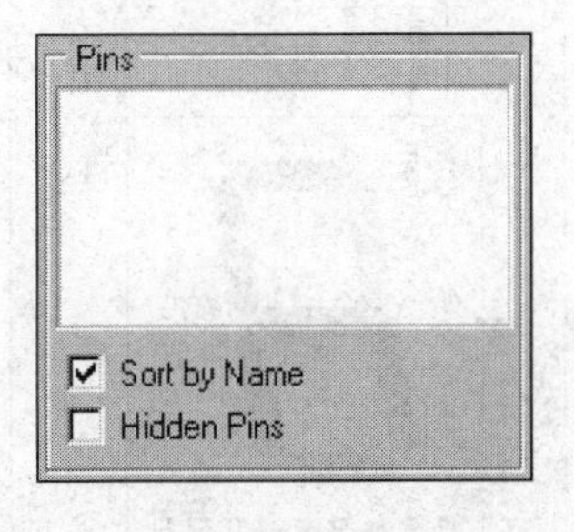

图11.9　Pins 区域

- Sort by Name：本选项的功能是设置按引脚名称顺序排列显示，如果不指定本选项，将按引脚编号顺序排列显示，如图 11.10 所示。

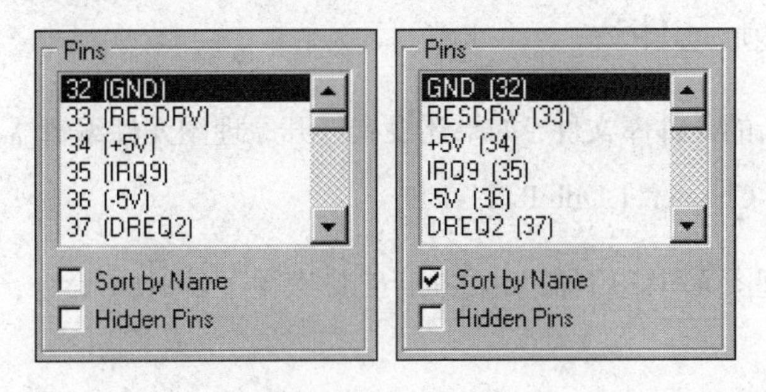

图11.10　显示引脚的方式

- Hidden Pins：本选项的功能是设置是否显示隐藏引脚。

□ Mode：本区域的功能是指定元件的模式，其中包括 Normal、De-Morgan、IEEE 三个选项，如图 11.11 所示。

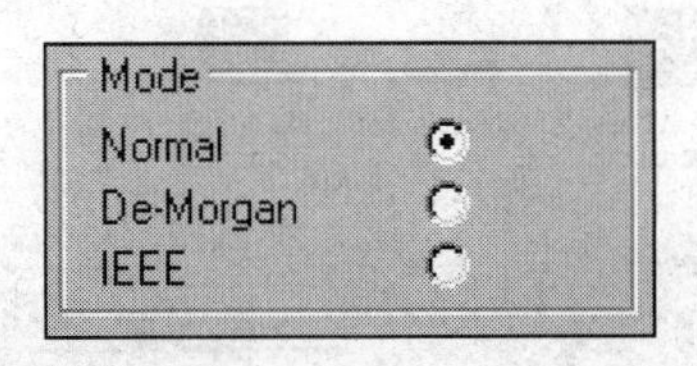

图11.11　Mode 区域

11-3 分立式元件编辑范例

使用 Protel Schematic 的人几乎都有一种不愉快的经验，也就是找不到所要使用的元件，即使找得到样式也不怎么好看，如找不到一个漂亮的七段显示器。这是 Protel 的标准型，让编写书籍的人(或教 Protel 的老师)有发挥的空间！我们就以这个常用的元件为例（图 11.12），亲手设计一个七段显示器。

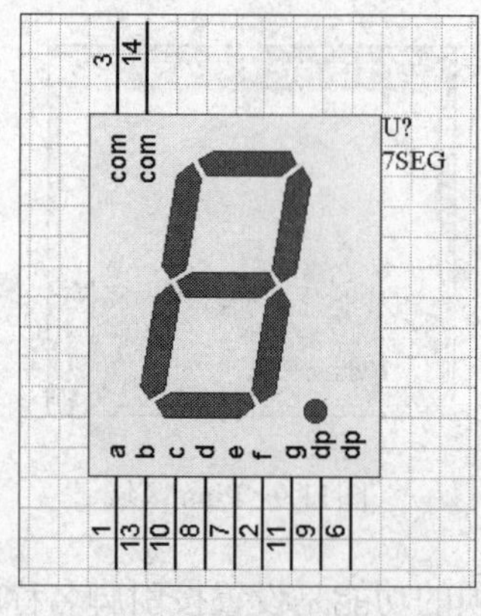

图11.12　七段显示器范例

1 打开新元件库

首先打开一个新的元件库文件，如果还没有打开原理图元件编辑器，则按照上述步骤打开一个全新的元件库 Chapter11.Ddb\PT11-1.lib。

如果早已在原理图元件编辑器里，可执行 File 菜单下的 New 命令，出现图 11.13 所示的对话框。

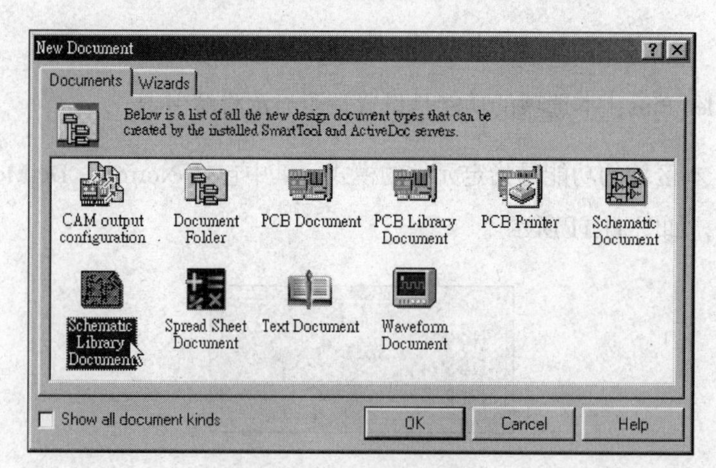

图11.13　打开新文件

选择 Schematic Library Document 选项卡，单击 OK 按钮即可进入原理图元件编辑器，并打开一个全新的元件库(Schlib_1.Lib)请更名为 PTT11-1.lib。

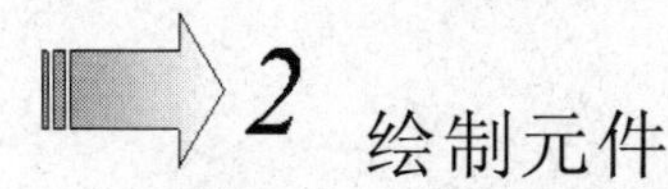

绘制元件

▶ 1　指向编辑区中央，单击鼠标左键，然后按 PgUp 键数次，将屏幕放大到适当的比例。

▶ 2　执行 Options 菜单下的 Document Options…命令，出现图 11.14 所示的对话框。

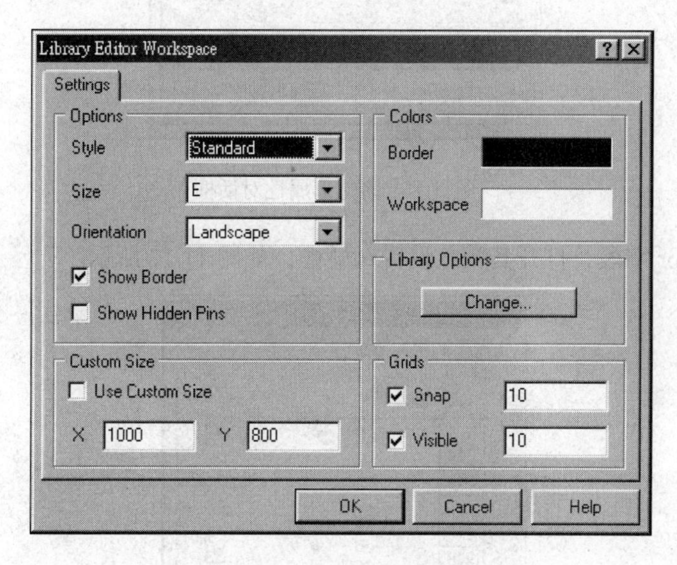

图11.14　设置网格

在右下方的 Grids 区域中，取消 Snap 选项，再单击 OK 按钮关闭对话框。

▶ 3　单击按钮进入画多边形状态，指向(42, 109)坐标(请应用键盘上的 ⇦ 、⇨ 、⇧ 、⇩ 键，并注意看左下方的坐标栏)，单击鼠标左键，定义多边形的第一点；指向(37, 106)坐标，单击鼠标左键，定义多边形的第二点；指向(40, 101)坐标，单击鼠标左键，定义多边形的第三点；指向(66, 101)坐标，单击鼠标左键，定义多边形的第四点；指向(71, 105)坐标，单击鼠标左键，定义多边形的第五点；指向(69, 109)坐标，单击鼠标左键，定义多边形的最后一点；然后右击两下，完成该多边形，如图 11.15 所示。

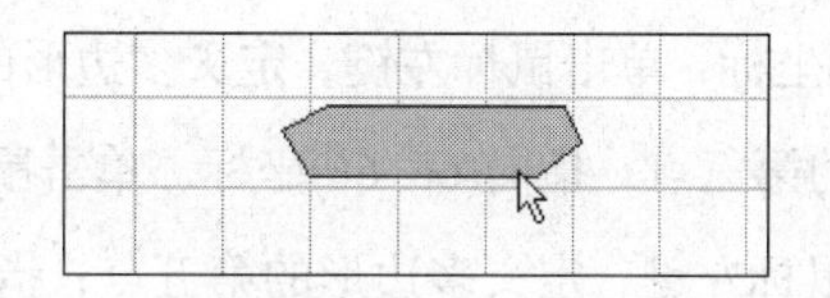

图11.15　完成一个多边形

▶ 4　双击刚完成的多边形，打开其属性对话框，如图 11.16 所示。

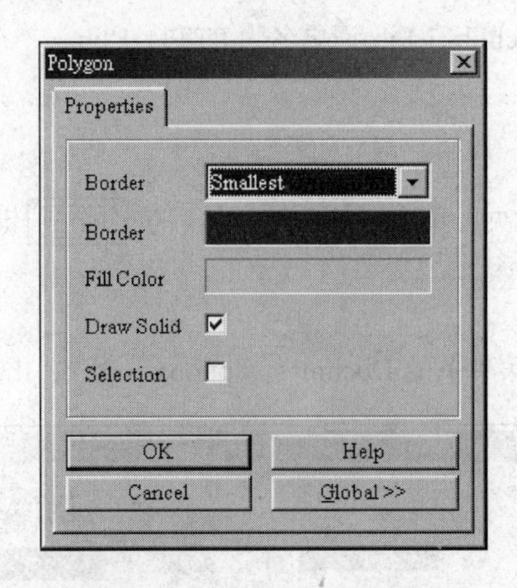

图11.16　多边形属性对话框

单击 Fill Color 字段，打开其颜色设置对话框，如图 11.17 所示。

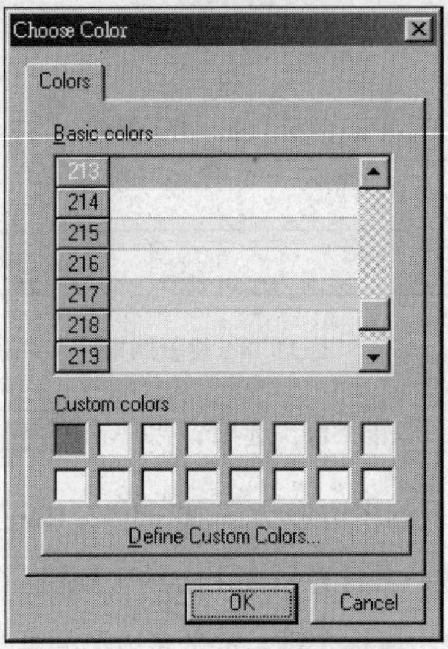

图11.17　颜色设置对话框

选择红色(227)，单击 OK 按钮退回前一个对话框，再单击 OK 按钮完成颜色设置。

▶ 5　单击按钮进入画多边形状态，指向(73, 104)坐标，单击鼠标左键，定义多边形的第一点；指向(68, 100)坐标，单击鼠标左键，定义多边形的第二点；指向(63, 70)坐标，单击鼠标左键，定义多边形的第三点；指向(66, 66)坐标，单击鼠标左键，定义多边形的第四点；指向(71, 69)坐标，单击鼠标左键，定义多边形的第五点；指向(76, 99)坐标，单击鼠标左键，定义多边形的最后一点；然后点击鼠标右键两下，完成该多边形，如图 11.18 所示。

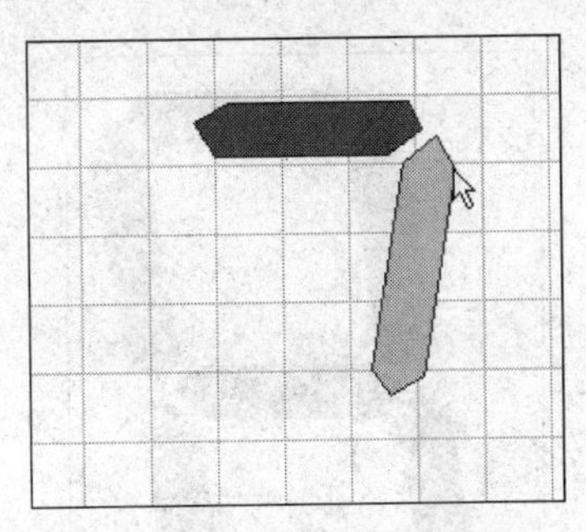

图11.18　完成第二个多边形

▶ 6　以类似步骤 4 的方法将刚画的多边形改为红色。

▶ 7　执行 Edit 菜单下的 Toggle Selection 命令，然后指向横的多边形，单击鼠标左键选择该多边形，再右击结束选择。

▶ 8　执行 Edit 菜单下的 Copy 命令，然后指向(42, 109)，复制该多边形。单击 按钮，指向(35, 69)单击鼠标左键，粘贴一个多边形；单击 按钮，指向(28, 29)单击鼠标左键，粘贴另一个多边形，最后按 ESC 键结束粘贴状态；按 X 、 A 键取消选择，如图 11.19 所示。

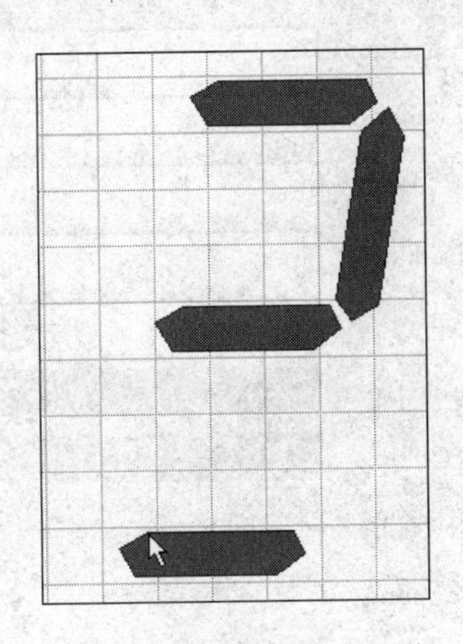

图11.19　粘贴横的多边形

▶ 9　以类似步骤 7 的方法，选择直的多边形。

▶10　执行 Edit 菜单下的 Copy 命令，然后指向(73, 104)，复制该多边形。单击 按钮，指向(35, 105)单击鼠标左键，粘贴一个多边形；单击 按钮，指向(28, 65)单击鼠标左键，粘贴一个多边形；单击 按钮，指向(66, 64)单击鼠标左键，粘贴一个多边形。最后按 ESC 键结束粘贴状态；按 X 、 A 键取消选择，如图 11.20 所示。

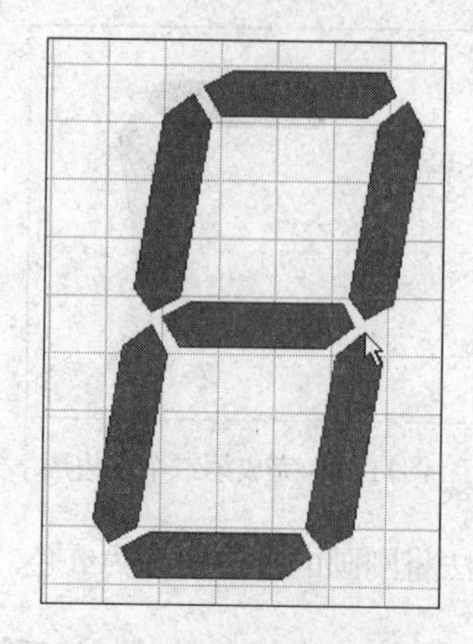

图11.20　粘贴直的多边形

▶11　单击按钮进入画圆状态，指向(78, 22)，单击鼠标左键，再按TAB键，打开其属性对话框，如图 11.21 所示。

Ellipse

Properties

X-Location 78
Y-Location 22
X-Radius 4
Y-Radius 4
Border Smallest
Border Color
Fill Color
Draw Solid ☑
Selection ☐

OK　Help
Cancel　Global >>

图11.21　圆形属性对话框

将 X-Location 字段设为 78、Y-Location 字段设为 22、X-Radius 字段设为 4、Y-Radius 字段设为 4，而 Fill Color 字段设为红色，再单击 OK 按钮关闭对话框。指向(78, 22)坐标，右击，再右击，即可完成小数点，如图 11.22 所示。

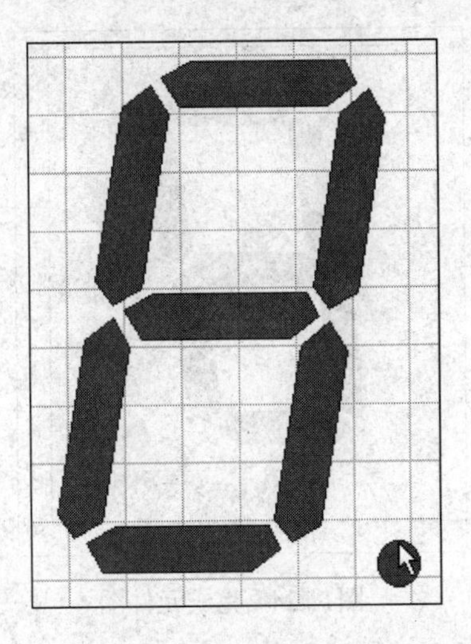

图11.22　完成小数点

▶12　元件图的最后一个图件是元件外框，单击 按钮进入画矩形状态，指向(0, 120)位置，单击鼠标左键，再移至(100, 0)位置，单击鼠标左键、右键，完成一个矩形，如图 11.23 所示。

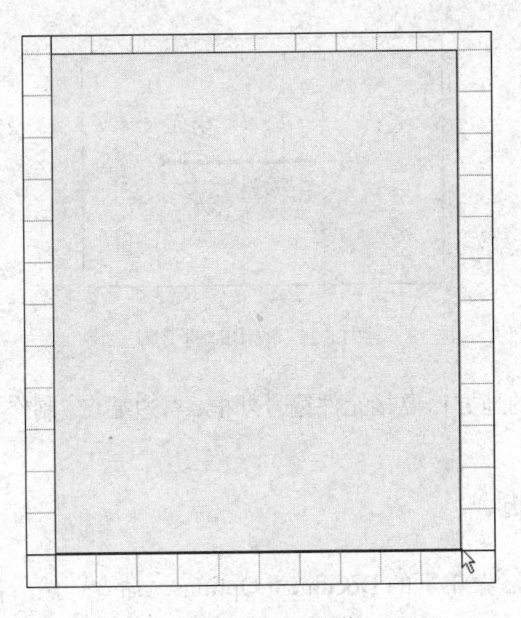

图11.23　画矩形

▶13　这个矩形盖住了刚才画的图案，所以要把这个矩形丢到最底层，执行 Edit 菜单下的 Move 命令，再选择 Send To Back 选项卡，指向矩形，单击鼠标左键、右键，即可把它丢到最底层，如图 11.24 所示。

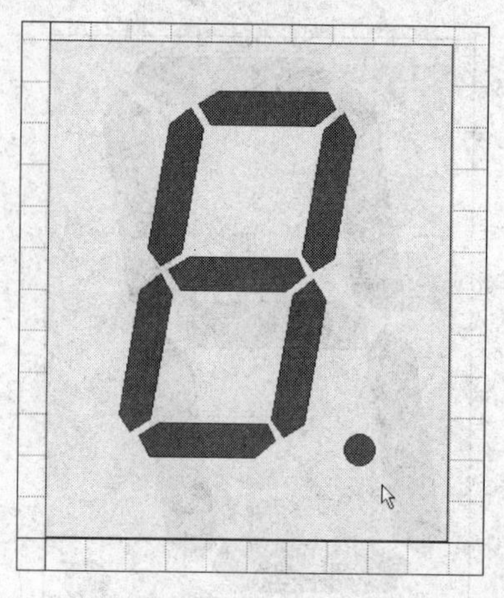

图11.24　完成元件图

3 认识引脚

当我们单击 按钮取出引脚时，首先要注意的是引脚两端的意义，取出引脚时如图 11.25 所示。

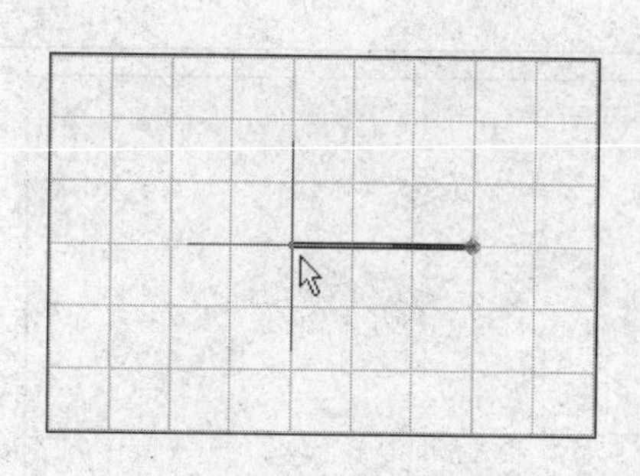

图11.25　取出时的引脚

左边端点(我们抓的地方)，要接元件符号外框；右边端点，制作元件时不可接任何图件。

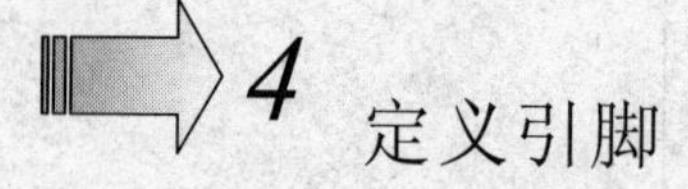

4 定义引脚

▶ 1　执行 Options 菜单下的 Document Options…命令，然后在随即出现的对话框中，选择右下方的 Snap 选项，再单击 OK 按钮关闭对话框。

▶ 2　单击 按钮进入放置引脚状态，按 TAB 键，打开引脚属性对话框，如图 11.26 所示。

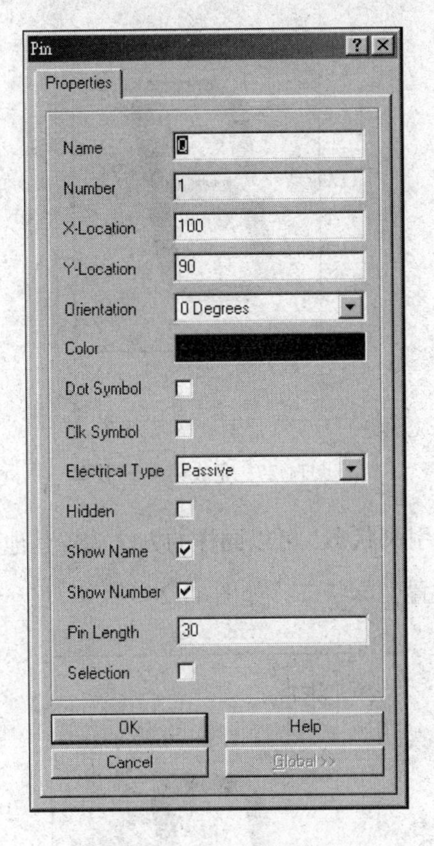

图11.26　引脚属性对话框

在 Name 字段里指定引脚名称、在 Number 字段里指定引脚编号、Electrical 字段里保持为 Passive，而引脚名称与引脚编号的数据如下：

X-Location	Y-Location	Name	Number
1	0	a	1
2	0	b	13
3	0	c	10
4	0	d	8
5	0	e	7
6	0	f	2
7	0	g	11
8	0	dp	9
9	0	dp	6
0	12	com	3
1	12	com	14

指定第一只引脚的数据后，单击 OK 按钮关闭对话框，再指向该引脚的位置，如果引脚方向不对(朝下 270°)，可按 键改变其方向，最后单击鼠标左键，即可放置该引脚，如图 11.27 所示。

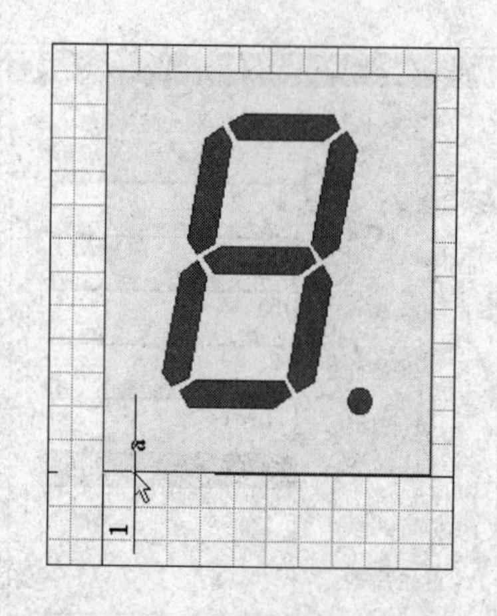

图11.27 完成第一只引脚

▶ 3 现在仍在放置引脚状态，可以同样的方法放置其他引脚，而 10 只引脚都定义完成后，单击鼠标左键结束放置引脚状态，如图 11.28 所示。

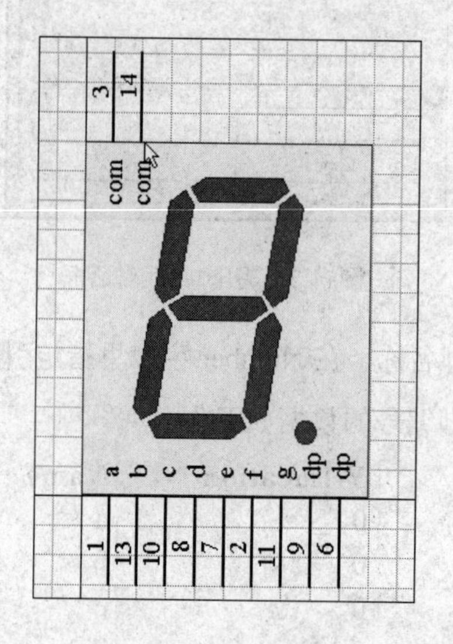

图11.28 完成引脚定义

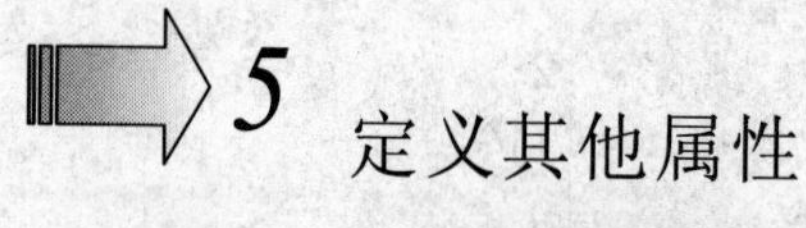

5 定义其他属性

▶ 1 单击 Description... 按钮，出现图 11.29 所示的对话框。

▶ 2 在 Default Designator 字段里输入“U?”，将默认的元件序号字首定义为 U；在 Description 字段里输入“七段显示器”(嘿嘿，当然可以使用中文)；在 FootPrint 1 字段里输入“DIP14”，将其元件外形名称定义为 DIP14(双并排 14 只引脚)。最后单击 OK 按钮关闭对话框，完成定义。

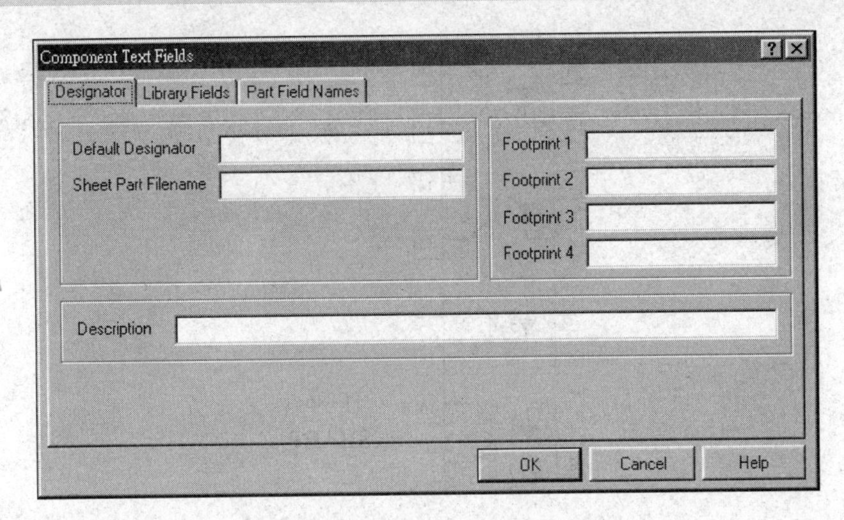

图11.29　定义其他属性

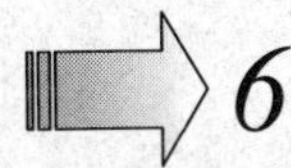

6 重命名与保存

▶ 1　目前所编辑的元件，元件名称为 COMPONENT_1，当然不适合！所以执行 Tools 菜单下的 Rename Component…命令，出现图 11.30 所示的对话框。

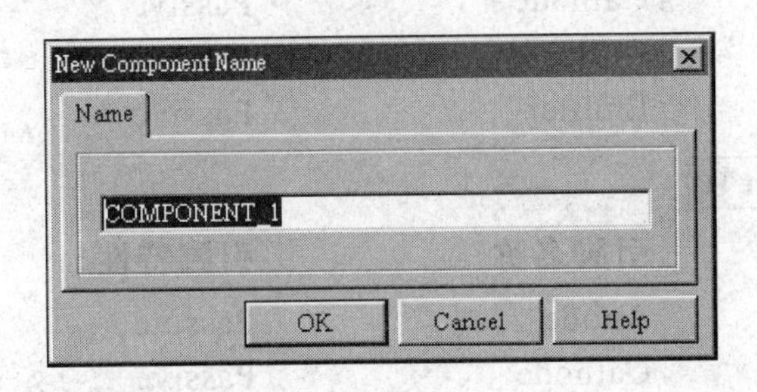

图11.30　更改元件名称

▶ 2　在字段里输入新的元件名称(在这里是 7SEG)，单击 OK 按钮即可完成更改元件名称。

▶ 3　紧接着保存就大功告成了。

11-4 复合封装元件编辑范例

在上一个单元里，我们在画元件图上花了不少的工夫！接下来所要介绍的范例是利用"借"的技巧，从既有的元件里借图以缩减画元件图的时间。另外，在此所要探讨的是所谓复合封装的元件，在同一个元件封装(Component)里拥有多个单元元件(Part)，图 11.31 所示为 SHARP 牌的 PC846 光耦合 IC(Photocouplers)。

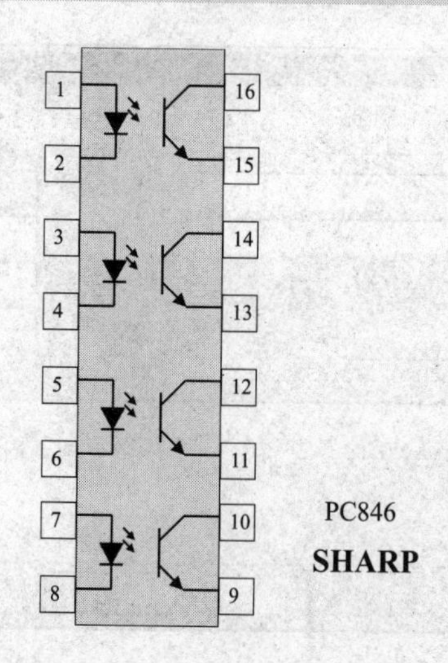

图11.31　复合封装元件范例

其中包括 4 个相同的单元元件，相关数据如下：

第一个单元元件(Part A)

引脚编号	引脚名称	引脚特性
1	Anode	Passive
2	Cathode	Passive
16	Collector	Passive
15	Emitter	Passive

第二个单元元件(Part B)

引脚编号	引脚名称	引脚特性
3	Anode	Passive
4	Cathode	Passive
14	Collector	Passive
13	Emitter	Passive

第三个单元元件(Part C)

引脚编号	引脚名称	引脚特性
5	Anode	Passive
6	Cathode	Passive
12	Collector	Passive
11	Emitter	Passive

第四个单元元件(Part D)

引脚编号	引脚名称	引脚特性
7	Anode	Passive
8	Cathode	Passive

10	Collector	Passive
9	Emitter	Passive

另外，在 Miscellaneous Devices.ddb 元件库里有个 optoiso1 元件，刚好可以借来改编，如图 11.32 所示。

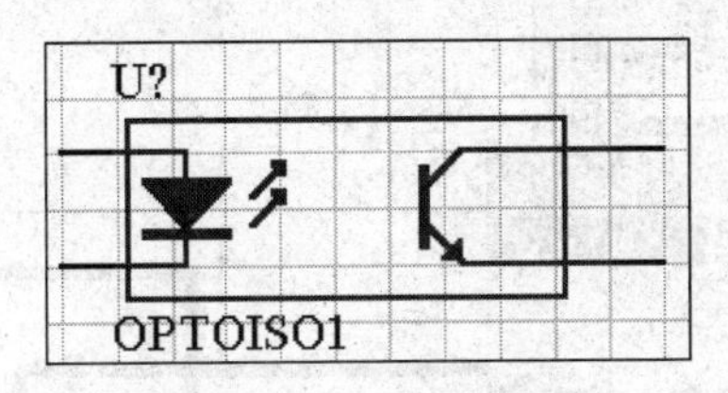

图11.32　OPTOISO1

1 借用元件图

▶ 1　如果还没有关闭刚才编辑的元件库文件，则继续编辑；如果已关闭刚才编辑的元件库文件，则启动该元件库文件。然后执行 Tools 菜单下的 New Component 命令，则出现一个空白的编辑区。

▶ 2　再打开 Miscellaneous Devices.ddb 元件库(File/Open)，然后在左边的管理器中，选择 optoiso1 元件，该元件的元件图将出现在编辑区里，如图 11.33 所示。

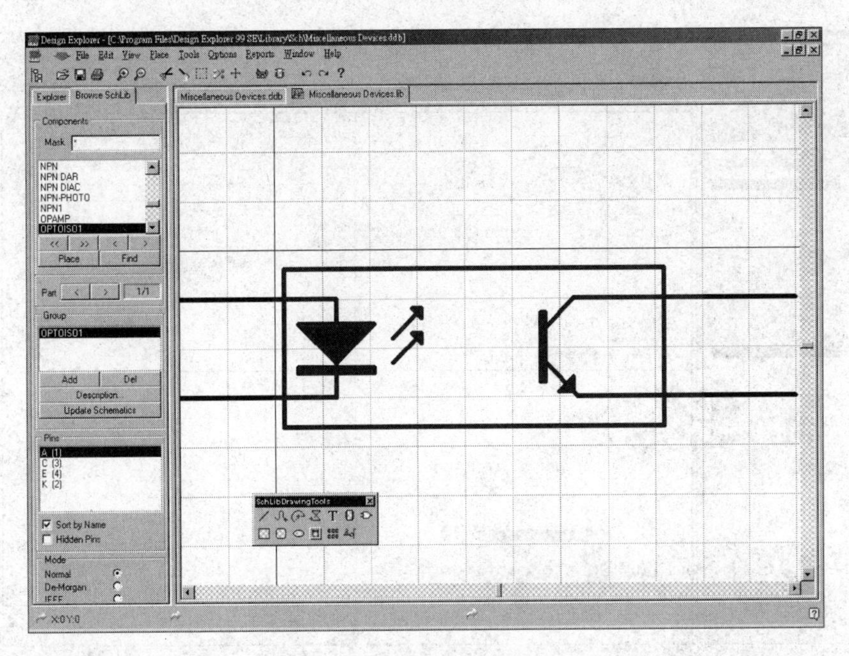

图11.33　加载所要借用的元件

▶ 3　把鼠标指针移至 Components 区域中的 OPTOISO 1 上，右击，执行快显菜单的 Copy 命令，如图 11.34 所示。

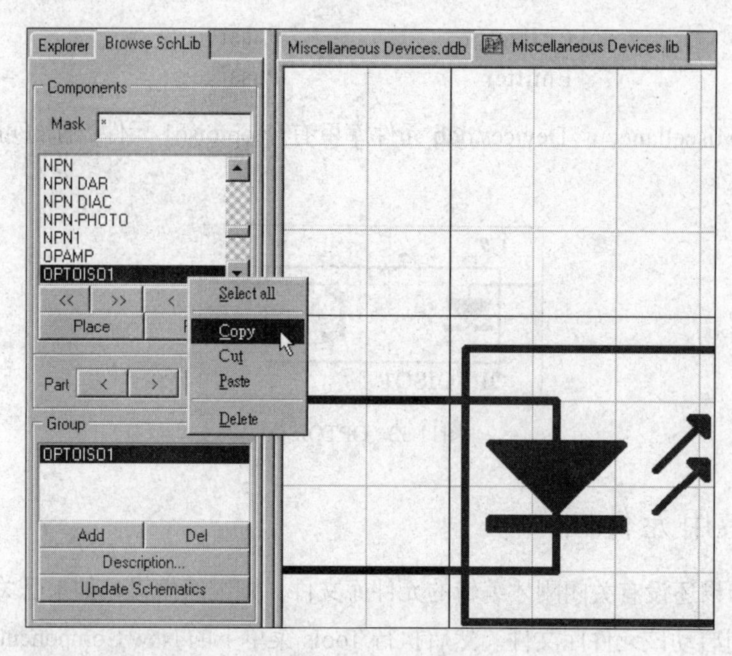

图11.34 快显菜单

▶ 4 接着执行 Windows 菜单，切换目前的工作文件到 Chapter11.Ddb– Documents\PT11-1.Sch，出现图 11.35 所示的窗口。

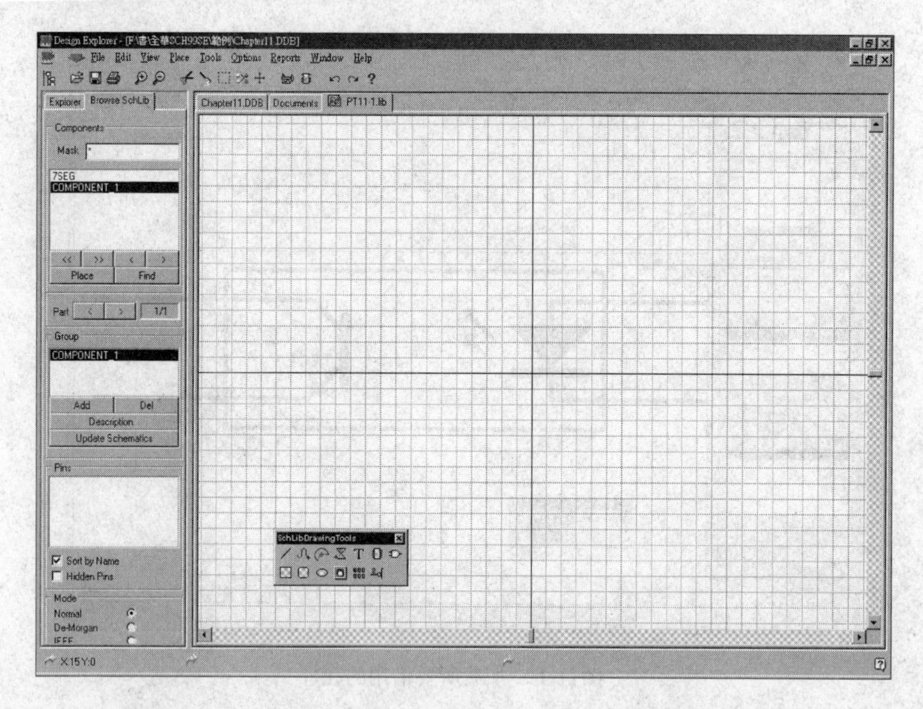

图11.35 切换目前的工作文件到 Chapter11.Ddb – Documents\PT11-1.Sch

▶ 5 同样地，把鼠标指针移至 Components 区域中的 COMPONENT_1 上，右击，执行快显菜单的 Paste 命令，复制后如图 11.36 所示。

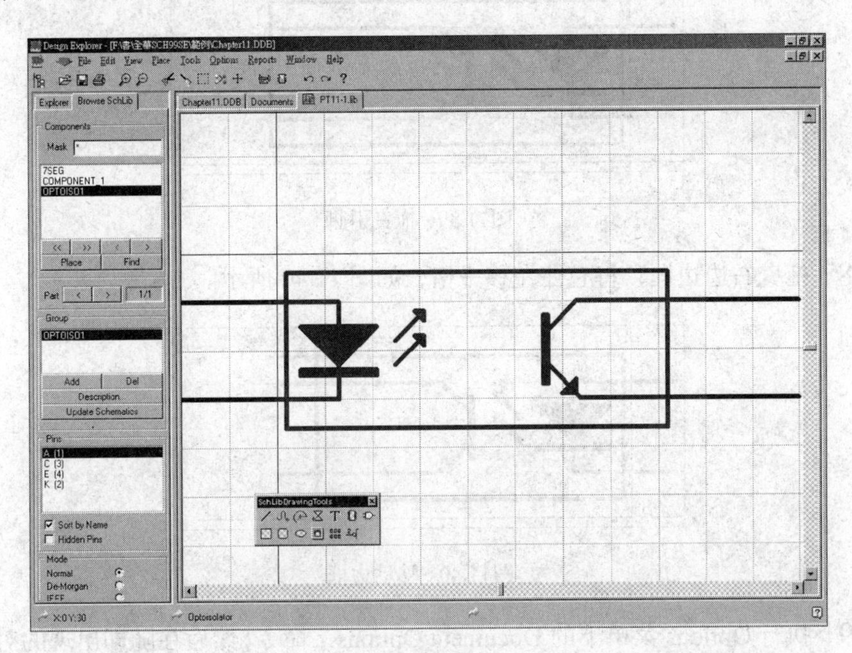

图11.36　粘贴图件

▶ 6　LED 与光晶体管之间好像太远了！先选择光晶体管的部分，如图 11.37 所示。

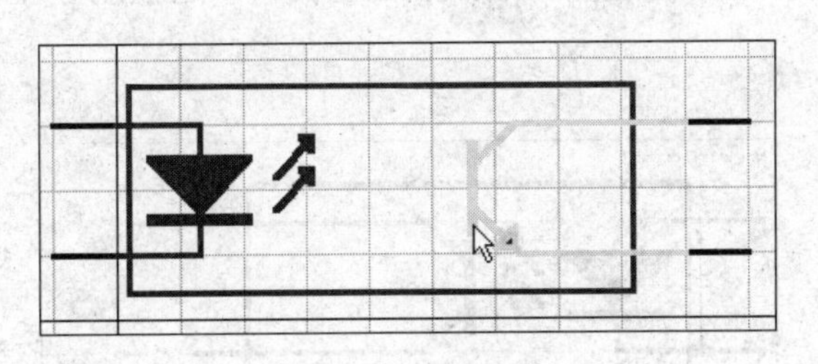

图11.37　选择图件

将选择图件向左拖曳两格，如图 11.38 所示。

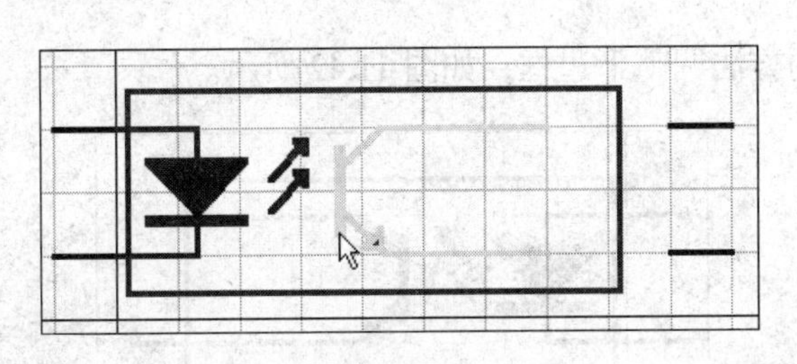

图11.38　拖曳图件

▶ 7　按 X 、 A 键解除选择状态，在拖曳选择右边的两只引脚，再将它向左拖曳两格以接到元件图上，按 X 、 A 键解除选择状态，如图 11.39 所示。

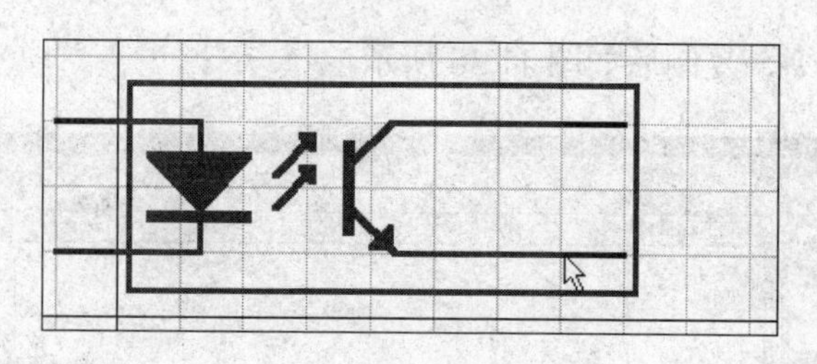

图11.39　拖曳引脚

▶ 8　拖曳右边边框，将它往左移一格，如图 11.40 所示。

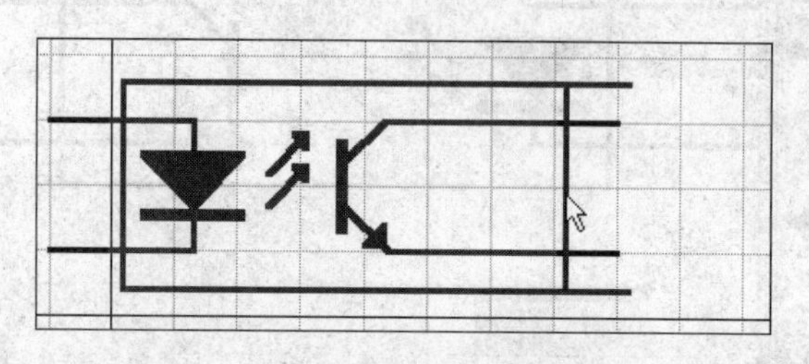

图11.40　移动边框

▶ 9　执行 Options 菜单下的 Document Options…命令，然后在随即出现的对话框中取消右下方的 Snap 选项(取消隐藏式网格，让操作更自由自在)，再单击 OK 按钮关闭对话框。

▶ 10　点取上边框，再拖曳其右端控点往左缩，以连接刚才左移的边框，如图 11.41 所示。

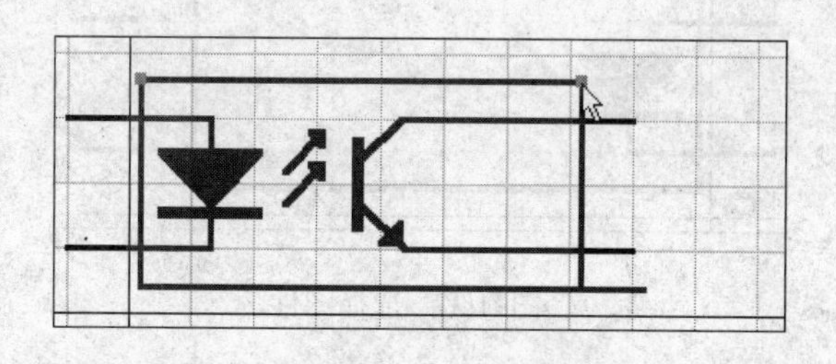

图11.41　调整上边框

▶ 11　以同样的方法调整下边框，如图 11.42 所示。

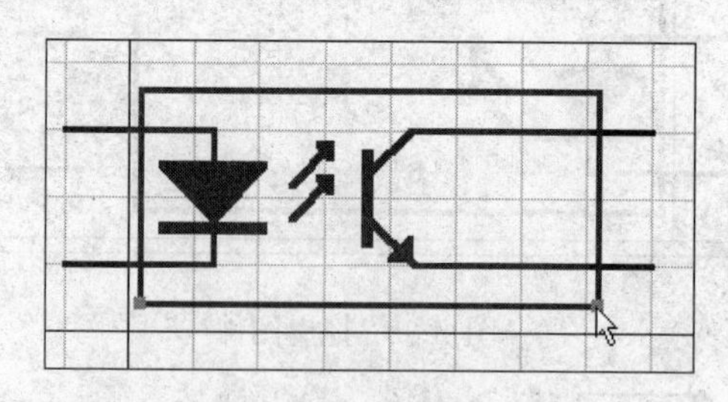

图11.42　调整下边框

▶12　执行 Options 菜单下的 Document Options…命令，然后在随即出现的对话框中设置右下方的 Snap 选项，再单击 OK 按钮关闭对话框。

▶13　指向左上方的引脚，双击，打开其属性对话框，将 Number 字段改为 1，其余不变，单击 OK 按钮关闭对话框，完成此引脚的编辑。同样地，将左下方引脚的 Number 字段改为 2、右上方引脚的 Number 字段改为 16、右下方引脚的 Number 字段改为 15。

▶14　执行 Edit 菜单下的 Select 命令，然后选择 All 选项，则编辑区里的图件将为选择状态(黄框)。再执行 Edit 菜单下的 Copy 命令，然后指向(0, 0)位置，单击鼠标左键，即可将它复制到剪贴板。最后按 X 、 A 键解除选择状态。

2　新增单元元件

▶ 1　执行 Tools 菜单下的 New Part 命令，程序又准备一个全新的编辑区，指向编辑区，单击鼠标左键，然后按 PgUp 键数次，将屏幕放大，如果比例合适就不必缩放。

▶ 2　按 Ctrl + V 键，鼠标指针上出现浮动的图件，移至(0, 0)位置，单击鼠标左键，即可将它粘贴。再按 X 、 A 键解除选择状态。

▶ 3　指向左上方的引脚，双击，打开其属性对话框，将 Number 字段改为 3，其余不变，单击 OK 按钮关闭对话框，完成此引脚的编辑。同样地，将左下方引脚的 Number 字段改为 4、右上方引脚的 Number 字段改为 14、右下方引脚的 Number 字段改为 13，完成第二个单元元件。

▶ 4　重复步骤 1 及步骤 2，产生第三个单元元件。

▶ 5　指向左上方的引脚，双击，打开其属性对话框，将 Number 字段改为 5，其余不变，单击 OK 按钮关闭对话框，完成此引脚的编辑。同样地，将左下方引脚的 Number 字段改为 6、右上方引脚的 Number 字段改为 12、右下方引脚的 Number 字段改为 11，完成第三个单元元件。

▶ 6　重复步骤 1 及步骤 2，产生第 4 个单元元件。

▶ 7　指向左上方的引脚，双击，打开其属性对话框，将 Number 字段改为 7，其余不变，单击 OK 按钮关闭对话框，完成此引脚的编辑。同样地，将左下方引脚的 Number 字段改为 8、右上方引脚的 Number 字段改为 10、右下方引脚的 Number 字段改为 9，完成第 4

个单元元件。

▶ 8　最后单击 按钮保存。

11-5 非电气元件的编辑范例

什么是非电气元件？对于电路设计软件而言，没有定义引脚的元件，就是非电气元件。对于电路设计工作者而言，无法进一步做电路仿真或 PCB 设计元件，就是非电气元件。

基本上，Schematic 是一个电子电路的绘图软件，它对于电子电路的支持是无微不至的。但是把它拿来绘制非电子电路可能就远不如 AutoCAD 之类的软件！不过，就是有人要硬来，画管路图、室内配线图等，不但失去了这套软件的本性、误导用户，还事倍功半呢！

如果非得拿 Schematic 来绘制非电子电路的图，那就得放弃程序提供的大部分支持，从自制元件开始！在此我们就来创建几个低压工业配线符号的原理图。

1 自制无熔丝开关

▶ 1　首先打开一个新的元件库文件，然后启动 Tools 菜单下的 New Component 命令，则出现一个空白的编辑区。

▶ 2　单击编辑区，再按 PgUp 键数次放大窗口显示比例。

▶ 3　执行 Options 菜单下的 Document Options…命令，然后在随即出现的对话框中取消右下方的 Snap 选项(取消隐藏式网格，让操作更自由自在)，再单击 OK 按钮关闭对话框。

▶ 4　现在创建一个无熔丝开关的符号，其元件名称为 NFB。单击 按钮进入画椭圆状态，指向(0, 0)位置，单击鼠标左键定义圆心、移至(4, 0) 单击鼠标左键定义横轴、移至(0, 4) 单击鼠标左键定义直轴，即可完成一个圆圈。这时候仍在画椭圆状态，移至(0, 20)，再以同样的方法定义第二个圆，然后右击，结束画椭圆状态，如图 11.43 所示。

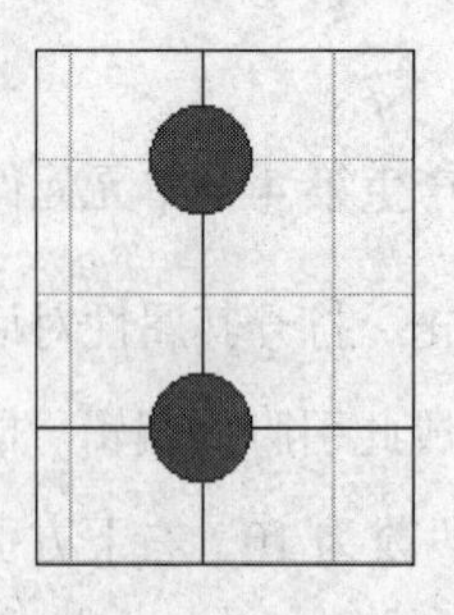

图11.43　画圆

▶ 5　指向上面的圆形，双击，打开其属性对话框，将 Border Width 字段改为 Small、取消 Draw Solid 选项，再单击 OK 按钮关闭对话框。再以同样的方法编辑下面的圆形，其结果图 11.44 所示。

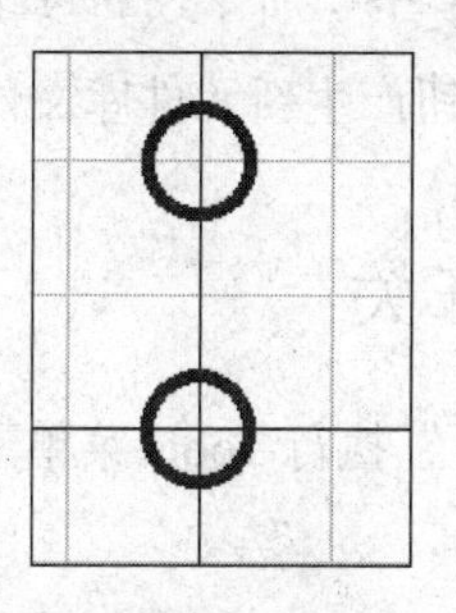

图11.44　编辑圆

▶ 6　单击 按钮进入画圆弧线状态，指向(- 10, 0)单击鼠标左键，定义圆心；移至(10, 0)单击鼠标左键，定义横轴；移至(0, 14)单击鼠标左键，定义直轴；再移至与下面的圆形接触的地方，单击鼠标左键；再移至与上面的圆形接触的地方，单击鼠标左键，即可完成圆弧线。右击结束画圆弧线状态，如图 11.45 所示。

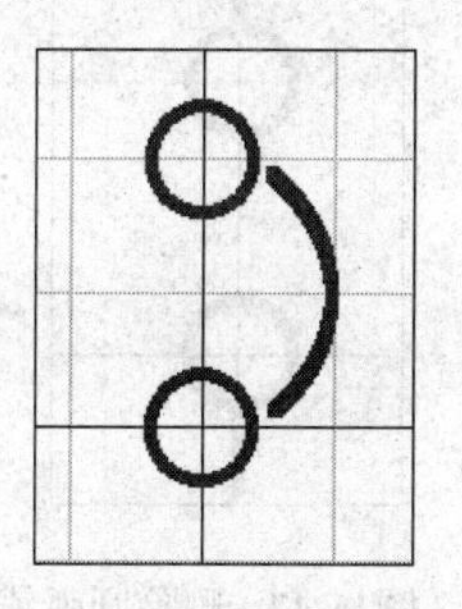

图11.45　完成弧线

▶ 7　单击 按钮进入画线状态，指向(0, - 4)单击鼠标左键，再移至(0, - 10)单击鼠标左键、右键，完成一条线。同样地，指向(0, 24)单击鼠标左键，再移至(0, 30)单击鼠标左键、右键，完成一条线。最后再右击结束画线状态，如图 11.46 所示。

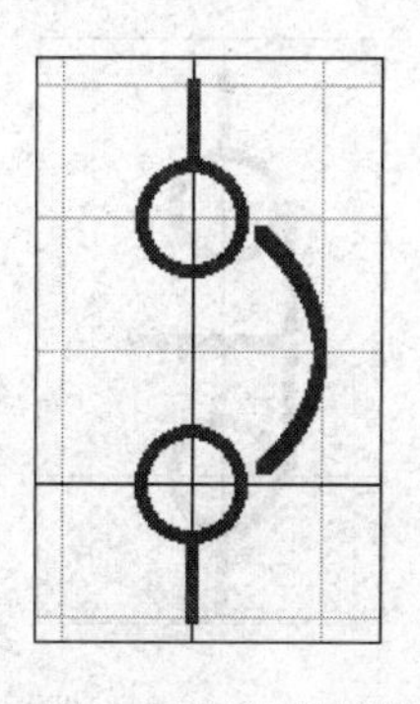

图11.46　完成引脚

▶ 8　执行 Tools 菜单下的 Rename Component…命令，然后在随即出现的对话框中，输入 NFB，再单击 OK 按钮即可完成更改元件名称。

▶ 9　执行 File 菜单下的 Save As…命令，然后在随即出现的对话框中的文件名称字段输入 PT11-2.lib，再单击 保存 按钮产生新元件库文件。

2 自制 OFF 按钮开关

▶ 1　在刚才的元件库文件下，执行 Tools 菜单下的 Copy Component…命令，则在管理器里出现两个 NFB。

▶ 2　执行 Tools 菜单下的 Rename Component…命令，然后在随即出现的对话框中输入 PB-OFF，再单击 OK 按钮即可完成更改元件名称。

▶ 3　点取圆弧线，再按 Del 键将它删除，如图 11.47 所示。

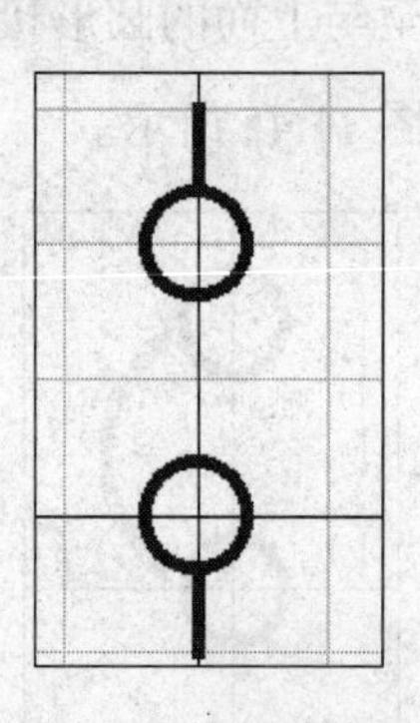

图11.47　删除圆弧线

▶ 4　单击 ╱ 按钮进入画线状态，指向(-5, 0)单击鼠标左键，再移至(- 5, 10)单击鼠标左键、右键，完成一条线。指向(- 5, 10)单击鼠标左键，再移至(7, 10)单击鼠标左键、右键，又完成一条线。最后再右击结束画线状态，如图 11.48 所示。

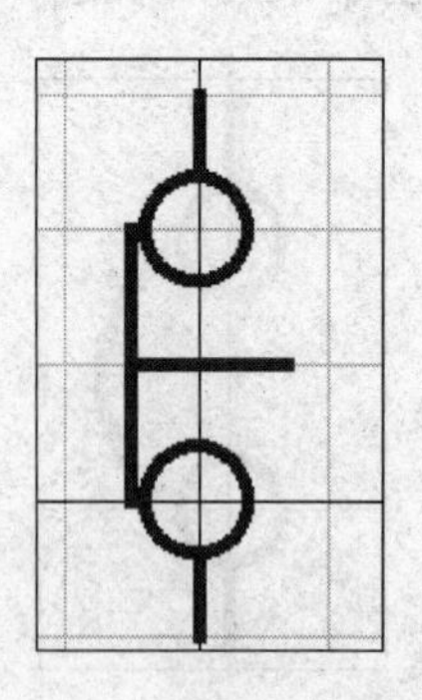

图11.48　完成 PB-OFF

▶ 5　单击 按钮保存。

利用类似的方法我们可以制作出整套的低压工业配线符号，如下所示为笔者提供给本书读者的低压工业配线符号(PT11-2.LIB)。

3 电动机类

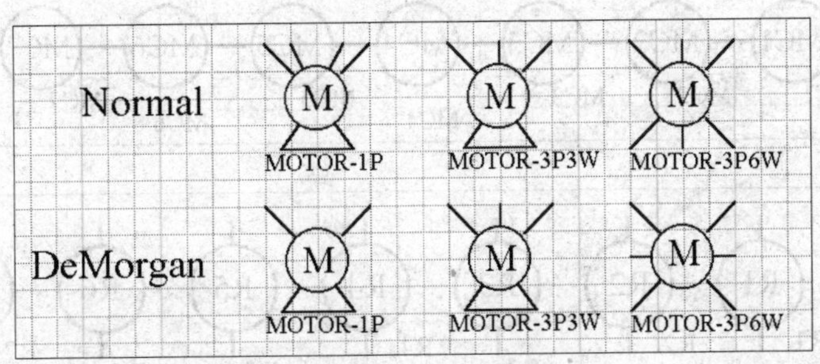

4 开关类

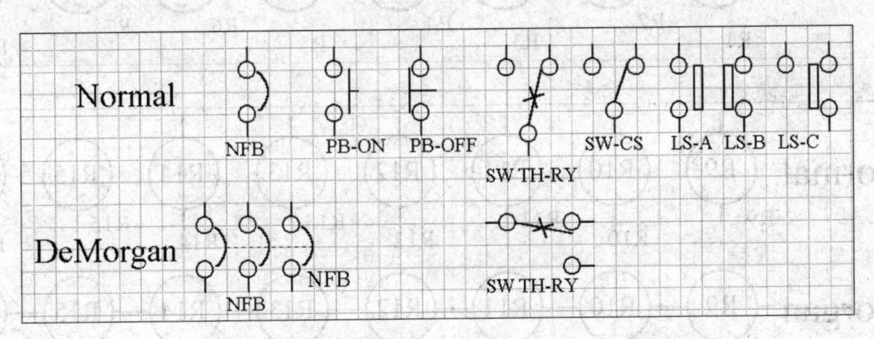

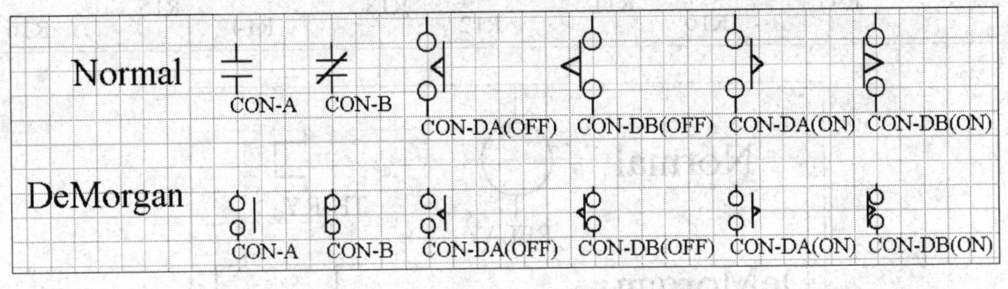

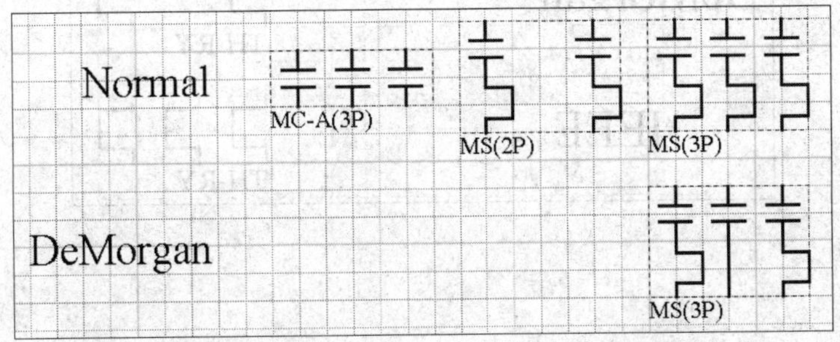

5 继电器类

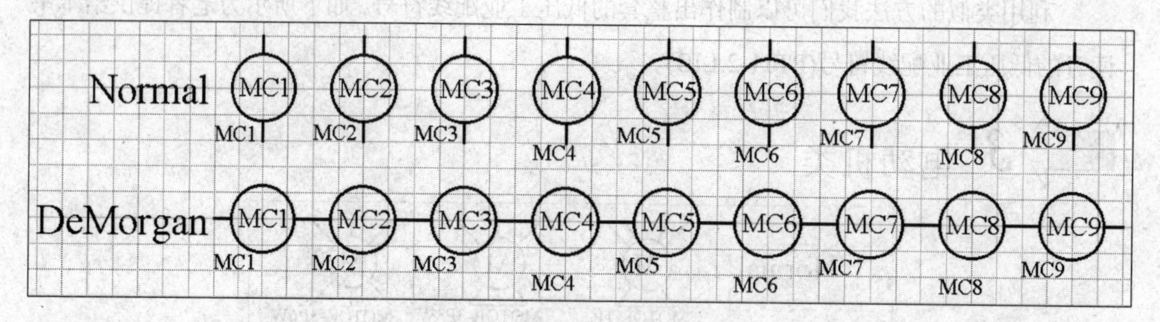
Normal
MC1
MC2
MC3
MC4
MC5
MC6
MC7
MC8
MC9
DeMorgan
MC1
MC2
MC3
MC4
MC5
MC6
MC7
MC8
MC9

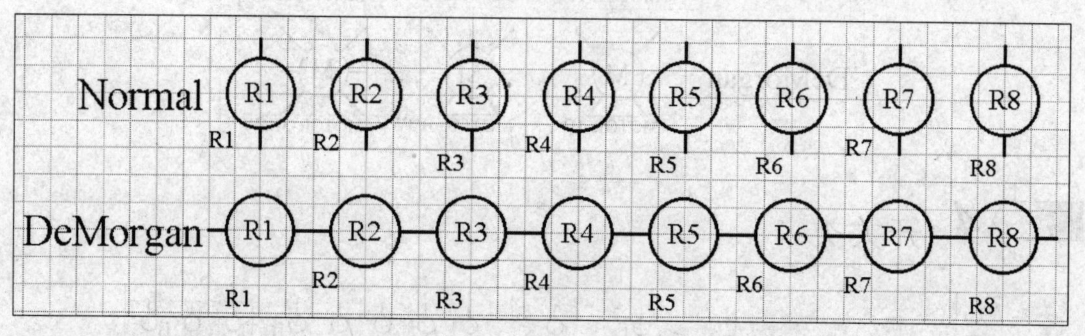
Normal
R1
R2
R3
R4
R5
R6
R7
R8
DeMorgan
R1
R2
R3
R4
R5
R6
R7
R8

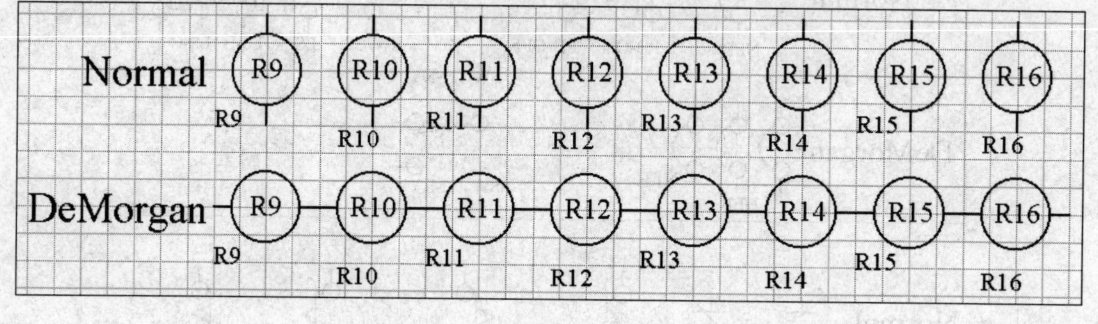
Normal
R9
R10
R11
R12
R13
R14
R15
R16
DeMorgan
R9
R10
R11
R12
R13
R14
R15
R16

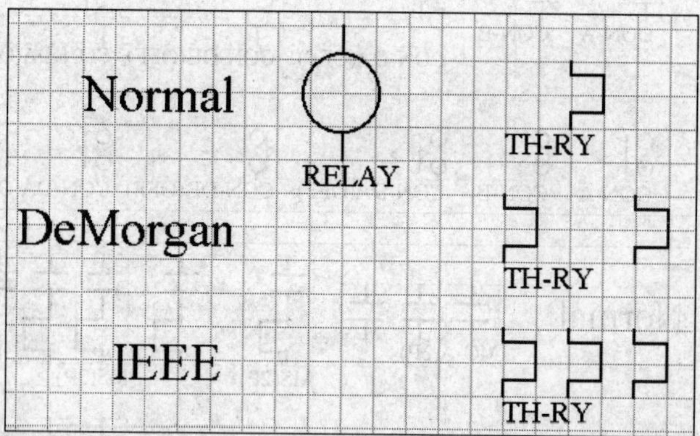
Normal
RELAY
TH-RY
DeMorgan
TH-RY
IEEE
TH-RY

6 仪表类

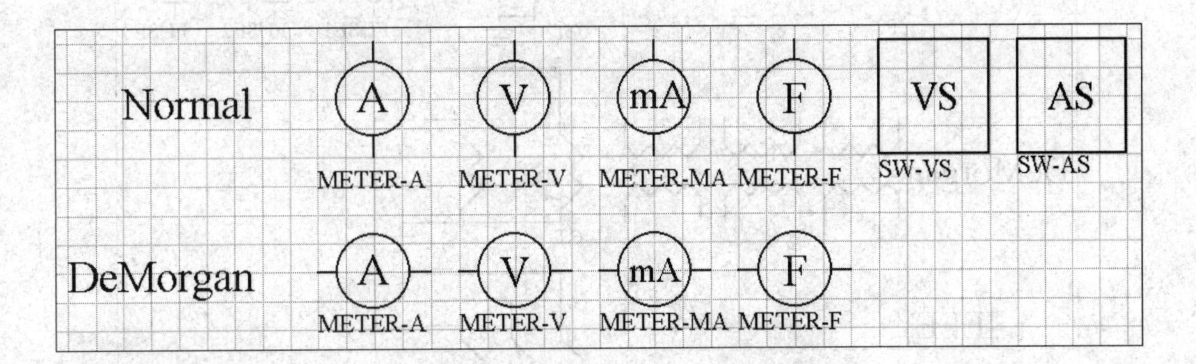

7 指示灯与蜂鸣器类

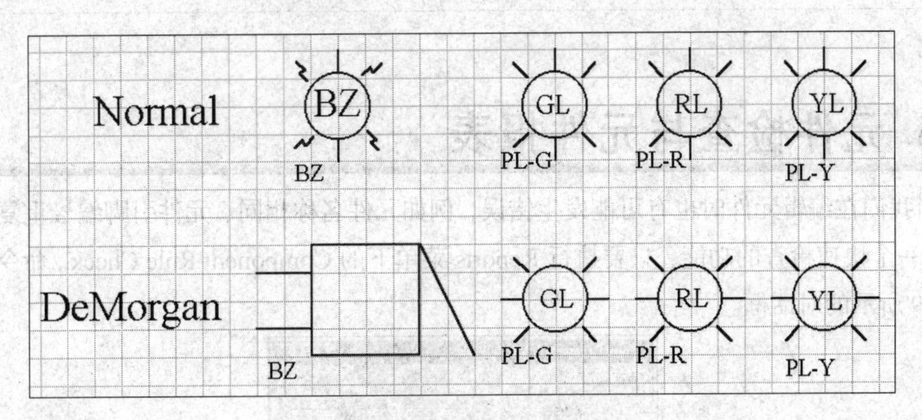

8 其他类

Normal
TB1
TB2
TB2-2
R S T
TB2-3(RST)
U V W
TB2-3(UVW)
TB2-4
DeMorgan
TB2-2
U V W
TB2-3(UVW)
IEEE
U V W
TB2-3(UVW)

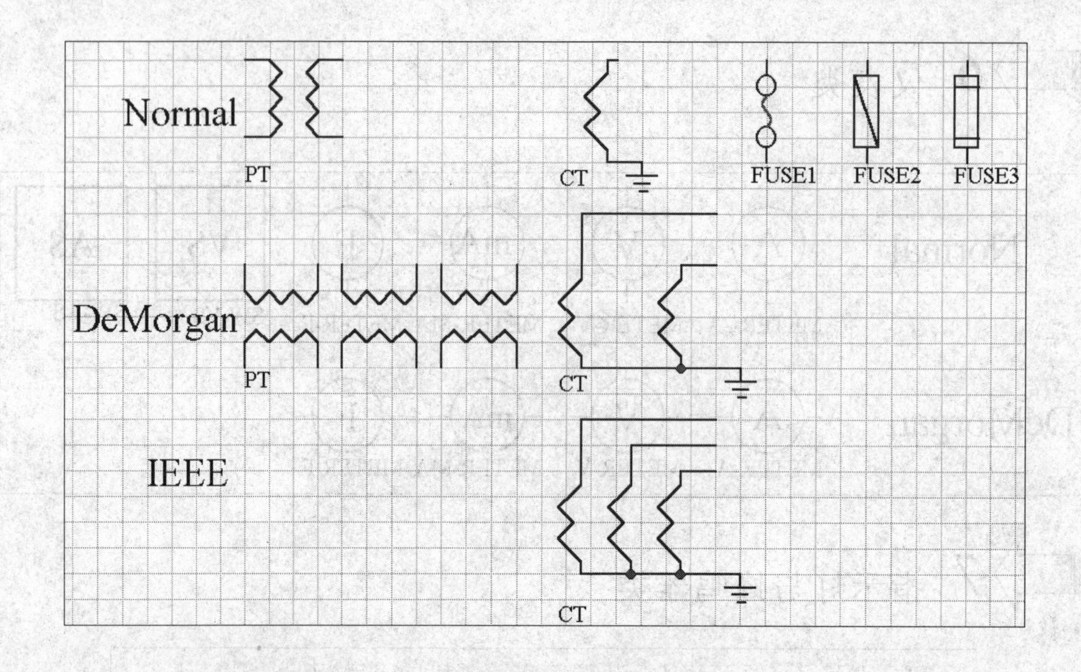

11-6 元件检查与元件报表

当我们在编辑元件时也有可能发生错误，例如元件名称相同、元件引脚编号重复等！程序提供一个快速检查的功能，只要执行 Reports 菜单下的 Component Rule Check...命令，出现图 11.49 所示的对话框。

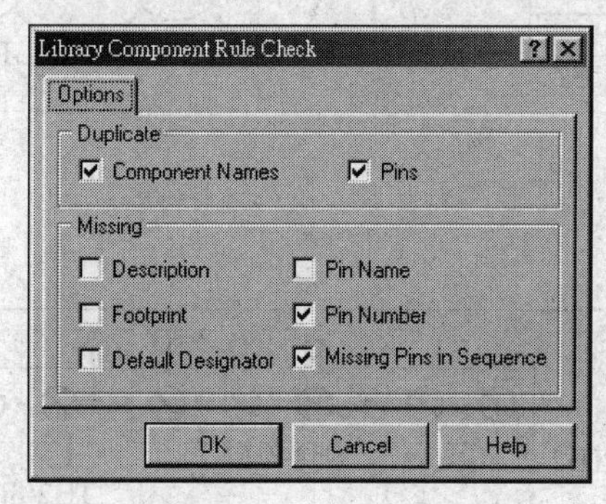

图11.49　元件检查对话框

其中各项说明如下：

- Duplicate：本区域的功能是设置检查是否有重复的项目，其中的 Component Names 选项是设置检查元件库里是否有重复的元件名称；而 Pins 选项的功能是设置检查该元件里是否有重复的引脚编号。
- Missing：本区域的功能是设置检查是否有遗漏的项目，其中的 Description 选项的功能是设置检查该元件库中是否有没定义描述栏的元件，通常不定义描述栏是很正常的事，所以不太需要选择本选项。Footprint 选项的功能是设置检查该元件库中是否有没定义元件外形名称栏的元件，虽然不定义元件外形名称栏并不犯法，不过，如果要进一步设计 PCB 的话，最好还是养成定义元件外形名称的习惯。Default Designator 选项的功能是设置检查元件库中是否有没定义默认的元件序号的元件，在此我们强烈建议一定要定义默认的元件序号。Pin Name 选项的功能是设置检查元件库中是否有没定义引脚名称的元件，定不定义引脚名称并不重要，依实际需要而定。Pin Number 选项的功能是设置检查元件库中是否有没定义引脚编号的元件，最好每只引脚都要有引脚编号。Missing Pins in Sequence 选项的功能是设置检查元件库中，引脚编号的顺序，是否中间有遗漏的脚号。

最后单击 OK 按钮，即可产生检查报告文件(*.ERR)。

除了检查元件库以外，我们也可要产生元件库及元件的报表，当我们要产生元件库的报表时，可执行 Reports 菜单下的 Library 命令，程序即产生两种格式的元件库报表(*.REP 文件及*.CSV 文件)，并打开文本编辑器，加载该所产生的报表，以 Miscellaneous Devices.ddb 为例，如图 11.50 所示。

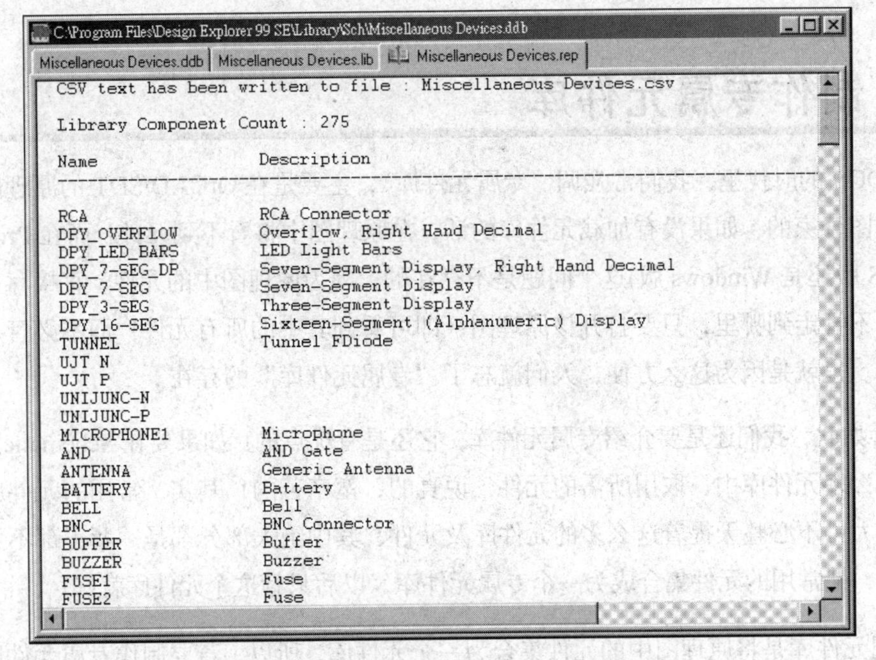

图11.50　Miscellaneous Devices.rep 元件库报表

如果要对编辑区里的元件产生报表的话，执行 Reports 菜单下的 Component 命令，程序即产生报表，并打开文本编辑器，加载该所产生的报表，以 Miscellaneous Devices.ddb 里的

CON AT62B 为例，如图 11.51 所示。

```
C:\Program Files\Design Explorer 99 SE\Library\Sch\Miscellaneous Devices.ddb
Miscellaneous Devices.ddb | Miscellaneous Devices.lib | Miscellaneous Devices.rep | Miscellaneous Devices.cmp

Component Name : CON AT62B

Part Count : 1

Component Group :
    CON AT62B
    PC62

Part : 1
    Pins - (Normal Representation) : 62
        GND        32        Passive
        RESDRV     33        Passive
        +5V        34        Passive
        IRQ9       35        Passive
        -5V        36        Passive
        DREQ2      37        Passive
        -12V       38        Passive
        -0WS       39        Passive
        +12V       40        Passive
        GND        41        Passive
        -SMEMW     42        Passive
        -SMEMR     43        Passive
        -IOW       44        Passive
        -IOR       45        Passive
        -DACK3     46        Passive
        DREQ3      47        Passive
        -DACK1     48        Passive
        DREQ1      49        Passive
        -REFSH     50        Passive
        SYSCLK     51        Passive
```

图11.51　元件报表(CON AT62B)

11-7　制作专属元件库

在 DOS 的时代里，我们常强调“专属元件库”，主要是在 OrCAD/SDT 的原理图中元件是和原理图分家的，如果没有加载元件库的话，在原理图中将看不到元件！而在 Protel 中(不管是 DOS 版还是 Windows 版)这个问题是不存在的，因为原理图中的元件，直接存入该原理图，所以不管走到哪里，只要打开该原理图，即可看到其中的所有元件！而不必管有没有携带元件库。也就是因为这么方便，人们就忘了“专属元件库”的存在。

尽管如此，我们还是要介绍专属元件库，它还是有优点的！如果要在 Schematic 99 SE 所提供的那么多元件库中，取用所需的元件，说真的，蛮辛苦的！其实，常用的元件就那么几个而已，大可不必整天提着这么多的元件库及元件，其中绝大部分都是一辈子都不可能用到的！所以，把常用的元件集合成为一个专属元件库，以后只管这个元件库就好！

专属元件库是将原理图中的元件集合为一个元件库，所以，若要制作专属元件库，则需在原理图编辑器中先将所要的元件都摆设于编辑区里，再执行 Design 菜单下的 Make Project Library...命令，即可产生专题元件库，同时打开元件库编辑器，加载该专题元件库。

11-8 练功房

请利用本章所创建的元件库，绘制下列原理图。

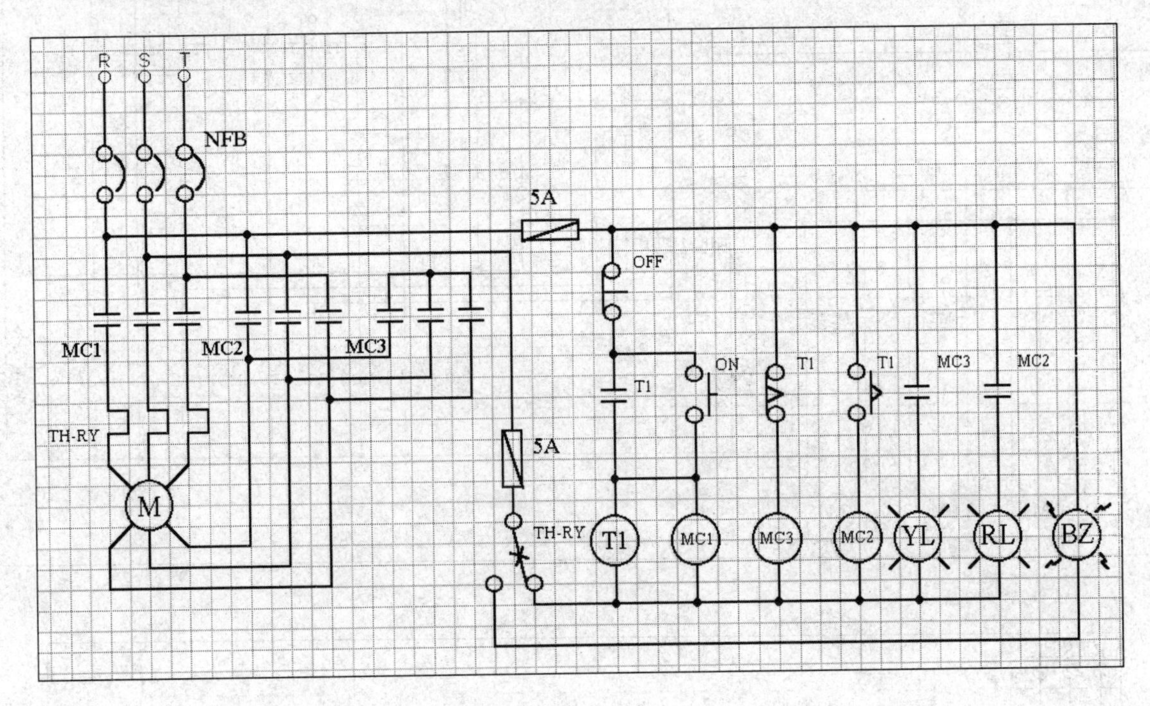

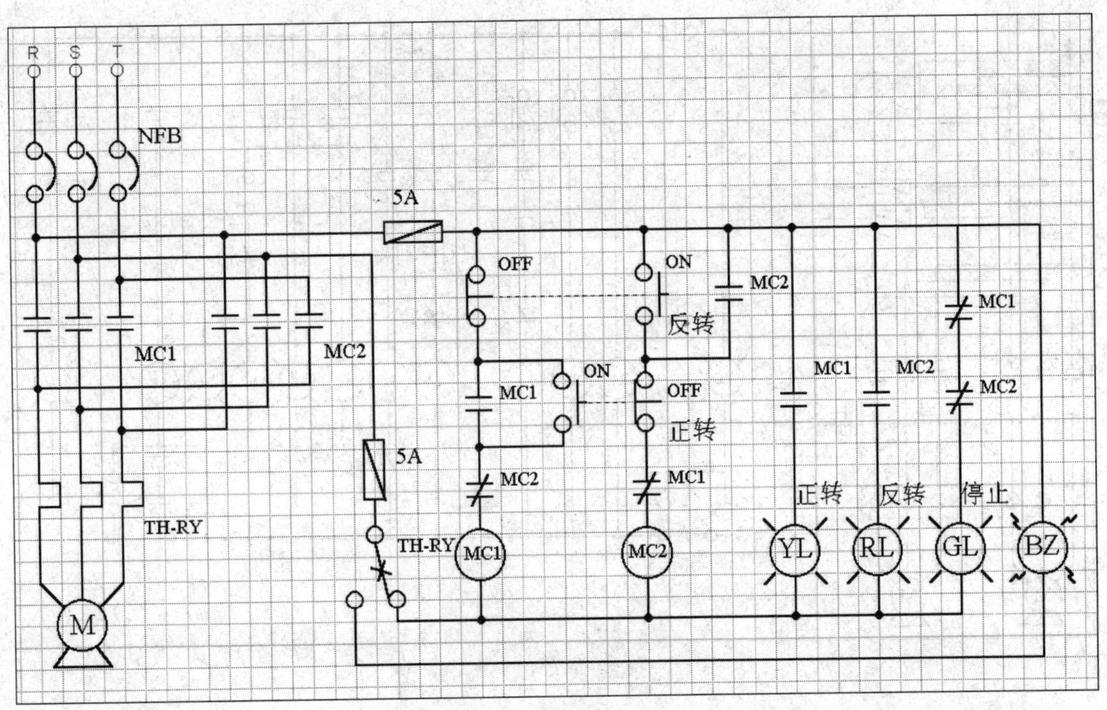

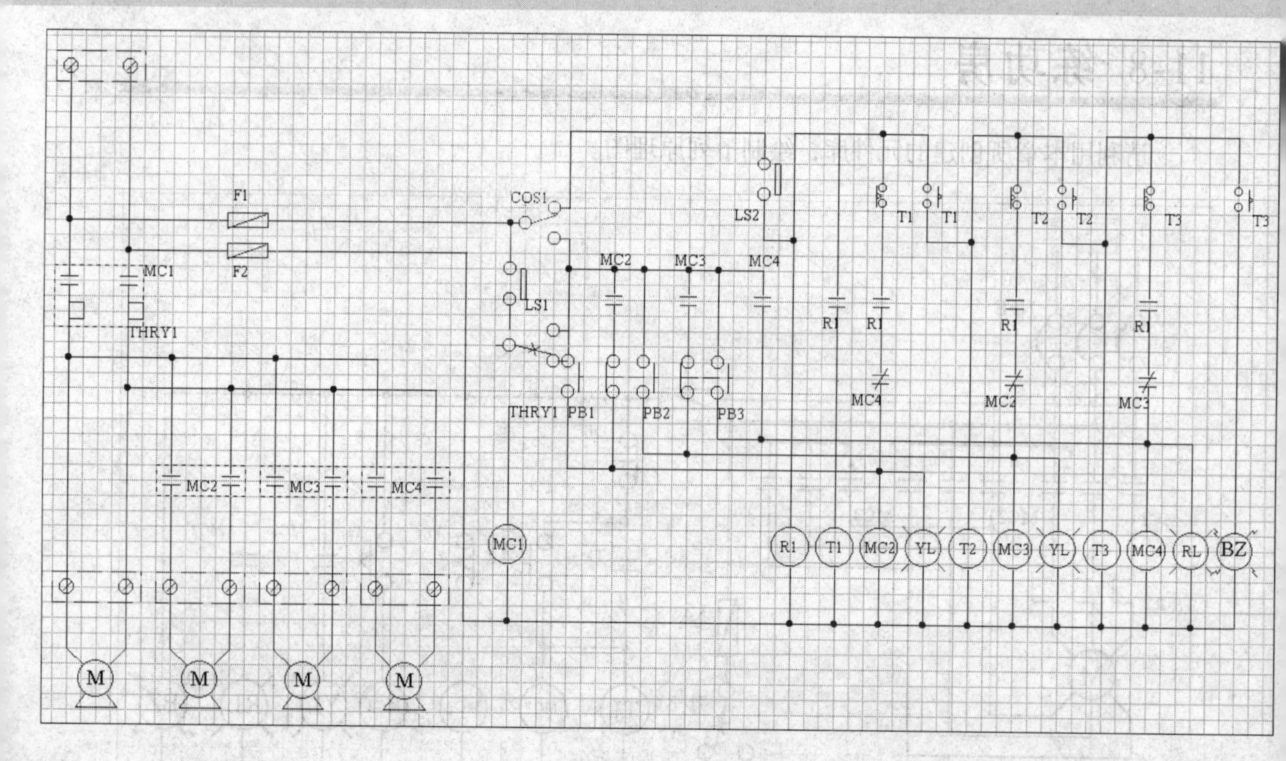
F1
F2
MC1
THRY1
COS1
LS1
LS2
MC2
MC3
MC4
THRY1
PB1
PB2
PB3
T1
T2
T3
R1
MC4
MC2
MC3
MC2
MC3
MC4
MC1
R1
T1
MC2
YL
T2
MC3
YL
T3
MC4
RL
BZ
M
M
M
M

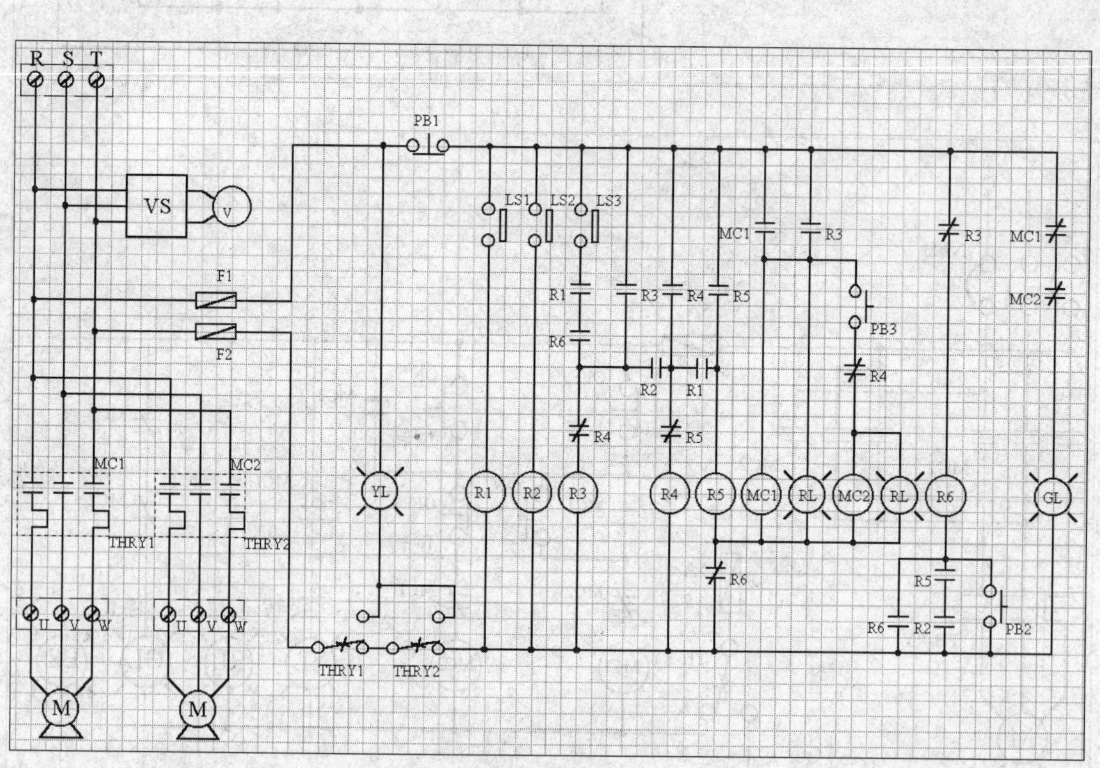
R
S
T
VS
V
F1
F2
MC1
MC2
THRY1
THRY2
U
V
W
U
V
W
M
M
PB1
LS1
LS2
LS3
MC1
R3
R1
R3
R4
R5
R6
R2
R1
R4
R5
PB3
R4
R3
MC1
MC2
YL
R1
R2
R3
R4
R5
MC1
RL
MC2
RL
R6
GL
R6
R5
R6
R2
PB2
THRY1
THRY2

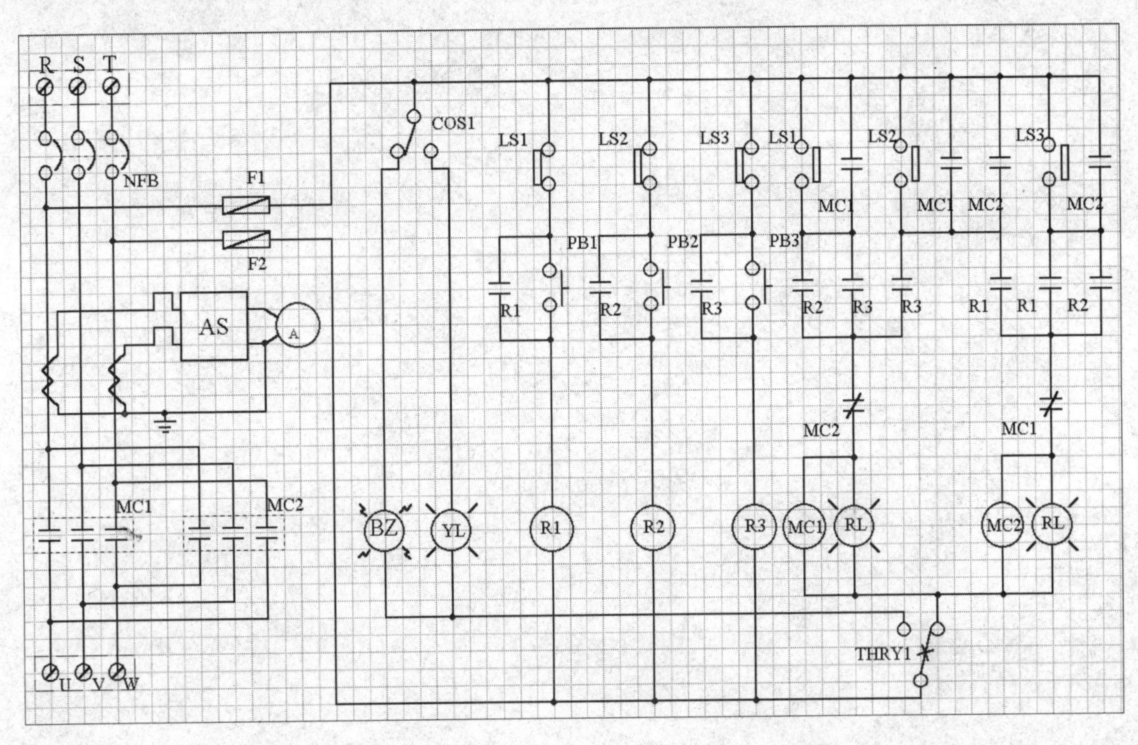
R
S
T
NFB
F1
F2
AS
A
MC1
MC2
U
V
W
COS1
LS1
LS2
LS3
PB1
PB2
PB3
R1
R2
R3
BZ
YL
RL
THRY1

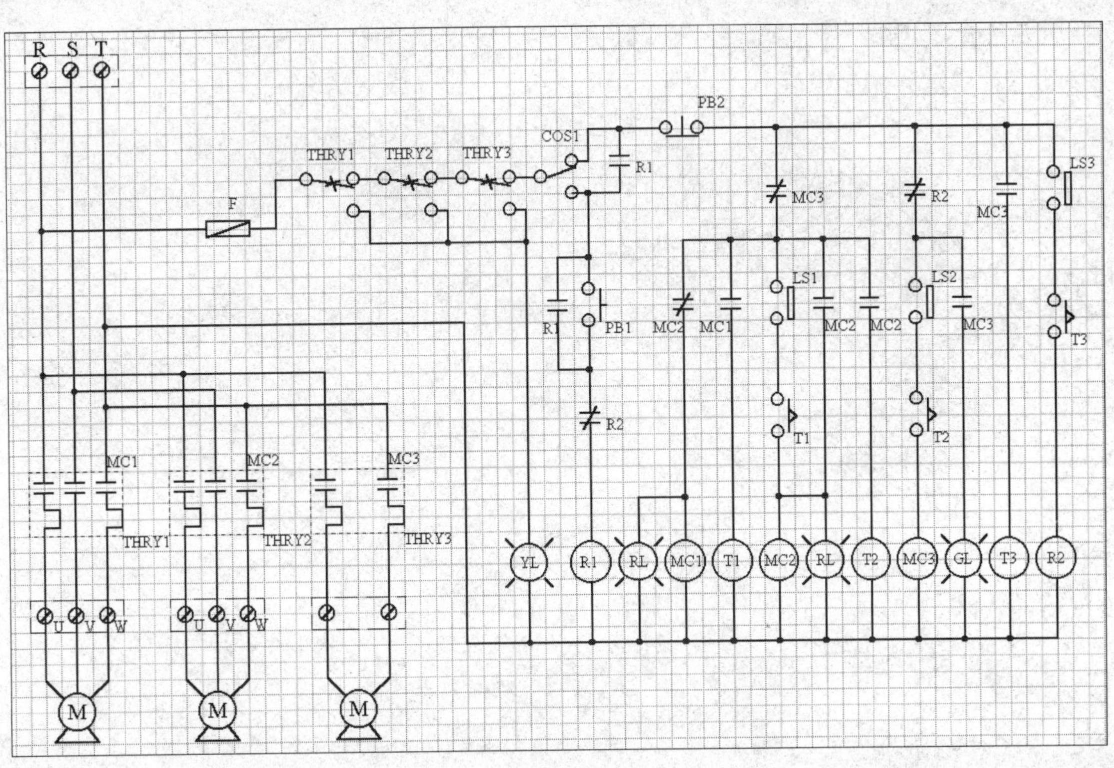
R
S
T
F
THRY1
THRY2
THRY3
COS1
PB2
R1
PB1
R2
MC1
MC2
MC3
LS1
LS2
LS3
T1
T2
T3
YL
RL
GL
M
U
V
W

第4篇 电路仿真篇

▶ 第12章 电路设计与电路仿真

▶ 第 12 章

电路设计与电路仿真

▶困难度指数：☺☺☺☺😐😐

▶学习条件：　基本电路绘图

▶学习时间：　75 分钟

本章纲要

1.电路仿真的注意事项

2.数字电路仿真

3.混合电路仿真

谈到电路仿真一直是 Protel 的痛，更是写 Protel 书籍的作者或教 Protel 课程的老师避之唯恐不及的事！其实，我们都可以看出 Protel 公司是一家以电路绘图与 PCB 设计为主的公司，而其对于建构一套完整的电路软件是不遗余力，到处并购仿真软件的厂家，然后把他们的仿真软件并入 Protel 软件中。因此，仿真软件与 Protel Schematic 之间的接口就非常重要！Protel SIM 99 SE 提供全新的接口与元件库，尤其在执行 Service Pack 6 之后，元件模型的指引、元件参数的设置，几乎排除先前 Protel SIM 98 的毛病了；而在文件方面，Protel SIM 98 可仿真的原理图搬到 Protel SIM 99 SE 是无法直接执行的，必须修改；如果硬要执行，那就会出现 Protel SIM 99 SE 少见的死机情形！

12-1 SIM 99 SE 之前

使用过 Protel SIM 98 的人很少没有不愉快的经验！所以在使用之前要有个心理准备，如果程序出现预期之外的错误消息纯属正常！可能是程序问题，也可能是用户不正常的参数与操作……但不管怎样，这些都是 SIM 98 的错！所以，不是高手不要轻易尝试！不过，在 Protel 99 SE 之后，这些恼人的问题逐渐获得改善，虽然没能达到 100%的 bug free，但对 Protel 的用户而言，电路仿真渐渐不再是个头痛的课题了！

大部分让用户吃闭门羹的是元件库，电路仿真所使用的元件库比较特殊。为了避免不必要的问题产生，最好在电路绘图环境里只挂 sim.ddb 一个元件库的数据文件就好，这是电路仿真专用的元件库，放置在 C:\Program Files\Design Exporer 99 SE\Library\Sch 文件夹里，而挂上这个数据文件后，在设计管理器中将出现一大堆元件库文件，如下所示：

7SEGDISP.LIB	七段显示器元件库(专供电路仿真用的)
74xx.LIB	TTL 元件库
BJT.LIB	双极性晶体管元件库
BUFFER.LIB	缓冲器元件库
CAMP.LIB	电流放大器元件库
CMOS.LIB	CMOS 元件库
COMPARATOR.LIB	比较器元件库
CRYSTAL.LIB	石英振荡晶体元件库
DIODE.LIB	二极管元件库
IGBT.LIB	绝缘门极双极性晶体管元件库
JFET.LIB	FET 元件库
MATH.LIB	数学运算元件库

MESFET.LIB	MESFET 元件库
MISC.LIB	杂项元件库
MOSFET.LIB	MOSFET 元件库
OPAMP.LIB	运算放大器元件库
OPTO.LIB	光隔离器元件库
REGULATOR.LIB	稳压器元件库
RELAY.LIB	继电器元件库
SCR.LIB	SCR 元件库
SimulationSymbols.LIB	被动元件元件库
SWITCH.LIB	开关元件库
TIMER.LIB	计时器元件库
TRANSFORMER.LIB	变压器元件库
TRIAC.LIB	TRIAC 元件库
TUBE.LIB	真空管元件库
UJT.LIB	单接面晶体管元件库

12-2 数字电路仿真

在本单元中将以一个简单的半加器为例，以进行数字电路的仿真，如图 12.1 所示。

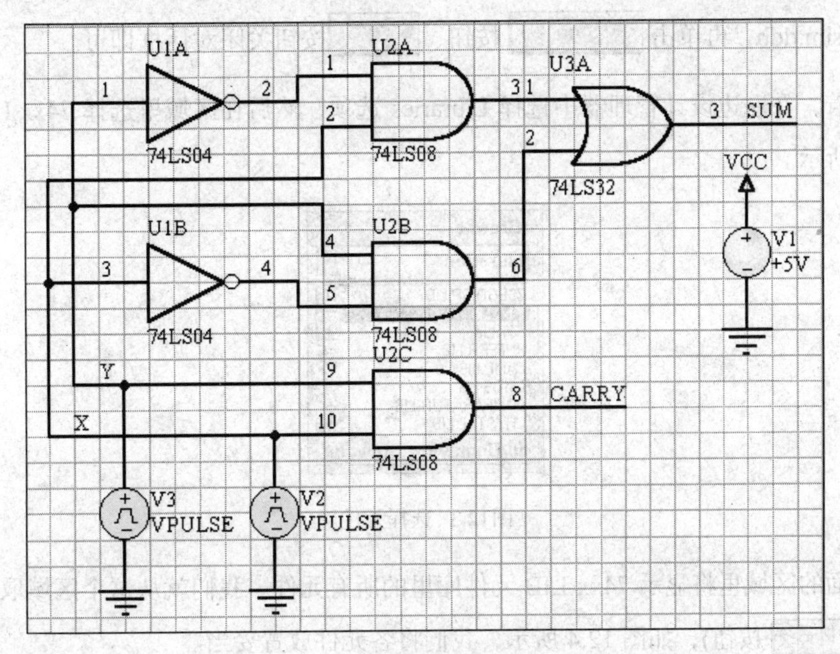

图12.1　仿真电路

12-2-1 放置元件的注意事项

首先把仿真用的元件库挂上去，单击工具栏里里的 按钮，打开图 12.2 所示的对话框。

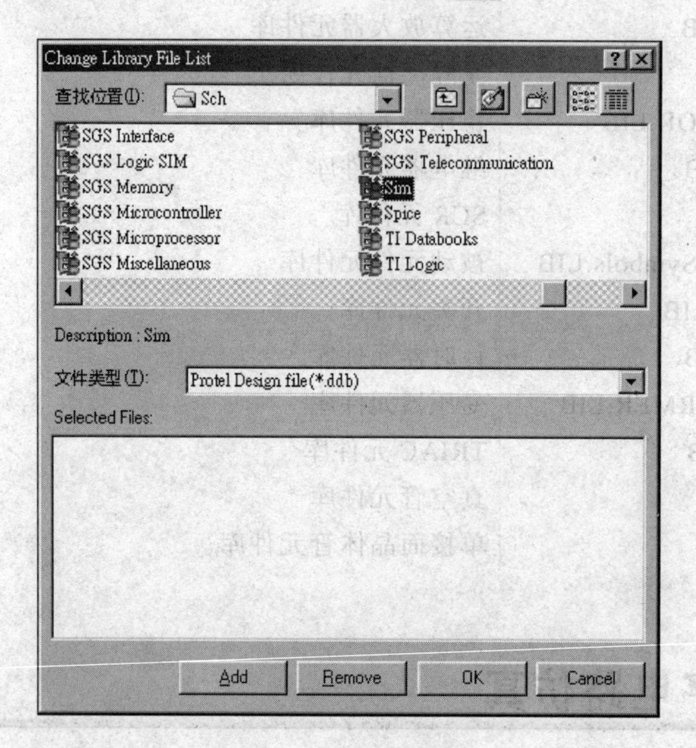

图12.2　指定 sim.ddb

选择 sim.ddb，再单击 Add 按钮、OK 按钮关闭对话框即可。

紧接着，在左边设计管理器中选择 Libraries 选项，然后在区域里选择 74xx.LIB 选项，如图 12.3 所示。

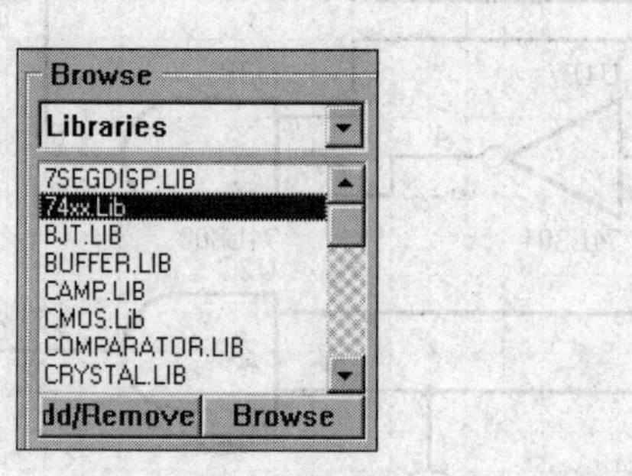

图12.3　选择元件库

则下面的区域里将显示 74xx.LIB 元件库里的所有元件。我们就从这个区域取用元件(配合其下的 Place 按钮)，如图 12.4 所示，我们将各元件放置妥当。

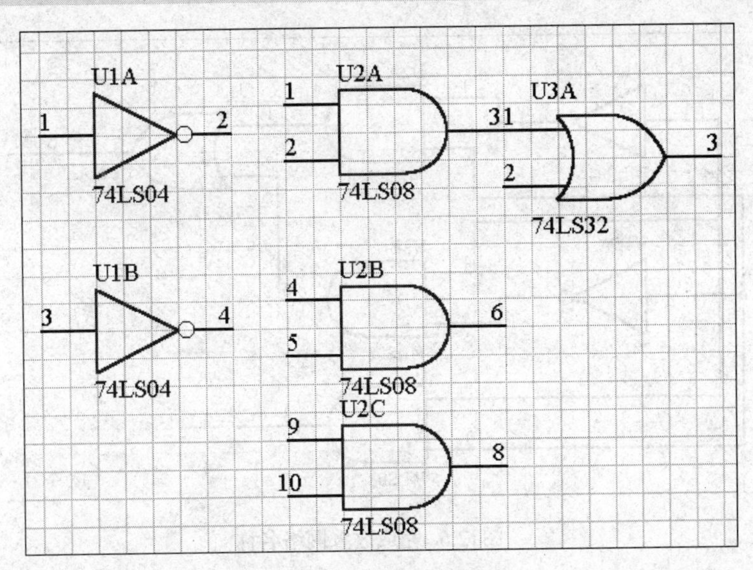

图12.4　完成元件布置

12-2-2 连接线路与网络名称

当我们要连接线路时，单击 按钮进入连接线路状态，然后按图 12.5 所示连接。

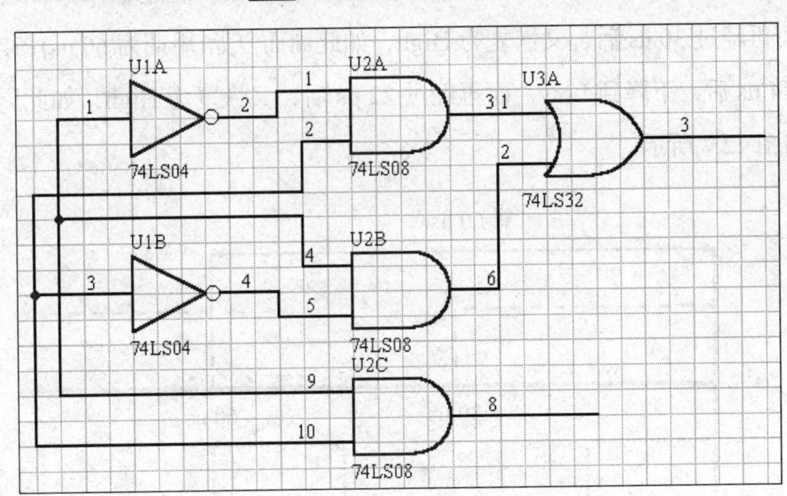

图12.5　完成线路的连接

理论上，可以利用测试点(Probe)来对信号的跟踪，也就是以第 7 章所介绍的放置测试点，但 Protel 并没有把接口做好。所以，在 SIM 99 SE 中将没办法显示我们所放置的测试点，所以无法跟踪信号！我们必须在线路上放置网络名称，才方便指定所要跟踪的测试点。

当我们要放置网络名称时，单击 Net1 按钮进入放置网络名称状态，然后按图 12.6 所示放置网络名称。

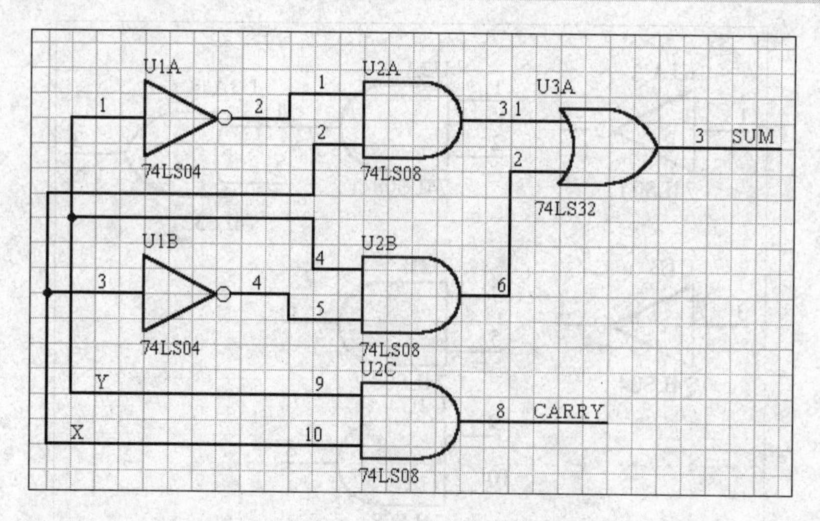

图12.6 完成放置网络名称

12-2-3 放置激励信号与电源

激励信号是电路仿真的灵魂，能不能让电路特性与功能仿真出来，完全靠激励信号设计。在本次仿真的电路中加入的两个激励信号，*X* 为由 High 开始，经过 30 μs(即 30 微秒)后，下降到 Low，而再经过 30 μs 后，又恢复为 High，如此周而复始(周期为 60 μs)；*Y* 则为由 High 开始，经过 24 μs 后，下降到 Low，而再经过 22 μs 后，又恢复为 High，如此周而复始(周期为 46 μs)，如图 12.7 所示。

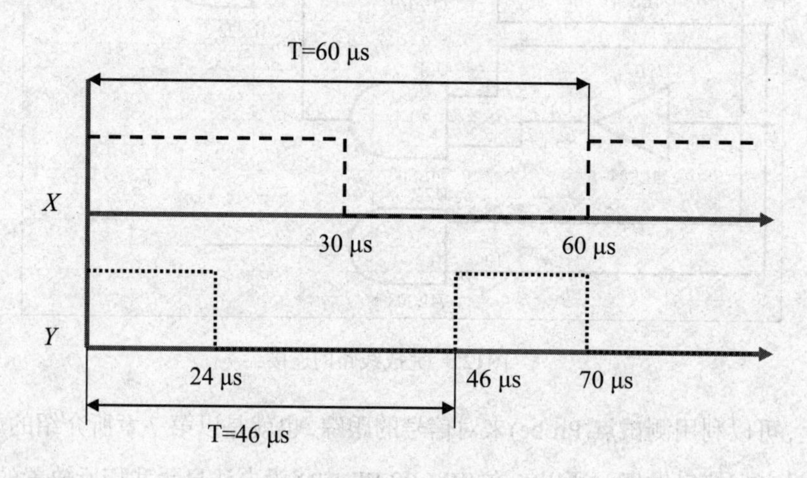

图12.7 激励信号

当我们要放置激励信号时，千万不要以 7-11-2 节的方式，因为 Protel 99 SE 还是没有界面，而是执行 Simulate 菜单下的 Sources 命令，即可弹出图 12.8 所示的子菜单。

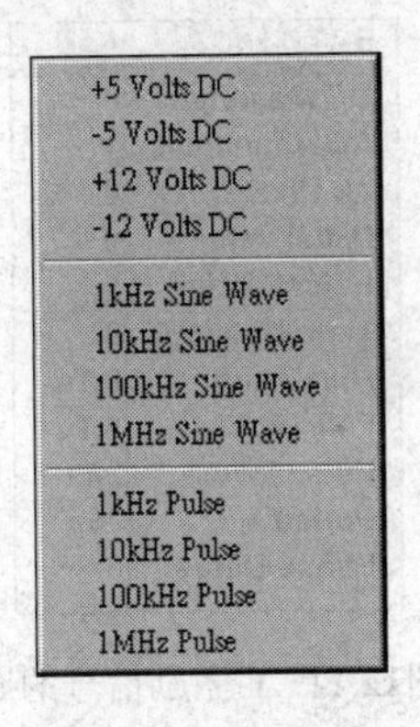

图12.8　仿真信号源

在此指定 1 kHz Pulse 选项即可取出一个信号源，再按 TAB 键，打开其属性对话框，首先将其 Designator 字段设置为 V2，然后切换到 Part Fields 选项卡，按图 12.9 所示设置其参数，即可得到图 12.7 所示的 X 激励信号。

Part Fields	
DC Magnitude	0
AC Magnitude	1
AC Phase	0
Initial Value	0
Pulsed Value	5
Time Delay	0
Rise Time	0.1u
Fall Time	0.1u
Pulse Width	30u
Period	60u
Phase Delay	0
	*

图12.9　X 激励信号的属性

设置完成后，单击 OK 按钮关闭对话框，然后指向所要放置的位置，单击鼠标左键即可，如图 12.10 所示。

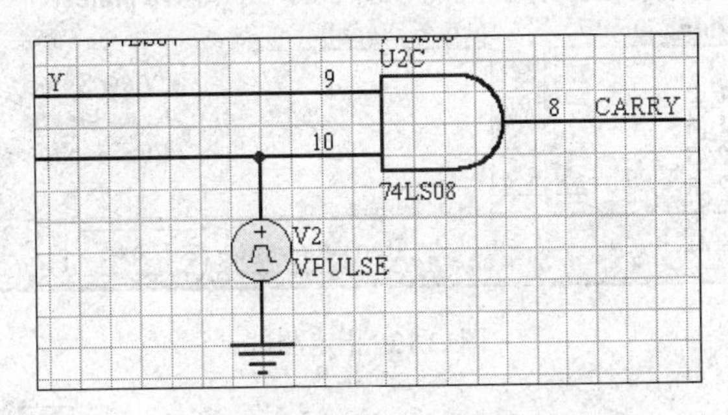

图12.10　放置一个激励信号

再以同样的方法放置另一个激励信号，其 Designator 字段设为 V3，而 Part Fields 页的属性如图 12.11 所示。

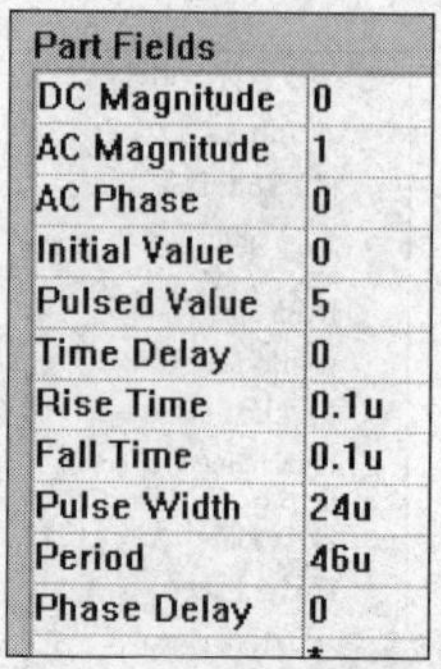

Part Fields	
DC Magnitude	0
AC Magnitude	1
AC Phase	0
Initial Value	0
Pulsed Value	5
Time Delay	0
Rise Time	0.1u
Fall Time	0.1u
Pulse Width	24u
Period	46u
Phase Delay	0

图12.11　Y 激励信号的属性

放置电源的方法分为两部分，第一部分是单击 按钮放置电源符号与接地符号，第二部分是执行 Simulate 菜单下的 Sources 命令，然后在随即拉出的子菜单里，选择+5 Volts DC 项。

12-2-4 启动仿真

万事俱备，现在就来进行仿真吧！执行 Simulate 菜单下的 Setup...命令，出现图 12.12 所示的对话框。

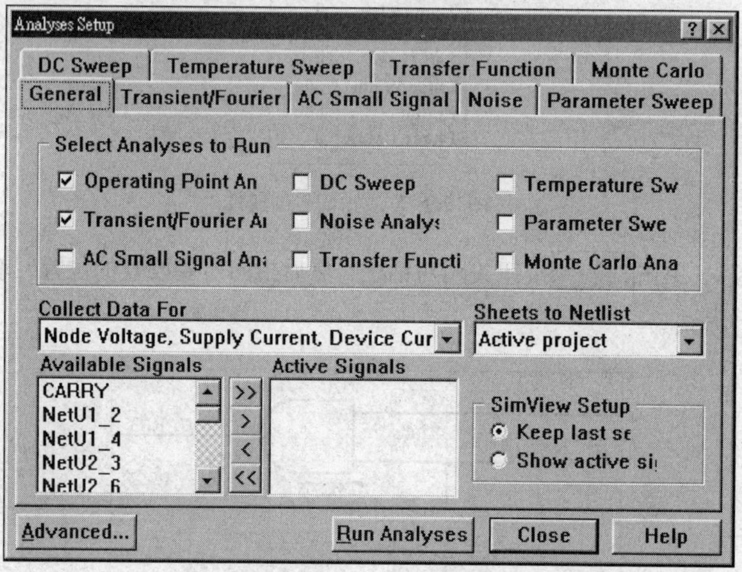

Analyses Setup

DC Sweep | Temperature Sweep | Transfer Function | Monte Carlo
General | Transient/Fourier | AC Small Signal | Noise | Parameter Sweep

Select Analyses to Run
- ☑ Operating Point An
- ☐ DC Sweep
- ☐ Temperature Sw
- ☑ Transient/Fourier Ai
- ☐ Noise Analys
- ☐ Parameter Swe
- ☐ AC Small Signal An
- ☐ Transfer Functi
- ☐ Monte Carlo Ana

Collect Data For: Node Voltage, Supply Current, Device Cur

Sheets to Netlist: Active project

Available Signals: CARRY, NetU1_2, NetU1_4, NetU2_3, NetU2_6

Active Signals

SimView Setup: ◉ Keep last se　○ Show active si

Advanced...　Run Analyses　Close　Help

图12.12　指定测试点

在左下方的 Available Signals 区域中，选择 CARRY 再单击 > 按钮，将它移至 Active Signals 区域里；同样地，再把 SUM、X 及 Y 移至 Active Signals 区域中。最后选择右下方的 Show active signal 选项，即可完成一般设置。

指向 Transient/Fourier 标签，单击鼠标左键，切换至该选项卡，再按图 12.13 所示设置。

Analyses Setup

DC Sweep | Temperature Sweep | Transfer Function | Monte Carlo
General | Transient/Fourier | AC Small Signal | Noise | Parameter Sweep

☑ Transient Ana
Start Time 0.000
Stop Time 100.0u
Step Time 150.0n
Maximum Step 150.0n
☐ Use Initial Cond

☐ Fourier Anal
Fund. Frequen 16.67k
Harmonics 10

Default Parameters
☐ Always set def　Set Defaults
Cycles Displayed 5
Points per Cycle 50

Advanced...　Run Analyses　Close　Help

图12.13　设置暂态分析参数

最后单击 Run Analyses 按钮即可进行仿真，然后展示仿真的波形，如图 12.14 所示。

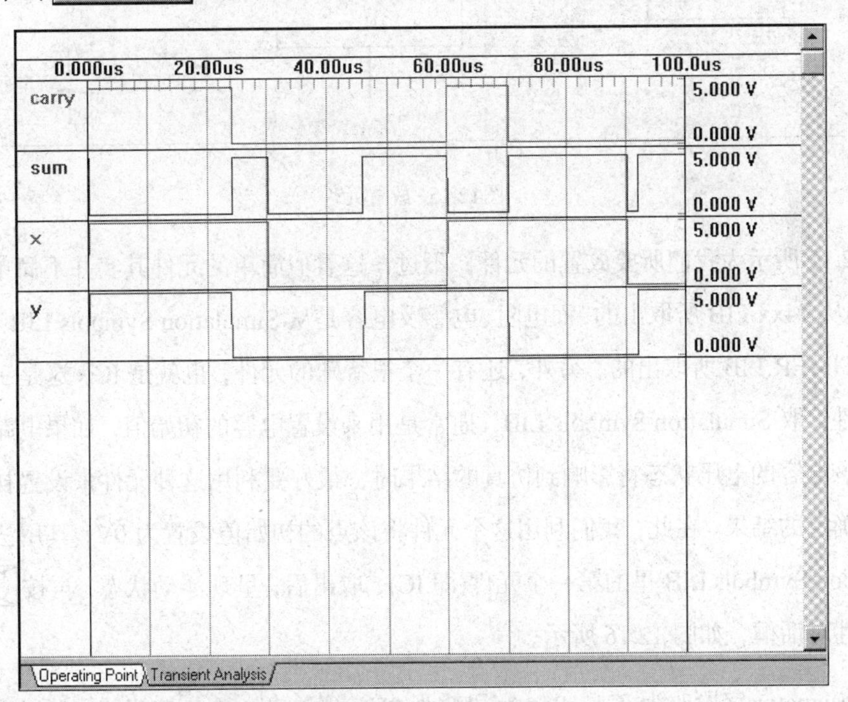

图12.14　仿真波形

如果要关闭波形窗口或任一个文件窗口，单击窗口右上方的 ☒ 按钮即可。

12-3 混合模式电路仿真

所谓混合模式电路仿真就是在电路仿真中同时含有数字电路及模拟电路，SIM 99 SE 也支持混合模式电路仿真。当我们要进行混合模式电路仿真时，还是要从画原理图开始，而在画原理图时，也是使用电路仿真专用的元件才行！

12-3-1 放置元件

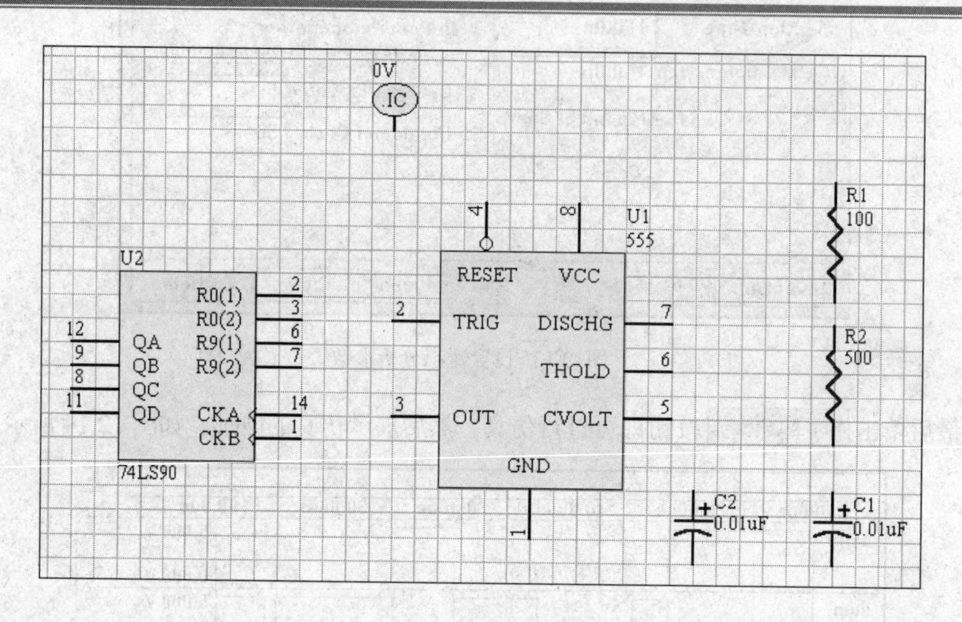

图12.15 放置元件

图 12.15 所示为我们所要放置的元件，不过，这看似简单的元件其实并不简单！其中的 74LS90 是从 74xx.LIB 所取出的，而电阻、电感及电容是从 Simulation Symbols.LIB 所取出的，555 是从 TIMER.LIB 所取出的。另外，还有一个很特殊的元件，也就是 IC，这是一个设置初始值的元件，取 Simulation Symbols.LIB，通常是用来设置电容的初始值，如果电路里有用到电容，而该电容的电压状态将影响到仿真的结果时，最好要利用这种元件来设置初始值，才不会有不确定的结果。在此，我们利用这个元件将该点的初始值设置为 0V，其用法是指定取用 Simulation Symbols.LIB 里的第一个元件(即.IC)，取出后，呈现浮动状态，再按 TAB 键，打开其属性对话框，如图 12.16 所示。

将 Designator 字段改为 IC1，Part 字段改为 0V，再单击 OK 按钮关闭此对话框。将此元件移至所要放置的位置，再单击鼠标左键即可。

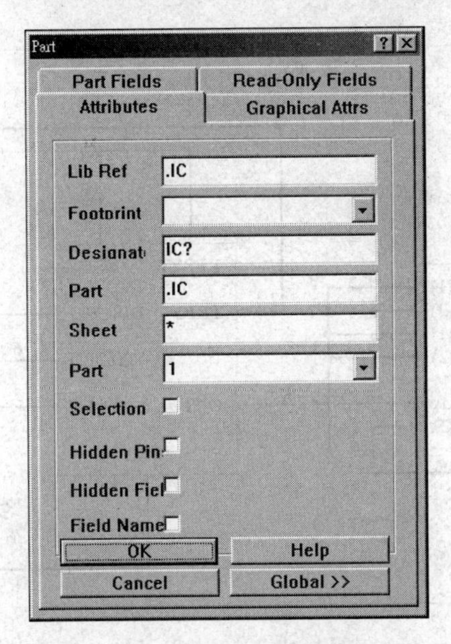

图12.16　.IC 的属性编辑

12-3-2 连接线路与网络名称

当我们要连接线路时，单击 按钮进入连接线路状态，然后按图 12.17 所示连接。

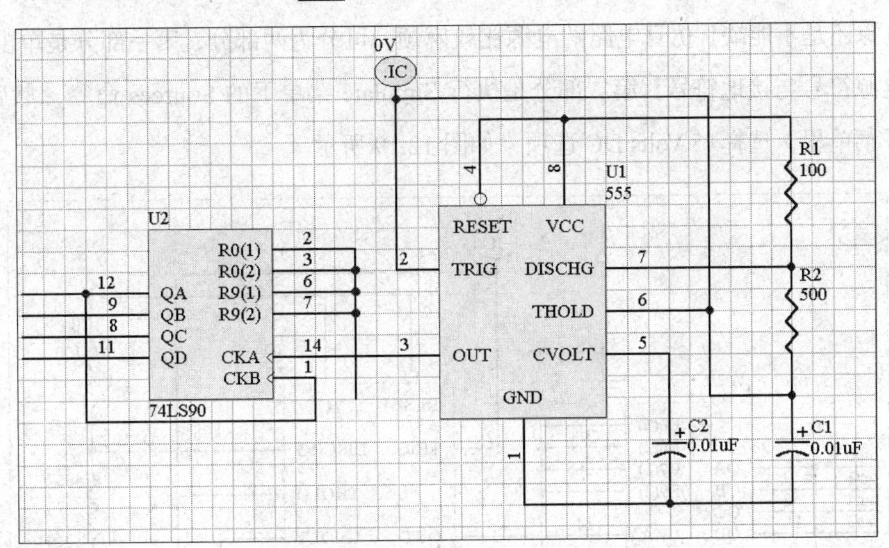

图12.17　完成线路的连接

同样地，为了跟踪信号，我们还是在线路上放置网络名称，以方便指定所要跟踪的测试点。

当我们要放置网络名称时，单击 Net1 按钮进入放置网络名称状态，然后按图 12.18 所示放置网络名称。

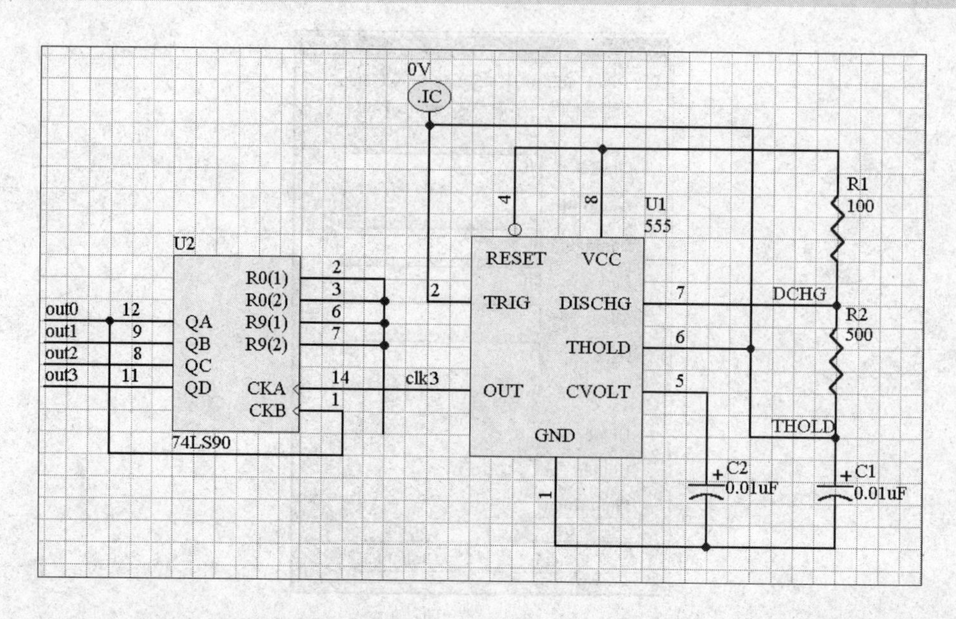

图12.18　完成放置网络名称

12-3-3 放置电源

由于本电路具有自激性的信号(由 555 振荡产生)，所以不需由用户指定激励信号。尽管如此，电源还是不能缺！仿真电路的电源比较麻烦，可分为两部分，第一部分是单击 按钮放置电源符号与接地符号，第二部分是执行 Simulate 菜单下的 Sources 命令，然后在随即弹出的子菜单里，选择+5 Volts DC 选项，如图 12.19 所示。

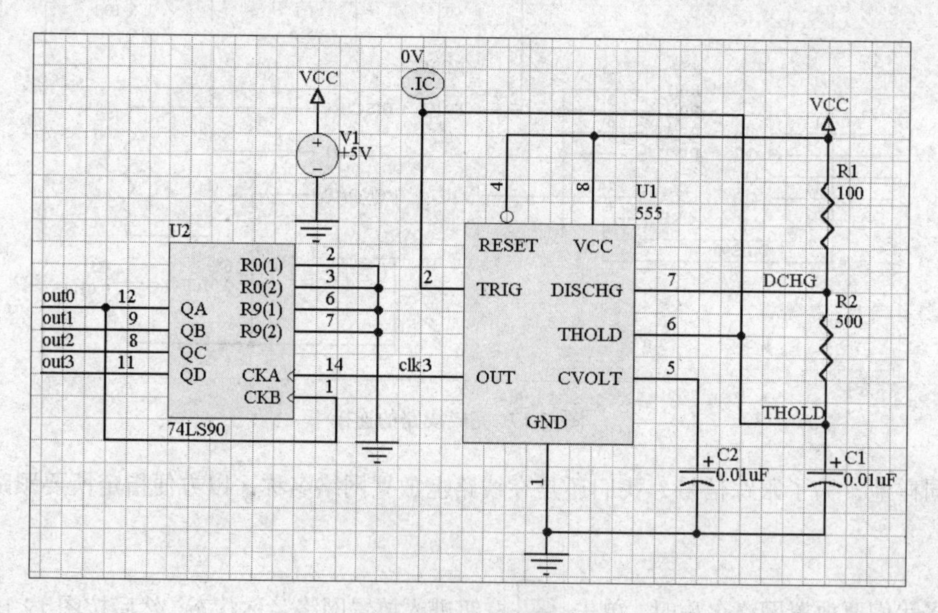

图12.19　完成电源定义

12-3-4 启动仿真

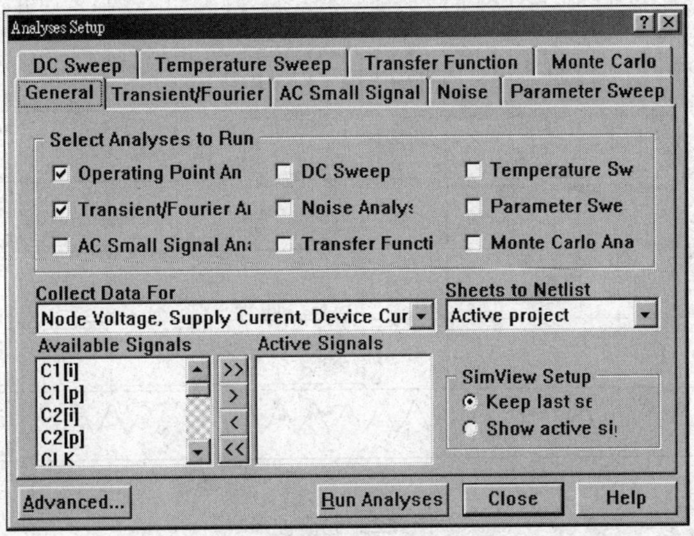

图12.20　指定测试点

启动 Simulate 菜单下的 Setup…命令，出现图 12.20 所示的对话框。在左下方的 Available Signals 区域中选择 CLK 再单击 > 按钮，将它移至 Active Signals 区域中。同样地，再把 DCHG、OUT0 ~ OUT3 及 THOLD 移至 Active Signals 区域中。最后选择右下方的 Show active signal 选项，即可完成一般设置。

指向 Transient/Fourier 标签，单击鼠标左键，切换至该选项卡，再按图 12.21 所示设置。

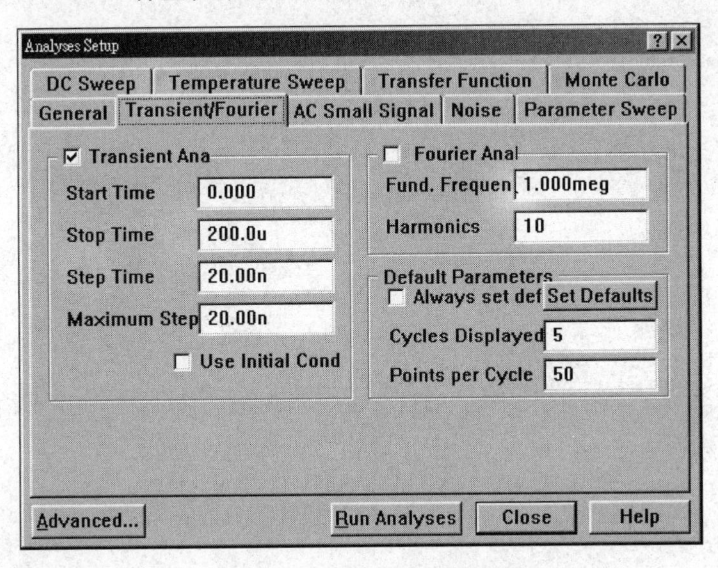

图12.21　设置暂态分析参数

最后单击 Run Analyses 按钮即可进行仿真，然后展示仿真的波形，如图 12.22 所示。

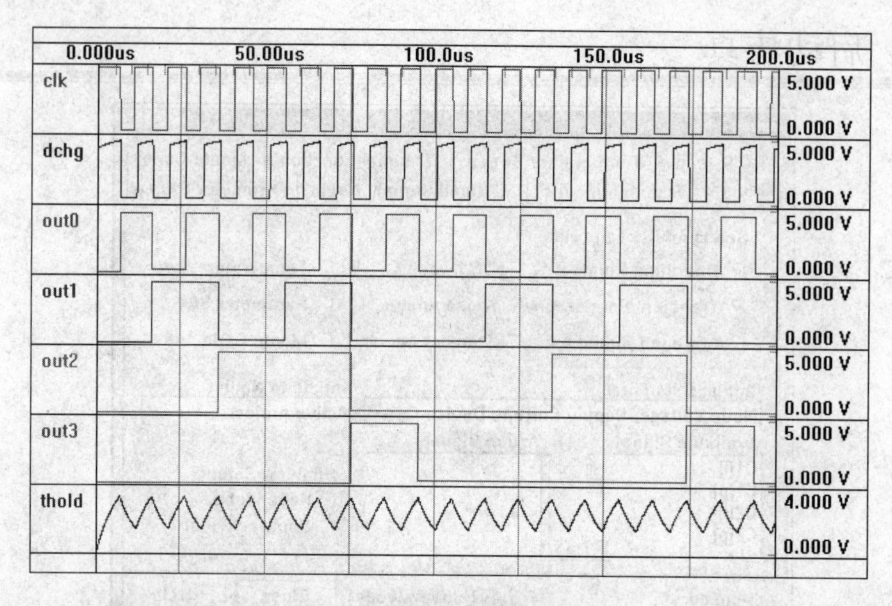

图12.22 仿真波形

如果要关闭波形窗口或任一个文件窗口，则单击窗口右上方的 按钮即可。

Protel SIM 99 SE 的功能不是很强，甚至比其前一个版本(Protel SIM 98)还差，不过，其操作简单多了！也稳定多了！如果是购买 Protel 全系列的电路软件，那倒可以好好玩一玩这一部分；如果是为了玩电路仿真，购买 Protel SIM 99 SE，就不必了！本章仅介绍电路仿真的入门知识，详细资料请参考有关书籍。

第5篇 电路板设计篇

▶ 第 13 章

PCB 设计基本操作技巧

▶困难度指数：☺☺☺☺😐😐

▶学习条件：　基本窗口操作

▶学习时间：　180 分钟

本章纲要

1.窗口操作

2.图件操作

3.文件操作与打印

4.认识电路板

13-1 PCB 图件操作

PCB 里的图件还算不少！在此我们将介绍图件的放置、编辑，还有一些特别的图件操作技巧。

13-1-1 放置图件与图件属性编辑

在工作区里放置图件是很基本的动作，而 PCB 的主要图件有元件、线条、焊盘、过孔、文字等，另外还有一些辅助性的图件，如坐标、尺寸线等，在此我们将一一说明其操作方式。

13-1-1-1 放置元件与元件属性

当我们要放置元件时，可在左边管理器中 Browse 区域上方选择 Libraries 选项，而在区域里指定所要取用的元件库，然后在 Components 区域中选择所要取用的元件，再单击 Place 按钮，即可取出该元件。以 0402 这个最小型的表面贴装式元件为例，鼠标指针移至工作区后，鼠标指针上将出现浮动的 0402 简图，如图 13.1 所示。

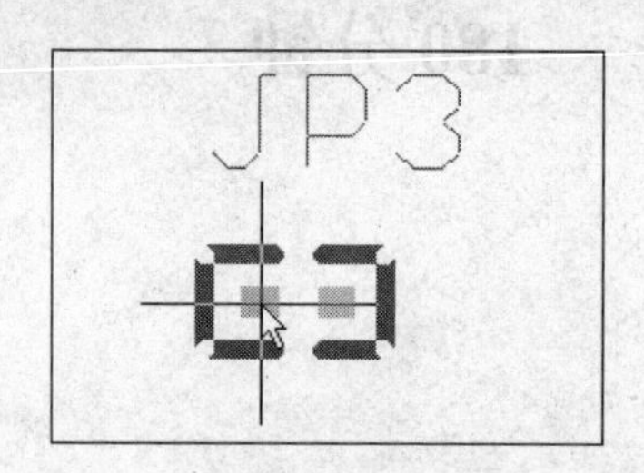

图13.1 浮动的元件

这时候，可用的功能键如下：

按键	功能
[ ]	将元件逆时针旋转 90°。
X	将元件左右翻转。
Y	将元件上下翻转。
TAB	打开该元件的属性对话框，以编辑其属性(稍后再介绍)。
Enter	将该元件固定于该处。
ESC	取消放置该元件。

除了由左边的设计管理器取用元件外，还有很多方式，例如执行 Place 菜单下的 Component…命令或单击按钮，即可打开图 13.2 所示的对话框。

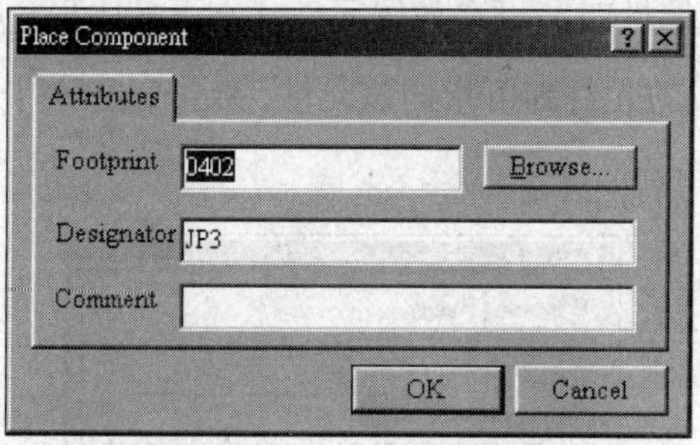

图 13.2　取用元件对话框

我们可直接在 Footprint 文本框中输入所要取用的元件名称、在 Designator 文本框中输入其元件序号、在 Comment 文本框中输入该元件的标记文字，如果想要看看元件的模样，可单击 Browse... 按钮，即可打开元件浏览对话框，如图 13.3 所示。

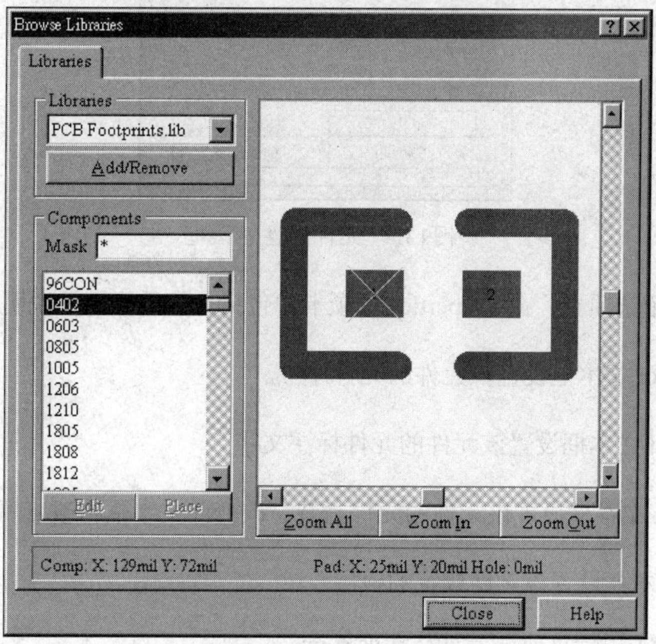

图 13.3　元件浏览对话框

我们可以在左上方的 Libraries 区域中指定所要浏览的元件库或单击 Add/Remove 按钮进入挂/卸元件库。然后在 Components 区域中指定所要浏览的元件，则该元件的元件图将展现在右边区域中，其相关数据也会显示在下方。选定元件后，单击 Close 按钮关闭此对话框，即可将该元件带回前一个对话框；再单击 OK 按钮即可取出该元件，而该元件将以浮动的简图，随鼠标指针而动。此后的操作，刚刚已说明过了，在此不赘述。

当我们要编辑元件的属性时，可在放置元件状态下按 TAB 键，即可打开其属性对话框；另外，对于已放置完成的元件则可指向该元件，双击，也可打开其属性对话框，如图 13.4 所示。

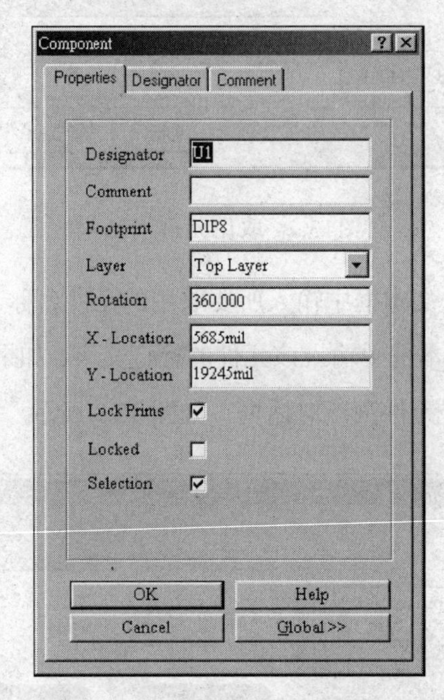

图 13.4 元件属性对话框

其中包括 3 个选项卡，在 Properties 选项卡中包括一般的属性，说明如下：

- Designator 文本框设置该元件的元件序号。
- Comment 文本框设置该元件的元件标注文字。
- Footprint 文本框设置该元件的元件封装，改变此文本框将改变所取用的元件。
- Layer 文本框设置该元件放置的板层。
- Rotation 文本框设置该元件的放置角度。
- X-Location 文本框设置该元件的 X 轴坐标。
- Y-Location 文本框设置该元件的 Y 轴坐标。
- Lock Prims 选项为该元件为单一元件，如果不选本选项则该元件将被解体为多个分立的图件。

- □ Locked 选项设置锁定该元件。
- □ Selection 选项设置选择该元件。

在 Designator 选项卡中包括所有元件序号的属性，如图 13.5 所示。说明如下：

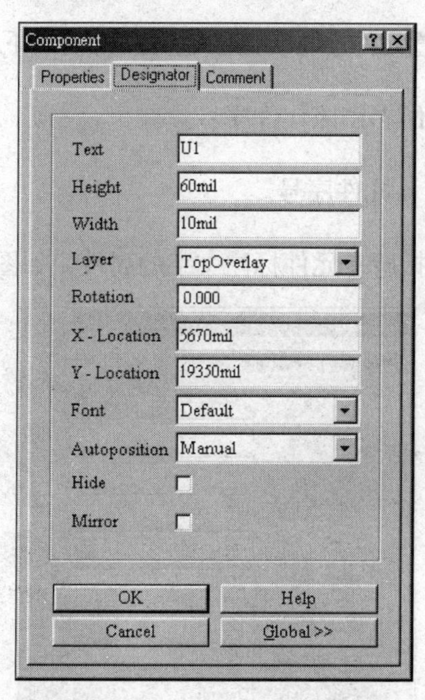

图13.5　设置元件序号

- □ Text 文本框设置该元件的元件序号。
- □ Height 文本框设置该元件序号的高度，也就是元件序号的大小。
- □ Width 文本框设置该元件序号的笔画粗细。
- □ Layer 文本框设置该元件序号放置的板层。
- □ Rotation 文本框设置该元件序号的放置角度。
- □ X-Location 文本框设置该元件序号的 *X* 轴坐标。
- □ Y-Location 文本框设置该元件序号的 *Y* 轴坐标。
- □ Font 文本框为该元件序号的字体。
- □ Autoposition 文本框为该元件序号放置的方式，其中 Manual 选项设置由用户调整元件序号的位置、Left-Above 选项设置元件序号自动放置在元件的左上角、

Left-Center 选项设置元件序号自动放置在元件的左边中间、Left-Below 选项设置元件序号自动放置在元件的左下角、Center-Above 选项设置元件序号自动放置在元件的中间上方、Center 选项设置元件序号自动放置在元件的中间、Center-Below 选项设置元件序号自动放置在元件的中间下方、Right-Above 选项设置元件序号自动放置在元件的右上角、Right-Center 选项设置元件序号自动放置在元件的右边中间、Right-Below 选项设置元件序号自动放置在元件的右下角。

- Hide 选项设置隐藏(不显示)该元件序号。
- Mirror 选项设置翻转该元件序号。

在 Comment 选项卡中包括所有元件标注文字的属性，如图 13.6 所示。其说明如下：

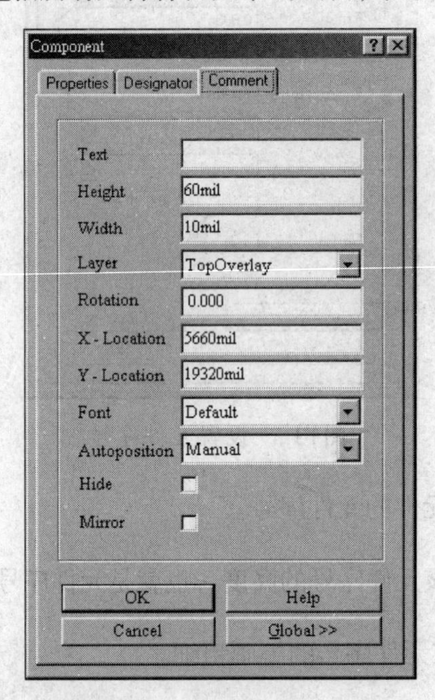

图13.6　设置元件标注文字

- Text 文本框设置该元件的标注文字。
- Height 文本框设置该元件标注文字的高度，也就是元件标注文字的大小。
- Width 文本框设置该元件标注文字的笔画粗细。
- Layer 文本框设置该元件标注文字放置的板层。
- Rotation 文本框设置该元件标注文字的放置角度。

- X-Location 文本框设置该元件标注文字的 *X* 轴坐标。
- Y-Location 文本框设置该元件标注文字的 *Y* 轴坐标。
- Font 文本框为该元件标注文字的字体。
- Autoposition 文本框为该元件标注文字放置的方式，其中 Manual 选项设置由用户调整元件标注文字的位置、Left-Above 选项设置元件标注文字自动放置在元件的左上角、Left-Center 选项设置元件标注文字自动放置在元件的左边中间、Left-Below 选项设置元件标注文字自动放置在元件的左下角、Center-Above 选项设置元件标注文字自动放置在元件的中间上方、Center 选项设置元件标注文字自动放置在元件的中间、Center-Below 选项设置元件标注文字自动放置在元件的中间下方、Right-Above 选项设置元件标注文字自动放置在元件的右上角、Right-Center 选项设置元件标注文字自动放置在元件的右边中间、Right-Below 选项设置元件标注文字自动放置在元件的右下角。
- Hide 选项设置隐藏(不显示)该元件标注文字。
- Mirror 选项设置翻转该元件标注文字。

13-1-1-2　画线与线条属性

在 PCB 中的线条比较麻烦！因为 PCB 工作区是立体的，也就是由多个板层所叠在一起的，表面上看起来两条线好像相连接，但如果其所在板层不同，则不会相连接。另外，不同板层的线条代表不同意义，在布线板层(如顶层、底层等)则线条代表铜膜；在覆盖层(Top Overlay、Bottom Overlay)、机构层(Mechanical Layer)等非布线板层则线条代表非导电的图案而已。所以在画线之前，必须看好当时的“工作板层”是什么？在工作区下方有一行板层标签栏，我们可从这一板层标签栏中看出当时的工作板层。如果要切换工作板层，只要指向板层标签，单击鼠标左键即可。例如要切换到底层则指向 BottomLayer 板层标签，再单击鼠标左键。另外，如果鼠标指针不方便移动，也可按[+]或[-]键顺利切换工作板层；如果是在布线，则可按[*]键切换布线板层，例如现在底层走线，按[*]键后，将切换到顶层，同时于该处将自动产生一个过孔，以连接这两层之间的走线。同样地，原本在顶层走线，按[*]键将切换到底层，该处也将自动产生一个过孔。

画线也有两种，一种是交互式走线模式，这种走线模式是针对有网络的走线；另一种是自由画线，不受网络的限制。当我们要进行交互式走线时，可执行 Place 菜单下的 Interactive Routing 命令或单击 按钮，即可进入走线状态，指向所要走线的起点，单击鼠标左键，再移动鼠标，即可拉出线条；我们可以转一次弯，如果要转第二个弯，可先单击鼠标左键，固定第一段线，然后再转第二个弯。到达终点，则双击，再右击，即可另外指定起点以进行另一条走线。

如果要自由画线，可执行 Place 菜单下的 Line 命令或单击 按钮，即可进入画线状态，之后的操作与交互式走线完全一样。

当我们要编辑线条的属性时，可在画线状态下按 TAB 键，即可打开其属性对话框；另外，对于已放置完成的线条则可指向该线条，双击，也可打开其属性对话框，如图 13.7 所示。

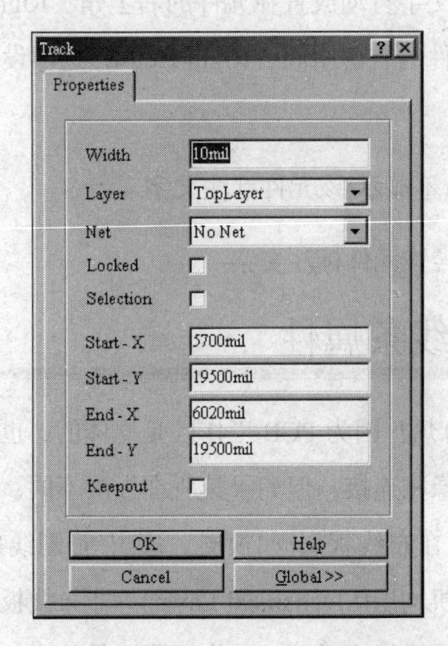

图13.7 线条属性对话框

其中各项说明如下：

- Width 文本框设置该线条的线宽。
- Layer 文本框设置该线条所在的板层。
- Net 文本框为该线条所属的网络。
- Locked 选项设置锁定该线条。
- Selection 选项设置选择该线条。

- □　Start-X 文本框设置该线条起始点的 X 轴坐标。
- □　Start-Y 文本框设置该线条起始点的 Y 轴坐标。
- □　End-X 文本框设置该线条终止点的 X 轴坐标。
- □　End-Y 文本框设置该线条终止点的 Y 轴坐标。
- □　Keepout 选项设置该线条具有限制元件放置与布线局部的功能。

13-1-1-3　放置焊盘与焊盘属性

通常焊盘是属于元件上的引脚，不过，我们也可能会在工作区里新增焊盘以连接信号。当我们要放置焊盘时，可执行 Place 菜单下的 Pad 命令或单击 [◉] 按钮，即可进入放置焊盘状态，指向所要放置焊盘的位置，单击鼠标左键，即于该处放置一个焊盘。我们可继续指向其他位置以放置其他的焊盘，如不想继续放置焊盘，可右击，即可结束焊盘状态。

当我们要编辑焊盘的属性时，可在放置焊盘状态下按 TAB 键，即可打开其属性对话框；另外，对于已放置完成的焊盘，则可指向该焊盘，双击，也可打开其属性对话框，如图 13.8 所示。

其中包括 3 个选项卡，在 Properties 选项卡中包括一般的属性，说明如下：

- □　Use Pad Stack 选项设置采用焊盘堆叠，也就是该焊盘在各板层的大小、形状，都可由我们来设置。
- □　X-Size 文本框设置该焊盘的宽度。
- □　Y-Size 文本框设置该焊盘的高度。
- □　Shape 文本框设置该焊盘的形状，其中的 Round 选项设置为圆形焊盘、Rectangle 选项设置为矩形焊盘、Octagonal 选项设置为八角形焊盘。
- □　Designator 文本框设置该焊盘的序号。
- □　Hole Size 文本框设置该焊盘的钻孔大小。
- □　Layer 文本框设置该焊盘所在的板层，如果是针脚式的焊盘，则选 MultiLayer 选项，表示该焊盘穿过每一层；如果是贴片式的焊盘，则按该焊盘所在板层选择。

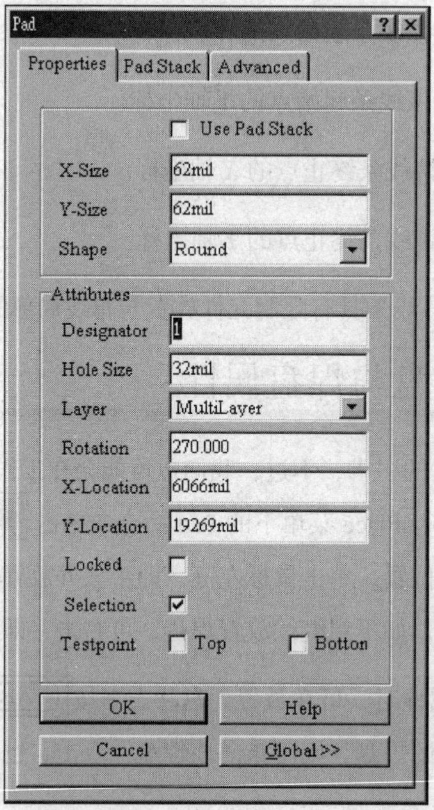

Pad
Properties | Pad Stack | Advanced
Use Pad Stack
X-Size 62mil
Y-Size 62mil
Shape Round
Attributes
Designator 1
Hole Size 32mil
Layer MultiLayer
Rotation 270.000
X-Location 6066mil
Y-Location 19269mil
Locked
Selection
Testpoint Top Botton
OK Help
Cancel Global >>

图13.8 焊盘属性对话框

- □ Rotation 文本框设置该焊盘的放置角度。
- □ X-Location 文本框设置该焊盘的 X 轴坐标。
- □ Y-Location 文本框设置该焊盘的 Y 轴坐标。
- □ Locked 选项设置锁定该焊盘。
- □ Selection 选项设置选择该焊盘。
- □ Testpoint 选项设置在该焊盘上设置测试点，可以指定 Top 选项，将测试点设在顶层，也可以指定 Bottom 选项将测试点设在底层或两个选项一起选。

如果选择 Use Pad Stack 选项，则 Pad Stack 选项卡才可以设置，如图 13.9 所示。

其中包括三部分，Top 部分是设置该焊盘在顶层的大小(X-Size、Y-Size 字段)及形状(Shape 字段)，Middle 部分是设置该焊盘在中间板层的大小(X-Size、Y-Size 字段)及形状(Shape 字段)，Bottom 部分是设置该焊盘在底层的大小(X-Size、Y-Size 字段)及形状(Shape 字段)。

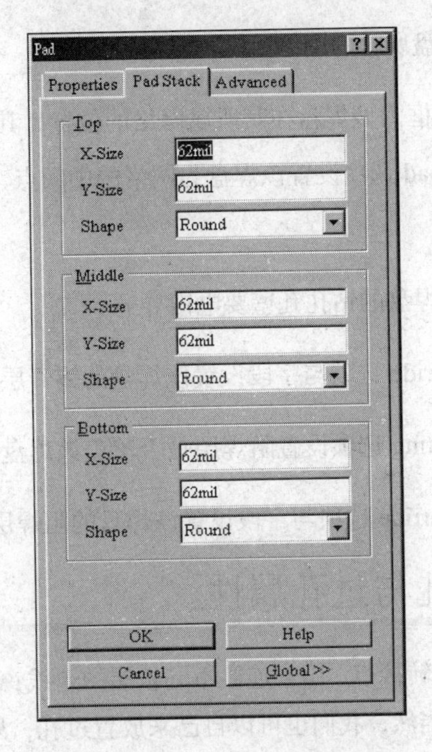

图 13.9　设置焊盘堆叠

在这一选项卡中就比较高深一点，如图 13.10 所示。说明如下：

Pad
Properties　Pad Stack　Advanced
Net　No Net
Electrical type　Load
Plated
Paste Mask
Override　0mil
Solder Mask
Tenting
Override　4mil
OK　Help
Cancel　Global >>

图 13.10　高级设置

- Net 文本框为该焊盘所挂的网络。
- Electrical type 文本框为该焊盘在其所属网络的位置，其中的 Source 选项设置该焊盘为网络的起点、Load 选项设置该焊盘为网络的中间点、Terminator 选项设置该焊盘为网络的终点。
- Plated 选项设置该焊盘的钻孔孔壁要电镀导通。
- Paste Mask 的 Override 选项与字段设置该焊盘的锡膏层内缩量。
- Solder Mask 的 Tenting 选项设置阻焊层是否覆盖该焊盘。
- Solder Mask 的 Override 选项与字段设置该焊盘的阻焊层外扩量。

13-1-1-4　放置过孔与过孔属性

通常过孔属于走线上的转接点，用来连接不同板层的走线；而我们在走线时切换走线板层，程序将自动设置过孔。当然，我们也可以自己来放置过孔，只要执行 Place 菜单下的 Via 命令或单击按钮，即可进入放置过孔状态，指向所要放置过孔的位置，单击鼠标左键，即于该处放置一个过孔。我们可继续指向其他位置，以放置其他的过孔，如不想继续放置过孔，可右击，即可结束过孔状态。

当我们要编辑过孔的属性时，可在放置过孔状态下按 TAB 键，即可打开其属性对话框；另外，对于已放置完成的过孔则可指向该过孔，双击，也可打开其属性对话框，如图 13.11 所示。

其中各项说明如下：

- Diameter 文本框设置该过孔的直径。
- Hole Size 文本框设置该过孔的钻孔大小。
- Start Layer 文本框设置该过孔的起始板层。
- End Layer 文本框设置该过孔的终止板层。
- X-Location 文本框设置该过孔的 *X* 轴坐标。
- Y-Location 文本框设置该过孔的 *Y* 轴坐标。
- Net 文本框为该过孔所属的网络。
- Locked 选项设置锁定该过孔。

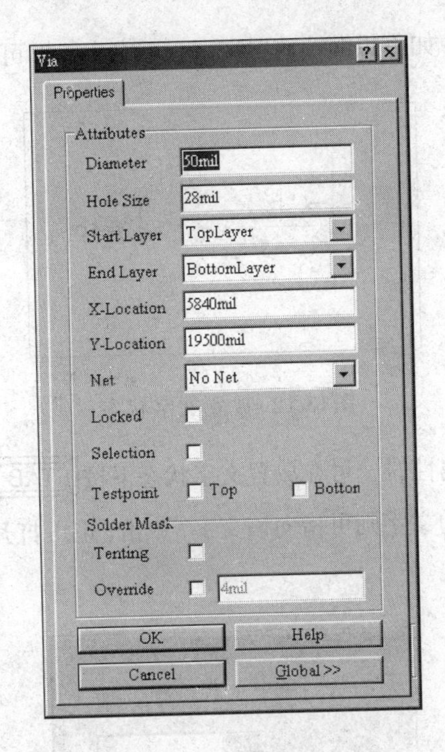

图13.11　过孔属性对话框

- Selection 选项设置选择该过孔。
- Testpoint 选项设置在该过孔上设置测试点，可以指定 Top 选项，将测试点设在顶层，也可以指定 Bottom 选项，将测试点设在底层或两个选项一起选。
- Solder Mask 的 Tenting 选项设置阻焊层是否覆盖该过孔。
- Solder Mask 的 Override 选项与字段设置该过孔的阻焊层外扩量。

13-1-1-5　放置文字与文字属性

我们可以在 PCB 上放置文字，如果安装了相关补丁，还可以放置中文！放置文字时，还是要注意当时的工作板层，如果当时的工作板层是底层或顶层则该文字将是 PCB 上的铜膜文字，具有导电作用。如果当时的工作板层是非布线板层则该文字将是印在 PCB 上的油墨文字，不具有导电作用，就像元件上的文字一样。

当我们要放置文字时，可执行 Place 菜单下的 String 命令或单击 T 按钮，即可进入放置文字状态，鼠标指针上将出现浮动的文字，如图 13.12 所示。

指向所要放置文字的位置，单击鼠标左键，即于该处放置一个文字。我们可继续指向其他位置以放置其他的文字，如不想继续放置文字，可右击，即可结束文字状态。

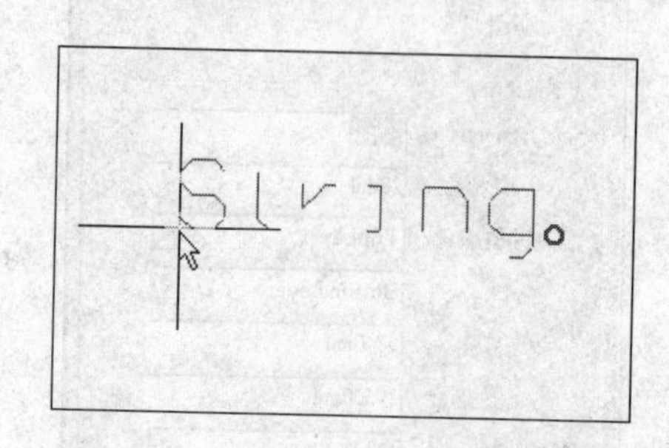

图13.12　放置文字状态

当我们要编辑文字的属性时，可在放置文字状态下按 TAB 键，即可打开其属性对话框；另外，对于已放置完成的文字则可指向该文字，双击，也可打开其属性对话框，如图 13.13 所示。

String
Properties
Text　String
Height　60mil
Width　10mil
Font　Default
Layer　TopLayer
Rotation　0.000
X - Location　5580mil
Y - Location　19620mil
Mirror
Locked
Selection
OK　Help
Cancel　Global >>

图13.13　文字属性对话框

其中各项说明如下：

- Text 文本框设置所要放置的文字。
- Height 文本框设置该文字的高度，也就是文字的大小。
- Width 文本框设置该文字笔画的粗细。
- Font 文本框设置该文字所在的板层。

- Rotation 文本框设置该文字的放置角度。
- X-Location 文本框设置该文字的 *X* 轴坐标。
- Y-Location 文本框设置该文字的 *Y* 轴坐标。
- Mirror 选项为将该文字翻转。
- Locked 选项设置锁定该文字。
- Selection 选项设置选择该文字。

13-1-1-6　放置坐标与坐标属性

PCB 99 SE 提供一个特殊的东西，就是坐标，我们可以在 PCB 里标示指定位置的坐标，而且很容易！只要执行 Place 菜单下的 Coordinate 命令或单击 +10,10 按钮，即可进入放置坐标状态，指向所要放置坐标的位置，单击鼠标左键，即于该处放置该处的坐标。我们可继续指向其他位置以放置其他的坐标，如不想继续放置坐标，可右击，即可结束坐标状态。

当我们要编辑坐标的属性时，可在放置坐标状态下按 TAB 键，即可打开其属性对话框；另外，对于已放置完成的坐标则可指向该坐标，双击，也可打开其属性对话框，如图 13.14 所示。

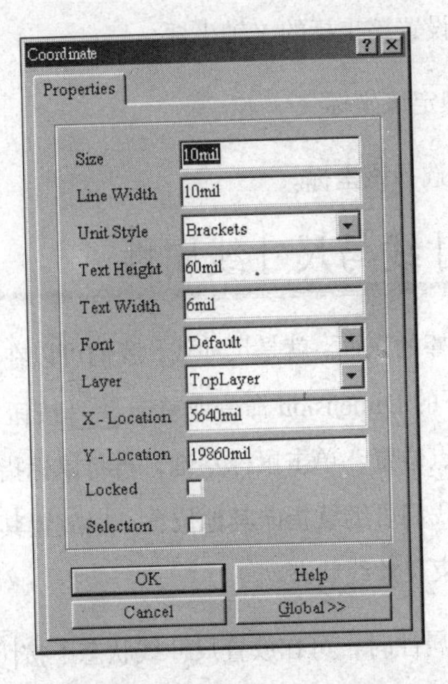

图13.14　坐标属性对话框

其中各项说明如下：

- Size 文本框设置该坐标的大小。
- Line Width 文本框设置该坐标的线宽。
- Unit Style 文本框设置该坐标的形式，如图 13.15 所示。

None	1000,20000
Normal	1000mil,19900mil
Brackets	1000,19800 (mil)

图13.15　坐标的形式

- Text Height 文本框设置该坐标的文字大小。
- Text Width 文本框设置该坐标的文字笔画粗细。
- Font 文本框设置该坐标的字体。
- Layer 文本框设置该坐标所放置的板层。
- X-Location 文本框设置该坐标的 X 轴坐标。
- Y-Location 文本框设置该坐标的 Y 轴坐标。
- Locked 选项设置锁定该坐标。
- Selection 选项设置选择该坐标。

13-1-1-7　放置尺寸线与尺寸线属性

PCB 99 SE 提供一个很棒的东西，就是尺寸线，我们可以在 PCB 里标示尺寸线，而且很容易！只要执行 Place 菜单下的 Dimension 命令或单击按钮，即可进入放置尺寸线状态，指向所要放置尺寸线的第一点位置，单击鼠标左键，再将鼠标指针移至另一点，单击鼠标左键，即于放置一个尺寸线。我们可继续指向其他位置，以放置其他的尺寸线，如不想继续放置尺寸线，可右击，即可结束尺寸线状态。

当我们要编辑尺寸线的属性时，可在放置尺寸线状态下按 TAB 键，即可打开其属性对话框；另外，对于已放置完成的尺寸线则可指向该尺寸线，双击，也可打开其属性对话框，如图 13.16 所示。

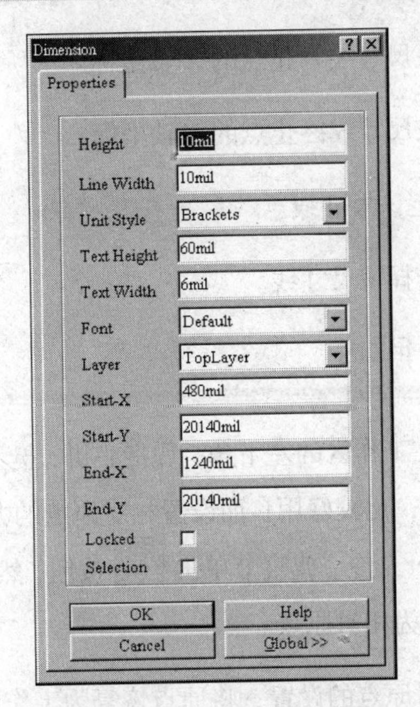

图13.16　尺寸线属性对话框

其中各项说明如下：

- □　Height 文本框设置该尺寸线的大小。
- □　Line Width 文本框设置该尺寸线的线宽。
- □　Unit Style 文本框设置该尺寸线的形式，如图 13.17 所示。

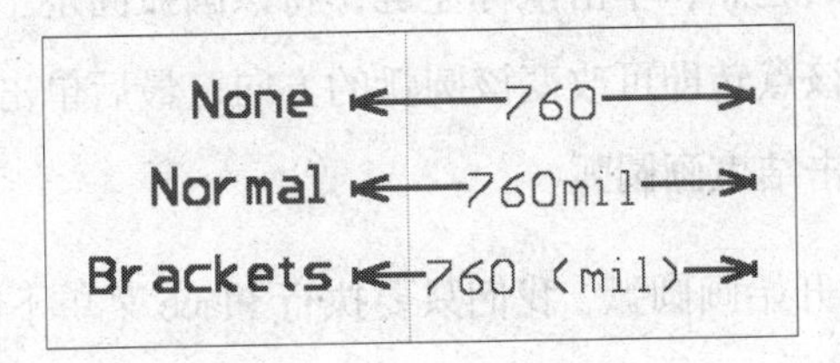

图13.17　尺寸线的形式

- □　Text Height 文本框设置该尺寸线的文字大小。
- □　Text Width 文本框设置该尺寸线的文字笔画粗细。
- □　Font 文本框设置该尺寸线的字体。
- □　Layer 文本框设置该尺寸线所放置的板层。
- □　Start-X 文本框设置该尺寸线起始点的 *X* 轴坐标。
- □　Start-Y 文本框设置该尺寸线起始点的 *Y* 轴坐标。

- End-X 文本框设置该尺寸线终止点的 *X* 轴坐标。
- End-Y 文本框设置该尺寸线终止点的 *Y* 轴坐标。
- Locked 选项设置锁定该尺寸线。
- Selection 选项设置选择该尺寸线。

13-1-1-8　设置相对原点

PCB 99 SE 的原点(0, 0)在工作区的左下角，凭良心讲，挺不好用的！通常我们会在 PCB 左下角或附近，设置相对原点，比较好用！而设置相对原点的方法很简单，只要执行 Edit 菜单下的 Origin 命令，再选择 Set 命令，或直节单击 按钮，然后指向所要设置相对原点处，单击鼠标左键，即可将该处设为相对原点。

相对地，如果要取消相对原点的设置，将原点恢复为工作区的左下角,，只要执行 Edit 菜单下的 Origin 命令，再选择 Reset 命令即可。

13-1-1-9　画圆弧与圆弧属性

PCB 99 SE 提供 3 种画圆弧的方法，第一种方法是由圆弧的边缘开始画圆弧，这种方法每次固定只能画出 90°的圆弧，我们只要执行 Place 菜单下的 Arc(Edge)命令，或单击 按钮，然后指向所要画圆弧的起点，单击鼠标左键，将该圆弧固定于该点，再移动鼠标，即可展开圆弧的半径；而绕着该点转即可改变该圆弧的方向，最后单击鼠标左键，完成该圆弧。我们可以继续画圆弧或右击结束画圆弧。

第二种方法是由圆心开始画圆弧，我们只要执行 Place 菜单下的 Arc(Center 命令)，或单击 按钮，然后指向所要画圆弧的圆心位置，单击鼠标左键，将该圆心固定于该点，再移动鼠标，即可展开圆弧的半径，半径合适后单击鼠标左键；鼠标指针自动移到圆弧的 0 度位置，如果逆时针转将拉出空心的圆弧，顺时针转将拉出实心的圆弧，移至圆弧的起点后单击鼠标左键，继续绕着圆心转，移至圆弧的终点后单击鼠标左键，即可完成该圆弧线。我们可以继续画圆弧或右击结束画圆弧。

第三种方法是也是由边缘开始画圆弧，不过，这种方法可不一定只画 90°的圆弧，而是可画出任意角度的圆弧，我们只要执行 Place 菜单下的 Arc(Any Angle 命令)或单击 按钮，然后指向所要画圆弧的起点，单击鼠标左键，将该圆弧固定于该点；然后移动鼠标，不但可以展开圆弧的半径，还可以改变该圆弧的方向，一切都合意后，单击鼠标左键，然后再移动鼠标，即可改变该圆弧的角度，最后单击鼠标左键即可完成该圆弧线。我们可以继续画圆弧，或右击结束画圆弧。

当我们要编辑圆弧的属性时，可在放置圆弧状态下按 TAB 键，即可打开其属性对话框；另外，对于已放置完成的圆弧则可指向该圆弧，双击，也可打开其属性对话框，如图 13.18 所示。

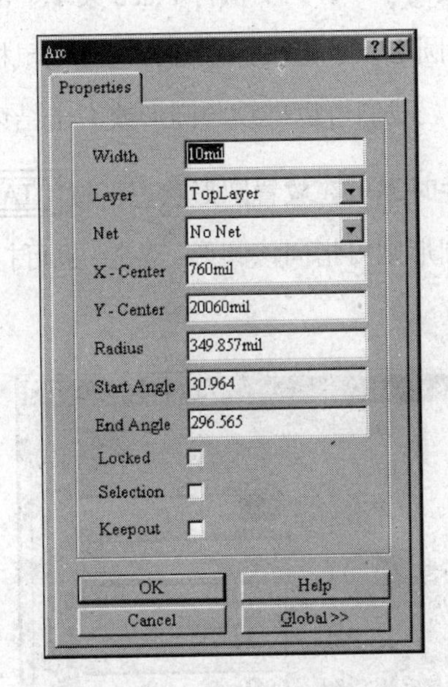

图 13.18　圆弧属性对话框

其中各项说明如下：

- Width 文本框设置该圆弧的线宽。
- Layer 文本框设置该圆弧所放置的板层。
- Net 文本框设置该圆弧所挂的网络。
- X-Center 文本框设置该圆弧圆心的 *X* 轴坐标。
- Y-Center 文本框设置该圆弧圆心的 *Y* 轴坐标。
- Radius 文本框设置该圆弧的半径。
- Start Angle 文本框设置该圆弧的起点角度。
- End Angle 文本框设置该圆弧的终点角度。

□ Locked 选项设置锁定该圆弧。

□ Selection 选项设置选择该圆弧。

□ Keepout 选项设置该圆弧具有限制元件放置与布线局部的功能。

13-1-1-10 画圆形

在 PCB 99 SE 里画圆形最简单了，只要执行 Place 菜单下的 Full Circle 命令或单击按钮，然后指向所要画圆形的圆心，单击鼠标左键，再移动鼠标，即可展开圆弧的半径；最后单击鼠标左键，完成该圆形。我们可以继续画圆形或右击结束画圆形。

当我们要编辑圆形的属性时，可在放置圆形状态下按 TAB 键，即可打开其属性对话框；另外，对于已放置完成的圆形则可指向该圆形，双击，也可打开其属性对话框，如图 13.19 所示。

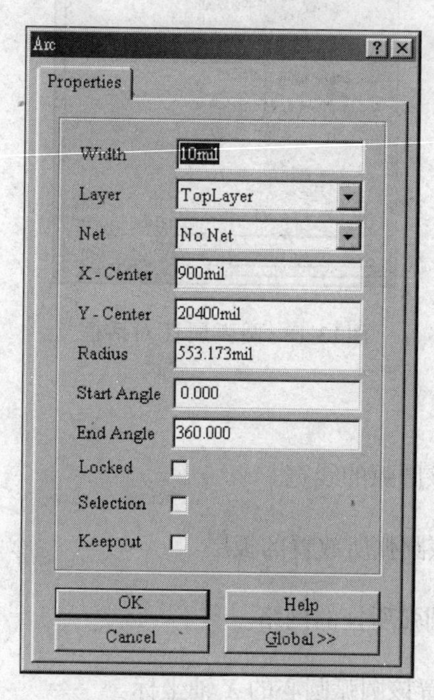

图13.19 圆形属性对话框

其中各项说明如下：

□ Width 文本框设置该圆形的线宽。

□ Layer 文本框设置该圆形所放置的板层。

□ Net 文本框设置该圆形所属的网络。

- X-Center 文本框设置该圆形圆心的 *X* 轴坐标。
- Y-Center 文本框设置该圆形圆心的 *Y* 轴坐标。
- Radius 文本框设置该圆形的半径。
- Start Angle 文本框设置该圆形的起点角度。
- End Angle 文本框设置该圆形的终点角度。
- Locked 选项设置锁定该圆形。
- Selection 选项设置选择该圆形。
- Keepout 选项设置该圆形具有限制元件放置与布线局部的功能。

13-1-1-11　画填充矩形与填充矩形属性

在 PCB 99 SE 里画填充矩形也很简单，只要执行 Place 菜单下的 Fill 命令或单击按钮，然后指向所要画填充矩形的第一角，单击鼠标左键，再移动鼠标，即可展开此填充矩形；最后单击鼠标左键，完成该填充矩形。我们可以继续画填充矩形或单击鼠标右键结束画填充矩形。

当我们要编辑填充矩形的属性时，可在放置填充矩形状态下按 TAB 键，即可打开其属性对话框；另外，对于已放置完成的填充矩形则可指向该填充矩形，双击，也可打开其属性对话框，如图 13.20 所示。

其中各项说明如下：

- Layer 文本框设置该填充矩形所放置的板层。
- Net 文本框设置该填充矩形所挂的网络。
- Rotation 文本框设置该填充矩形的旋转角度。
- Corner 1 - X 文本框设置该填充矩形第一角的 *X* 轴坐标。
- Corner 1 - Y 文本框设置该填充矩形第一角的 *Y* 轴坐标。
- Corner 2 - X 文本框设置该填充矩形第二角的 *X* 轴坐标。
- Corner 2 - Y 文本框设置该填充矩形第二角的 *Y* 轴坐标。

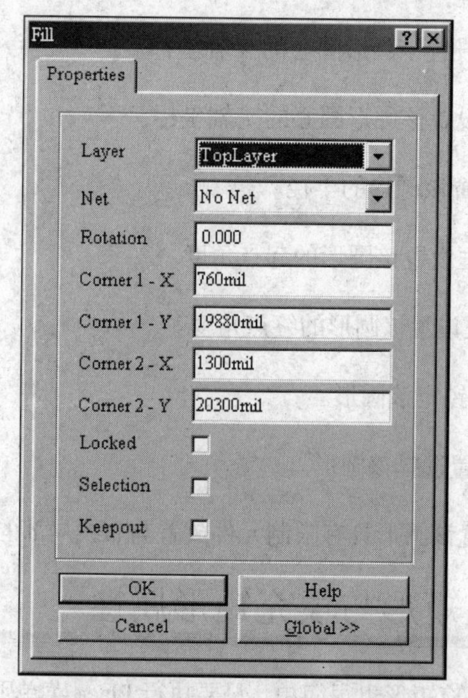

图13.20 填充矩形属性对话框

- □ Locked 选项设置锁定该填充矩形。
- □ Selection 选项设置选择该填充矩形。
- □ Keepout 选项设置该填充矩形具有限制元件放置与布线区域的功能。

13-1-1-12 覆铜与覆铜属性

覆铜是在布线板层上画出一个多边形，而在这个多边形里放置整片铜膜或网状铜膜等；当然，覆铜会自动闪避原本该处的走线。

当我们要覆铜时，可执行 Place 菜单下的 Polygon Plane...命令或单击 按钮，出现图 13.21 所示的对话框。

其中各项说明如下：

- □ Net Options 区域设置该覆铜连接网络的关系，我们可以在 Connect to Net 文本框里指定该覆铜连接的网络；Pour Over Same Net 选项设置在覆铜区，遇到相同网络的走线时，就直接把它覆盖过去；Remove Dead Copper 选项设置在覆铜区遇到独立而无法与指定网络连接覆铜时，就把它删除。

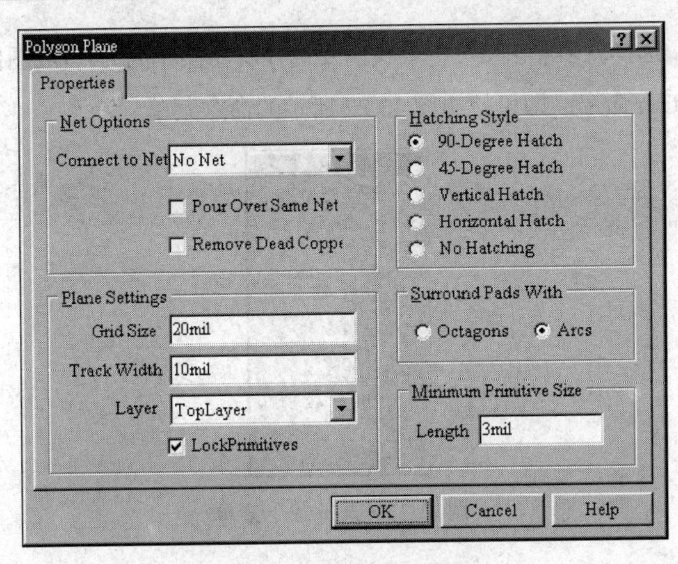

图13.21　覆铜属性对话框

- Plane Settings 区域设置该覆铜的铺法，我们可以在 Grid Size 文本框里指定覆铜的网格间距，也就是铺的密度；Track Width 文本框里指定覆铜的线宽；Layer 文本框里指定覆铜所在的板层；LockPrimitives 选项指定所定该覆铜。
- Hatching Style 区域设置该覆铜的模式。
- Surround Pads With 区域设置该覆铜区里的焊盘，覆铜要以哪种形式围绕焊盘，Octagonal 选项是采用八角形的围绕，Arc 选项是采用圆形的围绕。
- Minimum Primitive Size 区域设置该覆铜中最短的覆铜线段长度，低于此长度，则不铺设。

设置完成后，单击 OK 按钮关闭对话框，然后指向所要覆铜的第一角，单击鼠标左键，再移动鼠标，即可拉出一条线；单击鼠标左键，再移动鼠标，即可展开一个三角形；单击鼠标左键，再移动鼠标，即可展开一个四边形……最后与第一角相接或右击，即完成该覆铜。

13-1-2　点取与选择图件

什么是点取，简单地讲就是指向所要点取的图件(除了元件以外)，单击鼠标左键，则该图件将出现控点。当然，常有人会抱怨，在 Protel 中很难点取，是的，关于这点笔者也没什么好建议的，只能多练习，抓住窍门后就一通百通了。点取图件后，我们可以拖曳其中的控点，以改变该图件的大小或形状，而按 Del 键即可删除该图件。

相对于点取，选择就多彩多姿了！当我们要选择所要操作的元件(或图件)时，可执行 Edit 菜单下列的 Selection 命令，即可拉出图 13.22 所示的命令菜单。

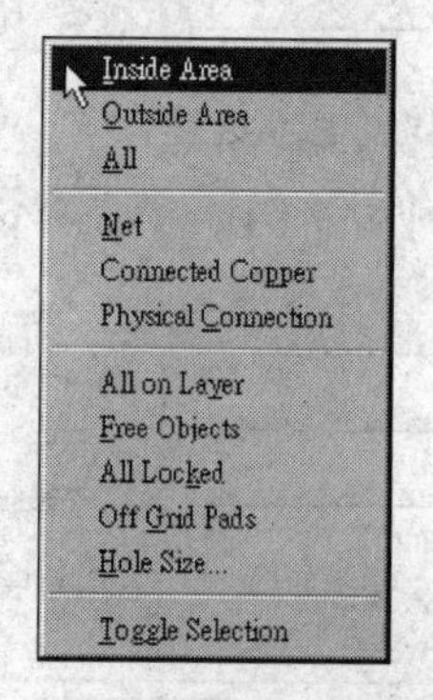

图13.22 选择命令菜单

其中各命令的操作说明如下：

- Inside Area 命令的功能是选择指定区域内的图件(含元件)，选择这个命令后，指向所要指定区域的一角，单击鼠标左键，再移动鼠标即可展开区域，最后再单击鼠标左键即可选择该区域内的所有图件；被选择的图件将变成黄色或黄框。当然，如果要选择指定区域内的图件，也不见得要利用本命令，可以直接指向所要指定区域的一角，按住鼠标左键，再移动鼠标即可展开区域，最后放开鼠标左键即可选择该区域内的所有图件。
- Output Area 命令的功能是选择指定区域外的图件(含元件)，选择这个命令后，指向所要指定区域的一角，单击鼠标左键，再移动鼠标即可展开区域，最后再单击鼠标左键即可选择该区域外的所有图件；被选择的图件将变成黄色或黄框。
- All 命令的功能是选择工作区里的所有图件，选择这个命令后则整个工作区里的所有图件将变成黄色或黄框。另外，如果要选择所有图件，最好的方法是按 S 、A 键比较快！
- Net 命令的功能是选择指定的网络，选择这个命令后，再指向所要选择的网络(焊盘、走线、过孔或飞线)即可选择整条网络。
- Connected Copper 命令的功能是选择指定的走线，选择这个命令后，再指向所要选择的走线(焊盘或过孔)即可选择整条走线。
- Physical Connection 命令的功能也是选择指定的走线，不过，本命令只能选择到

“连接线”而已，也就是两个焊盘间的走线，而不是整条走线。选择这个命令后，再指向所要选择的走线(焊盘或过孔)即可选择该段走线。

- All on Layer 命令的功能是选择目前工作板层上的所有走线，所以在选择这个命令之前，先切换到所要选择的板层上(直接在工作区下方的板层标签指定)，然后执行本命令即可选择该板层上的所有走线。
- Free Objects 命令的功能是选择工作区里的自由图件。
- All Locked 命令的功能是选择工作区里的锁定的图件。
- Off Grid Pads 命令的功能是选择工作区里不在网格上的焊盘。
- Hole Size...命令的功能是选择指定钻孔尺寸的图件(焊盘或过孔)，选择这个命令后，程序将要求指定钻孔尺寸，如图 13.23 所示。

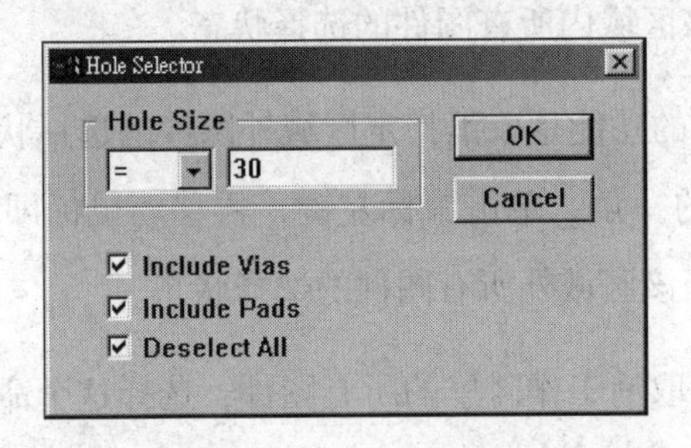

图13.23　指定钻孔尺寸

在左边的文本框中指定逻辑关系，例如=、>、<等，而在右边文本框中指定指向所要指定钻孔尺寸，最后单击 OK 按钮即可选中。

- Toggle Selection 命令的功能是切换选择指定的图件，所谓切换选择是指改变所指定图件的选择状态。例如原本该图件不是在选择状态，而执行命令后再指向所要该图件，单击鼠标左键即可选中；相反地，原本该图件已在选择状态，而执行此命令后再指向所要该图件，单击鼠标左键，该图件将取消选择状态。

对于选择的图件，我们可以进行集体的操作，例如集体移动、旋转，以及待一会儿要介绍的剪贴等，非常好用。如果要删除所选择的图件，只要按 Ctrl + Del 键即可。

13-1-3 取消选择

PCB 99 SE 也提供一堆取消选择的命令，这些命令都在 Edit 菜单下的 DeSelection 命令里，如图 13.24 所示。

图13.24 取消选择命令菜单

其中各命令的操作说明如下：

- Inside Area 命令的功能是取消指定区域内图件的选择状态，选择这个命令后，指向所要指定区域的一角，单击鼠标左键，再移动鼠标即可展开区域，最后再单击鼠标左键即可取消该区域内所有图件的选择状态。
- Output Area 命令的功能是取消指定区域外图件的选择状态，选择这个命令后，指向所要指定区域的一角，单击鼠标左键，再移动鼠标即可展开区域，最后再单击鼠标左键即可取消该区域外所有图件的选择状态。
- All 命令的功能是取消工作区里的所有图件，选择这个命令后则整个工作区里的所有选择图件，将恢复为非选择状态。另外，如果要取消所有图件的选择状态，最好的方法是按 X 、 A 键比较快！
- All on Layer 命令的功能是取消目前工作板层上所有走线的选择状态，所以在选择这个命令之前，先切换到所要操作的板层上(直接在工作区下方的板层标签指定)，然后执行本命令，即可取消该板层上所有走线的选择状态。
- Free Objects 命令的功能是取消工作区里自由图件的选择状态。
- Toggle Selection 命令的功能是切换选择指定的图件，所谓切换选择是指改变所指定图件的选择状态。例如原本该图件不是在选择状态，而执行此命令后再指向所要该图件，单击鼠标左键即可选中；相反地，原本该图件已在选择状态，而执行此命令后再指向所要该图件，单击鼠标左键，该图件将取消选择状态。

13-2 剪剪贴贴

在 Windows 下不剪剪贴贴的话就没啥意思了！基本上，PCB 99 SE 的剪贴功能也是 Windows 剪贴功能的一种，只是只能在 PCB 99 SE 中进行剪贴，而不能跨软件的剪贴！

13-2-1　剪切与复制

不管是要剪切(Cut)还是复制(Copy)，一定要先选择所要剪切(或复制)的图件。然后执行 Edit 菜单下的 Cut 命令(或 Copy 命令)，再指向所要剪切(或复制)的图件单击鼠标左键，即可将它剪切(或复制)。大部分初次接触 Protel 的人，都不知道要指向所要剪切(或复制)的图件单击鼠标左键，这个动作是在指定操作点，也就是将来要粘贴这些图件的操作点。

剪切与复制的不同点是，进行剪切时所选择的图件将被丢到剪贴板而消失；进行复制时，所选择的图件将被复制剪贴板而不会消失。

13-2-2　粘 贴

当将图件剪切或复制后即可进行重复的粘贴，只要执行 Edit 菜单下的 Paste 命令或单击按钮，即可取出剪贴板里的图件，这些图件将随鼠标指针而动，而鼠标指针所指定位置，就是剪切或复制该图件所指定的操作点位置，也可以按键旋转这些图件；如果要将这些图件固定，只要单击鼠标左键即可。粘贴图件后还可继续粘贴剪贴板里的图件，而所粘贴的图件为选择状态，记得取消其选择状态。

13-2-3　阵列式贴图

图13.25　特殊贴图对话框

PCB 99 SE 还提供一个特殊的贴图功能，也就是阵列式贴图。当然，在进行贴图之前还是要先剪切或复制图件，然后执行 Edit 菜单下的 Paste Special…命令或单击按钮，出现图 13.25 所示的对话框。

其中各选项的操作说明如下：

- □ Paste on current layer 选项的功能是设置将图件贴到目前的工作板层上。
- □ Keep net name 选项的功能是设置将粘贴的图件，保有其原来的连接网络。
- □ Duplicate designator 选项的功能是设置重复所粘贴图件的元件序号，如图 13.26、图 13.27 所示，分别是设置本选项及不设置本选项的结果。

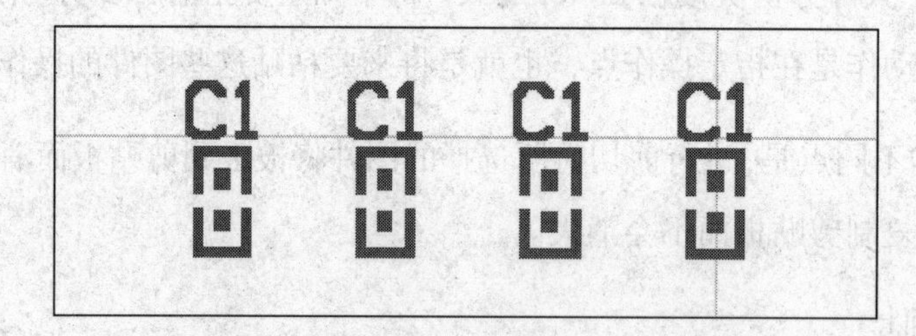

图13.26 设置 Duplicate designator 选项

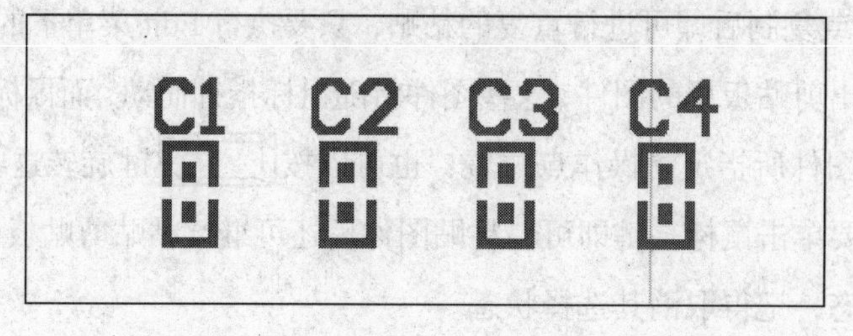

图13.27 不设置 Duplicate designator 选项

- □ Add to component class 选项的功能是设置粘贴图件时，也将它们归属到原来的元件分类里。

在对话框下方单击 Paste 按钮可粘贴单一个元件，如果要进行阵列式贴图则单击 Paste Array... 按钮，出现图 13.28 所示的对话框。

其中各选项的操作说明如下：

- □ Placement Variables 区域包括两个字段，我们可以在 Item Count 文本框中指定所要重复粘贴的数量；而在 Text Increment 文本框中指定图件上的文字如有数字则粘贴的图件将自动增加其数字。

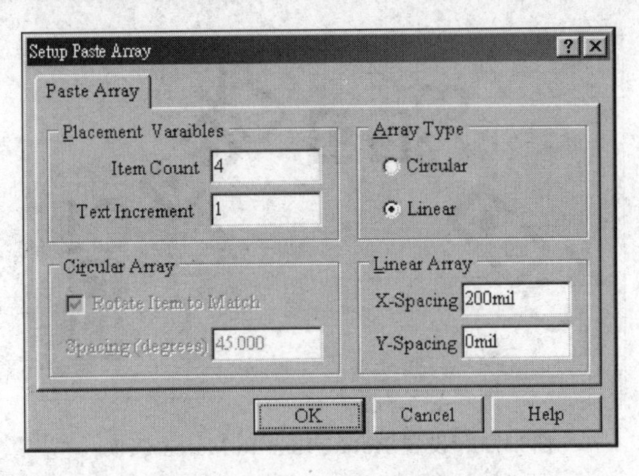

图13.28　阵列式贴图对话框

- □ Array Type 区域包括两个选项，选择Circular选项指定进行圆弧形贴图；选择Linear选项指定进行线性贴图，如图 13.29、图 13.30 所示。

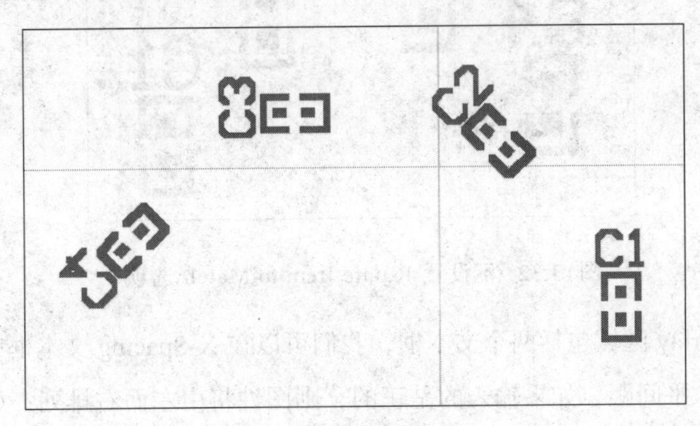

图13.29　圆弧形贴图

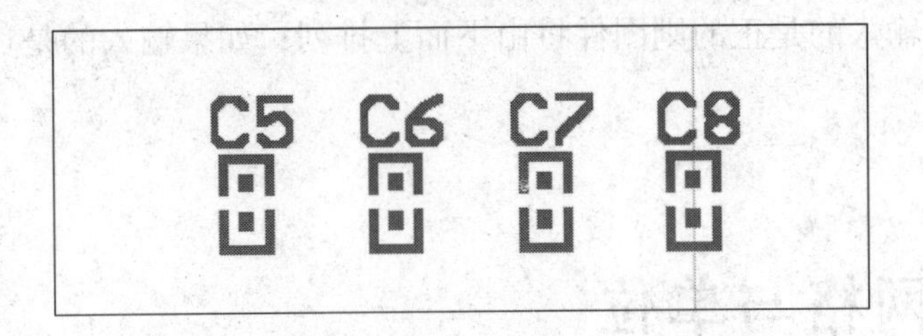

图13.30　线性贴图

- □ Circular Array 区域是设置圆弧形贴图，我们可以在 Rotate Item to Match 选项设置粘贴图件时，是否随该图件所在位置而旋转，图 13.31 所示为设置本选项的结果，而图 13.32 所示则是不设置本选项的结果。在 Spacing(degrees)文本框中指定放置图件时，每个图件放置位置的角度。

图13.31　设置 Rotate Item to Match 选项

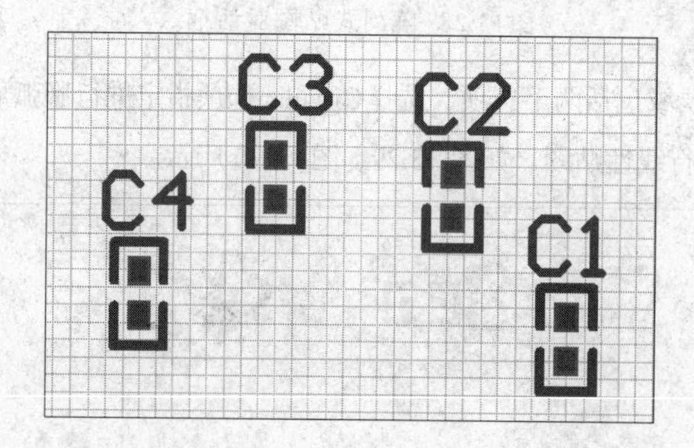

图13.32　不设置 Rotate Item to Match 选项

- Linear Array 区域包括两个文本框，我们可以在 X-Spacing 文本框中指定每组图件之间的水平间距，如果输入的是正的，则图件将由左而右排列；如果输入的是负的，则图件将由右而左排列。在 Y-Spacing 文本框中指定每组图件之间的垂直间距，如果输入的是正的则图件将由下而上排列；如果输入的是负的则图件将由上而下排列。

13-3　切换网格与单位

PCB 99 SE 也是一种绘图软件，而绘图软件都会有网格，而网格间距决定了在工作区里操作的分辨率。当我们要设置网格时，最简单的方法是按 G 钮即可拉出菜单，如图 13.33 所示。

这时候就可选择网格间距了。最值得一提的是，从 PCB 99 SE 起，对于网格间距的设置可分别设置水平网格间距(Snap Grid X 命令)与垂直网格间距(Snap Grid Y 命令)。

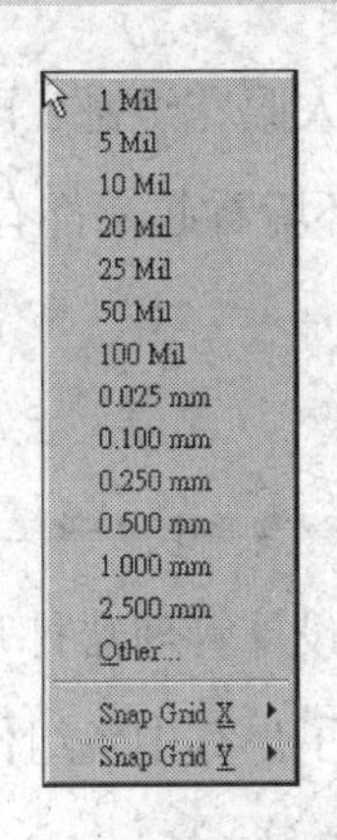

图13.33　设置网格

虽然在 PCB 设计方面大概都是采用英制，但还是有需要切换为米制。而在 PCB 99 SE 里切换单位制的方法很简单，只要按 Q 键即可，原本是采用英制按 Q 键即切换为米制、原本是采用米制按 Q 键即切换为英制。

13-4 窗口组件操作

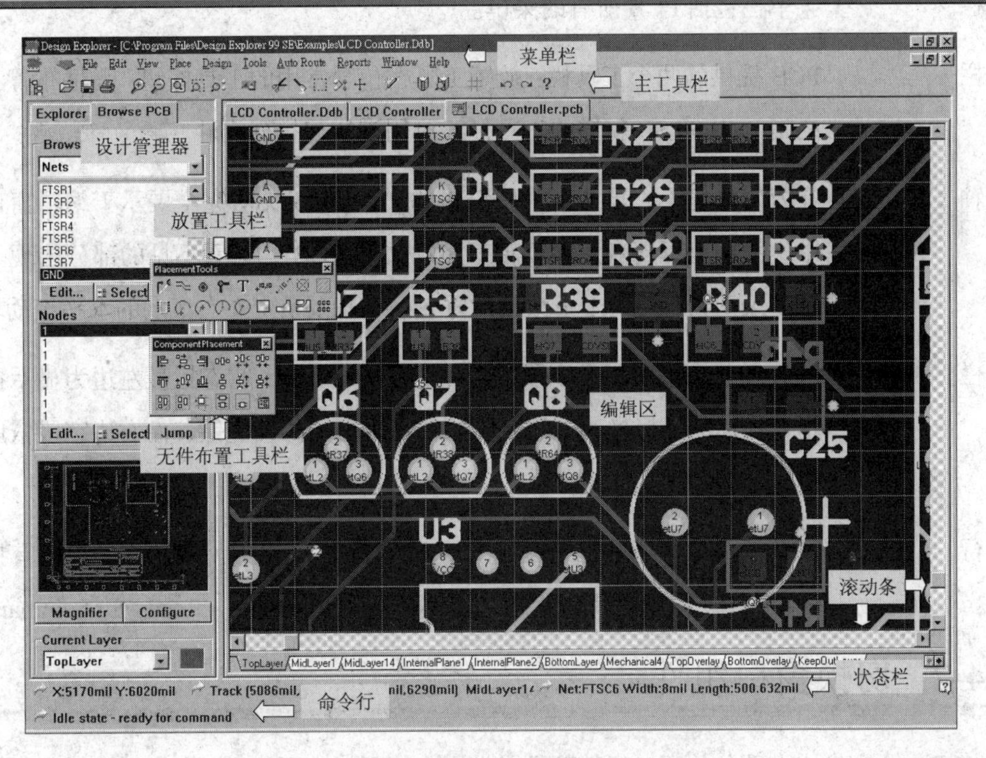

图13.34　Protel 编辑窗口

Protel 给人的感觉就是豪华，在 Protel 窗口（图 13.34）里一大堆组件，例如占大面积的管理器、数量庞大的工具栏群等，让人眼花缭乱！再加上这些组件都可以任意关闭/打开，以及随处移动，所以每个人的 Protel 环境看起来都有点不一样！在此我们将介绍这些组件的操作。

13-4-1　认识窗口组件

如图 13.34 所示，我们将 Protel 的设计管理器打开了，在有限的空间，这个管理器占据很大部分的面积，相对的编辑区就变小了！其中各组件说明如下：

编辑区	Protel 对于编辑区的管理是采用文件窗口的模式，一个文件(不管是原理图、PCB、网络表或试算表)就是一个窗口，依笔者的习惯将会以鼠标指针指向该窗口右上角的 按钮，单击鼠标左键，使编辑区最大化。
设计管理器	设计管理器的功能是管理打开的所有文件，我们可以看出各文件之间的关系，并可快速、正确地切换到所要编辑的文件。不过，除非是编辑复杂的层次式原理图，否则最好不要打开设计管理器，以免空占一大片的位置。
菜单栏	菜单栏包括 PCB 所有的菜单。
工具栏	PCB 提供的两个工具栏：放置工具栏包含常用的工具按钮；元件布置工具栏是 PCB 99 SE 新增的工具栏，可用来快速排列元件。
滚动轴	在窗口环境下，可能因为所编辑的文件(PCB)无法完全展示于编辑窗口之中，我们就可以利用滚动轴来滚动文件(PCB)，让看不见的部分出现。通常，滚动轴有负责上下滚动的垂直滚动轴及负责左右滚动的水平滚动轴。
状态栏	PCB 的状态栏有三个字段，通常是在窗口下方，状态栏最左边为显示鼠标指针坐标的坐标栏，中间字段显示当时可用的功能键，而右边字段依序切换显示常用的功能键。
命令行	PCB 的命令行通常也是在窗口下方，显示当时的命令状态，如果没有执行任意命令，也就是待命状态，此字段显示“Idle State – Ready for command”。

13-4-2　切换窗口组件

在 Protel 窗口中大部分的窗口组件都可以由用户打开或关闭，而切换窗口组件的开关全在 View 菜单中，如图 13.35 所示。

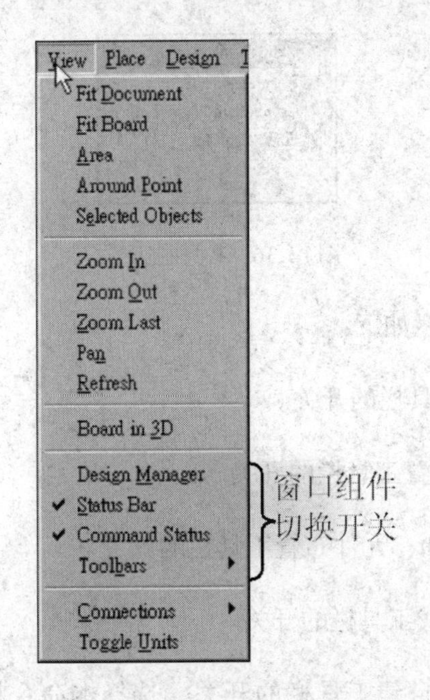

图13.35　View 菜单

其中与切换窗口组件有关的命令说明如下：

▶ 1　Design Manager：本命令的功能是设计管理器的开关，如果目前窗口里没有打开设计管理器，则执行本命令即可打开；同样地，如果目前窗口里已打开设计管理器，而再执行本命令，即可关闭。与单击主工具栏最左边的 按钮相同，不过，可能是程序的小缺失吧，一般打开管理器时其左边应该会出现✔，而关闭时，✔将消失，但本命令却没有这项功能！

▶ 2　Status Bar：本命令的功能是状态栏(显示坐标那一栏)的开关，通常状态栏在窗口下方，如果目前窗口里没有打开状态栏，则执行本命令即可打开；同样地，如果目前窗口里已打开状态栏(本命令左边出现✔)，而再执行本命令即可关闭。

▶ 3　Command Status：本命令的功能是命令行的开关，通常命令行在窗口下方，如果目前窗口里没有打开命令行，则执行本命令即可打开；同样地，如果目前窗口里已打开命令行(本命令左边出现✔)，而再执行本命令，即可关闭。

▶ 4　ToolBars：本命令的功能是工具栏的开关，而 PCB 99 SE 所提供的工具栏太多，所以还得利用一个子菜单来管理，执行本命令后，还会出现图 13.36 所示的子菜单。

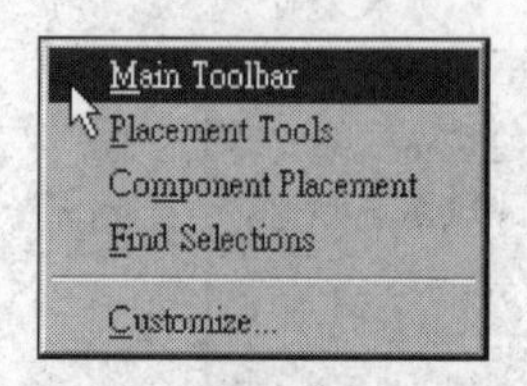

图13.36　工具栏开关

其中各项所开关的工具栏如下：

- Main Toolbar：主工具栏的开关。
- Placement Tools：放置工具栏的开关。
- Component Placement：元件布置工具栏的开关。
- Find Selections：查找工具栏的开关。
- Customize...：用户自建工具栏的开关，选择本命令将可进入编辑工具栏，如图 13.37 所示。

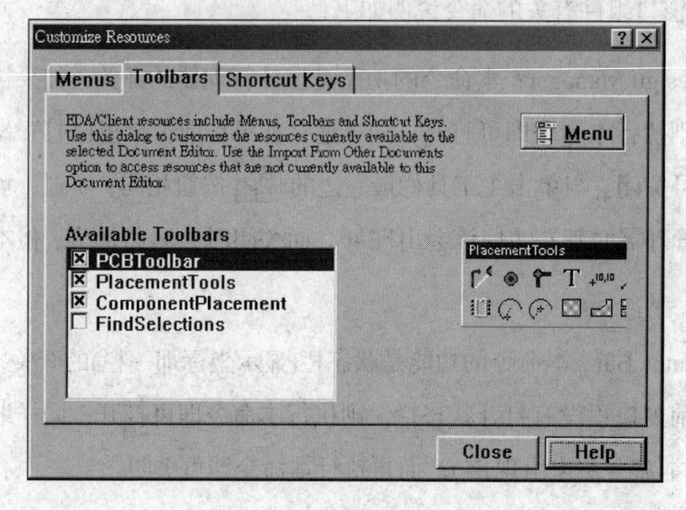

图13.37　自定义工具栏

13-4-3　移动窗口组件

PCB 99 SE 的组件的确多了一点，不过，大部分的组件都比较灵活的，我们可以直接拖曳将它们移动到其他位置。设计管理器可放在窗口的左边或右边，状态栏、命令行则可拖曳到窗口的上方或下方，而最具灵活性的，莫过于工具栏了，不管是哪个工具栏，不但可以拖曳到窗口的上、下、左、右 4 个边上，还可以拖曳到编辑区中成为一个小窗口形式的工具盘！

13-5 保存与打印

PCB 编辑完成后，紧接着就是保存和打印，最后就可以关闭文件、关闭程序。

13-5-1　存储图纸文件

保存是电路设计的基本动作，经常保存一下文件，以免停电、死机等非预期状态发生，导致数据丢失！而在 PCB 99 SE 里，我们可以执行 File 菜单下的 Save 命令或单击按钮即可保存。如果是第一次保存或不喜欢原来的文件名称，可执行 File 菜单下的 Save As...命令或 Save Copy As...命令另存一个新的 PCB 文件，出现图 13.38 所示的对话框。

这时候可在 Name 文本框中指定所要存储的文件名称，然后在 Format 文本框中指定所要保存的类型；最后单击 OK 按钮，即可完成存储。

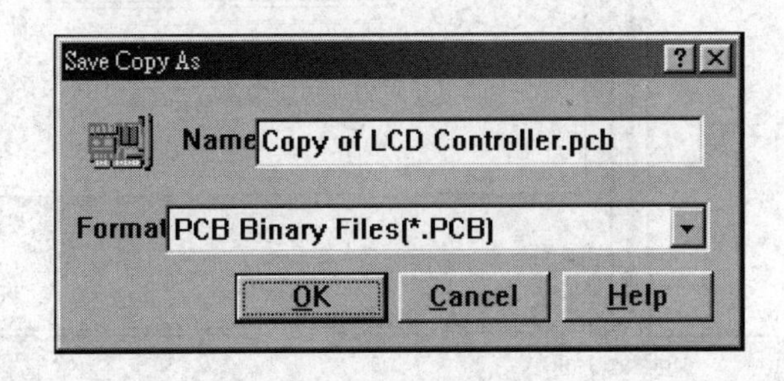

图13.38　另存为对话框

如果选用的是 Save As...命令，则原来所编辑的文件将会被存储后关闭，而打开刚刚所所设置的文件；如果选用 Save Copy As...命令，则将会另外产生一个新文件，而不改变目前所编辑的文件。

也可以一次把所打开的文件全都存储起来，请执行 File 菜单下的 Save All 命令，即可将它们一一保存。

13-5-2　打印 PCB

在 PCB 99 SE 打印 PCB 和以前版本的 Protel 不太一样！当我们要打印 PCB 时，可执行 File 菜单下的 Print/Preview...命令或单击按钮，即进入预览模式，如图 13.39 所示。在右边的预览窗口里看到整块 PCB 打印的图案，当然，我们也可以按 PgUp 键放大窗口显示或按 PgDn 键缩小窗口显示，就像在 PCB 编辑区里的窗口显示操作一样。而在左边的管理器里只出现 Multilayer Composite Print 选项，Multilayer Composite Print 代表多层叠印，这是程序默认的打印项目。只要指向该项左边的+，单击鼠标左键即可展开该打印项目，如图 13.40 所示。

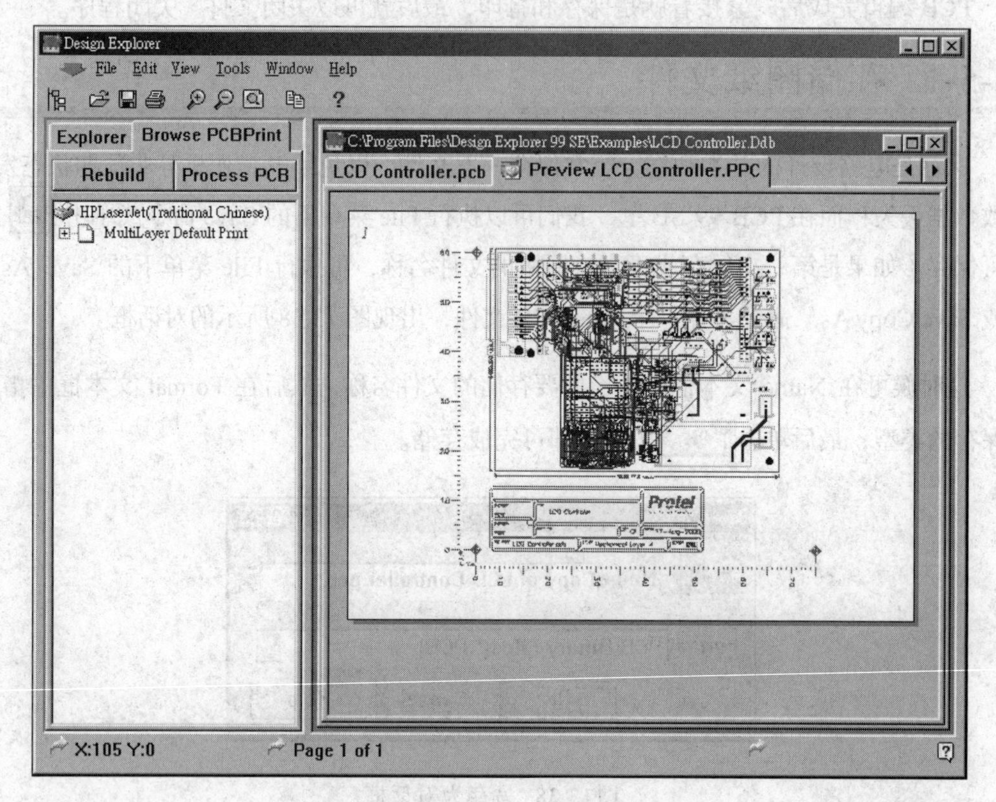

图13.39　预览打印模式

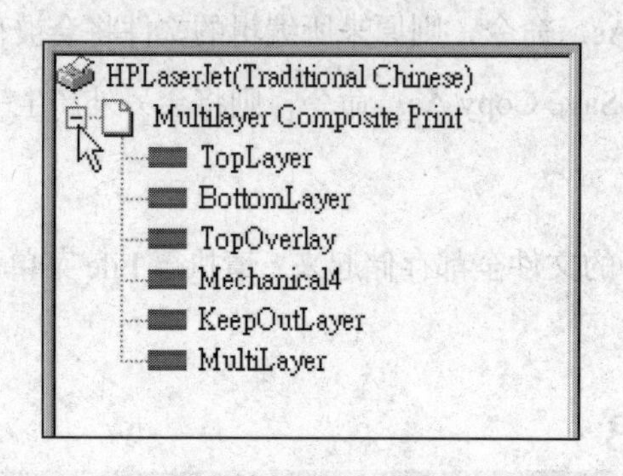

图13.40　展开打印项目

这个打印项目是由顶层(TopLayer)、底层(BottomLayer)、顶层文字(TopOverLay)、机构第四层(Mechanical4)、禁置层(KeepOutLayer)及复合层(MultiLayer)所构成。如果要新增打印项目或增减打印项目所包含的板层，可指向其中的项目，再右击，弹出快捷菜单，如图 13.41 所示。

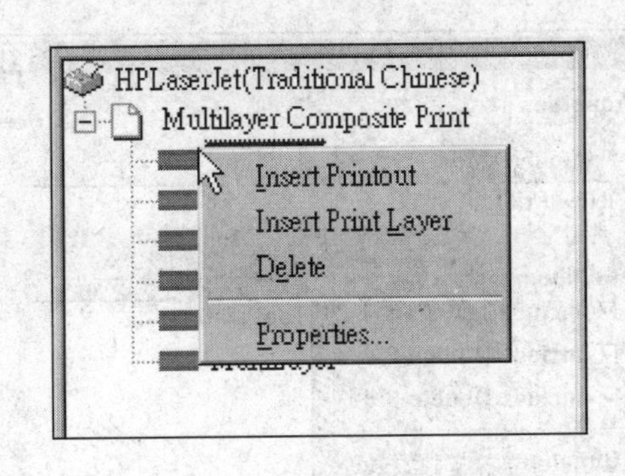

图13.41　操作命令菜单

其中包括 4 个命令，说明如下：

- Insert Printout 命令：可用来新增打印项目，将出现图 13.42 所示的对话框。我们可以在 Printout Name 文本框输入此打印项目的名称，例如“顶层输出”，在 Components 区域中，Include Top-Side 选项设置包含放置在顶层的元件；Include Bottom-Side 选项设置包含放置在底层的元件；Include Double-Side 选项设置包含放置在两层的元件。在 Options 区域中，Show Holes 选项设置打印时，钻孔部分要露白，如果是手工钻孔设置本选项，将有助于钻孔；Mirror Layer 选项设置要翻转打印，通常是针对顶层才须翻转；Enable Font Substitute 选项设置打印时，程序将可自动替换找不到的字形。在 Color Set 区域中，Black & White 选项设置以黑白打印，如果要拿打印出来的图纸制作 PCB 请选择本项；Full Color 选项设置以全彩打印，通常是校对用的叠图才会以全彩打印。Gray Scale 选项设置以灰度打印。

最重要的是在右边的区域中，增减板层或调整板层的位置。当我们要新增板层时，可单击 Add... 按钮，出现图 13.43 所示的对话框。

在 Print Layer Type 字段里，指定所要新增的板层，再单击 OK 按钮即可。如要删除某个板层，则先选择该板层，再单击 Remove... 按钮即可删除。

- Insert Print Layer 命令：可在所指定打印项目里，新增板层，选择本命令后，屏幕将出现对话框，如图 13.42 所示，在 Print Layer Type 文本框中指定所要新增的板层，再单击 OK 按钮即可。

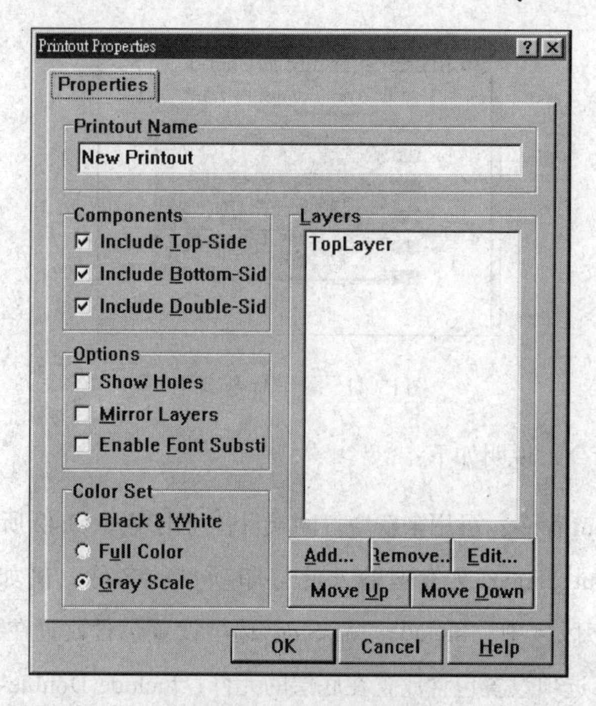

图13.42　新增打印项目

图13.43　新增板层

□　Delete 命令：可用来删除所指的打印项目或打印板层，而选择本命令后，出现对话框如图 13.44 所示。

单击 Yes 按钮即可删除。

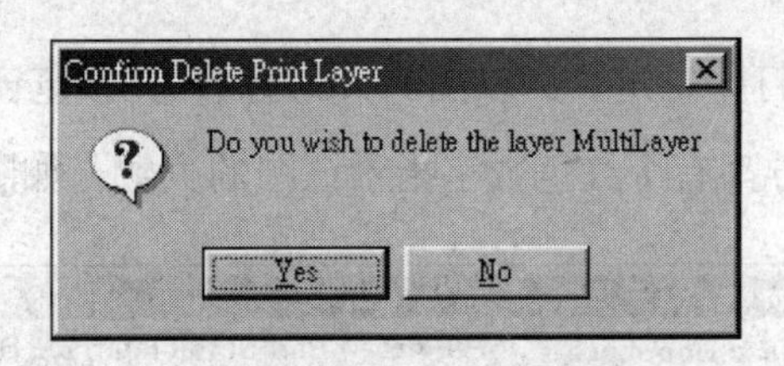

图13.44　确认对话框

- □　Properties…命令：可用来编辑所指的打印项目或打印板层，如果所指为打印项目则选择本命令后，出现图 13.42 的对话框；如果所指为打印板层则选择本命令后，出现图 13.43 的对话框。就可以单击前述方式编辑。

当我们设置好打印项目，然后确定打印机是在连线状态下即可打印。PCB 99 SE 所提供的打印命令很多，如图 13.45 所示。在 File 菜单中包含 Print All、Print Job、Print Page 及 Print Current 打印命令：

- □　Print All 命令：是将所有打印项目(Printout)逐一打印出，而每个打印项目的打印名称就是该打印项目的名称。当然，打印名称不会被打印出来。

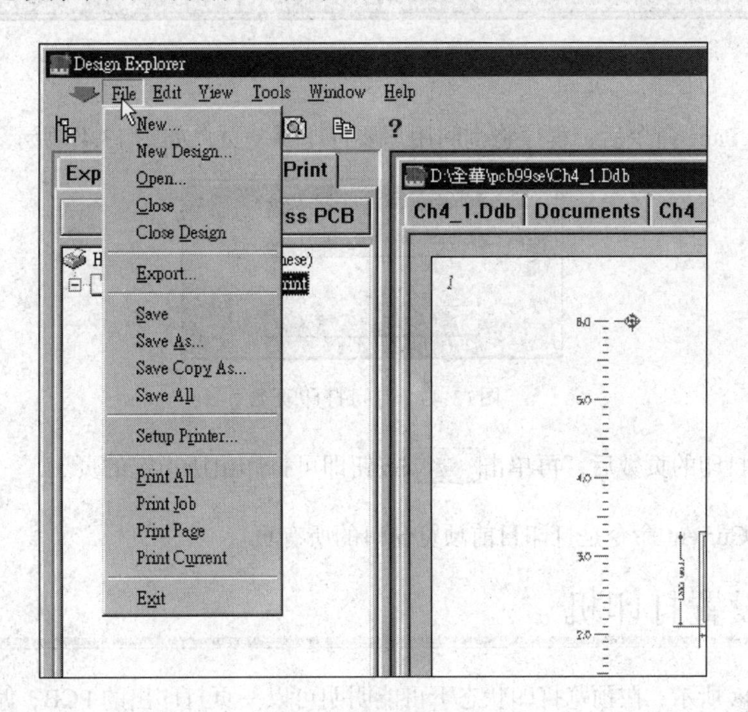

图13.45　打印命令

- □　Print Job 命令也是将所有打印项目逐一打印出，不过每个打印项目的打印名称都是该打印文件(PPC)的名称。当然，打印名称不会被打印出来。

- □ Print Page 命令是打印指定页，以图 13.46 为例，在预览窗口中整块 PCB 被分成两张图，每张图左上方都有个红色数字指示该图的页数，如图 13.46 所示。

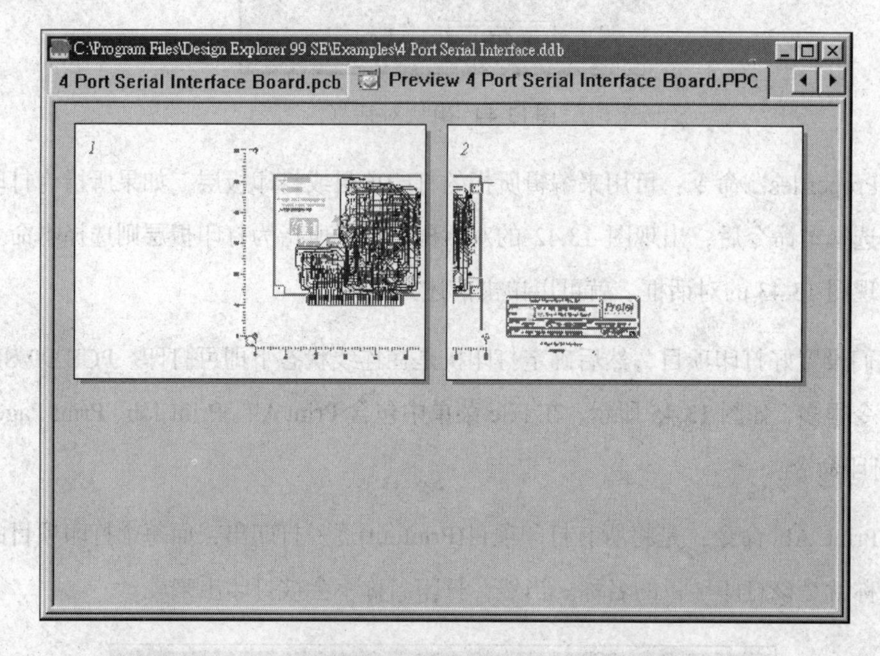

图13.46 预览窗口

选择 Print Page 命令后，程序将询问用户要打印哪一页，如图 13.47 所示。

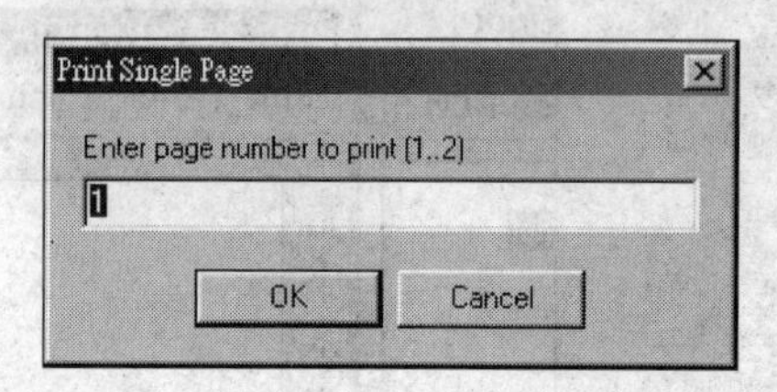

图13.47 询问打印页数

指定所要打印的页数后，再单击 OK 按钮即可打印出所指定的页。

- □ Print Current 命令是打印目前预览窗口的所有页。

13-5-3 设置打印机

如图 13.48 所示，在预览打印状态下可能明明可以一页打印出的 PCB，偏偏被切割成两张图。遇到这种情况其实只要改变纸张放置的方向就可以了。如何改变打印纸张的放置方向呢？只要执行 File 菜单下的 Setup Printer…命令，即可设置打印机了，如图 13.49 所示。

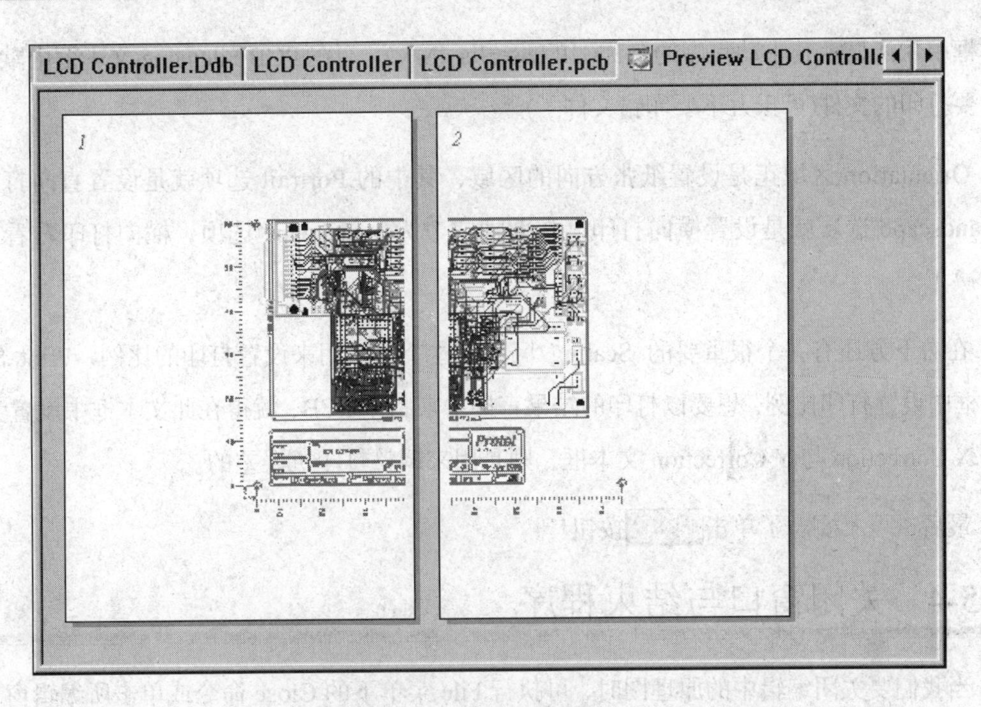

图13.48　分成两张图

PCB Print Options

Setup

Printer
Name HP LaserJet 4MV
Properties
Status: Ready
Type: HP LaserJet 4MV
Where: LPT1:
Commen

PCB Filename
LCD Controller.pcb

Orientation
Portrait
Landscape

Print What
Standard Print
Selected Objects O

Margins
Horizonta 0mil Cente
Vertical 0mil Cente

Scaling
Print Scale 1.000
X Correcti 1.000
Y Correcti 1.000

System Defaults
Retrieve　Set

OK　Cancel　Help

图13.49　设置打印机

如图 13.49 所示，笔者采用了牌子老、品质好的 HP 激光打印机，所以在最上面的 Name

文本框中默认显示其驱动程序的名称(HP LaserJet 4MV)，而在 PCB Filename 文本框中默认这次所要打印的文件(可千万不要印错文件了)。

Orientation 区域正是设置纸张方向的区域，其中的 Portrait 选项就是设置直向打印；而 Landscape 选项就是设置横向打印。在此把它改为 Landscape 选项，横向打印看看或许就解决了。

在右下方还有一个很重要的 Scaling 区域，这个区域用来设置打印的比例，Print Scale 文本框中设置打印比例，想要以打印的结果直接拿来制作 PCB，就得在此文本框中设置为 1。至于 X Correction 与 Y Correction 文本框，则是用来调整打印机误差的。

最后，可不要忘了单击 OK 按钮！

13-5-4 关闭窗口与结束程序

当我们要关闭编辑中的原理图时，可执行 File 菜单下的 Close 命令或单击所编辑窗口右上方的 ☒ 按钮即可关闭。如果要结束 Protel 99 SE 程序，可执行 File 菜单下的 Exit 命令或单击 Protel 99 SE 窗口右上方的 ☒ 按钮即可关闭。

13-6 认识 PCB

本书的主角就是 PCB，而 PCB 不像原理图那么抽象与理想化，它是实现原理图的具体对象。此外，PCB 涉及制程、元件、散热、干扰、成本等现实问题，处理起来好像有那么一点复杂的样子！不过，万丈高楼平地起，在此就从认识 PCB 实体的结构、术语，以及 PCB 设计软件的专有名词开始，一步步迈入 PCB 设计的领域。

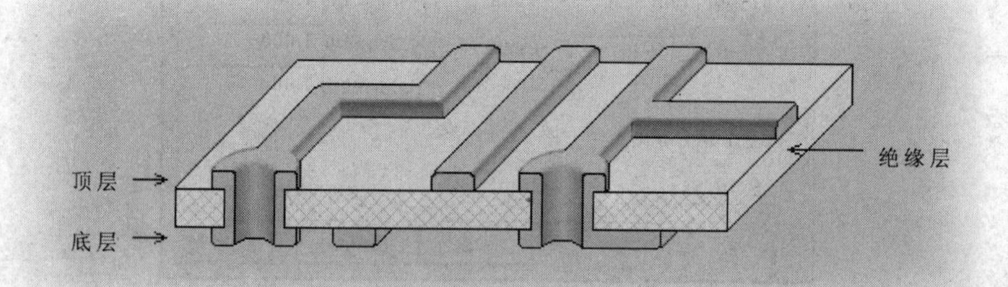

图13.50 PCB 结构

图 13.50 所示为常见的双面 PCB 结构，在顶层和底层之间为玻璃纤维之类的绝缘板层，连接两层间走线的是焊盘(Pad)或过孔(Via)，在图中以剖面图的方式展示这两个焊盘或过孔。对于量产的 PCB 商品而言，通常会利用防焊漆(绿漆)作为自动化生产的工具，也就是在顶层与底层上覆盖防焊漆，仅将要焊接的部分(焊盘)空出来；在插好元件后的 PCB 再进行喷锡，当焊锡附着于焊盘上就不会流掉，而在防焊漆上的焊锡将自动流落。如此一来即可自动焊接，而不必一个个手焊了！问题是如何将防焊漆印到 PCB 上？通常 PCB 软件都能产生阻焊层(Solder Mask)底片，利用阻焊层底片来制作绢版，然后再利用绢版即可将防焊漆印到 PCB 了。所以程序将产生顶层阻焊层(Top Solder Mask)及底层阻焊层(Bottom Solder Mask)及，图 13.51 所示就是印上防焊漆的双面板。

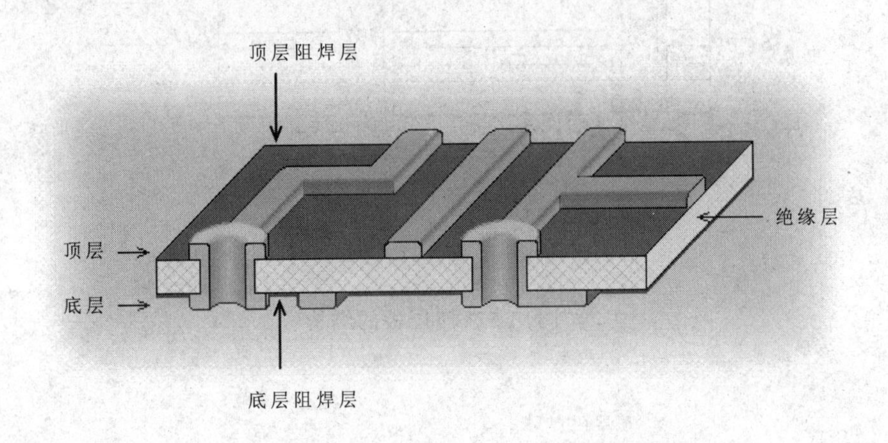

图13.51　印上防焊漆的双面 PCB 结构

在市面上大部分计算机主机板或接口卡多采用四层板，所谓四层板除了顶层、底层走线外，还将两个耗电量的电源板层埋在中间，如图 13.52 所示。

这两个电源板层(可能一层为 VCC 板层，而另一层为 GND 板层)与一般布线板层不太一样，它们整面都是铜膜，如果需要连接该层的引脚，就钻孔通到该层，并与其连接。如果只是要穿越该层而不与其连接，则在该处将电源板层上挖空一个大于该钻孔的圆孔，使板层与穿越的钻孔保持一定的安全间距即可。

或许用户会问，这四层板怎么做的？请再看一下图 13.52 中顶层及其下的电源板层，不就是一块双面板；而底层及其上那层电源板层不也是一块双面板。分别制作这两块双面板，然后再把它们对准压合，就变成一块四层板了！

对于六层板而言，那就在刚才的四层板中再放塞进两层布线板层即可。在制作时，就得做出三块双面板，即顶层与其下那层电源板层、两个内部布线板层，以及底层与其上那层电源板层；然后再把它们对准压合就变成一块六层板了，如图 13.53 所示。当然，把这么多层压在一起，如何对准就是一个问题！而布线板层摆在中间，固然可以保密及降低布线密度，但制程增加了，还得负担内部断线的风险，所以成本也相应增加。

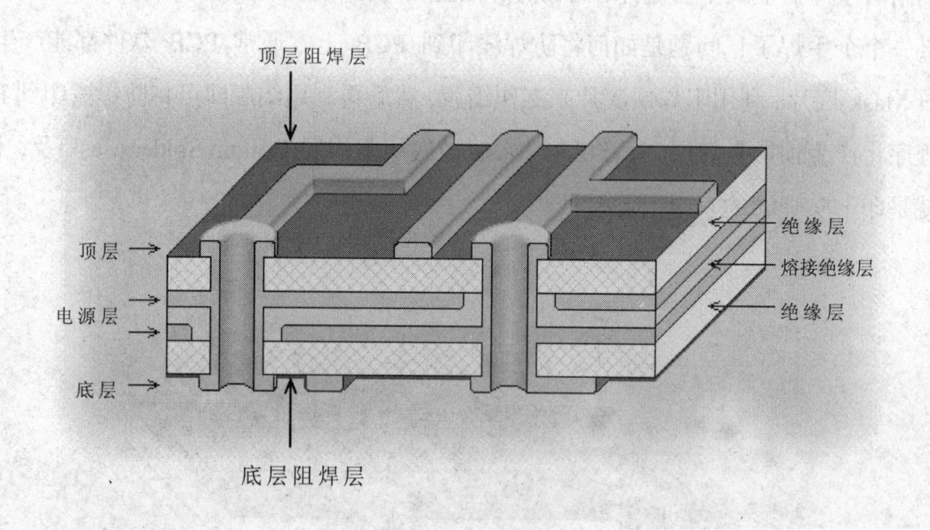

图13.52　四层板的结构

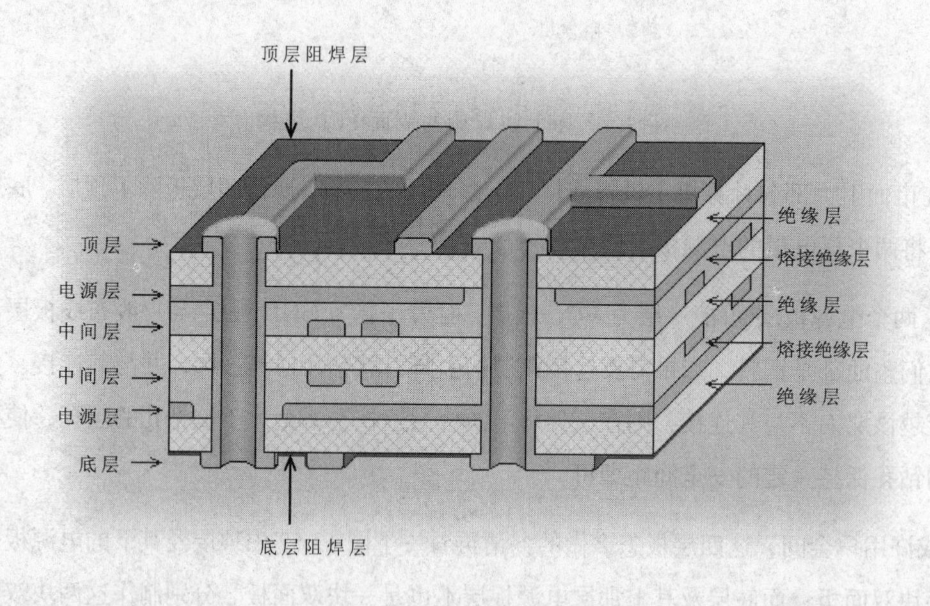

图13.53　六层板的结构

将原理图数据转入 PCB 编辑区时，可能会看到一大堆乱七八糟的绿色细线，如图 13.54

所示，这些线称为预拉线(Ratsnest)，又称飞线。这些线就是根据网络而来的，每条预拉线连接两个端点可视为一条连接线(Connection)，而一条网络可能连接数个端点。所以，网络可能含有数条预拉线。不管是自动布线，还是手工走线，都是顺着这些预拉线来走线，才不会发生错误。完成布线后，这些堆乱七八糟的预拉线将变成很有条理的走线(Track)，如图 13.55 所示。

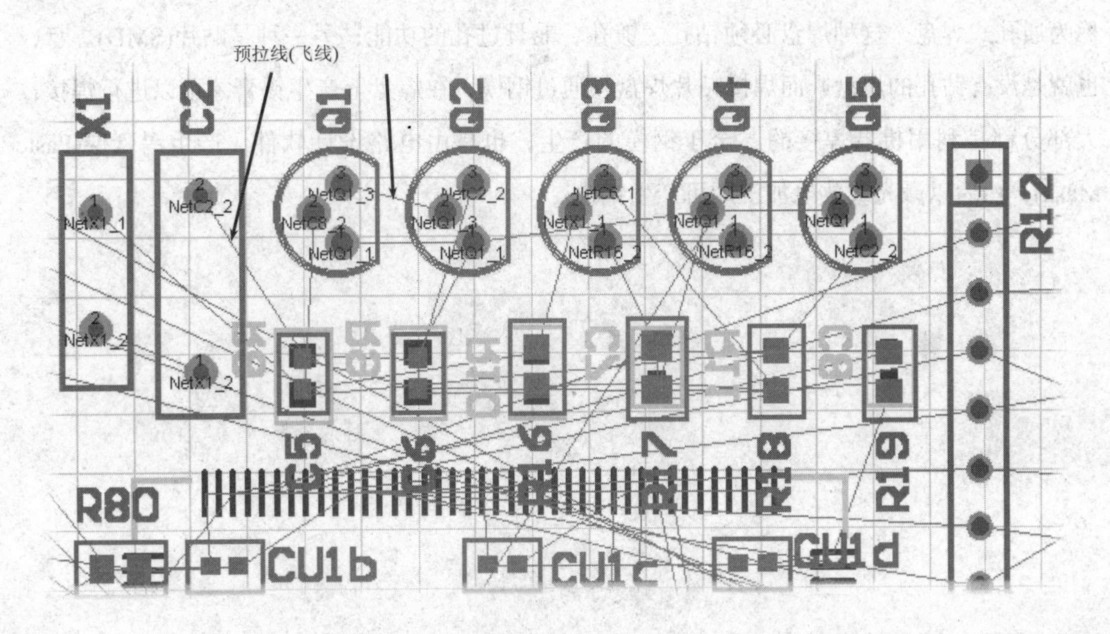

图13.54　预拉线

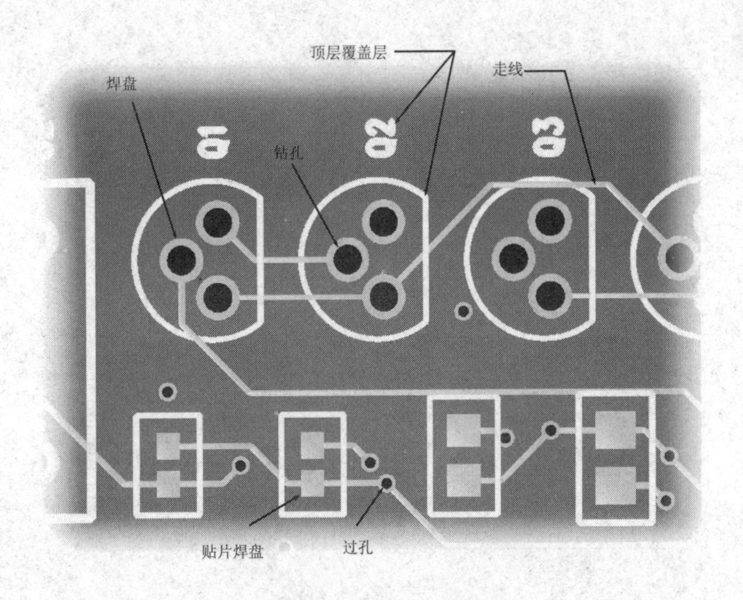

图13.55　完成布线的 PCB

如图 13.55 所示，完成布线后，PCB 上最明显的图件就是走线(Track)、焊盘(Pad)与过孔(Via)了。走线的功能是传递电气信号，而过孔也是一种传递电气信号的图件，与走线的功能相同，只是其主要目的是在不同板层间传递电气信号，也就是为了导通不同板层而设的贯孔。

焊盘可以是独立的个体，也可以是元件的一只引脚，其功能是连接引脚与走线间的电气信号。另一方面，它更是固定元件的重要组件。焊盘可分为两大类，与过孔很类似的焊盘，称为通孔式焊盘，这种焊盘必须钻孔、镀孔，兼具过孔的功能；另一种是贴片(SMD)焊盘，也就是没有钻孔的焊盘，而焊接贴片焊盘须通过钢模，在焊盘上产生锡膏才可以进行焊接，大部分都是利用机器焊接的。至于钢模的产生，也是由电路设计软件，产生锡膏层(Paste Mask)，然后以激光或放电加工即可产生钢模。

▶ 第 14 章

基本走线实例

▶困难度指数：☺☺☺☺😐😐

▶学习条件：　基本窗口操作

▶学习时间：　60 分钟

本章纲要

1.转换 Schematic 到 PCB

2.轻松摆放元件

3.板框与铜箔走线基本练习

4.打印与打印预览

在本章里，将以实际的电路导引 PCB 设计相关的基础操作，图 14.1 所示为本单元所要操作的原理图。

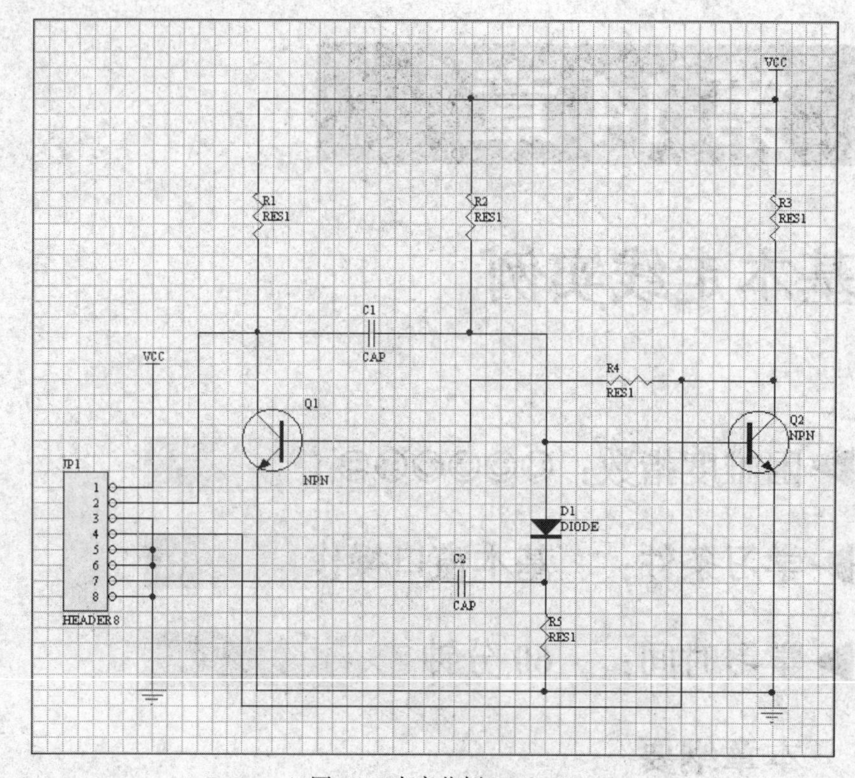

图14.1 本章范例(Ch14_1)

使用的元件及其所属元件库整理如下：

元件库： Miscellaneous Devices.Ddb/Miscellaneous Devices.lib

Part Type	Designator	Footprint
RES1	R1、R2、R3、R4、R5	AXIAL0.4
CAP	C1、C2	RAD0.2
NPN	Q1、Q2	TO-92A
DIODE	D1	AXIAL0.4
HEADER 8	JP1	SIP8

14-1 前置工作

当原理图绘制完成之后，可以直接把数据转换到 PCB 吗？答案是不一定，如果用户是原理图绘制的老手，相信原理图的数据一定是完整的，可以直接转换，如果用户还是初学者，那就不要太冒险了，还是一步一步按照我们所建议的方式来正确完整化原理图的数据。

首先要在原理图编辑器里(Schematic)检查元件序号是否重复，然后再检查元件的Footprint 文本框是否都有数据(不仅要有数据，还要确认 PCB 编辑器是否已加载该使用的元件库)，最后做电气特性的检查，如果都没问题才可准备转换数据到 PCB 编辑器中。

14-1-1 元件序号的问题

元件序号在绘制原理图中，就可以个别指定，如果原理图绘制完成后，用户还是不放心，那就让计算机重新帮我们排序。在原理图编辑器(Schematic)下执行 Tools 菜单中的 Annotate…命令，出现图 14.2 所示的对话框。

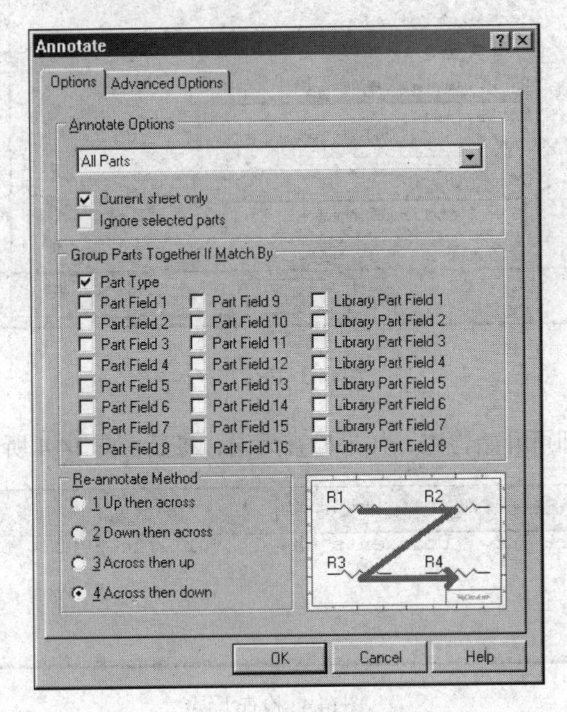

图14.2　元件序号重编

然后下拉 Annotate Options 项目选择 All Parts 选项，其他不变，单击 OK 按钮即可重新编排元件序号。

14-1-2 电气规则的问题

电气规则的问题很多，如果按图施工每一项数据都能正确输入，那么应该不会有什么问题，当然最后我们做 ERC 检查是最安心的！在原理图编辑器(Schematic)下执行 Tools 菜单中的 ERC…命令，出现图 14.3 所示的对话框。

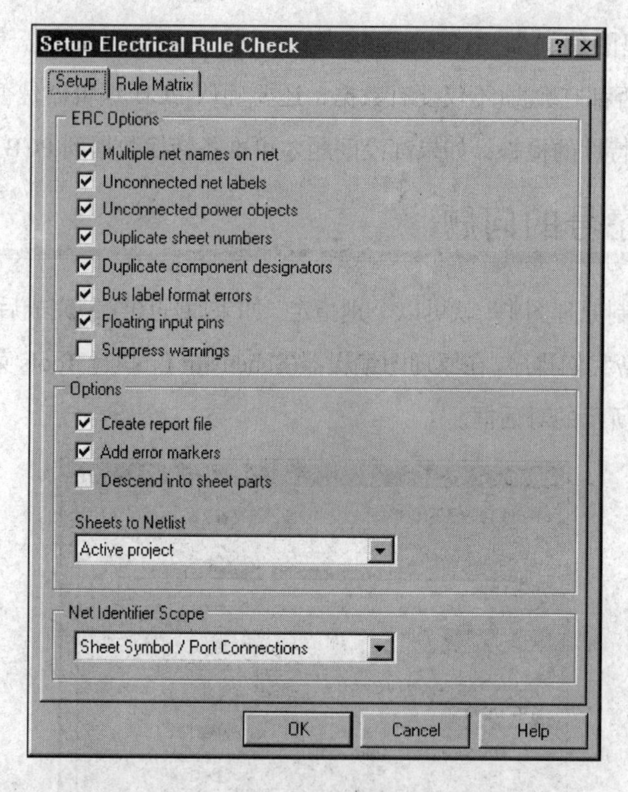

图14.3 ERC 检查

单击 OK 按钮即可开始检查，如果检查无误，将显示图 14.4 所示的界面。

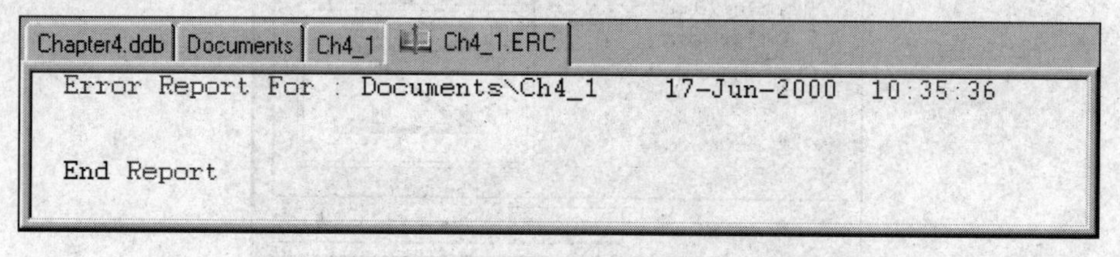

图14.4 检查无误

14-2 板框绘制引导向导

板框绘制引导向导(简称为板框向导)使用上分为两种，第一种为 PCB 标准规格选用(例如 IBM XT bus format)，第二种在设置的过程中我们可以自定义板框大小形状等更详细的数据，在此我们来看看板框向导中的自定义规格功能：

▶ 1 使用板框向导时，不必进入 PCB 99 SE；执行 File 菜单中的 New…命令，出现开新文件对话框，切换到 Document Wizards 选项卡，然后直接启用板框向导，如图 14.5 所示。

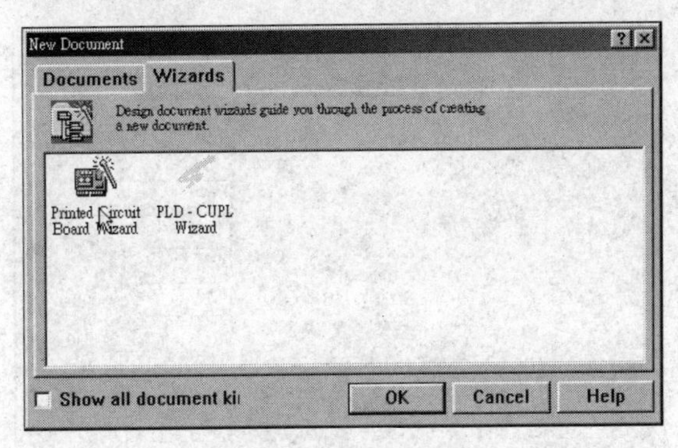

图14.5　选择板框向导

▶ 2　双击 即开始板框向导，如图 14.6 所示。

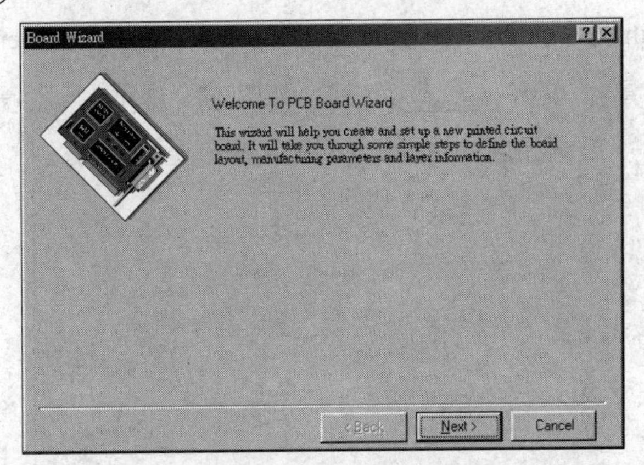

图14.6　启用板框向导

▶ 3　单击 Next > 按钮，将出现图 14.7 所示的对话框。

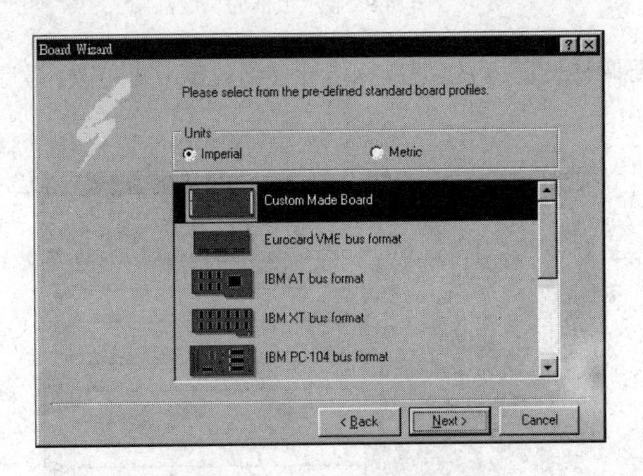

图14.7　选择 Custom Made Board

▶ 4　请设置板框的使用单位为 Imperial 英制，同时选择下方区域中的 Custom Made Board 项目自定义板框，再单击 Next > 按钮，将出现图 14.8 的对话框。

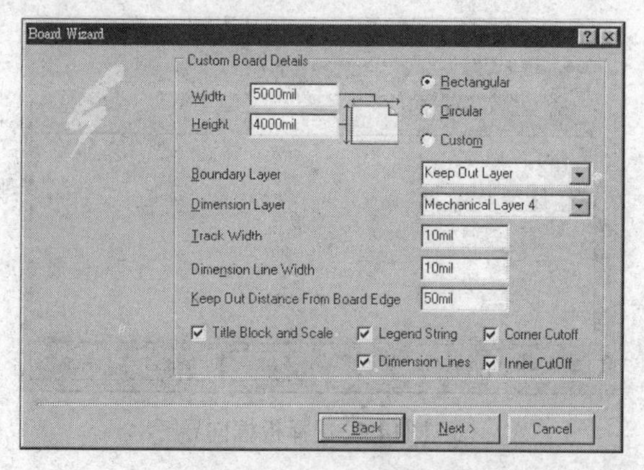

图14.8　设置板框基本数据

▶ 5　将 Width 设为 1800mil、Height 设为 1200mil，并取消 Corner Cutoff 及 Inner CutOff 前面的复选框(比较省事)，单击 Next > 按钮，如图 14.9 所示。

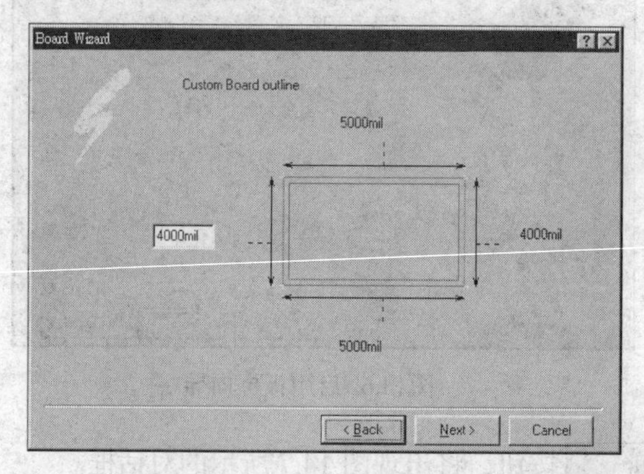

图14.9　显示板框的长度

▶ 6　如果要调整长宽，可以把鼠标指针移到数字上再更改，最后单击 Next > 按钮，如图 14.10 所示。

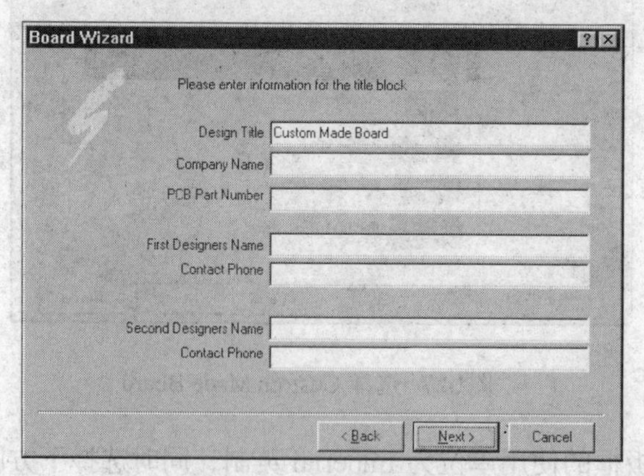

图14.10　设置 PCB 相关数据

▶ 7 设置 PCB 的相关数据(注意!不能使用中文),输入完成之后,连续单击 Next > 按钮 6 次，最后如图 14.11 所示。

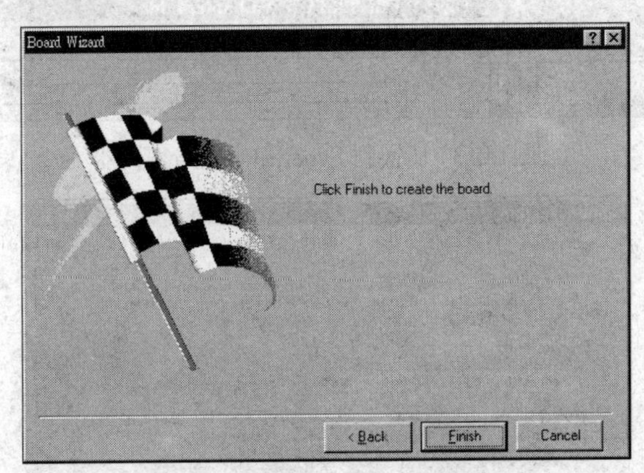

图14.11 完成板框向导的设置

▶ 8 最后单击 Finish 按钮，板框向导开始制作板框及相关数据，完成后的板框如图 14.12 所示。

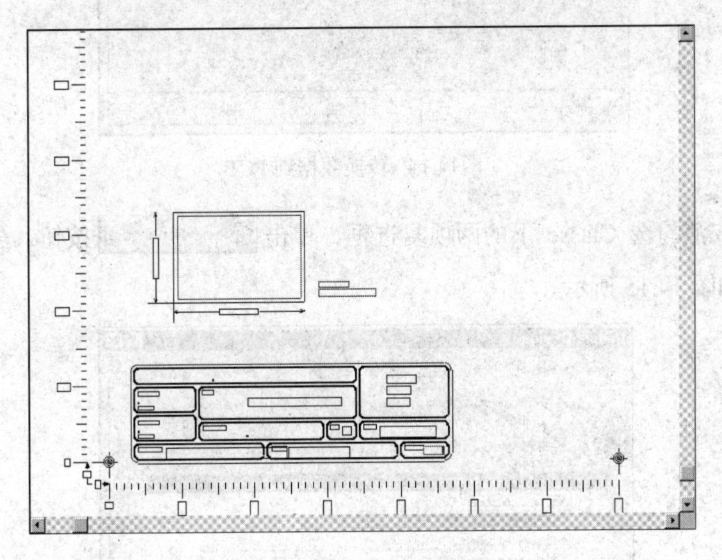

图14.12 完成后的板框

14-3 从原理图到 PCB

完成板框之后，紧接着要把原理图的数据转换到 PCB 上，先切换到原理图编辑器(Schematic)，鼠标指针移到 Ch4_1 标签上，单击鼠标左键，如图 14.13 所示。

在原理图编辑器(Schematic)中执行 Design 菜单中的 Update PCB...命令，如图 14.14 所示。

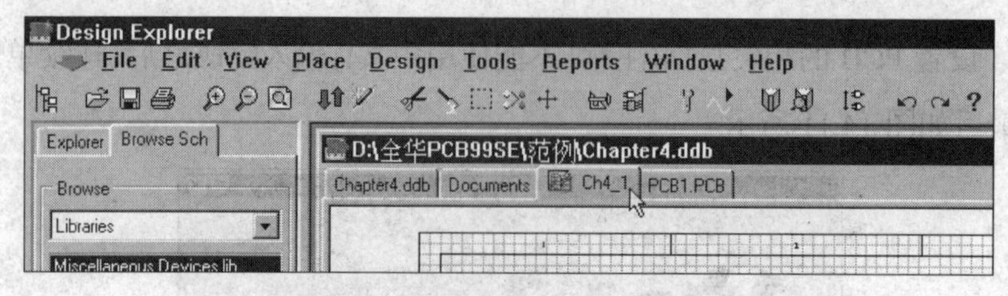

图14.13 切换到 Schematic 电路编辑器

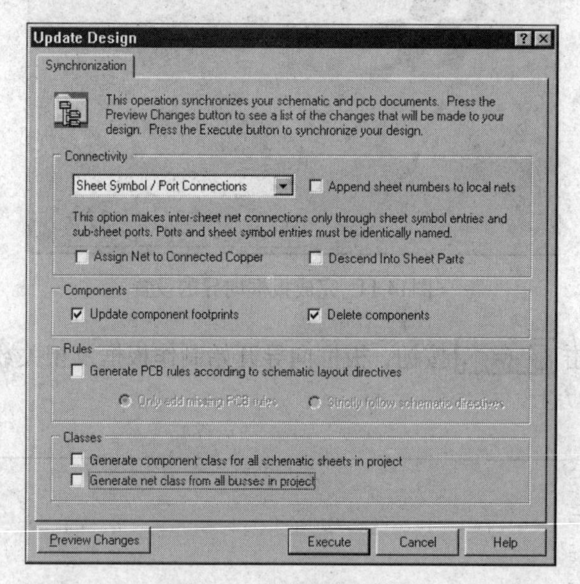

图14.14 转换数据到 PCB

同样地，取消勾选 Classe 下的两项复选框，单击 Preview Changes 按钮，先确认转换数据有没有错误，如图 14.15 所示。

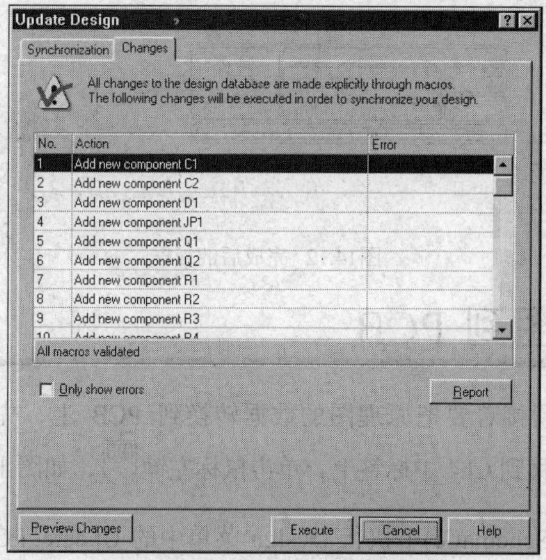

图14.15 确认转换数据的正确性

确认转换的数据无误后，单击 Execute 按钮开始把原理图的网络数据转换到 PCB，完成后再切换到 PCB 编辑器，如图 14.16 所示。

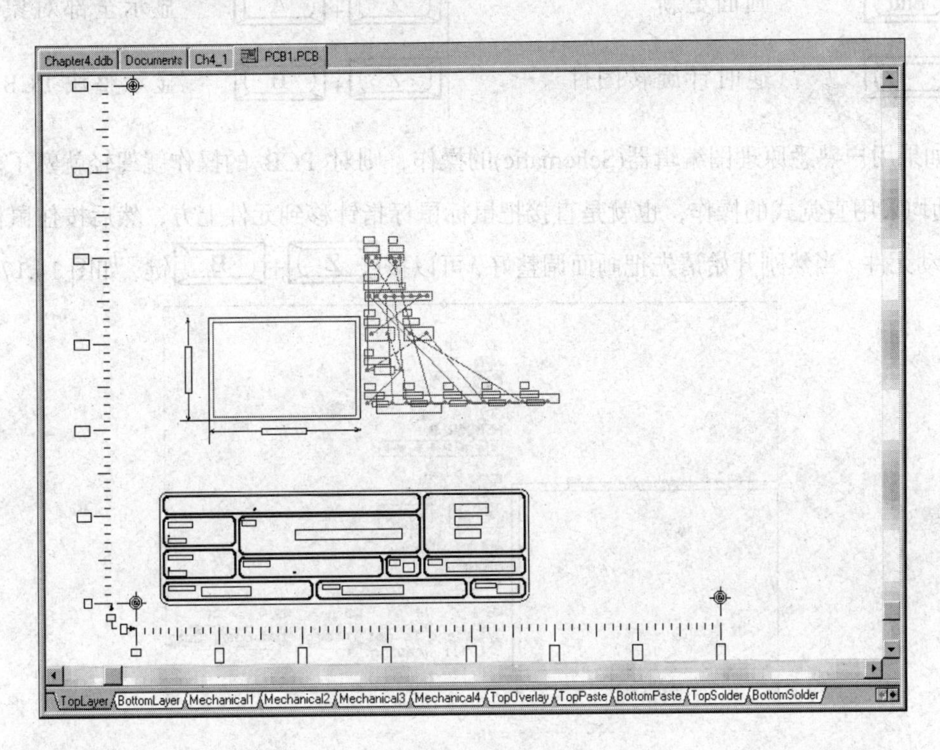

图14.16　数据转换后

14-4 元件的放置

很快的基本的板框与元件就相继出现，紧接着就进入本章节的主题——PCB 了。本单元主要目的是练习元件的基本放置技巧，以及元件上面的元件序号与元件值的调整。元件放置基本原则如下：

- 与机构相关的元件优先定位，如金手指。
- 与顺序有关的元件先排好，如跑马灯的先后顺序。
- 数字与模拟的电路元件区分出来，分区放置。
- 体型较大的元件先定位，再安排小元件的位置。

当然上述只是些基本观念，很多情况还是要具体情况具体分析；放置元件的一些基本的按键操作如下：

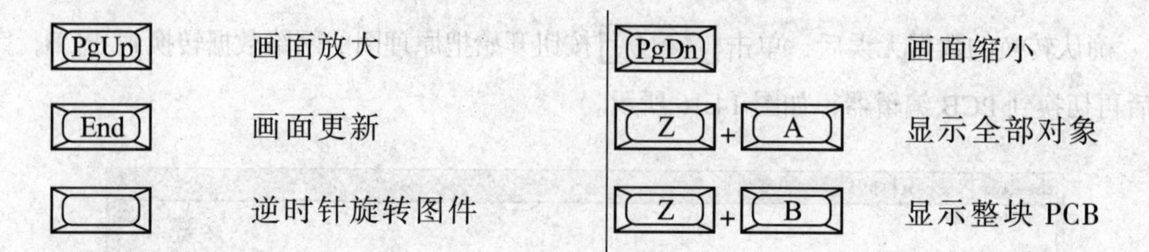

如果用户熟悉原理图编辑器(Schematic)的操作，则对 PCB 的操作就驾轻就熟了。元件的移动均采用直觉式的操作，也就是直接把鼠标鼠标指针移到元件上方，然后按住鼠标左键移动元件。当然刚开始请先把画面调整好，可以按 Z + B 键，如图 14.17 所示。

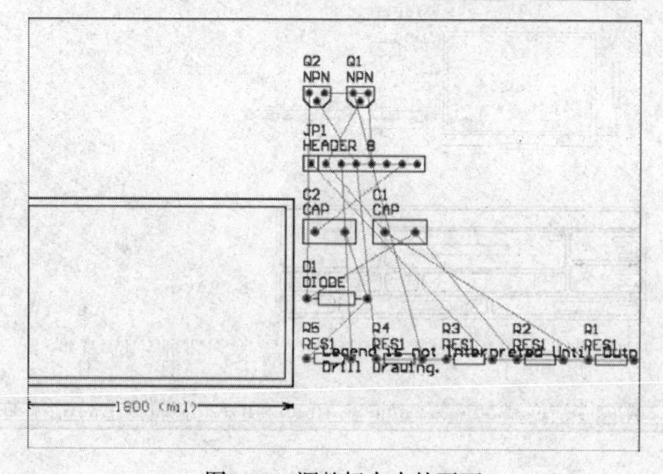

图14.17 调整好大小的画面

首先我们把鼠标指针移到 JP1 元件上方，然后按住鼠标左键，接着移动鼠标把 JP1 带到板框内，此时可以按空格键旋转 JP1，如图 14.18 所示。

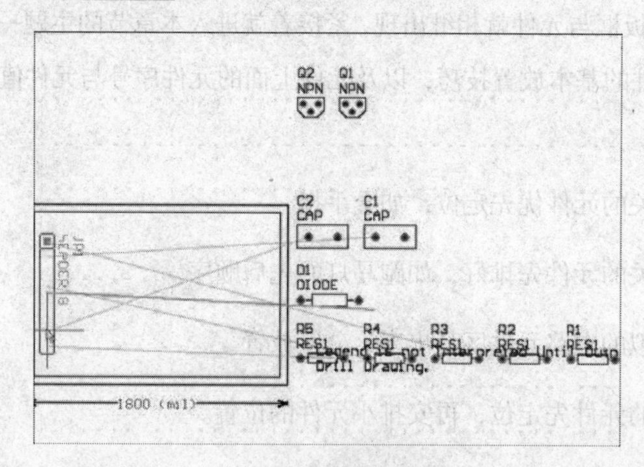

图14.18 移动 JP1

元件移到定位后，放开鼠标左键就行了；请用户注意屏幕上的变化！当移动元件时，屏幕只出现被移动元件相接的预拉线，同时还会出现一条较粗的放置指引线，这一条放置指引线一会变红色，一会又变绿色；变红色表示此元件目前的位置不恰当。如果是变绿色的表示此元件目前的位置适合。知道了这个秘方后，接下来就请用户把其他的元件也搬至板框内吧！完成元件放置后(您也可以按照自己的想法放置元件)可以按 Z + B 键，展示整块 PCB，如图 14.19 所示。

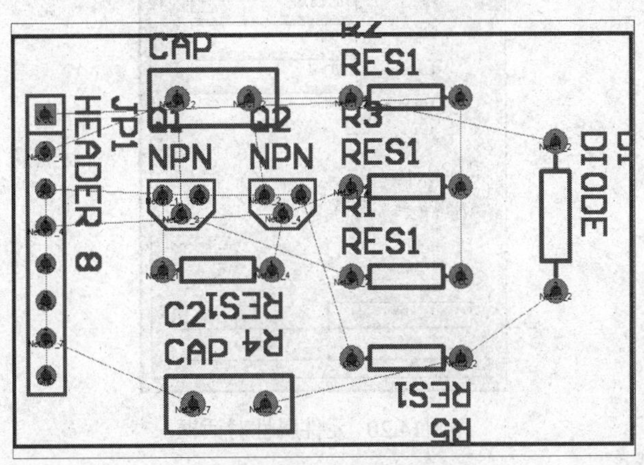

图14.19　元件放置完成

在移动元件的过程当中如果觉得不容易对齐，可以先执行 Tools 菜单中的 Interactive Placement\ Move To Grid 命令，把元件移到网格上。

14-5　准备手工布线

曾经有人是这么说的，既然有自动布线，那就直接 RUN 自动布线不就好了，干啥么大费周章一条一条走线慢慢手工完成呢？其实说的也没错啦，就我们这个板子而言，元件少又没啥机构与特性要考虑的，如果用户直接 RUN 自动布线，只要 0.2s 就可以完成了(不信的话，可亲手玩玩看)，实在也没啥意思。别忘了这一章节的主题是手工布线，其实在布线的领域中手工布线才是最重要的，一些考虑特性较周详的 PCB 几乎都是只用人工走线，所以手工布线是非常重要的。

14-5-1　运用全局编辑功能隐藏文字对象

元件放置完成之后(图 14.19)，元件序号及元件值实在太乱了，因此适时地隐藏某些对象将更有助于布线的流畅及画面的清晰；我们运用群体(即全局编辑功能)更改功能，暂时把所有元件序号及元件值隐藏。

▶ 1　移动鼠标指针到任何一个元件上，双击 2，打开该元件的属性对话框，如图 14.20 所示。

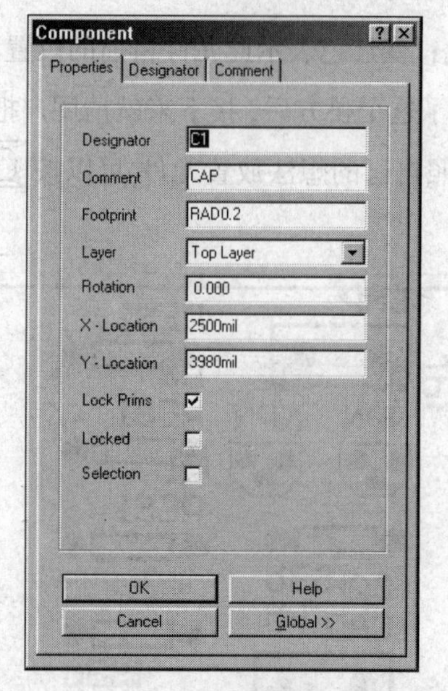

图14.20　元件属性对话框

▶ 2　单击 Global >> 按钮，展开元件属性对话框，使用全局编辑功能，如图 14.21 所示。

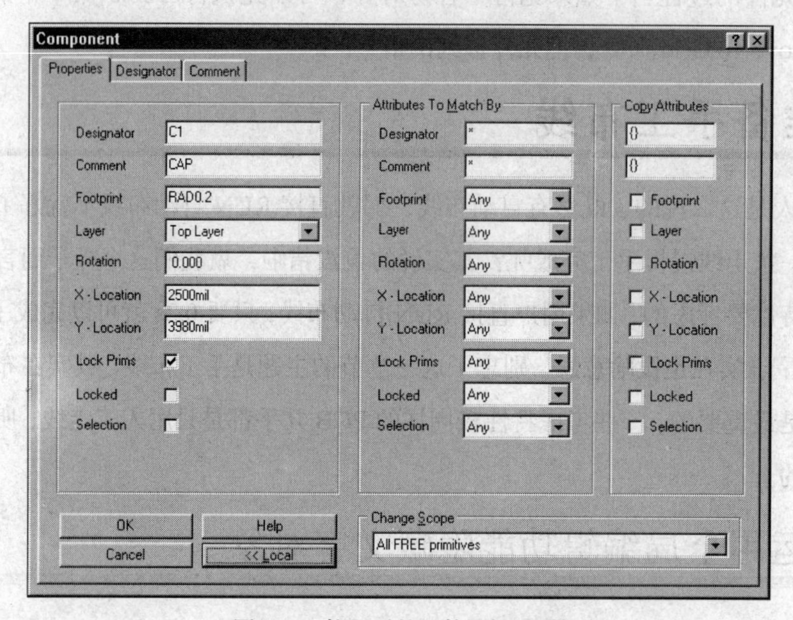

图14.21　拉开后的元件属性对话框

▶ 3　移动鼠标指针到 Designator 标签上，单击，切换到 Designator 选项卡，如图 14.22 所示。

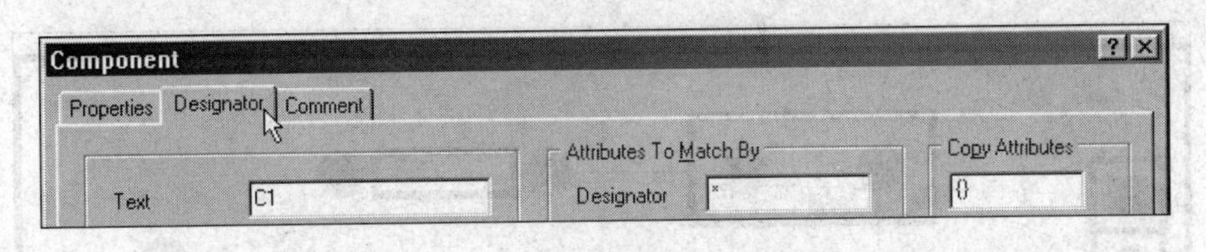

图14.22　切换到 Designator 标签

▶ 4　移动鼠标指针单击，选择下方的 Hide 选项，同时右边区域的 Hide 选项也会自动被选中，如图 14.23 所示。

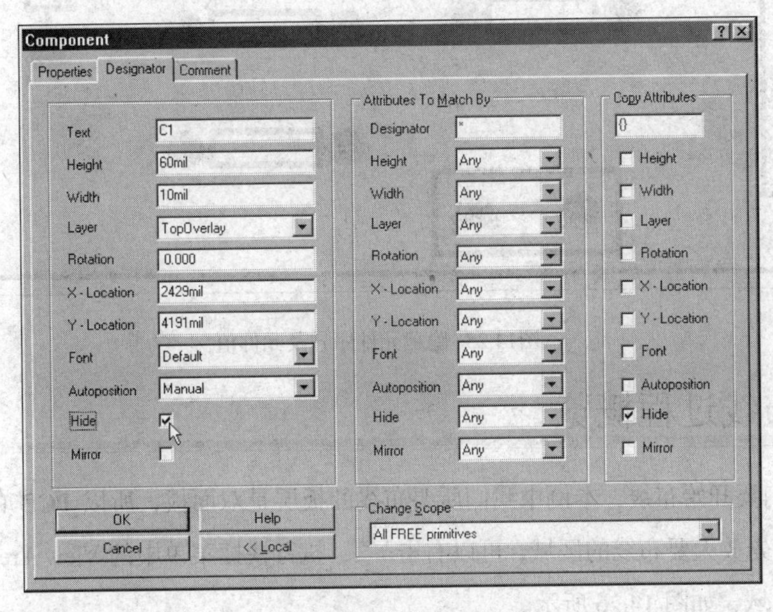

图14.23　选择 Hide 选项

▶ 5　接着运用同样方式，切换到 Comment 选项卡，也选择下方的 Hide 选项，完成之后单击 OK 按钮，出现全局编辑确认对话框如图 14.24 所示。

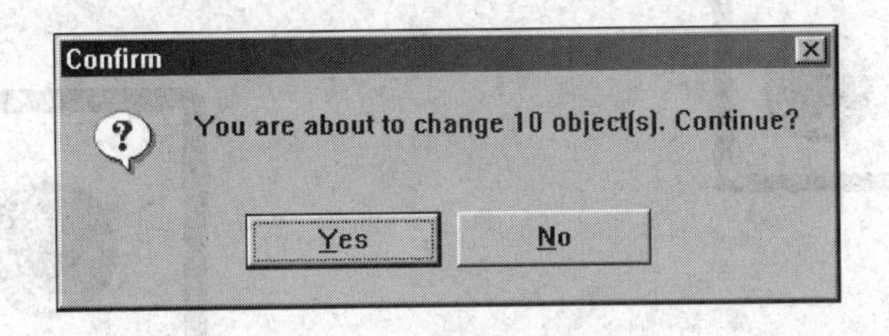

图14.24　全局编辑确认对话框

▶ 6　对话框要确认另外 10 个元件是否要一起更改。因此直接单击 Yes 按钮，所有相关的对象立即被隐藏，如图 14.25 所示。

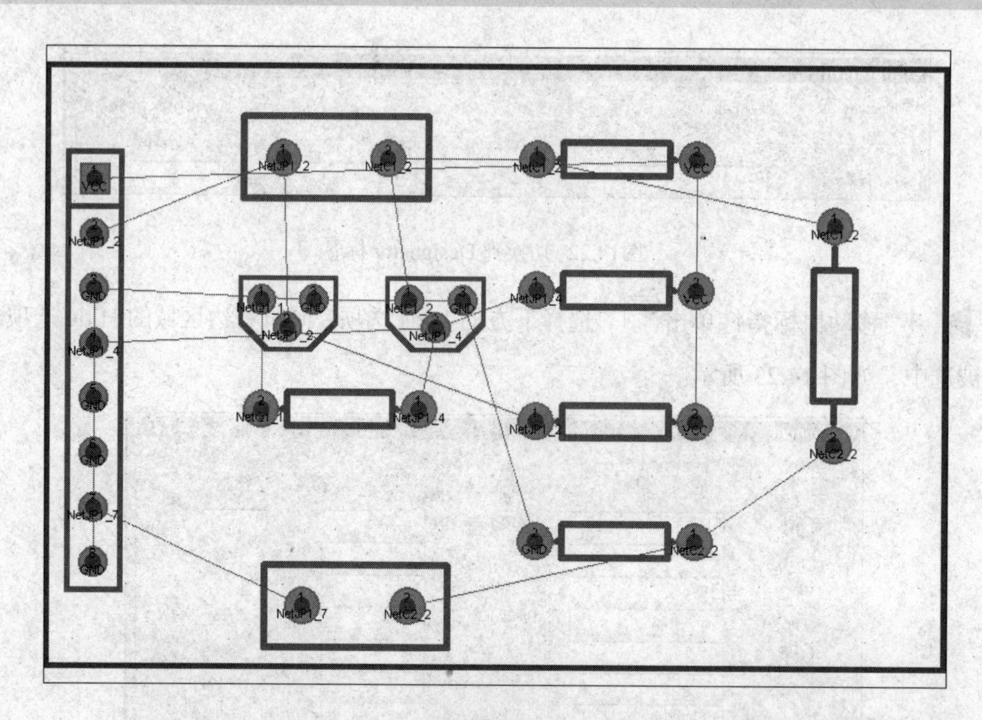

图14.25　隐藏元件序号及元件值

14-5-2 布线过程概览

接着我们要开始布线，本例中我们所要布线的板层是双面板，所以 PCB 的上层与下层均能走线；首先放大要布线的区域，可以右击🖱，执行快捷菜单中的 View Area 命令，再框出要布线的区域，如图 14.26 所示。

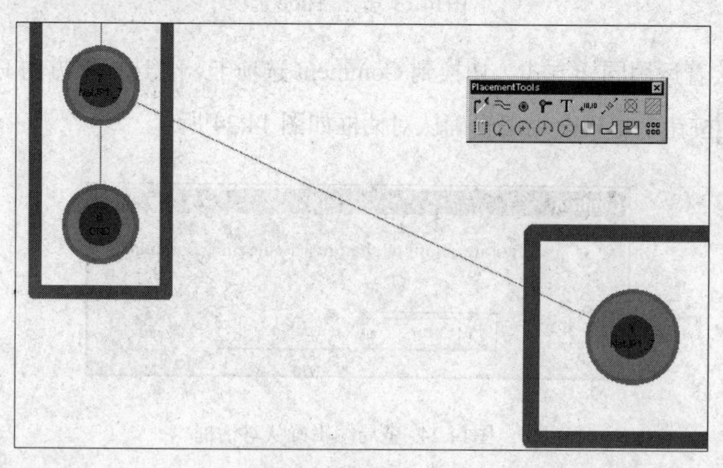

图14.26　View Area 命令

预拉线所连接的两个节点(简称焊点或 Pad)，即是要用铜膜完成的走线；在开始布线之前请记得先选择布线的板层，目前的板层是双面板，我们先设置为上层(TopLayer)走线，如

图 14.27 所示。

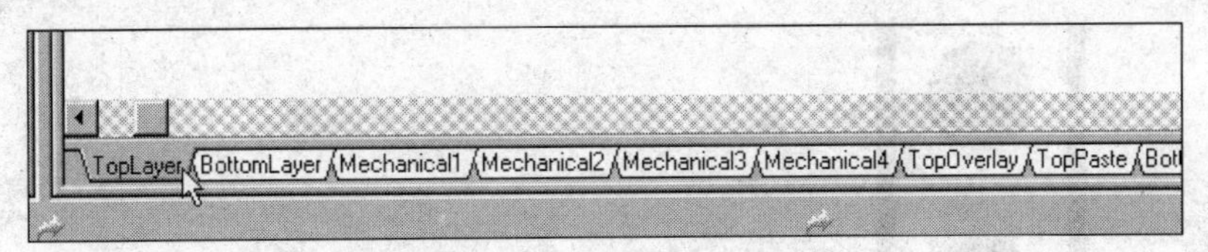

图14.27　选择布线板层

接着开始布线了，请右击，执行快捷菜单中的 Interactive Routing 命令或单击按钮启动交互式手工布线功能，此时鼠标指针状态如图 14.28 所示。

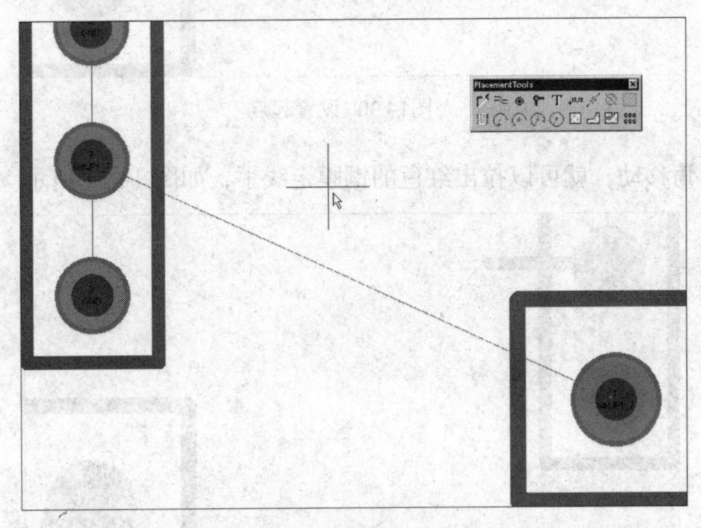

图14.28　执行布线命令

然后移动十字指针选择布线起点(移到 Pad 上)，在 Pad 上将出现一个八角形的框线，这表示鼠标指针已经在 Pad 中央了，如图 14.29 所示。

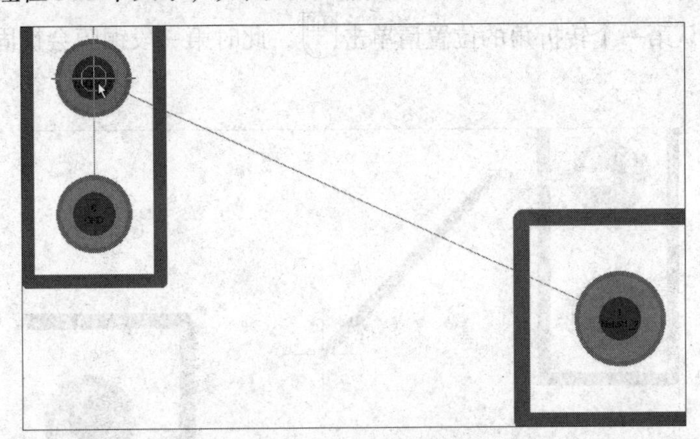

图14.29　选择布线起点

接着单击(记得要放开鼠标左键)，在八角形框线中出现了一个小圈，这表示已经设置好起点可以拉线了，如图 14.30 所示。

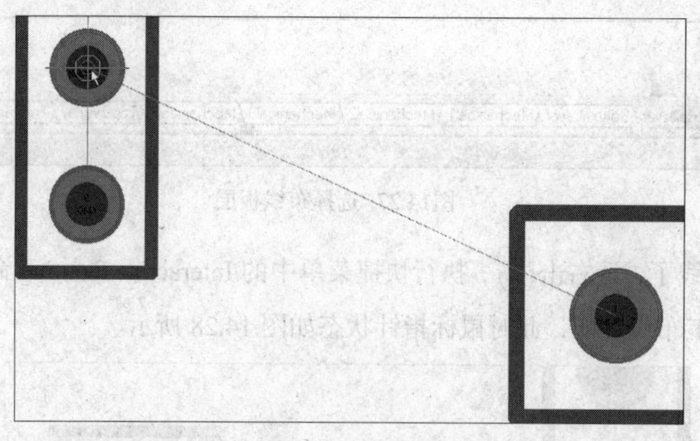

图14.30 设置起点

鼠标往右下角移动，就可以拉出红色的铜膜走线了，如图 14.31 所示。

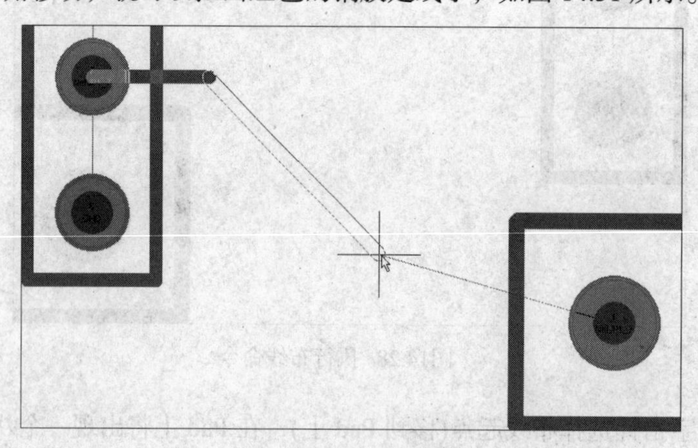

图14.31 拉出铜膜走线

如果用户确认第一个转折角的位置请单击，此时第一段铜膜会被固定住呈现黄色，如图 14.32 所示。

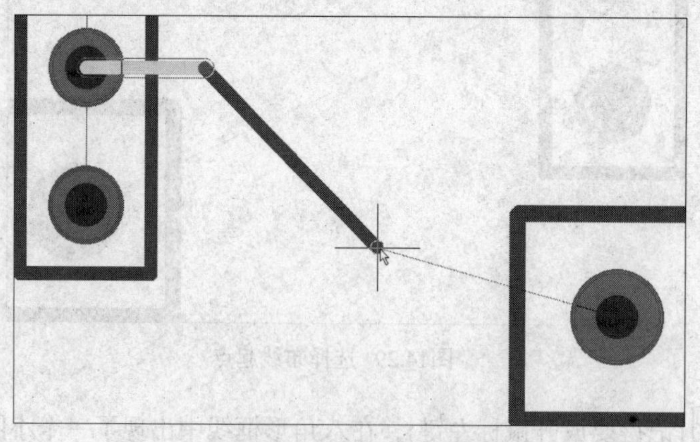

图14.32 完成第一小段走线

接着直接把十字指针移到右边的 Pad 上，如图 14.33 所示。

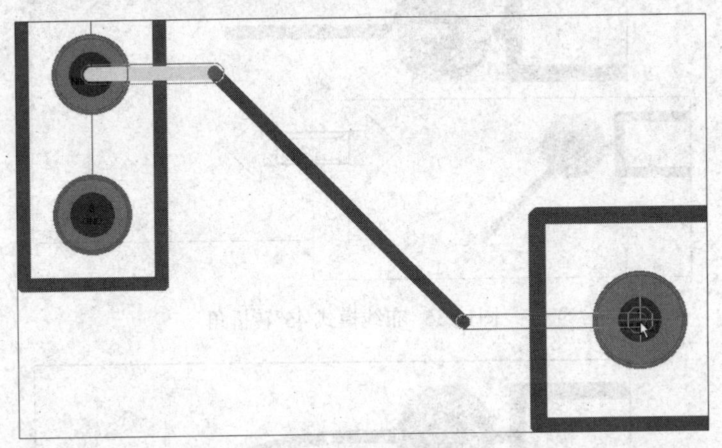

图14.33　走线终点

最后双击[鼠标左键]，即可完成这一走线；如果要继续下一条走线，请单击[鼠标右键]，就可以移动鼠标指针了，如图 14.34 所示。

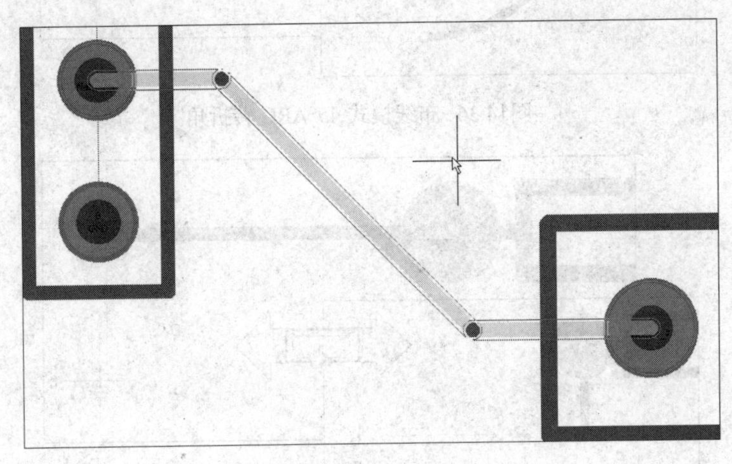

图14.34　完成走线

14-5-3 走线的转折角

在上一节布线的过程中使用 45°的转折角，这也是最常被使用的转折角。但是面对变化多端的 PCB 布线，一方面要考虑到结构的问题，另一方面又要考虑到信号品质的问题，因此必须配合其他的转折角模式才能达到我们的要求。

布线前要选择布线的转折角模式，请按住 Shift 键，再依序按 [空格] 键，即可循环切换转折角的模式；如果只按 [空格] 键，则可以切换上下转折角的布线方式，如图 14.35~图 14.40 所示。

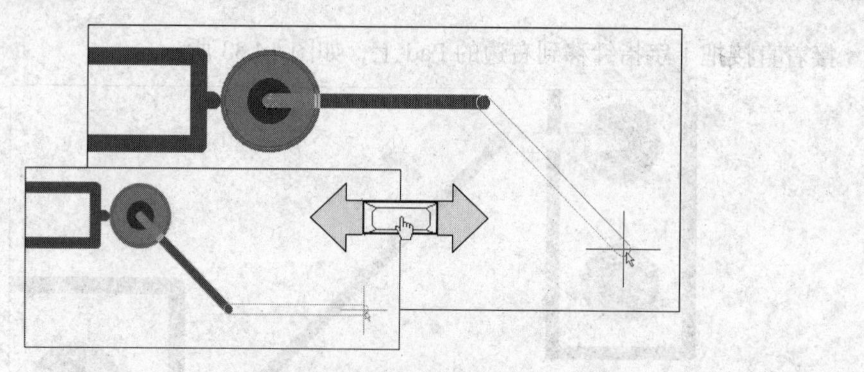

图14.35 布线模式 45°转折角

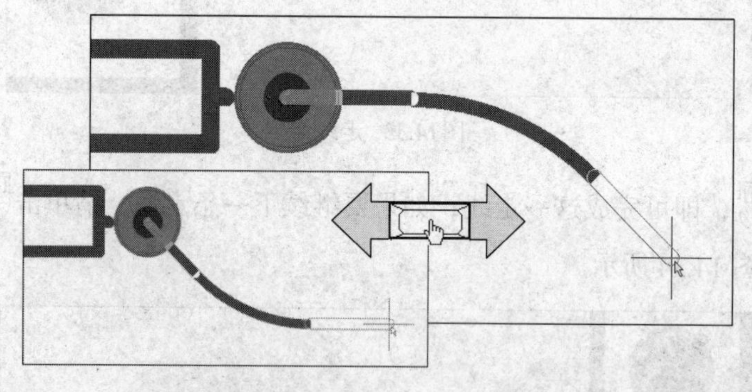

图14.36 布线模式 45°ARC 转折角

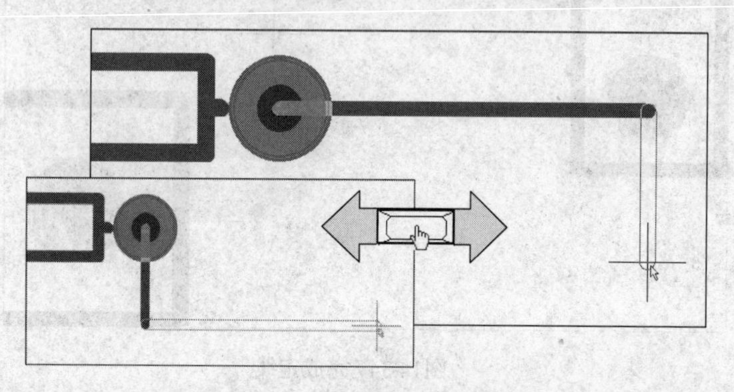

图14.37 布线模式 90°转折角

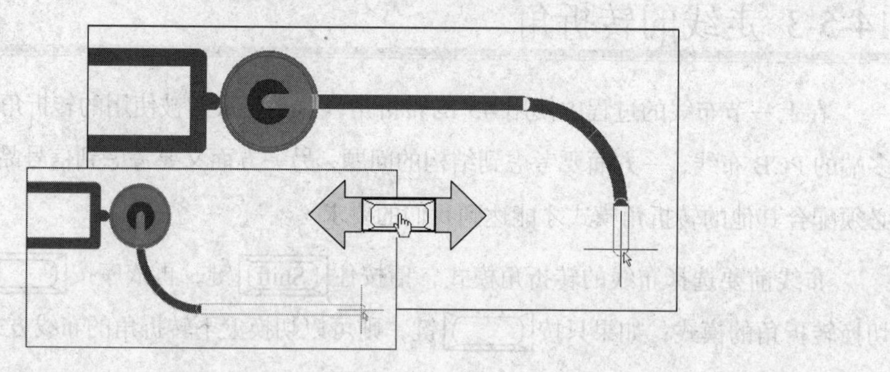

图14.38 布线模式 90°ARC 转折角

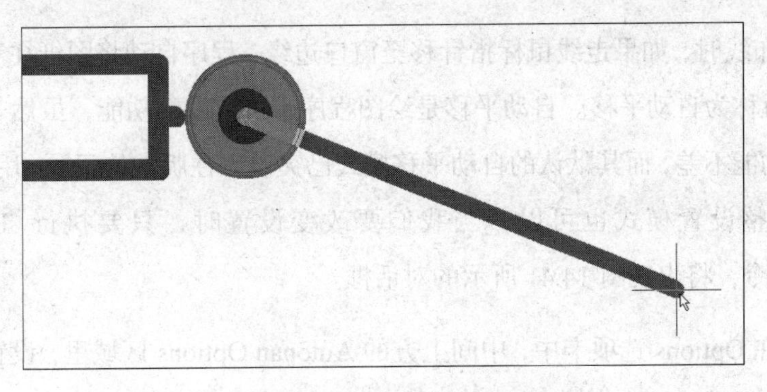

图14.39　布线模式任意角度

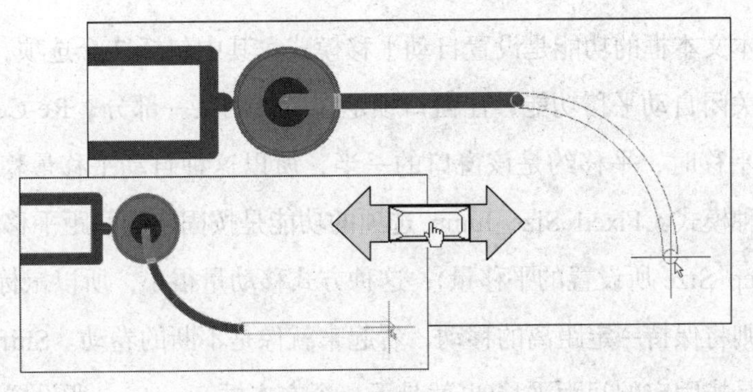

图14.40　布线模式 90°固定 ARC 转折角

14-6 自动平移的设置

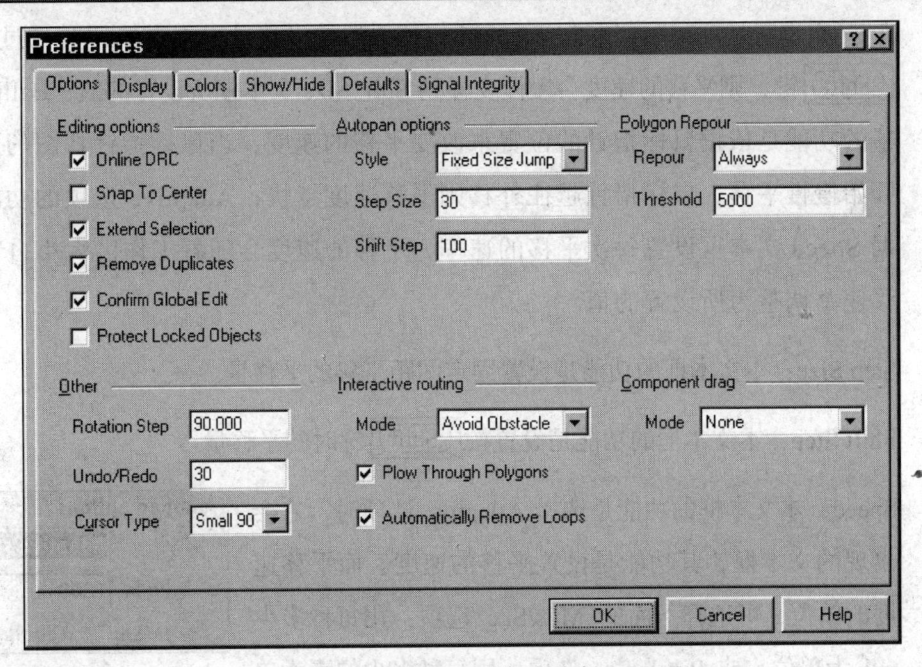

图14.41　设置自动平移

当我们在布线时，如果走线鼠标指针移至窗口边缘，程序自动将图纸往看不见的部分卷动，这种功能就称为自动平移。自动平移是绘图程序不可或缺的功能，虽然 PCB 99 SE 所提供的自动平移功能不差，而其默认的自动平移模式已突破以往版本的问题，用起来挺顺畅的！如果还想要调整设置模式也可以；当我们要改变设置时，只要执行 Tools 菜单中的 Preferences…命令，将出现图 14.41 所示的对话框。

我们可以在 Options 选项卡中，中间上方的 Autopan Options 区域里，设置自动平移的模式，其中包括下列项目：

- Style：本文本框的功能是设置自动平移模式，其中包括 7 个选项， Disable 选项的功能是关闭自动平移功能，让窗口锁定在图纸的某一部分；Re-Center 选项的功能是自动平移时，平移约是该窗口的一半，所以这种自动平移最稳定，笔者建议要改用这种模式。Fixed Size Jump 选项的功能是按固定的间距平移(也就是下一个文本框 Step Size 所设置的平移量)，这种方式移动量很小，所以鼠标指针一接近窗口边缘，则将保持一定距离的移动，看起来就像是不断的卷动。Shift Accelerate 选项的功能是按固定的间距平移(也就是下一个文本框 Step Size 所设置的平移量)，如果用户在平移的过程中按 Shift 键，则平移的速度会慢慢加快到 Shift Size 文本框所设置的值；Shift Decelerate 选项的功能是于前一项的功能刚好相反，是按固定的间距平移(也就是下一个文本框 Step Size 所设置的平移量)，如果在平移的过程中按 Shift 键，则平移的速度会慢慢变慢到 Shift Size 文本框所设置的值；Ballistic 选项的功能是依据鼠标指针的位置来改变平移的速度，当鼠标指针在图的边缘时开始慢慢平移，鼠标指针越往外移则平移速度越快；Adaptive 选项的功能是根据 Speed 文本框设置每次平移的速率，平移的速度会随着工作区大小自动把平移速率调整为所设置的值。
- Step Size：本文本框的功能是设置固定间距平移的平移量。
- Shift Step：本文本框的功能是设置按 Shift 键时的平移量。
- Speed：本文本框的功能是选择 Adaptive 选项时，才会出现的文本框，其功能是设置平移的速度。而平移速度的单位，可选择下面的 Mils/Sec 选项，用每秒多少 mil 为单位；或 Pixels/Sec 选项，用每秒多少像素为单位。

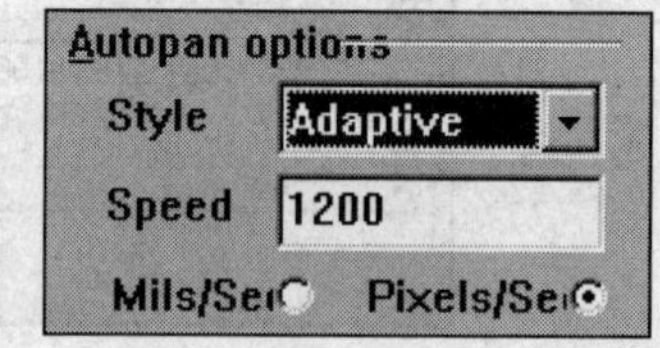

14-7 调整文字层数据的位置

完成布线之后，接下来请把被隐藏的元件序号及元件值恢复(记得使用群体更改功能)，如图 14.42 所示。

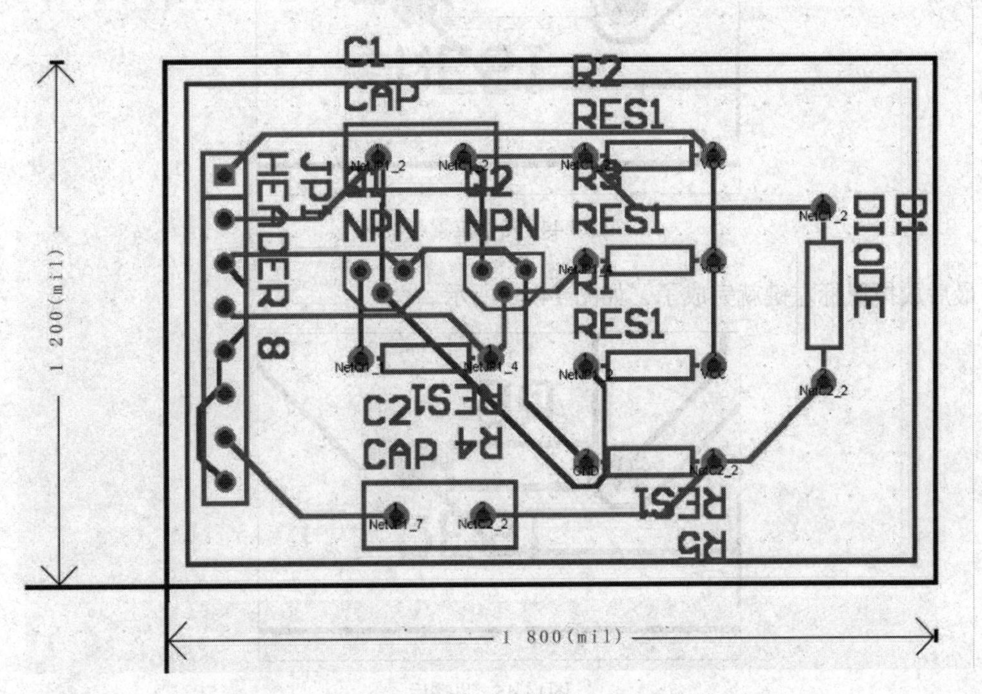

图14.42　布线完成

元件序号与元件值散在各角落，需要重新调整这些文字的位置；调整的方式如同前几章节所述的元件移动的方法；举个例子来说，我们要先调整文字 R5 的位置；移动鼠标指针到文字 R5 的上面，然后按住鼠标左键，如图 14.43 所示。

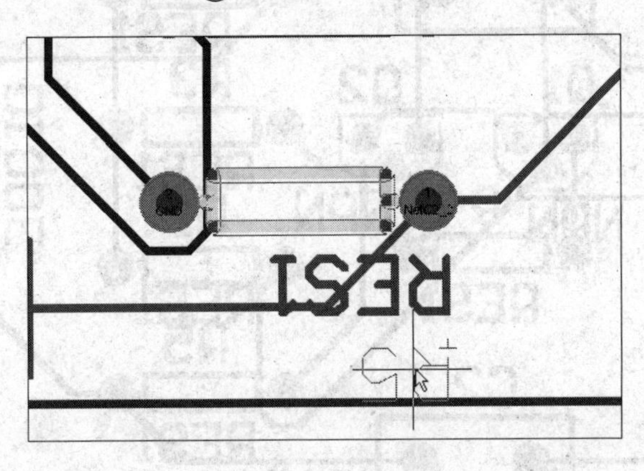

图14.43　抓住 R5 文字

移动鼠标把文字 R5 拖曳到适当的位置，同时按[空格]键旋转把 R5 转正，如图 14.44

所示。

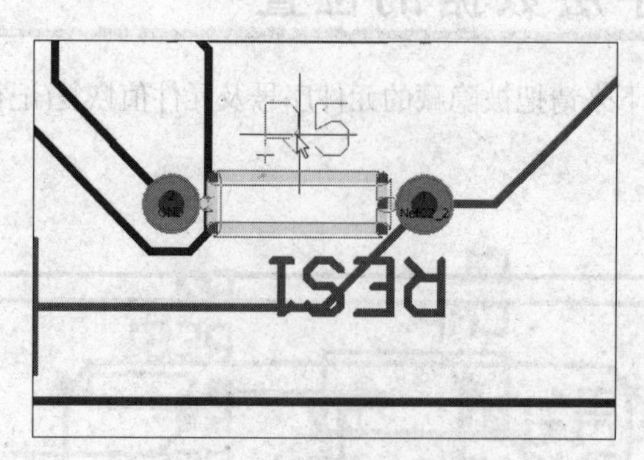

图14.44　调整位置与转向

最后放掉鼠标左键就完成了，如图 14.45 所示。

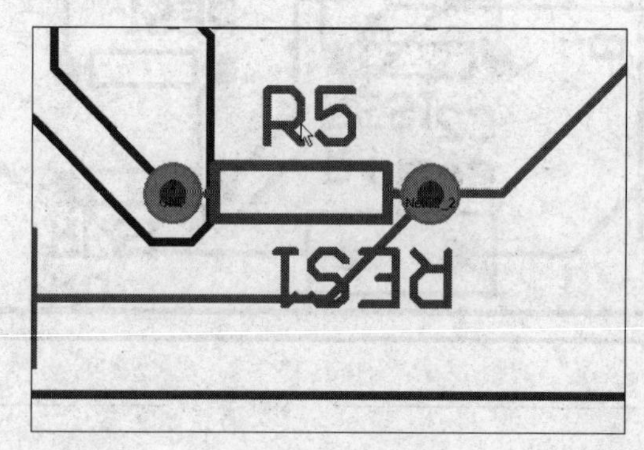

图14.45　调整后

其他需要调整的文字请大家自行练习，完成后如图 14.46 所示。

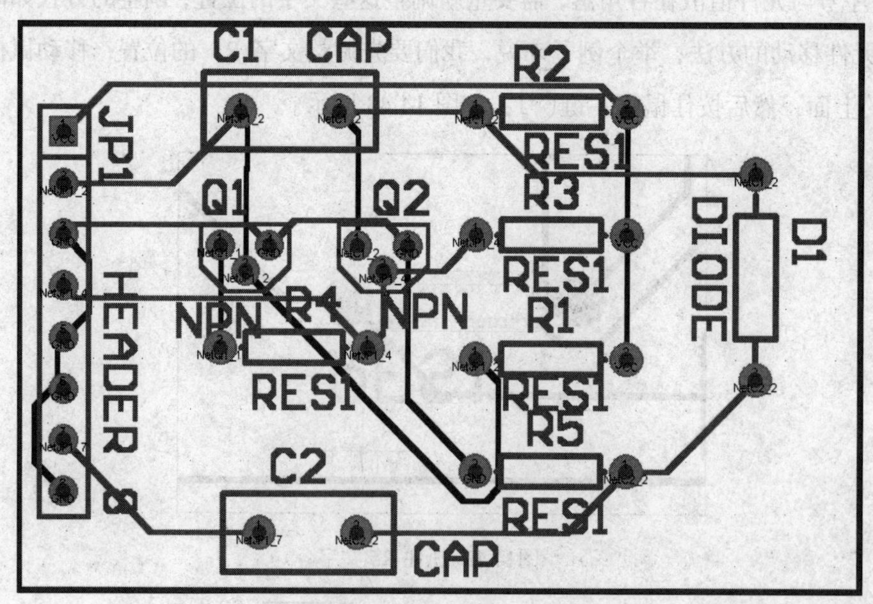

图14.46　完成 PCB 设计

14-8 打印与打印预览

完成所有相关作业之后，接下来就是打印我们的成果，可以执行 File 菜单中的 Print/Preview 命令，即进入打印预览状态，如图 14.47 所示。

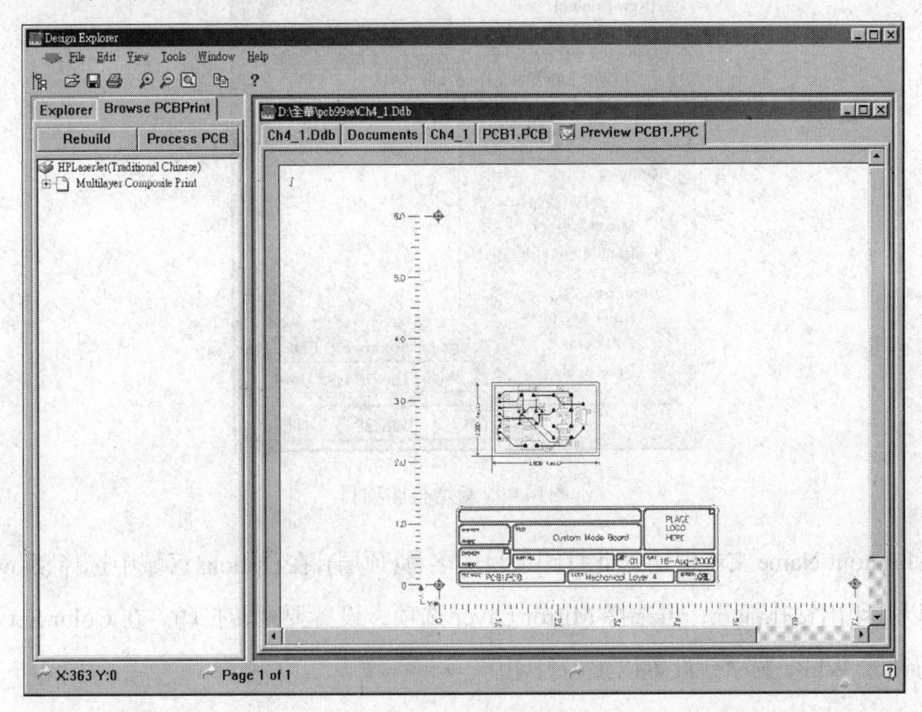

图14.47　打印预览

在右边的预览窗口里看到整块 PCB 打印的图案，当然，我们也可以按 PgUp 键放大窗口显示或按 PgDn 键缩小窗口显示，就像在 PCB 编辑区里的窗口显示操作一样。而在左边的管理器里只出现 Multilayer Composite Print 项，“Multilayer Composite Print”代表多层叠印，这是程序默认的打印项目。

现在我们来新增两个打印项目，一个是以顶层为主的打印项目，另一个则是以底层为主的打印项目。指向左边的管理器，右击，弹出快捷菜单，如图 14.48 所示。

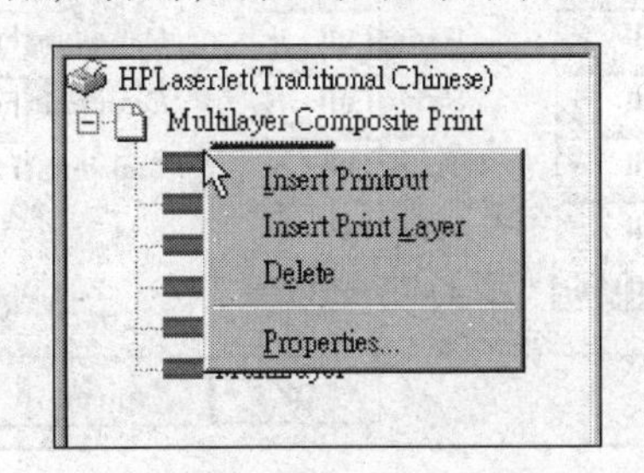

图14.48　操作命令菜单

执行 Insert Printout 命令，将出现图 14.49 所示的对话框。

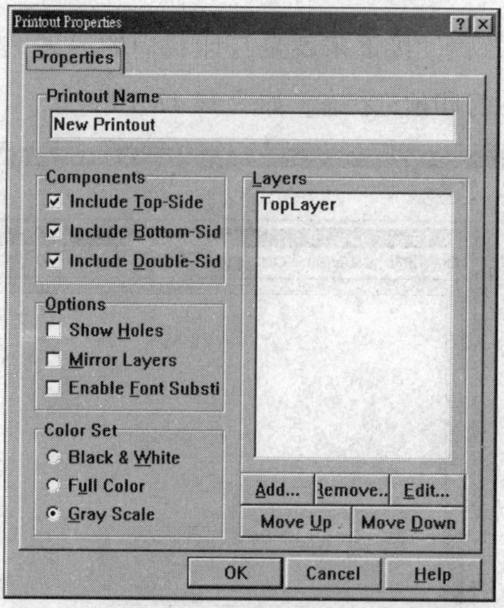

Printout Properties
Properties
Printout Name
New Printout
Components
Include Top-Side
Include Bottom-Sid
Include Double-Sid
Options
Show Holes
Mirror Layers
Enable Font Substi
Color Set
Black & White
Full Color
Gray Scale
Layers
TopLayer
Add... Remove.. Edit...
Move Up Move Down
OK Cancel Help

图14.49　新增打印项目

在Printout Name文本框输入此打印项目的名称(顶层)，在Options区域中选择Show Holes选项，以打印出钻孔部分；再选择 Mirror Layer 选项，设置要翻转打印。在 Color Set 区域中选择 Black & White 选项，设置以黑白打印。

除了程序默认的 TopLayer 外，我们希望连板框也一并叠印出来，所以在右边的区域中单击 Add... 按钮，出现图 14.50 所示的对话框。

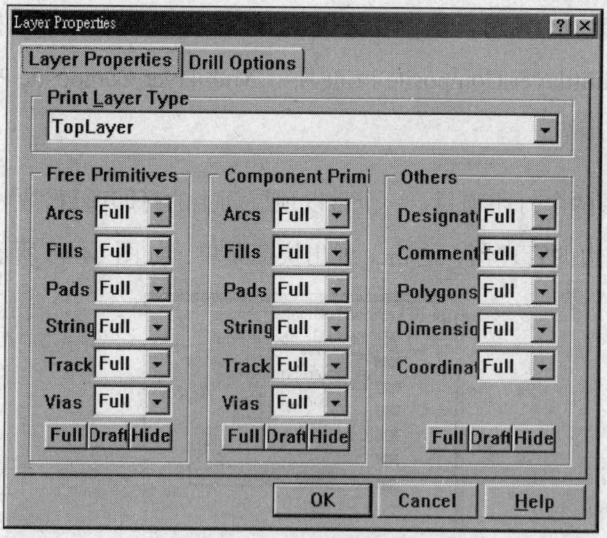

Layer Properties
Layer Properties | Drill Options
Print Layer Type
TopLayer
Free Primitives
Arcs Full
Fills Full
Pads Full
String Full
Track Full
Vias Full
Full Draft Hide
Component Primi
Arcs Full
Fills Full
Pads Full
String Full
Track Full
Vias Full
Full Draft Hide
Others
Designat Full
Comment Full
Polygons Full
Dimensio Full
Coordinat Full
Full Draft Hide
OK Cancel Help

图14.50　新增板层

在 Print Layer Type 文本框中指定所要新增的板层(KeepOutLayer)，再单击 OK 按钮即可退回前一个对话框，单击 Close 按钮关闭该对话框，则管理器里将多出一个打印项目，如图 14.51 所示。

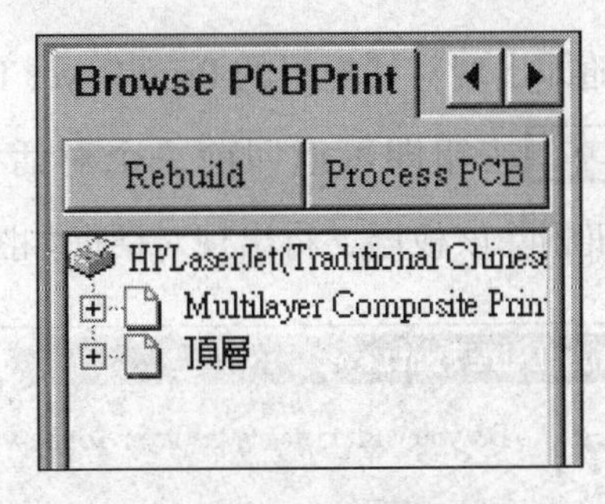

图14.51　新增打印项目

同样地，在左边的管理器空白处右击，然后在随即弹出的快捷菜单中选择 Insert Printout 命令，将出现图 14.52 所示的对话框。

图14.52　新增打印项目

在 Printout Name 文本框中输入此打印项目的名称(底层)，在 Options 区域中选择 Show Holes 选项，以打印出钻孔部分。在 Color Set 区域中选择 Black & White 选项，设置以黑白打印。

在此要先新增 BottomLayer 及 KeepOutLayer 板层，然后删除程序默认的 TopLayer。

首先在右边的区域里，单击 Add... 按钮，在随即出现对话框里的 Print Layer Type 文本框中指定所要新增的板层(BottomLayer)，再单击 OK 按钮即可退回前一个对话框，即可新增底层。

再单击 Add... 按钮，在随即出现对话框里的 Print Layer Type 文本框中指定所要新增的板层(KeepOutLayer)，单击 OK 按钮即可退回前一个对话框，即可新增禁止层。选择 TopLayer，单击 Remove 按钮删除该板层，将出现对话框如图 14.53 所示。

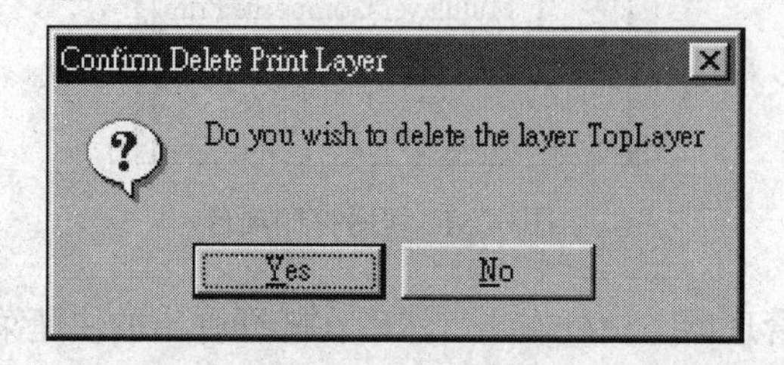

图14.53 确认对话框

单击 Yes 按钮即可删除，如图 14.54 所示。

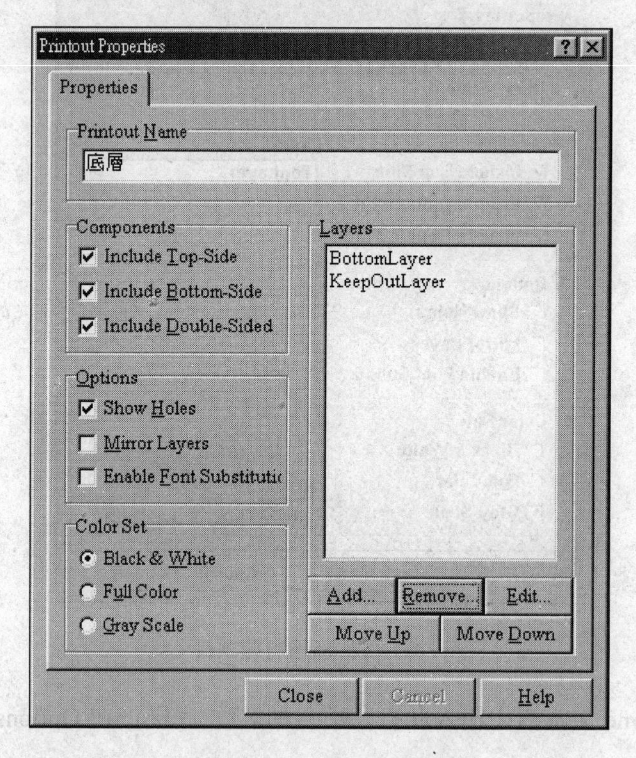

图14.54 底层打印项目

单击 Close 按钮，关闭该对话框，则管理器里将多出一个打印项目，如图 14.55 所示。

图14.55　新增打印项目

现在有三个打印项目了，先单击按钮保存。确定打印机是在连线状态下，然后单击按钮即可打印出这三张 PCB 了。

▶ 第 15 章

元件布置与 PCB 设计

▶困难度指数：☺☺☺☺😑😑

▶学习条件： 基本窗口操作

▶学习时间： 120 分钟

本章纲要

1.元件布置

2.板层设置

3.网络编辑

经过了前面几个简单范例的练习，相信读者对一些基本操作都有一定程度的认识；接下来我们一起来看看网络表数据的问题发生与解决，同时根据本章例子进一步了解各项功能的应用。

15-1 看看我们的主角

同样地，图 15.1 所示的原理图相对较简单。如果读者还是觉得复杂，那就直接从光盘读取文件吧！

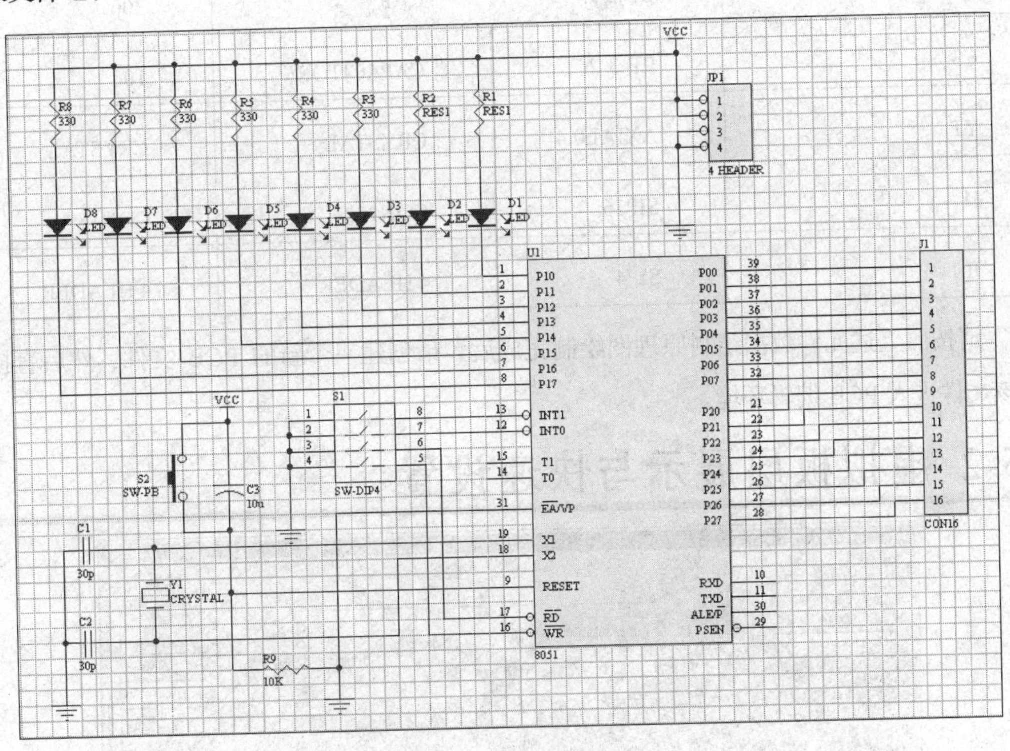

图15.1　我们的主角

如图 15.1 所示，其中所使用的元件及所属元件库如下：

Miscellaneous Devices.Ddb

Protel DOS Schematic Libraries.Ddb

Designator	FootPrint	LibRef	PartType
R1、R2、R3、R4、R5、R6、R7、R8、R9	AXIAL0.3	RES1	330

D1、D2、D3、D4、D5、D6、D7、D8	AXIAL0.4	LED	LED
S1	DIP-8	SW-DIP4	SW-DIP4
S2	SIP2	SW-PB	SW-PB
U1	DIP38	8051	8051
C1 C2	RB.2/.4	CAP	30p
C3	RB.3/.6	CAPACITOR	10u
Y1	AXIAL0.4	CRYSTAL	CRYSTAL
J1	SIP16	CON16	CON16
JP1	SIP4	4 HEADER	4 HEADER

请按照上述元件数据绘制原理图绘制完成后，请创建一个新的 PCB 文件，然后直接打开该文件进入 PCB 编辑环境。

15-2 虚拟板层展示与快速设置

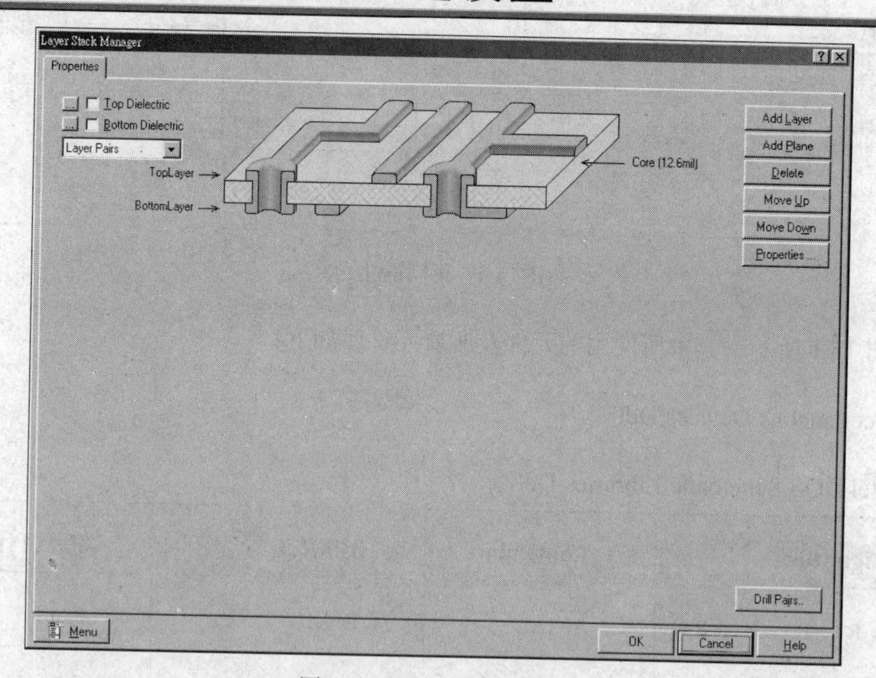

图15.2 板层设置对话框

整个 PCB 在设计之初首先要决定所使用的板层；不同类型的板层有不同的特性与运用，Protel 提供了 32 层的走线板层、16 层的电源层及 16 层的机构层，让我们运用；就此例而言，我们只需要双面板就够了，其实 Protel 的默认板层就是双面板。尽管如此，在此还是来看看，如何快速地设置使用板层，请执行 Design 菜单中的 Layer Stack Manager…命令，则显示图 15.2 所示的板层设置对话框。

从图 15.3 中可以很清楚看到目前所使用的板层结构，如果用户要快速更改板层结构，请单击左下方的 Menu 按钮(或右击)弹出菜单，再执行 Example Layer Stacks 命令，又弹出板层快速设置菜单，如图 15.3 所示。

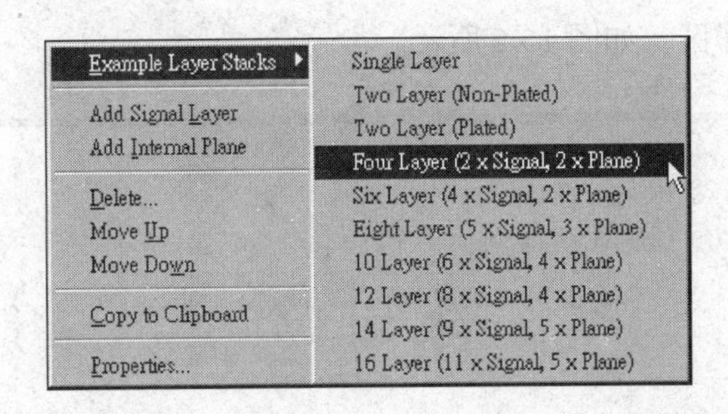

图15.3　板层快速设置菜单

此时用户可以选择所需要的板层结构选项，而所选择的板层其虚拟结构图将立即呈现在对话框上，图 15.4 所示是十层板的虚拟结构图。

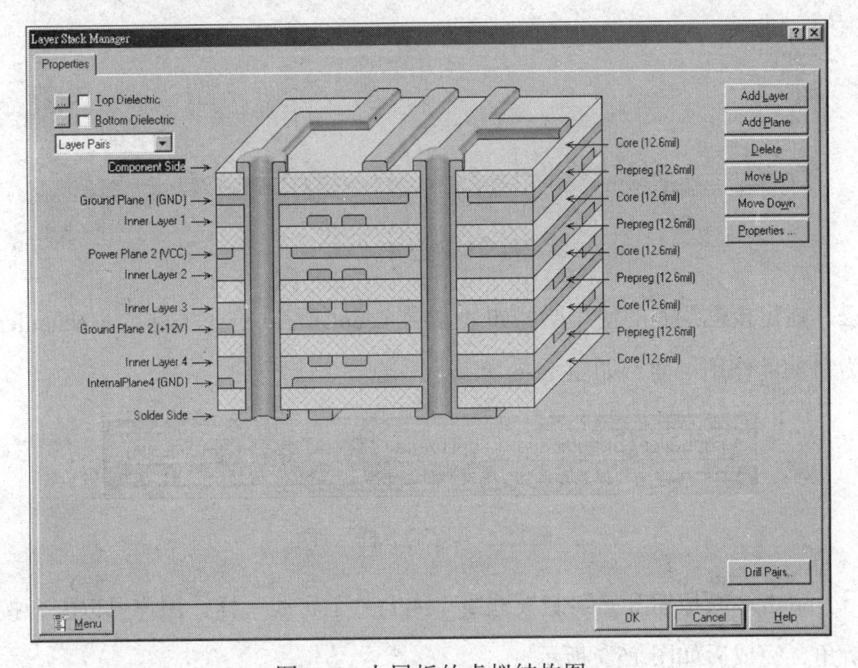

图15.4　十层板的虚拟结构图

以本单元的范例而言，就不必做任何改变即可。

15-3 绘制板框自己来

板框引导向导好用吧！前面章节几乎全靠向导来完成板框，相当地方便容易；那如果我们要徒手绘制版框是不是一样方便呢？答案是肯定的，其实用户早已经具备了徒手会制板框的能力了，还记得手工布线如何操作吧！只不过所使用的板层不同而已；接着我们就开始徒手绘制板框。

▶ 1 首先调整工作区的窗口图件比例；把鼠标指针移到打开 PCB 工作区的左下角，双击 PgUp 键放大工作区，如图 15.5 所示。

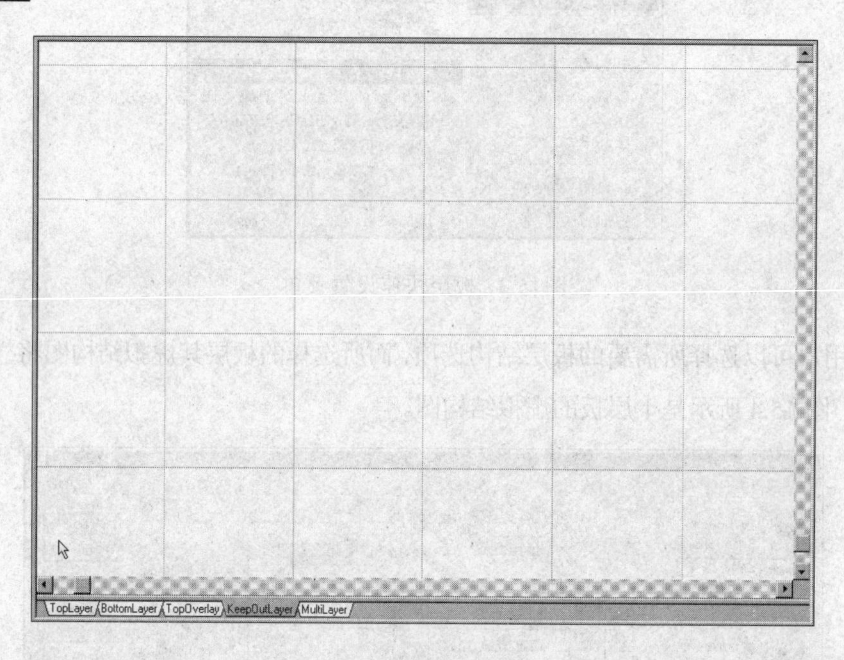

图15.5 放大工作区

▶ 2 指定板框绘制的使用层面如禁置层 KeepOutLayer 或机构层 Mechanical Layer，设置该层为目前的作用层面，如图 15.6 所示。

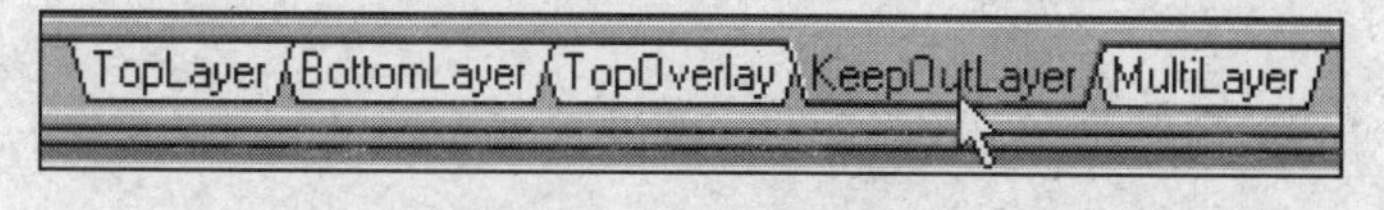

图15.6 指定板框层面

▶ 3 单击按钮开始绘制板框线，如同手工布线一样，用户可以配合按键调整板框线的转折角，完成后如图 15.7 所示。

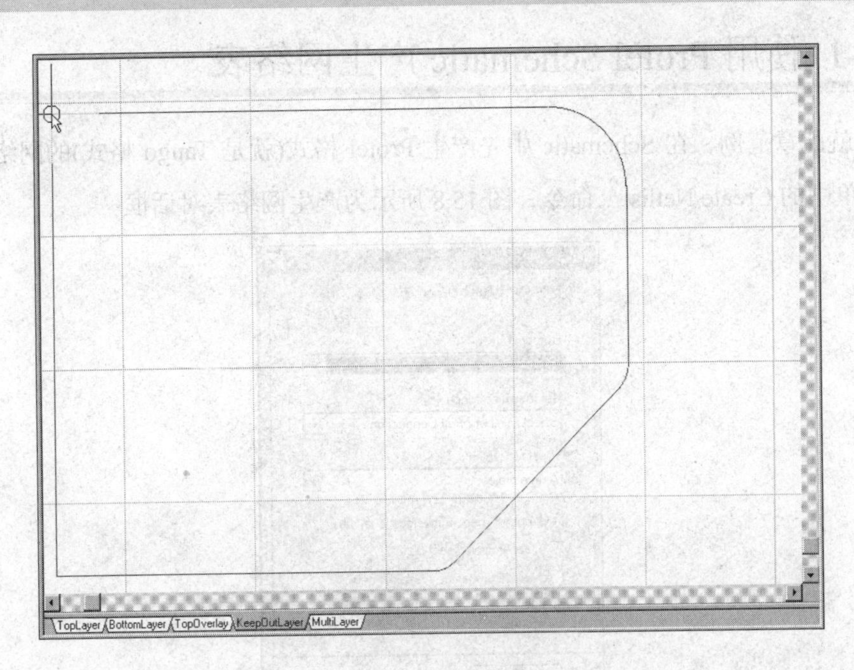

图15.7　板框绘制完成

用户可以随意画出范围长宽大约为 4000 mil 的板框；当然如果一定在意板框的弧度或是想绘制较精密的板框模式，去用 AutoCAD 吧！

15-4　网络表的转换模式

网络表转换的目的是将原理图设计转换到 PCB 设计中，可说是非常重要且关键的环节；以往无论是使用哪种电路绘图软件，在绘制完原理图之后均须转出符合 PCB 布线软件所需的网络表，然后在 PCB 布线软件中加载此网络表。在 Protel 中当然也可以采用传统的网络表加载方式，只不过传统模式的过程较为繁杂；因此强烈建议使用较为快速的网络数据 Update PCB 模式，前面两章中的范例就是利用这种方式将原理图数据转入 PCB 的，现在将会有更详尽的介绍。

15-4-1 传统繁杂的 Load Netlist 模式

诚如刚才所说的，那么传统的网络表产生与加载模式岂不毫无用武之地了？事实则不然，其实目前在业界中使用 OrCAD Capture 绘制原理图的大有人在；所以 OrCAD Capture 要怎样配合 Protel PCB 呢？当然还是要靠传统模式了。无论用户是用哪种原理图绘制软件，都必须产生 Tango 格式的网络表才可以加载到 Protel PCB。

15-4-1-1 使用 Protel Schematic 产生网络表

我们就此章范例，在 Schematic 中先产生 Protel 格式(就是 Tango 格式)的网络表，执行 Design 菜单中的 Create Netlist…命令，图 15.8 所示为产生网络表对话框。

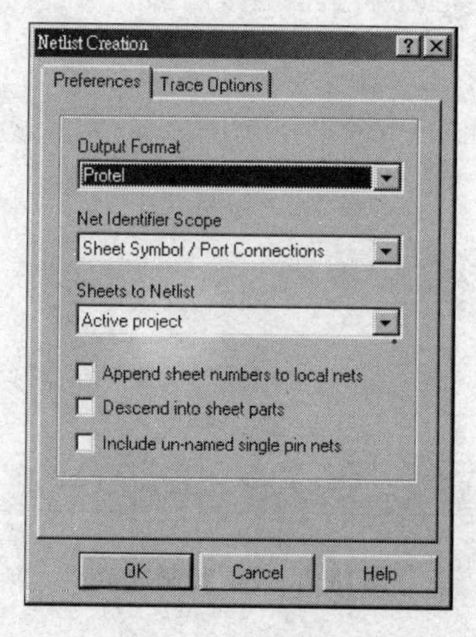

图15.8 产生网络表

接着单击 OK 按钮，即可产生网络表。

15-4-1-2 使用其他的电路绘制软件

如果不是使用 Protel Schematic 产生网络表，那么必须先把其他软件所产生的网络表导入到工作文件路径中，在空白处右击弹出快捷菜单下的 Import…命令，如图 15.9 所示。

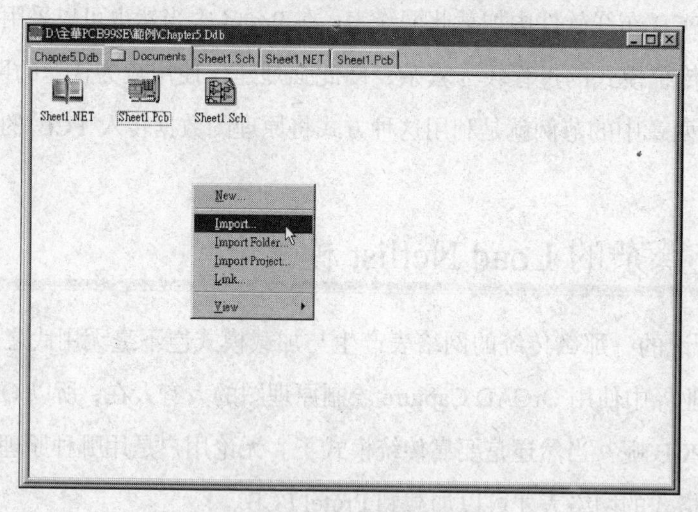

图15.9 导入网络表文件

15-4-1-3 从 Protel PCB 读取网络表

最后再切换到 Protel PCB，执行 Design 菜单下的 Load Nets…命令，如图 15.10 所示的加载网络表对话框。

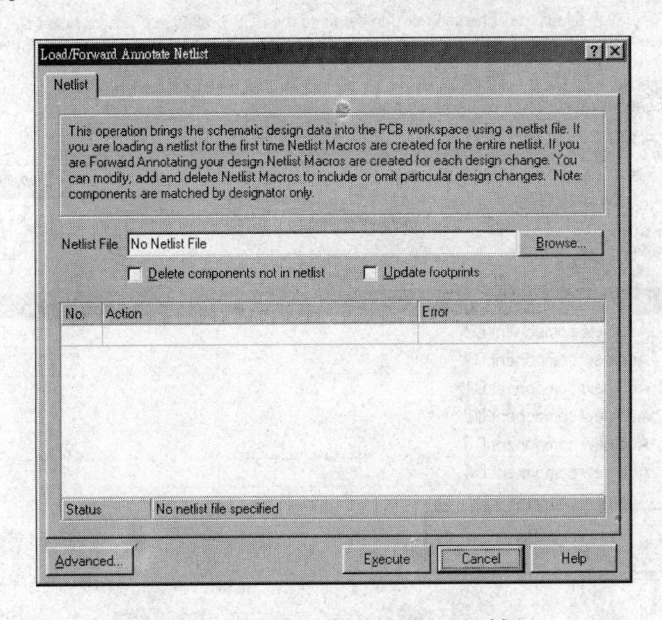

图15.10　加载网络表的设置对话框

接着单击 Browse... 按钮指定网络表文件，如图 15.11 所示。

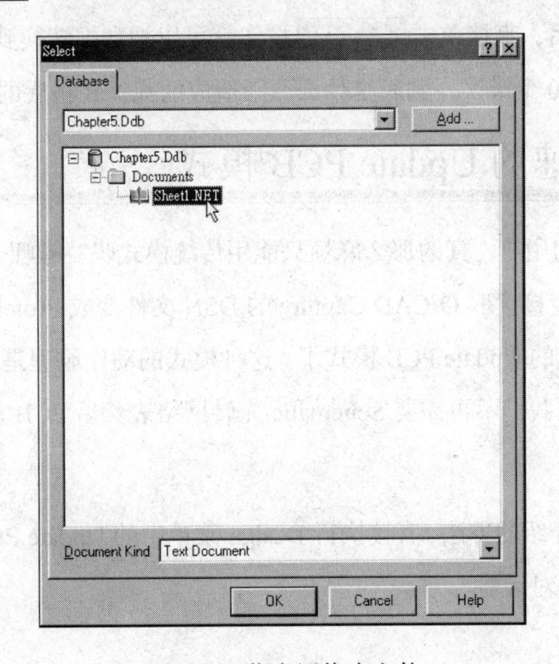

图15.11　指定网络表文件

最后单击 OK 按钮，即可把网络表的数据转到 PCB 了，如图 15.12 所示。

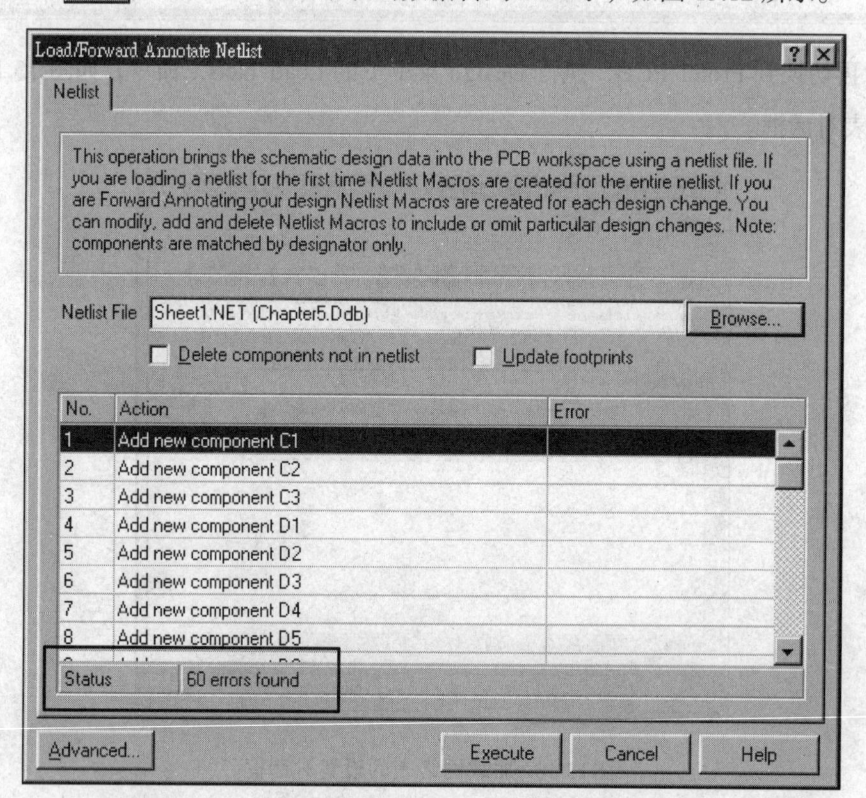

图15.12　取得网络表数据

取得网络表数据后，直接单击 Execute 按钮就可以把数据转换到 PCB 了。不过，我们发现了这个网络表有 60 个错误，到底是什么原因造成的呢？在稍后的章节将会为您分析。

15-4-2 方便快速的 Update PCB 模式

OrCAD Capture 的用户，真的那么麻烦只能用传统模式吗？嘿嘿当然不是了。用户可以先用 Protel Schematic 直接读取 OrCAD Capture 的 DSN 文件变成 Protel Schematic 的文件，如此就可以使用方便快速的 Update PCB 模式了。这种模式的动作原理是直接把 Schematic 的网络表数据转换到 PCB，我们不再需要 Schematic 先转网络表然后 PCB 加载，省掉一连串繁杂的步骤。

如同前面章节所介绍的方法，直接执行 Design 菜单中的 Update PCB 命令，出现图 15.13 所示的网络表数据转换对话框。

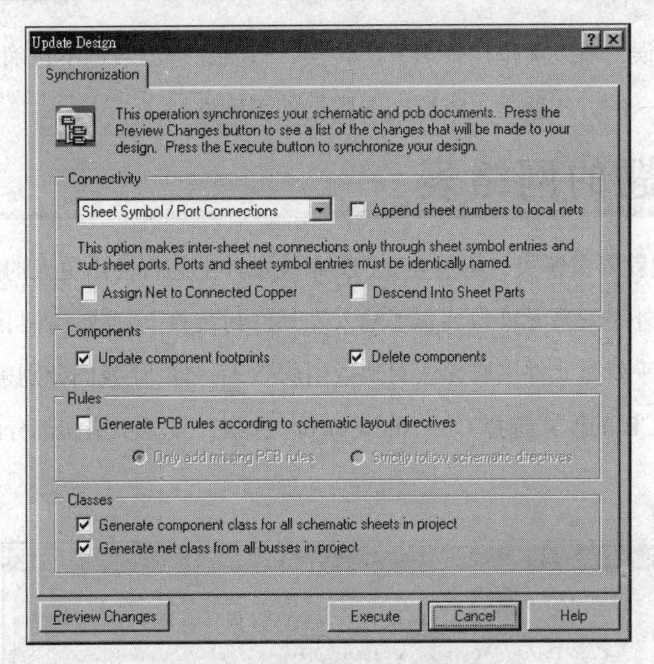

图15.13　网络表数据转换对话框

如同前面章节所介绍的方法一样，直接单击 Execute 按钮就可以把数据转换到 PCB 了；不过先别急，先单击 Preview Changes 按钮确认数据转换的情形，出现图 15.14 所示的对话框。

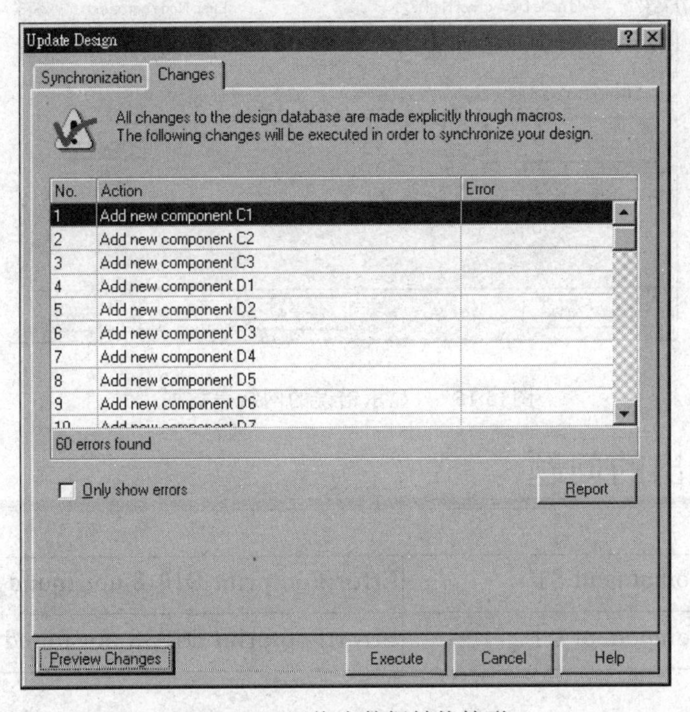

图15.14　网络表数据转换情形

又是 60 个错误，所以无论用什么方法转换，只要原理图数据不正确，最后都是没法通过转换步骤的，唯一的方法就是检查原理图数据的正确性。

15-5 出问题的网络表

网络表出问题就要去解决，不然在 PCB 布线设计中您将会出更大的问题。网络表出问题，在元件方面不外乎就是元件封装忘了输入、元件封装找不到或元件封装选择错误；而在元件引脚方面不外乎就是元件引脚无法对映或引脚数不一样，让我们分别来探讨这些问题吧！首先利用 Update PCB 的模式选择 Only show errors 选项，只显示错误部分的网络表数据，如图 15.15 所示。

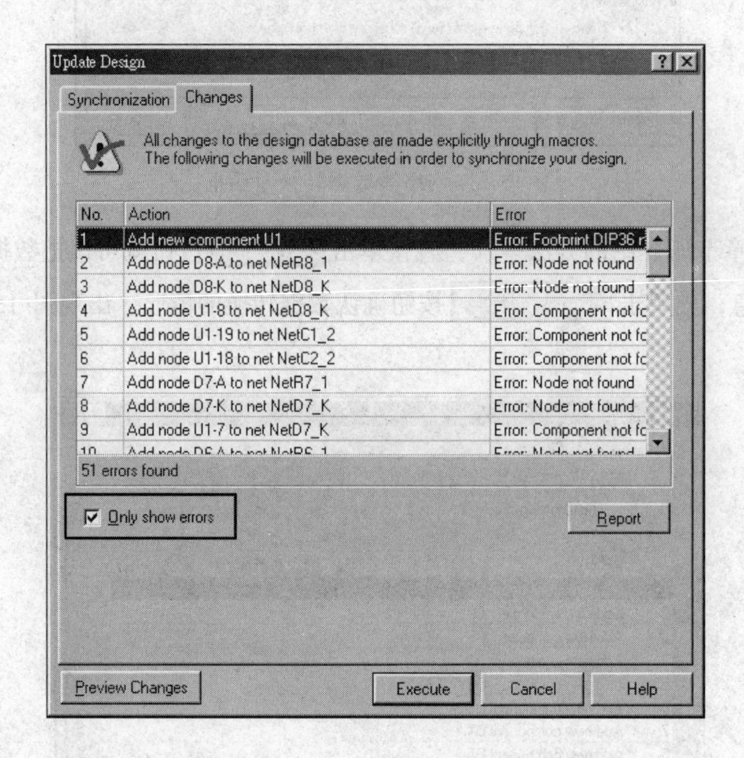

图15.15 只显示错误的网络表数据

15-5-1 封装出的问题

1	Add new component S1	Error:Footprint DIP-8 not found in library
2	Add new component U1	Error:Footprint DIP38 not found in library

从上述表格中可以得知，元件 S1 与 U1 所设置的元件封装(Footprint)DIP-8 及 DIP38

在 PCB 编辑环境所默认的元件库 Advpcb.ddb、PCB Footprints.lib 中没有发现也就是不存在，因此我们在 PCB 编辑环境中查阅默认的元件库发现出错了，DIP-8 应该是 DIP8 才对(先别急着回去查看笔者提供的数据是否正确)；另外，DIP38 也是不存在的，那这样好了，我们把 U1 的 Footprint 文本框设置为 DIP32 试试看。记住！请在 Schematic 把所要更改的 Footprint 文本框。

接着在 Schematic 中再执行一次 Update PCB，试试看网络数据的转换情形有什么变化，如图 15.16 所示(同样的我们还是只显示错误的部分)。

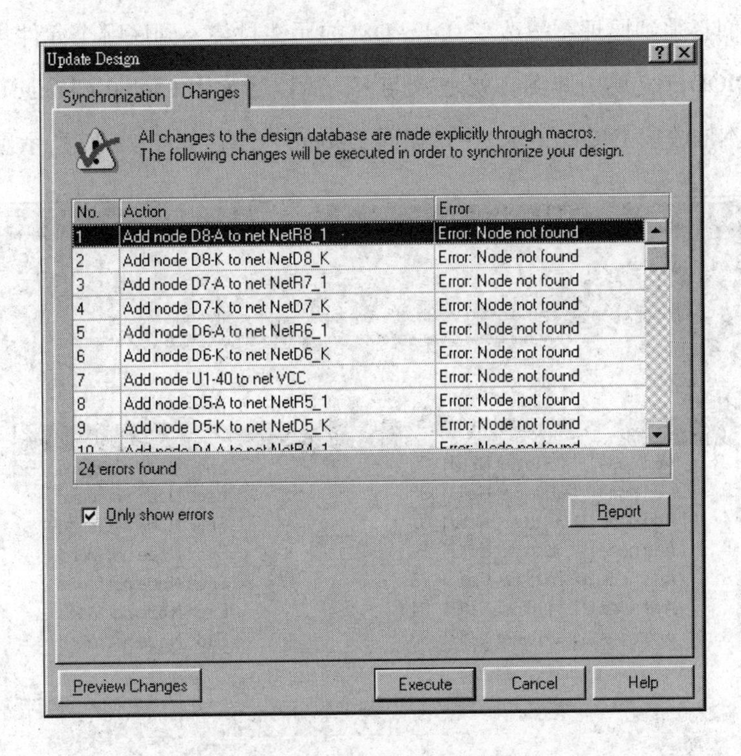

图15.16　更改后的网络数据

60 个错误马上变为 24 个。只要有一个错误存在，就不可以转换到 PCB；所以继续努力 Debug 吧！

15-5-2 引脚对应错误

1	Add node D8-A to net NetR8_1	Error:Node not found
2	Add node D8-K to net NetD8_2	Error:Node not found

由于这种错误类型项目太多，我们还是只列出前面两项加以说明，其他部分如法炮制即可。从上述表格中可以得知元件 D8 的引脚 A 与 K 在转换元件封装 AXIAL0.4 到 PCB 时，无法找到与 D8 引脚相同的元件封装引脚，因此元件所指定的引脚就无法被赋予网络名称，造成此类严重的错误。简单地说，就是原理图里的元件 D1～D8 的引脚 A 及 K 无法对应所指定的 PCB 元件封装 AXIAL0.4 的引脚！对于尚未安装 SP6 之前的 Protel 99 SE 而言，其原理图的二极管(DIODE)元件符号，引脚序号分别为 A 及 K；而 PCB 的 AXIAL0.4 元件封装的引脚序号分别为 1 及 2，当然无法映射，所以会有错误！

因此，我们必须到原理图里改变 D1～D8 的元件封装。到底哪个元件封装才符合呢？DIODE0.4 或 DIODE0.7 的引脚名称就是 A 与 K，所以赶紧用 Global Change 一次把 D1～D8 的 FootPrint 文本框改成 DIODE0.4，再试试看 Update PCB，如图 15.17 所示。

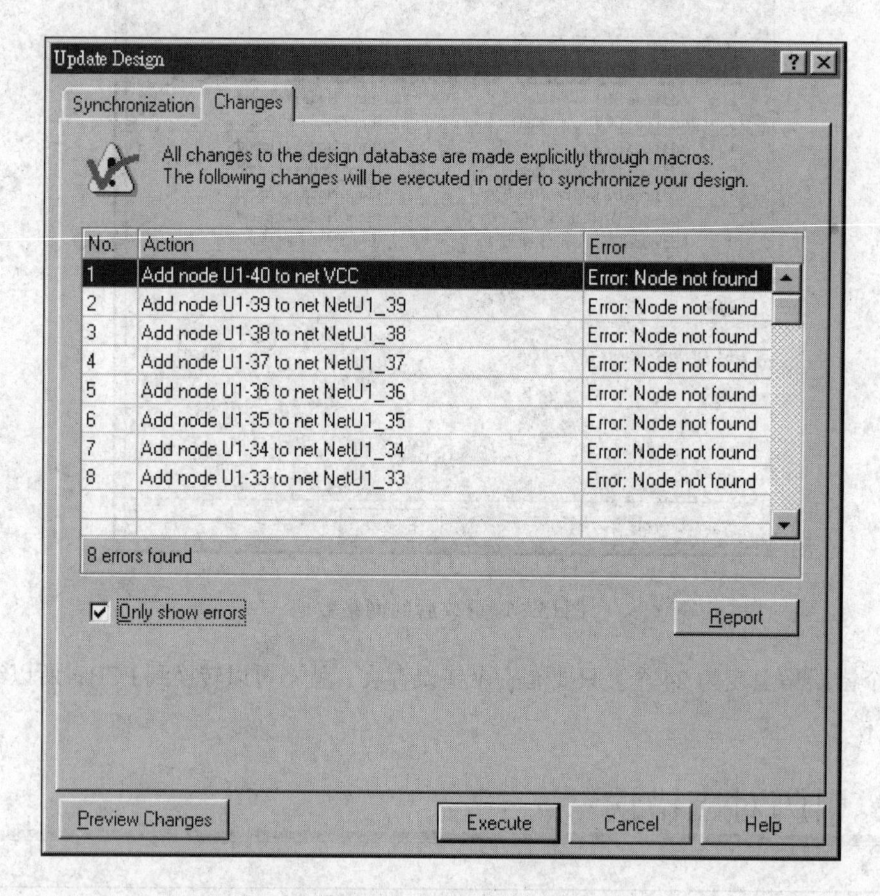

图15.17 调整后的网络数据

好像还是有错误存在，那就再努力吧！

若用户使用的是安装 SP6 之后的 Protel 99 SE，在此所出现的二极管问题又有新的变化！

Protel 公司不知为什么将原理图的 DIODE 元件符号引脚序号改为 1、2，而 PCB 的 DIODE0.4 或 DIODE0.7 元件封装引脚序号保持为 A、K，造成新的不对映问题；所以，用户最好能创建一个自己的二极管元件符号或元件封装，让它们之间的引脚序号完全对映，即可彻底解决这个困扰。

15-5-3 引脚数不足

1	Add node U1-40 to net Vcc	Error:Node not found
2	Add node U1-39 to net NetU1_39	Error:Node not found
3	Add node U1-38 to net NetU1_38	Error:Node not found
4	Add node U1-37 to net NetU1_37	Error:Node not found
5	Add node U1-36 to net NetU1_36	Error:Node not found
6	Add node U1-35 to net NetU1_35	Error:Node not found
7	Add node U1-34 to net NetU1_34	Error:Node not found
8	Add node U1-33 to net NetU1_33	Error:Node not found

同样都是元件 U1 的引脚 33～40 在 PCB 中竟然找不到可赋予网络名称的引脚，当然这也有可能与上一节所发生的问题相同；不过如果用户还记得，我们设置元件 U1 的 FootPrint 为 DIP32，也就是只有 32 只引脚的元件封装，那其他的引脚 33～40 却不见了。由此可知，U1 应该有 40 只引脚(8051 本来就是有 40 只引脚，可能是笔者敲错了吧！)，所以请把 DIP32 改成 DIP40；最后再试试看 Update PCB，如图 15.18 所示。

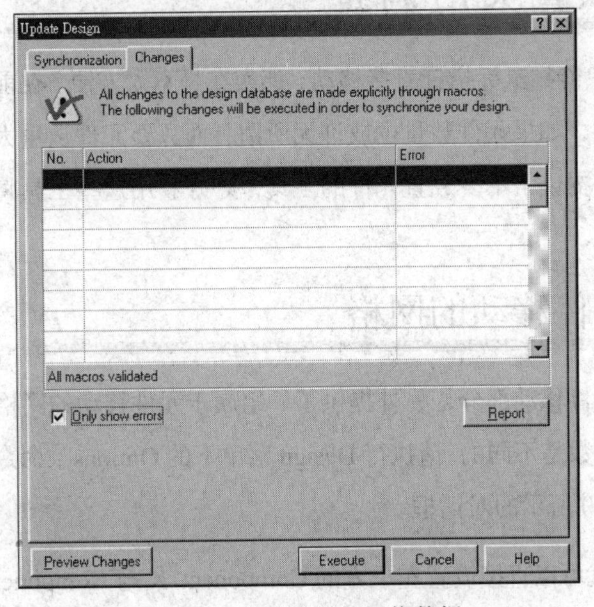

图15.18　显示错误的网络数据

最后单击 Execute 按钮，把元件及网络数据送到 PCB 编辑环境，我们切换到 PCB 后如图 15.19 所示。

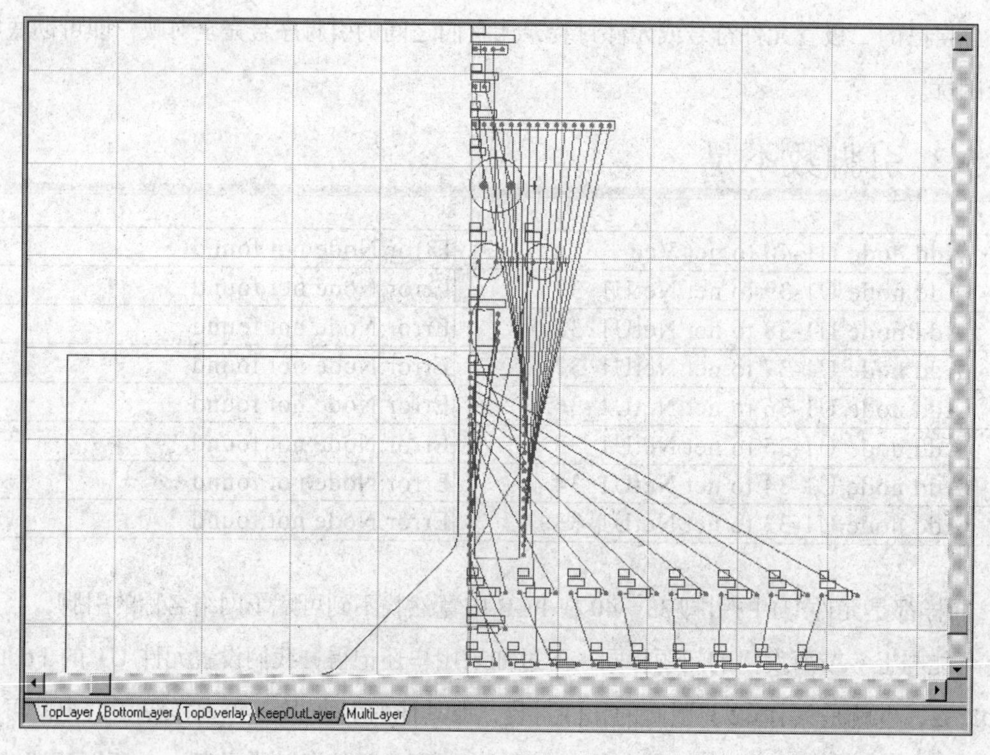

图15.19 网络数据正确转换后

15-6 元件放置灵活调整

如果元件放置只能靠鼠标指针直接移动，那实在是不太方便。在前面的章节里我们以纯手工的方式排列元件，如果元件数量少或许无所谓；而只要元件数量太多那可就要命了！当然，PCB 99 SE 还是提供了不少放置元件的工具，好好利用这些工具将可快速、灵活地排列元件。

15-6-1 属于元件移动的网格

Protel 在针对元件移动部分，另外提供了一组属于元件移动的网格，也就是元件移动的网格数与走线的网格数是不同的，请执行 Design 菜单下的 Options…命令，然后切换到 Options 标签，将出现图 15.20 所示的对话框。

在此对话框中就可以直接设置左下方的 Component X 与 Component Y 文本框，设置元件的移动网格。

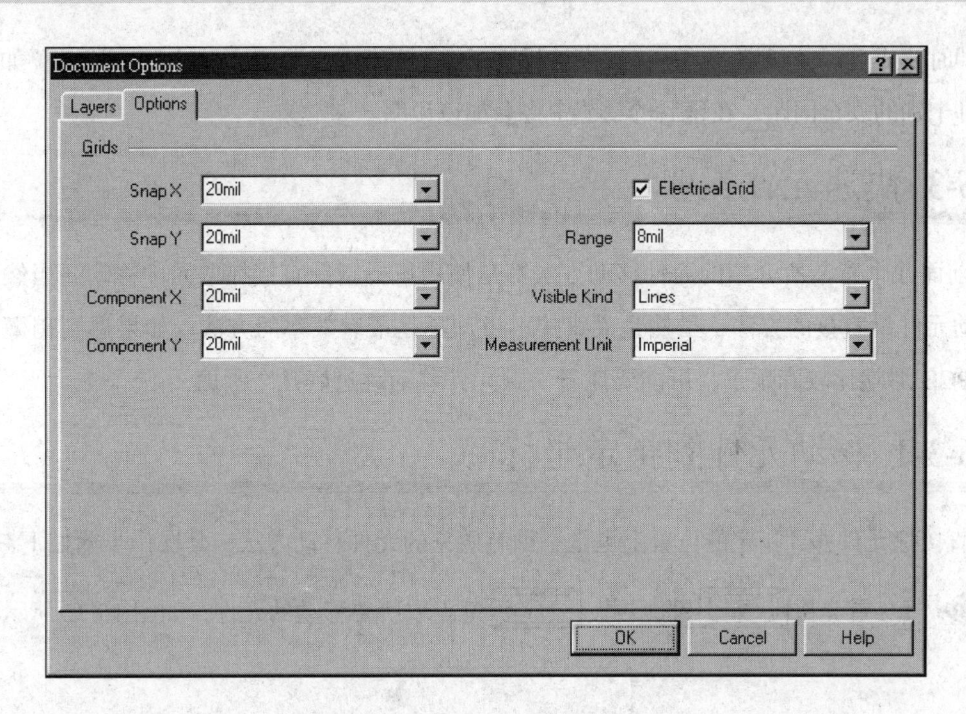

图15.20　网格设置对话框

15-6-2 保持距离以策安全

我们在移动元件时，当两个元件碰在一起时元件本身会呈现亮绿色状态，图 15.21 所示为原来状态与亮绿色状态。

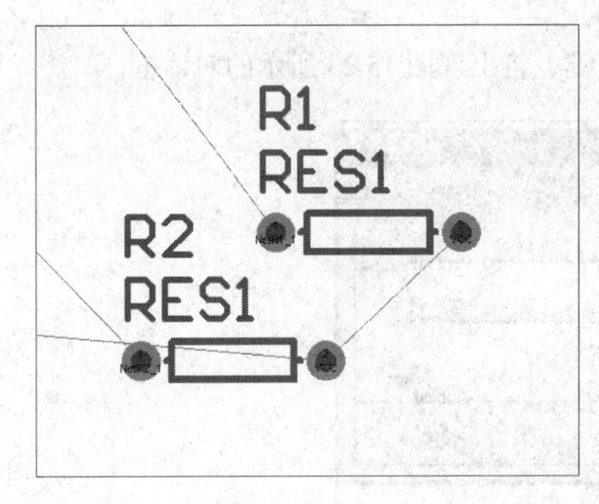

(a)原元件显示状态(正常)

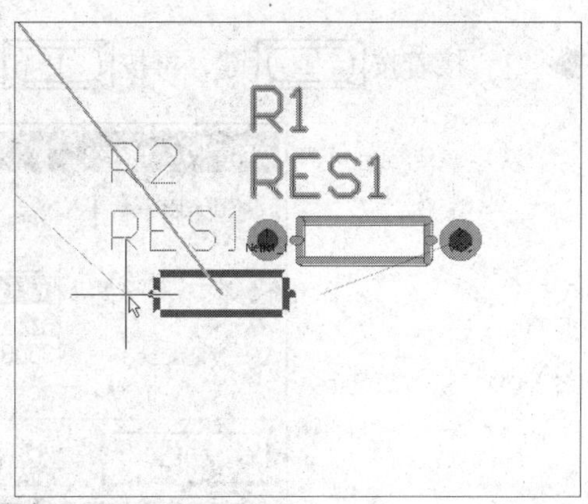

(b) 亮绿色状态(违反设计规则)

图15.21　原来状态与亮绿色状态

元件与元件之间有默认的安全距离，这就是 PCB 99 SE 最著名的“设计规则”之一。因此，在程序的即时监督之下当在移动元件时只要距离小于设计规则所设置的安全间距，元件就会即时变成亮绿色状态，提示违反设计规则了。要如何改变默认的安全间距以及要如何设置元件个别的安全间距，在稍后的章节中将会加以说明。

15-6-3 快速元件抓取

前面几个章节所介绍的元件移动方法都是使用鼠标指针直接抓取元件移动，当然这也是移动元件最直接的方法；虽然是最直接不过却不是最有效率的方法；如果遇到稍微大一点的 PCB 那就比较麻烦了，可能要抓着一颗元件移动跳过好几个画面。

15-6-3-1 移动元件到指定坐标

直接把元件移到指定的位置上也是一种有效率的元件移动方法；其操作步骤如下：

▶ 1 首先按 M 键，再按 C 键点取所要移动的元件，如图 15.22 所示。

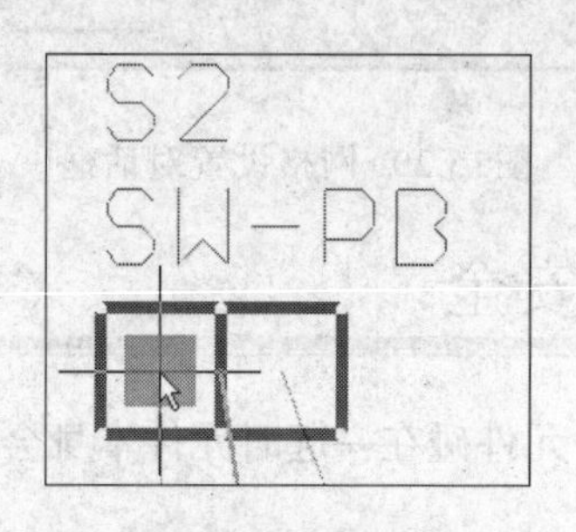

图15.22 指定要移动的元件

▶ 2 接着按 J 键，再按 L 键，将出现图 15.23 所示的对话框。

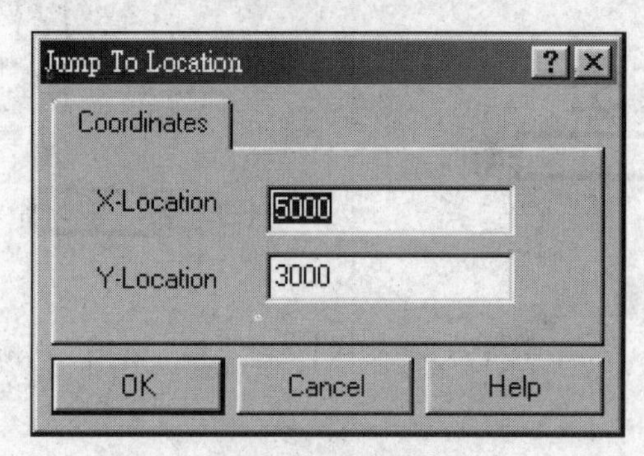

图15.23 设置坐标

▶ 3 坐标输入后元件马上移至指定的位置。

15-6-3-2 让元件自动飞过来

如果能让指定的元件自动飞到我们鼠标指针上那就方便多了；例如我们先把鼠标指针移到元件要摆放的位置，然后让元件自动跑过来再放置元件。操作步骤如下：

▶ 1　首先把鼠标指针移到元件要摆放的位置。

▶ 2　按 M 键，再按 C 键，最后按 Enter 键，出现图 15.24 所示的对话框。

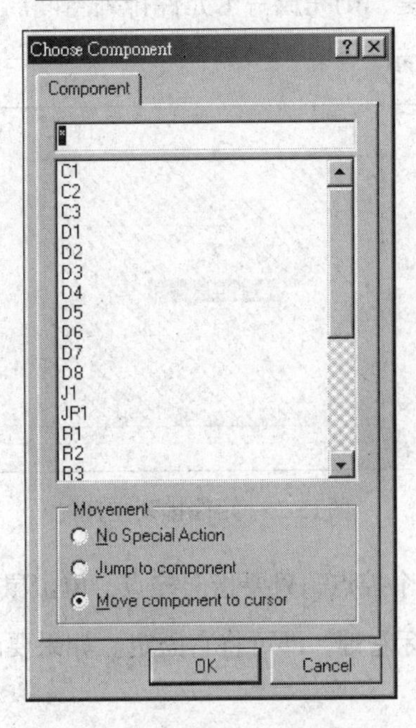

图15.24　选择元件移动模式

▶ 3　请不要动到鼠标，利用 ⇧ 、 ⇩ 键选择要移动的元件，并选择 Move component to cursor 项目(利用 TAB 、 Enter 键)，最后按 TAB 键，切换到 OK 按钮上，再按 Enter 键关闭此对话框，元件就自动跑到鼠标指针上了。

15-6-4 元件的对齐

以元件移动为例，如果要移动 10 个元件，一个一个元件移动的话，要搬 10 次；如果采用“集体”移动的话一次就解决了！而所谓“集体”的作业其实就是“选择”，把所要集体操作的元件选择起来，这些元件就结为一体(暂时的)，移动时当然是一起动。另外，在此所要介绍的元件排列与对齐工具，十有八九也都需先选择所要操作的元件，所以“选择”这项操作就显得很重要。以下就来介绍 PCB 99 SE 所提供的元件排列与对齐工具。

15-6-4-1 元件排列空间

PCB 99 SE 新增了一个“Room”也就是元件排列的空间，当从原理图更新到 PCB 时，程序将自动在板框里产生一个元件排列空间，也就是红色斜线的区域，而我们可以利用这个空间，让程序自动帮我们排列元件。此外，我们也可以自己绘制元件排列空间，只要执行 Place 菜单下的 Room 命令或单击 按钮，然后指向第一个角，单击鼠标左键，移动鼠标，即可弹出一个空间，再单击鼠标左键，则完成一个元件排列空间。如不想继续绘制元件排列空间可按 ESC 键，如图 15.25 所示。

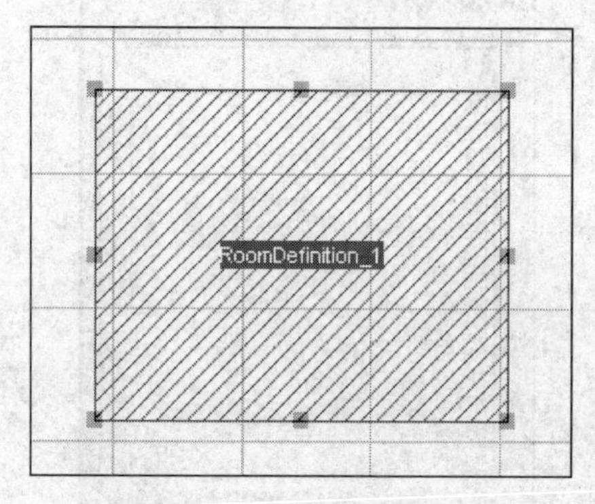

图15.25 元件排列空间

在元件排列空间四周有 8 个控点，只要指向控点，单击鼠标左键，即可抓住该点，移动鼠标即可调整其大小再单击鼠标左键，即可将它固定。如果要改变该元件排列空间的位置，可直接拖曳即可。

图 25 所示为元件排列空间，其名称为 RoomDefination_1，我们可以编辑这个元件排列空间的属性，只要指向所要编辑的元件排列空间，双击鼠标左键即可打开其属性对话框，如图 15.26 所示。

我们可以在 Rule Name 文本框中，指定该元件排列空间的名称，当然，元件排列空间的名称只是装饰品，没多大用途。在 Rule Attributes 区域中，如果选择 Room Locked 选项即可锁定该元件排列空间；而 x1、y1 文本框为该元件排列空间第一角的坐标，x2、y2 文本框为该元件排列空间第二角的坐标。下面两个文本框分别定义元件所要放置的板层(顶层 Top Layer 或底层 Bottom Layer)，以及是放置在该元件排列空间之内(Keep Objects Inside)，还是在该元件排列空间之外(Keep Objects Outside)。

元件排列空间最重要的属性是左边的区域，在左边的区域是定义该元件排列空间所要放置的元件，我们可以在 Filter Kind 文本框中来指定是以元件封装(Footprint 选项)、元件分类

(Component Class 选项)、元件(Component 选项)来区分，通常是以元件分类来区分，也就是将某分类的元件放置在该元件排列空间里。而指定 Component Class 选项后，还得在其下的 Component Class 文本框中指定元件分类，当然，我们必须先进行元件分类之后，在此文本框中才会出现元件分类的名称，否则只有一个 All Components 选项。至于元件分类的方法，在以后的章节中再详加说明。

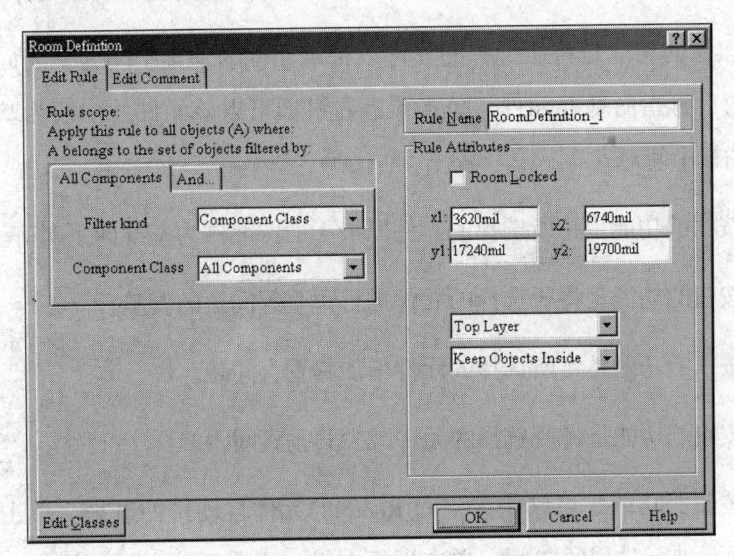

图15.26　元件排列空间的属性对话框

15-6-4-2 元件排列工具

PCB 99 SE 新增了一个元件排列工具栏，如图 15.27 所示。

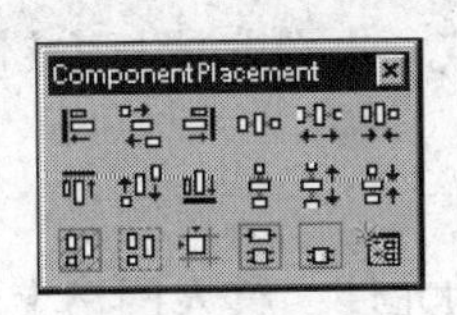

图15.27　元件排列工具栏

其中各按钮的操作说明如下：

- 按钮的功能是将所选择的元件，以最左边元件为基准靠左对齐。
- 按钮的功能是将所选择的元件，以指定元件的水平中间为基准向中对齐。按下本按钮后再指向基准元件，单击鼠标左键即可以该元件的中线为基准，进行水平方向的靠中间对齐。
- 按钮的功能是将所选择的元件以最左边元件为基准靠右对齐。

□ 按钮的功能是将所选择的元件进行水平等间距的调整。

□ 按钮的功能是将所选择的元件增加其水平间距。

□ 按钮的功能是将所选择的元件减少其水平间距。

□ 按钮的功能是将所选择的元件以最上面的元件为基准向上对齐。

□ 按钮的功能是将所选择的元件以指定元件的垂直中间为基准向中对齐。按下本按钮后再指向基准元件，单击鼠标左键即可以该元件的中线为基准，进行水平方向的靠中间对齐。

□ 按钮的功能是将所选择的元件以最下面的元件为基准向下对齐。

□ 按钮的功能是将所选择的元件进行垂直等间距的调整。

□ 按钮的功能是将所选择的元件增加其垂直间距。

□ 按钮的功能是将所选择的元件减少其垂直间距。

□ 按钮的功能是将属于该空间(Room)的元件自动排列进来。单击本按钮后，再指向所要进行排列的空间，单击鼠标左键，则属于该空间的元件，将自动飞进该空间并自动排列。

□ 按钮的功能是将选择的元件排列于所定义的区域，这项功能非常好用！首先选择所要排列的元件，单击本按钮后再指向所要定义区域的一角，单击鼠标左键；移动鼠标弹出一个区域，再单击鼠标左键，则所选择的元件，将自动飞进该区域并自动排列。

□ 按钮的功能是将选择的元件，移入网格上。

□ 按钮的功能是将选择的元件结合为一个群组。“群组”是 PCB 99 SE 新增的操作方式，与选择状态有点类似，不管是被选择的元件或是同一群组的元件都是集体移动与旋转，所不同的是选择状态的元件会出现黄框，很容易识别，而同一群组的元件并没有任何记号；另外，整个工作区所有选择状态的元件(包括其他图件)都是一起操作的；而工作区里却可定义多个元件群组，各群组里的元件都随该群组而操作。

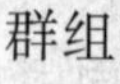

□ 按钮的功能是将取消元件的群组关系，单击本按钮后再指向所要取消的元件

群组上，单击鼠标左键，出现图 15.28 所示的对话框。

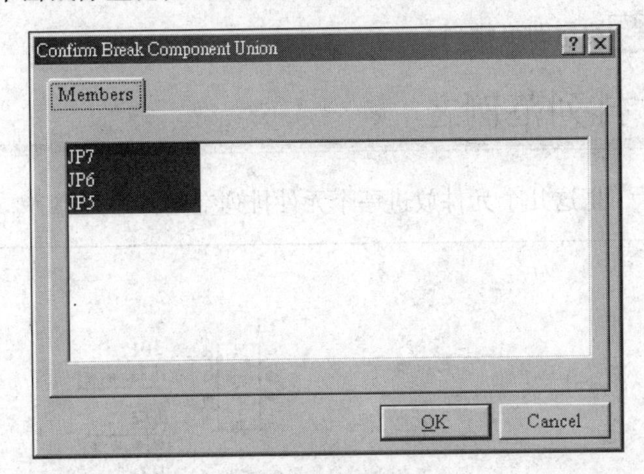

图15.28　取消群组

在 Members 区域中，将条列出所有该群组的元件，再选择其中要脱离该群组的元件，再单击 OK 按钮即可使之脱离该元件群组。如果全部选择，如图 15.28 所示，则可全部脱离该元件群组，该元件群组将自动消失。完成一项脱离元件群组的操作后，仍在取消元件群组状态，我们可以继续进行脱离元件群组的操作或按 ESC 键结束取消元件群组状态。

□ 按钮的功能是将选择的元件，移入网格上。

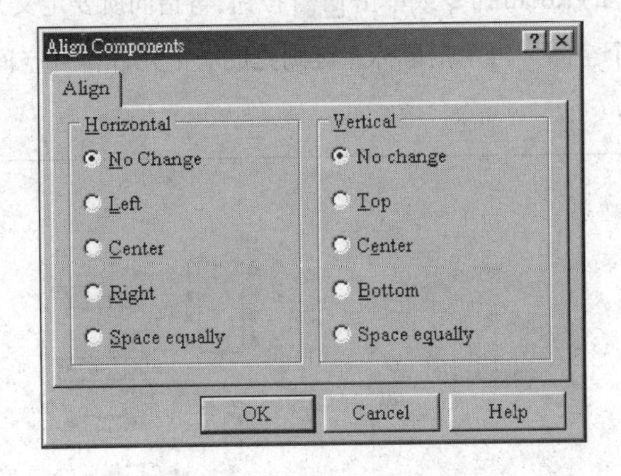

图15.29　元件排列对话框

其中有两个区域，Horizontal 区域提供水平排列的选项，No Change 选项是水平方向不调整、Left 选项设置水平方向靠左对齐、Center 选项设置水平方向靠中间对齐、Right 选项设置水平方向靠右对齐、Space equally 选项设置水平等距排列。Vertical 区域提供垂直排列的选项，No Change 选项是垂直方向不调整、Top 选项设置垂直方向向上对齐、Center 选项设置垂直方向靠中间对齐、Bottom 选项设置垂直方向向下对齐、Space equally 选项设置垂直等距排列。最后单击 OK 按钮即可排列。

15-6-4-3 元件排列范例之一

如图 15.30 所示，把这几个元件放进一个元件排列空间并排列整齐。

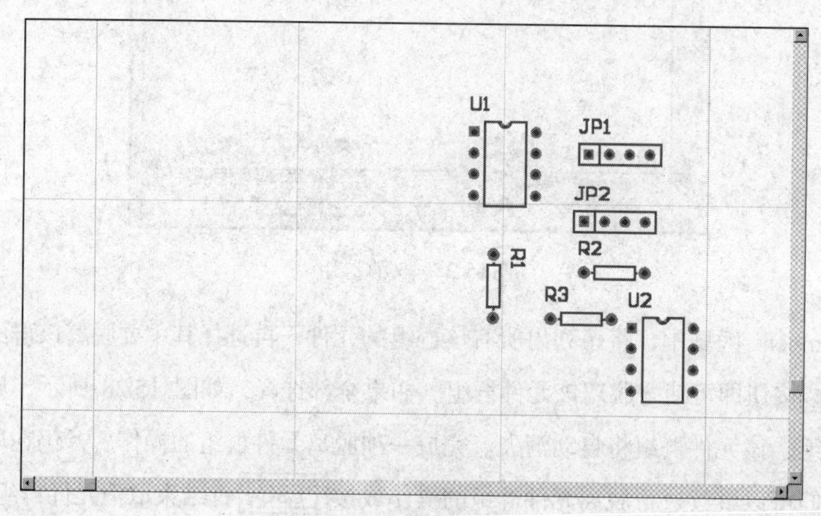

图15.30 排列之前

执行 Place 菜单中的 Room 命令或单击按钮，再指向所要定义元件排列空间的一角，移动鼠标即可弹出一个空间，再单击鼠标左键则完成一个元件排列空间，按 ESC 键，如图 15.31 所示。

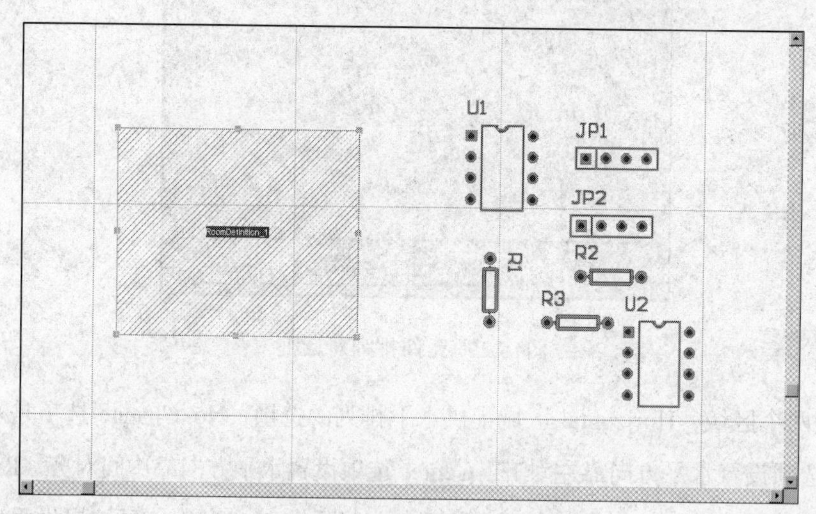

图15.31 完成元件排列空间

拖曳选择右边所有元件，再执行 Design 菜单下的 Classes…命令，然后在随即出现的对话框中切换到 Component 选项卡，如图 15.32 所示。

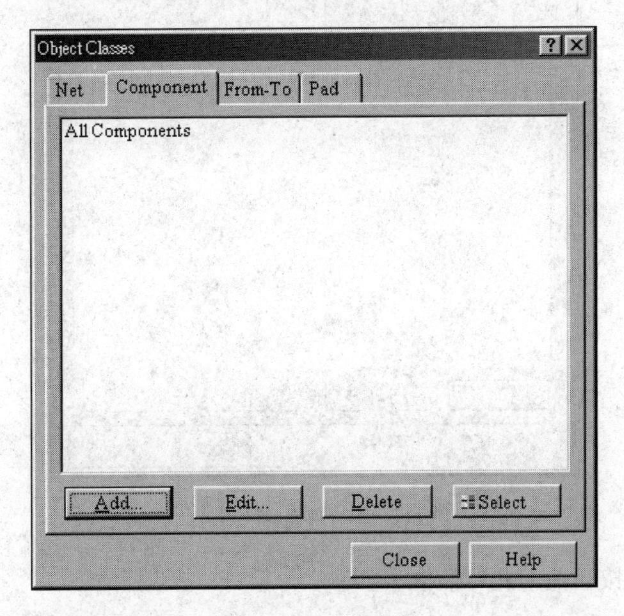

图15.32　元件分类

单击 Add... 按钮对话框改变如图 15.33 所示。

Edit Component Class
Class
Name NewClass
Non-Members
Members
*
*
JP1
JP2
R1
R2
R3
U1
U2
>>
>
<
<<
Class Generator...
OK
Cancel
Help

图15.33　元件分类

在 Name 文本框中给这个分类一个名称，例如“新的元件分类”，单击 ⇒ 按钮，再单击 OK 按钮返回前一个对话框，如图 15.34 所示。

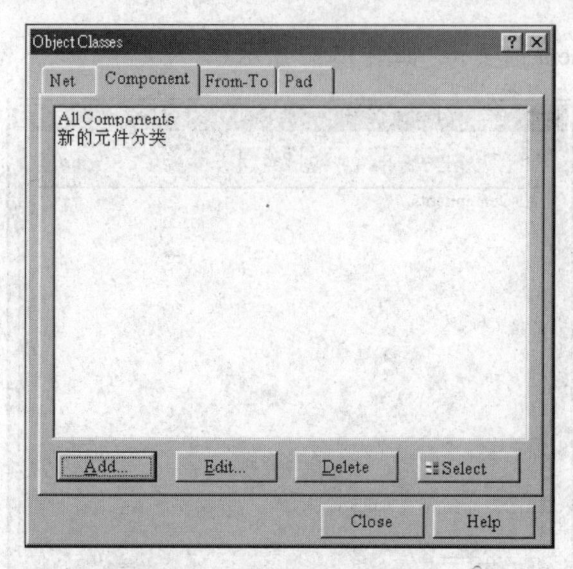

图15.34　完成元件分类

单击 Close 按钮关闭此对话框。

再指向刚才所画的元件排列空间，双击，打开其属性对话框，然后在 Component Classes 文本框中选择刚才所定义的“新的元件分类”元件分类，如图 15.35 所示。

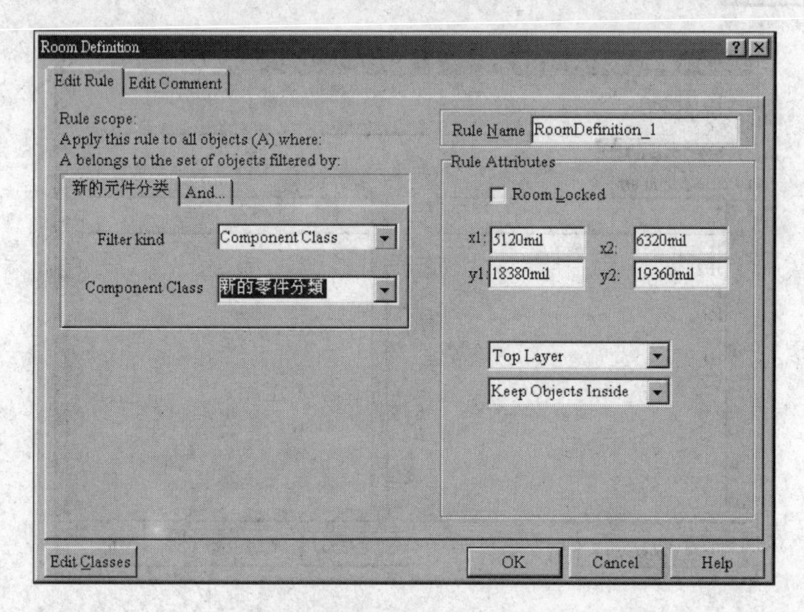

图15.35　编辑元件排列空间的属性

最后单击 OK 按钮关闭此对话框。执行 Tools 菜单下的 Interactive Placement 命令，然后选择 Arrange Within Room(直接单击 按钮比较快)，再指向这个元件排列空间，单击鼠标左键即可排列这些元件，如图 15.36 所示。

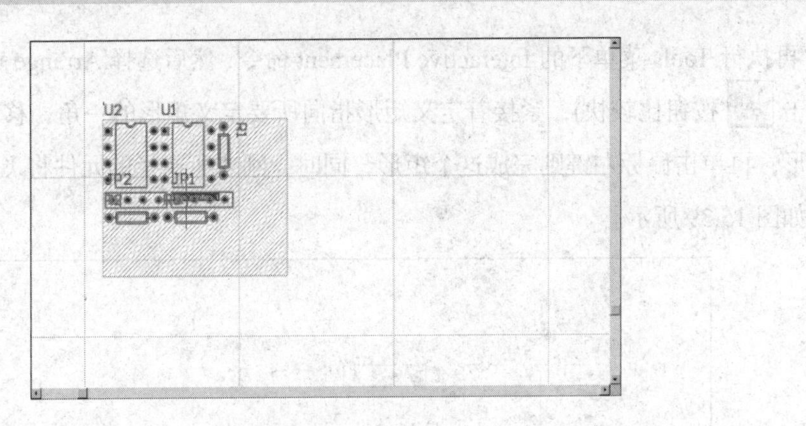

图15.36　完成排列

再按 ESC 键结束排列，按 Del 键删除元件排列空间，如图 15.37 所示。

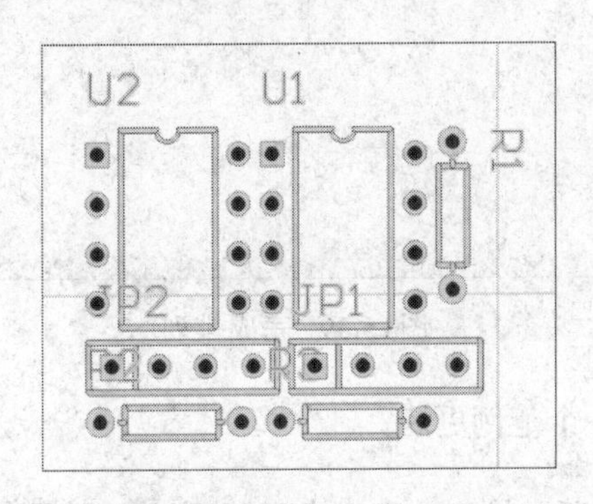

图15.37　删除元件排列空间

15-6-4-4 元件排列范例之二

在前面的范例中大概能够看出，PCB 99 SE 新增的元件排列功能强大。现在再来示范另一个更简单的元件排列功能，不必要元件分类，首先选择所要排列的元件，如图 15.38 所示。

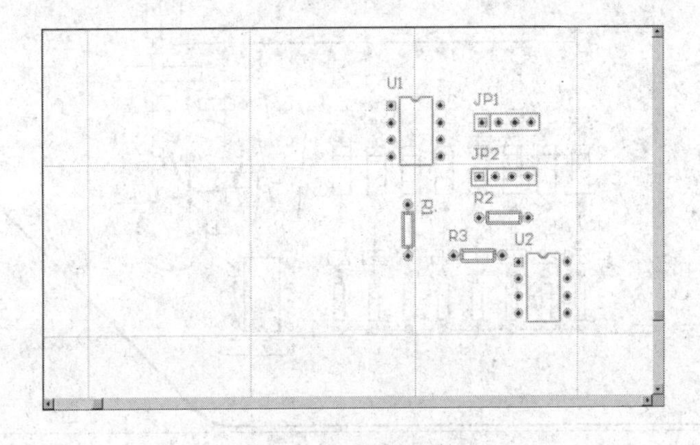

图15.38　选择元件

再执行 Tools 菜单下的 Interactive Placement 命令，然后选择 Arrange Within Rectangle(直接单击 按钮比较快)，紧接着定义矩形指向所要定义矩形的一角，移动鼠标即可弹出一个矩形，再单击鼠标左键则完成这个矩形，同时，刚才所选择的元件将飞入此矩形并排列妥当，如图 15.39 所示。

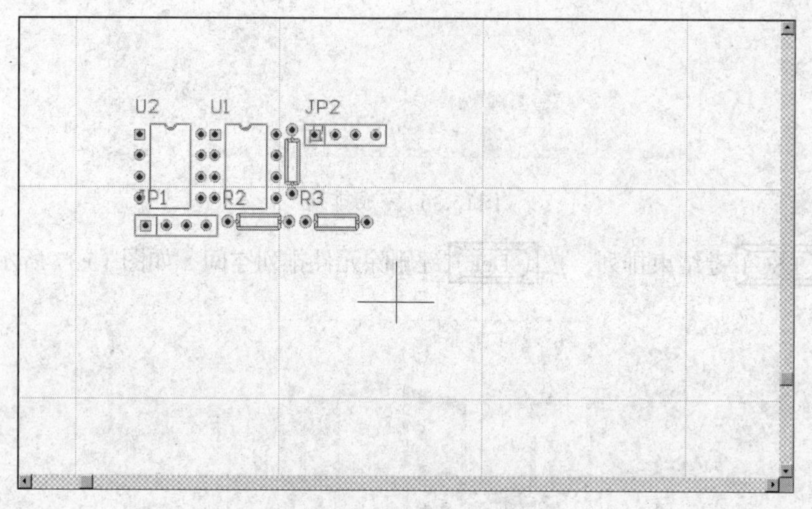

图15.39　完成排列

这个方法是不是比前一个范例更炫？

用户也可以按图 15.40 所示排列，完成本章范例 PCB 的元件布置。

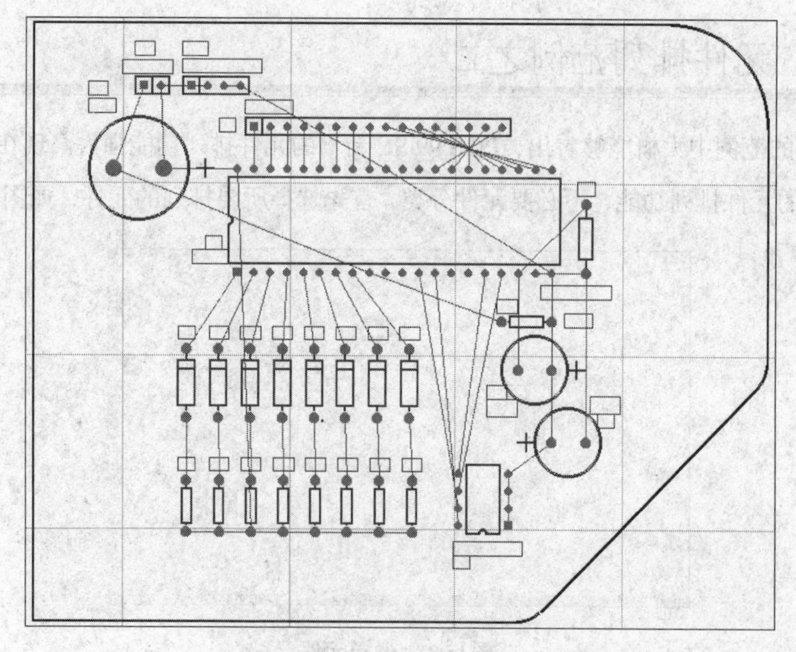

图15.40　排列元件

15-7 一成不变的走线

在前面两章的范例里强调的是 PCB 99 SE 的流畅，能快速地完成 PCB 布线。渐渐地，或许用户也会厌烦这一成不变的走线，难道只能走同样宽度的线吗？难道只能产生同样过孔吗？难道只能保持相同的安全间距吗？这一切的困顿，将在本章中获得舒缓。其实，在开始布线之前我们就可在布线设计规则中规范出符合需求的规则并配合即时规则的特性，让我们更容易地设计出所需要的 PCB。

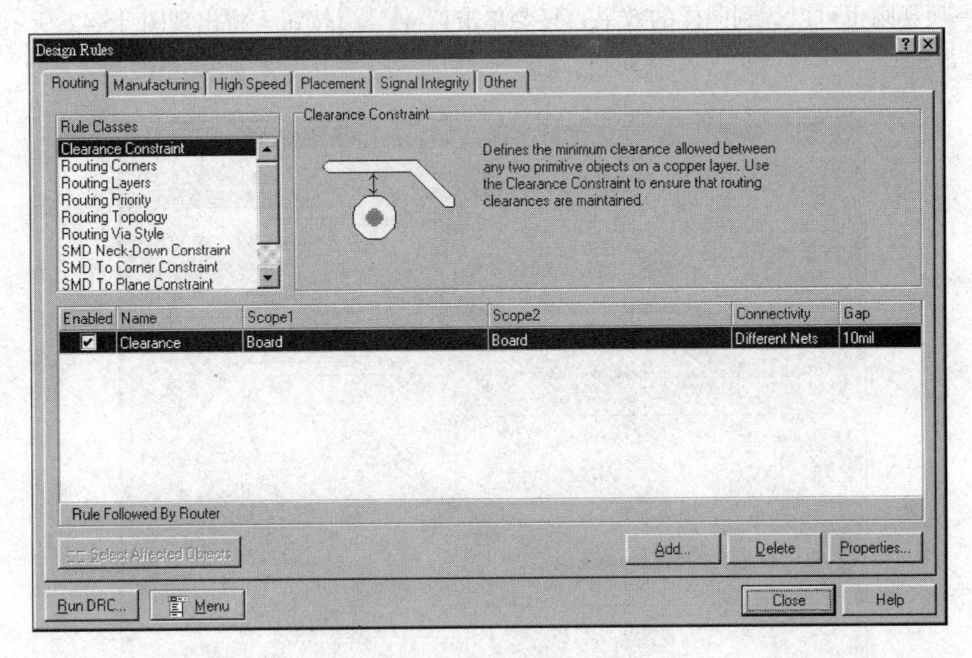

图15.41　设置设计规则对话框

当我们要设置设计规则时，只要执行 Design 菜单下的 Rules…命令，将出现图 15.41 所示的对话框。

15-7-1 编辑安全间距

当我们开始布线时最直接需求的即是间距问题，举凡走线与走线的距离或是走线与其他对象的距离都是要考虑的问题。以前，我们在布线时随时随地都要考虑到布线的安全间距，因此就影响到我们布线的效率；而现在我们只需要在布线设计规则中的安全间距制定好所需的安全间距规则，之后的布线将受到即时设计规则的保护与监督，让我们的布线都能在允许的范围内进行，用户再也不用理会它！

当我们要制定安全间距的设计规则时，则在设计规则对话框中切换到 Routing 选项卡，选择第一项(Clearance Constraint)，则其下文本框中将出现程序默认的安全间距设计规则，以图 15.42 为例，在文本框中就有一项规则，其中的 Scope 1 与 Scope 2 文本框中显示这项规则是针对整块 PCB(Board)里的所有图件而设置，而在 Connectivity 文本框中显示 Different Nets 表示只要所属的网络不一样就得遵守这项规定。在 Gap 文本框中更显示至少要保持 10 mil 的安全间距。

如果对这项规定有不同意见，可单击 Properties... 按钮即可进入修改。当然我们并不反对新增一项规则也可以达到同样的效果，只要单击 Add... 按钮，将出现图 15.42 所示的对话框。

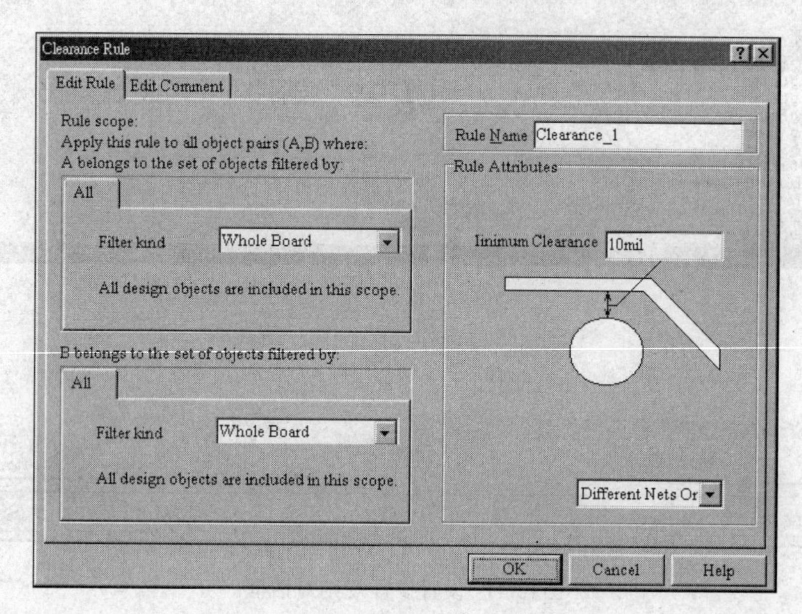

图15.42　安全间距设计规则对话框

基本上，这个对话框与单击 Properties... 按钮所出现的对话框是一样的。首先在右上方的 Rule Name 文本框中输入这个规则的名称，例如“安全间距(1)”，然后在左边两个区域(完全一样)中指定本设计规则所针对的图件，其中各包括 Whole Board(整块板子都需要遵守这项规定)、Layer(在指定板层里的图件需要遵守这项规定)、Object Kind(所指定的图件需要遵守这项规定)、Footprint(指定的元件封装需要遵守这项规定)、Component Classes(指定的元件分类需要遵守这项规定)、Component(指定的元件需要遵守这项规定)、Net Classes(指定的网络分类需要遵守这项规定)、Net(指定的网络需要遵守这项规定)、Form-To Classes(指定的飞线分类需要遵守这项规定)、Form-To(指定的飞线需要遵守这项规定)、Pad Classes(指定的焊点分类需要遵守这项规定)、Pad Specification(指定的焊点规格需要遵守这项规定)、Via

Specification(指定的过孔规格需要遵守这项规定)、Footprint Pad(指定元件上的焊点需要遵守这项规定)、Pad(指定的焊点需要遵守这项规定)。好多的选项暂时不必想那么多，认识目前所需要的即可，例如我们希望 VCC 网络与 GND 网络的安全间距至少要保持 20 mil，则在上面与下面的区域中选择 Net 选项，然后分别在其下的 Net 文本框中指定为 VCC 及 GND，如图 15.43 所示。

VCC | And...
Filter kind: Net
Mask
Net: VCC
B belongs to the set of objects filtered by:
GND | And...
Filter kind: Net
Mask
Net: GND

图15.43　指定监督的对象

然后在右边的 Minimum Clearance 文本框中输入 20 再单击 OK 按钮即可关闭此对话框，并产生一个设计规则，如图 15.44 所示。

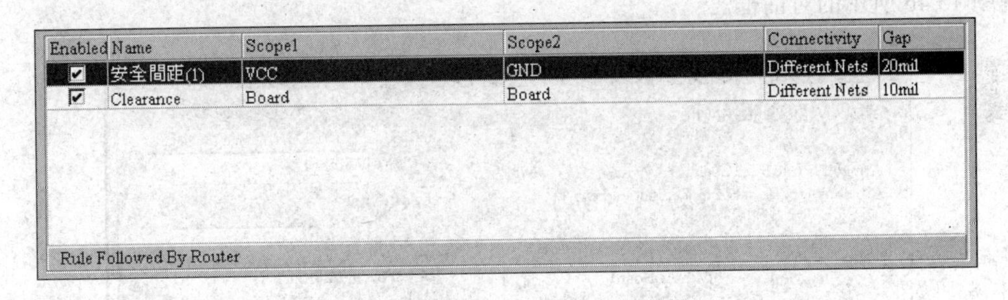

Enabled	Name	Scope1	Scope2	Connectivity	Gap
☑	安全間距(1)	VCC	GND	Different Nets	20mil
☑	Clearance	Board	Board	Different Nets	10mil

Rule Followed By Router

图15.44　新增安全间距的设计规则

15-7-2　适用的走线宽度

如果体重只有 100 kg 的小胖骑着一台 50 cc 的小绵羊；而其弱不禁风的女朋友(体重 25 kg)却骑着 250 cc 的进口大机车，这样不太合适吧？同样地，偶尔传递个 100 μA 信号的走线与随时要载负 3 A 的 VCC 走线，如果都是 10 mil 线宽的走线，也不太合适。为了 VCC 走线不被烧断，可以在 Routing 文本框中选择 Width Constraint 选项，如图 15.45 所示。

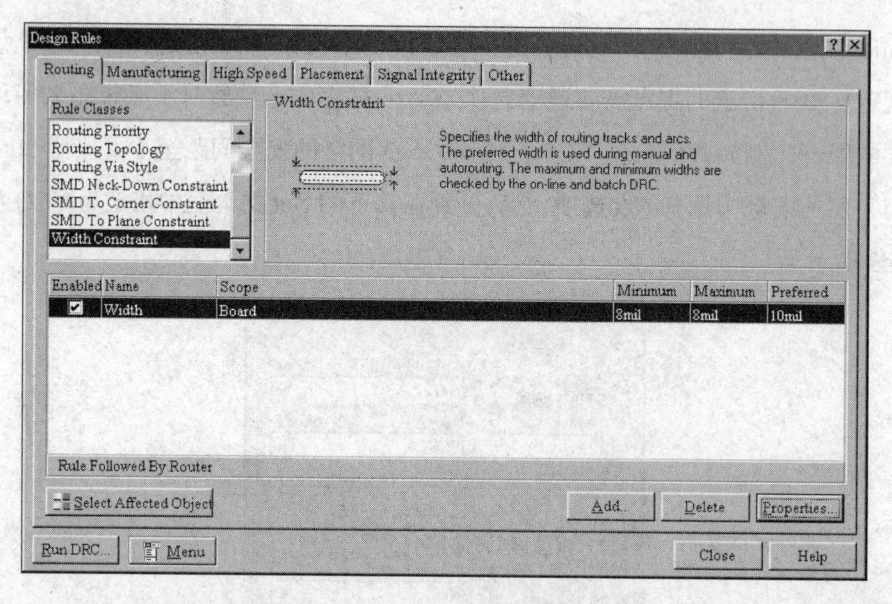

图15.45　线宽设计规则

其中有一条程序默认的线宽设计规则，在 Scope 文本框中指示该设计规则针对整块 PCB 而设置，而最大及最小线宽都为 8 mil，但 Preferred 文本框中设置最合适的线宽为 10 mil，布线时，程序会尽可能地采用 Preferred 文本框所设置的线宽来走线。

在此将 VCC 及 GND 走线加宽为 20 mil，单击 Add... 按钮新增一项线宽的设计规则，出现图 15.46 所示的对话框。

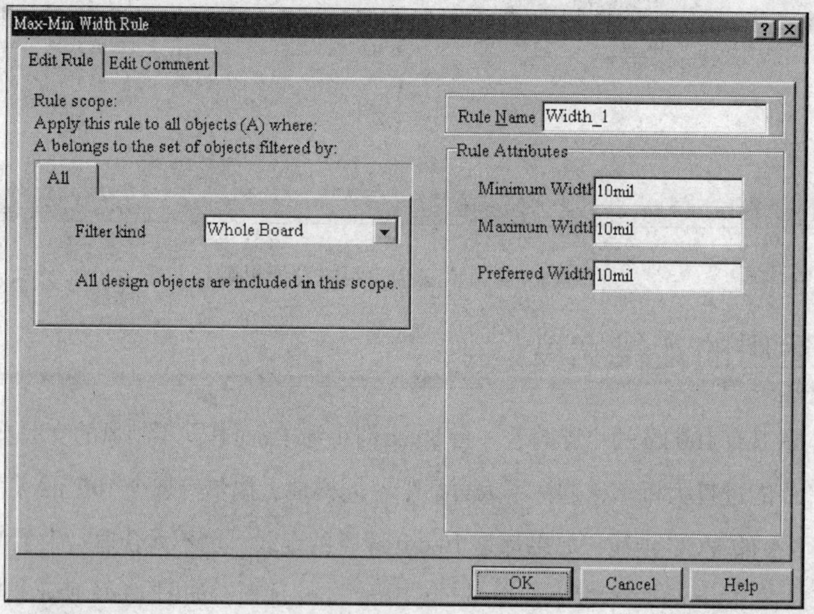

图15.46　编辑线宽设计规则

基本上，这个对话框与单击 Properties... 按钮所出现的对话框是一样的。首先在右上方的 Rule Name 文本框中输入这个规则的名称，例如“电源线线宽”，然后在区域中指定 Net 选项，然后在下面的 Net 文本框中指定为 VCC，如图 15.47 所示。

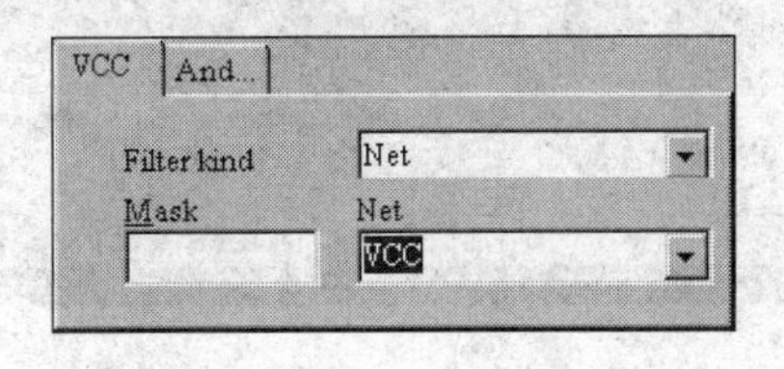

图15.47　指定监督的对象

然后在右边的 Minimum Width 文本框中输入 18、Maximum Width 文本框中输入 24、Preferred Width 文本框中输入 20，再单击 OK 按钮即可关闭此对话框，并产生一个设计规则，如图 15.48 所示。

Enabled	Name	Scope	Minimum	Maximum	Preferred
☑	电源线线宽	VCC	18mil	24mil	20mil
☑	Width	Board	8mil	8mil	10mil

Rule Followed By Router

图15.48　新增线宽的设计规则

再以同样的方法制定一个“接地线线宽”，其结果如图 15.49 所示。

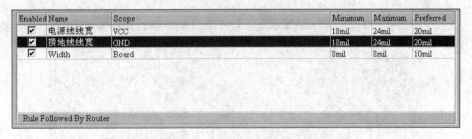

Enabled	Name	Scope	Minimum	Maximum	Preferred
☑	电源线线宽	VCC	18mil	24mil	20mil
☑	接地线线宽	GND	18mil	24mil	20mil
☑	Width	Board	8mil	8mil	10mil

Rule Followed By Router

图15.49　新增线宽的设计规则

15-7-3　制定过孔 Via 尺寸

过孔 Via 是双层板以上的电路设计不可或缺的东西！不过，这个过孔要以手工制作 PCB，比较麻烦。尽管如此，我们也不能忽略它的存在。当我们要设置过孔尺寸的设计规则时，可在 Routing 选项卡中选择 Routing Via Style 选项，如图 15.50 所示。

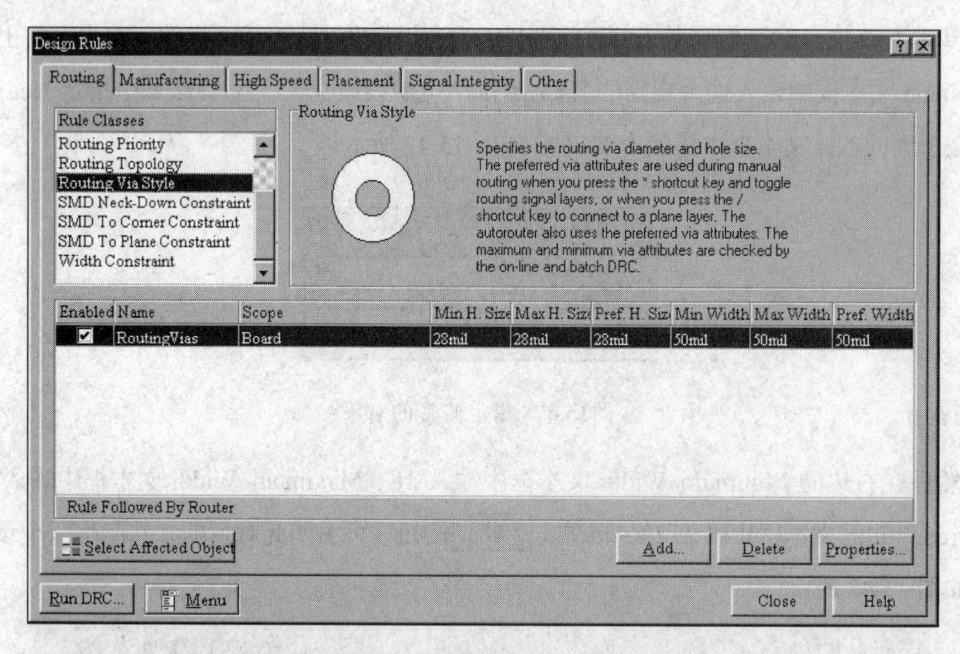

图15.50　过孔尺寸设计规则

其中有一条程序默认的过孔尺寸设计规则，在 Scope 文本框中指示该设计规则针对整块 PCB 而设置，而最大、最小及最合适钻孔孔径都为 28 mil，而过孔的最大、最小及最合适直径也都为 50 mil。

在此将过孔设为 62 mil，单击 Properties... 按钮编辑该项设计规则，出现图 15.51 所示的对话框。

Routing Via-Style Rule
Edit Rule　Edit Comment
Rule scope:
Apply this rule to all objects (A) where:
A belongs to the set of objects filtered by:
All
Filter kind　Whole Board
All design objects are included in this scope.
Rule Name　RoutingVias
Rule Attributes
Via Diameter
Min　Max　Preferred
50mil　50mil　50mil
diameter　hole size
Via Hole Size
Min　Max　Preferred
28mil　28mil　28mil
OK　Cancel　Help

图15.51　编辑过孔形式设计规则

在右边的 Via Diameter 的 Min、Max 及 Preferred 文本框中输入 62，再单击 OK 按钮即可关闭此对话框，并完成此设计规则的修改，如图 15.52 所示。

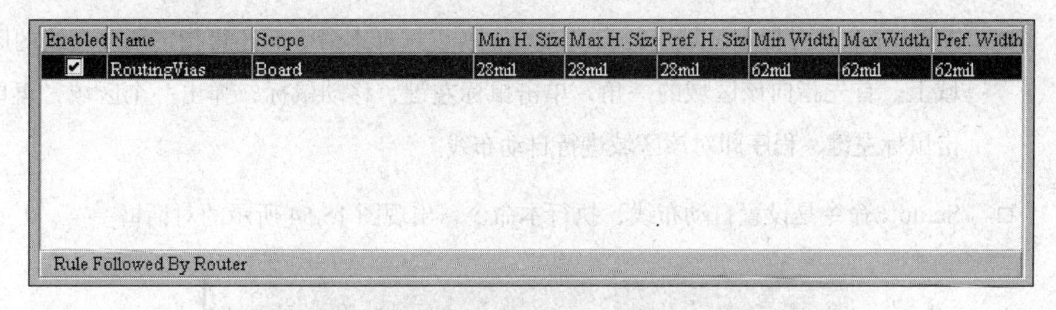

图15.52　完成过孔形式设计规则的编辑

15-8 善用布线技巧

当一切设置妥当后，可以来试试看 PCB 99 SE 的自动布线功力！PCB 99 SE 的自动布线命令全部放在 Auto Route 菜单中，如图 15.53 所示。

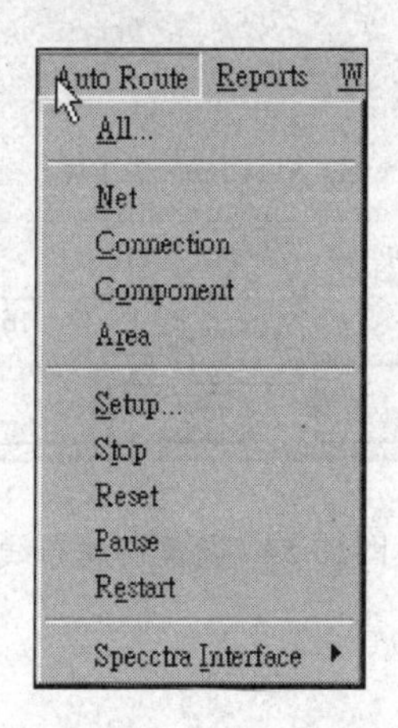

图15.53　自动布线菜单

其中各命令说明如下：

- □ All…命令是进行整块 PCB 的自动布线。
- □ Net 命令是对指定网络进行自动布线，所以选择本命令后还得指向所要布线的网络上，单击鼠标左键，程序才会对该网络进行自动布线。
- □ Connection 命令是对指定连接线(两焊点间)进行自动布线，所以选择本命令后还得指向所要布线的连接线(焊点)上，单击鼠标左键，程序才会对该连接线进行自动布线。

- □ Component 命令是对指定元件进行自动布线，所以选择本命令后还得指向所要布线的元件上，单击鼠标左键，程序才会对该元件进行自动布线。
- □ Area 命令是对指定区域进行自动布线，所以选择本命令后还得指定所要布线的区域上。首先指向该区域的一角，单击鼠标左键，移动鼠标，弹出一个区域，再单击鼠标左键，程序即对该区域进行自动布线。
- □ Setup…命令是设置自动布线，执行本命令，出现图 15.54 所示的对话框。

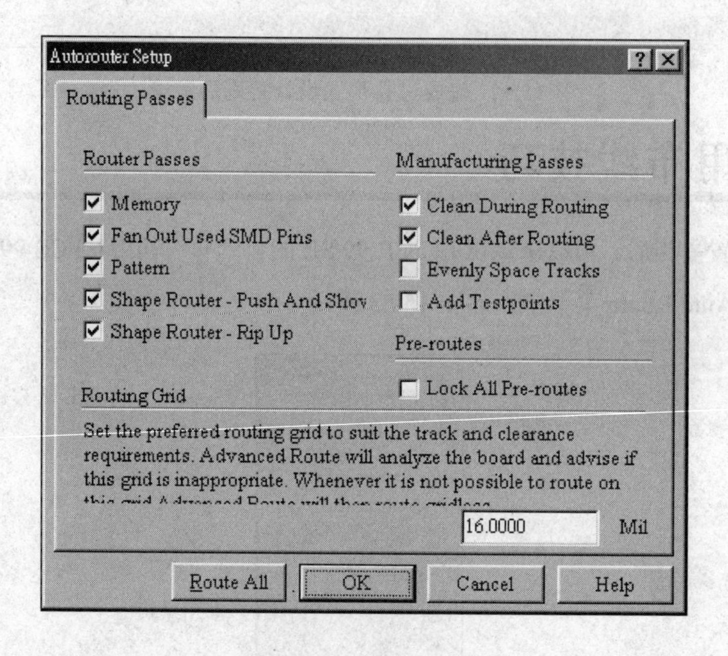

图15.54 设置自动布线

其中各项说明如下：

- □ Memory：本项设置进行存储器式的布线法，通常存储器 IC 都是多颗相同的 IC 并排，而相同的引脚都并接在一起，形式一个漂亮且规律的波浪状走线。把这种方式应用在数字 IC 的走线相当合适。
- □ Fan Out Used SMD Pins：本项设置 Fan Out 走线，所谓 Fan Out 是针对贴片(SMD)焊点而设的，通常贴片焊点是不钻孔的。如果某贴片焊点要连接到另外一层则需先走一小段线，将该焊点连接出来，再设置一个过孔，以连接到另一层，这种特别的走线就是 Fan Out 走线。
- □ Pattern：本项设置采用模板式走线，对于数字电路而言，常会有类似的元件在一起，而其走线也非常类似。找出一个模型式走线，然后将它应用到其他类似的网络上就是 Pattern 走线。

- Shape Route-Push and Shove：本项设置推挤式走线是一种高级的形状走线法，也就是在走线时，如遇到阻碍则自动将障碍物往旁平移动，以让出一条适合的路让现在的走线通过。
- Shape Route-Rip up：本项设置拆线式走线也是一种高级的形状走线法，而且是更彻底的方法。这种走线方式在走线时，如遇到阻碍则自动将障碍物拆除，以让出一条适合的路让现在的走线通过，而所拆除的线事后再重新走线。
- Clean During Routing：本项设置一边走线一边清除多出来的线段。
- Clean After Routing：本项设置走线完毕后，再清除多出来的线段。
- Evenly Space Track：本项设置当走线通过两个焊点之间时，则将该走线与任一个焊点的间距保持相等。
- Add Testpoints：本项设置自动布线时也加入测试点。
- Lock All Pre-route：本项设置锁定所有预布的走线。

在对话框右下方的文本框中可以指定布线的网格间距，如果在此指定合适的网格间距则程序可提升布线效率。设置完成后(采用程序默认的设置即可)再单击 Route All 按钮，程序即进行自动布线。

- Stop 命令是停止自动布线。
- Reset 命令是复位自动布线。
- Pause 命令是暂停自动布线。
- Restart 命令是继续自动布线。
- Specctra Interface 命令是进入 Specctra 布线引擎的接口，当然，系统里一定要安装 Specctra 软件才行。而笔者对 Specctra 并不熟也没有这套软件(听说这套软件非常贵)，有关说明请查阅 Specctra 软件的相关文件说明。

在此采用第一个命令全部交给程序来表演，将出现图 15.55 所示的对话框。

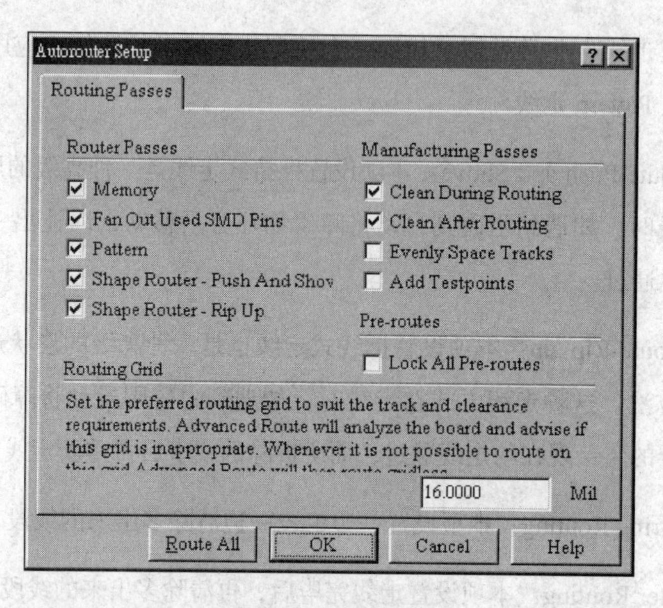

图15.55　自动布线设置

一切采用程序默认的设置，单击 Route All 按钮，程序稍微想了一下，然后出现图 15.56 所示的对话框。

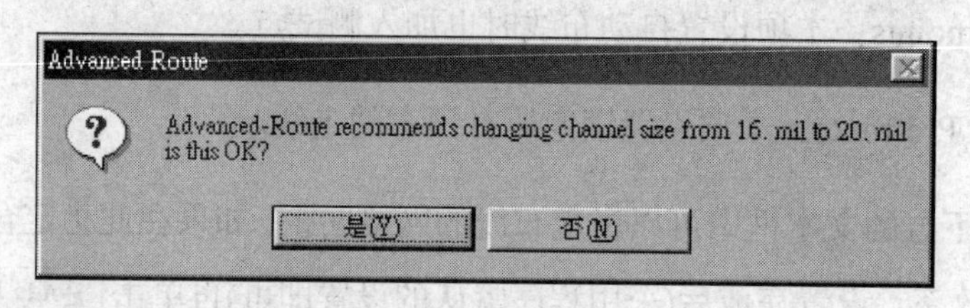

图15.56　询问对话框

这是询问我们是否采用 16～24 mil 的布线网格间距，当然，我们可能也不知道是否恰当，只好信任程序的判断，单击 是(Y) 按钮，程序即进行自动布线。很快地，完成布线并出现图 15.57 所示的对话框。

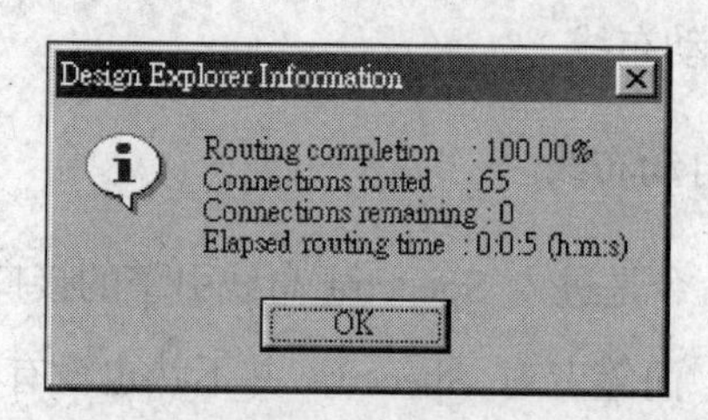

图15.57　完成布线

程序花了 5 s 就 100%完成布线了，单击 OK 按钮关闭此对话框，让我们来看看布线的结果。

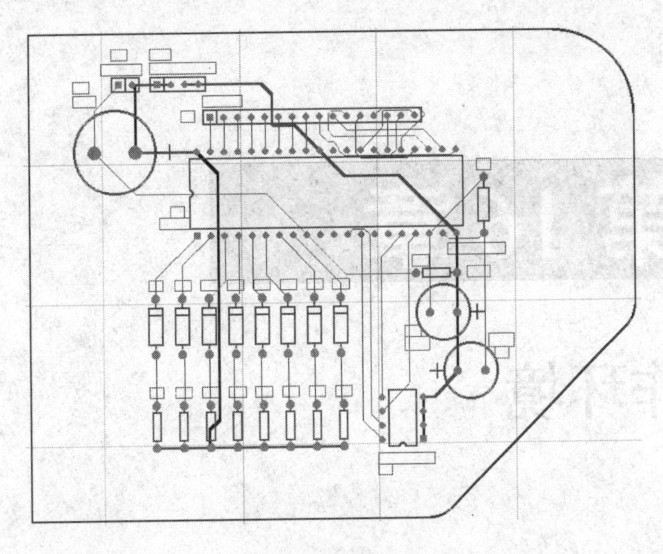

图15.58　布线结果

15-9 不满意就拆了

并不是程序所提供的布线都能让我们满意，不满意就把走线拆了重新再来。PCB 99 SE 也提供完备的拆线工具，当我们要进行拆线时则执行 Tools 菜单下的 Un-Route 命令，即可弹出图 15.59 所示的命令菜单。

图15.59　拆线命令

其中各命令说明如下：

- All…命令是拆除整块 PCB 的布线。
- Net 命令是拆除指定网络的布线，选择本命令后再指向所要拆除走在线，单击鼠标左键即可拆除该网络的布线。
- Connection 命令是拆除指定连接线的布线，选择本命令后再指向所要布线的连接线(焊点)上，单击鼠标左键即可拆除该连接线。
- Component 命令是拆除指定元件上的布线，选择本命令后再指向所要拆除布线的元件上，单击鼠标左键即可拆除该元件的布线。

第16章

操作环境

- 困难度指数：☺☺☺☺😐😐
- 学习条件：　基本窗口操作
- 学习时间：　60分钟

本章纲要

1.认识鼠标指针与鼠标

2.认识设计管理器

3.透视小窗口

在第 13 章中介绍 PCB 99 SE 的图件。经过第 14 章及第 15 章设计实例的练习对于 PCB 设计与 PCB 99 SE 应该有相当的认识。下面将介绍在 PCB 99 SE 的环境里还提供什么功能。

16-1　鼠标指针与鼠标的秘密

通常用户握着鼠标时，眼睛总盯着屏幕上的鼠标指针，这鼠标指针就像是手的延伸，深入屏幕操作着程序。对于 PCB 99 SE 而言，最常用的是工作区和左边的设计管理器，要操作那一部分得先以鼠标指针指向该部分，单击鼠标左键才会转到那一部分。例如现在在工作区里操作，如想操作设计管理器则指向设计管理器，单击鼠标左键才可正式操作设计管理器；同样地，如果现在在设计管理器里操作，如想操作工作区则指向工作区，单击鼠标左键才可正式操作工作区。

在操作设计管理器时，鼠标指针与一般窗口软件的操作一样。而在工作区操作时鼠标指针的变化就很多，在正常情况下，鼠标指针都是箭头状，如果执行画线或画其他图件的命令时，鼠标指针就变成“动作鼠标指针”，如图 16.1 所示。

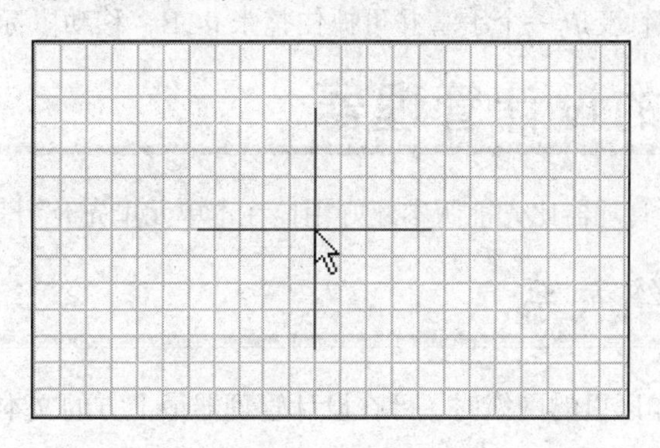

图16.1　动作鼠标指针

如果看到鼠标指针变成这种形状时，可千万不要乱动！因为只要鼠标指针移至工作区的边缘将自动平移，而工作区里的 PCB 将跑到别区了！当然，结束画线时鼠标指针自动恢复为正常鼠标指针。

PCB 99 SE 提供三种不同形状的动作鼠标指针，像图 16.1 的动作鼠标指针是小十字形动作鼠标指针，我们还可以设置为其他形状，只要执行 Tools 菜单下的 Preferences…命令，出现图 16.2 所示的对话框。

这其中包括 3 个选项，Small 90 选项就是刚才的小十字形鼠标指针，Large 90 选项就是贯穿整个工作区的大十字形鼠标指针，Small 45 选项就是 45°交叉的小十字形鼠标指针。

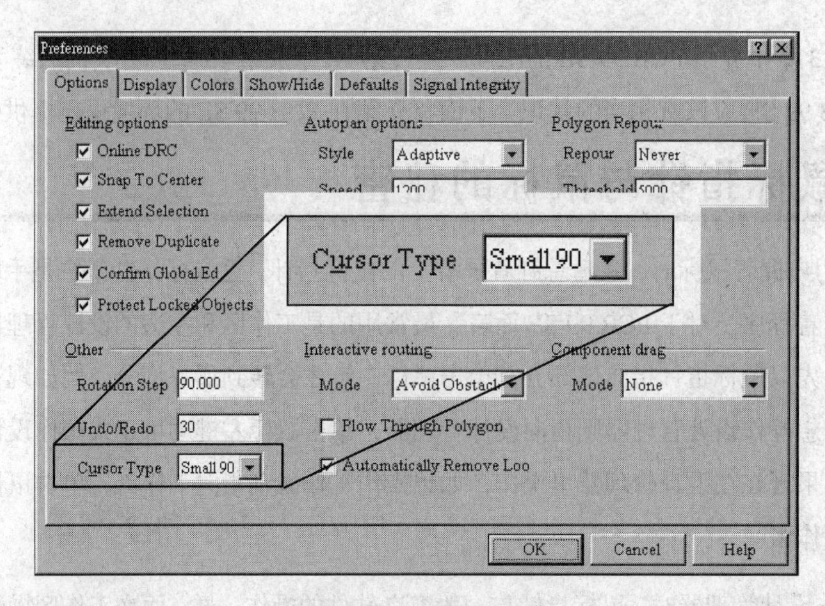

图16.2 设置鼠标指针

PCB 99 SE 的鼠标指针还有一项就是“掌滑式”平移，我们只要指向工作区空白处，按住鼠标右键，则鼠标指针变成一个手掌并可抓住整张 PCB，移动鼠标就可移动整张 PCB。

16-2 多功能的设计管理器

PCB 99 SE 的设计管理器比先前版本还好用！在本单元里先介绍其多功能的浏览器。

16-2-1 Net 网络关系

当我们要浏览工作区里的网络时，可在设计管理器最上方的文本框选择 Net 选项，则工作区里的网络将全部出现在其下的区域中。而在其中选择所要浏览的网络，则该网络的内容将出现在其下的 Nodes 区域；同时，该网络也将显示在最下方的小屏幕里，如图 16.3 所示。

如图 16.3 所示，我们大概可分为三个部分，最上面的部分是网络浏览区域、中间的 Nodes 区域为节点浏览区域、下面则为小屏幕用来显示所选择网络的实例位置。

在网络浏览区域下方有 3 个按钮，说明如下：

- Edit... 按钮的功能是编辑所选择的网络，单击本按钮后，出现图 16.4 所示的对话框。

我们可以在 Net Name 文本框中编辑此网络的名称也可在 Color 文本框中设置该网络的颜色；另外，Hide 选项设置隐藏该网络、Selection 选项设置选择该网络。

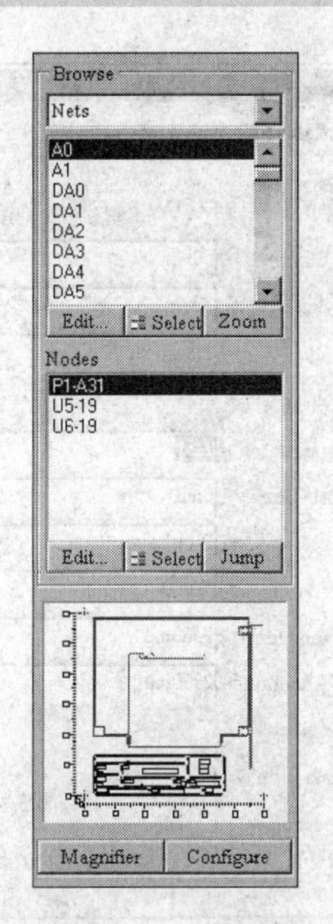

图16.3　浏览网络

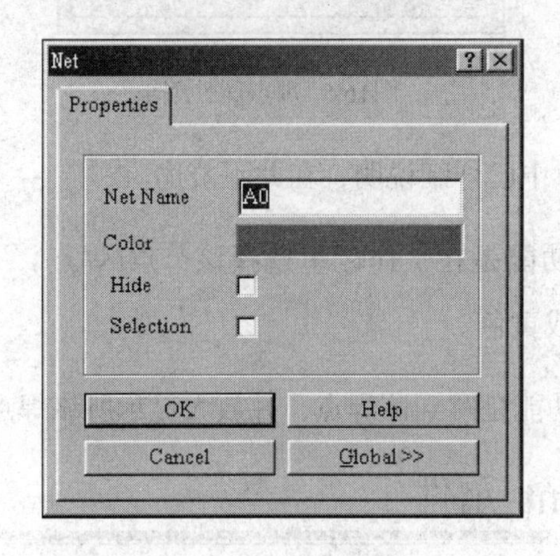

图16.4　网络属性编辑

□ Select 按钮的功能是在工作区里选择该网络，单击本按钮后，则工作区里，该网络将变成黄色。

□ Zoom 按钮的功能是放大显示所选择的网络，单击本按钮后，将缩放屏幕以完整显示该网络。

在节点浏览区域中展示该网络里的节点，而其下方也有 3 个按钮，说明如下：

□ Edit... 按钮的功能是编辑所选择的节点，单击本按钮后，出现图 16.5 所示的对话框。

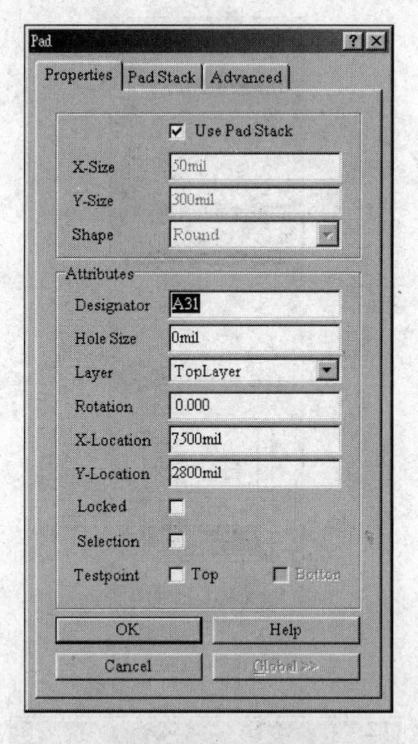

图16.5 焊点属性编辑

这个对话框在第 13 章中已详细说明，在此不赘述。

- Select 按钮的功能是在工作区里选择该节点(焊点)，单击本按钮后，则工作区里，该焊点将变成黄色。
- Jump 按钮的功能是跳到该焊点，并放大显示所该焊点。

16-2-2 Component 元件

当我们要浏览工作区里的元件时，可在设计管理器最上方的文本框中，选择 Components 选项，则工作区的元件将全部出现在其下的区域中。而在其中选择所要浏览的元件则该元件的内容将出现在其下的 Pads 区域；同时，该元件也将显示在最下方的小屏幕里，如图 16.6 所示。

如图 16.6 所示，我们大概可分为三个部分，最上面的部分是元件浏览区域、中间的 Pads 区域为焊点浏览区域、下面则为小屏幕，用来显示所选择元件的实际位置。

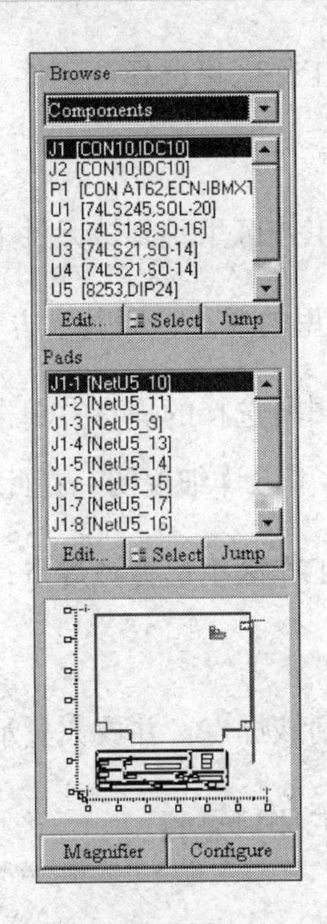

图16.6　浏览元件

在元件浏览区域下方有三个按钮，说明如下：

□　Edit... 按钮的功能是编辑所选择的元件，单击本按钮后，出现图 16.7 所示的对话框。

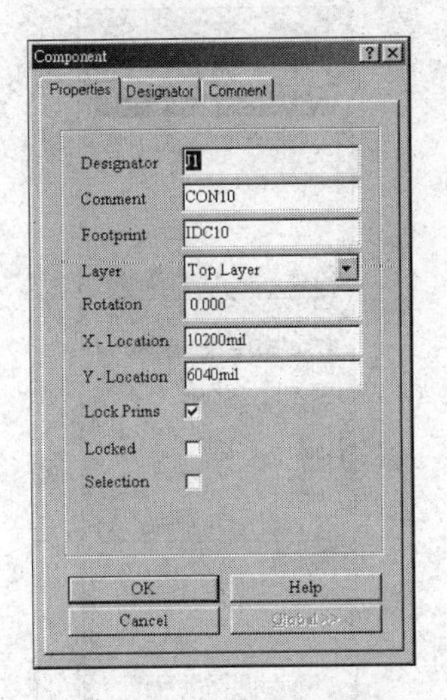

图16.7　元件属性编辑

这时候就可编辑此元件的属性，而元件属性对话框在第 13 章中已详细说明，在此不赘述。

- Select 按钮的功能是在工作区里选择该元件，单击本按钮后则工作区里，该元件将变成黄色。
- Jump 按钮的功能是在工作区里跳到该元件上，并放大显示该元件。

在焊点浏览区域中展示该元件里的焊点，而其下方也有三个按钮，说明如下：

- Edit... 按钮的功能是编辑所选择的焊点，单击本按钮后，出现图 16.5 所示的对话框，这个对话框在第 13 章里已详细说明，在此不赘述。
- Select 按钮的功能是在工作区里选择该焊点，单击本按钮后则工作区里，该焊点将变成黄色。
- Jump 按钮的功能是跳到该焊点，并放大显示所该焊点。

16-2-3 Libraries 元件库的操作

当我们要浏览工作区里的元件库时，可在设计管理器最上方的文本框中选择 Libraries 选项，则工作区里所挂元件将全部出现在其下的区域中。而在其中选择所要浏览的元件库则该元件库的内容将出现在其下的 Components 区域；同时，该元件也将显示在最下方的列表框，如图 16.8 所示。

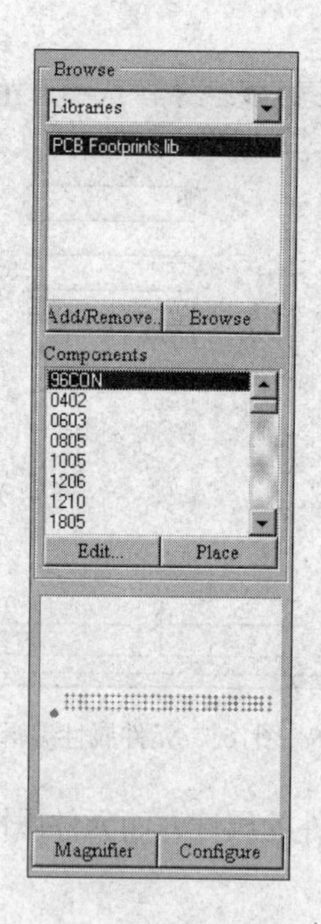

图16.8 浏览元件库

如图 16.9 所示，我们大概可分为三个部分，最上面的部分是元件浏览区域、中间的 Pads 区域为焊点浏览区域、下面则为列表框，用来显示所选择元件的实际位置。

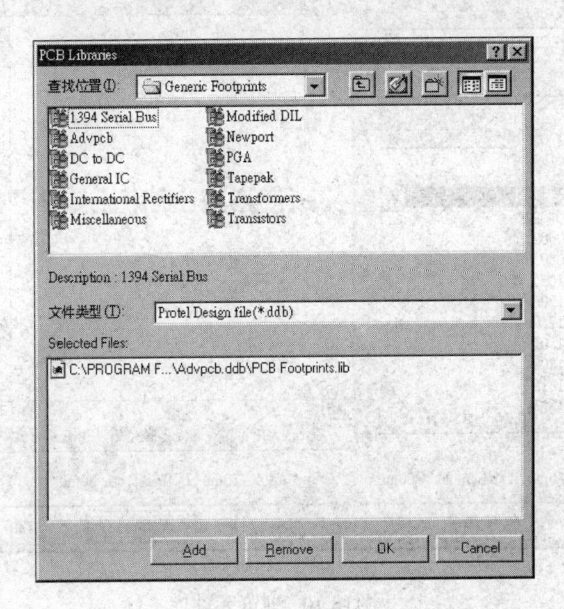

图16.9　元件属性编辑

在元件库浏览区域下方有两个按钮，说明如下：

- □ Add/Remove... 按钮的功能是加载/卸载元件库，单击本按钮后出现图 16.9 所示的对话框。

PCB 99 SE 的元件库放在 C:\Program Files\Design Expolorer 99SE \Library\Pcb 文件夹里，而在此文件夹下有三个文件夹(Connectors、Generic Footprints 及 IPC Footprints)，Connector 文件夹里放置多个连接器类的元件库、Generic Footprints 文件夹里放置多个常用元件库，而 IPC Footprints 文件夹里放置多个 IPC 元件库。在此建议挂上 Generic Footprints 文件夹里 Advpcb.Ddb、General IC.Ddb 两个文件就很多了！在上面的区域中指定所要加载的元件库文件，再单击 Add 按钮即可将它复制到下方的 Selected Files 区域中。相反地，如果要卸载元件库，则在 Selected Files 区域中选择所要卸载的元件库，再单击 Remove 按钮即可将它卸载。

- □ Browse 按钮的功能是浏览区域内所选择元件库里的元件，单击本按钮后，出现图 16.10 所示的对话框。

只要在 Components 区域中选择所要浏览的元件，该元件将展现在右边的区域中。

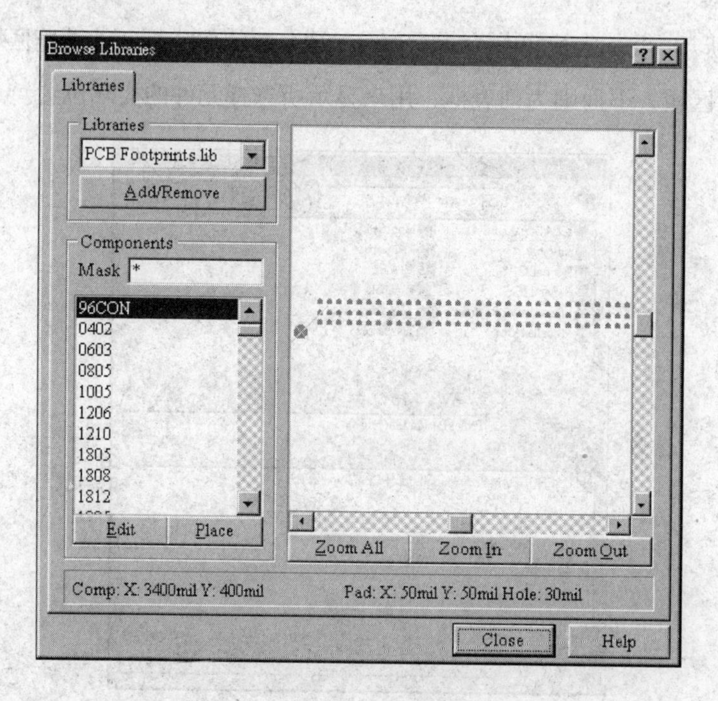

图16.10 浏览元件库

在元件浏览区域中展示该元件库里的元件，而其下方也有两个按钮，说明如下：

- Edit... 按钮的功能是编辑所选择的元件，单击本按钮后，程序将进入元件库编辑器(第 18 章再介绍)。不过，在此强烈建议不要轻易单击本按钮，一方面是最好不要动到程序所提供元件库的原貌，另一方面是这个元件库很大，要等很久才会进入元件库编辑器。
- Place 按钮的功能是取用所指定的元件，单击本按钮后，再将鼠标指针移入工作区，即可取出该元件。

16-2-4 Net Classes 网络分类

当我们要浏览工作区里的网络分类时，可在设计管理器最上方的文本框中选择 Net Classes 选项，则工作区里的网络分类将全部出现在其下的区域中。而在其中选择所要浏览的网络分类，则该网络分类的内容将出现在其下的 Nets 区域；同时，该网络也将显示在最下方的列表框中，如图 16.11 所示。

如图 16.11 所示，我们大概可分为三个部分，最上面的部分是网络分类浏览区域、中间的 Nets 区域为网络浏览区域、下面则为列表框，用来显示所选网络的实际位置。

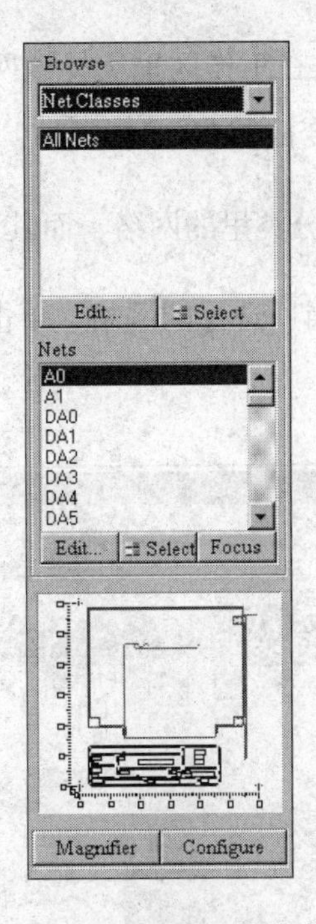

图16.11　浏览网络分类

在网络分类浏览区域下方有两个按钮，说明如下：

- Edit... 按钮的功能是编辑所选择的网络分类(All Nets 除外)，单击本按钮后，出现图 16.12 所示的对话框。

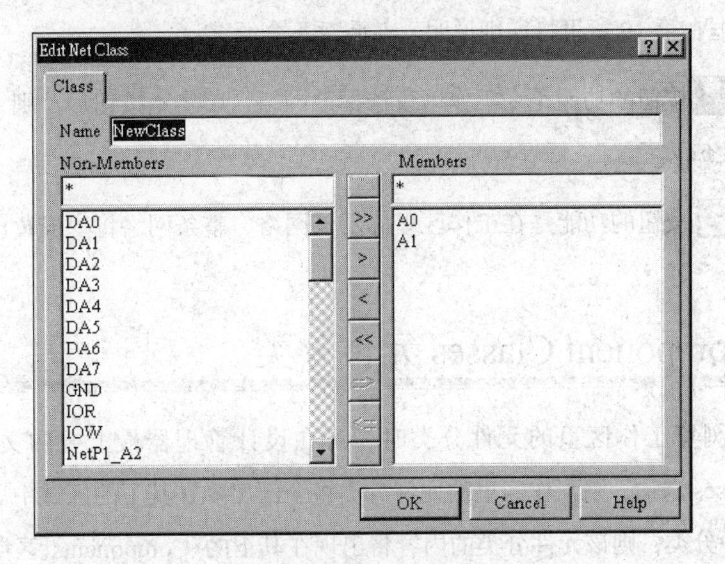

图16.12　网络分类编辑对话框

这个对话框在第 19 章中将详细说明，在此暂不介绍。

- □ Select 按钮的功能是在工作区里选择该网络分类，单击本按钮后，则工作区里该网络分类里的网络将变成黄色。

在网络浏览区域中展示该网络分类里的网络，而其下方也有三个按钮，说明如下：

- □ Edit... 按钮的功能是编辑所选择的网络，单击本按钮后，出现图 16.13 所示的对话框。

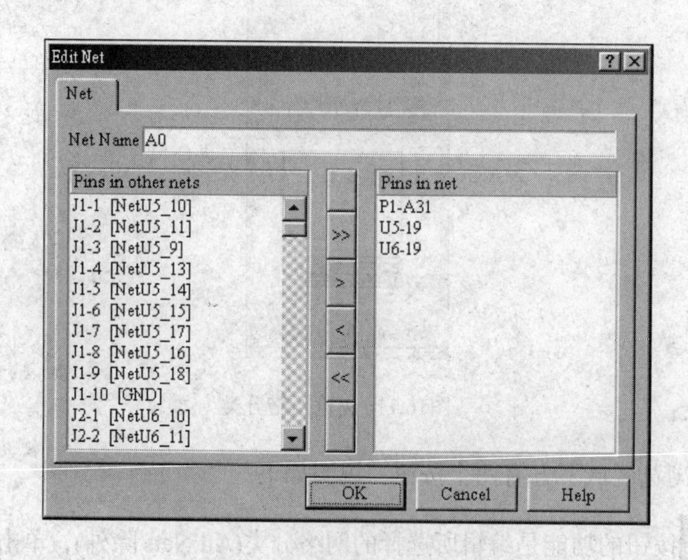

图16.13　网络编辑对话框

这个对话框在第 19 章里将详细说明，在此暂不介绍。

- □ Select 按钮的功能是在工作区里选择该网络，单击本按钮后，则工作区里，该网络将变成黄色。
- □ Focus 按钮的功能是在工作区里标示该网络，整条网络将变成黄色，但不是选择状态。

16-2-5　Component Classes 元件分类

当我们要浏览工作区里的元件分类时，可在设计管理器最上方的文本框中，选择 Component Classes 选项，则工作区里的元件分类将全部出现在其下的区域中。而在其中选择所要浏览的元件分类，则该元件分类的内容将出现在其下的 Components 区域；同时，该元件也将显示在最下方的列表框中，如图 16.14 所示。

如图 16.14 所示，我们大概可分为三个部分，最上面的部分是元件分类浏览区域、中间的

Components 区域为元件浏览区域、下面则为列表框，用来显示所选择元件的实际位置。

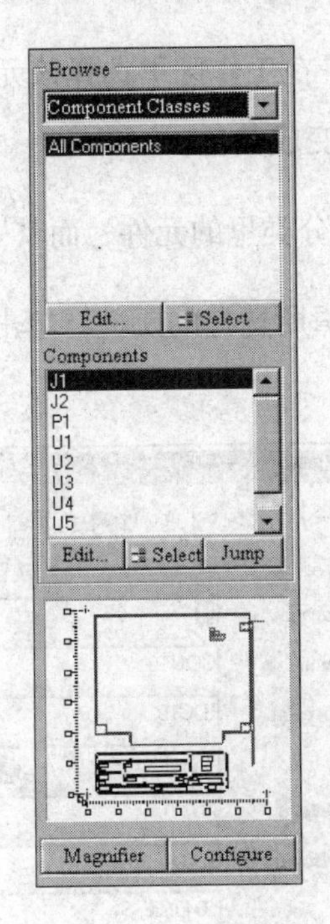

图16.14　浏览元件分类

在元件分类浏览区域下方有两个按钮，说明如下：

□　Edit... 按钮的功能是编辑所选择的元件分类(All Components 除外)，单击本按钮后出现图 16.15 所示的对话框。

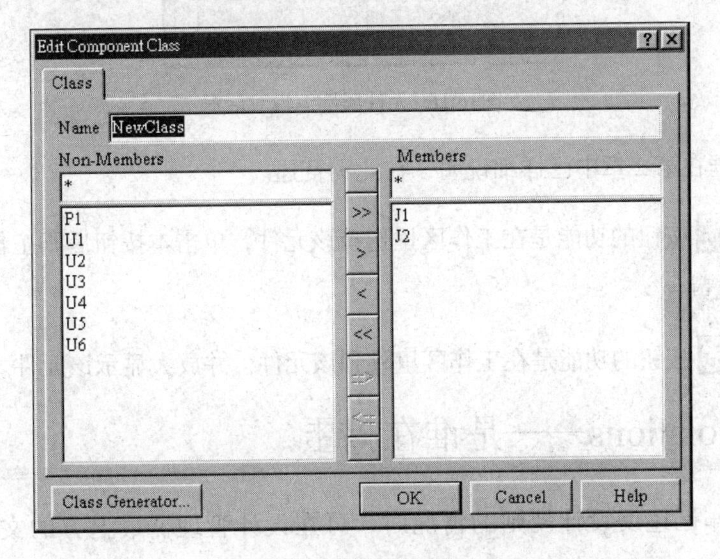

图16.15　元件分类编辑对话框

这个对话框在第 19 章中将详细说明，在此暂不介绍。

- Select 按钮的功能是在工作区里选择该元件分类，单击本按钮后，则工作区中该元件分类中的元件将变成黄色。

在元件浏览区域中展示该元件分类里的元件，而其下方也有三个按钮，说明如下：

- Edit... 按钮的功能是编辑所选择的元件，单击本按钮后，出现图 16.16 所示的对话框。

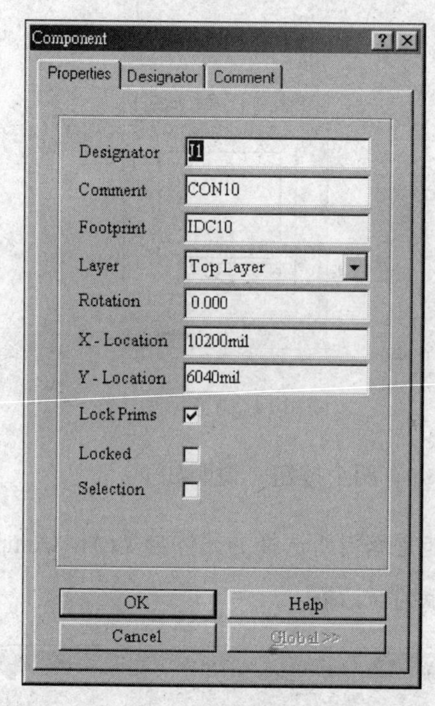

图16.16 元件属性编辑对话框

这个对话框在第 2 章中已详细说明，在此不赘述。

- Select 按钮的功能是在工作区里选择该元件，单击本按钮后则工作区里，该网络将变成黄色。
- Jump 按钮的功能是在工作区里跳到该元件，并放大显示该元件。

16-2-6 Violations——是谁在捣蛋

当浏览工作区违反设计规则的情况时，可在设计管理器最上方的文本框中，选择 Violations 选项，则工作区里违反的设计规则将全部出现在其下的区域中。而在其中选择所要浏览的设计规则该违反的内容将出现在其下的 Violations 区域；同时，违反该设计规则的位置也将显示在最下方的列表框，如图 16.17 所示。

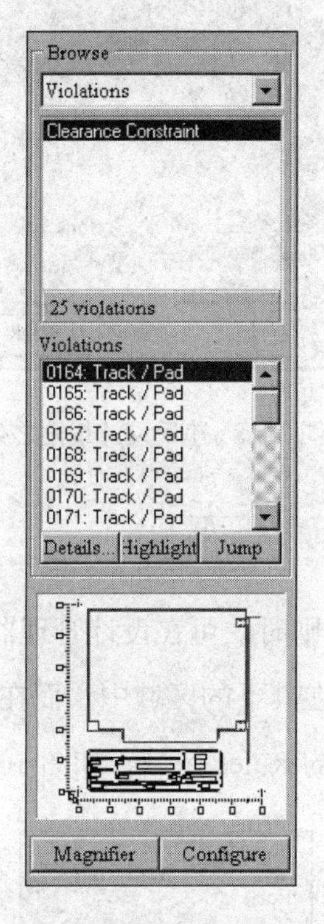

图16.17　浏览违反设计规则

如图 16.17 所示，我们大概可分为三个部分，最上面的部分是违反的设计规则浏览区域、中间的 Violations 区域为违反设计规则浏览区域、下面则为列表框，用来显示所选择违反设计规则的实例位置。

在违反设计规则浏览区域中展示违反设计规则之处，而其下方也有三个按钮说明如下：

- Details... 按钮的功能是浏览所选择的违反设计规则之处，单击本按钮后，出现图 16.18 所示的对话框。

在这个对话框里说明违反了哪条设计规则以及违反设计规则的图件所在位置。

- Highlight 按钮的功能是在工作区中标示所选择项目，单击本按钮后则工作区里，该项目将闪一下。
- Jump 按钮的功能是在工作区里跳到所选择项目所在之处，并放大显示该处。

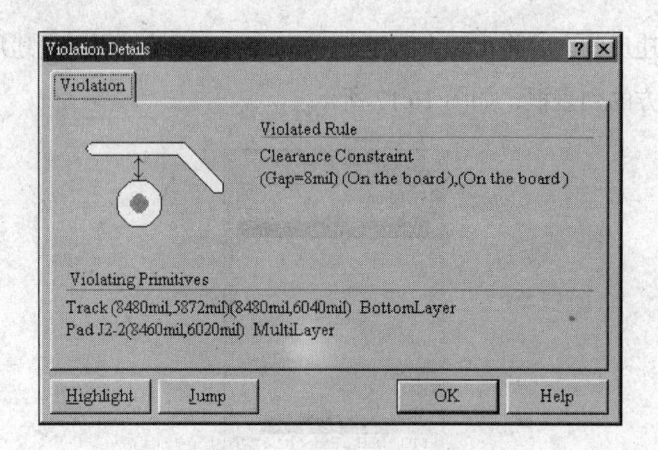

图16.18 违反设计规则之处

16-2-7 Rule 设计规则一览无遗

当我们要浏览已制定的设计规则时，可在设计管理器最上方的文本框中选择 Violations 选项，则所有设计规则将全部展现在其下的区域中。而在其中选择所要浏览的设计规则则属于该设计规则的内容将出现在其下的 Rules 区域，如图 16.19 所示。

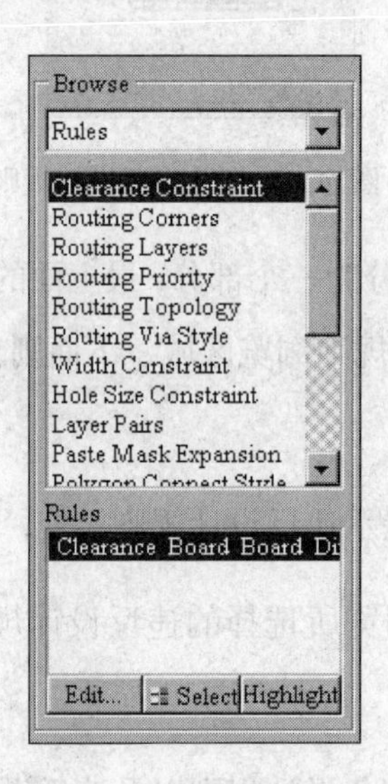

图16.19 浏览设计规则

如图 16.20 所示，我们大概可分为两个部分，最上面的部分是设计规则类别浏览区域、下面的 Rules 区域则为该类设计规则的细则。

在 Rules 区域下方有三个按钮，说明如下：

□ Edit... 按钮的功能是进入编辑所选择的设计规则，单击本按钮后，出现图 16.20

所示的对话框。

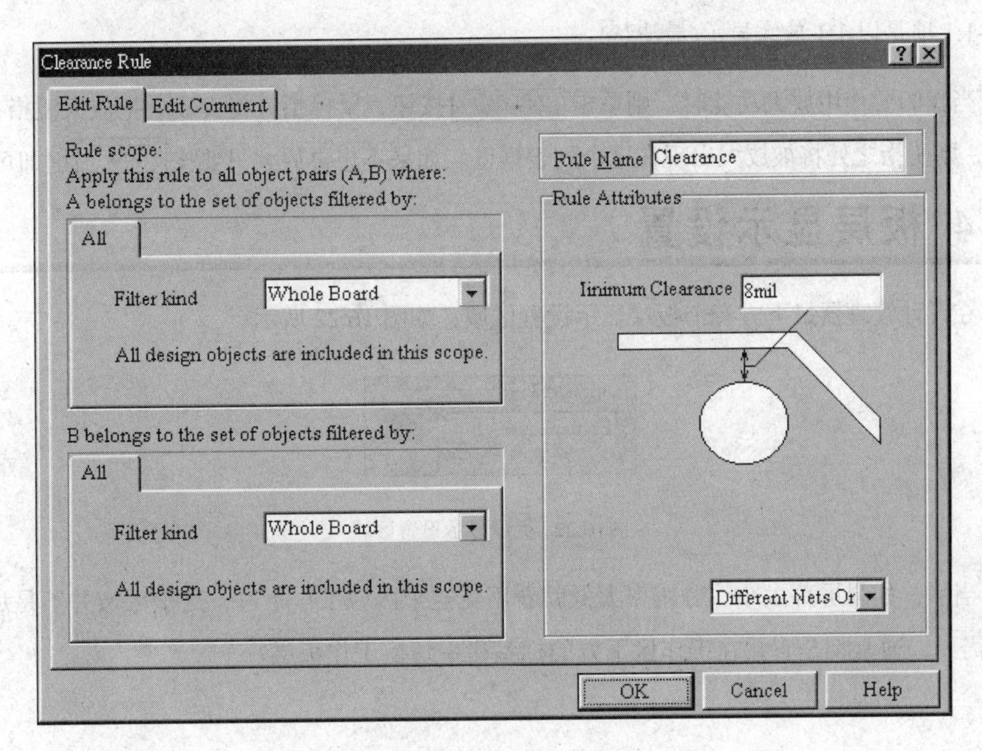

图16.20　违反设计规则之处

这个对话框里的操作在第 22 章中将有详细的说明。

- Select 按钮的功能是在工作区里显示适用所选择设计规则的图件。
- Highlight 按钮的功能是在工作区中标示适用所选择设计规则的图件。单击本按钮后，则工作区里这些图件将闪一下。

16-3　好玩的列表框

在 16-2 节中已展示在设计管理器下方列表框的部分功能；不过，这个列表框还有一项奇特的功能，就是放大镜功能。在其下方有两个按钮，可以单击 Configure 按钮以设置此放大镜的放大比例，将出现图 16.21 所示的对话框。

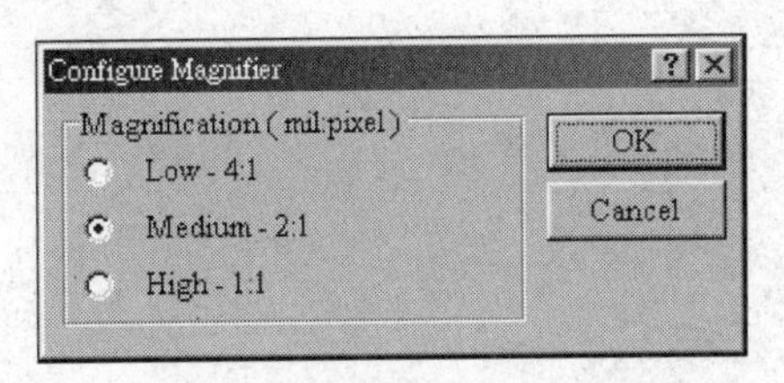

图16.21　设置放大比例

其中有三种比例，Low-4:1 选项是以 4:1 放大显示、Medium-2:1 项是以 2:1 放大显示、High-1:1 项是以 1:1 放大显示(最清楚)。

当我们要使用放大功能时，则单击 Magnifier 按钮，鼠标指针将变成一把放大镜指在工作区，则所指之处将被放大出现在这个列表框里。如果不想再放大只要按 ESC 键即可。

16-4 板层显示设置

在设计管理器最下方有个板层显示设置区域，如图 16.22 所示。

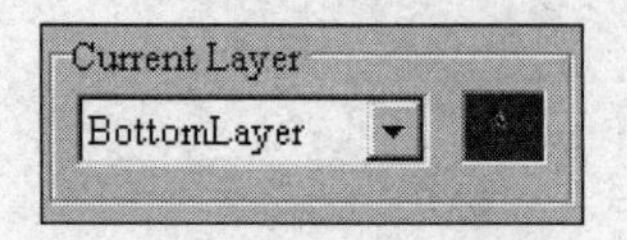

图16.22 板层显示设置区域

当然，如果屏幕太小、分辨率太低就看不见这个区域了！不过，这个区域并不是那么急切需要，通常都是直接在工作区下方的标签栏中切换工作板层。

▶ 第 17 章

多层板设计

▶困难度指数：☺☺☺☺😐😐

▶学习条件：　基本窗口操作

▶学习时间：　90 分钟

本章纲要

1.元件分类放置

2.内层设置

3.手工布线技巧

4.覆铜实践

本章将通过向导及自动布线的操作，实践从层次式原理图到多层板的设计。首先按下列原理图（图 17.1～图 17.3）绘制，也可从光盘读取文件(ch17-1.ddb)。

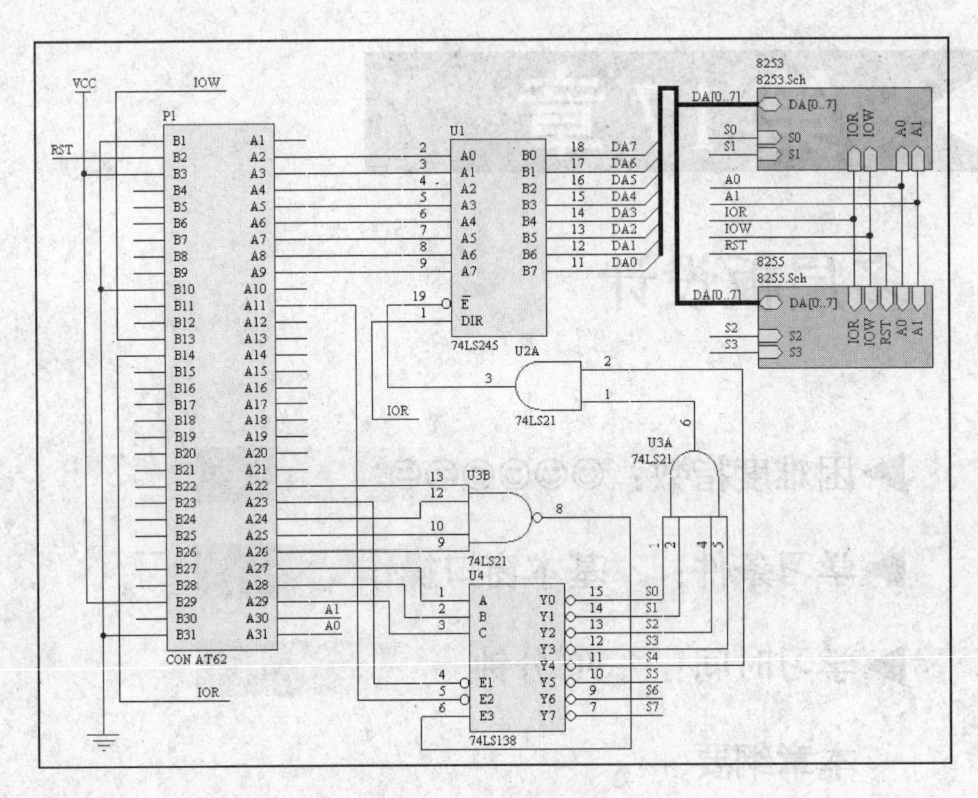

图17.1 主原理图

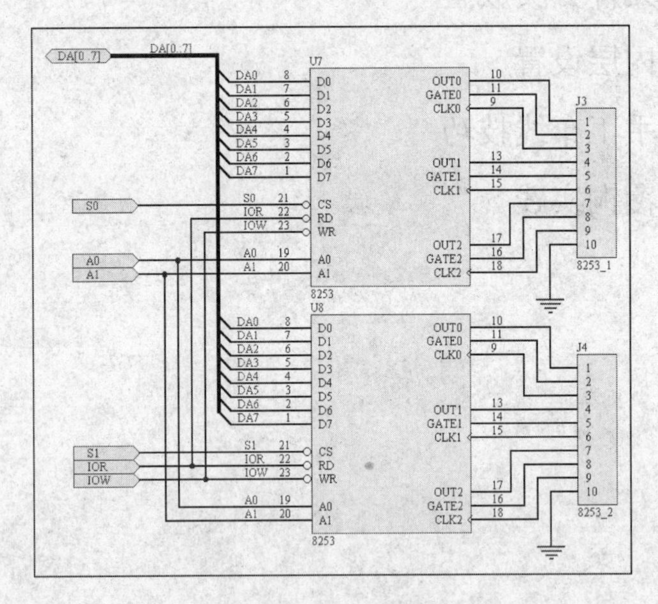

图17.2 8253 原理图

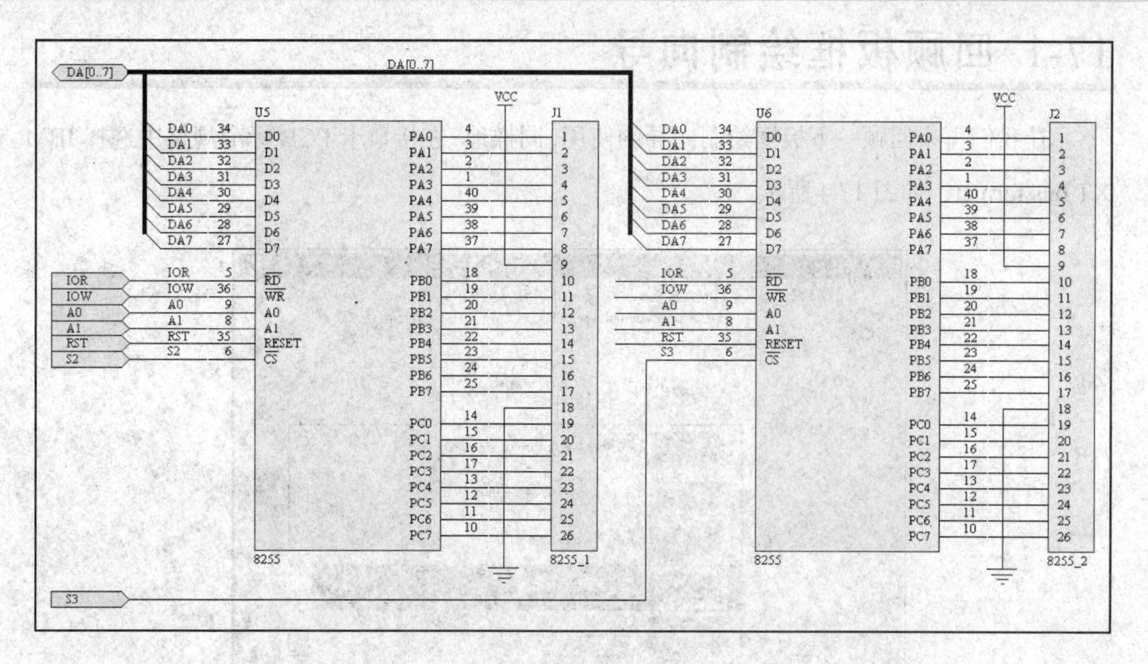

图17.3　8255 原理图

使用的元件所属元件库为：

Schematic Library	
Miscellaneous Devices.Ddb	Miscellaneous Devices.lib
Protel DOS Schematic Libraries.Ddb	Protel DOS Schematic Intel.lib
	Protel DOS Schematic TTL.lib
PCB Library	
General IC.Ddb	General IC.lib
Advpcb.Ddb	PCB Footprint.lib

Part Type	Designator	Footprint
CON AT62	*P1*	*ECN-IBMXT*
74LS245	*U1*	*DIP-20*
74LS21	*U2*、*U3*	*DIP-14*
74LS138	*U4*	*DIP-16*
8255	*U5*、*U6*	*DIP-40*
8253	*U7*、*U8*	*DIP-24*
8255_1、*8255_2*	*J1*、*J2*	*IDC26*
8253_1、*8253_2*	*J3*、*J4*	*IDC10*

17-1 回顾板框绘制向导

让我们再来回顾一下板框绘制向导的使用，同样地，在接口卡 PCB 标准规格中选择 IBM XT bus format，如图 17.4 所示。

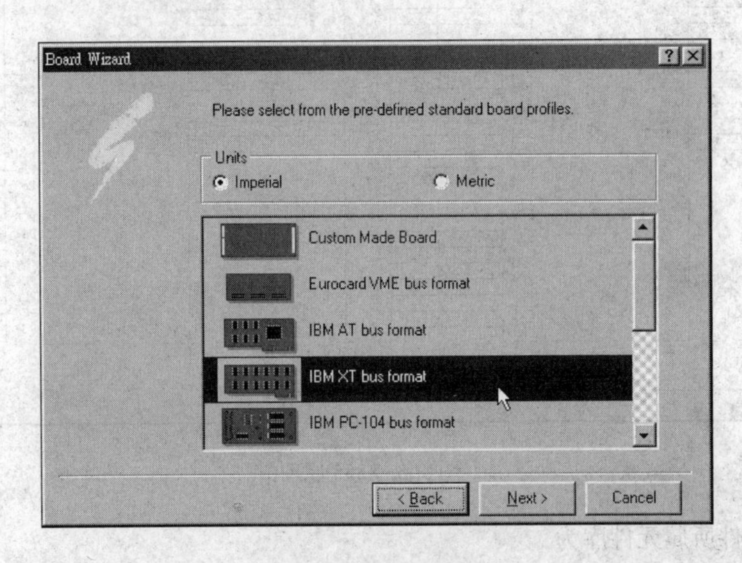

图17.4 选用标准向导

接下来只说明要设置的选项，至于向导的其他设置步骤就随意吧！在设置 IBM XT bus format 规格后，选择 PCB 的模式 XT short bus，如图 17.5 所示。

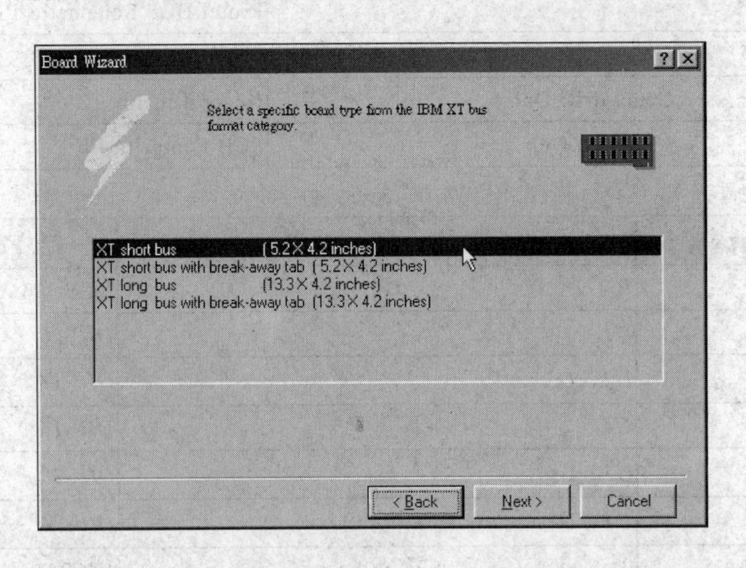

图17.5 选择 XT short bus 模式

在板层结构设置步骤中选择使用四层板，上下两层为走线层，中间两层为电源层 (Power/Ground Planes)，设置如图 17.6 所示。

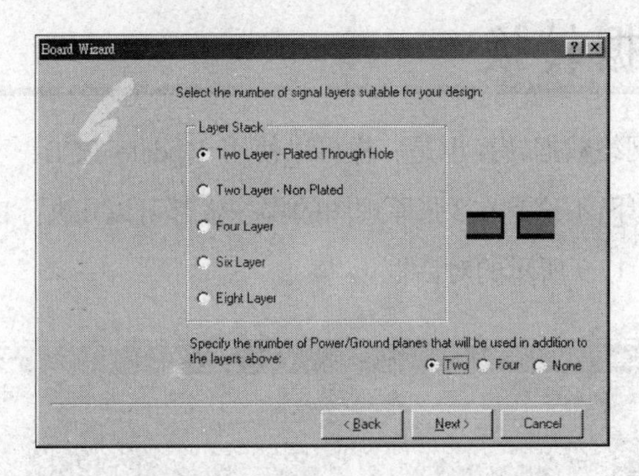

图17.6　设置四层板，中间两层电源层

在过孔(Via)的模式中选择 Thruhole Vias only 选项，如图 17.7 所示。

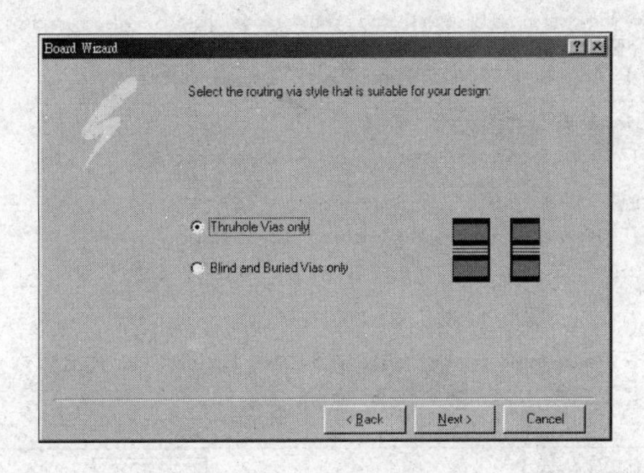

图17.7　选择过孔模式

完成所有设置后，如图 17.8 所示。

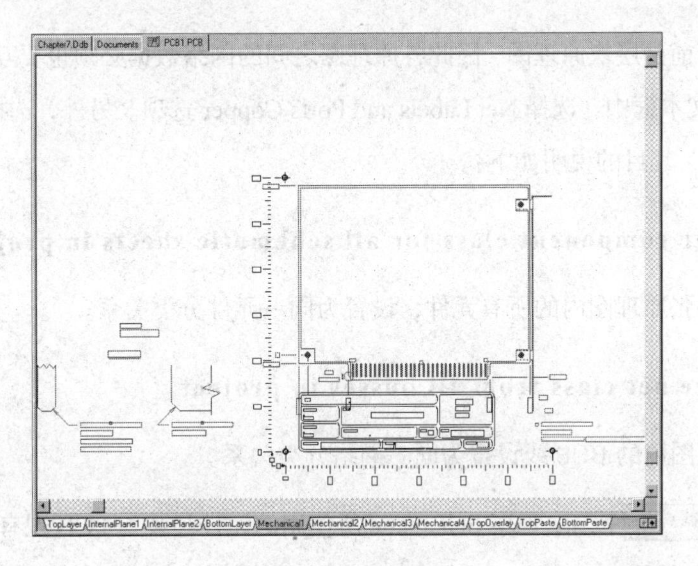

图17.8　完成设置后

17-2 网络数据转换

层次式原理图的网络数据转换也是一样可以使用 Update PCB，不过有一些设置是要注意的；在Schematic环境下(不论是在3张原理图的哪一张都可以)，执行Design菜单下的Update PCB...命令，将出现图 17.9 所示的对话框。

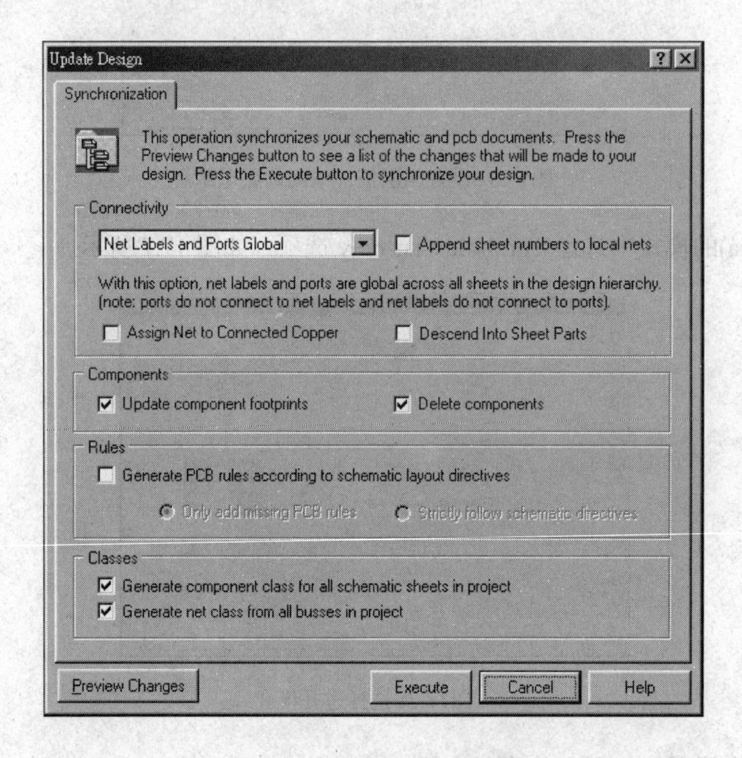

图17.9　网络数据转换对话框

由于我们目前是层次原理图，因此各原理图之间的网络数据必须也要互相连接，所以请在 Connectivity 文本框中，选择 Net Labels and Ports Copper 选项。另外，选择下面 Classes 区域中的两个选项，其目的说明如下：

☑Generate component class for all schematic sheets in project

自动把同一张原理图内的所有元件，设置为同一元件分类关系。

☑Generate net class from all busses in project

自动把原理图内的 BUS 线设置为同一网络分类关系。

单击 Preview Changes 按钮，观察 Schematic 所使用的元件封装与 PCB 现有的元件封装对比情形，如图 17.10 所示。

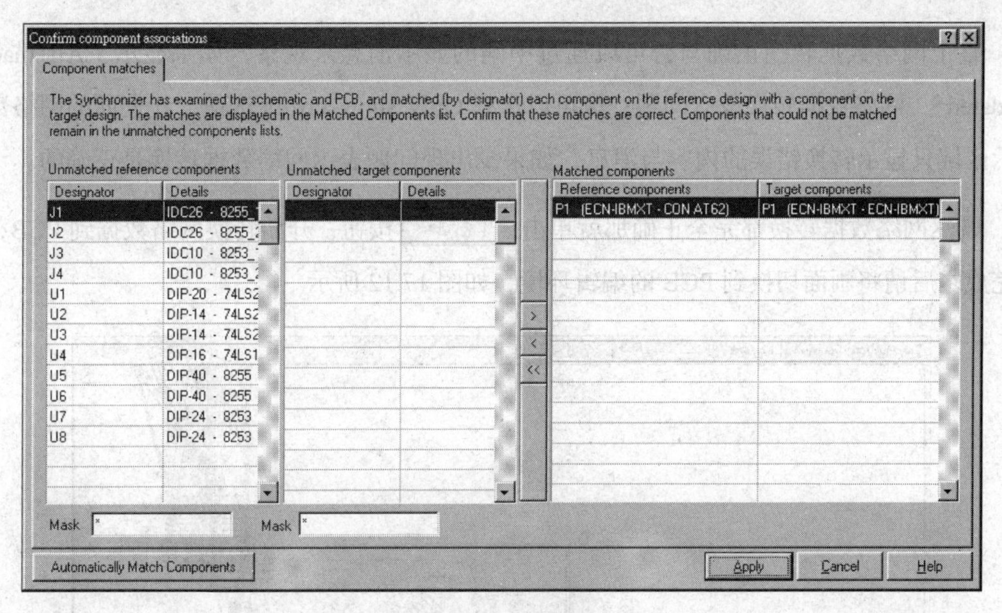

图17.10　网络数据

在图 17.10 中，左边的区域内显示可加载的元件封装，也就是在 PCB 编辑环境所加载的元件库中找得到所对应的元件封装名称；中间的区域内会显示无法加载的元件封装，原因可能是该字段没有输入或是在 PCB 编辑环境所加载的元件库中找不到所对应的元件封装名称；右边的区域显示预加载的元件封装，在 PCB 编辑环境中已存在；单击 Apply 按钮，检查网络表转换的情形如图 17.11 所示。

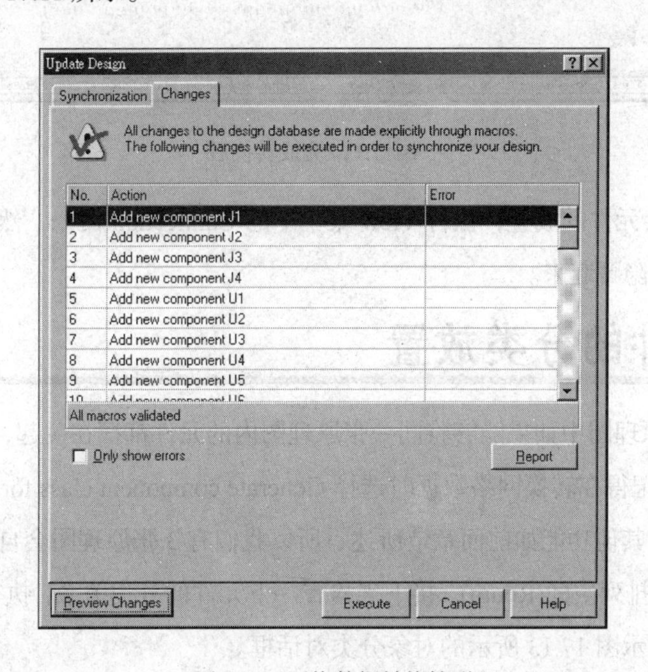

图17.11　网络数据转换情形

整个网络数据转换正确与否可以通过中间的显示消息来观察，如果显示“All macros validated”，网络数据转换没有问题；也可以选择 Only show errors 选项，让上面的网络数据显示区域只显示转换错误的内容与消息，如果没出现问题表示网络数据转换是正确的。

既然网络数据转换都完全正确那就单击 Execute 按钮，开始转换网络数据到 PCB，转换完成之后请将画面切换到 PCB 的编辑环境，如图 17.12 所示。

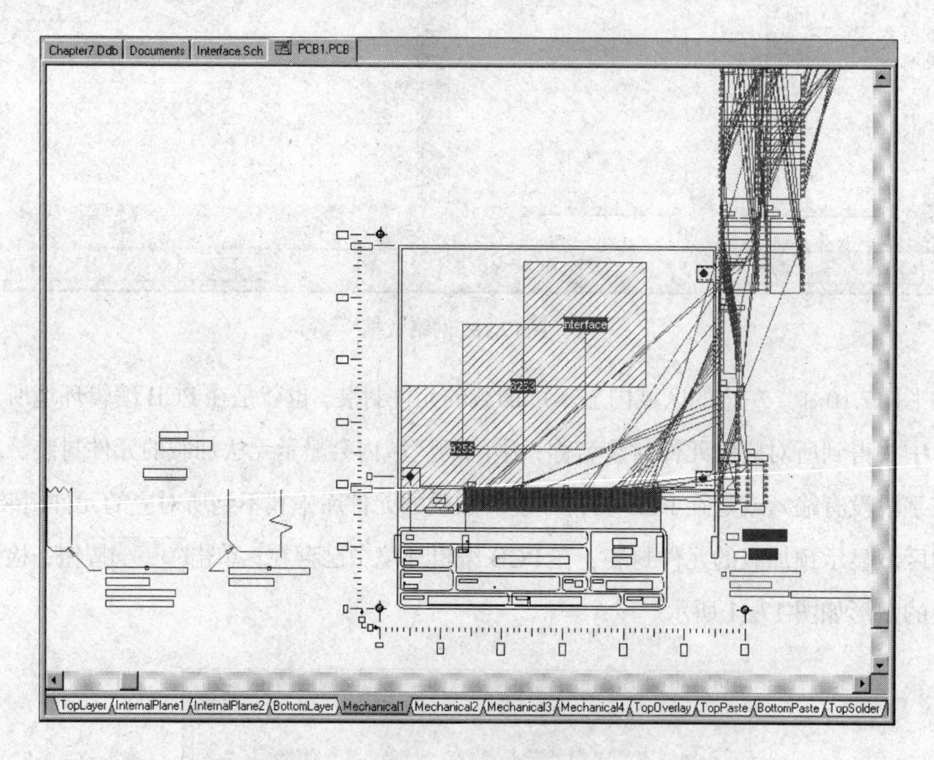

图17.12　完成转换后

为了方便待会元件的放置，执行 View 菜单下的 Connection 命令，然后选择 Hide All 选项，暂时把预拉线隐藏起来。

17-3　元件的分类放置

在层次式的原理图中如果能够将同一张原理图内的元件都摆在一起，那将更有助于铜箔走线的最佳化；还记得在转换网络数据时选择 Generate component class for all schematic sheets in project 选项吧！其他功能如前面章节所述，所以我们有 3 张原理图会自动产生 3 个元件分类，就有 3 个元件排列空间(Room)。接下来检查一下元件的分类关系，执行 Design 菜单下的 Classes...命令，显示图 17.13 所示的对象分类对话框。

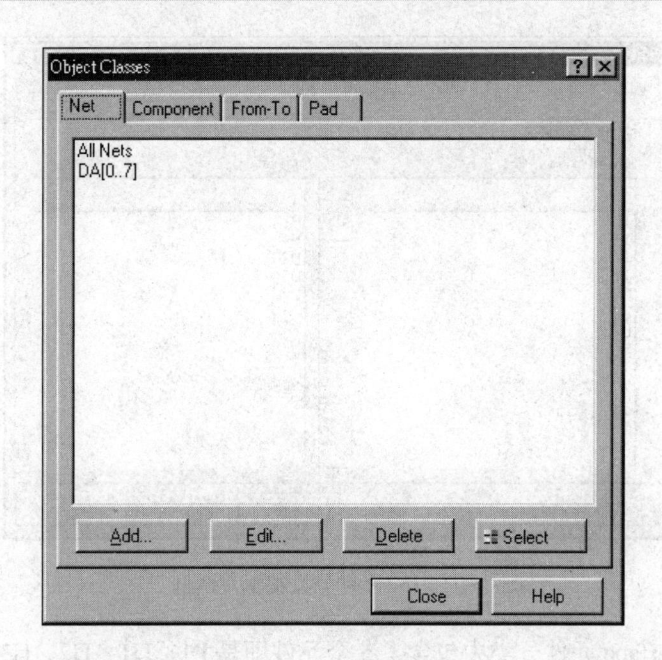

图17.13　对象分类对话框

切换到 Component 选项卡，看一下元件对象的分类关系，如图 17.14 所示。

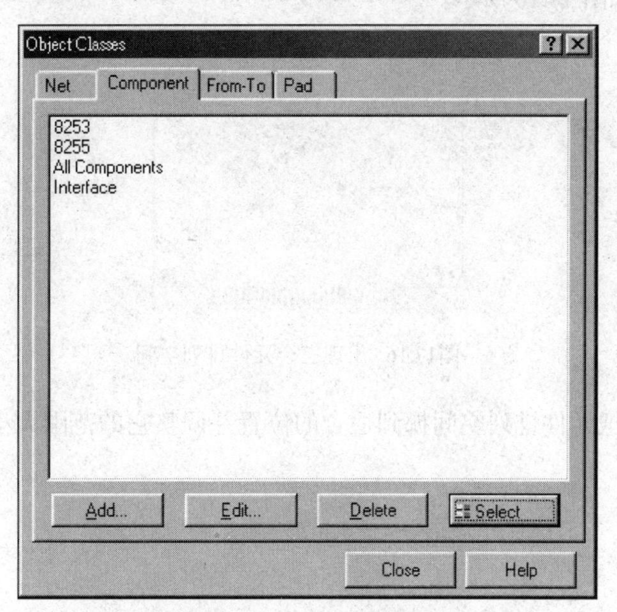

图17.14　元件的分类项目

出现了三个元件分类的名称 8253、8255 及 Interface，刚好它们个别都跟原理图的主文件名相同(Interface.Sch、8253.Sch 及 8255.Sch)，让我们再来看看 Interface 元件分类的内容，请把鼠标指针移到元件分类 Interface 上面，然后双击，出现图 17.15 所示的元件分类编辑对话框。

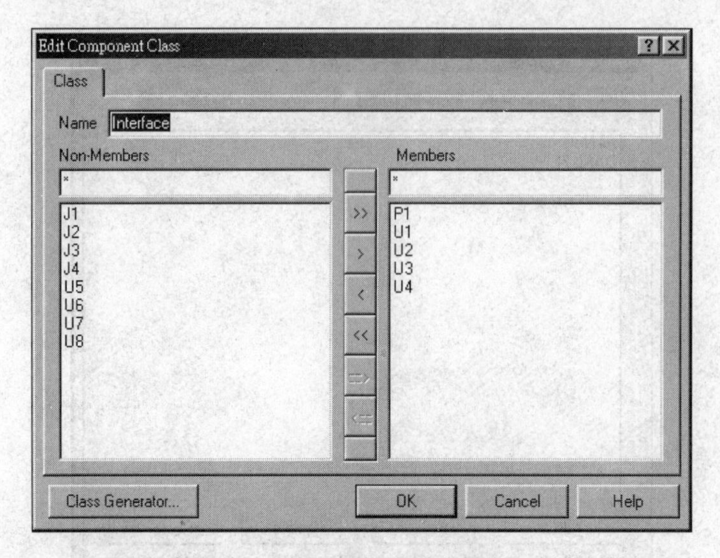

图17.15　元件分类编辑对话框

从图得知 Interface 元件分类中包含了 5 个元件即是 P1、U1、U2、U3 及 U4，刚好都是原理图 Interface.Sch 中的元件。那元件分类了之后有啥好处呢？图 17.16 在板框内出现了 3 个元件排列空间，如图 17.16 所示。

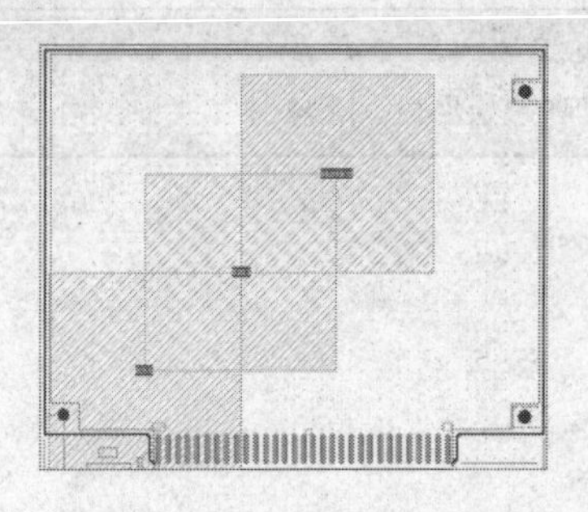

图17.16　出现三个元件排列空间

接着可以个别把元件排列空间挪到适合的位置并调整它的范围大小，如图 17.17 所示(举例)。

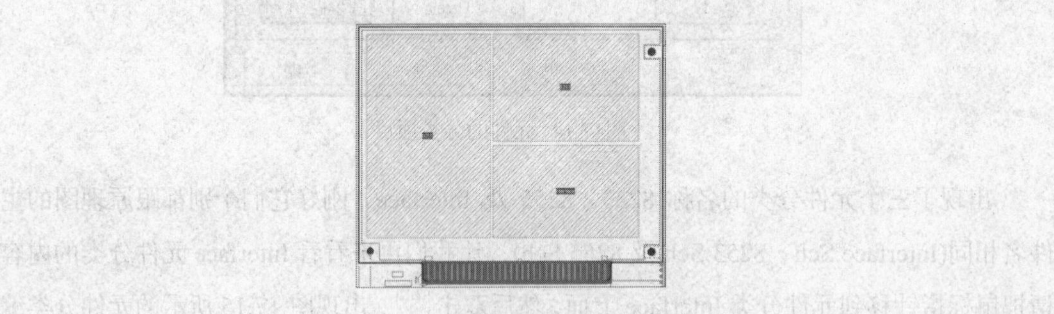

图17.17　调整好的元件排列空间

元件排列空间调整好之后把所属的元件丢进去各空间中，执行 Tools 菜单下的 Interactive Placement 命令，再选择 Arrange Within Room 命令，出现图 17.18 所示的鼠标指针为活动状态。

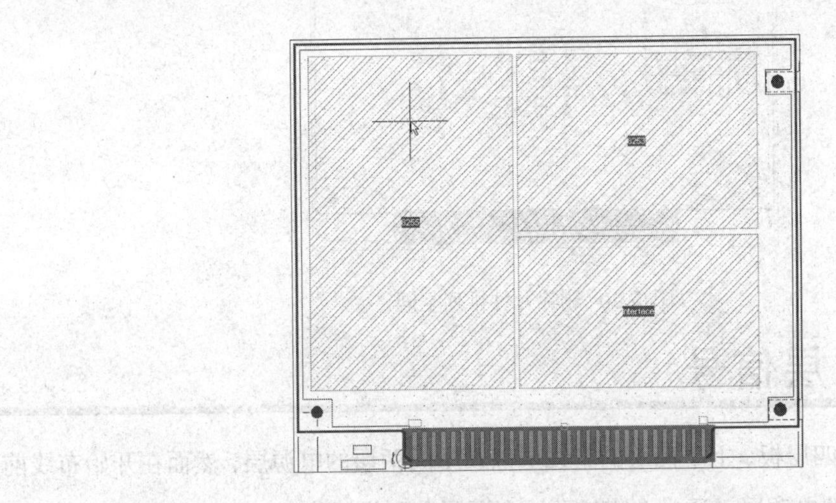

图17.18　执行 Arrange Within Room 命令

然后只要在元件排列空间内单击鼠标左键，即可马上把所属的元件放入元件排列空间，如图 17.19 所示。

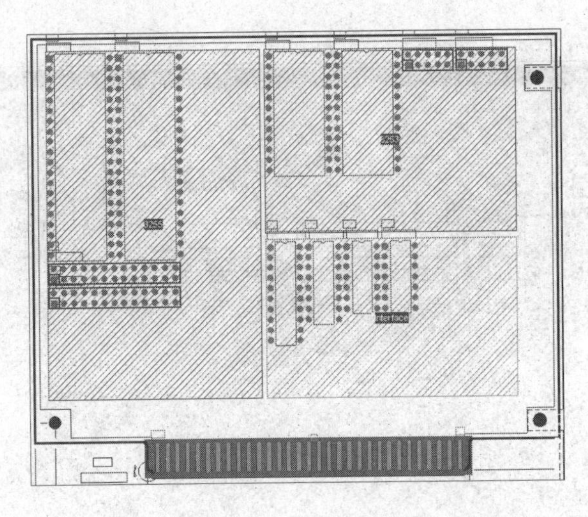

图17.19　元件放置完成

当然这只是初步的元件位置摆设，然后把元件排列空间删除(移动鼠标指针到元件排列空间，单击鼠标左键，再按 Del 键即可)，如图 17.20 所示。

上述只是大约的位置安排，接着请用户自行安排元件适合的位置。

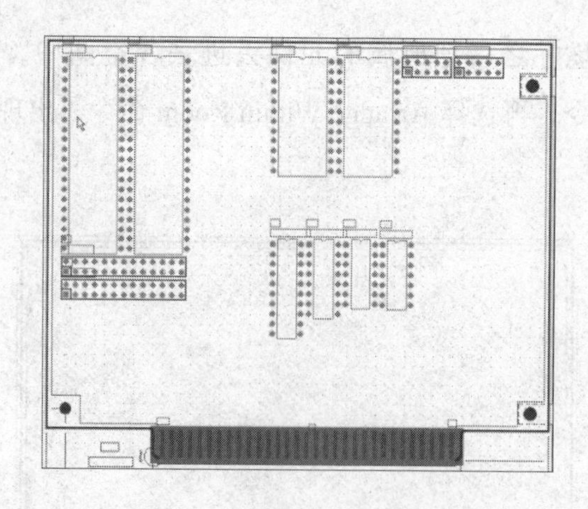

图17.20 删除元件排列空间

17-4 设置内层信号

我们所使用的是四层板、上下两层的走线层以及中间两层的电源层，然而在开始布线前必须先设置中间两层的电源层；通常会将这两层电源层分别设置为 VCC 与 GND，设置的步骤如下：

▶ 1 执行 Design 菜单下的 Layer Stack Manager…命令，图 17.21 所示为目前板层状态设置对话框。

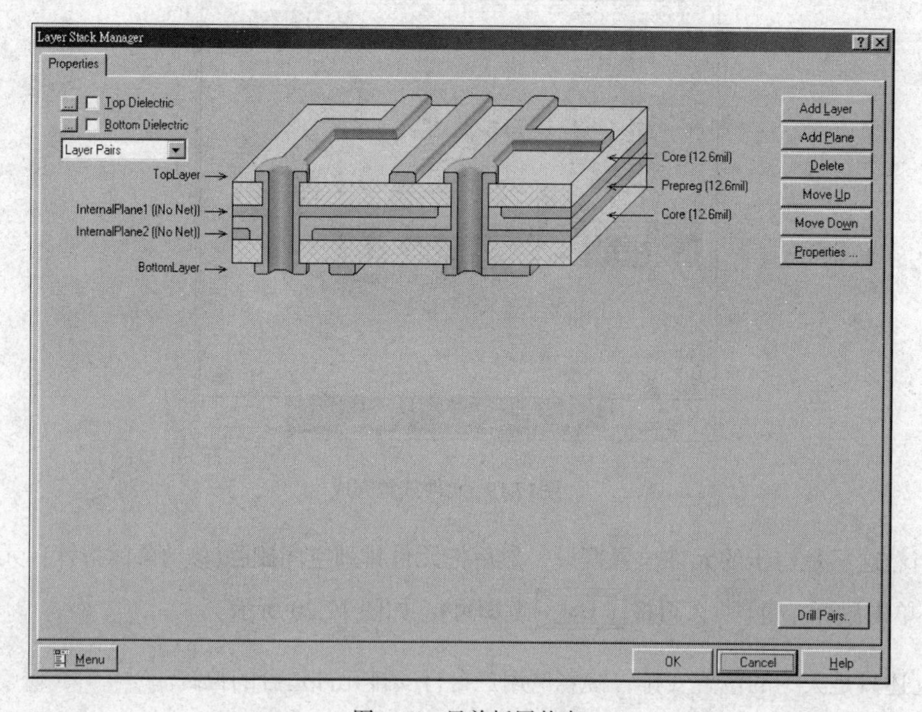

图17.21 目前板层状态

▶ 2　双击 InternalPlane1((No Net))，显示图 17.22 所示的层面数据设置对话框。

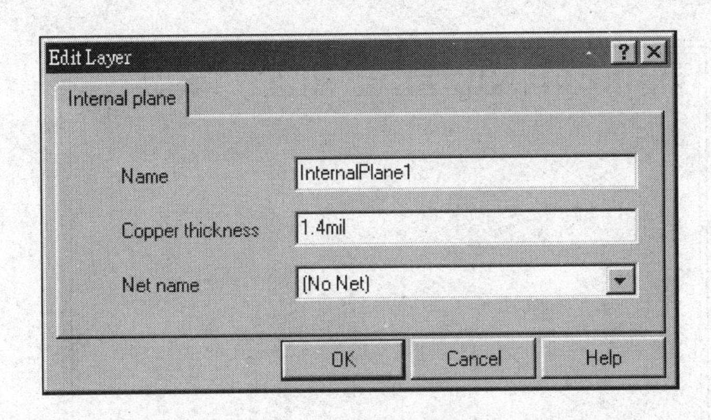

图17.22　层面数据设置

▶ 3　在 Net name 下拉列表框中选择 VCC 选项，如图 17.23 所示。

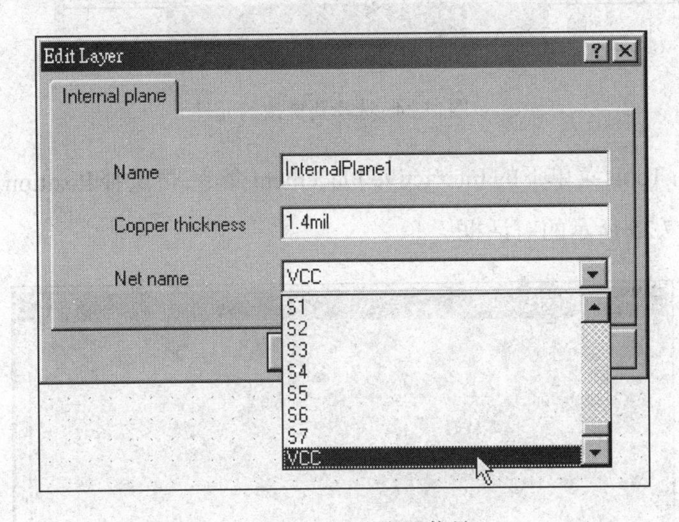

图17.23　设置内层信号

▶ 4　设置完成后单击 OK 按钮，InternalPlane1((No Net))马上变成 InternalPlane1 (VCC)；同样地，将 InternalPlane2((No Net))也改成 GND，再单击 OK 按钮就大功告成了。

17-5　设置元件序号与名称的位置

现在 PCB 上面的元件文字挺乱的，让我们把一大堆的元件序号与名称的位置调一调，如果要一个一个文字慢慢地调整，那实在是太慢了，我们来看一下如何快速地调整这一类的文字。

▶ 1　请选择要调整序号及值的元件，如图 17.24 所示。

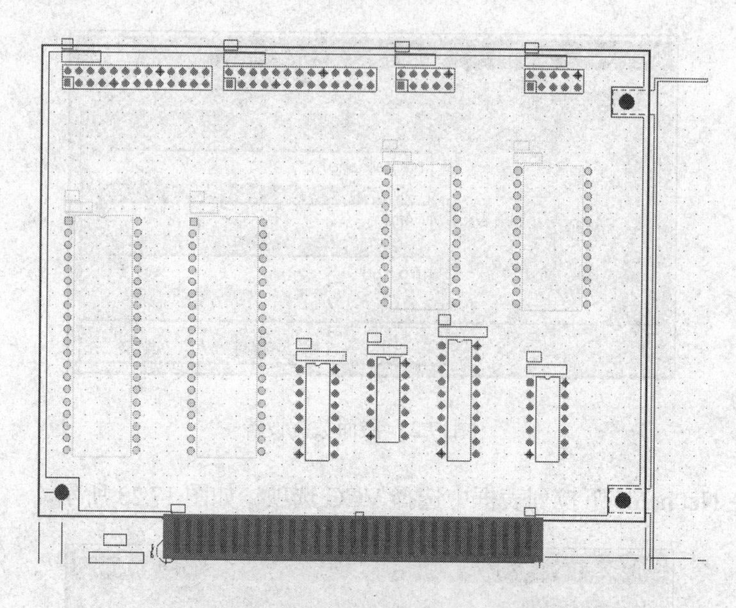

图17.24　选择要更改的元件

▶ 2　执行 Tools 菜单下的 Interactive Placement 命令，再选择 Position Component Text... 命令，则显示图 17.25 所示的对话框。

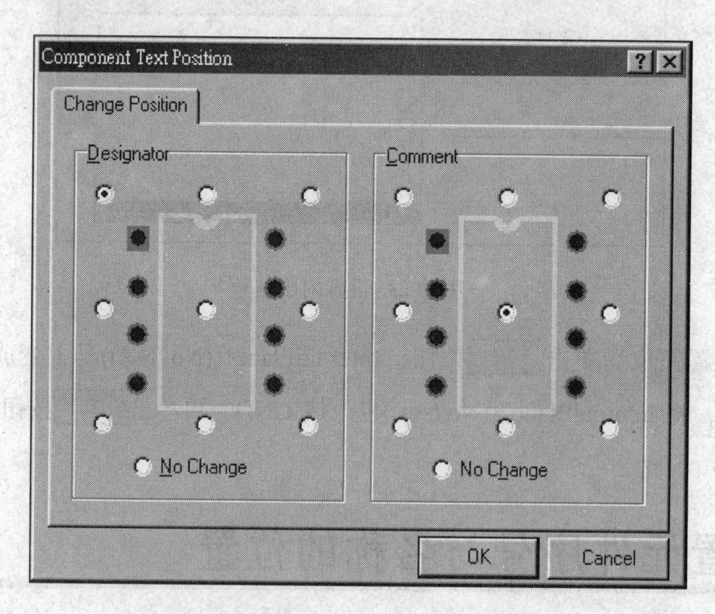

图17.25　排列元件名称与序号位置

▶ 3　然后在 Designator 区域里选择左上方，而 Comment 区域里选择中间，单击 OK 按钮，如图 17.26 所示。

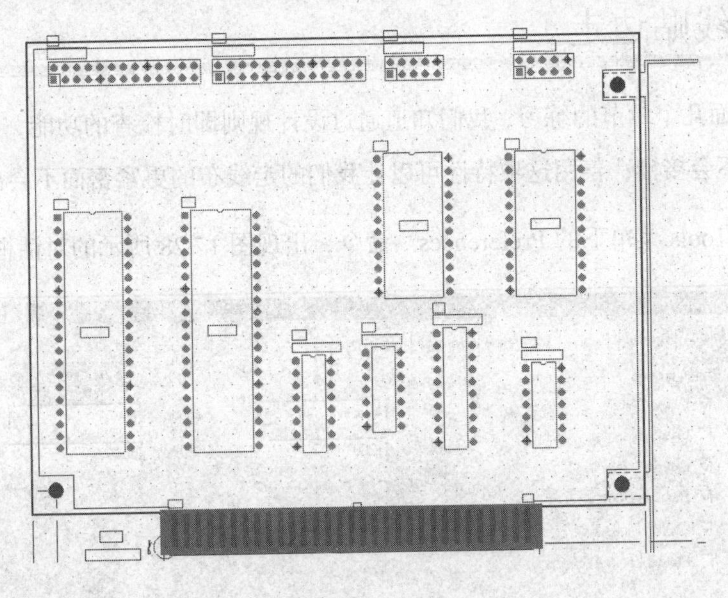

图17.26　调整后

▶ 4　其他部分请自行调整，调整好后如图 17.27 所示。

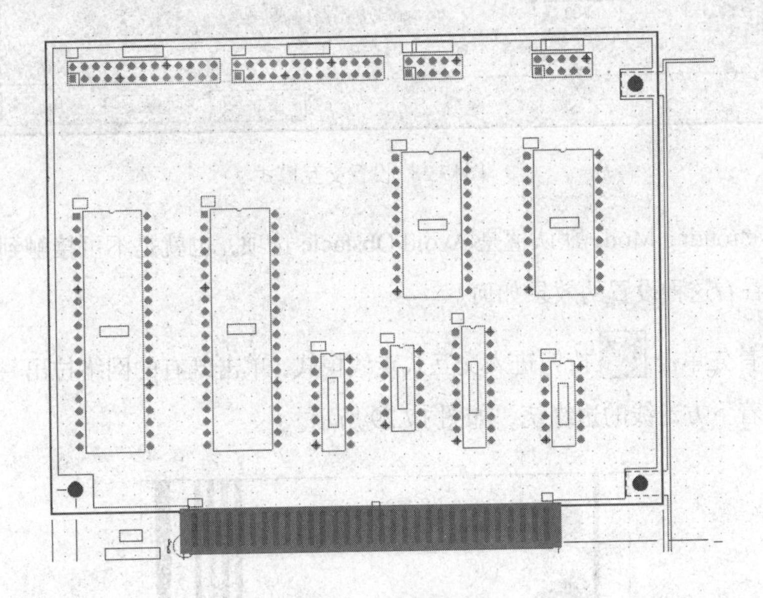

图17.27　全部调整好

17-6　手工布线特性的运用

自动布线好像功能强大。其实手动布线才是整个布线的主角，在手动布线模式中可以随意切换适用的转折角，虽然现在加入了 45°可调整大小的转折角，不过好像还不太够。走线轻松贴边走及走线的推挤功能将在下节介绍。

17-6-1 走线贴边走

经过了前面几个章节的练习，我们知道通过设计规则即时检查的功能，让我们手动布线时不会短路也不会接错；善用这项特性可以让我们的走线布的更紧密而不会出错。

首先执行 Tools 菜单下的 Preferences…命令，出现图 17.28 所示的对话框。

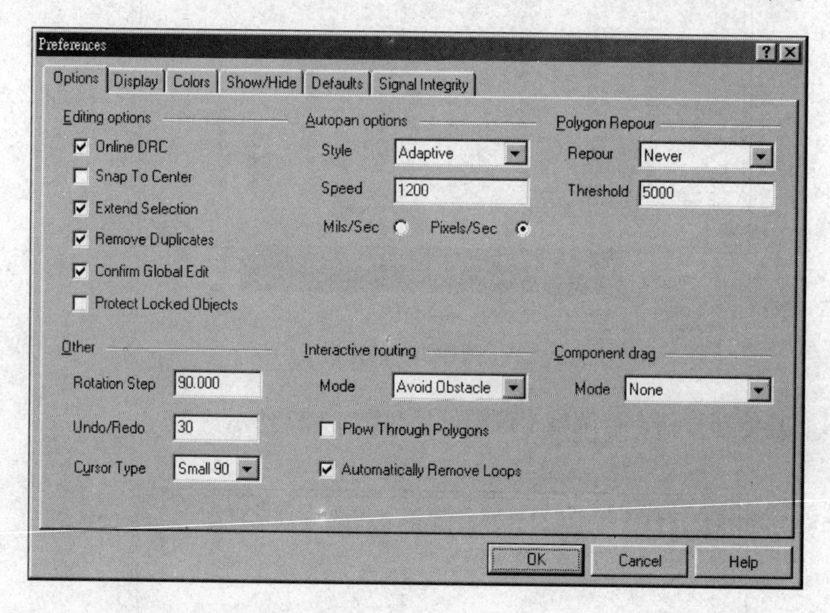

图17.28 设置交互模式

Interactive routing Mode 默认值是 Avoid Obstacle 选项，也就是不可接触到障碍物，单击 OK 按钮，看看这种设置的效果如何？

▶ 1 首先单击按钮进入交互式走线模式，单击既有的网络拉出一条走线，而这条走线必须贴着下方走线的边缘绕，如图 17.29 所示。

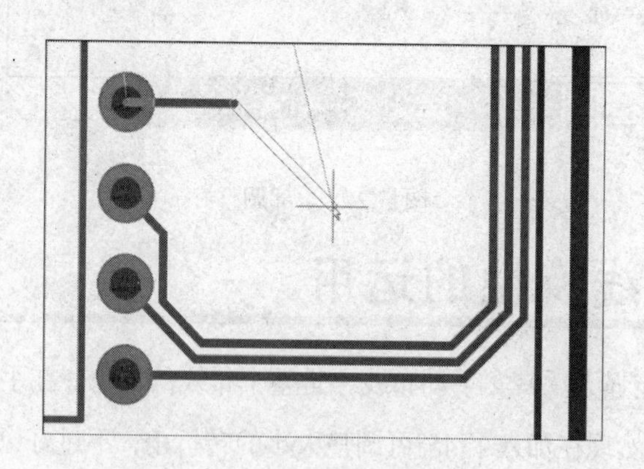

图17.29 开始走线

▶ 2　我们直接把端点往下拉，虽然已经拉过头了，但实际的走线却维持一定的安全距离，如图 17.30 所示。

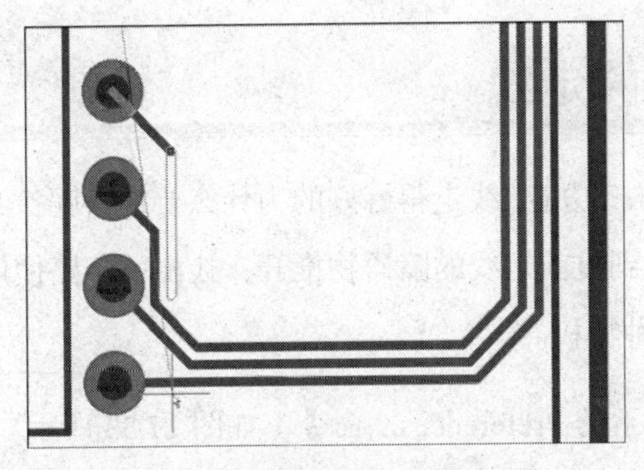

图17.30　超过障碍物

▶ 3　这时候单击鼠标左键，确定第一个转折端点，然后再依此特性继续往右边拉，如图 17.31 所示。

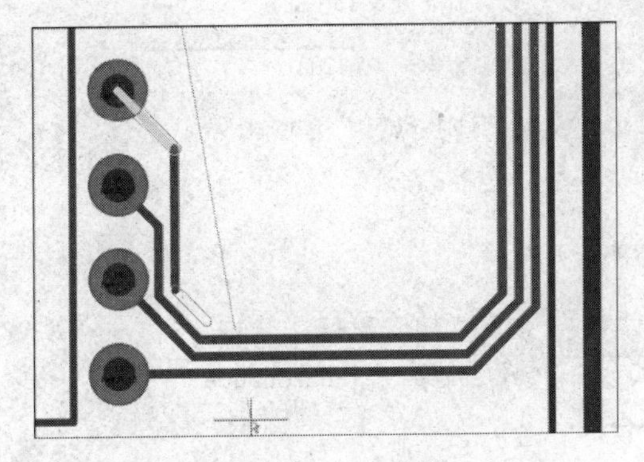

图17.31　往右走线

▶ 4　再单击鼠标左键两次相继确定转折端点，同样地依此特性继续，如图 17.32 所示。

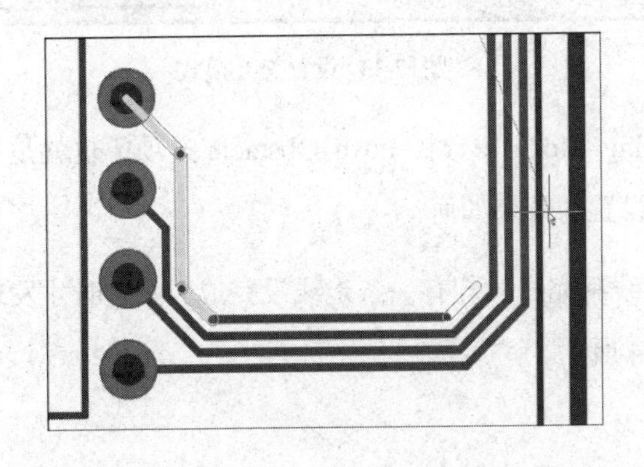

图17.32　继续遥控走线

▶ 5　运用此特性就能够轻松地完成紧密相邻的两条走线了，而且是贴紧的。

17-6-2 推来挤去的走线

接着要介绍走线的推挤功能，线走得好好的为什么要推挤呢？又如何推挤呢？当走线遇到障碍时，如果可先将挡到目前走线的障碍物推开，让出一条路使用户想怎么走就怎么走。Protel 当然提供给用户这种特权。

首先执行 Tools 菜单下的 Preferences…命令，如图 17.33 所示。

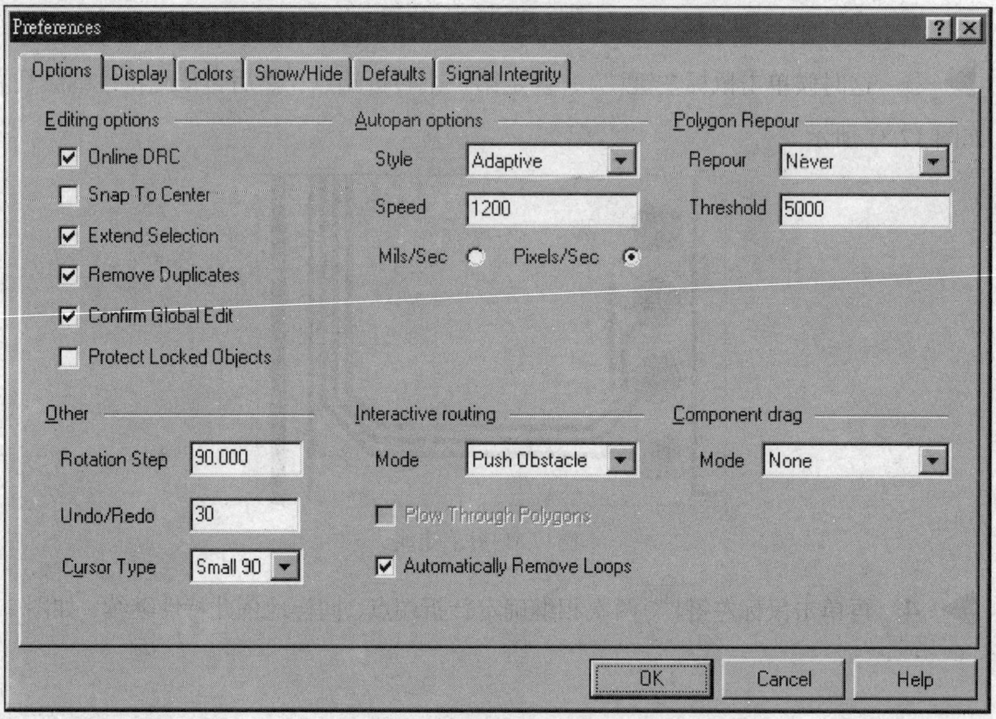

图17.33　设置交互模式

在 Interactive routing Mode 中选择 Push Obstacle 选项，也就是自动推开障碍物，单击 OK 按钮，看看这种设置的效果如何？

▶ 1　当其他走线都完成时却有一条走线没完成，而这时才发现四周已经没有出入路径的空间了，如图 17.34 所示。

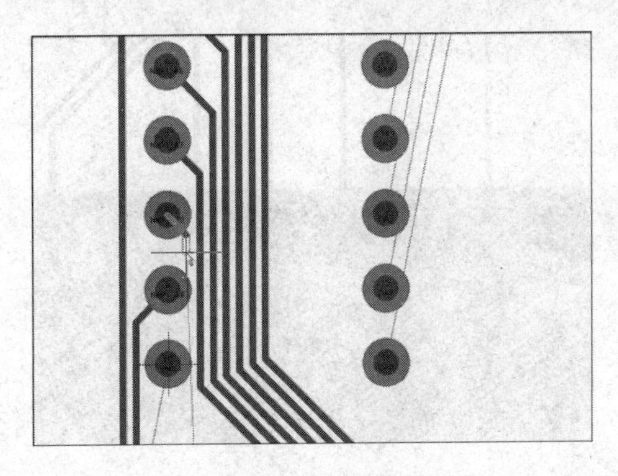

图17.34　开始走线

▶ 2　这时候可视若无睹、目中无线就给它拉出来！旁边的走线纷纷闪避，如图 17.35 所示。

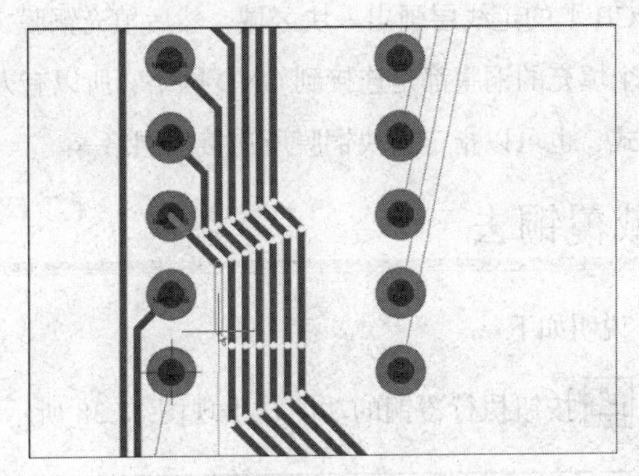

图17.35　自动推挤

▶ 3　再往右推一点点，然后往下拉，如图 17.36 所示。

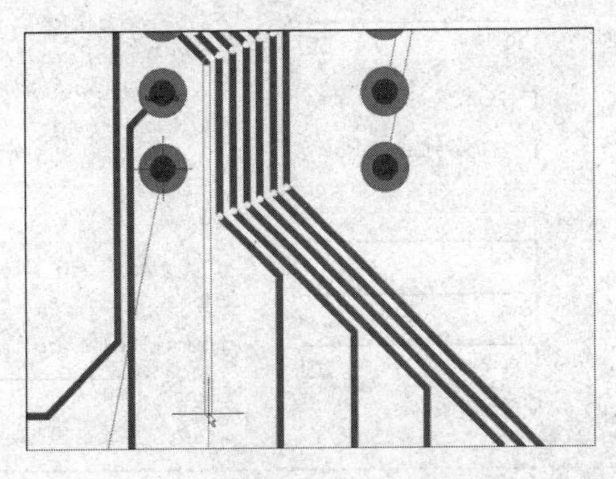

图17.36　自动推挤

▶ 4　很轻松地就可以把空间给挤出来，完成任务了，如图 17.37 所示。

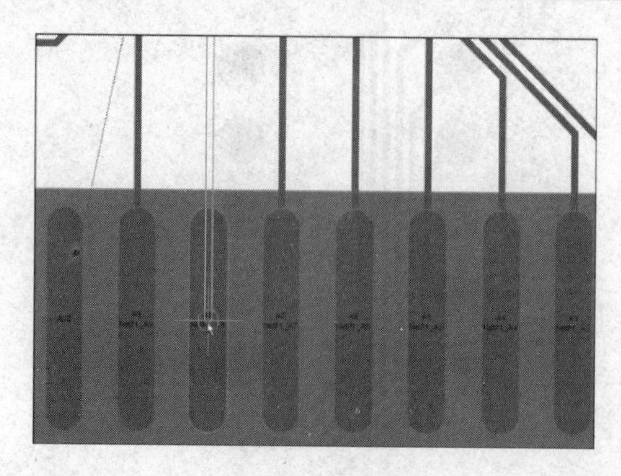

图17.37 完成走线

17-7 覆铜登场

所谓覆铜就是在 PCB 上的走线层画出一块区域，然后填充铜膜，这是 PCB 设计常应用到的方法之一；通常这个填充的铜膜都是连接到 GND 网络，所以有人称之为“铺地”。实际上，可以选择填充的模式，也可以指定这块铜膜所连接的网络等。

17-7-1 画块区域覆铜去

覆铜要如何做呢？说明如下：

▶ 1 首先单击 按钮执行覆铜的功能，出现图 17.38 所示覆铜设置对话框。

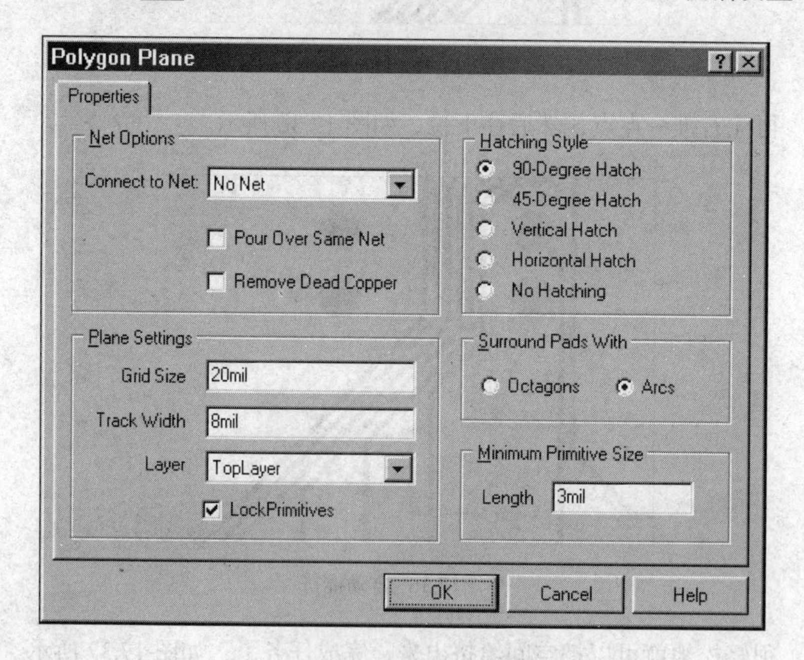

图17.38 覆铜设置对话框

▶ 2　设置铜箔所连接网络为 GND(当在 Connect to Net 下拉列表中，直接按 G 键即可快速选择 GND)，如图 17.39 所示。

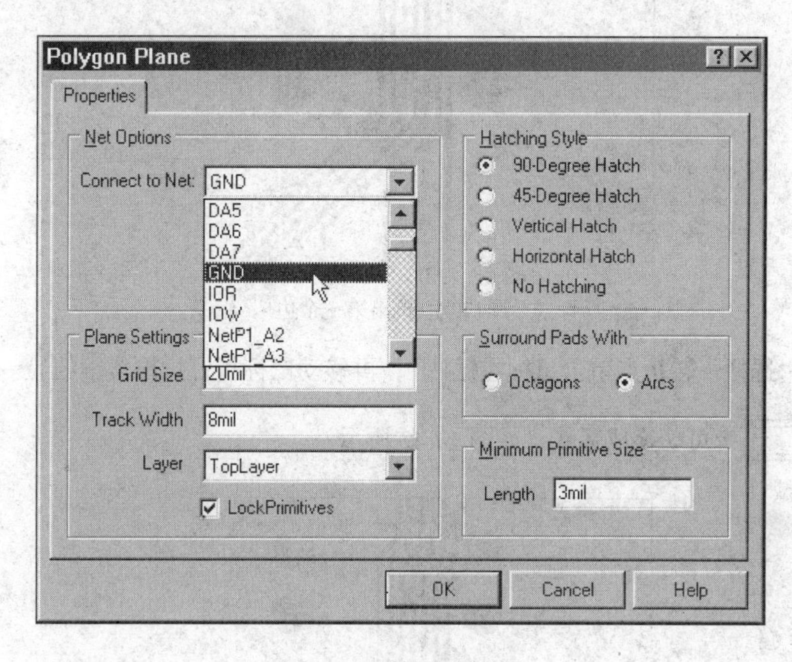

图17.39　设置铜箔网络

▶ 3　完成设置后(其他设置留待下面章节说明)，单击 OK 按钮，即可开始覆铜，如图 17.40 所示。

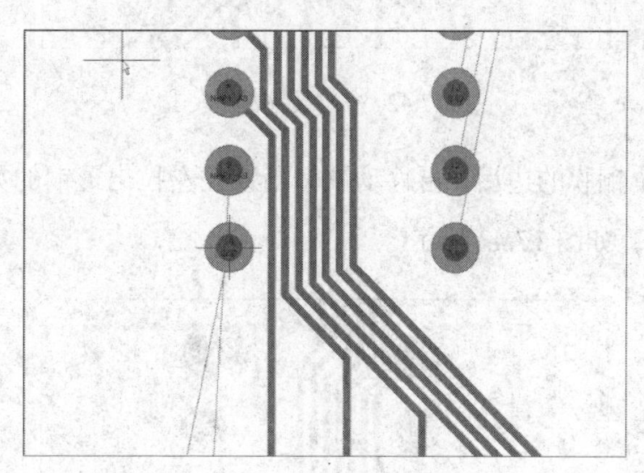

图17.40　覆铜状态

▶ 4　然后选择覆铜起始点单击鼠标左键，再移动鼠标指针即可拉出覆铜的范围，往右拉如图 17.41 所示。

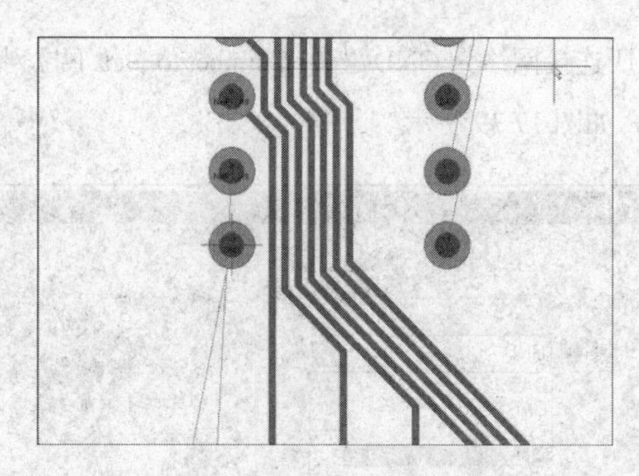

图17.41　拉出第一个边

▶ 5　选择一转折点单击鼠标左键，再移动鼠标指针拉出覆铜的另一边往左下拉，按键可切换成弧线，如图 17.42 所示。

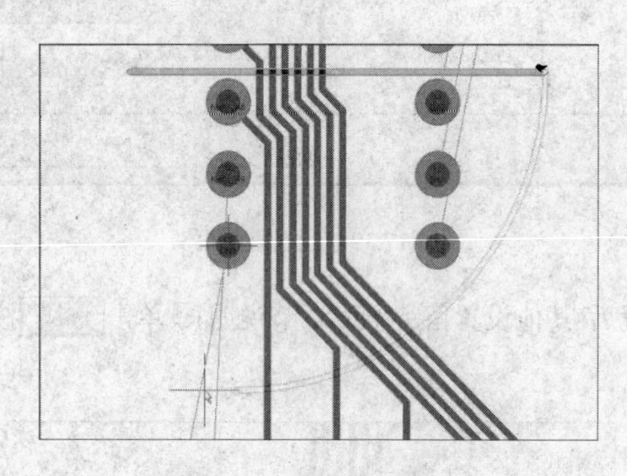

图17.42　拉出覆铜的另一边

▶ 6　完成这个铜膜的边后，再移动鼠标指针往左拉出覆铜的另一边，再单击鼠标左键即可完成另一边，如图 17.43 所示。

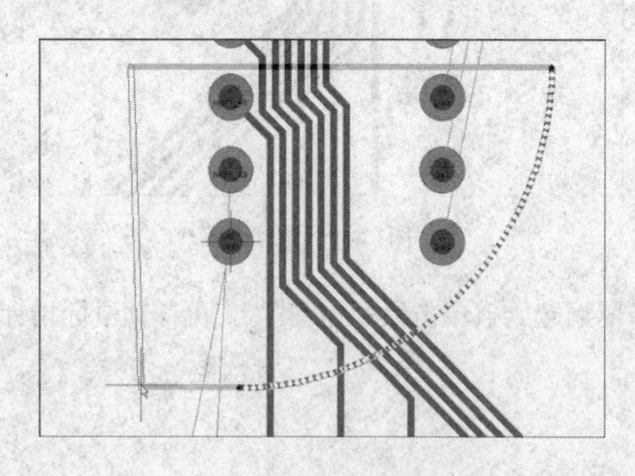

图17.43　完成范围底边

▶ 7　最后只要右击鼠标即可完成最后一边，并自动完成覆铜，如图 17.44 所示。

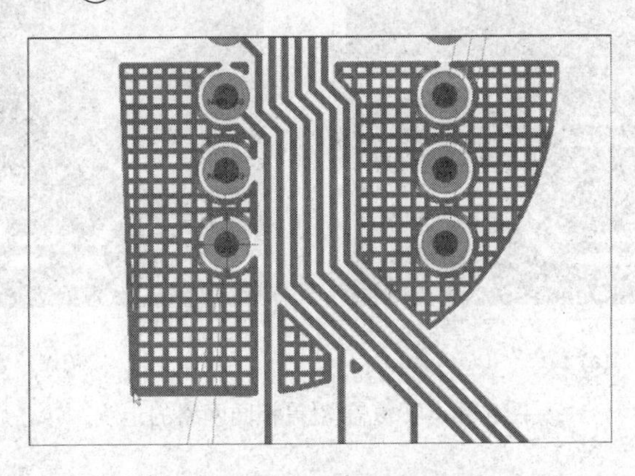

图17.44　完成覆铜

17-7-2 覆铜设置

在刚刚的覆铜设置对话框中有一些相关的设置，这些设置会直接影响覆铜的效果，因此可以根据电路特性所需求调整相关的设置。以下将进一步说明覆铜设置对话框，如图 17.45 所示。

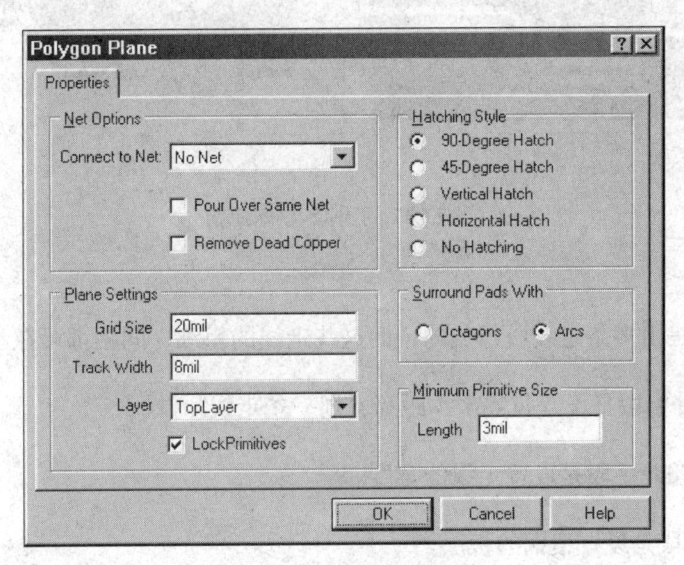

图17.45　覆铜设置对话框

Net Options 区域

- Connect to Net 文本框设置铜膜所连接的网络。
- Pour Over Same Net 选项是设置覆铜时，如相同网络的走线即将其覆盖，如图 17.46 所示，图 17.46(a)为不设置本选项、图 17.46(b)是设置本选项。

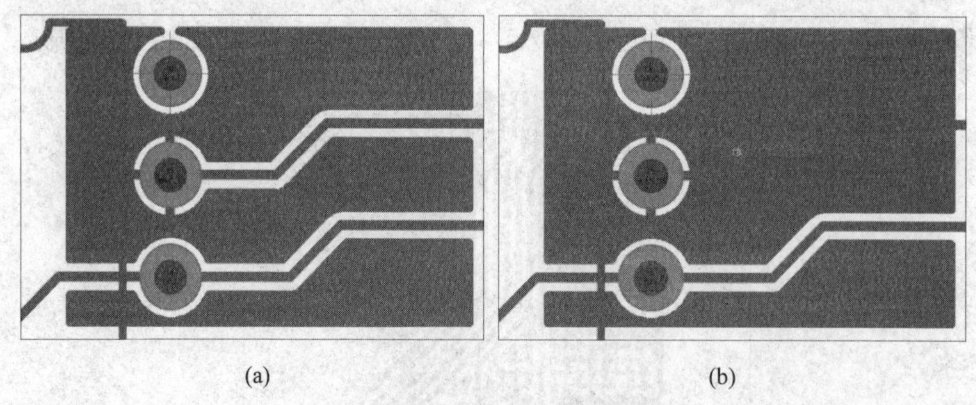

图17.46 不覆盖/覆盖相同网络的走线

- Remove Dead Copper 选项设置把不相连的覆铜(俗称死铜)剔除，图 17.47(a)为不设置本选项、图 17.47(b)是设置本选项。

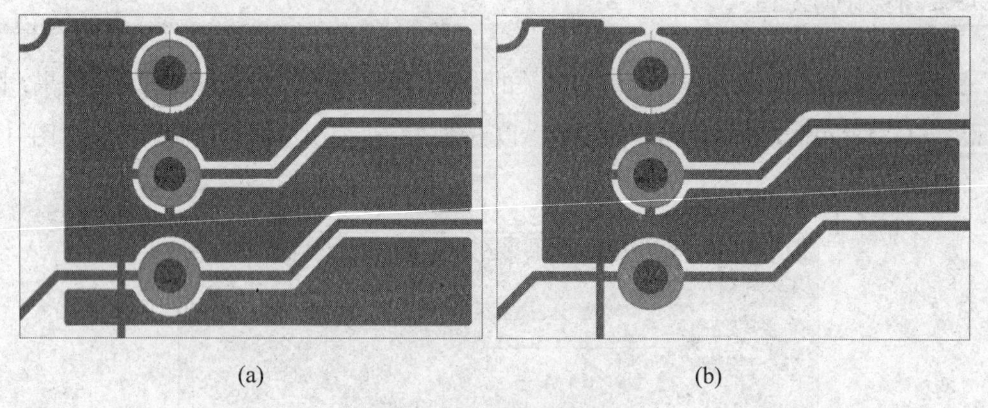

图17.47 不剔除/剔除死铜

Plane Settings 区域

铜膜基本上是由多条走线所组成的，而这些走线的粗细、间距都可在本区域里设置。

- Grid Size 字段是设置每隔多少距离，划一条走线。
- Track Width 字段是设置走线的宽度。
- Layer 字段是设置覆铜的板层。
- Lock Primitives 选项是设置组成覆铜的走线，在铺完后，是否锁定成一组。

Hatching Style 区域

Protel 所提供的覆铜可有多种铺法，在本区域里设置。

- 90-Degree Hatch 选项设置采用水平及垂直交错方式覆铜。

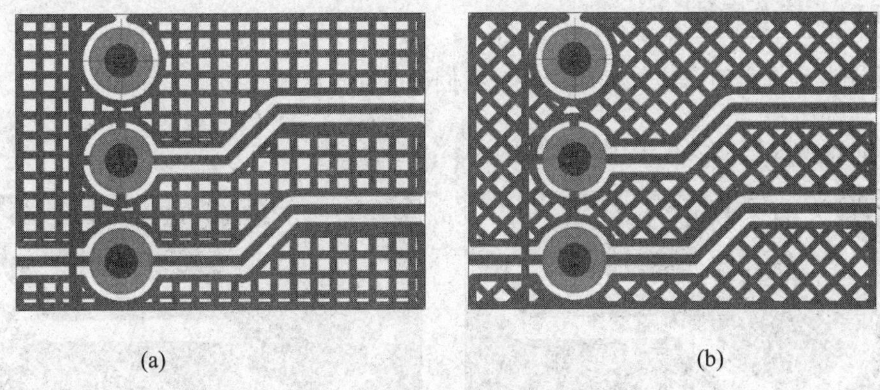

(a)　　　　(b)

图17.48　90°线覆铜和 45°线覆铜

□　45-Degree Hatch 选项设置采用 45°交错方式覆铜。

□　Vertical Hatch 选项设置采用垂直走线方式覆铜。

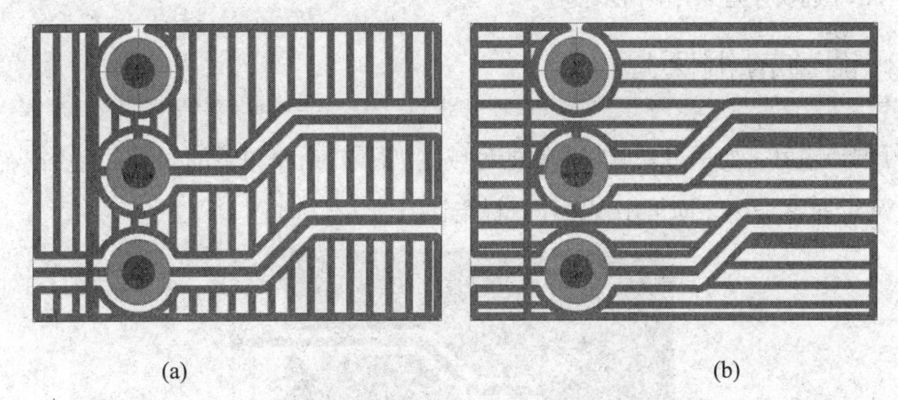

(a)　　　　(b)

图17.49　垂直线覆铜和水平线覆铜

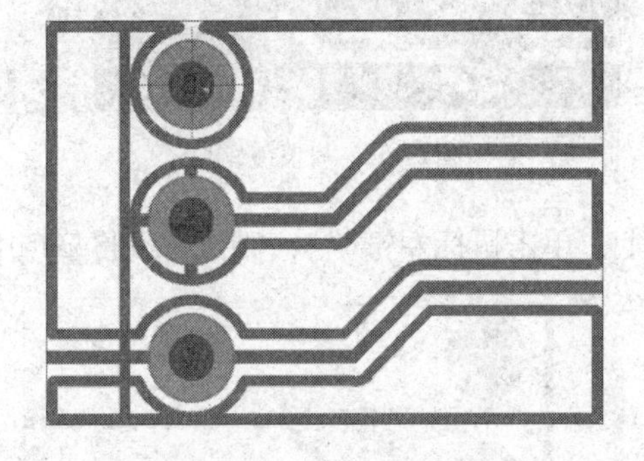

图17.50　描边覆铜

□　Horizontal Hatch 选项设置采用水平走线方式覆铜。

□　No Hatching 选项设置只描绘覆铜的边缘。

Surround Pad With 区域

当覆铜遇到焊点时，应如何闪避呢？我们可以在本区域里设置。

- Octagons 选项设置采用八角形闪避。

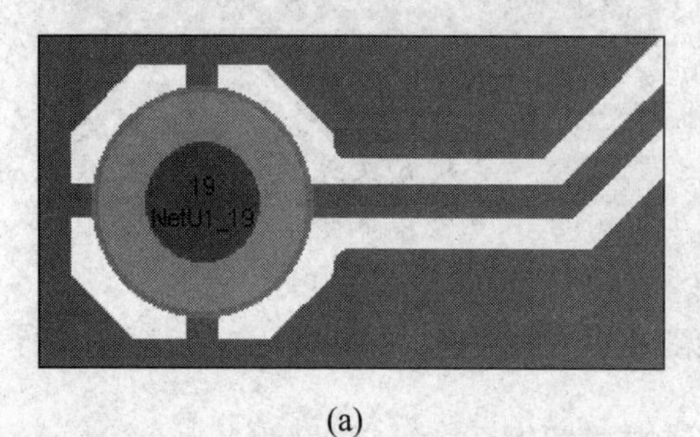

(a)

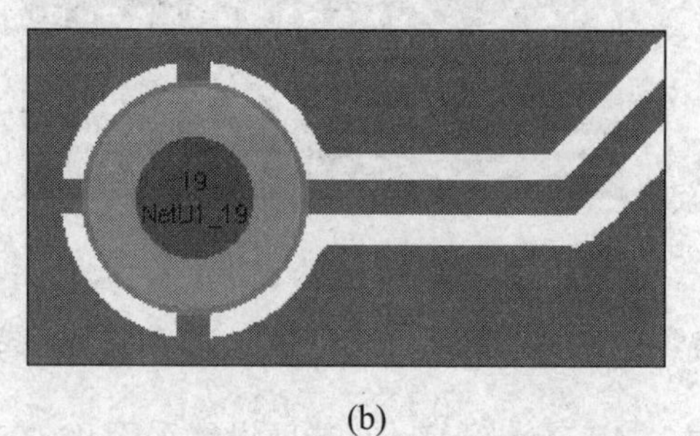

(b)

图17.51　八角形围绕和圆形围绕

- Arcs 选项设置采用圆形闪避。

17-7-3 调整覆铜区域

铺好铜箔之后，如果想要调整覆铜的区域，执行 Edit 菜单下的 Move 命令，然后选择 Polygon Vertices 次命令，即可出现动作鼠标指针(十字形)，如图 17.52 所示。

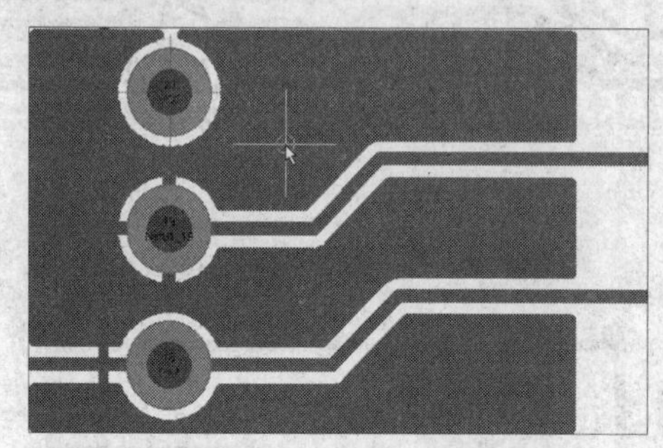

图17.52　调整覆铜状态

指向所要调整的覆铜上，单击鼠标左键，则该覆铜将呈现中空状，如图 17.53 所示。

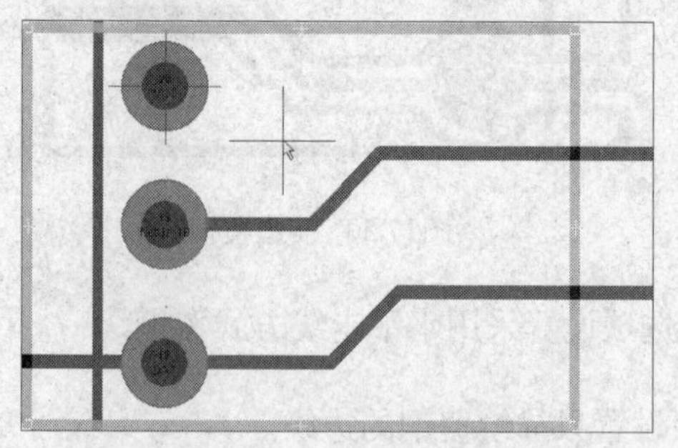

图17.53　指定覆铜

此时您若仔细看，将可发现在铜膜的端点出现小四方形的控点，而四个边上出现四个十字体的端点，把鼠标指针移到右上方的四方形控点，如图 17.54 所示。

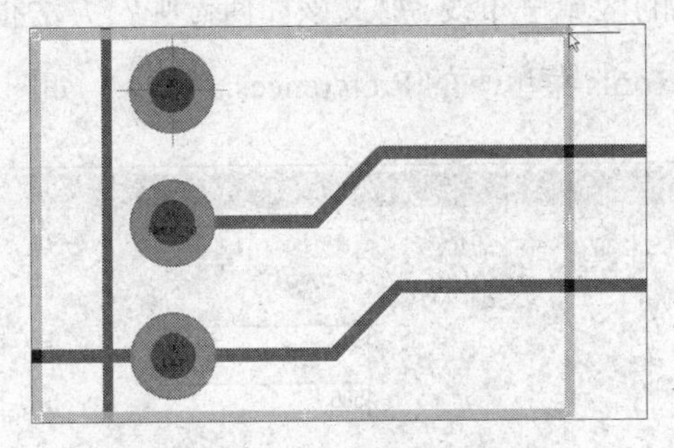

图17.54　指定所要编辑的点

单击鼠标左键，即可调整铜膜的范围大小，我们往右调整，如图 17.55 所示。

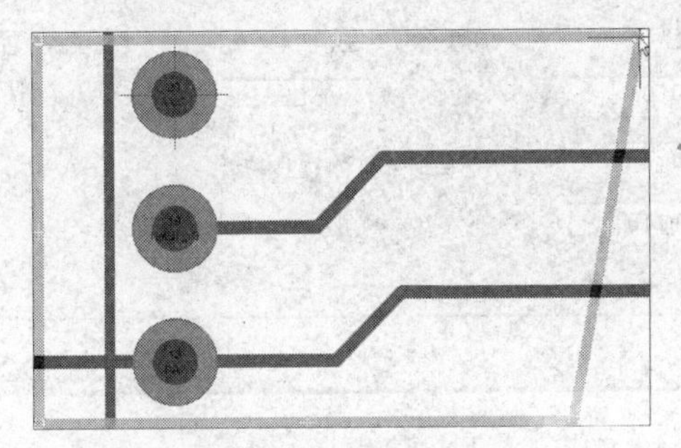

图17.55　调整边线

最后右击，即可结束调整，并重新覆铜，如图 17.56 所示。

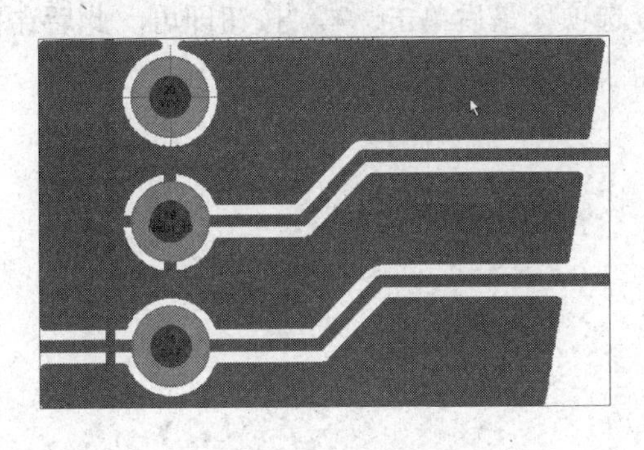

图17.56　完成调整

17-7-4 删除覆铜

删除覆铜的方法很简单，首先把鼠标指针移到要删除的覆铜上，然后按住 Shift 键再单击鼠标左键，该覆铜立即呈现选择状态，紧接着，按 Ctrl + Del 键即删除该覆铜。

17-7-5 走线

如果我们想在铺好铜的区域里布线，那又该如何做呢？方法很简单只要先设置好相关的选项就可以了。首先执行 Tools 菜单下的 Preferences...命令，如图 17.57 所示的对话框。

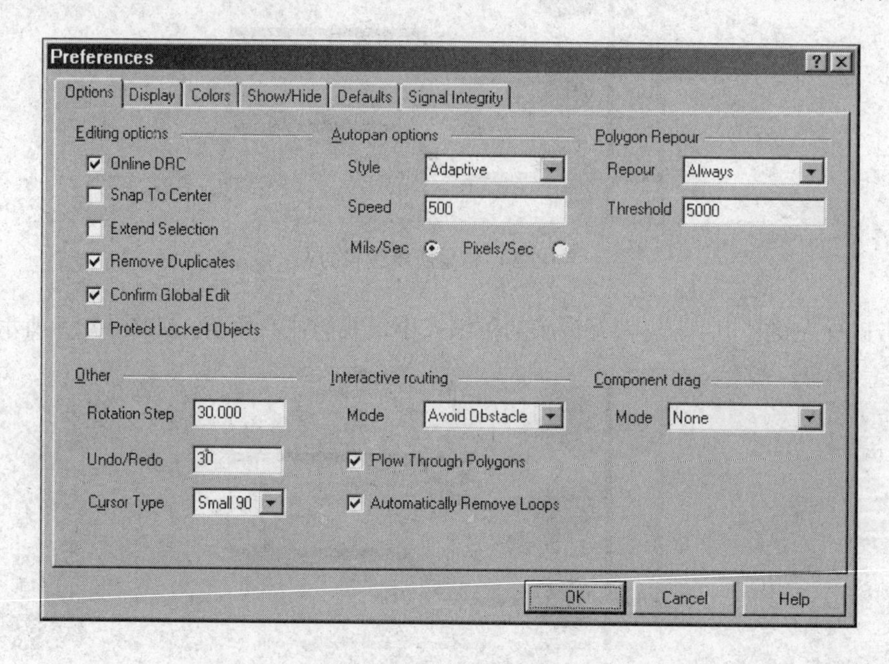

图17.57　环境设置对话框

在 Polygon Repour 下的 Repour 文本框中选择 Always 选项；再选择 Interactive routing 下的 Plow Through Polygons 选项，最后单击 OK 按钮即可。此后在覆铜区的走线就可视若无睹，当它(覆铜)不存在。

第 6 篇 电路板元件设计篇

▶ 第 18 章

元件设计

▶困难度指数：☺☺☺☺😐😐

▶学习条件： 基本窗口操作

▶学习时间： 120 分钟

本章纲要

1.元件的结构与类别

2.神奇的元件设计向导

3.元件设计三部曲

4.按钮设计

5.电路板的更新

6.元件库与元件的复制

7.项目元件库

8.元件设计规则检查

如果说 PCB 99 SE 是一个强健的身体，那元件就是它的血液！本章就来谈谈 PCB 99 SE 的造血功能吧！

18-1　元件的结构与类别

在 PCB 里，元件就是一种实实在在的物体，它所要求的是实际的尺寸、相对的位置，而与电气属性关系不大。另外，由于其所考虑的是实体所以与 PCB 的制造有关，且元件的放置与信号的干扰有关。当然，元件的放置对信号的干扰以及信号流程的影响，那只有设计该电路的人最清楚了。而在元件对于 PCB 制造的影响方面那就是 PCB 设计者不可不知的部分！

不同的元件结构，其 PCB 的制造程序不尽相同。同时，不同的元件结构，其体积不同、成本也不同！通常元件是以其引脚方式来区分，大概可分为直插式元件及贴片元件，以下就来探讨这两种元件的结构与其 PCB 的制程。

18-1-1 直插式元件

直插式元件是传统封装的元件，其最大特色就是连接 PCB 的引脚是长针状的，而在 PCB 上如要连接该元件引脚的焊点需钻孔，然后将元件引脚插入钻孔，切除引脚过长的部分再焊接。图 18.1、图 18.2 所示是以晶体管为例的直插式元件。

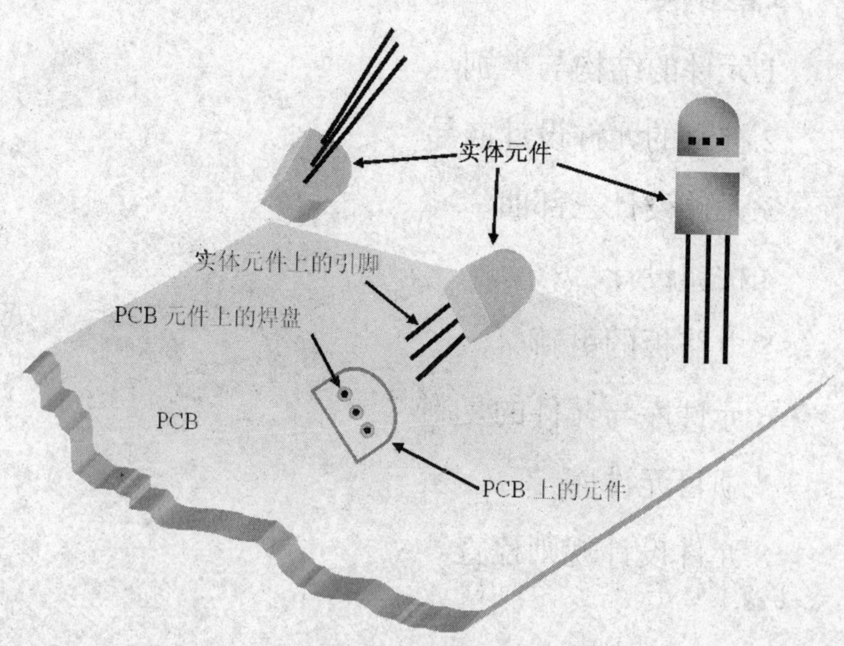

图18.1　直插式元件实例图

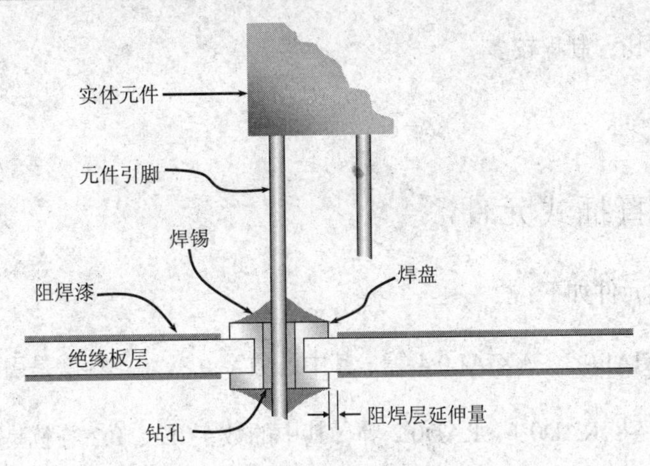

图18.2　剖面图

1 PCB 上直插式元件的结构

如图 18.3 所示，在 PCB 上直插式元件大概可分为三部分，第一部分是焊点(Pad)，这部分是该元件连接信号与固定实体元件的图件；第二部分是元件图案，虽然这部分没有电气作用，不过，在放置元件时元件图案定义了元件的实质大小；第三部分是元件标示，这部分包括元件序号(Designator)与元件标注文字(Comment)，其中的元件序号是导引信号连接的重要信息。

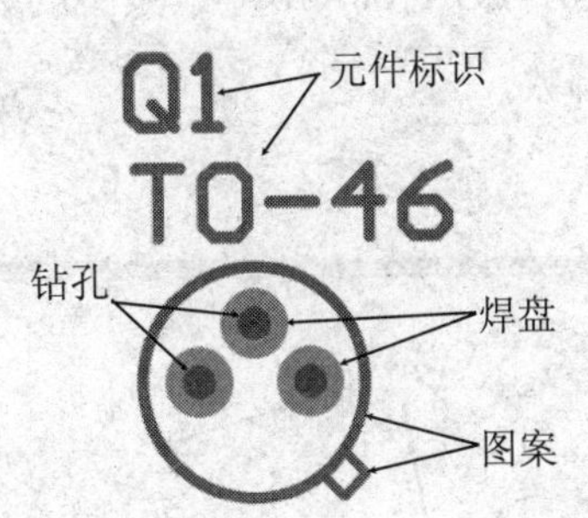

图18.3　PCB 上直插式元件结构

2 直插式元件的优缺点

直插式元件属于传统式的元件，在 PCB 制作方面，其优点如下：

- 容易少量购得。
- 不需特殊焊具，手工焊接容易，适合少量手工试验板的制作。

其缺点如下：

- PCB 需钻孔，制程较多。
- 体积较大。

3 常见直插式元件

常见的直插式元件如下：

- 电阻：AXIAL0.3、AXIAL0.4 等，其中的数字 0.3、0.4 等就是引脚间距。
- 无极性电容：RAD0.1、RAD0.2 等，其中的数字 0.1、0.2 等就是引脚间距。
- 有极性电容：RB.2/.4、RB.3/.6 等，其中的数字 0.2/.4、.3/.6 等分引别是脚间距及元件外径。
- 电晶器：TO-5、TO-46 等。
- 连接器类：SIP8、SIP20 等单排引脚，其中的数字就是引脚数。IDC26、IDC40 等双排引脚，其中的数字就是引脚数。
- IC 类：DIP8、DIP14 等，是双列封装的 IC，其中的数字 8、14 等为引脚数。
- 大型 IC 类：PGA64X10、PGA100X10 等，其中的数字 64X10、100X10 等分别是代表总引脚数及每边引脚数。

18-1-2 贴片元件

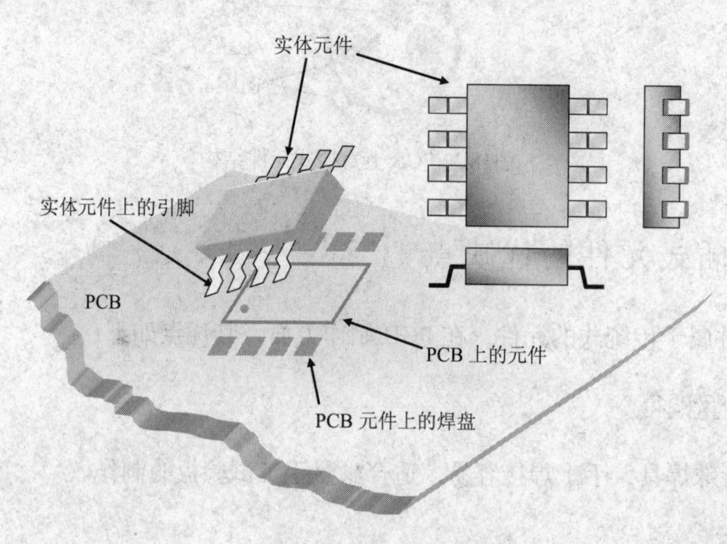

图18.4 贴片元件实例图

贴片(SMD)元件是较新封装的元件，其最大特色就是连接 PCB 的引脚，属于平贴的贴片引脚；而在 PCB 上，如要连接该元件引脚的焊点并不需要钻孔可利用锡膏钢片，在焊点上涂上锡膏，然后只要稍微加温即可将元件贴上去。图 18.5 所示是以 8 引脚 IC 为例的贴片元件。

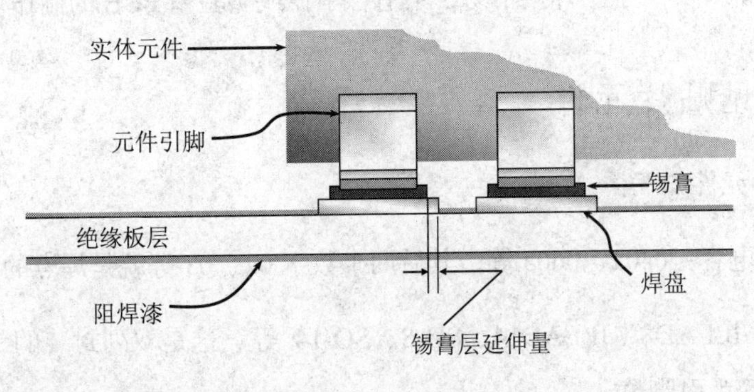

图18.5　剖面图

1 PCB 上贴片元件的结构

如图 18.6 所示，在 PCB 上贴片元件也是分为三部分，第一部分是焊点(Pad)，这部分是该元件连接信号与固定实体元件的图件；第二部分是元件图案，虽然这部分没有电气作用，不过，在放置元件时，元件图案定义了元件的实质大小；第三部分是元件标示，这部分包括元件序号(Designator)与元件标注文字(Comment)，其中的元件序号是导引信号连接的重要信息。

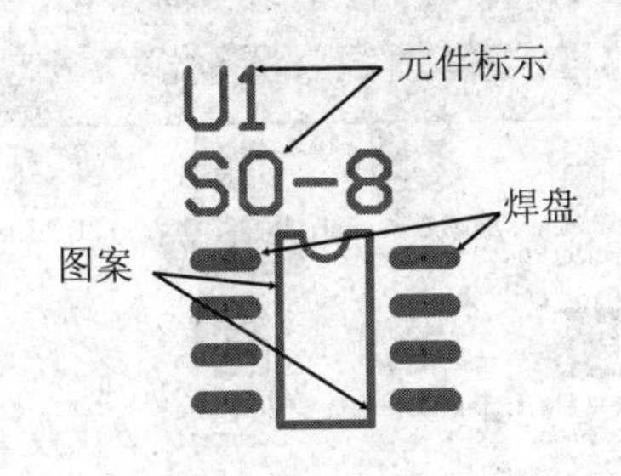

图18.6　PCB 上贴片元件结构

2 贴片元件的优缺点

贴片元件属于量产时较经济的元件，在 PCB 制作方面优点如下：

- 体积小、成本低。

- PCB 不钻孔。

其缺点如下：

- 检修不易。
- 需要特殊焊具，手工焊接不易，不适合学校或实验室 PCB 的制作。

3 常见贴片元件

常见的贴片元件如下：

- 电阻、电容：0402、0603 等，其后两个数字 02、03 等就是焊点的高度。
- IC 类：ILEAD8、ILEAD14、SO-8、SO-14 等，这是双列封装的 IC，其中的数字 8、14 等为引脚数。
- 大型 IC 类：QFP64、PLCC124、MPLCC132、LCC100、BGA14×14 等，其中的数字代表其引脚数。

18-2 神奇的元件设计向导

当进入PCB元件编辑器(PCBLIB)时，则在已打开项目的情况下执行File菜单下的New...命令，出现图 18.7 所示的对话框。

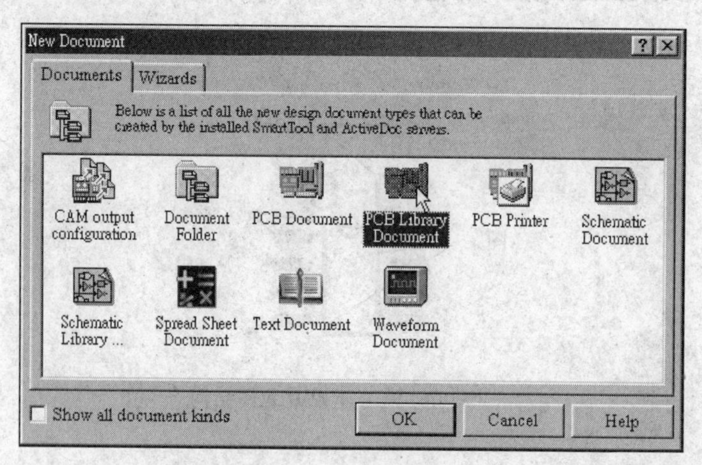

图18.7 打开新的元件库

选择 PCB Library Document 图标，再单击 OK 按钮即可进入 PCB 元件编辑器，如图 18.8 所示。

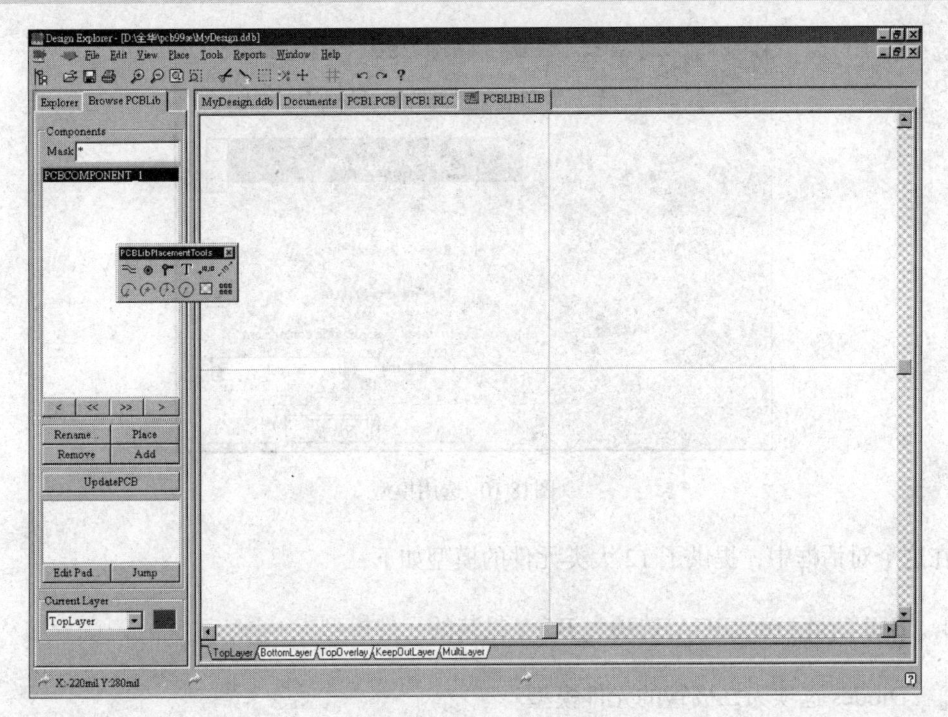

图18.8　PCB 元件编辑器

这个环境与 PCB 编辑环境大同小异，其中只有一个浮动的工具栏，而那个工具栏里的工具与 PCB 编辑环境里的放置工具栏相似，用法也一样。如何新建一个元件呢？当然，自己设计一个元件最快的方法莫过于套用模型，PCB 99 SE 提供了一个元件设计向导，就是套用元件模型的方法。在这个编辑环境下只要执行 Tools 菜单下的 New Component 命令或单击 Add 按钮即可新建元件，并自动启动元件设计向导，如图 18.9 所示。

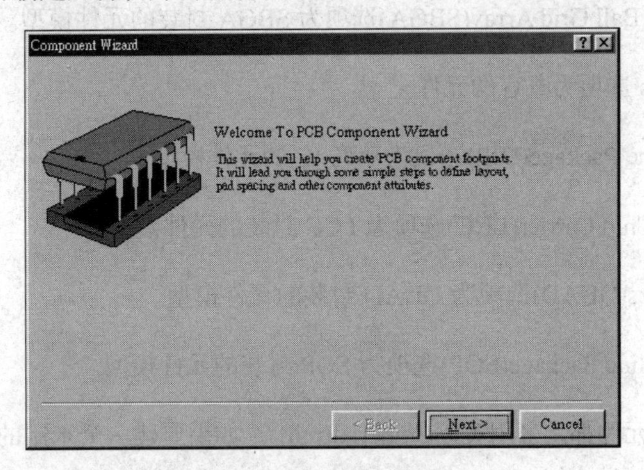

图18.9　元件设计向导

单击 Next > 按钮切到下一个对话框，如图 18.10 所示。

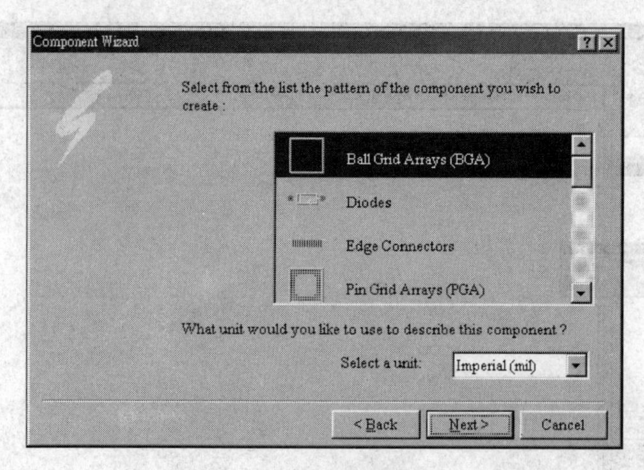

图18.10 选用模型

在这个对话框中，提供了 12 大类元件的模型如下：

- Ball Grid Array(BGA)选项为 BGA 封装的元件模型。
- Diodes 选项为二极管的元件模型。
- Edge Connectors 选项为边缘连接器的元件模型，也就是金手指。
- Pin Grid Array(PGA)选项为 PGA 封装的元件模型。
- Resistors 选项为电阻的元件模型。
- Staggered Pin Grid Array(SPGA)选项为 SPGA 封装的元件模型。
- Staggered Ball Grid Array(SBGA)选项为 SBGA 封装的元件模型。
- Capacitors 选项为电容的元件模型。
- Dual in-line Package(DIP)选项为双列 IC 的元件模型。
- Leadless Chip Carrier(LCC)选项为 LCC 封装的元件模型。
- Quad Packs(QUAD)选项为 QUAD 封装的元件模型。
- Small Outline Package(SOP)选项为 SOP 封装的元件模型。

通常 PCB 的元件都是采用英制(Imperial(mil))，如果要建一个米制的元件则可在下方的 Select a unit 字段里选择 Metric(mm)选项。在此将以 BGA 为例，选择第一个选项后，单击 Next > 按钮，对话框改变如图 18.11 所示。

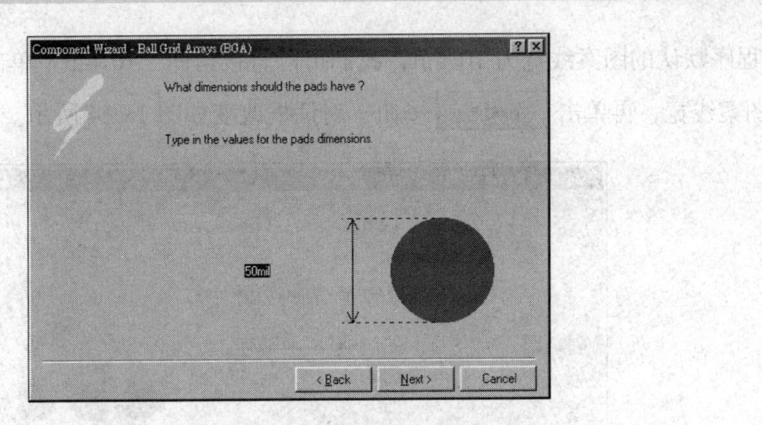

图18.11　指定焊点直径

BGA 封装是一种 SMD 元件，程序默认的焊点直径为 50 mil，我们可以直接指向“50 mil”单击鼠标左键，然后输入新的焊点直径，再单击 Next > 按钮，对话框改变如图 18.12 所示。

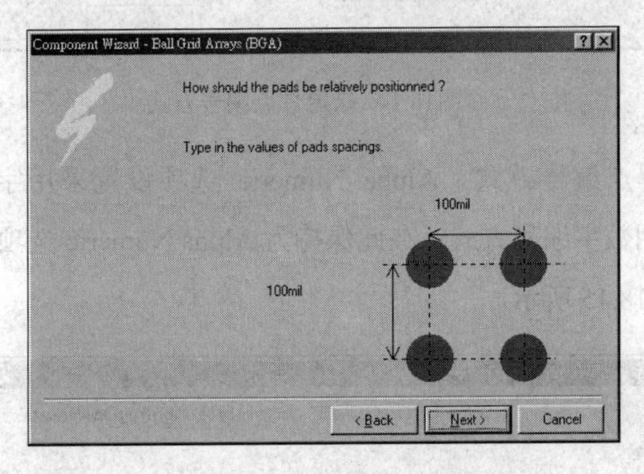

图18.12　指定焊点间距

程序默认的焊点间距为 100 mil，我们可以直接指向“100 mil”单击鼠标左键，然后输入新的焊点间距，再单击 Next > 按钮，对话框改变如图 18.13 所示。

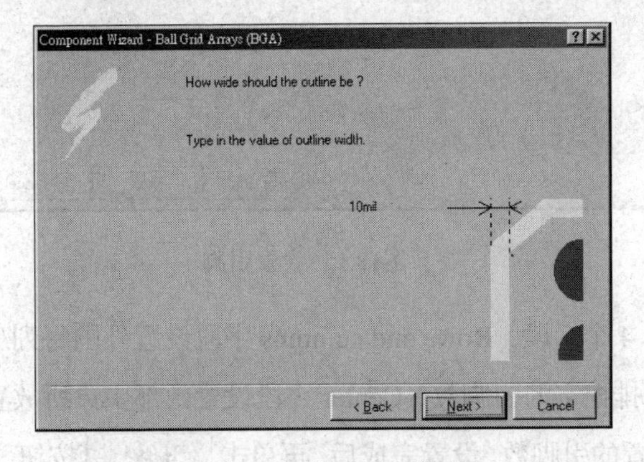

图18.13　指定图案线宽

程序默认的图案线宽为 10 mil，我们可以直接指向“10 mil”单击鼠标左键，然后输入新的图案线宽，再单击 Next > 按钮，对话框改变如图 18.14 所示。

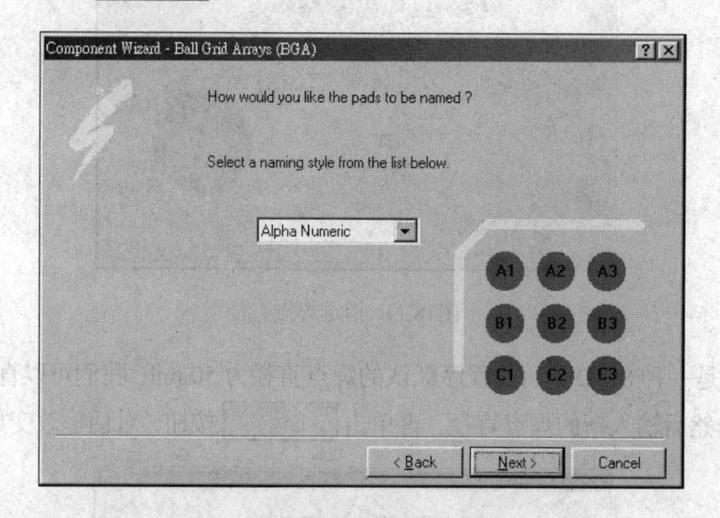

图18.14　指定焊点编号方式

程序提供两种焊点编号方式，Alpha Numeric 选项设置采用字母与数字混编方式、Numeric 选项设置采用数字编号方式。在此保持为 Alpha Numeric 选项，再单击 Next > 按钮，对话框改变如图 18.15 所示。

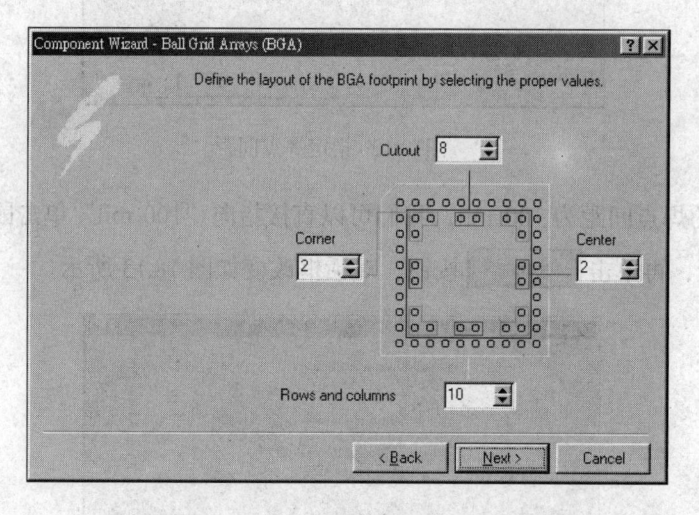

图18.15　设置引脚

在此对话框里有 4 个字段，Rows and columns 字段设置外围每列/每排的引脚数、Cutout 字段设置内部每列/每排挖空的引脚数、Center 字段设置内部中央所放置的引脚数、Corner 字段设置内部 4 个角放置的引脚数。设置完成后，再单击 Next > 按钮，对话框改变如图 18.16 所示。

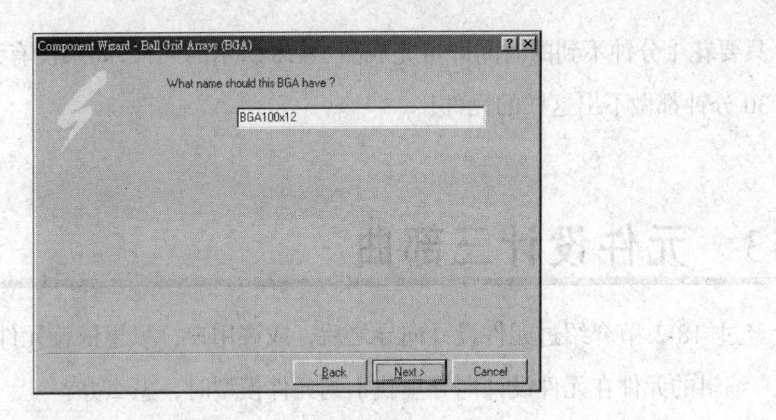

图18.16　指定元件名称

在此对话框中已设置一个元件名称了，当然，也可以自行指定元件名称，单击 Next > 按钮，对话框改变如图 18.17 所示。

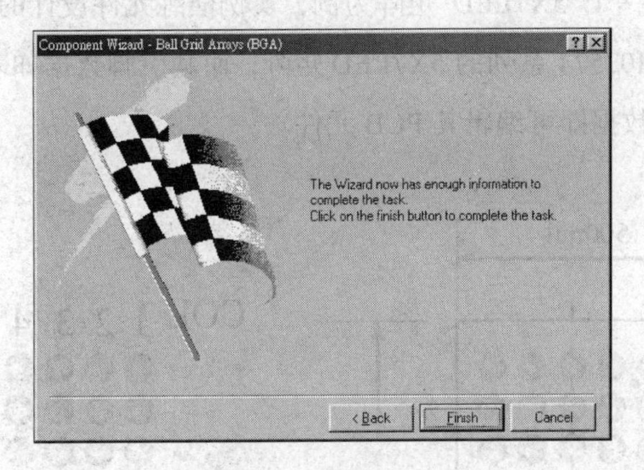

图18.17　完成元件编辑

很快地完成元件的编辑，单击 Finish 按钮关闭此对话框，工作区里将出现所编辑的元件，如图 18.18 所示。

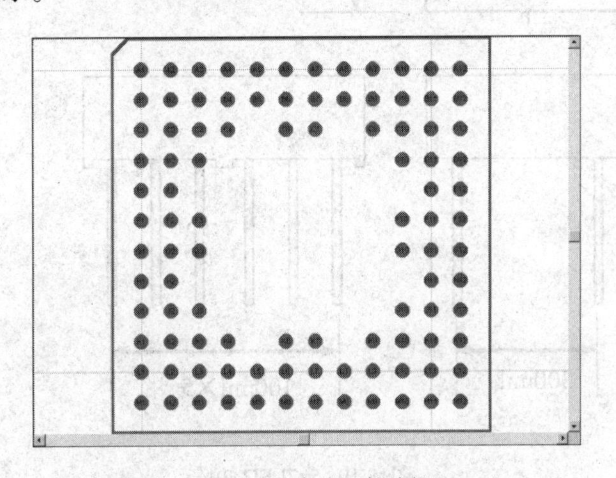

图18.18　完成元件编辑

只要花 1 分钟不到的时间即可完成图 18.18 所示的元件，如果没有元件设计向导的协助，恐怕 30 分钟都做不出这样的元件！

18-3　元件设计三部曲

经过 18-2 节介绍过元件设计向导之后，或许用户，只想依赖元件设计向导编辑元件！但万一编辑的元件在元件设计向导里找不到元件模型时，怎么办？

在 18-1 节里中介绍了 PCB 元件的结构，不管是直插式的元件还是贴片元件，大概都可分为三部分；如果要设计一个元件，当然也是要针对这三部分来编辑！

在本单元中将以一个 5X7LED 矩阵为例，实例演练元件设计的三部曲。如图 18.19 所示为 MM07573/MM07574 系列的 5X7LED 矩阵，而其引脚数据如表 18.1 所列，根据这些基本的引脚及尺寸数据即可编辑其 PCB 元件。

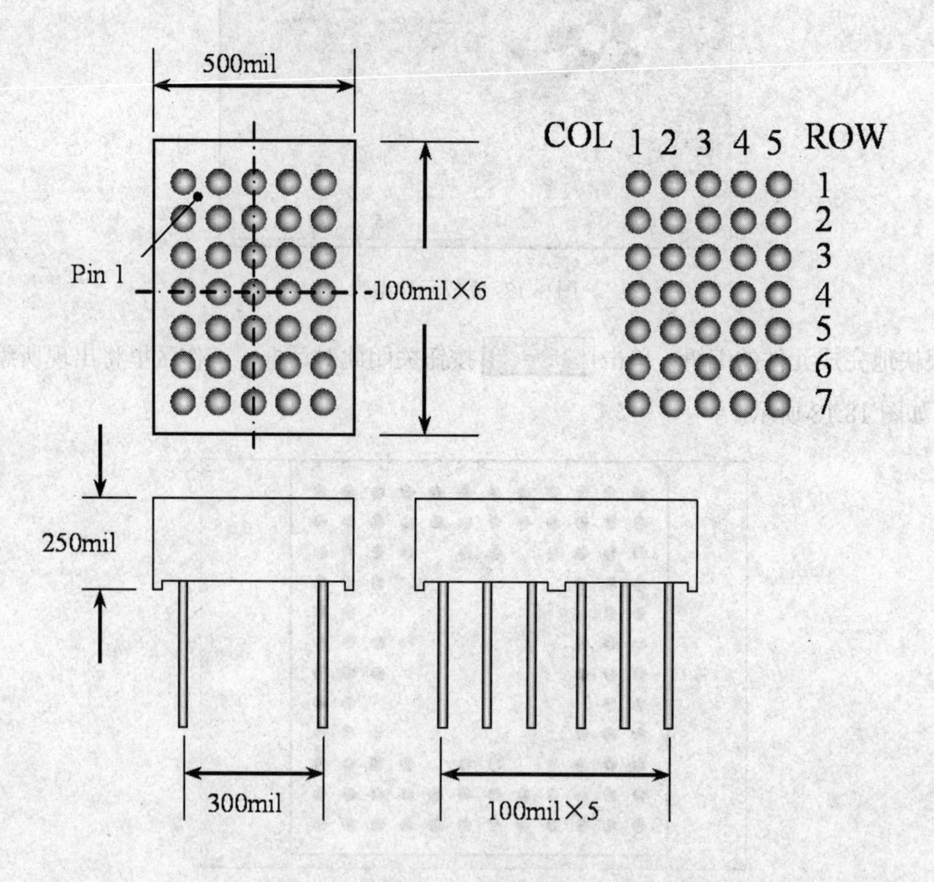

图18.19　5x7LED 矩阵

表 18.1　MM07573/MM07574 系列 5X7LED 矩阵的引脚数据表

引脚号码	引脚名称	引脚号码	引脚名称
1	Column 1	7	Column 4
2	Row 3	8	Column 5
3	Column 2	9	Row 4
4	Row 5	10	Column 3
5	Row 6	11	Row 2
6	Row 7	12	Row 1

1 首部曲：编辑焊点

在 PCB 元件编辑器中单击 Add 按钮新增元件，然后在随即出现的对话框中单击 Cancel 按钮关闭元件设计向导。

执行 Place 菜单下的 Pad 命令或单击 按钮，进入放置焊点状态，再按 TAB 键弹出其属性对话框，如图 18.20 所示。

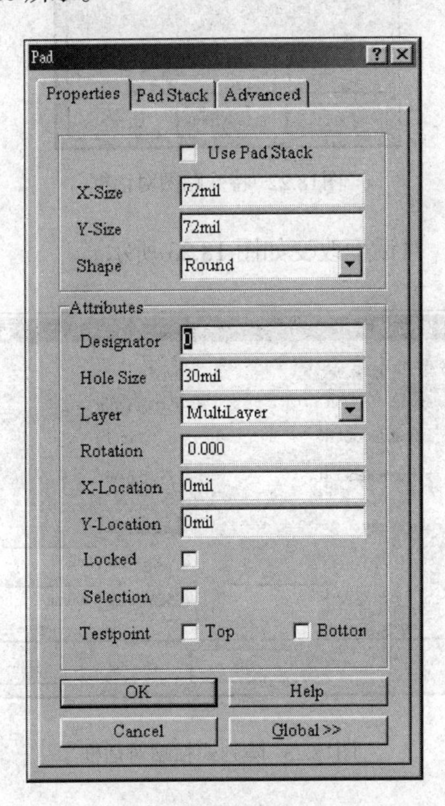

图18.20　焊点属性对话框

将 Designator 字段改为 1，单击 OK 按钮关闭对话框，再指向(0, 0)坐标，单击鼠标左键，放置一个焊点，再右击结束放置焊点状态，如图 18.21 所示。

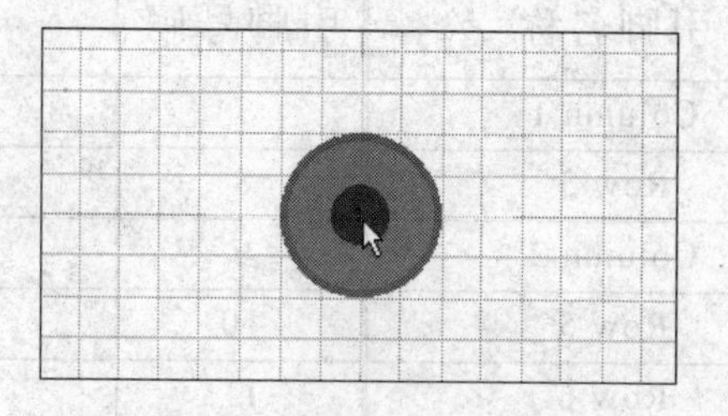

图18.21　放置第一个焊点

拖曳选择此焊点，再单击按钮指向此焊点中心，单击鼠标左键将它剪切。

执行 Edit 菜单下的 Paste Special...命令或单击按钮，弹出图 18.22 所示的对话框。

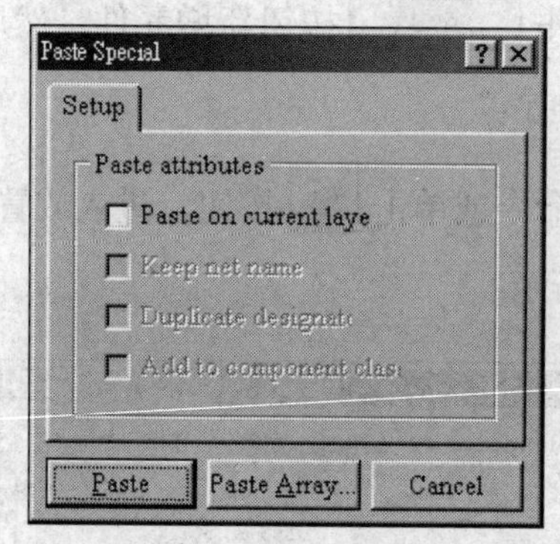

图18.22　特殊贴图对话框

单击 Paste Array... 按钮后，对话框改变如图 18.23 所示。

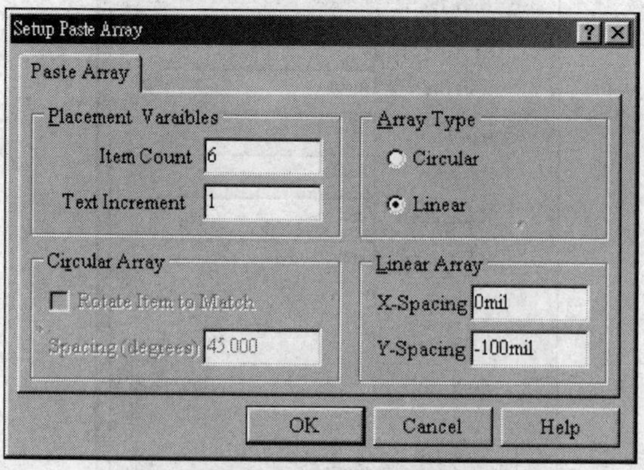

图18.23　阵列式粘贴对话框

在 Item Count 字段里输入 6、在 X-Spacing 文本框中输入 0、Y-Spacing 文本框中输入 -100，再单击 OK 按钮关闭对话框。指向(0, 0)位置，单击鼠标左键，即可粘贴 6 个焊点，如图 18.24 所示。

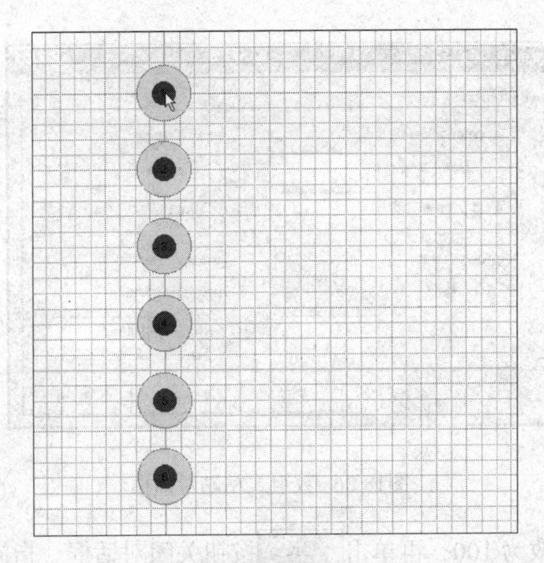

图18.24　粘贴 6 个焊点

按 X 、 A 键取消选择。执行 Place 菜单下的 Pad 命令或单击 按钮，进入放置焊点状态，再按 TAB 键，打开其属性对话框；将 Designator 字段改为 7，单击 OK 按钮关闭对话框，再指向(- 300, - 500)坐标，单击鼠标左键，放置一个焊点，再右击结束放置焊点状态，如图 18.25 所示。

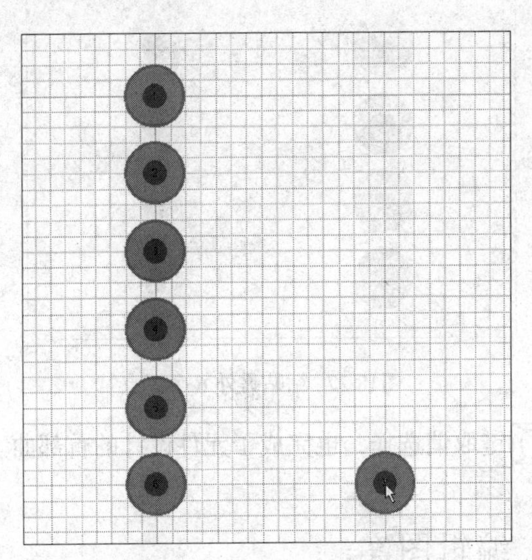

图18.25　放置第 7 个焊点

拖曳选择此焊点，再单击 按钮指向此焊点中心，单击鼠标左键将它剪切。

执行 Edit 菜单下的 Paste Special...命令或单击 按钮；在随即出现的对话框中单击

Paste Array... 按钮后，对话框改变如图 18.26 所示。

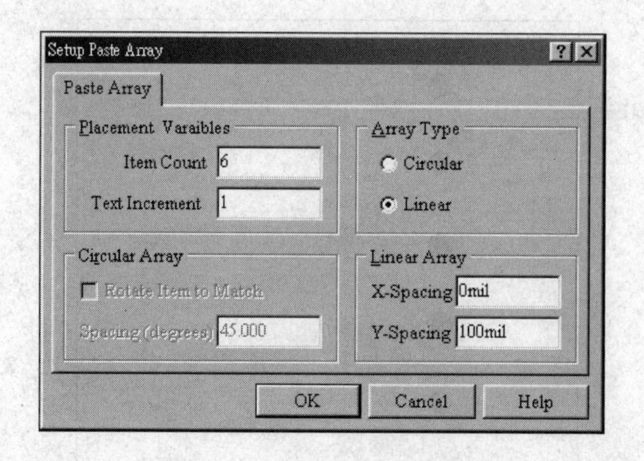

图18.26 数组式粘贴对话框

将 Y-Spacing 字段改为 100，再单击 OK 按钮关闭对话框。指向(- 300, - 500)位置，单击鼠标左键即可粘贴 6 个焊点，如图 18.27 所示。

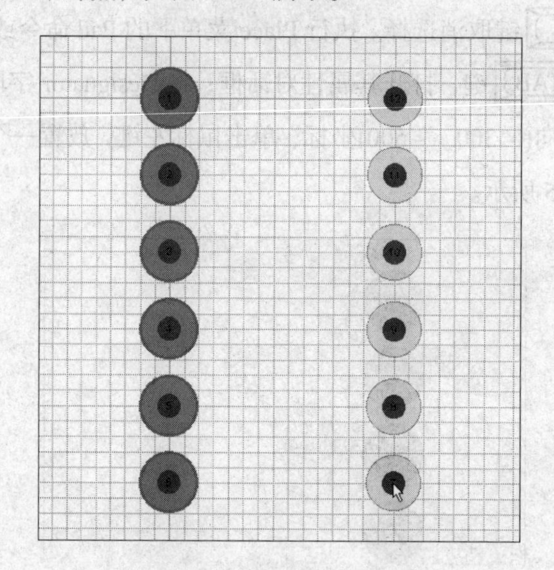

图18.27 粘贴另外 6 个焊点

按 X 、 A 键取消选择，也完成了元件设计的首部曲。

2 二部曲：编辑图案

这个元件的图案比较简单只须画一个矩形即可，而图案都是画在 TopOverlay 板层的，所以先指向工作区下方的 TopOverlay 标签，单击鼠标左键，切换到该层。再执行 Place 菜单下的 Fill 命令或单击 按钮进入画矩形状态。指向(-60, 60)位置，单击鼠标左键，开始画矩形，然后拉到(360, - 560)位置，单击鼠标左键，完成此矩形；再单击鼠标右键结束画矩形状态。

指向工作区下方的 Top Layer 标签，单击鼠标左键切换到顶层；再按 End 键，如图 18.28 所示。

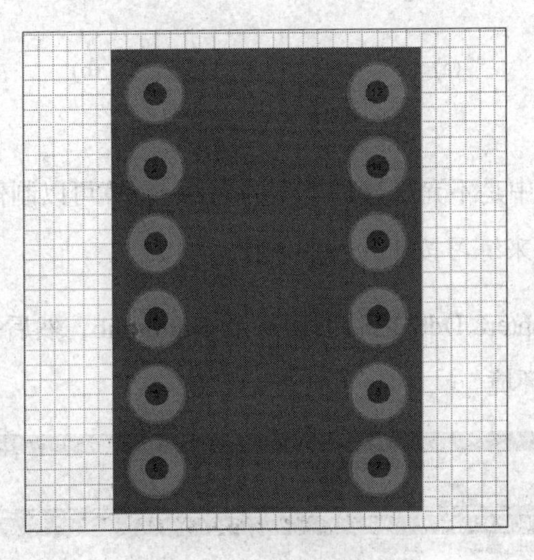

图18.28　完成图案的绘制

3 三部曲：更新元件数据

最后更改元件名称，单击 Rename... 按钮出现图 18.29 所示的对话框。

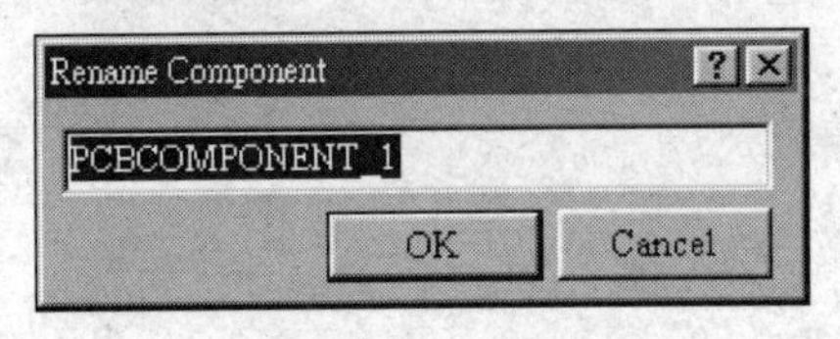

图18.29　更改元件名称

在文本框中输入新的元件名称，例如 5X7_LED，再单击 OK 按钮即可完成更改元件名称。

到此为止，这个元件的编辑已告一个段落，在结束元件编辑之前，记得单击 按钮将它保存。

18-4 按钮元件设计

一般而言，我们所制作的元件都是由焊点 Pad 与文字面的元件外观所组成的；不过，像按钮这一类的元件来说，只使用焊点作为信号连接是不够的，还需搭配顶层走线的铜膜 Track

才能够完成，如图 18.30 所示。

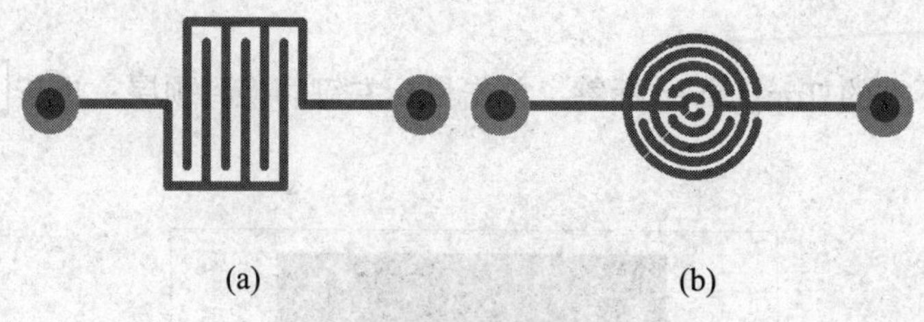

图18.30 按钮元件

当然，在早期的版本中是不允许这种类型的元件，就算可以制作，使用起来也不方便的。以图(b)所示的按钮为例，来练习按钮元件的制作。

▶ 1 请打开 Chapter8.Ddb 之后创建一个 Button.lib，然后打开此元件文件，则显示图 18.31 所示的元件编辑环境。

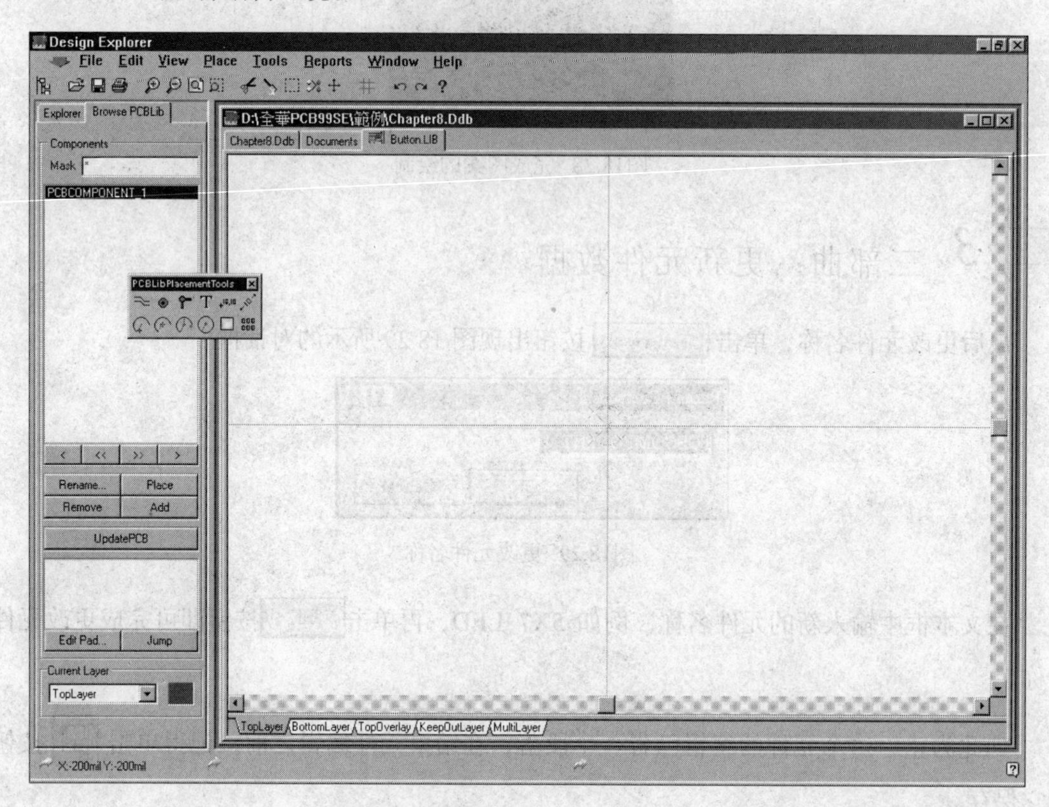

图18.31 元件编辑环境

▶ 2 按 [G] 键，再选择网格为 5 mil。

▶ 3 单击 [按钮图标] 按钮，执行画圆弧功能(Hint：此按钮的画圆弧功能是先定圆心再定半径，然后选择圆弧起点、再选择圆弧终点)，首先选择圆心位置(195 mil, 0 mil) 单击鼠标左键

，往外拉出半径 10 mil 单击鼠标左键，选择圆弧起点(205 mil, 10 mil) 单击鼠标左键，再选择终点(205 mil,-10 mil) 单击鼠标左键，完成第一个圆弧显示如图 18.32 所示。

图18.32　完成第一个圆弧

▶ 4　同样地，单击按钮执行画圆弧功能(Hint：在定完半径后，配合键盘按 [⇧] 键三次即可完成一弧线端点，按 [⇩] 三次完成另一端点)，另外 4 个圆其半径及端点位置如下：

25 mil (175 mil, - 15 mil), (175 mil,15 mil)

40 mil (235 mil,15 mil), (235 mil,　- 15 mil)

55 mil (140 mil,　- 15 mil), (140 mil,15 mil)

70 mil (265 mil,15 mil), (265 mil,　- 15 mil)

完成后显示如图 18.33 所示。

图18.33　完成 5 个圆弧

▶ 5　然后单击按钮，从(0 mil, 0 mil)～(185 mil, 0 mil)划一条 Track、再从(220 mil, 0 mil)～(390 mil, 0 mil)划一条连线，完成之后显示如图 18.34 所示。

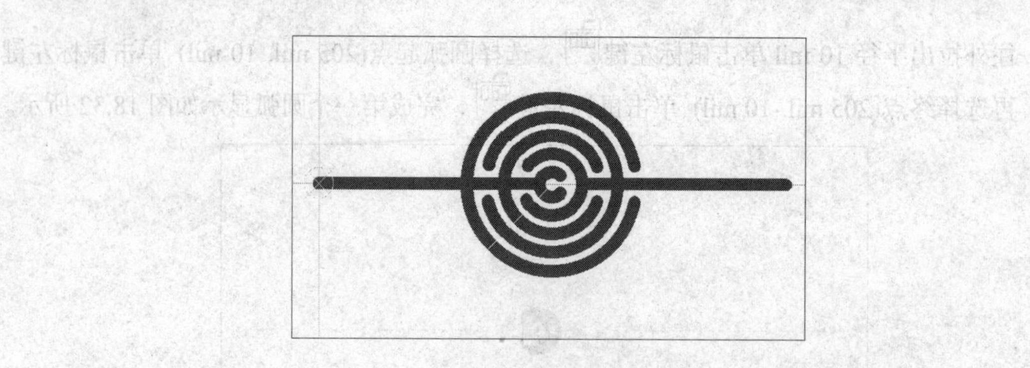

图18.34 完成端接线

▶ 6 单击 按钮在两端各放置一个焊点 Pad(Hint：记得 Pad 的 Designator 分别为 1、2)，完成之后显示如图 18.35 所示。

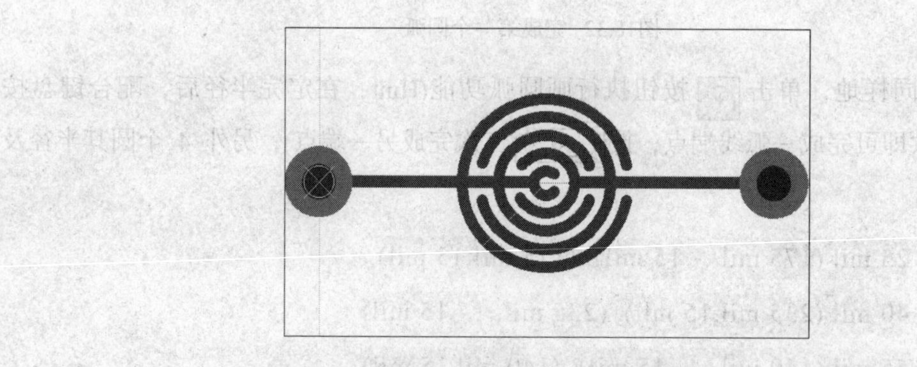

图18.35 完成后的按钮元件

▶ 7 最后单击 Rename... 按钮更改元件名称，出现图 18.36 所示的更名对话框。

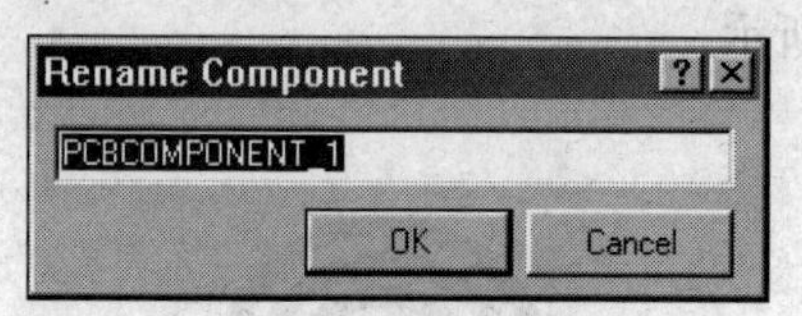

图18.36 更名对话框

▶ 8 直接输入 Button1，单击 OK 按钮就完成了。

18-4-1 网络数据转换要注意的事项

使用按钮这一类的元件或是含有铜膜走线的元件，在 Schematic 做网络数据转换时(即 Update PCB)，一定要记得选择 Assign Net to Connected Copper 选项，如图 18.37 所示。

如果忘了这个动作，则在网络数据转换(更新 PCB 数据)后，在 PCB 编辑环境中将会发现这一类的元件上出现亮绿色，因为这些铜膜并没有被赋予电气信号。

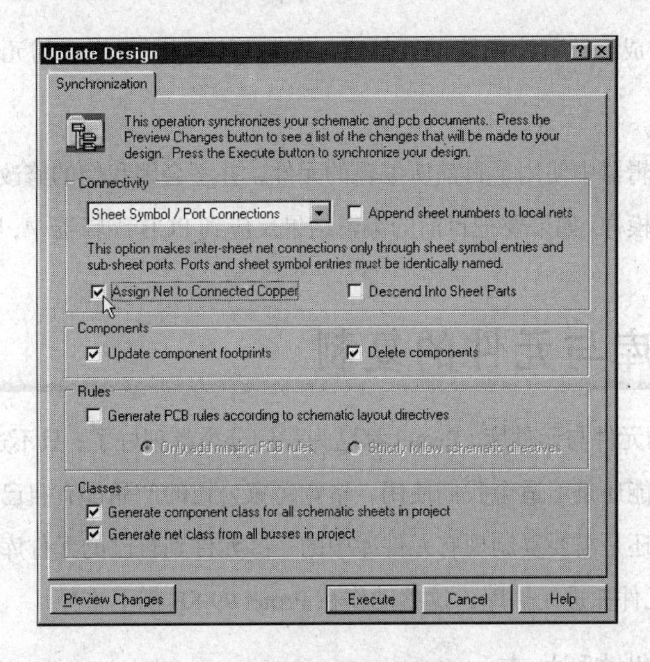

图18.37　网络数据转换

18-4-2 关于自动布线要注意的事项

如果使用了按钮这一类的元件，也打算要应用到自动布线；同样地，也要特别注意，在自动布线设置对话框中，一定要选择 Lock All Pre-routes 选项，如图 18.38 所示。

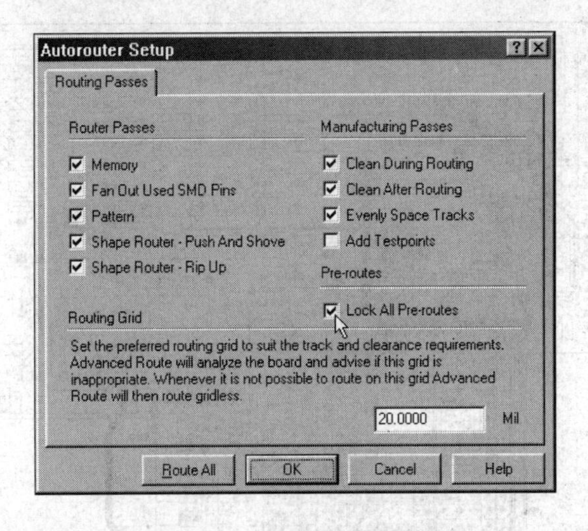

图18.38　自动布线设置对话框

18-5 PCB 的更新

前面几个范例都是新建元件，不过，我们也常遇到设计 PCB 时突然需要修改某个元件。

当然，笔者并不赞成修改程序所附的元件库，我们可以把所要修改的元件复制出来，再予修改。

如果 PCB 编辑器中使用了目前所编辑的元件，并不会因我们的修改而有所变化，它还是采用原来的元件模样。如果要把目前的编辑结果反应到 PCB 编辑器中，则可单击 UpdatePCB 按钮即可。

18-6 元件库与元件的复制

面对这么多的元件与元件库，Protel 都已为我们分类整理好了；只不过提供再多的元件、再怎样地分类，可能还是不适合我们使用，毕竟每家公司的产品都有自己的局限。所以，在很多情况下，我们还是需要复制现有元件库中的一些元件到自己的元件库、合并两个元件库或是把 PCB 上的元件抓进元件库，这些动作在 Protel 99 SE 都不难！

18-6-1 把元件抓进来

当 PCB 上面有一些不错的元件，而用户又只想把这些元件抓进元件库里，操作步骤如下：

▶ 1　请打开 LCD Controller.Ddb 下的 LCD Controller.Pcb，显示如图 18.39 所示的 PCB。

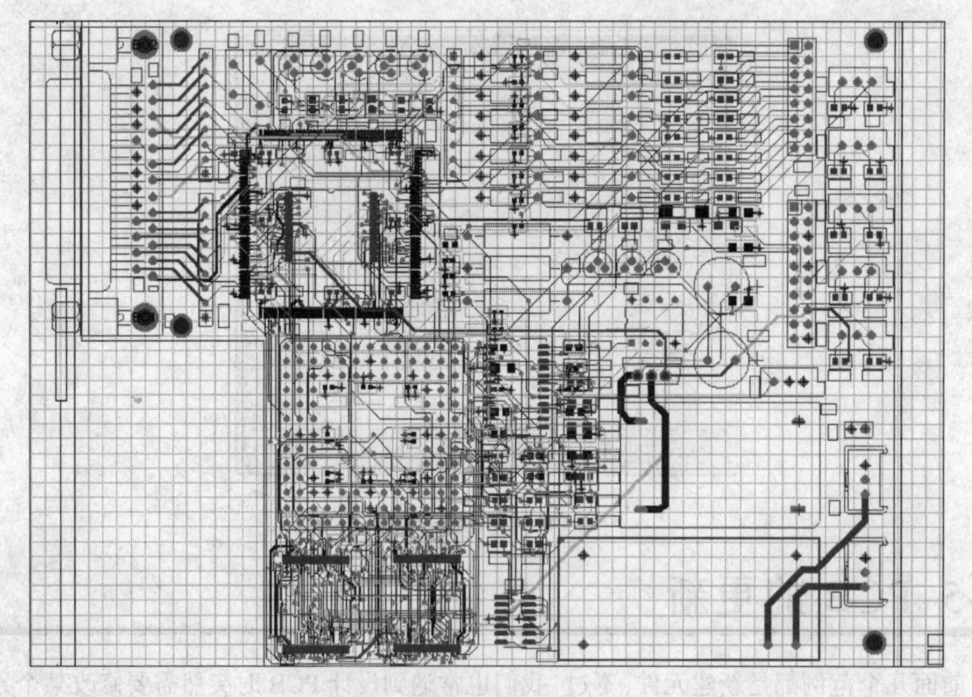

图18.39　PCB

▶ 2　配合 Shift 键及单击鼠标左键，选择要复制到元件库的元件，然后执行 Edit 菜单下的 Copy 命令，如图 18.40 所示。

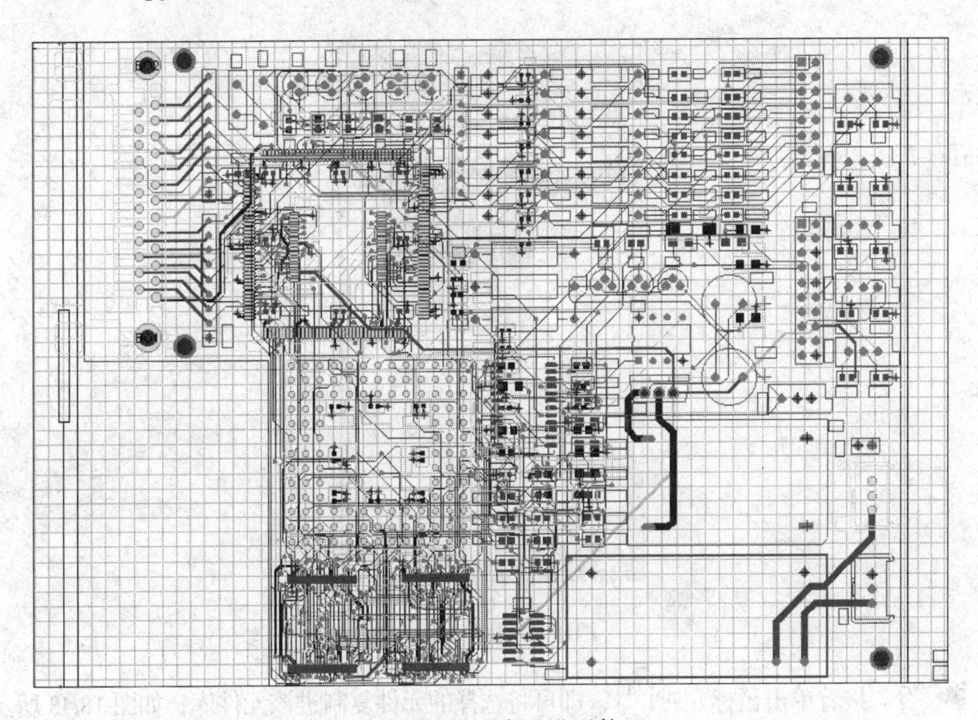

图18.40　选择一些元件

▶ 3　打开元件库 Chapter8.Ddb\Button.LIB(目的元件库)，如图 18.41 所示。

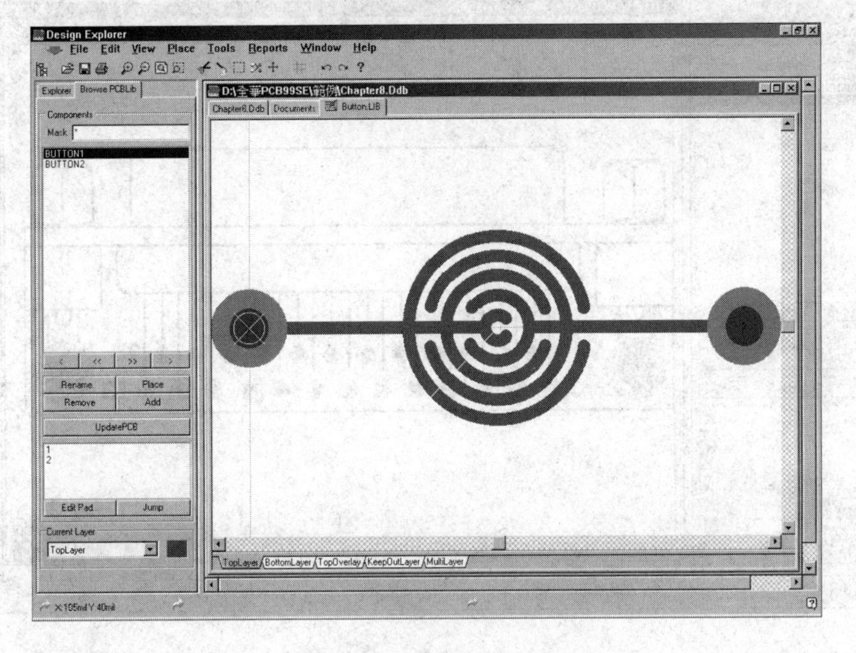

图18.41　打开我们的元件库

▶ 4　然后鼠标指针移至左边区域的元件上，右击，执行 Paste 命令，如图 18.42 所示。

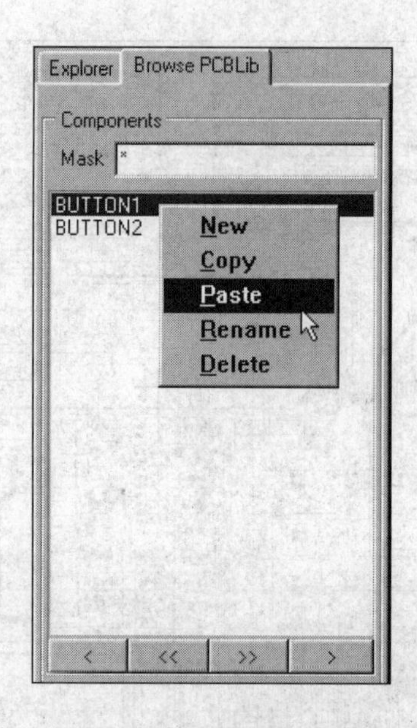

图18.42　执行粘贴命令

▶ 5　接着单击鼠标左键，即可将选择的元件复制进该元件库，如图 18.43 所示。

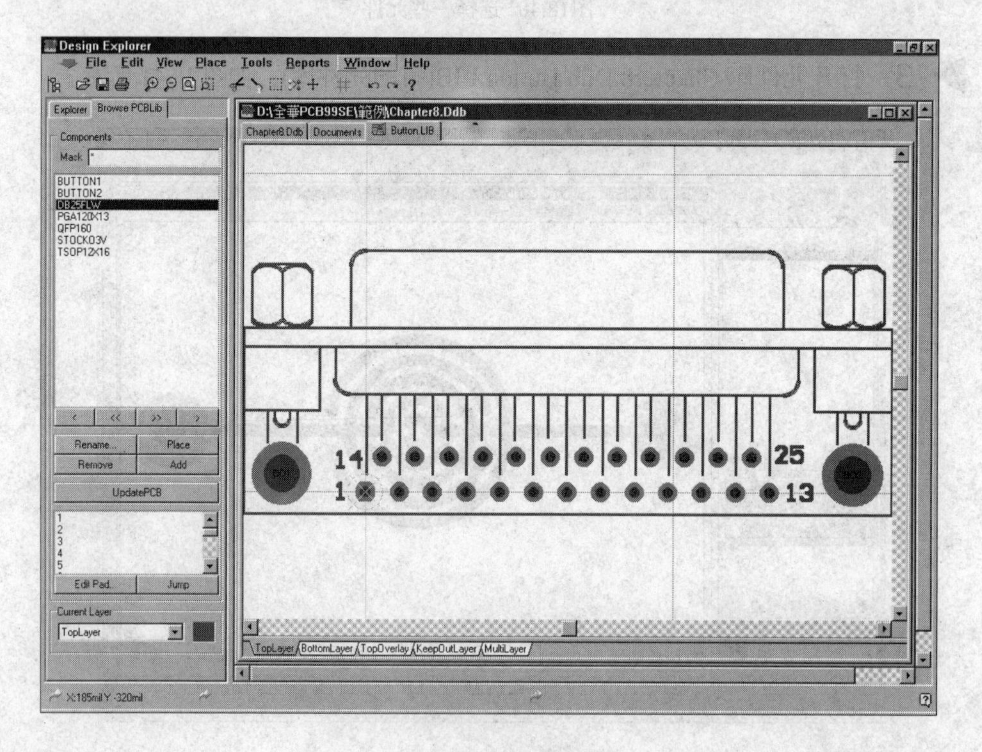

图18.43　完成复制

18-6-2 合并元件库

以下将合并 Chapter8.Ddb\Button.lib 与 Newport.Ddb\Newport.lib 两个元件库：

▶ 1　打开 Newport.Ddb\Newport.lib，则显示如图 18.44 所示。

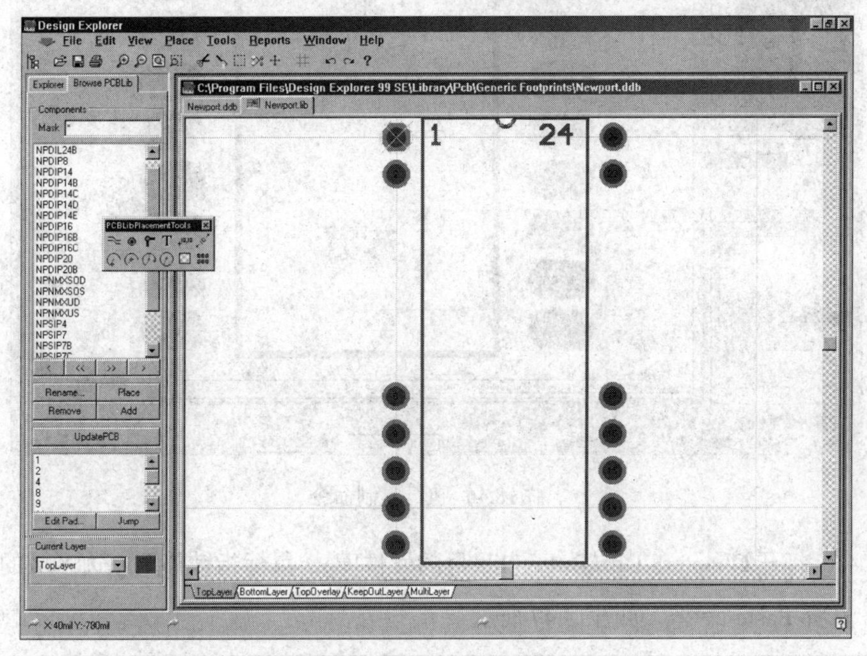

图18.44　Newport.Ddb\Newport.lib

▶ 2　然后利用鼠标指针移至左边区域的元件上，按住鼠标左键下拉，即可选择所有的元件，如图 18.45 所示。

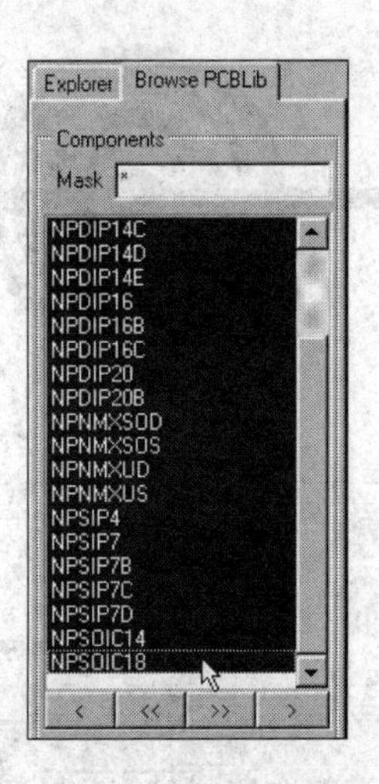

图18.45　选择所有的元件

▶ 3　鼠标指针移至左边区域的元件上，右击，执行 Copy 命令，如图 18.46 所示。

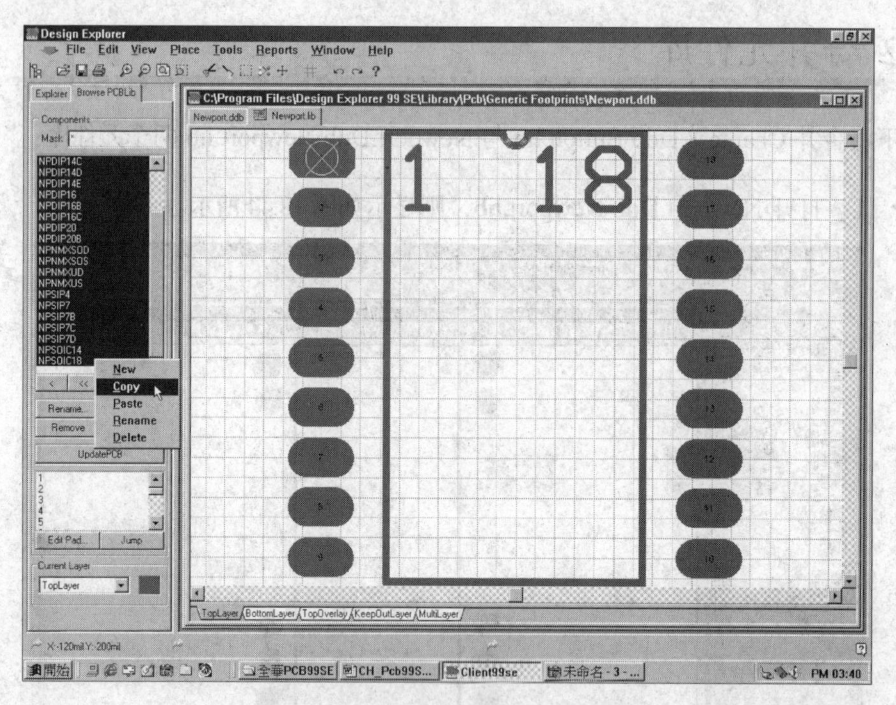

图18.46 执行复制命令

▶ 4 打开 Chapter8.Ddb\Button.lib(目的元件库)，鼠标指针移至左边区域的元件上，右击，选择 Paste 命令，如图 18.47 所示。

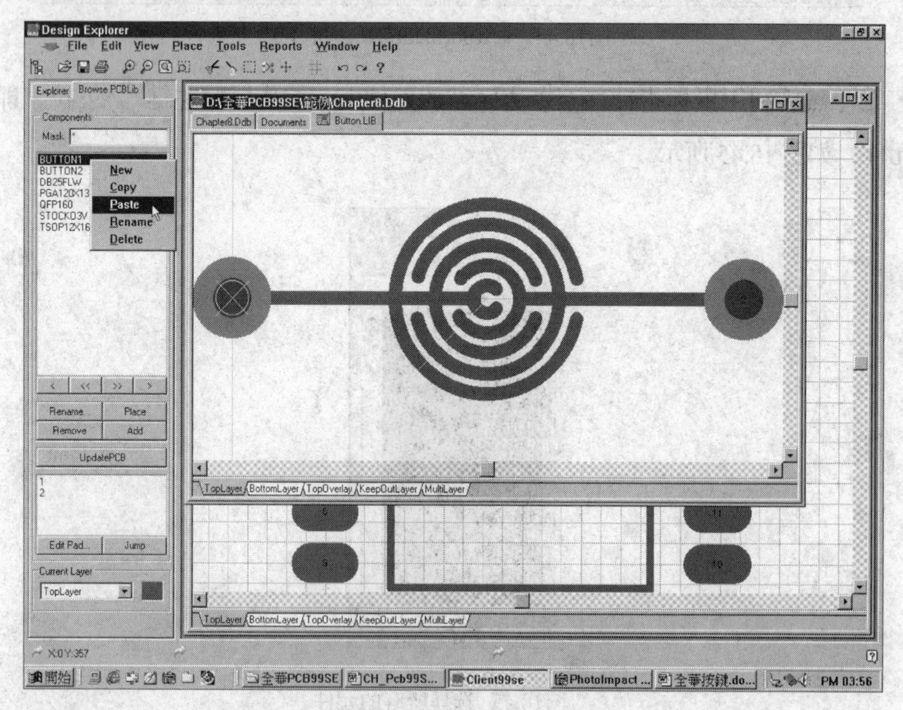

图18.47 执行粘贴命令

▶ 5　单击鼠标左键，粘贴元件后，如图 18.48 所示。

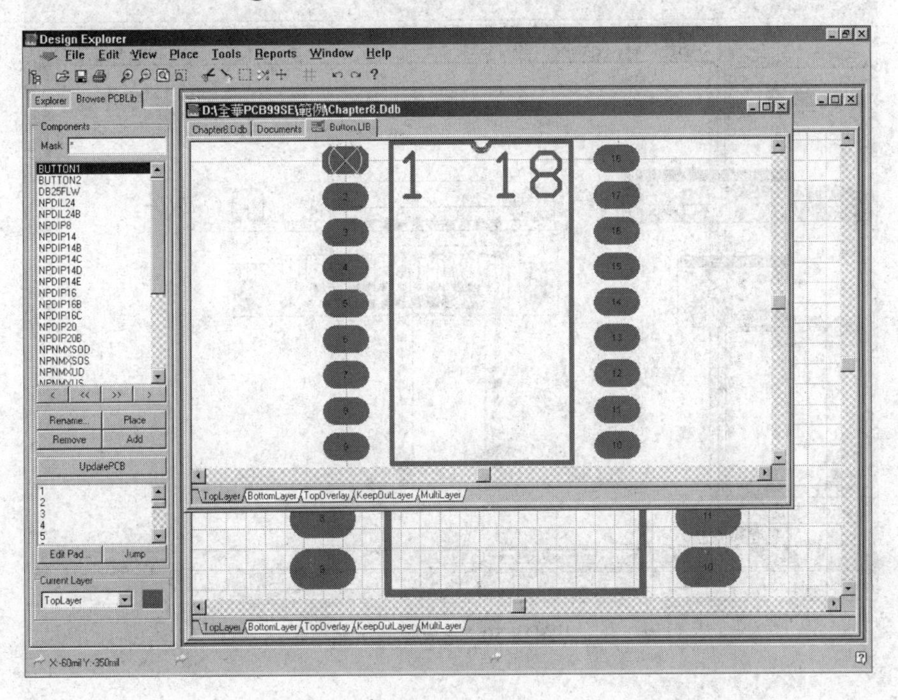

图18.48　完成粘贴

18-6-3 元件一把抓

如果在同一个元件库中，凑巧有很多元件是用户想要把它们放置到 PCB 编辑环境下的，则可以在元件库中配合 Ctrl 键及单击鼠标左键，重复选择要复制到 PCB 编辑环境的元件；然后右击，执行 Copy 命令，如图 18.49 所示。

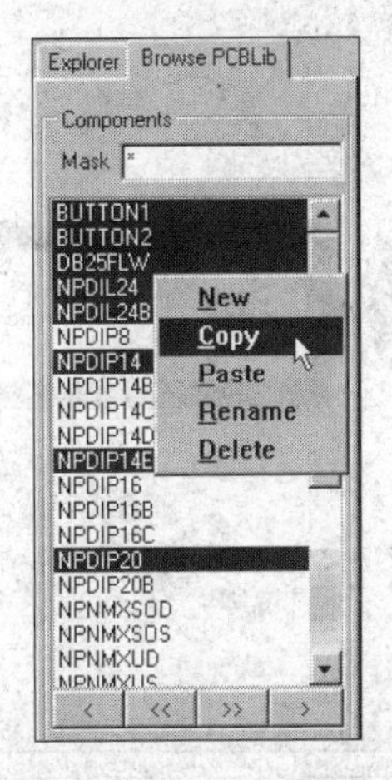

图18.49　执行复制命令

再切换到 PCB 编辑环境，执行 Edit 菜单下的 Paste 命令，显示如图 18.50 所示。

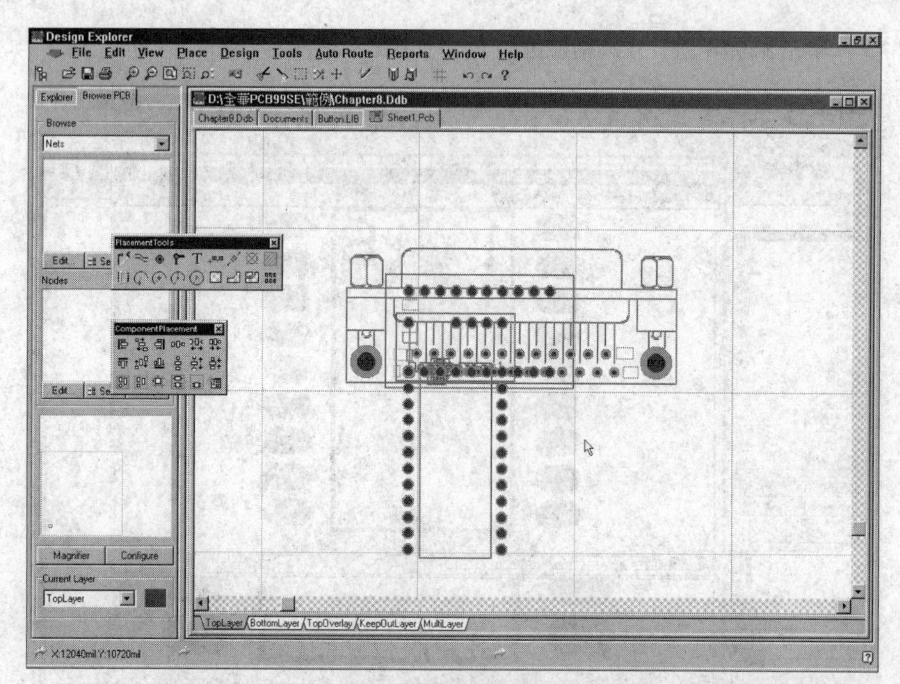

图18.50 完成放置元件

18-7 项目元件库

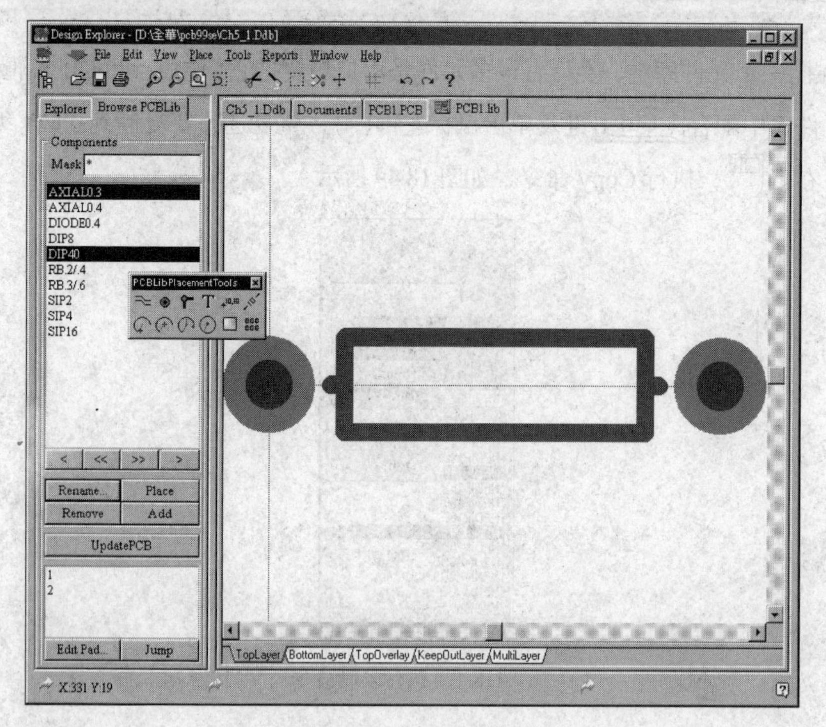

图18.51 产生项目元件库

项目元件库是把目前 PCB 编辑器中所用的元件集合而成一个元件库。如果要产生项目元件库时，可在 PCB 编辑器执行 Design 菜单的 Make Library 命令，程序即收集工作区里的元件而产生一个项目元件库，并进入 PCB 元件库编辑器，打开所产生的项目元件库，如图 18.51 所示。

18-8 元件设计规则检查

到底我们所设计的元件正不正确？PCB 99 SE 提供了一项元件设计规则检查的功能，执行 Reports 菜单表下的 Component Rule Check…命令，出现图 18.52 所示的对话框。

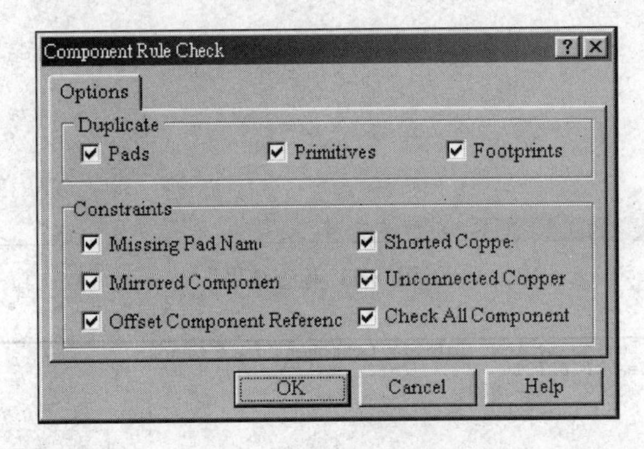

图18.52　元件设计规则检查选项

Duplicate 区域是设置检查是否有重复的图件，Pads 选项设置检查有无重复焊点序号的焊点、Primitives 选项设置检查有无重复的图件、Footprints 选项设置检查有无重复的元件外形名称，在 Constraints 区域里还有 6 个选项，Missing Pad Name 选项设置检查有无焊点漏掉焊点名称(序号)、Missing Component 选项设置检查有无漏掉元件名称、Offset Component Reference 选项设置检查有无设置参考点，也就是(0, 0)坐标是否在元件上、Shorted Copper 选项设置检查有无短路的铜膜、Unconnected Copper 选项设置检查有无独立未连接的铜膜、Check All Components 选项设置检查是否检查整个元件库里的元件。最后单击 OK 按钮程序即进行检查，然后列出检查的结果，如图 18.53 所示。

检查结果如图 18.53 所示。如图 18.54 所示，就是发现一大堆重复焊点序号的焊点。

```
Protel Design System: Library Component Rule Check
PCB File : PCBLIB1
Date     : 23-Aug-2000
Time     : 21:32:40

Name                 Warnings
----------------------------------------------------------------------
```

图18.53 检查结果

```
Protel Design System: Library Component Rule Check
PCB File : PCBLIB1
Date     : 23-Aug-2000
Time     : 21:34:26

Name                 Warnings
----------------------------------------------------------------------
un-28                         Duplicate Pad Name On Pads Pad Free-28(300
un-28                         Duplicate Pad Name On Pads Pad Free-27(300
un-28                         Duplicate Pad Name On Pads Pad Free-26(300
un-28                         Duplicate Pad Name On Pads Pad Free-25(300
un-28                         Duplicate Pad Name On Pads Pad Free-24(300
un-28                         Duplicate Pad Name On Pads Pad Free-23(300
un-28                         Duplicate Pad Name On Pads Pad Free-22(300
un-28                         Duplicate Pad Name On Pads Pad Free-21(300
un-28                         Duplicate Pad Name On Pads Pad Free-20(300
un-28                         Duplicate Pad Name On Pads Pad Free-19(300
un-28                         Duplicate Pad Name On Pads Pad Free-18(300
un-28                         Duplicate Pad Name On Pads Pad Free-17(300
un-28                         Duplicate Pad Name On Pads Pad Free-16(300
un-28                         Duplicate Pad Name On Pads Pad Free-15(300
un-28                         Duplicate Pad Name On Pads Pad Free-14(-30
un-28                         Duplicate Pad Name On Pads Pad Free-13(-30
un-28                         Duplicate Pad Name On Pads Pad Free-12(-30
un-28                         Duplicate Pad Name On Pads Pad Free-11(-30
un-28                         Duplicate Pad Name On Pads Pad Free-10(-30
un-28                         Duplicate Pad Name On Pads Pad Free-9(-300
un-28                         Duplicate Pad Name On Pads Pad Free-8(-300
un-28                         Duplicate Pad Name On Pads Pad Free-7(-300
un-28                         Duplicate Pad Name On Pads Pad Free-6(-300
un-28                         Duplicate Pad Name On Pads Pad Free-5(-300
un-28                         Duplicate Pad Name On Pads Pad Free-4(-300
un-28                         Duplicate Pad Name On Pads Pad Free-3(-300
un-28                         Duplicate Pad Name On Pads Pad Free-2(-300
un-28                         Duplicate Pad Name On Pads Pad Free-1(-300
```

图18.54 重复焊点序号

当然，除了检查元件外也可以列出元件的状态报告，只要执行 Reports 菜单表下的 Component Status…命令，程序即列出目前所编辑元件的状态，如图 18.55 所示。

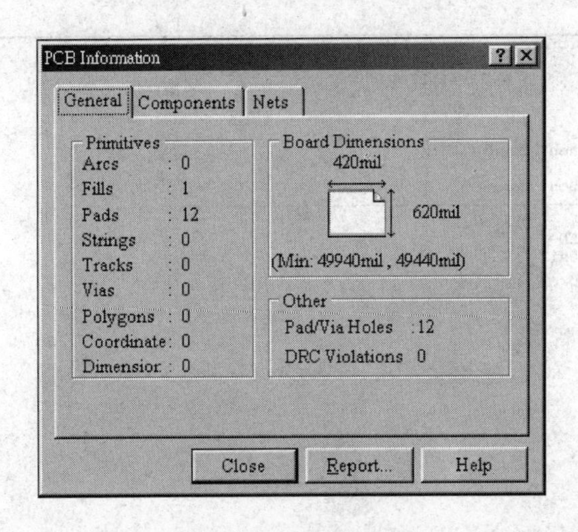

图18.55　元件状态报告

一个填充矩形、12 个焊点，这不就是刚才所编辑的 5X7_LED 吗？单击 Close 按钮即可关闭此对话框。其实，执行 Reports 菜单表下的 Component 命令，程序也会列出目前所编辑元件的状态，如图 18.56 所示。

```
Component     : 5X7_LED
PCB Library   : PCBLIB1.LIB
Date          : 23-Aug-2000
Time          : 21:40:57


Dimension : 0.42 x 0.62 sq in

 Layer(s)              Pads(s)  Tracks(s)  Fill(s)  Arc(s)  Text(s)
 ---------------------------------------------------------------------
 Top Overlay                 0          0        1       0        0
 Multi Layer                12          0        0       0        0
 ---------------------------------------------------------------------
 Total                      12          0        1       0        0
```

图18.56　元件报表

这个报表反而清楚！如果想要查看整个元件库的状况，可执行 Reports 菜单表下的 Library 命令，程序即列出目前所编辑元件库的状态，如图 18.57 所示。

```
PCB Library  : PCBLIB1.LIB
Date         : 23-Aug-2000
Time         : 21:41:12


Component Count : 3

Component Name
------------------------------------------------

5X7_LED
BGA100x12
un-28
```

图18.57 元件库报表

▶ 第 19 章

各项管理工具

▶困难度指数：☺☺☺☺😐😐

▶学习条件： 基本窗口操作

▶学习时间： 150 分钟

本章纲要

1.网络管理器

2.板层堆叠管理器

3.分割内层

4.机构层的管理

5.分类

6.飞线编辑器

Protel 99 SE 提供比先前版本更有条理的管理，让用户更容易掌控这套软件，以有效率地设计 PCB。在本章中将分别介绍这些常用的管理工具。

19-1 网络管理器

Protel 99 SE 提供了一个网络管理器，如图 19.1 所示，其功能是管理工作区里的连接关系。如果说元件是 PCB 里的心脏，网络就是血管！当我们要进行网络的管理，只要执行 Design 菜单下的 Netlist Manager...命令，将出现图 19.1 所示的网络管理器。在这个管理器中很明显地看出 3 个部分，分别是 Net Classes 区域、Net In Class 区域、Pins In Net 区域。我们可以将整个工作区里的所有网络分类(Class)或说是分组管理好了，而这网络分类将出现在 Net Classes 区域中，如果没有进行分类(稍后说明)，则此区域中将出现唯一的一个分类，也就是“All Nets”；如果有分类则只要在 Net Classes 区域选择一个分类，该分类里所包含的网络将出现在 Net In Class 区域中。同样地，可在 Net In Class 区域中选择所要操作的网络，则该网络所连接的节点将呈现在 Pins In Net 区域中，如图 19.2 所示。

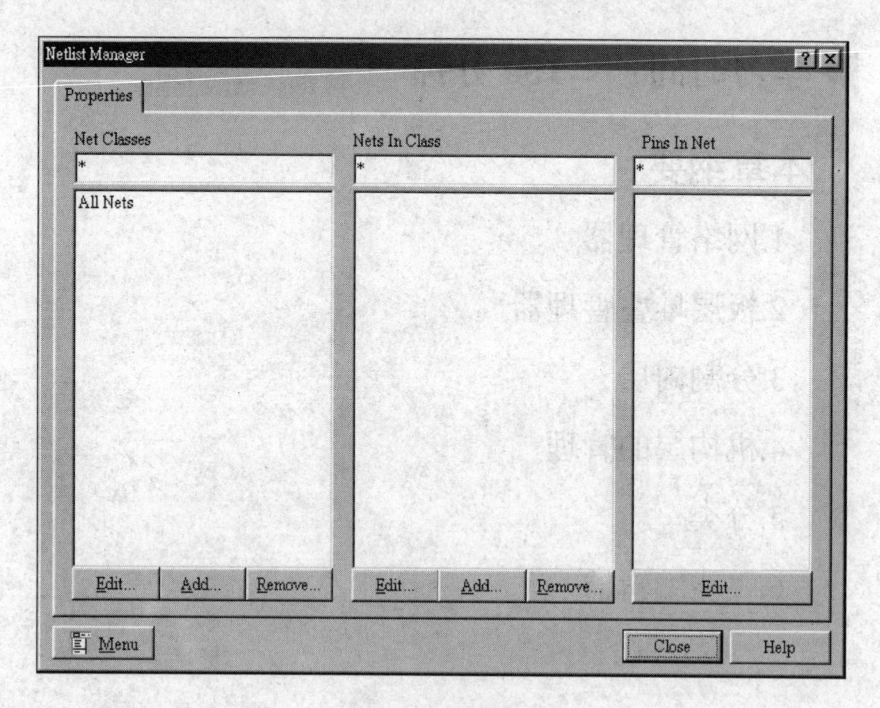

图19.1 网络管理器

在这三个区域下方各有一些操作按钮，我们只要操作这些按钮即可增减或编辑这些网络，说明如下：

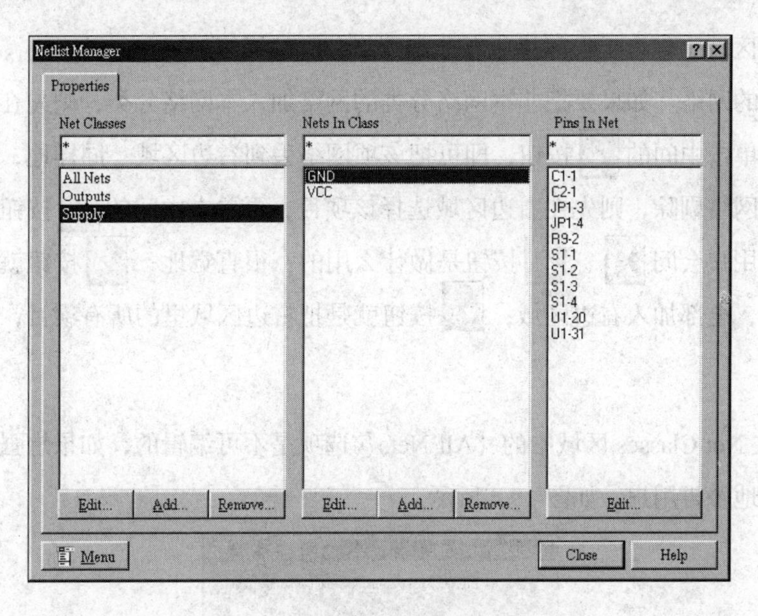

图19.2　展示网络

1 Net Classes

在 Net Classes 区域下方有 3 个按钮，其操作说明如下：

▶ 1  按钮的功能是编 Net Classes 区域里所选择的网络分类。在 Net Classes 区域里选择一个网络分类后，再单击本按钮，即可打开网络分类对话框。例如在 Net Classes 区域里选择 Supply 网络分类，再单击本按钮，如图 19.3 所示。

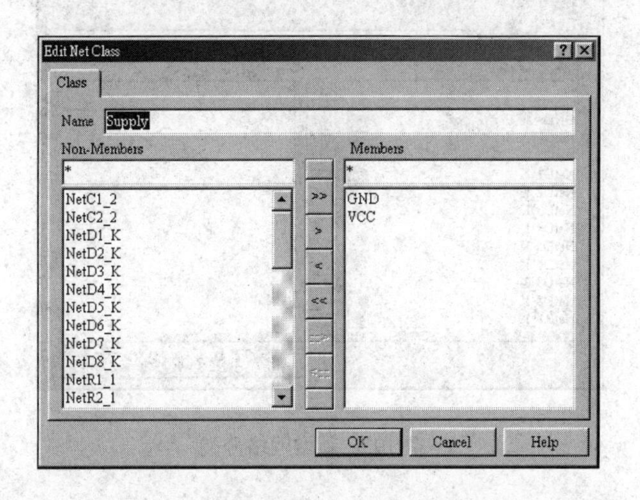

图19.3　编辑 Supply 网络分类

我们可以在 Name 文本框中重新指定此网络分类的名称，而下方有两个区域，左边的

Non-Members 区域中包含工作区里所有非本网络分类的网络，右边的 Members 区域中条列所有本网络分类的网络。如果要把非本网络分类的网络加入本网络分类，则先在左边区域里选择该项目，再单击中间的 > 按钮，即可把该项网络丢到右边区域；同样地，如果要把原属本网络分类的网络剔除，则先在右边区域选择该项目，再单击中间的 < 按钮即可把该项网络剔除。或许用户会问 >> 、 << 按钮是做什么用的？很直觉地， >> 按钮就是把左边区域里的所有项目，全部加入右边区域； << 按钮就是把右边区域里的所有项目，全部踢回左边区域。

另外，在 Net Classes 区域中的"All Nets"选项是不可编辑的，如果想强制编辑，程序也将毫不客气地警告用户，如图 19.4 所示。

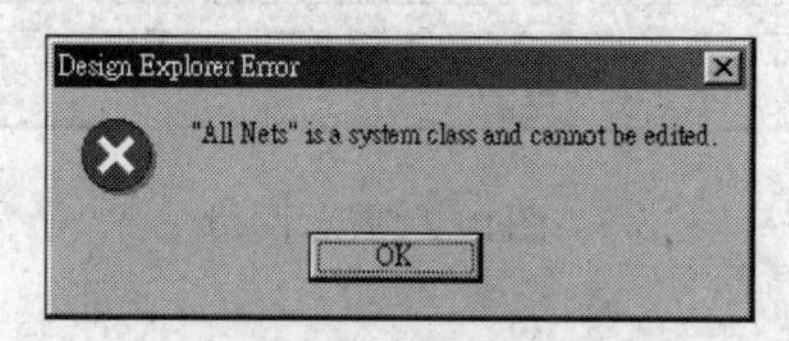

图19.4 错误消息

这时候，只要按 Enter 键即可关闭。

▶ 2 Add... 按钮的功能是新增网络分类，单击本按钮后出现图 19.5 所示的对话框。

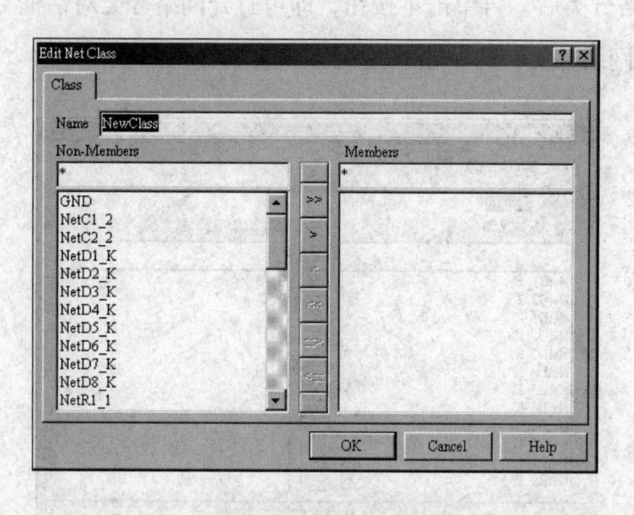

图19.5 新增网络分类

这个对话框与编辑网络分类对话框(图 19.3)类似，操作方式也一样，先在 Name 文本框中指定所要新增网络分类的名称；然后借 > 按钮的功能从左边区域的网络名称加入所要新增的网络分类里。

▶ 3 [Remove...] 按钮的功能是删除网络分类。在 Net Classes 区域里所选择所要删除的网络分类，再单击本按钮后，出现图 19.6 所示的对话框。

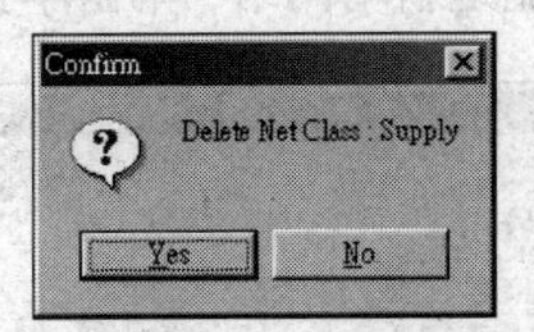

图19.6　确认对话框

这时候，只要单击 [Yes] 按钮即可删除该网络分类；如果不想删除可单击 [No] 按钮。

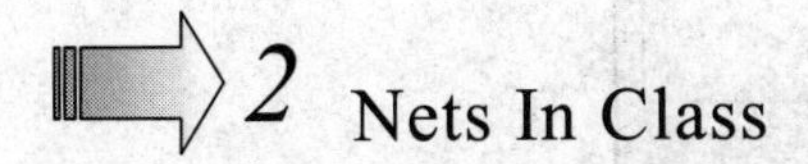

2 Nets In Class

在 Nets In Class 区域下方有 3 个按钮，其操作说明如下：

▶ 1 [Edit...] 按钮的功能是编辑在 Nets In Class 区域里所选择的网络。在 Nets In Class 区域里选择一个网络后再单击本按钮，即可打开网络对话框。例如在 Nets In Class 区域里选择 GND 网络，再单击本按钮，如图 19.7 所示。

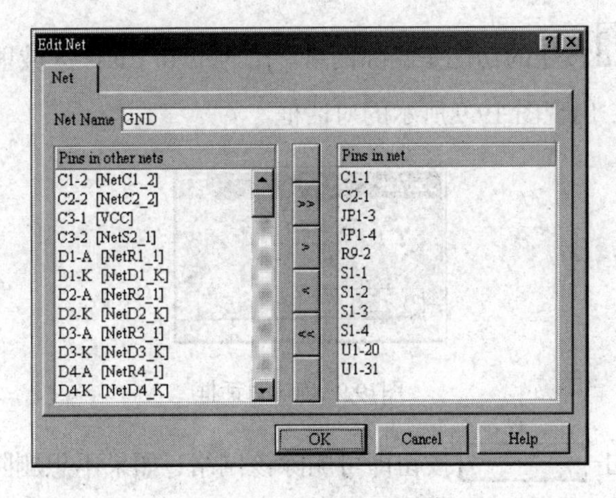

图19.7　编辑 GND 网络

在 Name 文本框中重新指定此网络的名称，而下方有两个区域，左边的 Pins in other nets 区域里包含工作区里所有非本网络的节点，右边的 Pins in net 区域里列出属于本网络的所有节点。如果要把非本网络的节点加入本网络，则先在左边区域里选择该项目，再单击中间的 [>] 按钮，即可把该项节点丢到右边区域；同样地，如果要把原属本网络的节点剔除，则先在右边区域选择该项目，再单击中间的 [<] 按钮，即可把该项节点剔除。同样地，[>>] 按钮就是把左边区域里的所有项目，全部加入右边区域；[<<] 按钮就是把右边区域里的所有项目，

全部踢回左边区域。

▶ 2 Add... 按钮的功能是新增网络，单击本按钮后，出现图 19.8 所示的对话框。

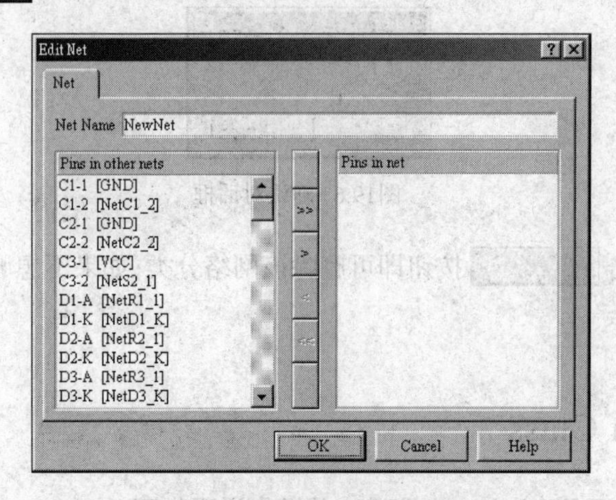

图19.8 新增网络

这个对话框与编辑网络对话框(图 19.8)类似，操作方式也一样，先在 Name 文本框中里指定所要新增网络的名称；然后借 > 按钮的功能从左边区域的节点，加入我们所要新增的网络里。

▶ 3 Remove... 按钮的功能是删除网络。在 Nets In Class 区域里所选择所要删除的网络，再单击本按钮后，出现图 19.9 所示的对话框。

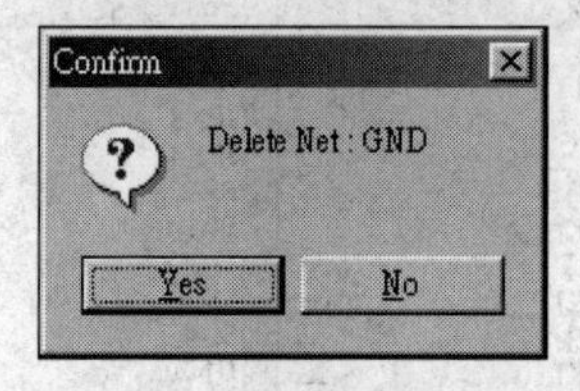

图19.9 确认对话框

这时候，只要单击 Yes 按钮即可删除该网络；如果不想删除，可单击 No 按钮。

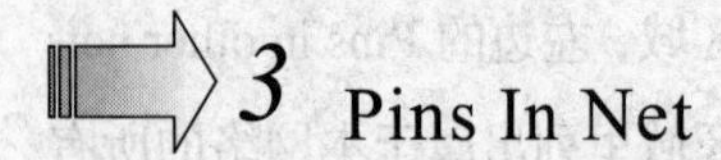

3 Pins In Net

在 Pins In Net 区域下方只有 Edit... 按钮，通过此按钮即可编辑所指定节点的焊盘。所以先在 Pins In Net 区域中选择所要编辑的节点，再单击本按钮即可打开其焊盘属性对话框，如图 19.10 所示。当然，这个对话框已在 13-1-1-3 节中介绍过了，在此不详细说明；不过，在此要提醒大家，与网络相关的是在对话框中的 Advanced 选项卡，如图 19.11 所示。

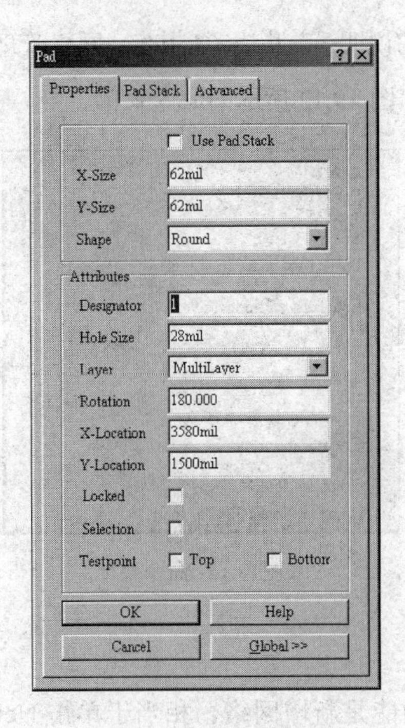

图19.10　焊盘属性对话框

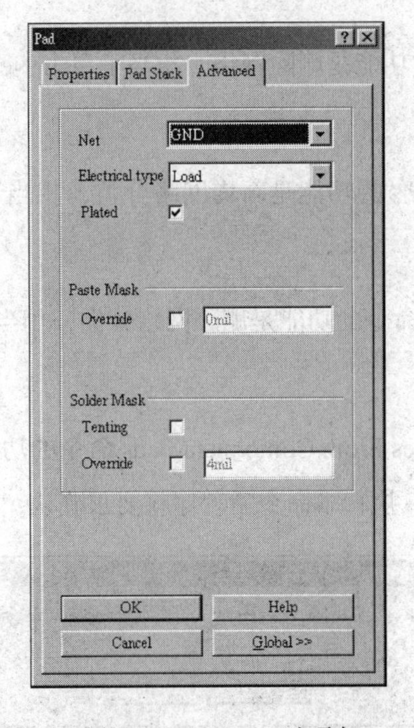

图19.11　Advanced 选项卡

我们可以在 Net 文本框中改变该焊盘所连接的网络，而在 Electrical type 文本框中改变其连接方式。

好，光看上述 3 个区域的说明，太肤浅了！其实，网络管理器厉害的地方在 Menu 按钮，按下这个按钮后，将弹出图 19.12 所示的命令菜单。

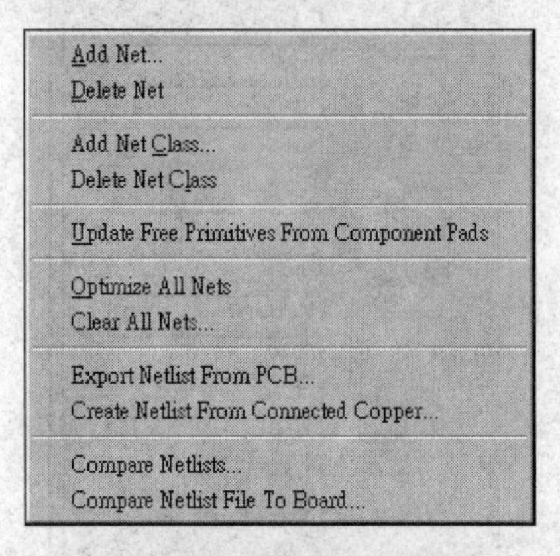

图19.12 命令菜单

各命令的操作说明如下：

- Add Net…命令的功能是新增网络，相当于单击 Nets In Class 区域下的 Add... 按钮。
- Delete Net…命令的功能是删除网络，相当于单击 Nets In Class 区域下的 Remove... 按钮。
- Add Net Class…命令的功能是新增网络分类，相当于单击 Net Classes 区域下的 Add... 按钮。
- Delete Net Class…命令的功能是删除网络分类，相当于单击 Net Classes 区域下的 Remove... 按钮。
- Update Free Primitives From Component Pads 命令的功能是将元件上没被用到的焊盘转换成一般的图件。执行本命令后程序将要求确认，如图 19.13 所示。

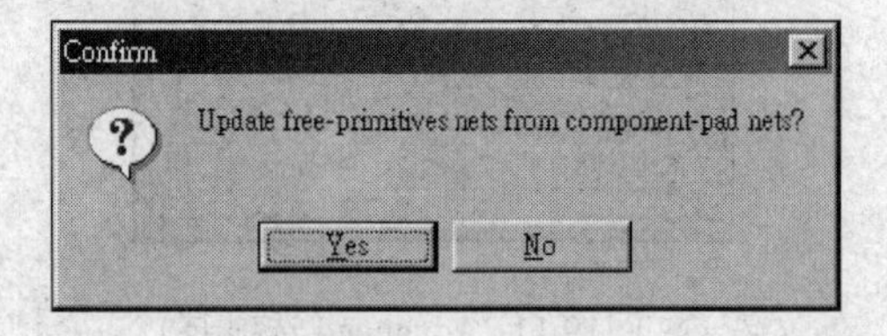

图19.13 确认对话框

单击 Yes 按钮即可进行转换。

□　Optimize All Nets 命令的功能是进行网络最佳化，以查找最短的走线。

□　Clear All Nets…命令的功能是清除工作区里的所有网络，而程序将要求确认，如图 19.14 所示。

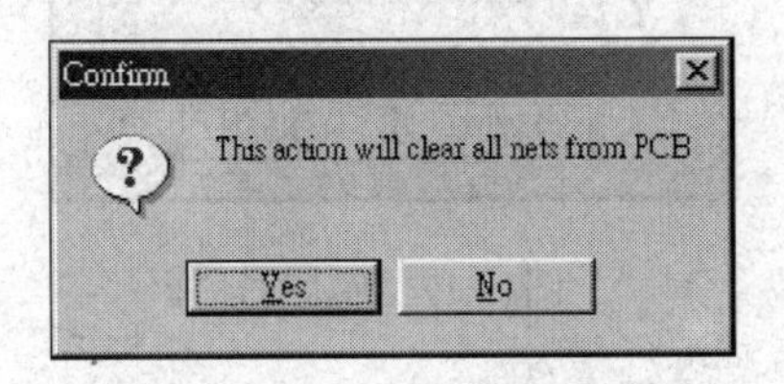

图19.14　确认对话框

单击 Yes 按钮即可清除所有网络。

□　Export Netlist From PCB…命令的功能是输出工作区里的网络，存储成网络表文件。执行本命令后，程序将要求确认，如图 19.15 所示。

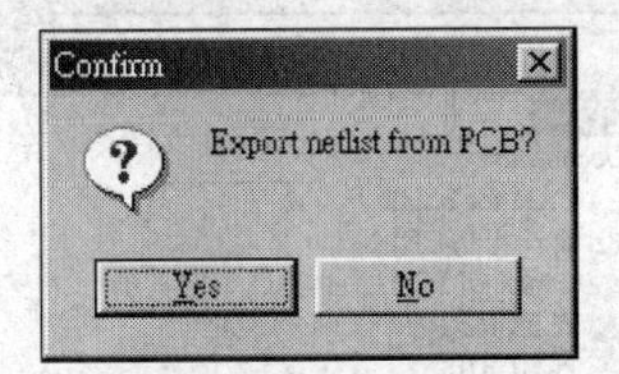

图19.15　确认对话框

单击 Yes 按钮即可输出网络表文件，并打开所产生的网络表，如图 19.16 所示。

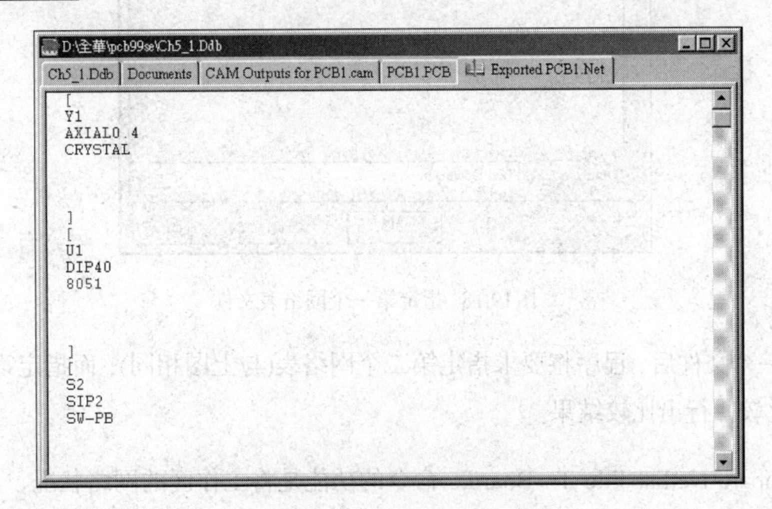

图19.16　编辑网络表文件

□ Create Netlist From Connected Copper…命令的功能是将工作区里的铜膜走线状况转换成网络，并创建一个网络表。执行本命令后，程序将要求确认，如图 19.17 所示。

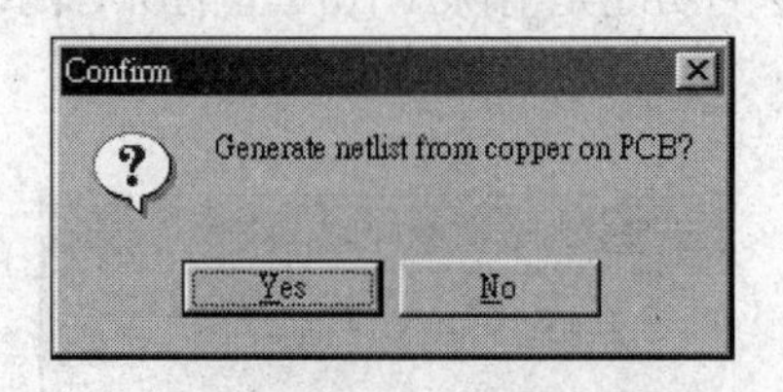

图19.17 确认对话框

单击 Yes 按钮即可输出网络表文件，并打开所产生的网络表，这个命令非常好用!

□ Compare Netlists…命令的功能是进行两个网络表文件的比较，执行本命令后，程序即要求指定所要比较的第一个网络表文件，如图 19.18 所示。

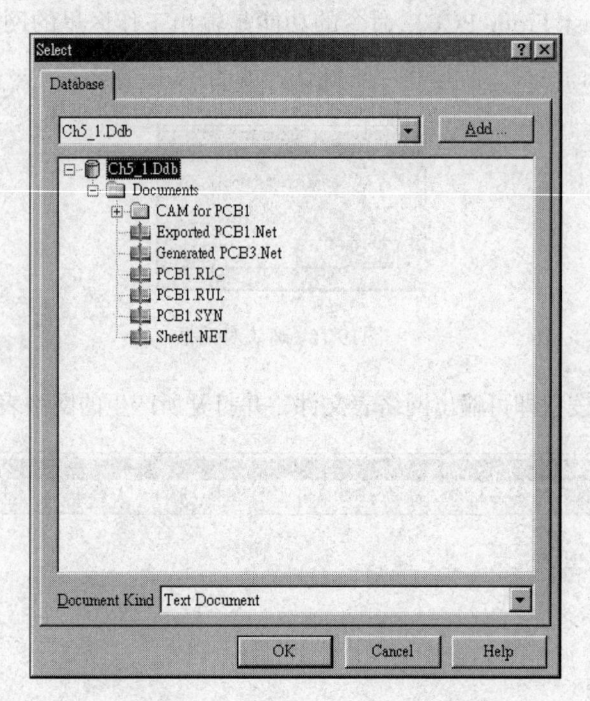

图19.18 指定第一个网络表文件

指定第一个文件后，程序将要求指定第二个网络表(与上图相同)；而指定第二个文件后，程序即进行比较并行出比较结果。

□ Compare Netlist File To Board…命令的功能是将工作区的网络状况，与指定网络表文件比较。执行本命令后，程序即要求指定所要比较的网络表文件，如图 9.18 所示。指定网络表文件后程序即进行比较，并行出比较结果。

19-2 分类

分类(Class)是一种很不错的管理概念，刚才我们已看过网络的分类，在 Protel 99 SE 里，不仅网络可以分类，其他像元件、飞线(From-To)、焊盘等都可以进行分类。Protel 99 SE 也提供一个分类专用的命令，当要进行分类时，可执行 Design 菜单下的 Classes…命令，将出现图 19.19 所示的对话框。

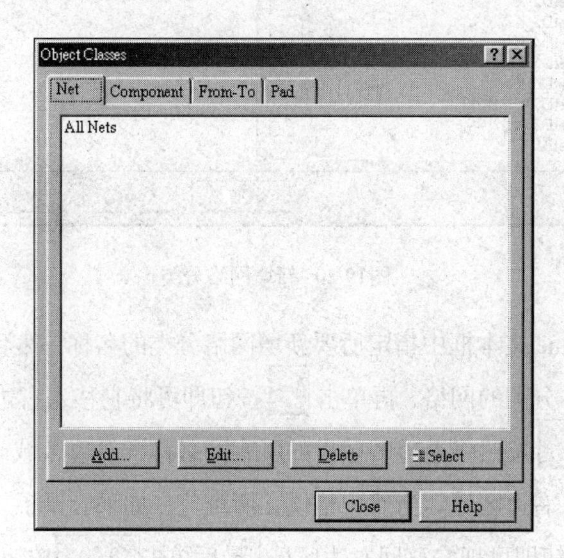

图19.19　分类对话框

其中包括 4 个选项卡，分别提供网络分类(Net 选项卡)、元件分类(Component 选项卡)、飞线分类(From-To 选项卡)、焊盘分类(Pad 选项卡)，而在对话框下方各 4 个主要的操作按钮，说明如下：

- Add... 按钮的功能是新增分类。
- Edit... 按钮的功能是编辑指定的分类。
- Delete 按钮的功能是删除指定的分类。
- Select 按钮的功能是在工作区里选择指定的分类。

紧接着介绍这 4 个选项卡的操作。

19-2-1 网络分类

图 19.19 所示为网络分类选项卡，当我们要新增网络分类时单击 Add... 按钮，出现图 19.20 所示的对话框。

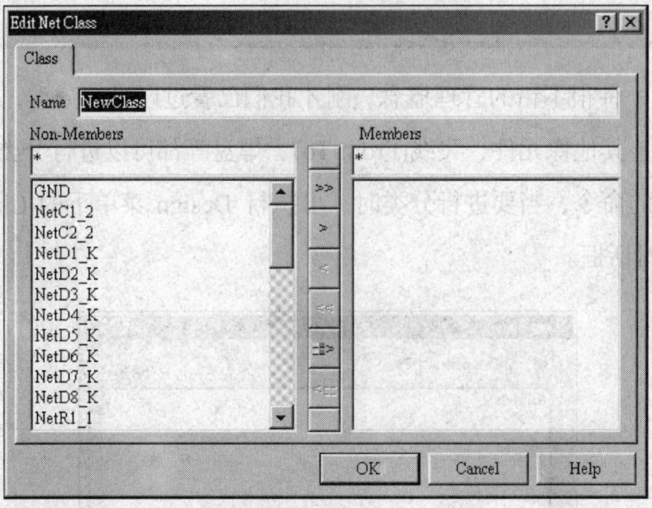

图19.20 新增网络分类

这时候，先在 Name 文本框中指定所要新增网络分类的名称，然后在左边 Non-Members 区域中选择所要加入本分类的网络，再单击 > 按钮即可将它移入右边的 Members 区域。另外，我们也可以单击 >> 按钮将左边区域里的所有网络移入右边区域或单击 按钮将工作区里所选择的网络移入右边区域。当然，错误在所难免，如果弄错了，则可在右边选择弄错的网络，再单击 < 按钮即可把它移回左边区域。最后单击 OK 按钮即可完成新增的动作。

如果要编辑某项网络分类(All Nets 除外)，则在区域里选择该项网络分类，再单击 Edit... 按钮即可打开图 19.21 所示的对话框。

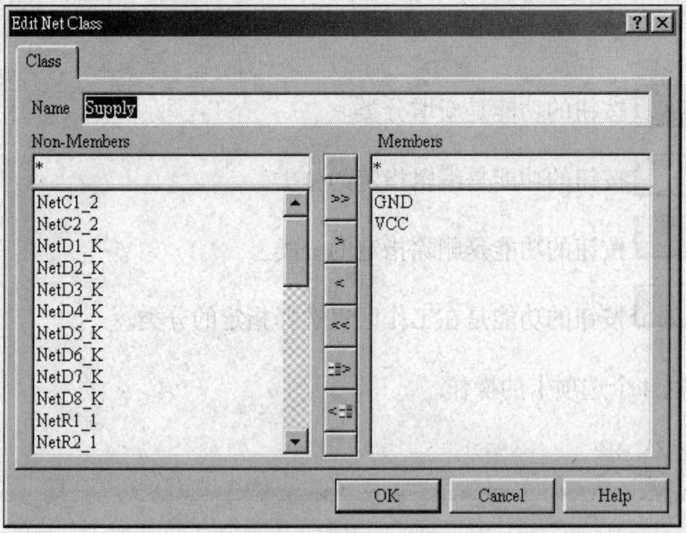

图19.21 编辑网络分类

基本上，这个对话框与新增网络分类的操作是一样的，在此不赘述。当我们要删除某一个网络分类，也是在区域中选择所要删除的网络分类，再单击 Delete 按钮即可删除(All Nets 项除外)。

另外一项不错的功能就是在工作区里选择指定的网络分类，只要在区域里选择所要操作的网络分类，然后单击 Select 按钮，则工作区里属于该网络分类的网络、走线、焊盘等，即变为选择状态。

19-2-2 元件分类

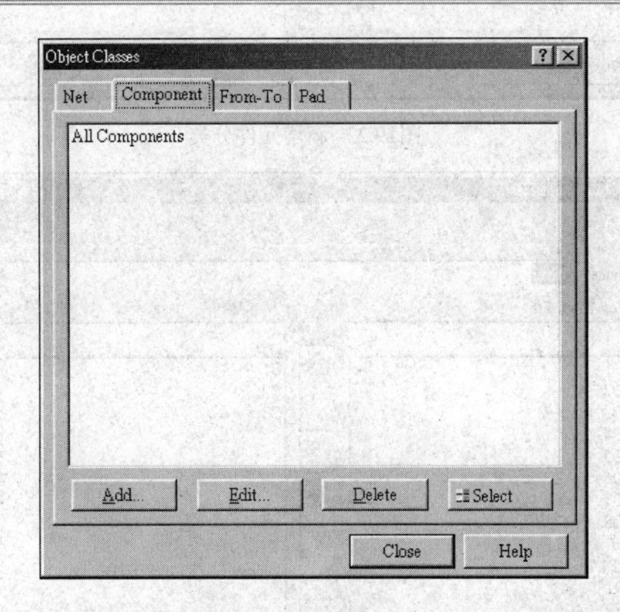

图19.22　元件分类选项卡

图 19.22 所示为元件分类选项卡，当我们要新增元件分类时则单击 Add... 按钮，出现图 19.23 所示的对话框。

这时候，先在 Name 文本框中指定所要新增元件分类的名称，然后在左边 Non-Members 区域中选择所要加入本分类的元件，再单击 > 按钮即可将它移入右边的 Members 区域。另外，我们也可以单击 >> 按钮将左边区域里的所有元件移入右边区域或单击 按钮将工作区里所选择的元件移入右边区域。当然，错误在所难免，如果弄错了，则可在右边选择弄错的元件，再单击 < 按钮即可把它移回左边区域。最后单击 OK 按钮即可完成新增的动作。

如果要编辑某项元件分类(All Components 除外)，则在区域里选择该项元件分类，再单击 Edit... 按钮即可打开图 19.23、图 19.24 所示的对话框。

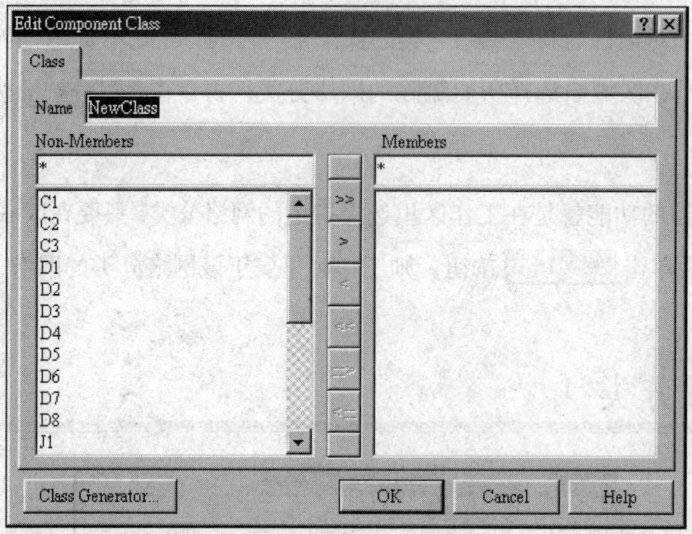

图19.23　新增元件分类

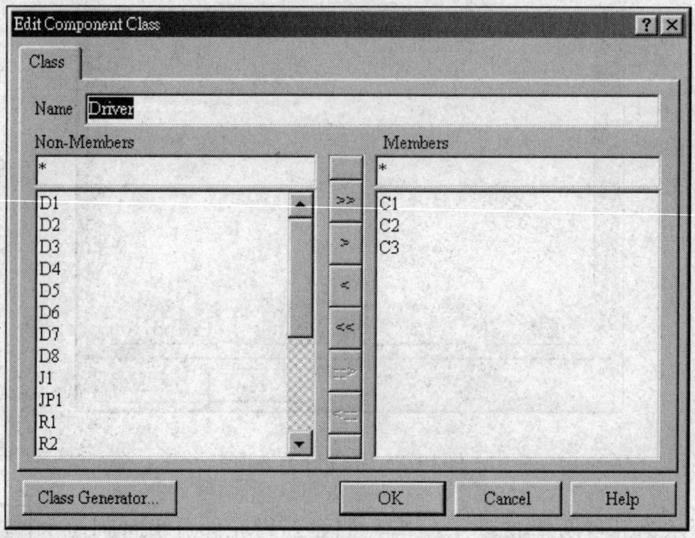

图19.24　编辑元件分类

基本上，这个对话框与新增元件分类的操作是一样的，在此不赘述。当我们要删除某一个元件分类，也是在区域中选择所要删除的元件分类，再单击 Delete 按钮即可删除(All Components 项除外)。

另外一项不错的功能就是在工作区中选择指定的元件分类，只要在区域中选择所要操作的元件分类，然后单击 Select 按钮，则工作区里属于该元件分类的元件，即变为选择状态。

19-2-3 飞线分类

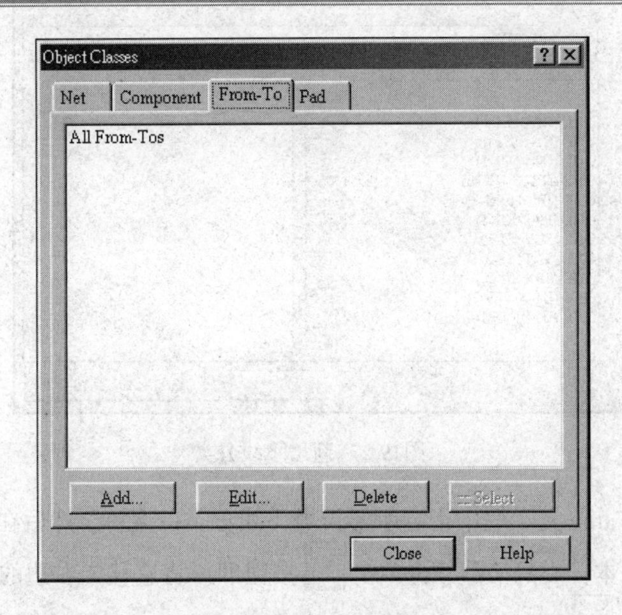

图19.25　飞线分类选项卡

图 19.25 所示为飞线分类选项卡，什么是“飞线”？稍后将详细说明。当我们要新增飞线分类时则单击 Add... 按钮，出现图 19.26 所示的对话框。

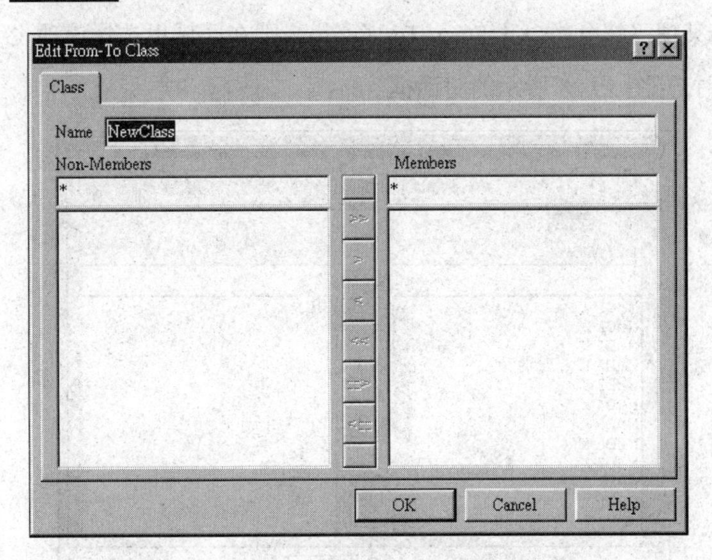

图19.26　新增飞线分类

如图 19.26 所示，如果从来都没有编辑过飞线，则在左边 Non-Members 区域里将没有任何项目，当然是无法进行飞线的分类。如果有编辑过飞线(详见 19-3 节)，则此区域里将出现所有飞线的项目，如图 19.27 所示。

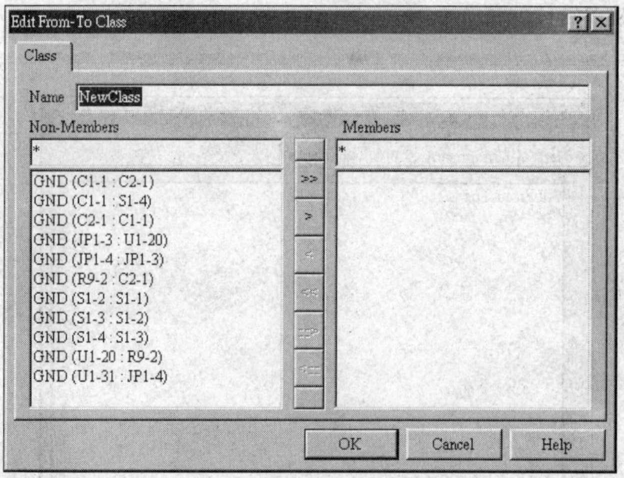

图19.27 新增飞线分类

这时候，先在 Name 文本框中指定所要新增飞线分类的名称，然后在左边 Non-Members 区域中选择所要加入本分类的飞线，再单击 > 按钮即可将它移入右边的 Members 区域。另外，我们也可以单击 >> 按钮将左边区域里的所有飞线移入右边区域或单击 =:> 按钮将工作区里所选择的飞线移入右边区域。当然，错误在所难免，如果弄错了，则可在右边选择弄错的飞线，再单击 < 按钮即可把它移回左边区域。最后单击 OK 按钮即可完成新增的动作。

如果要编辑某项飞线分类(All Form-Tos 除外)，则在区域里选择该项飞线分类，再单击 Edit... 按钮即可打开图 19.28 所示的对话框。

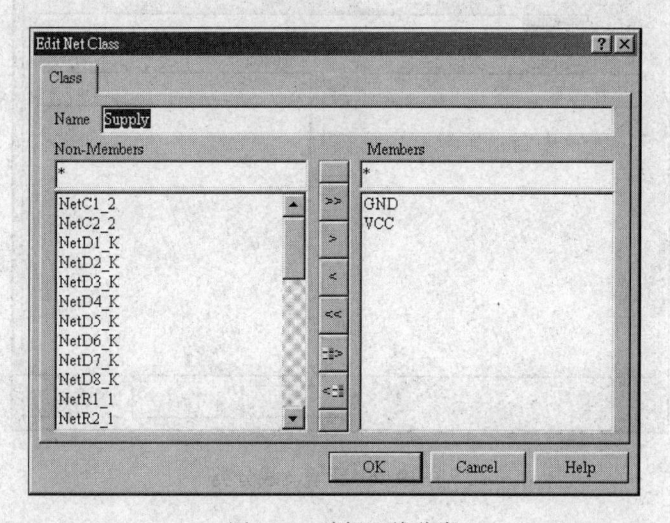

图19.28 编辑飞线分类

基本上，这个对话框与新增飞线分类的操作是一样的，在此不赘述。当我们要删除某一个飞线分类，也是在区域里选择所要删除的飞线分类，再单击 Delete 按钮即可删除(All

From-Tos 项除外)。

另外一项不错的功能就是在工作区里选择指定的飞线分类，只要在区域里选择所要操作的飞线分类，然后单击 Select 按钮，则工作区里属于该飞线分类的网络、走线、焊盘等，即变为选择状态。

19-2-4 焊盘分类

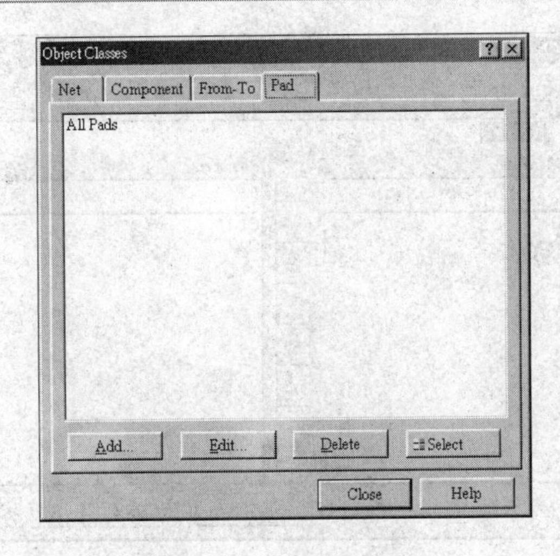

图19.29　焊盘分类选项卡

图 19.29 所示为焊盘分类选项卡，当我们要新增焊盘分类时，则单击 Add... 按钮，出现图 19.30 所示的对话框。

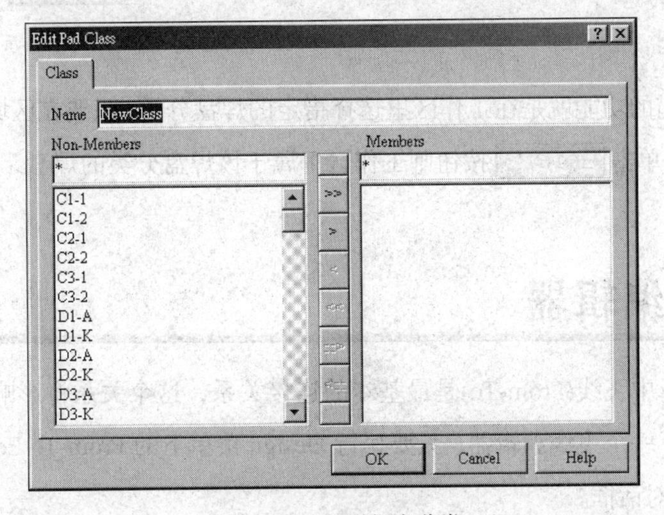

图19.30　新增焊盘分类

这时候，先在 Name 文本框中指定所要新增焊盘分类的名称，然后在左边 Non-Members

区域中选择所要加入本分类的焊盘，再单击 > 按钮即可将它移入右边的 Members 区域。另外，我们也可以单击 >> 按钮将左边区域里的所有焊盘移入右边区域或单击 ≡> 按钮将工作区里所选择的焊盘移入右边区域。当然，错误在所难免，如果弄错了，则可在右边选择弄错的焊盘，再单击 < 按钮即可把它移回左边区域。最后单击 OK 按钮即可完成新增的动作。

如果要编辑某项焊盘分类(All Pads 除外)，则在区域里选择该项焊盘分类，再单击 Edit... 按钮即可打开图 19.31 所示的对话框。

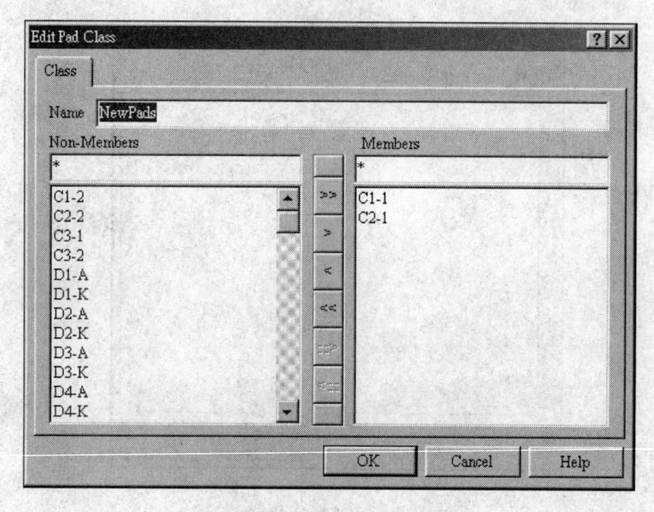

图19.31　编辑焊盘分类

基本上，这个对话框与新增焊盘分类的操作是一样的，在此不赘述。当我们要删除某一个焊盘分类，也是在区域里选择所要删除的焊盘分类，再单击 Delete 按钮即可删除(All Pads 项除外)。

另外一项不错的功能就是在工作区里选择指定的焊盘分类，只要在区域里选择所要操作的焊盘分类，然后单击 Select 按钮则工作区里属于该焊盘分类的焊盘，即变为选择状态。

19-3 飞线编辑器

在 PCB 编辑中飞线(From-To)是最基本的连接关系，这个关系将影响到走线的效率。Protel 99 SE 提供了一个飞线编辑器，只要执行 Design 菜单下的 From-To Editor…命令，将出现图 19.32 所示的对话框。

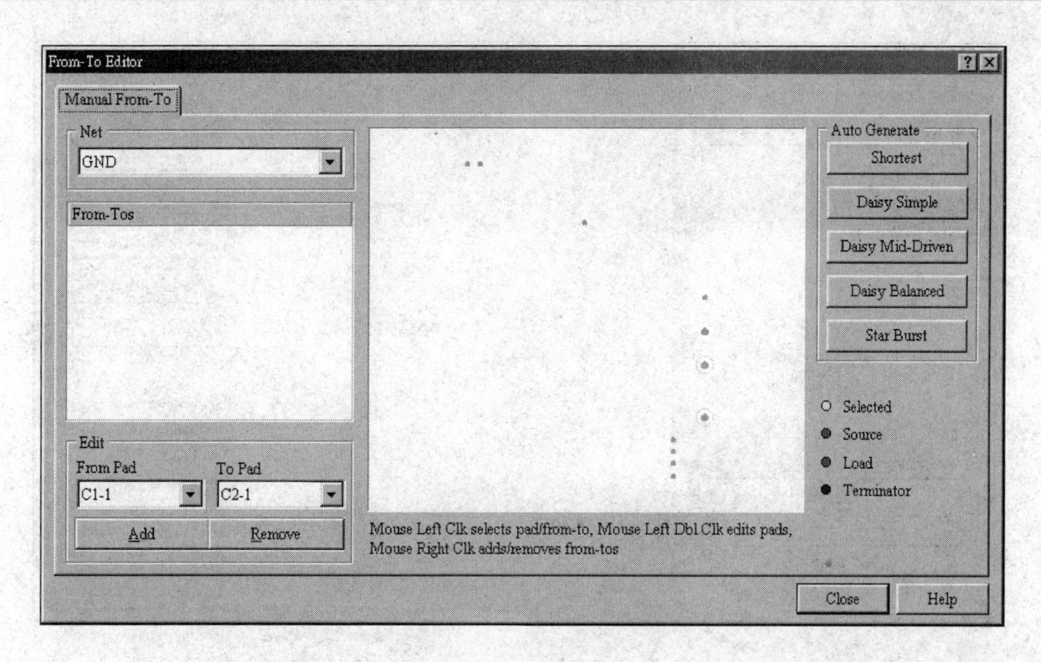

图19.32　飞线编辑器

先在左上方的 Net 文本框中里指定所要编辑的网络，则属于该网络的所有节点将出现在下面 From Pad 文本框中及 Top Pad 文本框中以供选择；最重要的是各节点的相对位置图，就展现在中间的预览区域中，而在右下方的 4 个图案正说明预览区域的各节点的状态，黄色框选的节点代表，我们在左下方 From Pad 文本框中及 Top Pad 文本框中所选择的焊盘。红色代表该网络的起点、绿色代表该网络的中间点、蓝色代表该网络的终点。

例如要新建一个飞线，则先在 Net 文本框中指定其所属的网络，然后在 From Pad 文本框中指定该飞线的起点、在 Top Pad 文本框中指定该飞线的终点，然后单击 Add 按钮，即可新增一个飞线，该飞线的叙述将出现在 Net 文本框中下方的 From-Tos 区域中，同时，也将条描绘在中间的预览区域中，如图 19.33 所示。

如果要删除某条飞线，则在 From-Tos 区域里选择该飞线，然后单击 Remove 按钮即可删除。

毕竟这样太慢了！程序提供几项默认的飞线布线产生方式，我们可单击左边的 5 个按钮即可快速产生飞线。这 5 个按钮说明如下：

- Shortest 按钮的功能是最短距离的走线法，这是程序默认的设计规则，不过，如果要采用这种方式程序并不会自动为我们创建飞线。

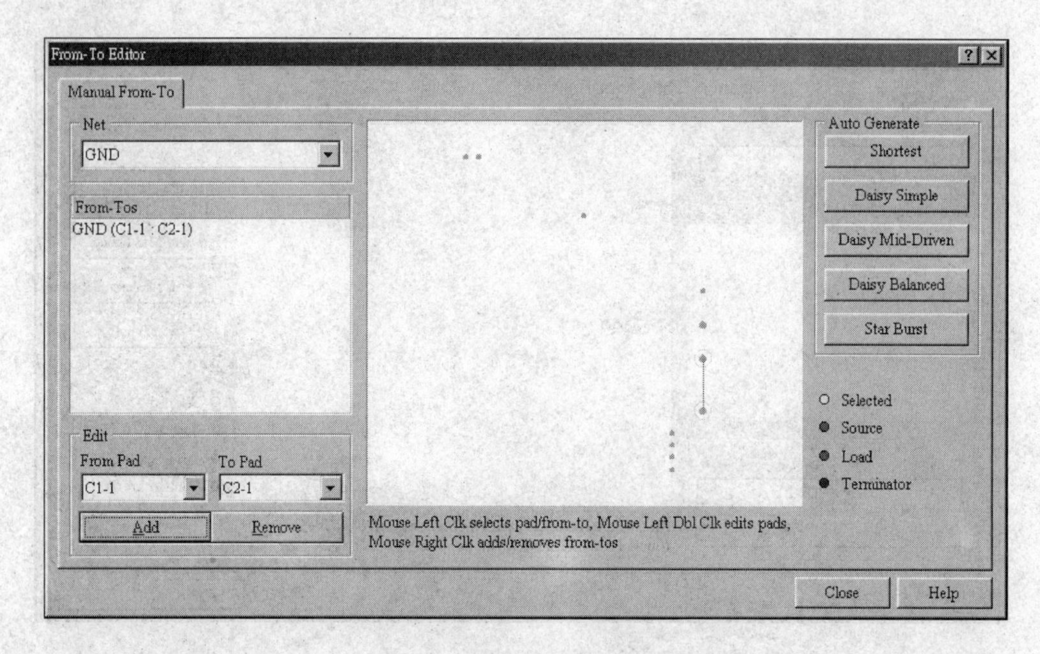

图19.33　新增飞线

□ Daisy Simple 按钮的功能是采用简单的菊状走线法，单击此按钮后，程序将自动对此网络产生飞线，如图 19.34 所示。

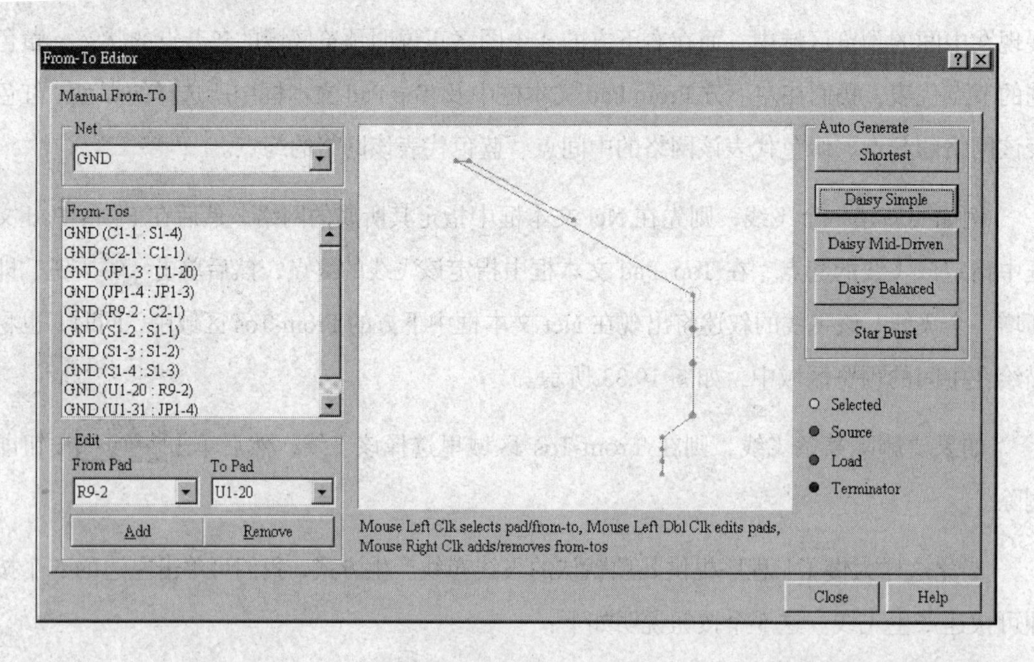

图19.34　自动产生飞线

如果要设置或改变网络的起点或终点，则在中间预览区域中，直接指向所要改变的焊盘上，双击，即可打开其属性对话框，切换到 Advanced 选项卡，如图 19.35 所示。

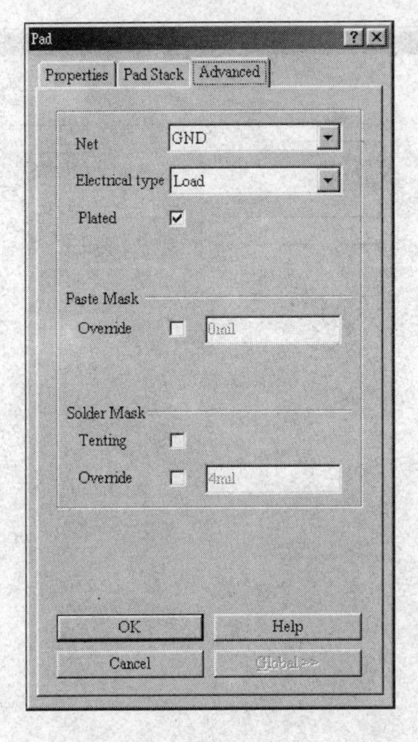

图19.35　焊盘属性对话框

在 Electrical type 文本框中选择其状态，其中的 Load 选项设置该焊盘为中间节点、Source 选项设置该焊盘为起点、Terminator 选项设置该焊盘为终点。

- □ Daisy Mid-Driven 按钮的功能是中间驱动的菊状走线法，单击此按钮后程序将自动对此网络产生飞线。
- □ Daisy Balanced 按钮的功能是平衡式菊状走线法，单击此按钮后程序将自动对此网络产生飞线。
- □ Daisy Simple 按钮的功能是放射状走线法，单击此按钮后程序将自动对此网络产生飞线。

19-4 板层堆叠管理器

Protel 99 SE 把板层的事情全部交给新设的“板层堆叠管理器”来管理。当我们要增减或编辑板层堆叠时，可执行 Design 菜单下的 Layer Stack Manager...命令，即可打开板层堆叠管理器，如图 19.36 所示。这个板层堆叠管理器很精彩，首先介绍右边 6 个按钮的操作：

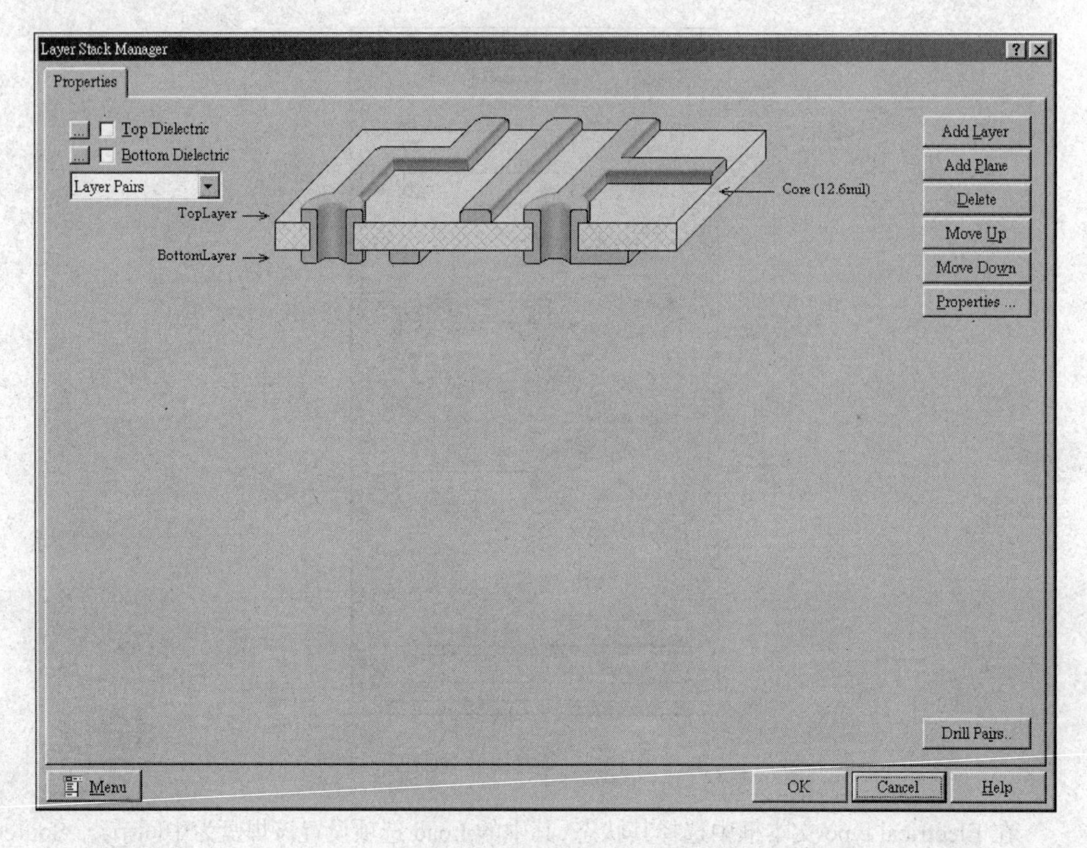

图19.36 板层堆叠管理器

□ Add Layer 按钮的功能是插入一个布线层，当我们要插入一个新的布线层时，首先在板层堆叠管理器中，指定要将新增的布线层插入在哪个位置？例如要在底层上面插入一个新的布线层，则选择左边的 BottomLayer 文字，这个文字将变成蓝底白字，再单击本按钮，即可新增一个布线层，同时展示在图上，如图 19.37 所示。

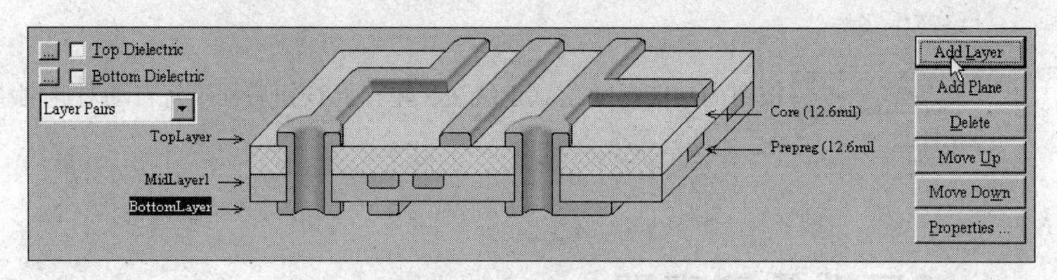

图19.37 新增布线板层

新增布线层的名称为 MidLayers，我们可以编辑其名称与铜膜厚度，只要指向这个文字，双击，即可打开图 19.38 所示的对话框。

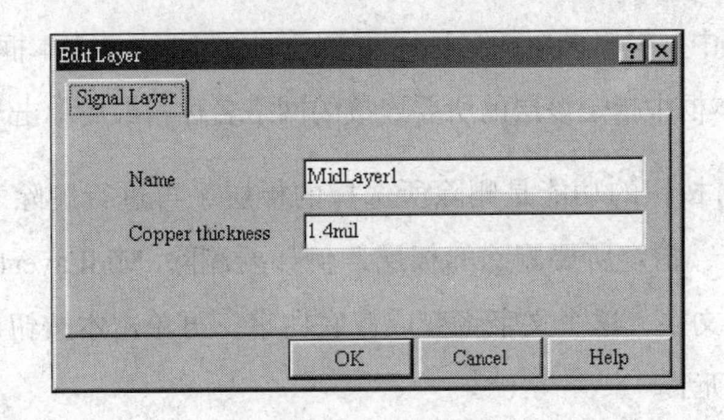

图19.38　编辑布线板层

我们可以在 Name 文本框中编辑该层的名称、在 Copper Thickness 文本框中指定该层的铜膜厚度，最后单击 OK 按钮即可。

□ Add Plane 按钮的功能是插入一个电源层，同样地，当我们要插入一个新的电源层时，首先在板层堆叠管理器中，指定要将新增的电源板层插入在哪个位置？例如要在底层上面插入一个新的电源层，则选择左边的 BottomLayer 文字，这个文字将变成蓝底白字，再单击本按钮，即可新增一个电源层，同时展示在图上，如图 19.39 所示。

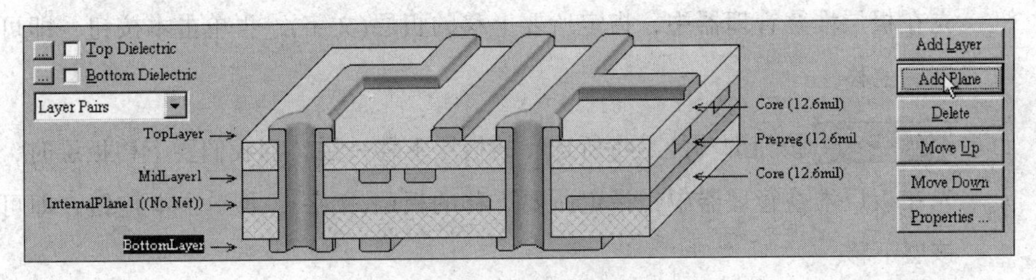

图19.39　新增电源板层

电源层与布线层不一样，电源层是整面都是铜，连接到指定的网络上(通常是电源网络)。如图 19.39 所示，我们所新增的电源层为“InternalPlane ((No Net))”表示该层尚未连接网络，这时候可指向这个文字，双击，即可打开图 19.40 所示的对话框。

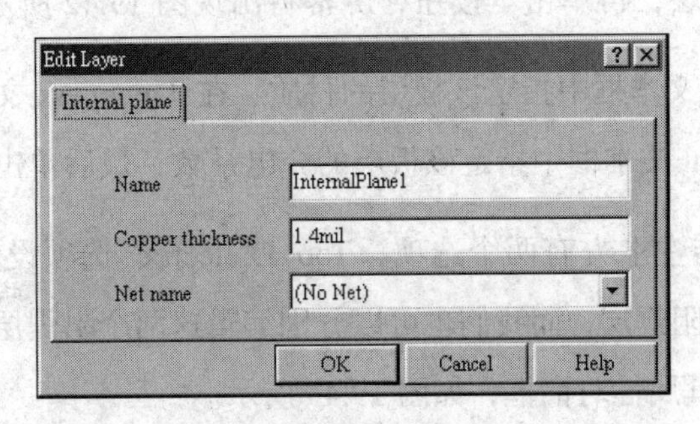

图19.40　编辑电源板层

在 Name 文本框中，编辑该层的名称、在 Copper Thickness 文本框中指定该层的铜膜厚度、在 Net Name 文本框中指定该层的所要连接的网络名称，最后单击 OK 按钮即可。

- Delete 按钮的功能是删除所选择的板层，再进行删除之前，首先在板层堆叠管理器中，指定所要删除的板层，例如要删除 MidLayer1 层，则选择左边的 MidLayer1 文字，这个文字将变成蓝底白字，再单击本按钮，程序将要求确认，如图 19.41 所示。

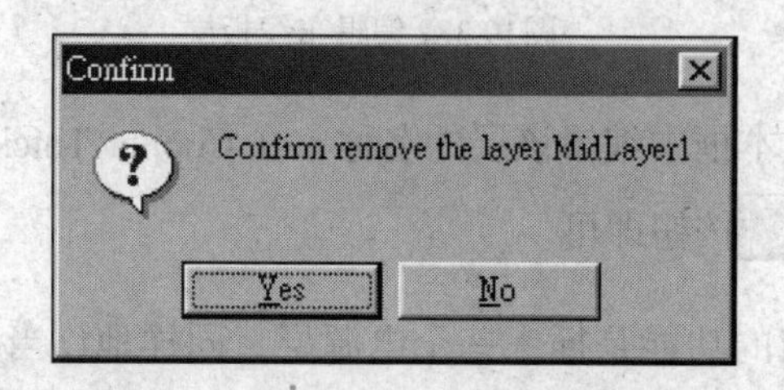

图19.41　确认对话框

这时候，单击 Yes 按钮即可删除。

- Move Up 按钮的功能是将所选择的板层上移一层，当我们要上移板层时，首先在板层堆叠管理器中，指定所要上移的板层(文字)，再单击本按钮，即可将该层上移。
- Move Down 按钮的功能是将所选择的板层下移一层，当我们要下移板层时，首先在板层堆叠管理器中，指定所要下移的板层(文字)，再单击本按钮，即可将该层下移。
- Properties ... 按钮的功能是编辑所选择板层的属性，包括电气层(图案左边的板层名称)及非电气层(图案右边的板层名称)，如果是选择电气层，再单击本按钮，屏幕将出现图 19.38 或图 19.40 所示的对话框，刚才已介绍过了，在此不赘述。如果是选择非电气层，再单击本按钮，屏幕将出现图 19.42 所示的对话框。

我们可在 Material 文本框中指定该板层的材质、在 Thickness 文本框中指定该板层的厚度、在 Dielectric constant 文本框中指定该板层的介电系数，最后单击 OK 按钮即可。

在堆叠板层管理器左上方有两个选项，Top Dielectric 选项设置顶层阻焊层、Bottom Dielectric 选项设置底层阻焊层，而我们也可以分别编辑这两个阻焊层的属性，只要单击其左边的 ... 按钮即可打开其属性对话框，如图 19.43 所示。

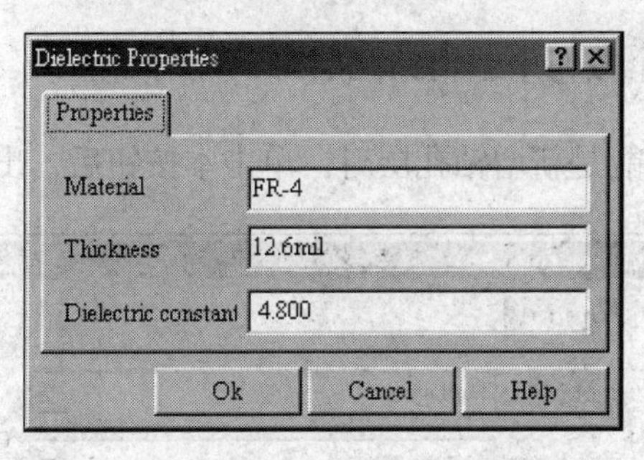

图19.42　非电气板层的属性

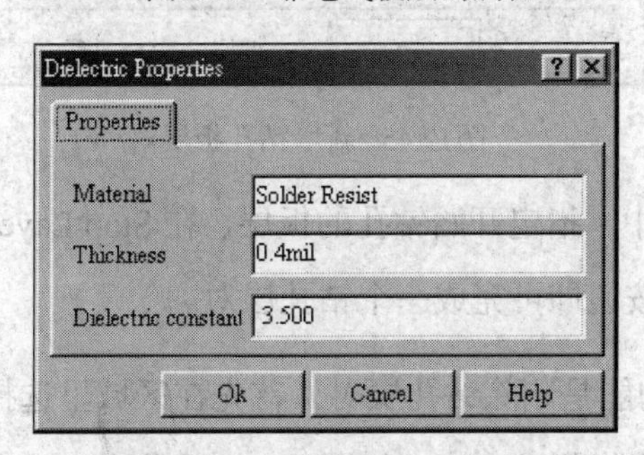

图19.43　阻焊层的属性

阻焊层也是一种非电气层，所以这个对话框与图 19.44 完全一样。

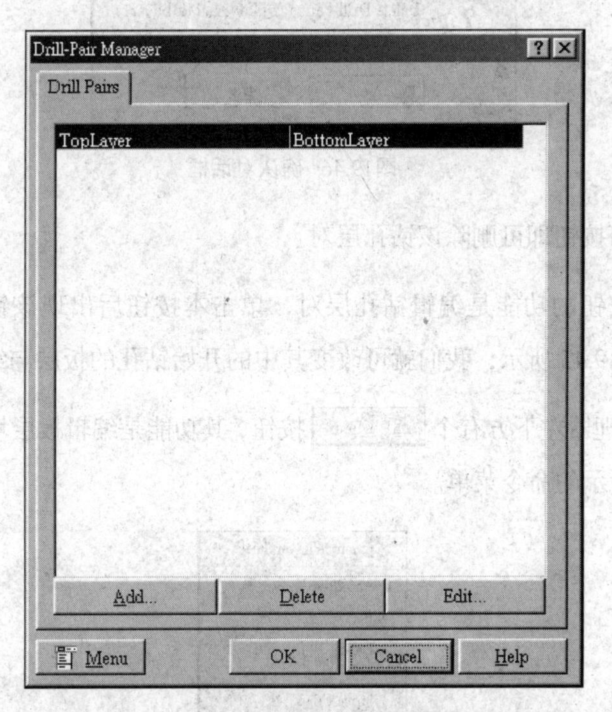

图19.44　钻孔板层对管理器

在板层堆叠管理器右下方有个 Drill Pairs.. 按钮，其功能是编辑钻孔层对，单击本按钮后，即可打开图 19.44 所示的对话框。

我们可以利用其下 3 个按钮来编辑钻孔层对，说明如下：

□ Add... 按钮的功能是新增钻孔层对，单击本按钮后，出现图 19.45 所示的对话框。

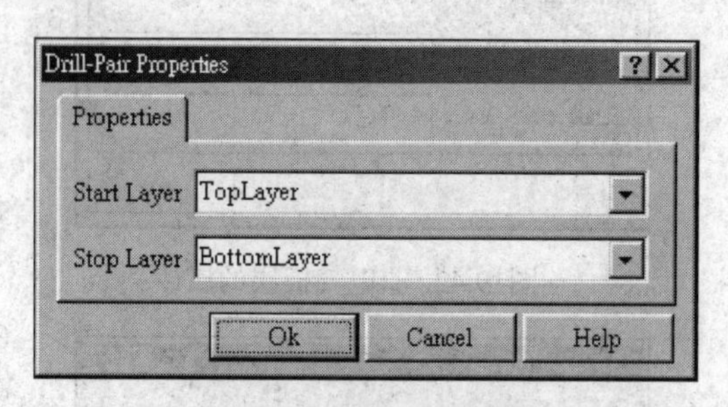

图19.45 新增钻孔板层对

在 Start Layer 文本框中，指定开始钻孔的板层、在 Stop Layer 文本框中，指定结束钻孔的板层，最后单击 OK 按钮即可完成一个钻孔层对。

□ Delete 按钮的功能是删除钻孔层对，首先在区域里选择所要删除的钻孔层对，再单击本按钮后程序将要求确认，如图 19.46 所示。

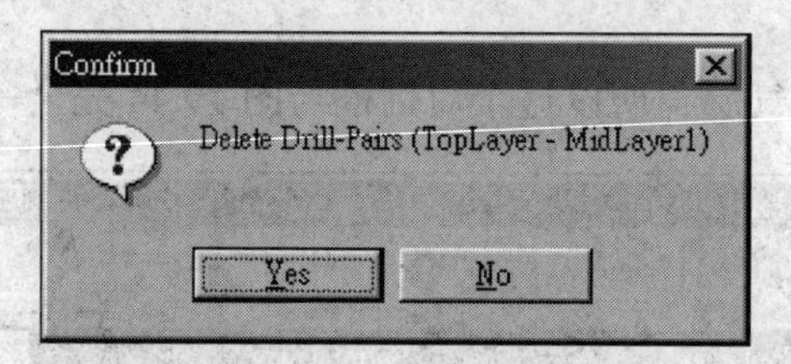

图19.46 确认对话框

单击 Yes 按钮即可删除该钻孔层对。

□ Edit... 按钮的功能是编辑钻孔层对，单击本按钮后出现该钻孔层对的属性对话框，如图 19.45 所示，我们就可改变其中的开始钻孔的板层与结束钻孔的板层。

在板层堆叠管理器左下方有个 Menu 按钮，其功能是编辑板层堆叠，单击本按钮后，即可弹出图 19.47 所示的命令菜单。

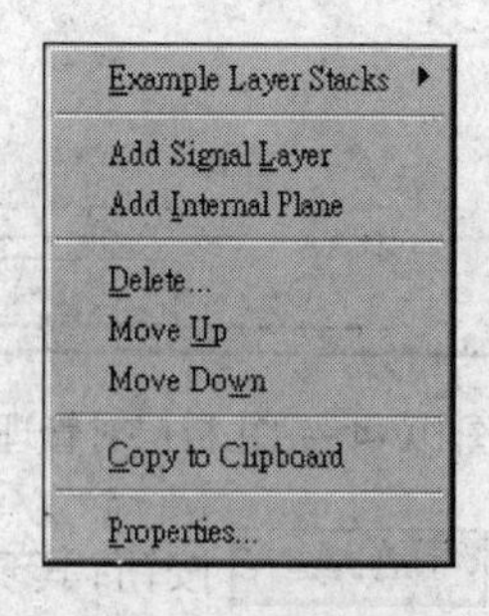

图19.47 命令菜单

其中各命令的操作说明如下：

- Example Layer Stacks 命令的功能是启用程序默认的板层堆叠，执行本命令后，即可弹出图 19.48 所示的选项。

Single Layer
Two Layer (Non-Plated)
Two Layer (Plated)
Four Layer (2 x Signal, 2 x Plane)
Six Layer (4 x Signal, 2 x Plane)
Eight Layer (5 x Signal, 3 x Plane)
10 Layer (6 x Signal, 4 x Plane)
12 Layer (8 x Signal, 4 x Plane)
14 Layer (9 x Signal, 5 x Plane)
16 Layer (11 x Signal, 5 x Plane)

图19.48 默认的板层堆叠选项

其中包括 10 个默认的板层堆叠，说明如下：

①Single Layer 选项设置采用单层板布线。

②Two Layers(Non-Plated)选项设置采用不镀孔的双面板布线。

③Two Layers(Plated)选项设置采用有镀孔的双面板布线。

④Four Layer(2 × Signal, 2 × Plane)选项设置采用四层板布线，其中包括两个布线层、两个电源层。

⑤Siz Layer(4 × Signal, 2 × Plane)选项设置采用六层板布线，其中包括 4 个布线层、两个电源层。

⑥Eight Layer(5 × Signal, 3 × Plane)选项设置采用八层板布线，其中包括 5 个布线层、三个电源层。

⑦10 Layer(6 × Signal, 4 × Plane)选项设置采用 10 层板布线，其中包括 6 个布线层、4 个电源层。

⑧12 Layer(8 × Signal, 4 × Plane)选项设置采用 12 层板布线，其中包括 8 个布线层、4 个电源层。

⑨14 Layer(9 × Signal, 5 × Plane)选项设置采用 14 层板布线，其中包括 9 个布线层、5 个电源层。

⑩16 Layer(11 × Signal, 5 × Plane)选项设置采用 16 层板布线，其中包括 11 个布线层、5

个电源层。

- Add Signal Layer 命令的功能是新增布线层，与 Add Layer 按钮的操作一样。
- Add Internal Plane 命令的功能是新增电源层，与 Add Plane 按钮的操作一样。
- Delete…命令的功能是删除所选择的板层，与 Delete 按钮的操作一样。
- Move Up 命令的功能是将所选择的板层上移一层，与 Move Up 按钮的操作一样。
- Move Down 命令的功能是将所选择的板层下移一层，与 Move Down 按钮的操作一样。
- Copy to Clipboard 命令的功能是将板层堆叠管理器里的板层堆叠图案，复制到剪贴板，以粘贴到其他文件；不过效果不是很好。
- Properties…命令的功能是编辑所选择板层的属性，与 Properties ... 按钮的操作一样。

19-5 分割内层

所谓“内层”就是在 PCB 中，放置整面都是铜箔的板层，而这种板层通常是连接电源网络，所以内层又称为电源层。

PCB 的成本与其板层数关系很大，板层越多成本当然越高！而内层又整块都作为单一网络的电源层似乎有点浪费！不过，Protel 99 SE 提供了内层分割的功能，可以把内层分割为连接不同网络的区域以增加内层的利用率。

当我们要分割内层时一定要确定有使用到内层才行，而内层的设置在 19-4 节中已说明，在此不赘述。紧接着，执行 Place 菜单下的 Split Plane…命令或单击按钮，即进入分割内层状态，出现图 19.49 所示的对话框。

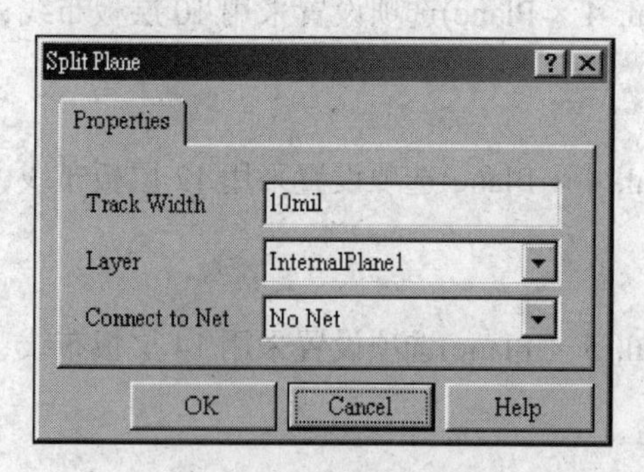

图19.49 设置分割内层

我们可以在 Track Width 文本框中指定分割线的宽度、在 Layer 文本框中指定所要分割的内层、在 Connect to Net 文本框中指定分割区所要连接的网络。最后单击 OK 按钮，即可关闭对话框，开始定义所要分割的部分。指向第一个角，单击鼠标左键，再移动鼠标拉出一条线；单击鼠标左键，再移动鼠标拉出三角形；单击鼠标左键，再移动鼠标拉出四边形……回到第一个角后，单击鼠标左键，即可完成定义，就像定义覆铜的操作一样。

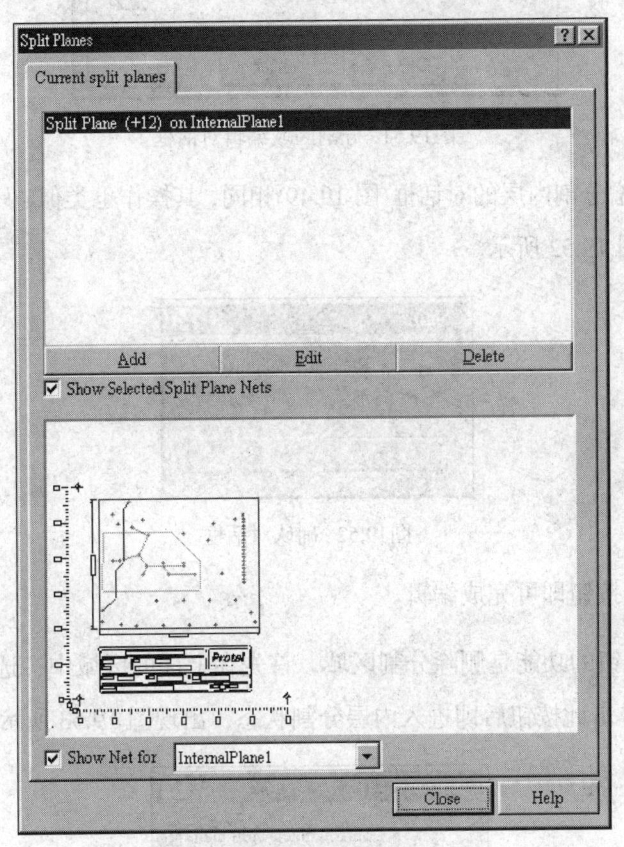

图19.50 分割内层对话框

完成分割区域的定义后，只要执行 Design 菜单下的 Split Planes…命令，可打开内层分割对话框，如图 19.50 所示。在上方区域里条列出所有分割区，而在其中所选择的分割区也将在下面的预览区域中展现。另外，还有三个按钮，其操作说明如下：

- Add... 按钮的功能是新增分割区域，单击此按钮后，即进入内层分割状态，出现图 19.49 所示的对话框，紧接着单击前面所介绍的方法即可分割另一个内层。
- Edit... 按钮的功能是编辑分割区域，首先在上面的区域中，选择所要编辑的分割区域，再单击此按钮后，出现图 19.51 所示的对话框。

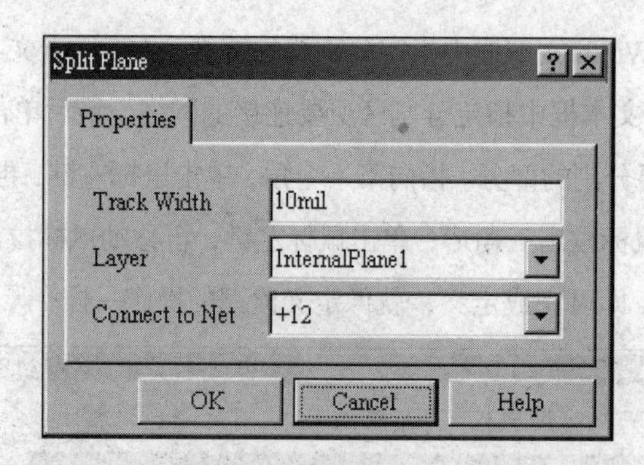

图19.51　分割区域编辑对话框

此对话框与新增分割内层的对话框(图 19.49)相同，其操作也类似，只是在单击按钮后程序将要求确认，如图 19.52 所示。

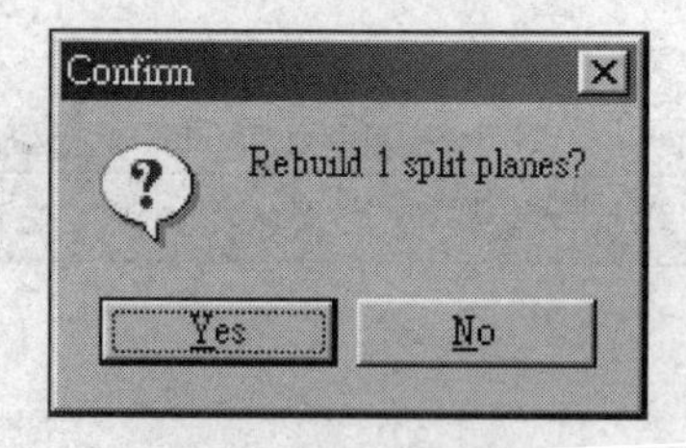

图19.52　确认对话框

单击 Yes 按钮即可完成编辑。

- Delete 按钮的功能是删除分割区域，首先在上面的区域中，选择所要删除的分割区域，再单击此按钮后即进入内层分割状态，出现图 19.53 所示的确认对话框。

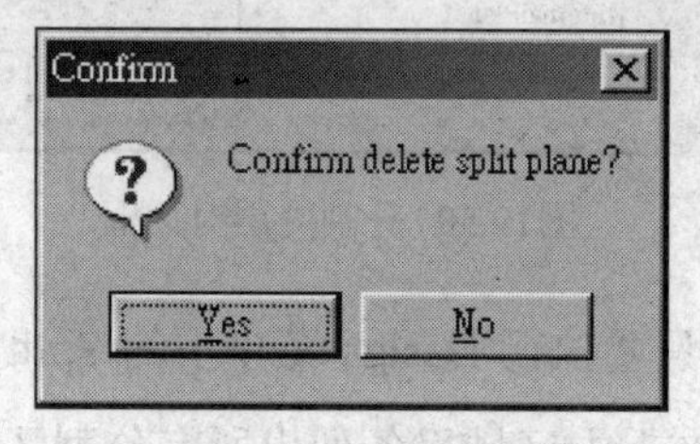

图19.53　确认对话框

单击 Yes 按钮即可删除。

19-6 机构层的管理

Protel 99 SE 中，程序所提供的机构层也由原本的 4 层增加为 16 层，相对地，程序也提供一个专门管理机构层的命令，与先前版本的操作完全不同！当我们要增减机构层时，则执行 Design 菜单中的 Mechanical Layers…命令，出现图 19.54 所示的对话框。

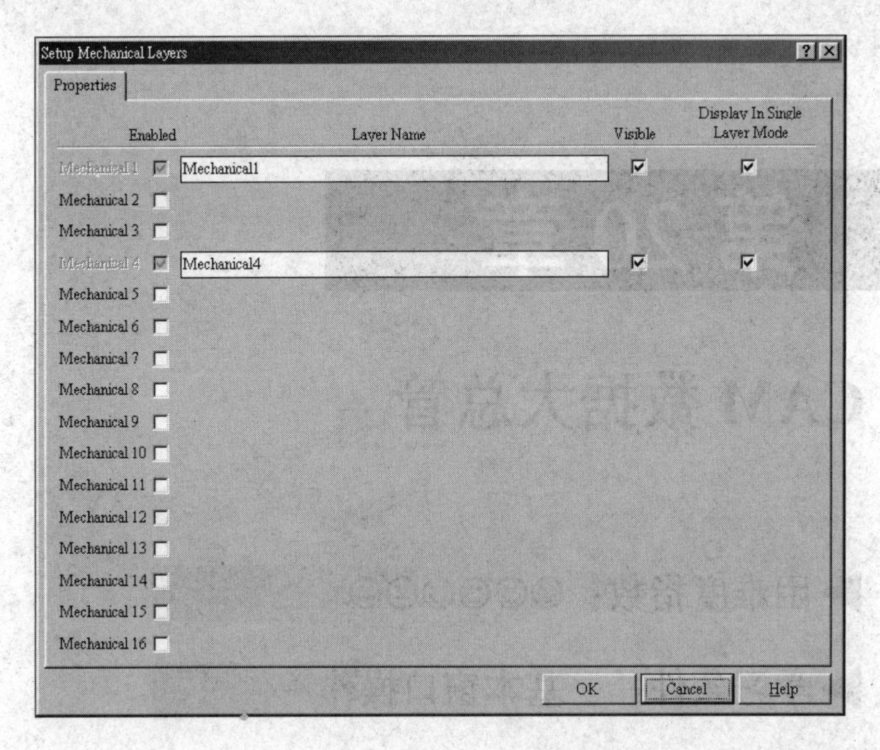

图19.54　机构层设置对话框

在左边有 16 个选项，只要选择其中的选项，则其右边将出现一个文本框中及两个选项，我们可以在文本框中里编辑该板层的名称。如果选择其 Visible 选项则可在工作区下方的板层标签栏里出现该标签；当然，不选择 Visible 选项在工作区下方的板层标签栏中，就不会出现该标签。如果选择其 Display In Single Layer Mode 选项，则可在单层显示模式下显示该板层，否则就不行！

▶ 第 20 章

CAM 数据大总管

▶困难度指数：☺☺☺☺😐😐

▶学习条件：　基本窗口操作

▶学习时间：　75 分钟

本章纲要

1.CAM 管理器

2.产生 BOM 报表

3.产生 DRC 报表

4.产生 Gerber 文件

5.产生 NC Drill 文件

6.产生 Pick Place 文件

7.产生 Testpoint 文件

PCB 99 SE 中，Protel 将所有与 PCB 制造相关的输出文件集中由 CAM 管理器来管理。本章就来介绍这个 Protel 的新成员，以及如何产生与 PCB 制造相关的输出文件，如底片文件、元件文件、插件文件、钻孔文件等。

20-1　CAM 管理器与材料表输出

当完成 PCB 设计之后，除了可利用打印机打印外，还可以输出许多与制造相关的文件，这些相关的文件全部由 CAM 管理器来管理。当我们第一次打开 CAM 管理器时，可执行 File 菜单下的 CAM Manager...命令，即可打开 CAM 向导，如图 20.1 所示。

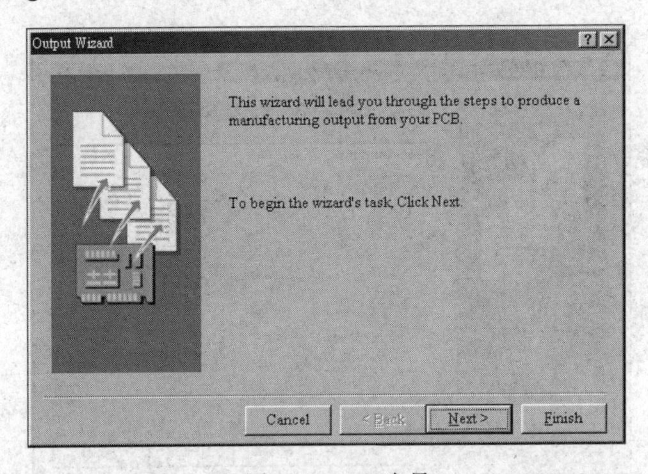

图20.1　CAM 向导

单击 Next > 按钮，对话框改变如图 20.2 所示。

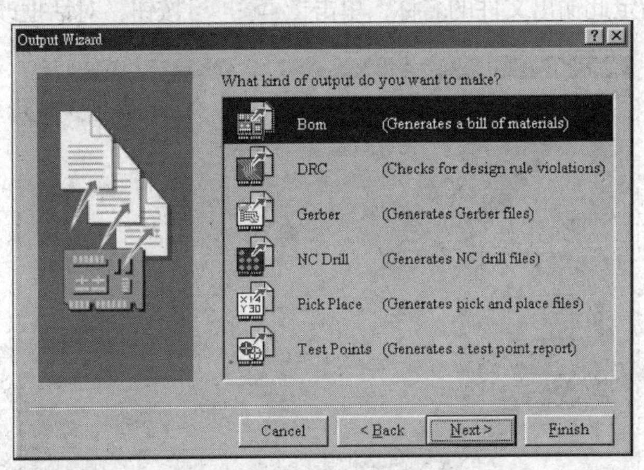

图20.2　选择所要产生的文件

其中各项说明如下：

- □ Bom 选项是产生材料表文件。
- □ DRC 选项是产生设计规则检查报表文件。
- □ Gerber 选项是产生底片文件。
- □ NC Drill 选项是产生钻孔文件。
- □ Pick Place 选项是产生插置文件。
- □ Test Point 选项是产生测试点文件。

选好所要产生的文件(只能选一项)，以第一个选项为例，单击 Next > 按钮，对话框改变如图 20.3 所示。

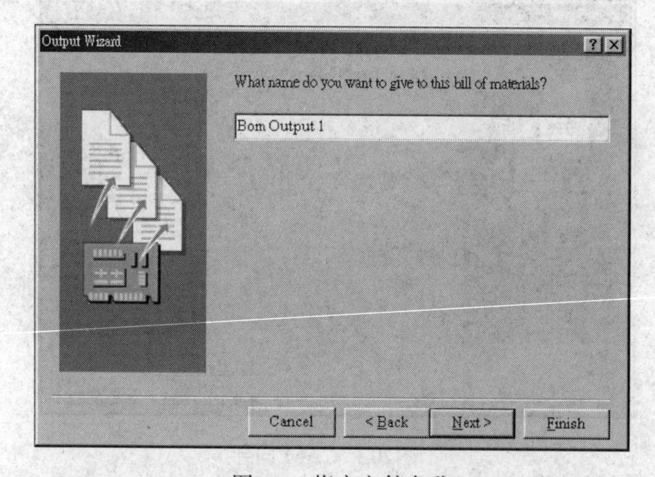

图20.3　指定文件名称

在文本框中，指定此输出文件的名称，单击 Next > 按钮，对话框改变如图 20.4 所示。

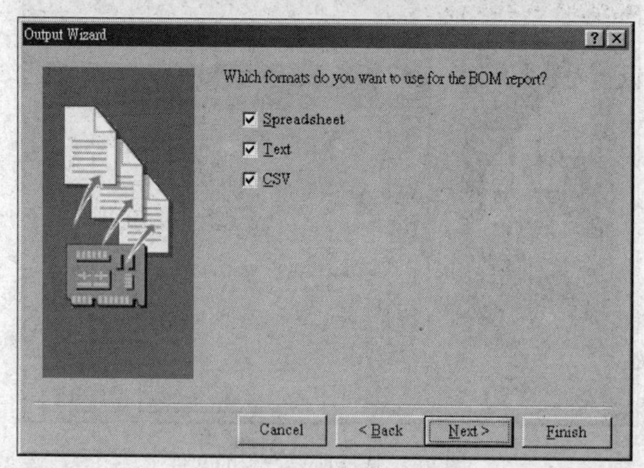

图20.4　指定输出格式

在此指定所要输出材料表的格式，每种格式都会产生一个文件，Spreadsheet 项设置产生

Protel 格式的数据表，如果选择此项将产生 Protel 格式的数据表，并打开 Protel 数据表程序，加载所产生的数据表文件；Text 项设置产生 ASCII 格式的材料表，如果选择此项，除产生 ASCII 格式的材料表外，还会打开 Protel 的文本编辑器，加载所产生的材料表文件；CSV 项设置产生以逗点分隔的材料表，这种格式可以用 Excel 程序打开。选好所要输出的格式后(可复选)，单击 Next > 按钮，对话框改变如图 20.5 所示。

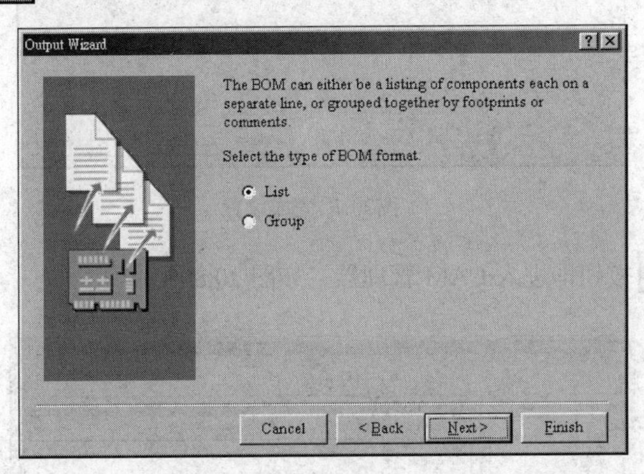

图20.5　指定材料表列表方式

在此有两个选项，List 项设置在所产生的材料表中，顺序列出每项元件；Group 项设置在所产生的材料表中，按元件分组的方式列出元件。单击 Next > 按钮，对话框改变如图 20.6 所示。

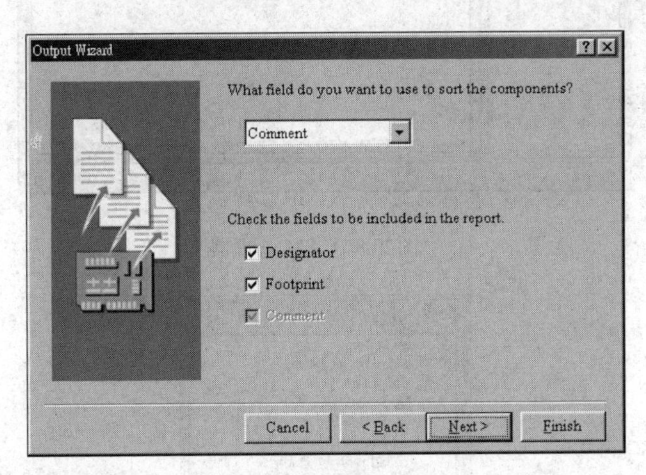

图20.6　指定排序关键

在对话框上方的文本框中，指定排列所依据的关键字段 (Key)，而在下面的选项中，指定第二个排序所依据的字段，也就是万一第一个关键字段一样时，再依第二个关键字段来排序。单击 Next > 按钮，对话框改变如图 20.7 所示。

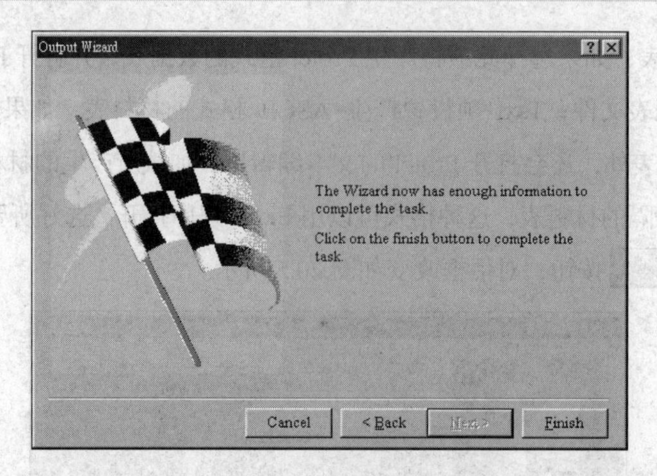

图20.7 完成设置

单击 Finish 按钮即进入 CAM 管理器，如图 20.8 所示。

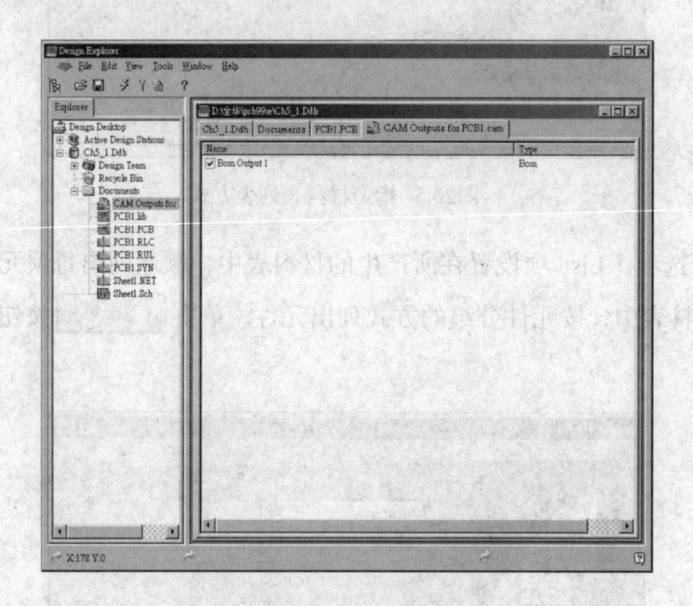

图20.8 CAM 管理器

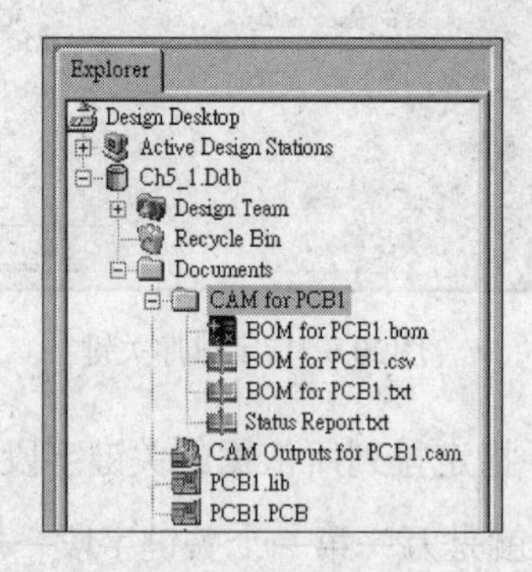

图20.9 产生输出文件

现在让我们看看这个输出文件，按 F9 键，程序即依据其中的设置产生输出文件，全部放置在 CAM for PCB1 文件夹中，如图 20.9 所示。

除了在这个数据库文件中，产生 CAM for PCB1 文件夹外，在 C:\Windows\Temp 文件夹中，也会产生相同的文件夹及文件，我们就可以直接在 Windows 下访问这些文件，而不必打开 Protel 的数据库文件了！

在 CAM 窗口下，只要在左边的设计管理器中，指向这些文件，双击，即可打开这些文件，如图 20.10～图 20.12 所示。

CAM for PCB1 | BOM for PCB1.txt | BOM for PCB1.bom | BOM for PCB1.csv

A1　Comment

	A	B	C	D	E	F	G
1	Comment	Footprint	Designators				
2	10K	AXIAL0.3	R9				
3	10u	RB.3/.6	C3				
4	30p	RB.2/.4	C1				
5	30p	RB.2/.4	C2				
6	330	AXIAL0.3	R3				
7	330	AXIAL0.3	R4				
8	330	AXIAL0.3	R5				
9	330	AXIAL0.3	R6				
10	330	AXIAL0.3	R7				
11	330	AXIAL0.3	R8				
12	4 HEADER	SIP4	JP1				
13	8051	DIP40	U1				
14	CON16	SIP16	J1				
15	CRYSTAL	AXIAL0.4	Y1				
16	LED	DIODE0.4	D1				
17	LED	DIODE0.4	D2				
18	LED	DIODE0.4	D3				
19	LED	DIODE0.4	D4				
20	LED	DIODE0.4	D5				
21	LED	DIODE0.4	D6				

Sheet1

图20.10　数据表格式的材料表

CAM for PCB1 | BOM for PCB1.txt | BOM for PCB1.bom | BOM for PCB1.csv

```
Bill Of Material For PCB1.PCB
On 24-Aug-2000 at 09:08:31

 Comment              Pattern      Quantity   Components
---------------------------------------------------------------------


 10K                  AXIAL0.3        1       R9

 10u                  RB.3/.6         1       C3

 30p                  RB.2/.4         2       C1, C2

 330                  AXIAL0.3        6       R3, R4, R5, R6, R7, F

 4 HEADER             SIP4            1       JP1

 8051                 DIP40           1       U1

 CON16                SIP16           1       J1

 CRYSTAL              AXIAL0.4        1       Y1

 LED                  DIODE0.4        8       D1, D2, D3, D4, D5, I

 RES1                 AXIAL0.3        2       R1, R2

 SW-DIP4              DIP8            1       S1
```

图20.11　文本格式的材料表

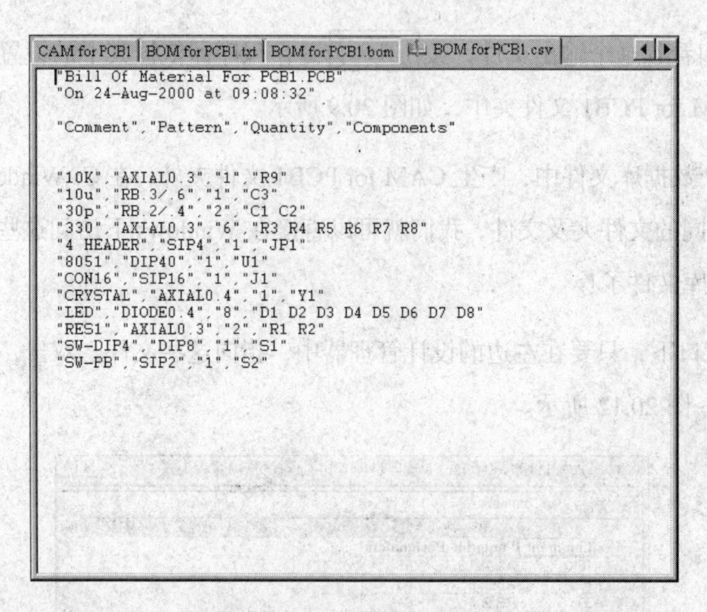

图20.12　CSV 格式的材料表

在 CAM 管理器中，除了菜单栏以外，我们可以利用工具栏的按钮或右击所弹出的菜单来操作这个环境。而菜单栏里的命令很多且与其他环境的菜单类似，大部分用户都不愿意背记这么多的命令！其实只要认得工具栏上的按钮，即可快速操作此环境，在 CAM 管理器里的工具栏也很简单，除了共通性的开关设计管理器按钮( )、读文件按钮( )、保存按钮( )、及辅助说明按钮( )外，还有三个比较特殊的按钮，说明如下：

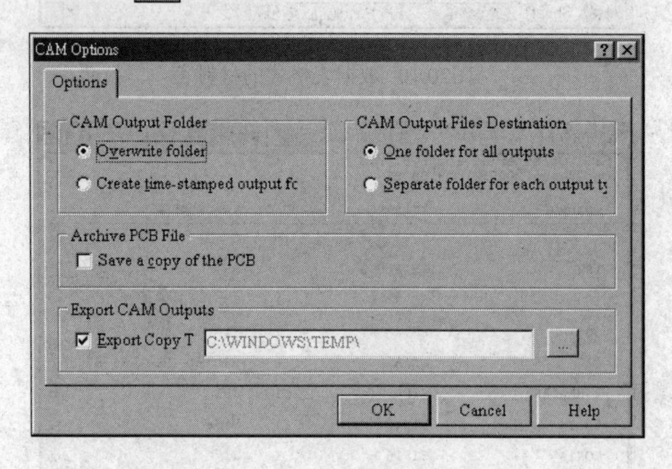

图20.13　CAM 管理器设置对话框

- 按钮的功能是新增输出项目，单击本按钮即可打开 CAM 向导，如图 20.1 所示，接下来的操作，我们已在本章前面中介绍过了，在此不赘述。
- 按钮的功能是设置 CAM 管理器，单击本按钮后，出现图 20.13 所示的对话框。

其中包括四部分，说明如下：

①CAM Output Folder 区域里有两个选项，Overwrite folder 选项设置所产生的文件夹，如遇到相同名称的文件夹，即覆盖原有的文件夹。Create time-stamped output folder 选项设置将产生文件夹的时间放入文件夹的名称中，以避免遇到相同名称的文件夹。

②CAM Output Files Destination 区域里有两个选项，One folder for all output 选项设置将所产生的 CAM 文件，全部放置在同一个文件夹里。Separate folder for each output type 选项设置将所产生的 CAM 文件，分类各产生一个文件夹。

③Archive PCB File 区域里只有 Save a copy of the PCB 选项，其功能是设置顺便将 PCB 文件也输出。

④Export CAM Outputs 区域的功能是指定所要产生输出文件的保存位置。

□ 按钮的功能是根据指定输出项目产生输出文件，与按 F9 键的功能一样。

20-2　产生 DRC 报表

所谓 DRC 报表就是进行设计规则检查后，所产生的报告。当我们在 CAM 管理器窗口下，如果要产生 DRC 报表时，首先要产生 DRC 报表的输出项目，我们可以单击 按钮启用 CAM 向导，然后选择 DRC 项(图 20.12)，再跟着 CAM 向导一步步操作即可。如果觉得 CAM 向导麻烦，笔者倒是比较建议用直接插入 DRC 报表输出项目的命令，也就是执行 Edit 菜单下的 Insert DRC…命令(也可以在工作区里右击，再执行 Insert DRC…命令)，出现图 20.14 所示的对话框。

我们可以在 Name 文本框中指定此输出项目的名称，然后在 Rules 区域中，指定所要列出检查结果的设计规则项目，关于设计规则详见第 22 章。右边的 Include sub-net details 选项设置要深入检查子网络、Stop when 文本框中设置当发生违反设计规则的项目，超过此字段所指定的数量时，即停止检查。最后单击 OK 按钮即可产生 DRC 报表输出项目。

同样地，按 F9 键即可依据输出项目产生输出文件(*.drc)，如果要打开输出文件，可在左边设计管理器中，指向这个文件，双击，即可打开该文件，如图 20.15 所示。

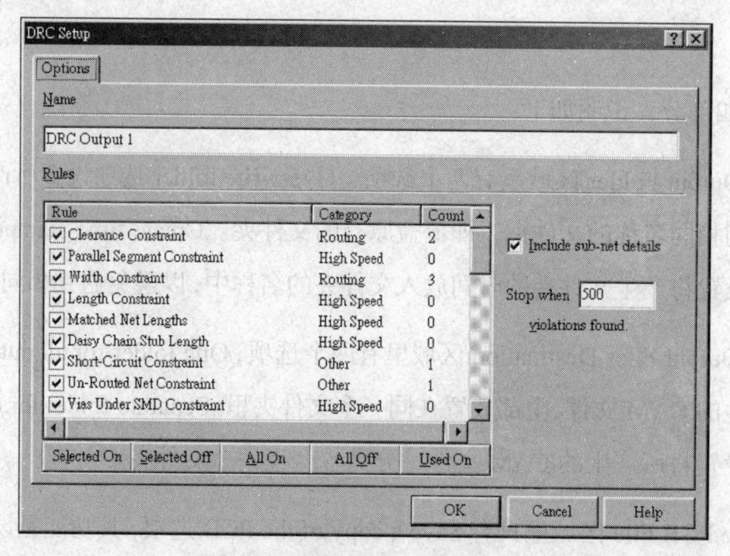

图20.14 指定 DRC 报表输出项目

```
D:\全华\pcb99se\Ch5_1.Ddb
Ch5_1.Ddb | Documents | CAM Outputs for PCB1.cam | PCB1.PCB | PCB1.drc

Protel Design System Design Rule Check
PCB File  : Documents\PCB1.PCB
Date      : 9-Sep-2000
Time      : 09:45:41

Processing Rule : Short-Circuit Constraint (Allowed=Not Allowed) (On t
Rule Violations :0

Processing Rule : Broken-Net Constraint ( (On the board ) )
Rule Violations :0

Processing Rule : Clearance Constraint (Gap=10mil) (On the board ),(Or
Rule Violations :0

Processing Rule : Width Constraint (Min=8mil) (Max=8mil) (Prefered=8mi
Rule Violations :0

Processing Rule : Testpoint Usage (Valid =Required, Allow multiple per
   Violation         Net NetU1_28
   Violation         Net NetU1_27
   Violation         Net NetU1_26
   Violation         Net NetU1_25
```

图20.15 DRC 报告文件

20-3 产生 Gerber 文件

所谓 Gerber 就是底片文件，而底片文件是目前通用的 PCB 制作文件。当我们在 CAM 管理器窗口下，如果要产生 Gerber 文件时，首先要产生 Gerber 文件的输出项目，我们可以单击 按钮启用 CAM 向导，然后执行 Gerber 项(图 20.12)，再跟着 CAM 向导一步步操作即可。如果觉得 CAM 向导麻烦，笔者倒是比较建议采用直接插入 Gerber 文件输出项目的命令，也就是执行 Edit 菜单下的 Insert Gerber…命令(也可以在工作区里右击，再执行 Insert Gerber…命令)，出现图 20.16 所示的对话框。

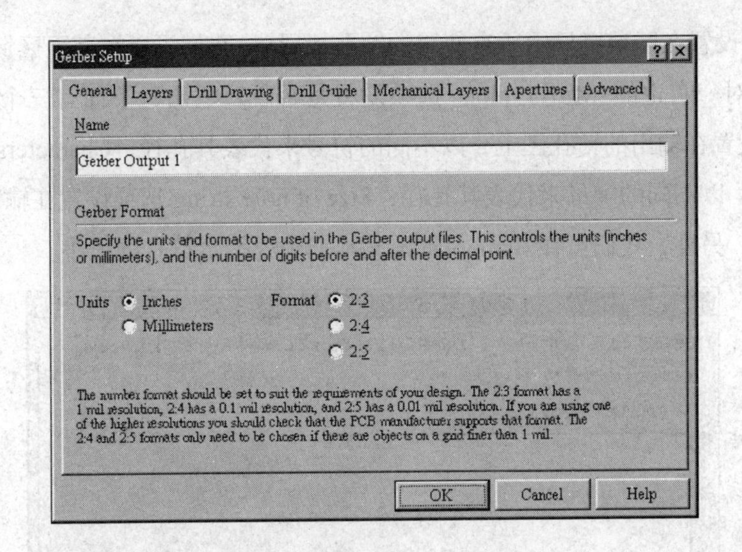

图20.16　设置 Gerber 输出项目

其中包括 7 个选项卡，在 General 选项卡中进行一般性的设置，可以在 Name 文本框中指定此输出项目的名称，然后选择使用的单位制，Inches 选项是采用英制(英吋)、Millimeters 选项是采用米制。紧接着指定精密度(数字格式)，2:3 选项是采用整数两位小数三位、2:4 选项是采用整数两位小数四位、2:5 选项是采用整数两位小数五位。

如图 20.17 所示，在 Layers 选项卡中指定所要输出的板层，其中包括 Layer、Plot 及 Mirror3 个文本框，Layer 文本框显示板层名称，Plot 文本框设置是否输出该板层，Mirror 文本框设置是否翻转输出(通常顶层会翻转输出)。

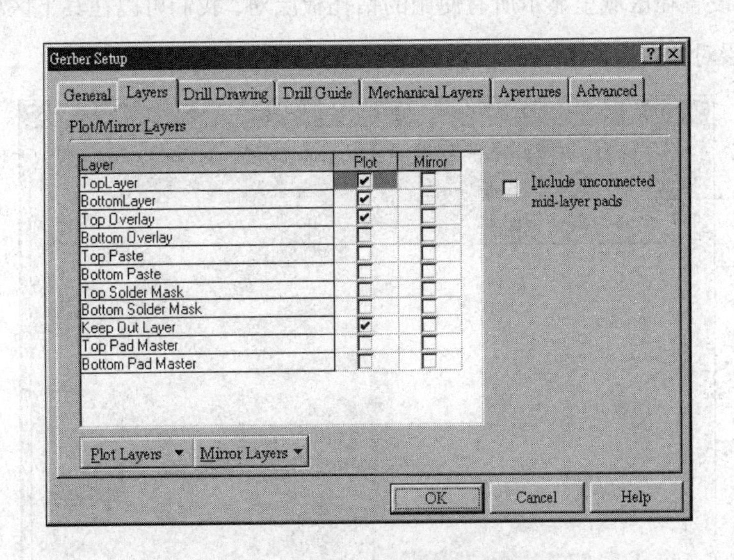

图20.17　设置输出板层

如图 20.18 所示，在 Drill Drawing 选项卡中指定所要输出的钻孔图，其中的 Plot all used layer pairs 选项设置在区域里显示所有使用的钻孔板层对，我们可以在其下区域中指定所要输出的钻孔板层对。右边的 Mirror plots 选项设置是否翻转输出；下面有三个选项，Graphic symbols 选项设置在输出的钻孔图上，以不同的符号来代表其孔径；Characters 选项设置在输出的钻孔图上，以不同的字母来代表其孔径；Size of hole string 选项设置在输出的钻孔图上，直接标示孔径。另外，我们可在 Symbol size 文本框中里指定符号的大小。

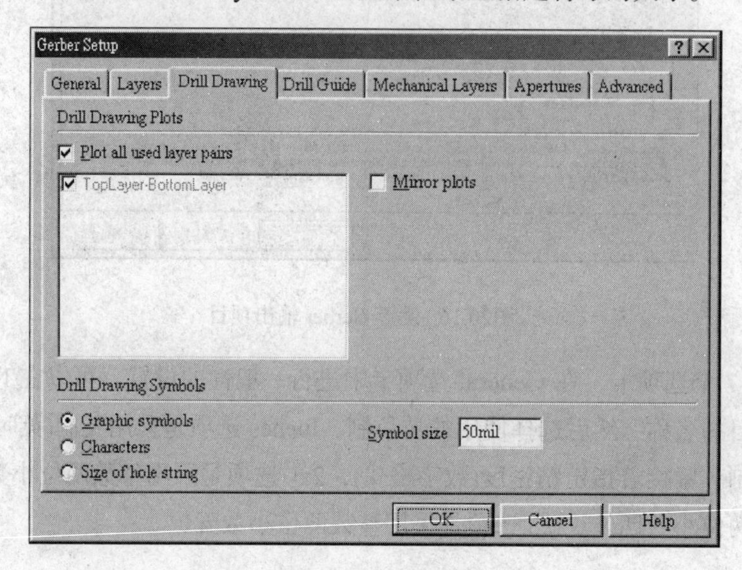

图20.18 设置钻孔图

如图 20.19 所示，在 Drill Guide 选项卡中指定所要输出的钻孔指示图，其中的 Plot all used layer pairs 选项设置在区域里显示所有使用的钻孔板层对，我们可以在其下区域里，指定所要输出的钻孔板层对；右边的 Mirror plots 选项设置是否翻转输出。

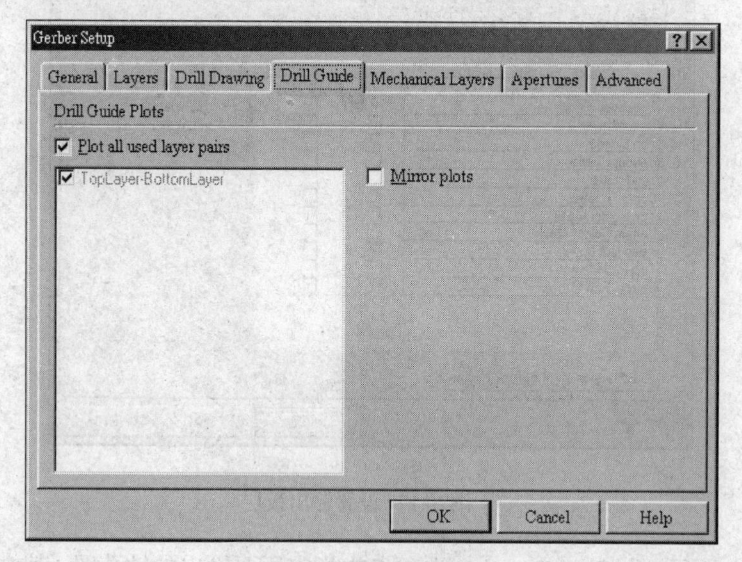

图20.19 设置钻孔指示图

如图 20.20 所示，在 Mechanical Layers 选项卡中指定所要输出的机构层，如果所设计的 PCB 里，使用了机构层，则在此选项卡中的区域里，将展示所使用的机构层名称，就可直接指定。

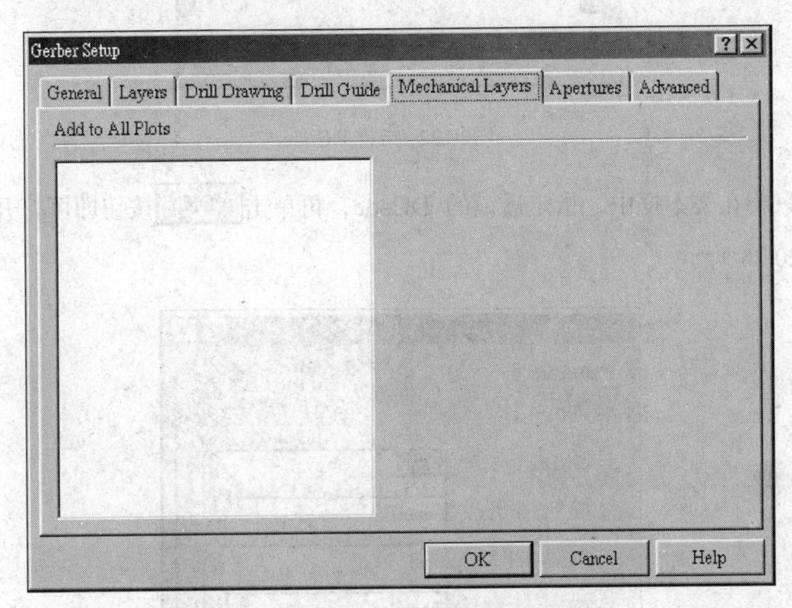

图20.20　指定所要输出的机构层

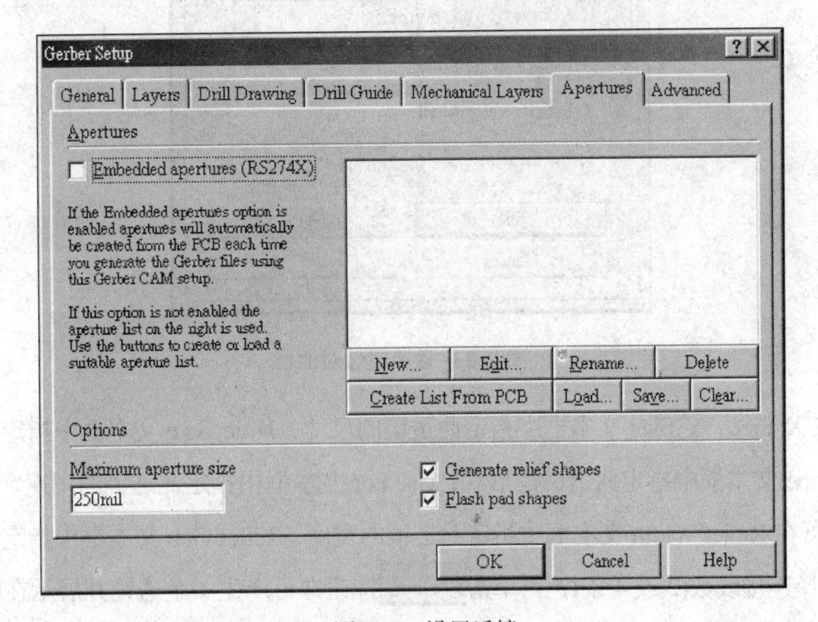

图20.21　设置透镜

在 Apertures 选项卡中设置透镜，其中的 Embedded apertures(RS-274X)选项设置采用 Gerber 延伸指令，最好是选择这个选项，程序将自动产生透镜文件，我们就不用自己设置透镜文件(没必要)。如果不选择此选项则需在右边区域设置透镜文件。其中 New... 按钮的功能是新增透镜，出现图 20.22 所示的对话框。

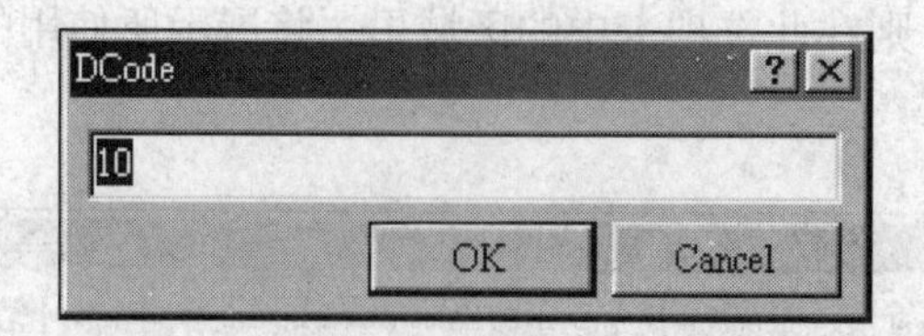

图20.22 指定 DCode

这时候只要在文本框中，指定透镜的 DCode，再单击 OK 按钮即可打开透镜属性对话框，如图 20.23 所示。

Aperture
Properties
X Size 50mil
Y Size 50mil
Hole Size 0mil
Shape Rounded
Use For Anything
Relief Width 0mil
Relief Gap 0mil
Relief Entries 2 4
OK Help
Cancel Global >>

图20.23 透镜属性对话框

可以在 X Size、Y Size 文本框中指定此透镜的尺寸，Hole Size 文本框中指定此透镜的钻孔尺寸，Shape 文本框中指定此透镜的形状；Use For 文本框中指定此透镜的用途。如果是放射状透镜，则可在 Relief Width 文本框中指定此透镜的宽度、Relief Gap 文本框中指定此透镜的空气间隙并选择连接线数(2 或 4 条)，再单击 OK 按钮即可产生一个透镜并展示在区域中。

Edit... 按钮的功能是编辑透镜，先在区域里选择所要编辑的透镜，再单击此按钮，即可打开其属性对话框(图 20.23)，即可编辑。Rename... 按钮的功能是更改透镜的名称，先在区域里选择所要更名的透镜，再单击此按钮，即可打开其 DCode 对话框(图 20.22)，即可编辑。Delete 按钮的功能是删除透镜，先在区域里选择所要删除的透镜，再单击此按钮，即可删除。

Create List From PCB 按钮的功能是自动由 PCB 中创建透镜，使用此按钮产生透镜文件是最简单了！Load... 按钮的功能是加载现有的透镜文件、Save... 按钮的功能是将目前的透镜保存、Clear... 按钮的功能是除除区域里所有透镜。

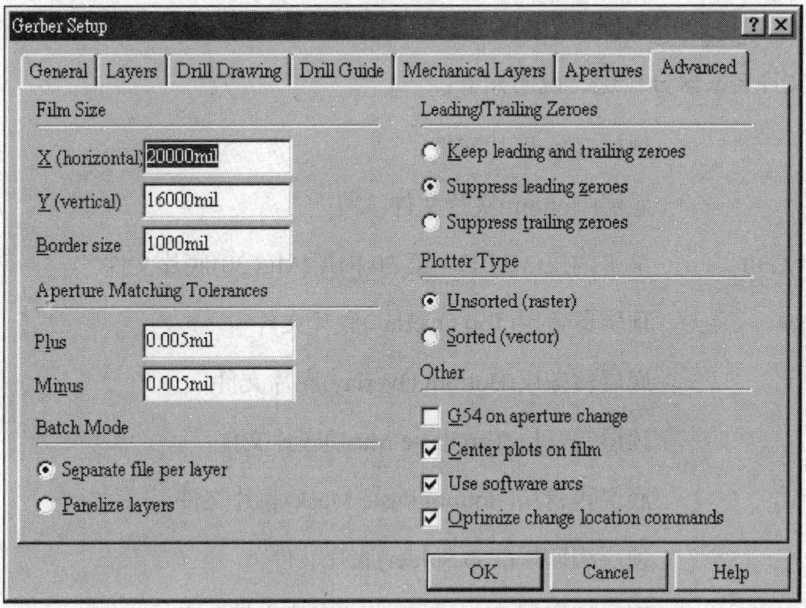

图20.24　高级设置选项卡

在 Advanced 选项卡中包括 6 部分，Film Size 部分是设置底片尺寸，我们可以在 X (horizontal)文本框中输入底片的宽度、Y (vertical)文本框中输入底片的长度、Border size 文本框中输入底片的边宽。Aperture Matching Tolerances 部分是设置误差，其中的 Plus 文本框中设置正的误差值、Minus 文本框中设置负的误差值。

Batch Mode 部分是设置批处理模式，其中的 Separate file per layer 选项设置分别将每个板层各放置在一张底片中，Panelize layers 选项设置将各板层排列在一张底片中。

Leading/Trailing Zeros 部分的功能是设置坐标数字格式，其中的 Keep leading and trailing zeros 选项设置坐标数字的整数部分与小数部分的位数不足者，以“0”填补。Suppress leading zeros 选项设置整数不足位数不予补 0。Suppress trailing zeros 选项设置小数不足位数不予补 0。

Plotter Type 部分是设置输出方式，其中的 Unsorted(raster)选项设置不排序，是针对激光式 Gerber 输出机而设的，Sorted(vector)选项设置要排序，是针对向量式 Gerber 输出机而设的。

Other 部分是设置其他选项，其中的 G54 on aperture change 选项设置在取用透镜命令之前，先下达 G54 的命令，是针对较早期输出机而设的；Center plots on film 选项设置将原点设置在底片的中心点；Use software arcs 选项设置采用软件产生的圆弧，Optimize change location commands 选项设置采用最佳化的命令。

最后单击 OK 按钮即可产生 Gerber 输出项目。

同样地，按 F9 键即可依据输出项目产生输出文件(*.g*、*.apr)，而所产生的文件，将依其延伸文件名来区分板层，说明如下：

*.GTL	顶层(Top)底片文件
*.GBL	底层(Bottom)底片文件
*.G1 ~ *.G30	第 1 内层(Mid 1) ~ 第 30 内层(Mid 30)底片文件
*.GTO	顶层覆盖层(Top Overlay)底片文件
*.GBO	底层覆盖层(Bottom Overlay)底片文件
*.GTP	顶层锡膏层(Top Paste Mask)底片文件
*.GBP	底层锡膏层(Bottom Paste Mask)底片文件
*.GTS	顶层绢印层(Top Solder)底片文件
*.GBS	底层绢印层(Bottom Solder)底片文件
*.GPT	顶层焊点图(Top Pad Master)底片文件
*.GPB	底层焊点图(Bottom Pad Master)底片文件
*.GP1 ~ *.GP16	第 1 电源板层(Plane1) ~ 第 16 电源板层(Plane16)底片文件
*.GM1 ~ *.GM16	第 1 机构层(Mechanical1) ~ 第 16 机构层(Mechanical16)底片文件
*.GKO	禁置板层(Keep Out Layer)底片文件

另外，在以前的版本中，一个板层的输出就自动产生一个透镜文件，让用户很厌烦！现在已没这个烦恼了，全部的透镜文件都放置在*.apr 文件中，不在产生一大堆文件了。基本上，Gerber 文件是 ASCII 文本文件，如果要打开输出文件可在左边设计管理器中指向这个文件，双击，即可打开该文件，以顶层底片文件(*.GTL)为例，如图 20.25 所示。

至于其中的各行命令就不是本书的研究范围了！

```
D:\全华\pcb99se\Ch5_1.Ddb
Ch5_1.Ddb | Documents | CAM Outputs for PCB1.cam | PCB1.PCB | PCB1.GTL
%FSLAX23Y23*%
%MOIN*%
G70*
G01*
G75*
%ADD10C,0.008*%
%ADD11C,0.020*%
%ADD12C,0.050*%
%ADD13R,0.050X0.050*%
%ADD14C,0.100*%
%ADD15C,0.062*%
D10*
X11265Y8745D02*
X11305Y8705D01*
X11525D01*
X11565Y8745D01*
X10545Y8465D02*
X11065D01*
X8725Y9345D02*
X9025Y9045D01*
X9965D01*
X9665Y8421D02*
Y8745D01*
```

图20.25　顶层底片文件报告文件

20-4　产生 NC Drill 文件

所谓 NC 钻孔文件就是驱动 NC 钻孔机的程序文件。当我们在 CAM 管理器窗口下，如果要产生NC钻孔文件时，首先要产生NC钻孔文件的输出项目，可以单击 按钮启用CAM向导，然后选择 NC Drill 项(图 20.12)，再跟着 CAM 向导一步步操作即可。如果觉得 CAM 向导麻烦，笔者倒是比较建议用直接插入 NC 钻孔文件输出项目的命令，也就是执行 Edit 菜单下的 Insert NC Drill…命令(也可以在工作区里右击，再执行 Insert NC Drill…命令)，出现图 20.26 所示的对话框。

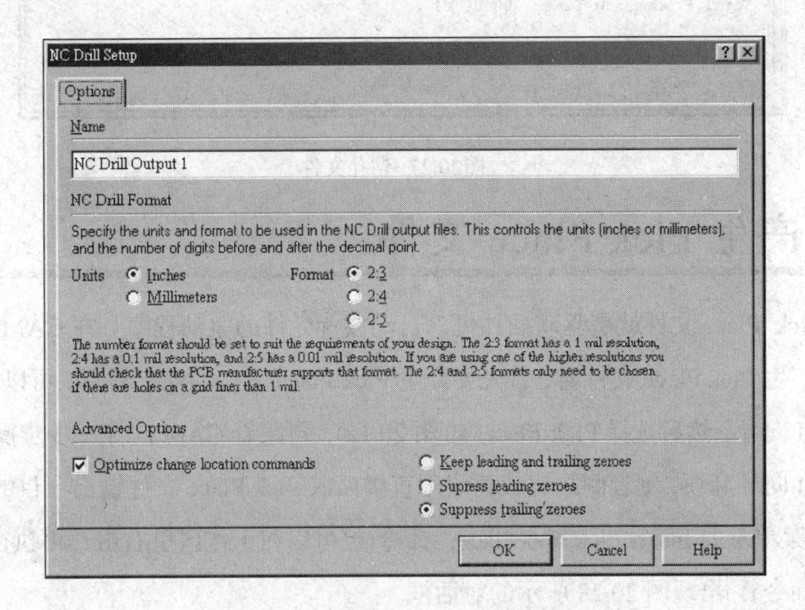

图20.26　指定 NC Drill 文件输出项目

我们可以在 Name 文本框中指定此输出项目的名称，然后选择使用的单位制，Inches 选项是采用英制(英寸)、Millimeters 选项是采用米制。紧接着指定精密度(数字格式)，2:3 选项是采用整数两位小数三位、2:4 选项是采用整数两位小数四位、2:5 选项是采用整数两位小数五位。Optimize change location commands 选项设置采用最佳化的命令。Keep leading and trailing zeros 选项设置整数/小数不足位数的予以补 0、Suppress leading zeros 选项设置整数不足位数不予以补 0、Suppress trailing zeros 选项设置小数不足位数不予补 0。最后单击 OK 按钮即可产生 NC Drill 文件输出项目。

同样地，按 F9 键即可依据输出项目产生输出文件(*.drr、*.drl)，*.drr 是 ASCII 文本文件，而*.drl 是二进制文件。如果要打开输出文件，可在左边设计管理器中，指向这个文件，双击，即可打开该文件，如图 20.27 所示。

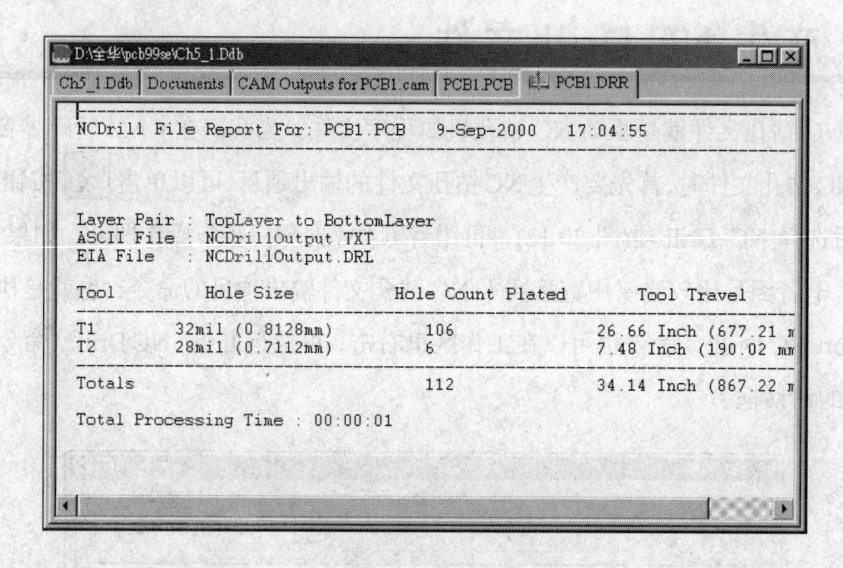

图20.27 钻孔文件

20-5 产生 Pick Place 文件

所谓 Pick Place 文件就是驱动插件机，自动放置元件的驱动程序。在 CAM 管理器窗口中，如果要产生 Pick Place 文件时，首先要产生 Pick Place 文件的输出项目，可以单击按钮启用 CAM 向导，然后选择 Pick Place 项(图 20.12)，再跟着 CAM 向导一步步操作即可。如果觉得 CAM 向导麻烦，笔者倒是比较建议用直接插入 Pick Place 文件输出项目的命令，也就是执行 Edit 菜单下的 Insert Pick and Place…命令(也可以在工作区里右击，再执行 Insert Pick and Place…命令)，出现图 20.28 所示的对话框。

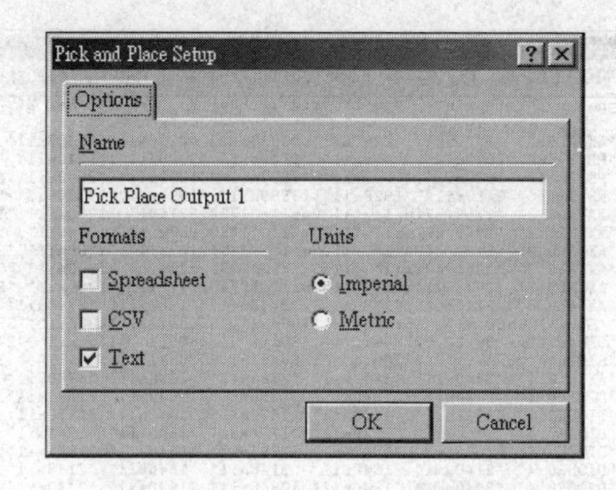

图20.28　指定 Pick Place 文件输出项目

我们可以在 Name 文本框中指定此输出项目的名称，然后指定所要输出的格式，包括 Spreadsheet(Protel 数据表格式)、CSV(Excel 可接受数据表格式)、Text(文本文件格式)，可重复选择。而在右边指定单位制。最后单击 OK 按钮即可产生 Pick Place 文件输出项目。

D:\全华\pcb99se\Ch5_1.Ddb
PCB1.PCB | PCB1.DRR | Pick Place for PCB1.csv | Pick Place for PCB1.pik | Pick Place for PCB1.txt

Designator	Footprint	Mid X	Mid Y	Ref X
R9	AXIAL0.3	3430mil	2200mil	3280mil
C3	RB.3/.6	1090mil	3080mil	1240mil
C1	RB.2/.4	3680mil	1500mil	3580mil
C2	RB.2/.4	3480mil	1920mil	3580mil
R3	AXIAL0.3	1768.571mil	1130mil	1768.571mil
R4	AXIAL0.3	1962.857mil	1130mil	1962.857mil
R5	AXIAL0.3	2157.143mil	1130mil	2157.143mil
R6	AXIAL0.3	2351.428mil	1130mil	2351.428mil
R7	AXIAL0.3	2545.714mil	1130mil	2545.714mil
R8	AXIAL0.3	2740mil	1130mil	2740mil
JP1	SIP4	1550mil	3560mil	1400mil
U1	DIP40	2630mil	2780mil	1680mil
J1	SIP16	2530mil	3320mil	1780mil
Y1	AXIAL0.4	3780mil	2680mil	3780mil
D1	DIODE0.4	1380mil	1840mil	1380mil
D2	DIODE0.4	1572mil	1840mil	1572mil
D3	DIODE0.4	1764mil	1840mil	1764mil
D4	DIODE0.4	1956mil	1840mil	1956mil
D5	DIODE0.4	2148mil	1840mil	2148mil
D6	DIODE0.4	2340mil	1840mil	2340mil

图20.29　文本格式插件文件

D:\全华\pcb99se\Ch5_1.Ddb
PCB1.PCB | PCB1.DRR | Pick Place for PCB1.csv | Pick Place for PCB1.pik | Pick Place for PCB1.txt

A1 Designator

	A	B	C	D	E	F	G	H	
1	Designato	Footprint	Mid X	Mid Y	Ref X	Ref Y	Pad X	Pad Y	La
2	R9	AXIAL0.3	3430mil	2200mil	3280mil	2200mil	3280mil	2200mil	T
3	C3	RB.3/.6	1090mil	3080mil	1240mil	3080mil	1240mil	3080mil	T
4	C1	RB.2/.4	3680mil	1500mil	3580mil	1500mil	3580mil	1500mil	T
5	C2	RB.2/.4	3480mil	1920mil	3580mil	1920mil	3580mil	1920mil	T
6	R3	AXIAL0.3	1768.571m	1130mil	1768.571m	1280mil	1768.571m	1280mil	T
7	R4	AXIAL0.3	1962.857m	1130mil	1962.857m	1280mil	1962.857m	1280mil	T
8	R5	AXIAL0.3	2157.143m	1130mil	2157.143m	1280mil	2157.143m	1280mil	T
9	R6	AXIAL0.3	2351.428m	1130mil	2351.428m	1280mil	2351.428m	1280mil	T
10	R7	AXIAL0.3	2545.714m	1130mil	2545.714m	1280mil	2545.714m	1280mil	T
11	R8	AXIAL0.3	2740mil	1130mil	2740mil	1280mil	2740mil	1280mil	T
12	JP1	SIP4	1550mil	3560mil	1400mil	3560mil	1400mil	3560mil	T
13	U1	DIP40	2630mil	2780mil	1680mil	2480mil	1680mil	2480mil	T
14	J1	SIP16	2530mil	3320mil	1780mil	3320mil	1780mil	3320mil	T
15	Y1	AXIAL0.4	3780mil	2680mil	3780mil	2880mil	3780mil	2880mil	T

Sheet1

图20.30　Protel 数据表格式插件文件

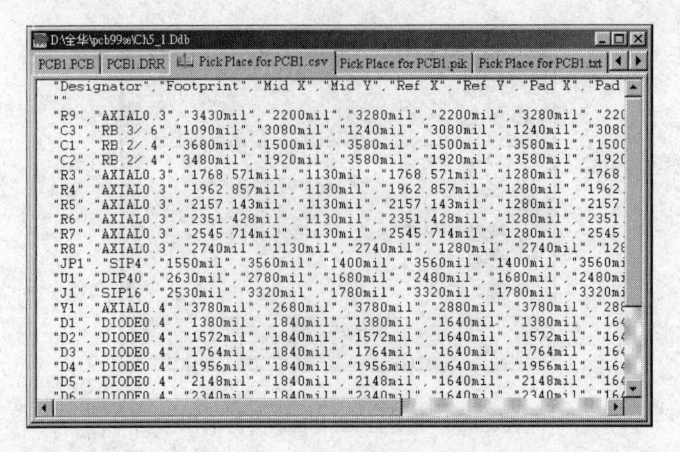

图20.31　CSV 格式插件文件

同样地，按 F9 键即可依据输出项目产生输出文件，如果要打开输出文件，可在左边设计管理器中指向这个文件，双击，即可打开该文件，图 20.29～图 20.31 所示分别是这三种格式文件。

20-6　产生 Testpoint 文件

所谓 Testpoint 文件就是 PCB 里的测试点数据文件。在 CAM 管理器窗口下，如果要产生 DRC 报表时，首先要产生 Testpoint 文件的输出项目，可以单击 按钮启用 CAM 向导，然后选择 Testpoint 项(图 20.12)，再跟着 CAM 向导一步步操作即可。如果觉得 CAM 向导麻烦，笔者倒是比较建议用直接插入 Testpoint 文件输出项目的命令，也就是执行 Edit 菜单下的 Insert Testpoint…命令(也可以在工作区里右击，再执行 Insert Testpoint…命令)，出现图 20.32 所示的对话框。

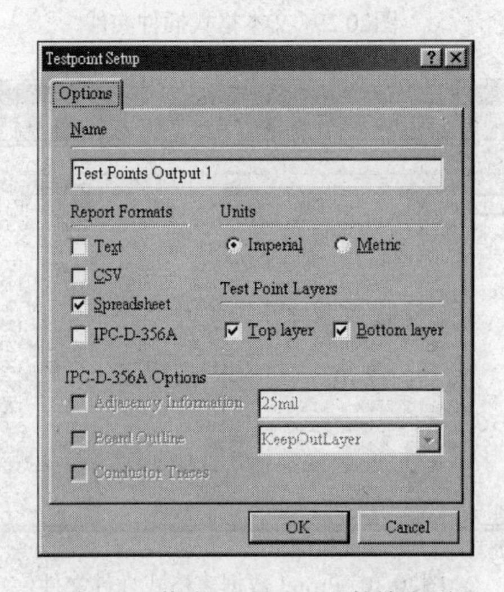

图20.32　指定 Testpoint 文件输出项目

我们可以在 Name 文本框中指定此输出项目的名称，然后指定所要输出的格式，包括 Text(文本文件格式)、CSV(Excel 可接受数据表格式)、Spreadsheet(Protel 数据表格式)、IPC-D-356A(IPC-D356A 标准格式)，可重复选择。而在右边指定单位制并指定要列出那个板层上的测试点数据。最后单击 OK 按钮即可产生 Testpoint 文件输出项目。

同样地，按 F9 键即可依据输出项目产生输出文件，如果要打开输出文件，可在左边设计管理器中指向这个文件，双击，即可打开该文件。

第21章

好用工具一箩筐

▶困难度指数：☺☺☺☺😐😐

▶学习条件：　基本窗口操作

▶学习时间：　120分钟

本章纲要

1.PCB仿真

2.PCB实体展示

3.神奇字符串的运用

4.重编序号

5.密度分析

6.补泪滴

7.格式转换工具大搜集

Protel 99 SE 提供了 PCB 仿真、PCB 实体展示、格式转换功能等，本章将举例说明这些好工具的用法。

21-1 PCB 仿真

在设计原理图(Schematic)之初，只要确保信号及功能的正确与否即可，并不会去考虑到布线时铜箔所可能产生的效应及影响，甚至改变了电路原先的功能；然而由很多例子显示，确保原理图设计阶段无误并不能保证 PCB 完成后功能的正确！往往在 PCB 完成之后，才发觉原先所设计的功能或信号在 PCB 上走了样。追根究底，布线方式所造成的效应及影响才是问题的关键。Protel 99 SE 所提供的 PCB 信号分析仿真是由 INCASES 公司所开发的程序，它可以提供针对布线完成的 PCB、仿真分析各节点的信号(这里所指的信号是属于数字信号)，通过仿真分析可以知道各走线的阻抗(Impedance)及长度，也可以分析出走线的干扰(Agressor)、被干扰(Victim Net)及交互干扰(Crosstalk Simulation)的情形。基本上分为两种方式执行，一种是在 Protel PCB 环境下进行仿真分析检测，最后产生检测报告文件；另一种则是把 Protel PCB 的数据转入 Signal Integrity，以产生仿真分析后的波形。

21-1-1 在 Protel PCB 下进行仿真分析

在 Protel PCB 环境下进行仿真分析检测，主要是通过设计规则对话框(Design Rule)内的 Signal Integrity 选项卡，设置信号相关的检测规范，然后产生报告文件列出不符合规范的项目。

21-1-1-1 设置基本数据

在开始做仿真分析之前，首先必须告诉 Protel 所使用的 PCB 相关数据如材质、厚度及介电系数，另外，还要设置所使用的电源以及定义所要检测相关信号的信号源状态。

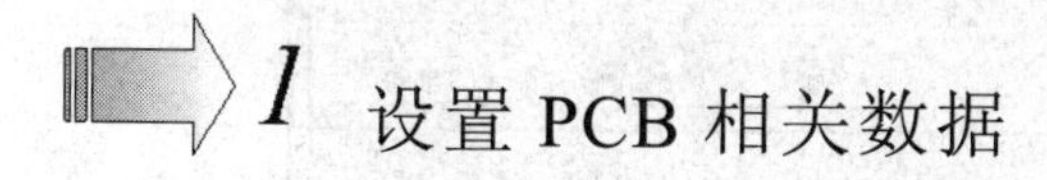

1 设置 PCB 相关数据

可以在板层堆栈管理器(Layer Stack Manager)中，指向右边的 Core 选项卡，双击即可设置，弹出图 21.1 所示的设置对话框。

其中 3 个字段为：

- Material：材质。

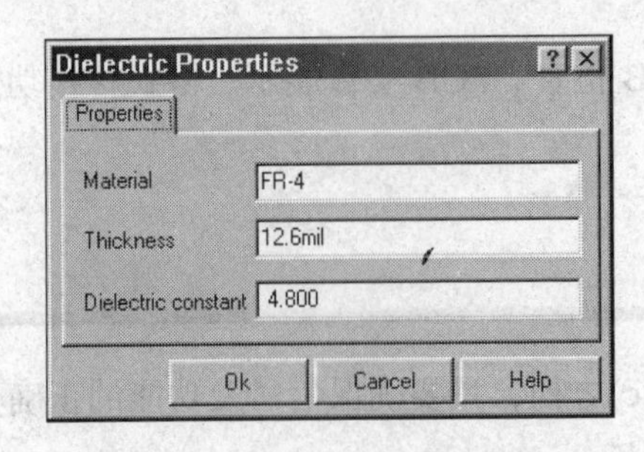

图21.1 PCB 绝缘层材质设置

- Thickness：厚度。
- Dielectric constant：介电常数。

绝缘层的材质将影响两面走线间的电容量与漏电阻。

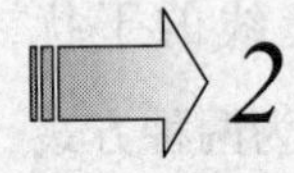

2 设置使用的电源

在 Design/Rules...命令所打开的设计规则对话框中，选择 Signal Integrity 选项卡，再指定 Supply Nets 项目以设置所使用的电源数据，如图 21.2 所示。

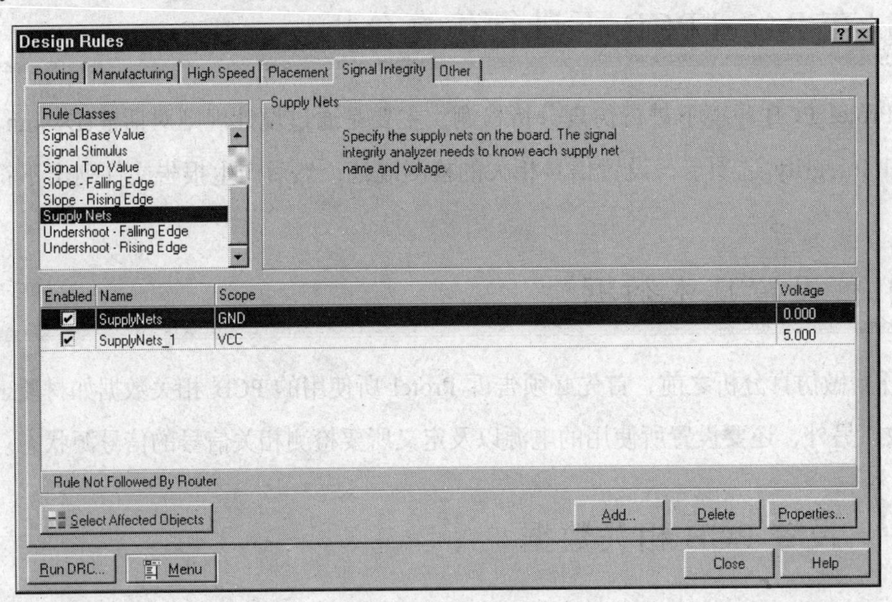

图21.2 设置 Supply Net

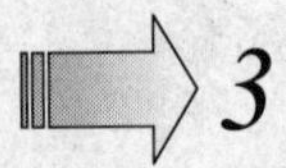

3 定义检测信号的信号源状态

在 Design/Rules...命令所打开的设计规则对话框中，选择 Signal Integrity 选项卡，再指定 Signal Stimulus 项目以定义所要检测相关信号的激励信号源状态，如图 21.3 所示。

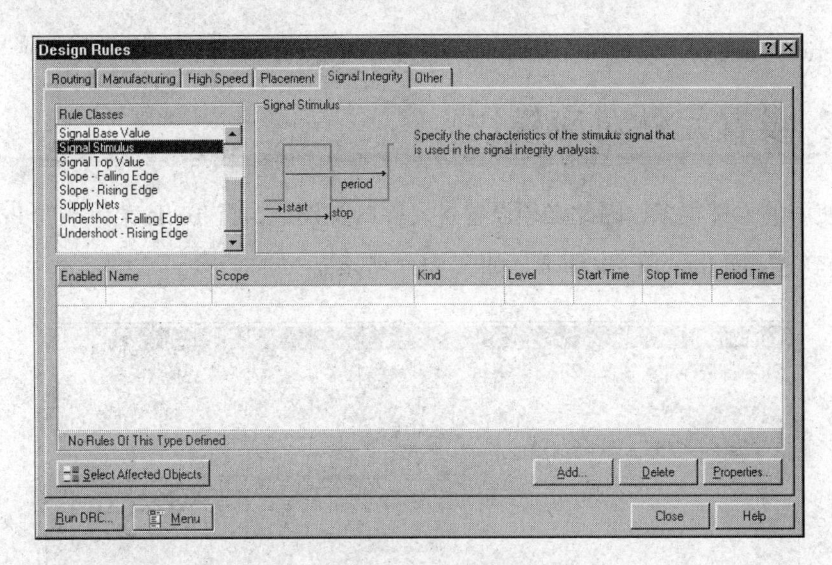

图21.3　定义信号源

单击 Add... 按钮，打开定义检测信号的激励信号源对话框，如图 21.4 所示。

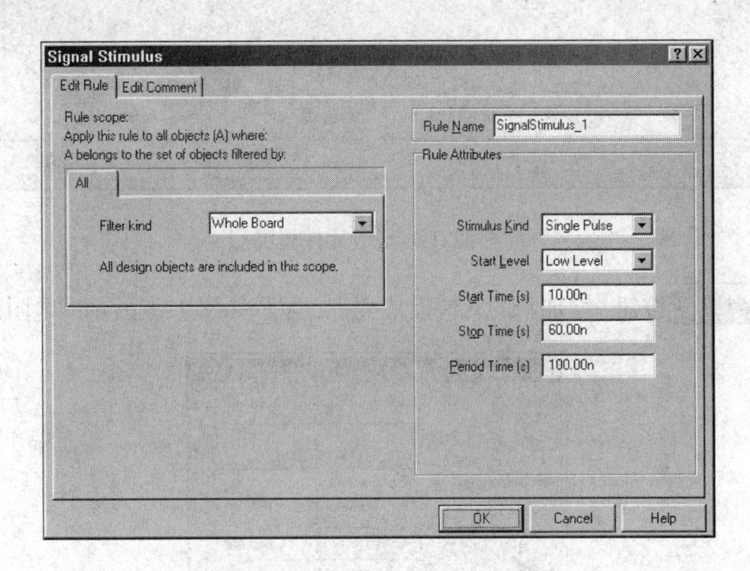

图21.4　定义检测信号的激励信号源对话框

在 Rule Attributes 区域里设置激励信号的形式，说明如下：

- Stimulus Kind：选择波形种类，其中 3 个选项如下：
- Start Level：波形起始状态，Low Level 低电平或 High Level 高电平。
- Start Time(s)：设置电平转换起始时间。

□　Stop Time(s)：设置电平转换终止时间。

□　Period Time(s)：设置一个周期时间长度。

21-1-1-2 设置元件对应模块

PCB 使用的元件很多，因此必须设置各元件的类别，执行 Tools 菜单下的 Preferences…命令，切换到 Signal Integrity 选项卡，如图 21.5 所示。

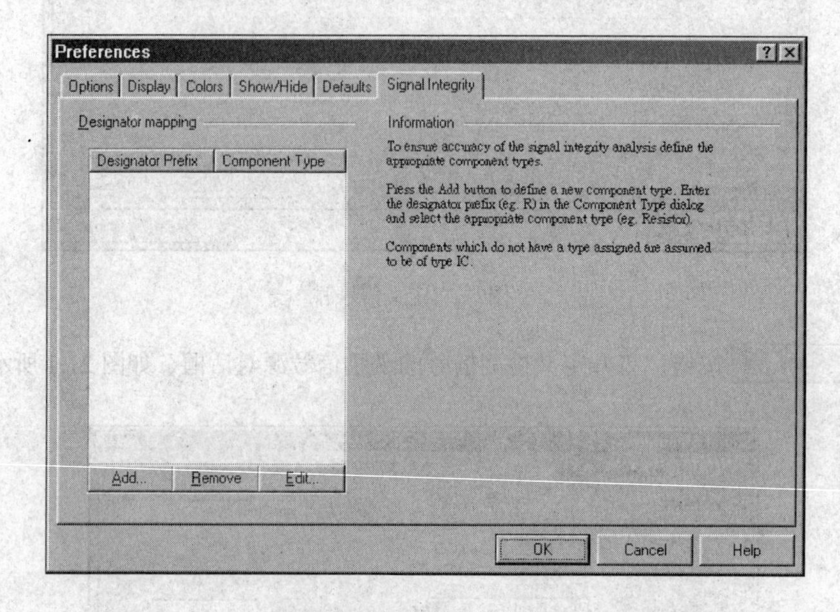

图21.5　设置元件模块

单击 Add... 按钮，增加新的元件模块类别，显示如图 21.6 所示的电阻设置模块例子。

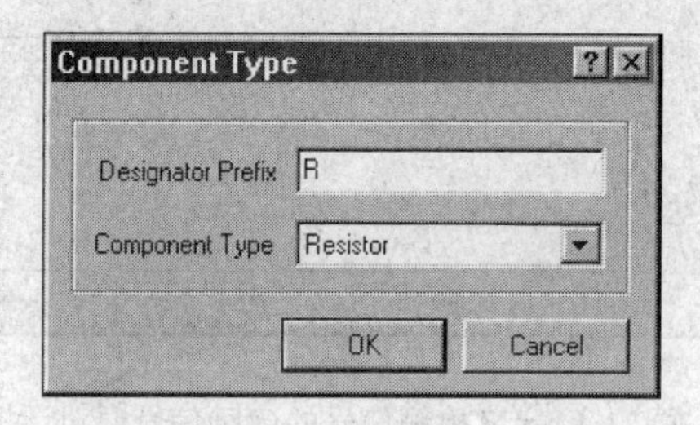

图21.6　设置模块

其中两个字段说明如下：

□　Designator Prefix：输入元件的序号开头字符。

□　Component Type：选择元件的类别。

21-1-1-3 设置仿真信号的检测规范

返回到设计规则对话框中，选择 Signal Integrity 选项卡，针对所要仿真的信号分别设置相关的检测规范，如表 21.1 所列。

表 21.1 相关的检测规范

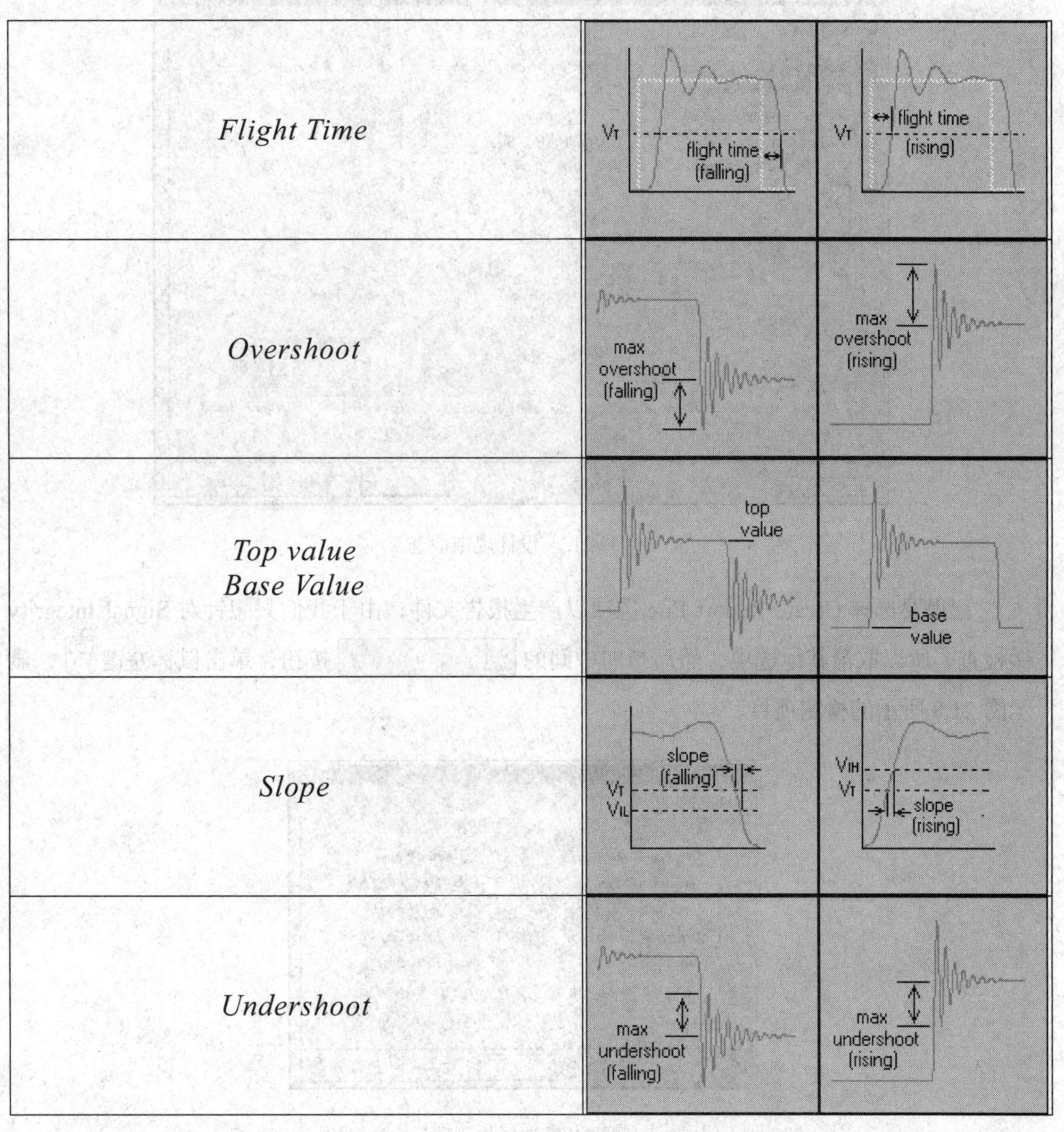

检测规范
Flight Time
Overshoot
Top value *Base Value*
Slope
Undershoot

另外，也可以设置铜箔走线阻抗(Impedance Constraint)的限制。

21-1-1-4 检测报告

所有相关数据都设置好了之后就可以开始检测了，因为信号仿真检测同属于设计规则检查，执行 Tools 菜单下的 Design Rule Check…命令，图 21.7 所示。

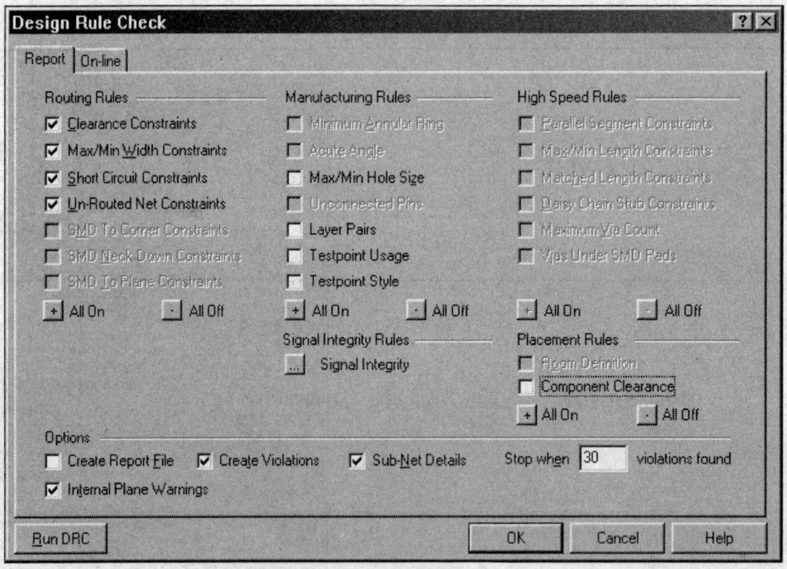

图21.7 设计规则检查

记得要选择 Create Report File 选项以产生报告文件；由于我们只想针对 Signal Integrity 做检查，所以取消其他选项，然后指向中间的 ... Signal Integrity 按钮，单击鼠标左键，显示图 21.8 所示的检测项目。

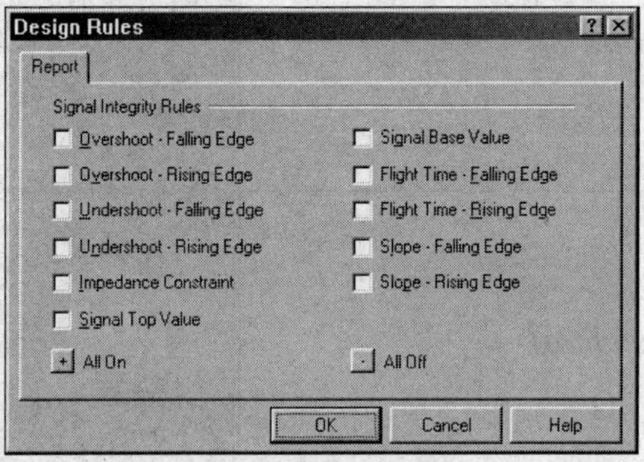

图21.8 选择检测项目

指定所要列出报告的项目后，单击 OK 按钮，再单击 Run DRC 按钮即可进行检测，最后产生报告文件，如图 21.9 所示。

Z80 Microprocessor.Ddb | Z80 Processor Board.pcb | Z80 Processor Board.DRC

```
Protel Design System Design Rule Check
PCB File  : Surface Mount Revision\Z80 Processor Board.pcb
Date      : 17-Sep-2000
Time      : 19:53:02

Processing Rule : Undershoot - Rising Edge (Maximum= 1.000V) (On the board )
Rule Violations :0

Processing Rule : Undershoot - Falling Edge (Maximum= 1.000V) (On the board )
Rule Violations :0

Processing Rule : Slope - Rising Edge (Maximum =  1.000ns) (On the board )
Rule Violations :0

Processing Rule : Slope - Falling Edge (Maximum =  1.000ns) (On the board )
   Violation          Net WR  Actual value =  1.375ns
   Violation          Net NetU10_4  Actual value =  1.297ns
   Violation          Net NetU6_12  Actual value =  1.277ns
   Violation          Net NetU10_1  Actual value =  1.293ns
   Violation          Net NetU6_28  Actual value =  1.288ns
   Violation          Net NetU6_26  Actual value =  1.322ns
Rule Violations :6

Processing Rule : Allowable Top Value (Minimum= 5.000V)
   Violation          Net WR  Actual value =  5.000V
   Violation          Net NetU10_4  Actual value =  5.000V
   Violation          Net NetU10_1  Actual value =  5.000V
Rule Violations :3

Processing Rule : Allowable Base Value (Maximum= 0.000V)
   Violation          Net WR  Actual value =  723.2uV
   Violation          Net NetU10_1  Actual value =  103.4uV
   Violation          Net NetU6_26  Actual value =  516.0uV
Rule Violations :3

Processing Rule : Overshoot - Rising Edge (Maximium= 1.000V) (On the board )
Rule Violations :0

Processing Rule : Overshoot - Falling Edge (Maximum= 1.000V) (On the board )
Rule Violations :0

Processing Rule : Impedance (Minimum= 1.000Ohms Maximum= 10.00Ohms)
```

图21.9　检测报告文件

21-1-2 仿真波形分析

在上一章节中，可以检测出相关的信号是否符合所设置的设计规范，然而在不符合规范的信号中，我们并无法得知其波形；如果要进行波形分析就得把 PCB 的相关数据放入 Protel Signal Integrity 中检测。当然，没有一个仿真软件能够提供全部的元件模型，所以无法仿真所有的元件！Protel 的 PCB 仿真器也不例外，以第 15 章的 8051 PCB 为例，当我们加载该 PCB 后设置好相关的项目(如 21-1-1 节所介绍的)，即可进行 PCB 信号波形分析，只要执行 Tools 菜单下的 Signal Integrity…命令，将出现图 21.10 所示的警告消息。

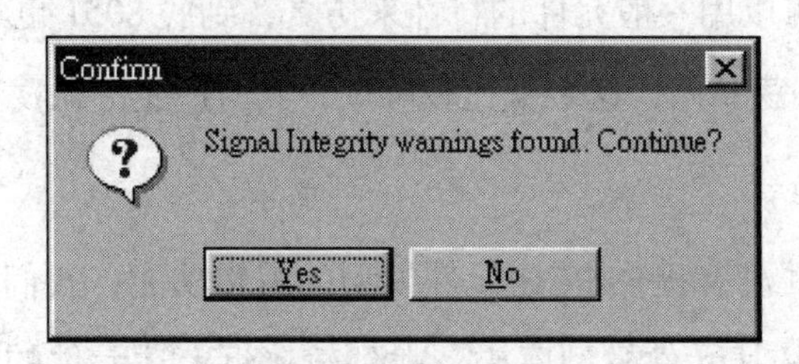

图21.10　警告消息

我们可以单击 Yes 按钮继续执行或单击 No 按钮看看究竟是哪里出了问题，如图 21.11 所示。

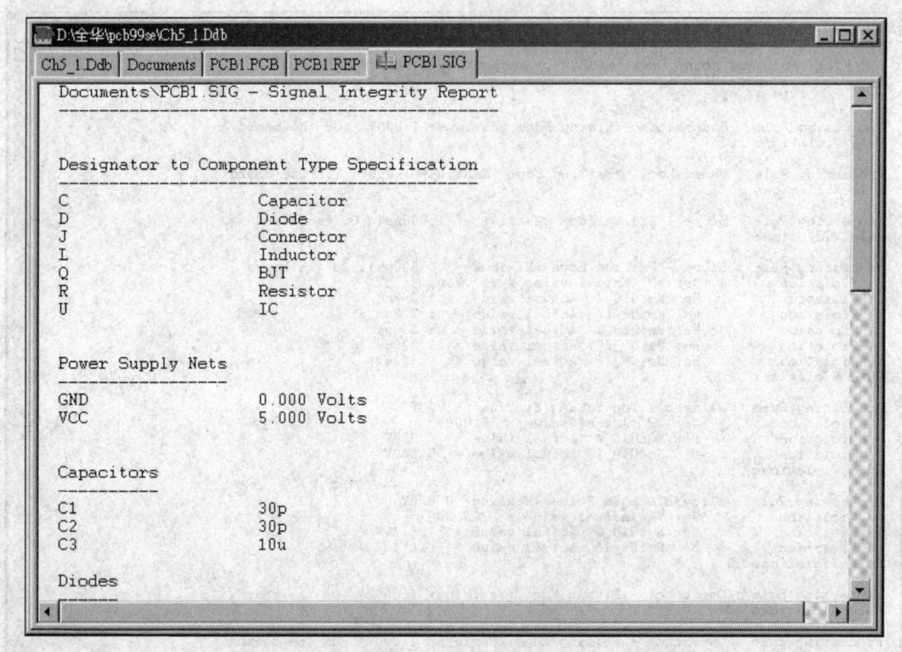

图21.11 信号分析报告

在这个窗口中，大部分都是列出 PCB 里的相关数据，而在最后面列出了问题的所在，如图 21.12 所示。

```
ICs With No Valid Model
------------------------
S1        SW-DIP4       Closest match in library will be used
S2        SW-PB         Closest match in library will be used
U1        8051          Closest match in library will be used
Y1        CRYSTAL       Closest match in library will be used
```

图21.12 无法仿真的元件

其中的 S1、S1、U1 及 Y1 无法仿真，S1、S2 是开关(被动元件)，比较无所谓；U1 是 8051，除了其引脚的输出、输入关系外，程序也找不到进一步的数据，不过，光是引脚的输出、输入状态，应该就可以用一般元件的特性来仿真，到底 8051 也不是一个太特殊的元件！至于 Y1 就是一个石英振荡晶体，这个就比较麻烦，其所产生的振荡频率，对 PCB 布线影响很大！

截至目前，Protel 并没有提供 PCB 元件模型的编辑功能，我们也无法自行编辑这些元件模型。不过，程序已从其元件模型库中，找到较接近上述元件的元件模型，所以还是可以仿真。

类似上述状况，并不是我们所设计的 PCB 有问题或是进行 PCB 信号分析的设置上出问题;实在元件模型不太够的关系,就连 Protel 所提供的范例都无法幸免!以 LCD Controller.Ddb 为例，进行 PCB 信号分析的时候，出现图 21.13 所示的警告消息。

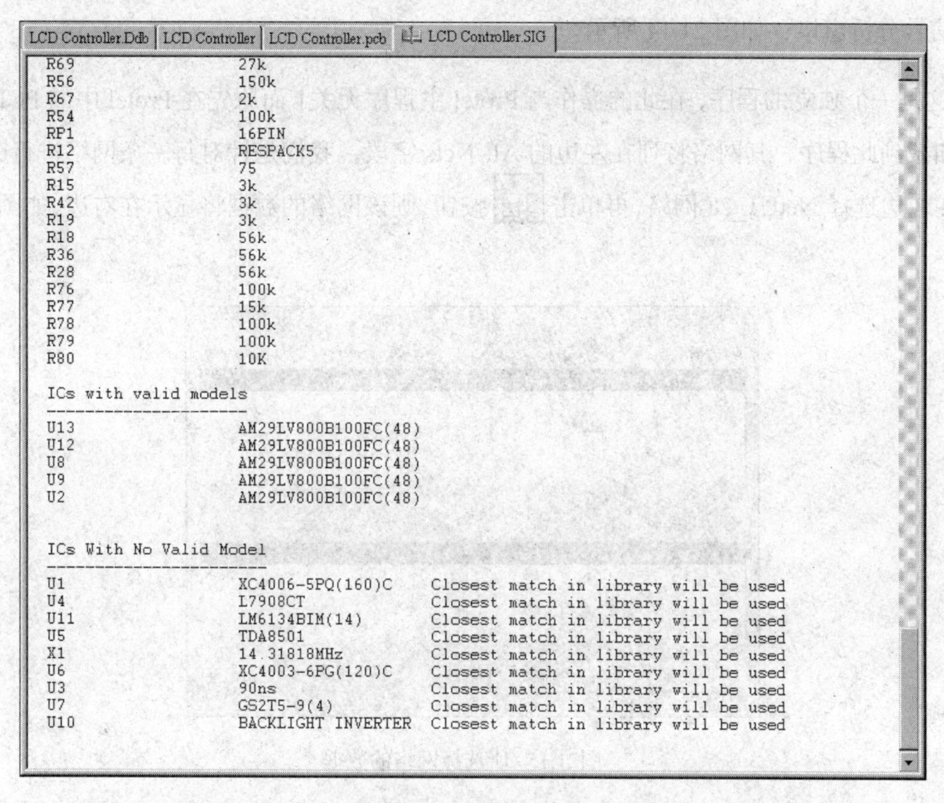

图21.13　警告消息

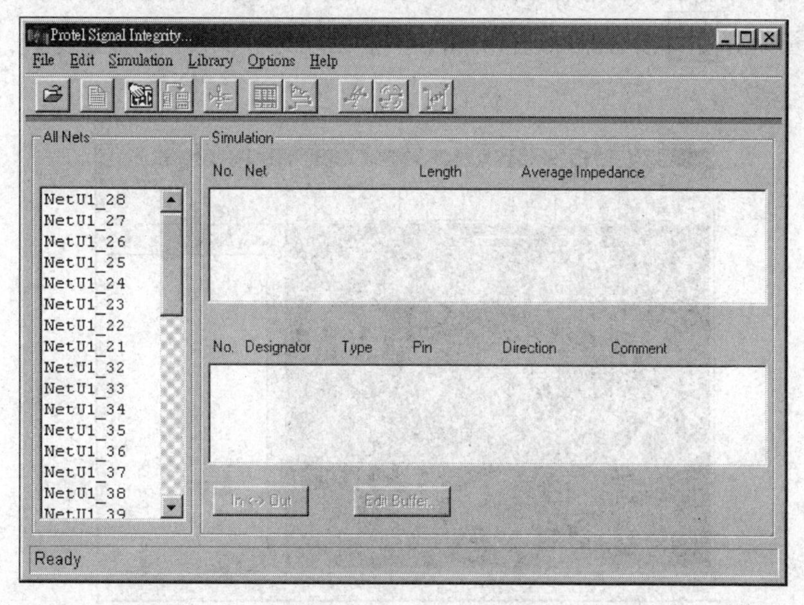

图21.14　PCB 信号分析窗口

还是找不到完全符合的元件模型！既然如此，再返回到刚才的 8051 PCB，重新执行 **Tools** 菜单下的 Signal Integrity…命令，然后在随即出现的对话框中单击 Yes 按钮，即可打开 PCB 信号分析窗口，如图 21.14 所示。

这是一个独立的程序，在此的操作与 Protel 主程序无关！而原先在 Protel 中的 PCB 数据已被加载到此程序，其网络将列在左边的 All Nets 字段。我们是针对每一条网络进行分析，例如在左边选择 NetU1_28 网络，再单击 按钮，则该网络的数据将显示在右边，如图 21.15 所示。

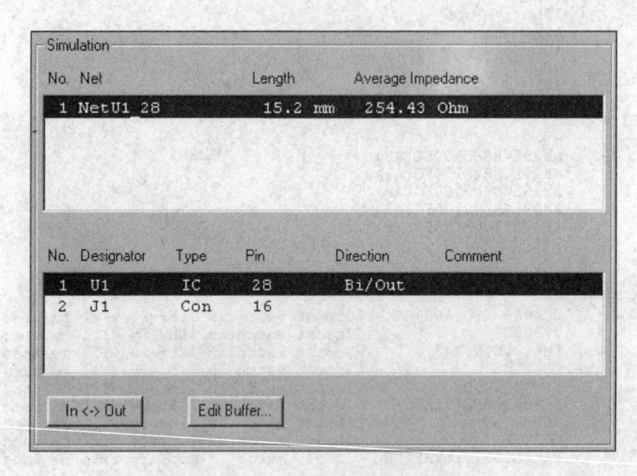

图21.15 所选择网络的数据

在上面的区域中显示该网络的名称、长度及阻抗；而下面的区域展示该网络所连接的节点。紧接着单击 按钮即可进行分析，然后出现另一个独立的波形窗口，如图 21.16 所示。

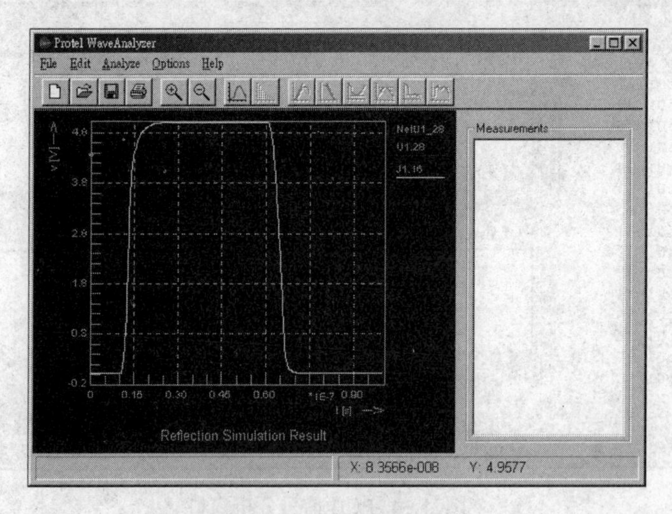

图21.16 仿真波形窗口

在这个窗口中展示了两个波形，分别是由 U1_28 所输出的波形，以及该信号传到 J1_16 后的波形，由图 21.16 得知，这两个波形重叠在一起几乎完全一样，表示信号传输过程中并没有受到严重的干扰与损失。所以不必管它，单击窗口右上方的 按钮关闭此窗口。

同样地，一个接一个地检查，如果信号没有严重变形或干扰就算了，如果信号不是很理想就可以设法改善。以 NetS1_8 网络为例，其仿真波形如图 21.17 所示。

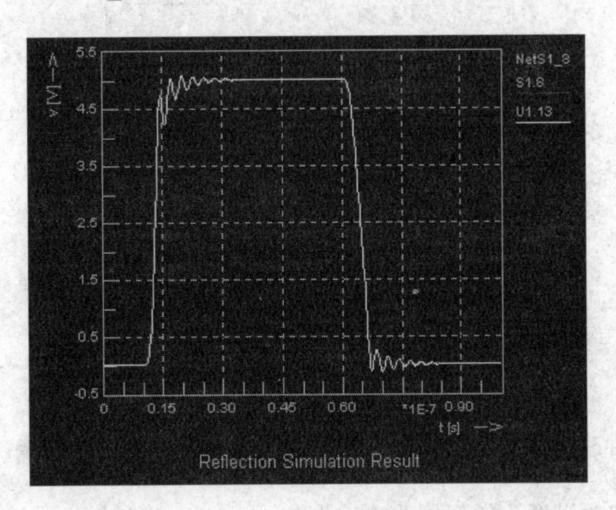

图21.17　仿真波形

其实这个波形也还算不错，如果还不满意则返回到 PCB 信号分析窗口，如图 21.18 所示。

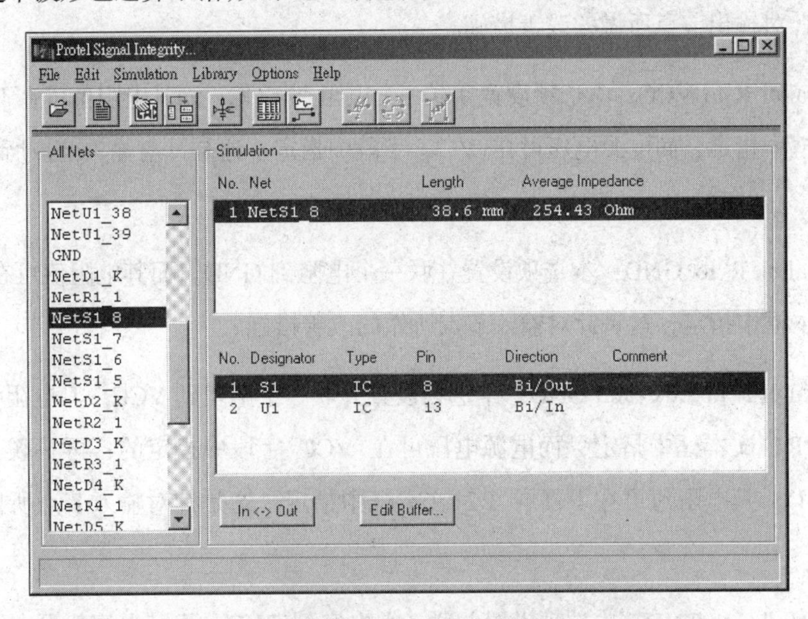

图21.18　PCB 信号分析窗口

选择信号输出节点(S1_8)，单击 按钮看看我们能干什么？如图 21.19 所示。

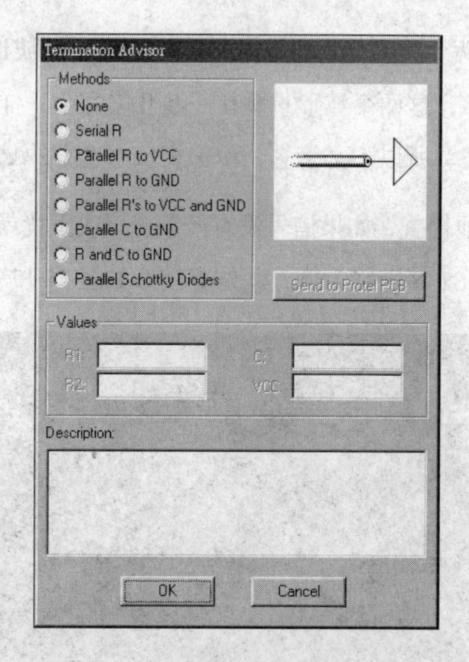

图21.19 改善方案

程序提供了 8 种改善方案，说明如下：

- □ None：本选项设置不做任何改善动作。
- □ Serial R：本选项设置串联一个电阻，而其电阻值可在下面的 R1 文本框中指定，这是针对输出节点所做的改善措施。
- □ Parallel R to VCC：本选项设置并联一个电阻到 VCC，而其电阻值可在下面的 R1 文本框中指定，而电源电压可在 VCC 字段中指定，这是针对输入节点所做的改善措施。
- □ Parallel R to GND：本选项设置并联一个电阻到 GND，而其电阻值可在下面的 R2 文本框中指定，这是针对输入节点所做的改善措施。
- □ Parallel R to VCC and GND：本选项设置并联一个电阻到 VCC，其电阻值可在下面的 R1 文本框中指定，而电源电压可在 VCC 字段中指定的；再并联一个电阻到 GND，其电阻值可在下面的 R2 文本框中指定，这是针对输入节点所做的改善措施。
- □ Parallel C to GND：本选项设置并联一个电容到 GND，而其电容值可在下面的 C 文本框中指定，这是针对输入节点所做的改善措施。

- R and C to GND：本选项设置并联一组电阻、电容到 GND，而其电阻值可在下面的 R2 文本框指定、电容值可在下面的 C 文本框中指定，这是针对输入节点所做的改善措施。
- Parallel Schottky Diode：本选项设置分别并联肖特基二极管到 VCC 及 GND，这是针对输入节点所做的改善措施。

在此选择 Serial R 选项，再单击 OK 按钮回到 PCB 信号分析窗口。再仿真一次，单击按钮，其仿真的波形窗口，如图 21.20 所示。

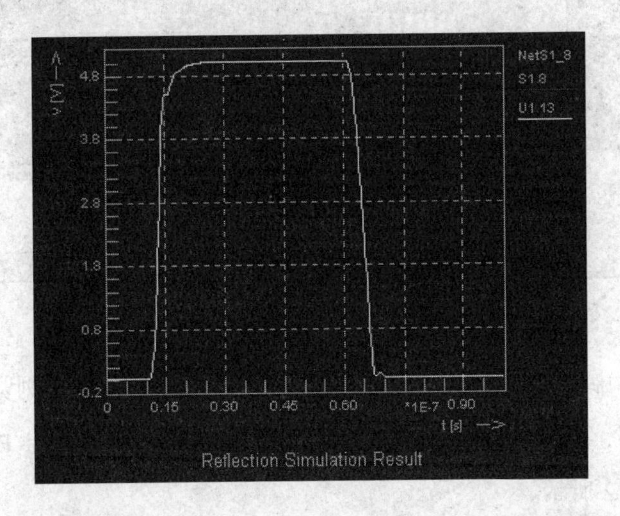

图21.20　仿真波形

与图 21.17 比较，果然改善了！

21-2　PCB 实体展示

为什么 PCB 需要以 3D 虚拟展示呢？简单来说，3D 虚拟实例可以让我们事先知道 PCB 上面的元件高度以便配合产品机构设计预做调整。目前不仅 Protel 公司本身提供了实例展示功能，Protel 的合作厂商 QualECAD 也开发了一套配合 Protel PCB 的 3D View 程序。

21-2-1 Protel 的实体展示

Protel 所提供的实体展示功能主要是依据内置的 3D Model，自动查找所对应的元件，然后呈现元件的 3D 实体模型。因此，只要所使用的元件，能够找到相对应的 3D Model 那就能够显示出来。当我们要实体展示时，可执行 View 菜单下的 Board in 3D 命令或单击按钮，显示如图 21.21 所示。

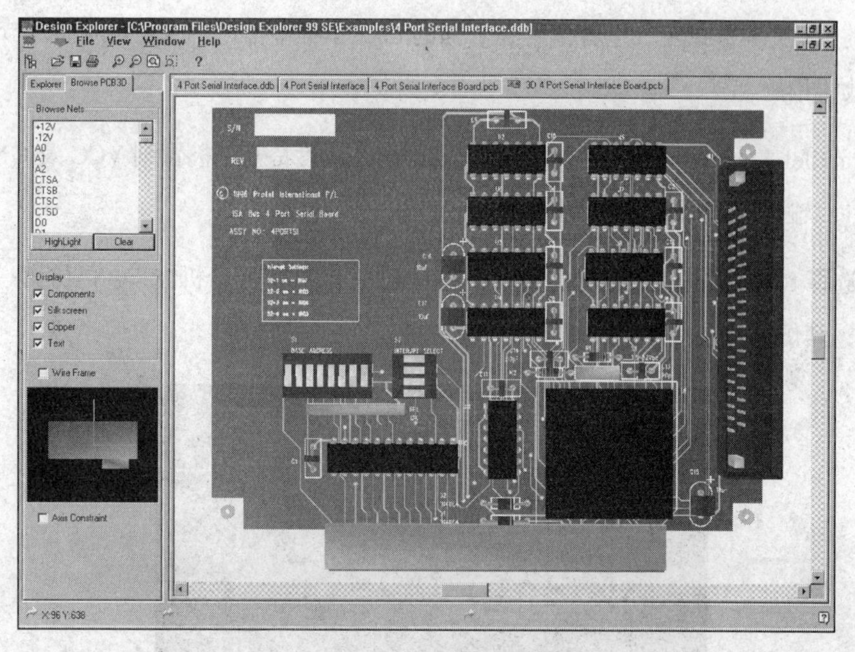

图21.21　执行实体展示功能

既然是 3D 立体虚拟实体模型，当然就能够从各种不同的角度来浏览，只要把鼠标指针移到左下角的小屏幕，然后按住鼠标左键，上下左右移动即可旋转 PCB，旋转到某一角度时，显示如图 21.22 所示。

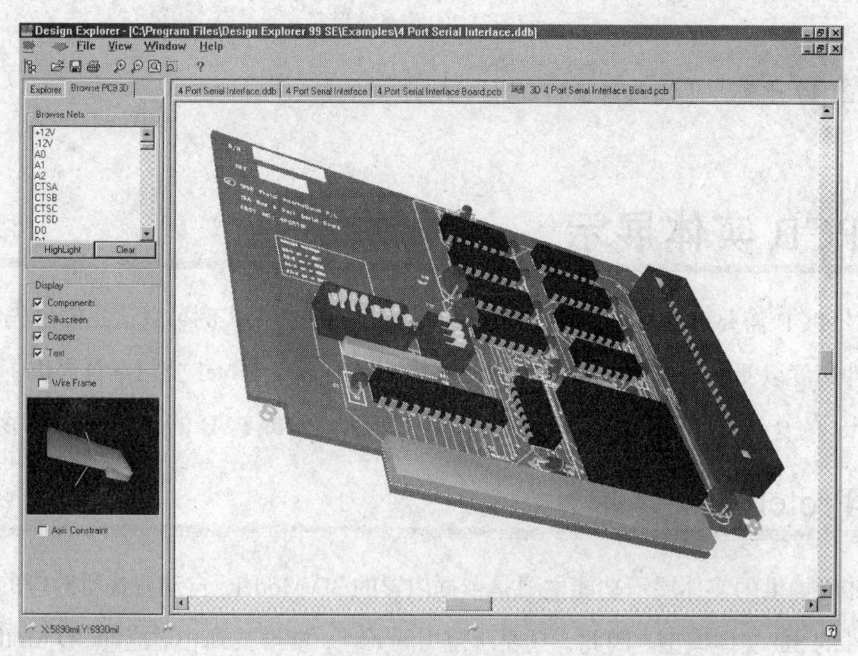

图21.22　旋转 PCB

看不清楚是吧？按[PgUp]或[PgDn]键以放大或缩小整个浏览区，在浏览区按住鼠标右键即可移动整个 PCB，放大后如图 21.23 所示。

图21.23　放大图

或许您注意到了，其中的电阻将根据其阻值的不同，呈现不同的色环。Protel 到底提供了多少 Model？它又是根据什么条件？如图 21.24 所示，笔者找到了一块同时含有多种元件 Model 的 PCB，大家一起来瞧瞧，里面包含了几种元件 Model？

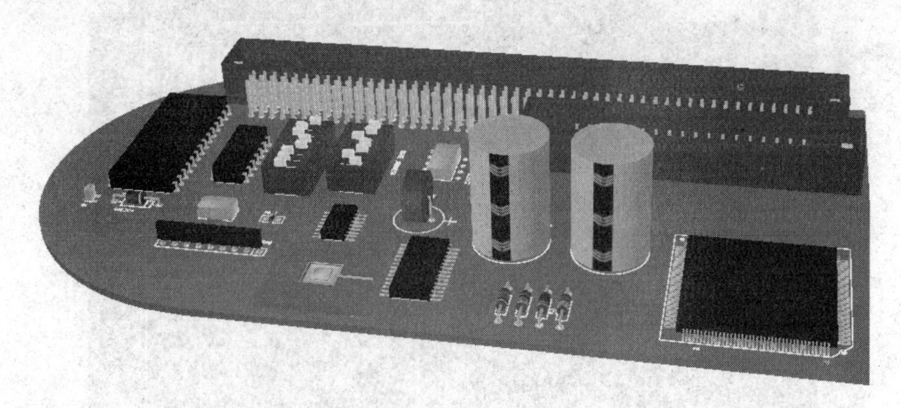

图21.24　笔者抓出的元件

让我们再来看看关于 Display 区域内项目的功能及其他功能，如下所示：

☑Components：PCB 上的元件是否显示。

☑Silkscreen：PCB 顶层丝印层(元件图案与文字)是否显示。

☑Copper：PCB 上的铜箔是否显示。

☑Text：PCB 上的文字是否显示。

☑Wire Frame：是否只显示 PCB 及元件的骨架图，如图 21.25 所示。

☑Axis Constraint：是否限制只可以垂直及水平旋转。

图21.25 骨架图

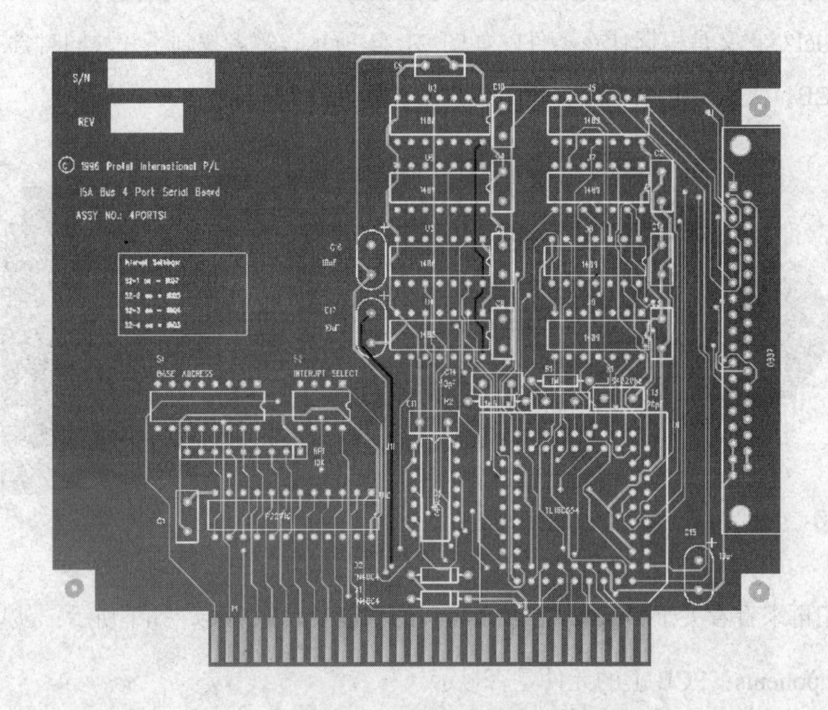

图21.26 标示+12V 的走线

而左上方 Browse Nets 区域的功能是用来标示所指定的 Net 在 PCB 上的位置，如单击鼠

标左键选择+12V，然后单击 HighLight 按钮即可显示(单击 Clear 按钮可消除)，如图 21.26 所示。

如果要设置操作环境，可执行 View 菜单下的 Preferences 命令，显示如图 21.27 所示。

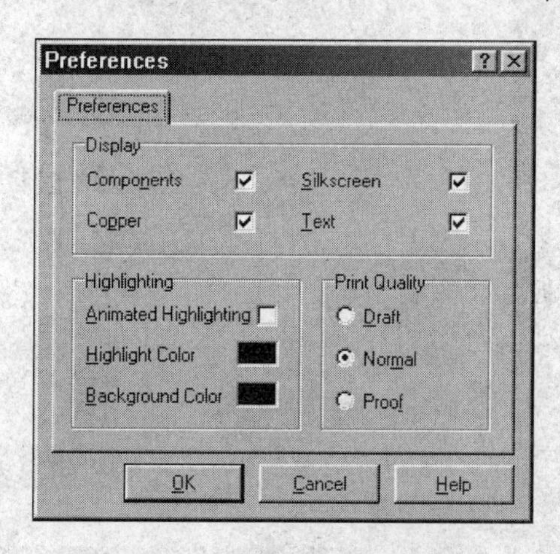

图21.27　3D View 的环境设置

Display 区域前面已经介绍过了，Highlighting 区域中的 Animated Highlighting 项目是设置标示 Net 时是否用闪动的方式；Highlighting Color 项目是设置标示 Net 时用什么颜色；Background Color 项目是设置背景颜色。Print Quality 区域是设置打印的品质，⊙Draft 选项是只显示外框图而不填充，⊙Normal 选项为普通品质显示，⊙Proof 选项为高品质显示。

不管怎样，如果没有元件的 3D Model，那就很不方便了。

21-2-2　QualECAD 3D View

这是 Protel 的合作厂商 QualECAD 所开发的 3D PCB 实体模型浏览程序，它提供高品质的 3DPCB 实体模型浏览，让用户在制作成品前先预览 PCB 的实体模型，并且可以从四面八方不同的角度去浏览及放大 PCB，同时可以自由旋转 PCB 实体模型；通过这套 3D View 的帮助可以直接输出 PCB 的 3D 格式文件 IDF 2.0，更进一步还可以输出 VRML 格式文件，让您的客户或合作厂商不需购买任何软件，即可在 Internet 上浏览 PCB 的 3D 实体模型。当然也可以输出全彩的 3D 实体模型图形文件，供用户打印出高品质的 3D 实体模型图。

首先必须将 QualECAD 的程序 Download 下来(本书光盘里有附试用版，但还需上网注册)，然后自行安装，安装完之后；可以在 PCB 编辑环境中，执行 View 菜单下的 QualECAD 命令，再选择 3D View of Board 选项，则显示如图 21.28 所示。

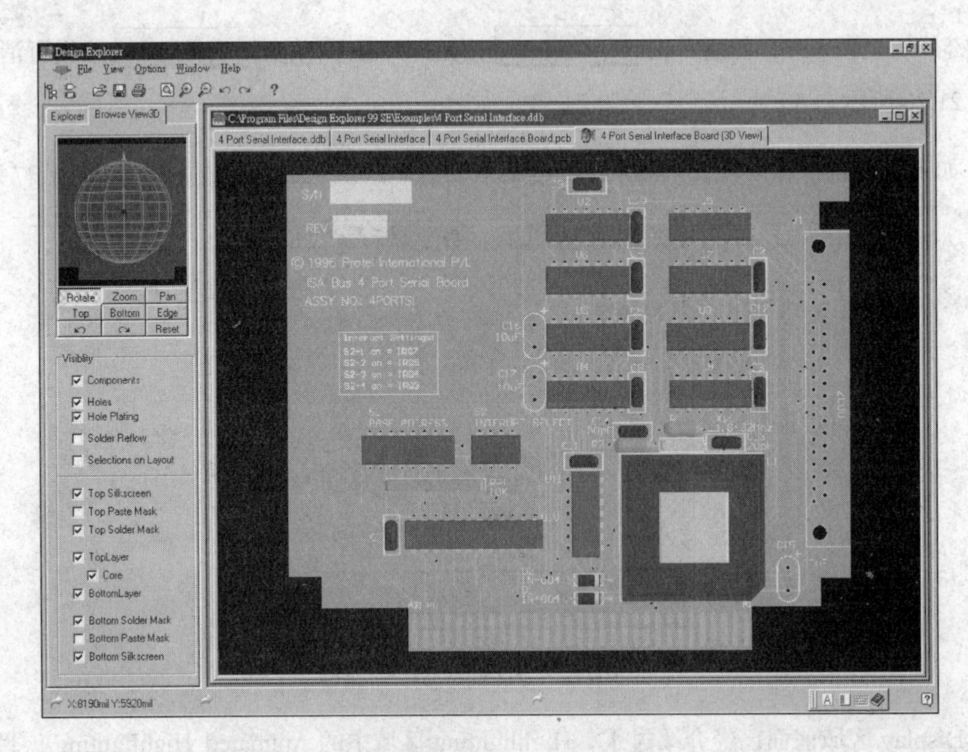

图21.28 QualECAD 3D View

当然也是可以旋转或放大 PCB，如图 21.29 所示。

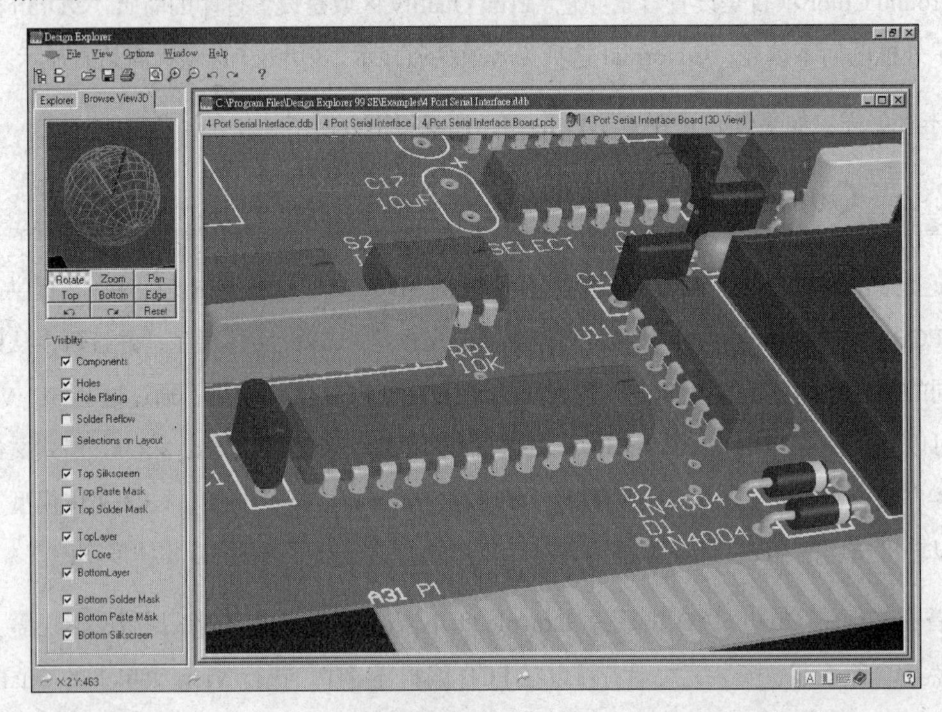

图21.29 旋转 PCB

加载或预览元件的 3D Model，如图 21.30 所示。

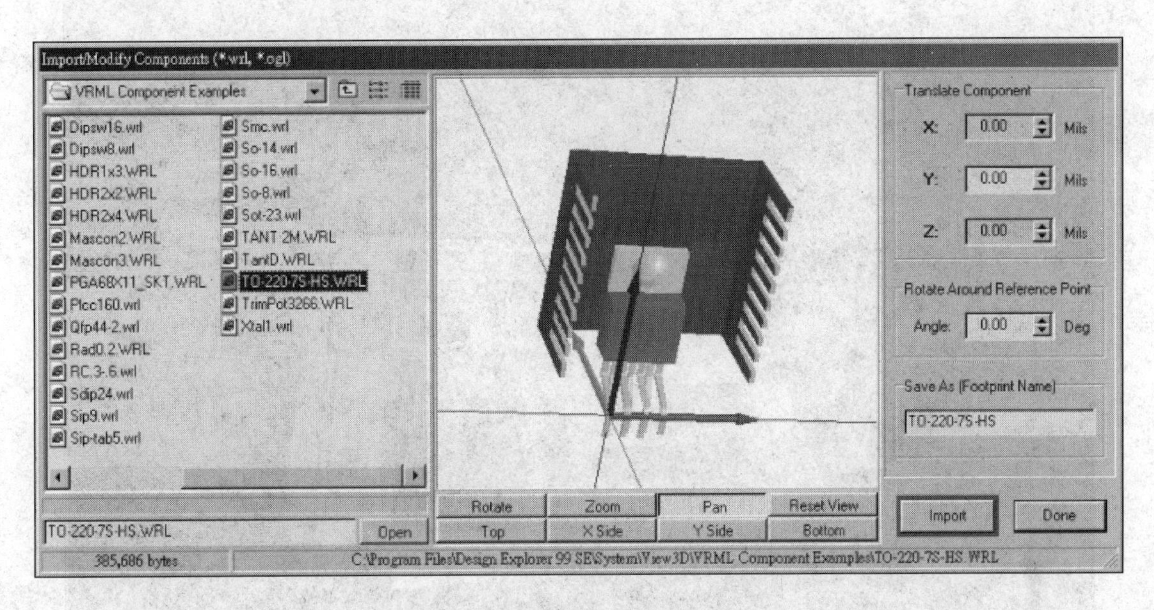

图21.30　浏览或加载元件 3D Model

在输出格式方面，如图 21.31 所示。

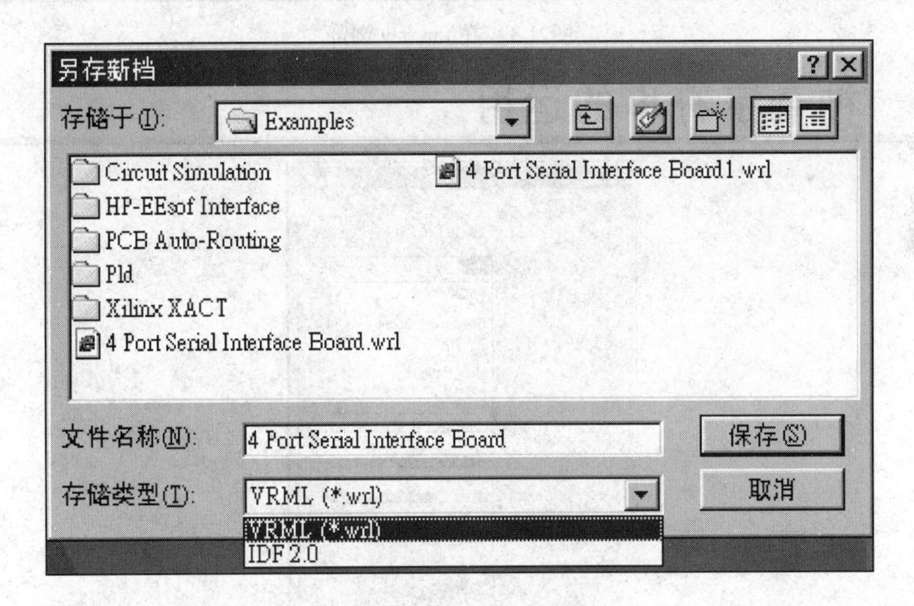

图21.31　输出文件格式

如果输出 VRML 的文件格式，则可以通过 Internet 浏览器，浏览 PCB 的 3D 虚拟实体(必须安装 Vrml2c.exe)，如图 21.32 所示。

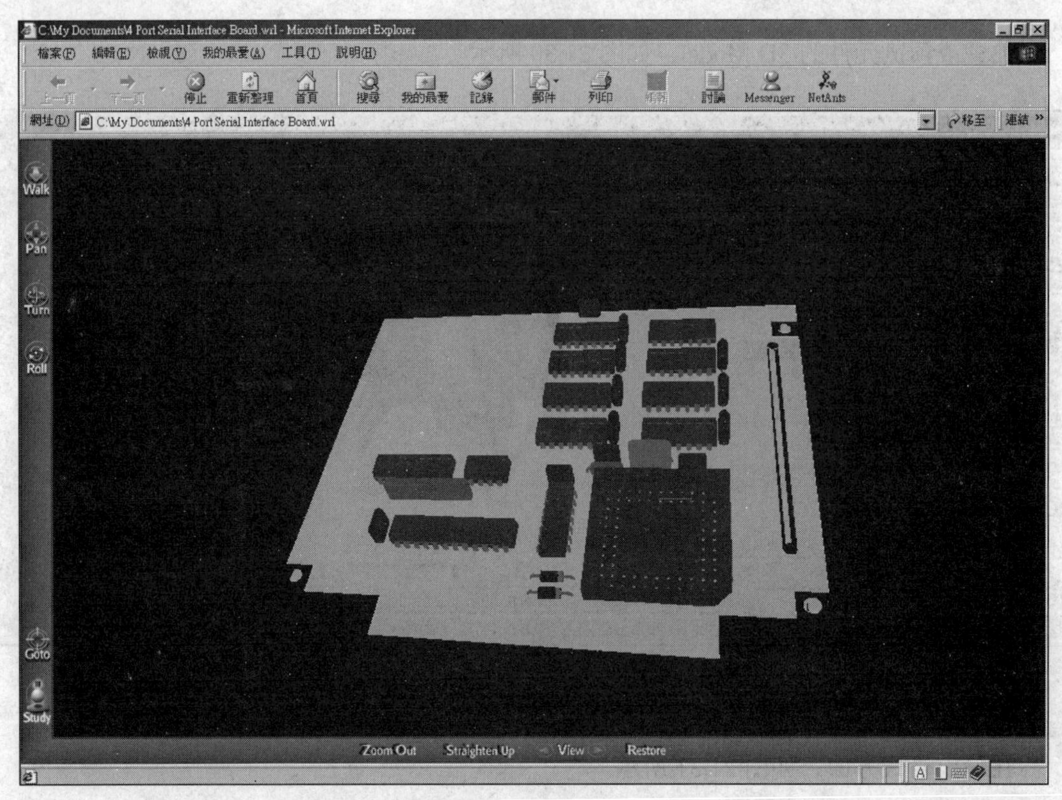

图21.32 在 Internet 浏览

21-3 神奇字符串的运用

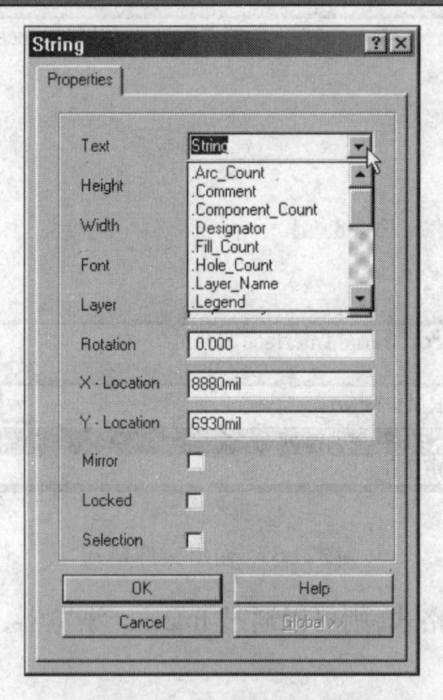

图21.33 放置特殊字符串

如果在 Protel Schematic 中有使用过特殊字符串，对特殊字符串就不会感到陌生了！在

PCB 中，特殊字符串与一般字符串最大的不同点在于实际呈现的结果不同：一般字符串输入什么字符，输出就是什么字符，不管屏幕上看到的或者是打印机印出来的也都是相同的字符；然而特殊字符串就不同了，特殊字符串会根据本身不同的特性自动显示或打印出所代表的内容。基本上 PCB 特殊字符串可分为图件计数型、PCB 或系统信息显示型。当我们要放置特殊字符串时，同样是单击 T 按钮放置字符串功能，在放置字符串前先按 TAB 键打开字符串属性对话框，然后在 TEXT 下拉列表中可选择所要的特殊字符串，如图 21.33 所示。

21-3-1 图件计数型

图件计数型顾名思义就是计算对象的数量，如显示圆、走线或元件等等的数量，这种类型的特殊字符串并不会将内容直接在上显示，而是在打印预览或打印时才会显示实际的内容，这些特殊字符串如下：

- .Arc_Count：显示圆弧的数量。
- .Component_Count：显示元件的数量。
- .Fill_Count：显示矩形区域的数量。
- .Hole_Count：显示钻孔的数量。
- .Net_Count：显示网络信号的数量。
- .Pad_Count：显示焊点的数量。
- .String_Count：显示字符串的数量。
- .Track_Count：显示走线线段的数量。
- .Via_Count：显示过孔的数量。

21-3-2 PCB 或系统信息显示型

PCB 或系统信息显示型的功能就是把 PCB 上的状态显示出来，而系统信息同样是把目前的工作文件状态显示出来，如日期时间，这些特殊字符串如下：

- .Layer_Name：显示本字符串所放置层面的层面名称。
- .Legend：显示钻孔图例，包括钻孔的规格与数量，而这个图例将放在 Drill Drawing 层上，如图 21.34 所示。

☆	2	140mil	3.556mm	PTH
▽	3	125mil	3.175mm	PTH
○	328	32mil	0.8128mm	PTH
□	52	22mil	0.5588mm	PTH
	385	Total		

Drilling Details.

图21.34 图例

- .Net_Names_On_Layer：作用小。
- .Pcb_File_Name：显示工作文件名称，包含所存储的路径。
- .Pcb_File_Name_No_Path：显示 PCB 文件名称，不包含所存储路径将会出现乱码。
- .Plot_File_Name：显示打印文件名称，不包含所存储的路径将会出现乱码。
- .Print_Date：显示打印的日期。
- .Print_Scale：显示打印的比例。
- .Print_Time：显示打印的时间。

21-3-3 元件相关的特殊字符串

另外还有两个特殊字符串：.Comment 及.Designator，这两个特殊字符串就是经常紧跟在元件附近的元件序号及元件值！这是在 PCB 元件编辑环境中所使用的。这两个特殊字符串主要是用来固定元件序号及元件值与元件本身的相对位置，至于有没有这个需要，就由用户自己决定吧！

21-4 重编序号

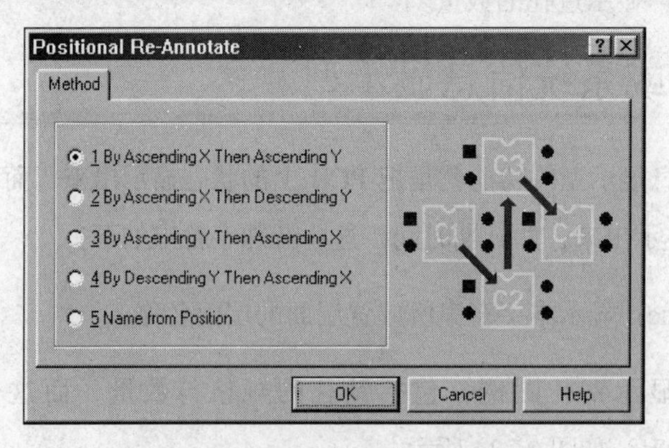

图21.35 序号重编对话框

Schematic 中元件序号已排列过了。但是在 PCB 编辑环境中为了元件排列整齐及布线的流畅，到最后元件的位置与原先的序号并没有相对的顺序关系，甚至一团乱！所以就有必要将元件序号重新编号。当我们要重新编号时，可执行 Tools 菜单下的 Re-Annotate...命令，出现图 31.35 所示的元件序号重新编号对话框。

其中各选项说明如下：

- □ 1 By Ascending X Then Ascending Y：编号方式由左到右由下至上重新编排。
- □ 2 By Ascending X Then Descending Y：编号方式由左到右由上至下重新编排。
- □ 3 By Ascending Y Then Ascending X：编号方式由下至上由右到左重新编排。
- □ 4 By Descending Y Then Ascending X：编号方式由上至下由左到右重新编排。
- □ 5 Name from Position：以元件的坐标值替换元件编号。

如果是双面板，则元件编排的顺序，先编排上层元件序号再编排下层元件序号。

21-5　密度分析

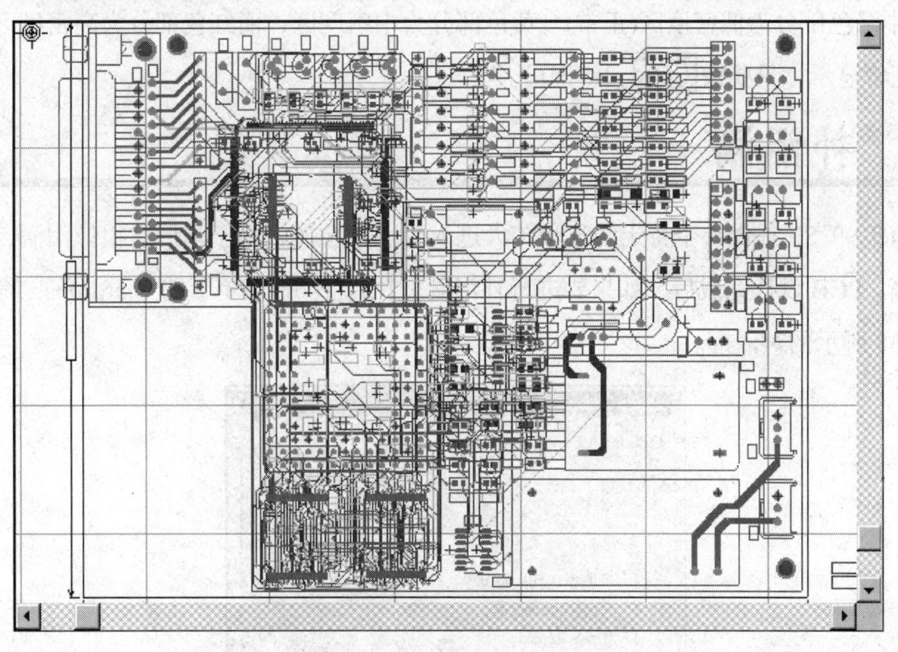

图21.36　LCD Controller.Ddb

Protel 99 SE 提供了一项简便的密度分析功能，让我们能快速检查 PCB 设计是否有分布不均匀，导致局部过热！当我们完成 PCB 设计后，只要执行 Tools 菜单下的 Density Map 命令，程序即进行密度分析，图 21.36 所示为程序所提供的示范 PCB(LCD Controller.Ddb)。

执行 Tools 菜单下的 Density Map 命令后，工作区改变如图 21.37 所示。

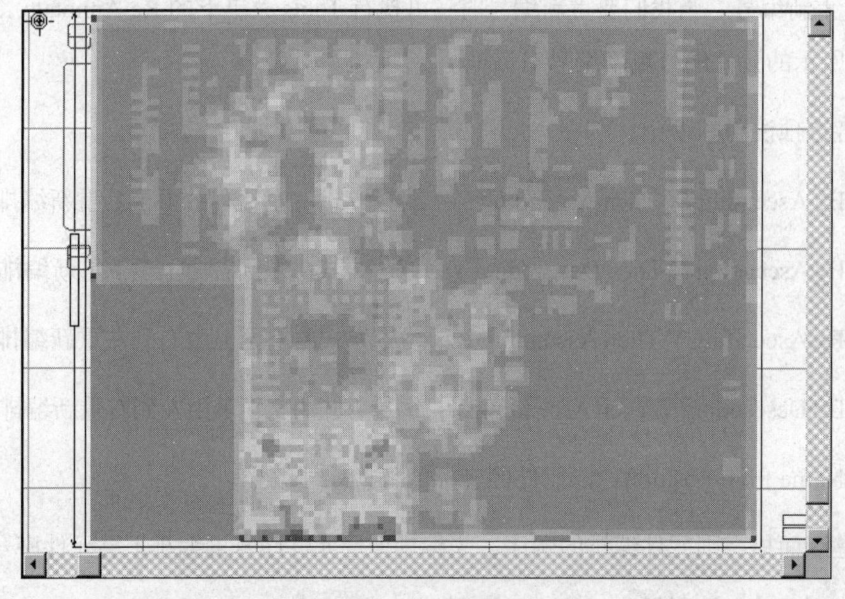

图21.37 密度分析

其中绿色部分为低密度区(正常)，黄色部分为中密度区，而红色部分为高密度区。如果要恢复正常显示，只要按[End]键即可。

21-6 补泪滴

Protel 99 SE 提供一个将走线逐步扩大进入焊点的功能，由于其形状很像泪滴，所以称为补泪滴。PCB 设计完成后，如果要进行补泪滴可执行 Tools 菜单下的 Teardrops…命令，出现图 21.38 所示的对话框。

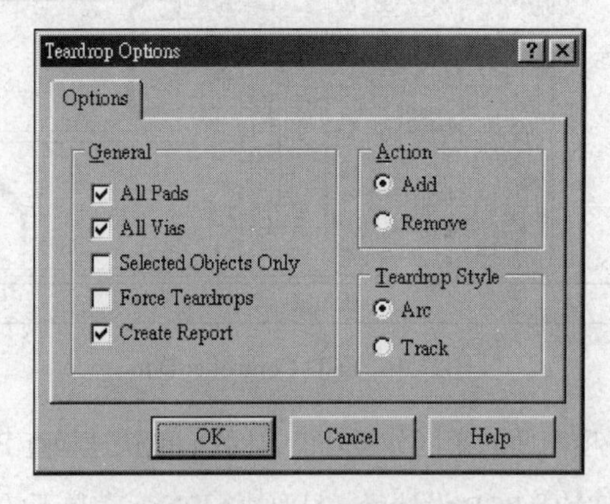

图21.38 补泪滴对话框

其中各选项的用途说明如下：

- □ All Pads 选项设置对每个有连接线的焊点进行补泪滴。
- □ All Vias 选项设置对每个有连接线的过孔进行补泪滴。
- □ Selected Objects Only 选项设置只对选择的图件进行补泪滴。
- □ Force Teardrops 选项设置强制补泪滴。
- □ Create Report 选项设置进行补泪滴后列出报表。
- □ Add 选项设置进行补泪滴。
- □ Remove 选项设置泪滴的拆除。
- □ Arc 选项设置以弧线补泪滴。
- □ Track 选项设置以直线补泪滴。

设置完成后，单击 OK 按钮，程序即进行补泪滴，如图 21.39、图 21.40 所示，分别为补泪滴之前与补泪滴之后的状况。

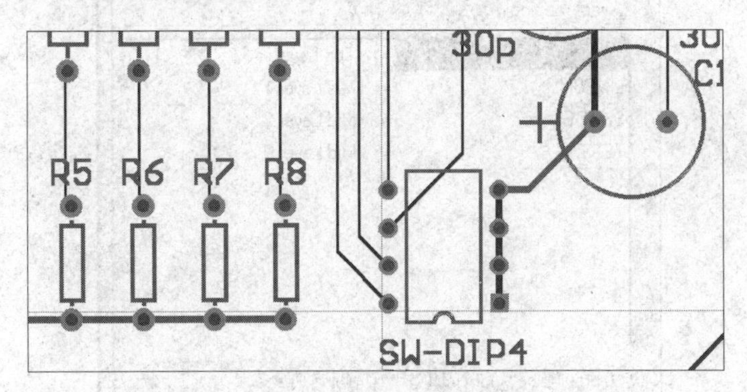

图21.39　补泪滴之前

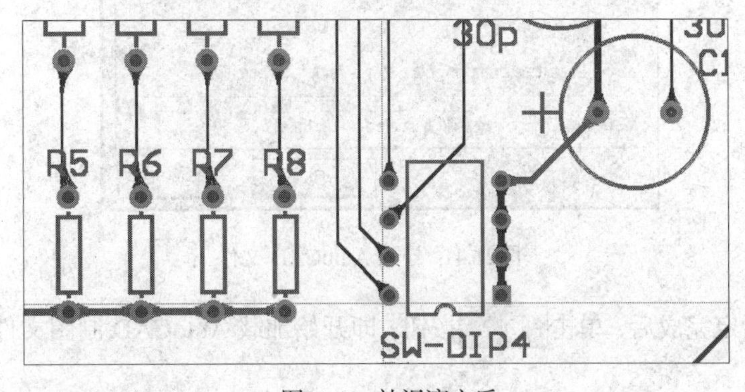

图21.40　补泪滴之后

21-7 格式转换工具大搜密

Protel 最令人欣赏的功能就是它的 Interface 了，有 AutoCAD 的 DWG、DXF 文件、P-CAD 2000 Sch & PCB、P-CAD PDIF、Accel PCB、PADS 的 Power PCB、Perform、2000 与 PCB、OrCAD 的 Capture 7.x、9.x 与 Layout 7.x、9.x 等，在下面章节中介绍。

21-7-1 AutoCAD DWG/DXF 接口

目前全世界最流行的制图文件格式大概是 AutoCAD 的 DXF 格式了！所以提供其兼容的格式转换工具也是理所当然的事；就布线设计而言，AutoCAD 到底可以帮助我们哪些事呢？AutoCAD 具有强大的绘图运用工具，对于一些较讲究的板框就可以先使用 AutoCAD 绘制完成后，再利用格式转换工具，将文件导入 Protel 的 PCB。

执行 File 菜单下的 Import…命令，然后在文件类型文本框中，选择 AutoCAD(*.DXF; *DWG)指定文件类型，单击 打开(O) 按钮显示如图 21.41 所示。

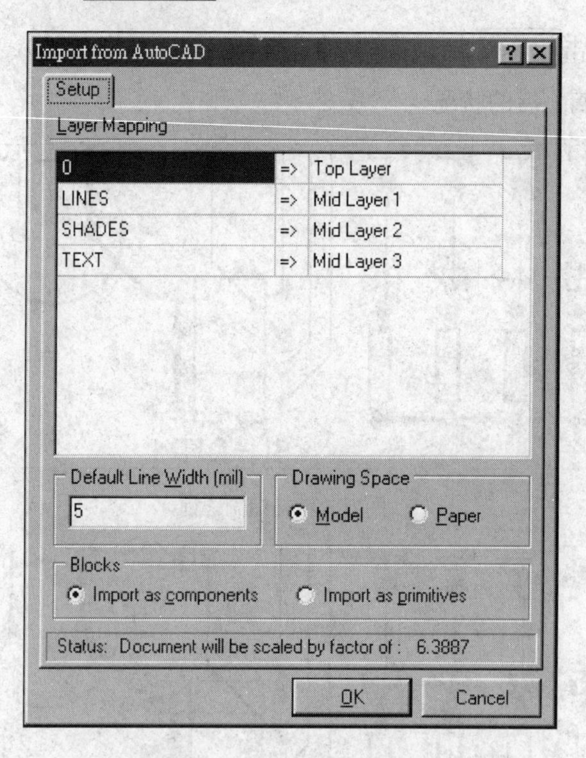

图21.41 导入 AutoCAD 文件

相关项目指定完成后，单击 OK 按钮，即开始加载 AutoCAD 制图文件，显示图 21.42 所示的范例。

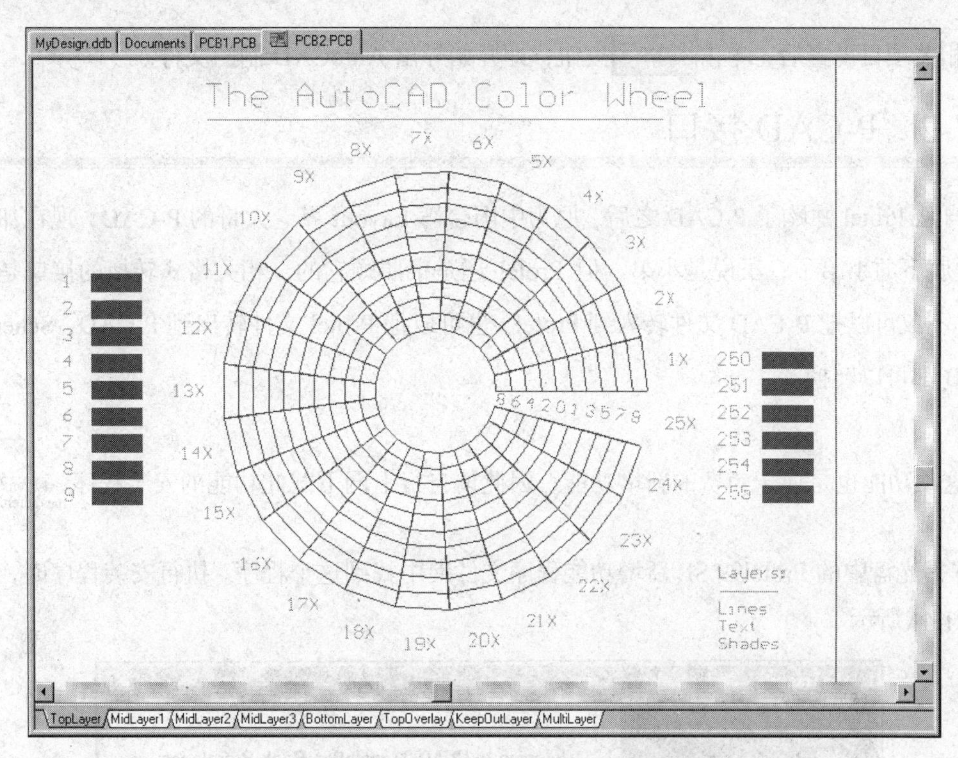

图21.42　加载 AutoCAD 制图文件

神奇的是，竟然连 AutoCAD 的 DWG 也可以加载！您发现了吗？

PCB 原理图文件也可以转换成 AutoCAD 的 DXF 与 DWG 导出，执行 File 菜单下的 Export…命令，然后在文件类型文本框中选择 AutoCAD(*.DXF；*DWG)指定文件类型，单击 保存 按钮显示如图 21.43 所示。

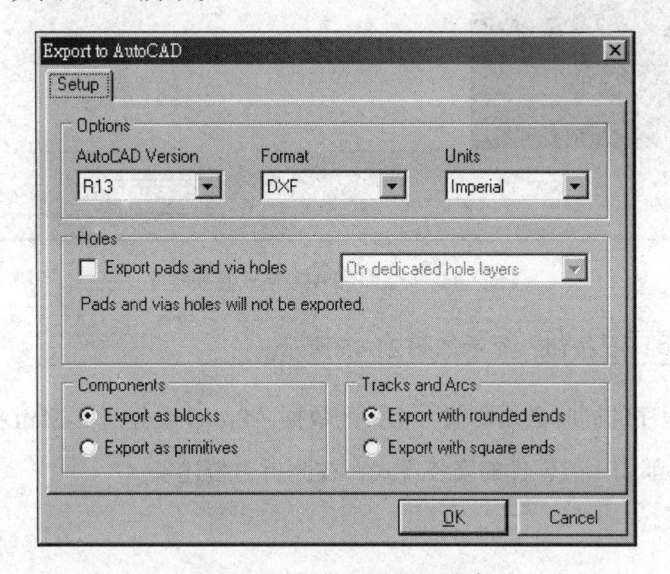

图21.43　导出 AutoCAD 文件

相关项目设置后，单击 OK 按钮，即开始导出 AutoCAD 制图文件。

21-7-2　P-CAD 接口

自从 Protel 并购了 P-CAD 之后，原为中国台湾 Layout 界老大哥的 P-CAD，现在却沦为 Protel 底下的小弟了；虽说是小弟，但 Protel 还是很照顾它的，相关格式转换的接口是应有尽有，不仅可以把 P-CAD 文件转入到 Protel，也可以把 Protel 文件转出到 P-CAD，Schematic 与 PCB 都可以转换。

这项功能也是属于免费的新增功能，因此请自行上网下载此功能的安装程序 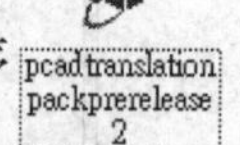

，或从本书光盘中的 Protel99 SE 新增功能程序文件夹中找到这个程序。执行安装程序时，显示如图 21.44 所示。

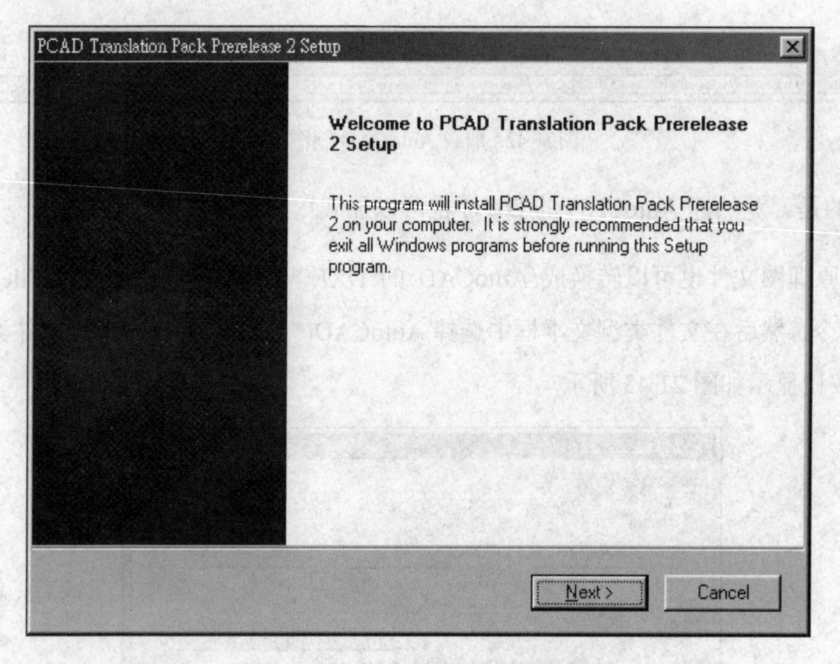

图21.44　安装 P-CAD 格式转换程序

接着单击 Next > 按钮，显示如图 21.45 所示。

在下载设置程序的同时必须要输入相关的数据，Protel 会经过 E-Mail 把密码发送过来；接下来的安装动作都如一般软件的安装方式，在此就不赘述了。

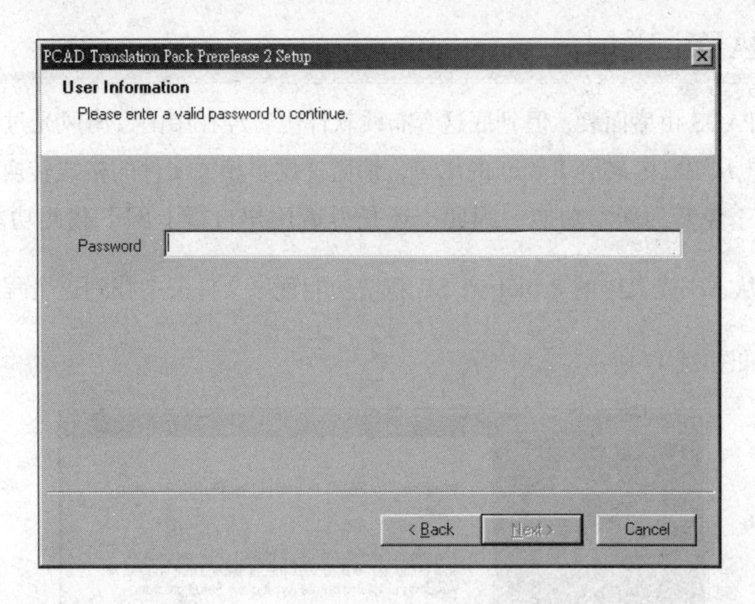

图21.45　输入密码

如同前面章节所说的，执行 File 菜单下的 Import…命令，然后在文件类型字段中选择 PCAD ASCII files(*.PCB)或 P-CAD PDIF files(*.PDF)指定文件类型，单击 打开(O) 按钮显示如图 21.46 所示。

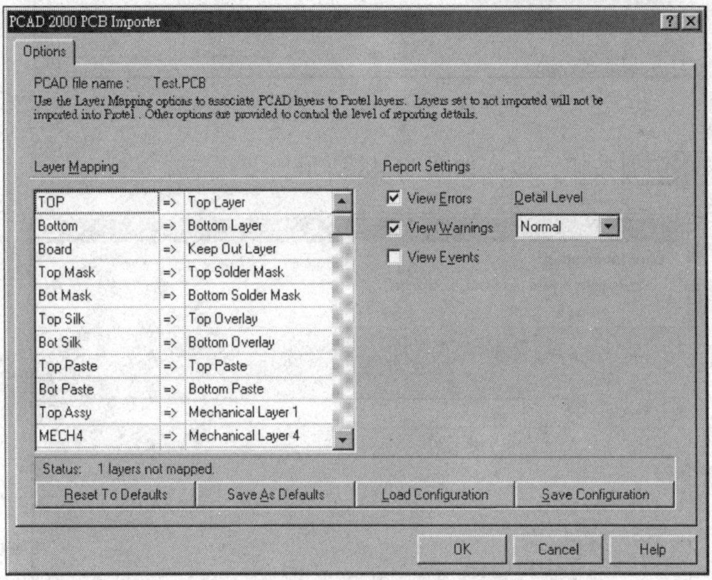

图21.46　导入 P-CAD2000 PCB 文件

相关项目设置后单击 OK 按钮，即开始加载 P-CAD 制图文件。

在导出文件部分只提供导出 PCAD 2000 ASCII Files(*.PCB)，方法也如同前面章节所介绍的一样。

21-7-3　PADS 接口

逐渐地，PADS 由盛而衰，但到底这套布线软件也曾经在中国台湾风光过！ Protel 为了照顾市场上，想从 PADS 转到 Protel 的用户，慷慨提供了相关文件的格式转换接口，当然这项功能也是属于免费的新增功能。因此，还是得请用户自行上网下载此功能的安装程序 padsimporterprerelease2，或从本书光盘中的 Protel 99 SE 新增功能程序文件夹中找到这个程序。执行安装程序时，显示如图 21.47 所示。

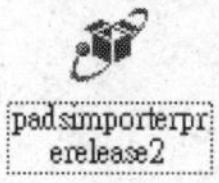

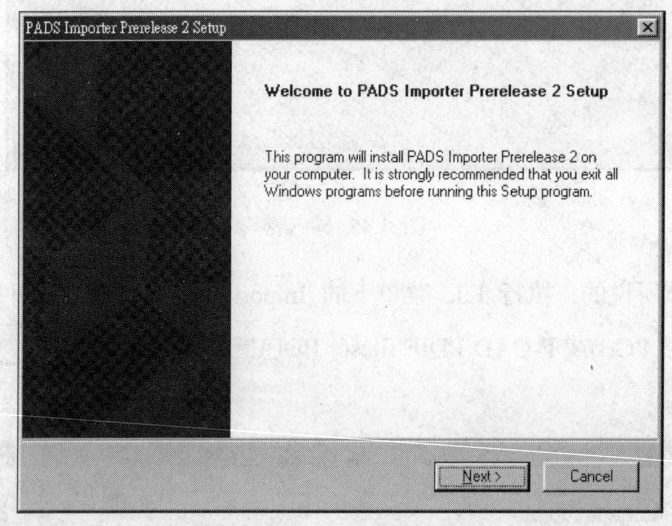

图21.47　安装 PADS 格式转换程序

接着单击 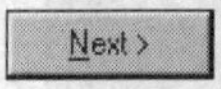 Next > 按钮，改变如图 21.48 所示。

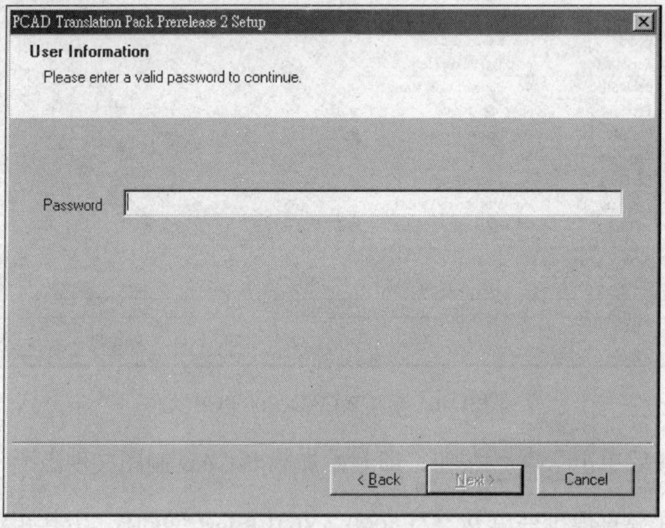

PCAD Translation Pack Prerelease 2 Setup
User Information
Please enter a valid password to continue.
Password
< Back　Next >　Cancel

图21.48　输入密码

在下载设置程序的同时，必须要输入相关的数据，Protel 会通过 E-Mail 把密码发送过来；接下来的安装动作都如一般软件的安装方式，在此就不赘述了。

如同前面章节所说的，执行 File 菜单下的 Import...命令，然后在文件类型文本框中选择 PADS ASCII files(*.ASC)指定文件类型，单击 打开(O) 按钮，显示如图 21.49 所示。

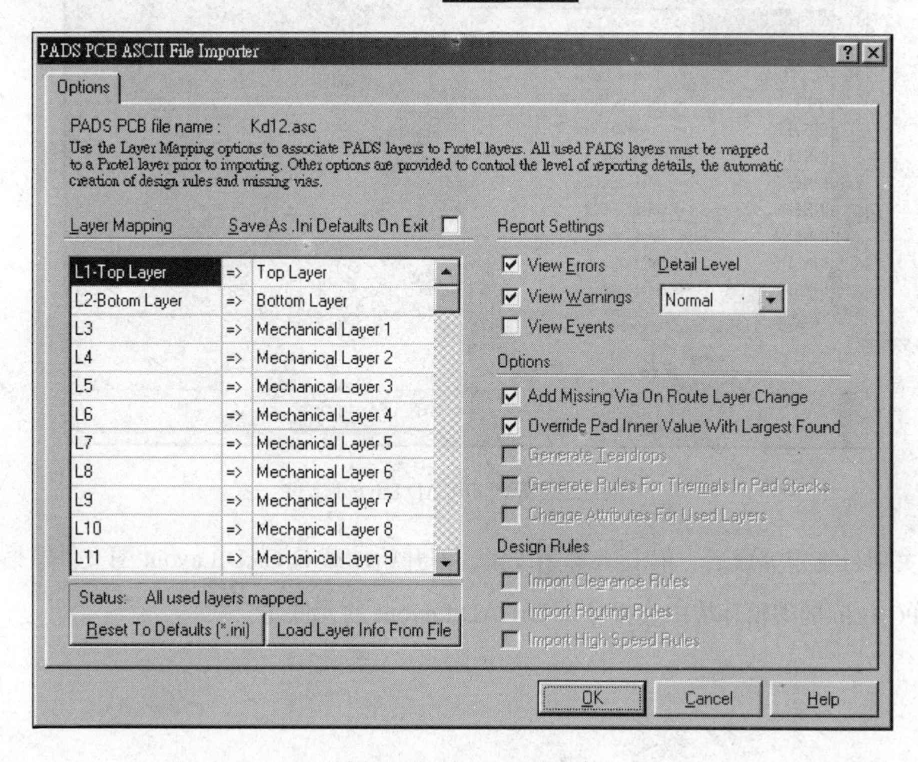

图21.49　导入 PADS 文件

相关项目指定后，单击 OK 按钮，即开始加载 PADS 制图文件。

21-7-4　OrCAD Layout 接口

OrCAD 挺有名的，不过 OrCAD Layout 的名气好像就没那么大了，这是在中国台湾的现象，其实在国外听说好像还挺多用户的；不管它名气多大都没关系，Protel 还是为它的用户准备了格式转换工具。

同样地，执行 File 菜单下的 Import...命令，然后在文件类型文本框中选择 OrCAD(*.MAX)指定文件类型，单击 打开(O) 按钮，显示如图 21.50 所示。

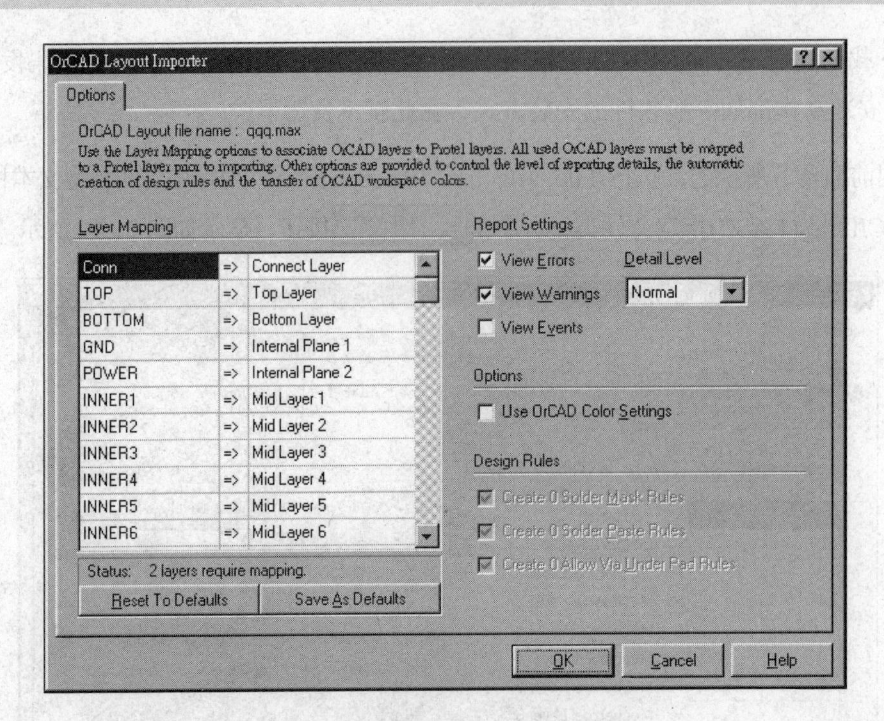

图21.50　导入 OrCAD Layout 文件

相关项目指定完成后，单击 OK 按钮，即开始加载 OrCAD Layout 图文件。另外，还可以在 PCBLib 的编辑环境中直接导入 OrCAD Layout 的元件库。

▶ 第 22 章

设计规则简介

▶困难度指数：☺☺☺☺😐😐

▶学习条件：　基本窗口操作

▶学习时间：　120 分钟

本章纲要

1.设计规则适用对象

2.设计规则的操作

3.PCB 布线设计规则

4.PCB 制造设计规则

5.高速 PCB 设计规则

6.元件放置设计规则

7.PCB 仿真设计规则

8.其他设计规则

以“设计规则”来规范程序的动作是电路设计的新趋势，也就是用户希望其所要设计的PCB中，哪些地方要注意什么事情，在布线之前就白纸黑字定义得清清楚楚的，而程序可说是“球员兼裁判”，一方面要进行布线的工作，另一方面又得即时检查是否有违规的事实存在。当然，不只是程序的违规要取缔，连用户的无心之过也得提出警告。因此，设计规则决定了一切，而认识 PCB 99 SE 的设计规则之后，再也不用担心不知如何操作 PCB 99 SE 强大的布线功能了。

22-1 设计规则适用对象

在道路上有交通法规、在水电方面有电工法规，以交通法规为例，它是针对在陆上使用交通工具的人而设的，而这交通工具可以是四个轮子(或更多)、两个轮子或一个轮子的。另外，即使不使用车辆，只要用到道路的人，也要遵守交通规则才行，因为道路也是一种交通工具。所以，交通法规的适用对象是使用交通工具的人。

每个法规都有其适用对象，在 PCB 99 SE 里也不例外！虽然在 PCB 99 SE 中没有“轮子”之分，却有“图件”之别，其中的设计规则，如果是针对单独的图件而设的，称之为“Unary”，例如线宽(Track Width)的设计规则是规定某一图件的线宽，就是一种 Unary 的设计规则；如果是规范两个图件之间的关系，称为“Binary”，例如安全间距(Clearance)的设计规则是规范两个图件之间的距离就是一种 Binary 的设计规则。

不同的设计规则，其适用对象(Scope)不尽相同，以下将列出 PCB 99 SE 设计规则的适用对象：

- □ Whole Board：适用对象为整块 PCB 里的图件。
- □ Layer：适用对象为所指定的板层，指定此选项后，在其下方的 Layer 字段指定板层。
- □ Object kind：适用对象为指定的图件，指定此选项后，在其下方指定适用的图件，包括 7 个图件选项，Vias 选项指定过孔为适用的图件、Smd Pad 选项指定贴片焊盘为适用的图件、Tracks/Arcs 选项指定走线及圆弧线为适用的图件、Thru-hole Pad 选项指定通孔（直插式）焊盘为适用的图件、Fills 选项指定填充矩形为适用的图件、Polygons 选项指定覆铜为适用的图件、Keepouts 选项指定禁止区域为适用的图件。

- Footprint：适用对象为指定的元件封装名称(Footprint)，指定此选项后，在其下方的 Footprint 文本框中指定元件封装名称。
- Component：适用对象为指定的元件，指定此选项后，在其下方的 Component 文本框中指定元件。
- Component Class：适用对象为指定的元件分类，指定此选项后，在其下方的 Component Class 文本框中指定元件分类。
- Net：适用对象为指定的网络，指定此选项后，在其下方的 Net 文本框中指定网络。
- Net Class：适用对象为指定的网络分类，指定此选项后，在其下方的 Net Class 文本框中指定网络分类。
- From-To：适用对象为指定的飞线，指定此选项后，在其下方的 From-To 文本框中指定飞线。
- From-To Class：适用对象为指定的飞线分类，指定此选项后，在其下方的 From-To Class 文本框中指定飞线分类。
- Pad Specification：适用对象为指定的焊盘规格，指定此选项后，单击其下方的 Specification... 按钮，即可打开图 22.1 所示的对话框。

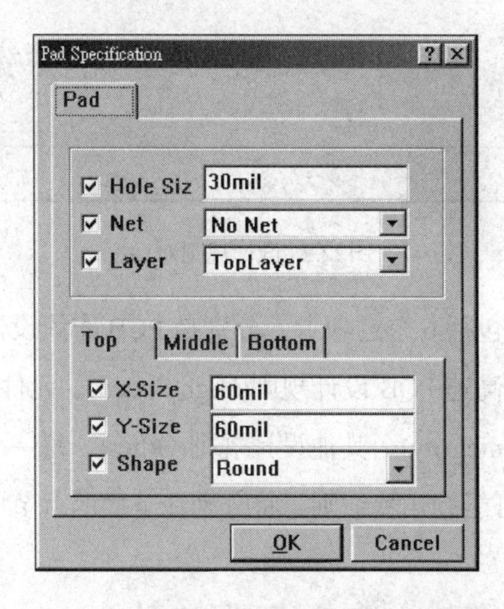

图22.1　指定焊盘规格

其中的 Hole Size 是指定焊盘的钻孔尺寸、Net 字段是指定该焊盘上的网络、Layer 是该焊盘所在板层；下方的 Top、Middle 及 Bottom 三个选项卡分别为在顶层、中间板层及底层该焊盘的规格，而每个选项卡都有 X-Size(宽度)、Y-Size(长度)及 Shape(形状)等 3 个字段。

- Footprint-Pad：适用对象为指定元件封装上的焊盘，指定此选项后，在其下方的 Footprint 文本框中指定元件封装名称，然后在其下方的 Pad 文本框中指定其中的焊盘。
- Region：适用对象为指定的区域，指定此选项后，在其下方的 4 个文本框中，指定区域的两个角的坐标。也可以单击 Define... 按钮到工作区，直接定义此区域。

谈了老半天的“适用对象”，还没看到设计规则是什么！当我们要进入编辑设计规则时，执行 Design 菜单下的 Rules…命令，即可打开设计规则对话框，如图 22.2 所示。

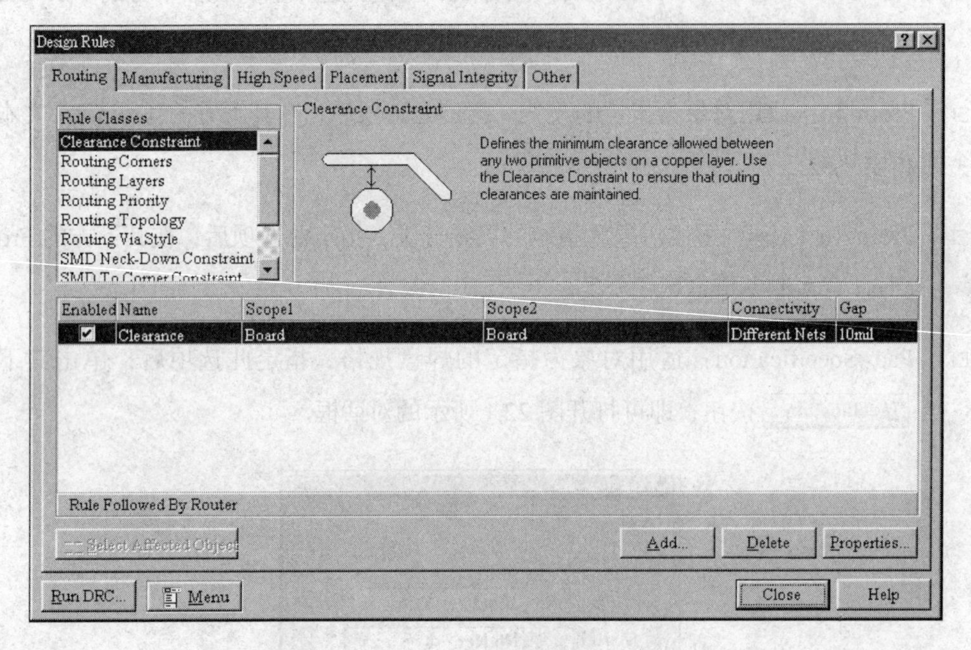

图22.2　设计规则对话框

如图 22.2 所示，其中包括 6 个选项卡，分别是 PCB 布线设计规则(Routing)、PCB 制造设计规则(Manufacturing)、高速 PCB 设计规则(High Speed)、元件放置设计规则(Placement)、PCB 仿真设计规则(Signal Integrity)、其他设计规则(Other)，每一个选项卡里又有许多设计规则，而每条设计规则下又可能有几款细则，将分别在下面的章节中介绍。

22-2 设计规则的操作

图 22.3 所示为 PCB 布线设计规则对话框，在 Rule Classes 列表框中包括 10 条相关的设计规则。选择其中任一条设计规则，则在下方的区域中将展示该设计规则的细则。在对话框右下方有 3 个按钮，如果要新增细则可单击 Add... 按钮；如要删除某条细则可在区域里选择，再单击 Delete 按钮即可删除，不过，笔者建议不需如此麻烦，如果不想执行哪一条细则，只要指向该细则左边的☑，单击鼠标左键取消复选即可停用；如要改编某条细则，可在区域里选择再单击 Properties... 按钮即可进入编辑。

在 PCB 99 SE 中，对于设计规则的编辑新增了几项不错的工具，说明如下：

- □ Select Affected Object 按钮的功能是将目前选择的设计规则细则所适用的对象，直接在工作区里进行选择操作。所以，单击本按钮后，在工作区中本设计规则细则所适用的对象将变成黄色(选择状态)。
- □ Run DRC... 按钮的功能是进行设计规则检查(DRC)，单击本按钮后，出现图 22.3 所示的对话框。

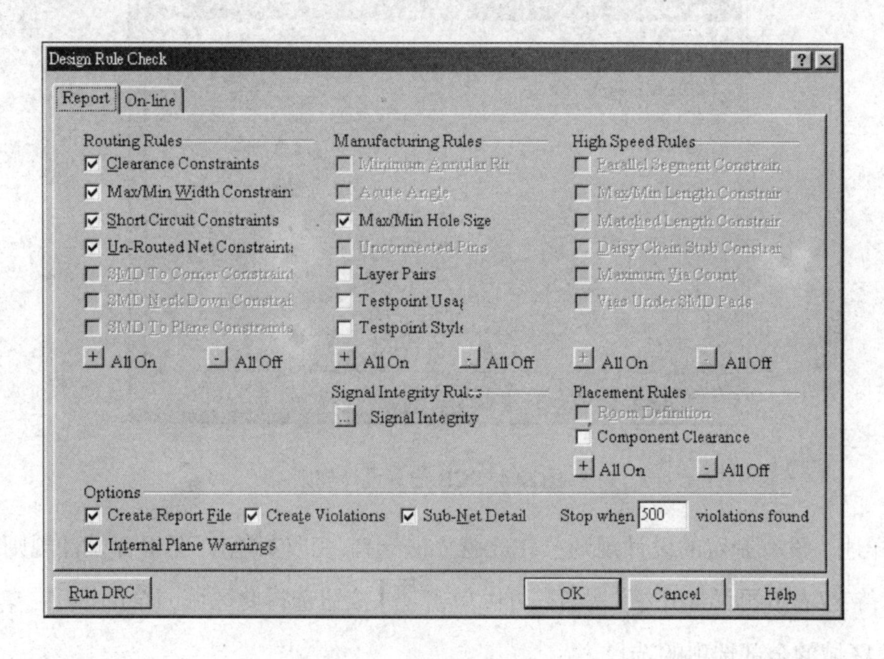

图22.3　设计规则检查对话框

其中包括两个选项卡，在 Report 选项卡包括下列项目：

- □ Routing Rules 区域中列出与 PCB 布线相关的设计规则选项，没有制定的设计规则，在此就无法选择(变成灰色)，至于各设计规则的功能与设置留待 12-3 节再详细介绍。另外，可以单击 + 按钮选择此区域的全部选项、单击 - 按钮取消此区域的全部选项的选择。

- Manufacturing Rules 区域中列出与 PCB 制造相关的设计规则选项，没有制定的设计规则，在此就无法选择(变成灰色)，至于各设计规则的功能与设置留待 22-4 节再详细介绍。另外，可以单击 + 按钮选择此区域的全部选项、单击 - 按钮取消此区域的全部选项的选择。

- High Speed Rules 区域中列出与高速 PCB 设计相关的设计规则选项，没有制定的设计规则，在此就无法选择(变成灰色)，至于各设计规则的功能与设置留待 22-5 节再详细介绍。另外，可以单击 + 按钮选择此区域的全部选项、单击 - 按钮取消此区域的全部选项的选择。

- Signal Integruty Rules 区域中设置与 PCB 仿真相关的设计规则选项，不过，要再单击 ... 按钮才可以进入选择所要采用的设计规则选项，如图 22.4 所示。

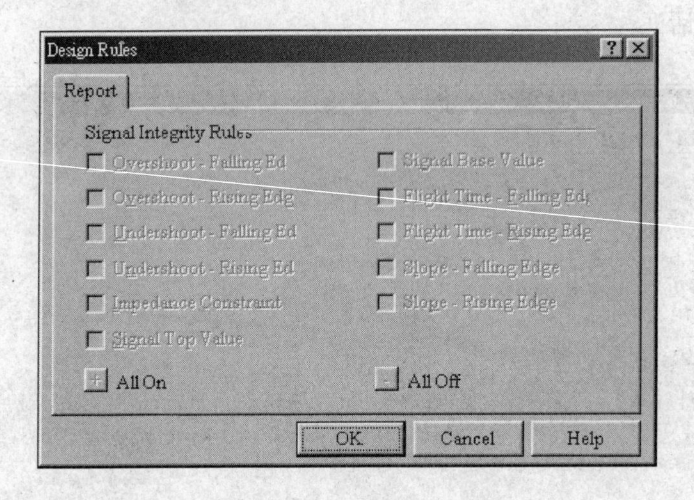

图22.4 PCB 仿真设计规则

同样地，没有制定的设计规则，在此就无法选择(变成灰色)，至于各设计规则的功能与设置，留待 22-6 节再详细介绍。另外，可以单击 + 按钮选择此区域的全部选项、单击 - 按钮取消此区域的全部选项的选择。

- Placement Rules 区域中列出与元件放置相关的设计规则选项，没有制定的设计规则，在此就无法选择(变成灰色)，至于各设计规则的功能与设置，留待 22-7 节再详细介绍。另外，可以单击 + 按钮选择此区域的全部选项、单击 - 按钮取消此区域的全部选项的选择。

□　Options 区域中包括 4 个选项及一个字段，Create Report File 选项的功能是设置产生报告文件；Internal Plane Warning 选项的功能是设置提出电源层的警告消息；Create Violations 选项的功能是设置有违反 Clearance Constraint、Width Constraint、Parallel Segment Constraint 等设计规则时，将切换到违反规则之处，并以高亮度绿色(highlight)显示；Sub-Net Detail 选项的功能是设置详细列出子网络；Stop when for 字段的功能是设置遇到多少个违反规则就停止检查。

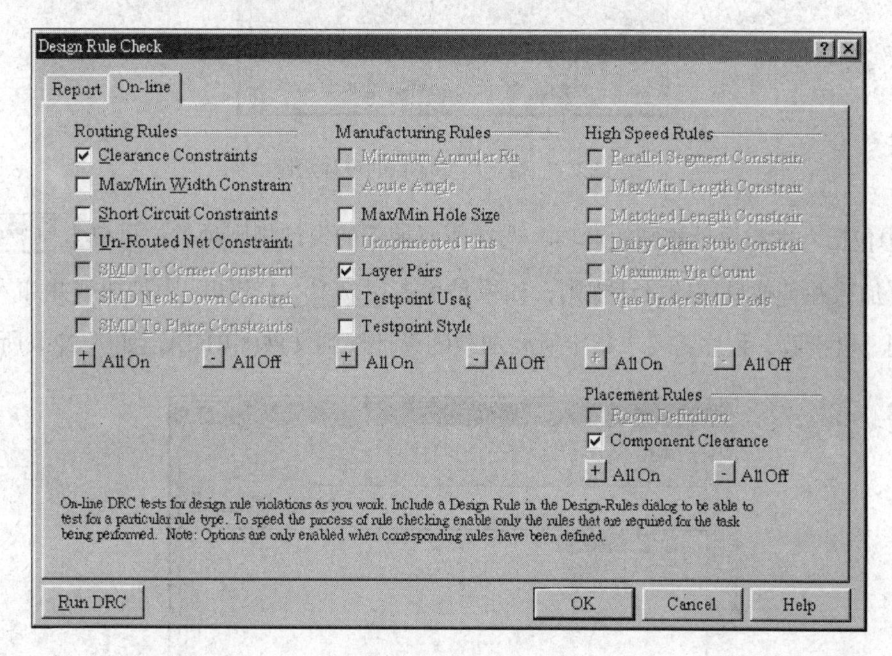

图22.5　实时设计规则检查

在 On-line 选项卡中所列出的项目都可在 Report 选项卡中找到，其主要目的是设置实时设计规则检查的检查项目。

最后再单击左下角的 Run DRC 按钮即可进行设计规则检查。

□　Menu 按钮的功能是将我们所定义的设计规则保存或加载已有的设计规则，单击本按钮后，将可弹出图 22.6 所示的命令菜单。

图22.6　命令菜单

□　Import Rules...命令的功能是加载指定的设计规则文件，选择此命令后，出现图

22.7 所示的对话框。

Import options
Options
Rule types
Routing　Placement
Manufacturing　Signal Integrity
High Speed　Other
Overwrite　Add　Cancel

图22.7　指定所要保存的设计规则

其中包括六大类设计规则的选项，选择所要加载的设计规则种类，再单击 Overwrite 按钮，即可加载并替换目前的设计规则；如果是单击 Add 按钮，则是加载并加入目前的设计规则。紧接着，程序将要求指定所要加载的设计规则文件(*.RUL)，如图 22.8 所示。

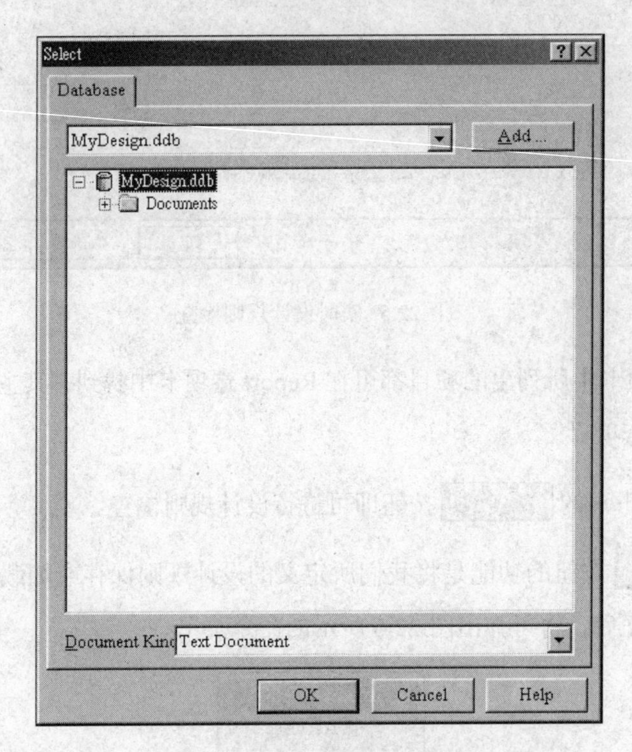

图22.8　指定所要加载的设计规则文件

指定所要加载的设计规则文件，再单击 OK 按钮即可加载。

□　Export Rules…命令的功能是将目前的设计规则保存，选择此命令后，出现图 22.9

所示的对话框。

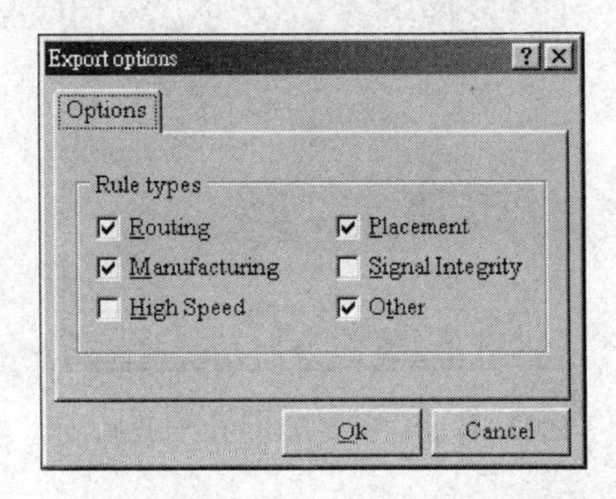

图22.9　指定所要保存的设计规则种类

其中包括六大类设计规则的选项，选择所要存储的设计规则种类，再单击 OK 按钮，程序将要求指定要存到哪个设计规则文件，如图 22.10 所示。

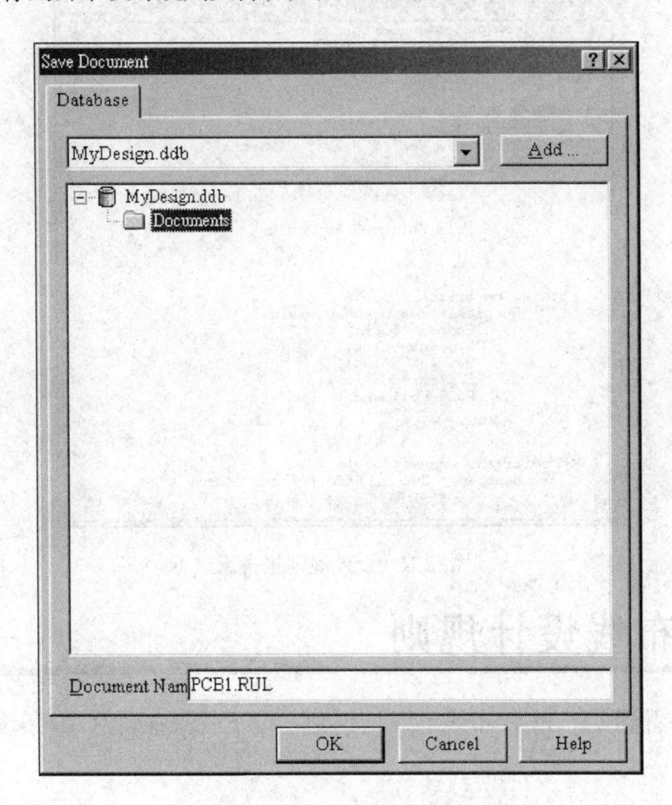

图22.10　指定所要存储的文件

指定所要存储的文件名称，再单击 OK 按钮即可保存。

- Report Rules…命令的功能是列出目前的设计规则，选择此命令后，出现图 22.11 所示的对话框。

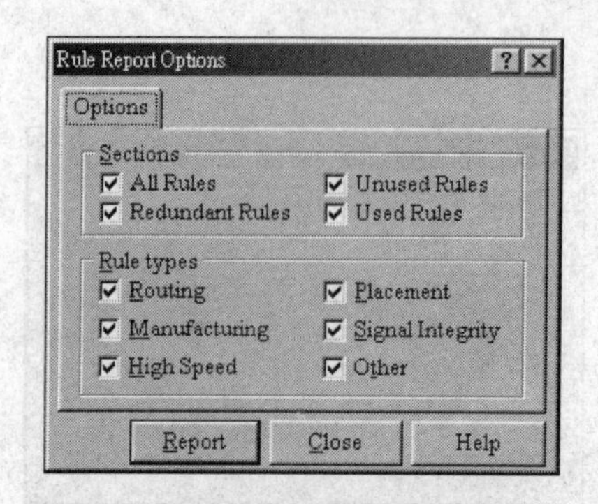

图22.11　指定所要列出的设计规则种类

其中包括六大类设计规则的选项，选择所要存储的设计规则种类，再单击 Report 按钮，即可产生报告窗口，如图 22.12 所示。

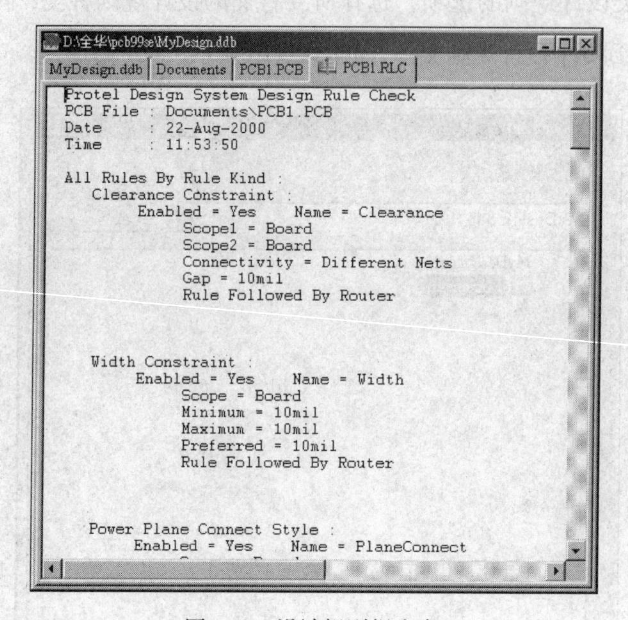

图22.12　设计规则报告窗口

22-3 PCB 布线设计规则

在图 22.12 中看到关于 PCB 布线的设计规则，以下就来探讨这 10 条设计规则。

1 Clearance Constraint

说明：本设计规则用来界定图件与图件间的安全间距。

操作：在 Rules 区域里选择本项后，单击 Add... 按钮新增规则或单击 Properties... 按钮编辑在下面区域里所选择的规则，即可打开图 22.13 所示的对话框。

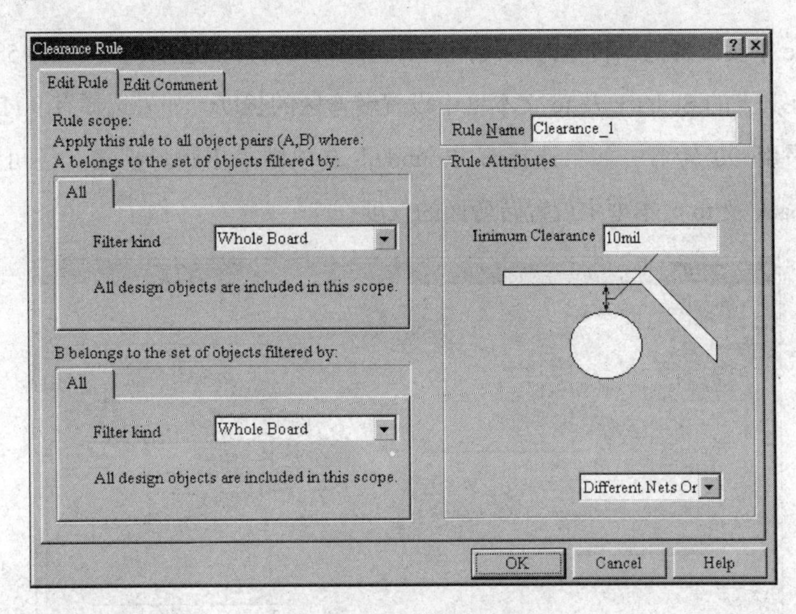

图22.13　编辑对话框

适用对象：在左边区域中设置。

选项：本设计规则包括下列项目：

- Rule Name 字段为本设计规则的名称，可使用中文。
- Minimum Clearance 字段为两图件间的最小间距。
- 右下字段为适用本设计规则的图件上的网络关系，其中的 Different Nets Only 选项设置只有不同网络的图件才适用，通常是采用此选项；Any Net 选项设置不管其网络相同与否都适用。

2 Routing Corners

说明：本设计规则用来设置走线拐角的方式。

操作：在 Rules 区域里选择本项后，单击 Add... 按钮新增规则或单击 Properties... 按钮编辑在下面区域中所选择的规则，即可打开图 22.14 的对话框。

适用对象：在左边区域中设置。

选项：本设计规则包括下列项目：

- Rule Name 字段为本设计规则的名称，可使用中文。

- Style 字段设置走线转弯的方式，如果选择 45 Degrees 选项，则采用 45°导角，还可以在其下的 Setback 及 to 文本框中设置转弯区的长度。如果选择有 90 Degrees 选项将采用 90°转弯。如果选择有 Rounded 选项则采用圆弧拐角，还可以在其下的 Setback 及 to 文本框中设置转弯区的长度。

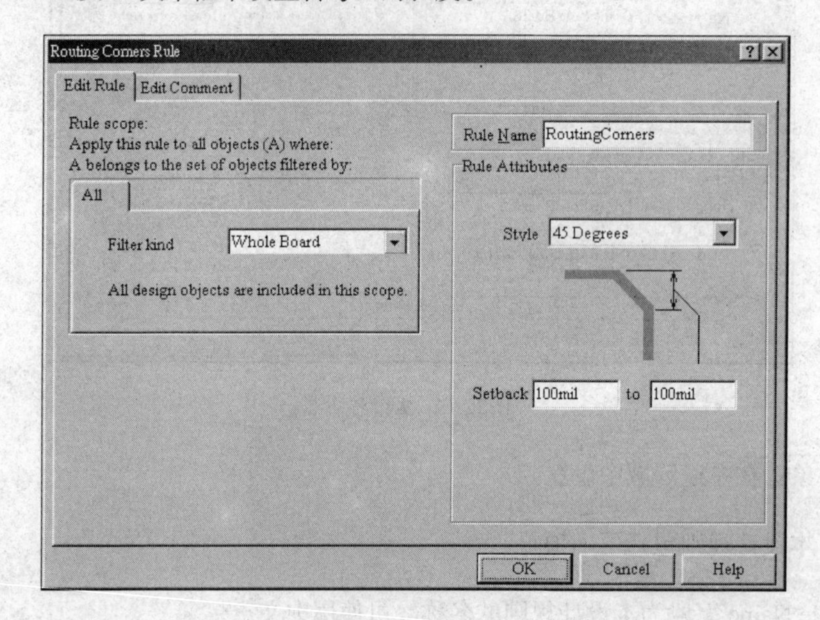

图22.14 编辑对话框

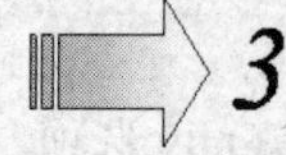

3 Routing Layers

说明：本设计规则用来定义布线层。

操作：在 Rules 区域里选择本项后，单击 Add... 按钮新增规则或单击 Properties... 按钮编辑在下面区域里所选择的规则，即可打开图 22.15 所示的对话框。

适用对象：在左边区域中设置。

选项：本设计规则包括下列项目：

- Rule Name 文本框为本设计规则的名称，可使用中文。
- Rule Attributes 区域里包括 32 个板层字段，其中 Top Layer 为顶层设置字段、MidLayer1～MidLayer30 为 30 个中间布线层设置字段、Bottom Layer 为底层设置字段，只有在板层堆栈管理器里设置的板层，在此才可以使用。而每个文本框中都有 11 个选项，Not Used 选项设置该板层不布线、Horizontal 选项设置该板层采用水平布线、Vertical 选项设置该板层采用垂直布线、Any 选项设置该板层采用任意角度布线、1 O " Clock 选项设置该板层采用一点钟方向布线、2 O " Clock 选项设置该板层采用两点钟方向布线、4 O " Clock 选项设置该板层采用四点钟方向布线、5 O " Clock 选项设置该板层采用五点钟方向布线、45 Up 选项设置该板层采用向上 45°布线、45 Down 选项设置该板层采用向下 45°布线、Fan Out 选项设置该板层采用扇出布线(针对贴片焊盘而设的)。

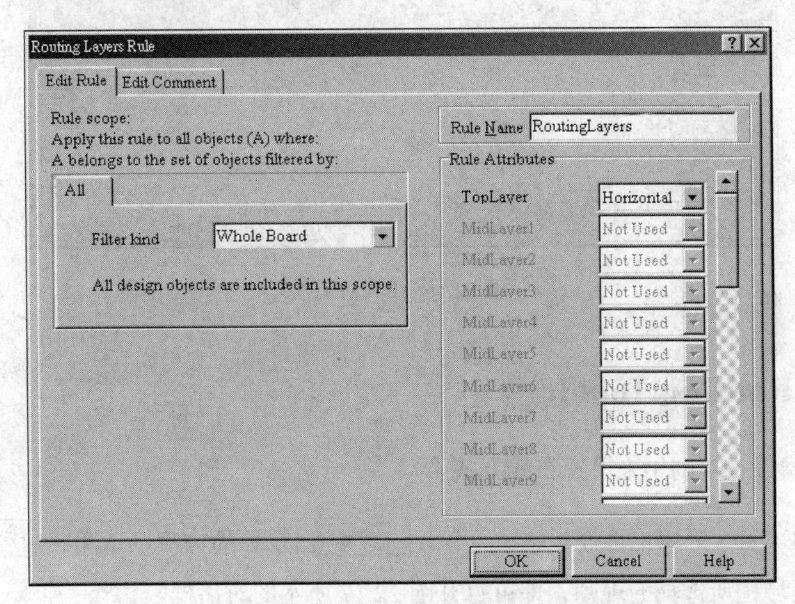

图22.15　编辑对话框

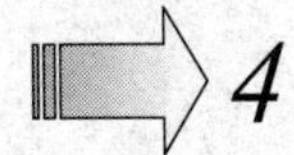

4 Routing Priority

说明：本设计规则用来定义布线的优先等级。

操作：在 Rules 区域里选择本项后，单击 Add... 按钮新增规则或单击 Properties... 按钮编辑在下面区域里所选择的规则，即可打开图 22.16 所示的对话框。

适用对象：在左边区域中设置。

选项：本设计规则包括下列项目：

- Rule Name 文本框中为本设计规则的名称，可使用中文。
- Routing Priority 文本框中为布线优先等级，其范围为 0～100，0 等级最低，而 100 等级最优先布线。

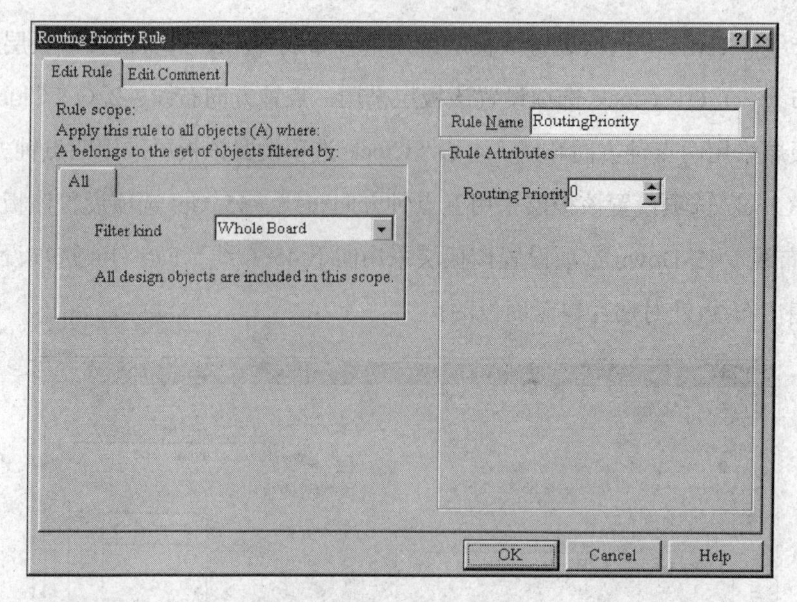

图22.16　编辑对话框

5 Routing Topology

说明：本设计规则用来设置布线方式。

操作：在 Rules 区域里选择本项后，单击 Add... 按钮新增规则或单击 Properties... 按钮编辑在下面区域中所选择的规则，即可打开图 22.17 所示的对话框。

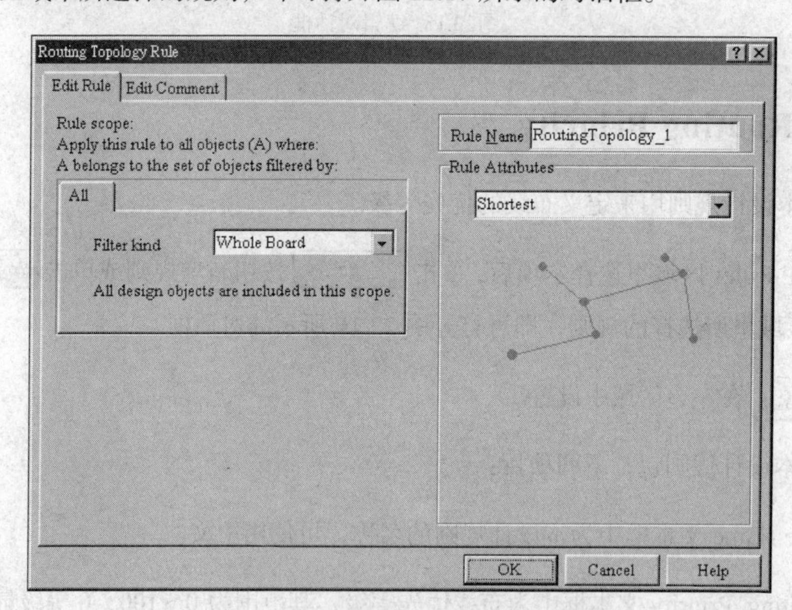

图22.17　编辑对话框

适用对象：在左边区域中设置。

选项：本设计规则包括下列项目：

- Rule Name 文本框为本设计规则的名称，可使用中文。
- Rule Attributes 区域里只有一个文本框，其中包括 7 个选项，Shortest 选项采用最近距离的走线、Horizontal 选项以水平走线为主、Vertical 选项以垂直走线为主、Daisy-Simple 选项以简单的菊形走线、Daisy-MidDriven 选项由中间切入的菊形走线、Daisy-Balanced 选项以平衡式的菊形走线、Starburst 选项以放射状走线。

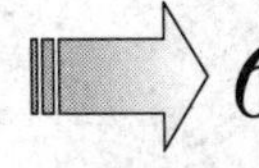

6 Routing Via Style

说明：本设计规则用来定义过孔的型式。

操作：在 Rules 区域中选择本项后，单击 Add... 按钮新增规则或单击 Properties... 按钮编辑在下面区域中所选择的规则，即可打开图 22.18 所示的对话框。

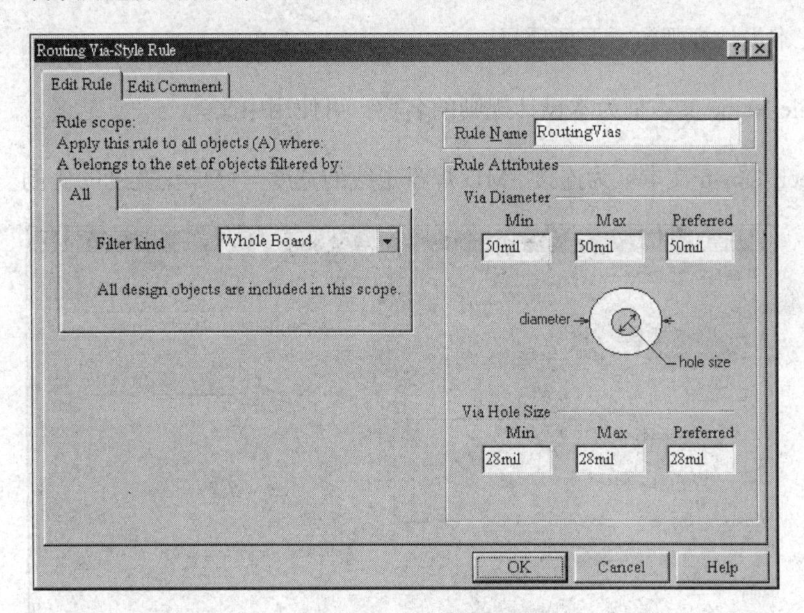

图22.18　编辑对话框

适用对象：在左边区域中设置。

选项：本设计规则包括下列项目：

- Rule Name 文本框为本设计规则的名称，可使用中文。

- Via Diameter 区域设置过孔的直径，其中包括 3 个字段，Min 文本框设置过孔直径的最小值、Max 文本框中设置过孔直径的最大值、Preferred 文本框中设置过孔直径的优先值。
- Via Hole Size 区域设置过孔的钻孔直径，其中包括三个字段，Min 文本框中设置钻孔直径的最小值、Max 文本框中设置钻孔直径的最大值、Preferred 文本框中设置钻孔直径的优先值。

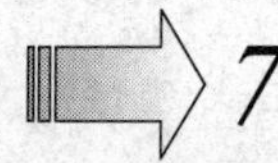

7 SMD Neck-Down Constraint

说明：本设计规则用来设置连接 SMD 焊盘走线的宽度与该焊盘宽度的比例。

操作：在 Rules 区域中选择本项后，单击 Add... 按钮新增规则或单击 Properties... 按钮编辑在下面区域中所选择的规则，即可打开图 22.19 所示的对话框。

适用对象：在左边区域中设置。

选项：本设计规则包括下列项目：

- Rule Name 文本框为本设计规则的名称，可使用中文。
- Neck-Down 文本框为连接 SMD 焊盘走线的宽度与该焊盘宽度的比例。

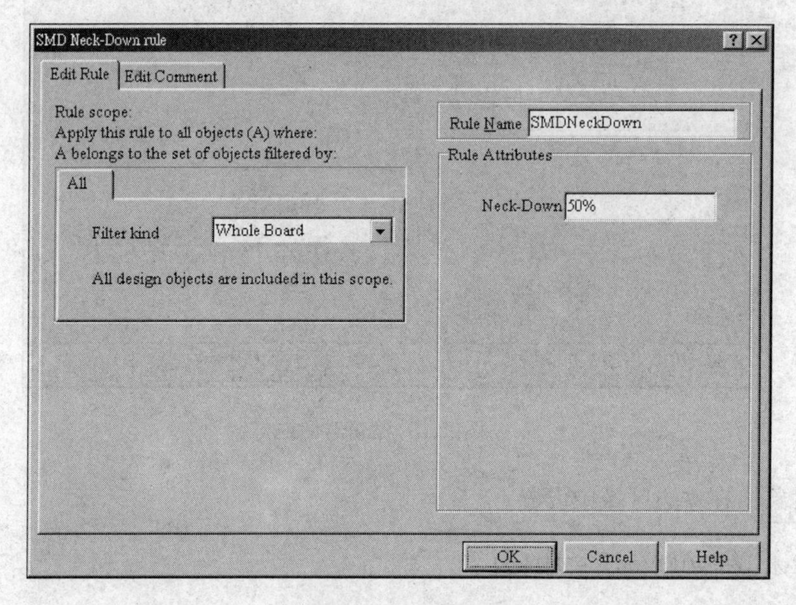

图22.19 编辑对话框

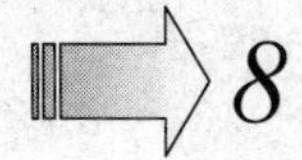

8 SMD To Corner Constraint

说明：本设计规则用来定义连接 SMD 焊盘的走线，必须离开该焊盘多长的距离才能转弯。

操作：在 Rules 区域中选择本项后，单击 Add... 按钮新增规则或单击 Properties... 按钮编辑在下面区域中所选择的规则，即可打开图 22.20 所示的对话框。

适用对象：在左边区域中设置。

选项：本设计规则包括下列项目：

- Rule Name 文本框为本设计规则的名称，可使用中文。
- Distance 文本框为连接 SMD 焊盘的走线与其最短的转弯处的距离。

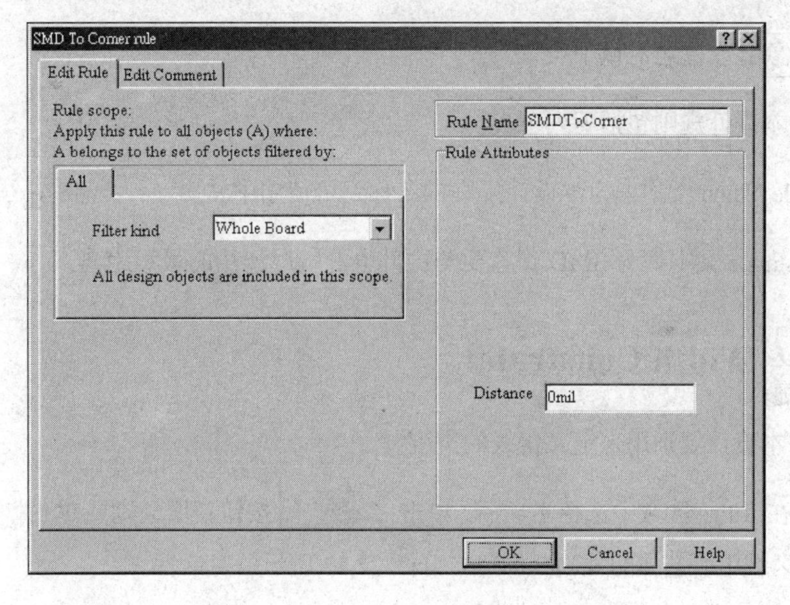

图22.20　编辑对话框

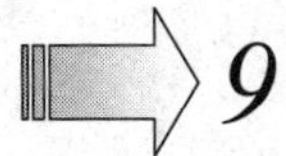

9 SMD To Plane Constraint

说明：本设计规则用来定义 SMD 焊盘要与内部电源板层连接时，至少要距离该焊盘多远，才能挖孔下去连接内部电源板层。

操作：在 Rules 区域中选择本项后，单击 Add... 按钮新增规则或单击 Properties... 按钮编辑在下面区域中所选择的规则，即可打开图 22.21 所示的对话框。

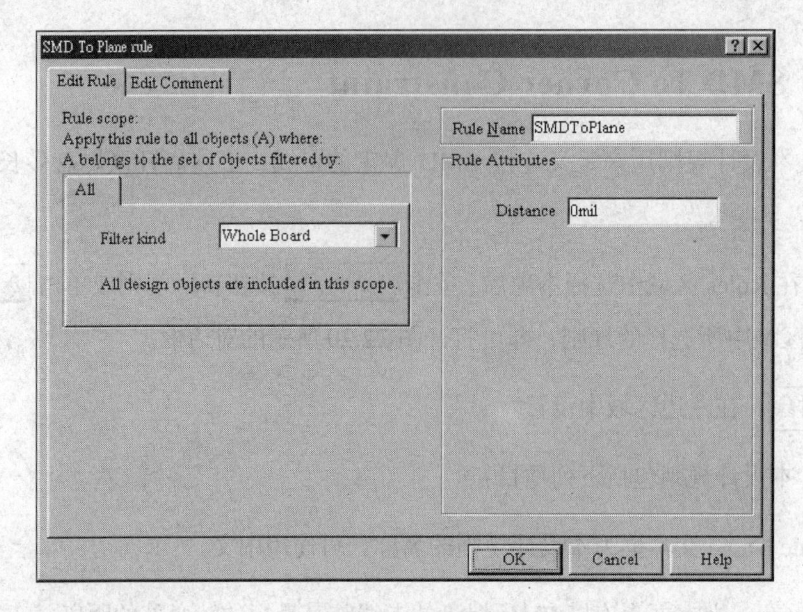

图22.21 编辑对话框

适用对象：在左边区域中设置。

选项：本设计规则包括下列项目：

- □ Rule Name 文本框为本设计规则的名称，可使用中文。
- □ Distance 文本框为 SMD 焊盘要与内部电源板层连接的最短距离。

10 Width Constraint

说明：本设计规则用来定义走线的宽度。

操作：在 Rules 区域中选择本项后，单击 Add... 按钮新增规则或单击 Properties... 按钮编辑在下面区域中所选择的规则，即可打开图 22.22 所示的对话框。

适用对象：在左边区域中设置。

选项：本设计规则包括下列项目：

- □ Rule Name 文本框为本设计规则的名称，可使用中文。
- □ Minimum Width 文本框为最小的线宽。
- □ Maximum Width 文本框为最大的线宽。
- □ Preferred Width 文本框为优先线宽值。

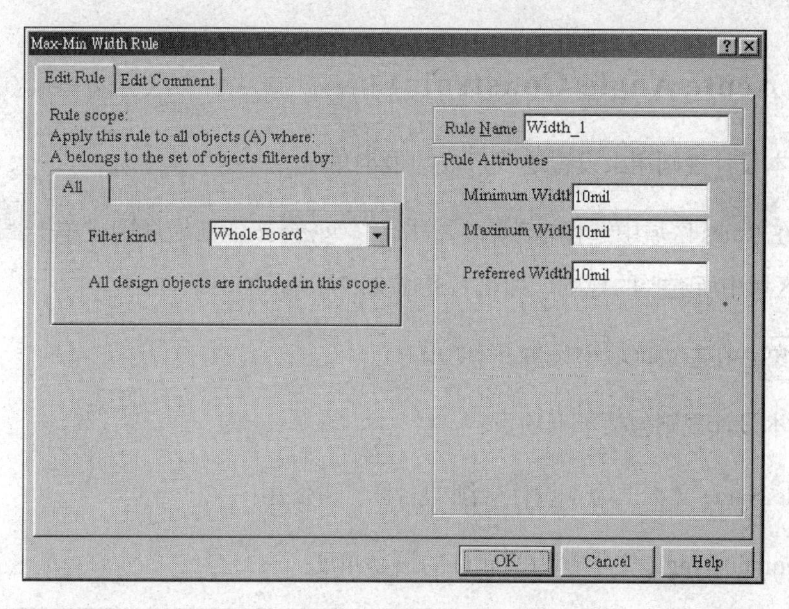

图22.22　编辑对话框

22-4 PCB 制造设计规则

如图 22.23 所示，我们看到关于 PCB 制造的设计规则，以下就来探讨这 11 条设计规则：

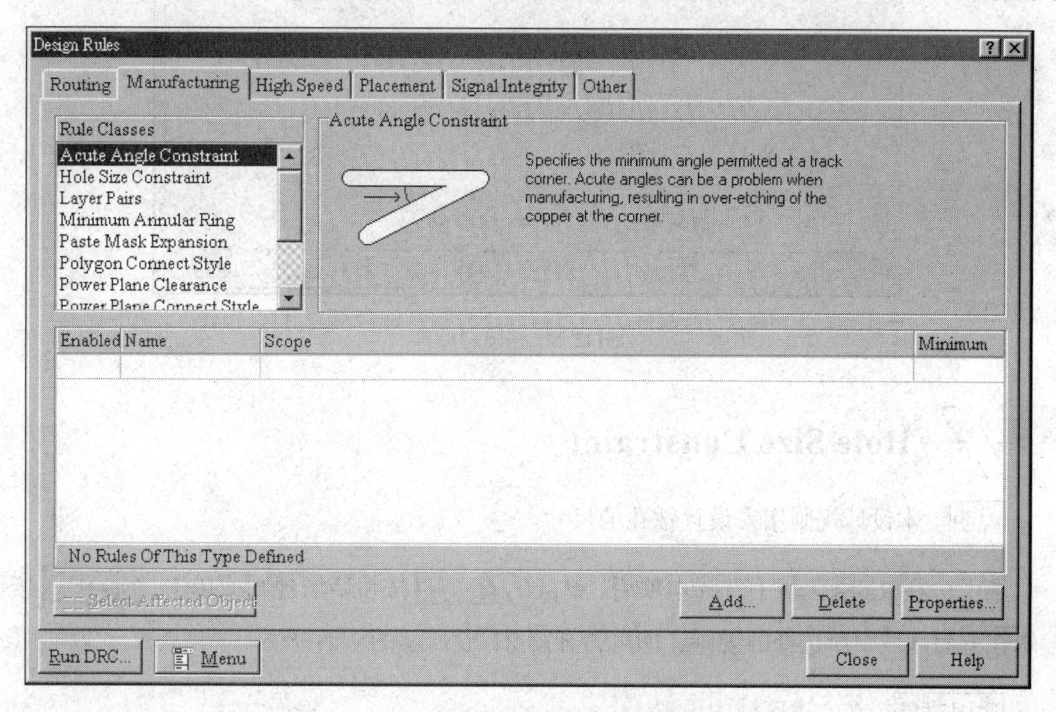

图22.23　PCB 制造设计规则

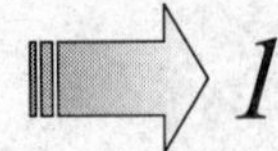

1 Acute Angle Constraint

说明：本设计规则用来设置走线形成的最小角度。

操作：在 Rules 区域中选择本项后，单击 Add... 按钮新增规则或单击 Properties... 按钮编辑在下面区域中所选择的规则，即可打开图 22.24 所示的对话框。

适用对象：在左边区域中设置。

选项：本设计规则包括下列项目：

- Rule Name 文本框为本设计规则的名称，可使用中文。
- Minimum Angle 文本框为所允许的最小角度。

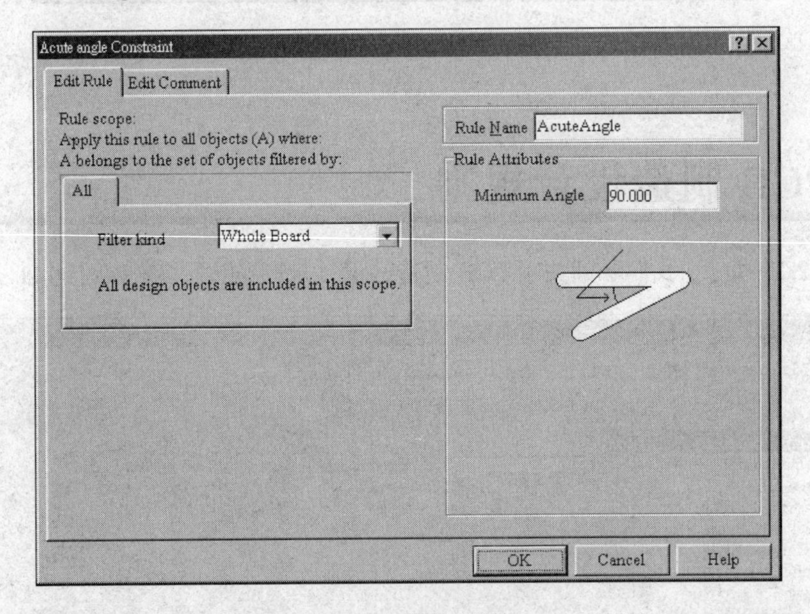

图22.24　编辑对话框

2 Hole Size Constraint

说明：本设计规则用来设置钻孔的尺寸。

操作：在 Rules 区域中选择本项后，单击 Add... 按钮新增规则或单击 Properties... 按钮编辑在下面区域中所选择的规则，即可打开图 22.25 所示的对话框。

适用对象：在左边区域中设置。

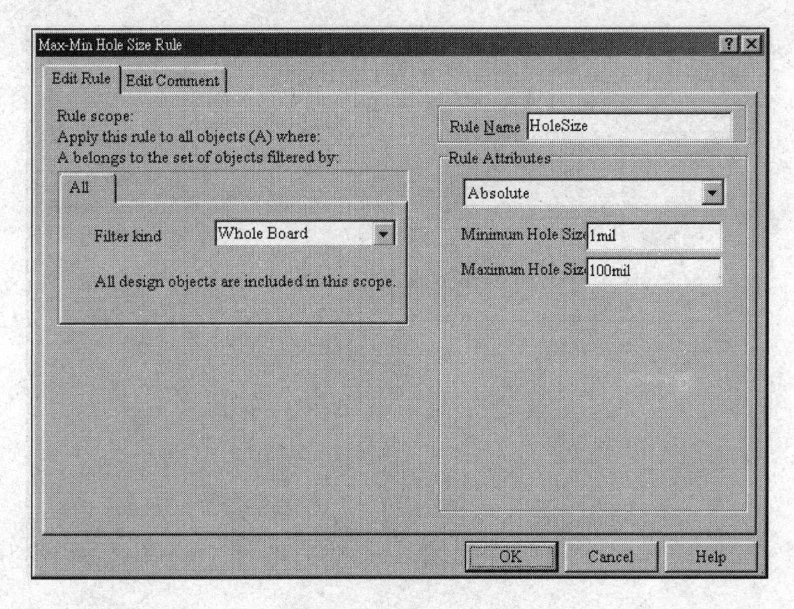

图22.25　编辑对话框

选项：本设计规则包括下列项目：

- Rule Name 文本框为本设计规则的名称，可使用中文。

Rule Attributes 区域包括 3 个字段，第一个字段设置钻孔尺寸的表式法，如果选择 Absolute 选项，则在其下的 Minimum Hole Size 文本框中输入最小钻孔的尺寸、在 Maximum Hole Size 文本框中输入最大钻孔的尺寸；如果选择 Percent 选项，则在其下的 Minimum Hole Size 文本框中与 Maximum Hole Size 文本框中，以百分比方式指定最大钻孔与最小钻孔的比例。

3 Layer Pairs

说明：本设计规则用来设置板层对。

操作：在 Rules 区域中选择本项后，单击 Add... 按钮新增规则或单击 Properties... 按钮编辑在下面区域中所选择的规则，即可打开图 22.26 所示的对话框。

适用对象：在左边区域中设置。

选项：本设计规则包括下列项目：

- Rule Name 文本框为本设计规则的名称，可使用中文。
- Enforce layer pairs setting 选项设置强制采用设置的板层对。

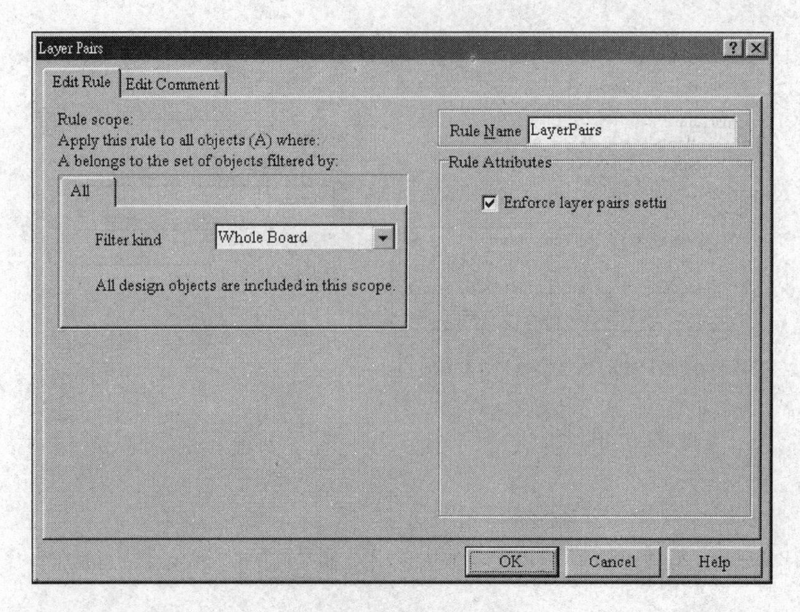

图22.26 编辑对话框

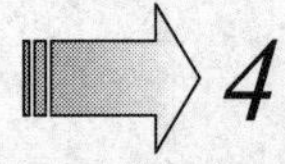

4 Minimum Annular Ring

说明：本设计规则用来设置最小的圆环。

操作：在 Rules 区域中选择本项后，单击 Add... 按钮新增规则或单击 Properties... 按钮编辑在下面区域中所选择的规则，即可打开图 22.27 所示的对话框。

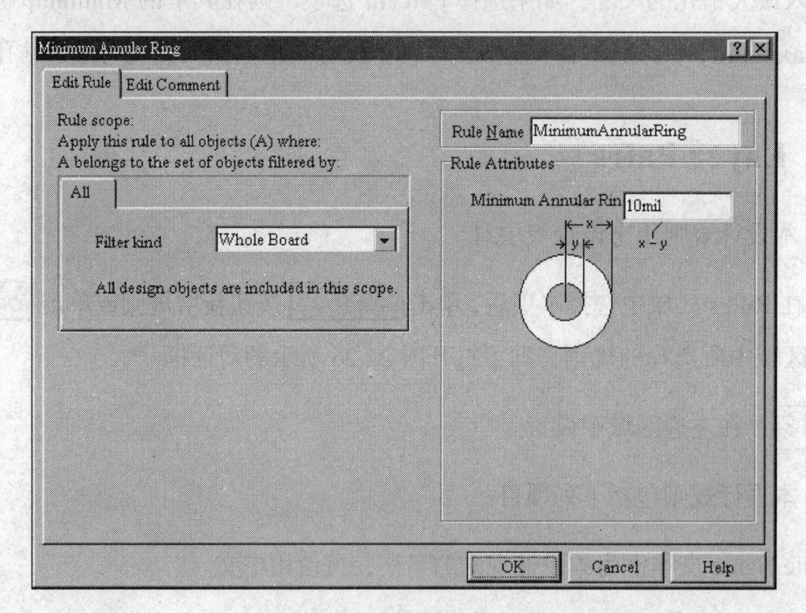

图22.27 编辑对话框

适用对象：在左边区域中设置。

选项：本设计规则包括下列项目：

- Rule Name 文本框为本设计规则的名称，可使用中文。
- Minimum Annular Ring 文本框设置最小的圆环。

5 Paste Mask Expansion

说明：本设计规则用来设置锡膏层的延伸量，也就是锡膏钢模的内缩量。

操作：在 Rules 区域中选择本项后，单击 Add... 按钮新增规则或单击 Properties... 按钮编辑在下面区域中所选择的规则，即可打开图 22.28 所示的对话框。

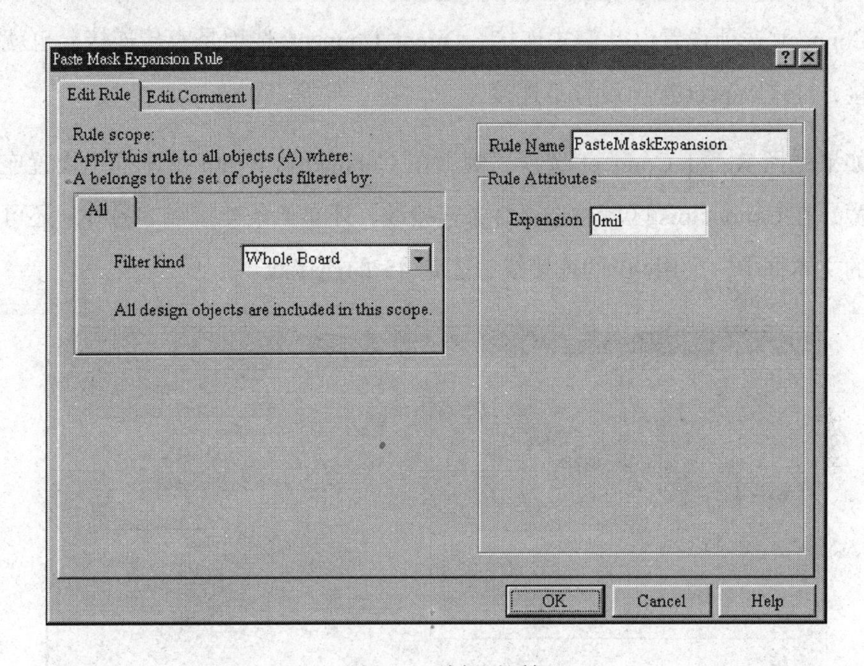

图22.28　编辑对话框

适用对象：在左边区域中设置。

选项：本设计规则包括下列项目：

- Rule Name 文本框为本设计规则的名称，可使用中文。
- Expansion 文本框指定锡膏层的延伸量。

6 Polygon Connect Style

说明：本设计规则用来设置覆铜的连接方式。

操作：在 Rules 区域中选择本项后，单击 Add... 按钮新增规则或单击 Properties... 按钮编辑在下面区域中所选择的规则，即可打开图 22.29 所示的对话框。

适用对象：在左边区域中设置。

选项：本设计规则包括下列项目：

- Rule Name 文本框为本设计规则的名称，可使用中文。
- Rule Attributes 区域里的第一个文本框是设置与覆铜连接的方式，其中的 Relief Connect 选项设置以叶瓣式连接，Direct Connect 选项是直接连接，也就是全面连接，No Connect 选项设置不连接。
- 如果选择 Relief Connect 选项，则可在 Conductor Width 文本框中设置连接线的线宽、在 Conductors 区域中选择 2 条连接线，还是 4 条连接线。另外，还可以在下面的文本框中，采用 90°的连接线，还是 45°的连接线。

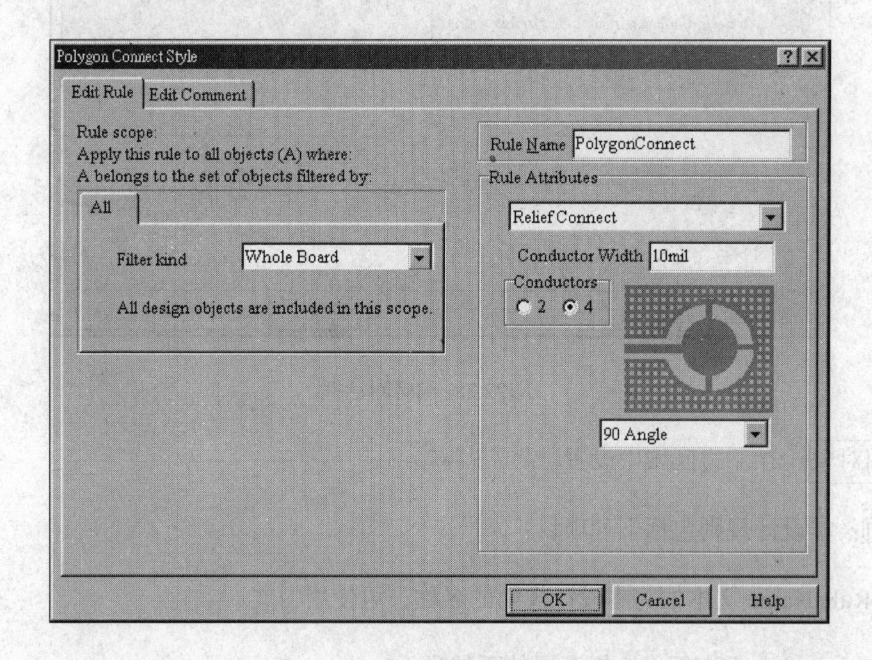

图22.29 编辑对话框

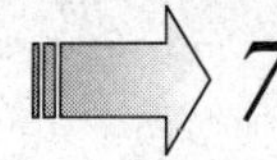

7 Power Plane Clearance

说明：本设计规则用来设置穿过电源板层时，与电源板层所保持的最小安全间距。

操作：在 Rules 区域中选择本项后，单击 Add... 按钮新增规则或单击 Properties... 按钮编辑在下面区域中所选择的规则，即可打开图 22.30 所示的对话框。

适用对象：在左边区域中设置。

选项：本设计规则包括下列项目：

- Rule Name 文本框为本设计规则的名称，可使用中文。
- Clearance 文本框设置穿过电源板层时，与电源板层保持的最小安全间距。

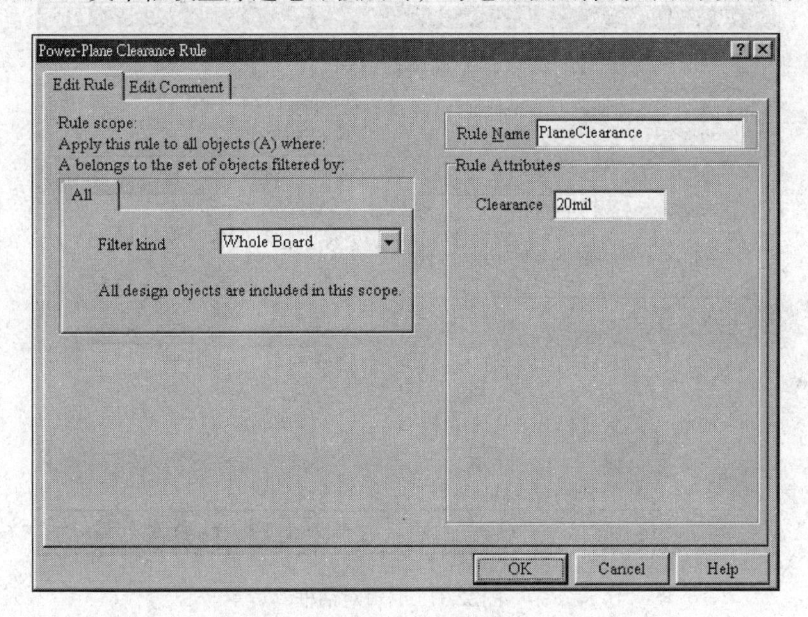

图22.30　编辑对话框

8 Power Plane Connect Style

说明：本设计规则用来设置与电源板层的连接方式。

操作：在 Rules 区域中选择本项后，单击 Add... 按钮新增规则或单击 Properties... 按钮编辑在下面区域中所选择的规则，即可打开图 22.31 所示的对话框。

适用对象：在左边区域中设置。

选项：本设计规则包括下列项目：

- Rule Nam 文本框为本设计规则的名称，可使用中文。
- Rule Attributes 区域中的第一个文本框是设置与覆铜连接的方式，其中的 Relief Connect 选项设置以叶瓣式连接，Direct Connect 选项是直接连接，也就是全面连接，No Connect 选项设置不连接。
- 如果选择 Relief Connect 选项，则可在 Conductor Width 文本框设置连接线的线宽、在 Conductors 区域中选择 2 条连接线，还是 4 条连接线。另外，还可以在下面的 Expansion 文本框中设置钻孔与气孔之间的间距、在 Gap 文本框中设置气孔的大小。

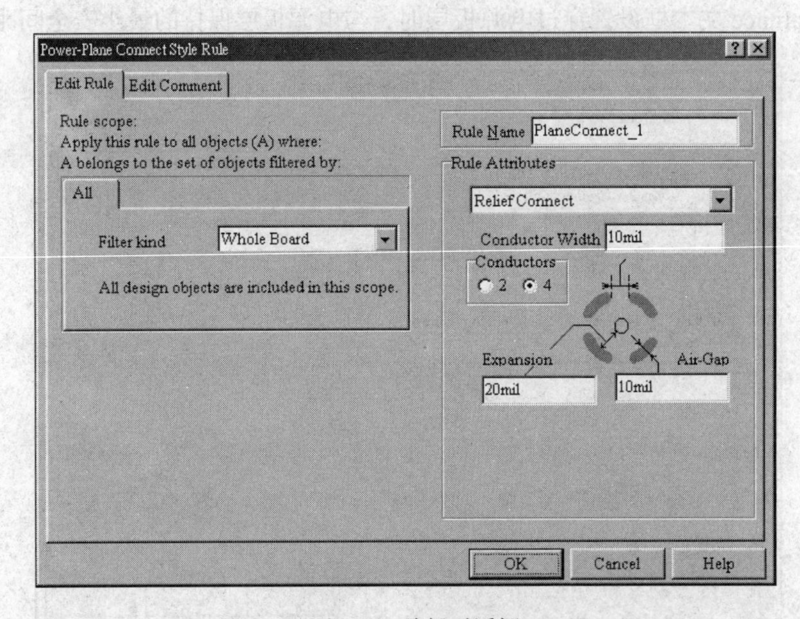

图22.31 编辑对话框

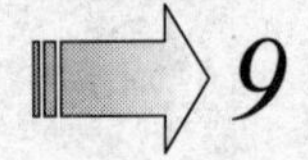

9 Solder Mask Expansion

说明：本设计规则用来设置阻焊层与焊盘之间的间距。

操作：在 Rules 区域中选择本项后，单击 Add... 按钮新增规则或单击 Properties... 按钮编辑在下面区域中所选择的规则，即可打开图 22.32 所示的对话框。

适用对象：在左边区域中设置。

选项：本设计规则包括下列项目：

□　Rule Name 文本框中为本设计规则的名称，可使用中文。

□　Expansion 文本框中设置阻焊层与焊盘之间的间距。

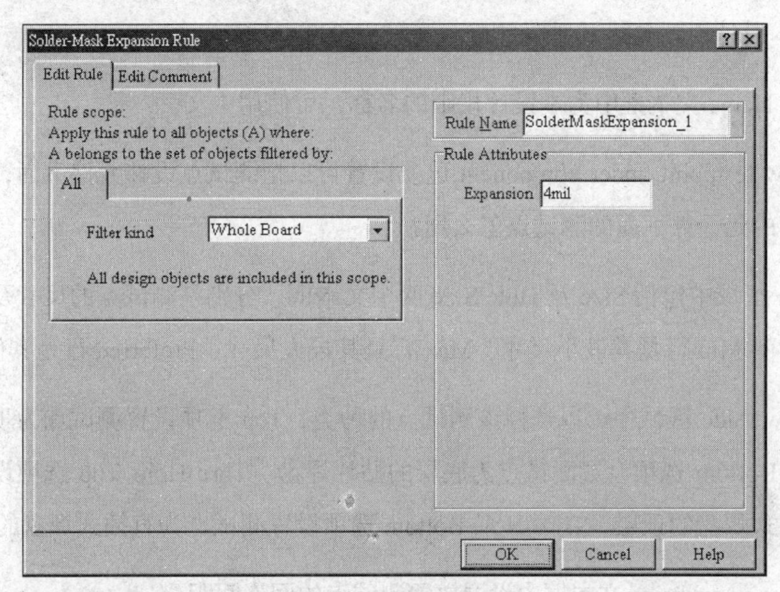

图22.32　编辑对话框

10 Testpoint Style

说明：本设计规则用来设置走线拐角的方式。

操作：在 Rules 区域中选择本项后，单击 Add... 按钮新增规则或单击 Properties... 按钮编辑在下面区域中所选择的规则，即可打开图 22.33 所示的对话框。

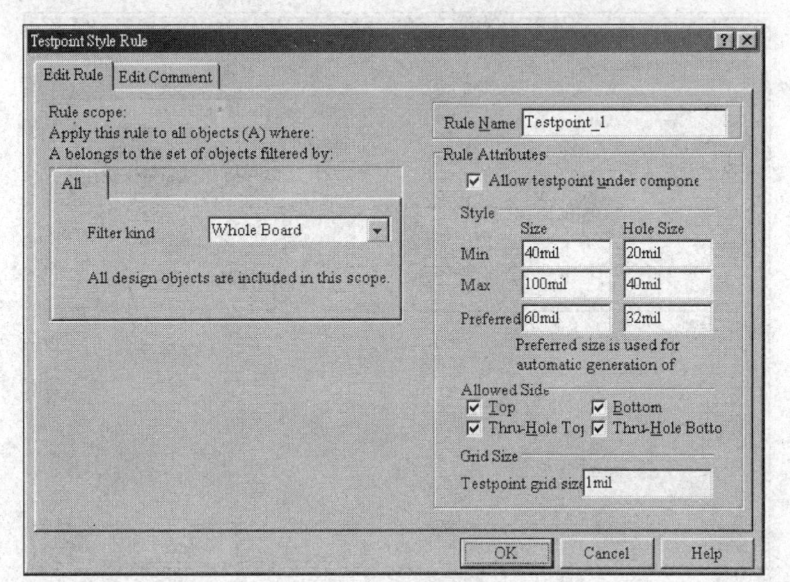

图22.33 编辑对话框

适用对象：在左边区域中设置。

选项：本设计规则包括下列项目：

- Rule Name 文本框中为本设计规则的名称，可使用中文。
- Allow testpoint under component 选项设置可以把测试点设在元件下面，不过，笔者不解的是元件下面的测试点怎么用？
- Style 区域中包括 Size 及 Hole Size 两个文本框，分别是测试点的尺寸及其钻孔的尺寸，而 Min 行是其最小尺寸、Max 行是其最大尺寸、Preferred 行是其优先尺寸。
- Allow Side 区域中可以选择该测试点的种类，Top 选项设置测试点为顶层的贴片焊盘、Bottom 选项设置测试点为底层的贴片焊盘、Thru-Hole Top 选项设置测试点为直插式焊盘的顶层、Thru-Hole Bottom 选项设置测试点为直插式焊盘的底层。
- Testpoint grid size 文本框中设置放置测试点的网格间距。

11 Testpoint Usage

说明：本设计规则用来设置测试点的应用方式。

操作：在 Rules 区域中选择本项后，单击 Add... 按钮新增规则或单击 Properties... 按钮编辑在下面区域中所选择的规则，即可打开图 22.34 所示的对话框。

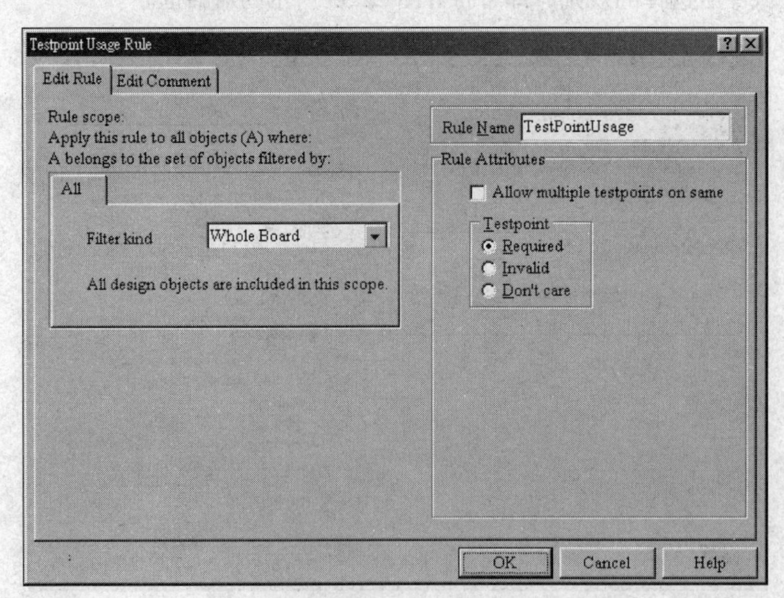

图22.34　编辑对话框

适用对象：在左边区域中设置。

选项：本设计规则包括下列项目：

- □ Rule Name 字段为本设计规则的名称，可使用中文。
- □ Allow multiple testpoints on same net 选项同一条网络可设置多个测试点。
- □ Testpoint 区域中有 3 个选项，Required 选项设置一定要设置测试点、Invalid 选项设置不设置测试点、Don’t care 选项设置设不设测试点都可以。

22-5　高速 PCB 设计规则

图 22.35 是关于高速 PCB 设计的设计规则，以下就来探讨这 6 条设计规则：

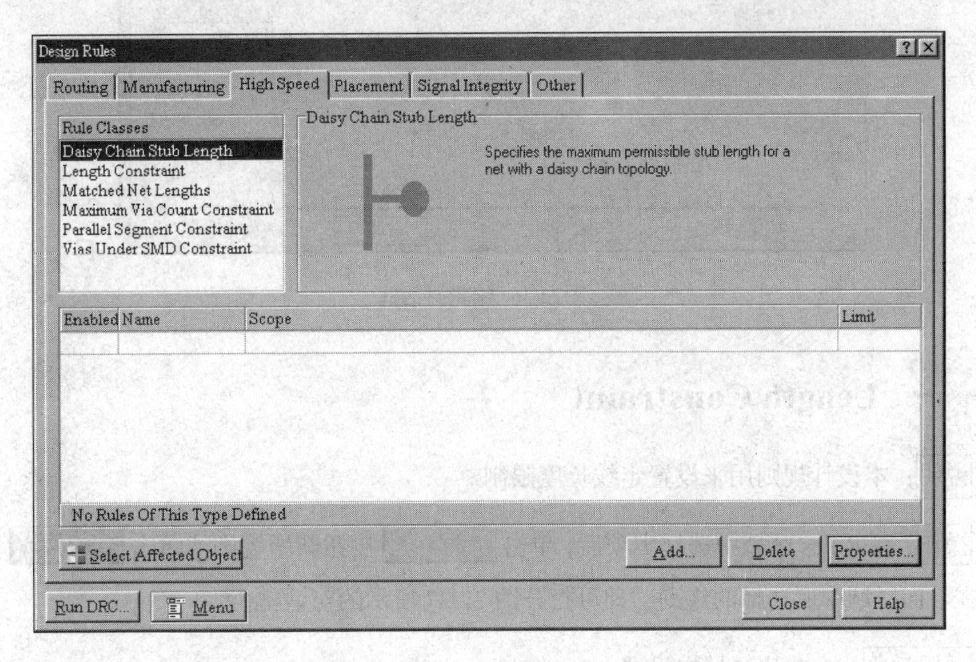

图22.35　高速 PCB 设计的设计规则

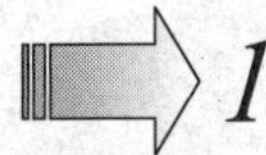

1 Daisy Chain Stub Length

说明：本设计规则用来设置菊形走线的分支长度限制。

操作：在 Rules 区域中选择本项后，单击 Add... 按钮新增规则或单击 Properties... 按钮编辑在下面区域中所选择的规则，即可打开图 22.36 所示的对话框。

适用对象：在左边区域中设置。

选项：本设计规则包括下列项目：

- Rule Name 文本框中为本设计规则的名称，可使用中文。
- Maximum Stub Length 文本框中为所允许的最长分支长度。

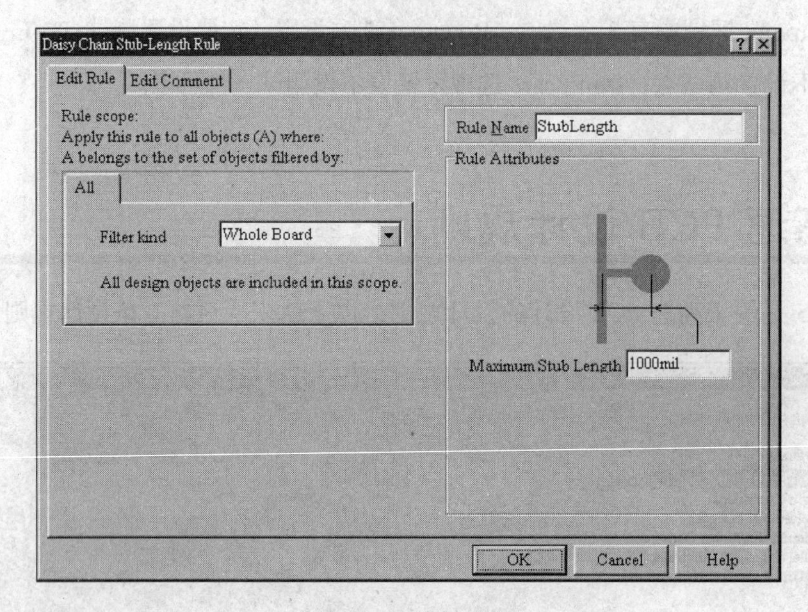

图22.36 编辑对话框

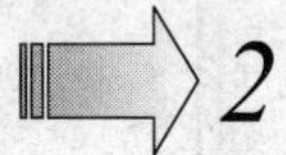

2 Length Constraint

说明：本设计规则用来设置走线长度限制。

操作：在 Rules 区域中选择本项后，单击 Add... 按钮新增规则或单击 Properties... 按钮编辑在下面区域中所选择的规则，即可打开图 22.37 所示的对话框。

适用对象：在左边区域中设置。

选项：本设计规则包括下列项目：

- Rule Name 文本框中为本设计规则的名称，可使用中文。
- Minimum Length 文本框中设置最短的限制。
- Maximum Length 文本框中设置最长的限制。

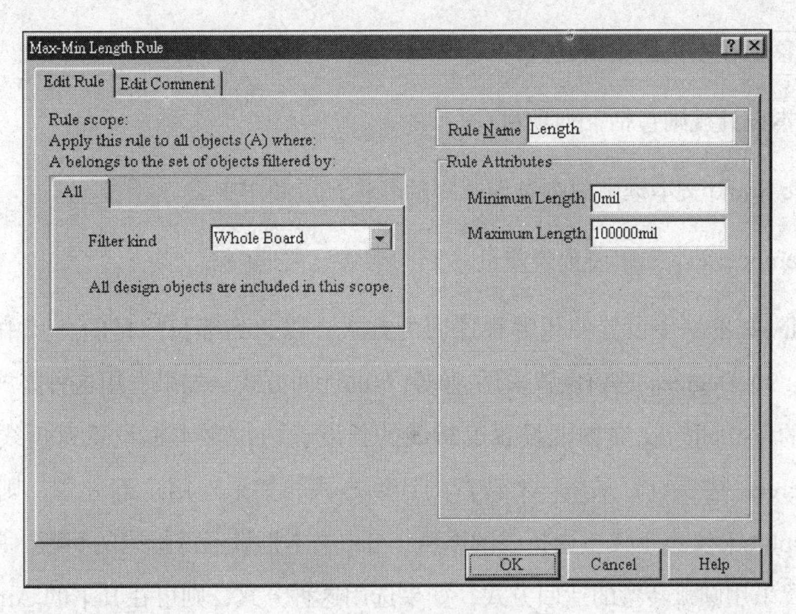

图22.37　编辑对话框

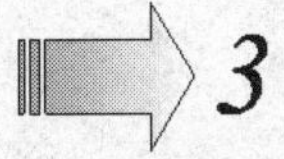

3 Matched Net Lengths

说明：本设计规则用来设置等长走线。

操作：在 Rules 区域中选择本项后，单击 Add... 按钮新增规则或单击 Properties... 按钮编辑在下面区域中所选择的规则，即可打开图 22.38 所示的对话框。

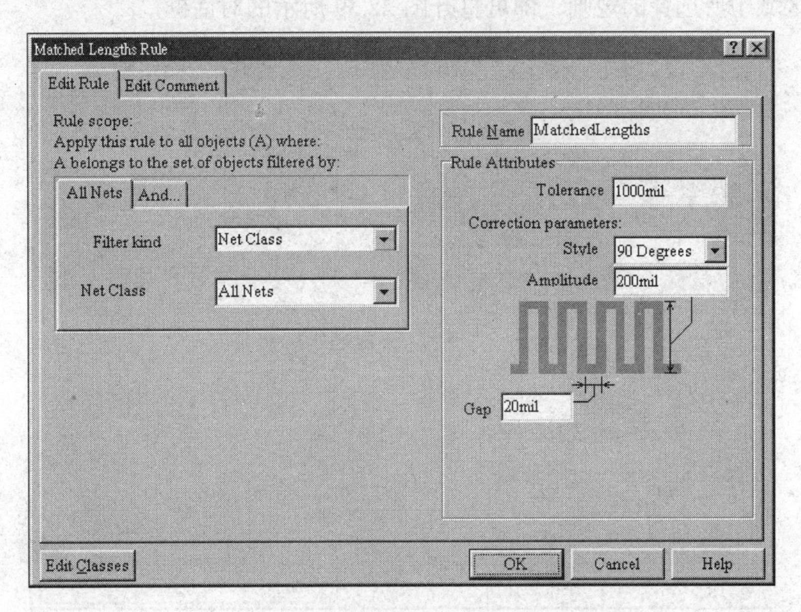

图22.38　编辑对话框

适用对象：在左边区域中设置。

选项：本设计规则包括下列项目：

- □ Rule Name 文本框中为本设计规则的名称，可使用中文。
- □ Tolerance 文本框中设置公差量。
- □ Style 文本框中设置使用哪种迂回的方式，以达到等长的目的。其中包括三个选项，90 Degrees 选项设置采用 90°转弯的迂回方式，如果选用这种方式，则可在其下的 Amplitude 文本框设置返折线的长度、Gap 文本框设置返折线的间距。45 Degrees 选项设置采用 45°转弯的迂回方式，如果选用这种方式，则可在其下的 Amplitude 文本框设置返折线的高度、Gap 文本框设置返折线的间距。Rounded 选项设置采用圆弧转弯的迂回方式，如果选用这种方式，则可在其下的 Amplitude 文本框设置圆弧线的高度。

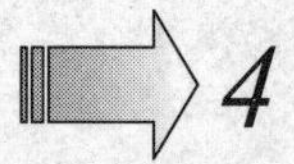

4 Maximum Via Count Constraint

说明：本设计规则用来设置过孔的数量限制。

操作：在 Rules 区域中选择本项后，单击 Add... 按钮新增规则或单击 Properties... 按钮编辑在下面区域中所选择的规则，即可打开图 22.39 所示的对话框。

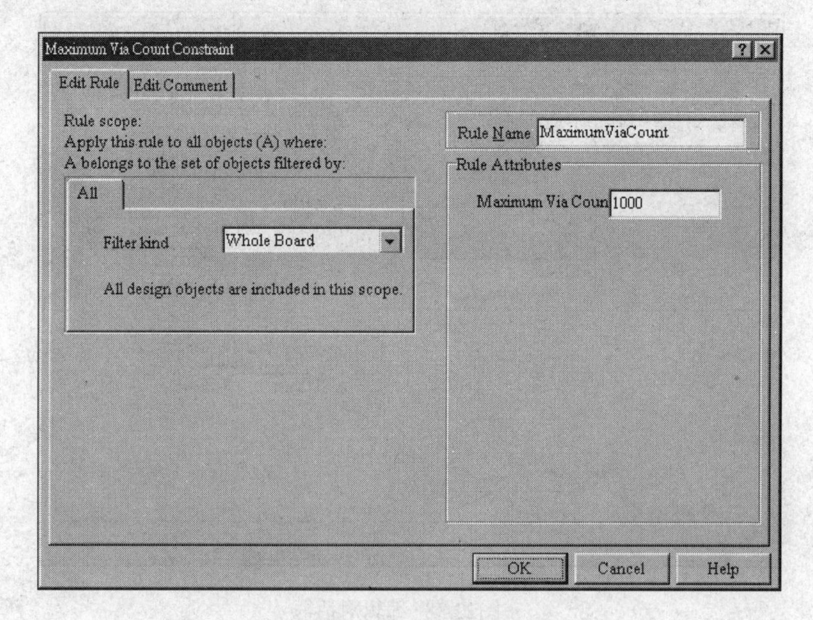

图22.39 编辑对话框

适用对象：在左边区域中设置。

选项：本设计规则包括下列项目：

- □ Rule Name 文本框中为本设计规则的名称，可使用中文。
- □ Maximum Via Count 文本框中设置最多可使用多少个过孔。

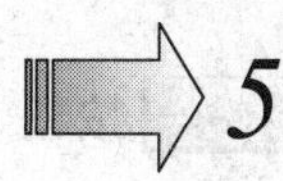

5 Parallel Segment Constraint

说明：本设计规则用来设置平行走线的限制。

操作：在 Rules 区域中选择本项后，单击 Add... 按钮新增规则或单击 Properties... 按钮编辑在下面区域中所选择的规则，即可打开图 22.40 所示的对话框。

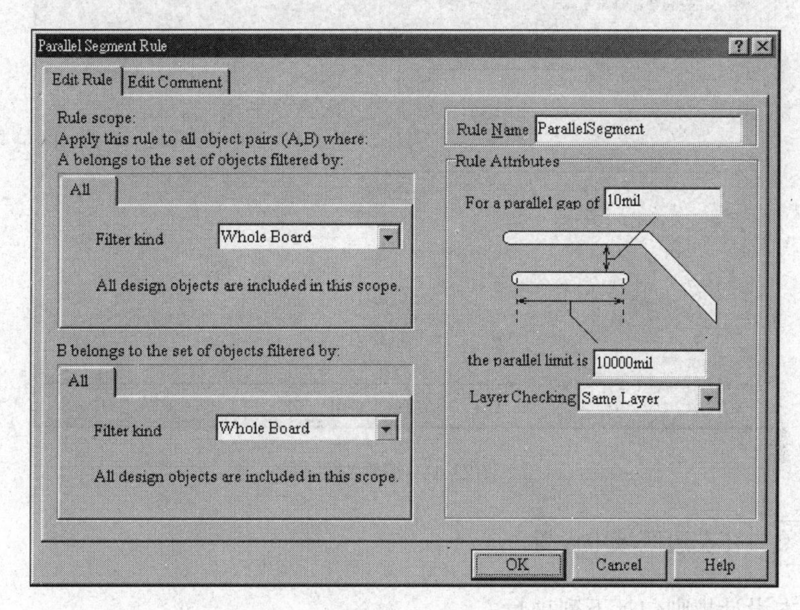

图22.40　编辑对话框

适用对象：在左边区域中设置。

选项：本设计规则包括下列项目：

- □ Rule Name 文本框中为本设计规则的名称，可使用中文。
- □ For a parallel gap of 文本框中指定平行走线的最小间距。
- □ the parallel limit is 文本框中指定平行走线的最长距离。
- □ Layer Checking 文本框中设置如何鉴定平行走线，Same Layer 选项设置在同一个板层的平行走线才适用本规则、Adjacent Layers 选项设置只要是临近板层的平行走线都适用本规则。

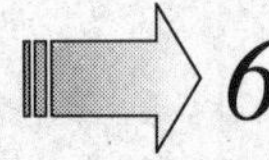

6 Vias Under SMD Constraint

说明：本设计规则用来设置是否允许在贴片焊盘上设置过孔。

操作：在 Rules 区域中选择本项后，单击 Add... 按钮新增规则或单击 Properties... 按钮编辑在下面区域中所选择的规则，即可打开图 22.41 所示的对话框。

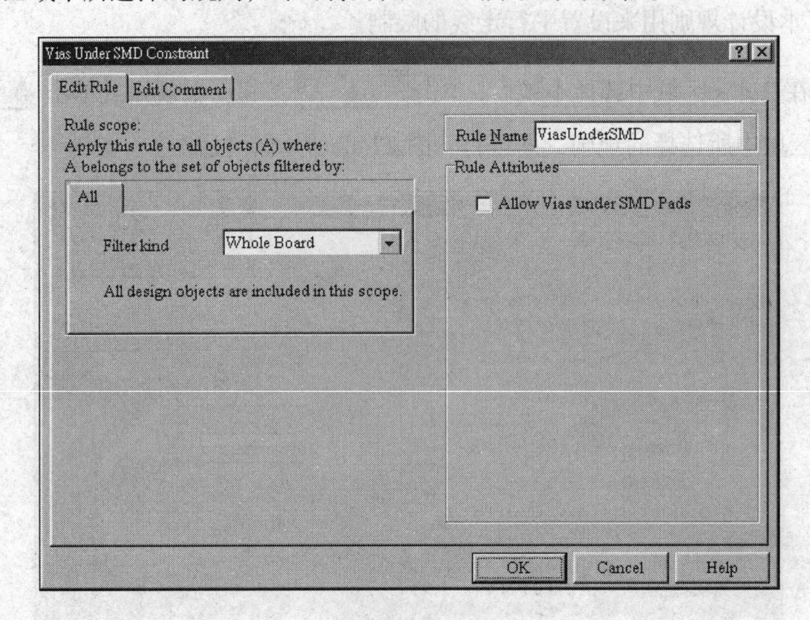

图22.41　编辑对话框

适用对象：在左边区域中设置。

选项：本设计规则包括下列项目：

- Rule Name 文本框中为本设计规则的名称，可使用中文。
- Allow Vias under SMD Pads 选项设置允许在贴片焊盘上设置过孔。

22-6 元件放置设计规则

图 22.42 是关于元件放置的设计规则，以下就来探讨这 5 条设计规则：

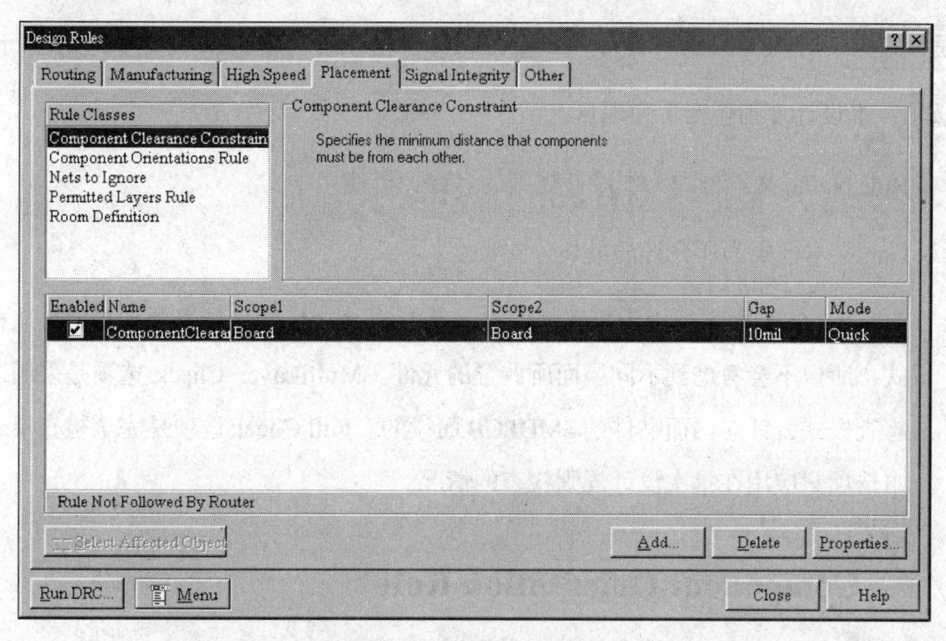

图22.42　元件放置的设计规则

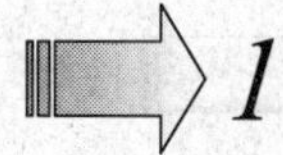

1 Component Clearance Constraint

说明：本设计规则用来设置元件与元件的安全间距。

操作：在 Rules 区域中选择本项后，单击 Add... 按钮新增规则或单击 Properties... 按钮编辑在下面区域中所选择的规则，即可打开图 22.43 所示的对话框。

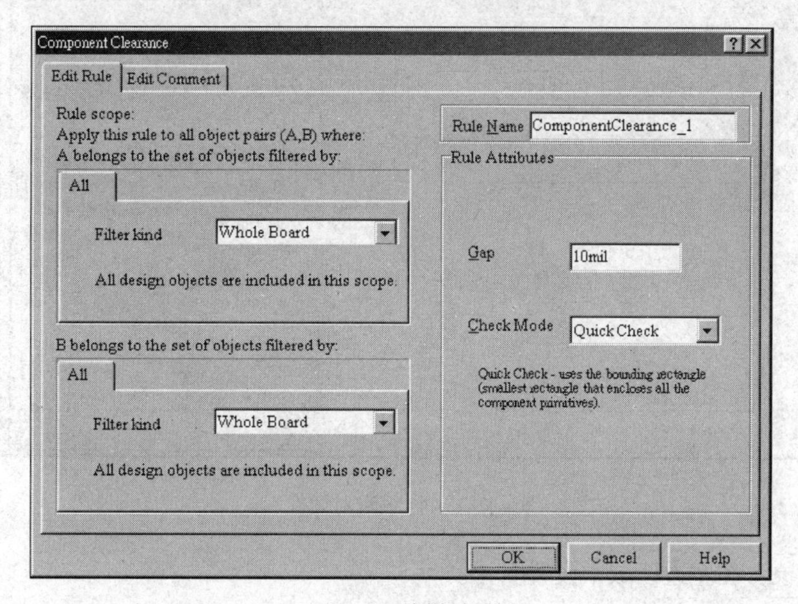

图22.43　编辑对话框

适用对象：在左边区域中设置。

选项：本设计规则包括下列项目：

- Rule Name 文本框中为本设计规则的名称，可使用中文。
- Gap 文本框中为所允许的最长分支长度。
- Check Mode 文本框中为检查的模式，其中的 Quick Check 选项是采用快速检查模式，所以不会考虑到不同层面所放置的元件。MultiLayer Check 选项是采用多板层检查模式，针对两面贴件的 SMDPCB 而设的。Full Check 选项是完全检查模式，而本选项只应用在批次设计规则检查的情况。

2 Component Orientation Rule

说明：本设计规则用来设置元件放置的方向。

操作：在 Rules 区域中选择本项后，单击 Add... 按钮新增规则或单击 Properties... 按钮编辑在下面区域中所选择的规则，即可打开图 22.44 所示的对话框。

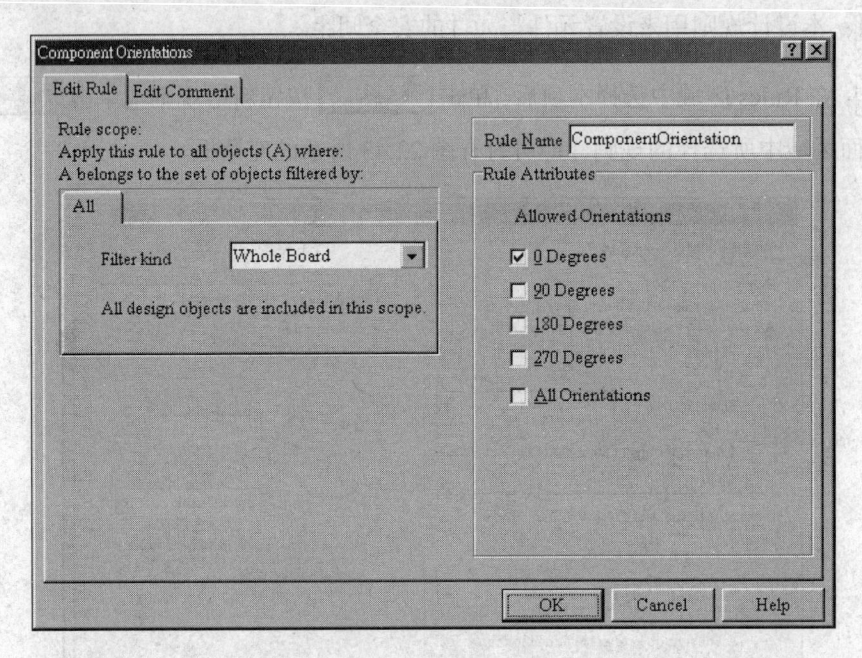

图22.44 编辑对话框

适用对象：在左边区域中设置。

选项：本设计规则包括下列项目：

□　Rule Name 字段为元件间的最小安全间距。

□　Rule Attributes 区域中包括 5 个选项，0 Degrees 选项设置元件采用 0°放置、90 Degrees 选项设置元件采用 90°放置、180 Degrees 选项设置元件采用 180°放置、270 Degrees 选项设置元件采用 270°放置、All Orientations 选项设置元件可采用任意角度放置。

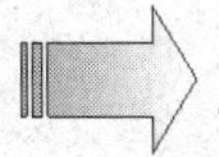

3 Nets to Ignore

说明：本设计规则用来设置放置元件时，那些网络不必管它。

操作：在 Rules 区域中选择本项后，单击 Add... 按钮新增规则或单击 Properties... 按钮编辑在下面区域中所选择的规则，即可打开图 22.45 所示的对话框。

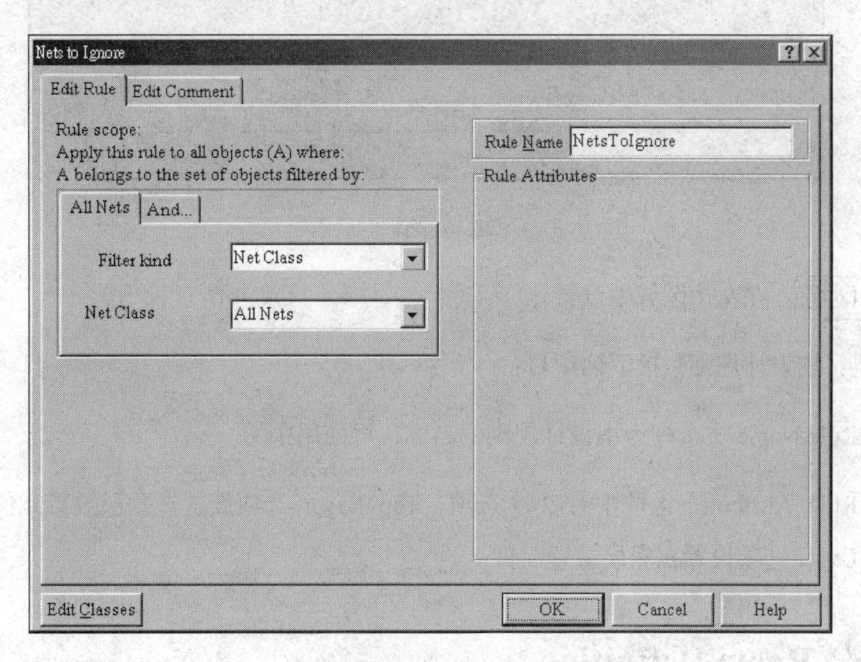

图22.45　编辑对话框

适用对象：在左边区域中设置。

选项：本设计规则只包括下列一个项目：

□　Rule Name 文本框为本设计规则的名称，可使用中文。

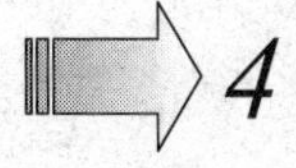

4 Permitted Layers Rule

说明：本设计规则用来设置可放置元件的板层。

操作：在 Rules 区域中选择本项后，单击 Add... 按钮新增规则或单击 Properties... 按钮编辑在下面区域中所选择的规则，即可打开图 22.46 所示的对话框。

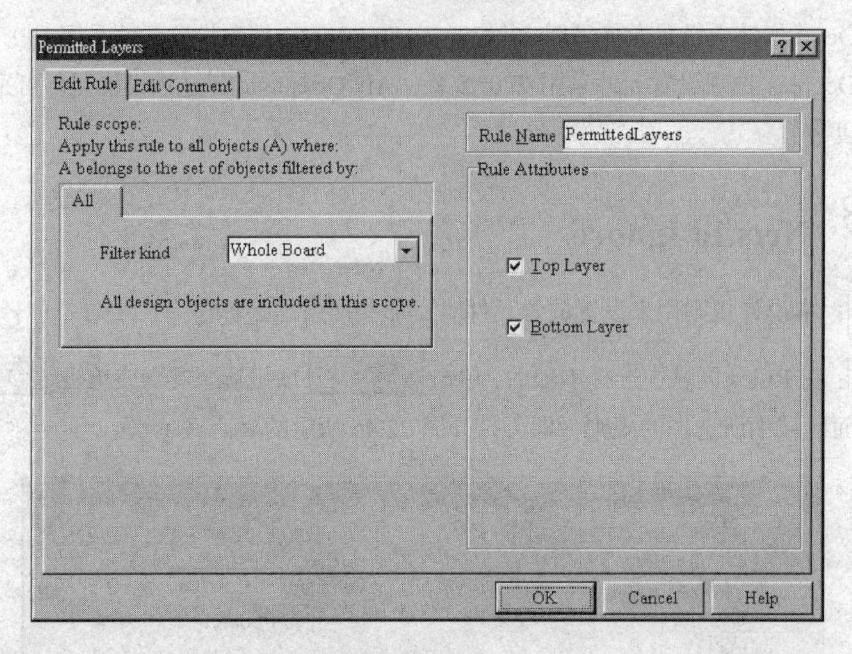

图22.46 编辑对话框

适用对象：在左边区域中设置。

选项：本设计规则包括下列项目：

- Rule Name 文本框为本设计规则的名称，可使用中文。
- Rule Attributes 区域中有 2 个选项，Top Layer 选项设置在顶层放置元件、Bottom Layer 选项设置在底层放置元件。

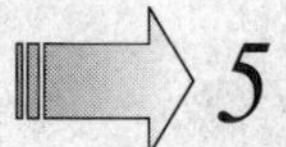

5 Room Definition

说明：本设计规则用来定义元件排列空间。

操作：在 Rules 区域中选择本项后，单击 Add... 按钮新增规则或单击 Properties... 按钮编辑在下面区域中所选择的规则，即可打开图 22.47 所示的对话框。

适用对象：在左边区域中设置。

选项：本设计规则包括下列项目：

- Rule Name 文本框中为本设计规则的名称，可使用中文。
- Room Locked 选项设置将元件排列空间锁定。
- x1、y1 文本框中为元件排列空间第一角的坐标。
- x2、y2 文本框中为元件排列空间第二角的坐标。
- 下面倒数第二个文本框中设置元件排列空间要放在顶层或底层。
- 最下面文本框中设置元件是要放置在元件排列空间内，还是放置在元件排列空间外。

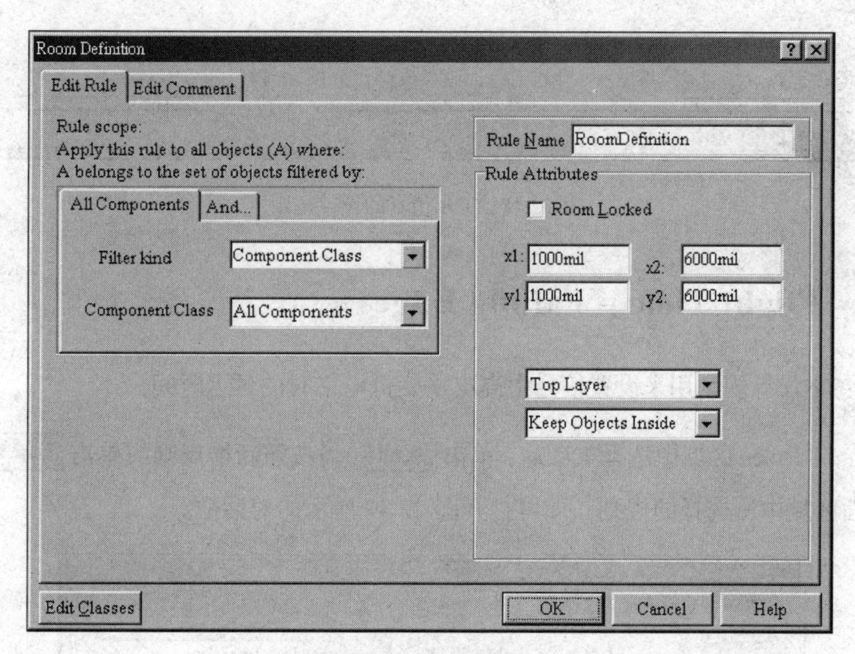

图22.47　编辑对话框

22-7 PCB 仿真设计规则

图 22.48 是关于 PCB 仿真的设计规则，以下就来探讨这 13 条设计规则：

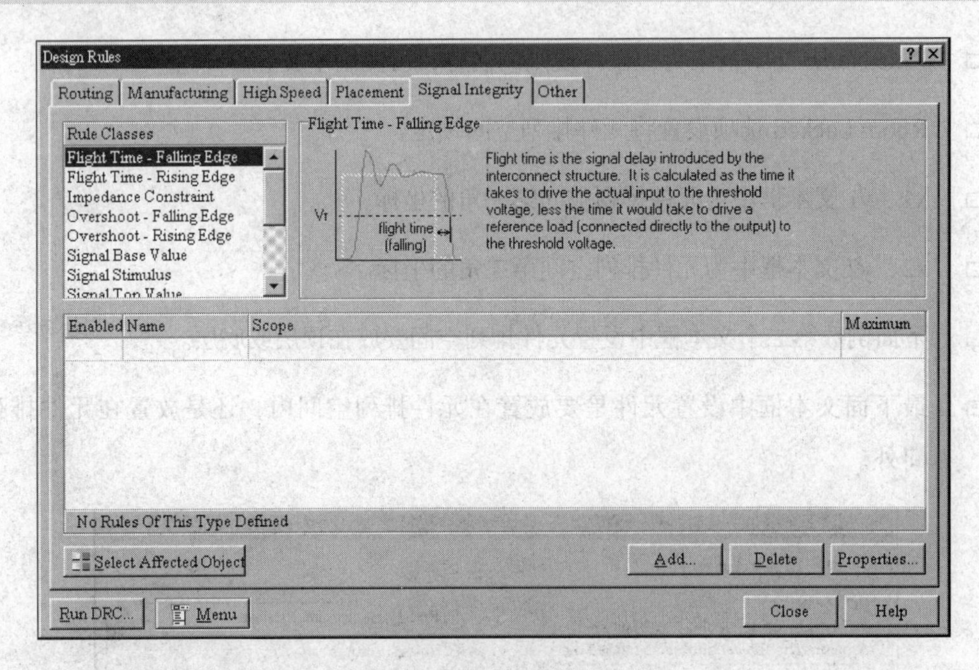

图22.48 PCB 仿真的设计规则

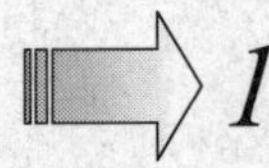

1 Flight Time – Falling Edge

说明：本设计规则用来设置信号由高电平变低电平时的延迟时间。

操作：在 Rules 区域中选择本项后，单击 Add... 按钮新增规则或单击 Properties... 按钮编辑在下面区域中所选择的规则，即可打开图 22.49 所示的对话框。

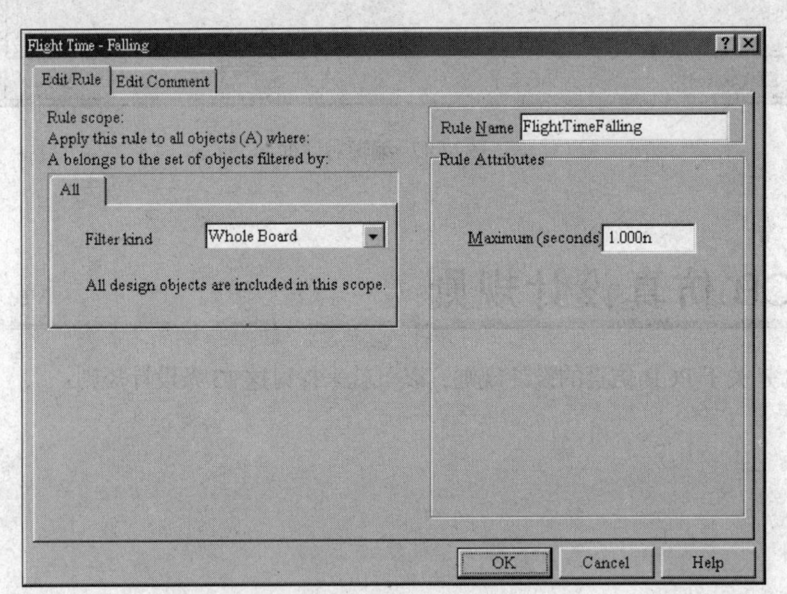

图22.49 编辑对话框

适用对象：在左边区域中设置。

选项：本设计规则包括下列项目：

- Rule Name 文本框中为本设计规则的名称，可使用中文。
- Maximum(seconds)文本框中为信号由高电平变低电平时的延迟时间。

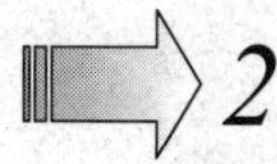

2 Flight Time – Rising Edge

说明：本设计规则用来设置信号由低电平转高电平时的延迟时间。

操作：在 Rules 区域中选择本项后，单击 Add... 按钮新增规则或单击 Properties... 按钮编辑在下面区域中所选择的规则，即可打开图 22.50 所示的对话框。

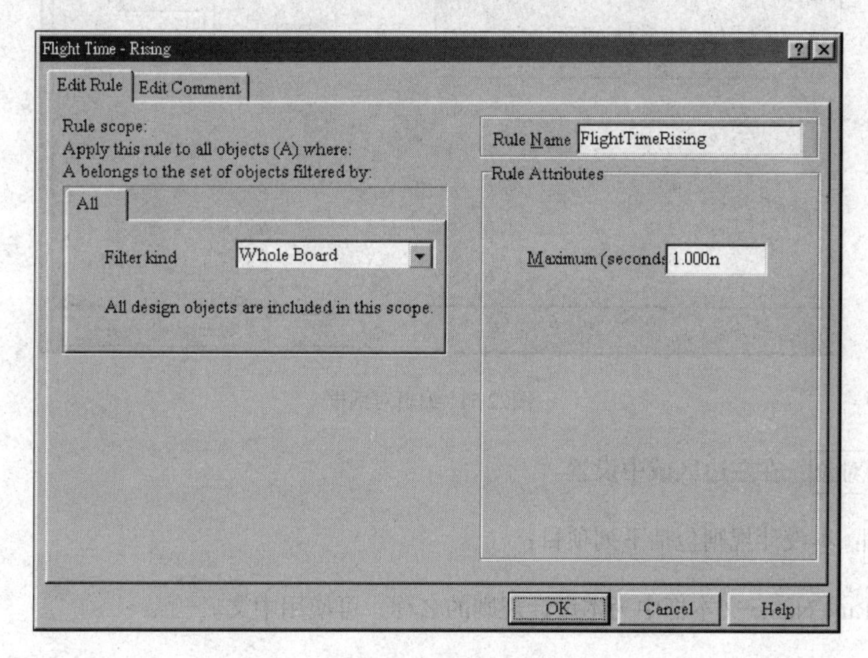

图22.50　编辑对话框

适用对象：在左边区域中设置。

选项：本设计规则包括下列项目：

- Rule Name 文本框中为本设计规则的名称，可使用中文。
- Maximum(seconds)文本框中为信号由低电平转高电平时的延迟时间。

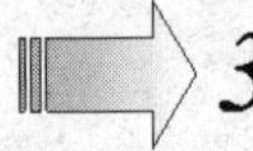

3 Impedance Constraint

说明：本设计规则用来设置线路阻抗。

操作：在 Rules 区域中选择本项后，单击 Add... 按钮新增规则或单击 Properties... 按钮编辑在下面区域中所选择的规则，即可打开图 22.51 所示的对话框。

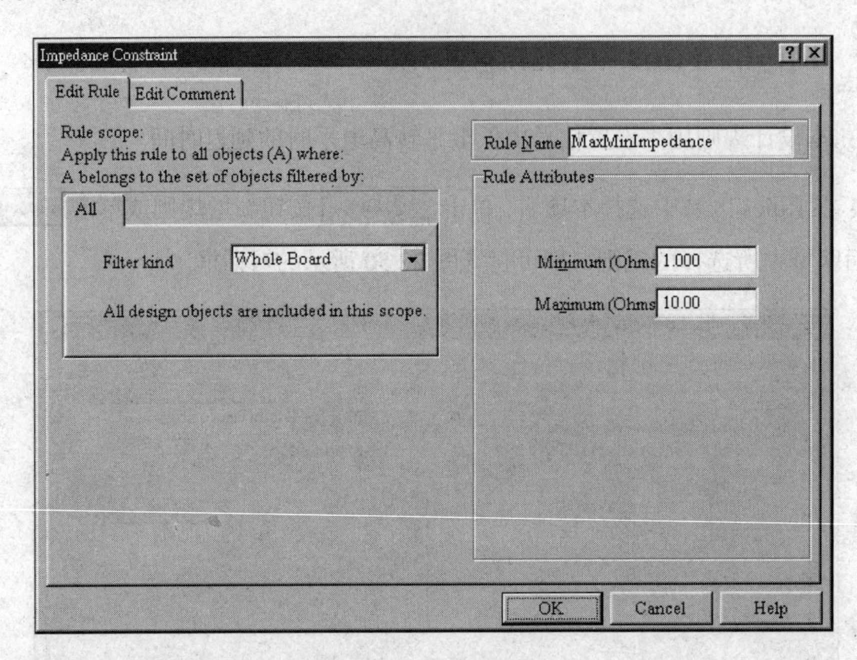

图22.51　编辑对话框

适用对象：在左边区域中设置。

选项：本设计规则包括下列项目：

- □ Rule Name 文本框中为本设计规则的名称，可使用中文。
- □ Minimum(Ohms)文本框中为最小阻抗。
- □ Maximum(Ohms)文本框中为最大阻抗。

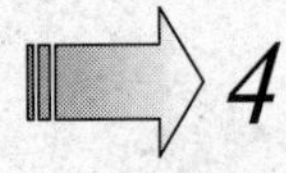

4 Overshoot – Falling Edge

说明：本设计规则用来设置信号由高电平变低电平时，信号下冲电压的最大值。

操作：在 Rules 区域中选择本项后，单击 Add... 按钮新增规则或单击 Properties... 按钮编辑在下面区域中所选择的规则，即可打开图 22.52 所示的对话框。

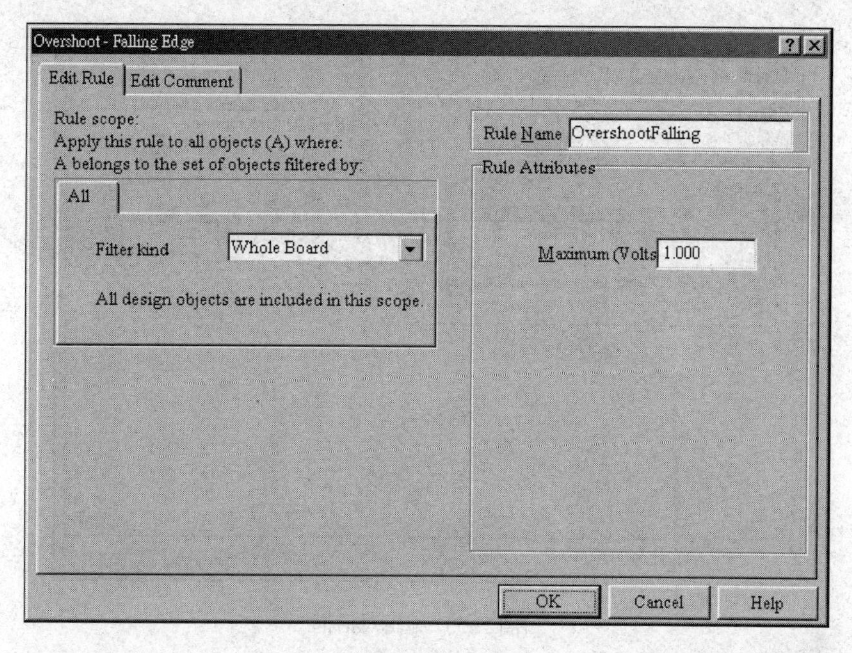

图22.52　编辑对话框

适用对象：在左边区域中设置。

选项：本设计规则包括下列项目：

- Rule Name 文本框为本设计规则的名称，可使用中文。
- Maximum(Volts)文本框为下冲电压的最大量。

5 Overshoot – Rising Edge

说明：本设计规则用来设置信号由低电平转高电平时，信号上冲电压的最大量。

操作：在 Rules 区域中选择本项后，单击 Add... 按钮新增规则或单击 Properties... 按钮编辑在下面区域中所选择的规则，即可打开图 22.53 所示的对话框。

适用对象：在左边区域中设置。

选项：本设计规则包括下列项目：

- Rule Name 文本框中为本设计规则的名称，可使用中文。
- Maximum(Volts)文本框中为上冲电压的最大量。

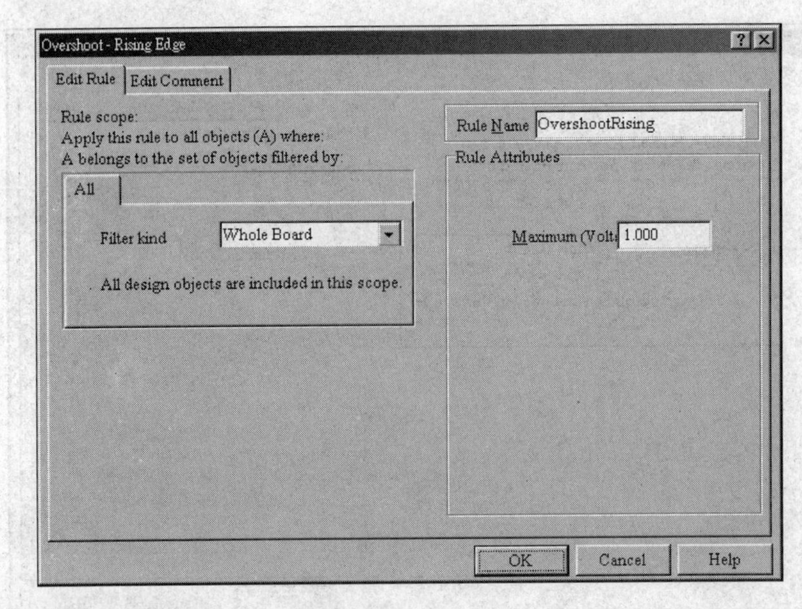

图22.53　编辑对话框

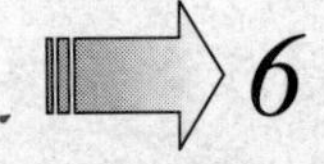

6 Signal Base Value

说明：本设计规则用来设置低电平电压的最高值。

操作：在 Rules 区域中选择本项后，单击 Add... 按钮新增规则或单击 Properties... 按钮编辑在下面区域中所选择的规则，即可打开图 22.54 所示的对话框。

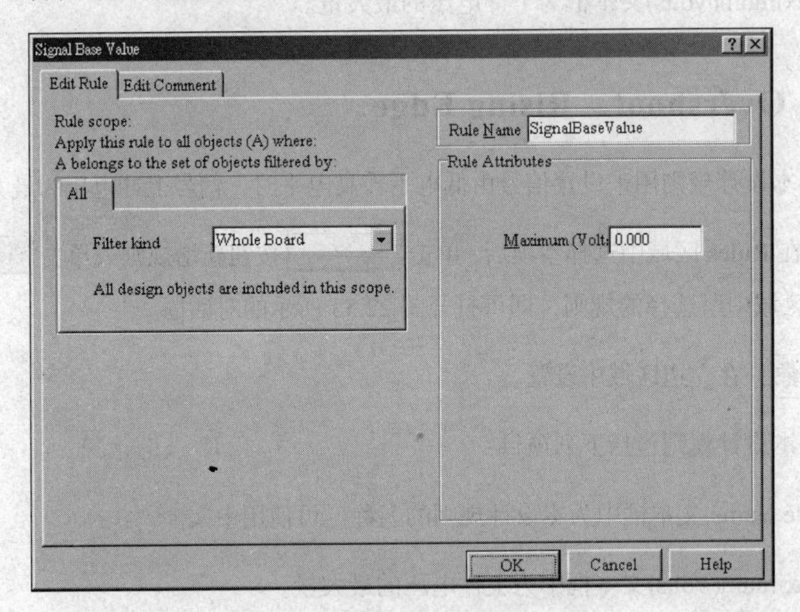

图22.54　编辑对话框

适用对象：在左边区域中设置。

选项：本设计规则包括下列项目：

- Rule Name 文本框中为本设计规则的名称，可使用中文。
- Maximum(Volts)文本框中为低电平电压的最高值。

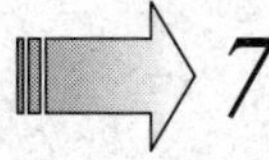

7 Signal Stimulus

说明：本设计规则用来设置仿真信号。

操作：在 Rules 区域中选择本项后，单击 Add... 按钮新增规则或单击 Properties... 按钮编辑在下面区域中所选择的规则，即可打开图 22.55 所示的对话框。

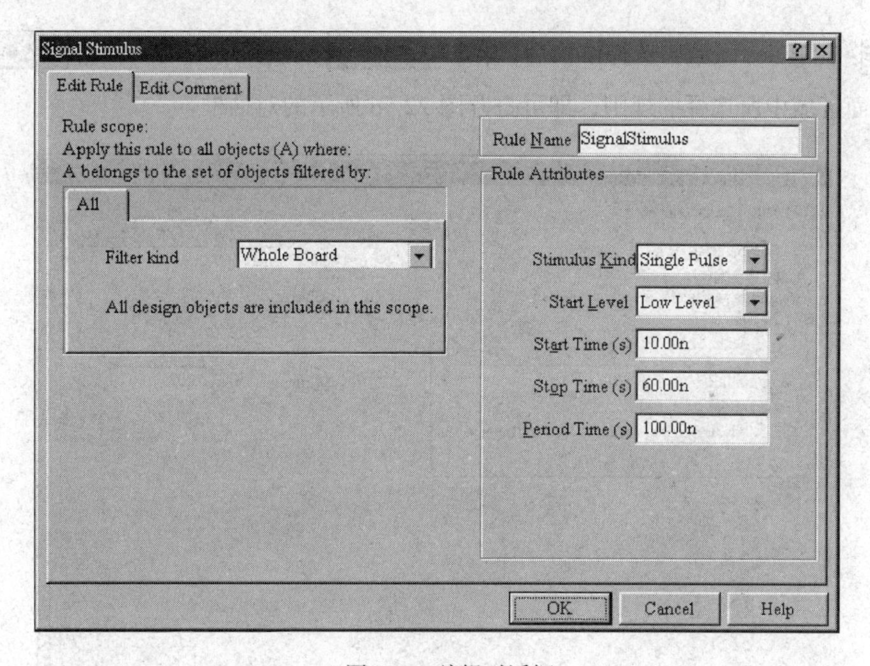

图22.55　编辑对话框

适用对象：在左边区域中设置。

选项：本设计规则包括下列项目：

- Rule Name 文本框中为本设计规则的名称，可使用中文。
- Stimulus Kind 文本框中设置仿真信号的种类，其中的 Constant Level 选项设置采用固定电压值、Single Pulse 选项设置采用单脉冲、Periodic Pules 选项设置采用某一周期的重复脉冲。

- Start Level 文本框中设置仿真信号的起始电压，其中的 Low Level 选项为低电平起始信号、High Level 选项为高电平起始信号。
- Start Time 文本框中设置仿真信号的起始时间。
- Stop Time 文本框中设置仿真信号的结束时间。
- Period Time 文本框中设置仿真信号的周期。

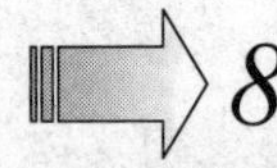

8 Signal Top Value

说明：本设计规则用来设置高电平信号的最低值。

操作：在 Rules 区域中选择本项后，单击 Add... 按钮新增规则或单击 Properties... 按钮编辑在下面区域中所选择的规则，即可打开图 22.56 所示的对话框。

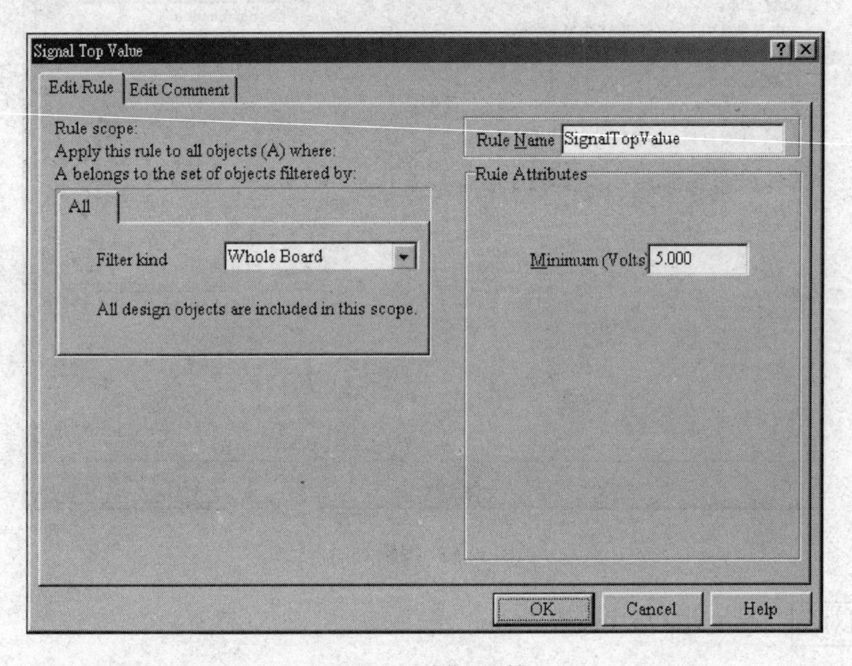

图22.56 编辑对话框

适用对象：在左边区域中设置。

选项：本设计规则包括下列项目：

- Rule Name 文本框为本设计规则的名称，可使用中文。

□　Minimum(Volts)文本框为高电平信号的最低值。

9 Slope – Falling Edge

说明：本设计规则用来设置信号下降的变化速度。

操作：在 Rules 区域中选择本项后，单击 Add... 按钮新增规则或单击 Properties... 按钮编辑在下面区域中所选择的规则，即可打开图 22.57 所示的对话框。

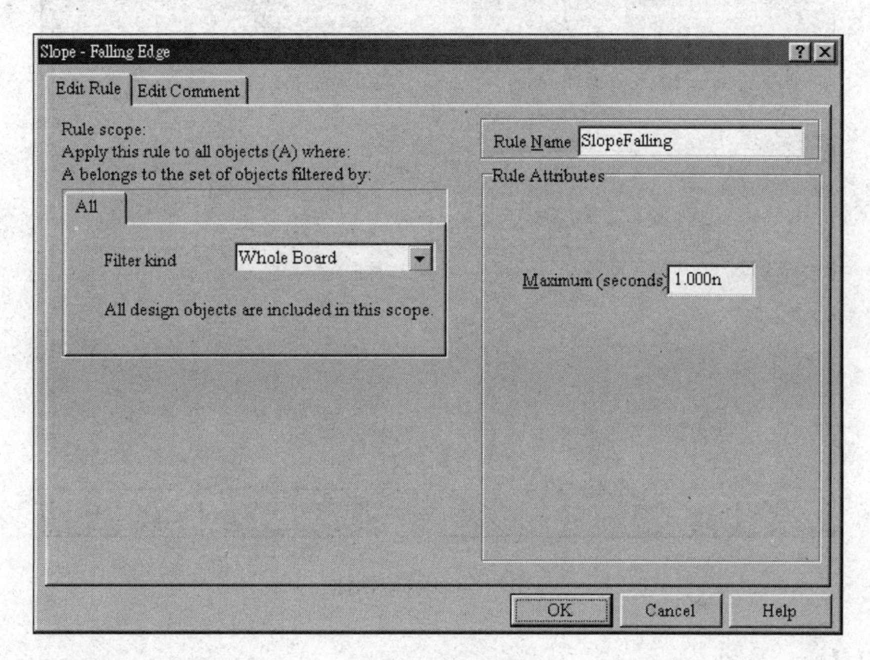

图22.57　编辑对话框

适用对象：在左边区域中设置。

选项：本设计规则包括下列项目：

□　Rule Name 文本框中为本设计规则的名称，可使用中文。

□　Maximum(seconds)文本框中为下降所需的时间。

10 Slope – Rising Edge

说明：本设计规则用来设置信号上升的变化速度。

操作：在 Rules 区域中选择本项后，单击 Add... 按钮新增规则或单击 Properties... 按钮编辑在下面区域中所选择的规则，即可打开图 22.58 所示的对话框。

适用对象：在左边区域中设置。

选项：本设计规则包括下列项目：

- Rule Name 文本框中为本设计规则的名称，可使用中文。
- Maximum(seconds)文本框中为上升所需的时间。

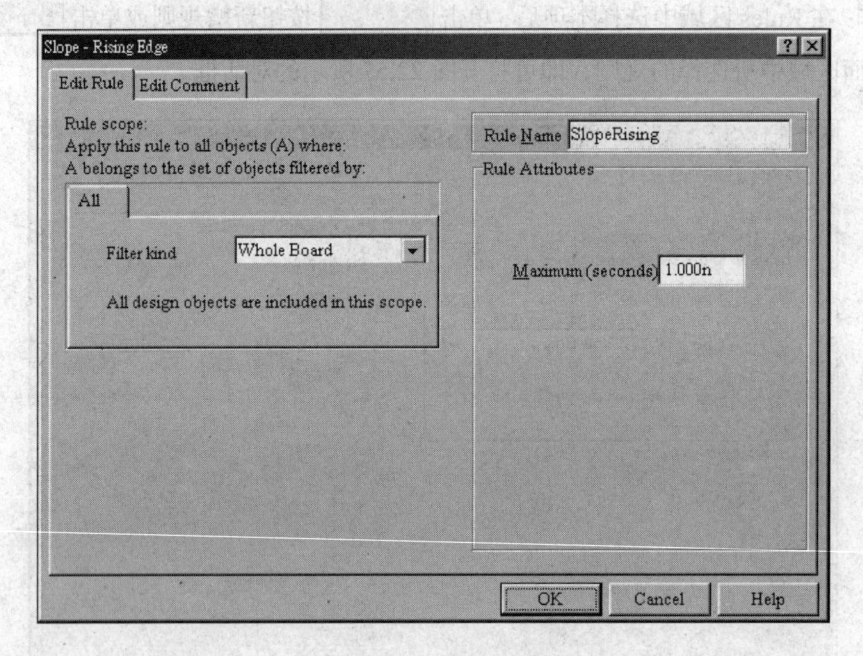

图22.58　编辑对话框

11 Supply Nets

说明：本设计规则用来定义电源网络。

操作：在 Rules 区域中选择本项后，单击 Add... 按钮新增规则或单击 Properties... 按钮编辑在下面区域中所选择的规则，即可打开图 22.59 所示的对话框。

适用对象：在左边区域中设置。

选项：本设计规则包括下列项目：

- Rule Name 文本框中为本设计规则的名称，可使用中文。
- Voltage 文本框中为指定电源网络所提供的电压。

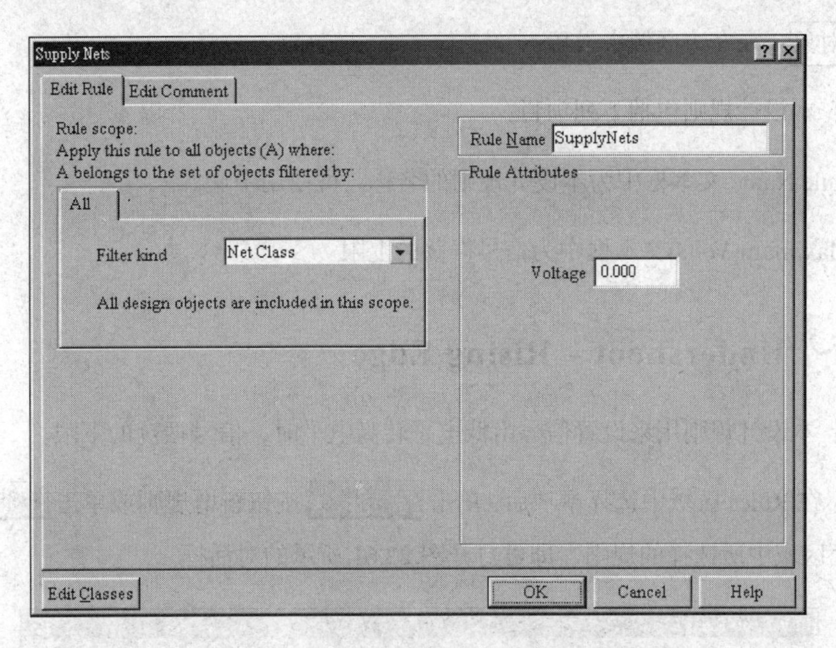

图22.59　编辑对话框

12 Undershoot – Falling Edge

说明：本设计规则用来设置信号由高电平变低电平时，信号振荡的上限。

操作：在 Rules 区域中选择本项后，单击 Add... 按钮新增规则或单击 Properties... 按钮编辑在下面区域中所选择的规则，即可打开图 22.60 所示的对话框。

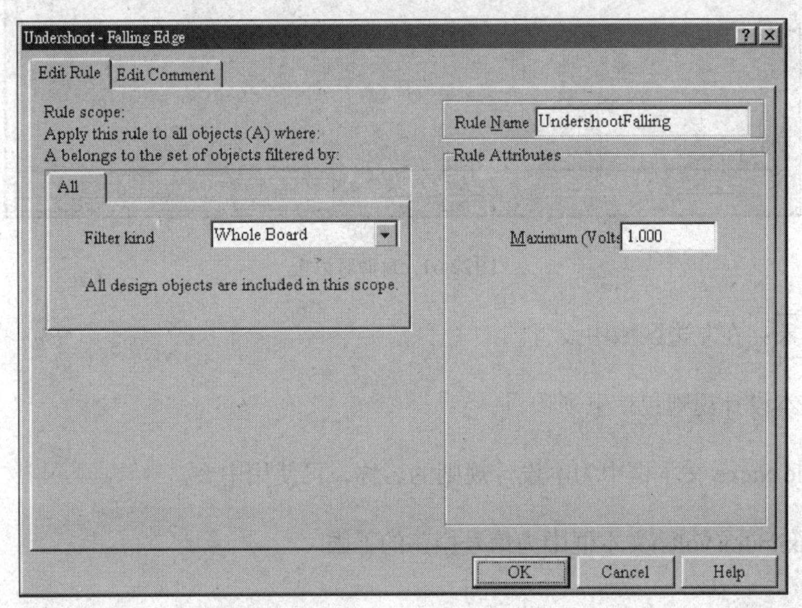

图22.60　编辑对话框

适用对象：在左边区域中设置。

选项：本设计规则包括下列项目：

- Rule Name 文本框中为本设计规则的名称，可使用中文。
- Maximum(Volts)文本框中为信号振荡的上限。

13 Undershoot – Rising Edge

说明：本设计规则用来设置信号由低电平转高电平时，信号振荡的下限。

操作：在 Rules 区域中选择本项后，单击 Add... 按钮新增规则或单击 Properties... 按钮编辑在下面区域中所选择的规则，即可打开图 22.61 所示的对话框。

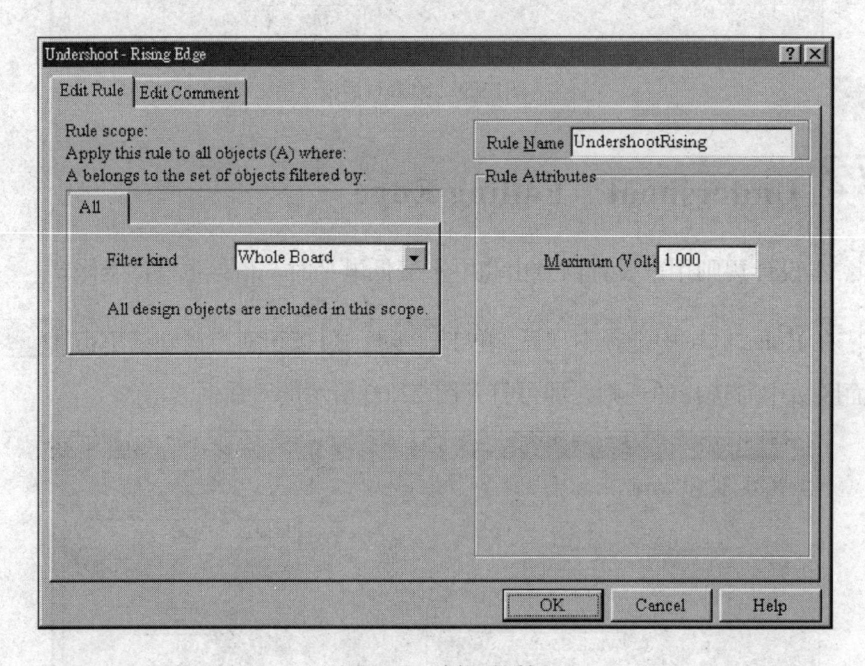

图22.61　编辑对话框

适用对象：在左边区域中设置。

选项：本设计规则包括下列项目：

- Rule Name 文本框中为本设计规则的名称，可使用中文。
- Maximum(Volts)文本框中为信号振荡的下限。

22-8 其他设计规则

图 22.62 是关于其他的设计规则，以下就来探讨这 3 条设计规则：

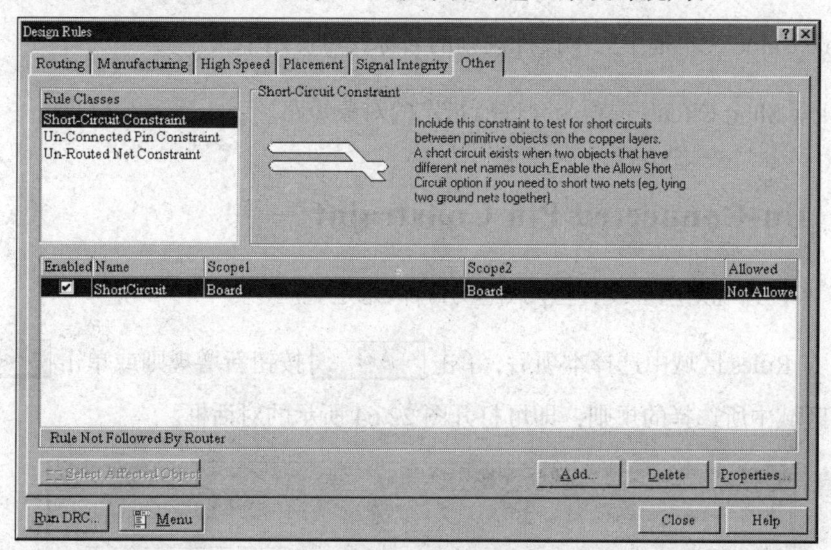

图22.62　其他设计规则

1 Short-Circuit Constraint

说明：本设计规则用来设置可否允许哪些网络短路。

操作：在 Rules 区域中选择本项后，单击 Add... 按钮新增规则或单击 Properties... 按钮编辑在下面区域中所选择的规则，即可打开图 22.63 所示的对话框。

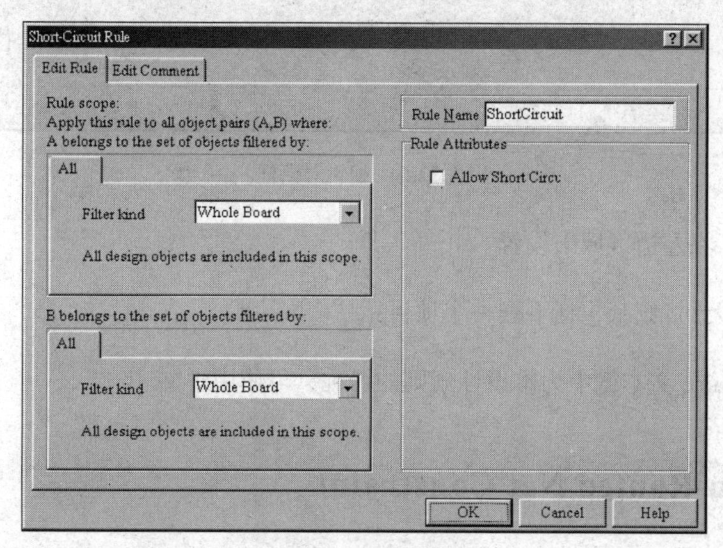

图22.63　编辑对话框

适用对象：在左边区域中设置。

选项：本设计规则包括下列项目：

- Rule Name 文本框中为本设计规则的名称，可使用中文。
- Allow Short Circuit 选项为允许所指定的对象短路。

2 Un-Connected Pin Constraint

说明：本设计规则用来设置检测哪些引脚尚未走线。

操作：在 Rules 区域中选择本项后，单击 Add... 按钮新增规则或单击 Properties... 按钮编辑在下面区域中所选择的规则，即可打开图 22.64 所示的对话框。

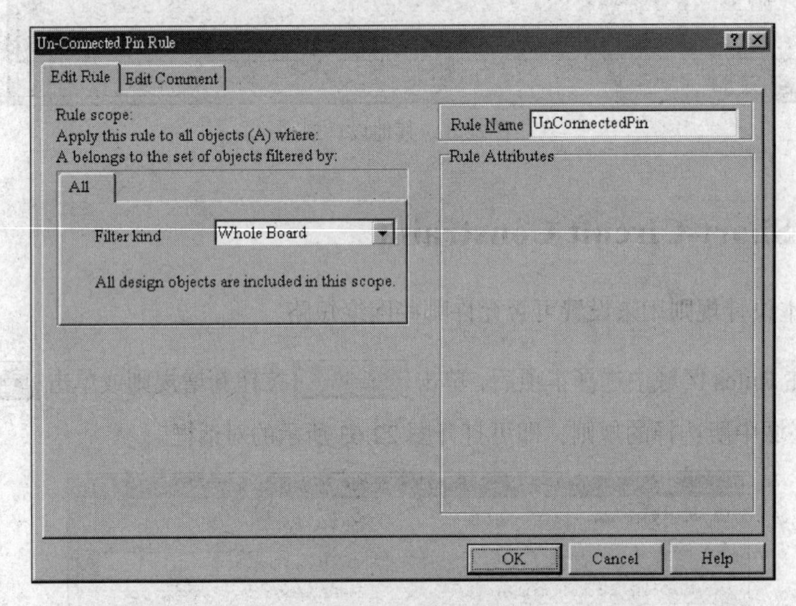

图22.64　编辑对话框

适用对象：在左边区域中设置。

选项：本设计规则只包括下列一个项目：

- Rule Name 文本框中为本设计规则的名称，可使用中文。

3 Un-Routed Net Constraint

说明：本设计规则用来设置列出尚未完全布线的网络及布线成功率。

操作：在 Rules 区域中选择本项后，单击 Add... 按钮新增规则或单击 Properties... 按钮编辑在下面区域中所选择的规则，即可打开图 22.65 所示的对话框。

适用对象：在左边区域中设置。

选项：本设计规则只包括下列一个项目：

- Rule Name 文本框为本设计规则的名称，可使用中文。

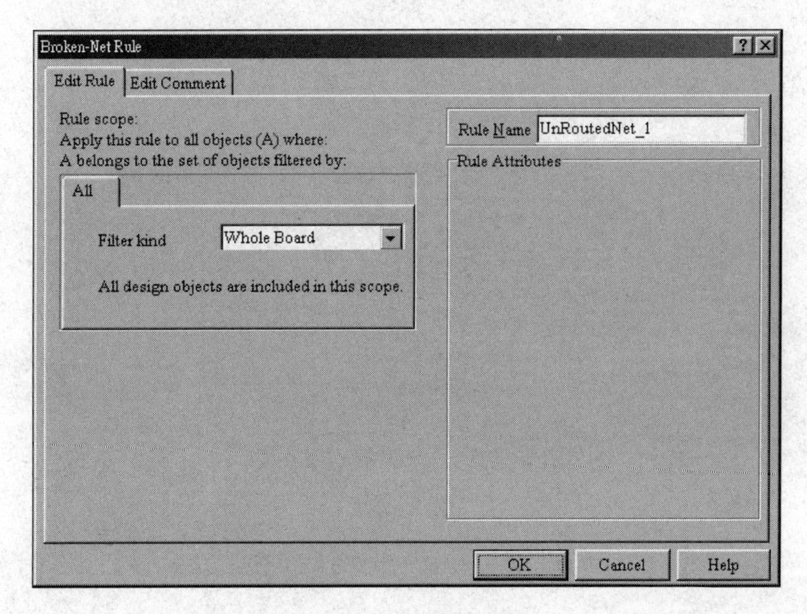

图22.65　编辑对话框